INDÚSTRIA DE BEBIDAS

Blucher

Waldemar Gastoni Venturini Filho
Coordenador

INDÚSTRIA DE BEBIDAS

INOVAÇÃO, GESTÃO E PRODUÇÃO

VOLUME 3

2ª edição

Indústria de bebidas: inovação, gestão e produção, 2ª edição

1ª edição – 2011
Editora Edgard Blücher Ltda.

Imagem da capa: iStockphoto

Publisher Edgard Blücher
Editor Eduardo Blücher
Coordenação editorial Jonatas Eliakim
Produção editorial Bonie Santos
Preparação de texto Maurício Katayama
Diagramação Roberta Pereira de Paula
Revisão de texto MPMB
Capa Leandro Cunha

Blucher

Rua Pedroso Alvarenga, 1245, 4º andar
04531-934 – São Paulo – SP – Brasil
Tel.: 55 11 3078-5366
contato@blucher.com.br
www.blucher.com.br

Segundo o Novo Acordo Ortográfico, conforme 5. ed.
do *Vocabulário Ortográfico da Língua Portuguesa*,
Academia Brasileira de Letras, março de 2009.

Dados Internacionais de Catalogação na Publicação (CIP)
Angélica Ilacqua CRB-8/7057

Indústria de bebidas : inovação, gestão e produção/
coordenado por Waldemar Gastoni Venturini Filho.
– 2. ed. – São Paulo: Blucher, 2022.
576 p. : il. (Bebidas ; vol. 3)

Bibliografia
ISBN 978-65-5506-503-9 (impresso)
ISBN 978-65-5506-504-6 (eletrônico)

1. Bebidas alcoólicas – Indústria I. Venturini Filho,
Waldemar Gastoni. II. Série.

22-1854 CDD 663.1

Índice para catálogo sistemático:
1. Bebidas alcoólicas – Indústria

Prefácio à segunda edição

(Homem)
Vós sois o sal da terra
Vós sois a luz do mundo
Mateus 5, 13-14

Pandemia, novo coronavírus, recessão, *fake news*, notícias falsas, infectados, mortes, curva exponencial, cloroquina, hidroxicloroquina, exonerações de ministros de Estado, crise política, *impeachment*, colapso nos hospitais, colapso nos cemitérios, desemprego, relaxamento do isolamento social, achismo, ignorância.

Organização Mundial da Saúde, Sistema Único de Saúde, médicos especialistas, isolamento social, quarentena, lavar as mãos com água e sabão, higienizar as mãos com álcool em gel, pesquisa, ensino, educação, ciência, tecnologia, informação, cura, verdade baseada em fatos, verdade baseada em pesquisa, verdade baseada na ciência.

É neste ambiente que estamos preparando a publicação da segunda edição do livro *Indústria de bebidas*. O organizador e seus colaboradores, em parceria com a editora Blucher, apostam num futuro melhor, pois sabemos que não há mal que dure para sempre. Isso tudo vai passar e a vida voltará ao normal; talvez de forma diferente.

Na segunda edição de *Indústria de bebidas*, continuamos a abordar assuntos correlatos, mas não menos importantes, da tecnologia de produção de bebidas. Houve uma renovação de boa parte dos capítulos; alguns saíram para dar lugar a outros cujos conteúdos nos pareceram mais apropriados para o leitor. O livro continua dividido em três partes: 1) "Aspectos da produção"; 2) "Gestão de processos e produtos"; 3) "Novas tecnologias e novos produtos". Alocar todos os capítulos, cuja diversidade de assunto é enorme, nessas três categorias não foi tarefa fácil para o organizador.

O trabalho com os autores dos capítulos tem sido gratificante para mim, pois li todos os textos enviados, e o ganho de informações foi evidente. Assuntos novos que nos apresentam um novo universo de conhecimentos, jamais imaginados.

Este livro reúne autores experientes e também aqueles que começam sua jornada pela vida acadêmica. Entre os experientes, gostaria de chamar atenção para dois nomes: Urgel de Almeida Lima (Esalq/USP), meu professor de graduação e mestrado, exemplo de profissional e pessoa humana; e João Batista de Almeida e Silva (EEL/USP), incentivador e responsável pela internacionalização dos livros da Série Bebidas. A eles, meus sinceros votos de admiração e respeito. Quanto aos jovens autores, posso dizer que são profissionais promissores, dedicados e cheios de energia, com futuro brilhante pela frente. Este livro, portanto, combina a experiência dos "velhos" com a força dos "novos".

Entre nós, autores de capítulos e livros, e o público que vai ler nossos trabalhos, há uma entidade fundamental para o sucesso da comunicação entre essas duas partes: a editora. Neste quesito, posso dizer que tivemos muita sorte ou que soubemos escolher uma excelente editora. Trabalho com a editora Blucher há quinze anos e, durante esse período, foi possível observar o *modus operandi* da editora. A Blucher é exemplo de profissionalismo e respeito aos autores e leitores. Outra característica dessa editora é a sua coragem editorial; no momento difícil em que escrevo este prefácio, a Blucher publicou a enciclopédia *O guia Oxford da cerveja*, obra com 1.056 páginas e 1.121 verbetes sobre a bebida alcoólica mais popular do Brasil. Fiquei muito honrado por ter sido convidado e por ter trabalhado na tradução do *Guia*.

Para finalizar, gostaria de afirmar nossa convicção na ciência, na pesquisa, no ensino, na educação e na cultura. Somos pelo letramento de toda a população para que exista desenvolvimento social e econômico de fato. Só existe democracia se os benefícios sociais e econômicos do país forem compartilhados por todos os membros da sociedade, e uma boa forma de se conseguir esse intento é oferecer escolas e hospitais de boa qualidade para a população.

Botucatu, outono de 2020

Waldemar Venturini
Coordenador

Prefácio à primeira edição

Deve-se realizar o trabalho como um sacrifício a Vishnu;
caso contrário, o trabalho produz cativeiro neste mundo material.
Portanto, ó filho de Kunti, execute seus deveres prescritos para a satisfação dEle,
e desta forma você sempre permanecerá livre do cativeiro.
Bhagavad Gita 3.9.

Este livro faz parte da Série Bebidas (Volume 1: *Bebidas alcoólicas: ciência e tecnologia*; Volume 2: *Bebidas não alcoólicas: ciência e tecnologia*; Volume 3: *Indústria de bebidas: inovação, gestão e produção*). Esta trilogia é resultado do esforço coletivo de mais de uma centena de autores de nove nacionalidades (Brasil, Costa Rica, Cuba, México, Peru, Uruguai, Irlanda, Portugal e República Tcheca) que escreveram 69 capítulos. A coleção deverá ter em torno de 1400 páginas de textos técnicos.

Dos 23 capítulos que compõem o volume 1, onze são referentes às bebidas fermentadas, nove abordam as bebidas destiladas, dois descrevem as bebidas obtidas por mistura e há um capítulo sobre bebidas retificadas. Há três capítulos sobre cerveja e cinco sobre vinho. Nesse volume, dez capítulos referem-se a bebidas obtidas a partir da uva. Portanto, o nível de detalhamento encontrado aqui é maior àquele encontrado em outras publicações assemelhadas.

No volume 2, há dezenove capítulos, sendo nove sobre sucos de frutas e bebidas correlatas e outros dez sobre água (de coco e mineral), bebidas isotônicas, à base de soja, lácteas, estimulantes, cajuína, refrigerante e aquelas regionais produzidas na Amazônia e no Cerrado.

O volume 3, composto por 27 capítulos, é uma novidade proposta pelo editor Eduardo Blücher, que nos sugeriu um volume sobre a gestão na indústria de bebidas. Desafio aceito pelo coordenador e pelos autores, este volume foi divido em três partes: 1) aspectos da produção, com nove capítulos; 2) gestão de processos e produtos, com doze capítulos; 3) novas tecnologias e novos produtos, com seis capítulos.

Pela sua característica, esta trilogia deverá crescer continuamente em quantidade de informação com a incorporação de novos capítulos, uma vez que há lacunas a serem preenchidas nos três volumes. Crescerá também em qualidade, já que os autores incrementam sua capacitação a cada ano de trabalho.

Merece destaque o processo de internacionalização que ocorreu nos volumes 1 e 3. Temos a participação de autores latino-americanos e europeus. Eles foram responsáveis, em parceria ou não com autores brasileiros, pelos capítulos sobre cerveja, uísque, pisco, tequila, rum, embalagens e novas tecnologias. O mentor deste processo foi o Prof. João Batista de Almeida e Silva, da Escola de Engenharia de Lorena –

USP, que mantém vários convênios internacionais, facilitando o ingresso dos autores estrangeiros no projeto desta Série.

O ano de 2009 foi o do octogésimo aniversário do Prof. Urgel de Almeida Lima, aposentado da Escola Superior de Agricultura Luiz de Queiroz – USP, que formou várias gerações de professores e pesquisadores brasileiros. Ele dedicou sua vida profissional à Tecnologia de Alimentos e Bebidas e deixou registrada sua experiência em três capítulos ("Licor", "Bebidas estimulantes" e "Água como utilidade na indústria de bebidas"). Participou, portanto, dos três volumes que compõem a Série Bebidas. Em nome de todos os autores, gostaríamos de parabenizá-lo e agradecê-lo. É uma satisfação poder conviver com ele.

Gostaríamos de agradecer a todos os autores que confiaram seus esforços no trabalho do coordenador. Esta Série só existe em função deles. Agradecemos também àqueles que nos ajudaram a selecionar autores para os capítulos cujos assuntos não nos eram familiares, aos que nos auxiliaram na organização do volume 3 e também àqueles que aceitaram trabalhar em parceria.

Nossos agradecimentos aos professores Mário Sérgio Nali e Maura Seiko Tsutsui Esperancini (Unesp), pela ajuda na organização dos capítulos do volume 3 (*Indústria de bebidas*).

Nossos agradecimentos também ao editor Eduardo Blücher, por nos ter desafiado a criar o volume 3, que não estava nos planos originais deste projeto. Este volume nos obrigou a alargar o nosso campo de visão, a sair do mundo da tecnologia para nos aventurarmos por outras áreas desconhecidas, mas tão importantes quanto à primeira para a viabilização da produção industrial de bebidas. Agradecemos a toda equipe da editora Blucher pelo carinho e pelo profissionalismo com que tem nos recebido.

Lembramos que o trabalho meticuloso de correção das referências bibliográficas dos capítulos foi feito pelas bibliotecárias Célia Regina Inoue e Janaína Celoto Guerrero, ambas da biblioteca da Faculdade de Ciências Agronômicas, Unesp, Campus de Botucatu. Todos os autores lhes são gratos.

A revisão das provas dos três volumes foi feita pelos próprios autores e pelos nossos orientandos Andressa Nogueira, Bruno Jubileu, Luciana Brunelli e Ricardo Figueira. A eles os nossos agradecimentos.

Cabe destacar que algumas fundações universitárias apoiaram financeiramente a Série Bebidas (Fundação de Estudos e Pesquisas Agrícolas e Florestais – Botucatu, Fundação de Estudos Agrários Luiz de Queiroz – Piracicaba e Fundação Educacional de Lavras). Nossos agradecimentos aos autores (Prof. Urgel de Almeida Lima, da Esalq/USP e Prof. Disney Ribeiro Dias, da Unilavras), que conseguiram apoio junto a suas fundações, bem como aos seus diretores.

Por fim, temos a certeza de que o leitor tem em mãos livros de boa qualidade que foram escritos por especialistas de cada área abordada. Que ele esteja certo de que não há no mercado editorial brasileiro qualquer obra equiparável a esta em termos de abrangência de conteúdos e qualidade de informações.

Botucatu, 16 de fevereiro de 2011

Waldemar Venturini
Coordenador

Autores

ALEXANDRE ATAÍDE DA SILVA
Centro Nacional de Pesquisa em Energia e Materiais, Polo II de Alta Tecnologia
aleataidesilva@gmail.com

ALINE MARQUES BORTOLETTO
Universidade de São Paulo, Escola Superior de Agricultura Luiz de Queiroz
aline.bortoletto@gmail.com

ANA CLÁUDIA BARANA
Universidade Estadual de Ponta Grossa, Departamento de Engenharia de Alimentos
acbarana@uepg.br

ANA ELISA BRESSAN SMITH LOURENZANI
Universidade Estadual Paulista, Faculdade de Ciências e Engenharia
ana.lourenzani@unesp.br

ANDRÉ RICARDO ALCARDE
Universidade de São Paulo, Escola Superior de Agricultura Luiz de Queiroz
andre.alcarde@usp.br

ANTÓNIO AUGUSTO VICENTE
Universidade do Minho, Departamento de Engenharia Biológica, Campus Gualtar
avicente@deb.uminho.pt

ARY FERNANDES JÚNIOR
Universidade Estadual Paulista, Instituto de Biociências de Botucatu
ary.fernandes@unesp.br

AUGUSTO HAUBER GAMEIRO
Universidade de São Paulo, Faculdade de Medicina Veterinária e Zootecnia
gameiro@usp.br

BENEDICTA CARMEN LÓPEZ FLORES
Universidad Nacional Mayor de San Marcos, Centro Latinoamericano de Enseñanza e Investigación de Bacteriología Alimentaria (Cleiba), Facultad de Farmaciay Bioquímica
blopezf@unmsm.edu.pe

BENEDITO DOS SANTOS LIMA NETO
Universidade de São Paulo, Instituto de Química de São Carlos
benedito@iqsc.usp.br

CARLOS ALEXANDRE GALINARO
Universidade de São Paulo, Instituto de Química de São Carlos
carlos_alexan@yahoo.com.br

CAURÉ BARBOSA PORTUGAL
Smart Yeast Pesquisa e Desenvolvimento Ltda.
caure.portugal@gmail.com

CRISTIANE MENGUE FENIMAN MORITZ
Universidade Estadual de Maringá
crisfeniman@yahoo.com.br

DANIEL PEREIRA DA SILVA
Universidade Federal de Sergipe, Departamento de Engenharia de Produção
silvadp@hotmail.com

DANIEL RODRIGUES CARDOSO
Universidade de São Paulo, Instituto de Química de São Carlos
drcardoso@iqsc.usp.br

DENISE SANTOS RUZENE
Universidade Federal de Sergipe, Departamento de Engenharia Química
ruzeneds@hotmail.com

DORON GRULL
Centro de Apoio à Faculdade de Saúde Pública da Universidade de São Paulo
doron.grull@gmail.com

DOUGLAS WAGNER FRANCO
Universidade de São Paulo, Instituto de Química de São Carlos
(*in memoriam*)

ELISABETE MOREIRA ASSAF
Universidade de São Paulo, Instituto de Química de São Carlos
eassaf@iqsc.usp.br

FÉLIX GIOVANI RAMOS GUERRERO
Selva Industrial S.A.
felix.ramos@unmsm.edu.pe

GIOVANA GIOVANNI
BPF Consultoria
treicsconsultoria@gmail.com

GIOVANA KÁTIE WIECHETECK
Universidade Estadual de Ponta Grossa, Departamento de Engenharia Civil
giovana@uepg.br

GIOVANA TOMMASO
Universidade de São Paulo, Faculdade de Zootecnia e Engenharia de Alimentos
tommaso@usp.br

GISELA KOPPER
Consultora em segurança alimentar e embalagem, San Pedro de Poás, Alajuela, Costa Rica
gisela.kopper@gmail.com

GIULIANO DRAGONE
Technical University of Denmark, The Novo Nordisk Foundation Center for Biosustainability
giulianodragone@outlook.com

HENRIQUE COTAIT RAZUK
Universidade Tecnológica Federal do Paraná
cotait@utfpr.edu.br

ISABELA MARIA MONTEIRO VIEIRA
Universidade Federal de Sergipe, Programa de Pós-Graduação Rede Nordeste de Biotecnologia
vieiramonteiro.im@gmail.com

IZABEL CRISTINA TAKITANE
Universidade Estadual Paulista, Faculdade de Ciências Agronômicas
izabel.takitane@unesp.br

JOÃO BATISTA DE ALMEIDA E SILVA
Universidade de São Paulo, Escola de Engenharia de Lorena
(*in memoriam*)

JOÃO GUILHERME DE CAMARGO FERRAZ MACHADO
Universidade Estadual Paulista, Faculdade de Ciências e Engenharia
jg.machado@unesp.br

JORGE HERMAN BEHRENS
Universidade Estadual de Campinas, Faculdade de Engenharia de Alimentos
behrens@unicamp.br

JOSÉ ANTÓNIO TEIXEIRA
Universidade do Minho, Centro de Engenharia Biológica, Campus Gualtar
jateixeira@deb.uminho.pt

JOSÉ CARLOS PEREIRA PINTO
Universidade Tecnológica Federal do Paraná
(*in memoriam*)

JOSÉ FRANCISCO RODRIGUES
Universidade Estadual Paulista, Faculdade de Engenharia de Bauru
jfrancr@gmail.com

JOSÉ VICENTE CAIXETA FILHO
Universidade de São Paulo, Escola Superior de Agricultura Luiz de Queiroz
jose.caixeta@usp.br

LÉA SILVIA SANT'ANA
Universidade Estadual Paulista, Faculdade de Ciências Agronômicas
lea.silvia@unesp.br

LIDIANE NUNES BARBOSA
Universidade Paranaense
linuba2@gmail.com

LUIZ CÉSAR RIBAS
Universidade Estadual Paulista, Faculdade de Ciências Agronômicas
luiz.c.ribas@unesp.br

LUIZ OTÁVIO CORRÊA
Universidade Tecnológica Federal do Paraná
luizotavio@utfpr.edu.br

MAGALI MONTEIRO
Universidade Estadual Paulista, Faculdade de Ciências Farmacêuticas
magali.monteiro@unesp.br

MARCELLE BALDUINO DE ALMEIDA
Universidade de São Paulo, Escola Superior de Agricultura Luiz de Queiroz
marcelle.almeida@usp.br

MARCELO HENRIQUE BREDA
Cervejaria da Cuesta
mhbreda@hotmail.com

MARCELO MARQUES MAGALHÃES
Universidade Estadual Paulista, Faculdade de Ciências e Engenharia
marcelo.magalhaes@unesp.br

MARIA CÉLIA MARTINS DE SOUZA
Instituto de Economia Agrícola
mcmsouza@uol.com.br

MARIA JOSÉ SOUSA GALLAGHER
University College Cork, College of SEFS, School of Engineering, Department of Process and Chemical Engineering
m.desousagallagher@ucc.ie

MARIA MÁRCIA PEREIRA SARTORI
Universidade Estadual Paulista, Faculdade de Ciências Agronômicas
maria.mp.sartori@unesp.br

MARTA HELENA FILLETT SPOTO
Universidade de São Paulo, Escola Superior de Agricultura Luiz de Queiroz
martaspoto@usp.br

MAURÍCIO BONATTO MACHADO DE CASTILHOS
Universidade do Estado de Minas Gerais, Departamento de Ciências Exatas e da Terra
mauricio.castilhos@uemg.br

NORBERTO GILBERTI SIMONETTI
Empresário
norberto.gilberti@gmail.com

PAULO CÉSAR RAZUK
Universidade Estadual Paulista, Faculdade de Engenharia de Bauru
pcrazuk@gmail.com

ROGER DARROS-BARBOSA
Universidade Estadual Paulista, Instituto de Biociências, Letras e Ciências Exatas
roger.darros@unesp.br

SANDRA HELENA DA CRUZ
Universidade de São Paulo, Escola Superior de Agricultura Luiz de Queiroz
shcruz@usp.br

SEITI INOUE VENTURINI
Universidade de São Paulo, Instituto de Química de São Carlos
seitiventurini@gmail.com

SILMARA FRANÇA BUCHVISER
Universidade de São Paulo, Instituto de Química de São Carlos
silmarafb@iqsc.usp.br

SIMONE DAMASCENO GOMES
Universidade Estadual do Oeste do Paraná, Centro de Ciências Exatas e Tecnológica
simone.gomes@unioeste.br

SUSIANE LEONARDELLI
Universidade de Caxias do Sul, Instituto de Biotecnologia
sleonardelli@ucs.com

TOMÁS BRÁNYIK
Research Institute of Brewing and Malting
branyik@beerresearch.cz

URGEL DE ALMEIDA LIMA
Universidade de São Paulo, Escola Superior de Agricultura Luiz de Queiroz
ualima1@gmail.com

VANILDO LUIZ DEL BIANCHI
Universidade Estadual Paulista, Instituto de Biociências, Letras e Ciências Exatas
del.bianchi@unesp.br

VERA LÚCIA MORES RALL
Universidade Estadual Paulista, Instituto de Biociências de Botucatu
vera.rall@unesp.br

VIVIAN VAZQUEZ THYSSEN
Instituto de Pesquisas Energéticas e Nucleares (IPEN), Centro de Células a Combustível e Hidrogênio (CCCH)
vivian_thyssen@outlook.com

WAGNER LUIZ LOURENZANI
Universidade Estadual Paulista, Faculdade de Ciências e Engenharia
w.lourenzani@unesp.br

WALDEMAR GASTONI VENTURINI FILHO
Universidade Estadual Paulista, Faculdade de Ciências Agronômicas
waldemar.venturini@unesp.br

Conteúdo

Parte I
Aspectos da produção: matérias-primas, insumos e processos

Parte III
Novas tecnologias e novos produtos

Parte I

ASPECTOS DA PRODUÇÃO: MATÉRIAS-PRIMAS, INSUMOS E PROCESSOS

1

Água como utilidade na indústria de bebidas

ANA CLÁUDIA BARANA
URGEL DE ALMEIDA LIMA
GIOVANA KÁTIE WIECHETECK
MARTA HELENA FILLET SPOTO

1.1 INTRODUÇÃO

Para atender à demanda crescente de mercado, as indústrias aumentam seu volume de produção e, consequentemente, o consumo de água. Quase todos os processos produtivos utilizam água em alguma etapa da fabricação. A água é um recurso natural limitado e o seu uso indiscriminado já levou algumas regiões do planeta a um estado de calamidade, porque não há volume suficiente para satisfazer às necessidades humanas básicas diárias como matar a sede, cozinhar e tomar banho. Para tentar reverter essa situação, tem sido valorizado o crescimento econômico sustentável, com a utilização mínima de recursos naturais não renováveis e a valorização de práticas de reciclagem e reúso.

O uso sustentável da água tem ganhado força em qualquer setor da economia. O mercado está criando estímulos para que as empresas invistam na preservação do meio ambiente. O uso racional da água pode significar aumento dos lucros e decidir pela permanência da empresa num mercado tão concorrido.

Apesar de três quartas partes do planeta serem cobertas de água, apenas uma pequena parte é composta de água-doce de fácil acesso. Do volume total de água, 95,1% é formado por águas salgadas e 4,9% por doces, dos quais 4,7% se encontram nas geleiras ou locais subterrâneos de difícil acesso, e o restante, próximo de 0,2%, ocorre em lagos, fontes, nascentes ou em lençóis subterrâneos disponíveis para uso do homem.

Conhecendo-se o balanço hídrico de uma empresa e as necessidades específicas de qualidade da água para cada etapa, é possível se estabelecer uma política de redução do consumo e dos gastos com tratamento e disposição final da água.

1.1.1 Classificação e características das águas

As águas podem ser superficiais, subterrâneas, salgadas, salinas, alcalinas, minerais e naturais, e essas condições podem determinar as exigências para seu uso na alimentação, em indústrias, em farmácia, para higienização, lazer e transporte.

Ao falar em características das águas, está implícita a referência à sua qualidade, sendo importante salientar a preocupação do Conselho Nacional do Meio Ambiente – Conama com o enquadramento dos corpos d'água superficiais e com as diretrizes ambientais para sua proteção e preservação. A resolução Conama n. 357, de 17 de março de 2005, dispõe sobre a classificação dos corpos de água e diretrizes ambientais para o seu enquadramento, bem como estabelece as condições e padrões de lançamento de efluentes.

A classificação das águas por padrões específicos permite criar métodos para avaliar sua qualidade, orientar seus usos e controlar o lançamento de poluentes que desvirtuam suas características. Ela contribui para o enquadramento dos corpos d'água nas condições de qualidade para atender às necessidades da comunidade, ou seja, a saúde, o bem-estar humano, o equilíbrio ecológico aquático e para atender às exigências industriais. O uso industrial e sua indefectível criação de despejos não podem deteriorar a qualidade das águas e conduzir a prejuízos para a vida aquática, para a saúde pública e para as próprias indústrias que dela fazem uso.

As águas são classificadas em *águas doces*, com salinidade igual ou inferior a 0,05%; *águas salobras*, com salinidade superior a 0,05% e inferior a 3%; e *águas salinas*, com salinidade igual ou superior a 3,0%. As águas doces, salobras e salinas são classificadas em função da qualidade requerida para seus usos preponderantes atuais e futuros em treze classes (MACÊDO, 2007).

As **águas doces** se enquadram em cinco classes, a primeira denominada *Especial*, que inclui as destinadas ao abastecimento doméstico com desinfecção, à preservação do equilíbrio natural das comunidades aquáticas e à preservação dos ambientes aquáticos em unidades de conservação de proteção integral.

As águas da *Classe 1* são destinadas ao abastecimento doméstico após tratamento simplificado, à proteção de comunidades aquáticas, recreação de contato primário (natação, esqui aquático e mergulho, conforme a Resolução Conama n. 274, de 2000), irrigação de hortaliças consumidas cruas e de frutas que crescem rentes ao solo e normalmente são ingeridas cruas sem remoção de película, e à proteção das comunidades aquáticas em terras indígenas.

As águas da *Classe 2,* conforme a mesma Resolução, são destinadas ao abastecimento doméstico após tratamento convencional; também à proteção de comunidades aquáticas, à recreação de contato primário (natação, esqui aquático e mergulho), à irrigação de hortaliças, plantas frutíferas e de parques, jardins, campos de esporte e lazer com os quais o público possa vir a ter contato direto e à aquicultura e atividade de pesca.

As águas da *Classe 3* são destinadas ao abastecimento doméstico, após tratamento convencional ou avançado, à irrigação de plantas arbóreas, cerealíferas e forrageiras, à dessedentação de animais, à pesca amadora e à recreação de contato secundário.

As águas doces da *Classe 4* se destinam à navegação, à harmonia paisagística e a outros usos menos exigentes.

As **águas salinas** se enquadram em quatro classes, a *Classe Especial* destinada à preservação de ambientes aquáticos em unidades de conservação de proteção ambiental e à preservação do equilíbrio natural das comunidades aquáticas.

As águas salinas *Classe 1* destinam-se à recreação de contato primário, conforme a Resolução Conama n. 274, de 2000, à proteção de comunidades aquáticas, à aquicultura e atividade de pesca. As águas salinas *Classe 2* são destinadas à pesca amadora e à recreação de contato secundário, e a *Classe 3* destinada à navegação e à harmonia paisagística.

As **águas salobras** compreendem a *Classe Especial*, destinada à preservação dos ambientes aquáticos em unidades de conservação de proteção integral e à preservação do equilíbrio natural de comunidades aquáticas.

As águas salobras *Classe 1* destinam-se à recreação de contato primário, conforme a Resolução Conama n. 274, de 2000, para proteção de comunidades aquáticas, aquicultura e atividade de pesca, ao abastecimento para consumo humano após tratamento convencional ou avançado; também, à irrigação de hortaliças que são consumidas cruas e de frutas que se desenvolvam rentes ao solo e que sejam ingeridas cruas sem remoção de película, e à irrigação de parques, jardins, campos de esporte e lazer, com os quais o público possa vir a ter contato direto.

As águas salobras *Classe 2* são destinadas à pesca amadora e à recreação de contato secundário, e a *Classe 3*, à navegação e harmonia paisagística.

Em vigor desde 3 de abril de 2008, a Resolução Conama n. 396 dispõe sobre a classificação e diretrizes ambientais para o enquadramento das águas subterrâneas, que as subdivide em seis classes. As águas subterrâneas *Classe Especial* são destinadas à preservação de ecossistemas em unidades de conservação de proteção integral e as que contribuem diretamente para os trechos de corpos de água superficial enquadrados como classe especial. As águas *Classe 1* são as que não apresentam alteração de sua qualidade por atividades antrópicas e que não exigem tratamento para quaisquer usos preponderantes, devido às suas características hidrogeoquímicas naturais. As águas *Classe 2* são as que não apresentam alteração de sua qualidade por atividades antrópicas, e que podem exigir tratamento adequado, dependendo do uso preponderante, devido às suas características hidrogeoquímicas naturais. As águas *Classe 3* são águas com alteração de sua qualidade por atividades antrópicas, para as quais não é necessário o tratamento em função dessas alterações, mas que podem exigir tratamento adequado, dependendo do uso preponderante, devido às suas características hidrogeoquímicas naturais. As águas subterrâneas *Classe 4* são águas com alteração de sua qualidade por atividades antrópicas, e que somente podem ser utilizadas sem tratamento, para o uso preponderante menos restritivo. As águas *Classe 5* são as que podem estar com alteração de sua qualidade por atividades antrópicas, destinadas a atividades que não têm requisitos de qualidade para uso.

Nas indústrias, há consumo de água para mais de uma finalidade. Isso exige farto fornecimento de água potável e de outras classes para atender aos numerosos setores de uma fábrica, como: recepção de matéria-prima, guaritas para segurança e orientação, escritórios para administração, laboratório de controle de qualidade da matéria-prima, produtos finais, derivados e subprodutos, seção de expedição, setores de geração de eletricidade, de energia térmica, oficinas de manutenção dos equipamentos, maquinaria e veículos, seção de preparo da matéria-prima, a manufatura propriamente dita de produtos, derivados e subprodutos, setor de embalagem e expedição.

Toda água consumida pela empresa que não é incorporada ao produto ou evaporada é transformada em efluente. Como consequência, a manufatura gera resíduos de diferentes naturezas, sólidos e líquidos, que devem ser eliminados. Sua eliminação exige tratamentos específicos para cada um, incluindo os de transformação dos despejos em resíduos inócuos ao ambiente, seja solo ou corpos d'água. Dependendo dos contaminantes, o processo de tratamento desse efluente pode se tornar mais caro que a fabricação do produto principal da empresa.

A análise das diferentes atividades de uma indústria permite identificar as diferentes classes de água necessárias nas diferentes operações. Para qualquer finalidade, a água deve estar compreendida nos parâmetros físico-químicos e microbiológicos estabelecidos pela Portaria n. 888, de 2021, do Ministério da Saúde, que versa sobre os procedimentos e responsabilidades relativos ao controle e vigilância da qualidade da água para consumo humano e seu padrão de potabilidade (Tabela 1.1). A mesma portaria define água potável como a água para consumo humano cujos parâmetros microbiológicos, físicos, químicos e radioativos atendam ao padrão de potabilidade e que não ofereça riscos à saúde.

Tabela 1.1 Padrão de aceitação para consumo humano.

Parâmetro	Valores máximos permitidos
Alumínio (mg L^{-1})	0,2
Amônia (como NH_3) (mg L^{-1})	1,2
Cloreto (mg L^{-1})	250
Cor aparente (uH)	15
Dureza (mg $CaCO_3$ L^{-1})	300
Etilbenzeno (mg L^{-1})	0,3
Ferro (mg L^{-1})	0,3
Manganês (mg L^{-1})	0,1
Monoclorobenzeno (mg L^{-1})	0,02
Odor e gosto (intensidade)*	6
Sódio (mg L^{-1})	200
Sólidos dissolvidos totais (mg L^{-1})	500
Sulfato (mg L^{-1})	250
Sulfeto de hidrogênio (mg L^{-1})	0,05
Tolueno (mg L^{-1})	0,03
Turbidez (UT)	5
Zinco (mg L^{-1})	5
Xileno (mg L^{-1})	0,5

* Intensidade máxima de percepção para qualquer característica de gosto e odor, com exceção do cloro livre, nesse caso, por ser uma característica desejável em água tratada.

Fonte: Brasil (2021).

Com relação à turbidez, na Portaria n. 888, de 2021, o valor máximo permitido para água filtrada por filtração rápida (tratamento completo ou filtração direta) é de 0,5 uT, assim como o valor máximo permitido de para água filtrada por filtração lenta é 1,0 uT em 95% das amostras.

O padrão de aceitação para consumo humano recomenda que, no sistema de distribuição, o pH da água seja mantido na faixa de 6,0 a 9,5 e que o teor máximo de cloro residual livre, em qualquer ponto do sistema de abastecimento, seja de 2,0 mg L^{-1}.

Segundo a Portaria n. 888, de 2021, os padrões microbiológicos de potabilidade de água para consumo humano em toda e qualquer situação, incluindo fontes individuais como poços, minas, nascentes, entre outras, é de ausência de *Escherichia coli* e coliformes totais em 100 mL de amostra.

As águas naturais superficiais ou profundas contêm minerais em dissolução que provêm dos solos onde eram contidas ou por onde escoaram. Podem estar presentes os que não oferecem significação sanitária e os que são contaminantes e prejudiciais, razões pelas quais as águas têm de ser analisadas quando da instalação de uma indústria de alimentos e bebidas.

1.1.2 Contaminantes

Arsênio, cádmio, chumbo, cianeto, cobre, cromo, mercúrio e selênio são considerados prejudiciais ou tóxicos e sua presença pode ser tolerada em teores muito baixos.

O arsênio não é elemento normalmente encontrado nas águas naturais, e sua eventual ocorrência é devida à contaminação com inseticidas, herbicidas, tintas e corantes. Altamente tóxico, causa envenenamento pela ingestão e seu efeito é cumulativo no organismo humano.

O cádmio é muito tóxico quando ingerido com alimentos e bebidas. Como não ocorre em águas naturais, sua presença decorre de poluição industrial.

O chumbo é elemento não natural nas águas e, em geral, decorre da poluição industrial, principalmente de galvanoplastia e fabricação de baterias. De efeito cumulativo, causa intoxicação denominada saturnismo.

O cianeto é fortemente tóxico e, em teor de 1 mg L^{-1}, causa a morte de peixes em minutos. Quando é detectado em águas, é consequência de poluição industrial.

O cromo, cujos sais são tóxicos, não ocorre em águas naturais, e sua presença decorre do lançamento de despejos aos corpos d'água por indústrias de galvanoplastia, tintas e explosivos.

O mercúrio é estranho aos mananciais, e sua incidência nos corpos d'água decorre de contaminação causada pela industrialização de diversos produtos, como lâmpadas, células eletrolíticas e na extração de ouro. A intoxicação por ele causa lesões neurológicas e morte, ainda que a ingestão tenha sido feita indiretamente, pelo consumo de peixes contaminados, por exemplo.

O selênio é tóxico ao organismo humano e ao gado que vem a sofrer doença alcalina, de efeitos permanentes. Considerado carcinogênico, também estimula a cárie dentária. Sua presença nas águas decorre de lançamentos de efluentes.

1.1.3 Elementos não considerados prejudiciais

De maneira geral, a presença de sais na água não é prejudicial ao processamento de alimentos e bebidas, porém sua ausência pode afetá-lo. A presença de alguns elementos, se não é benéfica, não causa prejuízos à saúde, embora alguns, em função do seu teor, possam criar dificuldades no processamento.

O bário pode ocorrer naturalmente em águas minerais e é aceito em dose de até 1 mg L^{-1}.

O cálcio e o magnésio causam a dureza da água, mas não têm *de per si* significância sanitária, isto é, não são prejudiciais à saúde. Entretanto, podem afetar o processamento industrial, por formar incrustações em tubulações, trocadores de calor e geradores de vapor – reduzindo a transferência de calor, causando corrosão e entupimentos que podem terminar em explosão no equipamento afetado. O zinco, estrôncio, ferro e alumínio também podem contribuir para a dureza da água. A dureza nas águas pode ser permanente, se o cálcio e o magnésio estiverem associados com sulfatos ou cloretos, e temporária, se associados ao bicarbonato.

Cloretos, que ocorrem em baixos teores em águas naturais, são tolerados em até 7,5 mg L^{-1} em poços artesianos. Valores mais altos podem caracterizar lançamentos de esgotos sanitários. O Ministério da Saúde admite valor máximo de 250 mg L^{-1} (Tabela 1.1).

Flúor em águas naturais é considerado normal em até 1 mg L^{-1}. Atualmente se considera que o excesso pode prejudicar a dentição.

Ferro e manganês associados são encontrados em águas naturais. O manganês possui sabor amargo, adstringente, confere turvação e coloração amarelada à água. Os sais ferrosos, muito solúveis, são reduzidos ou eliminados facilmente. Fontes e mananciais podem apresentar conteúdo superior a 0,3 mg de Fe e 0,1 mg de Mn por litro, valores máximos permitidos pelo Conama e pelo Ministério da Saúde, mas suscetíveis de redução por tratamento simples.

O fósforo é encontrado naturalmente nas águas como ortofosfatos, polifosfatos e fósforo orgânico, mas não é prejudicial à saúde humana, embora concorra para a proliferação de algas, eutrofização de um corpo d'água, e contribua para o crescimento bacteriano responsável pela estabilização da matéria orgânica presente.

Nitratos e nitritos, que são encontrados em baixos teores em águas naturais, quando presentes em elevados teores, assim como amônia, identificam poluição por despejos de esgotos. A forma como o nitrogênio é encontrado, se amônia, nitrito ou nitrato, também indica a idade da poluição. A presença de nitrogênio amoniacal indica poluição mais recente e a de nitritos e nitratos menos recente.

Zinco, que não é de ocorrência universal, é fracamente tóxico e, acima de 5 mg L^{-1}, altera o sabor.

O oxigênio deve ser encontrado dissolvido (OD) nas águas naturais e seu teor é indicativo sanitário importante, sobretudo do grau de poluição. Excesso de matéria orgânica num corpo d'água provoca consumo excessivo de OD pelos organismos aeróbios que se alimentam desse substrato. Os corpos d'água apresentam teores de OD que variam de acordo com as condições do ambiente, como temperatura, altitude, teor de matéria orgânica, taxa de reoxigenação. Água em movimento (cursos) em geral apresenta teores mais elevados do que água parada (espelhos), por causa do efeito oxigenador do movimento, como as quedas, corredeiras, vento e outros que facilitam a dissolução do oxigênio. As águas subterrâneas podem não apresentar oxigênio dissolvido ou muito pouco, porque não são afetadas pela movimentação da massa de água, e esse fato não indica poluição. Temperatura e presença de sais afetam a dissolução do gás na água.

1.1.4 Presença de matéria orgânica e microrganismos

A ocorrência de matéria orgânica nas águas é sinal de contaminação e pode diminuir a capacidade de autodepuração de um corpo d'água.

Nas águas naturais superficiais há uma flora microbiana composta de leveduras, bolores e bactérias não prejudiciais, tanto como a presença de plâncton, vermes e microcrustáceos.

Nos corpos d'água é comum ocorrer a presença de material orgânico de diferentes origens, como organismos em decomposição e compostos orgânicos de uso em agricultura e criação.

Os elementos encontrados em dissolução nas águas naturais não poluídas contribuem para o desenvolvimento de microrganismos que compõem o plâncton (protozoários e algas) e de bactérias. A poluição concorre para o desenvolvimento de algas e microrganismos, incluindo os patogênicos.

Pesticidas e herbicidas são comumente encontrados em águas superficiais, carreados pelas chuvas e águas de lavagem, originados das aplicações contra pragas e doenças agrícolas, vermes e insetos que fustigam os animais ou o homem. As águas subterrâneas são menos sujeitas porque há certa dificuldade na infiltração desses agentes.

1.2 ÁGUA COMO UTILIDADE

1.2.1 Água para caldeiras

Não basta encher um balão de caldeira com água e aquecê-la para ter bom desempenho. A qualidade da água é muito importante, porque afeta o uso e manutenção dos geradores de vapor, construídos de aço-carbono, e, portanto, sujeitos à ação química da água e dos elementos que ela possa conter em dissolução. Além da reatividade dos elementos que a torna impura, há o efeito eletroquímico que contribui para a corrosão.

As incrustações e a corrosão são dois fatores a serem considerados no funcionamento e na manutenção das caldeiras.

Uma boa definição de qualidade de água para caldeiras é a de Powell (1966), assim traduzida: "Água perfeita para caldeira é a que não deposite substâncias incrustantes, não corroa o metal das caldeiras ou seus acessórios e não ocasione arrastes nem espuma".

Água com essas características não se encontra com facilidade, motivo por que a água usada nos geradores de vapor tem de ser purificada artificialmente para eliminar os elementos prejudiciais, ou para transformá-los em produtos menos danosos.

A Tabela 1.2 resume as impurezas mais comuns nas águas, seu efeito nas caldeiras e o tratamento adequado.

Tabela 1.2 Impurezas encontradas comumente nas águas, efeitos nas caldeiras e tratamentos para sua remoção.

Constituinte	Origem	Efeito	Tratamento para remoção
Sólidos suspensos	Arraste superficial, resíduos industriais	Arrastes, espumas, lodos, incrustações	Sedimentação, coagulação, filtração, evaporação
Sílica	Depósitos minerais	Incrustação	Sedimentação, coagulação, filtração, evaporação, intercâmbio iônico
Carbonato de cálcio	Depósitos minerais	Incrustação	Abrandamento com produtos químicos, intercâmbio iônico, evaporação
Bicarbonato de cálcio	Depósitos minerais	Incrustação	Abrandamento por aquecimento, intercâmbio iônico, evaporação
Sulfato de cálcio	Depósitos minerais	Incrustação	Abrandamento com produtos químicos, intercâmbio iônico, evaporação
Cloreto de cálcio	Depósitos minerais	Incrustação	Abrandamento com produtos químicos, intercâmbio iônico, evaporação
Carbonato de magnésio	Depósitos minerais	Incrustação	Abrandamento com produtos químicos, intercâmbio iônico, evaporação
Bicarbonato de magnésio	Depósitos minerais	Incrustação	Abrandamento com produtos químicos, intercâmbio iônico, evaporação
Cloreto de magnésio	Depósitos minerais	Incrustação	Abrandamento com produtos químicos, intercâmbio iônico, evaporação
Ácidos livres (HCl, H_2SO_4)	Arraste em minas, resíduos industriais	Corrosão	Neutralização seguida de abrandamento ou evaporação
Cloreto de sódio	Águas negras, resíduos industriais, depósitos minerais	Inerte, eventualmente corrosivo	Evaporação ou desmineralização por intercâmbio iônico
Carbonato de sódio	Depósitos minerais	Arrastes, espuma, fragilização	Evaporação ou desmineralização por intercâmbio iônico
Bicarbonato de sódio	Depósitos minerais	Arrastes, espuma, fragilização	Evaporação ou desmineralização por intercâmbio iônico
Ácido carbônico	Depósitos minerais, absorção atmosférica, decomposição de matéria orgânica	Corrosão	Desaeração
Oxigênio	Absorção atmosférica	Corrosão	Desaeração
Graxas e óleos	Resíduos minerais	Corrosão, arrastes, depósitos, espuma	Coagulação, filtração, evaporação
Matéria orgânica e águas negras	Resíduos domésticos e industriais	Corrosão, arrastes, depósitos, espuma	Coagulação, filtração, evaporação

Fonte: adaptada de Powell (1966).

Tabela 1.3 Característica de águas para caldeiras de acordo com a pressão de trabalho.

Pressão em psi	pH	Alcalinidade (mg L^{-1})	NaOH (mg L^{-1})	Na_2SO_3 (mg L^{-1})	Na_2PO_4 (mgPO_3/L)	SiO_2 (mg L^{-1})*	Sólidos em solução (mg L^{-1})*
50 – 100	11 – 12	200 – 500	200 – 300	40 – 50	40 – 50	250	3.000
100 – 400	10,5 – 12	100 – 300	150 – 200	30 – 50	30 – 50	200	3.000
400 – 600	10 – 11,5	< 300	50 – 100	20 – 40	20 – 40	50	2.500
600 – 750	10 – 11	< 200	25 – 50	–	5 – 10	10	2.000

* Valores máximos.

Fonte: Macêdo (2007).

1.2.1.1 Corrosão

A corrosão dos metais ferrosos e não ferrosos é muito grande na indústria em geral e deve ser muito bem observada no que tange às caldeiras. Não é possível eliminá-la completamente, mas é possível reduzi-la pela manutenção cuidadosa do metal por proteção catódica, por proteção das superfícies, por controle das substâncias que entram em contato com ele e seleção de materiais a usar em condições específicas (POWELL, 1966). A resistência à corrosão depende da composição do metal.

Nas caldeiras e acessórios, as pressões e temperaturas altas influem na aceleração da corrosão. Há várias teorias sobre sua formação, baseadas na presença de ácidos, formação de peróxidos, de hidróxido coloidal e em reações eletroquímicas.

A corrosão ocorre pelo contato direto com a água ou sob uma incrustação existente, embora uma película incrustante possa proteger o metal. Fissuras ou perfurações microscópicas facilitam o contato da água com o metal que é corroído lenta e imperceptivelmente. Como processo eletroquímico, a corrosão ocorre pela diferença de potencial entre dois metais ou partes do mesmo metal. A diferença de potencial causa a passagem de corrente elétrica pelo metal, provocando reações catódicas. A corrosão das caldeiras pode ocorrer também externamente pelo contato com os gases da combustão.

São vários os tipos de corrosão: alveolar, intergranular, seletiva, galvânica, fragilidade cáustica, por pite, fadiga, esfoliação, por sulfatos, ação do oxigênio dissolvido, pelo sulfeto de hidrogênio, por dióxido de carbono, amônia, cloro, sais dissolvidos e outros (MACÊDO, 2007).

A qualidade da água não é fundamental apenas para as caldeiras, mas também para as tubulações de condução do vapor e nos aparelhos de aquecimento, condensação e resfriamento.

1.2.1.2 Incrustações

A sedimentação de sólidos no interior das caldeiras durante a produção de vapor causa o acúmulo de lodos e formação de incrustações. O lodo leve se acumula no balão de lodo no fundo dos balões de água e dali é eliminado por purgas periódicas da caldeira.

A permanência do lodo causa a sua deposição permanente e a adesão às superfícies metálicas de material mineral, ou associando material orgânico e mineral em camada contínua e sólida, às vezes cristalina e de difícil remoção. Depositado no interior dos tubos de água, reduz, ou mesmo fecha, a luz do conduto e reduz a troca térmica e a eficiência da caldeira.

As águas duras devem ser submetidas a tratamentos específicos para transformá-las em água potável para todo uso (Tabela 1.4).

Tabela 1.4 Classificação das águas em relação à dureza.

Classificação	Teor de carbonato de cálcio
Mole	Menos de 50 mg L^{-1} de $CaCO_3$
Dureza moderada	Entre 50 e 150 mg L^{-1} de $CaCO_3$
Dura	Entre 150 e 300 mg L^{-1} de $CaCO_3$
Muito dura	Acima de 300 mg L^{-1} de $CaCO_3$

Fonte: adaptada de Macêdo (2001).

1.2.2 Água de resfriamento

Água de resfriamento é a utilizada para abaixamento da temperatura ao final de uma operação unitária que envolve calor.

A recirculação da água se impõe pela necessidade de suprir a demanda cada vez maior para as necessidades biológicas da população e para as atividades industriais em geral.

Entre os métodos de reciclagem, deve-se dar atenção especial ao resfriamento da água usada nos diferentes processos; entre eles, a condensação de água evaporada ou de produção de vácuo conjugada com a condensação. São milhões de metros cúbicos de água que executam a operação e retornam aos espelhos de onde provieram, ou aos cursos d'água. Em ambos, a condensação gera água mais quente do que a usada para a operação.

O resfriamento se diferencia em sistema aberto, semiaberto e fechado.

O primeiro exige disponibilidade de grande área e de grande volume de água com boa qualidade e temperatura que se considera baixa. A água é recalcada da fonte para um trocador de calor e restituída à fonte para novos usos. O sistema é inconveniente; aquece o recurso hídrico e restringe o tratamento químico pelos altos custos.

Exemplo de sistema aberto é o que usa aspersores para resfriar a água em contato com o ar atmosférico, por pulverização e queda sobre espelho d'água na forma de chuva fina. Sua eficiência é limitada, pois depende da existência de grande área livre e da ocorrência de ventos, e as perdas são grandes.

O sistema semiaberto é usado quando é necessária grande vazão de água e sua disponibilidade é limitada. Depois de passar pelo trocador de calor, a água de resfriamento deve voltar à fonte hídrica, passando antes por redução da temperatura em uma torre de resfriamento.

Em análise simplista, as torres e aspersores são trocadores de calor, sujeitos às condições de condutividade térmica no local, dentro de padrões específicos.

Numa torre de resfriamento, a água aquecida é enviada para o topo, onde é uniformemente distribuída por toda a área de contato, e desce para a base por meio de calhas, dispositivo de cascata ou através de um leito de enchimento denominado colmeia. O resfriamento é feito pela circulação natural do ar ou por circulação forçada em contracorrente com a água a ser resfriada.

O resfriamento se dá por processo evaporativo e por transferência de calor. A evaporação causa queda de temperatura ao mesmo tempo que há troca térmica entre a água e o ar.

A redução da temperatura varia de acordo com o ponto de orvalho no ambiente (ponto em que o vapor-d'água presente no ar está prestes a condensar). Quanto mais baixo o ponto de orvalho, maior o diferencial de temperatura entre a água que entra na torre e a que sai. Para bom desempenho, além do maior diferencial de temperatura, o contato com o ar deve ser o mais uniforme possível.

Há perdas por evaporação da ordem de 1,4% da água de circulação a cada gradiente térmico de 10 °C (MACÊDO, 2007).

Quando há torre de resfriamento, é necessário familiarizar-se com termos usuais, como os que seguem: *blow-down*, ou drenagem na base da torre, *respingo*, ou perda de água sob a forma de névoa levada pelo vento, e *make-up*, ou adição de água na torre para repor a que se perde por evaporação.

A água é drenada na base para reduzir o acúmulo de contaminantes na água circulante, caracterizados por sólidos em solução. Drenando e repondo água nova, pode ser mantida a concentração de sólidos em solução, contribuindo para reduzir a formação de incrustações na torre, condensadores e trocadores de calor.

A diminuição do respingo pelo uso de dispositivos específicos conserva a água e os produtos químicos e melhora a eficiência da operação. A reposição de água afeta a sua qualidade no sistema.

Nos sistemas fechados de resfriamento, a água recircula através de um trocador de calor e resfria-se em circuito fechado com outro trocador. Este sistema não é evaporativo e a perda de água é mínima.

1.2.2.1 Incrustações e contaminações

Da mesma forma que as águas de caldeiras, as de resfriamento causam danos como corrosão, incrustação e contaminação microbiológica.

Ocorre acúmulo de material na superfície de troca térmica, depósitos que interferem na troca de calor. Denominado tecnicamente de *fouling*, o depósito pode ser inorgânico, orgânico e biológico.

O primeiro é causado por poeira da atmosfera, produtos de corrosão, por depósitos de óxidos de ferro, lama de fosfato de cálcio, incrustações de carbonatos e de sulfato de cálcio.

O *fouling* orgânico se caracteriza por depósitos de composição química variada e produtos oriundos de vazamentos durante o processo.

A incrustação microbiológica é formada pelo crescimento de algas, fungos e bactérias e se caracteriza por ser um material gelatinoso que adere às superfícies.

As torres e os aspersores são trocadores de calor nos quais "a velocidade de transferência é igual ao produto de um coeficiente de transferência, área de contato e a diferença de potencial" (MACÊDO, 2007).

A relação de transferência de calor em equipamento sujo é menor do que em equipamento limpo. Se a espessura da incrustação e a sua condutividade térmica são conhecidas, a resistência da incrustação pode ser computada como se fosse em paredes de tubos. Em operação, os trocadores ficam sujos, *fouled*, e devem ser limpos para remover os depósitos.

1.2.3 Água para limpeza e sanitização

Limpeza é a operação de eliminação de impurezas e sujidades que se acumulam ou aderem sobre superfícies, no exterior ou no interior de equipamentos e acessórios.

A água pode ser usada apenas para limpeza ou de forma mais ampla para higienização, que compreende a eliminação de impurezas, sujidades e microrganismos, com associação de detergentes e sanificantes.

Na simples limpeza, podem ser usadas águas naturais ou de chuva filtradas ou sumariamente tratadas, para lavagem de pisos externos ou internos, de veículos e para uso sanitário.

Para limpeza e sanitização, a característica química da água (pH, acidez, alcalinidade e composição mineral) determina o tipo de detergente e do sanificante a ser usado.

1.3 O CONSUMO SUSTENTÁVEL DE ÁGUA NA INDÚSTRIA DE BEBIDAS

O aumento populacional e industrial resultou numa situação em que a demanda por água de boa qualidade é maior que a oferta. A utilização de instrumentos regulatórios e econômicos, como a cobrança pelo uso dos recursos hídricos instituída pela Lei Federal de Recursos Hídricos n. 9.433, de 08/01/1997, e publicada no Diário Oficial da União – DOU em 09/01/1997, vem incentivar o emprego de tecnologias sustentáveis, pois tem por objetivo a redução do consumo de água e da consequente geração de efluentes. Com a lei, o planejamento do uso da água deixou de ser feito em função de interesses políticos e passou a considerar as necessidades das gerações futuras.

A indústria de bebidas utiliza grande quantidade de água, cujo consumo e distribuição pelas áreas da fábrica dependem de diversos fatores, entre eles o tipo de vasilhame utilizado e a tecnologia empregada para limpeza.

A necessidade de se preservar a água tem feito crescer a prática de se contabilizar as "pegadas de água" (*water footprint*) de indivíduos, produtos, países ou empresas. "Pegadas de água" é um indicador que contabiliza toda a água consumida direta ou indiretamente por um consumidor ou sistema de produção. Por essa prática, para se produzir um litro de refrigerante, chega a se contabilizar 500 litros de água, pois se considera a água usada para se produzir todos os insumos do refrigerante, como o açúcar, por exemplo. Para se reduzir as "pegadas de água", é necessário reduzir o consumo desse bem, modificando o processo e empregando-se técnicas de reúso.

As empresas têm trabalhado no sentido de diminuir o consumo de água. A Ambev (Companhia de Bebidas das Américas) utilizou, em média, nas unidades de suas empresas, no ano de 2007, 1,71 litros de água para cada litro de refrigerante produzido. Em uma das filiais, conseguiu-se economia ainda maior, 1,25 litros de água/litro de refrigerante. Para atingir essas metas, a Ambev instalou medidores em cada etapa do processo produtivo e determinou para cada área de trabalho uma meta de consumo. Além disso, toda água excedente é reaproveitada em atividades que não envolvem a elaboração de produto (AMBEV, 2009).

O uso de medidas de produção mais limpa (P+L), que visa diminuir a quantidade de água utilizada na empresa e, consequentemente, a redução na geração de efluentes, é sempre bem-vindo, em função das vantagens econômicas e ambientais dele decorrentes.

Para a implantação de um programa de redução de geração de efluentes, deve-se monitorar o consumo de água, instalando-se medidores de vazão e totalizadores de fluxo nos equipamentos de maior consumo. A instalação de acessórios que possam interromper o suprimento de água durante as paradas de produção ou em caso de falta de energia elétrica pode evitar a ocorrência de transbordamento. A reutilização da água de um setor, em outros setores onde sua qualidade não é o fator primordial, deve ser considerada e pode gerar economia substancial.

1.3.1 Gasto de água

Para o projeto de uma indústria de bebidas, é necessário estimar o consumo de água. As cervejarias consomem elevada quantidade de água, que é o primeiro problema a resolver quando se dispõe a instalar uma fábrica.

As destilarias também consomem muita água, e no caso das que produzem bebidas feitas com amiláceos, a exigência é maior do que nas que trabalham com cana-de-açúcar e seu derivado principal, o melaço. Normalmente se admite que a diluição do melaço exige quatro vezes o volume usado desta matéria-prima, dependendo da concentração em sólidos e em açúcares do melaço usado, se há mistura de caldo ou de águas doces residuárias.

Segundo dados internacionais publicados no ano de 1990 e apresentados pela Fiesp (2004), o consumo de água em fábricas de bebidas maltadas está assim distribuído: resfriamento sem contato, 72%; processos e atividades afins, 13%; uso sanitário e outros, 15%.

A necessidade de água por litro de bebida produzida varia em função do tipo de bebida, embalagem e país de fabricação. Para a produção de cerveja no Reino Unido, são consumidos de 6 a 10 litros de água por litro produzido; em Israel, o consumo é de 13,5; e nos Estados Unidos, 15,0 (FIESP, 2004). Estudos de 2003 mostram que algumas cervejarias conseguem chegar a índices de 3,7 a 8 (SANTOS; RIBEIRO, 2005).

O tipo de embalagem utilizado no envase do produto influencia bastante o consumo de água. Indústrias que utilizam garrafas retornáveis precisam de uma etapa extra de lavagem para remoção dos rótulos e para sua higienização. Fábricas que utilizam embalagens metálicas e de vidro não retornáveis consomem menos água porque a etapa para sua lavagem utiliza apenas um jato de água quente.

Algumas empresas têm investido em pesquisas sobre a utilização de água ozonizada no processo de sanitização das embalagens para se reduzir o consumo de água e o uso de sanitizantes químicos.

Santos e Ribeiro (2005) publicaram a seguinte distribuição do consumo de água numa cervejaria: 44% para operações de limpeza e desinfecção, 20% para preparo do mosto, 11% para resfriamento e 25% para outros fins, como produção de vapor, sanitários, refeitórios e perdas. Os autores também detalham a quantidade de água, em litros, utilizada em cada etapa do processo de fabricação por litro de cerveja produzida: produção do mosto, 1,30 a 2,36; fermentação, 0,32 a 0,53; maturação, 0,24 a 0,67; filtração, 0,31 a 1,09; envase em garrafa, 0,59 a 1,63; envase em barril, 0,13 a 0,61; outros usos, 2,00 a 2,04.

Na produção de uísque, os Estados Unidos utilizam de 2,6 a 76 litros de água por litro de produto. Para a fabricação de destilados alcoólicos, as empresas de Israel consomem 30 litros de água por litro de bebida. Na fabricação de vinho, o consumo específico é 2,9 na França e 0,5 em Israel (FIESP, 2004).

Em plantas que produzem apenas concentrados para refrigerantes e refrigerantes carbonatados, o consumo específico de água varia de 2,3 a 6,1 litros de água por litro de refrigerante produzido.

Nas grandes destilarias de aguardentes de cana ou de derivados, a recirculação da água pode ser de grande importância para a economia da fabricação, sobretudo porque nem sempre há disponibilidade do líquido para todas as operações da indústria. Essa recirculação obriga ao uso de dispositivos de refrigeração e tratamentos específicos para eliminação de terra e impurezas ou para transformar a água de açudes ou mananciais em água-doce e potável.

O consumo de água para lavagem de cana pode chegar a 10 metros cúbicos por tonelada de cana. Se não houver lavagem ou se a água for reciclada, o volume é substancialmente reduzido.

A água para caldeira, que deve ser tratada, pode ser estimada pela quantidade de vapor gasta para a produção de energia motora e da energia térmica. Esta é bem inferior e pode ser estimada em 3 a 5 kg de vapor consumido por kg de destilado (aguardente). Este consumo pode ser maior ou menor, de acordo com o sistema de destilação adotado e terá de ser calculado de acordo com as especificações do fabricante do equipamento.

Para a fermentação, quando se tratar de caldo de cana, o consumo de água varia de acordo com a maturação da cana e o grau de diluição empregado na preparação do mosto.

Uma cana madura com caldo de 20 °Brix, se for transformado em mosto de 15 °Brix, consome 13% de água aproximadamente, ou seja, para cada 100 litros de caldo serão adicionados 13 de água. Para uma cana com caldo de 16 °Brix não haverá diluição e para uma de 18 °Brix a diluição é feita com a adição de 10 a 11 litros de água.

1.3.1.1 Água para lavagem das embalagens

As garrafas retornáveis de vidro, depois de inspecionadas, passam pela lavadora para a retirada de rótulos, sujidades e sanitização, onde são lavadas com uma solução alcalina e detergente, e enxaguadas com água quente. Para reduzir o consumo nas lavadoras, é aconselhado instalar válvulas para cortar o fluxo de água nas paradas, usar aspersores mais eficientes, de menor consumo, controlar a pressão para evitar vazões maiores que as necessárias, circular a água de lavagem em contracorrente, ou seja, usar água limpa nas últimas etapas e o efluente destas nas etapas anteriores. Outra medida que possibilita redução no consumo de água em até 30% é utilizar o efluente da etapa de enxágue na pré-lavagem das garrafas. Esse efluente ainda pode ser utilizado na lavagem de engradados e pisos.

1.3.2 Redução do consumo de água

Numa indústria de bebidas, a água pode ter vários usos, e o seu custo tem relação direta com a quantidade utilizada. No cômputo do custo da água, deve ser levada em consideração a qualidade requerida, equipamentos utilizados para seu deslocamento, como bombas, o montante de efluente gerado e o processo de tratamento desse efluente. Segundo dados apresentados pela Federação das Indústrias do Estado de São Paulo (FIESP, 2005), o custo da água representa, em média, 1% do faturamento da empresa, podendo chegar, em alguns casos, a 4%. Porém, com a adoção de algumas ações para se economizar água, pode-se chegar à redução de consumo de 20% a 50%.

Com a instituição da cobrança pelo uso da água pela Agência Nacional de Águas (ANA), ligada ao Ministério do Meio Ambiente, as empresas passarão a pagar pelo volume de água captada do manancial, pelo seu consumo (volume captado que não retorna ao corpo hídrico) e pelo despejo de efluente no corpo receptor. Essa cobrança servirá de incentivo à redução de consumo e ao reúso para reduzir o passivo ambiental e aumentar os lucros das empresas.

Os valores dessa cobrança ainda estão sendo discutidos pelos Comitês de Bacias Hidrográficas, mas já se sabe que a cobrança pelo despejo de efluente no corpo receptor será função não só da quantidade, mas também da sua qualidade. O próprio usuário é quem deverá declarar os valores de consumo e despejo, para fins de outorga e emissão do boleto de cobrança.

Para tentar reduzir seu consumo, alguns procedimentos podem ser empregados: o monitoramento do consumo de água por meio de medidores de vazão e totalizadores de fluxo nos equipamentos de maior vazão; a implantação de programas de manutenção preventiva para redução ou eliminação de vazamentos; e a instalação de equipamentos que cortem o fluxo de água nas paradas de produção e o uso de limpeza CIP. Nos sanitários, a implantação de torneiras de fechamento automático e de descargas sanitárias com menor volume de água por fluxo também ajuda a reduzir o consumo nesse setor. Deve-se sempre privilegiar o uso de limpeza a seco (raspagem e varredura), utilizar água com equipamentos de alta pressão e apenas quando necessário. O controle de qualidade adequado, tanto dos ingredientes quanto do processo, reduz perdas e necessidade de reprocesso, com consequente redução do consumo de água.

Outro ponto a se considerar para reduzir o consumo de água é seu reúso.

1.3.3 Reúso da água

O reúso é a utilização de uma água que já foi empregada em qualquer outro processo. É um conceito utilizado há centenas de anos; no mundo inteiro, milhões de pessoas utilizam águas captadas a jusante do lançamento de efluentes. Vários países, em destaque Israel, utilizam há muitos anos efluentes tratados na irrigação de suas lavouras, especialmente em regiões áridas. O reúso de água vem ganhando força devido à necessidade urgente de diminuir a poluição de corpos d'água.

Segundo a Organização Mundial de Saúde (OMS), existem três tipos de reúso:

- Reúso indireto: quando a água já usada uma ou mais vezes e descartada em corpos d'água é utilizada de forma diluída por sua captação a partir desses corpos.
- Reúso direto: é o uso planejado de efluentes industriais ou domésticos, tratados para usos industriais, irrigação, recarga de aquífero e obtenção de água potável.
- Reciclagem interna: é a utilização de uma água já usada num processo dentro de uma determinada empresa em qualquer outra operação industrial. A reciclagem interna tem por objetivo reduzir o consumo de água e a geração de efluentes.

A norma NBR 13969, de 1997, além de classificar o reúso como direto e indireto, classifica este último como *reúso indireto* ou *reúso indireto planejado da água*. No *reúso indireto*, a água utilizada em alguma atividade humana é descarregada no meio ambiente e novamente usada a jusante, em sua forma diluída, de maneira não intencional e não controlada. Caminhando até o ponto de captação para novo usuário, ela está sujeita às ações naturais do ciclo hidrológico (diluição e autodepuração). No *reúso indireto planejado da água*, os efluentes, depois de tratados, são descarregados de maneira planejada nos corpos de águas superficiais ou subterrâneas, para serem usados a jusante, de maneira controlada, no atendimento de algum uso benéfico.

O reúso da água deve ser feito após uma avaliação geral das necessidades de água de uma empresa, tanto em termos de quantidade quanto de qualidade. A água utilizada na lavagem dos pisos de estacionamento, por exemplo, não precisa ter a mesma qualidade que a água a ser incorporada à bebida, assim como a água utilizada na primeira etapa da lavagem de garrafas retornáveis não precisa ser tão limpa quanto à última água para seu enxágue.

No Estado de São Paulo, as companhias de saneamento ofertam às empresas "água de utilidade", produzida mediante tratamento secundário de efluentes, a preços menores que os da água potável. Segundo Hespanhol (2008), na Região Metropolitana de São Paulo, a água potável é vendida por metro cúbico quatro vezes mais cara do que a água de utilidade.

Apesar de a água de reúso ou de utilidade não ter a mesma qualidade da água potável, há várias aplicações dela numa planta industrial alimentícia (HESPANHOL, 2008; MANCUSO; SANTOS, 2003), como: utilização em torres de resfriamento, produção de vapor, lavagem de pisos e veículos, irrigação de áreas verdes, utilização em descargas de vasos sanitários e mictórios.

Nas indústrias de bebidas, o reúso pode ser empregado em diversas etapas do processamento (SANTOS; RIBEIRO, 2005), como:

- na lavadora de garrafas: onde a água do último enxágue pode ser empregada na pré-lavagem das garrafas, com redução de até 30% no consumo, e o efluente ainda pode ser utilizado na lavagem de engradados;
- no pasteurizador: fazendo a pasteurização em circuito fechado, reutilizando a água de aquecimento das garrafas ou latas para um novo processo de pasteurização;
- na limpeza de equipamentos: reutilizando a água de enxágue de um equipamento como água de pré-limpeza de outro ou do mesmo;
- no envase: reutilizando no próprio equipamento a água utilizada na obtenção de vácuo para retirar o ar da garrafa antes do enchimento, reduzindo o consumo de água nesta etapa em até 50%.

Algumas empresas têm investido em tecnologia para poder reaproveitar a água utilizada em partes do processo. A empresa Naturella, que engarrafa água mineral e produz *soft drinks* (sucos de frutas), situada na cidade de Ohringen, na Alemanha, esteriliza as garrafas PET antes do enchimento asséptico, com uma solução antisséptica e depois as enxágua com água purificada. Essa água de rinsagem, contaminada com pequena quantidade de desinfetante, é filtrada por um sistema de osmose reversa, em que os sais dissolvidos, assim como o desinfetante alterado quimicamente, são retidos por uma membrana. O permeado, que é água limpa de elevada pureza, retorna para ser utilizado na rinsagem das garrafas. Apenas uma pequena quantidade dessa água é drenada e reposta por água de abastecimento. Dessa forma, reduz-se significativamente o consumo de água para rinsagem.

A Coca-Cola do Brasil, desde o ano 2000, vem trabalhando para melhorar a eficiência hídrica de suas unidades. Em 2000 a empresa consumia 2,54 litros de água por litro de bebida produzida, e em 2020 esse volume baixou: para cada litro de bebida produzida foi consumido 1,55 litro de água, superando a meta, que era captar 1,68 litro de água para cada litro de bebida produzida. Várias foram as ações tomadas para se reduzir o consumo de água, como aproveitamento de água da chuva para utilização no processo industrial, reutilização da água de lavagem das embalagens retornáveis, otimização do processo de tratamento de água, utilização de resinas iônicas mais eficientes para descarbonizantes, automação dos processos de refrigeração, condensadores e caldeiras, assim como aproveitamento da água dos descartes das Estações de Tratamento de Água (ETA).

A Associação Brasileira de Normas Técnicas – ABNT, pela sua NBR 13969, de 1997, prevê para as águas de reúso os seguintes destinos:

Irrigação paisagística: parques, jardins, cemitérios, campos de golfe, faixas de domínio de autoestradas, *campus* universitários, cinturões verdes e gramados residenciais.

Irrigação de campos para cultivos: plantio de forrageiras, plantas fibrosas e de grãos, plantas alimentícias, viveiro de plantas ornamentais, proteção contra geadas.

Usos industriais: refrigeração, alimentação de caldeiras, água de processamento.

Recarga de aquíferos: recarga de aquíferos potáveis, controle de intrusão marinha, controle de recalque de subsolo.

Usos urbanos não potáveis: irrigação paisagística, combate ao fogo, descarga de vasos sanitários, sistemas de ar-condicionado, lavagem de veículos, lavagem de ruas e pontos de ônibus.

Finalidades ambientais: aumento de vazão de cursos d'água, aplicação em pântanos, terras alagadas.

Usos diversos: aquicultura, construções, controle de poeira, dessedentação de animais.

As normas da ABNT classificam as águas de reúso e determinam a observação rigorosa de suas características para o uso comum (Tabela 1.5).

Tabela 1.5 Classes de reúso de águas residuais, tratamento e características.

Classe	Uso e tratamento	Características
1	Uso: lavagem de veículos e outros usos que exigem contato direto do usuário com a água, com possível aspiração de aerossóis pelo operador, incluindo chafarizes. Tratamento: aeróbio, filtração convencional e cloração.	Turbidez: < 5 Coliformes fecais: < 200 NMP/100 mL Sólidos dissolvidos totais: < 200 mg/L pH: entre 6,0 e 8,0 Cloro residual: entre 0,5 mg/L e 1,5 mg/L
2	Uso: lavagem de pisos, calçadas, irrigação de jardins, manutenção de lagos e canais paisagísticos, exceto chafarizes. Tratamento: biológico aeróbio seguido de filtração de areia e desinfecção.	Turbidez: < 5 Coliformes fecais: < 500 NMP/100 mL Cloro residual: superior a 0,5 mg/L
3	Uso: reúso nas descargas de vasos sanitários. Tratamento: normalmente, as águas de enxágue de máquinas de lavar roupas satisfazem a este padrão, exigindo apenas cloração. Em casos gerais, tratamento aeróbio seguido de filtração e desinfecção.	Turbidez: < 10 Coliformes fecais: < 500 NMP/100 mL
4	Uso: reúso em pomares, cultivo de cereais, forragens, pastagens e outros cultivos por escoamento superficial ou por sistema de irrigação pontual. Cuidado: as aplicações devem ser interrompidas pelo menos 10 dias antes da colheita.	Coliformes totais: < 5.000 NMP/100 mL

Fonte: adaptada da ABNT – NBR 13969/97.

1.3.4 Águas de chuva

Não se pode confundir aproveitamento de água de chuva com reúso ou reaproveitamento, pois estes termos se referem ao emprego de águas previamente usadas em operações domésticas, comerciais ou industriais, e as águas de chuva não tiveram uso prévio.

De acordo com a Companhia de Tecnologia de Saneamento Ambiental do Estado de São Paulo – Cetesb, a legislação brasileira considera as águas de chuva como esgoto. É correto, pois descem dos telhados, correm pelos pisos para as bocas de lobo, em sarjetas e canaletas diversas, carreando impurezas, sujidades, suspendendo e dissolvendo materiais diversos, arrastando todo tipo de produtos para cursos d'água e espelhos (Cetesb, 2022).

Excetuando as recolhidas em instalações especialmente construídas, as águas de chuva se caracterizam como esgotos, e seu aproveitamento exige tratamentos especiais de acordo com o tipo de impurezas que carreiam. O tratamento vai de uma simples filtração a tratamento complexo e desinfecção. Sua utilização doméstica ou industrial depende da qualidade após sua captação e tratamentos, e se enquadra nas classes de água já estudadas.

1.4 TRATAMENTO DE ÁGUA

O tratamento de água tem por objetivo condicionar as características da água bruta, isto é, da água como é encontrada na natureza, a fim de atender à qualidade necessária a determinado uso. Após o tratamento, a água para consumo humano deverá apresentar qualidade conforme os padrões de potabilidade exigidos pelo Ministério da Saúde, atualmente estabelecidos pela Portaria n. 888, de 4 de maio de 2021 (BRASIL, 2021). Água bruta de qualquer qualidade pode ser tratada e destinada ao consumo humano, embora os custos e riscos envolvidos possam ser extremamente elevados, inviabilizando a implantação da estação de tratamento.

Basicamente, a concepção das estações de tratamento de águas superficiais adota a combinação das seguintes etapas, com suas respectivas finalidades:

- *Clarificação* ⇒ remover turbidez, microrganismos e alguns metais pesados.
- *Desinfecção* ⇒ eliminar microrganismos patogênicos.
- *Fluoretação* ⇒ prevenir a cárie dentária em crianças.
- *Correção do pH* ⇒ controlar corrosão e incrustação, principalmente em tubulações e órgãos acessórios da rede de distribuição.

Para o tratamento de águas subterrâneas, dependendo da sua qualidade, faz-se necessário somente a desinfecção.

Em função das substâncias presentes nas águas naturais, alguns processos diferentes dos anteriormente descritos podem ser necessários. Vários desses processos são complexos, apresentando custo elevado e uma operação especializada. Apresenta-se a seguir a finalidade de alguns desses processos.

- *Abrandamento* ⇒ reduzir dureza da água e remover alguns contaminantes inorgânicos.
- *Adsorção* ⇒ remover contaminantes orgânicos e inorgânicos, controlar sabor e odor.
- *Aeração* ⇒ remover contaminantes orgânicos e oxidar substâncias inorgânicas.
- *Oxidação* ⇒ remover contaminantes orgânicos e substâncias inorgânicas.
- *Tratamento com membranas* ⇒ remover contaminantes orgânicos e inorgânicos.
- *Troca iônica* ⇒ remover contaminantes inorgânicos.

A presença de componentes orgânicos ou inorgânicos na água bruta, em concentrações excessivas, conduz à necessidade de se implantar um dos processos especiais aqui citados. Obviamente, uma adequada seleção do manancial de captação de água ou o adequado gerenciamento de sua bacia são formas de se prevenir a presença de componentes indesejáveis nos corpos d'água.

O tratamento da água pode ser simplificado, convencional ou avançado, que dependerá da qualidade da água bruta.

As tecnologias de tratamento podem ser divididas em dois grupos: sem ou com coagulação química. Na Figura 1.1 está apresentado um fluxograma das diferentes tecnologias de tratamento de água.

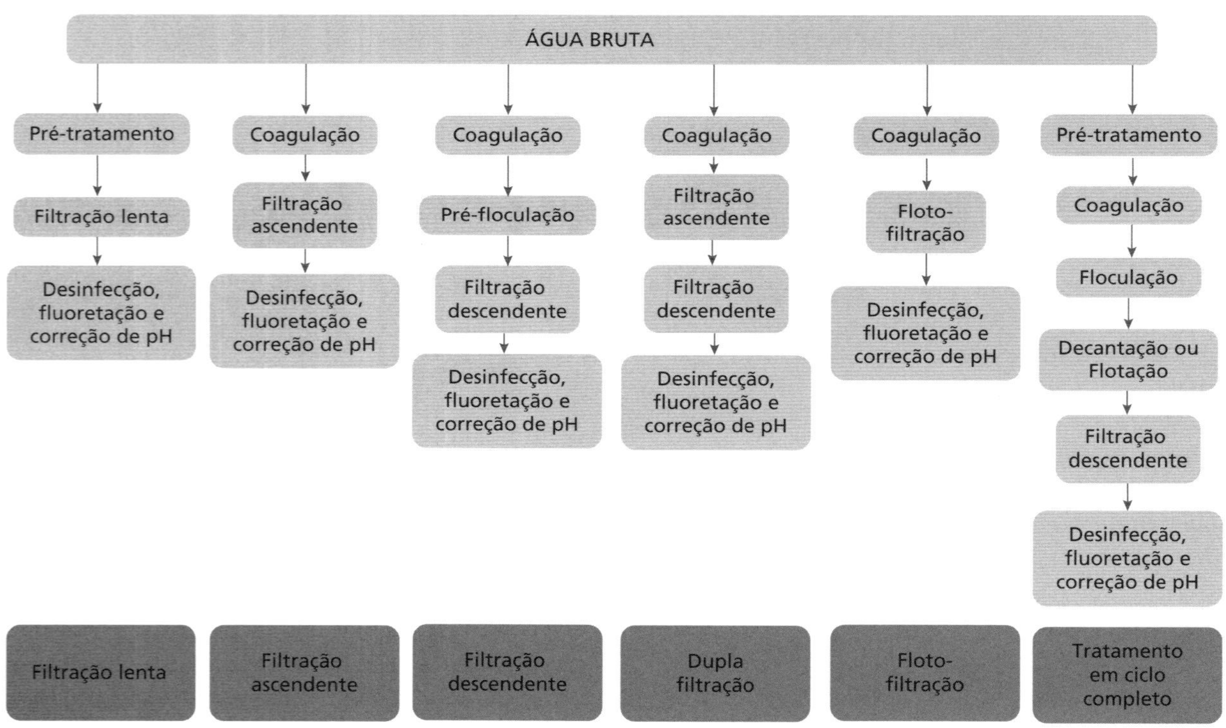

Figura 1.1 Fluxograma das diferentes tecnologias de tratamento de água.

Fonte: adaptada de Di Bernardo (2000).

Cada uma das tecnologias de tratamento de água apresentadas na Figura 1.1 deve ser implantada após estudo da qualidade da água do manancial de abastecimento, estudo de tratabilidade da água em escala de laboratório e, se possível, estudo de tratabilidade em escala piloto. De todas as tecnologias de tratamento de água apresentadas na Figura 1.1, somente na filtração lenta não se utiliza a coagulação química.

No tratamento de água, a clarificação é a etapa que se constitui de processos e operações unitárias, destinada à remoção de sólidos, como coagulação química, floculação, sedimentação ou flotação e filtração. A seguir, é feita a descrição dos processos e operações envolvidos na etapa de clarificação da água.

1.4.1 Clarificação de água por coagulação química

1.4.1.1 Coagulação química

A coagulação é a primeira etapa do tratamento de água e depende fundamentalmente das características da água bruta, conhecidas pelos parâmetros de pH, alcalinidade, cor aparente e verdadeira, turbidez, temperatura, potencial zeta, condutividade elétrica, tamanho e distribuição das partículas em estado coloidal e em suspensão, e outros.

Os coagulantes químicos mais utilizados são: cloreto férrico PA, cloreto férrico líquido, sulfato ferroso clorado líquido, sulfato férrico PA, sulfato férrico, sulfato férrico líquido, hidroxicloreto de alumínio líquido (cloreto de polialumínio), hidroxicloreto de alumínio em pó, sulfato de alumínio PA, sulfato de alumínio sólido, sulfato de alumínio líquido.

No processo de coagulação, os agentes coagulantes têm por função neutralizar as forças eletrostáticas de repulsão das partículas colidais, fazendo com que se aproximem e formem coágulos de maior densidade. Geralmente é necessária a agitação intensa para que o processo seja eficiente. A unidade de mistura rápida pode ser hidráulica ou mecânica, dependendo da vazão a ser tratada, da variação da qualidade da água bruta e, principalmente, das condições disponíveis para operação e manutenção.

1.4.1.2 Floculação

No processo de floculação, os coágulos são aglutinados, formando agregados maiores, os flocos. Com o aumento do tamanho dos flocos, as forças de cisalhamento podem causar sua ruptura. A agregação e a ruptura ocorrem simultaneamente, conduzindo a uma única condição de distribuição de tamanho dos flocos. A mistura lenta, que promoverá a formação dos flocos, pode ser feita em unidades de floculação hidráulicas, por meio de chicanas, ou em unidades mecanizadas, com agitadores mecânicos.

1.4.1.3 Sedimentação e flotação

A sedimentação é o fenômeno físico pelo qual as partículas em suspensão apresentam movimento descendente em meio líquido de menor massa específica, devido à ação da gravidade, enquanto a flotação se caracteriza pela ascensão das partículas suspensas, pela aderência a elas de microbolhas de ar, tornando-as de menor massa específica que o meio onde se encontram. A ocorrência da sedimentação ou da flotação das partículas suspensas propicia a clarificação do meio líquido, ou seja, operação de separação das fases sólida e líquida. Os decantadores podem ser convencionais, que consistem em grandes tanques retangulares com escoamento horizontal ou unidades mecanizadas com escoamento ascendente. Além dos convencionais, que demandam grandes áreas, existem os decantadores de alta velocidade, compostos de módulos tubulares ou de placas planas paralelas.

A flotação por ar dissolvido pode ser de três tipos: flotação a vácuo, microflotação e flotação pressurizada. A flotação pressurizada, em que o ar é dissolvido na água sob pressão, é a mais utilizada e pode ser de três tipos: com pressurização parcial do afluente, com pressurização total do afluente e com pressurização da recirculação Segundo Di Bernardo e Dantas (2005), em tratamento de água, o sistema com pressurização da recirculação tem sido o mais recomendado, pois se trata da remoção de flocos frágeis.

1.4.1.4 Filtração

A filtração consiste na remoção de partículas suspensas e coloidais e de microrganismos presentes na água que escoa através de um meio poroso. Em geral, a filtração é o processo final de remoção de impurezas realizado em uma estação de tratamento de água e, portanto, principal responsável pela produção de água com qualidade condizente com os padrões de potabilidade. Na filtração rápida descendente, com ação de profundidade, as impurezas são retidas ao longo do meio filtrante, em contraposição à de ação superficial, em que a retenção é significativa apenas no topo do meio filtrante. Independentemente da condição de filtração, após certo tempo de funcionamento, há a necessidade da lavagem do filtro, geralmente realizada por meio da introdução de água no sentido ascensional com velocidade relativamente alta para promover a fluidificação parcial do meio granular com liberação das impurezas (DI BERNARDO; DANTAS, 2005).

1.4.2 Clarificação de água por coagulação química e sem pré-tratamento

As tecnologias de tratamento de água quimicamente coagulada sem o emprego de pré-tratamento e suas principais características são descritas a seguir, de forma sucinta.

1.4.2.1 *Tratamento em ciclo completo*

Também denominado tratamento convencional, compreende as operações de coagulação, floculação, sedimentação ou flotação e filtração.

A filtração pode ser direta descendente ou ascendente.

Na *filtração direta descendente*, a água bruta coagulada é introduzida na parte superior da unidade filtrante. O meio filtrante é geralmente constituído de antracito (carvão mineral fóssil) e areia ou somente areia praticamente uniforme, para garantir que haja penetração de impurezas ao longo do material granular, resultando em filtração com duração razoável. Como essa condição é fundamental para o funcionamento satisfatório da estação de tratamento, a lavagem do meio filtrante deve ser efetuada com ar e água.

Na *filtração direta ascendente*, a água bruta é coagulada e introduzida na parte inferior da unidade filtrante, a qual deve possuir fundo e sistema de drenagem apropriados, camada de pedregulho (camada suporte) adequada e meio filtrante constituído unicamente de areia. Na camada de pedregulho, ocorre formação intensa de flocos, sendo responsável pela remoção de pelo menos 50% das impurezas (DI BERNARDO; DANTAS, 2005). Devido às dificuldades na retirada das impurezas do interior da camada de pedregulho, torna-se imperiosa a execução de descarga de fundo, em que é feita a drenagem da água do interior do filtro até que o nível de água se encontre acima do meio filtrante, antes da lavagem. Para melhor entendimento, na Figura 1.2 é mostrado o esquema, em corte, de um filtro desse tipo.

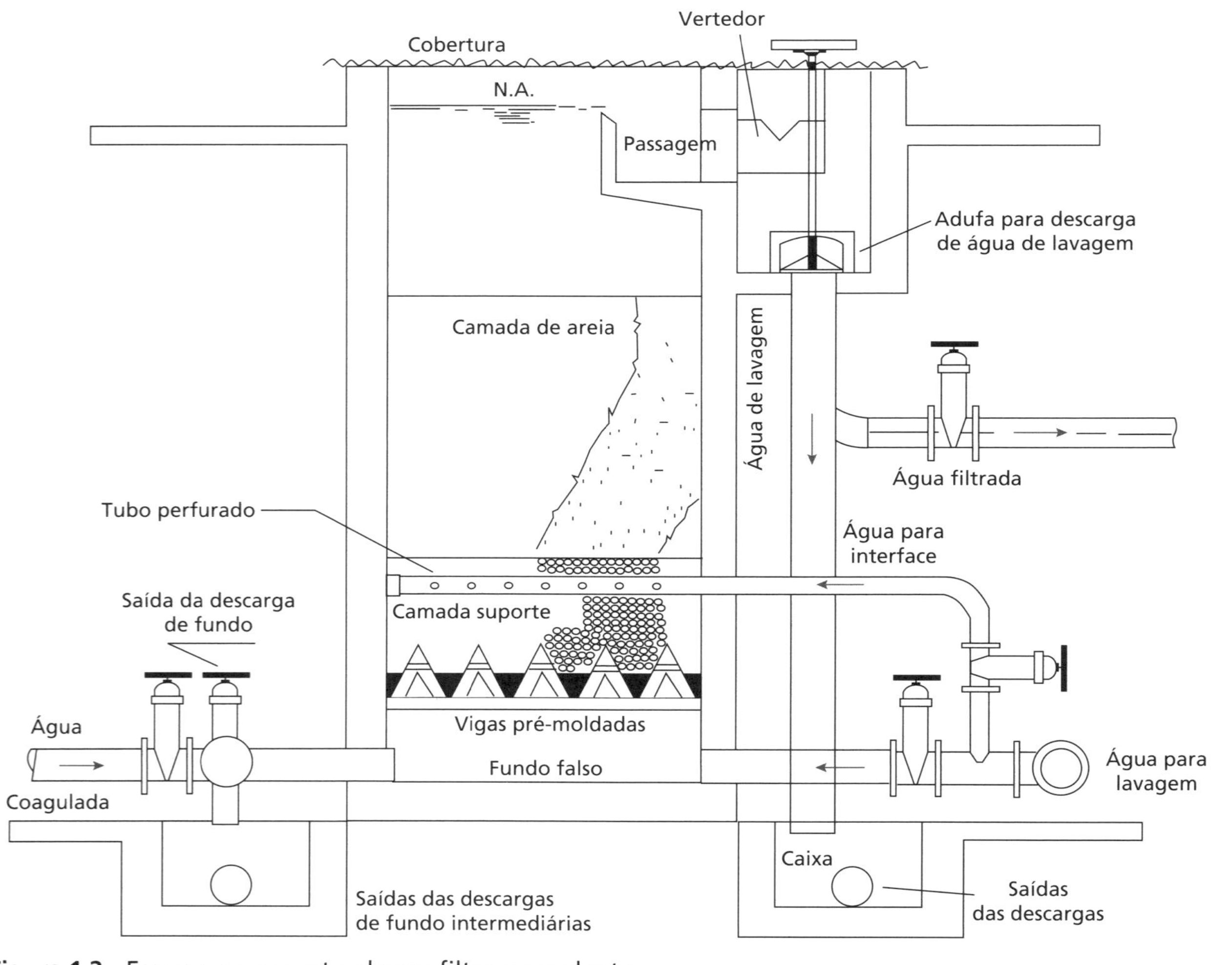

Figura 1.2 Esquema, em corte, de um filtro ascendente.

Fonte: Di Bernardo e Dantas (2005).

Existe também a *dupla filtração*, na qual se tem a associação da filtração direta ascendente com a filtração descendente. Nos dois filtros, além da camada de pedregulho, é usado meio filtrante constituído unicamente de areia, com a diferença de que a areia no filtro ascendente possui grãos maiores que aquela usada quando se tem somente a filtração direta ascendente. Na Figura 1.3, é mostrado o esquema, em corte, de uma estação de dupla filtração.

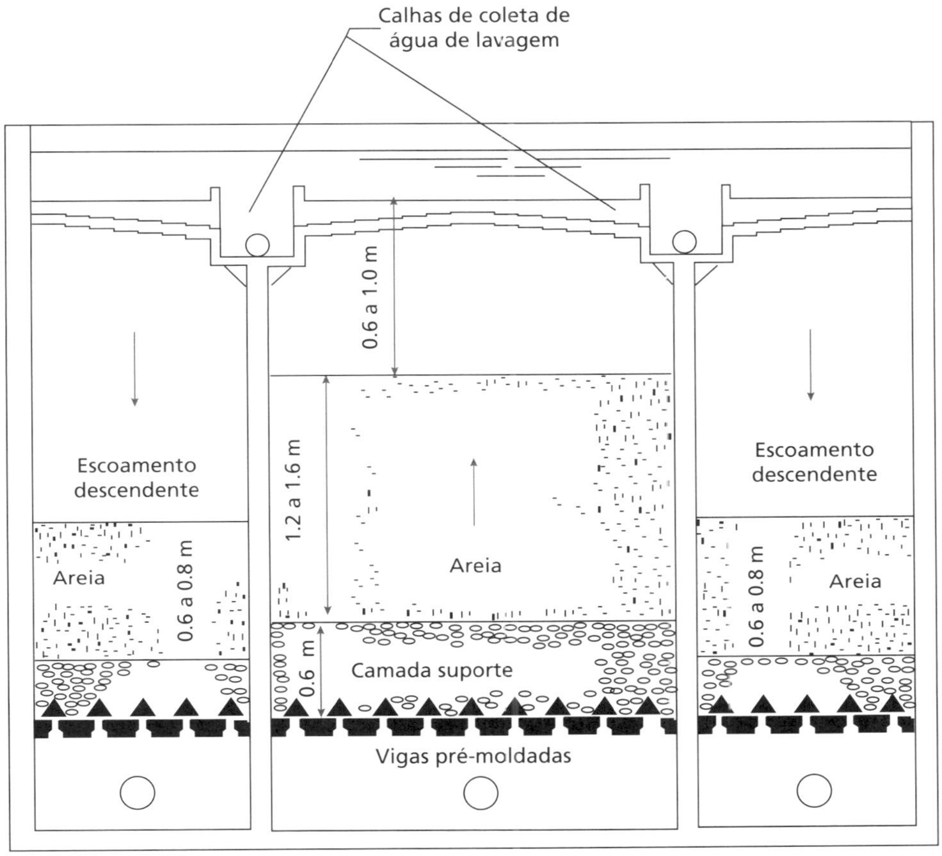

Figura 1.3 Esquema, em corte, de uma estação de dupla filtração.

Fonte: Di Bernardo e Dantas (2005).

Outra tecnologia utilizada para se realizar o processo de filtração é a *floto-filtração*. Neste caso, depois de passar pelos processos de coagulação e floculação, a água passa por um processo de flotação. Embora a flotação possa ser utilizada inclusive para adensamento de lodo, o emprego da tecnologia de floto-filtração tem se restringido aos casos de mananciais que apresentem cor elevada ou alta concentração de algas (DI BERNARDO; DANTAS, 2005).

1.4.3 Clarificação de água sem coagulação química

1.4.3.1 Filtração lenta

A filtração lenta é uma tecnologia de tratamento sem coagulação química, constituindo-se em um processo biológico de tratamento de água, com formação de uma camada biológica no topo do meio filtrante, a qual é constituída de partículas inertes, de matéria orgânica e de uma grande variedade de organismos, como algas, vírus, bactérias, protozoários, metazoários etc. Essa camada biológica é também conhecida como superfície de coesão ou *schmutzdecke* (do alemão, que significa camada de sujeira) e sua formação pode levar dias ou até semanas. O tempo decorrido para a formação do *schmutzdecke* e para que seja produzida água de qualidade satisfatória é denominado período de amadurecimento do filtro e depende de vários fatores, como qualidade da água bruta, existência de unidades de pré-tratamento, velocidade de filtração, método de limpeza dos filtros, entre outros (DI BERNARDO; DANTAS, 2005).

Dependendo da carga hidráulica disponível para a retenção de impurezas, da espessura do meio filtrante e do sistema de drenagem, a altura total da caixa do filtro varia entre 2 e 3 m (DI BERNARDO; DANTAS, 2005). A carga hidráulica disponível está relacionada à razão de filtração adotada, que pode variar de 3 a 9 m^3/m^2d. Como a taxa de filtração é inversamente proporcional à área do filtro, devem-se prever grandes áreas para a implantação desses filtros. Na indústria pode não haver a disponibilidade da área requerida para a filtração lenta, podendo-se optar pela filtração rápida.

O meio filtrante geralmente é constituído de areia relativamente fina (0,1 a 1,0 mm) com espessura de 0,8 a 1,0 m ou mantas sintéticas dispostas sobre a areia de mesmas características granulométricas, porém com camada de espessura menor (0,4 m). Nas Figuras 1.4 e 1.5 estão apresentados os esquemas de filtros lentos com nível de água constante e com nível de água variável, respectivamente.

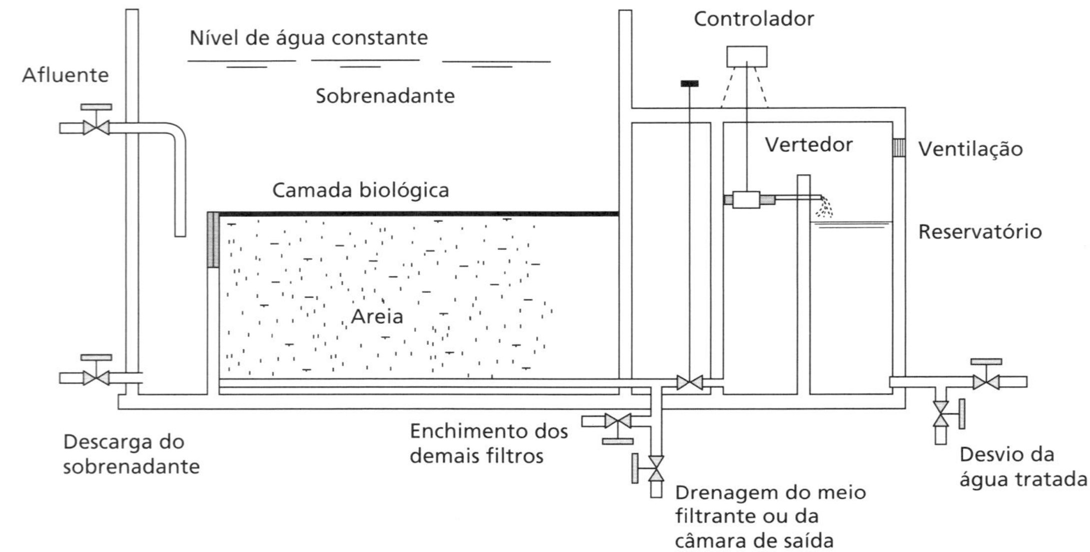

Figura 1.4 Esquema, em corte, de um filtro lento com nível de água constante.

Fonte: adaptada de Di Bernardo e Dantas (2005).

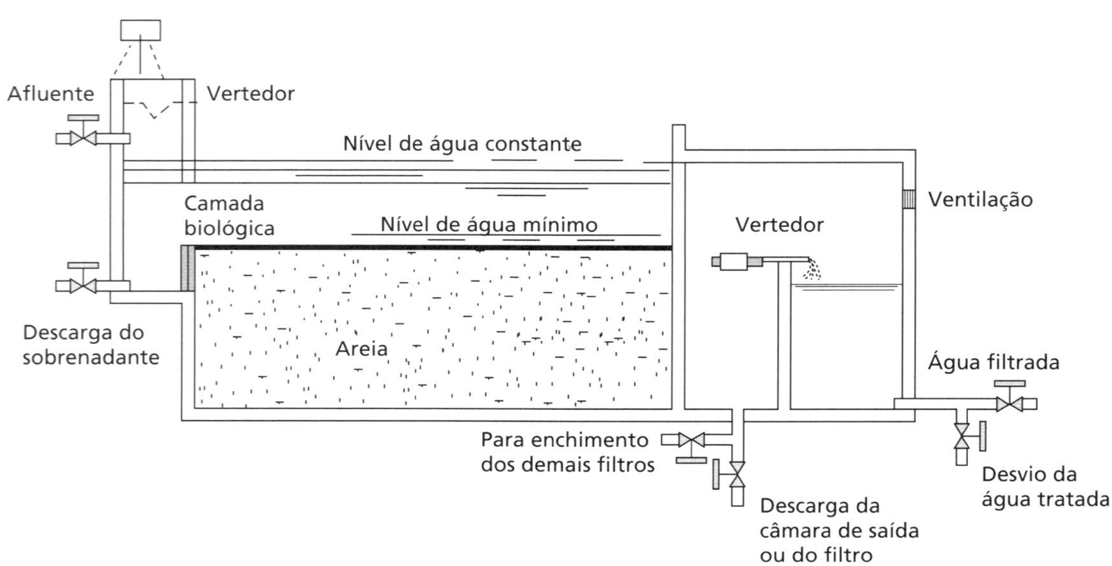

Figura 1.5 Esquema, em corte, de um filtro lento com nível de água variável.

Fonte: adaptada de Di Bernardo e Dantas (2005).

1.4.4 Desinfecção e oxidação

Segundo Di Bernardo e Dantas (2005), a desinfecção é um processo que usa um agente químico ou não químico para a inativação de microrganismos patogênicos presentes na água, incluindo bactérias, protozoários e vírus, além de algas, por meio da ocorrência de um ou mais dos seguintes mecanismos: a) destruição da estrutura celular; b) interferência no metabolismo com inativação de enzimas; c) interferência na biossíntese e no crescimento celular, evitando a síntese de proteínas, ácidos nucleicos e coenzimas.

Considera-se que a eficiência da desinfecção resulta da oxidação ou da ruptura da parede celular, com consequente desintegração das células, e da difusão de um agente no interior da célula, o qual interfere na sua atividade. A desinfecção é um processo seletivo, isto é, não destrói todas as formas vivas e tampouco elimina todos os organismos patogênicos. A destruição completa das formas vivas é denominada esterilização. Dentre os agentes químicos utilizados na desinfecção, têm-se os seguintes agentes oxidantes: cloro, bromo, iodo, dióxido de cloro, ozônio, permanganato de potássio, peróxido de hidrogênio, ácido peracético, ferrato de potássio e os íons metálicos prata e cobre. Entre os agentes físicos, destacam-se o calor e a radiação ultravioleta (DI BERNARDO; DANTAS, 2005).

Nas ETAs (Estações de Tratamento de Água), os desinfetantes devem apresentar as seguintes características: destruir em tempo razoável os organismos patogênicos na quantidade em que se apresentam e nas condições da água; não ser tóxico ao ser humano e aos animais domésticos e, nas dosagens usuais, não causar odor e sabor na água; ser disponível a custo razoável e oferecer condições seguras de transporte, armazenamento, manuseio e aplicação na água; ter sua concentração na água medida de forma rápida por meio de métodos simples e confiáveis; produzir residuais persistentes na água, assegurando a qualidade da água contra eventuais contaminações nas diferentes partes do sistema de abastecimento (DI BERNARDO, 2000).

Embora a inativação de organismos patogênicos seja sua função primária, os desinfetantes também são oxidantes no tratamento de águas de abastecimento para minimizar a formação de subprodutos, oxidar o ferro e o manganês, manter a estabilidade biológica e evitar que ocorra o crescimento de microrganismos no sistema de distribuição, remover sabor, odor e cor, melhorar a eficiência da coagulação e filtração, impedir o crescimento de algas no decantador e nos filtros, entre outros (AWWA, 1999).

O desempenho da oxidação química é influenciado pelo pH, temperatura, dosagem de oxidante, tempo de reação e pela presença de substâncias que interferem com a desejada reação redox. Muitas vezes, o pH interfere na velocidade de oxidação. Geralmente, as velocidades de oxidação química aumentam com o aumento da temperatura e da dosagem de oxidante. O tempo de reação deve ser suficiente para permitir que as reações de oxidação química sejam eficientes e benéficas ao tratamento. Além disso, a utilização da oxidação química dependerá de sua economia comparada com outros métodos de remoção de contaminantes, da formação de subprodutos e seus efeitos à saúde, e todos os benefícios que ela proporcionará ao sistema de tratamento (AWWA, 1999).

A seguir, é feita uma descrição dos principais oxidantes utilizados em tratamento de água.

1.4.4.1 Cloro

O cloro é o oxidante mais comumente utilizado em tratamento de água por apresentar algumas características atrativas, como: i) é eficiente na inativação de muitos organismos patogênicos comumente presentes na água; ii) deixa residual na água que é facilmente medido e controlado; iii) é de baixo custo; iv) apresenta melhoria nas unidades de tratamento de água. Há, entretanto, alguns problemas com relação ao uso de cloro, como: i) o cloro reage com muitos compostos orgânicos e inorgânicos na água, formando subprodutos indesejáveis da desinfecção; ii) perigos associados com o uso de cloro, especificamente cloro gasoso, requerem cuidados especiais; iii) altas dosagens de cloro podem causar problemas de sabor e odor (USEPA, 1999).

O cloro é fornecido na forma gasosa ou líquida, como uma solução aquosa concentrada (hipoclorito de sódio) ou um sólido (hipoclorito de cálcio). O cloro gasoso se hidrolisa rapidamente na água e forma o ácido hipocloroso (HOCl). O cloro também pode ser fornecido como cloro estabilizado em tabletes, mais utilizados para a desinfecção de piscinas, cujo ingrediente ativo é o tricloro-s-triazina-triona, com teor de cloro disponível de 90%.

Sendo o cloro um forte oxidante e extremamente corrosivo, deve-se tomar muito cuidado com o armazenamento e manuseio do produto.

Quando o cloro livre reage com a matéria orgânica natural (MON), são formados compostos orgânicos halogenados. Alguns fatores, como o tipo e a concentração da MON, dosagem e forma de cloro aplicada, concentração de nitrogênio orgânico, pH, temperatura e outros, influem na formação de subprodutos halogenados. Várias são as substâncias halogenadas que têm sido identificadas em águas tratadas previamente cloradas, como trialometanos, haletos de cianogênio e halopicrinas. A importância desses compostos se dá devido aos seus efeitos mutagênicos, teratogênicos e carcinogênicos (TOMINAGA; MÍDIO, 1999).

1.4.4.2 Ozônio

O ozônio é um forte oxidante, capaz de oxidar muitos compostos orgânicos e inorgânicos presentes na água. Esta molécula (O_3) se decompõe espontaneamente durante o tratamento de água por um mecanismo complexo que envolve a geração de radicais livres hidroxila. Estes radicais hidroxila são os mais reativos agentes oxidantes na água.

O ozônio pode reagir em solução aquosa de duas maneiras: oxidação direta por ozônio molecular ($O_{3\,(aq)}$) e/ou oxidação por radicais livres hidroxila formados durante a sua decomposição.

Por ser uma molécula instável, o ozônio deverá ser gerado no ponto de aplicação para o uso em tratamento de água. A geração *in loco* economiza muito espaço de armazenagem. É geralmente formado pela combinação de um átomo de oxigênio com uma molécula de oxigênio (O_2).

Por ser um gás tóxico, sua produção e instalações de aplicação deverão ser projetadas para gerar, aplicar e controlar o gás. É importante o uso de equipamentos de proteção individual para os operadores. Os níveis de ozônio devem ser monitorados continuamente na estação de tratamento de água.

De acordo com a USEPA (1999), a utilização de ozônio apresenta algumas vantagens e desvantagens. Como vantagens pode-se citar: i) é mais eficiente que o cloro, cloraminas e dióxido de cloro para a inativação de vírus, *Cryptosporidium* e *Giardia*; ii) oxida ferro, manganês e sulfito; iii) pode algumas vezes melhorar o processo de clarificação e remoção de turbidez; iv) oxida os compostos que conferem cor, sabor e odor à água; v) é um dos mais eficientes desinfetantes e requer pouco tempo de contato; vi) na ausência de bromo, não são formados subprodutos halogenados; vii) sobre a sua decomposição, forma oxigênio dissolvido como residual; viii) a atividade biocida não é influenciada pelo pH. Como desvantagens, o uso de ozônio pode apresentar: i) formação de subprodutos da desinfecção, particularmente na presença de bromo, aldeídos e cetonas; ii) o custo inicial do equipamento de ozonização é alto; iii) sua geração requer energia e deverá ser gerado *in loco*; iv) é altamente corrosivo e tóxico; v) são necessários filtros ativados biologicamente para remover carbono orgânico assimilável e subprodutos da desinfecção biodegradáveis; vi) ele se decompõe rapidamente em pH alto e a temperaturas amenas; vii) não fornece residual; viii) requer alto nível de habilidade e de cuidados com os operadores.

A aplicação de ozônio como único desinfetante no tratamento de água não forma subprodutos halogenados; entretanto, se houver a presença de bromo na água, ou se o cloro for adicionado como desinfetante secundário, estes subprodutos poderão ocorrer. Os ácidos orgânicos e aldeídos são também subprodutos da ozonização (USEPA, 1999).

1.4.4.3 Peroxônio

Processos avançados de oxidação geram radicais hidroxila livres altamente reativos, para oxidar vários compostos presentes na água. Esses radicais são produzidos durante a decomposição espontânea de ozônio. Com o aumento da velocidade de decomposição do ozônio, eleva-se a concentração de radicais hidroxila, ocasionando o aumento da taxa de oxidação. Muitos métodos têm sido usados para este propósito. Um dos mais comuns envolve a adição de peróxido de hidrogênio (H_2O_2) à água ozonizada, conhecido como peroxônio (USEPA, 1999).

O bom desempenho da ação oxidante do peroxônio depende da proporção peróxido de hidrogênio: ozônio, que deve ser menor ou igual a 0,3 (USEPA, 1999). No entanto, na otimização desta proporção devem ser considerados o tempo de contato e a finalidade do uso deste oxidante.

O processo de oxidação com peroxônio apresenta algumas vantagens, podendo-se citar: é mais reativo e muito mais rápido comparado ao processo de oxidação com ozônio molecular; é eficiente na remoção de compostos orgânicos, como os que conferem sabor e odor à água; é eficiente em oxidar compostos halogenados. Dentre as desvantagens, têm-se: o peróxido é um forte oxidante e extremamente perigoso, pode ser armazenado *in loco*, mas deteriora gradualmente mesmo quando armazenado corretamente; não fornece residual mensurável, não sendo possível calcular os valores CT (concentração de desinfetante e tempo de contato); a capacidade do peroxônio para oxidar ferro e manganês é menos efetiva do que a aplicação de ozônio isoladamente (USEPA, 1999).

Em uso primário causa oxidação. Como agente oxidante, o peroxônio pode ser usado para remover poluentes orgânicos sintéticos e aumentar a biodegradabilidade de compostos orgânicos. Não pode ser utilizado como desinfetante secundário, porque é altamente reativo e não mantém residual no sistema de distribuição.

O peroxônio não forma subprodutos halogenados quando reage com a MON. Entretanto, se houver bromo presente na água bruta, poderão ser formados compostos halogenados. No processo de oxidação com o O_3, o principal benefício do uso de peroxônio é controlar a formação de trialometanos, com a redução da dosagem do desinfetante secundário, geralmente o cloro ou cloraminas.

1.4.4.4 Dióxido de cloro

O dióxido de cloro (ClO_2) é um forte oxidante e sua geração é feita no local de aplicação. Na geração de ClO_2, o clorito de sódio reage com cloro gasoso, ácido hipocloroso (HOCl) ou ácido clorídrico (HCl).

O dióxido de cloro é um gás explosivo, estável em água na ausência de luz e a elevadas temperaturas. Ele apresenta algumas vantagens: i) é mais eficiente que o cloro e cloraminas para inativação de vírus, *Cryptosporidium* e *Giardia*; ii) oxida ferro, manganês e sulfito; iii) pode melhorar o processo de clarificação; iv) oxida os compostos que conferem cor, sabor e odor à água; v) é facilmente gerado; vi) não são formados subprodutos halogenados sob condições de geração controladas (por exemplo, sem excesso de cloro); vii) sua capacidade como agente desinfetante não é influenciada pelo pH; viii) fornece residual. São desvantagens para o uso do dióxido de cloro: i) formação de subprodutos específicos, como clorito e clorato; ii) dificuldade na otimização e na eficiência do gerador podendo causar excesso de cloro a ser alimentado no ponto de aplicação e formação de subprodutos halogenados; iii) altos custos associados ao treinamento, amostragem e ensaios em laboratório para análises de clorito e clorato; iv) alto custo do clorito de sódio que é usado na geração do ClO_2; v) como é explosivo, deve ser gerado *in loco*; vi) se decompõe na presença de luz; vii) pode produzir odores nocivos em alguns sistemas (USEPA, 1999).

De acordo com a Usepa (1999) e a AWWA (1999), o ClO_2 não produz trialometanos, reduz a formação destes compostos e ácidos haloacéticos, com a oxidação dos precursores destes subprodutos.

O clorito (ClO_2^-) e o clorato (ClO_3^-) são produzidos durante o tratamento com dióxido de cloro como produtos finais em proporções variadas. São compostos responsáveis por efeitos prejudiciais à saúde humana, como a anemia hemolítica. De acordo com a Usepa (1999), os principais fatores que influem nas concentrações finais de dióxido de cloro, clorito e clorato são: dosagem aplicada e demanda de oxidante; proporção dos produtos químicos utilizados na geração do dióxido de cloro; exposição da água contendo dióxido de cloro ao sol; reações entre cloro e clorito se o cloro livre é utilizado para manter o residual no sistema de distribuição; níveis de clorato no clorito de sódio armazenado para geração de dióxido de cloro.

1.4.4.5 Permanganato de potássio

O permanganato de potássio é utilizado para o controle de sabor e odor, remoção de cor, controle do crescimento de microrganismos em ETAs e remoção de ferro e manganês. Também pode ser útil no controle da formação de trialometanos e outros subprodutos, oxidando seus precursores e reduzindo a demanda de outros desinfetantes (USEPA, 1999). Embora o $KMnO_4$ seja bastante utilizado como oxidante, é menos utilizado como desinfetante.

Não há na literatura confirmação da formação de subprodutos com a utilização de permanganato de potássio como oxidante. A pré-oxidação com $KMnO_4$ combinada com a pós-cloração resultará em concentrações mais baixas de subprodutos comparadas com as concentrações formadas utilizando-se pré-oxidação com cloro (USEPA, 1999).

As velocidades das reações para a oxidação de compostos presentes em águas naturais são relativamente rápidas e dependem da temperatura, pH e dosagem do oxidante. Não é desejável manter residual de permanganato de potássio ($KMnO_4$) na água, por conferir cor rosa a esta.

O $KMnO_4$ é fornecido em pó, e uma solução concentrada é preparada no local de aplicação; sua solubilidade em água é 6,4 g/mL a 20 °C.

O $KMnO_4$ apresenta vantagens, e dentre elas pode-se citar: oxida ferro e manganês; oxida compostos que causam sabor e odor à água; é fácil de transportar, estocar e aplicar; é útil no controle da formação de trialometanos e outros subprodutos; é eficiente na inativação de alguns vírus. Como desvantagem, requer longo tempo de contato; tende a conferir cor rosa à água; é tóxico e pode irritar a pele e as mucosas; quando aplicado em dosagens muito altas, pode causar problemas de saúde, como icterícia química e baixa pressão sanguínea (USEPA, 1999).

1.4.5 Adsorção em carvão ativado em pó ou granular

A remoção de substâncias orgânicas voláteis pode ser conseguida por aeração, enquanto algumas substâncias orgânicas e contaminantes inorgânicos necessitam de materiais adsorvedores, como o carvão ativado. As moléculas que se acumulam ou são adsorvidas na interface sólido/líquido são denominadas adsorvato, enquanto o material sólido é o adsorvente. Há muitos tipos de adsorventes utilizados em tratamento de água, destacando-se o carvão ativado, resinas de troca iônica, óxidos de metais e alumina ativada.

O processo de adsorção decorre de ações interfaciais, com as moléculas do adsorvato transferidas para a superfície do adsorvente, permanecendo aí retidas (DI BERNARDO; DANTAS, 2005). Há dois tipos básicos de ações que definem o tipo de adsorção: a) físicas, envolvendo interações eletrostáticas e as forças de Van der Waals entre o adsorvato e o adsorvente; b) químicas, quando há reação química entre o sítio ativo de adsorção e o adsorvato. Tanto o carvão ativado em pó (CAP) como o carvão ativado granular (CAG) podem ser minerais (carvão betuminoso) ou vegetais (madeira, casca de coco ou osso). Para o uso do CAP é necessário preparar adequadamente uma suspensão, a qual é adicionada geralmente à água bruta ou pré-oxidada. O CAG é utilizado em filtros, após a filtração da água em uma ETA que trata água superficial. A eficiência de adsorção do CAP é menor que a do CAG, e a produção de lodo é maior. O CAG é caracterizado por pequenos poros e grande superfície interna, enquanto o CAP está associado a grandes poros e menor superfície interna.

A maior parte das substâncias que causam sabor, odor, cor, mutagenicidade e toxicidade, incluindo agroquímicos, geosmina, 2-metil-isoborneol (MIB) e cianotoxinas em geral, pode ser adsorvida em carvão ativado. Entretanto, não se pode generalizar que qualquer tipo de carvão ativado irá adsorver qualquer substância orgânica indesejável na água, pois a massa molecular dessa está diretamente relacionada ao tamanho dos poros dos grãos do carvão ativado. Por isso, o conhecimento prévio das principais propriedades dos diferentes tipos de carvão ativado e a realização de ensaios em laboratório, visando à remoção de substâncias específicas, é imprescindível para a seleção apropriada deste material (DI BERNARDO; DANTAS, 2005).

1.4.6 Aeração

Nesta etapa, ocorre a transferência de ar para água, aumentando os teores de oxigênio e nitrogênio nesta e simultaneamente reduzindo os teores de gás carbônico, gás sulfídrico, cloro, metano e substâncias aromáticas voláteis, promovendo também a oxidação e precipitação de compostos indesejáveis, como ferro e manganês. Os métodos utilizados para aeração são realizados por meio da gravidade, aspersão, difusão de ar e difusão forçada de ar.

1.4.7 Abrandamento

O abrandamento com cal (CaO) ou barrilha (Na_2CO_3) é aplicado em águas que apresentam dureza não carbonatada, quando a dureza total excede a alcalinidade total. Para superar esta condição e permitir a remoção de dureza adicional, uma fonte artificial de alcalinidade é a barrilha. O abrandamento com cal ou barrilha é muito aplicado em águas de processo na indústria. Quando a água for destinada à reposição de gerador de vapor, são utilizados, de preferência, abrandadores de troca iônica, para produzir água branda, método mais econômico para remoção de dureza não carbonatada.

Uma modificação especial do abrandamento com cal permite a redução da alcalinidade de águas que contenham alcalinidade sódica. Essa modificação adquire significado especial na indústria de bebidas, em que a alcalinidade é um fator importante. Neste caso, a alcalinidade da água bruta excede a dureza. Uma fonte artificial de dureza é obtida com a adição de cloreto de cálcio ou sulfato de cálcio.

O abrandamento com cal a temperaturas elevadas (100 °C ou mais) é um processo reservado quase que exclusivamente para água de reposição de geradores de vapor. O abrandamento pelo processo a quente ocorre em um tanque que opera sob pressão positiva de vapor; a forma mais comum é o modelo de manta de lodo de fluxo ascendente.

Praticamente todos os abrandadores de processos a quente são providos de filtros de carvão antracitoso para a remoção dos flocos arrastados. A areia não é utilizada devido à captação de sílica pela água alcalina quente.

1.4.8 Troca iônica

A troca iônica é geralmente o método mais prático e flexível de tratamento de água para geradores de alta pressão e outros processos. Nele, ocorre a substituição ou troca de íons menos desejáveis por íons mais desejáveis. É um processo descontínuo, com reações reversíveis.

Existem dois tipos fundamentais de resinas de troca iônica: resina catiônica, que remove parte ou todos os cátions da água (cálcio, magnésio, sódio etc.); e as resinas aniônicas, que removem parte ou todos os ânions da água (dióxido de carbono, alcalinidade de bicarbonatos e carbonatos, cloretos, sílica etc.).

A forma mais comum de troca iônica é o abrandamento de água, em que a dureza dissolvida é removida pela troca de íons cálcio e magnésio por íons de sódio. Um trocador catiônico de ácido forte no ciclo de hidrogênio (ácido) remove todos os cátions e os substitui por íons de hidrogênio. A água ácida passa então através de um trocador aniônico de base forte no ciclo hidroxila (cáustico), que remove todos os ânions, inclusive sílica, e os substitui por íons hidroxila. O efluente do trocador aniônico contém, então, íons H^+ e OH^-, ou seja, água. Quando ocorre o escape de íons, o processo não é 100% eficiente (DREW PRODUTOS QUÍMICOS, 1979).

1.4.9 Tratamento por filtração em membranas

Na filtração em membranas, utiliza-se um material semipermeável com microabertura de filtração, que permite a remoção de material particulado, macromoléculas, moléculas dissolvidas e íons dissolvidos. Os processos sob pressão de fase líquida, microfiltração (MF), ultrafiltração (UF), nanofiltração (NF), osmose reversa (OR) e eletrodiálise (ED) podem ser usados para separar espécies micrométricas e submicrométricas. A escolha da membrana adequada para cada aplicação dependerá das características da água a ser tratada e da qualidade desejada do efluente final. O afluente é bombeado para módulos contendo as membranas, permitindo a passagem da água a ser filtrada através delas, gerando o permeado, sendo que os contaminantes rejeitados são coletados no retentato (concentrado).

A microfiltração e ultrafiltração requerem uma pressão de serviço menor que 500 kPa e são principalmente recomendadas para separação sólido/líquido. Na nanofiltração, é possível trabalhar com pressões de 500 a 1.000 kPa, enquanto na osmose reversa se opera com 1.000 a 4.000 kPa para água salobra, 5.000 a 6.000 kPa para água do mar e pressões mais elevadas para águas altamente salinas.

A maioria das membranas usadas para ultra e microfiltração elimina partículas minerais, orgânicas e biológicas, como algas, bactérias e vírus. Associada à adsorção em carvão ativado em pó permite a eliminação de moléculas orgânicas dissolvidas.

De acordo com Bellona (2014), a filtração por membranas é utilizada na indústria de laticínios para a remoção de bactérias e partículas (MF e UF), fracionamento e recuperação de constituintes dos processos (MF, UF e NF), desmineralização e reúso de água (NF) e concentração de vários componentes das soluções (MF, UF, NF e OR).

A NF tem sido estudada em uma variedade de aplicações no processamento de bebidas e comida, na substituição de processos caros utilizados para fracionamento, isolamento e concentração. Pesquisadores avaliaram a NF para concentração de sucos e a recuperação de compostos bioativos, como polifenóis, sendo a NF uma tecnologia promissora para essas aplicações, por conta das baixas pressões requeridas em comparação à OR e pela melhor separação de componentes de baixo peso molecular quando comparada à UF e à OR (BELLONA, 2014).

1.4.10 Armazenamento da água

O armazenamento é necessário para evitar eventuais falhas no abastecimento. Este deve ser pensado tanto em termos do ambiente natural (cursos e espelhos d'água) quanto da indústria.

Há várias maneiras de armazenar água na natureza. A mais utilizada é a construção de açudes, ou de barragens para criar obstáculo aos cursos e formar uma bacia ou espelho que permita o abastecimento constante, sem prejudicar o entorno ou possíveis outros empreendedores a jusante. Esse tipo de armazenamento é importante em regiões sujeitas a longos períodos de seca, com grande redução do volume de fluxo. Para este tipo há tecnologias especiais que garantem também segurança em épocas de cheias.

Para a fábrica propriamente dita, vários tipos de reservatórios devem ser previstos para as diferentes águas em uso, ou seja, para limpeza geral, higiene pessoal e uso sanitário, águas especiais para os processamentos e água para as caldeiras que são geradoras de vapor.

Esses reservatórios são construídos elevados para reduzir o uso das bombas. Depois de carregados, alimentam todas as operações por gravidade.

REFERÊNCIAS BIBLIOGRÁFICAS

AMBEV (Companhia de Bebidas das Américas). Disponível em: http://www.ambev.com.br. Acesso em: 3 maio 2009.

AMERICAN WATER WORKS ASSOCIATION (AWWA). **Water Quality and Treatment**: a handbook of Community Water Suplies. 5. ed. New York: Mcgraw-Hill, 1999.

ASSOCIAÇÃO BRASILEIRA DE NORMAS TÉCNICAS. **NBR 13969**: Tanques sépticos – Unidades de tratamento complementar e disposição final dos efluentes líquidos – Projeto, construção e operação. Rio de Janeiro: ABNT, 1997.

BELLONA, C. Nanofiltration: theory and application. *In*: KUCERA, J. (Ed.). **Desalination**: water from water. Massachusetts: John Wiley, 2014. p. 205-253.

BRASIL. Ministério do Meio Ambiente. Resolução Conama n. 274. Define os critérios de balneabilidade em águas brasileiras. Brasília, 2000. **Diário Oficial da União**: Seção 1, Brasília, DF, n. 18, p. 70-71, 25 de janeiro de 2001.

BRASIL. Ministério do Meio Ambiente. Resolução Conama n. 357. Dispõe sobre a classificação dos corpos de água e diretrizes ambientais para o seu enquadramento, bem como estabelece as condições e padrões de lançamento de efluentes, e dá outras providências. **Diário Oficial da União**: seção 1, Brasília, DF, n. 53, p. 58-63, 18 de março de 2005.

BRASIL. Ministério do Meio Ambiente. Resolução Conama n. 396. Dispõe sobre a classificação e diretrizes ambientais para o enquadramento das águas subterrâneas e dá outras providências. **Diário Oficial da União**: seção 1, Brasília, DF, n. 66, p. 66-68, 7 de abril de 2008.

BRASIL. Ministério da Saúde. Portaria GM/MS n. 888, de 04/05/2021. Altera o Anexo XX da Portaria de Consolidação GM/MS n. 5, de 28 de setembro de 2017, para dispor sobre os procedimentos de controle e de vigilância da qualidade da água para consumo humano e seu padrão de potabilidade. Brasília, 2021. **Diário Oficial da União**: edição 85, seção 1, Brasília, DF, p. 127, 7 de maio de 2021.

CETESB. **Reúso de água**. Disponível em: https://cetesb.sp.gov.br/aguas-interiores/informacoes-basicas/tpos-de-agua/reuso-de-agua/. Acesso em: 6 maio 2022.

DI BERNARDO, L.; DANTAS, A. D. B. **Métodos e Técnicas de Abastecimento de Água**. São Carlos: Editora RiMa. 2005. v. 1 e 2.

DI BERNARDO, L. Tecnologias de Tratamento de Água para Consumo Humano. *In*: CASTELLANO, E. G.; CHAUDHRY, F. H. **Desenvolvimento sustentado**: problemas e estratégias. São Carlos: EESC-USP, 2000.

DREW PRODUTOS QUÍMICOS. **Princípios de Tratamento de Águas Industriais.** Tradução de Thomas J. Buchard. São Paulo: Drew Produtos Químicos, 1979.

FIESP – Federação das Indústrias do Estado de São Paulo. **Água**: quanto ela realmente custa para sua empresa? São Paulo: FIESP, 2005.

FIESP – Federação das Indústrias do Estado de São Paulo. **Conservação e reúso de água**: manual de orientações para o setor industrial. São Paulo: Fiesp, 2004. v. 1.

HESPANHOL, I. Um novo paradigma para a gestão de recursos hídricos. **Estudos Avançados**. São Paulo, v. 22, n. 63, p. 131-158, 2008.

MACÊDO, J. A. B. **Águas e águas**. 3 ed. Belo Horizonte: Conselho Regional de Química – MG, 2007.

MACÊDO, J. A. B. **Métodos laboratoriais de análises físico-químicas e microbiológicas.** Juiz de Fora: Quick Press, 2001.

MANCUSO, P. C. S.; SANTOS, H. F. **Reúso de água**. São Paulo: Manole, 2003.

POWELL, S. T. **Acondicionamiento de aguas para la industria**. Ciudad de México: Limusa-Wiley, 1966.

SANTOS, M. S.; RIBEIRO, F. de M. **Cervejas e refrigerantes.** São Paulo: Cetesb, 2005. (Série P + L).

TOMINAGA, M. Y., MÍDIO, A. F. Exposição humana a trialometanos presentes em água tratada. **Revista de Saúde Pública**, São Paulo, v. 33, n. 4, p. 413-421, 1999.

United States Environmental Protection Agency (USEPA). **Alternative Disinfectants and Oxidants Guidance Manual.** Washington: EPA, 1999.

WERDEHOFF, K. S.; SINGER, P. C. Chlorine dioxide effects on THMFP, TOXFP and the formation of inorganic by-products. **Journal American Water Works Association**, v. 79, n. 9, p. 107, 1987.

2

Vapor como utilidade na indústria de bebidas

PAULO CÉSAR RAZUK

2.1 INTRODUÇÃO

2.1.1 Definições preliminares

Sistema termodinâmico é uma quantidade de matéria destacada para estudo. Tudo o mais externo ao sistema é chamado vizinhança e o sistema é separado da vizinhança por meio de fronteiras que podem ser móveis ou fixas.

O estado representa a situação em que se encontra o sistema em um determinado instante. Ele é identificado ou descrito por certas propriedades macroscópicas observáveis, por exemplo, pressão, temperatura, volume específico. O sistema só consegue ser definido pelas propriedades, numa situação de equilíbrio termodinâmico que pressupõe a existência dos equilíbrios mecânico, térmico e químico.

Quando uma propriedade do sistema muda, ocorre uma mudança de estado, como ilustra a Figura 2.1.

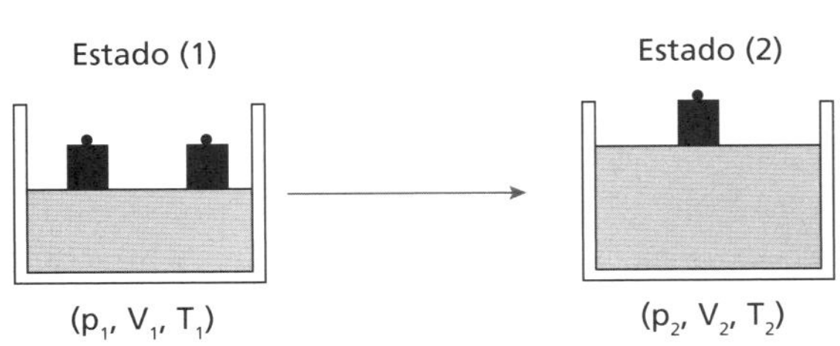

Figura 2.1 A eliminação de um dos pesos do êmbolo altera as propriedades e promove uma mudança de estado.

O caminho definido pela sucessão de estados pelos quais o sistema passa é chamado de processo. Ele é, portanto, a trajetória termodinâmica seguida pelo sistema na mudança de estado.

O ciclo é uma sucessão de processos e pode ser fechado, quando o sistema é levado de volta ao estado inicial, ou aberto.

2.1.2 Calor

O calor é uma forma particular de energia cuja abundância em determinado corpo de dimensões muito superiores às atômicas se manifesta por sensações táteis ou pelo potencial termodinâmico. No campo das dimensões moleculares, o calor é dado pela energia cinética dos átomos e das moléculas.

Em um gás, as moléculas estão em movimento contínuo ao acaso, colidindo umas com as outras e trocando energia e quantidade de movimento. No caso de líquidos, a situação é mais complexa, uma vez que o espaçamento entre as moléculas é menor e os campos de força molecular exercem uma forte influência na troca de energia no processo de colisão. No sólido, a energia térmica pode ser conduzida de duas maneiras: por vibração e pelo transporte por elétrons livres que se movem sobre a estrutura do material; assim como podem transportar carga elétrica, podem, também, conduzir energia da região de alta para a de baixa temperatura. A transferência de energia por vibração não é tão efetiva quanto o transporte por elétrons, sendo esta a razão pelas quais bons condutores elétricos são, quase sempre, bons condutores de calor.

A energia cinética de uma molécula é identificada com a sua temperatura. Num corpo com temperatura constante, uma determinada molécula varia continuamente sua energia, por efeito das trocas com as moléculas circunvizinhas; o que permanece constante e determina a temperatura do corpo é a distribuição estatística da energia entre todas as partículas do corpo.

A quantidade de calor (dQ) para aumentar de (dT) a temperatura de uma massa (m) de uma determinada substância é proporcional à massa e à diferença de temperatura:

$$dQ \propto m.dT \rightarrow dQ = c.m.dT \quad (2.1)$$

O coeficiente de proporcionalidade (c) é denominado calor específico da substância e é definido como a energia necessária para a unidade de massa variar sua temperatura em um grau.

O calor específico varia com a temperatura e, portanto, a equação (2.2) só dá bons resultados para pequenos intervalos de temperatura.

$$\Delta Q = c.m.\Delta T \quad (2.2)$$

O calor latente de uma substância é igual à quantidade de calor que é cedida ou retirada de um grama da substância para que ela mude de estado. É representado pela equação

$$Q = m.h_{lv}, \quad (2.3)$$

em que h_{lv} é o calor latente da substância.

2.1.3 Propriedades da substância pura

A Figura 2.2 mostra as alterações possíveis em uma substância em decorrência de variações na temperatura e/ou pressão.

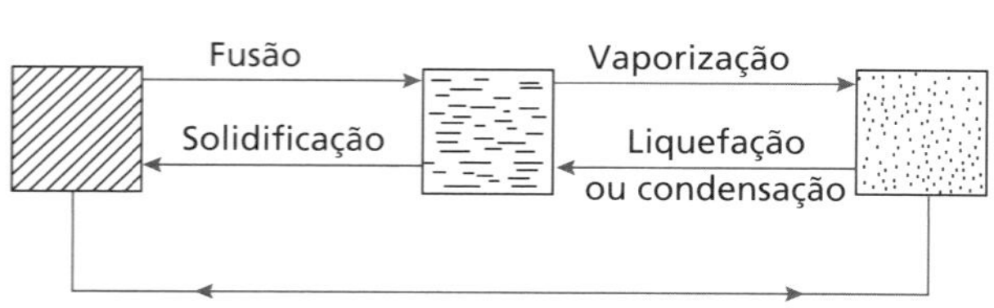

Figura 2.2 Mudanças no estado físico em decorrência de alterações de propriedades.

O que acontece com um quilo de água submetida à pressão atmosférica, à medida que é aquecida, pode ser visto no diagrama da Figura 2.3.

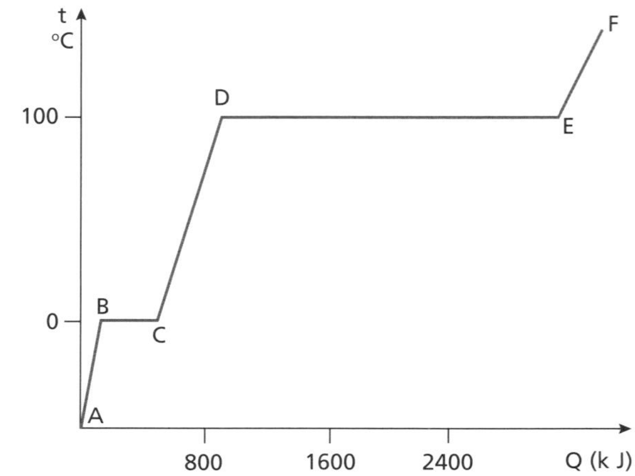

Figura 2.3 Variações de temperatura da água com o aquecimento na pressão atmosférica.

Entre (A) e (B), a água está no estado sólido e o fornecimento de calor implica uma variação de temperatura, sem alterar o estado físico. Após o ponto (B), o processo de fusão tem início e a temperatura se mantém constante até que toda a massa de gelo seja transformada em líquido. A quantidade de calor por unidade de massa que funde a substância é denominada calor latente de fusão. De (C) até (D), mais uma vez, o calor sensível introduzido não altera o estado físico da substância; a temperatura é incrementada a pressão constante e o volume específico aumenta ligeiramente.

Quando a temperatura atinge 100 °C, uma transferência adicional de calor implica a mudança de fase, isto é, o líquido se satura de receber calor neste estado físico, assim toda a energia térmica introduzida é destinada a este fim.

Este ponto (D) é chamado de líquido saturado e a sua temperatura é a de saturação. Ela designa a temperatura de início de ebulição a uma dada pressão e esta pressão é conhecida como pressão de saturação para uma determinada temperatura.

O calor introduzido a partir deste ponto é o latente, que mantém a temperatura constante, mas provoca mudança de fase.

Para a região de vapor saturado (entre D e E), define-se o título ou a qualidade do vapor (x) como a relação entre a massa de vapor presente e a massa total. Portanto, o título só tem sentido quando na substância existem parte líquida e parte vapor, na temperatura de saturação. O termo vapor saturado seco é utilizado quando existe apenas vapor. Este ponto (E) estaria exatamente sobre a linha de vapor saturado.

Assim, o título varia de 0 a 1 ou de 0% a 100%, e o volume específico passa, respectivamente, de (v_l) a (v_v).

Para um ponto qualquer na região de saturação, de título (x), o volume específico (v) é dado por:

$$v = v_v - (1 - x).(v_v - v_l) \quad (2.4)$$

Após a evaporação total, a temperatura volta a subir. Quando o vapor está a uma temperatura maior que a temperatura de saturação, é chamado de vapor superaquecido.

A pressão e a temperatura do vapor superaquecido são propriedades independentes, pois a temperatura pode aumentar enquanto a pressão permanece constante.

2.1.4 Trabalho

O trabalho é usualmente definido como uma força agindo por meio de um deslocamento na direção da força, isto é:

$$W_{1-2} = \int_1^2 F.dx \quad (2.5)$$

Ao se retirar um dos pesos de sobre o êmbolo que aparece na Figura 2.4, provoca-se seu movimento para cima de uma distância (dL).

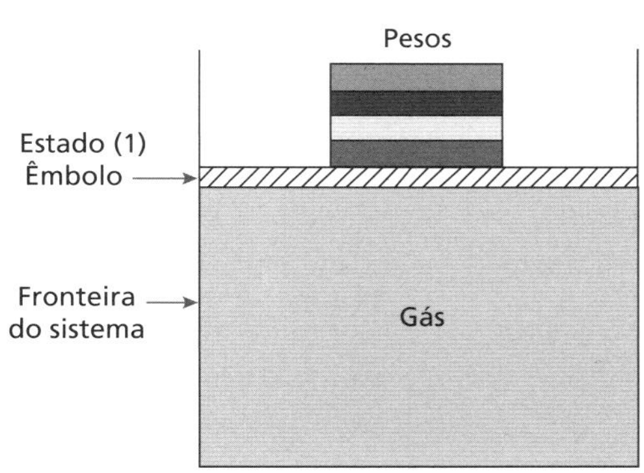

Figura 2.4 Cilindro com gás e êmbolo dotado de pesos.

O trabalho realizado, devido ao movimento da fronteira do sistema, nesta mudança de estado, em um processo que pode ser considerado quase estático, é dado por:

$$W_{1-2} = \int_1^2 F.dL \quad (2.6)$$

Sabendo-se que a força é decorrente da pressão interna atuante (p) na seção transversal (A) disponível do cilindro:

$$W_{1-2} = \int_1^2 p.A.dL = \int_1^2 p.dV \quad (2.7)$$

2.2 PRIMEIRA LEI DA TERMODINÂMICA

O primeiro princípio da Termodinâmica estabelece que durante qualquer ciclo fechado, percorrido por um sistema, a integral cíclica do calor que intervém é igual à integral cíclica do trabalho. Estabelece, portanto, a conservação de energia que é, analiticamente, expressa por:

$$\oint \partial Q = \oint \partial W \quad (2.8)$$

2.2.1 Para um sistema fechado

Considerando um sistema que realiza um ciclo fechado, passando do estado (1) para o estado (2) por meio de uma trajetória (A) e voltando do estado (2) ao estado (1) pelo processo (B), tem-se:

$$\int_{1A}^{2A} \partial Q + \int_{2B}^{1B} \partial Q = \int_{1A}^{2A} \partial W + \int_{2B}^{1B} \partial W \quad (2.9)$$

Supondo que o sistema, em vez de voltar ao estado (2) por (B), utilize a trajetória (C), ter-se-á para este ciclo:

$$\int_{1A}^{2A} \partial Q + \int_{2C}^{1C} \partial Q = \int_{1A}^{2A} \partial W + \int_{2C}^{1C} \partial W \quad (2.10)$$

Subtraindo e transpondo os termos:

$$\int_{2B}^{1B} (\partial Q - \partial W) = \int_{2C}^{1C} (\partial Q - \partial W) \quad (2.11)$$

Desde que (B) e (C) representem processos arbitrários entre os estados (1) e (2), conclui-se que a quantidade ($\partial Q - \partial W$) é a mesma para todos os processos entre os estados (1) e (2). Esta diferença depende somente dos estados inicial e final e não depende da trajetória entre os dois estados.

$\partial Q - \partial W = dE$ integrando entre os estados 1 e 2

$$Q_{1-2} - W_{1-2} = E_2 - E_1 \quad (2.12)$$

A propriedade (E) representa toda a energia do sistema em um dado estado, no entanto, consideram-se as energias cinética (E_c) e potencial (E_p). Todas as outras energias do sistema estão embutidas em uma única propriedade termodinâmica tabelada, a energia interna (U).

Calor e trabalho são, também, energias, mas não existem no sistema em um determinado estado; elas aparecem na mudança de estado. Assim:

$$\partial Q = d(E_c) + d(E_p) + dU + \partial W \tag{2.13}$$

que integrando:

$$Q_{1-2} = \frac{m}{2}.(V_2^2 - V_1^2) + m.g.(z_2 - z_1) + \\ + U_2 - U_1 + W_{1-2} \tag{2.14}$$

onde (V) é velocidade.

2.2.2 Para um sistema aberto

A grande maioria das máquinas térmicas opera segundo um sistema aberto, definido por um volume de controle, delimitado pela superfície de controle, como no esquema da Figura 2.5. Nela estão a entrada (1) e a saída (2) da máquina.

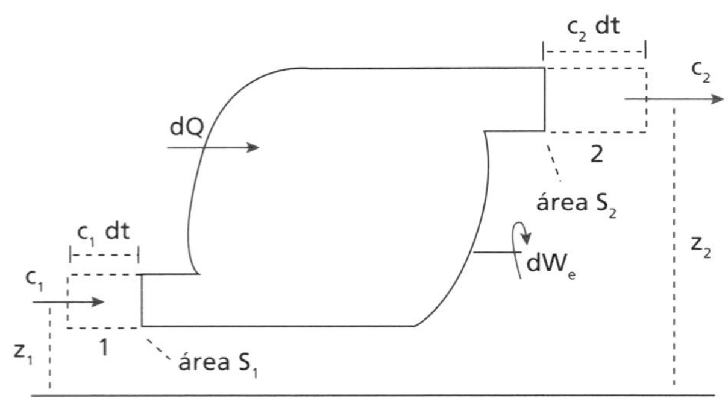

Figura 2.5 Máquina térmica operando segundo um sistema aberto.

Existe uma energia associada ao escoamento ou à matéria que atravessa a superfície de controle e relacionada com o fato de que em algum lugar existe um processo de bombeamento que força o fluido através da superfície de controle. Ela é denominada trabalho de fluxo (w_f), pois representa o trabalho necessário para empurrar a massa elementar (dm) pelas seções de entrada e saída; assim, tem-se:

$$dW_{f1} = c_1.dt = p_1.S_1.dt = p_1.dV_{o1} = \\ = p_1.v_1.dm_1 \rightarrow dW_{f2} = p_2.v_2.dm_2 \tag{2.15}$$

sendo (V_o) o volume e (v), o volume específico.

Quando a massa (dm_1) entra no sistema, tem-se um acréscimo de energias cinética, potencial, interna e de fluxo. Analogamente, quando a massa (dm_2) atravessa a superfície de controle, ocorre uma diminuição destas energias.

Semanticamente, a Primeira Lei para um sistema aberto fica assim:

> "Interação entre calor e trabalho + variação das energias cinética, potencial, interna e de fluxo = variação de energia da massa acumulada".

$$\partial Q - \partial W + dm_1.\left(\frac{V_1^2}{2} + g.z_1 + u_1 + p_1.v_1\right) - dm_2. \\ .\left(\frac{V_2^2}{2} + g.z_2 + u_2 + p_2.v_2\right) = dm.\left(\frac{V^2}{2} + g.z + u\right) \tag{2.16}$$

A condição de regime permanente, comumente encontrada, impõe a existência de três condições:

a) a massa que entra na máquina é igual à massa que sai, portanto, não há acúmulo de massa;
b) troca de calor constante entre calor e trabalho;
c) em um determinado ponto, independentemente do tempo, as propriedades termodinâmicas utilizadas para caracterizar o sistema permanecem constantes.

Observa-se, também para a quase totalidade dos casos, que a variação das energias cinética e potencial são desprezíveis. Desta maneira, integrando e dividindo pela massa, a equação (2.16), que representa a Primeira Lei para sistemas abertos, fica:

$$q - w + (u_1 + p_1.v_1) - (u_2 + p_2.v_2) = 0 \tag{2.17}$$

Neste ponto é conveniente introduzir uma nova propriedade termodinâmica, a entalpia (h), definida como a soma da energia interna com o produto da pressão pelo volume específico:

$$h = u + p.v \tag{2.18}$$

A equação (2.17) pode, então, ser reescrita:

$$q + h_1 = w + h_2 \tag{2.19}$$

Na tabela de vapor d'água saturado aparece, em função da pressão ou da temperatura de saturação, os valores da:

- entalpia de líquido (h_l), que corresponde a um título x = 0 e é equivalente ao calor sensível;

- entalpia de evaporação (h_{lv}), equivalente ao calor latente;
- entalpia de vapor (h_v), que corresponde a um título x = 1, que equivale à soma dos calores sensível e latente, e que se trata, portanto, do calor total.

Para um título intermediário (entre 0 e 1), a entalpia é dada por:

$$h = h_l + x.h_{lv} = h_v - (1 - x).h_{lv} \qquad (2.20)$$

A tabela de vapor superaquecido é de dupla entrada. A entalpia é encontrada, por exemplo, com os valores de pressão e temperatura.

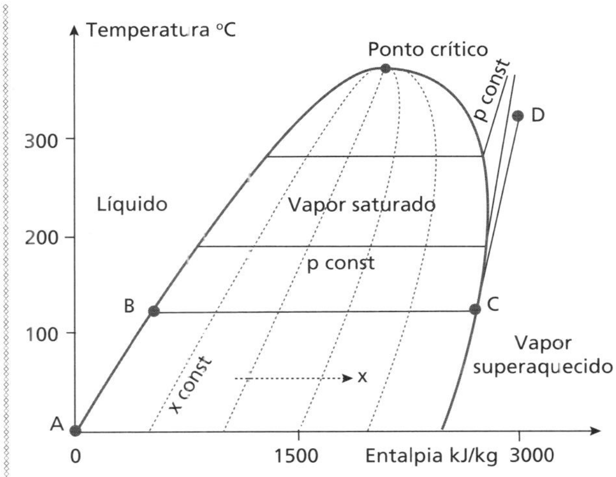

Figura 2.6 Diagrama temperatura-entalpia.

2.3 VAPOR D'ÁGUA

O vapor é simplesmente o meio de transporte do calor gerado na fornalha de uma caldeira decorrente da transformação da energia química, contida no combustível, em energia térmica.

O vapor foi escolhido por duas razões:

a) porque a água, como matéria-prima, é normalmente abundante;
b) porque o vapor tem condições de armazenar calor, a uma temperatura adequada, em quantidade suficiente para ser utilizado na maioria das aplicações industriais.

O vapor saturado é composto por uma mistura de água e vapor, cuja temperatura se mantém constante em relação à sua pressão e é justamente esta característica que lhe confere maior facilidade no controle de temperatura de processos; portanto, é o tipo de vapor mais utilizado na maioria das aplicações industriais, que não requerem isenção de umidade ou altas temperaturas.

A quantidade de calor que pode ser transferida do vapor saturado para um determinado produto a ser aquecido depende, entre outras coisas, da diferença de temperatura entre ambos e da superfície através da qual o calor é transferido.

O diagrama temperatura-entalpia da Figura 2.6 mostra que, satisfeita a condição de temperatura, quanto menor a pressão do vapor saturado maior é a quantidade de calor latente disponível para ser cedida ao produto; portanto, menor a vazão de vapor e, consequentemente, menor o consumo de combustível na caldeira.

A Figura 2.7, mostrando o aquecimento de um produto qualquer em um trocador de calor, é um exemplo bastante simplificado de aplicação do vapor d'água saturado. Na realidade, instalações de vapor têm vários outros acessórios sobre os quais aqui não cabem comentários.

O vapor sai da caldeira com uma pressão (p) e alimenta uma linha ou ramal principal. Uma válvula redutora diminui a pressão para (p_v) e alimenta a serpentina do trocador. Nessa condição, o vapor tem uma temperatura (T_v) e o fluxo de massa é (q_{mV}).

Ao passar pela serpentina, o vapor cede calor para o produto e se condensa. Um dispositivo na saída, denominado purgador, evita a perda de vapor, permitindo somente a passagem do condensado. Em geral, a água condensada é enviada a um reservatório próprio e retorna à caldeira por bombeamento.

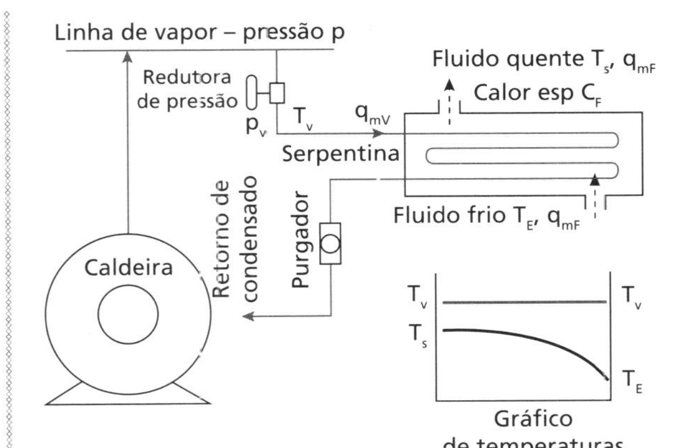

Figura 2.7 Esquema ilustrando cessão de calor em um trocador.

No trocador, o fluido que se deseja aquecer, na vazão (q_{mF}), entra com uma temperatura (T_E) e sai com temperatura (T_S). É suposto que o produto tem um calor específico médio (c_F) entre estas temperaturas.

Neste exemplo simples, desprezam-se quaisquer perdas de calor. Portanto, todo o calor cedido pelo vapor é usado para aquecer o produto.

A quantidade de calor sensível recebida pelo produto no intervalo de tempo Δt é:

$$Q = q_{mF}.c_F.(T_S - T_E) \qquad (2.21)$$

No mesmo intervalo de tempo, o calor latente cedido pelo vapor com título igual a 1 ou qualidade de 100% é:

$$Q = h_{lv}.q_{mV} \qquad (2.22)$$

Sem perdas, igualando o calor cedido com o recebido, tem-se:

$$q_{mV} = \frac{q_{mF}.c_F.(T_S - T_E)}{h_{lv}} \qquad (2.23)$$

Nota-se que na equação (2.23) não aparece a pressão do vapor na entrada da serpentina. Mas ela é um parâmetro fundamental, porque, além da temperatura (T_V), o calor latente ou a entalpia de vaporização (h_{lv}) depende dela. Assim, se a válvula redutora mantém uma pressão constante na saída, a temperatura do vapor, ao longo da serpentina, é também constante e a temperatura do produto se comporta de acordo com o gráfico na parte inferior direita da Figura 2.7.

A relação direta entre pressão e temperatura é uma das grandes facilidades do uso do vapor saturado para aquecimento. A temperatura pode ser mantida ou variada mediante o ajuste da pressão. Válvulas redutoras ou reguladoras de pressão são dispositivos simples e podem ter regulagem manual ou automática, que mantém a temperatura constante, mesmo com variações de demandas no equipamento a aquecer.

As propriedades do vapor saturado (temperatura, pressão, entalpia e outras) podem ser obtidas nas conhecidas tabelas de vapor.

Vapor superaquecido é aquele que possui temperatura mais elevada que a do vapor saturado. Para obtê-lo, é necessário aquecer o vapor saturado, mantendo inalterada a sua pressão. O vapor passa a condição de superaquecimento quando ultrapassa a temperatura de saturação de uma determinada pressão.

O vapor superaquecido é isento de umidade e comporta-se nas tubulações como gás. Graças a estas qualidades, é perfeito para alimentação de turbinas geradoras de energia elétrica ou motora, e esta é, de fato, sua principal aplicação; isso porque as turbinas não podem receber umidade, sob o risco de sofrerem danos em seus componentes.

2.3.1 O retorno do condensado e o aproveitamento do vapor *flash*

No uso prático do vapor saturado, a água condensada após a troca de calor deve retornar para a caldeira por economia de água e de energia. Considera-se, é claro, que não há contaminação do vapor, o que é verdadeiro na maioria das aplicações. A Figura 2.8 traz um esquema bastante simplificado de uma aplicação típica. Após a troca de calor no trocador, a água condensada é dirigida a um reservatório e, por bombeamento, retorna para a caldeira. Naturalmente há necessidade de uma reposição de água para compensar as perdas e vazamentos.

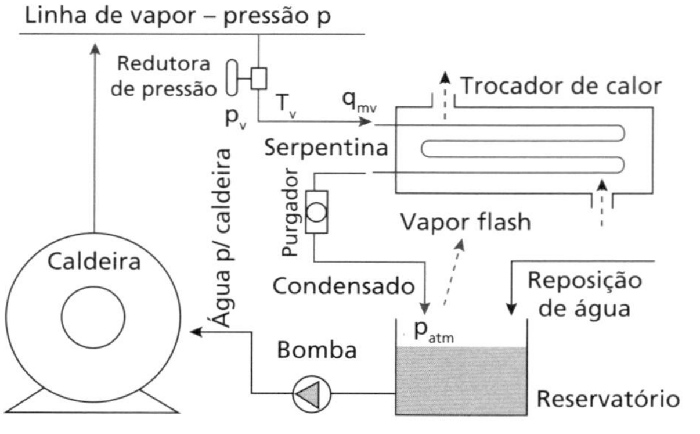

Figura 2.8 Retorno do condensado e aproveitamento do vapor *flash*.

O purgador é um dispositivo que permite passagem apenas da água condensada. O mais simples, mostrado na Figura 2.9, é o de boia: um pequeno reservatório com um mecanismo de boia em seu interior. Quando o nível da água atinge um máximo, a boia libera a saída, e a bloqueia quando o nível chega ao mínimo, mesmo porque o vapor não tem densidade suficiente para sustentar a boia.

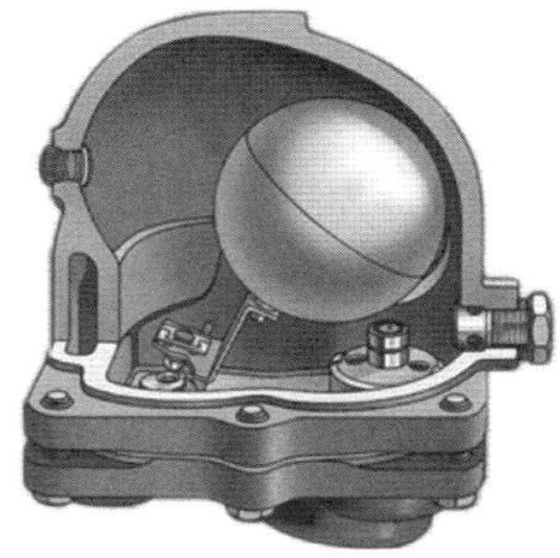

Figura 2.9 Purgador de boia.

A remoção do condensado existente nas linhas de vapor é necessária, principalmente, pelas seguintes razões:

- conservar a energia do vapor;
- evitar vibrações e golpes de aríete na tubulação;
- diminuir os efeitos de corrosão.

Não existe nenhum tipo universal de purgador, devido à sua ampla gama de aplicações. O purgador adequado para um trocador de baixa pressão, por exemplo, é muito diferente do apropriado para purgar uma tubulação de alta pressão.

Há um fato termodinâmico que precisa ser considerado: antes do purgador, a água condensada está na pressão do circuito (p_v) e na temperatura do vapor saturado nessa pressão (T_v).

Após o purgador, a água condensada está na pressão atmosférica (p_a) menor que (p_v). Mas, na pressão atmosférica, não pode existir água líquida na temperatura (T_v) e uma parte do condensado se vaporiza para manter o equilíbrio energético. Esse vapor formado na saída do condensado é denominado *vapor flash* ou *vapor de descompressão*. Ele pode abastecer equipamentos que exigem vapor de baixa pressão, contribuindo para reduzir, ainda mais, o consumo de combustível na caldeira.

As quantidades de condensado e de vapor *flash* podem ser calculadas com aplicação dos princípios da conservação de massa e energia. Antes do purgador, a água condensada tem entalpia (h_{lc}). A vazão mássica é a mesma do vapor (q_{mV}). Depois do purgador, a quantidade de condensado é (q_c) e a entalpia (h_l), retirada da tabela de vapor saturado na pressão atmosférica.

O vapor *flash*, após o purgador, apresenta-se com vazão de massa (q_f) e entalpia (h_{lvf}).

Segundo a conservação da massa:

$$q_{mV} = q_c + q_f \qquad (2.24)$$

Pela conservação da energia:

$$h_{lc}.q_{mV} = h_l.q_c + h_{lvf}.q_f \qquad (2.25)$$

Estas duas equações permitem determinar as vazões de condensado e de vapor *flash* na saída do purgador.

Por exemplo, supondo que a vazão de condensado e a sua pressão antes do purgador sejam, respectivamente, 1 000 kg/h e 6 bar (abs.).

A tabela de vapor saturado fornece para o líquido a 6 bar: $h_{lc} \equiv h_l(6\,\text{bar}) = 670,7$ kJ/kg.

Se após o purgador a pressão é de 1 bar (abs.), tem-se:

para o líquido $h_l \equiv h_l(1\,\text{bar}) = 417,5$ kJ/kg; e

para o vapor $h_{lvf} \equiv h_{lv}(1\,\text{bar}) = 2.675,2$ kJ/kg.

Então, das equações (2.24) e (2.25):

$$q_{mv} = q_c + q_f \Rightarrow 1.000 = q_c + q_f \qquad \text{e}$$

$$h_{lc}.q_{mv} = h_l.q_c + h_{lvf}.q_f \Rightarrow 670,7.(1.000) =$$
$$= 417,5.q_c + 2.375,2.q_f$$

De onde resulta $q_c \cong 888$ kg/h $\rightarrow q_f \cong 112$ kg/h.

Percebe-se que quanto mais baixa a pressão na linha de retorno, maior é a quantidade de vapor *flash* produzida; no entanto, também é maior a dificuldade em vencer a contrapressão da linha até o tanque que coleta e separa o condensado do vapor *flash*, cujo esquema aparece na Figura 2.10.

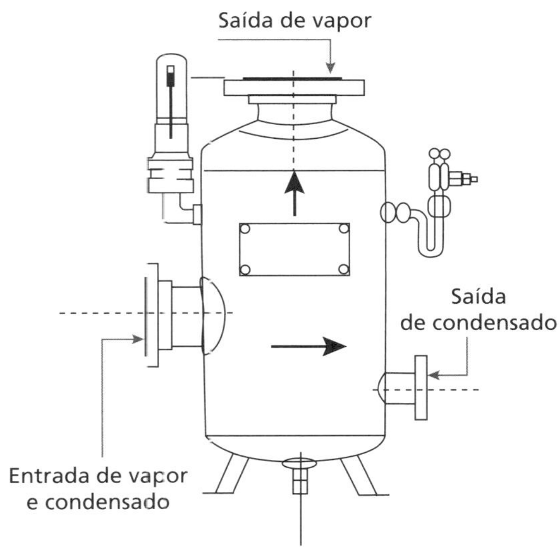

Figura 2.10 Tanque de coleta e separação de condensado e vapor *flash*.

2.4 PERDAS DE CALOR

Tão logo o vapor saia da caldeira, começa a ceder calor. Essencialmente, o primeiro cuidado é evitar vazamentos em válvulas e conexões defeituosas. A uma pressão de 8 bar (abs.), um furo de um milímetro provocará um desperdício de quase uma tonelada e meia de óleo combustível por ano.

O gráfico da Figura 2.11 indica a perda de vapor (kg/h) em função do diâmetro do orifício (D em mm) e da pressão (rel. em bar).

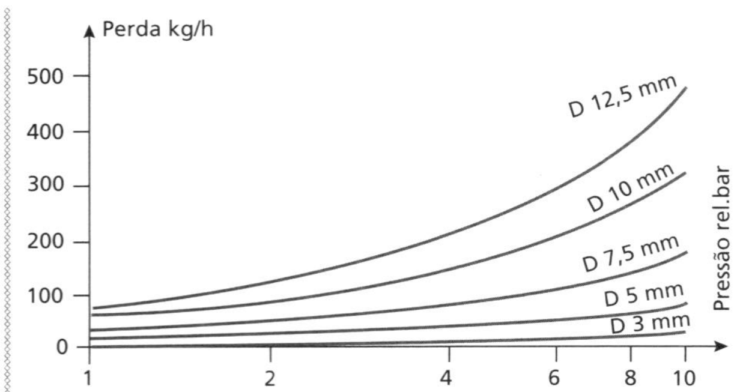

Figura 2.11 Perda de vapor em vazamentos.

Outra fonte de cessão de calor para o meio ambiente é a falta de isolamento térmico. Uma tubulação com vapor na mesma pressão [8 bar (abs.)], com 150 mm de diâmetro e 3 metros de comprimento, pode desperdiçar perto de três toneladas de óleo combustível ao ano se não estiver isolada.

É comum encontrar uma interrupção no isolamento, entre 80 e 100 mm, antes dos flanges, deixando-os sem o isolamento, com o objetivo de facilitar o acesso a eles. Trata-se, no entanto, de uma prática que provoca perdas consideráveis, já que os flanges representam superfícies protuberantes, funcionando como verdadeiras aletas. Se na mesma tubulação (150 mm de diâmetro) existirem cinco flanges sem isolamento, o desperdício será de mais três toneladas de óleo no ano.

2.5 ELIMINAÇÃO DE AR

Quando o vapor é admitido em um equipamento, tende a empurrar e comprimir o ar para a extremidade oposta, formando um bolsão. Embora esteja na mesma pressão, sua temperatura é, relativamente, bem mais baixa que a do vapor.

Com parte da superfície ocupada pelo ar, a troca de calor fica comprometida, ou seja, o aquecimento é mais lento e a temperatura do produto, menos uniforme.

A eliminação do ar é essencial à eficiência do processo e pode ser feita manual ou automaticamente. A primeira opção traz a desvantagem de se ter de confiar na capacidade do operador em saber quando abrir e, principalmente, quando fechar a válvula. Recomenda-se, portanto, a inserção de um eliminador automático de ar na extremidade oposta à da admissão do vapor.

2.6 ELIMINAÇÃO DE ÁGUA

O vapor destinado a qualquer equipamento deve ser o mais seco possível. A primeira ação envolve a caldeira com o correto tratamento químico da água de alimentação e com a eliminação de picos de carga ou evitando seu subdimensionamento. Quando o operador da caldeira mantém o nível de água sempre alto, provoca seu arraste para a rede de distribuição de vapor.

O método mais satisfatório de eliminação de condensado é aquele feito pelo purgador adequado para aquela instalação.

A drenagem fica ainda mais eficiente com a utilização do separador de umidade esquematizado na Figura 2.12. Trata-se de um equipamento que, instalado na tubulação, por sucessivas mudanças de fluxo e da redução da velocidade do vapor, provoca a separação e encaminhamento das gotículas de condensado em suspensão para um ponto de drenagem.

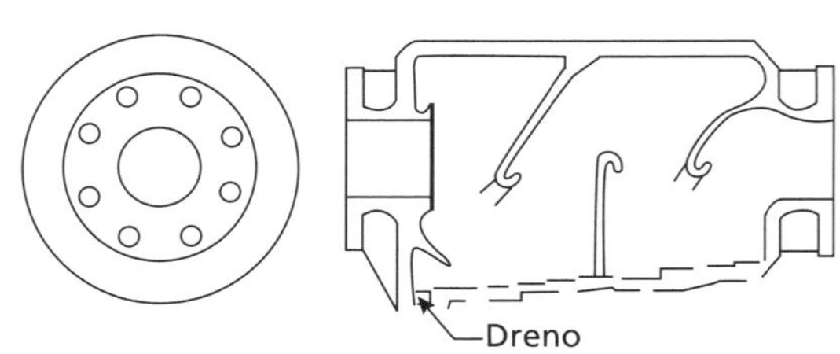

Figura 2.12 Separador de umidade.

A posição do purgador e do eliminador de umidade é importante e precisa ser feita com critério: normalmente ao longo da tubulação, em sua parte mais baixa e próxima ao equipamento que recebe vapor. Isto reduz a quantidade de condensado em circulação pela sua superfície de troca de calor, diminuindo a resistência convectiva deste lado.

A manutenção, principalmente, dos purgadores não pode ser descuidada. Como são instalados nos pontos mais baixos do sistema, recebem com facilidade qualquer impureza que circule pela linha. Este material estranho, alojando-se no purgador, pode impedir seu fechamento e, a partir daí, haverá saída constante de vapor.

2.7 O DIMENSIONAMENTO DA TUBULAÇÃO

2.7.1 Pelo critério da velocidade

O critério de velocidade é adequado para tubulações de pequeno comprimento quando se pode desprezar o efeito da perda de carga.

Para o vapor saturado, a velocidade de escoamento (V) situa-se na faixa de 15 a 25 m/s, para linhas principais, e de 10 a 15 m/s, para linhas secundárias.

A vazão volumétrica (q_v) pode ser expressa em função da vazão mássica (q_m) através do volume específico (v_g); assim, para uma tubulação de vapor com área de escoamento (S), o diâmetro (D) é dado por:

$$q_v = q_m . v_g \quad \text{e}$$

$$q_v = S.V = \frac{\pi . D^2}{4} . V = q_m . v_g \;\rightarrow\; D = \sqrt{\frac{4 . q_m . v_g}{\pi . V}} \qquad (2.26)$$

2.7.2 Pelo critério da perda de carga

A perda de pressão imposta por um acessório (válvula ou conexão) é representada por um comprimento adicional ou equivalente da tubulação de vapor. Os comprimentos equivalentes de cada acessório devem ser somados ao comprimento físico da tubulação, resultando em um comprimento total de cálculo (L).

Existem equações empíricas que produzem bons resultados:

$$\frac{q_m^{1,853}}{0,011 . D^{4,987}} = \frac{p_e^{1,9375}}{L} - \frac{p_s^{1,9375}}{L} \qquad (2.27)$$

Neste caso, a vazão mássica é expressa em (kg/h), as pressões de entrada e saída da tubulação (p_e e p_s) em (bar), o comprimento equivalente em (m) e o diâmetro em (mm).

Um parâmetro prático importante é a perda de pressão máxima admissível em uma tubulação, ou seja, ($p_e - p_s$): 0,25 bar para cada 100 metros. É recomendável não exceder esse valor. Algumas fontes sugerem um limite ainda menor: 0,2 bar por 100 metros de tubulação.

2.8 CALDEIRAS

São equipamentos constituídos por vários trocadores de calor. Sua classificação básica é baseada na concepção construtiva: flamotubulares (ou tubos de fogo) e aquatubulares (ou tubos de água).

As flamotubulares horizontais, esquematizadas na Figura 2.13, constituem a grande maioria das caldeiras industriais. Nelas, os tubos conduzem os gases de combustão, vaporizando a água que fica do lado de fora deles.

São construídas para operarem com pressões e vazões limitadas, algo em torno de 15 bar e 15 toneladas horárias. Abrigando o líquido e o vapor produzido, sua parte interna é relativamente grande, gerando chapas espessas o suficiente para inviabilizarem sua construção a pressões e vazões superiores.

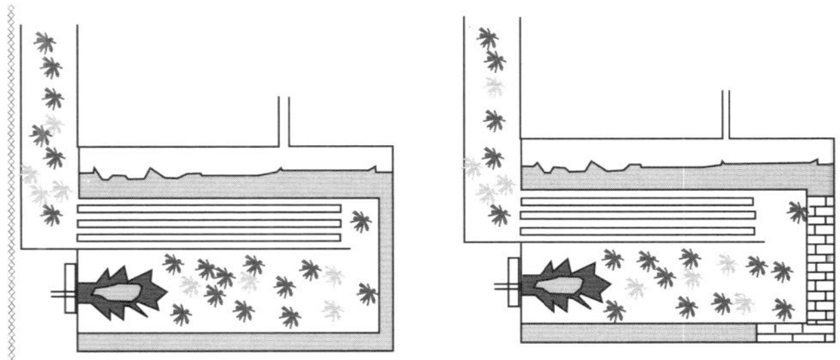

Figura 2.13 Ilustração de caldeiras flamotubulares com reversões molhada e seca.

A fornalha é um corpo cilíndrico, liso ou corrugado, completamente imerso em água, e o conjunto de tubos podem ter um, dois, ou três passes. Como normalmente operam com combustíveis líquidos ou gasosos, estas caldeiras têm o queimador instalado na parte frontal da fornalha. A Figura 2.14 mostra que elas são compactas, saem prontas de fábrica, restando apenas sua instalação no local em que serão operadas.

A sua eficiência térmica está na faixa de 80% a 90%, sendo difícil atingir valor maior, pela dificuldade em acrescentar equipamentos adicionais para a recuperação de calor.

As caldeiras flamotubulares têm o inconveniente de apresentar uma superfície de aquecimento muito pequena, mesmo se o número de tubos for aumentado. A necessidade de caldeiras de maior rendimento, rapidez na geração de grandes quantidades de vapor, com níveis mais elevados de pressão, levou ao surgimento da caldeira aquatubular.

Figura 2.14 Exemplos de caldeiras flamotubulares horizontais.

As caldeiras aquatubulares se caracterizam pela circulação externa dos gases de combustão, enquanto seus tubos conduzem, internamente, líquido e vapor. Por possuírem vasos pressurizados menores, como indica o esquema da Figura 2.15, viabiliza-se, econômica e tecnicamente, a operação com pressões e vazões mais elevadas.

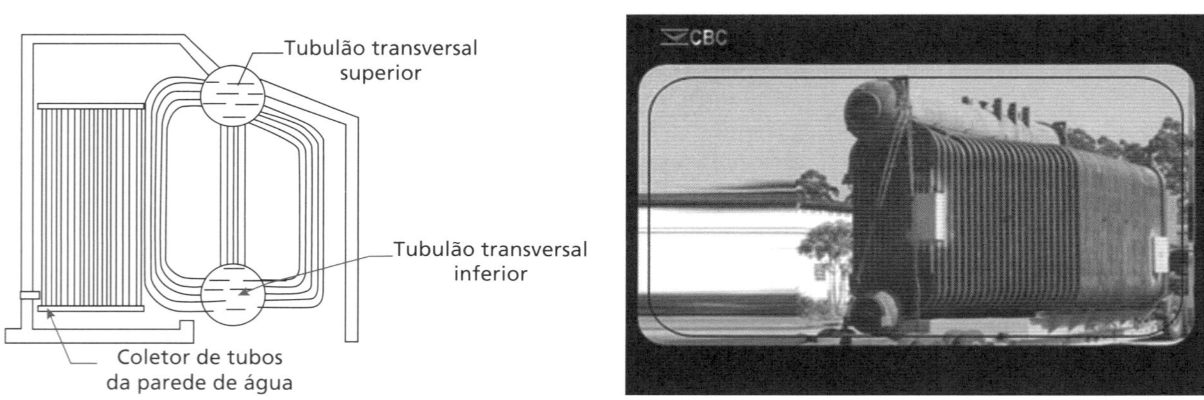

Figura 2.15 Caldeira aquatubular com dois tubulões.

Outra característica importante desse tipo de caldeira é a possibilidade de adaptação de acessórios, como o superaquecedor, que permite o fornecimento de vapor superaquecido, necessário para a produção de força motriz.

2.8.1 Alguns acessórios

As unidades geradoras de vapor necessitam de acessórios que garantam controle e operação segura. Os mais comuns são:

- O sistema automático de fornecimento da água de alimentação equipado com um regulador de nível que age diretamente na bomba.
- O indicador de nível, cujo objetivo é mostrar o nível da água no interior da caldeira.
- As válvulas de segurança, necessárias para prevenir que, eventualmente, a pressão ultrapasse a máxima estabelecida para condições normais de trabalho. Estas duas válvulas devem descarregar todo o vapor gerado e estabilizar a pressão em um valor não superior a 10% da pressão de projeto.
- Os pressostatos, em conjunto com os queimadores, têm a atribuição de manter a pressão dentro de uma faixa admissível de operação.

- Os manômetros ligados diretamente ao espaço ocupado pelo vapor.

Outros acessórios são ainda importantes: o sensor de chama, que atua no queimador; a válvula de purga, instalada no ponto mais baixo da caldeira; e a válvula de bloqueio, na saída de vapor.

2.8.2 Risco de explosão

O emprego de caldeiras implica a presença de vários riscos: explosões, incêndios, choques elétricos, intoxicações, quedas, queimaduras e ferimentos diversos.

O risco de explosão está presente durante todo o tempo de funcionamento e em razão da enorme quantidade de energia liberada. Suas consequências não envolvem só os operadores, mas também pessoas que trabalham nas redondezas. O risco pode ser minimizado quando se controla o projeto, a fabricação e a operação do equipamento.

A explosão pode ser causada pela diminuição da resistência da chaparia decorrente do superaquecimento ou da modificação da estrutura do material; pela redução de sua espessura, decorrente da corrosão ou erosão; e pelo aumento da pressão provocado por falhas diversas.

As principais causas do superaquecimento são: a seleção inadequada do aço no projeto da caldeira; o queimador mal posicionado; incrustações ou depósitos sólidos sobre as superfícies de aquecimento; e a operação em marcha forçada, que acontece quando a caldeira não tem potência suficiente para atender as necessidades do usuário. Essa intensificação de energia à fornalha pode causar fissuras no espelho traseiro das caldeiras flamotubulares.

Um dos principais responsáveis pela degradação das caldeiras é a corrosão, que age como fator de redução da espessura das superfícies submetidas à pressão. A corrosão não é sentida pelos instrumentos de operação da caldeira; portanto, sua evolução não é detectada, a não ser por meio das inspeções obrigatórias por lei.

Outro fator que também age na redução da espessura é a erosão. Nas flamotubulares, o jato da água de alimentação, provocado pela bomba, pode desgastar a parede externa da fornalha quando essa água contém partículas pesadas, como a areia, por exemplo. A erosão aparece nas sedes de vedação das válvulas de segurança, nos tubos evaporadores por desalinhamento dos sopradores de fuligem nas aquatubulares.

Riscos de obstrução ou acúmulo de lama na coluna de nível geralmente acontecem quando a limpeza, a manutenção preventiva ou o tratamento da água de alimentação são realizados de forma deficiente, fornecendo indicações incorretas de nível para o operador ou para os instrumentos responsáveis pelo suprimento de água.

A falha operacional pode, também, contribuir para a ocorrência de choques térmicos. Isto ocorre quando, após uma redução excessiva do nível de água, com parte da superfície de aquecimento sem refrigeração, o operador faz injetar água na tentativa de restabelecer o nível normal.

As explosões no lado dos gases acontecem com frequência na partida manual da caldeira, quando é promovida a ignição sem purga prévia da mistura combustível-comburente, que inunda toda fornalha, decorrente de tentativa de ignição anterior. Algumas flamotubulares possuem válvulas de alívio instaladas nos espelhos dianteiros, mantidas fechadas por ação de molas durante o funcionamento normal da caldeira. Elas se abrem para fora quando a pressão na fornalha supera a pressão exercida pelas molas, ou seja, no momento de uma explosão. Porém, dada a violência das explosões, muitas vezes estas válvulas são lançadas longe, podendo criar riscos adicionais.

2.8.3 O consumo de combustível

A quantidade de calor requerida pela caldeira é calculada por meio do salto entálpico entre a entrada e a saída.

$$Q = h_s - h_e \tag{2.28}$$

A entalpia na saída (h_s) depende das condições do vapor produzido: pressão e temperatura, para o vapor superaquecido, e pressão ou temperatura e o título, para o vapor saturado. A entalpia de entrada (h_e) está relacionada com a temperatura ou o calor sensível da água de alimentação. O consumo real de combustível (C), determinado pela expressão (2.29), depende da vazão mássica de vapor gerado (q_m), de seu poder calorífico inferior (PCI), isto é, da energia líquida liberada por ele e da eficiência (η) de sua queima.

$$C = \frac{Q.q_m}{PCI.\eta} \tag{2.29}$$

O poder calorífico inferior também pode ser definido como a energia bruta gerada pela queima do combustível abatida da energia térmica consumida na própria fornalha para vaporizar a água que naturalmente se forma durante a combustão. O poder calorífico pode ser determinado por meio de um calorímetro ou avaliado a partir da composição química do combustível.

As perdas ocorrem, basicamente, pela energia perdida com os gases através da chaminé e pela combustão incompleta. A análise dos gases de exaustão dá informações importantes para o acompanhamento da combustão. Uma maneira muito simples de verificar a eficiência da caldeira é confrontar o consumo ideal de combustível (C_i) com o consumo real (C_r) medido, como mostra a expressão (2.30).

$$C_i = \frac{Q.q_m}{PCI} \Rightarrow \eta = \frac{C_i}{C_r} \qquad (2.30)$$

REFERÊNCIAS BIBLIOGRÁFICAS

BEJAN, A.; KRAUS, A. D. **Heat Transfer Handbook**. San Francisco: John Wiley & Sons, 2003.

DUNN, D. **Fundamental Engineering Thermodynamics**. Cranbury: Pearson Higher Education, 2001.

KERN, D. Q. **Processos de transmissão de calor**. Rio de Janeiro: Guanabara Koogan, 1987.

POTTER, M. C.; SCOTT, E. P. **Termodinâmica**. São Paulo: Thomson Pioneira, 2006.

YAWS, C. L. **Handbook of Vapor Pressure**. Houston: Gulf Publishing Company, 2007.

3

Energia elétrica como utilidade na indústria de bebidas

NORBERTO GILBERTI SIMONETTI
JOSÉ FRANCISCO RODRIGUES

3.1 INTRODUÇÃO

Um dos muitos aspectos fascinantes de uma indústria de bebidas é o inter-relacionamento entre suas áreas, fazendo com que todos os setores sejam dependentes entre si e assumam a mesma importância dentro da organização. Desta forma, a área de envasamento, por exemplo, não teria razão de existir sem que houvesse a de processos; a logística sem as duas anteriores, ou se preferirem, as duas anteriores sem a de logística, haja vista que esta última é a responsável pelo fornecimento de matéria-prima e insumos para a manufaturação dos produtos.

Neste contexto, a área de utilidades é de vital importância para todos os departamentos de uma indústria, pois é responsável pelo fornecimento de energia elétrica, ar comprimido, calor, frio, água e vapor para todos os setores do parque fabril. Neste capítulo, abordaremos a energia elétrica na indústria de bebidas.

A falta de uma política nacional clara para o setor de eletricidade, que culminou com o inesquecível "apagão" de 2001, obrigou as organizações a reduzirem o consumo de energia elétrica e buscarem autonomia energética por fontes alternativas, entre outras, o gás natural, cogeração realizada por caldeiras termoelétricas que geram tanto vapor como eletricidade, aquisição de motogerador geralmente alimentado por diesel, compra de energia elétrica de particulares que geram sua própria energia.

Considerando que a energia elétrica representa cerca de 3% do custo de uma indústria de bebidas, e considerando também que ela é imprescindível para todos os setores fabris, ter um gerenciamento profissional de excelência nessa área é de suma importância para o desempenho de qualquer organização.

O gerenciamento do setor elétrico de uma indústria deve apoiar-se em pelo menos seis pilares básicos:

a) gerenciamento do contrato de energia com a concessionária ou permissionária[1] local;
b) monitoramento, controle e manutenção das instalações elétricas já existentes;
c) programas permanentes de conservação e uso racional de energia, bem como busca de novas fontes alternativas;
d) gestão da equipe técnica;
e) gerenciamento do arquivo técnico;
f) projeto e planejamento das futuras instalações.

[1] **Concessionária ou permissionária**: agente titular de concessão ou permissão federal para prestar o serviço público de energia elétrica, referenciado, doravante, apenas pelo termo "concessionária".

3.2 GERENCIAMENTO DO CONTRATO DE ENERGIA ELÉTRICA

O contrato de fornecimento entre consumidor[2] final e as concessionárias de energia elétrica está definido na resolução n. 456 da Agência Nacional de Energia Elétrica – Aneel. É imprescindível o seu conhecimento e a sua interpretação por toda a equipe técnica do departamento de eletricidade da indústria.

3.2.1 Resolução n. 456 da Aneel

A resolução n. 456, de 29 de novembro de 2000, da Aneel estabelece e consolida as condições gerais de fornecimento de energia elétrica que devem ser observadas tanto pelas concessionárias quanto pelos consumidores. É composta por 125 artigos. Nos próximos parágrafos apresentaremos um resumo dessa resolução, destacando os aspectos mais importantes.

O documento dá competência exclusiva para a concessionária em estabelecer a tensão de fornecimento para a unidade consumidora[3], referenciando-se pela carga elétrica instalada[4]. Todavia, no art. 8º permite ao consumidor optar por tensão de fornecimento diferente daquela estabelecida pela concessionária, desde que haja viabilidade técnica no sistema elétrico, e desde que ele assuma os investimentos adicionais necessários ao atendimento no nível de tensão pretendido.

Esses artigos são extremamente relevantes para as empresas, pois mudar de um nível de tensão para outro com a indústria em operação, além de muito trabalhoso, oneroso e burocrático, às vezes torna-se impossível diante de inúmeras adversidades. Dessa forma, o departamento de engenharia deve considerar o plano de crescimento da empresa de longo prazo antes de assinar contrato com a concessionária de energia.

O investimento num sistema elétrico de alta tensão é mais caro, se comparado ao de baixa tensão. Entretanto, dependendo da potência e da característica da carga instalada, bem como do regime de funcionamento da indústria, o fornecimento em alta tensão sempre é mais desejável. Entre as muitas vantagens, quando comparado ao de média tensão, destacamos:

- As tarifas[5] de energia no sistema de alta tensão são significativamente menores. Esse é um fator importantíssimo a ser considerado para cálculo do retorno de investimento, também chamado de *pay back*.
- As oscilações de tensão conhecidas como "piscas" ou *flickers*, em alta tensão, são muito menores em quantidade e muito menos perceptíveis pelos equipamentos alimentados por essa energia.
- O sistema de energia em alta tensão está menos vulnerável aos distúrbios provocados pela natureza, descarga atmosférica e ventos, por exemplo.
- As interrupções de energia elétrica são significativamente menores no sistema de alta tensão. A proporção chega a ser de 1 para 100, ou seja, a cada 100 interrupções de energia elétrica no sistema de média e baixa tensão, verifica-se apenas uma interrupção no sistema de alta.

Interromper o processo de industrialização por falta de energia elétrica pode trazer graves transtornos, como queima de equipamentos, perda de matéria-prima e/ou produto acabado (pois há processos que não podem sofrer interrupção) e não cumprimento da malha de produção. Portanto, definir o nível de tensão a ser contratado no momento da construção da indústria é de capital importância.

3.2.2 Da leitura e do faturamento

A leitura e o faturamento de uma unidade consumidora se enquadrarão numa estrutura tarifária[6]

[2] **Consumidor**: pessoa física ou jurídica, ou comunhão de fato ou de direito, legalmente representada, que solicitar a concessionária o fornecimento de energia elétrica e assumir a responsabilidade pelo pagamento das faturas e pelas demais obrigações fixadas em normas e regulamentos da Aneel, assim vinculando-se aos contratos de fornecimento, de uso e de conexão ou de adesão, conforme cada caso.

[3] **Unidade Consumidora**: conjunto de instalações e equipamentos elétricos caracterizado pelo recebimento de energia elétrica em um só ponto de entrega, com medição individualizada e correspondente a um único consumidor.

[4] **Carga Instalada**: soma das potências nominais dos equipamentos elétricos instalados na unidade consumidora, em condições de entrar em funcionamento, expressa em quilowatts (kW).

[5] **Tarifa**: preço da unidade de energia elétrica e/ou da demanda de potência ativa.

[6] **Estrutura tarifária**: conjunto de tarifas aplicáveis aos componentes de consumo de energia elétrica e/ou demanda de potência ativas de acordo com a modalidade de fornecimento.

"convencional"[7] ou "horo-sazonal",[8] sendo que esta última contempla as modalidades verde e azul. Observe a diferença de tarifa nos dois tipos:

Estrutura Tarifária Horo-Sazonal modalidade AZUL:

I – Demanda de potência (kW):

a) Um preço para horário de ponta[9] (P); e
b) Um preço para horário fora de ponta[10] (F).

II – Consumo de energia (kWh):

a) Um preço para horário de ponta em período úmido[11] (PU);
b) Um preço para horário fora de ponta em período úmido (FU);
c) Um preço para horário de ponta em período seco[12] (PS); e
d) Um preço para horário fora de ponta em período seco (FS).

Estrutura Tarifária Horo-Sazonal modalidade VERDE:

I – Demanda de potência (kW): um preço único.

II – Consumo de energia (kWh):

a) Um preço para horário de ponta em período úmido (PU);
b) Um preço para horário fora de ponta em período úmido (FU);
c) Um preço para horário de ponta em período seco (PS); e
d) Um preço para horário fora de ponta em período seco (FS).

Dessa forma, é imprescindível que profissionais habilitados no uso de eletricidade, de departamento específico da indústria de bebidas, realizem estudo considerando a potência e a característica da carga instalada, bem como o regime de funcionamento da indústria para optar pela estrutura tarifária mais econômica para a empresa.

Também são de capital importância ações para evitar ao máximo o consumo durante o período de ponta, pois o preço do kWh chega a ser o dobro e a demanda o triplo do valor.

3.2.3 Gerenciando a demanda contratada

Pelo exposto, pagamos na fatura de energia elétrica a demanda[13] (kW) e o consumo (kWh) contratados. Dessa forma, se negociarmos além do que necessitamos, pagaremos por uma energia que não estamos utilizando. A recíproca é mais que verdadeira, ou seja, não podemos usar mais do que compramos, sob pena de pagarmos multa caríssima por ultrapassar os limites contratados.

A Aneel define os limites toleráveis, nos casos em que ultrapassar a demanda contratada, em 5% para unidades consumidoras atendidas em tensão de fornecimento igual ou superior a 69 kV e 10% para aquelas atendidas abaixo dessa tensão. Sobre a parcela da demanda medida que superar a respectiva demanda contratada será aplicada a tarifa de ultrapassagem.[14]

A tarifa de ultrapassagem aplicável à unidade consumidora faturada na estrutura tarifária convencional será correspondente a 3 (três) vezes o valor da tarifa normal de fornecimento.

Assim, fica evidente que toda indústria deve ter equipamentos que monitorem em tempo real a sua demanda, e que sejam programados para desenergizar cargas, de forma automática e seletiva, evitando a ultrapassagem dos limites contratados.

---

7 **Estrutura tarifária convencional**: estrutura caracterizada pela aplicação de tarifas de consumo de energia elétrica e/ou demanda de potência independentemente das horas de utilização do dia e dos períodos do ano.

8 **Estrutura tarifária horo-sazonal**: estrutura caracterizada pela aplicação de tarifas diferenciadas de consumo de energia elétrica e de demanda de potência de acordo com as horas de utilização do dia e dos períodos do ano.

9 **Horário de ponta (P)**: período definido pela concessionária e composto por 3 (três) horas diárias consecutivas, exceção feita aos sábados, domingos, terça-feira de carnaval, sexta-feira da Paixão, "Corpus Christi", dia de finados e os demais feriados definidos por lei federal, considerando as características do seu sistema elétrico. (Redação dada pela Resolução Aneel n. 090, de 27.03 .2001)

10 **Horário fora de ponta (F)**: período composto pelo conjunto das horas diárias consecutivas e complementares àquelas definidas no horário de ponta.

11 **Período úmido (U)**: período de 5 (cinco) meses consecutivos, compreendendo os fornecimentos abrangidos pelas leituras de dezembro de um ano a abril do ano seguinte.

12 **Período seco (S)**: período de 7 (sete) meses consecutivos, compreendendo os fornecimentos abrangidos pelas leituras de maio a novembro.

13 **Demanda**: média das potências elétricas ativas ou reativas, solicitadas ao sistema elétrico pela parcela da carga instalada em operação na unidade consumidora, durante um intervalo de tempo especificado.

14 **Tarifa de ultrapassagem**: tarifa aplicável sobre a diferença positiva entre a demanda medida e a contratada, quando exceder os limites estabelecidos.

3.2.4 Fator de potência[15]

Outra grandeza importante na composição do faturamento da conta de energia elétrica é a energia reativa,[16] também contemplada na forma de demanda e consumo.

A maioria das cargas alimentadas por energia elétrica é indutiva, como motores, transformadores, reatores de iluminação e fornos de indução, dentre inúmeras outras.

A principal característica das cargas indutivas é que elas precisam de um campo eletromagnético para operar. Por esta razão, elas absorvem dois tipos de potência[17] elétrica:

1) Potência ativa[18] (kW), para realizar o trabalho de gerar calor, luz, movimento etc.
2) Potência reativa (kVAr), para manter o campo eletromagnético.

A potência ativa é expressa em Watts (W) ou Quilowatts (kW) e pode ser medida pelo equipamento Wattímetro.

A potência reativa não produz trabalho útil, mas circula entre o gerador e a carga, exigindo do gerador e do sistema de distribuição uma corrente adicional. A potência reativa é expressa em quilo-volts-ampère-reativo (kVAr). A potência ativa e a potência reativa juntas formam a potência aparente que é expressa em quilovolts-ampère (kVA).

Um baixo fator de potência indica que a energia contratada não está sendo aproveitada de forma otimizada. Fator de potência 0,80 de uma instalação elétrica significa que apenas 80% da energia capaz de gerar trabalho está gerando, efetivamente, trabalho.

O **art. 64** da resolução 456 da Aneel define que o fator de potência de referência "fr", indutivo ou capacitivo, terá como limite mínimo permitido, para as instalações elétricas das unidades consumidoras, o valor de fr = 0,92.

Há vasto material bibliográfico técnico abordando esse assunto, quanto a medição, monitoramento e formas de correção; todavia, não é nosso propósito neste trabalho. Limitaremo-nos somente a advertir que é de suma importância que o responsável pelas instalações elétricas de uma empresa de bebidas tenha um forte trabalho nessa área, mensurando e corrigindo (quando necessário) em tempo real o fator de potência de suas instalações. É raro analisarmos conta de energia elétrica de uma fábrica na qual não haja incidência de multa por baixo fator de potência.

3.2.5 Das responsabilidades

Encerraremos nossos comentários sobre a resolução 456 da Aneel mencionando o **art. 104**, que define que o consumidor será responsável por danos causados aos equipamentos de medição ou ao sistema elétrico da concessionária, decorrentes de qualquer procedimento irregular ou de deficiência técnica das instalações elétricas internas da unidade consumidora.

Observe que, pelo exposto, a responsabilidade dos profissionais de eletricidade extrapola os limites físicos da empresa onde trabalham, e terão que responder por qualquer problema gerado internamente na fábrica que cause consequências ao sistema da concessionária.

Desta forma, garantir o cumprimento do plano de manutenção preventiva e o correto ajuste nos dispositivos de proteção é condição básica, a fim de que todo transitório que surge nas instalações elétricas seja eliminado de forma eficaz e seletiva.

Também é obrigação dos engenheiros responsáveis pelo departamento de eletricidade o cumprimento integral da norma regulamentadora NR 10 – Segurança em Instalações e Serviços de Eletricidade do Capítulo V, Título II, da CLT, relativa à Segurança e Medicina do Trabalho.

3.3 COMERCIALIZAÇÃO DE ENERGIA ELÉTRICA NO MERCADO LIVRE

A partir de 1998, com a criação do Mercado Atacadista de Energia Elétrica – MAE, marco na história do setor elétrico nacional, o consumidor final viu-se desobrigado de comprar energia elétrica de sua concessionária local, o que possibilitou que a adquirisse de qualquer empresa geradora ou comercializadora no Sistema Interligado Nacional (SIN);[19]

[15] **Fator de potência:** razão entre a energia elétrica ativa e a raiz quadrada da soma dos quadrados das energias elétricas ativa e reativa, consumidas num mesmo período especificado.

[16] **Energia elétrica reativa:** energia elétrica que circula continuamente entre os diversos campos elétricos e magnéticos de um sistema de corrente alternada, sem produzir trabalho, expressa em quilovolt-ampère-reativo-hora (kVArh).

[17] **Potência:** quantidade de energia elétrica solicitada na unidade de tempo, expressa em quilowatts (kW).

[18] **Energia elétrica ativa:** energia elétrica que pode ser convertida em outra forma de energia, expressa em quilowatts-hora (kWh).

[19] **Sistema Interligado Nacional (SIN):** instalações responsáveis pelo suprimento de energia elétrica a todas as regiões eletricamente interligadas do país.

e mais, abriu as portas para a livre negociação tarifária. Hoje, as principais indústrias de bebidas no Brasil negociam energia elétrica nesse mercado, e passam a ser conceituadas como "consumidores livres".[20] Nesse novo modelo de negociação, elas acumulam dezenas de milhares de reais em economia.

A Tabela 3.1 resume as condições para que o consumidor de energia possa ser livre.

Tabela 3.1 Critérios vigentes para se tornar consumidor livre.

Demanda mínima	Tensão mínima de fornecimento	Data da ligação do consumidor
3 MW	Qualquer tensão	Após 08/07/1995
3 MW	69 kV	Antes de 08/07/1995

3.3.1 Objetivos do novo modelo

O novo modelo do setor elétrico visa atingir três objetivos principais:

- Garantir a segurança do suprimento de energia elétrica;
- Promover a modicidade tarifária (regulado por meio de leilões);
- Promover a inserção social no setor elétrico brasileiro, em particular pelos programas de universalização do atendimento.

3.3.2 Diretrizes de comercialização de energia

A comercialização de energia elétrica é realizada em dois ambientes de mercado:

- Ambiente de Contratação Regulada – ACR;
- Ambiente de Contratação Livre – ACL.

A contratação no ACR é formada por meio de contratos bilaterais regulados, denominados Contratos de Comercialização de Energia Elétrica no Ambiente Regulado[21] (CCEAR), celebrados entre agentes vendedores[22] e distribuidores que participam dos leilões de compra e venda de energia elétrica (BRASIL, 2009).

Já no ACL, há a livre negociação entre os agentes geradores, comercializadores, consumidores livres, importadores e exportadores de energia, sendo os acordos de compra e venda de energia pactuados por meio de contratos bilaterais.

Uma visão geral da comercialização de energia elétrica, envolvendo os dois ambientes de contratação, é apresentada na Figura 3.1.

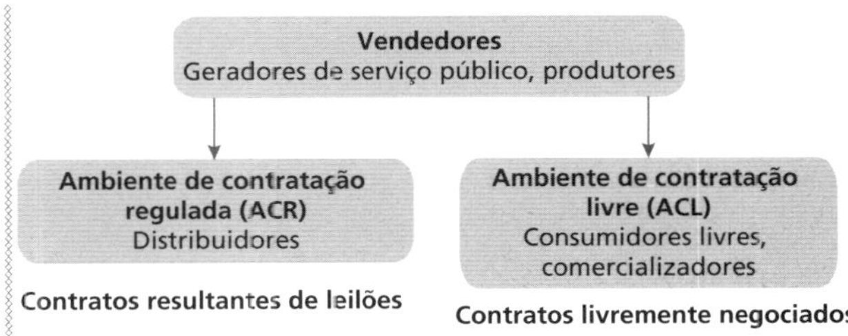

Figura 3.1 Visão geral da comercialização de energia elétrica.

3.3.3 Ambiente de contratação livre (ACL)

Vamos tecer algumas outras informações desse ambiente, pois são as que mais interessam ao consumidor final, aqui contextualizado pela figura da indústria de bebidas.

No ACL participam agentes de geração, comercializadores, importadores e exportadores de energia elétrica, além dos consumidores livres. Nesse ambiente há liberdade para se estabelecer volumes de compra e venda de energia e seus respectivos preços, sendo as transações pactuadas por meio de contratos bilaterais.

Os consumidores que optarem por tornarem-se livres realizando a compra de energia por meio de contratos no ACL devem ser agentes da Câmara de Comercialização de Energia Elétrica (CCEE) e estão sujeitos ao pagamento de todos os encargos, taxas e contribuições previstas na legislação.

Caso o consumidor livre queira retornar à condição de atendimento regulado, deve informar essa decisão à concessionária de distribuição local, com

[20] **Consumidores livres**: consumidores que, atendendo aos requisitos da legislação vigente, podem escolher seu fornecedor de energia elétrica (geradores e comercializadores) por meio de livre negociação.

[21] **Contrato de Comercialização de Energia no Ambiente Regulado (CCEAR)**: contrato bilateral de compra e venda de energia elétrica e respectiva potência associada ao celebrado, no âmbito do ACR, entre agente vendedor e agente distribuidor.

[22] **Agente vendedor**: agente de geração, agente de comercialização ou agente de importação, que seja habilitado em documento específico para esse fim.

prazo mínimo de cinco anos, sendo que esse prazo pode ser reduzido mediante acordo entre as partes (BRASIL, 2017).

3.4 MONITORAMENTO, CONTROLE E MANUTENÇÃO DAS INSTALAÇÕES ELÉTRICAS EXISTENTES

Condição *sine qua non* para qualquer nível de gerenciamento é ter dados confiáveis como base de consulta e análise para tomadas de decisões. Não há gerenciamento sem dados, assim como não há gerenciamento sem dados confiáveis. Dessa forma, o gerente do setor de eletricidade deve garantir a coleta desses dados, a fim de mensurar o desempenho em cada setor fabril.

Geralmente, esse acompanhamento é realizado por meio de supervisórios – terminais dedicados de computadores –, que mostram, em tempo real, os valores das grandezas elétricas comumente em forma numérica e gráfica.

Por meio da coleta e tratamento desses dados, cria-se o histórico no departamento de eletricidade dos setores fabris, que servirá tanto para tomadas de decisões como para definição de novas metas.

Atualmente, inúmeros equipamentos de medição e controle estão disponíveis no mercado, com preços bastante acessíveis e de fácil instalação, que possibilitam o armazenamento da leitura em tempo real ou a criação de um banco de dados de um determinado período.

3.4.1 Plano de manutenção planejada anual

Não há gerenciamento do setor elétrico sem que haja um plano de manutenção anual. Entende-se por *Plano de Manutenção* o conjunto de atividades e tarefas a serem executadas nos equipamentos, sistemas, itens, instalações, descrevendo explicitamente os métodos, procedimentos, frequências, recursos humanos e materiais envolvidos em cada uma delas.

Geralmente, as empresas possuem um gerenciador, programa informatizado (*software*), utilizado para a programação, controle das atividades e recursos de manutenção. Há muitas opções de *software* no mercado; muitos deles, como o SAP – *Systems Applications Product*, criam um ambiente de integração bastante amplo, permitindo o gerenciamento de materiais, controle fiscal e outras atividades da organização.

O plano de manutenção elétrica é composto por diversos tipos de eventos, caracterizados por atividades específicas. Os mais conhecidos são os módulos de manutenção periódica, inspeção preditiva e de rota, abaixo conceituados:

a) **Manutenção periódica**: manutenção planejada, com intervenções e recursos programados, realizada em períodos predeterminados ou nos ciclos de utilização de equipamentos, baseados na vida útil de suas peças. Divide-se em atividades mecânicas, elétricas, de automação, instrumentação e metrologia.
b) **Inspeção preditiva**: inspeção planejada, com recursos programados, baseada na utilização de instrumentos e ferramentas especiais para medição e monitoramento, com a finalidade de diagnosticar deteriorações das condições nominais de operação de equipamentos e instalações. Compreende as atividades de análise de vibração, termografia e análise físico-química dos óleos isolantes usados em transformadores.
c) **Inspeção de rota**: inspeção periódica planejada, com recursos programados, baseada na verificação das condições de funcionamento dos equipamentos pertencentes a sistemas específicos, para detectar eventuais condições anormais de operação, por meio da comparação com seus dados e características nominais.

3.4.2 Gerenciando o plano de manutenção

Para que haja gerenciamento do plano de manutenção é preciso analisar periodicamente os dados gerados pelo *software* com toda equipe do PCM – Planejamento e Controle da Manutenção, corrigindo as possíveis não conformidades. Para tanto, faz-se necessário criar índices de desempenho para servir de referência para as decisões gerenciais. Há inúmeros índices de desempenho; muitos são criados seguindo critérios específicos para atender a uma necessidade gerencial. Por exemplo, cumprimento do plano de manutenção, hora-homem previsto *versus* realizado, quantidade de serviços emergenciais, retrabalho, verba prevista *versus* realizada etc.

Tão importante quanto acompanhar o desempenho da manutenção é mensurar o tempo de paradas não programadas por motivo elétrico. Pois de nada adianta ter um IDM – Índice de Desempenho da Manutenção – excepcional se as principais causas das ineficiências das linhas estiverem ligadas a problemas elétricos.

E, finalmente, só há gerenciamento se houver metas individuas e coletivas. Assim, toda equipe de PCM deve possuí-las, as quais são desdobradas das do gerente da área, relacionadas tanto ao IDM quanto à eficiência e à produtividade fabril.

3.5 PROGRAMAS PERMANENTES DE ECONOMIA DE ENERGIA

Qualquer indústria de bebidas com um mínimo de gestão empresarial mantém programas permanentes de conservação e uso racional de energia elétrica, bem como indicador de desempenho específico geralmente expresso em (kWh/hl) quilowatt.hora por hectolitro de bebida produzida.

De um modo geral, se estratificarmos o consumo por setor da indústria de bebidas, encontraremos aproximadamente os seguintes percentuais: utilidades, 68%; envasamento, 17%; processo, 8%; meio ambiente, 4%; administrativo, 2%; outros, 1%. Esses valores nos mostram que os resultados mais expressivos em trabalhos de conservação concentram-se nas áreas de maior demanda: utilidades.

Falar em conservação e consumo racional de energia elétrica significa manter ações concretas e permanentes contra o desperdício e valorizar seu uso, assim como o de água, ar comprimido, vapor, frio e calor, pois todas elas se relacionam com energia elétrica.

Há inúmeras ações que colaboram para a conservação de energia, disponíveis para consulta em bibliografias técnicas. Abaixo, destacamos as mais importantes:

a) adquirir motores com alto rendimento e fator de potência;
b) adquirir lâmpadas com alto índice de luminância;
c) acionamento automatizado nas partidas de máquinas e motores de grande porte por meio de chaves *softstart* ou inversores de frequência;
d) automação de um conjunto de equipamento de um determinado setor, garantindo o acionamento ou desligamento deles, bem como sua modulação, conforme a demanda solicitada. Por exemplo: automação dos aeradores de uma ETEI – Estação de Tratamento de Efluentes Industriais, ou automação dos compressores de frio da sala de utilidades; desligamento dos condicionadores de ar após o expediente de serviço etc.;
e) reaproveitamento de água utilizada para resfriar determinado sistema (que geralmente é descartada), mantendo-a em ciclo fechado. Por exemplo: água dos pasteurizadores, das bombas de vácuo etc.;
f) mas a principal ação seguramente está na eliminação de vazamentos de água, ar comprimido, vapor, frio, calor etc. Certa ocasião, participando de um programa "Desperdício Zero" para eliminar vazamentos na fábrica, paramos toda produção; todas as máquinas deixaram de operar. Então pudemos constatar a "sinfonia" produzida pelos diversos vazamentos. Constatamos que um compressor de 300 CV, responsável pelo fornecimento de ar comprimido, era acionado a cada 30 segundos, sem que houvesse uma única carga ligada, só devido aos vazamentos. Programas e ações do gênero "desperdício zero" devem ser gerenciados e implementados de uma forma intensa pela administração da empresa.

3.6 CAPACITAÇÃO TÉCNICA DA EQUIPE DE MANUTENÇÃO

Um dos problemas enfrentados pelos gerentes de engenharia é a capacitação técnica da sua equipe, pois os equipamentos das indústrias de bebidas são bem específicos, e geralmente o aprendizado acontece no dia a dia, durante o desempenho da função. Por melhor que seja o técnico eletricista, eletrônico, de instrumentação ou de automação, dificilmente contrata-se um profissional já pronto, treinado, salvo exceção de já ter trabalhado em indústrias do ramo de bebidas.

Uma hora de produção parada representa muito em termos financeiros. Assim, a intervenção dos técnicos nas paradas não programadas e nos ajustes das máquinas deve ser a mais rápida possível, e para que isso aconteça é preciso ter uma equipe multifuncional e muito bem treinada.

Dessa forma, é importante que a organização tenha dois programas bem trabalhados:

a) **Meta de *turnover***: índice que mede o desligamento de colaboradores tanto por iniciativa do contratante como pelo contratado, a fim de reter talentos; e
b) **Matriz de capacitação**: matriz que avalia individualmente as qualidades técnicas dos funcionários, bem como suas necessidades de treinamento. É muito comum as pessoas confundirem matriz de capacitação com matriz de treinamento. São matrizes distintas. A matriz de treinamento está contextualizada na de capacitação. Nesta última, deve-se avaliar o que o funcionário já consegue realizar, em que áreas e em quais equipamentos da fábrica consegue atuar, ou seja, o potencial de multifuncionalidade do colaborador.

A "marca dos seus produtos" e a "sua gente" são as duas maiores riquezas de uma companhia. Perder conhecimento, sem que este fique registrado em padrões operacionais, técnicos ou sistêmicos, é uma atitude suicida para qualquer organização.

3.7 ARQUIVO TÉCNICO

Podemos imaginar a importância de se manter arquivo técnico atualizado com os manuais dos equipamentos, os desenhos técnicos, diagramas elétricos e os *backups* (cópias) de parametrização das máquinas.

O tempo de atuação dos técnicos em sanar um defeito e restabelecer a produção num determinado setor pode ser minimizado se houver documentação disponível e atualizada nas áreas produtivas.

O arquivo técnico irá requerer do gerente responsável uma gestão cuidadosa, porque lá estarão muitas informações confidenciais, é o patrimônio do conhecimento tecnológico da empresa e, uma vez nas mãos dos concorrentes, podem trazer sérios prejuízos.

Manter a área organizada, com controle de acesso e com sistema de consulta, de forma que quando um colaborador precisar de determinado documento, ele possa ser informado onde ele está arquivado, bem como manter procedimento para retirada desses documentos, a fim de garantir sua rastreabilidade, ou seja, saber quem e quando os tirou e se já os devolveu ou não, são quesitos básicos para o gerenciamento da área.

As empresas de bebidas que possuem certificação ISO 9001 sabem que esse procedimento é uma exigência legal da norma.

3.8 PEÇAS DE REPOSIÇÃO

A maioria das oficinas mantém peças e equipamentos em reserva que ficam guardados, disponibilizados, prontos para uso numa determinada eventualidade. Geralmente constituem-se de itens que já estavam em funcionamento e que, por um motivo qualquer, foram substituídos. Esses itens são priorizados às solicitações nos almoxarifados, pois evitam custos para a empresa.

Todavia, duas situações acontecem com muita frequência e, geralmente, em momentos de estresse e de correria – é quando a produção está parada por defeito em um equipamento e esse precisa ser substituído:

a) Situação 1: a equipe tem certeza que existe o equipamento em reserva, só não consegue saber onde ele está guardado.
b) Situação 2: o equipamento avariado é substituído pelo reserva, mas este também apresenta defeito ao energizá-lo.

Criar procedimentos para localização dos equipamentos na área de estocagem, discriminando a quantidade e as especificações técnicas deles, bem como criar procedimentos que assegurem que antes de serem estocados passaram por uma bateria de testes que garantam sua integridade e funcionalidade, é de fundamental importância.

3.9 RACIONALIZANDO PROCESSOS

Racionalizar processos e simplificar atividades são regras básicas para qualquer departamento. Muitas áreas industriais bastante automatizadas muitas vezes apresentam eficiência de produção menor do que outras menos automatizadas. Ao realizar uma melhoria nas instalações fabris, devemos conceber um projeto simples e de menor custo possível. Soluções complexas, na maioria das vezes, resultam em custos elevados e equipe não capacitada para interagir com os equipamentos.

Há muitas atividades que podem ser realizadas pelo setor elétrico de uma empresa de bebidas, visando racionalizar processos; uma delas e de grande resultado é a redução do número de modelos e marcas dos equipamentos. Por exemplo, motores, redutores e inversores de frequência de diversas potências possuem a mesma dimensão física, ou seja, o mesmo tamanho e a mesma furação para fixação; nos casos de motores e rotores, incluem-se as flanges. Além disso, o custo do equipamento de maior potência se comparado ao de menor é, geralmente, insignificante.

Ora, nessa situação, devemos adquirir sempre os equipamentos de maior potência, que atenderão a qualquer solicitação dentro de um determinado limite, e diminuiremos significativamente a diversidade de modelos para comprar e estocar, bem como suas respectivas peças de reposição.

Seguindo o mesmo raciocínio, é improdutivo trabalharmos com diversas marcas de equipamentos, pois necessitaremos capacitar nossa equipe para atuar em cada um deles e teremos que manter peças em estoque igualmente para cada marca; isso é totalmente ineficiente.

3.10 PROJETO E PLANEJAMENTO DAS FUTURAS INSTALAÇÕES

Raras fábricas já nascem grandes. Infelizmente, muitas delas, mesmo nascendo pequenas, não são concebidas em projeto para futuro crescimento. Resultado? Crescimento desordenado, ineficiência produtiva, altos custos operacionais e perda de competitividade.

O setor elétrico não fica de fora dessa ciranda indesejável. Devido ao custo dos equipamentos e das instalações, os projetistas também se limitam no momento da concepção dos projetos. Os resultados são os piores possíveis: subestações subdimensionadas, canaletas abarrotadas de fios, cabos subdimensionados, surgindo as conhecidas "gambiarras", que trazem consigo sérios riscos de acidentes pessoais e patrimoniais.

É preciso que o profissional da área de energia elétrica tenha uma visão global da empresa de bebidas e conheça os planos futuros da indústria, convergindo suas ações para a concretização dessas metas.

3.11 ABNT NBR 5410 E A NR 10

Concluindo este capítulo, limitado pelas pautas deste livro e não pelos assuntos possíveis de serem abordados, e também não menos importante do que os assuntos já estudados, mencionaremos as duas normas que devem ser de conhecimento obrigatório para qualquer profissional do setor elétrico, a NBR 5410 e a NR 10.

A **NBR 5410:2004**, elaborada pela Associação Brasileira de Normas Técnicas, normatiza as instalações elétricas de baixa tensão (tensão nominal igual ou inferior a 1.000 V em corrente alternada), objetivando estabelecer condições que devem garantir a segurança das pessoas e dos animais, o funcionamento adequado das instalações e a conservação dos bens.

A **NR 10**, constituída pelo Ministério do Trabalho por meio da Portaria 598, de 8 de Dezembro de 2.004, enfoca a segurança em instalações e serviços em eletricidade. Estabelece os requisitos e condições mínimas, objetivando a implementação de medidas de controle e sistemas preventivos, de forma a garantir a segurança e a saúde dos trabalhadores que, direta ou indiretamente, interajam em instalações elétricas e serviços em eletricidade.

A NR 10 obriga, entre outras exigências, que as empresas mantenham prontuários do sistema elétrico atualizados, atestando a conformidade deles com as normas aplicáveis, e determina prazos para o cumprimento dessas diversas obrigações.

A alta administração das indústrias de bebidas conjuntamente com seu corpo técnico e com a equipe de segurança do trabalho deve dedicar-se ao entendimento e cumprimento dessas duas normas, imprescindíveis para o desempenho das atividades do setor elétrico e para o funcionamento da fábrica como um todo.

REFERÊNCIAS BIBLIOGRÁFICAS

ASSOCIAÇÃO BRASILEIRA DE NORMAS TÉCNICAS. **NBR 5410**: instalações elétricas de baixa tensão. Rio de Janeiro, 2004.

BRASIL. Agência Nacional de Energia Elétrica. Resolução n. 456, de 29 de novembro de 2000. Estabelecem, de forma atualizada e consolidada, as Condições Gerais de Fornecimento de Energia Elétrica. Disponível em: http://www.aneel.gov.br/cedoc/res2000456.pdf. Acesso em: 14 jan. 2017.

BRASIL. Agência Nacional de Energia Elétrica. Resolução n. 226, de 24 de abril de 2002. Altera dispositivo e promove ajustes na Resolução n. 456, de 29 de novembro de 2000, que trata das Condições Gerais de Fornecimento de Energia Elétrica. Disponível em: http://www.aneel.gov.br/cedoc/res2002226.pdf. Acesso em: 3 fev. 2017.

BRASIL. Agência Nacional de Energia Elétrica. Resolução n. 614, de 29 de novembro de 2002. Altera dispositivos da Resolução n. 456, de 29 de novembro de 2000, que trata das Condições Gerais de Fornecimento de Energia Elétrica. Disponível em: http://www.aneel.gov.br/cedoc/res2002614.pdf. Acesso em: 16 fev. 2017.

BRASIL. Agência Nacional de Energia Elétrica. Resolução n. 58, de 26 de abril de 2004. Atualiza os artigos 3º e 11 da Resolução n. 456, de 29 de novembro de 2000, que trata das Condições Gerais de Fornecimento de Energia Elétrica. Disponível em: http://www.aneel.gov.br/cedoc/res2004058.pdf. Acesso em: 2 mar. 2009.

CCEE – Câmara de Comercialização de Energia Elétrica. Disponível em: http://www.ccee.org.br/cceeinterdsm/. Acesso em: 10 mar. 2017.

COTRIM, A. M. B. **Instalações elétricas**. 5. ed. Rio de Janeiro: Prentice Hall Brasil, 2009.

MAMEDE FILHO, J. **Instalações elétricas industriais**. 9. ed. Rio de Janeiro: LTC, 2017.

MANUAIS DE LEGISLAÇÃO ATLAS. **Segurança e medicina do trabalho**. 78. ed. São Paulo: Atlas, 2017.

NISKIER, J.; MACINTYRE, A. J. **Instalações elétricas**. 6. ed. Rio de Janeiro: LTC, 2013.

4

Ar comprimido como utilidade na indústria de bebidas

LUIZ OTÁVIO CORRÊA

4.1 INTRODUÇÃO

O ar comprimido é uma das fontes mais antigas e versáteis de transferir ou transportar energia limpa, sendo utilizada intensamente na indústria como utilidade.

Nos relatos históricos, há mais de 2 mil anos, encontram-se referências ao emprego do ar comprimido em máquinas, mas seu uso sistemático somente aconteceu na década de 1950, na produção industrial.

Atualmente, o ar comprimido torna-se indispensável nos diferentes processos industriais. Da mesma forma que a água, vapor, gás e energia elétrica, é considerado como utilidade, por ser um elemento simples e satisfatório em soluções de problemas automatizados.

No planeta, atualmente, 5 bilhões de toneladas de ar são comprimidas por ano, gerando um consumo de 400 bilhões de kWh, a um custo de 20 bilhões de dólares.

Esses dados mostram uma relação de proporcionalidade entre a produção desta utilidade e o consumo de energia elétrica. Nesse caso, o uso sem proveito de ar comprimido significa perda de energia elétrica e também um grande impacto no meio ambiente.

Depois da energia elétrica, o ar comprimido é a utilidade mais utilizada nas indústrias de transformação, mas o ar, como matéria-prima abundante, é a forma de energia mais onerosa de ser produzida. Paradoxalmente, a maioria das instalações industriais de ar comprimido não recebe os cuidados necessários e passa a ser uma fonte constante de grandes desperdícios.

Portanto, é preciso usufruir dessa energia em toda a sua potencialidade, com preocupações de competitividade, produtividade e qualidade e, em contrapartida, monitorando e gerenciando de forma profissional e competente, na busca de uma produção mais limpa, em cumprimento da legislação ambiental vigente.

Este capítulo propõe-se a disponibilizar informações técnicas úteis e práticas aos usuários de sistemas de ar comprimido, especificamente, em indústria de bebidas, objetivando identificar e orientar para o uso adequado na busca de melhoria na eficiência energética como na geração, tratamento, distribuição e consumo de ar comprimido, com a redução de custos e de consumo de energia elétrica.

4.2 IMPORTÂNCIA DO AR COMPRIMIDO EM INDÚSTRIAS DE BEBIDAS

Em indústria de bebidas, o sistema de ar comprimido tem um papel importante:

- seco, estéril e isento de óleo – para o transporte ou deslocamento de líquidos (como gás de pressão para recipientes);
- seco – nos acionamentos dos elementos de trabalho (meio de energia de trabalho);

- seco e isento de óleo – nos dispositivos de medição, controle e regulagem (energia auxiliar);
- isento de óleo e estéril – no processo de extração de CO_2 dos tanques de fermentação antes da limpeza alcalina;
- isento de óleo e estéril – no processo de limpeza de garrafas, embalagens e formas antes de serem abastecidas;
- isento de óleo e estéril – no processo de aeração do mosto, levedura e água para aumentar a concentração de oxigênio;
- isento de óleo – no processo de empacotamento de produtos e de tampar frascos;
- isento de óleo e em parte seco – no transporte de resíduos de malte, meio filtrante auxiliar e açúcar.

A seguir, são apresentados, com detalhes técnicos, aspectos importantes relacionados a uma instalação de um sistema de ar comprimido em indústria de bebidas, visando a um planejamento com dados e critérios de projeto inseridos em condições econômicas e confiáveis no uso racional dessa utilidade.

4.3 COMPONENTES DO SISTEMA DE AR COMPRIMIDO

A Figura 4.1 apresenta um desenho esquemático de um sistema industrial de ar comprimido.

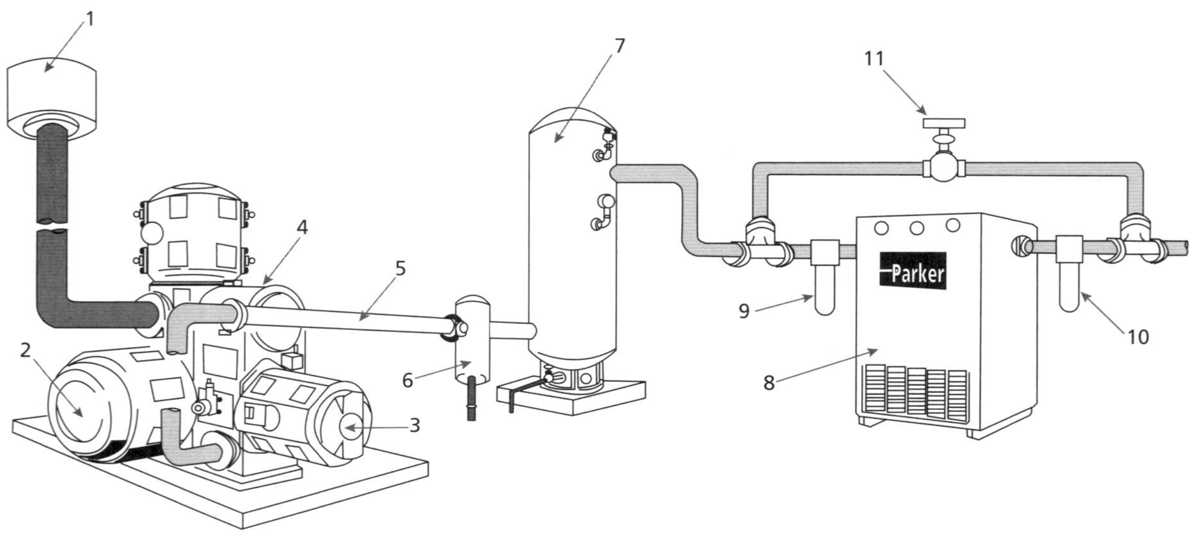

Figura 4.1 Desenho esquemático da produção, armazenamento e condicionamento ou conservação do ar comprimido.

Fonte: Parker Training, 2000.

O conhecimento de um sistema básico de produção (geração), armazenamento, condicionamento, distribuição e uso final, como mostra a Figura 4.1, pode ser descrito por meio dos seguintes componentes essenciais:

1 – filtro de admissão (filtro primário);
2 – motor elétrico;
3 – compressor de ar;
4 – resfriador intermediário;
5 – resfriador posterior;
6 – separador de condensado;
7 – reservatório;
8 – secador;
9 – pré-filtro;
10 – pós-filtro;
11 – válvula de fechamento.

Outros itens empregados no sistema de ar comprimido, em particular, em indústrias de bebidas são:

- uma extensão de tubos rígidos e flexíveis, além de conexões;
- válvulas de controle, de pressão e de indicadores de pressão e temperatura;
- elementos de trabalho (acionamentos);
- um filtro de esterilização, eventualmente, para os pontos exigidos de utilização;
- um eventual redutor de ruído (silenciadores ou isolamento acústico).

A distribuição do ar comprimido está no transporte do reservatório, alimentado pelo compressor, aos pontos de utilização (uso final). O fornecimento deve ser feito em quantidades suficientes de ar limpo, seco e estéril (eventualmente) e pressão adequada às aplicações de utilização.

Especificamente na indústria de bebidas, há diferentes aplicações de uso para o ar comprimido, como descrito na seção 4.2. É importante identificar as perdas proporcionadas por redução da eficiência do sistema de ar comprimido e as possíveis alterações de projeto de uma instalação moderna.

4.4 CONSIDERAÇÕES DE PROJETO DO SISTEMA DE AR COMPRIMIDO

Antigamente, com o crescimento das plantas industriais de bebidas, ampliava-se também a instalação de ar comprimido, e o aumento de custos operacionais era consequência dos aumentos da pressão da rede e do consumo de ar comprimido por exigência no ponto de uso (consumidor final).

Neste contexto, hoje, o projeto ou atualização de um sistema de ar comprimido, em atendimento às necessidades da indústria, deve ser revisado e analisado sob o ponto de vista gerencial energético, considerando os custos específicos de instalação, da energia consumida e da manutenção dos equipamentos.

Assim, para o planejamento de uma moderna instalação de um sistema de ar comprimido e a nova organização da planta industrial, alguns pontos importantes de projeto devem ser questionados:

- uma unidade de produção de ar comprimido centralizada ou descentralizada;
- um tratamento de ar comprimido centralizado ou descentralizado;
- uma pressão de rede de ar comprimido única ou diferenciada;
- a quantidade de ar admitido e vazão de ar comprimido requerida (demanda);
- o tipo de compressor;
- o tipo de processo de secagem de ar comprimido;
- a pressão necessária final, em atendimento aos requisitos dos equipamentos consumidores;
- a qualidade do ar comprimido: concentração de partículas sólidas, de microrganismos, de água e óleo;
- o volume de armazenamento (reservatório) de ar comprimido;
- a seleção dos materiais;
- a isolação acústica.

Para responder a estas questões, deve-se admitir: primeiro, a geração de ar comprimido por meio de um compressor é uma conversão de energia muito custosa; segundo, esta compressão se realiza de forma politrópica[1] e, portanto, não é conseguida na prática uma forma mais econômica de compressão como a isotérmica (com menor potência consumida) e também o adiabático puro, ou quando não tem aplicabilidade, pois uma grande parte da energia mecânica consumida é convertida em calor.

Isto significa a decisão na escolha da aplicação desse vetor energético em uma indústria de bebidas com as seguintes afirmações técnicas:

- utilizar somente ar comprimido em situações em que não existam outras alternativas. Um exemplo dessa decisão está na substituição de acionamentos pneumáticos por acionamentos mecânicos nas instalações de embalagem;
- estabelecer a pressão final de compressão a mais baixa possível, sem expansão por estrangulamento ou redução da pressão na rede;
- minimizar as perdas de pressão na tubulação da rede de ar comprimido;
- eliminar os vazamentos na rede de ar comprimido.

Portanto, o pleno conhecimento das instalações de um sistema de ar comprimido desde a sua geração até o ponto de consumo determina, em função específica da aplicabilidade dessa energia na indústria de bebidas, as condições de melhores oportunidades na busca de eficiência desse sistema, com as respostas para as questões relevantes abordadas nesta seção.

4.4.1 Geração e tratamento do ar comprimido

De modo geral, a escolha de compressores centralizados em instalações de sistemas de ar comprimido é mais econômica, mas exigências de diferentes pressões nos pontos de consumo final tornam obrigatórios fornecimentos descentralizados.

Uma instalação centralizada envolve menos instrumentos de monitoração, apresenta custos de ma-

---

1 **Politrópico**: processo de compressão e expansão de um gás ideal cuja dependência entre pressão e volume é dada por: $p \cdot V^n = constante$, em que: n = 0 ⇒ processo isobárico; ±∞ ⇒ processo isocórico; 1 ⇒ processo isotérmico; k ⇒ processo adiabático (é nula a troca de calor, gerado na compressão, com o meio exterior).

nutenção mais baixos e oferece melhores condições para a recuperação de energia – secagem do ar, refrigeração central de retorno da água, recuperação de calor residual e, também, no controle da poluição sonora e ventilação local, o que é bem melhor resolvido. Uma disposição de compressores de várias capacidades e otimização de operação, consequentemente, resulta em um baixo custo de investimento.

A instalação descentralizada normalmente envolve compressores de pequeno porte e o fornecimento de ar comprimido permite o estabelecimento da pressão final ótima por parte dos consumidores, o tratamento/secagem do ar adequado às exigências do processo e uma rede de ar de comprimento final menor.

Outro ponto importante da instalaçao descentralizada está em suprir sistemas com altas perdas de cargas (distantes da geração) e também em atender aos casos de consumidores esporádicos de grande consumo de ar.

A principal desvantagem associada à instalação descentralizada está na dificuldade de regular o suprimento de ar do compressor com os procedimentos de manutenção e de manter as reservas necessárias. Mas, hoje, os componentes de compressores modernos são projetados para operações automáticas e não requerem um controle constante – eventuais defeitos ou falhas são informados automaticamente. Dessa forma, uma instalação descentralizada torna-se uma vantagem operacional.

Por meio da indicação dos pontos de utilização, como exemplo de uma planta de indústria cervejeira, pode-se ter uma análise da escolha entre uma instalação centralizada ou descentralizada para a produção das seguintes pressões finais (Tabela 4.1).

Tabela 4.1 Pontos de utilização do ar comprimido, pressões finais e exigências de qualidade em indústria cervejeira.

Posição	Utilização	Pressão final efetiva [bar]	Exigências de qualidade	Observação
1	Ar de controle e de trabalho	≥ 5	Sem partículas ≥ 1 μm e concentração de partículas ≤ 1 mg/m³	Pressão final depende da necessidade dos dispositivos de fechamento
2	Ar estéril para aeração de mosto	≥ 5	Isento de germes e de óleo	Geralmente fornecida a partir da aplicação da Posição 1
3	Ar estéril para desferrização da água	≤ 2 ... ≥ 5	Isento de germes e de óleo	Tal como na Posição 2 ou com outro compressor
4	Vasos pressurizados para transporte e deslocamento de líquidos	≤ 2 ... 3	Isento de germes e de óleo	-------
5	Ar do tanque para extração de CO_2	≤ 1,5	Isento de germes e de óleo	-------
6	Ar de transporte do bagaço de malte	≤ 2 ... 3	Isento de óleo	-------

Na Tabela 4.1, se deduz, em princípio, a possibilidade de ser disponibilizado e distribuído o ar de controle e de trabalho em forma de instalação centralizada. Os demais pontos de utilização devem ser abastecidos de forma descentralizada – uma expansão por estrangulamento de pressão nesse caso não é energeticamente econômica.

A utilização do ar comprimido na limpeza de recipientes (tanques para extração de CO_2) e como gás de pressão para transporte de bebidas (vasos pressurizados) deve ser somente na faixa de pressão requerida. Seu tratamento é realizado para o ponto de orvalho (temperatura na qual se inicia a condensação de um gás ou vapor d'água, em determinada pressão) pressurizado entre as temperaturas de 2 a 10 °C. Neste caso, utiliza-se o processo de secagem do ar por ciclo refrigerante, pois abaixa a temperatura do ponto de orvalho do ar comprimido a 2 °C pressurizado e é o mais econômico (reduzido custo inicial, operacional e manutenção) em relação ao secador regenerativo.

4.4.2 Pressão da rede única ou diferenciada

Uma instalação de ar comprimido tem uma pressão de trabalho definida em função dos requisitos dos equipamentos consumidores, mais as perdas da rede entre o sistema de geração e o consumo final.

Deve-se levar em conta, para esse valor de pressão, o projeto e o traçado das tubulações de distribuição, as válvulas de controle, os filtros em sua linha, os secadores e as conexões.

A definição de um sistema mais econômico de ar comprimido está associada às perdas de carga, sendo que estas dependem da escolha dos acessórios (conexões, válvulas, filtros, secadores etc.) da rede e do dimensionamento das tubulações e de possíveis vazamentos de ar no sistema.

Três observações importantes de projeto devem ser verificadas antes da adoção de uma pressão determinada:

- Primeira, está no caso de pontos de utilização com pressão mais baixa. Aqui, não é uma solução econômica a utilização de meios por estrangulamento (diminuir a pressão final em relação à pressão de trabalho), pois as perdas são significativas. Exemplos: o ar para remover o bagaço de malte e a insuflação (sopro) do CO_2 dos tanques cilíndricos com saída cônica numa cervejaria.
- Segunda, aumentar a pressão de trabalho em atendimento a todos os equipamentos é também antieconômico, pois afeta diretamente os custos de energia, representando altos consumos, potencializando vazamentos e aumento da potência consumida pelo compressor. A solução consiste em separar em redes e instalar compressores menores para atender aos casos especiais.
- E, finalmente, no caso específico de equipamento com especificação técnica com diferente pressão na mesma instalação, pode ser atendido mediante a redução da pressão no ponto de consumo, por meio de uma redutora de pressão.

Portanto, a condição de pressão escolhida deve ser a menor e necessária para superar os obstáculos relacionados à vazão de ar pelas tubulações e, também, em atender aos consumidores (pontos de utilização) nos requisitos exigidos do processo e em relação às perdas inseridas nesse processo. A mesma recomendação deve ser adotada para o sistema de tratamento do ar comprimido – redução de perdas de pressão na distribuição por eliminar as resistências ao escoamento do ar e, consequentemente, redução do consumo de energia.

4.4.3 Ar admitido e o volume de ar requerido

A quantidade ou volume de ar comprimido a ser consumido nos pontos de utilização pode ser determinada pela somatória dos volumes necessários às aplicações de uso final e dos processos operacionais, levando em consideração o fator de carga,[2] a duração do consumo para cada uma destas aplicações, as perdas por vazamentos, os desgastes e as futuras necessidades a serem geradas com a expansão.

O cálculo do total necessário de ar comprimido não é a soma do máximo necessário, mas a soma da média necessária de cada equipamento ou ferramenta do processo. Ponto de consumo com alta demanda e baixo fator de utilização[3] (uso esporádico) é solucionado com a colocação de um reservatório (pulmão) de ar comprimido, localizado estrategicamente próximo à fonte de alta demanda. O tamanho do reservatório deve ser escolhido de forma cuidadosa, para determinar uma operação racional do compressor.

O resultado do cálculo total implica a seleção de um compressor não dimensionado para o valor elevado de consumo, mas com o volume de fornecimento determinado/necessário. Na maioria dos casos, um completo levantamento da demanda do sistema pode resultar em uma estratégia de controle de utilização mais eficiente – uma redução da capacidade necessária do compressor.

O fluxo[4] necessário na saída do compressor é então uma das quantidades máximas e mínimas,

[2] **Fator de Carga (FC)**: é a relação entre a demanda elétrica média (kW) e a demanda elétrica máxima (kW) ocorrida em um período definido. Seu valor varia entre 0 e 1 e revela se as cargas elétricas foram utilizadas racionalmente ao longo do tempo. O custo de energia elétrica decresce exponencialmente em relação ao crescimento do FC.

[3] **Fator de Utilização**: indica quanto tempo o equipamento ou ferramenta vai funcionar num período de um dia ou um mês preferido. Este determina o perfil de consumo em determinado tempo de funcionamento da planta – orienta na determinação da capacidade do compressor e do sistema.

[4] Há uma confusão entre os termos fluxo e vazão. Define-se fluxo como fluido em movimento e vazão como a quantidade de fluido escoando num determinado espaço de tempo.

estabelecido por meio da regulagem (parada e partida) do compressor, considerando a pressão padrão e a temperatura. É a condição de converter o volume de ar do estado de admissão (sucção) no compressor e depois ao volume efetivo (este não inclui as perdas do compressor). Em cálculo com referência ao estado normal do ar, é caracterizado de acordo com a norma DIN 1343 para temperatura de 273 K (0 °C), pressão de 1,01325 bar e a densidade de 1,294 kg/m^3 (ar seco – umidade relativa = 0%).

Para calcular exatamente a quantidade de ar, isto é, o volume de ar efetivo – que representa o volume de ar comprimido nas condições de compressão real em pressão e na temperatura em que é realmente produzido – devem-se considerar as equações das leis dos gases, assim como o teor de vapor de água no ar (os cálculos devem ser realizados em grau Kelvin, em pressão absoluta e com a utilização da tabela de conteúdo máximo de água no ar saturado em cada temperatura).

O compressor a ser instalado deve ser colocado à disposição do volume efetivo necessário, calculado pelo consumo médio, junto com uma capacidade de reserva. Para fazer frente aos picos de alta demanda, os sistemas de ar comprimido são projetados com compressores conectados a um reservatório, atendendo sem perdas os pontos de consumo nesses períodos críticos, ou, em alguns casos, justifica-se a aquisição de um compressor ou mais para atender apenas a esse tipo de carga.

4.4.4 Tipos de compressores

Os compressores podem ser definidos como estruturas mecânicas industriais destinadas a elevar a energia utilizável de ar, pelo aumento de sua pressão, necessitando de cuidados para manter sua plena capacidade operacional e suprir continuamente a demanda de ar comprimido exigida pela indústria. Conhecer seu desempenho é fundamental para avaliar seu rendimento nas condições de uso e administrar custos de manutenção e energia elétrica.

Da grande variedade de compressores produzidos, são utilizados principalmente as seguintes formas construtivas isentas de óleo: compressores alternativos (de pistão), compressores de parafuso e compressores de deslocamento positivo rotativo (pistão rotativo, *Scrool* e *Roots*). Os turbos compressores, utilizados para grandes volumes deslocados, não são aplicados para o segmento de bebidas.

No caso típico de ventiladores axiais – máquinas que operam com elevação de pressão muito pequena de descarga, porém vazão elevada e isenta de óleo e produção uniforme de ar comprimido – sua utilização está presente nas instalações de estocagem do malte em silos (aspiração de poeira).

Para as quantidades de ar comprimido e nível de pressão necessários na indústria de bebidas, são indicados os compressores a pistão (alternativo). Estes apresentam custos de investimento e operação mais baixos (consumo específico de energia, consumo de água de esfriamento, custos de reparação, custo de peças de reparação e de desgaste da vida útil), embora isso seja negado por alguns fabricantes, especificamente de compressor de parafusos.

Com pressões finais manométricas de compressão ≥ 4 bar (unidade de pressão), é mais eficiente (consome menos energia) efetuar a compressão em duas etapas (estágios), com configuração construtiva de cilindros posicionados a 90° (menor vibração), em compressores a pistão (alternativo), com resfriamento intermediário, para reduzir as perdas térmicas (esta possibilidade não existe com compressores de parafuso ou pistão rotativo para as pressões finais requeridas – justifica estes terem maiores consumos específicos de energia).

No processo de compressão, 80% da energia gasta se converte em calor e parte do calor produzido pelo compressor e motor elétrico se transmite para o meio ambiente. No caso de compressor resfriado a ar, o calor dissipado pode superar em até 70% da energia elétrica consumida pelo motor. No compressor resfriado a água, o calor transmitido para a sala dos compressores pode atingir valores da ordem de 15% do seu consumo em energia elétrica.

A refrigeração a ar em compressores é usada, sobretudo, em equipamentos pequenos e médios. Apesar do maior gasto de energia, seu projeto construtivo é menor. A refrigeração por líquido (compressores acima de 40 HP) é mais econômica e executada preferencialmente com um circuito fechado de refrigeração, com água ou, em casos especiais, um fluído resistente ao congelamento (solução de glicol). O calor é transmitido ao ar ambiente por meio de trocador de calor.

A água da refrigeração tem um maior custo de tratamento (torres ou piscinas), controle de prevenções de incrustações e entupimentos (eliminação de iodetos sedimentados e outros sais) e proliferação microbiológica.

O uso da perda de calor – recuperação de calor da compressão – em princípio, na indústria de bebidas, é possível e pode ser usado para a produção de água quente ou para evaporação de CO_2. O resfriamento dos compressores (transferência de calor em circuito fechado), por ar direto ou indireto, é utilizado frequentemente em instalações mais novas para a economia da água do resfriamento. No entanto, devem-se levar em consideração os custos e benefícios envolvidos na utilização dessa energia térmica.

Outro ponto a ser considerado é a utilização do ar comprimido com pressão manométrica $\leq$ 2 bar. Neste caso, utilizam-se ventiladores centrífugos e compressores do tipo *Roots*, sendo necessária a realização do processo em várias etapas. E, para processos com pressão manométrica $\leq$ 1 bar, o método mais efetivo, do ponto de vista de energia e operação, é a utilização de sopradores rotativos ou de compressores de pistão rotativo em comparação à utilização de um ponto da rede de ar de 6 bar e, subsequentemente, expandi-lo à pressão requerida.

Em geral, não é possível uma preferência globalizada por um tipo especial de compressor. A decisão por um ou outro tipo pode ser realizada somente com uma comparação exata das especificações técnicas. Para isto, é necessária uma descrição detalhada dos requisitos do projeto, caracterizando-o em todos os aspectos importantes e relevantes desde os investimentos previstos até os custos operacionais.

Sobre este ponto, é realizada a solicitação do orçamento (o mesmo vale também para os outros componentes da instalação de ar comprimido). São preferidos os compressores que trabalham basicamente isentos de óleo (compressores de execução em seco).

Um ponto importante na seleção do compressor a ser adquirido está nas diversas formas de apresentar a capacidade do compressor em catálogos de diversos fabricantes. Alguns indicam a vazão ou deslocamento, relacionando-os com a utilização de compressores pequenos; outros indicam a quantidade de ar admitido, sem um esclarecimento à capacidade no lado da admissão e sem um esclarecimento à capacidade no lado da descarga; há, também, casos de fabricantes que indicam a capacidade.

A especificação do fabricante muitas vezes induz o cliente a selecionar e adquirir um compressor de não conformidade à demanda de ar comprimido. Por isso, é importante estar esclarecido sobre as especificações de capacidade de um compressor. As especificações podem ser expressas como:

- Descarga Livre Padrão (DLP) de um compressor: as normas DIN 1945 e 1962, BS 1571 e 1949, e Asme – PTC 9 especificam as condições para medida da capacidade e estabelecem tolerância para os resultados. A capacidade é expressa pela quantidade de ar livre descarregada, corrigida para as condições de pressão, temperatura e umidade existente na admissão. São adotados como padrão para estes testes temperatura de 15 °C, 36% de umidade relativa[5] e 760 mm de Hg de pressão. A DLP é expressa Nm^3/h ou Nm^3/min ou Ncfm.
- Descarga Livre Efetiva ou Produção Efetiva (DLE) de um compressor: é o volume de gás ou ar realmente liberado a uma pressão final especificada, considerando-se as condições de admissão, como a pressão de admissão, temperatura, composição (percentagem de umidade) deste ar. A descarga livre efetiva pode ser determinada por medição direta ou cálculo. É o resultado da multiplicação do volume de ar deslocado pelo rendimento volumétrico desse compressor. O DLE é expresso por m^3/h ou m^3/min ou cfm, seguido da pressão em bar e a temperatura em °C; exemplo: 3.000 m^3/h, 7 bar, 36 °C.
- Deslocamento (D_V) de um compressor: é o volume teórico ou calculado (volume físico do cilindro *versus* rotação) deslocado do primeiro estágio por unidade de tempo. É expresso por m^3/h ou m^3/min ou cfm.

4.4.5 Processo de secagem

4.4.5.1 Considerações gerais

Na maioria dos casos, o ar comprimido utilizado na indústria de bebidas deve ser isento de óleo e passar por um processo de secagem. Este processo é necessário, pois em todos ambientes o ar contém água na forma de vapor.

Na aspiração desse ar pelo compressor, o vapor pode se condensar ao longo da linha, dependendo da pressão e temperatura (em indústrias localizadas em zonas de clima frio, o congelamento da água pode alterar o funcionamento dos equipamentos). A água acumulada pode ser eliminada por filtros separadores de água e drenos dispostos ao longo da linha. No entanto, um filtro não pode eliminar o vapor de água e para isso são necessários secadores.

Outro ponto importante está no custo envolvido (aquisição e manutenção) do processo de secagem.

[5] **Umidade relativa**: relação entre a massa de vapor de água contida por kg de ar úmido e a massa de vapor de água que ele conteria se estivesse saturado.

Assim, utiliza-se o processo de secagem apenas naqueles casos nos quais a sua aplicação não afete a qualidade final do produto (ar comprimido com o ponto de orvalho especificado pelo consumidor) ou a vida útil dos equipamentos e acessórios. A seguir serão discutidos os possíveis métodos de secagem do ar comprimido (especificações conforme ISO 7183 – Secadores de Ar Comprimido) e suas características.

4.4.5.2 Secagem por ciclo de refrigeração

O sistema de secagem do ar por refrigeração é composto basicamente de trocador de calor, circuito frigorífico, separador de condensado, filtros coalescentes, purgador automático e painel elétrico. O sistema opera resfriando o ar em temperaturas próximas a 0,5 °C, mas pode ser programado para atingir temperaturas ainda menores. Caso ocorra o congelamento da água condensada, os trocadores de calor devem ser operados em comutação e descongelados em intervalos regulares.

A energia de refrigeração necessária para o resfriamento do ar, bem como a quantidade de água condensada, pode ser determinada facilmente por meio do diagrama de entalpia[6] (h), umidade absoluta (x) de Mollier, também conhecido como diagrama de estado do ar úmido.

Para alcançar uma resposta imediata às rápidas variações de demanda de ar comprimido, busca-se sempre resfriar o ar por expansão direta do refrigerante. Esta é obtida pela evaporação do refrigerante dentro do trocador de calor e, consequentemente, promove a troca de calor direta entre o refrigerante e o ar externo.

Com a finalidade de alcançar uma diminuição da energia consumida, utiliza-se o ar frio para pré-resfriar o trocador de calor e o ar interno com maior temperatura, mas ainda sem desumidificação (pré-resfriamento do ar quente e úmido). A eficiência do trocador de calor se deve à condição do ar com a maior temperatura passar a maior quantidade possível de calor ao ar frio, de modo a ser pré-resfriado o máximo possível. As condições para isso são superfícies de troca de calor grandes e limpas e bons coeficientes de transmissão de calor, alcançados por meio de elevadas velocidades de ar. Mas, como desvantagem, têm-se as perdas de pressão em função da passagem do ar pelo trocador de calor.

Esse gasto energético no processo de secagem por ciclo frigorífico deve ser incluído no total das despesas do fornecimento de ar comprimido. Para o cálculo, devem ser conhecidos os parâmetros (temperatura e umidade relativa) de entrada e saída do ar no trocador de calor, as quantidades de ar e os parâmetros do equipamento de refrigeração. A secagem do ar por ciclo frigorífico pode ser realizada antes e depois da compressão ou, também, em relação ao seu posicionamento, antes ou depois do reservatório de ar.

a) Secagem antes da compressão: o ar é resfriado antes da compressão, por meio de resfriamento por evaporação do refrigerante (≤ –25 °C) em um trocador de calor. A perda de pressão no tubo de aspiração (trocador, separador de água) aumenta o trabalho de compressão, devido ao menor volume de ar a –25 °C.

O consumo de energia é um pouco menor, se comparado à secagem por ciclo frigorífico após o compressor. As uniões entre conexões e as tubulações na parte de aspiração do compressor devem ser totalmente vedadas, impedindo a entrada de ar externo, pois pode influenciar negativamente no ponto de orvalho sob pressão.

O resfriamento de ar no duto de aspiração em temperaturas menores que –25 °C requer um processo com compressores refrigerantes em duas fases e, se possível com a operação de um condensador associado com um meio refrigerante já utilizado na indústria.

b) Secagem depois da compressão: o ar já comprimido pelo compressor e em baixa temperatura, aproximadamente 40 °C (devido à passagem pelo resfriador intermediário incorporado ao compressor e pelo resfriador posterior – ver esquema na Figura 4.1), segue inicialmente por um processo de separação da água (separador de condensado) e, após, por um processo de resfriamento, onde sua temperatura é reduzida em um trocador de calor de recuperação a 27 °C (na condição de recuperador de calor com o reaproveitamento do calor do próprio ar comprimido na entrada do secador). Posteriormente, o ar comprimido atinge faixas de temperaturas na ordem de 0,5 a 1,5 °C, com resfriamento por evaporação ou por meio refrigerante. A água separada é drenada em purgadores e o ar comprimido seco é aquecido

[6] **Entalpia:** é a quantidade de calor armazenada por uma substância, desde um estado inicial de referência até a pressão e temperatura consideradas. Entalpia para o Ar Úmido (h) é a energia do ar úmido por unidade de massa de ar seco, acima de uma temperatura de referência.

novamente, em aproximadamente 18 °C, na passagem pelo trocador de calor de recuperação. Podem-se atingir pontos de orvalho no ar comprimido em temperaruras de 0,5 até 1,5 °C ou menores.

O nível de facilidade e dinâmica da instalação de secagem de ar comprimido é deteminado em termos de eficiência energética relacionada com a quantidade de fluido refrigerante a ser utilizado, a vazão de ar comprimido a secar requerida e a nominal, as perdas de pressão, temperaturas máximas admissíveis, os custos de instalação e o espaço a ser ocupado. Estes são pontos importantes e garantem uma grande estabilidade do ponto de orvalho do secador.

c) Secador em relação ao reservatório de ar comprimido: existem duas possibilidades básicas de instalação:

- *Antes do reservatório de ar comprimido. Vantagens*: ar seco no reservatório sem precipitação de água, qualidade do ar comprimido uniforme, ponto de orvalho sob pressão permanece inalterada até em condições de consumo abrupto de grandes volumes. *Desvantagens*: o secador deve ser dimensionado para suprir o volume efetivo total de fornecimento do fluxo do compressor (são maiores); para baixo consumo, o secador é subdimensionado; secagem intermitente do ar comprimido cria tensões mecânicas no secador; não é possível a secagem parcial de um fluxo necessário de ar; alto volume de água condensada; em caso de utilização de múltiplos compressores, cada compressor requer um secador.
- *Depois do reservatório de ar comprimido. Vantagens*: dimensionamento favorável (de menor porte), projetado para suprir o consumo necessário de ar comprimido ou fluxo parcial; volume do fluxo não é intermitente (não é turbulento); ar de entrada com baixa temperatura, pois perde calor ao ser armazenado e estará mais frio no interior do secador; baixo volume de condensado. *Desvantagens*: a condensação de água ocorre no reservatório, que deve ser construído com material apropriado para prevenir a corrosão; no caso de mudança brusca no consumo de ar comprimido, há sobrecarga no secador.

Na maioria dos casos, é recomendado instalar o secador depois do reservatório por razões econômicas – secadores menores e melhor eficiência.

4.4.5.3 Secagem por adsorção

A adsorção é o efeito de atração de moléculas de gases e líquidos (fenômeno físico-químico) para a superfície de um sólido (material adsorvedor), mantendo-as aderidas e com possibilidade de regeneração com a saturação do material, por meio da circulação de ar quente em sentido contrário ao processo de secagem.

O secador por adsorção (exotérmico) caracteriza-se por remover os vapores de água do ar comprimido sem a ocorrência do estado de condensação, consegue proporcionar baixo ponto de orvalho, por meios adsorventes (materiais porosos e granulados) como sílica gel (–20 °C) ou Al_2O_3 – alumina ativada (–40 °C) ou, também, peneira molecular (*molecular sieve*) (–70 °C).

A configuração construtiva desse modelo é com dois leitos (vasos sob pressão na vertical) de secagem interligados e em trabalhos alternados: o primeiro leito permite a secagem do ar comprimido, enquanto o segundo, já saturado, passa a ser regenerado/reativado. Essa comutação ocorre de forma automática ou fixa e deve acontecer em função da medição do ponto de orvalho sob pressão.

Os tipos construtivos dos componentes regenerativos associados aos secadores por adsorção (regeneração a frio, *heatless*, regeneração com aquecimento interno e regeneração com aquecimento externo) se diferenciam na quantidade de energia requerida no processo de dessorção (endotérmico) do meio adsorvente.

As condições mais econômicas estão na reutilização do calor de compressão para a dessorção e, para essa utilização, o compressor tem de operar com ar quente permanentemente. Uma operação de compressão intermitente (liga e para) não é suficiente e exige um aquecimento posterior, por meios elétricos ou com um trocador de calor.

Para uma maior economia, nesse processo, pode-se aquecer o ar em um trocador de calor operado com vapor de uma caldeira. O princípio construtivo regenerativo do tipo *heatless* não é econômico – ocorre um alto consumo do ar comprimido (≥ 10%) na entrada do secador utilizado para regeneração (dessorção) do material adsorvente.

4.4.5.4 Considerações finais sobre secagem de ar comprimido

O ponto de orvalho sob pressão a ser acertado deve ter a temperatura mais baixa necessária. A secagem por adsorção permite ajustar todos os pontos de condensação sob pressão desejada. Nesse caso, o processo de secagem por adsorção requer energia apenas para as perdas causadas por vazão e para a regeneração do meio adsorvente.

As perdas originadas por vazão podem ser minimizadas durante o planejamento da fábrica e devem ser calculadas em todas as variáveis da secagem. A regeneração do meio adsorvente pode ser realizada quase sem custo com o reaproveitamento do calor da compressão através do compressor, se a operação estiver sincronizada com o processo. Com relação a secagem por ciclo frigorífico, exige-se sempre energia elétrica e um maior esforço técnico do que a secagem por adsorção.

A decisão na escolha do modelo específico de um secador de ar comprimido somente é possível se tomar como parâmetros a comparação econômica do investimento, a operação a ser realizada e a descrição da exigência exata (vazão, temperatura, perda de carga, ponto de orvalho, materiais empregados, acessórios etc.).

Ao selecionar o sistema de secagem, todos os aspectos discutidos anteriormente devem ser analisados com cuidado, principalmente aqueles relacionados com características proporcionadoras de consumo de energia.

4.4.6 Qualidade do ar comprimido

A norma PNEUROP 6611-1/1984 (elaborada pelo Comitê Europeu de Fabricantes de Compressores, Bombas de Vácuo e Ferramentas de Ar) e a ISO 8573-1/1991 especificam as classes de qualidade do ar comprimido industrial para uso geral, sem considerações sobre a qualidade do ar na descarga do compressor.

As classes de qualidade do ar comprimido para uma aplicação particular baseiam-se no valor médio de várias medições executadas por um período específico, sob condições de operação preestabelecidas.

Em recomendações de aplicação prática da PNEUROP 6611, faltam detalhes precisos com relação à área do ponto de orvalho sob pressão. Para o acerto desses detalhes, a norma foi revista e, desde então, tem sido substituída pela ISO 8573-1, com a classificação dos pontos de orvalho sob pressão. Portanto, apesar de algumas recomendações de qualidade do ar comprimido para certos segmentos industriais ainda estarem vinculadas à norma PNEUROP 6611, a ISO 8573-1 deve ser consultada, pois representa uma atualização e um aperfeiçoamento em relação à primeira.

O ar comprimido para aplicações na indústria de bebidas deve estar inserido no nível de qualidade com os seguintes requisitos (segundo definição PNEUROP 6611/1984):

- não conter partículas ≥ 1 µm;
- concentração de partículas ≤ 1 mg/m^3;
- ponto de orvalho sob pressão baixa ≤ 2 °C;
- teor de óleo ≤ 1 µg/m^3.

O ar comprimido deve estar isento de microrganismos nocivos para a fabricação da bebidas. A filtragem estéril do ar comprimido é realizada de forma descentralizada, antes do ponto de utilização com elemento filtrante do tipo membrana polimérica com tamanho recomendado de poros $\leq 0{,}2$ µm. Esses elementos filtrantes são inspecionados em sua integridade e esterilizados periodicamente. A utilização de manômetros, com indicação de pressão diferencial, auxilia nessa função de manutenção do elemento filtrante entre as regenerações e a perda de pressão.

Um ponto importante, relacionado com a qualidade do ar comprimido, está na qualidade do ar no ponto de admissão (instalação ou sala do compressor) e no controle da zona de aspiração, para evitar a entrada de partículas e sujeiras carregadas pelo ar ambiente.

No processo de aspiração, recomendam-se filtros de aspiração (filtro primário) com poros relativamente grandes (≥ 10 µm), em malhas metálicas ou em tecido, com retenção de partículas maiores e com menores perdas de pressão. A queda de pressão nos filtros aumenta com o tempo de utilização (obstrução à passagem de ar devido às partículas coletadas); assim, rotinas de controle, manutenção e troca do elemento filtrante são necessárias para a eficiência do sistema.

O corpo do bloco do filtro deve estar equipado com um manômetro de controle e uma válvula de drenagem do condensado. Em alguns processos de filtragem, são convenientes uma pré-filtragem e uma pós-filtragem do ar com filtros de diferentes tamanhos de poros. Nesses processos, é recomendado o uso de manômetro de indicação diferencial.

Os componentes da tubulação (tubos e conexões) de ar comprimido devem ser dimensionados e resistentes quando submetidos ao processo CIP (*clean in place* – processo automático de limpeza de equipamentos, tubulações, tanques etc.) e na esterilização a quente (com vapor até 127 °C) pelo processo SIP (*Steam in Place* – é a utilização de vapor para sanitizar ou esterilizar uma peça ou equipamento sem a utilização de autoclave). Essa recomendação é válida, em especial, para todo comprimento de tubulação de ar estéril desde o filtro até o ponto de utilização.

Alguns pontos de utilização, como exemplo na indústria cervejeira, dispensam a secagem do ar, como o trabalho do ar comprimido no transporte do bagaço de malte. Nesses casos, o projeto de uma instalação de ar comprimido obedece a critérios tomados de forma individual.

Outro exemplo típico está no ar comprimido utilizado no acionamento pneumático de ferramentas de ar comprimido. Esse ar não precisa estar isento de óleo; porém, se o fornecimento for isento de óleo, a instalação de compressão e secagem pode ser feita de forma centralizada para atender os pontos de controle e de trabalho. Se há a recomendação de lubrificação nos pontos de trabalho, adiciona-se o óleo ao ar diretamente antes do ponto de consumo através de um lubrificador ou nebulizador.

4.4.7 Pressão final de compressão

É comum observar instalações de ar comprimido do segmento de bebidas fixarem a pressão final entre 8 a 10 bar ou maior. Esta faixa corresponde a uma pressão relativamente alta e, nesse caso, utilizam-se em sua montagem pequenos reservatórios de ar comprimido.

O valor a ser ajustado da pressão final no sistema é importante e revela uma condição eficiente em atendimento aos pontos de utilização, compensando uma grande queda de pressão para uma alta demanda esporádica. No caso de uma diminuição do consumo, a pressão fica acima do desejado e a instalação se torna onerosa (aumento da pressão de operação em 1 bar corresponde a um aumento de 6% no consumo de energia do compressor).

Adotando uma condição de utilização racional de energia, a pressão final dos compressores deve ser ajustada aos pontos de consumo. Isto significa que uma instalação de ar comprimido centralizada não tem sentido em uma planta industrial. As instalações centralizadas com um grau de pressão nominal e secagem de ar são mais econômicas comparadas às várias estações pequenas, do ponto de vista dos custos de investimento, mas os gastos de energia são notavelmente maiores.

Uma recomendação adotada por especialistas é estimar a pressão final de compressão na faixa entre 0,5 e 1 bar acima do valor máximo solicitado do ponto de consumo.

Para o ar de trabalho e controle é suficiente uma pressão manométrica p_{man} (sobrepressão) $\geq$ 7 bar. Neste caso, é fundamental disponibilizar uma central de ar comprimido de forma centralizada, com o objetivo de entregar no ponto de utilização principal a pressão acertada (somada com as perdas do compressor até o ponto de utilização) mais próxima possível.

Agora, outra possibilidade para o valor antes mencionado de 7 bar ser alterado à $p_{man} \geq 4$ bar, todos os acionamentos pneumáticos da indústria devem ser dimensionados para essa pressão de operação. Isto equivale a ter as áreas dos cilindros pneumáticos (também chamados atuadores lineares ou elementos de trabalho, que são elementos pneumáticos que convertem a energia pneumática em movimento linear e força) maiores (custo maior de aquisição) e redução no consumo de energia elétrica. A Tabela 4.2 mostra uma comparação da pressão com a área do cilindro para a mesma força de acionamento (a menor força necessária para colocar um cilindro em movimento – esse valor é especificado em catálogo de fabricante de cilindros pneumáticos).

Tabela 4.2 Relação entre o diâmetro ou área do cilindro pneumático com diferentes pressões para a mesma força de acionamento (F) de aproximadamente 3,82 kN.

	Pressão manométrica do ar (p)			
	7 bar	6 bar	5 bar	4 bar
Área do cilindro (A) (cm²)	54,6	64	76,4	95,5
Diâmetro do cilindro (mm)	83,3	90	98,6	110,3

Observa-se na Tabela 4.2, para um valor necessário da força de acionamento ($F = \frac{A \cdot p}{10} \cong 3{,}82$ kN), uma relação entre o aumento do diâmetro do cilindro (valor comercial) e a diminuição relativa da pressão – uma solução a ser analisada antes e somente adotada com uma avaliação e comparação de eficiência operacional na redução de consumo de energia com a diminuição da pressão final.

4.4.8 Volume do reservatório

A quantidade de ar comprimido armazenada em um reservatório deve ser calculada de maneira tal que o compressor somente inicie a operação de funcionamento se a pressão do ar cair abaixo de um valor crítico e, além disso, se a reserva de pressão disponível no reservatório permitir, ainda por algum tempo, a realização de um trabalho iniciado, após o sistema de compressão (provedor) deixar de trabalhar. O reservatório deve ter capacidade suficiente para atender as cargas instantâneas, elevadas ou esporádicas.

Para buscar uma solução econômica no dimensionamento do *Volume do Reservatório* (V_R), que é uma função do DLE do compressor, deve-se realizar de forma cuidadosa uma apuração rigorosa dos seguintes quesitos: a) mecanismo de controle e automação; b) tipo de compressor empregado; c) regime de funcionamento; d) vazão de compressão na descarga; e) quantidade de ciclos de partida e parada; e f) diferença de pressão entre o ponto de partida e o ponto da parada.

O reservatório de ar comprimido deve ser instalado em local fresco e de segurança, de maneira a possibilitar inspeções de rotinas obrigatórias pela legislação brasileira e receber manutenção regular. Os operadores dos sistemas de ar comprimido devem ser treinados nas regras de segurança existentes para vasos de pressão (NR 13). No Brasil, os reservatórios são construídos conforme Norma PNB 109, da ABNT.

4.4.9 Seleção de materiais do sistema de ar comprimido

As tubulações rígidas utilizadas para o transporte de ar comprimido devem ser fabricadas em aço inoxidável. O mesmo vale para as válvulas. Deste modo, as tubulações podem ser submetidas aos processos CIP e SIP.

Materiais como aço-carbono galvanizado e o cobre não são adequados para o processo CIP, ao contrário dos tubos PE (polietileno), PP (polipropileno) e PVDC (copolímero de cloreto de vinila + vinilideno). No entanto, estes não podem ser utilizados no processo de esterilização com vapor.

Em relação às válvulas, são adequadas as de assento duplo (tipo sanitária), as de borboletas e as de esfera, pois apresentam características construtivas para suportarem o processo CIP. Deve-se considerar um maior desgaste nas válvulas borboletas e de assento duplo, devido à falta de lubrificação por parte do ar comprimido. Esses desgastes são amenizados com a lubrificação com graxa de silicone na montagem das superfícies de fechamento.

As válvulas pilotos para o controle de ar comprimido não são resistentes ao processo CIP; portanto, não são aptas para o controle de ar estéril. Ao contrário, são adequadas as válvulas solenoides de aço inoxidável e as válvulas com acionamento pneumático fabricadas também em aço inoxidável.

4.4.10 Isolação acústica

Os silenciadores de aspiração, dependendo da localização, são itens necessários no sistema de geração do ar comprimido. Frequentemente, os compressores são projetados para operarem em uma cabine com isolamento acústico. Evidentemente, estas cabines projetadas oferecem condições permitindo o acesso para os trabalhos de manutenção e de serviços gerais de operação, assim como permitem o resfriamento suficiente do equipamento, caso o projeto do sistema de compressão não tenha canais especiais de resfriamento do ar.

O nível do ruído permitido depende da localização e é definido por entidade de inspeção (NBR 10151/2000: níveis aceitáveis de ruído em diversos ambientes) durante o procedimento de habilitação do local de operação. Os níveis de ruído permitidos devem ser especificados no contrato entre cliente e fornecedor do equipamento; por exemplo, um compressor de parafuso e as especificações técnicas operacionais com seu nível de ruído com ou sem conforto acústico (NBR 10152 – 1987).

4.5 MANUTENÇÃO E MONITORAMENTO EM SISTEMA DE AR COMPRIMIDO

Em uma indústria de bebidas, com a importância da utilização do ar comprimido no processo, os compressores representam uma fonte de consumo de energia maior, se comparada com outros equipamentos da planta – um compressor consome aproximadamente 7 a 8 kW de energia para produzir 1 kW de ar comprimido.

O consumo dos compressores de ar é estimado entre 13 e 15% da energia elétrica utilizada pela indústria. Em 10 anos de uso dos compressores, 75% dos gastos são com energia elétrica, a manutenção desses equipamentos representa 15% e o investimento inicial representa os 10% restantes. Outro ponto importante é o desperdício e a ineficiência do sistema de ar comprimido.

O sistema de ar comprimido tem um custo elevado de operação e de manutenção, além de influenciar na produtividade, na qualidade do processo e do produto final. O custo aumenta com o maior grau de exigência de qualidade desse ar, com idade e a conservação desse sistema.

O gerenciamento de um sistema de ar comprimido pode resultar em diminuição do consumo de energia elétrica, redução do número de compressores em serviço, evitação das manutenções não programadas ou manutenções preventivas inadequadas, diminuição do tempo de equipamentos fora de serviço, aumento da produção e melhoria da qualidade do produto final.

Essas oportunidades permanentes de melhoria contínua do desempenho do sistema de ar comprimido em indústrias de bebidas representam vantagens e chances de economizar energia e podem ser determinadas por procedimentos de monitoramento do uso final e da manutenção das instalações dentro das condições de projeto, como será descrito a seguir.

4.5.1 Determinação das perdas

Geralmente não se dá a devida atenção às perdas em um sistema de ar comprimido. No entanto, as pequenas perdas, às vezes despercebidas, como vazamentos, perda de carga (queda de pressão) no processo de secagem ou refrigeração, no processo de filtragem, no dimensionamento incorreto do diâmetro da tubulação e das especificações das conexões e válvulas etc., se somam e se tornam perdas potenciais para o sistema.

Assim, cabe ao controle técnico de operação do sistema de ar comprimido, por meio de profissionais treinados e qualificados, determinar periodicamente o tamanho das perdas e eliminar, por exemplo, os vazamentos, o mais rápido possível.

Um simples método de controle é a medição da perda de pressão no reservatório de ar comprimido durante um período definido e fora de operação (inoperantes) na planta, ou parte da planta, por exemplo, durante um fim de semana. As perdas coletadas são da diferença de pressão medida, do tempo tomado do teste e do volume do reservatório.

Exemplo:

Volume do reservatório	V_R	= 10 m³
Pressão no início da medição	P_1	= 6,1 bar
Pressão no final da medição	P_2	= 4,8 bar
Perda da pressão	Δp	= 1,3 bar
Intervalo entre medições	Δt	= 20 min
Perdas por vazamento	V_L	

Então:

$$V_L = \frac{V_R \cdot \Delta p}{\Delta t} = \frac{10 \cdot 1{,}3}{20} \Rightarrow V_L = 0{,}65 \frac{m^3}{\min}$$

Este exemplo de vazamento encontrado pode ser agrupado de acordo com os tamanhos equivalentes dos furos, como é mostrado na Tabela 4.3.

Tabela 4.3 Relação entre o vazamento de ar real e a perda de energia de vários tamanhos de furos.

Diâmetro do furo [mm]	Área da seção [mm²]	Perdas de ar (Δp = 6bar) [L/s]	Potência requerida de compressão [kW]	Custo de perda por ano [R$]
1	0,8	1,24	0,4	700,80
3	7,1	11,14	4,0	7.008,00
5	19,6	30,95	10,8	18.921,60
10	78,5	123,80	43,0	75.336,00

Assumindo que os compressores são operados automaticamente e que a pressão do ar comprimido seja de 6 bar, tem-se:

$$Y = 0{,}4 \cdot X^{2{,}0309}$$

X = ∅ em mm

Y = potência em kW

Assim, uma mangueira de diâmetro nominal de 4 mm (furo), com vazamento de ar comprimido na pressão de 6 bar, corresponde a uma potência de 6,85 kW para suprir a compressão perdida.

4.5.2 Determinação da quantidade de ar comprimido

A quantidade de ar transportado por um compressor pode ser determinada de um modo relativamente simples, enchendo um reservatório de ar comprimido com um volume conhecido.

A quantidade real de ar fornecida é determinada partindo do aumento de pressão em função do tempo (com temperatura no interior do reservatório conhecida), pela equação:

$$\rho = \frac{m}{V} = \frac{p}{R \cdot T} = \frac{1}{\nu}$$

para:

ρ = 1,294 kg/m^3 (densidade do ar);

m = massa do ar em kg;

V = volume em m^3;

p = pressão absoluta em N/m^2;

T = temperatura em K;

ν = V/m = volume específico em m^3/kg;

R = 287,1 J/(kg.K) (constante universal dos gases perfeitos).

Se estas medições de controle forem registradas para um compressor novo, há a possibilidade de monitorar e determinar o estado de desgaste por meio de medições de controle posteriores, com o tempo de operação desse equipamento.

4.5.3 Controle dos filtros

Os pré-filtros devem ser inspecionados e esterilizados sistematicamente, realizando os registros destas atividades. A inspeção dos componentes é visual *in situ*. Os elementos filtrantes a serem utilizados devem ser originais, conforme descrição e especificação de projeto e dos fabricantes.

Os filtros esterilizadores são montados especificamente na função de atender aos respectivos pontos de utilização. São dimensionados em conformidade com o processo e exige-se uma manutenção periódica e inspeção visual *in situ*. Com a utilização de válvula redutora de pressão esterilizável, o procedimento correto é a sua montagem após o filtro. No caso da válvula de retenção, a sua instalação está entre o ponto de utilização e o conjunto válvula redutora de pressão e filtro esterilizante.

4.5.4 Controle microbiológico

A inexistência de contaminação deve ser demonstrada regularmente por meio das coletas de amostras tomadas *in situ*, e o controle, por meio de registros dos valores encontrados.

4.5.5 Controle do ponto de orvalho sob pressão

O ponto de orvalho sob pressão do ar comprimido é determinado de forma relativamente simples por meio de higrômetros (com higrômetro de reflexão, higrômetro capacitivo, higrômetro de quartzo pulsante, higrômetro infravermelho e outros com características comuns de medir até aproximadamente –60 °C). Estes instrumentos são instalados em pontos específicos do sistema e montados com um emissor de sinal de falha, no caso de superar o valor preestabelecido.

REFERÊNCIAS BIBLIOGRÁFICAS

ATLAS COPCO BRASIL. **Alimentos e Bebidas**. Disponível em: http://www.atlascopco.com.br/asrbrbr/industriesserved/foodandbeverage. Acesso em: 30 ago. 2010.

ATLAS COPCO BRASIL. **Manual de instalação de compressores**. São Paulo: Atlas Copco Brasileira, 1972.

COSTA, E. C. **Compressores**. São Paulo: Blucher, 1978.

EVERS, H.; MANGER, H.-J. **Aire comprimido en la industria cervecera**. Berlin: Edición VLB, 2004.

FESTO DIDACTIC. **Introdução à pneumática**. São Paulo: Festo Didatic, Brasil, 1998.

INSTITUTO BRASILEIRO DE PETRÓLEO. **Curso de informação sobre ar comprimido**. Rio de Janeiro: Editora IBP, 1987.

MANASTERSKI, J. **Princípios e teoria de pneumática**. São Paulo: Polígono, 1970.

PARKER TRAINING. **Tecnologia pneumática industrial**. M 1001 BR. Agosto, 2000.

ROCHA, N. R.; MONTEIRO, M. A. G. **Eficiência energética em sistemas de ar comprimido**: livro técnico. Rio de Janeiro: Eletrobrás, 2005.

ROCHA, C. R.; MONTEIRO, M. A. G. **Eficiência energética em sistemas de ar comprimido**: manual prático. Rio de Janeiro: Eletrobrás, 2005.

RODRIGUES, P. S. B. **Compressores Industriais**. Rio de Janeiro: Editora Didática e Científica Petrobras, 1991.

ROLLINS, J. P. **Manual de ar comprimido e gases**. São Paulo: Pearson Education do Brasil, 2004.

SILVA, N. F. **Compressores alternativos industriais**: teoria e prática. Rio de Janeiro: Interciência, 2009.

SILVA, R. B. **Compressores, bombas de vácuo e ar comprimido**. São Paulo: Grêmio Politécnico, 1962.

SOARES, J. B. **Manual de pneumática e hidráulica**. São Paulo: Jácomo, 1981. 4 v.

SONNTAG, R. E.; BORGNAKKE, C.; VAN WYLEN, G. J. **Fundamentos da termodinâmica**. São Paulo: Blucher, 1998.

SONNTAG, R. E.; BORGNAKKE, C. **Introdução à termodinâmica para engenharia**. Rio de Janeiro: LTC, 2003.

5

Frio como utilidade na indústria de bebidas

HENRIQUE COTAIT RAZUK
JOSÉ CARLOS PEREIRA PINTO

5.1 INTRODUÇÃO

Tendo em vista que aquecimento e resfriamento de fluidos são processos termodinâmicos implícitos na fabricação de bebidas, o propósito do presente capítulo é destacar os principais métodos de refrigeração praticados na indústria de bebidas, desconsiderando aspectos da modelagem físico-matemática, descrevendo tão somente as características de aplicação.

Os conceitos aplicados no processamento de cervejas no presente capítulo são os mesmos em relação à fabricação de todas as bebidas, fermentadas ou destiladas, já que operações de resfriamento ou aquecimento são inerentes à obtenção de quaisquer umas delas.

Um breve histórico sobre processo de fabricação de cerveja, com ênfase na refrigeração, será abordado, em função de experiências do exercício profissional dos autores em projetos de refrigeração em cervejaria.

Com certeza, cerca de 5 mil anos atrás, sumérios e assírios já tomavam sua cerveja e seu vinho em comemorações e/ou rituais místicos. O homem já dominava a técnica de fermentação, e há alguns milhares de anos, quando manipulando as técnicas de fabricação de pães a partir do trigo e cevada, obteve-se cerveja como bebida resultante de fermentação primária de bolo de cevada. É provado que os assírios e sumérios produziam bebidas fermentadas pelo processo de malteação de grãos. Também os babilônios bebiam cerveja, e o código de Hammurabi disciplinava a sua venda. No antigo império egípcio, alguns hieróglifos nos mostram como este povo dominava a tecnologia para a fabricação da cerveja, chegando a produzir diferentes variedades como a Cerveja dos Notáveis e a Cerveja de Tebas. Devemos gratidão a estes antigos povos, que nos legaram a arte de fabricar a cerveja.

Desde então, tomados todos os percursos de difusão da técnica de cervejaria em toda história entre povos até os dias atuais, temos a cerveja como a bebida alcoólica mais consumida em todo mundo. O travante sabor amargo confere à cerveja irreparável palatibilidade e extasiante prazer ao ingerir este líquido amarelo coroado de cremosa espuma branca. O seu preço acessível torna-a a bebida mais popular deste planeta e, talvez, a mais democrática, por satisfazer prazerosamente os gostos de todos apreciadores indistintamente de suas classes sociais.

O colarinho, porção espumante branca da cerveja, sobreposto ao corpo líquido amarelado, não é um mero enfeite, atua como isolante térmico e preserva os aromas e o gás carbônico da cerveja.

Saiba que este mesmo gás carbônico – tido como um vilão, por ser um dos causadores do efeito estufa, devido às suas características ambientalmente satisfatórias (quando comparado com os HFCs – hidrofluorcarbonos, que provocam o aquecimento global em escala muito mais ampla), baixa toxidade e propriedades termofísicas favoráveis em operação subcrítica – está progressivamente sendo considerado um fluido refrigerante preferido para aplicação em sistema de expansão indireta como fluido secundário e também em sistemas cascata para baixa temperatura de evaporação, os quais serão abordados mais adiante. Essa tecnologia de compressores é a mais inofensiva disponível no mercado, até o momento.

Na produção da cerveja, o processo de refrigeração já se torna evidente na sala de cozinhamento. O processo de refrigeração já é implantado no final de cozinhamento do mosto que, encaminhado para o *whirlpool* (decantador hidrodinâmico), submete-se à sedimentação do *trub* quente (decantado constituído de resinas de lúpulo, proteínas coaguladas e polifenóis) por meio de um resfriamento até 9,5 °C, em um trocador de calor de placas paralelas, com água líquida gelada a cerca de 0 °C, sendo em seguida aerado para, desse modo, sofrer a inoculação com fermento cervejeiro.

É importante resfriar rapidamente o mosto, para que a levedura de processo possa ser inoculada logo em seguida, dando início à fermentação. Isto reduz as chances de contaminação por leveduras selvagens. No término da fermentação, a cerveja é resfriada para aproximadamente 0 °C, o que facilita a decantação da levedura para o fundo do fermentador, juntamente com coloides indesejáveis que precipitam nesta temperatura. Agora que a maioria dos sólidos decantou-se no fundo do fermentador, a cerveja é lentamente bombeada e filtrada, para remover quaisquer sólidos remanescentes. Do filtro, a cerveja é recalcada para o tanque de maturação.

Atualmente, pela crescente necessidade de obtermos o máximo em qualidade e volume a um preço baixo, as opções de tanques de maturação limitam-se quase que exclusivamente a tanques do tipo *outdoor*, qualquer que seja sua geometria, capacidade ou sistema de refrigeração. Os tanques podem ser instalados em ambientes refrigerados (neste caso não possuem isolamento térmico), ou ao ar livre, com sistemas individuais de refrigeração à base de etanol ou amônia, que circulam entre as paredes duplas do tanque.

Mas de onde vem o frio? E como ele é transportado? Este e outros conceitos sobre sistemas de refrigeração serão abordados.

A seção 5.2 aborda os conceitos básicos sobre o funcionamento de ciclos de refrigeração a vapor, tanto por compressão quanto por absorção, bem como os procedimentos relativos às boas práticas de refrigeração de um ciclo real de compressão a vapor.

A seção 5.3, referente à refrigeração industrial, aborda o princípio de funcionamento de sistemas multipressão.

Informações importantes sobre a tendência dos gases refrigerantes para refrigeração são abordadas na seção 5.4.

5.2 A REFRIGERAÇÃO – UMA BREVE INTRODUÇÃO

Desde os primórdios, os homens conhecem a capacidade conservativa do frio. Algumas casas na Europa, já no início do século XVIII, dispunham de compartimentos subterrâneos, onde o gelo era armazenado no inverno, com o objetivo de conservar alimentos, como carnes e peixes. Durante anos, todo o esforço concentrou-se em sistemas de isolamento térmico cada vez mais sofisticados, que resultavam em câmaras frias com ineficiência proporcional ao seu tamanho.

No início do século XIX, a partir de experiências com gases, realizadas por diversos físicos, entre eles Gay-Lussac, descobriu-se que a expansão de gases subtrai calor do ambiente. Portanto, a criação de um método de compressão de gás, seguido pela sua expansão, seria capaz de promover a refrigeração, dando independência às câmaras frias, que passariam a criar ambientes frios e não simplesmente conservá-los.

De fato, em 1834, o americano Jacob Perkins fabricou, pela primeira vez, gelo artificial. Em 1851, John Gorrie, também americano, patenteia o primeiro compressor de ar movido a vapor, que se destinava a refrigerar câmaras frias de hospitais. O primeiro método moderno de refrigeração foi criado pelo engenheiro alemão Carl von Linde para a cervejaria Spaten, de Munique, em 1873. A base do método era o éter metílico, e conforme suas pesquisas avançaram, ele passou a usar o hidrogênio como base. Antes disso, não se produzia cerveja no verão, porque as altas temperaturas prejudicavam o processo de fermentação.

A refrigeração por compressão é muito utilizada atualmente em diversas aplicações, como em residências, comércios, transportes etc.

A refrigeração doméstica abrange principalmente a fabricação de refrigeradores de uso doméstico e congeladores caseiros. A capacidade dos refrigeradores domésticos varia de 60 litros até cerca de

600 litros, com temperaturas na faixa de –8 °C a –10 °C no compartimento de congelados, e +2 °C a +7 °C no compartimento dos produtos resfriados.

A refrigeração comercial abrange os refrigeradores especiais ou de grande porte usados em supermercados, restaurantes, sorveterias, bares, açougues, laboratórios etc. As temperaturas de congelamento e estocagem situam-se, geralmente, entre –15 °C e –30 °C.

O princípio de funcionamento tem por objetivo, como qualquer sistema de refrigeração, seja doméstico, comercial ou industrial, a retirada de calor de um recinto fechado e o transporte para o exterior, produzindo assim o efeito desejado, como congelamento ou resfriamento.

É de extrema importância o conceito da eficiência que o equipamento pode alcançar em pleno funcionamento, pois quanto maior for essa eficiência, menor será o consumo de energia elétrica. A dependência dessa energia pode ser considerada uma das grandes desvantagens desse sistema de refrigeração no momento, apesar dos grandes esforços que os fabricantes realizam para minimizar esse consumo.

5.2.1 O ciclo ideal de compressão a vapor

Mas, efetivamente, o que é o ciclo frigorífico de compressão de vapor? Ele consiste de uma série de processos executados sobre e por um fluido de trabalho, denominado de refrigerante. A Figura 5.1 mostra os componentes básicos de um ciclo ideal de compressão a vapor e a Figura 5.2 ilustra os processos termodinâmicos do ciclo.

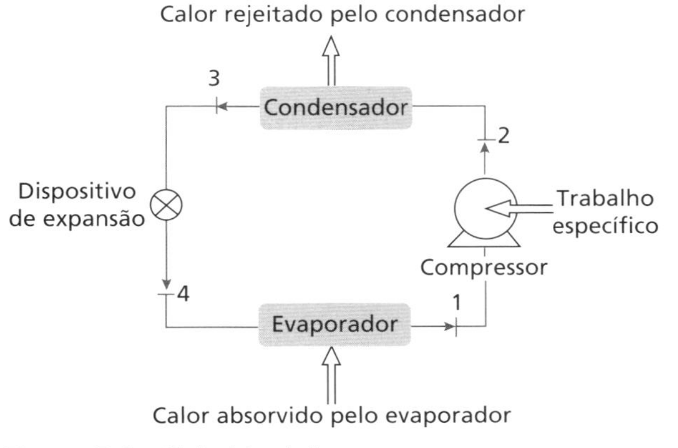

Figura 5.1 Ciclo ideal de compressor a vapor.

No estudo de um ciclo frigorífico, temos quatro componentes fundamentais: o compressor, que aspira e comprime o vapor refrigerante; o condensador, onde o vapor refrigerante é condensado, passando ao estado líquido; o dispositivo de expansão, que abaixa a pressão do sistema por meio de uma expansão teoricamente isoentálpica e controla o fluxo de refrigerante que chega ao evaporador; e, finalizando, o evaporador, onde o calor latente de vaporização é absorvido e enviado ao compressor, iniciando-se um novo ciclo.

Os ciclos de refrigeração, isto é, ciclos termodinâmicos de fluidos refrigerantes em equipamentos frigoríficos por compressão de vapor são adequadamente representados em diagramas conhecidos por Diagrama de Mollier, tendo como ordenada a pressão absoluta (P) e como abscissa a entalpia específica (h). Podem ser representados também em diagramas tendo como ordenada a temperatura (T) e como abscissa a entropia específica (s).

Mas qual o conceito de entalpia e entropia? Sabe-se que em um processo submetido a pressão constante e não havendo trabalho realizado sobre a substância, a variação de entalpia é igual ao fluxo ou taxa de calor, por unidade de massa, removido ou adicionado à substância. Energia e entropia são conceitos abstratos. O conceito de energia é mais familiar e de uso diário, enquanto o conceito de entropia raramente aparece em publicações diárias e menos ainda nos aspectos quantitativos. A entropia aumenta quando um corpo ganha calor e diminui quando ele perde calor. O aumento da entropia representa a evolução da matéria no sentido de um estado mais desorganizado ou de maior liberdade. Do ponto de vista da engenharia, quanto maior a entropia menor a possibilidade de converter a energia interna em energia mecânica.

Um ciclo ideal de compressão a vapor, referente ao diagrama de temperatura (T) em função da entropia (s), é mostrado na Figura 5.2.

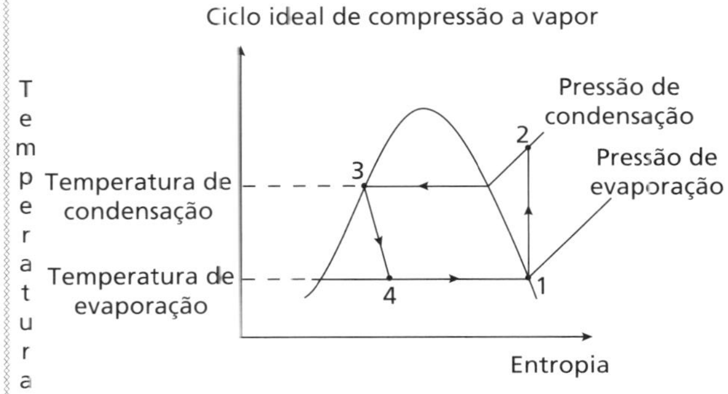

Figura 5.2 Ciclo ideal de compressão a vapor.

Os sistemas de refrigeração por compressão a vapor baseiam-se na expansão de um fluido durante a mudança da fase líquida para a fase vapor. Um líquido comprimido a alta pressão, ponto 3 da Figura 5.2, ao ter a sua pressão reduzida, durante sua passagem por uma válvula de expansão, expande-se isoentalpicamente até atingir a condição de líquido e vapor a baixa pressão (ponto 4 da Figura 5.2). A partir desse ponto, o fluido vaporiza-se, em um trocador de calor denominado evaporador, como vapor em baixa pressão. Na evaporação ocorre um aumento da entalpia do fluido às custas da adição de energia retirada na forma de calor do meio a resfriar.

Um dispositivo de expansão, seja um tubo capilar ou uma válvula de expansão, tem por objetivo manter o diferencial de pressão entre o evaporador e o condensador e manter o evaporador abastecido convenientemente, em detrimento das variações de carga.

O índice de desempenho de um ciclo de refrigeração é dado em termos de coeficiente de eficácia, o qual é definido como a relação entre o que se deseja (calor removido pelo evaporador) e o que se gasta (trabalho de compressão).

A liquefação, correspondente ao trecho 2-3 das Figuras 5.1 e 5.2, é feita por condensação e consequente rejeição de calor ao meio em um permutador de calor denominado condensador. Inicialmente, ocorre o dessuperaquecimento do gás descarregado do compressor, que está em alta temperatura. O processo inicial, então, consiste em abaixar esta temperatura, retirando calor sensível do refrigerante, ainda no estado gasoso, até ele atingir a temperatura de condensação.

Quando o gás atinge a temperatura de condensação, ele começa um processo de mudança de estado. Neste processo retira-se calor latente do refrigerante, onde a temperatura deste mantém-se constante durante todo o processo. Este fluxo de calor é dissipado para o meio de resfriamento (ar ou água).

O efeito de refrigeração é o calor trocado no processo 4-1, representado na Figura 5.2, cujo conhecimento é necessário, uma vez que esse processo representa o objetivo principal do sistema.

O trabalho de compressão é a variação de entalpia no processo 1-2, indicado pela Figura 5.2. Essa relação resulta da equação da Primeira Lei da Termodinâmica para sistemas abertos e em regime permanente, onde as variações de energia cinética e potencial são desprezadas. Como na compressão adiabática o calor trocado é nulo, a diferença de entalpia é negativa, indicando que o trabalho é realizado sobre o sistema.

Um coeficiente de eficácia elevado é interessante, pois equivale a uma quantidade pequena de trabalho para uma dada refrigeração.

A potência por quilowatt de refrigeração é o inverso do coeficiente de eficácia. Um sistema frigorífico eficiente deve apresentar um baixo valor da potência por kW de refrigeração, mas um alto coeficiente de eficácia.

Em sistemas de refrigeração por compressão, embora o evaporador seja às vezes um dispositivo muito simples, ele é realmente a parte mais importante do sistema.

Qualquer sistema de refrigeração é projetado, instalado e operado com o único fim de retirar calor de alguma substância. Como esse calor tem de ser absorvido pelo evaporador, a eficiência do sistema depende de seu projeto e de sua operação adequada.

A eficiência do evaporador em um sistema de refrigeração depende de três principais exigências, que devem ser consideradas no projeto e na seleção dele.

A primeira exigência é que o evaporador deverá ter uma superfície suficiente para absorver a carga de calor necessária, sem uma diferença excessiva de temperatura entre o refrigerante e a substância a resfriar. A segunda exigência é que o evaporador deverá apresentar espaço suficiente para o refrigerante líquido e também espaço adequado para que o vapor do refrigerante se separe do líquido. A terceira exigência deve-se ao fato de que o evaporador deverá ter espaço suficiente para a circulação do refrigerante, sem queda de pressão excessiva entre a entrada e a saída.

5.2.2 O ciclo básico de absorção

A maioria dos equipamentos de refrigeração usados atualmente baseia-se nos ciclos de refrigeração a vapor, que são divididos em dois grupos principais: por compressão e por absorção. O ciclo de absorção é similar em certos aspectos ao ciclo de compressão de vapor. Um ciclo de refrigeração irá operar com o condensador, a válvula de expansão e o evaporador, se o vapor de baixa pressão do evaporador puder ser transformado em vapor de alta pressão e entregue ao condensador. O sistema de compressão de vapor usa um compressor para esta tarefa. O sistema de absorção primeiro absorve vapor de baixa pressão em um líquido absorvente apropriado. Incorporado ao processo de absorção, há a conversão de vapor em líquido; desde que esse processo seja similar ao de condensação, o calor precisa ser rejeitado durante o processo. O passo seguinte é elevar a pressão do líquido com uma bomba, e o passo final é liberar o vapor do líquido absorvente por adição de calor.

Considerações econômicas e ambientais trouxeram um novo interesse nos refrigeradores alimentados por uma fonte de calor. Um esforço considerável de pesquisa tem sido investido no estudo de sistemas de refrigeração desse tipo nos últimos anos. Esses sistemas podem utilizar fontes de energia renováveis, como gases quentes expelidos por outros sistemas, ou mesmo energia solar.

Para além dos sistemas baseados na compressão de vapor, comum em cervejarias, pode-se utilizar sistemas baseados na absorção (de brometo de lítio por água, para temperaturas acima de 0 °C, e de água por amoníaco, para temperaturas menores), mas estes sistemas são pouco utilizados na indústria cervejeira, e não serão tratados em pormenor. Pode-se consultar a bibliografia sobre este assunto, em particular a obra de Perry (1998).

O ciclo de absorção básico é mostrado na Figura 5.3. No evaporador há vapor de refrigerante de baixa pressão. Este é absorvido por uma solução no absorvedor. Caso a temperatura desta solução se eleve, a absorção de vapor poderá cessar. Para evitar isto, o absorvedor é resfriado por água ou ar.

A solução no absorvedor é dita concentrada, pois contém grande quantidade de refrigerante. Uma bomba eleva a pressão da solução concentrada e faz com que esta entre no gerador. No gerador, ocorre a adição de calor (fonte que forneça temperaturas elevadas), fazendo com que o refrigerante volte ao estado de vapor. Este vapor está em temperatura e pressão elevadas.

Figura 5.3 Ciclo básico de refrigeração por absorção.

A solução líquida, que agora tem baixa concentração de refrigerante, retorna ao absorvedor por válvula redutora de pressão. O objetivo da presença desta válvula é manter a diferença de pressão entre o absorvedor e o gerador. No evaporador há passagem de água fria, que resfria o vapor e condensa o refrigerante. O refrigerante vai para o evaporador através de uma válvula de expansão. No evaporador ocorre a passagem de um fluido que será resfriado (troca de calor com o refrigerante). Este fluido fornecerá calor ao refrigerante que evaporará (está em baixa pressão). Este é o efeito de refrigeração.

Os fluxos de calor de e para os quatro trocadores de calor componentes do ciclo de absorção ocorrem da seguinte forma: o calor de uma fonte de alta temperatura entra no gerador, enquanto o calor a baixa temperatura da substância que está sendo refrigerada entra no evaporador. A rejeição de calor do ciclo ocorre no absorvedor e condensador a temperaturas tais que o calor possa ser rejeitado para a atmosfera.

Segundo a lei de Dalton, a pressão de uma mistura de gases e/ou vapores que não reagem quimicamente entre si é igual à soma das pressões parciais de cada, ou seja, das pressões que cada um teria se ocupasse isoladamente o mesmo volume, na mesma temperatura. Isso se deve ao fato de alguns fluidos refrigerantes terem grande afinidade química com absorventes, com os quais se misturam, formando uma solução na fase líquida. Existem vários pares de refrigerante e absorvente, sendo que os mais usados são amônia/água e brometo de lítio/água.

Uma adição lógica ao ciclo simples é a de um trocador de calor, para transferir calor entre as duas correntes de soluções. Este trocador de calor aquece a solução fria do absorvedor em seu caminho para o gerador e esfria a solução que retorna do gerador para o absorvedor.

5.2.3 O ciclo real de compressão a vapor

A diferença básica entre um ciclo real e um ciclo ideal de compressão a vapor está na medição do grau de superaquecimento e do grau de sub-resfriamento.

O grau de sub-resfriamento é a diferença de temperatura entre a saturação e saída do condensador. Alguns sistemas frigoríficos utilizam trocadores de calor que resfriam o líquido saído do condensador com o vapor que se dirige para o compressor, vindo do evaporador. O líquido saturado vindo do condensador é resfriado pelo vapor que sai do evaporador, que por sua vez se aquece até atingir o estado de vapor superaquecido. Uma exemplificação sobre este sistema será abordada adiante.

O ciclo frigorífico com intercambiador de calor é interessante em situações em que o vapor aspirado pelo compressor deva ser superaquecido para evitar a entrada de líquido no compressor. Outra razão de ordem prática para o uso do trocador de calor é o sub-resfriamento do líquido vindo do condensador, com o fim de evitar formação de bolhas de vapor do fluido refrigerante, que poderiam dificultar o escoamento pela válvula de expansão. É vantajoso também devido ao aumento do efeito de refrigeração e consequentemente da capacidade de refrigeração.

A Figura 5.4 ilustra os processos termodinâmicos de um ciclo real de compressão a vapor em um diagrama de temperatura em função da entropia.

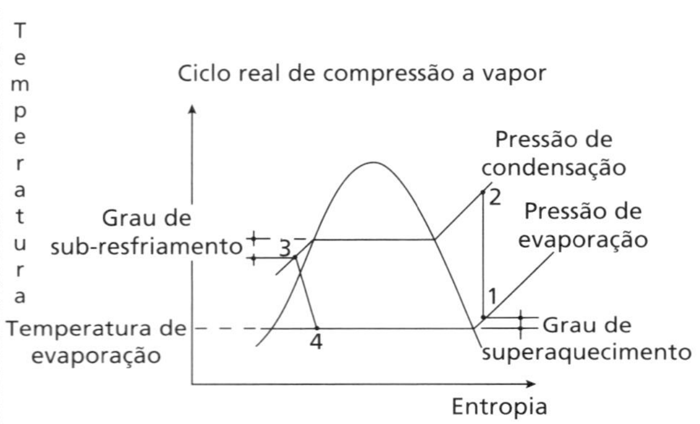

Figura 5.4 Ciclo real de compressão a vapor.

Um fator importante em todos os sistemas de refrigeração de evaporação seca dotados de válvulas de expansão é a medição do superaquecimento. O grau de superaquecimento é a diferença entre a temperatura do refrigerante na saída do evaporador (temperatura do bulbo térmico) e sua temperatura de saturação (início do superaquecimento).

Para o ciclo de compressão a vapor de expansão seca, o equilíbrio certo da unidade, que depende da escolha dos componentes fundamentais e da dosagem da carga de refrigerante, pode ser demonstrado por meio da medição do superaquecimento do refrigerante na saída do evaporador.

A diferença entre a temperatura do vapor refrigerante na câmara de sucção do compressor e a temperatura de evaporação do sistema (temperatura de saturação correspondente à pressão de sucção) nos fornece o superaquecimento de sucção, que depende principalmente da distância da tubulação de sucção da sala de máquina ao(s) evaporador(es) e/ou separador de líquido, perda de carga no evaporador e da carga térmica da planta.

5.2.3.1 *O evaporador seco e o inundado*

O evaporador seco e a medição do grau de superaquecimento são ilustrados na Figura 5.5.

Normalmente, nas cervejarias, os sistemas que utilizam amônia são inundados. Os separadores de líquido são vasos de pressão com função de garantir apenas o fluxo de vapor em uma determinada linha, normalmente após evaporadores inundados.

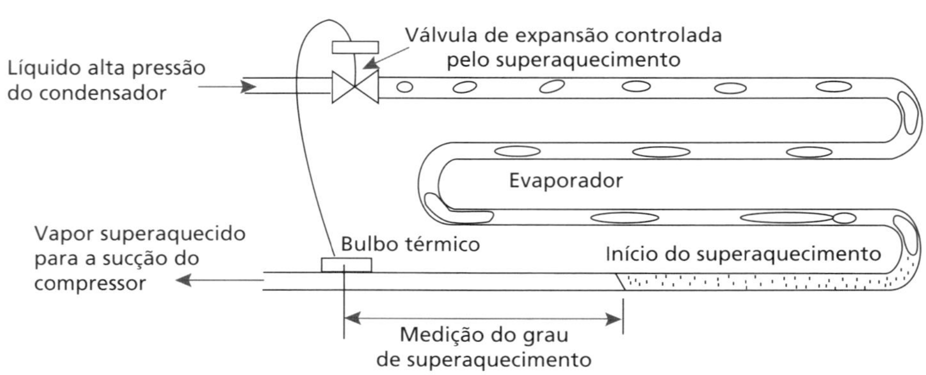

Figura 5.5 A medição do grau de superaquecimento em evaporadores secos.

Fonte: Stoecker (1998).

Expansão seca normalmente não é muito utilizada em instalações de amônia, embora se saiba da existência de algumas delas que operam relativamente bem, e de outras que não funcionam de acordo com o projetado.

O evaporador "inundado" é disposto com um separador de líquido localizado acima da serpentina, onde se separam as fases líquida e vapor, de modo que o interior do evaporador permaneça inundado com refrigerante.

O vapor é aspirado para o compressor, enquanto o líquido desce ao evaporador pela ação da força da gravidade. Ao trocar calor no evaporador, resfriando o líquido quente, uma parte do refrigerante se evapora. A mistura resultante volta ao separador de líquido, onde novamente se separam as fases líquida e vapor, conforme demonstra a Figura 5.6.

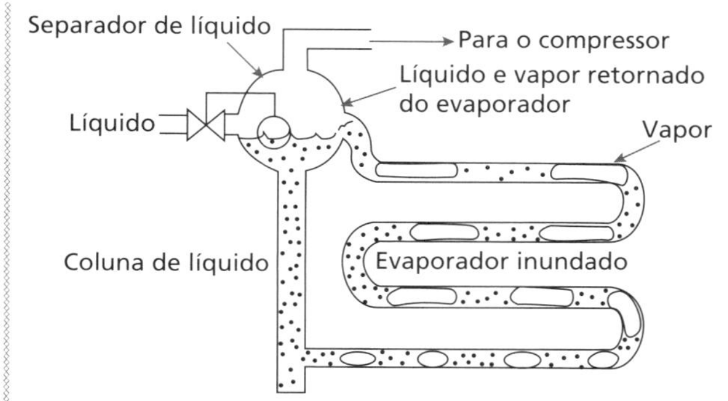

Figura 5.6 Sistema de evaporação inundado.

Fonte: Stoecker (1998).

Duas desvantagens com relação a um sistema com expansão seca seriam a carga de refrigerante e o retorno do óleo; mas, quando se trata de amônia, ambos não chegam a ser um problema, antes podem até ser uma vantagem. No caso da carga de refrigerante, o sistema inundado, por ser muito mais eficiente, reduz a área de troca e, consequentemente, o volume de refrigerante.

Em sistemas com evaporadores "secos", a exemplo de sistemas frigoríficos utilizados em grandes supermercados, a inundação do compressor por refrigerante líquido deverá ser evitada por todos os meios.

É claro que qualquer compressor de refrigeração, principalmente os compressores parafuso, é capaz de aceitar uma certa quantidade de líquido durante sua operação. Contudo, quantidades maiores de líquido oriundas do evaporador, facilitadas pela alta pressão de sucção durante a partida, causarão danos inevitáveis às partes mecânicas do compressor.

5.2.3.2 *Sistema de refrigeração com trocador de calor e componentes auxiliares*

Um ciclo real de compressão a vapor e seus componentes auxiliares são destacados na Figura 5.7.

No decorrer deste capítulo, será abordado o princípio de funcionamento de alguns destes componentes.

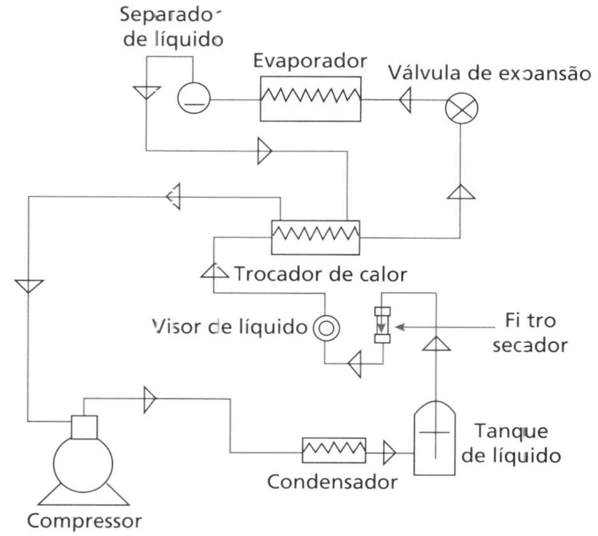

Figura 5.7 Sistema de refrigeração com trocador de calor e componentes auxiliares.

O método mais comum para determinar a carga apropriada de um sistema é por meio do visor de líquido. A linha de líquido tem duas funções básicas, que são: a indicação da presença de bolhas de fluido refrigerante e a verificação do nível de umidade do sistema.

O visor de líquido é um importante acessório em uma instalação frigorífica. Muitas vezes, este componente é visto pelos fabricantes e mecânicos como uma sofisticação do circuito frigorífico. Em função disto, temos visto menos este componente instalado em equipamentos de refrigeração e de ar-condicionado. Este conceito deverá ser repensado, pois assim como outros componentes, o visor de líquido tem um motivo muito importante para ser aplicado em sistemas frigoríficos.

Enfatiza-se aqui o uso do acumulador de sucção ou separador de líquido, mostrado na Figura 5.7, que tem por finalidade prevenir a entrada de líquido refrigerante no compressor (sucção úmida), evitando o risco de quebra mecânica. A Figura 5.8 ilustra a quebra de bielas decorrente da lavagem do filme de óleo.

Infelizmente, o acumulador é poucas vezes lembrado como recurso para a eliminação deste risco nas instalações frigoríficas, principalmente em baixas temperaturas de evaporação. Um bom acumulador de sucção deve ser construído corretamente, a fim de oferecer proteção suficiente ao compressor contra retorno de líquido.

Por exemplo, refrigerante pode se condensar em qualquer parte fria do sistema parado e este local pode ser, por exemplo, a serpentina do evaporador. Na próxima partida, este líquido pode retornar para o compressor abruptamente.

Figura 5.8 Retorno de líquido – quebra decorrente da lavagem do filme de óleo.

Fonte: Silva, 2001a.

O retorno de refrigerante líquido ou de óleo ao compressor ocasionará uma diluição do óleo e uma redução de suas propriedades lubrificantes. Se faltar lubrificação, haverá dilatação em decorrência do aquecimento das partes móveis do compressor. A primeira quebra se dá nas bielas e pistões por serem de alumínio e, em seguida, tem-se a quebra do virabrequim, de ferro fundido nodular.

O golpe de líquido ou forças de impacto, devido ao excesso de líquido, também ocasionam quebras mecânicas em decorrência da diluição do óleo no refrigerante. O óleo deve ser aquecido quando entra no cárter para evaporar o refrigerante líquido contido no óleo.

Normalmente, o golpe de líquido poderá ser detectado por uma batida periódica e ruidosa do compressor. Esta batida é devida à compressão hidráulica que ocorre quando o compressor está tentando fazer aquilo para que não foi projetado, ou seja, comprimir um líquido. A Figura 5.9 ilustra a quebra da guarnição pelo golpe de líquido.

As partidas inundadas resultam da absorção de refrigerante pelo óleo do cárter. O óleo absorverá refrigerante sob várias circunstâncias. A quantidade absorvida é uma função da temperatura do óleo e da pressão no cárter. Quanto mais baixa a temperatura e quanto mais alta a pressão, tanto mais refrigerante é absorvido. Esta condição ocorre usualmente durante paradas.

Nas partidas, à medida que a pressão do cárter cai, o refrigerante muda instantaneamente de líquido para gás (vapor *flash*), causando espuma. Pode ser também que uma mistura de óleo e líquido entre no cilindro, causando um golpe hidráulico, danos previamente descritos pelo golpe de líquido.

Figura 5.9 Golpe de líquido – quebra da guarnição.

Fonte: Silva, 2001a.

O correto dimensionamento térmico do condensador é função da efetiva determinação das áreas de troca de calor, vazão de água, qualidade da água (limpeza, dureza etc.), velocidade da água, temperatura de entrada da água, correto dimensionamento da torre de resfriamento ou quando da utilização de condensador evaporativo. Quando há algum descontrole nas variáveis citadas, a pressão de descarga tende a subir ou até descer.

O trabalho do condensador em um circuito frigorífico é o de condensar todo o fluido refrigerante enviado pelo compressor. Se este efetua o trabalho, o sistema opera de forma correta e com eficiência máxima. Porém, quando o sistema já está operando há algum tempo ou ainda no seu *start-up*, ele pode não estar condensando corretamente.

Nesta situação, em que o condensador não condensa todo o fluido refrigerante da instalação e temos o evaporador sendo alimentado com uma mistura de líquido e vapor, além de termos um ruído grande na válvula de expansão, perdemos parte do rendimento frigorífico, pois a maior quantidade de calor que é trocado no evaporador é o calor latente, ou seja, o calor da mudança de fase do refrigerante. O visor de líquido é o primeiro a nos indicar que as coisas não vão bem, pois se o condensador não estiver condensando, visualizaremos bolhas internamente no visor.

Um dos problemas comuns dentro da refrigeração é a baixa pressão de evaporação. O problema resulta em grandes danos ao sistema frigorífico e deve ser analisado de forma cuidadosa pelos responsáveis pela manutenção, uma vez que várias causas podem gerar este problema.

Todo sistema de refrigeração é projetado e calculado considerando um determinado e específico valor de pressão de sucção que está diretamente relacionado com a área de troca de calor do evaporador e das temperaturas de trabalho (ar ou água).

Se o sistema de refrigeração operar com pressão de sucção inferior, resultará em danos da seguinte ordem:

- redução da capacidade do compressor;
- aquecimento do compressor;
- ineficiência do sistema, com aumento do consumo de energia para a mesma quantidade de calor a retirar;
- arraste de óleo;
- mais desgaste mecânico no compressor;
- aumento do superaquecimento na sucção.

Superaquecimento alto indica que o vapor refrigerante que chega ao compressor através da tubulação de sucção apresenta uma temperatura elevada, comparada com a temperatura de evaporação. As consequências são:

- a carga de refrigerante é insuficiente;
- a válvula de expansão não abre a contento;
- alta temperatura do óleo lubrificante, contribuindo para a sua degradação e ocasionando ineficiência do sistema de lubrificação e gastos com constantes trocas de óleo lubrificante;
- alta temperatura de descarga do compressor, implicando o desgaste prematuro dos componentes internos, ou ainda problemas mais sérios, se os dispositivos de segurança não estiverem atuando corretamente, conforme ilustra a Figura 5.8.

A Figura 5.10 ilustra a carbonização dos cabeçotes e elementos internos do compressor em decorrência do superaquecimento alto.

É extremamente importante em qualquer sistema de refrigeração verificar o valor do superaquecimento do gás de sucção na entrada do compressor. A alta temperatura de descarga pode ser um problema, principalmente em compressores recíprocos, a qual chega a ser um limitante nas condições de operação. A maioria dos compressores trabalha com temperaturas de até 150 °C no máximo, acima da qual o sistema de resfriamento das tampas e do óleo (normalmente resfriado a água) se torna dificultoso.

Figura 5.10 Carbonização dos cabeçotes e elementos internos.

Fonte: Silva, 2001a.

Superaquecimento baixo indica que o vapor refrigerante na câmara de sucção do compressor apresenta uma temperatura próxima, se não igual à temperatura de evaporação. As consequências são:

- carga de refrigerante excessiva;
- válvula de expansão muito aberta ou grande demais;
- bulbo da válvula não está bem preso à tubulação de sucção ou está influenciado por uma corrente de ar;
- baixa temperatura de descarga do compressor;
- retorno de líquido refrigerante para o cárter do compressor.

A Figura 5.11 mostra o efeito do baixo superaquecimento com o retorno de líquido refrigerante para o cárter do compressor e, como consequência, o congelamento do cabeçote do compressor.

O superaquecimento pode nos trazer vantagens ou desvantagens, daí a grande importância de seu monitoramento constante. A válvula de expansão requer uma regulagem que varia de 5° a 10°, de acordo com o fabricante. Um valor de superaquecimento correto demonstra que:

- O refrigerante fornecido ao evaporador pela unidade condensadora evapora e não há presença de líquido na linha de sucção.
- A unidade de refrigeração está carregada na medida certa.

Figura 5.11 Retorno de líquido – superaquecimento total próximo de zero grau Kelvin.

Fonte: Silva, 2001a.

5.3 A REFRIGERAÇÃO INDUSTRIAL

5.3.1 A montagem em paralelo

A configuração de compressores que ganhou força nos últimos anos é a que utiliza compressores em paralelo, ilustrada pela Figura 5.12.

O grande objetivo ao se optar por uma instalação desse tipo é a flexibilidade operacional de dividir as potências instaladas em função das demandas de carga térmica. Em vez de utilizar um único compressor com motor de 50 cv, utilizam-se cinco compressores com motores de 10 cv cada. Isto propicia uma considerável flexibilidade para o sistema, ocasionando economia de energia em caso de carga parcial.

Figura 5.12 *Rack* de compressores em paralelo.

Fonte: Silva, 2001a.

Uma instalação com compressores em paralelo pode ser conceituada como uma instalação onde dois ou mais compressores são montados sobre uma base única e cujas linhas de sucção e descarga são unificadas, porém os compressores podem operar individualmente em função da carga térmica solicitada. São habitualmente chamados de *racks*. A Figura 5.13 mostra o esquema de uma montagem de compressores em paralelo.

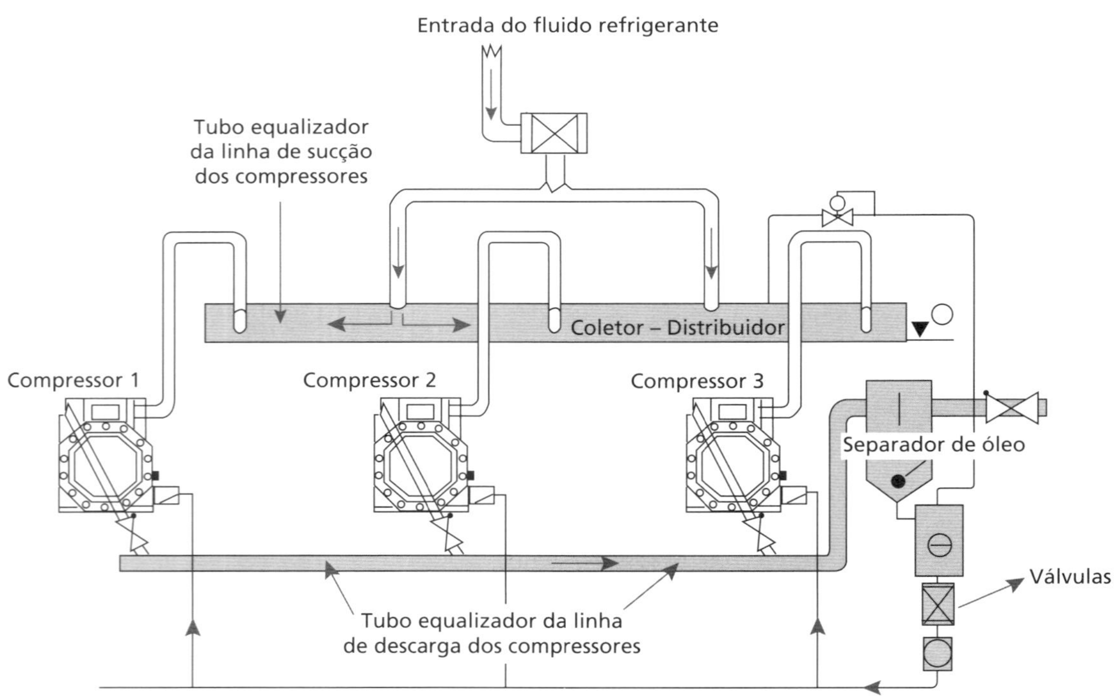

Figura 5.13 Esquema de montagem de compressores em paralelo.

Fonte: Silva, 2001a.

A tendência futura deste mercado de refrigeração comercial de grande porte aponta para a diminuição gradativa da quantidade de refrigerante instalada. Dessa forma, os sistemas de expansão indireta utilizando um fluido intermediário começam a ganhar uma maior participação de mercado.

Muitos fabricantes de *racks* utilizam o tanque de líquido do tipo horizontal, que serve como base para instalar os compressores quando da montagem em paralelo. Outros fabricantes de *racks* e unidades condensadoras preferem o tipo vertical, visando à redução das dimensões do equipamento. Um exemplo de construção de um tanque de líquido tipo horizontal está ilustrado na Figura 5.14.

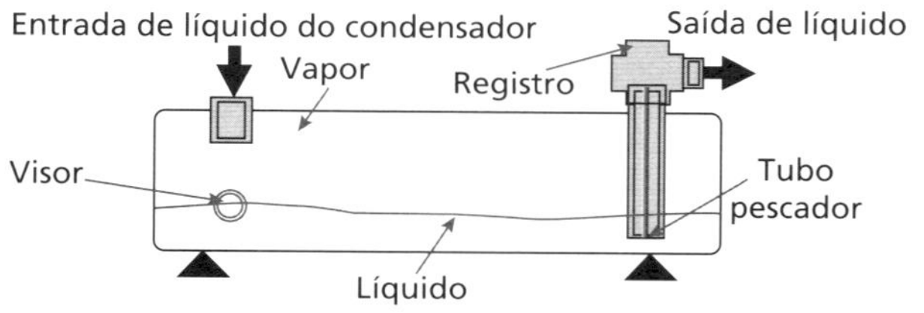

Figura 5.14 Tanque de líquido tipo horizontal.

O tanque de líquido sempre deve ser dimensionado de forma que nunca ultrapasse além de 80% da sua capacidade total; os restantes 20% são deixados para expansão do líquido. Caso não seja observada essa recomendação, ocorrerá um grande perigo de explosão desse tanque, provocando acidentes fatais aos operadores.

Basicamente, existem dois tipos de compressores: os alternativos (também denominados recíprocos ou de pistão), e os rotativos (que englobam os parafusos e centrífugos). O tipo de compressor a ser adotado, quase sempre, é definido de acordo com a instalação de refrigeração.

Compressores alternativos possuem um menor consumo de energia do que um parafuso de mesma capacidade, quando operando em condições de carga parcial. Os parafusos são especialmente importantes, quando o perfil da instalação necessita de grandes capacidades e pouca demanda de carga parcial.

A seleção do compressor é efetuada em função da capacidade requerida em kcal/h ou kW, e de acordo com as temperaturas de evaporação e condensação correspondentes. Deve ser dada especial atenção aos limites de operação permitidos, optando-se por sistemas de simples ou duplo estágio.

5.3.2 Compressão de duplo estágio

Um processo geralmente adotado em instalações de duplo estágio de compressão é o do resfriamento do refrigerante a uma pressão intermediária. A Figura 5.15 mostra o esquema de uma instalação de duplo estágio de compressão.

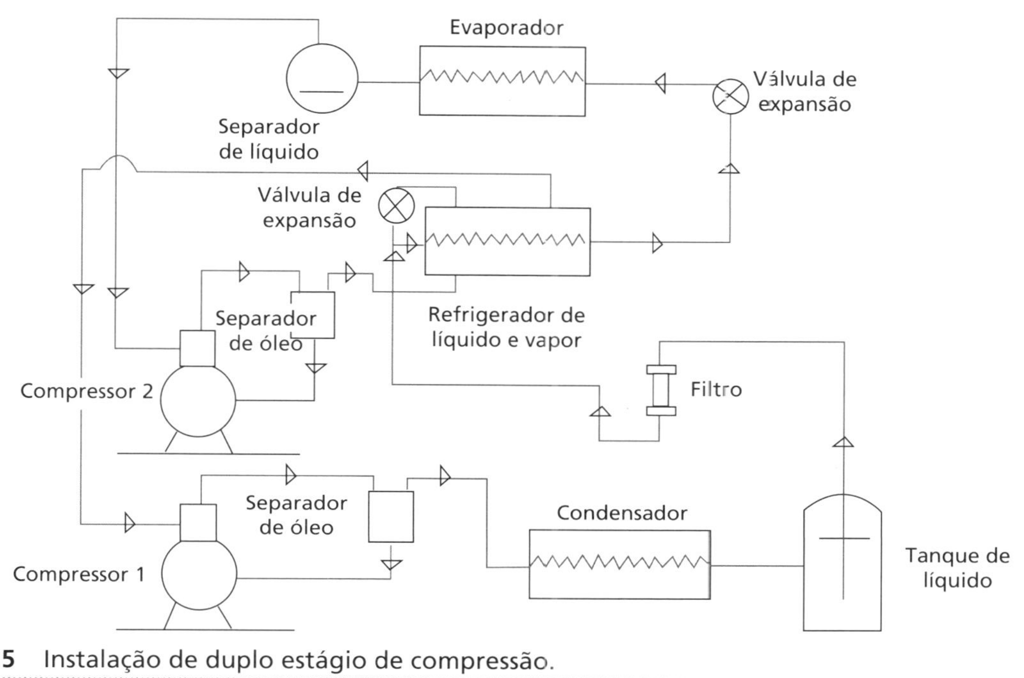

Figura 5.15 Instalação de duplo estágio de compressão.

5.3.2.1 O tanque de *flash* e resfriador intermediário

Os sistemas de duplo estágio incorporam o resfriador intermediário e o separador do gás *flash* em um só vaso. O termo *flash* indica o processo de formação de vapor por redução de pressão. Esses sistemas servem a um ou mais evaporadores que operam a uma única temperatura de evaporação.

A Figura 5.16 mostra o tanque de *flash* e resfriador intermediário, onde o vapor de descarga do compressor do estágio de baixa pressão é borbulhado no líquido saturado à pressão intermediária. O processo de borbulhamento se caracteriza por uma elevada área de contato entre o vapor e o líquido, permitindo um resfriamento eficiente do vapor até a temperatura do líquido.

Pode-se citar como vantagens em relação ao ciclo padrão:

- Redução de potência de compressão para a mesma capacidade frigorífica.
- Menor vazão do refrigerante: a linha de líquido para o evaporador e a linha de aspiração do compressor podem assumir dimensões mais reduzidas – diminuição na perda de carga.
- A remoção do gás de *flash* encontra justificativas econômicas para a maioria das instalações que operam a baixas temperaturas de evaporação.

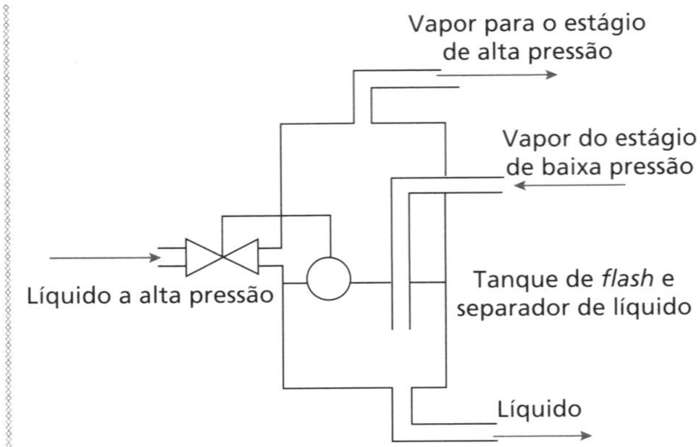

Figura 5.16 Esquema de um tanque de *flash* e separador de líquido de baixa temperatura.

5.3.2.2 *O separador de líquido*

A Figura 5.17 mostra esquematicamente um separador de líquido e sua localização no sistema, bem como os processos termodinâmicos e os estados do refrigerante num diagrama P x h.

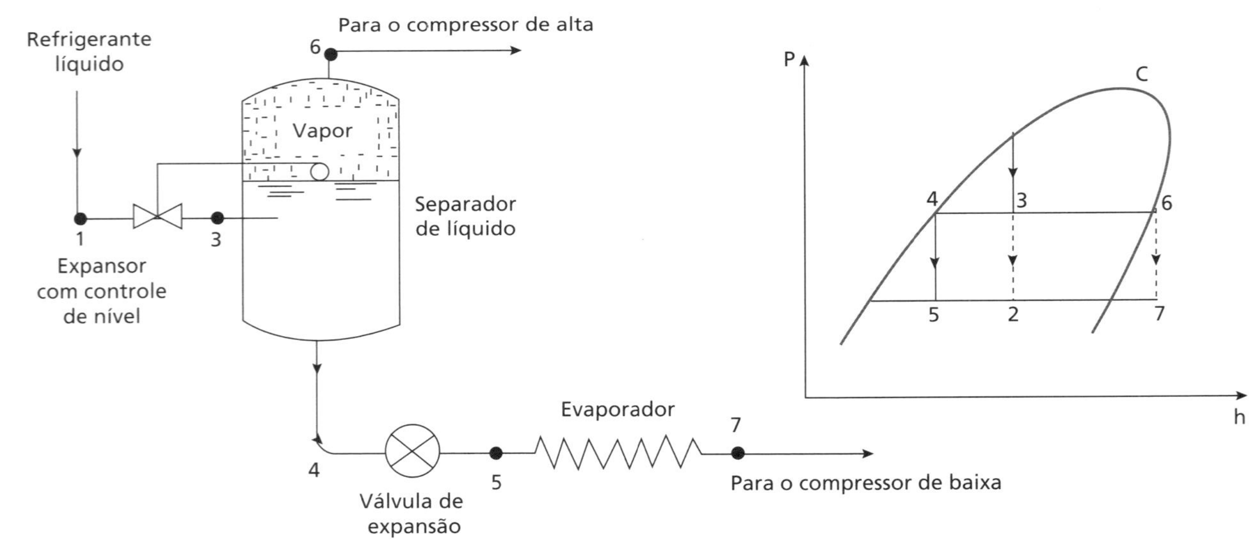

Figura 5.17 Esquema de um separador de líquido de alta temperatura.

O estado do refrigerante no ponto 2 pode ser representado por uma mistura de refrigerante no estado de líquido saturado com refrigerante no estado de vapor saturado, ambos na mesma pressão do ponto 2.

Para estas condições, o vapor saturado não tem efeito frigorífico. Assim, seria vantajoso utilizar um sistema para diminuir a quantidade de refrigerante que chega ao evaporador e que não possui efeito frigorífico, isto é, refrigerante na forma de vapor.

Isto pode ser feito expandindo-se o líquido saturado de 1 até 3. Em seguida, o líquido é separado do vapor, o qual deve ser recomprimido até uma pressão igual a do ponto 1 (pressão de condensação). Por sua vez, o líquido separado (estado 4) é expandido até a pressão do estado 5. Deve-se observar que expandir o líquido do estado 4 até o 5 é mais vantajoso, pois de 5 para 2 há efeito frigorífico; isto é, o título do refrigerante (quantidade de vapor) no estado 5 é menor do que no estado 2.

5.3.2.3 O separador de líquido em sistemas multipressão

O sistema multipressão é um sistema de refrigeração por compressão de vapor que possui dois ou mais níveis de baixa pressão. Entende-se por baixa pressão aquela reinante entre o dispositivo de expansão e da sucção do compressor.

Um sistema multipressão pode ser encontrado, por exemplo, em uma indústria de laticínios, onde um evaporador opera a –35 °C para produzir sorvetes, enquanto outro evaporador opera a 2 °C para resfriar leite.

Outro exemplo da aplicação de sistemas multipressão são os matadouros frigoríficos, onde existem câmaras de congelamento de carne bovina com temperaturas de vaporização da ordem de –35 °C e, entre outras, câmaras de desossa, onde a temperatura de vaporização é da ordem de 5 °C. Outra aplicação típica poderia ser um processo industrial no qual um arranjo de dois ou três estágios de compressão serve um evaporador com temperaturas abaixo de –20 °C.

Um processo geralmente adotado, comum em grandes supermercados, são instalações de duplo estágio de compressão, mediante o resfriamento do refrigerante a uma pressão intermediária.

Um procedimento bastante utilizado na efetiva solução do problema de operação a dois níveis de temperatura de evaporação é ilustrado na Figura 5.18, utilizado para baixas temperaturas, envolvendo um sistema de compressão com duplo estágio e resfriador intermediário de líquido e vapor.

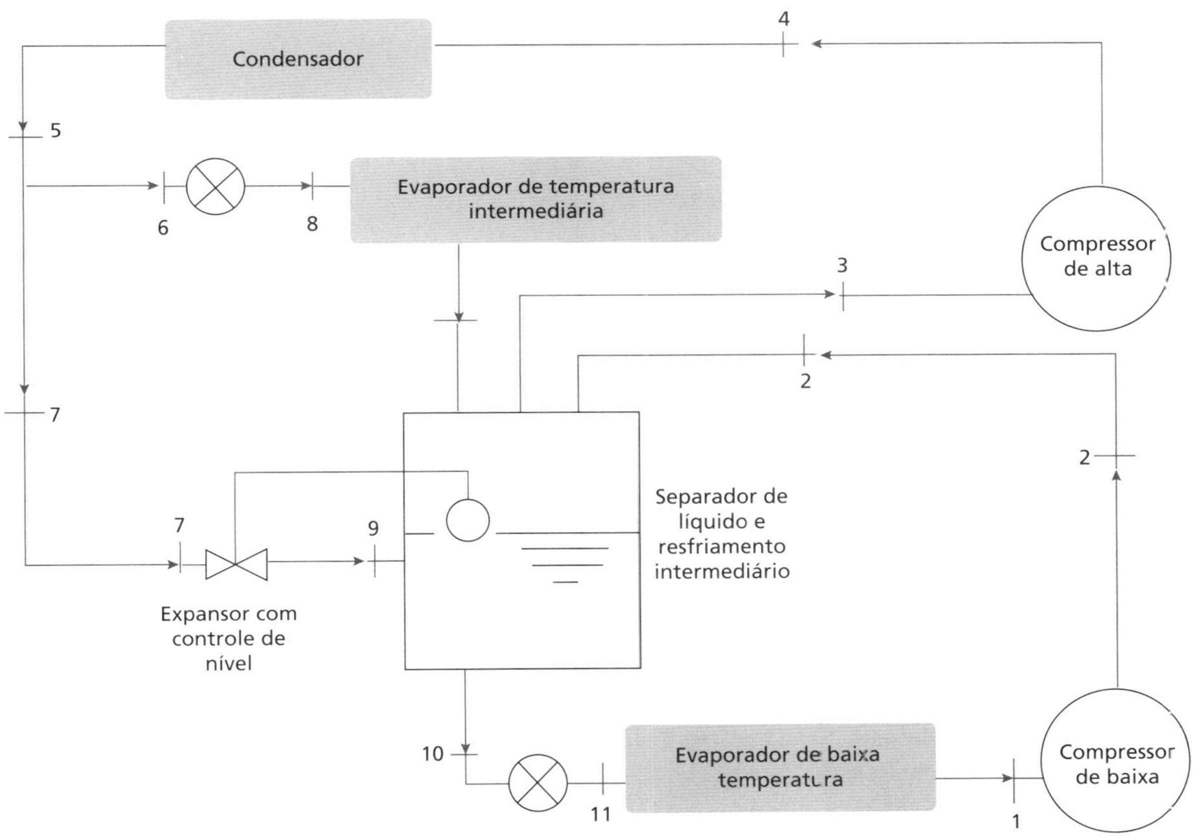

Figura 5.18 Esquema de um sistema multipressão.

A Figura 5.19 mostra o diagrama P x h desta instalação.

O trabalho de dois estágios torna-se necessário por motivos termodinâmicos, quando o valor da razão entre a pressão de condensação e pressão de evaporação ultrapassa oito, para evitar que a capacidade frigorífica do compressor torne-se praticamente zero.

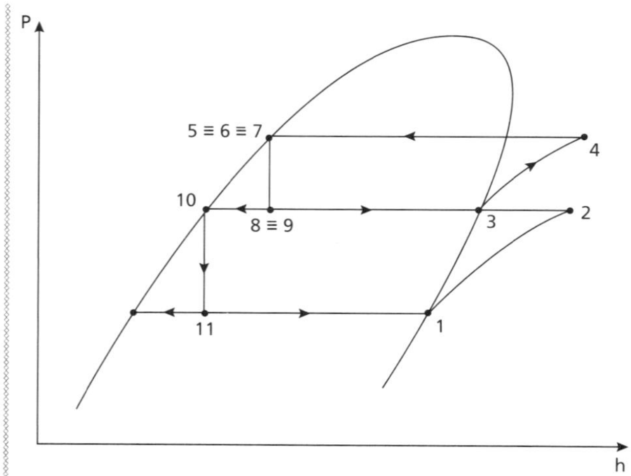

Figura 5.19 Diagrama P x h para a instalação da Figura 5.18.

5.3.2.4 *O separador de óleo em sistemas multipressão*

A maioria dos fabricantes de *racks* opera com um sistema composto de um separador de óleo instalado na linha de descarga, comum a todos os compressores, ilustrado na Figura 5.13.

O separador de óleo é utilizado em circuitos de refrigeração, com a finalidade de impedir que o óleo do compressor se misture com o gás refrigerante, o que ocasionaria redução da eficiência de troca de calor, tanto no condensador como no evaporador.

Todo compressor lança no sistema uma certa quantidade de óleo durante o trabalho de compressão. Separadores de óleo não são 100% eficientes, portanto o sistema deverá garantir o seu retorno ao compressor.

Na fase gasosa, o óleo deverá retornar por gravidade e/ou por arraste pelo gás de sucção, existindo uma velocidade mínima de arraste para trechos verticais e outra para trechos horizontais.

À medida que o refrigerante se evapora, a concentração de óleo no líquido se eleva, até que, na saída do evaporador, o refrigerante se apresente na forma de gotículas de elevada concentração de óleo. A velocidade do vapor deve ser tal que facilite o arraste das gotículas.

O risco principal associado ao uso de um separador de óleo na linha de descarga é a possibilidade do refrigerante líquido passar do separador para o cárter do compressor ou pulmão de óleo, quando o compressor está no ciclo de parada. O refrigerante líquido pode escoar para o separador da tubulação de descarga ou pode condensar no próprio separador.

Enquanto o compressor está funcionando, a temperatura do separador de óleo é relativamente alta e a possibilidade do refrigerante líquido condensar no separador de óleo é mais remota, principalmente se o separador estiver localizado perto do compressor. Entretanto, depois dos ciclos de paradas prolongadas do compressor, o separador de óleo tende a resfriar para a temperatura de condensação, momento em que é provável que algum vapor refrigerante condense no separador. Isto eleva o nível do líquido no separador e causa a abertura da boia e a passagem de uma mistura de óleo e refrigerante para o cárter do compressor ou pulmão de óleo.

É mais provável acontecer a condensação do refrigerante no separador quando ele é instalado numa localização mais fria; neste caso recomenda-se que o separador seja isolado externamente, a fim de retardar a perda de calor do separador depois dos ciclos de paradas do compressor.

5.3.3 Os sistemas em cascata

Projetos com protótipos dos compressores semi-herméticos alternativos Bitzer, aplicados em sistemas cascata, em que o CO_2 é liquefeito em uma unidade frigorífica (com refrigerante NH_3, HC ou HFC no primeiro estágio), estão sendo estudados em unidades de refrigeração comerciais e industriais de médio porte. A Alemanha já fabrica compressores semi-herméticos com CO_2. A decisão de trazer o componente para o mercado brasileiro dependerá do custo, que deve restringir a aplicação do CO_2 aos refrigeradores comerciais.

Sistemas em cascata, ilustrados na Figura 5.20, utilizam refrigerantes diferentes nos circuitos de alta e de baixa pressão, constituindo dois sistemas frigoríficos independentes.

A interface entre os sistemas é um trocador de calor que opera como condensador para o circuito de baixa e como evaporador para o de alta, como mostra o sistema ilustrado a seguir com três estágios de pressão.

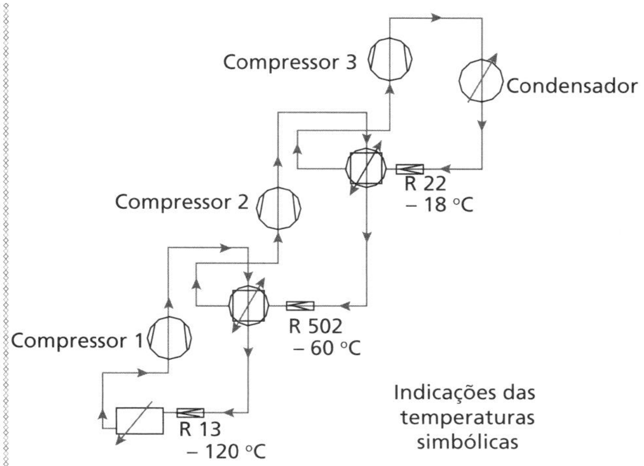

Figura 5.20 Sistemas em cascata.

Fonte: Silva, 2001a.

Nota-se que o terceiro compressor, o de alta pressão, tem condensador independente. Costuma-se usar um casco e tubo (*shell and tube*), que serve simultaneamente de recipiente, trabalhando por exemplo, com R22. Entre cada dois compressores encontra-se um evaporador/condensador, um trocador de calor, tipo casco e tubo, de circuitos separados.

O sistema cascata com CO_2 para baixa temperatura possui um elevado potencial energético devido à elevada capacidade volumétrica de refrigeração e características de performance constante. O projeto do sistema torna-se mais compacto e econômico utilizando o CO_2.

O CO_2 tem propriedades termofísicas favoráveis para este tipo de aplicação, também é quimicamente inerte, não é inflamável e somente é prejudicial à saúde em altas concentrações. Isto significa que, para um dado número de aplicações, o CO_2 ainda leva vantagem sobre a amônia.

5.3.4 Os procedimentos operacionais de partida

O funcionamento de um sistema de refrigeração a vapor, seja comercial ou industrial, compreende três etapas fundamentais. Para que o sistema possa operar normalmente, isento de problemas, nenhuma dessas etapas pode ser esquecida. São elas: preparação para a partida, verificação da operação e ajustes de controle.

Após realizado o teste de vazamento, feito o vácuo e as tubulações desidratadas, dá-se o início da partida do equipamento, carregando o refrigerante no sistema de duas maneiras:

- carga de refrigerante pelo lado de alta;
- carga de refrigerante pelo lado de baixa.

O processo mais preciso de carga consiste na pesagem da carga de refrigerante a ser introduzida no sistema. Isto só pode ser feito quando o sistema requer carga completa e a quantidade de carga necessária é conhecida.

Uma vez que um bom selo de líquido é essencial para o funcionamento do controle da válvula de expansão, o sistema pode ser considerado apropriadamente carregado quando um fluxo claro de líquido refrigerante é visível. Bolhas ou *flashing* constantemente indicam falta de refrigerante. Todavia, o visor pode mostrar bolhas ou *flashing* mesmo quando o sistema está completamente carregado. Uma restrição na linha de líquido pode causar suficiente perda de pressão para ocasionar o *flashing* do refrigerante.

O vácuo no sistema frigorífico garante que não tenhamos circulando pelo sistema gases não condensáveis, como o ar atmosférico. Se tivermos no sistema algum problema deste tipo, o visor pode nos mostrar que devemos tomar ações corretivas.

A umidade deve ser removida do sistema através de uma bomba de vácuo, da mesma forma que os gases não condensáveis. Somente uma bomba de vácuo é capaz de efetuar uma desidratação eficaz. É impossível efetuar a desidratação do sistema com o compressor, pois este não consegue atingir níveis de vácuo capazes de efetuar a evaporação de toda a umidade interna do sistema.

A umidade acima de uma determinada concentração ocasiona a formação de ácidos. Esta porcentagem varia de acordo com cada fluido refrigerante, porém em média toda vez que tivermos algo maior que 50 ppm (partes por milhão) teremos problemas de formações ácidas. A contaminação por umidade provocará a formação de *copper plating*, ou seja, o cobreamento das palhetas de sucção, ilustrado na Figura 5.21.

Figura 5.21 Contaminação por umidade com a formação de *copper plating*.

5.3.5 As linhas de sucção, descarga e de líquido – um breve comentário

As linhas de descarga devem ser dimensionadas para evitar que refrigerante condensado e óleo retornem ao cabeçote do compressor tanto na parada como em operação.

Deve-se tomar muito cuidado com os diâmetros das tubulações, em especial com aquelas linhas que transportam o refrigerante na fase de vapor (linha de descarga e sucção), principalmente porque, na fase vapor, a miscibilidade entre óleo e refrigerante diminui sensivelmente, ocasionando uma maior dificuldade de circulação de óleo. Portanto, as velocidades terão de ser suficientemente capazes de transportar o óleo sem provocar excessivas perdas de carga ao sistema.

Nos trechos verticais, recomenda-se instalar sifões a cada 4 metros de distância, para facilitar ao máximo o retorno do óleo que passou para o sistema de volta ao compressor. Na saída dos evaporadores, também se deve instalar sifão para ajudar o transporte de óleo.

Outro detalhe importante é o subdimensionamento nas linhas de refrigeração, que podem provocar os seguintes problemas:

- Linha de descarga: aumenta a pressão de descarga e, consequentemente, o consumo de potência; mas a consequência operacional mais séria é o aumento da temperatura de descarga, o qual provoca um maior arraste de óleo.
- Linha de sucção: provoca a diminuição da pressão de sucção, o aumento do volume específico do vapor da sucção e a diminuição da capacidade efetiva do compressor. Principalmente em baixas temperaturas, pequenas perdas de pressão podem significar perdas sensíveis de capacidade.
- Linha de líquido: pode provocar a formação de *flash-gas* (evaporação do líquido) antes da válvula de expansão, o que reduz sensivelmente a capacidade da válvula, reduzindo também a capacidade efetiva do sistema.

A linha de sucção é a linha mais crítica de todas, do ponto de vista do projeto e construção, devendo ser projetada para:

- permitir o retorno de óleo do evaporador ao compressor em cargas reduzidas;
- evitar que o óleo se acumule em um evaporador inativo;
- evitar o retorno de refrigerante líquido ou golpes de óleo ao compressor.

Pressão de sucção muito alta normalmente é um problema que ocasiona esforços consideráveis nos discos de sucção, descarga e sobre as molas do balancim do compressor.

Recomenda-se que o compressor sempre inicie o funcionamento na mínima capacidade e com a válvula principal de sucção restringida. Dessa forma, atenuaremos qualquer aumento da pressão de sucção na partida. Após o estabelecimento do regime normal de trabalho, podemos abrir e aumentar a capacidade proporcionalmente.

5.4 A TENDÊNCIA DOS GASES REFRIGERANTES

Após sua pequena importância no setor de refrigeração durante várias décadas, o dióxido de carbono (CO_2) volta a ter suas aplicações redescobertas, principalmente por motivos ecológicos. Assim como os projetos em desenvolvimento para condições de operação subcrítica, ultimamente uma série de sistemas cascata em operação subcrítica tem sido empregada em grandes instalações comerciais e industriais com temperaturas de evaporação abaixo de –50 °C.

O CO_2 como fluido secundário possui um bom potencial nos sistemas indiretos para média (baixa) temperatura nas aplicações comerciais e industriais. Este gás apresenta elevado calor latente e grande potencial de troca de calor e menor fluxo de massa, viscosidade muito baixa, mesmo em baixa temperatura, resultando em menor potência consumida no trabalho de bombeamento e menor diâmetro da tubulação.

As principais vantagens do CO_2 são:

- longa tradição na refrigeração;
- baixo Potencial de Aquecimento Global (GWP = 1);
- quimicamente inativo, não inflamável, baixa toxidade;
- capacidade volumétrica de refrigeração de 6 a 8 vezes maior do que o R22 e NH_3;
- baixo fluxo de massa.

Diante deste quadro, a amônia, juntamente com os hidrocarbonetos, o dióxido de carbono e até mesmo a água ganham força e passam a ser chamados de refrigerantes naturais (porque existem naturalmente no planeta), sendo os países europeus os seus maiores defensores para sua utilização.

Considerando ainda que durante todo este século a amônia nunca deixou de ser utilizada, ela apresenta uma grande vantagem, uma vez que houve um alto desenvolvimento tecnológico no sentido de diminuir a sua carga em instalações e garantir operações eficientes e seguras. Ao longo desse tempo houve também uma ênfase em estabelecer cuidados com a operação de uma instalação de amônia e o seu manuseio.

Amônia não destrói a camada de ozônio e, por ter um tempo de vida curto na atmosfera (máximo 15 dias), também não contribui para o efeito estufa. Ainda, devido às suas excelentes propriedades termodinâmicas, a amônia requer menos energia primária para produzir uma certa capacidade de refrigeração do que quase todos os outros refrigerantes.

Comercialmente, a amônia é produzida a partir da combinação de nitrogênio livre com hidrogênio a alta pressão e temperatura na presença de um catalisador, sendo esse o fluido utilizado nos ciclos de refrigeração.

Vale ainda observar que até agora não existe uma legislação sobre a utilização, operação e requisitos de segurança de um sistema de refrigeração (existe uma resistência até por parte de órgãos fiscalizadores quanto a sistemas com amônia). Porém, lembrando-se que os halogenados são mais pesados que o ar, e que existem várias instalações espalhadas no Brasil em edifícios comerciais e *shopping centers* que se localizam em áreas fechadas e operadas por pessoas que desconhecem os efeitos da toxicidade dos halogenados, estes constituem um potencial de risco maior do que instalações de amônia localizadas em locais abertos e com vários sistemas de segurança.

Nos últimos dez anos, o setor de refrigeração e ar-condicionado viveu um grande movimento de discussão e avaliação dos seus impactos ambientais, devido à proteção da camada de ozônio e a eliminação dos CFCs e HCFCs, que originou e ainda vai gerar diversas modificações nos fluidos refrigerantes, nos projetos dos seus produtos e equipamentos, nos processos de fabricação e procedimentos de manutenção.

Os substitutos do R22 são os refrigerantes HFC e os não halogenados. Entre os refrigerantes HFC destacam-se as substâncias simples – R134a e os *blends* – R407C (R32/125/134a), R417A (R125/134a/600), R404A (R125/143a/134a), R507A (R125/143a) e R410A (R32/125). Entre os não halogenados destacam-se as substâncias simples – R290 (Propano), R1270 (Propileno), R717 (NH_3) e R744 (CO_2).

As principais vantagens dos hidrocarbonetos são:

- não destroem a camada de ozônio (ODP = 0);
- baixo Potencial de Aquecimento Global (GWP = 3);
- quimicamente inativo, baixa toxidade;
- compatibilidade favorável com os materiais;
- boa capacidade de refrigeração e consumo de energia "equivalente" aos refrigerantes halogenados;
- substâncias simples, não possuem *temperature glide*;
- ampla faixa de aplicação decorrente dos níveis moderados de temperatura e pressão de operação e fluxo de massa e densidade do gás favorável;
- boa miscibilidade e transporte com o óleo.

Os principais contras dos hidrocarbonetos são:

- alta inflamabilidade e explosividade "Classe de Risco L3";
- elevado grau de solubilidade com os óleos convencionais.

As substâncias azeotrópicas são formadas por dois ou mais componentes que, sob uma pressão constante, têm sua temperatura de evaporação e condensação perfeitamente determinada.

Ao contrário das substâncias azeotrópicas (por exemplo, no caso do R502, que se comporta como substância refrigerante pura com relação aos processos de evaporação e condensação), a mudança de fase com os fluidos não azeotrópicos (zeotrópicos) ocorre num determinado ponto que se situa em uma certa área de temperatura, em que a variação de temperatura desse ponto pode ser mais ou menos acentuada, pois depende do ponto de ebulição e da porcentagem da composição dos componentes individuais.

Estão sendo pesquisadas as substâncias denominadas de quase azeotrópicas ou semiazeotrópicas com uma variação de temperatura de não mais que 5 K (*temperature glide*).

REFERÊNCIAS BIBLIOGRÁFICAS

ABREU, A. F. **Sistema de refrigeração por absorção intermitente:** concepção, dimensionamento, construção, ensaio e considerações econômicas. 1999. 183 p. Tese (Doutorado em Energia) – Universidade de São Paulo, São Paulo, 1999.

AMBEV COMPANHIA DE BEBIDAS DAS AMÉRICAS. **Cervejas**: fabricação. Jaguariúna. Disponível em: http://www.ambev.com.br/produtos/cervejas. Acesso em: 2 out. 2006.

AQUARONE, E.; LIMA, U. A; BORZANI, W. **Alimentos e bebidas produzidos por fermentação**. São Paulo: Blucher, 1983. (Biotecnologia, v. 5).

CERVESIA. Tecnologia cervejeira. Disponível em: http://www.cervesia.com.br. Acesso em: 2 out. 2006.

MARTINELLI JUNIOR, L. C. **Refrigeração.** Disponível em: http://www2.unijui.tche.br/~martinelli/rac.htm. Acesso em: 2 out. 2006.

PERRY, R. H. **Perry's chemical engineers' handbook.** 7. ed. São Paulo: McGraw-Hill, 1998.

REINOLD, M. R. **Manual prático de cervejaria.** São Paulo: Aden, 1997.

SILVA, A. da. **Compressores semi-herméticos parafuso e alternativo aplicados em sistemas cascata com dióxido de carbono (CO_2).** São Paulo: Bitzer, 2001a. (Apostila do Curso de Compressores Alternativos da Bitzer).

SILVA, A. da. **Gases refrigerantes**. São Paulo: Bitzer, 2001b. (Apostila do Curso de Compressores Alternativos da Bitzer).

STOECKER, W. F. **Industrial refrigeration handbook.** New York: McGraw-Hill, 1998.

STOECKER, W. F.; JABARDO, J. M. S. **Refrigeração industrial.** 3. ed. São Paulo: Blucher, 2018.

VAN WYLEN, G. **Fundamentos da termodinâmica clássica.** Tradução da 4. ed. São Paulo: Blucher, 2003.

6

Operações unitárias na indústria de bebidas

VIVIAN VAZQUEZ THYSSEN
ELISABETE MOREIRA ASSAF

6.1 INTRODUÇÃO

A planta geral de uma indústria química envolve basicamente o fluxograma mostrado na Figura 6.1, no qual as matérias-primas passam por um processamento a fim de se obter produtos com utilidade imediata ou que sejam necessários em outras unidades.

Entende-se por processamento uma operação ou um conjunto de operações coordenadas que tem por finalidade uma transformação física ou química de um material ou mistura de materiais, para a obtenção de produtos finais diferentes das matérias-primas.

A indústria química pode incluir como processo principal uma conversão química, mas em alguns processos químicos estão envolvidas apenas transformações físicas da matéria, por exemplo, a destilação do petróleo. É importante também observar que em todos os processos químicos é necessário que as matérias-primas passem por uma série de operações físicas, que as preparam e conduzem para o processo principal, e, posteriormente, os produtos devem ser tratados, purificados e/ou separados de possíveis subprodutos, resíduos e reagentes não convertidos.

Todos os processos industriais têm em comum certas operações físicas que seguem os mesmos princípios científicos, sendo as diferenças entre eles encontradas nos detalhes construtivos dos equipamentos utilizados, que, por sua vez, dependem das matérias-primas utilizadas e dos produtos finais desejados. Sendo assim, toda indústria química envolve uma série coordenada de operações individuais que integram a fabricação do produto final. Essas operações individuais, fundamentalmente físicas, são as chamadas operações unitárias.

Existem diversas operações unitárias, entre as quais podemos citar as operações mecânicas (fragmentação, transporte, mistura etc.), operações de transferência de calor (aquecimento/resfriamento de fluidos, evaporação, condensação etc.) e operações de transferência de massa (destilação, adsorção, cristalização etc.).

Figura 6.1 Fluxograma geral de uma indústria química.

As indústrias de alimentos e bebidas não entram na classificação de indústrias químicas, mas seguem o mesmo princípio: as matérias-primas selecionadas passam por um conjunto de operações físicas e/ou químicas para se chegar ao produto final. Neste capítulo, apresentaremos algumas operações unitárias utilizadas na indústria de bebidas e exemplos de suas aplicações.

6.2 PRINCIPAIS OPERAÇÕES UNITÁRIAS NA INDÚSTRIA DE BEBIDAS

6.2.1 Moagem

Muitas indústrias que trabalham com matérias-primas sólidas utilizam a operação de fragmentação, comumente chamada de moagem. A fragmentação de sólidos visa a redução de fragmentos, grânulos ou partículas para diferentes fins. Na maioria das vezes, aumentar a área externa das partículas é o objetivo principal (o que torna a partícula mais reativa quando a reação desejada no processamento ocorre na sua superfície), mas essa operação também pode ser utilizada simplesmente para obter partículas de tamanhos mais manejáveis; obter matérias-primas na forma de pó (pois facilita uma mistura mais uniforme de dois ou mais componentes); obter partículas com tamanhos e/ou formas específicas preestabelecidas; ou para a separação de compostos intimamente associados no estado sólido.

Na indústria os materiais sólidos podem sofrer redução de tamanho de diversas maneiras, entre elas por compressão, impacto, atrito e corte. A escolha da ação de fragmentação varia com o tipo e tamanho das partículas das matérias-primas e o grau de finura desejado no processo. No geral, usa-se o método de compressão para uma redução grosseira de sólidos duros, em que se obtém pouca quantidade de finos. Quando se utiliza o método de impacto, são obtidos produtos grossos, médios ou finos. O atrito, por sua vez, resulta em produtos muito finos a partir de materiais moles e não abrasivos. E o corte resulta em produtos de tamanhos definidos e, por vezes, formas também definidas, com pouca ou nenhuma quantidade de finos.

Em função da enorme variedade estrutural dos materiais sólidos utilizados na indústria e dos diferentes métodos de fragmentação, diversos fatores influenciam no processo de moagem, por exemplo, o modo de aplicação da carga utilizada no processo e a energia fornecida ao material para que este sofra a quebra desejada.

Uma grande variedade de equipamentos para fragmentação de sólidos é oferecida pelos fabricantes. Esses equipamentos têm a mesma finalidade, mas diferem pelos detalhes construtivos, que dependem de todas as variáveis levadas em consideração no processo. De modo geral, o equipamento utilizado deve ter grande capacidade volumétrica, requerer uma potência pequena por unidade de produto e resultar num produto de tamanho único ou com a distribuição de tamanhos desejada.

O critério de classificação dos equipamentos de fragmentação envolve o tamanho das partículas de alimentação e do produto desejado. De modo geral, os equipamentos que fazem uma fragmentação mais grosseira são os britadores e os que dão produtos mais finos são os moinhos.

Dentro desses grupos, ainda se pode dividir os equipamentos por subclasses e tipos, por exemplo, os britadores primários (de alimentação mais grosseira), que podem ser de mandíbulas ou giratório; os britadores secundários (de alimentação mais fina), que podem ser de martelos, de barras, de disco etc. E moinhos finos (de alimentação mais grosseira), que podem ser de atrito, de rolos ou cilindros, de martelos, de bolas, de energia fluida etc.; e os moinhos coloidais (de alimentação mais fina), que podem ser de disco ou cônico.

Esses equipamentos realizam seus trabalhos de maneiras completamente diferentes, porém, para que o resultado seja satisfatório, independente do equipamento escolhido para o processo, este deve apresentar características gerais como a rápida retirada do sólido fragmentado das superfícies de trabalho (para que não atrapalhe a fragmentação do restante do material), além da manipulação segura do equipamento, já que o processo mecânico de fragmentação acumula energia, que deve ser dissipada para evitar acidentes. Além disso, a operação deve seguir algumas regras que maximizam o rendimento do processo, por exemplo, a alimentação do equipamento que deve possuir tamanho adequado e velocidade uniforme, e a retirada do produto fragmentado deve ser feita imediatamente após as partículas alcançarem o tamanho desejado.

Além da escolha adequada do equipamento, deve-se também escolher o tipo de operação mais apropriado para o processo em questão. Pode-se proceder com a operação em batelada (em que a alimentação é feita em uma única vez e, após o processo de moagem, os produtos são retirados) ou operação contínua (em que a alimentação e a descarga são feitas continuamente enquanto o equipamento funciona); esta última, por sua vez, pode ser operada em circuito fechado (com reciclo dos materiais mais grossos) ou aberto (sem reciclo). E ainda se pode operar a seco ou a úmido, o que depende da umidade utilizada na alimentação. São diversas variáveis a serem analisadas para que o processo tenha seu rendimento máximo.

São muitas as aplicações dessa operação unitária na indústria de bebidas. Nas cervejarias, o malte é moído em moinhos de rolos ou de martelos com a finalidade de expor o endosperma amiláceo ao ataque das enzimas durante o processo de brassagem (produção do mosto cervejeiro). Nas vinícolas, as uvas são esmagadas em equipamentos denominados desengaçadoras-esmagadoras, cuja finalidade é separar o engaço das bagas e rompê-las, sem quebrar as sementes. Nas fábricas de cachaça, a cana de açúcar é esmagada em moinhos (moendas) de três rolos, para a extração do caldo de cana, que será fermentado.

6.2.2 Mistura

Outra importante operação unitária aplicada na indústria de bebidas é a mistura, que pode ser caracterizada qualitativamente como homogeneização ou agitação – a diferença de nomenclatura está no objetivo visado com a aplicação dessa operação.

A homogeneização é aplicada basicamente quando se deseja uniformizar líquidos miscíveis, com uma movimentação mais branda, suficiente para conseguir o grau de uniformidade desejado no sistema. A mistura utiliza uma movimentação mais vigorosa para uniformizar materiais que podem ou não ser miscíveis, mas que exigem a aplicação de um pouco mais de força. Já a agitação é um termo mais geral utilizado para a operação que exige uma movimentação mais intensa para diversas finalidades.

São muitos os objetivos de aplicação dessa técnica: a) mistura e movimentação de líquidos miscíveis e/ou imiscíveis; b) suspensão de sólidos em líquidos; c) dispersão de gases em líquidos; d) promoção do contato entre reagentes químicos; e) favorecimento de transferência de massa; f) favorecimento de transferência de calor.

Para cada uma dessas finalidades, deve-se encontrar técnicas, equipamentos (agitadores) e condições de operação que visem obter os melhores resultados com o menor gasto de energia possível.

Existem casos em que somente a turbulência do escoamento do fluido é suficiente para obter a mistura desejada, e a bomba que impulsiona o fluido faz o papel do agitador. Entretanto, o sistema mais utilizado é o dispositivo mecânico, que promove a mistura desejada dentro de um tanque e consiste num eixo rotacional acionado por uma força externa, como um motor elétrico, ar comprimido etc. Os três tipos principais de agitadores mecânicos são o de hélices, o de pás e o de turbinas.

Para desenvolver um projeto de um agitador é necessário conhecer seu sistema, que envolve as matérias-primas utilizadas e o grau de agitação necessário. Com essas informações, é possível, por meio de cálculos, obter as dimensões do tanque e do eixo de agitação para obter o resultado desejado.

O tanque de agitação, por exemplo, pode ter a parte superior fechada ou aberta, e suas proporções dependem da natureza do processo de agitação. O fundo do tanque normalmente é arredondado, para que se evite o acúmulo de matérias-primas que não participariam da agitação. Após as dimensões do tanque terem sido definidas (altura, diâmetro etc.), é necessário calcular as dimensões do agitador, que envolve basicamente o diâmetro do agitador; o número de pás (ou hélices), largura e altura da pá (ou hélice); e como o eixo do agitador é posicionado dentro do tanque – distância do agitador ao fundo do tanque, posição do agitador (se o eixo é centralizado ou não), a inclinação do eixo do agitador etc.

Quando o eixo é vertical e colocado no centro do tanque, é muito comum que ocorra a formação de um vórtice na superfície do líquido; esse vórtice nada mais é que o líquido movimentado de forma espiral ao redor do eixo de agitação, como um redemoinho. O vórtice se torna um obstáculo na agitação do fluido, já que não há uma mistura eficaz quando o líquido se move sempre da mesma maneira ao redor do centro de rotação. Para que a formação do vórtice seja evitada, costuma-se usar placas defletoras nas paredes dos tanques, que fazem com que o líquido seja pressionado a se movimentar em diferentes direções, o que otimiza a mistura. Outra opção seria mudar o posicionamento do eixo do agitador, já que o vórtice só é formado quando o eixo se encontra no centro do tanque; pode-se colocar o agitador na parte lateral do tanque, ou inclinado ou simplesmente deslocado do centro.

Com as dimensões do tanque e do agitador, é necessário, por fim, definir a velocidade de rotação do eixo, e para isso deve-se levar em consideração as características dos fluidos que serão misturados, como sua viscosidade e densidade.

A operação de homogeneização/mistura/agitação é utilizada em praticamente todas as indústrias de bebidas, em diferentes etapas de obtenção do produto, em diferentes condições, para diferentes finalidades; e como, normalmente, deseja-se um produto homogêneo e uniforme, essa operação é muito importante nessa indústria.

Nas cervejarias, industriais ou artesanais, esta operação unitária é usada na mistura do malte moído à água cervejeira durante a brassagem ou mosturação.

A produção industrial de sucos, néctares e refrescos (que se diferenciam pelo teor de fruta na bebida) utiliza essa operação para reconstituição e homogeneização do produto antes do seu envase. O processo geral de produção dessas bebidas passa basicamente pela seleção das frutas, extração da polpa, filtração para retirada de restos de sementes e cascas da fruta, pasteurização para eliminação de microrganismos que podem degradar o produto, concentração da polpa, reconstituição e homogeneização por mistura com água potável e, por fim, o envase do produto final.

As dimensões do tanque, assim como do agitador, e as condições utilizadas na operação de mistura na indústria de sucos, néctares e refrescos vão depender da matéria-prima utilizada e do produto final desejado.

6.2.3 Centrifugação

A centrifugação é um método de separação mecânica baseado no movimento de partículas sólidas ou líquidas no meio de um fluido, que pode ser gasoso ou líquido. A principal característica da centrifugação é a aplicação de uma força centrífuga de alta intensidade que pode ser regulada conforme a rotação utilizada. O processo ocorre como se o peso da partícula fosse multiplicado por um fator que depende da força centrífuga aplicada, de modo que a decantação das partículas seja tão rápida quanto necessário.

A operação de centrifugação pode ser descontínua – alimentação e descarga são feitas com a centrífuga parada; semicontínua – a operação não é interrompida para carregar ou descarregar; e contínua – carga e descarga são realizadas em regime permanente.

As principais operações de centrifugação são realizadas em dois tipos de centrífugas: centrífugas decantadoras – utilizadas para clarificação ou espessamento de suspensões; e centrífugas filtrantes – que, como o próprio nome diz, utiliza o princípio de filtração.

Na indústria cervejeira, o princípio da centrifugação (*whirlpool*) é utilizado na etapa final da mosturação para a clarificação do mosto produzido. A clarificação do mosto é uma etapa importante, já que a presença de partículas oriundas de proteínas coaguladas, resíduos remanescentes de bagaço ou de outras fontes pode comprometer a qualidade da fermentação e, assim, do produto final.

Na produção da cerveja, é utilizado um sistema em que o mosto entra de forma tangencial em alta velocidade, separando as partículas por efeito centrífugo, pela diferença de densidade das duas fases, obtendo-se assim o mosto clarificado pronto para a próxima etapa (fermentação).

Ainda nas cervejarias industriais, a separação do fermento da cerveja verde pode ser feita por centrifugação. Após passar por centrífuga, a cerveja verde com reduzida população de levedura alcoólica segue para a sua maturação, e o fermento será tratado e armazenado para futura utilização.

6.2.4 Filtração

A filtração é outra operação de separação mecânica, que consiste em isolar as fases de um sistema heterogêneo constituído de sólidos e líquidos. Nessa operação, o movimento relativo das fases se dá pelo movimento do líquido pela fase sólida estacionária retida num meio poroso.

O depósito de partículas sólidas que se forma no meio filtrante é denominado torta; sua espessura aumenta no decorrer do processo, e, após a deposição inicial das partículas sólidas no meio filtrante, é ela que vai funcionar como leito poroso, promotor da separação. O líquido que passa através da torta é chamado de filtrado.

A filtração é utilizada quando se quer a separação de sólidos relativamente puros de suspensões diluídas ou a clarificação parcial ou total do líquido.

A força motriz de um processo de filtração é a diferença de pressão que se dá pelo meio filtrante. Essa força propulsora varia de um modelo de filtro para outro, podendo ser por gravidade, vácuo, força centrífuga ou pressão aplicada diretamente sobre o líquido.

A quantidade de meios filtrantes que existem industrialmente é tão grande que serve como classificação dos filtros. Os principais meios utilizados na indústria são: leitos granulares soltos (areia, pedregulho, carvão), leitos rígidos (tubos porosos de quartzo, de carvão), telas metálicas (telas de aço-carbono, inox), tecidos e membranas (papel-pergaminho, bexigas animais). Os tecidos são os meios filtrantes mais comuns utilizados industrialmente, e podem ser de origem vegetal (algodão, papel), animal (lã, crina) ou mineral (amianto, lã de vidro).

Já as características das tortas produzidas dependem de fatores como natureza do sólido, forma e granulometria das partículas, grau de heterogeneidade do sólido e a forma como a filtração é conduzida. De modo geral, as tortas podem ser classificadas como incompressíveis e compressíveis. São denominadas incompressíveis quando a queda de pressão no leito filtrante é proporcional à velocidade de escoamento, e são compressíveis quando isso não ocorre.

Na indústria de bebidas, o líquido é a fração desejada na etapa de filtração, e, muito embora o mecanismo seja sempre o mesmo, a especificação do filtro que será utilizado no processo envolve diversos fatores: características da suspensão a ser separada, da torta, do filtrado e dos materiais de construção do filtro. Além de satisfazer esses requisitos, o filtro deve atender exigências de custo da operação.

Dentro do segmento de bebidas, o processo de filtração normalmente é realizado em filtros prensa, filtros rotativos ou por meio de membranas.

O filtro prensa, por exemplo, consiste numa série de placas pressionadas entre si, com um meio filtrante (lona) sobre cada lado de cada placa. Essas placas podem ser de diferentes tipos: circulares, quadradas, horizontais, verticais etc. A suspensão a ser filtrada é bombeada diretamente nos compartimentos formados entre as placas, onde a torta é recolhida posteriormente. O filtro prensa é muito usado para a purificação de xarope na produção de refrigerantes e na produção de sucos na etapa de separação do bagaço da polpa da fruta, entre outras aplicações.

O filtro contínuo rotativo a vácuo é o mais utilizado entre os filtros que requerem alta capacidade de filtração. Consiste basicamente em um tambor rotativo que gira a velocidades que podem variar entre 1 rpm e 10 rpm. A extremidade inferior do tambor é mergulhada na mistura a ser filtrada. O tambor é perfurado e sua parte externa é forrada com o elemento filtrante. Através dos furos do cilindro faz-se vácuo e o líquido passa para a parte interna do tambor; o sólido, por sua vez, fica retido no elemento filtrante, formando a torta, que é raspada no final de uma volta do cilindro. Esse tipo de filtro é aplicado, por exemplo, na indústria alcooleira, na etapa de clarificação do caldo de cana de açúcar.

A filtração por membrana é realizada quando se torna necessária uma separação minuciosa da fase sólida da líquida. É uma técnica que utiliza uma barreira física, sob a forma de membrana porosa, para separar as partículas pequenas de um fluido. Essas partículas são separadas com base no seu tamanho e forma, utilizando, para tal o efeito, a pressão e membranas especialmente desenhadas para o processo, apresentando poros com diferentes diâmetros. Esse tipo de filtro tem sido cada vez mais utilizado para clarificar vinho e cerveja, concentrar e purificar sucos de frutas, filtrar o leite para alterar o teor de lactose etc. A filtração por membrana pode ser por osmose reversa, microfiltração e ultrafiltração.

Filtros de folhas horizontais ou verticais, que usam terra diatomácea ou perlita como auxiliares de filtração, são comumente utilizados em cervejarias e vinícolas industriais.

6.2.5 Pasteurização e esterilização

A pasteurização é um processo brando de esterilização que faz parte do grupo de operações unitárias de transferência de calor. Consiste em submeter um produto alimentício a um tratamento térmico visando a eliminação de bactérias patogênicas e a redução de bactérias deteriorantes, prolongando assim a vida útil do alimento em questão.

A temperatura do processo de pasteurização não excede 100 °C, sendo este aquecimento produzido por água quente, vapor, calor seco, micro-ondas etc. O processo é realizado em equipamentos como trocador de calor de placas, trocador de calor tubular, tanque de pasteurização, entre outros. A escolha do equipamento, o tempo e a temperatura do tratamento e a qualidade do produto pasteurizado e seus derivados vão depender do nível da qualidade microbiológica da matéria-prima.

O processo de pasteurização é muito difundido em toda a indústria de alimentos e bebidas e praticamente não altera a composição do produto. Pode ser realizado de forma lenta (baixa temperatura, longo tempo), normalmente em produções artesanais; ou de forma rápida (alta temperatura, curto tempo), em indústrias.

As grandes indústrias cervejeiras, por exemplo, utilizam a pasteurização logo após o envase da bebida. A bebida envasada em garrafas ou latas que é enviada à pasteurização é a cerveja propriamente dita; já a bebida envasada em barris não passa por esse processo e é o denominado chope, que possui um tempo de validade muito menor e deve ser conservado mediante refrigeração. Na etapa de pasteurização, a cerveja é submetida a um aquecimento a 60 °C por 10 a 15 minutos e posteriormente resfriada, conferindo uma maior estabilidade ao produto e uma data de validade de aproximadamente seis meses após sua fabricação.

Na indústria de laticínios, podem ser utilizados diferentes métodos de tratamento térmico do leite, como a pasteurização, a ultrapasteurização (leite longa vida, UHT) e a esterilização. A diferença entre os três processos é a temperatura de tratamento a que o leite é submetido. O critério de seleção do tratamento ao qual o leite deve ser submetido depende dos níveis de microrganismos presentes no leite para pré-tratamento, ou seja, depende do nível de contaminação deste. Se o nível de contaminação é muito alto, o leite deve passar pelo processo de esterilização; nos outros casos passa-se pelo processo de pasteurização ou ultrapasteurização.

A pasteurização industrial do leite normalmente é feita a uma temperatura de 75 °C durante 15 a 20 segundos. Esse processo elimina patógenos do leite, porém permite a permanência de alguns organismos deteriorantes, sendo necessário então que o leite seja mantido em embalagens de plástico ou cartão e refrigerado até o seu consumo.

O leite longa vida (UHT – *ultra high temperature*) passa pelo processo de ultrapasteurização, que é um tratamento térmico mais drástico, no qual o leite é submetido a uma temperatura de aproximadamente 150 °C durante 2 a 4 segundos, sendo imediatamente resfriado a temperatura inferior a 32 °C e embalado em cartão asséptico. O leite UHT não precisa ser mantido refrigerado após o processo de ultrapasteurização.

A qualidade nutritiva e o sabor do leite pasteurizado e do leite UHT não sofrem grandes prejuízos. Porém o processo de esterilização do leite causa uma significativa alteração no seu sabor, cor e odor, e sua qualidade nutritiva é comprometida. A esterilização do leite elimina todas as formas de microrganismos presentes, inclusive esporos que são altamente resistentes. Para sua esterilização, o leite embalado em garrafas de vidro ou plástico deve passar por um pré-aquecimento a 70 °C e depois a esterilização é feita a aproximadamente 120 °C por alguns minutos, seguida de um resfriamento até 30 °C. O processo de esterilização é tão enérgico que o leite passa a ter um tom mais escuro que o habitual, chegando a uma cor acastanhada.

6.2.6 Evaporação

A evaporação é uma operação unitária que consiste em concentrar uma solução mediante a eliminação do solvente por ebulição. A solução a ser concentrada é formada por um solvente volátil, geralmente água, e um soluto não volátil. O produto final desse processo é um líquido mais concentrado, diferente daquele obtido no processo de secagem, em que se obtém um sólido sem nenhum traço de solvente.

A maioria dos líquidos utilizados nas indústrias de alimentos e bebidas tem suas propriedades (sabor, aroma, cor etc.) alteradas em altas temperaturas, assim, a evaporação deve ser feita em baixas temperaturas e a vácuo para que as características do líquido não sejam completamente comprometidas.

O processo de evaporação ocorre em equipamentos chamados evaporadores, que são basicamente constituídos por uma câmara (dentro da qual se encontra um trocador de calor com aquecimento indireto) e por um dispositivo de separação da fase vapor para obter então o produto final desejado, que é a solução concentrada. Na indústria de bebidas, os evaporadores são muito utilizados para obter sucos de frutas concentrados, como suco de laranja, maracujá, abacaxi etc.

Os evaporadores podem operar de duas formas: pela circulação forçada por bombas e pela circulação natural, que ocorre devido à força do vácuo utilizado no processo. Dentro desses dois grupos, os modelos de evaporadores são diversos, sendo escolhidos conforme o resultado final desejado. Entre os modelos utilizados na indústria, destacam-se, entre outros, os evaporadores de convecção natural, de película ascendente e de película descendente, que normalmente são conjugados em série, formando um evaporador de múltiplos estágios. A grande vantagem de um sistema de evaporação de múltiplo estágio é a economia de energia, já que o vapor liberado num evaporador pode ser utilizado na alimentação do evaporador seguinte e assim por diante.

Para a produção de suco de laranja concentrado, por exemplo, utilizam-se muito os evaporadores de múltiplos estágios de película descendente. Os evaporadores de película descendente são do tipo casco e tubos, nos quais o suco de laranja circula por tubos verticais e o vapor circula por um casco que envolve os tubos, aquecendo suas paredes externas.

O suco de laranja entra pela parte superior e desce uniformemente pelos tubos; uma fina camada (película) é formada e aquecida por contato com a parede interna dos tubos, ocorrendo então a troca de calor desejada. A temperatura utilizada e o tempo de retenção do suco no evaporador dependem da sua viscosidade inicial, teor de polpa etc., além das características finais desejadas para o suco concentrado. Após o suco estar concentrado na especificação desejada, ele é resfriado e estocado a baixas temperaturas até sua comercialização.

6.2.7 Destilação

A destilação faz parte do grupo de operações de transferência de massa que são utilizadas quando se deseja separar componentes de uma única fase, como uma mistura homogênea de líquidos.

A destilação é utilizada para separar os componentes de uma fase líquida pela sua vaporização parcial, utilizando a diferença de volatilidade dos componentes como princípio básico, na qual se obtém um vapor mais rico nos componentes mais voláteis e um líquido mais rico nos componentes menos voláteis. A destilação é, fundamentalmente, uma operação de transferência de massa entre uma fase líquida e uma fase vapor, e pode ser definida também como operação de fracionamento, já que origina fases com frações de composições diferentes da mistura original.

A destilação pode ser realizada de diversas formas, mas todas são modificações dos métodos fundamentais: destilação diferencial (simples), destilação de equilíbrio, destilação de arraste (com vapor) e destilação fracionada (coluna de fracionamento).

Na indústria, o método mais utilizado é a destilação fracionada (processo contínuo), em que se opera com vaporizações e condensações sucessivas dentro de colunas de fracionamento, que podem ser colunas de pratos ou colunas de recheio. As colunas de pratos consistem de um casco cilíndrico vertical alongado composto de pratos ou bandejas horizontais em seu interior. Nas colunas de recheio, o interior do casco cilíndrico é recheado com um enchimento inerte.

Na indústria de bebidas destiladas, são muito utilizados também os alambiques de cobre ou de aço inoxidável para a destilação em batelada (processo descontínuo), que são tanques aquecidos munidos de condensadores para a condensação da fase vapor separada da mistura inicial. O produto de interesse no processo de destilação é a fração rica no componente mais volátil, que seria o etanol e outros compostos voláteis provindos de diferentes matérias-primas.

As bebidas destiladas podem ser produzidas tanto por processos em batelada, únicos ou em série, como por processos contínuos, ou até pela combinação de ambos.

Os alambiques e os pratos das colunas de destilação utilizados para produção de bebidas destiladas sempre têm cobre em sua composição, mesmo que a coluna seja de aço inoxidável. O cobre é utilizado por ser um bom condutor de calor, por sua ação catalítica e por sua propriedade de eliminar compostos sulfurados da bebida.

A cachaça é uma bebida destilada do caldo de cana fermentado, e as destilarias de pequeno e médio porte utilizam-se do processo em batelada, empregando um alambique de cobre simples, que consiste em uma caldeira de cobre e um condensador. As destilarias de grande porte utilizam o processo contínuo com colunas de destilação.

Para a produção do conhaque, é utilizado o alambique de cobre para realizar a destilação do vinho e obtenção do produto (são necessárias duas destilações). O rum é obtido pela destilação da aguardente pelo processo em batelada em duas etapas ou pelo processo contínuo. O uísque, por sua vez, é obtido pela destilação da cerveja (de cereais envelhecidos e milho); o processo em batelada é utilizado para a obtenção de uísques puros de malte, e o processo contínuo, para a obtenção de destilados suaves de grãos para cortes.

6.2.8 Refrigeração

A troca de calor é uma operação muito presente na indústria de alimentos e bebidas. O resfriamento é utilizado tanto para viabilizar algum processo específico quanto para processar ou conservar os produtos gerados.

A refrigeração segue um ciclo termodinâmico no qual o calor é extraído de um ambiente e transportado para o ambiente externo, produzindo o efeito de resfriamento do ambiente do qual foi retirado o calor. Dentre os ciclos de refrigeração, destacam-se os ciclos de refrigeração por compressão a vapor, por absorção e por magnetismo.

Existem equipamentos simples para o resfriamento, como trocadores de calor do tipo duplo tubo, em que o fluido a ser resfriado passa por dentro do tubo interno e um fluido frio passa pelo anel formado entre o tubo interno e o tubo externo, fazendo com que a temperatura do fluido interno diminua.

A refrigeração por compressão de vapor, por exemplo, parte do princípio de que a expansão de um gás subtrai calor do ambiente. Assim, o método utiliza a compressão de um gás seguido de sua expansão para promover a refrigeração; é o método mais utilizado atualmente, e consiste em uma série de processos realizados com um fluido refrigerante (água, amônia, etanol etc.).

Num ciclo de compressão a vapor, o fluido refrigerante passa por quatro componentes: a) o compressor, que comprime o vapor refrigerante; b) o condensador, onde o vapor refrigerante é condensado; c) o dispositivo de expansão, que abaixa a pressão do sistema por uma expansão do vapor refrigerante e controla seu fluxo de saída; d) o evaporador, onde o calor de vaporização é absorvido e o vapor refrigerante resultante volta ao compressor, dando início a um novo ciclo. A refrigeração industrial normalmente utiliza a disposição em paralelo de compressores para aumentar o rendimento do resfriamento.

A refrigeração é de extrema importância em processos de obtenção de bebidas fermentadas, tanto por exigências físico-químicas ao longo do processo como para o controle da atividade biológica da fermentação, inibindo a multiplicação microbiana e outras causas biológicas de alteração do produto, principalmente por ação enzimática.

Na indústria cervejeira, por exemplo, é necessário o resfriamento do mosto para que ele seja enviado aos fermentadores. Isso é feito em trocadores de calor tubular ou de placas. Durante o processo fermentativo, as cervejas de alta fermentação são processadas em temperaturas que variam de 15 a 22 °C, e as de baixa fermentação, entre 9 e 15 °C. A maturação dessas cervejas é realizada em temperaturas próximas de 0 °C. Nas vinícolas, o vinho branco é fermentado na faixa de 15 a 20 °C, enquanto o tinto, de 20 a 30 °C. Tanto nas cervejarias como nas vinícolas, os fermentadores são construídos com paredes duplas, entre as quais se desloca o líquido refrigerante.

6.2.9 Acondicionamento

O acondicionamento é a etapa final do processo industrial de obtenção de bebida; é o procedimento de envase do produto que envolve a introdução da bebida na embalagem e o seu fechamento, tomando todas as precauções necessárias para que a qualidade original do produto seja preservada.

Por se tratar de produtos alimentícios, o envase de bebidas requer o uso de embalagens feitas de materiais atóxicos e quimicamente inertes que não reajam com o produto. As embalagens mais utilizadas são as de metal (latas), de vidro e plástico (garrafas) ou de materiais flexíveis com multicamadas de filmes plásticos (caixas). A função mais importante de uma embalagem é proteger o produto contra o comprometimento de sua qualidade durante a sua distribuição e armazenamento.

Quando as embalagens a serem utilizadas são descartáveis, elas passam por um processo de rinsagem antes de serem preenchidas com a bebida. A rinsagem nada mais é do que um processo de sanitização das embalagens. Já quando as embalagens são retornáveis, como garrafas de vidro, antes de entrar no processo de rinsagem, elas devem passar por um processo de lavagem para retiradas de resíduos.

Geralmente, o envase é a unidade de processo em que ocorrem as maiores perdas de produto, principalmente por contaminação, que pode acontecer devido a má operação de equipamentos, danos nas embalagens, embalagem mal lavada e/ou higienizada etc., que levam ao comprometimento da qualidade da bebida. Dessa maneira, cuidados com a sanitização das embalagens e equipamentos devem ser tomados para prevenir a contaminação do produto final. Normalmente, o setor de envase é completamente separado das demais dependências da indústria, e seus pisos, paredes e equipamentos passam por inspeções rigorosas periodicamente.

Os refrigerantes são envasados após a etapa de carbonatação, que consiste na injeção de CO_2 na bebida. O envase é realizado por uma máquina enchedora, que recebe as garrafas ou latas já higienizadas, completa-as com o refrigerante e lacra a embalagem.

O envase do vinho carbonatado (champanhe, espumante, moscatel) é feito em garrafas especiais de vidro que são diferenciadas por suportar pressões acima de 4 atmosferas.

6.3 CONSIDERAÇÕES FINAIS

O projeto de um processo industrial envolve um conjunto de ações que vai desde o desejo de se produzir um determinado produto até a concretização de um plano bem definido para a construção e a operação da instalação industrial.

Tratando-se da indústria de bebidas, o fator principal a ser considerado é o conhecimento de leis e normas que devem ser seguidas em cada caso, que são determinadas por órgãos oficiais, para que não haja contaminação dos produtos que possa levar à possível contaminação de consumidores finais.

Além do conhecimento de todas as operações necessárias pelas quais uma matéria-prima deve passar para se chegar à bebida desejada, necessita-se conhecer as condições ótimas dessas operações, como vazão de entrada e saída de matéria em cada operação, pressão necessária para que a operação ocorra, temperatura e tempo exigidos, entre outras variáveis. É necessária também a investigação de mercado para a bebida que se deseja produzir, de disponibilidade de matérias-primas necessárias, cálculos de consumo de insumos, avaliação da lucratividade do processo, entre outras etapas importantes que envolvem profissionais de diversas áreas para se ter um processo industrial que seja rentável e de qualidade.

REFERÊNCIAS BIBLIOGRÁFICAS

ANVISA (Agência Nacional de Vigilância Sanitária). Disponível em: http://www.anvisa.com.br. Acesso em: 27 jul. 2017.

ASSAF, E. M.; TAVARES, M. C. H. **Operações unitárias I**: teoria. São Carlos: IQSC, 2005.

ASSAF, E. M.; TAVARES, M. C. H. **Operações uniárias II**: teoria. São Carlos: IQSC, 2006.

BRENNAN, J. G. *et al.* **Food engineering operations**. London: Elsevier, 1990.

BROWN, G. *et al.* **Unit operations**. New York: John Wiley, 1965.

DESROSIER, N. W.; DESROSIER, J. N. **Technology of food preservation**. Westport: AVI, 1978.

GOMIDE, R. **Operações unitárias**: operações com sistemas sólidos granulares. São Paulo: R. Gomide, 1983.

GOMIDE, R. **Operações unitárias**: operações com fluidos. São Paulo: R. Gomide, 1997.

GOMIDE, R. **Operações unitárias**: separações mecânicas. São Paulo: R. Gomide, 1980.

GOMIDE, R. **Operações unitárias**: operações de transferência de massa. São Paulo: R. Gomide, 1988.

IBARZ, A.; BARBOSA-CANOVAS, G. **Unit operations in food engineering**. Boca Raton: CRC Press, 2003.

MCCABE, W. L.; SMITH, J. C. **Unit operations of chemical engineering**. New York: McGraw Hill, 1978.

SANTOS, M. S.; RIBEIRO, F. M. **Cervejas e refrigerantes**. São Paulo: Cetesb, 2005. Disponível em: https://cetesb.sp.gov.br/consumosustentavel/wp-content/uploads/sites/20/2013/11/cervejas_refrigerantes.pdf. Acesso em: 27 jul. 2017.

VENTURINI FILHO, W. G. (coord.). **Bebidas alcoólicas**: ciência e tecnologia. São Paulo: Blucher, 2010.

VENTURINI FILHO, W. G. (coord.). **Bebidas não alcoólicas**: ciência e tecnologia. São Paulo: Blucher, 2010.

WILHELM, L. R.; SUTER, D. A.; BRUSEWITZ, G. H. **Food & process engineering technology**. St. Joseph: Asae, 2005.

7 Projeto de tanques atmosféricos e pressurizados com sistemas de agitação e superfície de troca de calor

PAULO CÉSAR RAZUK

7.1 A GEOMETRIA DE TANQUES

7.1.1 Introdução

O nome "tanque" designa genericamente todos os recipientes, de qualquer tipo, dimensão, formato ou finalidade, capazes de conter ou processar um fluido.

Vários fatores influenciam o projeto e a classificação de um tanque: sua função, as condições de operação, a natureza do fluido, a localização, sua capacidade e eventuais cargas atuantes.

Caso o tanque não seja projetado de maneira adequada, pode romper em serviço, normalmente por deformação plástica oriunda de excessiva concentração de tensão. A falha ainda pode ocorrer sem deformação plástica, isto é, por instabilidade elástica ou por corrosão e fadiga.

Além de atender a estes requisitos básicos, as especificações que norteiam o projeto devem satisfazer critérios econômicos.

7.1.2 O estabelecimento da geometria

A geometria do tanque é definida pela relação entre o seu diâmetro (D) e a altura de costado (H). Esta proporção ótima varia entre dois limites:

- o inferior, que ocorre quando os custos do costado e tampos, por unidade de área, são independentes de (D) e (H). Esta condição se aplica aos tanques de pequeno volume em que a instabilidade elástica impõe a espessura; e
- o superior, quando a espessura das chapas utilizadas depende de (D) e (H). Esta condição é válida para os tanques de grande volume que seguem os critérios adotados pelo American Petroleum Institute (API).

A relação ótima entre (D) e (H) também é influenciada pelos custos da sustentação e da área de solo ocupada pelo tanque.

7.1.3 A relação ótima entre o diâmetro e a altura do costado

Considerando (A_1) e (A_2) como, respectivamente, as áreas do costado e da seção transversal do tanque e (C_1), (C_2), (C_3), (C_4) e (C_5), os custos de fabricação do costado, fundo, tampa, fundação e da área ocupada, tem-se o custo total (C_t) como dado pela equação (7.1):

$$C_t = A_1.C_1 + A_2.(C_2 + C_3 + C_4 + C_5) \tag{7.1}$$

Como:

$$A_1 = \pi.D.H \tag{7.2}$$

e

$$A_2 = \frac{\pi.D^2}{4} \tag{7.3}$$

A equação (7.1) fica reescrita assim:

$$C_t = \pi.D.H.C_1 + \left(\frac{\pi.D^2}{4}\right).(C_2 + C_3 + C_4 + C_5) \tag{7.4}$$

Lembrando que o volume do costado (V_c) é dado por:

$$V_c = \left(\frac{\pi.D^2}{4}\right).H \qquad (7.5)$$

resulta para a equação (7.4):

$$C_t = \frac{4.V_c.C_1}{D} + \left(\frac{\pi.D^2}{4}\right).\left(C_2 + C_3 + C_4 + C_5\right) \qquad (7.6)$$

Para os casos em que os custos são independentes de (D) e (H), é possível diferenciar o custo total, na equação (7.6), em relação ao diâmetro:

$$\frac{\partial C_t}{\partial D} = \frac{-4.V_c.C_1}{D^2} + \left(\frac{\pi.D}{2}\right).\left(C_2 + C_3 + C_4 + C_5\right) \qquad (7.7)$$

Para um determinado volume, a condição de mínimo custo acontece quando:

$$\frac{\partial C_t}{\partial D} = 0 \text{ e } \frac{\partial^2 C_t}{\partial D^2} \succ 0, \text{ assim:}$$

$$\frac{-4.V_c.C_1}{D^2} + \left(\frac{\pi.D}{2}\right).\left(C_2 + C_3 + C_4 + C_5\right) = 0 \qquad (7.8)$$

Rearranjando:

$$D^3 = \left(\frac{8.V_c}{\pi}\right).\left(\frac{C_1}{C_2 + C_3 + C_4 + C_5}\right) \qquad (7.9)$$

Substituindo na equação (7.9) o valor de (V_c) dado pela expressão (7.5), tem-se finalmente:

$$D = 2.H.\left(\frac{C_1}{C_2 + C_3 + C_4 + C_5}\right) \qquad (7.10)$$

que fornece $\frac{D}{H} = \frac{2.C_1}{C_2 + C_3 + C_4 + C_5}$ (7.11)

Fazendo $C_1 = C_2 = C_3$ e tomando $C_4 = C_5 = 0$, já que são custos independentes de quem fabrica, tem-se D = H ou um tanque de batelada quadrada.

Um levantamento mais rigoroso dos custos, que precisa ser sempre atualizado, indicaria:

- para tampos que exigem rebordeamento:

$$\frac{D}{H} = 0,87 \qquad (7.12)$$

- para tampos que não exigem rebordeamento:

$$\frac{D}{H} = 1 \qquad (7.13)$$

7.1.4 O volume do tampo

7.1.4.1 Toroesférico

Os tampos toroesféricos são constituídos por uma calota central esférica de raio (R) e por uma seção toroidal de concordância com raio (r), conforme ilustra a Figura 7.1.

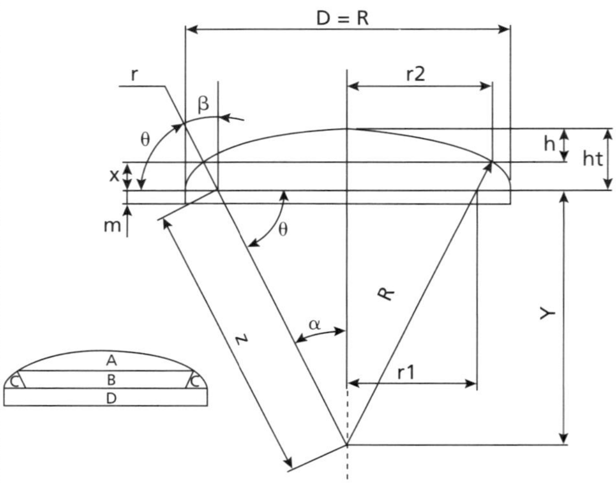

Figura 7.1 Dimensional do tampo toroesférico.

O código da American Society of Mechanical Engineers – Asme, seção VIII, divisão 1, exige que o raio (r) seja no mínimo 6% do diâmetro do tanque. Já de acordo com a norma inglesa British Standard (BS) 5500, o raio mínimo é de 10%.

Qualquer alteração no formato ou na espessura da parede de um tanque resulta em uma distribuição irregular e concentração de tensões na região de transição. Por isso é necessária uma pequena seção cilíndrica (saia) incorporada ao tampo, estabelecendo certa distância entre a linha de tangência (LT) e a linha de solda (LS).

Embora seja usual fazer a solda a certa distância da linha de tangência do tampo, isto só é exigido pelo

Asme quando as espessuras do tampo e do casco cilíndrico forem diferentes, como mostra a Figura 7.2.

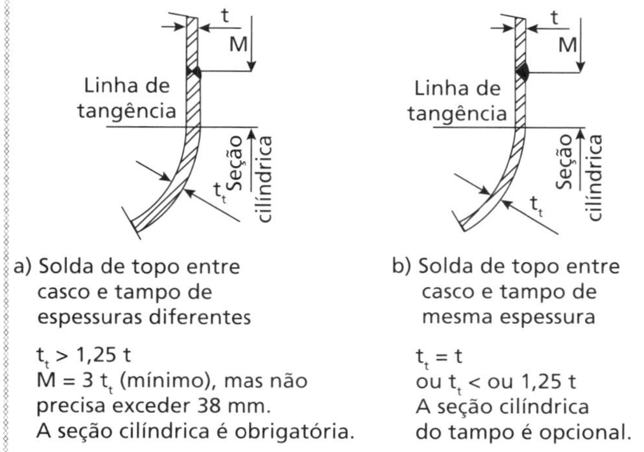

Figura 7.2 Soldas entre cascos e tampos.

Fonte: Asme (1992).

O tampo toroesférico não permite um cálculo direto do seu volume. A equação empírica, frequentemente utilizada, indica o volume do tampo (V_T) como:

$$V_T = 0{,}1.D^3 \tag{7.14}$$

Esta equação não mostra precisamente o volume do tampo, apresentando, para menos, um erro variável em função do porte do tanque, conforme ilustrado na Figura 7.3.

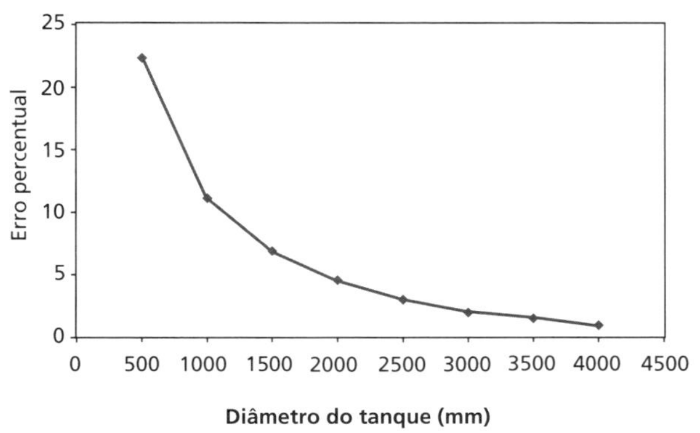

Figura 7.3 Erro no cálculo do volume toroesférico 10%.

Para determinação apurada da capacidade do tampo, ele deve ser dividido em três regiões geométricas: um segmento de esfera, indicado pela letra (A) na Figura 7.1, um tronco de cone (B) e duas porções de toroide (C).

A Tabela 7.1 traz as correlações que definem a geometria do tampo em função do diâmetro interno, estabelecidas por meio de considerações trigonométricas.

Tabela 7.1 Dimensões principais para o tampo toroesférico (ref. Figura 1).

r = 0,1.D		r = 0,06.D	
α = 26, 4°	θ = 63,6°	α = 27,9°	θ = 62,1°
x = 0,08958.D		x = 0,05302.D	
z = 0,90.D		z = 0,94.D	
y = 0,80623.D		y = 0,83066.D	
h = 0,10419.D		h = 0,11632.D	
r_1 = 0,39999.D		r_1 = 0,44.D	
r_2 = 0,44444.D		r_2 = 0,46809.D	
h_t = 0,19377.D		h_t = 0,16934.D	

A Tabela 7.2 mostra o volume de cada configuração geométrica destacada na Figura 7.1, também em função do diâmetro interno do tanque.

Tabela 7.2 Volumes dos vários componentes do tampo toroesférico.

		Volume = *f* (diâmetro)	
Seção	**Volumes**	**r = 0,1.D**	**r = 0,06.D**
A	$(\pi.h/6).[(3/4).(2.r_2)^2+h^2]$	$0{,}03292.D^3$	$0{,}04086.D^3$
B	$(\pi.h/3).(r_1^2+r_1.r_2+r^2)$	$0{,}05021.D^3$	$0{,}03435.D^3$
C	$(\pi^2/4).(2.r)^2.(2.r_1).(\theta/360)$	$0{,}01395.D^3$	$0{,}00539.D^3$
D	$(\pi.D^2/4).m$	$0{,}016.D^2$	$0{,}016.D^2$

Para uma "saia" com altura média (m) de 20 mm, o volume total, em metros cúbicos, é dado pelas equações (7.15) e (7.16), respectivamente, para:

$$r = 0{,}1.D \rightarrow V_T = 0{,}09708.D^3 + 0{,}016.D^2 \tag{7.15}$$

$$r = 0{,}06.D \rightarrow V_T = 0{,}08060.D^3 + 0{,}016.D^2 \tag{7.16}$$

7.1.4.2 Cônico e toricônico

Os tampos cônicos, embora fáceis de construir, são pouco usados, por serem bem menos resistentes.

O seu emprego limita-se, praticamente, aos vasos em que seja necessário o esvaziamento rápido e completo, ou que trabalhem com fluidos difíceis de escoar, por exemplo, os viscosos ou com sólidos em suspensão.

O seu volume é dado pela expressão (7.17):

$$V = \frac{0,1309.D^3}{\text{tg}(\alpha)} \quad (7.17)$$

em que (α) é o semiângulo do vértice.

Sua altura pode ser calculada pela equação (7.18):

$$h = \frac{D}{2.\text{tg}(\alpha)} \quad (7.18)$$

Para tampos cônicos com o semiângulo do vértice maior do que 30°, o código Asme exige a concordância toroidal, passando-o a condição de toricônico.

Este tipo de tampo é também dotado de uma parte cilíndrica, a fim de deslocar a solda da região de concordância, como mostra a Figura 7.4.

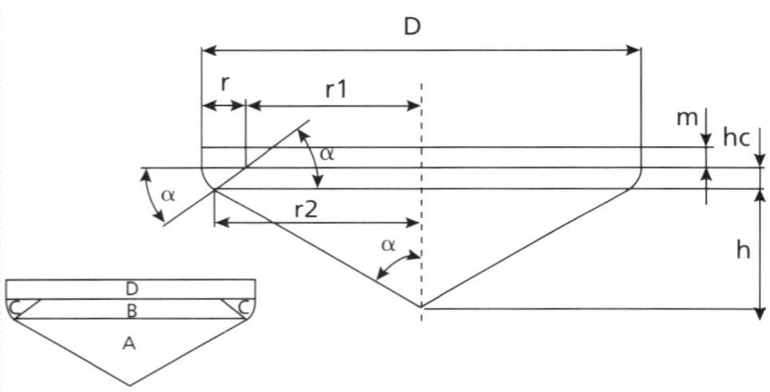

Figura 7.4 Dimensional do tampo toricônico.

Na Tabela 7.3 encontram-se as principais dimensões, colocadas em função do diâmetro do tanque e do raio do toroide.

Tabela 7.3 Dimensões principais do tampo toricônico (ref. Figura 7.4).

r = 0,1.D	r = 0,06.D
r_1 = 0,40.D	r_1 = 0,44.D
r_2 = 0,4.D + 0,1.cos α	r_2 = 0,44.D + 0,06.D.cos α
h_c = 0,1.D.sen α	h_c = 0,06.D.sen α
h = [D.(0,4 + 0,1.cos α)]/ tg α	h = [D.(0,44 + 0,06.cos α)]/ tg α

Os volumes de cada seção geométrica que compõem o tampo toricônico estão relacionados com o diâmetro interno do tanque e com o semiângulo do vértice.

Para o cone (A) $V_A = \frac{\pi.h.r_2^2}{3}$ (7.19)

assim, para r = 0,1.D

$$V_A = \left[\frac{\pi}{3.\text{tg}(\alpha)}\right].\left[0,4.D + 0,1.D.\cos(\alpha)\right]^3 \quad (7.20)$$

para r = 0,06.D

$$V_A = \left[\frac{\pi}{3.\text{tg}(\alpha)}\right].\left[0,44.D + 0,06.D.\cos(\alpha)\right]^3 \quad (7.21)$$

Para o tronco de cone (B)

$$V_B = \left(\frac{\pi.h_c}{3}\right).\left(r_1^2 + r_1.r_2 + r_2^2\right) \quad (7.22)$$

de onde resulta, para r = 0,1.D

$$V_B = D^3.\text{sen}(\alpha).\left[0,05027 + 0,01257.\cos(\alpha) + +0,00105.\cos^2(\alpha)\right] \quad (7.23)$$

e para r = 0,06.D

$$V_B = D^3.\text{sen}(\alpha).\left[0,03649 + 0,00498.\cos(\alpha) + +0,00023.\cos^2(\alpha)\right] \quad (7.24)$$

Para o toroide (C)

$$V_C = \left(\frac{\pi^2}{4}\right).(2.r)^2.(2.r_1).\left(\frac{\alpha}{360}\right) \quad (7.25)$$

de onde sai para r = 0,1.D $V_C = 2,2.10^{-4}.\alpha.D^3$ (7.26)

e para r = 0,06.D $V_C = 9.10^{-5}.\alpha.D^3$ (7.27)

Finalmente, para a "saia" ou parte reta

$$V_D = \left(\frac{\pi.D^2}{4}\right).0,020 = 0,016.D^2 \quad (7.28)$$

Assim, o volume total, em metros cúbicos, fica sendo para r = 0,1.D

$$V_T = 0,00022.\alpha.D^3 + D^3.\text{sen}(\alpha).[0,05027 + +0,01257.\cos(\alpha) + \cos(\alpha) + 0,00105.\cos^2(\alpha)] + +\left[\frac{\pi}{3.\text{tg}(\alpha)}\right].\left[0,4.D + 0,1.D.\cos(\alpha)\right]^3 + 0,016.D^2 \quad (7.29)$$

e para r = 0,06.D

$$V_T = 9.10^{-5}.\alpha.D^3.\text{sen}(\alpha).\left[0,03649 + 0,0498.\cos(\alpha) + +0,00023.\cos^2(\alpha)\right] + \left[\frac{\pi}{3.\text{tg}(\alpha)}\right]. .\left[0,44.D + 0,06.D.\cos(\alpha)\right]^3 + 0,016.D^2 \quad (7.30)$$

Desta forma, para um fundo toricônico com raio de 10%, se:

$\alpha = 30°$ $\quad V_T = 0,24656.D^3 + 0,016.D^2 \quad (7.31)$

e se $\alpha = 60°$ $\quad V_T = 0,1175.D^3 + 0,016.D^2 \quad (7.32)$

a altura total do tampo toricônico, em metros, é dada por:

$$h_t = h + hc + m \quad (7.33)$$

$$h_t = 0,1.D.\text{sen}(\alpha) + \frac{D.\left[0,4 + 0,1.\cos(\alpha)\right]}{\text{tg}(\alpha)} + m \quad (7.34)$$

portanto, para r = 0,1.D, caso se tenha

$\alpha = 30°$ $\quad h_t = 0,893.D + m \quad (7.35)$

e para $\alpha = 60°$ $\quad h_t = 0,346.D + m \quad (7.36)$

7.1.4.3 Elíptico

No tampo elíptico, a relação de semieixos é 2:1, isto é, o diâmetro do tampo é quatro vezes a sua altura. Esse tampo quase sempre pode ser construído com chapa da mesma espessura usada no casco cilíndrico, porque a sua resistência à pressão interna é, praticamente, igual a do cilindro de mesmo diâmetro.

Para uma distância entre as linhas de tangência e de solda fixada em 20 mm e para o diâmetro em metros, o seu volume é dado pela equação (7.37):

$$V = 0,1309.D^3 + 0,016.D^2 \quad (7.37)$$

7.1.5 A determinação da espessura para tanques atmosféricos

A espessura mínima é aquela que garante a resistência estrutural. Ela destina-se a manter a estabilidade do tanque, permitir sua montagem e evitar o colapso pelo peso próprio ou por ação do vento. A espessura de resistência estrutural pode prevalecer sobre a espessura calculada para os tanques de diâmetro muito pequeno ou para pressões muito baixas.

As expressões (7.38) e (7.39) podem ser utilizadas para determinação da espessura mínima (t) em milímetros, respectivamente, para aços ao carbono e inoxidável.

$$t = 2,5 + 0,001.D + C_c \quad (7.38)$$

$$t = 1,6 + 0,001.D \quad (7.39)$$

Nesses casos, o diâmetro (D) deve ser colocado em milímetros. A sobre-espessura para corrosão (C_c), que se aplica aos aços-carbono, é um acréscimo de espessura destinado a ser consumido pela corrosão ao longo da vida útil prevista.

Quando não for possível estabelecer valores confiáveis para a taxa anual de corrosão, é prática usual adotar os seguintes valores:

- meios pouco corrosivos C_c = 1,5 mm;
- meios medianamente corrosivos (normais) C_c = 3,0 mm; e
- meios muito corrosivos C_c = de 4 a 6,0 mm.

A espessura final a ser adotada para o casco e os tampos será a espessura comercial da chapa imediatamente superior à mínima necessária. Para o aço-carbono não é usual espessura inferior a 4,0 mm.

Para a emenda de chapas de espessuras diferentes, em qualquer parte do vaso, deve ser feito na chapa de maior espessura um chanfro de transição, cujo comprimento (de acordo com o Asme) deve ser, no máximo, três vezes a diferença de espessura. Esse chanfro pode ser dispensado quando esta diferença for inferior a 3,0 mm ou 25% da chapa mais fina, o que for menor.

7.2 A SUSTENTAÇÃO DE TANQUES VERTICAIS

7.2.1 Considerações gerais

Tanques verticais pequenos e médios, apoiados no solo, com os limites dimensionais dados pela Tabela 7.4, via de regra, são suportados por colunas igualmente espaçadas chamadas de pernas.

Tabela 7.4 Limites dimensionais usuais.

Valores máximos	Tanques pressurizados	Tanques atmosféricos
D (mm)	1830	3660
H/D	5	5
L/D	2	Conforme requerido

Neste caso, (L) é a altura do piso à linha de tangência inferior, ou seja, a altura do piso ao fundo do tanque somada à altura do tampo inferior.

São normalmente utilizadas como pernas cantoneiras de abas iguais, vigas I e tubos de seção quadrada ou circular.

Os tubos de seção circular representam uma excelente opção, pois possuem um alto raio de giração em todas as direções e uma boa resistência torcional. É importante frisar que, neste caso, a linha de centro do tubo deve coincidir com a linha do costado, a fim de se evitar um esforço adicional na perna.

Como orientação, a Tabela 7.5 fornece valores para o número de pernas (N_p), em função do diâmetro do tanque.

Tabela 7.5 Valores orientativos para o número de pernas.

Número de pernas (N_p)	Diâmetro interno (mm)
3	≤ 1060
4	> 1060
6 ou 8	Quando requerido

7.2.2 As solicitações

As solicitações impostas às pernas atuam na vertical e na horizontal e são decorrentes do peso e das forças advindas das ações dos ventos e dos abalos sísmicos.

7.2.2.1 O efeito do vento – para tanques outdoor

A força decorrente dos ventos (P_w) é considerada pela multiplicação da área vertical projetada do vaso pela pressão exercida pelas correntes de ar. O menor valor desta pressão (p_a), segundo o American National Standards Institute (ANSI A58.1), é de 0,96 kPa (97,6 kgf/m² ou 20 psf), gerada por ventos com velocidades na faixa de 160 a 180 km/h.

Para as condições brasileiras é perfeitamente aceitável adotar uma pressão de 0,62 kPa (63,5 kgf/m² ou 13 psf) para H/D ≤ 10, podendo chegar a 0,86 kPa (87,9 kgf/m² ou 18 psf) quando H/D > 10.

Nem sempre é fácil avaliar o valor da área projetada, pois, normalmente, o tanque tem tubulações conectadas a diferentes alturas, além de escadas, passadiços, passarelas ou plataformas que, com a ação do vento, provocam o aparecimento de momentos adicionais nas pernas de sustentação.

Assim, segundo recomendação de Bednar (1995), já exaustivamente verificada, deve-se adotar o seguinte procedimento:

- Tendo o diâmetro interno e a espessura da chapa do costado (t), calcula-se o diâmetro externo (D_e):

$$D_e = D + 2.t \tag{7.40}$$

- Se houver isolação, o diâmetro externo considerado, (D_{ec}), aparece como igual ao diâmetro externo acrescido de duas vezes a espessura do isolamento térmico (e_i), afetado do coeficiente (K_d) retirado da Tabela 7.6.

$$D_{ec} = \left(D_e + 2.e_i\right).K_d \tag{7.41}$$

Tabela 7.6 Valores do coeficiente (K_d).

Diâmetro externo incluindo o isolamento (mm)	Coeficiente K_d
Abaixo de 914	1,50
De 914 a 1524	1,40
De 1524 a 2134	1,30
De 2134 a 2743	1,20
Acima de 2743	1,18

Fonte: Bednar (1995).

- Desta forma, a área projetada (A) será expressa por (7.42):

$$A = D_{ec}.\left(H + h_{Ti} + h_{Ts} - m_i - m_s\right) \tag{7.42}$$

onde h_{Ti} e h_{Ts} representam as alturas dos tampos inferior e superior e m_i e m_s as alturas das "saias" dos tampos inferior e superior, respectivamente.

- A força provocada pelo vento (P_w), expressa por (7.43):

$$P_w = p_a.A \tag{7.43}$$

Obviamente, para o vaso *indoor* ⇒ $P_w = 0$.

Quando não se tem certeza que, durante toda sua vida útil, o vaso estará na condição *indoor*, é prudente considerar a ação do vento.

7.2.2.2 O efeito de abalos sísmicos

No caso de um abalo sísmico, os principais danos em estruturas são causados pela intensidade e duração do movimento. Neste caso, as forças e tensões geradas são transientes, dinâmicas e complexas.

Normalmente, a componente vertical do movimento é desprezada e o efeito das forças que agem na horizontal depende da resposta dinâmica da estrutura que, por sua vez, pode ser rígida ou flexível.

Assumindo que a estrutura e sua fundação são rígidas, isto é, não admitem deformações, a força de inércia horizontal (P_e) é igual à massa do tanque em regime (W/g) multiplicada pela aceleração horizontal do movimento sísmico (a).

$$P_e = \left(\frac{W}{g}\right).a \quad (7.44)$$

A equação (7.44) pode ser reescrita:

$$P_e = W.c \quad (7.45)$$

onde, afetando o peso do tanque, aparece o coeficiente sísmico empírico (c), dado pela Tabela 7.7 em função da zona em que o vaso estará localizado.

$$c = \frac{a}{g} \quad (7.46)$$

Tabela 7.7 Valores para o coeficiente (c).

	Zona 0	Zona 1	Zona 2	Zona 3
c	0	0,05	0,10	0,20

Neste caso, na zona 0 não existe ocorrência de terremotos; já na zona 3, a possibilidade de eles acontecerem é grande.

Totalizando a ação destes dois fatores, age no centro de gravidade do tanque a força horizontal (P), expressa em (7.47):

$$P = P_w + P_e \quad (7.47)$$

7.2.2.3 *Os momentos de tombamento*

Existe a tendência de tombamento em relação ao eixo perpendicular à direção de aplicação da força (P) e, em decorrência, surgem os momentos (M_a) na linha de tangência inferior e (M_b) no ponto de fixação do tanque no piso.

$$M_a = \frac{P.H}{2} \quad (7.48)$$

Na expressão (7.48), assume-se que o centro de gravidade esteja na metade da altura da parte cilíndrica.

O momento de tombamento máximo pode ser calculado pela equação (7.49):

$$M_b = P.\left(\frac{H}{2} + L\right) \quad (7.49)$$

7.2.3 As reações nas pernas

7.2.3.1 *Verticais na base*

Na base aparecem as reações:

- ao peso do tanque em regime, supondo que esta carga se distribua uniformemente pelas pernas; e
- ao momento máximo de tombamento.

A força (C) atua na linha de centro da(s) perna(s) imediatamente oposta(s) à direção do vento:

$$C = \frac{W}{N_p} + \frac{4.M_b}{N_p.D} \quad (7.50)$$

A força (T) aparece na linha de centro da(s) perna(s) localizada(s) na direção em que sopra o vento:

$$T = \frac{-W}{N_p} + \frac{4.M_b}{N_p.D} \quad (7.51)$$

7.2.3.2 *Verticais no topo*

No topo das pernas, para as mesmas condições, surgem as forças excêntricas (P_1) e (P_2) em função do momento (M_a):

$$P_1 = \frac{W}{N_p} + \frac{4.M_a}{N_p.D} \quad (7.52)$$

$$P_2 = \frac{-W}{N_p} + \frac{4.M_a}{N_p.D} \quad (7.53)$$

7.2.3.3 *Na lateral*

A força lateral, (F), que aparece nas pernas, é decorrência da deflexão na base devido à ação da força (P) e é igual a:

$$F = \frac{P.I}{\Sigma I} \quad (7.54)$$

onde (I) é o momento de inércia da seção transversal da perna em relação ao eixo perpendicular à direção do vento e (ΣI) é a somatória dos momentos de inércia de todas as pernas em relação ao mesmo eixo.

Para o caso de pernas tubulares de seção transversal circular, (F) pode ser calculado pela equação (7.55):

$$F = \frac{P}{N_p} \quad (7.55)$$

Para os vasos *indoor* ou abrigados do vento: F = 0, já que P = 0.

7.2.4 As tensões atuantes

7.2.4.1 Axial de compressão (f_a)

$$f_a = \frac{C}{S_t} \tag{7.56}$$

em que (S_t) é a seção transversal da perna que, para o caso de tubos, é dada por:

$$S_t = \frac{\pi}{4}.\left(d_{et}^2 - d_{it}^2\right) \tag{7.57}$$

onde (d_{et}) e (d_{it}) são, respectivamente, os diâmetros externo e interno do tubo utilizado.

7.2.4.2 De flexão (f_b)

$$f_b = \frac{P_1.e}{W_f} + \frac{F.\left(\frac{3}{4}.L\right)}{W_f} \tag{7.58}$$

em que $\left(\frac{3}{4}.L\right)$ é o ponto de aplicação da força (F) na perna.

A excentricidade (e) é o desvio da verticalidade, apresentado e admitido pela perna, após a sua soldagem no tanque.

Quando a linha de centro do tubo não coincide com a linha do costado, a distância entre elas deve ser adicionada ao desvio de verticalidade.

O módulo de resistência à flexão (W_f) para tubos é dado por:

$$W_f = \left(\frac{\pi}{32}\right).\left(\frac{d_{et}^4 - d_{it}^4}{d_{et}}\right) \tag{7.59}$$

7.2.4.3 Tensão resultante

A tensão resultante (f) deve ser menor que a tensão admissível do material (S) da perna.

$$f = f_a + f_b \leq S \tag{7.60}$$

Caso a condição imposta pela equação (7.60) não se verificar, faz-se necessário aumentar o diâmetro do tubo e/ou a espessura da sua parede.

7.2.5 As sapatas de solo

As sapatas de solo são usadas para distribuir, sobre a base de concreto, a força concentrada nas pernas e, também, para acomodar os parafusos chumbadores. De acordo com a seção 1.5.5, do American Institute of Steel Construction – AISC, para uma perna tubular com sapata quadrada de lado (a), tem-se a máxima pressão específica de contato (p), entre a sapata e a base, dada por:

$$p = \frac{C}{a^2} + \frac{3.P_1.d_{et}}{a^3} \leq p_b \tag{7.61}$$

sendo (p_b) a pressão específica de contato admitida pelo concreto da base.

Caso a condição estipulada pela equação (7.61) não se verifique, faz-se um ajuste na dimensão da sapata.

7.2.5.1 A determinação da espessura da sapata

De acordo com o AISC, calcula-se o valor de (m_s) como:

$$m_s = 0,5.\left(a - 0,8.d_{et}\right) \tag{7.62}$$

e a espessura da sapata (t_s) é dada pela equação (63):

$$t_s = m_s.\left(\frac{3.p}{S_f}\right)^{1/2} \tag{7.63}$$

onde a tensão admissível à flexão do material (S_f) pode ser tomada como 60% da sua tensão de escoamento. Assume-se aqui que a sapata tenha pleno contato com o pedestal da base de concreto.

No caso em que (t_s) resultar menor que 12,7 mm (1/2"), deve-se recomendar este valor como o mínimo a ser adotado.

7.2.5.2 O diâmetro do parafuso chumbador

Os parafusos chumbadores são designados para resistir às forças decorrentes da aplicação do momento de tombamento máximo e, assim, manter as pernas em sua posição. A solicitação de cisalhamento é pequena e resistida pelo atrito.

A área mínima requerida do parafuso chumbador (A_b) é dada por:

$$A_b = \left(\frac{1}{N_p.S}\right).\left(\frac{4.M_b}{D} - W\right) \tag{7.64}$$

e o diâmetro mínimo do chumbador:

$$d_{ch} = \left[\left(\frac{4.A_b}{\pi}\right)^{1/2}\right] \tag{7.65}$$

É usual adotar valores sempre superiores a 19 mm (3/4").

7.2.6 Verificação da solda da perna com o tanque

Em condições operacionais, o cisalhamento na solda (f_{cs}), entre a perna e o tanque, é dado por:

$$f_{cs} = \frac{P_1}{(2.L_1 + d_{et})} \qquad (7.66)$$

em que (L_1) é o comprimento unilateral estipulado para o cordão de solda.

A flexão atuante (f_{fs}) pode ser avaliada com o emprego da equação (7.67):

$$f_{fs} = \frac{\left[\left(\frac{C.d_{et}}{2}\right) + \left(\frac{F.L}{4}\right)\right]}{Z_w} \qquad (7.67)$$

O módulo linear da seção da solda (Z_w), para o caso de pernas tubulares, é obtido de acordo com a expressão (7.68):

$$Z_w = d_{et}.L_1 + \frac{L_1^2}{3} \qquad (7.68)$$

O esforço combinado na solda (f) aparece como igual a:

$$f = \left(f_{cs}^2 + f_{fs}^2\right)^{1/2} \le f_w \qquad (7.69)$$

e a perna da solda (w):

$$w = \frac{f}{f_w} \qquad (7.70)$$

A tensão admissível para o cordão de solda (f_w) pode ser determinada pela equação (7.71):

$$f_w = 0{,}707.E.S \qquad (7.71)$$

sendo (E) a eficiência da junta soldada, com valor fixado na faixa de 0,45 a 0,80.

Obviamente, a perna do cordão de solda deve ser menor, tendendo, no máximo, a igualar a espessura da chapa do costado; portanto, o valor de (L_1) deverá ser reajustado para que tal aconteça.

7.2.7 Determinação das tensões localizadas

Em adição à tensão longitudinal que atua no costado, a junção soldada da perna impõe, na região, uma alta concentração de tensões que precisa ser avaliada.

Infelizmente não se pode determinar com precisão esta tensão localizada, pelo fato de a junção abranger parte do costado e do tampo inferior e, também, pela existência da chapa de reforço entre a perna e o tanque.

Por meio da solução analítica, uma estimativa da tensão de tração (S_t), na região acima do cordão superior, pode ser feita como segue:

$$S_t = \frac{4.M_a}{\pi.D^2.t.E} + \frac{P_i.D}{4.t.E} - \frac{W}{t.\pi.D.E} \qquad (7.72)$$

onde (t) é a espessura da chapa do costado, e (P_i), a pressão de operação interna, se houver, ou a pressão decorrente da coluna estática de fluido.

Para a compressão (S_c):

$$S_c = \frac{4.M_a}{\pi.D^2.t.E} + \frac{W}{t.\pi.D.E} \qquad (7.73)$$

A uma distância $(0{,}02.D.t)^{1/2}$ acima do cordão de solda e por uma extensão (L_2), aparece uma tensão localizada (S_l) adicional, calculada pela equação (7.75).

$$L_2 = d_{et} + (0{,}02.D.t)^{1/2} \qquad (7.74)$$

$$S_l = \frac{10.P_1}{t.L_2} \qquad (7.75)$$

Evidentemente, para evitar a possibilidade de danos estruturais, estas tensões devem ficar com valor abaixo da tensão admissível considerada para o material utilizado.

7.3 VASOS SUBMETIDOS À PRESSÃO INTERNA

7.3.1 Introdução

O nome vaso de pressão designa genericamente todos os tanques ou recipientes de qualquer tipo, dimensões, formato ou finalidade, capazes de conter um fluido pressurizado.

São equipamentos perigosos que podem provocar acidentes de graves consequências quando mal projetados e/ou mal operados.

A necessidade de regulamentar o projeto e a construção dos vasos de pressão se fez sentir já nos primórdios do século XIX, em função, principalmente, das frequentes explosões de caldeiras que ocorriam nessa época em que se iniciava, devido à Revolução Industrial, o uso intensivo das máquinas a vapor.

Em 1911, criava-se uma comissão especial da Asme para elaborar uma norma cuja primeira edição apareceu em 1914, abrangendo apenas as caldeiras estacionárias. Só em 1924 seria publicada, pela primeira vez, a seção VIII, referente a vasos de pressão não sujeitos a chama.

É interessante notar que a origem de todas as normas de projeto de vasos foi o problema da segurança, isto é, a preocupação de se evitarem acidentes.

A normalização e a padronização só apareceram depois, e o código Asme teve a finalidade de unificar e consolidar as diversas normas existentes em diferentes regiões dos Estados Unidos.

No Brasil, principalmente por influência das grandes indústrias químicas e petroquímicas, generalizou-se o uso da norma norte-americana.

Qualquer norma de projeto é um conjunto coerente, isto é, as exigências que a norma estabelece sobre materiais, detalhes de projeto, tensões admissíveis, fórmulas, fabricação e inspeção do vaso são todas inter-relacionadas. Por este motivo, qualquer norma deve ser empregada por completo; não tem sentido o uso de mais de uma norma no projeto e na construção de um mesmo vaso.

A filosofia geral das normas de projeto consiste basicamente em limitar as tensões nos componentes do vaso a um valor admissível. Considera-se, em geral, somente a falha decorrente de uma deformação excessiva devida à pressão. O efeito de fadiga, por exemplo, só é considerado excepcionalmente.

Quase todas as normas estabelecem, para o dimensionamento dos vários elementos de um vaso de pressão, fórmulas simples associadas a grandes coeficientes de segurança para compensar as abstrações e simplificações feitas nessas fórmulas. Esse critério, que tem a grande vantagem da simplicidade de uso, é perfeitamente aceitável e seguro para os vasos em serviços convencionais, embora não resulte no projeto que seria, em teoria, o mais econômico.

Nenhuma norma de projeto destina-se a substituir ou a diminuir a responsabilidade do projetista. A esse respeito, nota-se que a aplicação de normas fundadas em experiências passadas pode, às vezes, resultar em falhas inesperadas e até, à primeira vista, inexplicáveis.

É importante observar que todas as normas são dinâmicas, submetidas rotineiramente a revisões periódicas para atualização, acréscimos e até possíveis correções. Por este motivo deve ser sempre utilizada a última edição de qualquer norma.

7.3.2 Asme Seção VIII Divisão I

Do código Asme, composto por onze seções, merece destaque a oitava que, por sua vez, tem duas divisões: a Divisão 1, com regras de projeto padrão e a Divisão 2, com regras de projeto alternativo.

A Divisão 2 contém uma tecnologia mais avançada e adota um critério computacional de cálculo baseado na teoria de elementos finitos.

Ela permite tensões mais elevadas do que as da Divisão 1, resultando assim em menor peso para o vaso. Em compensação, para garantir um grau de segurança equivalente, ou até maior, é feita uma série de exigências adicionais à fabricação e à inspeção, que resulta, evidentemente, em maior custo, de forma que nem sempre compensa a economia feita em material e solda.

Pode-se dizer que a Divisão 1 é, geralmente, de emprego mais econômico para vasos em aço ao carbono ou de baixa liga em espessura de até 50 mm e para vasos em aços inoxidáveis com espessuras de até 30 mm. A Divisão 2 é de emprego mais econômico para espessuras acima desses limites.

Estão excluídos da Seção VIII os vasos sujeitos a chama, vasos para ocupação humana, aqueles com pressões acima de 200 bar e com diâmetro de 150 mm ou menores.

7.3.2.1 Parte UG da Subseção A

Em UG 16 são definidos requisitos de caráter geral, sendo o mais importante aquele que indica a espessura mínima de 1,6 mm para cascos e tampos após sua conformação, em aços inoxidáveis. Para vasos executados com aços ao carbono ou de baixa liga, a espessura mínima deve ser de 2,4 mm.

O parágrafo UG 20 trata da temperatura de projeto. Esta temperatura não dever ser menor do que a temperatura média da parede do vaso em operação. Além disso, não se permite que vasos sejam projetados para temperaturas que excedem os valores indicados, para cada material, nas tabelas das partes UCS e UHA.

A temperatura média na parede, evidentemente função da temperatura do fluido contido, é, na grande maioria dos casos, tomada como essa própria temperatura.

Fazem exceção, entretanto, os casos em que o vaso tenha partes onde se efetuam trocas de calor (jaquetas e serpentinas), cuja temperatura de operação será um valor intermediário entre as temperaturas dos dois fluidos. O apêndice (C), não mandatório, indica como medir esta temperatura.

É prática usual fixar-se a temperatura de projeto de 30 a 50 °C acima da máxima temperatura que efetivamente for calculada para a parede do vaso.

O parágrafo UG 21 define a pressão de projeto como, no mínimo, igual àquela da condição mais severa esperada em operação normal. As pressões são sempre valores medidos no topo do vaso devendo-se acrescentar, quando for o caso, a pressão correspondente à coluna hidrostática de líquido.

Recomenda-se utilizar a pressão de projeto 10%, no mínimo, maior do que a máxima pressão de trabalho admissível (MPTA) estipulada para o vaso novo.

O teste hidrostático tem por finalidade a verificação de possíveis defeitos, falhas ou vazamentos em soldas, roscas, partes mandriladas e em outras ligações no próprio vaso ou em seus acessórios. Esta pressão é sempre superior a MPTA e a pressão de projeto; portanto, durante o teste hidrostático, o material fica submetido a uma tensão acima da sua tensão admissível. Conforme parágrafo UG 99, a pressão de teste deve ser no mínimo 1,5 vezes a MPTA.

Os vasos destinados a trabalhos com pressão externa devem também ser submetidos a teste hidrostático com pressão interna. A MPTA, neste caso, é a pressão interna que causar, na parte mais fraca do vaso, uma tensão igual à tensão admissível do material.

7.3.3 Cargas que atuam em um vaso

As cargas que mais atuam em um vaso de pressão são as seguintes:

- pressão interna e/ou externa;
- peso próprio do vaso e de seus acessórios internos e externos;
- peso do fluido;
- peso do isolamento térmico e chaparia de proteção;
- peso de escadas, plataformas, sistemas de agitação e tubulações, desde que suportadas pelo vaso;
- esforço causado pelo vento;
- reações de apoio dos suportes do vaso;
- cargas provenientes de dilatações térmicas do próprio vaso;
- cargas provenientes de dilatações térmicas de tubulações ou outras estruturas solidárias ao vaso;
- cargas decorrentes de gradientes de temperatura;
- cargas dinâmicas causadas pelo movimento interno do fluido ou por variações de pressão; e
- vibração e impactos.

É evidente que a ação dessas cargas, ou de algumas delas, pode ser simultânea, o que torna bastante difícil o cálculo exato do efeito combinado de todas as cargas atuantes.

Embora o parágrafo UG 32 relacione as cargas, mencionando que devem ser consideradas no projeto, esse código só fornece fórmulas para o cálculo em função da pressão interna ou externa. A necessidade ou não de considerar as outras cargas atuantes e a maneira de calcular as tensões resultantes ficam inteiramente a critério do projetista.

7.3.4 Tensões admissíveis dos materiais

As tensões admissíveis para cada material são definidas ao parágrafo UG 23 e os valores estão em função da temperatura de projeto nas tabelas UCS 23, para aços ao carbono e de baixa liga e UHA 23, para os aços inoxidáveis.

7.3.5 Soldas em vasos de pressão

O parágrafo UW 35 menciona a obrigatoriedade da solda de topo em emendas de chapas no casco e nos tampos, com penetração total. Sempre que possível, essas soldas devem ser feitas pelos dois lados. Onde não é possível a soldagem pelo lado interno, pode ser feita apenas a solda externa, devendo-se adotar um procedimento que garanta a penetração total e a qualidade da raiz da solda. A penetração total não é exigida para soldas não pressurizadas.

Dependendo da espessura da chapa, deve ser feito o chanfro, dos dois lados ou de um só. A preparação das bordas das chapas pode ser em "V" ou "U" simples ou duplo. Os chanfros em V são mais fáceis de fazer, embora resultem em maior quantidade de solda depositada e maiores distorções. A quantidade de solda requerida por um chanfro em V duplo é a metade da correspondente ao chanfro em V simples. De um modo geral, as soldas assimétricas produzem maiores tensões e distorções do que as soldas simétricas.

Deve ser observado que, em cascos cilíndricos ou cônicos, as soldas longitudinais são as mais solicitadas, estando sujeitas ao dobro do esforço das soldas circunferenciais, devendo por isso merecer maior cuidado no projeto e na execução.

Para evitar a superposição das regiões termicamente afetadas pelas soldas, a distância mínima entre duas soldas não dever ser inferior a quatro vezes a espessura da chapa, com um mínimo de 25 mm.

As soldas do casco e dos tampos devem ser dispostas de tal forma que, tanto quanto possível, não interfiram ou se superponham com as soldas dos suportes, bocais, bocas de visita e respectivos reforços, nem com as soldas de quaisquer outras peças internas ou externas soldadas à parede do vaso. Em vasos horizontais não deve haver soldas longitudinais do casco na sua parte inferior.

Em vasos com diâmetro menor que 2.000 mm, só se admite uma única solda longitudinal por virola; neles, as soldas longitudinais de anéis adjacentes deverão estar defasadas de 450 mm, no mínimo.

As soldas dissimilares devem ser reduzidas ao indispensável. Sempre que possível, essas soldas devem ser colocadas fora do contado com o fluído contido no vaso e, também, fora da parede de pressão.

A eficiência da junta soldada, na Tabela 7.8 e conforme o parágrafo UW 12, de acordo com o tipo de solda e o grau de inspeção adotado, destina-se a compensar os possíveis defeitos na solda e na região termicamente afetada.

Tabela 7.8 Coeficientes de eficiência da solda.

Tipo de solda	Limitações	Com radiografia		Sem radiografia
		Total	Parcial	
De topo com penetração total	Nenhuma	1,0	0,85	0,70
De topo, de um só lado, com mata-junta	Nenhuma	0,90	0,80	0,65
De topo, de um só lado, sem mata-junta	Permitida só para juntas circunferenciais Espessuras < 15 mm Diâmetro < 610 mm	–	–	0,60
Sobreposta de filete duplo	Permitida para espessuras < 10 mm	–	–	0,55

7.3.6 Cálculo de cascos cilíndricos submetidos à pressão interna

De acordo com o parágrafo UG 27, as expressões (7.76) e (7.77) são válidas para cascos cilíndricos considerados de pequena espessura, isto é, para os quais se tenha $t \prec R/2$ e $P \prec 0{,}385.S.E$. A espessura mínima necessária (t) é calculada por:

$$t = \frac{P.R}{S.E - 0{,}6.P} + C_c \qquad (7.76)$$

em que

R é o raio interno do cilindro;

P é a pressão interna de projeto;

S.E é o produto da tensão admissível básica do material na temperatura do projeto pela eficiência da junta soldada; e

C_c é a sobre-espessura para corrosão, válida para vasos construídos em aço-carbono.

A sobre-espessura é um acréscimo de espessura destinado a ser consumido pela corrosão ao longo da vida útil prevista para o vaso. Teoricamente, essa espessura é o produto da taxa anual de corrosão (mm/ano) pelo número de anos de vida útil considerada.

Não é usual a adoção de sobre-espessuras superiores a 6 mm. Em geral, isso pode significar que o material não é adequado para o serviço em questão, recomendando-se, neste caso, a seleção de um outro mais resistente à corrosão. A sobre-espessura só pode ser dispensada nos casos em que a corrosão for, reconhecidamente, nula ou desprezível. É importante observar que qualquer sobre-espessura de nada vale contra algumas formas de corrosão, como a sob tensão e a intergranular, que são justamente as mais graves e que devem ser combatidas por outros meios.

A espessura final a ser adotada é a espessura da chapa comercial imediatamente superior à espessura mínima necessária.

Para uma dada espessura, a pressão de projeto pode ser obtida a partir da expressão (7.77):

$$P = \frac{S.E.t}{R + 0{,}6.t} \qquad (7.77)$$

As equações (7.76) e (7.77) referem-se à tensão circunferencial aplicada nas juntas longitudinais do vaso, justamente as mais solicitadas.

7.3.7 Cálculo de tampos submetidos à pressão interna

7.3.7.1 Tampos elípticos

Para esses tampos a espessura mínima é obtida pela equação (7.78):

$$t = \frac{P.R.K}{S.E - 0,1.P} + C_c \quad (7.78)$$

em que $K = \left(\frac{1}{6}\right).\left(2 + \frac{R}{h_t}\right)$ (7.79)

sendo (h_t) a altura interna do tampo ou do semieixo menor da elipse.

Para tampos elípticos com relação de semieixos 2:1, a mais comum, (K) é igual a 1,0.

Comparando-se as equações (7.78) e (7.76), nota-se que a espessura mínima requerida resulta praticamente a mesma em ambos os casos. Deve ser observado, entretanto, que para tampos rebordeados, de uma maneira geral, é preciso acrescentar uma sobre-espessura para compensar o adelgaçamento das chapas no processo de conformação a frio.

Para uma dada espessura, a pressão de projeto é calculada pela expressão (7.80):

$$P = \frac{S.E.t}{K.R + 0,1.t} \quad (7.80)$$

7.3.7.2 Tampos toroesféricos

Para o caso dos tampos toroesféricos, é preciso especificar o raio da seção toroidal que, de acordo com o código Asme, pode ser de, no mínimo, 6% do diâmetro do cilindro. O raio maior (da coroa central) é igual ao próprio diâmetro do cilindro.

A espessura mínima requerida é dada pelas equações (7.81) e (7.82), respectivamente, para toroides com raios iguais a 6 e 10%.

$$t = \frac{0,885.P.D}{S.E - 0,1.P} + C_c \quad (7.81)$$

$$t = \frac{1,54.P.D}{2.S.E - 0,2.P} + C_c \quad (7.82)$$

Para tampos toroesféricos com outras proporções, a espessura mínima é dada pela expressão (7.83):

$$t = \frac{P.D.M}{2.S.E - 0,2.P} + C \quad (7.83)$$

em que $M = \frac{1}{4}.\left(3 + \sqrt{\frac{D}{r}}\right)$ (7.84)

A pressão de projeto, para uma dada espessura é dada pela equação (7.85):

$$P = \frac{2.S.E.t}{D.M + 0,2.t} \quad (7.85)$$

7.3.7.3 Tampos cônicos

A espessura mínima necessária para o tampo cônico é dada pela equação (7.86):

$$t = \frac{P.R}{\left[cos(\alpha).(S.E - 0,6.P)\right]} + C_c \quad (7.86)$$

Essa fórmula é válida quando o semiângulo do vértice do cone (α) for igual ou inferior a 30°.

A pressão de projeto é dada pela equação (7.87):

$$P = \frac{S.E.t.cos(\alpha)}{R + 0,6.t.cos(\alpha)} \quad (7.87)$$

Nas ligações cone-cilindro, sem seção toroidal de concordância, pode haver necessidade de um reforço próximo à linha da junção das duas superfícies de acordo com as condições previstas no parágrafo 1-5, do apêndice 1 – mandatório do código Asme.

7.3.7.4 Tampos toricônicos

Quando existir uma concordância toroidal da ligação do cone com o cilindro, não há necessidade de nenhum reforço adicional. Os toricônicos são obrigatórios no caso de α > 30°, quando a espessura mínima requerida da chapa na região cônica é determinada pela equação (7.88):

$$t = \frac{P.D_i}{2.cos(\alpha).(S.E - 0,6.P)} + C_c \quad (7.88)$$

onde (D_i) é o diâmetro interno do cone e dado por:

$$D_i = D - 2.r.\left[1 - cos(\alpha)\right] \quad (7.89)$$

em que (r) é o raio do toroide, nunca menor do que 6% do diâmetro interno do cilindro (D).

Para uma determinada espessura, a pressão de projeto é dada pela equação (7.90):

$$P = \frac{2.S.E.t.cos(\alpha)}{D_i + 1,2.t.cos(\alpha)} \quad (7.90)$$

A espessura mínima requerida para a concordância toroidal é:

$$t = \frac{P.L.M}{2.S.E - 0,2.P} + C_c \quad (7.91a)$$

onde $L = \frac{D_i}{2.cos(\alpha)}$ (7.91b)

7.4 TANQUES COM SISTEMAS DE AGITAÇÃO

7.4.1 Introdução

Entende-se por agitação a operação de produzir movimentos mais ou menos regulares no interior de um fluido. Quando se trata de uma só substância, a operação é de agitação propriamente dita, para duas ou mais substâncias (miscíveis ou imiscíveis entre si) tem-se uma mistura.

A maioria das operações nas indústrias de bebidas requer agitação do produto para cumprir uma das seguintes finalidades: mistura de líquidos, formação de dispersões, transmissão de calor e uniformização de temperatura.

A operação básica de agitação é a mais difícil de sujeitar-se a uma análise científica. Não existe uma fórmula verdadeira ou equação generalizada para predeterminar a velocidade de um agitador sob determinadas condições.

O sistema de agitação é, também, integrado à geometria do tanque para propiciar as melhores condições para o processo e a maior economia operacional possível.

A agitação, como visto na Figura 7.5, pode ser feita por impelidores: de fluxo – como a recirculação por bombas (a); rotativos rápidos – como as pás retas inclinadas em (b) e (c); os navais em (d); e os rotativos lentos – como as âncoras em (e) e (f).

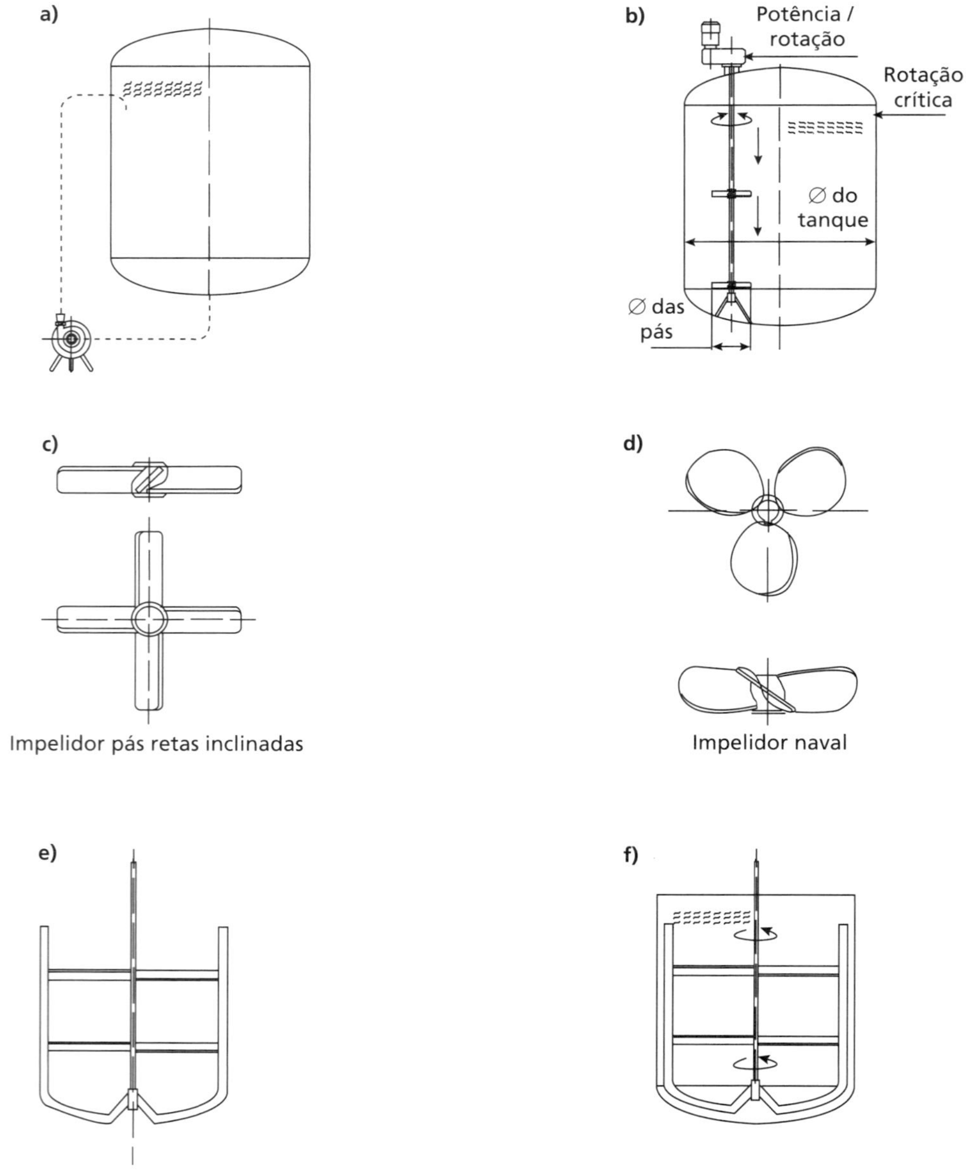

Figura 7.5 Tipos de impelidores.

7.4.2 Considerações gerais

A agitação, em seu aspecto tecnológico, que consiste em produzir movimentos turbulentos em um fluido por meio de dispositivos mecânicos é, conforme citado por Foust *et al.* (1982), uma das operações mais antigas e mais comuns na indústria. Estes autores, embora sabendo que a eficiência e o consumo de energia na agitação dependem dos princípios básicos da Mecânica dos Fluidos, reconhecem que as configurações do escoamento nos tanques com agitação são tão complicadas que a aplicação rigorosa dos referidos princípios básicos é impossível. Dessa forma, é preciso utilizar aproximações empíricas.

Ainda segundo a referência mencionada, a agitação, nos casos típicos, efetua-se num tanque cilíndrico pela ação de lâminas que giram acopladas a um eixo-árvore que coincide com o eixo vertical do tanque. O agitador pode operar em base contínua ou descontínua.

Na operação contínua, os produtos a serem misturados são aduzidos continuamente ao tanque e a mistura é removida, também continuamente.

As lâminas do agitador assumem formas diferentes, dependendo do serviço a ser realizado. O tanque pode possuir chicanas ou quebra-ondas, que são chapas metálicas montadas verticalmente no costado.

De acordo com os autores, as chicanas promovem maior ação de mistura e provocam a formação de uma superfície líquida livre mais ou menos horizontal.

Na ausência das chicanas, com o agitador centrado e a velocidades elevadas, forma-se um redemoinho, em virtude da ação da força centrífuga sobre o líquido e da sua superfície livre que pode responder à força.

O movimento da lâmina do agitador no fluido e o movimento resultante do fluido pelas paredes provocam um atrito característico e um arraste que dependem da rotação e do modelo das lâminas e do tanque.

Sabe-se que o coeficiente de resistência ou de arraste (C_a) é função do número de Reynolds (N_{Rey}), ou seja:

$$C_a = f\left(N_{Rey}\right)$$

$$\frac{F}{A.v^2.\rho} = f\left(\frac{d.v.\rho}{\mu}\right) \qquad (7.93)$$

O termo (F/A), força aplicada ao fluido por unidade de área, pode ser usado com maior comodidade se for convertido em uma potência. Lembrando que a potência (P) é igual ao produto da força pela velocidade de aplicação da força, temos:

$$\frac{v.F}{A} = \frac{P}{A} \qquad (7.94)$$

Sendo a área proporcional ao diâmetro do impelidor (d) ao quadrado

$$\frac{F}{A} \propto \frac{P}{v.d^2} \qquad (7.95)$$

e a velocidade tangencial da ponta do agitador (υ), proporcional à rotação (N),

$$v \propto N.d \qquad (7.96)$$

obtêm-se substituindo (7.94), (7.95) e (7.96) em (7.93):

$$\frac{P}{N^3.d^5.\rho} = f\left(\frac{d^2.N.\rho}{\mu}\right) \qquad (7.97)$$

ou $$N_{po} = f\left(N_{Rey}\right)$$

onde (N_{po}) é o coeficiente de arraste nos sistemas com agitação, conhecido como número de potência.

Foust *et al.* (1982) apresentam em um gráfico, com um adimensional em função do outro (N_{po} x N_{Rey}), oito curvas para várias condições de agitação.

Nagata (1975) é um dos investigadores que estudaram o consumo de potência em sistemas agitados.

Pode-se notar que os resultados disponíveis apresentam algumas divergências em decorrência das inúmeras variáveis em jogo e dos dispositivos utilizados para a medida da potência.

Um dos métodos mais empregados consiste na colocação de extensômetros elétricos no eixo-árvore do agitador. O sinal emitido é captado, amplificado e permite, por meio da análise das deformações e tensões, a determinação do torque.

Nagata (1975), entre outros recursos, usou um dinamômetro de torção, descrito como dois discos colocados face a face e conectados entre si por quatro molas helicoidais dispostas a 90°.

O disco superior foi diretamente ligado à parte motriz do eixo-árvore e o inferior, no eixo do agitador, foi sustentado por dois mancais de rolamento posicionados internamente ao eixo motriz.

A medida do ângulo de deslocamento entre os dois discos rotativos foi feita pela variação da indutância de um solenoide fixado no disco superior, por meio da mudança na posição do núcleo no disco inferior; ou pela ação de uma escova em um reostato posicionado, respectivamente, nos discos inferior e superior.

Os ensaios visaram, para vários tipos de impelidores, em líquidos de diferentes viscosidades, permitir a construção de gráficos ilustrando a variação do número de potência em função do número de Reynolds.

Para a região turbulenta, a curva que representa esta variação tende a ser horizontal e a relação obtida é dada pela equação (7.98):

$$N_{po} = \frac{A^*}{N_{Rey}} + B.\left[\frac{10^3 + 1,2.N_{Rey}^{0,66}}{10^3 + 3,2.N_{Rey}^{0,66}}\right]^p \quad (7.98)$$

onde:

$$A^* = 14 + \left(\frac{l}{D}\right).670.\left[\left(\frac{d}{D-0,6}\right)^2 + 185\right] \quad (7.99)$$

$$B = 10.e^{\left[1,3-4.\left(\frac{l}{D-0,5}\right)^2 - 1,14.\left(\frac{d}{D}\right)\right]} \text{ e} \quad (7.100)$$

$$p = 1,1 + 4.\left(\frac{l}{D}\right) - 2,5.\left(\frac{d}{D-0,5}\right)^2 - 7.\left(\frac{l}{D}\right)^4 \quad (7.101)$$

Conforme verificado experimentalmente por Nagata (1975), o aumento na largura das pás do agitador (l) provoca incremento na potência consumida tão mais acentuado quanto maior a viscosidade do fluido.

Este incremento tende a se estabilizar a partir de certo valor para a relação (l/d); no entanto, para fluidos com viscosidade (μ) acima de 2.000 cP [2 kg/(m.s)], a potência consumida passa a aumentar linearmente com a largura.

Não há dúvida que quanto menor o ângulo de inclinação das pás com a horizontal (θ), menor é a potência consumida. O efeito desta redução depende, em última análise, do número de Reynolds. Na medida em que ele decresce, menos significativa é a inclinação das pás na potência consumida.

A altura definida pela superfície livre do líquido (H_{sl}) também sofre a mesma influência do número de Reynolds, isto é, passa a ser significativa, na potência, na medida em que se avança no regime turbulento.

O autor, considerando estas variáveis, modifica a expressão (7.98), que passa a ser escrita assim:

$$N_{po} = \frac{A^*}{N_{Rey}} + B.\left[\frac{10^3 + 1,2.N_{Rey}^{0,66}}{10^3 + 3,2.N_{Rey}^{0,66}}\right]^p .\left(\frac{H_{sl}}{D}\right)^{\left(0,35+\frac{l}{d}\right)} . .\left[sen(\theta)\right]^{1/2} \quad (7.102)$$

Por outro lado, a posição do impelidor no tanque em relação à vertical tem pouquíssima influência na potência consumida. Isto é também o que se nota com a potência exigida por uma pá com determinada largura em comparação a duas pás, arbitrariamente separadas no eixo-árvore, com metade desta largura cada uma.

A colocação de chicanas promove um aumento considerável (de 5 a 15 vezes) na potência exigida pelo sistema agitado quando comparado a um tanque sem chicanas. A potência sobe quanto maior a largura (l_w) e o número de chicanas (n_w), chegando a um máximo na condição em que:

$$\left(\frac{l_w}{D}\right)^{1/2}.n_w = 0,35 \quad (7.103)$$

Quando o eixo-árvore do agitador é deslocado do centro de um tanque sem chicanas, a potência exigida aumenta gradualmente no início, depois sobe quase abruptamente e se estabiliza em um valor máximo de até quatro vezes o inicial. Nesta condição, o eixo-árvore está a uma distância do centro de, aproximadamente, igual à metade do diâmetro das pás.

Brown (1963) mostra o consumo de energia para 29 condições diferentes de agitação, expressando graficamente o número de potência em função do número de Reynolds.

Ainda que o sistema empregado não seja exatamente o estudado pelo autor, é possível avaliar a potência consumida. É preciso que ambos tenham entre si semelhança geométrica.

Brown (1963) mostra que a potência pode ser colocada em função da densidade (ρ), vazão (Q) e altura manométrica (H_m):

$$P = \rho.Q.H_m \quad (7.104)$$

em que: $Q = N_q.N.d^3$ (7.105)

e $H_m \propto N^2.d^2$ (7.106)

Assim, a equação (7.104) pode ser reescrita:

$$P = N_{po}.\rho.N^3.d^5 \quad (7.107)$$

O número de potência é determinado experimentalmente para várias geometrias. O número de bombeamento ou de agitação (N_q) é a eficiência que afeta a capacidade efetiva do agitador ou seu deslocamento volumétrico (Q). Seu valor, que depende da relação entre os diâmetros do impelidor e do tanque, tende a ficar constante na região de fluxo turbulento.

7.4.3 O nível de agitação

Certa resposta dinâmica mínima é requerida para se resolver satisfatoriamente um problema de agitação. Essa resposta é representada pela magnitude da velocidade do fluido a ser impressa pelo misturador.

A velocidade de fluxo criada em um tanque por um agitador tem três componentes: uma radial, atuando na direção perpendicular ao eixo-árvore; uma longitudinal, atuando paralelamente ao eixo-árvore e uma componente de rotação, que atua na direção tangencial ao círculo de rotação do eixo-árvore.

As componentes radial e longitudinal contribuem efetivamente para a mistura, o que não acontece com a tangencial.

Essa componente tangencial produz uma camada de fluxo em rotação ao redor do eixo-árvore, em geral, em escoamento laminar e que praticamente impede a movimentação longitudinal. O resultado é que o conteúdo do tanque gira somente, sem produzir quase nenhuma ação de mistura.

A potência absorvida pelo líquido é muito limitada, já que a velocidade relativa entre as pás e o fluido é pequena.

A componente tangencial pode dar lugar à formação de vórtice na superfície do líquido, que será cada vez mais profundo à medida que aumenta a rotação do agitador. Quando o vórtice alcança a zona de sucção da hélice, a potência transferida ao fluido diminui subitamente, devido ao arraste de ar para o interior do produto.

Outro inconveniente, associado ao fluxo rotatório, é que eventuais partículas sólidas podem se separar por ação de forças centrífugas.

7.4.3.1 Critérios para definir o nível de agitação

Até alguns anos atrás, a intensidade de agitação era dividida em três ou quatro categorias: fraca ou débil, moderada ou média, vigorosa ou grande e violenta ou muito grande.

Fraca: significando baixa turbulência. A superfície apresenta-se praticamente estagnada ou com lento movimento circular.

Moderada: onde a superfície do líquido apresenta intensa movimentação, mas sem redemoinhos ou borbulhamentos, isto é, alto grau de turbulência na parte inferior do tanque.

Vigorosa: que compreende alto grau de turbulência em todos os pontos do líquido, sendo que na superfície aparecem os redemoinhos e o borbulhamento.

Violenta: onde há todas as condições da agitação vigorosa mais a tendência a formação de vórtices.

Outro critério para definir o nível ou a intensidade de agitação é reportar-se a determinada potência transferida por unidade de volume de fluido. Este é um critério relativo, pois dois agitadores consumindo a mesma potência, sem dúvida, podem ter e têm, comumente, nível de agitação distinto.

Para quantificar objetivamente o grau de agitação, fixou-se a velocidade média imprimida aos fluidos pelas pás, na faixa de 1,8 a 18,3 m/min. Uma escala de 1 a 10 foi, então, estabelecida para cobrir essa faixa.

Desta forma, o nível da agitação (NA) fica definido por meio da divisão da velocidade média do fluido por 1,8, como mostra a Tabela 7.9.

Tabela 7.9 Nível de agitação.

NA	Baixo	NA	Médio	NA	Alto
	υ (m/min.)		υ (m/min.)		υ (m/min.)
		3	5,4	7	12,6
		4	7,2	8	14,4
1	1,8	5	9,0	9	16,2
2	3,6	6	10,8	10	18,3

A agitação nos níveis 1 e 2 é característica das aplicações que requerem a menor movimentação possível para o produto. Já os níveis de 3 a 6 caracterizam a maior parte das aplicações industriais. De 7 a 10, tem-se os processos que necessitam de alta velocidade.

Além do estabelecimento do nível de agitação, são fatores importantes na determinação do melhor sistema: a densidade específica, a viscosidade do produto na temperatura de operação e a própria geometria do tanque.

Para tanques altos, é necessário um elemento impulsor a cada diâmetro de altura do recipiente.

A posição da hélice é de fundamental importância nas operações do equipamento, pois influi na formação de vórtices ou na aspiração de ar para o produto. O vórtice pode se formar, dependendo das condições de rotação e potência, quando a hélice está colocada no centro de um tanque sem chicanas ou quando aparece muito perto da superfície do líquido.

Uma das maneiras de se evitar a formação de vórtices é deslocar o agitador para fora do centro do tanque.

7.4.4 Principais tipos de agitadores

Os agitadores de pás inclinadas, de maneira geral, possuem uma ação suave que, com frequência, deseja-se para a maioria das substâncias. É largamente empregado por gerar fluxo longitudinal, radial e circunferêncial.

Atende a maioria das aplicações, pelo fato de poder trabalhar com líquidos de 1 a 100.000 cP [10^{-3} a 100 kg/(m.s)] de viscosidade, criando alta e baixa turbulência, dependendo da velocidade de operação e consumo de potência de moderado a alto. São úteis para operações de mistura envolvendo líquidos miscíveis ou na dissolução de produtos sólidos.

Para líquidos mais viscosos, a fim de promover maior transmissão de calor nas operações de aquecimento ou resfriamento em reatores e minimizar a formação de depósitos, são empregados agitadores do tipo âncora. Produzem somente fluxo tangencial, baixa turbulência e provocam alto consumo de potência.

Os agitadores navais giram a grande velocidade e produzem principalmente correntes longitudinais e rotatórias. Em função de seu pequeno diâmetro, não são efetivos em tanques grandes. Produzem alta turbulência com baixo consumo de potência.

Devido à natureza predominantemente longitudinal das correntes de fluxo, as hélices navais devem ser montadas em eixos-árvores verticais descentrados em relação ao diâmetro do tanque e, de preferência, formando certo ângulo em relação à vertical. Podem ser colocados lateralmente, mas sem posicioná-los no centro. São mais efetivos na mistura de líquidos pouco viscosos [$\mu < 3.000$ cP ou 3 kg/(m.s)]. Pelo fato de cortarem e cisalharem o produto, dispersam sólidos e preparam emulsões.

Existem muitas variantes para o agitador de palhetas. Possuem fluxo tangencial, requerem mais energia que os navais e as turbinas. O comprimento, o número de palhetas e sua inclinação podem variar grandemente. As palhetas compridas são utilizadas para dissolução e dispersão.

7.4.5 Roteiro de cálculo para agitação com impelidor de quatro pás retas inclinadas a 45°

7.4.5.1 Velocidade média do produto no tanque (v) em (m/min)

Para quantificar a agitação, relaciona-se a velocidade média imprimida ao fluido pelas pás à escala apresentada na Tabela 7.8. Assim, define-se o nível de agitação (NA) por meio da divisão desta velocidade (v) por 1,8, como mostra a equação (7.108).

$$v = 1{,}8.(NA) \tag{7.108}$$

É evidente que a velocidade varia grandemente, desde um máximo nas proximidades do impelidor a até quase zero nos pontos mais distantes, dependendo da geometria do tanque, da viscosidade do produto e da proximidade com a parede.

7.4.5.2 Área da seção transversal do tanque (A)

Além do estabelecimento do nível de agitação, são fatores importantes e sempre requeridos na determinação do sistema de agitação a densidade específica do produto, a sua viscosidade na temperatura de operação e a geometria do tanque.

A expressão (7.109) determina a área da seção transversal do tanque, a partir das considerações geométricas que fixaram a relação entre o diâmetro e a altura de costado.

$$A = \frac{\pi.D^2}{4} \tag{7.109}$$

7.4.5.3 Capacidade de deslocamento volumétrico (Q)

A capacidade efetiva do agitador, dada pela equação (7.110), mostra o volume deslocado na unidade de tempo.

$$Q = v.A \tag{7.110}$$

Trata-se de um parâmetro importante, pois é inversamente proporcional ao tempo (t_r), para revolver o conteúdo do tanque uma vez, conforme mostra a expressão (7.111):

$$t_r = \frac{V}{Q} \tag{7.111}$$

em que (V) é o volume útil de produto.

A experiência tem mostrado que o tempo de mistura, para a condição de regime turbulento, é, no mínimo, cinco vezes maior que o tempo para revolver o conteúdo do tanque uma vez.

O tempo (t_r) pode, ainda, ser usado para classificar a intensidade de agitação, como mostra a Tabela 7.10:

Tabela 7.10 Outra classificação para a intensidade de agitação.

Intensidade de agitação	Tempo para revolver o conteúdo do tanque (t_r)
Suave	De 3 a 60 minutos
Média	De 0,5 a 3 minutos
Violenta	Entre 10 e 30 segundos

7.4.5.4 Diâmetro do impelidor (d)

Os valores típicos para a relação (d/D) estão na faixa de 0,2 a 0,7. Evidentemente, abaixo de 0,2 não se produzirá uma adequada movimentação do produto, a menos que a rotação seja bastante alta. Acima de 0,7, aparecem correntes radiais suficientemente fortes para bloquear as longitudinais, dividindo-se, então, o conteúdo do tanque em zonas estanques em função do número de impelidores.

Como ponto de partida do processo interativo de cálculo, adota-se para (d) o valor dado pela equação (7.112).

$$d = 0,2.D \qquad (7.112)$$

7.4.5.5 Número de bombeamento (N_q) e a rotação do impelidor (N)

O número de bombeamento ou de agitação é um adimensional definido pela equação (7.105) e equivalente à eficiência do sistema de agitação, já que resulta da relação entre os deslocamentos volumétricos real e ideal para determinada rotação e diâmetro.

$$N_q = \frac{Q}{N.d^3} \qquad (7.113)$$

Substituindo-se (7.110) em (7.113) e, depois, (7.108) em (7.113), tem-se:

$$N_q = \frac{Q}{N.d^3} = \frac{v.A}{N.d^3} = \frac{NA.(1,8).A}{N.d^3}$$ e, rearranjando,

$$NA = \frac{N_q.N.d^3}{1,8.A} \qquad (7.114)$$

A expressão (7.114) mostra claramente a influência preponderante do diâmetro do impelidor – ao cubo – no nível de agitação.

Os valores da Tabela 7.11 mostram, para dois níveis de agitação, que a rotação e a potência requeridas pelo impelidor menor (d/D = 0,25), são da ordem de cinco vezes e meia maiores do que aquelas requeridas pelo impelidor maior (d/D = 0,5).

Desta forma, é preferível ou mais significativo, para se obter um determinado nível de agitação ou para melhorá-lo, aumentar o diâmetro das pás em detrimento da rotação.

Tabela 7.11 Variação na rotação e potência em função de (NA) e (d).

Impelidor	NA = 3		NA = 6	
d/D	N (rpm)	P (Watt)	N (rpm)	P (Watt)
0,25	2250	4,40	4500	35,00
0,50	400	0,80	800	6,30

Fonte: Freitas (1993).

Em função de a área da seção transversal do tanque estar no denominador da expressão (7.114), o tanque esbelto terá uma agitação melhor que o bojudo de mesma capacidade.

Na região de turbulência, ou para um número de Reynolds entre 10^3 e 10^9, o número de bombeamento, em princípio, é uma constante para uma dada relação entre os diâmetros do agitador e do tanque, correspondendo à expressão (7.115):

$$N_q = 0,683.\left(\frac{0,394}{\frac{d}{D}}\right)^{1/2} \qquad (7.115)$$

Obtém-se a rotação do impelidor (N) pela equação (7.113).

$$N = \frac{Q}{N_q.d^3} \qquad (7.116)$$

7.4.5.6 Número de Reynolds (N_{Rey})

O número de Reynolds calculado por (7.117) deve ser ajustado por um fator envolvendo a geometria do tanque e do agitador, resultando o número de Reynolds modificado (N^*_{Rey}) da equação (7.118).

$$N_{Re\,y} = \frac{d^2.N.\rho}{\mu} \quad (7.117)$$

$$N^*_{Re\,y} = N_{Re\,y}.\left(\frac{\frac{d}{D}}{0,394}\right)^{1/2} \quad (7.118)$$

7.4.5.7 Ajuste do número de bombeamento (N^*_q) em função de (N^*_{Rey})

Se $N^*_{Rey} > 20.000$

$$N^*_q = 0,683 \quad (7.119)$$

para $20.000 \geq N^*_{Rey} > 300$

$$N^*_q = exp\left[-5,71 + 1,683.ln\left(N^*_{Re\,y}\right) - 0,179.\left(ln\,N^*_{Re\,y}\right)^2 + 0,0064.\left(ln\,N^*_{Re\,y}\right)^3\right] \quad (7.120)$$

se $300 \geq N^*_{Rey} > 25$

$$N^*_q = exp\left[-0,947 - 0,231.ln\left(N^*_{Re\,y}\right) + 0,0467.\left(ln\,N^*_{Re\,y}\right)^2\right] \quad (7.121)$$

para $N^*_{Rey} \leq 25$

$$N^*_q = 0,3 \quad (7.122)$$

7.4.5.8 Recálculo do diâmetro do impelidor (d)

$$d = 0,394.D.\left(\frac{N^*_q}{N_q}\right)^2 \quad (7.123)$$

7.4.5.9 Início e término do processo de interação para convergência

Faz-se $N_q = N^*_q$ (7.124)

E recalcula-se: $N = \dfrac{Q}{N_q.d^3}$ $\quad N_{Re\,y} = \dfrac{d^2.N.s}{\mu}$

$$N^{**}_{Re\,y} = N_{Re\,y}.\left(\frac{\frac{d}{D}}{0,394}\right)^{1/2}$$

Se $\left|N^{**}_{Re\,y} - N^*_{Re\,y}\right| \geq 1.10^{-5}$[1] $\rightarrow N^{**}_{Re\,y} \equiv N^*_{Re\,y}$, voltar a ajustar o número de bombeamento – item 7.4.5.7.

Se $\left|N^{**}_{Re\,y} - N^*_{Re\,y}\right| \prec 1.10^{-5}$, tem-se a condição de saída para o item 7.4.5.10.

7.4.5.10 Determinação do coeficiente de correção do efeito da viscosidade (f_u)

Este coeficiente é utilizado quando se determina, experimentalmente, o número de potência sem considerar o efeito da viscosidade do fluido.

Se $N_{Rey} > 900$

$$f_u = 1 \quad (7.125)$$

se $900 \geq N_{Rey} > 8$

$$f_u = exp\left[3,154 - 0,848.ln\,N_{Re\,y} + 0,0565.\left(ln\,N_{Re\,y}\right)^2\right] \quad (7.126)$$

se $8 \geq N_{Rey} > 1$

$$f_u = exp\left[3,649 - 0,942.ln\,N_{Re\,y} - 0,106.\left(ln\,N_{Re\,y}\right)^2 + 0,0448.\left(ln\,N_{Re\,y}\right)^3\right] \quad (7.127)$$

para $N_{Rey} \leq 1$

$$f_u = \frac{38,4}{N_{Re\,y}} \quad (7.128)$$

7.4.5.11 Cálculo da potência requerida (P)

Para um número (n_i) de impelidores, com quatro pás retas inclinadas a 45°, no mesmo eixo e trabalhando no regime turbulento, o número de potência é igual a 1,37. Assim, da definição expressa em (7.107), tem-se:

$$P = 1,37.f_u.\rho.N^3.d^5.n_i \quad (7.129)$$

Esta expressão pode ser empregada para $l = (0,14 \rightarrow 0,2).d$.

[1] (1.10⁻⁵) ou outro valor em decorrência da precisão a ser estabelecida.

Como mostra a Figura 7.6, a colocação de chicanas ou quebra-ondas, para minimizar a formação de vórtices em sistemas centralizados de agitação, promove um aumento considerável na potência quando comparado a um tanque sem quebra-ondas.

A potência sobe quanto maior a largura e o número destes defletores de costado.

Sob o ponto de vista de movimentação e de consumo de potência, descentralizar o impelidor no tanque é equivalente a tê-lo centralizado com dois quebra-ondas defasados de 180°. O sistema deslocado, no entanto, deve ser preferido, pois evitar o uso de defletores favorece a sanitariedade no processamento do produto. A equação (7.129) é valida para esta condição.

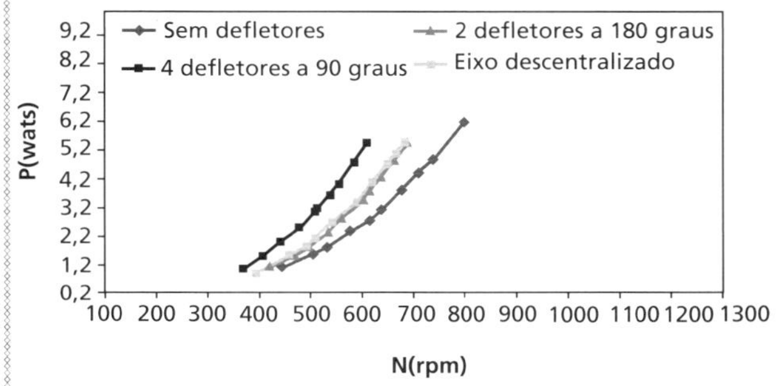

Figura 7.6 Variação no consumo de potência com a rotação e com o número de quebra-ondas.

Fonte: Freitas (1993).

7.5 A TROCA DE CALOR EM TANQUES

7.5.1 Com a jaqueta

A jaqueta convencional da Figura 7.7 é uma parede extra ao redor de parte ou de todo tanque. Esta cobertura extra cria um espaço anular (geralmente concêntrico) entre as superfícies externa do tanque e interna da jaqueta.

São possíveis várias configurações: recobrir (ou encamisar) o costado e o tampo inferior, só o costado ou parte dele, ou só o tampo inferior.

Difusores de costado, no espaço anular, são requeridos e cumprem duas funções: direcionar o fluido de aquecimento ou refrigeração ao longo de toda superfície de troca de calor e servir de reforço para o costado interno submetido à pressão externa.

Na jaqueta convencional, quando a pressão excede 6 bar, a espessura da parede do tanque pode aumentar a ponto de reduzir a transferência de calor e onerar a fabricação do vaso.

A jaqueta oferece um ótimo método de aquecimento ou resfriamento em vasos de processo, em termos de controle, eficiência e qualidade do produto.

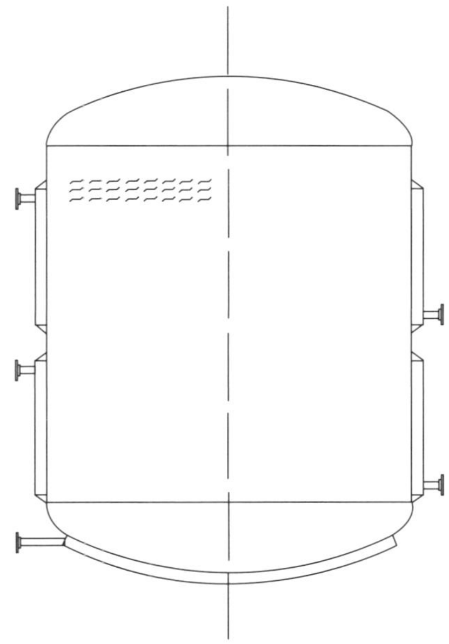

Figura 7.7 Jaqueta integral em três zonas: duas no costado e uma no fundo.

O uso da jaqueta como meio de transferência de calor possibilita usufruir de muitas vantagens:

- qualquer fluido de aquecimento ou refrigeração pode ser usado;
- a vazão, a temperatura e a velocidade do meio que propicia a troca de calor com o produto podem ser controladas;
- a jaqueta pode, frequentemente, ser fabricada com material mais barato que aquele utilizado na confecção do tanque propriamente dito; e
- a contaminação e problemas de limpeza e manutenção são virtualmente eliminados.

Indicações para o projeto mecânico e alguns detalhes construtivos estão contidos na norma Asme, seção VIII, divisão I, apêndice IX.

Outros sistemas, alternativos à jaqueta e à serpentina meia-cana, ilustrados na Figura 8, incluem: serpentina interna (a), aquecedores elétricos de imersão (b) e equipamentos externos – os trocadores de calor de placas ou de casco e tubos (c).

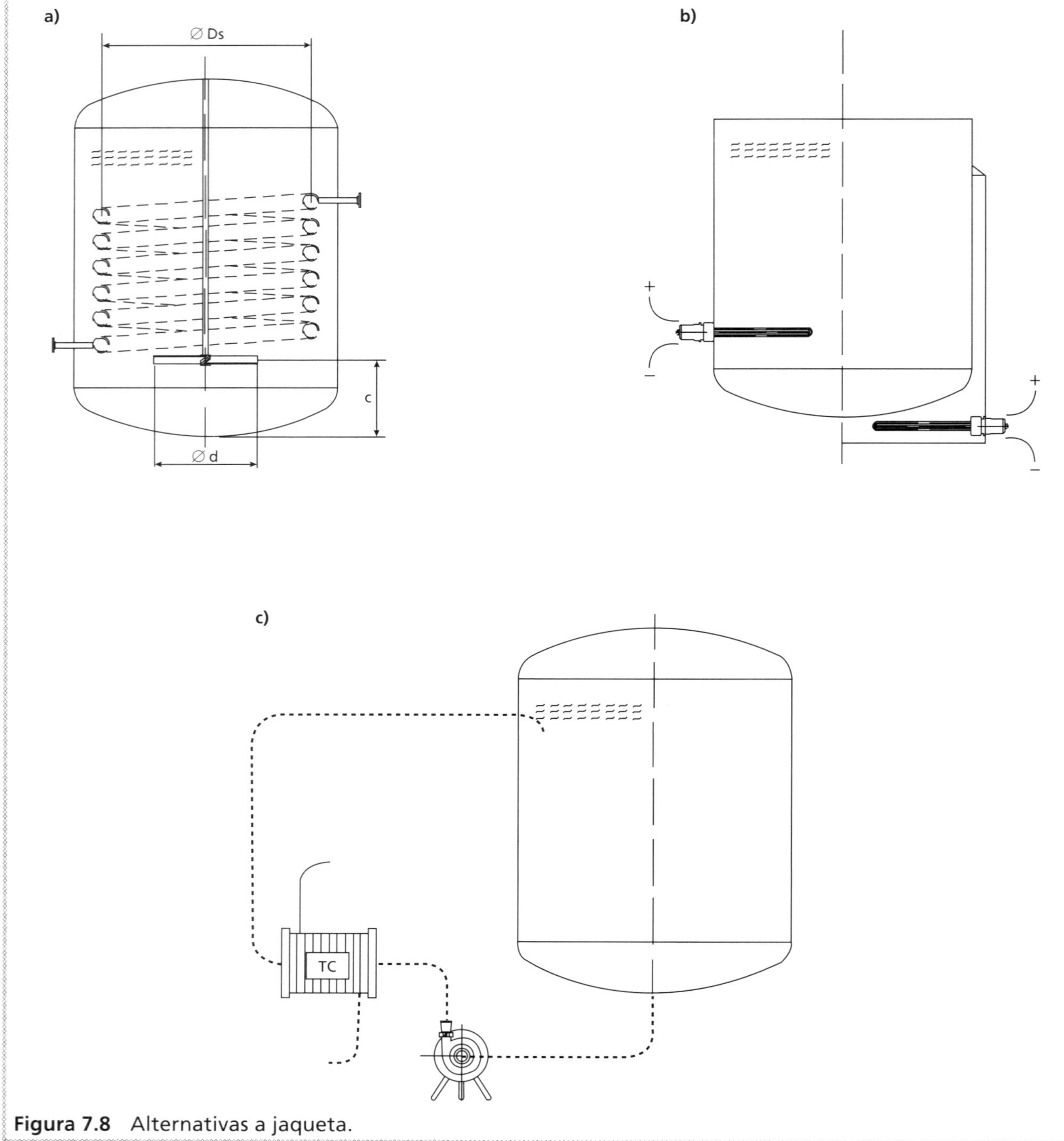

Figura 7.8 Alternativas a jaqueta.

7.5.2 A serpentina meia-cana

O projeto da serpentina meia-cana, soldada ao costado do tanque, como indicado na Figura 7.9, permite obter, do fluido de aquecimento ou refrigeração, boa velocidade e turbulência, o que implica em um alto coeficiente de filme ou baixa resistência térmica convectiva. Além do mais, sua construção faz com que o tanque tenha bastante rigidez estrutural, usualmente possibilitando uma redução na espessura da chapa do costado; uma forma de economia, principalmente, se o tanque for construído com aço inoxidável.

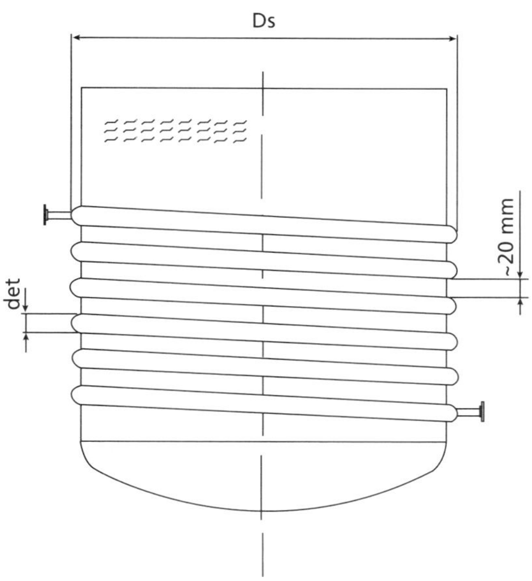

Figura 7.9 Tanque dotado de serpentina meia-cana.

A serpentina meia-cana pode ser dividida em múltiplas zonas. Não existem limitações para o número e a localização das conexões de entrada e saída do fluido que circula pela serpentina. Possibilita-se, assim, primeiro, o processamento de bateladas de diferentes volumes no mesmo tanque e, segundo, a redução da perda de carga através da superfície de troca de calor. Esta divisão em zonas, exemplificada na Figura 7.10 para o costado e o fundo, é particularmente interessante no uso do vapor d'água, pois minimiza a formação de condensado ou o fluxo de duas fases.

Para a máxima transferência de calor, o espaço entre as serpentinas é de 20 mm. No entanto, se o coeficiente de filme do lado do produto for baixo ou se o costado tiver disponibilidade, o passo da serpentina pode ser aumentado para facilidade construtiva, sem significativa perda de superfície de troca de calor. Neste espaço entre as serpentinas, existe transferência de calor por condução.

A serpentina meia-cana pode ser fabricada em aço-carbono, mas, para temperaturas acima de 150 °C e abaixo de –25 °C, deve-se, necessariamente, usar o mesmo material do vaso para se evitar problemas de expansão térmica diferencial.

Os diâmetros mais comumente usados para a serpentina são 50, 60, 76 e 89 mm. Quando fabricadas em aço-carbono, empregam-se chapas com espessura de 4,76 mm para os diâmetros de 50 e 60 mm e 6,35 mm para os demais. Para a fabricação com aço inoxidável, as espessuras de 2,0; 2,5 ou 3,0 mm podem ser utilizadas independentemente do diâmetro.

Especificamente os projetos mecânico e de fabricação da serpentina meia-cana não são cobertos pela norma Asme, seção VIII, divisão I. No entanto, é possível, pelos procedimentos estabelecidos na Subseção A, parte UG 101 deste código, obter as informações necessárias para a elaboração dos projetos.

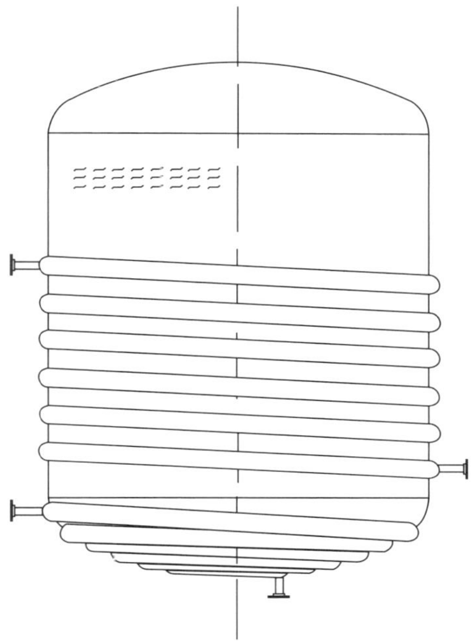

Figura 7.10 Serpentina meia-cana em duas zonas: costado e fundo.

Numa comparação com a jaqueta convencional pode-se afirmar:

- se a pressão na jaqueta é fator determinante no estabelecimento da espessura da chapa do costado do tanque, a serpentina meia-cana é muito mais econômica do que a camisa; e
- para tanques pequenos – com capacidade inferior a 1.500 litros – via de regra fica mais viável o emprego da jaqueta convencional do que a meia-cana.

7.5.3 A análise térmica

A transferência de calor em vasos agitados depende do tipo de impelidor e do sistema de aquecimento empregados.

Um agitador é selecionado em função do produto e das necessidades do processo. Muitas vezes, a transferência de calor ocorre como parte de uma operação de mistura entre dois fluidos, de dispersão de gás em líquido e suspensão ou dissolução de sólidos. Nesse caso, o tipo, tamanho, localização, rotação e potência requeridos para um agitador são, normalmente, determinados antes dos aspectos de transmissão de calor serem considerados.

Quando a troca de calor é preponderante no processo, algumas variáveis como a diferença de temperatura média logarítmica e a superfície de troca, usualmente, predominam sobre as variáveis do sistema de agitação. Nesse caso, a agitação pode afetar somente a resistência convectiva interna, uma das várias resistências que fazem parte do coeficiente global de transmissão de calor.

7.5.3.1 O coeficiente global

O coeficiente global (U) é determinado a partir das cinco resistências térmicas impostas ao fluxo de calor:

- as convectivas interna e externa, geradas pelo produto e pelo fluido de aquecimento ou refrigeração;
- a condutiva oferecida pela superfície de troca de calor; e
- as decorrentes das incrustações que podem aparecer em ambos os lados da superfície.

A equação (7.130) é válida quando o diâmetro do vaso é muito grande quando comparado com a espessura de sua parede, isto é, os diâmetros interno e externo da superfície de troca de calor são praticamente iguais, como é o caso dos vasos encamisados.

$$\frac{1}{U} = \frac{1}{h_i} + ff_i + \frac{t}{k} + ff_j + \frac{1}{h_j} \qquad (7.130)$$

Na utilização de serpentina interna, o coeficiente global, referido a superfície externa, é expresso pela equação (7.131):

$$\frac{1}{U} = \frac{1}{h_i} + ff_i + \frac{t}{k} \cdot \left(\frac{d_{et}}{\bar{d}_t} \right) + ff_j + \frac{1}{h_j} \cdot \left(\frac{d_{et}}{d_{it}} \right) \qquad (7.131)$$

7.5.3.2 Operação contínua ou em bateladas

Quando o vaso e sua jaqueta ou serpentina são operados continuamente sob condições isotérmicas, a equação (7.132) pode ser aplicada diretamente:

$$Q = U.A.\Delta t \qquad (7.132)$$

Quando o vaso é operado continuamente, com seu conteúdo a temperatura constante, mas com diferença entre as temperaturas de entrada e saída da jaqueta, a equação (7.133) deve ser usada:

$$Q = U.A.\overline{\Delta t} \qquad (7.133)$$

No caso da operação em bateladas, com o produto inicialmente à temperatura (t_1) e, depois de (θ) horas, à temperatura (t_2), as expressões (7.134) e (7.135) são usadas para o aquecimento e o resfriamento, respectivamente:

$$ln\left(\frac{T - t_1}{T - t_2} \right) = \frac{U.A.\theta}{m.c_p} \qquad (7.134)$$

$$ln\left(\frac{t_1 - T}{t_2 - T} \right) = \frac{U.A.\theta}{m.c_p} \qquad (7.135)$$

Quando a temperatura na jaqueta não é constante, essas equações podem ser usadas se a diferença entre as temperaturas de entrada e saída é pequena (menor que 10%) comparada com a média logarítmica entre a temperatura média da jaqueta e a temperatura do produto. No caso de uma diferença grande, as equações (7.136), para o aquecimento e (7.137), para o resfriamento podem ser usadas:

$$ln\left(\frac{T_1 - t_1}{T_1 - t_2} \right) = \frac{W.c_j}{m.c_p} \cdot \left(\frac{K-1}{K} \right) \qquad (7.136)$$

$$ln\left(\frac{t_1 - T_1}{t_2 - T_1} \right) = \frac{W.c_j}{m.c_p} \cdot \left(\frac{K-1}{K} \right) \qquad (7.137)$$

em que: $K = e^{\frac{U.A}{W.c_j}}$ (7.138)

7.5.3.3 O coeficiente de película interno ou do lado do produto (h_i)

Equação geral $N_{Nu} = C.N_{Rey}^{0,67}.N_{Pr}^{0,33}.V_i^{0,14}$ (7.139)

Onde o número de Nusselt é $N_{Nu} = \frac{h_i.D}{k}$ (7.140)

o número de Prandlt $N_{Pr} = \frac{\mu.c_p}{k}$ (7.141)

e a relação entre viscosidades $V_i = \frac{\mu}{\mu_w}$ (7.142)

7.5.3.3.1 Tanque dotado de jaqueta integral ou serpentina meia-cana

Segundo Lippa e Bondy (1983), para o agitador de pás retas inclinadas com ou sem quebra-ondas e $20 < N_{Rey} \leq 4.000$:

$$h_i = \left(\frac{0,45.k}{D}\right).N_{Rey}^{0,67}.N_{Pr}^{0,33}.\left(\frac{\mu}{\mu_w}\right)^{0,24} \qquad (7.143)$$

Para $N_{Rey} > 4.000$:

$$h_i = \left(\frac{0,36.k}{D}\right).N_{Rey}^{0,67}.N_{Pr}^{0,33}.\left(\frac{\mu}{\mu_w}\right)^{0,14} \qquad (7.144)$$

Para o agitador naval:

$$h_i = \left(\frac{0,54.k}{1,3.D}\right).N_{Rey}^{0,67}.N_{Pr}^{0,25}.\left(\frac{\mu}{\mu_w}\right)^{0,14} \qquad (7.145)$$

Para a âncora, com $30 < N_{Rey} < 300$ e distância da âncora até a parede do vaso menor que 25 mm:

$$h_i = \left(\frac{k}{D}\right).N_{Rey}^{0,67}.N_{Pr}^{0,33}.\left(\frac{\mu}{\mu_w}\right)^{0,18} \qquad (7.146)$$

Para $300 < N_{Rey} < 4.000$:

$$h_i = \left(\frac{0,38.k}{D}\right).N_{Rey}^{0,67}.N_{Pr}^{0,33}.\left(\frac{\mu}{\mu_w}\right)^{0,18} \qquad (7.147)$$

Para $4.000 < N_{Rey} < 37.000$:

$$h_i = \left(\frac{0,55.k}{D}\right).N_{Rey}^{0,67}.N_{Pr}^{0,25}.\left(\frac{\mu}{\mu_w}\right)^{0,14} \qquad (7.148)$$

7.5.3.3.2 Tanque dotado de serpentina interna

De acordo com os mesmos autores, para agitador de pás retas inclinadas:

$$h_i = \left(\frac{0,87.k}{D}\right).N_{Rey}^{0,62}.N_{Pr}^{0,33}.\left(\frac{\mu}{\mu_w}\right)^{0,14} \qquad (7.149)$$

Para agitador naval:

$$h_i = \left(\frac{0,078.k}{1,3.d_{et}}\right).N_{Rey}^{0,62}.N_{Pr}^{0,33}.\left(\frac{\mu}{\mu_w}\right)^{0,14} \qquad (7.150)$$

A altura do agitador (C), acima do fundo do tanque, tem bastante influência no valor do coeficiente de película. O valor ótimo de (C/d) é próximo de 0,62, ou seja, C/D = 0,2 para d/D = 1/3.

Mantidas inalteradas todas as variáveis, o menor valor para (h_i) ocorre com (D_s/D) em torno de 0,63, sendo (D_s) o diâmetro médio, no caso, da serpentina interna. O ideal é fazer com que o valor desta relação fique entre 0,8 e 0,85.

7.5.3.4 O coeficiente de película externo (h_j)

7.5.3.4.1 Tanques com jaqueta integral dotada de difusores de costado

Conforme recomendado por Lippa e Bondy (1983), para $N_{Rey} > 10.000$

$$h_j = \left(\frac{0,027.k}{D_e}\right).N_{Rey}^{0,8}.N_{Pr}^{0,33}.\left(\frac{\mu}{\mu_w}\right)^{0,14}.\left(1+\frac{3,5.D_e}{D_s}\right) \qquad (7.151)$$

$$\text{aqui} \rightarrow N_{Rey} = \frac{D_e.v.\rho}{\mu} \qquad (7.152)$$

e o diâmetro equivalente para uma seção transversal retangular $\rightarrow D_e = 4.w$

A velocidade (v) é calculada a partir:

- da área de escoamento na jaqueta $A_{ej} = p.w$ em que o passo $p = 2.w$ e
- do fluxo de massa que efetivamente circula por ela, que seria, aproximadamente, 60% da vazão total.

Para $2.100 < N_{Rey} < 10.000$:

$$h_j = \frac{\left(\frac{N_{Rey}}{170,4}\right)^{1,52}}{12.D_e}.k.N_{Pr}^{0,33}.\left(\frac{\mu}{\mu_w}\right)^{0,14} \qquad (7.153)$$

Para $N_{Rey} < 2.100$:

$$h_j = \frac{1,86.k}{D_e}.\left[N_{Rey}.N_{Pr}.\left(\frac{D_e}{L}\right)\right]^{0,33}.\left(\frac{\mu}{\mu_w}\right)^{0,14} \qquad (7.154)$$

7.5.3.4.2 Tanques com jaqueta integral sem difusores de costado

Para o regime turbulento, a expressão (7.151) pode ser usada dessa maneira:

$$h_j = \frac{0,027.k}{D_e}.N_{Rey}^{0,8}.N_{Pr}^{0,33}.\left(\frac{\mu}{\mu_w}\right)^{0,14} \qquad (7.155)$$

As expressões (7.153) e (7.154) são válidas. Para esse caso:

$$D_e = \frac{D_{jo}^2 - D_{ji}^2}{D_{ji}} \qquad (7.156)$$

e a área disponível para escoamento:

$$A = \frac{\pi.\left(D_{jo}^2 - D_{ji}^2\right)}{4} \qquad (7.157)$$

Para número de Reynolds baixo, com fluxo na região laminar e troca de calor por convecção natural, a expressão (158) foi desenvolvida para a água:

$$h_j = \frac{1{,}02.k}{D_e}.N_{Rey}^{0{,}45}.N_{Pr}^{0{,}33}.\left(\frac{D_e}{L}\right)^{0{,}4}.\left(\frac{D_{jo}}{D_{ji}}\right)^{0{,}8}.\left(\frac{\mu}{\mu_w}\right)^{0{,}14}.N_{Gr}^{0{,}05} \quad (7.158)$$

sendo o número de Grashof:

$$N_{Gr} = \frac{D_e^3.\rho^2.g.\beta.\Delta t_g}{\mu^2} \quad (7.159)$$

e o diâmetro equivalente: $D_e = D_{jo} - D_{ji}$ (7.160)

7.5.3.4.3 *Tanques com serpentina meia-cana*

As expressões (7.151), (7.153) e (7.154) podem ser usadas nesse caso para, respectivamente, fluxos turbulento, de transição e laminar.

Sendo: $D_e = \dfrac{\pi.d_{it}}{2}$ (7.161)

e a área disponível para escoamento

$$A = \frac{\pi.d_{it}^2}{8} \quad (7.162)$$

7.5.3.4.4 *Tanques com serpentina interna*

Deve-se calcular (h_{ci}), usando-se as expressões:

(7.151) → substituindo-se D_e por d_{it}
(7.153) → substituindo-se D_e por d_{it},
(7.154) → substituindo-se D_e/L por d_{it}/D_s e

$$h_j = h_{ci}.\frac{d_{it}}{d_{et}} \quad (7.163)$$

7.5.3.5 *Condensação em serpentina*

$$h_j = C.\frac{k}{L}.\left(\frac{g.\rho^2.h_{lv}.L^3}{\mu.k.\Delta t}\right)^{1/4} \quad (7.164)$$

em que (C) é o fator de forma e igual a 0,725; e
(L) a dimensão característica equivalente ao diâmetro da serpentina.

7.5.4 A temperatura da parede

A temperatura da parede (T_w) é determinada por tentativa e erro:

$$T_w = T - \frac{T - t}{1 + \dfrac{h_j.A_o}{h_i.A_i}} \quad (165)$$

como a diferença entre as áreas (A_o) e (A_i) é desprezível:

$$T_w = T - \frac{T - t}{1 + \dfrac{h_j}{h_i}} \quad (7.166)$$

Na primeira tentativa, calcular (h_i), assumindo $\dfrac{\mu}{\mu_w} = 1$, determinar (T_w) e recalcular (h_i) tomando a viscosidade·(μ_w) à temperatura (T_w). Normalmente uma interação é suficiente.

7.5.5 Área de transferência de calor

7.5.5.1 *Jaqueta com ou sem defletores de costado*

$$A = \pi.(D + 2.t).L \quad (7.167)$$

7.5.5.2 Serpentina meia-cana

$$A = \pi.(D + 2.t).d_{it}.n_s + 0{,}6.\left[\pi.(D + 2.t).(H - d_{it}.n_s)\right] \quad (7.168)$$

onde $n_s = int\left(\dfrac{H}{d_{et} + p}\right) - 2$ (7.169)

A área de troca é composta da superfície coberta pela meia-cana e de 60% do espaço entre as serpentinas, para uma distância de até 25 mm entre elas.

7.5.5.3 *Serpentina interna*

A área de troca é baseada na superfície externa do tubo:

$$A_{co} = \pi.d_{et}.D_s.n_s \quad (7.170)$$

7.5.6 A perda de carga (Δp)

7.5.6.1 *Jaqueta integral com defletores de costado e fluxo turbulento*

$$\Delta p = 4.f_F.\left(\frac{v^2}{2.g}\right).\left(\frac{L}{D'_e}\right).\rho = f_M.\left(\frac{v^2}{2.g}\right).\left(\frac{L}{D'_e}\right).\rho \quad (7.171)$$

sendo $D'_e = 4.R_h = \dfrac{4.p.w}{2.(p + w)} = \dfrac{2.p.w}{p + w}$ (7.172)

O número de Reynolds, para a determinação do fator de atrito, deve ser calculado com a utilização do diâmetro equivalente (D_e').

Para fluxo laminar

$$\Delta p = 0{,}0167.\mu.L.\left(\frac{v}{D_e'^2}\right).F_{lf} \quad (7.173)$$

em que (F_{lf}), fator de fluxo laminar, é função de Reynolds obtido pela expressão (7.174):

$$F_{lf} = 1{,}23 + 2{,}19.10^{-3}.N_{Re\,y} \tag{7.174}$$

7.5.6.2 *Jaqueta integral sem defletores de costado*

A equação (7.171) pode ser aplicada. Nesse caso:

$$D'_e = 4.\frac{\left(\frac{\pi}{4}\right).\left(D_{jo}^2 - D_{ji}^2\right)}{\pi.\left(D_{jo} - D_{ji}\right)} = D_{jo} - D_{ji} \tag{7.175}$$

7.5.6.3 *Serpentina meia-cana*

A equação (7.171) pode ser aplicada, com:

$$D'_e = 4.\frac{\left(\frac{1}{2}\right).\left(\frac{\pi.d_{it}^2}{4}\right)}{\left(d_{it} + \frac{\pi.d_{it}}{2}\right)} = 0{,}611.d_{it} \tag{7.176}$$

7.5.6.4 *Serpentina interna*

A equação (7.171) é utilizada e o diâmetro equivalente é o próprio diâmetro interno do tubo.

7.5.7 A perda de calor para o ambiente

O calor perdido depende da configuração do vaso, da isolação térmica, do nível do produto ou altura da jaqueta, da temperatura ambiente e da velocidade do vento.

Em um tanque cilíndrico vertical com tampo toroesférico (raio 10%, segundo a Asme) sustentado por quatro pernas, por simplificação, admite-se que todo o costado e os tampos estejam à temperatura (T_w) dada pela expressão (7.166), assim tem-se o calor perdido:

- pela parte seca do costado:

$$q_d = U_d.A_d.\left(T_w - T_{ma}\right) \tag{7.177}$$

- pela parte úmida do costado:

$$q_w = U_w.A_w.\left(T_w - T_{ma}\right) \tag{7.178}$$

- pelo tampo superior:

$$q_r = U_r.A_r.\left(T_w - T_{ma}\right) \tag{7.179}$$

- pelo tampo inferior:

$$q_b = U_b.A_b.\left(T_w - T_{ma}\right) \tag{7.180}$$

O calor total perdido para o ambiente será então $q_t = q_d + q_w + q_r + q_b$. (7.181)

As áreas são facilmente obtidas:

$$A_d = \pi.D_e.\left(H - L\right) \tag{7.182}$$

$$A_w = \pi.D_e.L \tag{7.183}$$

$$A_r \equiv A_b = \frac{\pi.D_p^2}{4} \tag{7.184}$$

As condutâncias globais são calculadas a partir da determinação de cada resistência térmica significativa imposta ao fluxo de calor, assim:

$$\frac{1}{U_d} = \frac{1}{h_e} \tag{7.185}$$

$$\frac{1}{U_w} = \frac{1}{h_e} + \frac{e_i}{k_i}, \tag{7.186}$$

sendo (k_i) a condutibilidade térmica do isolante

$$\frac{1}{U_r} = \frac{1}{h_{ts}} \tag{7.187}$$

$$\frac{1}{U_b} = \frac{1}{h_{tl}} + \frac{e_i}{k_i} \tag{188}$$

7.5.7.1 *A determinação dos coeficientes de película*

Para cilindros verticais e ar em convecção natural:

$$h_e = \frac{0{,}138.k}{D_e}.N_{Gr}^{0{,}36}.\left(N_{Pr}^{0{,}175} - 0{,}55\right) \tag{7.189}$$

para $0{,}1 < N_{Pr} < 40$ e $N_{Gr} > 10^9$

Para as superfícies dos tampos:

- superior: $h_{ts} = 0{,}14.\left(\frac{k_a}{D_e}\right).\left(N_{Gr}.N_{Pr}\right)^{0{,}99}$ (7.190)
- inferior: $h_{ts} = 0.27.\left(\frac{k_a}{D_e}\right).\left(N_{Gr}.N_{Pr}\right)^{0{,}25}$ (7.191)

ambas para $2.10^7 < N_{Gr}.N_{Pr} < 3.10^{10}$

O número de Grashof pode ser calculado pela equação (7.159), substituindo (D_e) pela altura da superfície de troca de calor ou da parte seca do costado, para aplicação na expressão (7.189).

7.5.8 Alguns resultados para a serpentina meia-cana

A Figura 7.11 mostra a influência da pressão do vapor saturado na superfície de troca de calor requerida. Tal situação é ilustrada para dois níveis de agitação e duas velocidades de escoamento do vapor.

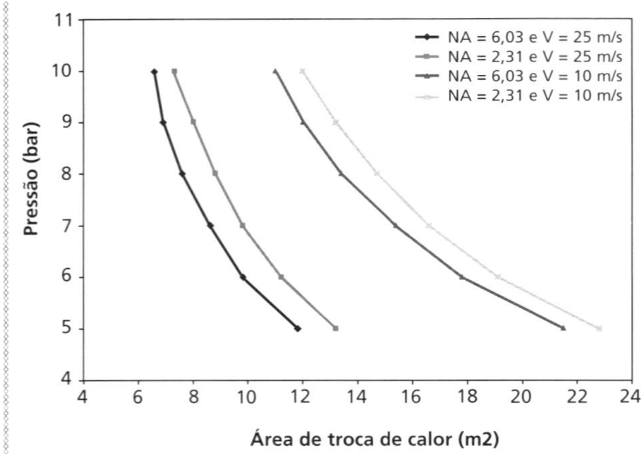

Figura 7.11 Influência da pressão na área de troca de calor para níveis da agitação 6,03 e 2,31 e velocidades de escoamento do vapor de 25 e 10 m/s.

As Tabelas 7.12, 7.13 e 7.14, quantificando alguns valores da Figura 7.11, indicam o decréscimo percentual de área causado pela queda de pressão e pelo maior nível de agitação adotado, para as duas velocidades de escoamento do vapor.

Tabela 7.12 Variação na área de troca de calor – Velocidade de escoamento do vapor: 25 m/s.

Área (m²)			Decréscimo
Pressão (bar)	NA = 6,03	NA = 2,31	na área (%)
10	6,4	7,2	11,1
5	11,8	13,1	9,9

Tabela 7.13 Variação na área de troca de calor – Velocidade de escoamento do vapor: 10 m/s.

Área (m²)			Decréscimo
Pressão (bar)	NA = 6,03	NA = 2,31	na área (%)
10	10,7	11,7	8,5
5	21,6	22,9	5,7

Vale registrar que uma redução na área significa uma correspondente diminuição no número de serpentinas para o mesmo tempo de permanência do produto no tanque.

Tabela 7.14 Variação da velocidade de escoamento na área mantida a pressão em 6 bar.

Área de troca de calor (m²)			Decréscimo
Velocidade (m/s)	NA = 6,03	NA = 2,31	na área (%)
25	9,8	11,1	11,7
10	17,8	19,1	6,8

Nas Tabelas 7.12, 7.13 e 7.14 também se pode observar o efeito do nível de agitação na área para determinadas condições de pressão e de velocidade de escoamento.

Finalmente, a Figura 7.12 mostra a influência do tempo de permanência, ou de processamento do produto no tanque, na superfície de troca de calor requerida para dois níveis de agitação.

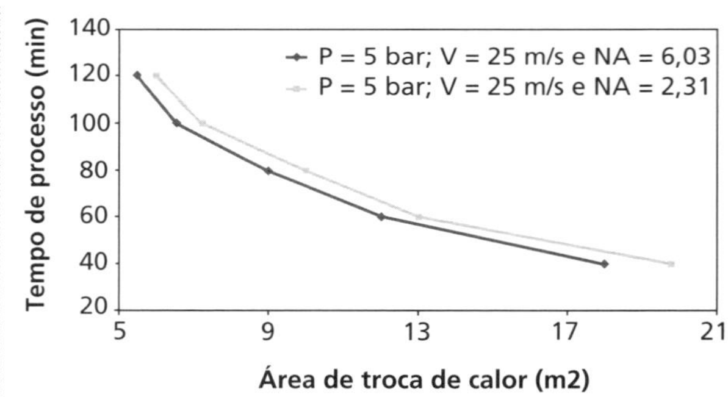

Figura 7.12 Influência do tempo de permanência na área de troca para níveis de agitação 6,03 e 2,31 para vapor a 5 bar e 25 m/s.

A análise desta figura indica, por exemplo, que um aumento de aproximadamente 70% na área pode reduzir o tempo para se atingir a temperatura desejada em quase 50%.

7.5.8.1 Algumas conclusões

7.5.8.1.1 – A análise das Tabelas 7.12, 7.13 e 7.14 mostra que a pressão do vapor e sua velocidade de escoamento na serpentina influem, de maneira muito mais significativa, na área de troca de calor necessária do que o nível de agitação dado ao produto. Como consequência, pode-se dispor de serpentinas com diâmetros menores e posicionadas com um passo maior.

Um nível mais alto de agitação tem implicações diretas no produto, ou seja, melhora substancialmente a uniformização da temperatura, contribui para aprimorar a qualidade do produto na medida em que facilita a dissolução de sólidos, a mistura e a clarificação. Reduzirá o tempo de permanência quando este estiver vinculado a um destes parâmetros afetados pelo nível de agitação.

7.5.8.1.2 – A Figura 7.12 indica que a influência do nível de agitação no tempo de permanência é pouco significativa, mesmo para pressões mais baixas, quando o objetivo é atingir determinada temperatura. Evidentemente que para uma redução no tempo de permanência do produto no tanque, requer-se maior superfície de troca.

7.6 SIMBOLOGIA UTILIZADA (OUTRAS ESTÃO INSERIDAS NO TEXTO)

A	área/área de troca de calor
a	comprimento da sapata de solo
C	custo/fator de forma/força
C_a	coeficiente de arraste
C_c	sobre-espessura para compensar a corrosão
c_p / c_j	calor específico a pressão constante/do fluido pela jaqueta
D	diâmetro interno do tanque ou vaso
d	diâmetro das pás do agitador
D_e	diâmetro externo/diâmetro equivalente
d_{it} / d_{et}	diâmetro interno/externo do tubo
D_i	diâmetro interno do cone
D_j	diâmetro da jaqueta (i) – interno e (o) – externo
D_p	diâmetro planificado
D_s	diâmetro médio da serpentina ou da jaqueta
$\bar{d}_t$	média logarítmica entre os diâmetros do tubo
E	eficiência da junta soldada
e	excentricidade
e_i	espessura do isolante
F	força
f	tensão
f_u	coeficiente de correção do efeito da viscosidade
g	aceleração da gravidade
H	altura do costado do tanque ou vaso
h	altura/coeficiente de película
h_{lv}	calor latente
H_{sl}	altura da superfície livre do produto a partir da LTI
I	momento de inércia
k	condutibilidade térmica
l	largura das pás do agitador
L	altura da perna/de passagem na jaqueta ou da jaqueta/dimensão característica
l_w	largura da chicana ou quebra-onda
M	momento de tombamento
m	quantidade de produto/altura da "saia" do tampo
m_s	espessura da sapata de solo
N	rotação
NA	nível de agitação
N_{Gr}	número de Grashof
n_i	número de impelidores
N_{Nu}	número de Nusselt
N_q	número de bombeamento
N_p	número de pernas de sustentação
N_{po}	número de potência
N_{Pr}	número de Prandtl
N_{Rey}	número de Reynolds
n_s	número de espiras da serpentina meia-cana
n_w	número de chicanas ou quebra-ondas
P	potência/força/pressão de projeto
p	passo do defletor de costado/pressão específica de contato
p_a	pressão exercida pelo vento
P_e	força de inércia horizontal provocada por abalo sísmico
P_i	pressão interna de operação
P_w	força provocada pelo vento
Q	capacidade de deslocamento volumétrico/quantidade de calor
q	fluxo de calor
R / r	raio
R_h	raio hidráulico
S	tensão admissível/área projetada
T	temperatura/força
t	espessura/temperatura
t_r	tempo para revolver o conteúdo do tanque uma vez

T_{ma}	temperatura do meio ambiente
T_w	temperatura da parede
U	coeficiente global de transmissão de calor
V	volume
υ	velocidade
V_v	velocidade do vapor
W	massa do tanque em regime/fluxo de massa total pela jaqueta
w	perna da solda/largura do espaço disponível na jaqueta
W'	fluxo de massa efetivo pela jaqueta
W_f	módulo de resistência à flexão
Z_w	módulo linear da seção da solda
α	semiângulo do vértice do cone
β	coeficiente de expansão volumétrica
Δp	diferença de pressão
Δt	diferença de temperatura
$\overline{\Delta t}$	diferença de temperatura média logarítmica
Δtg	(T – Tw) para o aquecimento e (Tw – T) para o resfriamento
f	fator de atrito (F de Fanning) e (M de Moody)
ff	fator de resistência da incrustação
ρ	densidade
θ	tempo/inclinação das pás com a horizontal
μ	viscosidade
μ_w	viscosidade na temperatura da parede

REFERÊNCIAS BIBLIOGRÁFICAS

ACKLEY, E. J. Film coefficients of heat transfer for agitated process vessels. **Chemical Engineering**, New York, v. 67, p. 133-140, ago. 1960.

AMERICAN SOCIETY OF MECHANICAL ENGINEERS. **ASME Boiler and Pressure Vessel Code** – Section VIII – Rules for Construction of Pressure Vessels and Materials – Part D – Properties. New York, 1992.

BEDNAR, H. H. **Pressure Vessel Design Handbook**. 2. ed. New York: Van Nostrand Reinhold Book, 1995.

BROWN, G. G. **Operaciones básicas de la ingeniería química**. Barcelona: Editorial Marin, 1963.

CHUSE, R.; CARSON, B. E. **The ASME Code Simplified**: pressure vessels. 7. ed. New York: McGraw-Hill, 1993.

FOUST, A. S. *et al*. **Princípios das operações unitárias**. 2. ed. Rio de Janeiro: Livros Técnicos e Científicos Editora, 1982.

FREITAS, P. **Análises de relações potência/velocidade para o projeto de agitadores com respostas dinâmicas desejadas.** 1993. 109 f. Tese (Mestrado em Agronomia/Energia na Agricultura) – Faculdade de Ciências Agronômicas, Universidade Estadual Paulista, Botucatu, 1993.

GEANKOPLIS, C. J. **Transport processes and unit operations**. 3. ed. Englewood Cliffs: Prentice Hall PTR, 1993.

HARVEY, J. F. **Theory and design of pressure vessels**. 2. ed. New York: Chapman & Hall, 1991.

HOLMAN, J. P. **Transferência de calor**. São Paulo: McGraw-Hill do Brasil, 1983.

KERN, D. Q. **Processos de transmissão de calor**. Rio de Janeiro: Guanabara Dois, 1980.

KREITH, F.; BOHN, M. S. **Princípios de transferência de calor**. São Paulo: Pioneira Thomson Learning, 2003.

LIPPA, S.; BONDY, F. Heat Transfer in Agitated Vessels. **Chemical Engineering**, New York, v. 4, p. 62-71, abr. 1983.

MARKOVITZ, R. E. Picking the Best Vessel Jacket. **Chemical Engineering**, New York, v. 11, p. 156-162, nov. 1971.

MCCABE, W. L.; SMITH, J. C.; HARRIOTT, P. **Unit operations of chemical engineering**. 5. ed. Singapura: McGraw-Hill International, 1993.

NAGATA, S. **Mixing**: Principles and applications. New York: John Wiley & Sons, 1975.

ÖZISIK, M. N. **Transferência de calor**: um texto básico. Rio de Janeiro: Guanabara Koogan, 1990.

PERRY, R. H.; GREEN, D. W. **Perry's chemical engineers' handbook**. 7. ed. New York: McGraw-Hill International, 1997.

SOUZA, E.; RAZUK, P. C. **Operações unitárias no tratamento do xarope de açúcar**. Bauru: Edições Profissionais, 1996.

UHL, V. W.; GRAY, J. B. **Mixing**: theory and practice. San Diego: Academic Press, 1966.

8

Embalagens para bebidas

MARIA JOSÉ SOUSA GALLAGHER
MAGALI MONTEIRO
GISELA KOPPER

8.1 CONCEITOS BÁSICOS DO SISTEMA DE EMBALAGENS DE ALIMENTOS E BEBIDAS

A evolução das embalagens de alimentos se associa às mudanças nos padrões de vida do ser humano, aos hábitos de consumo de alimentos e aos avanços tecnológicos da produção e conservação de alimentos. Sem dúvida, podemos afirmar que o ritmo de vida atual, no que se refere ao consumo de alimentos, não poderia acontecer sem o desenvolvimento paralelo de tecnologias associadas aos sistemas de embalagens e às próprias embalagens. As tendências quanto ao desenvolvimento e inovação no setor de embalagens de alimentos vão, portanto, de mãos dadas com as tendências de consumo e as expectativas dos consumidores quanto à satisfação de suas necessidades.

As operações envolvidas na produção e uso de artefatos para o transporte, o armazenamento e a entrega de produtos ao consumidor constituem o sistema de embalagem. Este procedimento constitui claramente uma parte do processo de manufatura e é uma responsabilidade gerencial. O design e o desenvolvimento iniciam-se concomitantemente ao desenvolvimento do produto, levando-se em conta características inerentes ao alimento, como tamanho, forma e composição, entre outros. É necessário conhecer, previamente, as condições do mercado e a forma de distribuição do alimento, para que a embalagem e o acondicionamento se ajustem adequadamente e suportem os perigos a que o alimento fica exposto durante o armazenamento, o transporte e a manipulação. A embalagem pode representar uma alta porcentagem do custo do produto e, por isto, deve ser selecionada adequadamente. A substituição de uma embalagem ou material de embalagem por outro não pode ser considerada sem que haja uma boa razão. As considerações ambientais são cada vez mais importantes e as embalagens geram um elevado impacto ambiental nas avaliações do ciclo de vida dos alimentos. Deve-se buscar reduzir a quantidade de material utilizado, evitar o desperdício e considerar a forma de descarte.

Os objetivos fundamentais das embalagens são: **conter, proteger e apresentar os alimentos**. Paralelamente, o sistema de embalagem exerce diversos papéis que ampliam o campo de ação.

Ao **conter** o produto, os sistemas de embalagens permitem a distribuição dos alimentos por longas distâncias em diferentes meios de transporte, assegurando a sua integridade até o consumidor final. Igualmente, permitem dosar o produto segundo as necessidades do consumidor, seja por vendas a granel, institucional, familiar, individual ou em porções individuais. A embalagem também pode exercer um papel vital como auxiliar do cozimento, como no caso de alimentos que são aquecidos em forno de micro-ondas.

Ao **proteger** o alimento, as embalagens permitem conservá-los por longos períodos, reduzindo o risco de adulterações mediante a adição de selos de segurança e lacres de garantia, entre outros. Os diferentes processos de conservação de alimentos trazem um sistema de embalagem paralelo, sem o qual o processo aplicado perderia a eficácia. A proteção conferida pela embalagem inclui proteção contra contaminação por microrganismos, ataque de insetos e roedores, aromas externos, luz, oxigênio e substâncias externas que podem afetar a inocuidade e a vida útil dos alimentos. A proteção do alimento ocorre em escalas cada vez mais inovadoras, desde a utilização de diferentes materiais de barreira até a técnica de embalagem sob atmosferas modificadas e a utilização de embalagens ativas e inteligentes que interagem com o alimento, visando estender o prazo de validade.

Ao **apresentar** o produto, a embalagem tem um papel especial de motivar a compra, sendo conhecida também como "vendedora silenciosa", recorrendo a variações no design gráfico, nas cores e nas formas para torná-lo mais atrativo ao consumidor. A embalagem é o meio ideal para fornecer informação variada sobre o produto seguindo as regulamentações da rotulagem, como informação nutricional, dados do fabricante, data de fabricação e prazo de validade, e condições de uso e armazenamento. Também em casos especiais, pode informar sobre processamentos especiais, como a irradiação, a origem ou a natureza de seus ingredientes (orgânicos ou transgênicos, entre outros). Seguindo as políticas ambientais e as regulamentações específicas, a embalagem informa ainda sobre os materiais que a compõem para indicar um posterior tratamento, reciclagem ou descarte.

A indústria de alimentos possui uma grande responsabilidade com relação aos resíduos de embalagens e o impacto ambiental causados por elas. Somente no Japão, as embalagens representaram, no ano de 2002, 61% do volume dos resíduos domiciliares, um total estimado de 260 g/dia por pessoa (SUMIMOTO, 2005). A tendência crescente de consumo individualizado, de utilização de embalagens com multicamadas, de revestimentos e coberturas, de mecanismos ativos e inteligentes impõe um desafio para o cumprimento das regulamentações quanto à redução, reutilização, reciclagem e incineração das embalagens. Observa-se, também, uma tendência crescente de desenvolvimento e utilização de polímeros biodegradáveis e tintas hidrossolúveis, como formas de aliviar parcialmente o impacto ambiental das embalagens.

As necessidades crescentes e variáveis de consumo de alimentos em nível mundial e os efeitos ambientais das embalagens para alimentos devem ser abordados conjuntamente pelos pesquisadores de instituições de ensino e pesquisa, e de empresas produtoras e transformadoras, no sentido de desenvolver novos e melhores produtos. O desafio está em considerar a embalagem como parte integral do alimento e do entorno, mantendo o papel fundamental de conter, preservar e apresentar os alimentos.

8.2 MATERIAIS USADOS EM EMBALAGENS PARA BEBIDAS

As embalagens de bebidas formam um complexo segmento tecnológico no setor do processamento de alimentos/indústria de embalagens. Os requisitos das embalagens para todos os tipos de bebidas são:

- garantir absoluta proteção à prova de vazamentos e de contaminação;
- garantir proteção do conteúdo contra a deterioração química;
- impedir a adsorção de sabores externos;
- garantir higiene e segurança;
- manter a carbonatação, no caso de bebidas gaseificadas;
- ser econômica, fácil de usar e de dispor/reciclar, ou ser biodegradável;
- ter boa aparência estética.

Os materiais para embalagens de bebidas devem atender a uma variedade de requisitos. O mais importante é que não sejam tóxicos e sejam quimicamente resistentes às bebidas, para dar cumprimento aos regulamentos da legislação (BRASIL, 2010). Além disso, os materiais de embalagem de alimentos devem ter baixa permeabilidade a gases, vapores e líquidos, grande resistência a perfurações, transparência e brilho adequado, baixo custo e boa processabilidade. Dependendo da utilidade, resistência à esterilização, boas propriedades de selagem a quente e encolhimento, biodegradabilidade, capacidade de impressão e tenacidade também podem ser requisitos necessários.

Não existe nenhuma resina comercial que possa reunir todos esses requisitos. Portanto, as propriedades desejadas são obtidas pela combinação de duas ou mais resinas, criando um sistema de multicamadas. Esse sistema de multicamadas é conseguido por meio de coextrusão ou comoldagem, e depende das propriedades do revestimento. Além disso, modificações da superfície, como o tratamento e utilização de aditivos especiais, são frequentemente utilizadas.

Relativamente aos materiais para embalagem de multicamadas, o componente crítico é muitas vezes a baixa permeabilidade (elevada barreira) da resina. No entanto, o aspecto da permeabilidade não é por si só suficiente para fornecer as propriedades físicas e mecânicas, muitas vezes necessárias. Três classes de polímeros orgânicos – policloreto de vinilideno (PVDC), acrilonitrilo e álcool etileno vinílico (EVOH) – combinam as necessidades de uma boa barreira com processabilidade, conformabilidade e tenacidade mecânica que os qualifica para a aplicação como materiais de elevada barreira.

Os recipientes de bebidas são produzidos a partir de vários tipos de materiais, que basicamente podem ser agrupados em quatro categorias principais:

a) vidro e materiais cerâmicos;
b) metal, quase exclusivamente latas de alumínio no Brasil e nos USA, mas também recipientes de aço, que mantêm uma quota de mercado significativa na Europa;
c) plástico, principalmente politereftalato de etileno (PET) para refrigerantes, água mineral com e sem gás e outras bebidas, além do polietileno de alta densidade (HDPE) para leite e água engarrafada para consumo doméstico;
d) papel, principalmente cartão revestido para embalagens de produtos lácteos e sucos.

A tradicional garrafa de vidro reciclável tem dado lugar a novas embalagens de metal, plástico e cartão. A tendência atual é para melhorar os recipientes convencionais, ampliar a sua cota de mercado, aumentar o prazo de validade dos produtos, proporcionar maior conveniência ao consumidor e, finalmente, produzir embalagens econômicas e de baixo impacto ambiental.

8.2.1 Garrafas de vidro e plástico

As garrafas podem ser fabricadas de vidro, de plástico e mais recentemente de metal, embora estas sejam ainda pouco usadas e muito caras. As garrafas serão assim o tipo de embalagem considerado em primeiro lugar.

8.2.1.1 Garrafas de vidro

O vidro é uma substância resultante da fusão, ou combinação, de sílica com diversas outras substâncias. É geralmente duro, frágil e relativamente transparente, podendo o ser totalmente. A escala geral de cores disponível no mercado de hoje varia entre o branco, verde claro, verde escuro, âmbar (castanho com diferentes tons) e azul (GIRLING, 1999).

A garrafa de vidro tem um perfil moderno com vantagens distintas como:

- imagem de qualidade;
- baixo custo de produção;
- diferenciação da imagem de marca por meio do design da forma e textura;
- possibilidade de manga decorativa (cobertura ou redoma estreita e alta);
- compatibilidade com o produto;
- impermeabilidade;
- resistência ao odor;
- boa transparência;
- tampa robusta;
- abertura fácil;
- possibilidade de fecho após abertura;
- pasteurização na garrafa;
- boa resistência à pressão interna;
- boa resistência à pressão vertical;
- propriedades que oferecem proteção UV;
- reciclável e/ou reutilizável.

O vidro é um material com muitas virtudes, mas, infelizmente, também possui características que limitam a sua utilidade. É pesado e quebra facilmente quando sujeito a impacto. Quanto maior for o recipiente, mais vulnerável se torna, criando assim uma grande dificuldade para embalagens que são tão populares como as bebidas gaseificadas de 2 litros. No entanto, o vidro é forte e inerte, adequado para bebidas gaseificadas e não gaseificadas oferecendo excelentes opções de decoração e fechamento. Para bebidas não gaseificadas, várias formas estão disponíveis, sem necessidade de reforço da garrafa. As matérias-primas para a produção de vidro são comuns e podem ser recicladas quase infinitamente.

Tendo em consideração o tamanho, por exemplo, uma garrafa de 500 mL ou inferior (250-300 mL) para ser utilizada em refrigerantes gaseificados, o vidro pode ser uma boa escolha. Os consumidores associam o vidro à "qualidade", pois este confere uma longa validade do produto. No entanto, se a utilização pretende ser em áreas como estádios, piscinas ou escolas, então o vidro poderá não ser o mais apropriado.

O vidro ainda é o meio preferido para embalagens de bebidas de frutas de alta qualidade, embora, nos últimos anos, exista uma proporção cada vez maior desse tipo de bebidas embaladas assepticamente em embalagens de cartão.

Se o produto é uma cerveja ou outra bebida alcoólica, então a imagem de mercado faz do vidro o material mais adequado. Além disso, as garrafas de vidro conferem uma impressão de qualidade superior comparativamente às garrafas de plástico do mesmo volume; uma garrafa de vidro de 750 mL parece do mesmo tamanho das de 1 litro de plástico. O consumidor vê a garrafa com manga como uma imagem tridimensional e não como uma garrafa rotulada. A combinação da forma, cor e gráficos apresenta uma imagem forte que pode ser usada para uma nova marca ou um novo produto.

As melhorias que têm sido feitas nas garrafas de vidro são: i) diminuição do peso; ii) revestimento das superfícies para aumentar a resistência à abrasão; e iii) o uso de recipientes de boca larga com tampas de abertura fácil.

8.2.1.2 Garrafas de plástico

Ao longo do tempo, materiais plásticos em formas rígidas e flexíveis têm substituído progressivamente o vidro e o metal como materiais de embalagem de bebidas. Isto pode ser atribuído à sua versatilidade, conformabilidade, menor custo de fabricação e leveza. Em 1970, o politereftalato de etileno (PET) encontrou com sucesso um nicho no mercado de refrigerantes, abrindo caminho para outros materiais plásticos. Em alguns países, o plástico não substituirá completamente o vidro e o metal, por razões ambientais e econômicas. Nos consumidores sempre persistiu o equívoco de que o plástico é ambientalmente mais prejudicial do que o vidro ou metal, e com o desenvolvimento das embalagens de multicamadas, a reciclagem tornou-se ainda mais difícil. Além disso, tanto o vidro como o metal formam uma total barreira para substâncias gasosas, enquanto materiais plásticos permitem sempre alguma permeabilidade (Tabela 8.1) (BUTT, 1999).

Tabela 8.1 Propriedades dos materiais termopláticos usados nas embalagens de bebidas.

Propriedades	HDPE	PP	PVC	OPVC	PET
Densidade (g/cm³)	0.95	0.90	1.32	1.32	1.37
Resistência química	Fraco	Fraco	Razoável	Razoável/Bom	Bom
Transparência	Fraco	Razoável	Bom	Excelente	Excelente
Tenacidade	Excelente	Bom	Fraco/Bom	Bom	Excelente
Impacto à resistência	Excelente	Razoável/Bom	Bom	Muito Bom	Excelente
Resistência à temperatura (até 60 °C)	Bom	Muito Bom/Bom	Fraco	Fraco/Bom	Bom
Resistência à permeabilidade de umidade	Muito Bom	Muito Bom	Bom	Bom	Bom
Resistência à permeabilidade do oxigênio	Fraco	Fraco	Bom/ Razoável	Bom	Bom
Capacidade de enchimento a quente (até 85 °C)	Fraco	Bom/Excelente	Fraco	Fraco	Fraco

HDPE – polietileno de alta densidade; PP – polipropileno; PVC – policloreto de vinila;

OPVC – policloreto de vinila orientado; PET – politereftalato de etileno.

Existem certos plásticos com boa barreira, mas que, devido ao seu elevado custo (por exemplo, álcool etileno vinílico, EVOH), devem ser combinados com plásticos mais baratos. Geralmente, são combinados com uma base de polímeros, como o polietileno (PE) e polipropileno (PP), que fornecem a estrutura principal do laminado e têm a vantagem de serem baratos e de fácil processamento. Outras combinações incluem a base de polímeros de policloreto de vinila (PVC) e poliestireno (PS), devido à sua transparência, e PET, devido às suas propriedades mecânicas.

Há limites para as quantidades de oxigênio e vapor de água que podem ser absorvidas através das paredes de um recipiente, sem afetar a validade do produto. Não há um único plástico que possa ser considerado um material de barreira perfeito. Por exemplo, EVOH e *nylon* são impermeáveis ao oxigênio; no entanto, o vapor de água pode facilmente penetrar. Por outro lado, os plásticos de poliolefinas, como HDPE e PP, formam uma boa barreira ao vapor de água, mas são fracas barreiras ao oxigênio. Por esta razão, uma estrutura de multicamadas é geralmente a melhor opção, para a combinação de uma barreira ao vapor de água e ao oxigênio.

Os avanços na tecnologia de processamento combinados com a vasta gama de materiais plásticos disponíveis no mercado têm permitido que, atualmente, componentes da embalagem possam ser feitos sob medida para atender às necessidades específicas da aplicação. A coextrusão é uma técnica usada tanto em embalagens rígidas como flexíveis, que permite uma série de camadas de plástico serem ligadas em conjunto, cada uma contribuindo com certas propriedades, e a sua combinação pode fornecer a solução perfeita de embalagem. Estes avanços tecnológicos têm contribuído para uma vantagem competitiva do plástico sobre o vidro e o metal.

As garrafas de plástico já existem há várias décadas. Antes do advento do PET e da tecnologia de moldagem por sopro e injeção, que contribuiu para que os plásticos tivessem uma posição significativa no setor de bebidas gaseificadas, os plásticos foram usados principalmente para o acondicionamento de bebidas sem gás. O PVC foi o principal material utilizado para refrigerantes, enquanto o HDPE foi, e ainda é, o material predominante para produtos refrigerados com curta validade (BUTT, 1999).

A necessidade de propriedades de barreira reforçadas e capacidade de enchimento a quente levou ao desenvolvimento de garrafas com vários materiais, usando como base o EVOH ou *nylon* entre camadas de poliolefinas.

Várias tecnologias estão disponíveis para a produção de garrafas de plástico, mas a principal tecnologia para o fabrico dessas garrafas (exceto garrafas PET) é a moldagem por extrusão e sopro (BUTT, 1999).

Garrafas de plástico para bebidas não gaseificadas, quase inevitavelmente, têm reforços para acrescentar resistência necessária a suportar o vácuo em muitas máquinas de envase e para resistir às forças laterais existentes na embalagem durante transporte. Garrafas para bebidas gaseificadas são invariavelmente circulares (na secção transversa), para equilibrar a pressão interna, e algumas garrafas têm uma parede interna que ajuda a manter essa pressão.

8.2.1.2.1 Garrafas de PVC e OPVC

A aplicação de PVC para embalagens tem sido feita principalmente nas áreas de sucos concentrados e água mineral. O material é facilmente moldado em formas mais interessantes do que o PET e é relativamente rígido, embora tenha resistência ao impacto significativamente menor que o PET. O PVC pode ser orientado (OPVC) e as embalagens fabricadas com esta técnica têm melhores características (mais leves, melhor resistência ao impacto e transparência), mas não podem ser feitas com ponto para encaixe da mão integrado. No entanto, nos últimos anos, o uso de PVC tem sofrido um declínio constante a favor do PET.

Uma das vantagens do PVC é que, uma vez que estas embalagens são feitas pelo processo de moldagem por extrusão e sopro, podem ser cortadas com ponto para encaixe da mão, algo que não é possível obter numa só peça pelo processo de injeção, estiramento e sopro como o utilizado nas embalagens PET. Isto faz do PVC particularmente conveniente para o mercado das embalagens de maior tamanho (2 e 3 litros), para bebidas diluídas, em que a facilidade de manuseio é uma consideração primária.

O PVC tem tendência a ser frágil e quebrar com o impacto. O design do recipiente e o uso de modificadores de impacto na mistura podem minimizar essa desvantagem, mas se uma garrafa cheia cair numa superfície dura, há uma boa probabilidade de quebrar. O PVC torna-se mais frágil com a diminuição da temperatura e isto deve ser considerado na concepção da embalagem secundária.

As máquinas de moldagem podem ser equipadas com sistemas múltiplos de alimentação para fabrico de embalagens multicamada que podem incluir barreiras a gás ou material reciclado.

As máquinas são do tipo extrusão com sopro, que podem ser adaptadas para formar as garrafas com ponto para encaixe da mão integrado, um recurso útil para grandes dimensões (22 litros). Os moldes para uma nova embalagem são relativamente baratos, pois existe apenas a fase de sopro a considerar. É fácil alterar o peso do recipiente, mas alguns cuidados devem ser levados em consideração, como a seleção do fechamento de uma garrafa extrusada para torná-la compatível com a superfície de tampa. O topo da garrafa é frequentemente irregular, sendo melhor escolher o tipo de fechamento que entrará em contato com uma superfície lisa para ter uma melhor probabilidade de sucesso.

Deve-se ter em mente que existem algumas restrições à utilização de embalagens de PVC para refrigerantes (BUTT, 1999):

a) Não é, geralmente, adequado para o uso em produtos gaseificados, devido à sua baixa resistência e propriedades de barreira. As garrafas de OPVC têm um desempenho significativamente melhor, mas ainda são apenas adequadas para níveis relativamente baixos de gaseificação (concentração de CO_2 menor que 5 g L^{-1} para embalagens de 1,5 litros).
b) O enchimento a quente é, geralmente, limitado a 60 °C para a formulação tradicional do PVC.
c) Formulações de PVC são indicadas para i) oferecer maior resistência à deformação e à permeabilidade aos gases; ii) melhorar a sua aplicação como material de embalagem para produtos gaseificados; e iii) melhorar, substancialmente, a estabilidade térmica de modo a permitir enchimento de líquidos a quente (~ 85 °C). Resta saber se estes desenvolvimentos vão ser capazes de contrariar a tendência do PVC.

8.2.1.2.2 Garrafas de polietileno de alta densidade (PEAD)

As garrafas de polietileno de alta densidade (PEAD) são utilizadas principalmente para produtos refrigerados com curta validade. As garrafas estão disponíveis em vários tamanhos e, geralmente, pertencem a duas categorias: *leves*, usadas para embalagens de leite e sucos concentrados e *pesadas*, com formas personalizadas, usadas para sucos de fruta recém-extraídos, a exemplo do suco de laranja.

A necessidade de condições assépticas para produtos com longa validade tende a manter esse setor nas embalagens de cartão em vez das garrafas de plástico. O PEAD não pode ser enchido a quente, não é suficientemente impermeável ao oxigênio para evitar a oxidação nos produtos de longa duração e também não oferece qualquer nível de transparência.

8.2.1.2.3 Garrafas de polipropileno (PP)

O polipropileno é, geralmente, produzido por extrusão e moldagem por sopro, sendo tecnicamente um material adequado para algumas embalagens de bebidas sem gás, como água mineral, devido ao fato de ser mais barato do que o PEAD. A principal vantagem que o PP oferece é que suas embalagens suportam o enchimento a quente (87 °C), sendo esterilizável até 120 °C. Embora as garrafas, quando vazias, apresentem um aspecto leitoso semelhante ao PEAD, sem grande transparência, quando cheias fazem a garrafa parecer bastante atraente. Por si só, PP não tem um elevado grau de impermeabilidade ao oxigênio, impedindo a sua aplicabilidade em produtos com longa validade. No entanto, isso pode ser superado pelo uso da tecnologia de coextrusão e incorporando uma camada de material barreira (por exemplo, EVOH ou ocasionalmente *nylon* 6), entre a camada interior e exterior do PP. Uma camada de adesivo também é necessária entre o EVOH e o PP para garantir aderência, e, assim, a estrutura final é geralmente composta por cinco camadas. Assim como acontece com a moldagem convencional por extrusão e sopro, o processo de coextrusão produz desperdícios que devem ser reciclados, por razões econômicas e ambientais. Os desperdícios são uma mistura de PP, EVOH e adesivo, e normalmente são reciclados para a extrusora.

8.2.1.2.4 Garrafas de politereftalato de etileno (PET)

O politereftalato de etileno (PET) é desenvolvido pela polimerização de ácido tereftálico e de etilenoglicol sob vácuo, na presença de catalisadores. Pequenas quantidades de copolímeros, como o ácido isoftálico, podem ser adicionadas para conferir propriedades específicas. No entanto, em geral, o material é puro, pois uma das vantagens do PET é que as suas características são obtidas sem necessidade de modificação. O polímero obtido pelo processo de vácuo tem viscosidade adequada para produção de fibras, mas é muito fraco para o fabrico de garrafas para bebidas gaseificadas. Para as garrafas, os grânulos devem ser novamente polimerizados no estado sólido (processo lento), para que sejam elaboradas cadeias maiores numa gama mais restrita e, assim, desenvolver as propriedades necessárias para se tornar resistente. Após este procedimento, os polímeros PET são embalados para a entrega e distribuição. O PET possui três formas físicas: amorfo, orientado e cristalino, e estas propriedades são exploradas para o fabrico de uma vasta gama de materiais de embalagem. As garrafas podem ser leves, fortes e resistentes ao impacto, podendo ser feitas com estabilidade à temperatura, após um adequado tratamento térmico. Estas podem ser utilizadas para produtos gaseificados ou não; se o produto for gaseificado, a pressão do dióxido de carbono irá inchar a garrafa, tornando-a numa estrutura bastante rígida. Se o produto não tiver essa rigidez, uma espessura maior ou uma camada de outro material de reforço pode ser necessária, ou poderá ser adicionado nitrogênio líquido, imediatamente antes do fechamento da garrafa para conceder essa imprescindível qualidade. Embalagens de grandes dimensões para produtos não gaseificados exigem algum tipo de alça ou ponto para encaixe da mão, algumas envolvem a garrafa e podem ser fundidas como uma alça incorporada no molde; no entanto, não é possível formar um alça integrante, como acontece com alguns outros materiais.

Outros materiais plásticos têm sido utilizados para embalagens de bebidas. Esses apresentam algumas vantagens, mas, geralmente, há uma desvantagem enorme, o custo, o que impede um uso mais vasto. O poliestireno é usado para embalagens descartáveis de bebidas, mas é bastante frágil (AYTON, 1999). O polinaftalato de etileno (PEN) tem excelentes características físicas e químicas, excelentes propriedades de barreira e pode ser dirigido para o fabrico de embalagens de refrigerantes, mas é muito mais caro do que o PET. Deve-se ter em consideração que uma diversificação de plásticos tornará a reciclagem muito mais difícil de executar, assim os materiais estabelecidos devem ser especificados e as estruturas de multicamadas evitadas sempre que possível.

8.2.2 Embalagens flexíveis

8.2.2.1 Caixinhas/Embalagens flexíveis assépticas

Embalagens flexíveis para bebidas sem gás são normalmente na forma de caixinhas quadradas ou de seção retangular. Por convenção, os produtos embalados asseptticamente para serem armazenados à temperatura ambiente são feitos em embalagens retangulares, e os produtos para distribuição na cadeia de frio usam caixinhas quadradas. Estas caixinhas são fabricadas por sistemas bem desenvolvidos e assim é necessário ter em consideração a melhor forma de usar esses tipos de embalagens. A presença de um produto padrão de embalagem é um grande benefício tecnológico num mercado global quando há necessidade de especificar a embalagem para um mercado do outro lado do mundo. Estes são formatos de embalagem de alta tecnologia, que precisam de operadores bem treinados para assegurar a eficiência de enchimento dos produtos, tendo a vantagem de serem bem aceitos pelo consumidor.

Devida atenção deve ser dada ao tamanho da embalagem, se esta se destina para dose única (200 ou 250 mL) ou para doses múltiplas (1-2 litros). Se for para dose única, será que deve ter algum tipo de auxílio para o consumidor, como um canudo ou um sistema abre-fecha? Se é de multidose, será que tem alguma tampa para fechar? Será que vai ser vendido na seção dos produtos refrigerados? Qualquer recurso adicional contribuirá para o aumento dos custos e pode ser inaceitável, a menos que o produto seja genuinamente original e suportado por publicidade ou promoções. Existem opções para os aspectos gráficos, que podem ser impressos pela técnica de gravura ou pelo processo de impressão flexográfico, que é ligeiramente mais barato.

A escolha principal centra-se em providenciar uma elevada barreira para sucos de fruta de longa validade ou para produtos distribuídos na cadeia de frio. Os produtos de longa validade devem ser embalados assepticamente. Quer seja selecionada uma caixinha pré-formada, quer seja uma do tipo "forma, enche e sela", a questão da escolha deve sempre ter em conta o mercado. Ambas têm seus pontos fortes e ambas têm algumas pequenas desvantagens.

Quando a caixinha é em forma de tetraedro, inicialmente chamada de *Tetra Pak* e posteriormente rotulada de *Tetra Classic*, produz-se segundo o conceito "forma, enche e sela" (*form fill seal* – FFS). Um rolo de material de embalagem entra na máquina embaladora, molda-se em forma de tubo, formando a embalagem, é preenchido com o líquido e selado num processo contínuo. Uma outra versão mais *user-friendly*, é a caixinha *Tetra Brik*, que apresenta forma de tijolo e são embalagens mais fáceis de empilhar, armazenar e manusear durante a cadeia de distribuição, sendo muito mais conveniente para o consumidor, para abrir e guardar. A empresa *Tetra Pak* desenvolveu ainda uma versão asséptica da embalagem *Tetra Classic* (1959) e uma embalagem asséptica *Tetra Brik* (1969). Em 1986, um novo sistema de embalagem foi introduzido, o *Tetra Top*, oferecendo a injeção de um *top* plástico moldado e selado na embalagem com cantos arredondados. O dispositivo de abertura é fácil de abrir, verter e fechar. Este tipo de caixinha, desde então, tem sido usado para envase de diferentes bebidas, incluindo leite, suco, água de coco e vinho. Está hoje disponível em vários tamanhos, desde 100 mL a 2 litros. Sucos embalados assepticamente dominam a maioria dos mercados; poucas exceções incluem os Estados Unidos, onde os sucos concentrados, congelados ou sucos refrigerados são ainda mais importantes do que os sucos distribuídos à temperatura ambiente. A *Tetra Pak* é líder no fornecimento de embalagens de cartão para alimentos líquidos na indústria alimentar mundial.

O conceito de embalagens assépticas é baseado na utilização de uma camada-barreira (normalmente follha de alumínio) como parte de um material de embalagem laminado, que é esterilizado, geralmente, por meio de peróxido de hidrogênio, pouco antes da embalagem do produto ser sujeita a um processamento térmico, de modo a ficar isenta de bactérias viáveis. As vantagens deste tratamento para as embalagens são: i) poderem ser armazenadas e distribuídas sem refrigeração; ii) ser possível conservar por longos períodos, sem a necessidade de incorporar conservadores; e iii) terem uma excelente preservação da qualidade.

O enchimento a quente pode ser utilizado para a produção de sucos com longa validade, mas necessita que a bebida processada termicamente seja introduzida diretamente na caixinha, sem arrefecimento significativo. A alta temperatura da bebida é usada para eliminar os microrganismos da superfície interna da embalagem. A qualidade do suco por enchimento a quente, quando comparada com a qualidade do suco embalado assepticamente, tem sido objeto de muita discussão, e as opiniões variam. Contudo, parece que, em comparação ao suco por enchimento a quente, os sucos embalados assepticamente têm um sabor relativamente melhor imediatamente após o enchimento, mas esta diferença desaparece durante o armazenamento.

Bebidas, polpas e/ou concentrados de fruta, quando embalados assepticamente, têm excelente proteção, pois o processo asséptico garante ausência de bactérias no produto durante o acondicionamento. As embalagens assépticas são feitas por meio da combinação de termoplásticos com cartão e alumínio. A construção multicamadas permite que o cartão proteja o conteúdo de vários fatores responsáveis pela deterioração, enquanto a camada de alumínio oferece uma forte barreira para o O_2 e para a luz. A camada interna de plástico de polietileno torna possível a vedação do líquido. A camada externa de papel proporciona rigidez, tornando possível a formação de embalagens em forma de tijolo, permitindo assim otimizar o armazenamento e o espaço de transporte; permite ainda excelentes aspectos gráficos, oferecendo uma boa apresentação e uma boa estratégia de marketing, fornecendo também informações sobre o produto.

Para facilitar o acesso conveniente aos conteúdos, as embalagens cartonadas oferecem uma variedade de dispositivos de abertura. Uma das características para a abertura deste tipo de embalagem é o uso de canudo, que é normalmente anexado à caixinha nas embalagens assépticas de bebidas de fruta. Uma tendência recente é o *pull-tab* ou guia de abertura, que pode ser usado para facilitar a abertura por meio da separação do pré-perfurado sem comprometer a integridade da caixinha. Além disso, cápsulas personalizadas podem ser incorporadas nas embalagens cartonadas para facilitar o esvaziamento e reforçar a imagem de marca. As embalagens cartonadas estão agora disponíveis numa forma de tetraedro (*Tetra Pak*), que são de fácil manuseio, e essa sua forma original oferece máxima eficácia para a exposição em prateleiras e uma eficiente utilização do espaço. Essas embalagens são estáveis à temperatura ambiente e a validade e composição dos nutrientes do suco de frutas são influenciadas pelas propriedades do material barreira do *Tetra Pak*.

8.2.2.2 Bolsas flexíveis laminadas (pouch)

Bolsas flexíveis para bebidas não gaseificadas podem ser feitas com laminados. Os produtos devem ser embalados assepticamente ou cheios a quente, para permitir armazenamento dos sucos de frutas à temperatura ambiente. Os *pouchs* podem ter um dispositivo de abertura anexada ou embutida e podem ser fechados após abertura.

Uma bolsa de filme laminado que tem tido algum sucesso é a *CapriSun pack* para suco de fruta, do Rudolph Wild, na Alemanha. Este é um produto licenciado, que é constituído por uma bolsa e um sistema de enchimento. O *pouch* é uma bolsa de suporte vertical, e o dispositivo de abertura é anexado à bolsa num invólucro transparente. Um sistema mais amplamente disponível é o de *Cheerpack pouch,* da Hosokawa Yoko, no Japão, licenciado globalmente como *Gualapack*. Este sistema pode ser utilizado para uma ampla variedade de bebidas não gaseificadas. As principais vantagens desta bolsa são a sua leveza, de fácil transporte e possibilidade de fecho após abertura. Na área de produtos infantis, as bolsas flexíveis laminadas, ao contrário dos recipientes de vidro ou latas, conciliam dois aspectos muito importantes: segurança e entretenimento (devido às inúmeras possibilidades de decoração).

Para produtos que são estáveis à temperatura ambiente, o enchimento a frio pode ser utilizado. Se o tratamento térmico for necessário, para o *Cheerpack pouch* pode ser utilizado enchimento a quente (~85 °C). No entanto, é recomendável discutir aspectos de processamento do produto e requisitos da embalagem com a fornecedor da embalagem.

As bolsas flexíveis laminadas são compostas por quatro painéis com dois reforços laterais. Dependendo da aplicação, o laminado pode incluir o PET/alumínio (Al)/PET/polietileno (PE) ou PET/EVOH/PE ou PET/ALV/polipropileno (PP)/poliamida orientada (OPA) (TACCHELLA, 1999).

A natureza da sua construção permite que a bolsa se sustente e que o gargalo, de polietileno de alta densidade (PEAD), e o dispositivo de abertura possam ser selados à embalagem. É através desse gargalo que o *pouch* é enchido com o produto e, em seguida, selado com uma tampa específica fornecida juntamente com a bolsa.

O desenvolvimento dessa embalagem deve considerar o seu formato com os requisitos totais da embalagem e com a oportunidade de comercialização que o formato ofereça para o posicionamento do produto e da marca. Alguns consumidores percebem a bolsa flexível como uma forma moderna, podendo ser usada para diferenciar o produto no mercado das bebidas.

8.2.2.3 *Sistema bag-in-the-box*

O sistema *bag-in-the-box* é composto por um saco flexível dentro de um recipiente rígido, por uma máquina de enchimento para introduzir o produto líquido no saco e por um dispositivo de abertura para a saída do produto. O recipiente externo pode ser uma caixa ou um tambor. O saco é constituído por duas camadas, a camada interior que contém o líquido e a camada exterior que fornece as propriedades de barreira, que são seladas a quente nas bordas. O dispositivo de abertura montado no saco ajuda no enchimento e distribuição do produto. As embalagens podem conter de 3 a 1.000 litros.

Filmes de PE de alta performance, com excelentes propriedades de selagem e punção são, geralmente, utilizados como materiais da camada interna. A função da camada externa é fornecer à bolsa uma barreira compatível à validade estimada do produto. Nesse sentido, o *bag-in-the-box* é superior às outras formas de embalagem, porque, ao contrário dos outros materiais (como garrafas e latas), é possível variar especificamente as propriedade de barreira e, consequentemente, controlar o custo desse tipo de embalagem. A validade esperada do produto e as condições de armazenamento desempenham um papel importante na determinação dos requisitos de barreira da camada exterior. A camada exterior padrão é um filme laminado metalizado, que em condições normais tem uma taxa de permeabilidade ao oxigênio de 1cm^3 m^{-2} 24 h^{-1}.

A montagem do dispositivo de abertura (tubo e tampa) é feita por injeção de plásticos moldados. O tubo é fornecido com uma flange, que é soldada à camada interna do saco durante a fabricação dos sacos plásticos.

O objetivo do recipiente rígido é proteger a bolsa durante o armazenamento, transporte e uso. Como é evidente, o saco feito a partir de filmes flexíveis é incapaz de ser armazenado e transportado por si só. Assim, cada saco é armazenado individualmente em recipientes rígidos externos, após o enchimento. Para embalagens com capacidade inferior a 50 litros, caixas de papelão ondulado são geralmente utilizadas como recipientes rígidos. Acima desses volumes, tambores plásticos e de metal são usados. Para sacos de grandes dimensões (+1.000 litros), recipientes de cartão canelado poligonal são utilizados, embora também existam outras alternativas.

8.2.3 Embalagens de metal

Embalagens de metal são utilizadas para bebidas, variando na forma, dimensões, material, estrutura e/ou lacagem. Recentemente, formas irregulares e superfícies em relevo foram apresentadas especialmente para latas de cervejas. A embalagem de metal mais difundida e utilizada para bebidas é certamente a lata.

Esses recipientes são feitos com duas ou três partes, sendo que numa das extremidades existe uma abertura fácil. Até os anos 1970, as latas eram formadas a partir de três peças (corpo e duas extremidades), utilizando-se folha de flandres como único material. Atualmente, latas de duas peças são desenvolvidas a partir de uma variedade de materiais (alumínio, folha de flandres, aço sem estanho, e aço revestido), sendo amplamente utilizadas nas embalagens de bebidas. As latas são envernizadas internamente para evitar corrosão.

A lata é uma embalagem de confiança e conveniente para distribuir bebidas, sejam alcoólicas (cerveja) ou não alcoólicas (refrigerantes e sucos de fruta), especialmente se gaseificadas, uma vez que protege perfeitamente o produto. As latas estão altamente desenvolvidas para oferecer uma bebida ao consumidor de forma eficiente e com um custo relativamente baixo. A lata pode ser fabricada e enchida rapidamente, é altamente móvel nas linhas de acondicionamento, é forte e sólida, e pode ser embalada numa variedade de embalagens secundárias com relativa facilidade. Devido à sua facilidade de enchimento e manipulação, combinada com os benefícios do produto ao consumidor, a popularidade da lata tem crescido rapidamente e conquistado uma elevada percentagem do mercado das embalagens da cerveja, refrigerantes e sucos de frutas.

Na embalagem de bebidas gaseificadas, a utilização inerente de dióxido de carbono tem um efeito benéfico, uma vez que o gás cria um contentor rígido e robusto capaz de proteger o produto por toda a cadeia de distribuição. Da mesma forma, as propriedades físicas da lata protegem o conteúdo de contaminação química e microbiológica, enquanto permite o posterior e necessário processo de pasteurização da bebida. As latas oferecem assim uma excelente proteção do produto contra a luz e o oxigênio, bem como a retenção do CO_2.

O copo da lata, parte superior e inferior das latas e as máquinas de encher e montar esses componentes estão bem desenvolvidos e compreendidos. Eles são feitos segundo as normas europeias especificadas pela a Associação do Fabricante de Produtos de Metal (MPMA).

As latas de duas peças para bebidas e cervejas são produzidas num processo contínuo, que converte o alumínio ou bobinas de aço em latas. O processo consiste no desenvolvimento da forma, limpeza, tratamento e revestimento da lata internamente e externamente, e da aplicação da decoração final. As latas de três peças são constituídas por um corpo cilíndrico e por duas extremidades, e uma dessas extremidades é de fácil abertura.

O custo das latas é altamente competitivo, e uma consideração importante que deve ser feita é se existe negócio suficiente para justificar uma linha de acondicionamento, normalmente, produzindo 1.500 unidades por minutos, ou cerca de 300 milhões por ano.

Há pouca oportunidade para diferenciar um produto de outro, exceto pela marca, pois a capacidade decorativa é limitada.

8.3 DESENVOLVIMENTO DE EMBALAGENS

8.3.1 Vidro

O vidro é derretido num forno a temperaturas de cerca de 1.350 °C e, durante o processo de fusão, é homogeneizado de forma a obter um líquido sem bolhas. O vidro fundido é conduzido através de um canal com temperatura controlada para a máquina de formação, onde chega através do alimentador à temperatura correta para se adequar à embalagem que vai ser produzida. Para embalagens de alimentos e bebidas carbonatadas, esta temperatura é na faixa de 1.100 °C.

No alimentador, o vidro fundido é extrusado através de um orifício de diâmetro conhecido, a uma taxa predeterminada, e é transformado numa forma cilíndrica sólida. O cilindro de vidro é conhecido como uma "pré-forma" e é equivalente em peso ao recipiente a ser produzido. A pré-forma é transportada através de uma série de defletores na máquina de formatação, até entrar no molde. O molde é constituído pelo molde do gargalo e o molde da peça, montados em posição oposta, sendo formado por prensagem ou sopro da pré-forma para a forma do molde.

O molde é então invertido e colocado no molde final, e expandido para fora com a forma do molde final, de onde emerge a uma temperatura de aproximadamente 650 °C. A garrafa pode ser produzida pelo método de "pressão e sopro" ou "sopro e sopro".

Em geral, o processo de prensagem e sopro é usado para frascos e o processo de sopro e sopro para garrafas (GIRLING, 1999). Uma alternativa, para garrafas leves, é o processo de "prensagem do gargalo estreito e sopro". O processo de prensagem e sopro, geralmente, é mais adequado para a produção de frascos com gargalo de 235 mm de diâmetro; os outros dois processos são mais adequados para as garrafas com um gargalo de diâmetro ≤ 35 mm. A prensagem do gargalo estreito e sopro oferecem melhor controle da distribuição de vidro que o processo de sopro e sopro, permitindo economia de peso em cerca de 30%.

Uma vez formada a garrafa, o tratamento de superfície é aplicado ao recipiente em duas fases: o tratamento a quente e o tratamento a frio.

O tratamento da superfície a quente pretende evitar danos superficiais, enquanto a garrafa ainda está quente, e ajuda a manter a resistência do recipiente. O material de revestimento mais comum é óxido de estanho, embora os derivados de titânio também sejam utilizados. O tratamento a frio corresponde à aplicação de lubrificante concebido para proteger a superfície do recipiente e para auxiliar o fluxo das garrafas através da linha de enchimento.

Após a aplicação do tratamento a quente, o recipiente é submetido ao processo que reduz a tensão residual causada no processo de formatação. O recipiente é então inspecionado eletronicamente, de forma a identificar as várias falhas que ocorrem na operação formação.

8.3.2 Metal

O processo de fabrico de uma lata é longo, sendo o primeiro passo a formação do corpo. A lata cilíndrica é o tipo mais comum utilizado para bebidas, portanto, esta secção descreve o processo de fabrico de latas cilíndricas. Uma prensa corta a chapa em várias seções e, em seguida, transforma-as na forma pretendida. Depois, os cilindros seguem para outra prensa, onde as suas paredes externas são submetidas a uma grande pressão e são esticadas para formar e selar o corpo da lata. O passo seguinte é a lavagem da lata, por dentro e por fora. Na lavagem, as latas passam por vários banhos e depois vão para um forno de secagem, o que garante sua limpeza. Na impressão, os rótulos são feitos por um sistema de flexografia e podem receber várias cores ao mesmo tempo. As máquinas mais modernas conseguem imprimir acima de duas mil latas por minuto. O próximo passo é o revestimento interno. As latas recebem uma camada de verniz interno, de forma a evitar o contato do produto diretamente com o metal. A última etapa do fabrico é a moldagem do perfil do topo da lata, para que a tampa possa ser encaixada e soldada. Com o corpo da lata pronto, o passo seguinte será o controle de qualidade, feito por pessoal qualificado e por meios eletrônicos.

8.3.2.1 Latas de três peças

A lata de três peças consiste num corpo e duas extremidades. Uma grande bobina de metal é cortada em folhas quadradas com cerca de 1x1 m. Na parte interna, um revestimento protetor é colocado sobre as folhas que, depois, são secas. As folhas são decoradas com um design de impressão e, em seguida, uma cobertura de verniz é aplicada na parte decorada, e esta é também seca. As folhas correspondentes ao corpo são empilhadas em paletes de transferência para uma unidade de fabricação.

A folha correspondente ao corpo é enrolada num cilindro e cravada na lateral. Há três maneiras de selar a costura lateral: cravagem, cimentação e soldadura. Hoje em dia, as latas de aço são soldadas na costura lateral, por sobreposição da chapa ondulada submetida a uma alta potência elétrica de corrente alternada (cerca de 3.500 A), que produz alta temperatura de soldagem. Os rolos com fio de cobre que se deslocam com eletrodo também exercem pressão para o fluxo de metal fundido, obtendo-se uma boa ligação. Novas técnicas que envolvem o uso de *laser* têm sido desenvolvidas para uma melhor qualidade de soldagem e maior velocidade de produção, mas não tiveram sucesso na comercialização. A soldagem oferece uma costura lateral estreita mais forte e com menos uso de metal.

Latas cravadas ou soldadas lateralmente necessitam de cobertura sobre as superfícies internas e externas da costura para proteção da área do metal exposto. A costura lateral por cimentação é usada quando a soldadura não é desejável, como nas latas de aço sem estanho; a selagem é feita quando se sobrepõem as duas partes por meio do aquecimento. A costura lateral cimentada não afeta a aparência externa das latas, até apresenta uma melhor imagem devido à ausência de metal à vista.

O cilindro move-se formando uma dobra no metal em ambas as extremidades da lata. As latas são, frequentemente, sujeitas a um tratamento de ondulação para aumentar a resistência contra o colapso da parede, causado pela diferença de pressão que pode ocorrer durante a fase de arrefecimento no processamento térmico. A ondulação também aumenta a resistência em condições de vácuo. No entanto, a ondulação tem um aspecto negativo devido ao aumento do consumo de material para um determinado volume, reduzindo a resistência à compressão e aumentando a dificuldade de rotulagem na superfície. A formação desta ondulação no cilindro é obtida pela passagem da parede da lata num equipamento de prensagem. Porém, o equipamento de prensagem tem outro aspecto negativo, por causar um forte *stress* na parede lateral e na área da costura lateral.

A dobra formada é combinada mecanicamente com uma das partes, e a outra extremidade será combinada, obviamente, após o enchimento na indústria, usando o mesmo processo de operação, chamado de costura dupla. A ligação hermética entre corpo e as extremidades é obtida pela sobreposição do encravamento, com a ajuda de um composto vedante. O encravamento é formado entre o topo do corpo da lata e a extremidade ondulada, dobrando e pressionando firmemente em conjunto as duas placas com cinco espessuras.

O diâmetro superior da lata pode ser diminuído, reduzindo a quantidade de material usado. A redução do diâmetro é conseguida por meio de um disco giratório que força a lata contra a parede lateral superior. A redução do diâmetro também causa um aumento da espessura do metal e *stress* sobre o revestimento.

Uma camada protetora é finalmente pulverizada sobre a superfície interna da lata e o revestimento final interno é seco num forno a alta temperatura.

As latas, após o processo de fabrico, passam por um sistema de controle de qualidade e são enviadas para o embalador geralmente em paletes. As latas de três peças podem ter alguma decoração; a sua produção é relativamente baixa, com um máximo de 1.000 latas min^{-1} por linha de produção.

8.3.2.2 Latas de duas peças

As latas de duas peças, para cervejas e outras bebidas, são produzidas num processo contínuo, que converte os rolos de alumínio ou aço em latas. O processo incorpora a formação do metal, limpeza, tratamento e revestimento da lata (interna e externamente) e a decoração final (MILES, 1999).

As latas de duas peças são constituídas por um corpo e um fundo, isto é, o fundo não é aplicado ao corpo, mas provém da mesma parede. A lata de duas peças tem a vantagem de oferecer espaço mais amplo para decoração e melhor integridade hermética devido à ausência de uma costura lateral. A sua produção economiza cerca de 35% de material em relação às latas de três peças. As formas do fundo e do topo das latas de duas peças permitem um armazenamento mais fácil e mais compacto. A taxa de produção das latas de duas peças é superior à das latas de três peças, sendo produzidas a uma taxa de 1.000 – 2.000 latas min^{-1}, por linha de produção.

Os rolos de alumínio ou aço são lubrificados com uma fina película de óleo e são, então, alimentados continuamente a uma máquina que marca e desenha o corpo da lata. Cada corpo da lata é empurrado e forçado por meio de anéis, diminuindo a espessura em 1/3 da original e aumentando a altura até três vezes mais da sua altura original. As espessuras típicas de fundo e paredes laterais são cerca de 0,3 e 0,1 mm, respectivamente, e a relação altura/diâmetro pode chegar a 2:1. O fundo da lata permanece no seu diâmetro original, mas é alombado para proporcionar força e estabilidade.

Os rebordos e as irregularidades são removidos e o corpo da lata é ajustado a uma altura específica. Os corpos das latas são então passados através de uma máquina de lavar de alta eficiência e, em seguida, secos em preparação para o revestimento interno e externo. As latas limpas são revestidas externamente com um revestimento transparente ou pigmentado (verniz) que forma uma boa superfície para as tintas de impressão. As latas passam por um forno de ar quente para secar o verniz. O design é impresso com tinta e uma cobertura de verniz é também aplicada à base das latas. As latas passam então através de um segundo forno que seca as tintas e os vernizes. O interior de cada lata é pulverizado com uma cobertura de verniz e seco novamente num forno.

O diâmetro superior também pode ser reduzido nas latas de duas peças, como anteriormente descrito para as latas de três peças.

A parte superior da lata é curvada para fora, para aceitar a tampa, uma vez que esta esteja cheia.

8.3.2.3 Parte superior e inferior da lata

Apesar de a abertura fácil ser amplamente utilizada, proporcionando comodidade e conveniência para os consumidores, pelo menos a parte inferior da lata consiste num fim fixo. A parte superior e inferior da lata é ligada ao corpo por meio de uma costura dupla.

As extremidades fixas das latas são formadas por uma prensa que produz painéis de folha de metal lacado e que ondula as bordas ao mesmo tempo. Uma quantidade precisa de composto vedante é aplicada por todo o interior da curvatura. A ondulação, chamada de anéis de expansão, é feita na base da lata, o que evita o enrugamento da costura dupla no processo de esterilização, principalmente durante o ciclo de arrefecimento.

As extremidades de abertura fácil para bebidas são classificadas de abertura parcial. Recentemente, essas aberturas foram desenvolvidas com um suporte, que segura a tampa depois de aberta, às vezes chamada de tampa ecológica, pois elimina o problema do lixo formado pelas tampas sem o corpo da lata que são descartadas. O suporte da tampa foi concebido para ser empurrado com a mão de modo que a tampa abra, enquanto o suporte permanece ligado ao rebite (MILES, 1999). As tampas de abertura fácil são feitas a partir de folha de flandres envernizada, aço sem estanho, ou liga de alumínio.

O design da abertura fácil varia dependendo do tipo de pressão na lata (vácuo ou pressurizado), da espessura e resistência do material, do formato, do produto e das condições de processamento.

Algumas ondulações são também formadas na bordas das tampa. Uma tampa de abertura fácil com abertura para dentro da lata foi desenvolvida com a vantagem de não deixar no final a borda projetada para fora. Outro tipo de abertura fácil disponível é a tampa de folha laminada ou de plástico metalizado, que é aderente à lata e tem abertura descolável. O disco de alumínio está preso na superfície plana da borda de abertura, por adesivos ou colas que aderem quando aquecidas.

8.3.3 Plásticos

8.3.3.1 Plásticos rígidos

Moldagem por sopro é a técnica utilizada para fabricar garrafas com materiais termoplásticos. Dois métodos são usados para produzir a pré-forma de plástico, a extrusão ou a injeção (AYTON, 1999).

A maioria das garrafas é soprada em HDPE ou PET, embora PP, polietileno de baixa densidade (LDPE), PS e PVC também possam ser usados.

8.3.3.1.1 Moldagem por extrusão e sopro

Neste processo, um molde oco de plástico derretido é extrusado e expandido por sopro. Este se posiciona entre as duas metades do molde da garrafa, que depois se fecha ligando-se na base. Uma ligação é formada entre o plástico e a saída do ar na parte superior. Qualquer excesso de material é espremido para fora das bordas do molde e removido depois da garrafa ser ejetada. O ar é ejetado para dentro do molde, expandido até tocar o plástico derretido nas paredes do molde, através do qual circula água fria para que o plástico seja rapidamente arrefecido. A garrafa é depois ejetada do molde e os excessos de material são removidos. Existem algumas limitações para as formas das garrafas que sejam formadas por esse processo e para garrafas de maior tamanho, sendo mais barato do que a moldagem por injeção e sopro.

8.3.3.1.2 Moldagem por injeção e sopro

A pré-forma é produzida pela injeção de plástico derretido num molde em forma de tubo de ensaio, que tem as dimensões exatas do gargalo da garrafa. Enquanto a pré-forma está quente é transferida para a cavidade do molde utilizando uma vara de suporte. O ar é injetado através da vara na garrafa expandido-a, arrefecendo-a e ejetando-a. Este método não produz desperdícios, economizando assim em despesas de material e de trabalho. Outra vantagem da moldagem por injeção é a baixa tolerância que pode ser obtida na garrafa soprada, sendo particularmente benéfico na região do gargalo, produzindo um melhor ajuste para o fecho. Há mais controle sobre o peso da garrafa pelo método de injeção de uma pré-forma. A desvantagem para moldagem por injeção é o custo das partes do equipamento; assim, apenas será econômico produzir garrafas até 250 mL, existindo também limitações na forma de garrafa.

8.3.3.1.3 Moldagem por expansão e sopro

Esta técnica envolve a orientação biaxial do material plástico, que alinha as moléculas nas paredes do frasco. Isso melhora o desempenho geral da garrafa, pois apresenta melhores propriedades de barreira, resistência ao impacto, transparência, brilho e também rigidez. Estes benefícios são mais evidentes para garrafas de tamanho superior a 250 mL. O polímero fundido pode ser injetado ou extrusado para formar a pré-forma ou o molde oco, respectivamente, embora a precisão dimensional de uma pré-forma injetada seja, geralmente, o método preferido. A temperatura da pré-forma/molde é crítica, pois deve ser suficientemente elevada para conseguir o alinhamento molecular, mas também suficientemente fria para impedir que as moléculas alinhadas retornem ao seu estado aleatório original. Contrariamente à moldagem por extrusão, injeção e sopro, a pré-forma/molde é bastante menor que o comprimento final da garrafa. O alongamento na direção vertical é conseguido por extensão da haste de estiramento e no sentido horizontal pela ação da pressão do ar. PET e PP são normalmente utilizados em moldagem por sopro, apesar de PVC e PEN estarem se tornando cada vez mais comuns.

Para a moldagem por injeção, estiramento e sopro, a garrafa pode ser expandida num processo de uma ou duas fases. Na primeira etapa do processo de uma fase, a pré-forma é injetada e, enquanto ainda quente, é expandida para formar a garrafa num movimento contínuo. Este processo pode ser usado para formas de garrafas mais complexas, produzindo um bom acabamento superficial. O tempo de produção é curto e o processo é relativamente fácil de configurar. No processo de duas fases, o polímero fundido é igualmente injetado num molde, mas desta vez a pré-forma é transferida para uma máquina separada, por vezes até, numa fábrica diferente, para ser reaquecida e, em seguida expandida. Este método obviamente requer mais energia para aquecer a pré-

-forma antes da expansão. É um processo flexível, pois os moldes podem ser facilmente alterados e a máquina pode ser iniciada e fechada com facilidade. Comparativamente ao processo de uma fase, este produz uma garrafa mais leve, aumentando a produtividade e a moldagem por sopro, e as operações de enchimento podem ser efetuadas continuamente.

8.3.3.1.4 Coextrusão

Uma garrafa de multicamadas consiste em duas ou mais camadas de materiais plásticos diferentes. Uma série de extrusoras são ligadas numa única saída, através da qual os polímeros individualmente fundidos são extrusados e expandidos, resultando num produto com formato da garrafa final. O controle da espessura da camada de garrafas produzidas com materiais multicamadas é crítico, e a moldagem por injeção e sopro é o processo escolhido. Dependendo do tipo de bebida, os materiais são selecionados para construir a estrutura multicamadas, e polímeros de ligação são muitas vezes utilizados para unir as diferentes camadas. As poliolefinas oferecem uma baixa barreira ao oxigênio e por isso tendem a ser coextrusadas com materiais que ofereçam uma boa barreira ao oxigênio, como EVOH, PVDC ou *nylon*.

8.3.3.1.5 Aplicações de plásticos rígidos em embalagens

As embalagens de refrigerantes constituem uma grande parte do mercado de embalagens em geral. Há uma pressão constante sobre os fabricantes de garrafas para reduzir os custos, especialmente porque a embalagem tende a ser mais cara que o próprio produto contido. A redução no peso da garrafa é importante, pois o custo do material constitui cerca de dois terços dos custos totais do fabrico. O alongamento e orientação da garrafa fazem com que seja possível reduzir o seu peso, pois melhora a força e as propriedades de barreira do plástico. A fim de aumentar o período de validade de bebidas carbonatadas e concomitantemente reduzir a espessura da parede das garrafas, as propriedades de barreira ao dióxido de carbono dos plásticos devem ser melhoradas.

A maioria dos refrigerantes é embalada em garrafas PET de 2 litros, moldadas pelo método de expansão e sopro. Reduzir o tamanho da garrafa não só aumenta a perda de carbonatação, mas torna o aspecto do peso menos benéfico. Com novos avanços na tecnologia de multicamadas, garrafas de menores dimensões têm sido produzidas. Garrafas com sistema multicamada usando PET e PEN estão atualmente sendo consideradas para embalagens de cerveja, devido ao potencial barreira criado ao combinar esses materiais numa única estrutura.

8.3.3.2 Plásticos flexíveis

Duas técnicas diferentes são utilizadas para a extrusão de filmes. Uma produz um filme laminado e a outra um filme soprado, embora ambas possam ser usadas para a mesma aplicação (AYTON, 1999). O processo começa com um funil cheio de grânulos de polímero, que são alimentados a um tanque aquecido que contém um parafuso rotativo. O parafuso transporta o material ao longo do tanque e os grânulos passam por um processo gradual de fusão, devido à fricção e ao calor, quando em contato com as paredes do tanque. Ao chegar ao final do tanque, o polímero está totalmente derretido e é alimentado através de uma fenda, cuja forma depende do método de tratamento escolhido, e do filme a ser fabricado.

8.3.3.2.1 Método de filme laminado

O polímero fundido é alimentado através de uma fenda e extrusado para um rolo arrefecido ou para um banho de água de arrefecimento. O filme é rapidamente arrefecido, o que o impede de quebrar, produzindo pequenos cristais, resultando num filme com mais transparência. Para orientar o filme uma vez formado, este pode ser esticado no sentido longitudinal por uma série de cilindros de velocidade crescente, seguindo-se à orientação no sentido transversal por meio de uma moldura, que liga as bordas do filme. O processo de orientação pode aumentar a transparência e a força de impacto, e também melhorar as propriedades de barreira no caso do PP, que tem especial interesse para embalagens de bebidas.

8.3.3.2.2 Método de filme soprado

Neste processo, o polímero fundido é alimentado na extrusora e, em seguida, o filme é expandido em forma de bolha por meio de ar comprimido, usando pressão constante. A temperatura e a velocidade de saída da extrusora podem influenciar a espessura do filme e devem ser rigorosamente controladas. Mais orientação pode ser obtida com o método de filme soprado do que com o método de filme laminado. A orientação do filme laminado pode ser melhorada usando uma técnica conhecida como o processo de "dupla bolha", que expande o filme uma segunda vez.

8.3.3.2.3 Filme multicamada

Coextrusão é uma técnica que pode ser aplicada também para embalagens flexíveis. A combinação de um número de diferentes camadas de filme plástico flexível permite a utilização dos materiais numa ampla gama de aplicações. Para filmes com boa barreira e custo elevado, é possível aplicar apenas uma camada extremamente fina utilizando este método. Uma série de técnicas pode ser usada para unir em conjunto as diferentes camadas de filmes flexíveis, sendo a laminação por extrusão e por coextrusão as mais comuns.

8.3.3.2.4 Extrusão e laminação

Uma fina camada de filme plástico é extrusado entre duas outras camadas de filme, que pode ser de plástico, alumínio ou mesmo papel. O filme extrusado é relativamente grosso, o que dá força à estrutura. Esta técnica é particularmente útil para colagem de filmes em camadas.

8.3.3.2.5 Coextrusão

Isto envolve a extrusão simultânea de diferentes polímeros fundidos por uma fenda, cada camada contribuindo com diferentes propriedades para o laminado final. É mais econômico do que a laminação e extrusão, porque evita uma série de etapas de processamento, como a extrusão separada das camadas do filme e a orientação, caso necessário. No entanto, há limitações, pois não pode combinar camadas impressas, papel ou folha de alumínio em conjunto, embora seja possível passar um material coextrusado por laminação, como uma segunda fase da operação. A maioria dos compostos de resinas coextrusados são PE ou PP, e camadas de barreira, como PVDC ou EVOH.

8.3.3.2.6 Metalização a vácuo

Metalização é um processo usado para filmes de revestimento para fins decorativos e de barreira. Uma fina camada de alumínio é depositada sobre a superfície da película por evaporação, que ocorre por meio da excitação de um elétron. O revestimento pode ser aplicado a uma velocidade muito rápida e uma barreira melhor pode ser alcançada. A camada de alumínio tem sempre um certo número de defeitos, e nela pode até existir uma dada permeabilidade. O aumento da espessura do alumínio pode reduzir o número de limitações, mas em espessuras maiores que 40 nm não há melhorias. Filme de PET constitui um excelente material de base para metalização, sendo o *nylon* outra boa opção. PP ou LDPE são metalizados apenas para fins decorativos, pois não há melhorias significativas nas propriedades de barreira. Uma estrutura com boa barreira pode ser obtida por laminação de PP ou LDPE metalizados em conjunto, com as superfícies revestidas de frente uma para a outra.

8.3.3.2.7 Aplicações de plásticos flexíveis em embalagens

Bolsas flexíveis para embalagens de bebidas existem há mais de 25 anos. As bolsas flexíveis apareceram pela primeira vez na década de 1970, quando o suco de fruta *Capri Sun* foi lançado. Não demorou muito, até a década de 1980, para que as bolsas flexíveis se estabelecessem no mercado das bebidas.

As bolsas verticais flexíveis são constituídas por três camadas de material ligadas a quente, formando uma estrutura rígida que é capaz de ficar de pé, quando contém o produto. Há uma série de vantagens nas embalagens flexíveis, e isso levou a que se tornassem um substituto popular para garrafas de plástico na área das bebidas. As bolsas são extremamente leves e de baixo volume, de modo que não representam um grande problema ambiental para a reciclagem de resíduos sólidos, daí a sua popularidade na década de 1980. Os custos de transporte são mínimos, pois são leves e podem ser espalmadas quando vazias, uma grande vantagem relativamente às garrafas de plástico. Estas ocupam menos espaço do que as garrafas, de modo que os custos de armazenamento são baixos. Finalmente, têm uma grande área de superfície útil para fins decorativos.

As bolsas podem ser usadas de duas formas: a) levadas à linha de enchimento, pré-formatadas com uma costura feita de cada lado, posteriormente enchidas e seladas no topo; b) podem ser formatadas, enchidas e seladas numa operação contínua.

As bolsas são feitas de filme laminado. O filme de PET é uma escolha muito popular, porque fornece uma boa superfície para imprimir o rótulo. O LDPE fornece uma boa camada para a vedação por calor. O filme de *nylon* laminado e biorientado é também um material importante para bolsas devido à sua resistência e propriedades de barreira. A resistência é importante para, na linha de enchimento, tornar possível o aumento da velocidade de operação.

As bolsas flexíveis seriam utilizadas mais amplamente, se não fosse por restrições de custo de fabrico, pois são muito mais caras do que as garrafas plásticas, devido ao fato de as linhas de enchimento serem mais lentas. Elas também têm limitada resistência no topo, de modo que a utilização de embalagens secundárias para proteção, com um custo adicional, é essencial. Os custos poderiam ser reduzidos se o volume fosse maior, mas, entretanto, os fabricantes de garrafas previram esta competição e estão constantemente procurando maneiras de reduzir a espessura das paredes das garrafas, aumentando a possibilidade de reciclagem.

A entrada no mercado das bolsas do tipo *Cheer-pack pouch*, da Gualapack, que apresentam aspectos funcionais (como o gargalo integrado) e qualidades estéticas, ultrapassou de longe as bolsas convencionais. Uma estrutura típica é feita de PET, *nylon*, EVOH e LDPE. Filmes metalizados ou de alumínio podem ser usados como uma alternativa para EVOH, para melhorar as propriedades de barreira ao oxigênio. *SmithKline*, *Beecham* e a *Pepsi Corp*, no Japão, usam essa estrutura nas suas bebidas desportivas isotônicas.

Os filmes multicamadas são também utilizados em aplicações de *bag-in-the-box*, podendo oferecer uma longa validade para as bebidas, como vinho, cidra, leite e sucos de fruta. Como o vinho é particularmente sensível ao oxigênio, PVDC é a escolha ideal como material de barreira, sendo normalmente coextrusado com PE. Também possui boa resistência aos ácidos, como os presentes nos sucos de fruta.

Metalizados de PET, alumínio ou EVOH também são considerados para fins de barreira, embora uma maior utilização de EVOH seja impedida, devido à sua sensibilidade à água. A estrutura mais comumente vista nos Estados Unidos consiste em PET metalizado, laminado entre duas camadas de acetato de vinilo (EVA). Embalagens flexíveis multicamadas podem também ser usadas em forma de sacos de grandes dimensões para leite e sucos de fruta.

8.3.4 Embalagens de cartão

8.3.4.1 Caixinhas de cartão a partir de rolos

O material da embalagem, fornecido em rolos previamente impressos e vincados, é introduzido na máquina de embalagem, onde é formado num tubo. O fecho longitudinal é feito por um sistema de vedação a quente (NERMARK, 1999). Durante este processo, uma faixa ao longo da superfície interna é fechada a quente, de modo a evitar que as diferentes camadas do material da embalagem entrem em contato com o produto e vice-versa. As propriedades de barreira ao ar da vedação longitudinal são importantes para produtos sensíveis ao oxigênio, como o suco de laranja. O tubo é então preenchido com suco, sendo vedado transversalmente abaixo do nível do suco. Alternativamente, as caixinhas podem ser produzidas com um espaço de cabeça, quer por injeção de nitrogênio ou mediante enchimento incompleto.

Num sistema asséptico, o material da embalagem é tratado com peróxido de hidrogênio (H_20_2), utilizando um *spray* ou um banho em profundidade, após o qual o H_20_2 é completamente evaporado. Esterilização, enchimento e vedação são operações realizadas dentro de uma câmara estéril mantida à alta pressão. A qualidade da vedação é de extrema importância em sistemas assépticos, pois evita a entrada de microorganismos indesejáveis.

8.3.4.2 Caixinhas a partir de pré-fabricados

As caixinhas de cartão pré-fabricado são coladas, vincadas e vedadas longitudinalmente, na fábrica que produz o material de embalagem. Os pré-fabricados são entregues à operação de enchimento, numa forma plana para serem abertos, vedados na base, preenchidos a partir do topo e, finalmente, fechados na parte superior da embalagem pela máquina de embalagem e enchimento (NERMARK, 1999).

Os pré-fabricados usados no acondicionamento de sucos de fruta refrigerados são operados em condições não estéreis, devendo ser tomadas medidas para evitar a recontaminação. O enchimento deve ser feito a baixa temperatura (4 – 5 °C), para garantir a melhor qualidade possível. Caixinhas produzidas a partir de pré-fabricados são preenchidas, deixando um "espaço de cabeça". Um gás inerte, como nitrogênio, pode ser usado para preencher esse espaço, para proteger o suco de alterações aeróbicas durante o armazenamento refrigerado. Existem várias vantagens em ter um "espaço de cabeça" no interior da embalagem: o suco pode ser misturado antes de beber; a abertura e esvaziamento podem ser feitos com menos risco de derrame; e a vedação da embalagem ocorre acima do nível do produto, evitando assim que partículas fiquem retidas no topo.

8.3.5 Aspectos ambientais

Toda a cadeia de distribuição de embalagem, desde os produtores de polímeros até o consumidor, está sujeita às exigências ambientais.

Existem várias técnicas de eliminação de resíduos, como a reciclagem, compostagem, incineração (com recuperação de calor) e aterro. Cada método apresenta vantagens e desvantagens. Portanto, utilizando todas estas técnicas em conjunto produz-se a solução econômica mais eficaz e ambientalmente sensível à necessidade específica de uma comunidade industrial. Esta é a base de uma estratégia integrada de resíduos. Uma das abordagens é o LCA (*Life Cycle Assessment*), que leva em consideração vários fatores relativos ao impacto da embalagem no ambiente.

Por razões ambientais, há uma tendência para a utilização de PET como um substituto para o PVC (AYTON, 1999). Durante a reciclagem de garrafas de plástico, é muito difícil distinguir entre PVC e PET, pois visualmente são muito semelhantes. Isso torna a triagem dispendiosa em tempo e dinheiro. Uma solução seria a eliminação por completo de PVC da cadeia de abastecimento, e não usá-lo mais como um material de embalagem. A proibição total seria bem-vinda pelos ambientalistas, pois o PVC é considerado um material tóxico. PET seria um substituto adequado, pois é um material extremamente versátil, com propriedades excepcionais.

A separação das camadas, das embalagens multicamadas, para fins de reciclagem é uma tarefa muito difícil, e se os componentes da multicamada fossem reciclados sem separação, isto poderia ter efeitos prejudiciais sobre as propriedades do produto reciclado. A indústria da embalagem deve agora desenvolver sistemas de reciclagem eficazes para manter a sua quota de mercado. A reintrodução de metal e vidro tem sido mais uma ameaça para a indústria de embalagens de plástico, devido a preocupações sobre os resíduos sólidos resultantes de estruturas plásticas multicamadas. Os fabricantes de vidro têm melhorado as propriedades do seu material, a fim de recuperar a quota de mercado perdida para os plásticos. Particularmente, a atenção foi centrada na redução do peso e da espessura da parede do vidro, que é a principal razão pela qual os plásticos se tornaram um material mais favorável do que o vidro para embalagens. O vidro apresenta algumas vantagens sobre plástico, como ser totalmente reciclável, sendo que há um grande número de empresas de reciclagem de vidro a efetuá-la com sucesso. O vidro tem excelentes propriedades de barreira, proporcionando assim uma longa validade do produto e, além disso, o vidro manterá sempre uma imagem de alta qualidade para os produtos nobres, o que não pode ser facilmente alcançado usando plástico.

Existem diversas tecnologias disponíveis para a reciclagem das embalagens da *Tetra Pak*. A reciclagem das fibras e do plástico/alumínio que compõem a embalagem começa nas fábricas de papel. Durante a agitação do material com água e sem produtos químicos, as fibras são hidratadas, separando-se das camadas de plástico/alumínio. Em seguida, essas fibras são lavadas e purificadas e podem ser usadas para a produção de papel utilizado na confecção de caixas de papelão, tubetes ou na produção de material gráfico, como os folhetos distribuídos pela *Tetra Pak*. O material composto de plástico/alumínio é destinado para fábricas de processamento de plásticos, onde é reciclado por meio de processos de secagem, trituração, extrusão e injeção. Ao final, esse material é usado para produzir peças plásticas, como cabos de pá, vassouras, coletores e outros. Outra tecnologia, nova e inédita, desenvolvida localmente no Brasil, trabalha com o processamento do composto de plástico/alumínio em um forno de plasma. O equipamento aquece a mistura de plástico e alumínio a altíssimas temperaturas em uma atmosfera sem oxigênio (que preserva a qualidade do alumínio). Neste processo, o plástico se quebra em moléculas, transformando-se em parafina, e o alumínio se funde, tornando-se matéria-prima pura novamente, que pode voltar a ser folha para uso em embalagens longa vida (TETRA PAK, 2010).

8.4 EMBALAGENS ATIVAS E INTELIGENTES

A embalagem protege os alimentos do dano físico, químico e microbiológico, e isola o produto do ambiente externo, com o objetivo de estender ao máximo sua vida de prateleira. Contudo, nos últimos anos, a estas formas passivas de proteção foram sendo adicionadas soluções ativas. Ainda que a pesquisa sobre "embalagens ativas e inteligentes" tenha mais de 40 anos, foi apenas recentemente que suas aplicações ganharam espaço comercialmente e que mais inovações são vislumbradas para o futuro. No Regulamento CE n. 1935/2004, do Parlamento Europeu e do Conselho de 27 de outubro de 2004, foi aprovada a regulamentação sobre embalagens ativas e inteligentes em contato com alimentos (UNIÃO EUROPEIA, 2004).

O que são as embalagens ativas e inteligentes? Em ambos os casos, as embalagens não são inertes ao meio e ao produto, já que interagem para manter a qualidade do alimento, aumentando sua vida útil, melhorando os aspectos sensoriais ou fornecendo informação ao consumidor sobre o estado do alimento. Os materiais ativos e inteligentes devem ser declarados no rótulo, se necessita de rotulagem especial para identificar as partes não comestíveis, como é o caso de sachês com agentes absorvedores.

As embalagens ativas estão programadas deliberadamente para incorporar, absorver ou adsorver componentes e substâncias que poderiam se desprender do alimento ou do ambiente que o circunda.

As embalagens ativas incluem os sequestradores de oxigênio, substâncias usadas para controle interno de umidade, de dióxido de carbono e de etileno; os materiais que absorvem ou liberam sabores e aromas e as embalagens com ação antimicrobiana, quer sejam usadas como parte do material da embalagem ou como sachês individuais. Também se incluem entre as embalagens ativas aquelas que se autoaquecem ou esfriam automaticamente para oferecer ao consumidor o alimento à temperatura adequada para o consumo, e têm sido especialmente elaboradas para o ramo de bebidas, assim como os dispositivos para produzir espumas em glacês, cervejas e *capuccinos* industrializados.

As embalagens inteligentes, por sua vez, monitoram as condições do alimento ou do ambiente que o cerca. Têm a capacidade de conectar-se ou desconectar-se em resposta a uma condição interna ou externa, e comunicar-se com o consumidor de diferentes maneiras, quer seja mediante rótulos que registram as condições de tempo-temperatura (TTI) a que o alimento foi submetido, quer sejam aquelas que evidenciam crescimento microbiológico inadequado ou algum choque físico que ocasione redução da vida de prateleira do alimento. Os rótulos que desenvolvem uma variação de cores segundo o grau de degradação do alimento serão num futuro próximo, possivelmente, o substituto do carimbo do prazo de validade.

O uso dos dispositivos de identificação por rádio frequência (RFID) já é comum em muitas empresas, impulsionado pelas cadeias de supermercado como Walmart, nos Estados Unidos, Metro, na Alemanha, Monoprix e Carrefour, na França, que estão progressivamente exigindo o uso desta tecnologia de todos os fornecedores. As embalagens e sistemas inteligentes de codificação, mediante sistemas de monitoramento e rádio sensores, contêm *chips* com informações detalhadas do produto, inclusive tintas e alarmes que permitem identificar se o produto foi violado ou sofreu manipulação inadequada, como: temperaturas ou condições extremas, adulterações ou falsificações. Os sistemas inteligentes são direcionados, principalmente, para conferir maior proteção à saúde e à segurança do consumidor, como mecanismos engenhosos de rastreabilidade do alimento durante toda a cadeia de distribuição.

8.5 MIGRAÇÃO DE COMPOSTOS DA EMBALAGEM

A transferência de substâncias químicas da embalagem para o alimento em contato é chamada de migração. A migração é definida como a transferência de massa de uma fonte externa para o alimento embalado, por processos submicroscópicos (KATAN, 1996).

Os processos fundamentais pelos quais substâncias-traço migram das embalagens para os alimentos baseiam-se na teoria da difusão. A difusão pode ser matematicamente descrita pelas leis da difusão de Fick como um processo dependente do tempo, da temperatura, da espessura do material de embalagem, da concentração da substância migrante no material de embalagem e do coeficiente de partição e de distribuição da substância na embalagem e no produto em contato (BARNES *et al.*, 2007; CATALÁ; GAVARA, 2002).

A migração de substâncias químicas das embalagens para bebidas depende de vários fatores. Alguns tipos de bebidas podem, por exemplo, destruir embalagens de papel-cartão que não tenham proteção, assim como bebidas ácidas podem provocar corrosão de embalagens metálicas. É importante considerar que nenhum dos materiais usados como embalagem de bebidas é inerte e, portanto, poderá haver interação entre a embalagem e a bebida. Quando a interação é a migração, as substâncias transferidas para a bebida dão origem à contaminação.

A migração não ocorre da mesma maneira com todos os tipos de materiais ou embalagens em contato com alimentos e bebidas. No caso do vidro, a migração ocorre por um processo de dissolução química da rede cristalina que leva à incorporação de elementos da estrutura do material ao produto. Nas embalagens metálicas a migração ocorre devido à corrosão. Nas embalagens plásticas e nas embalagens à base de celulose, a migração ocorre por transferência de massa da matriz polimérica para o produto em contato. Além dos componentes naturalmente presentes, inerentes à matriz, também podem migrar aditivos, resíduos, subprodutos de reação etc. No caso de embalagens multicamadas, em que a estrutura envolve a combinação de vários tipos de materiais, cada camada agirá como barreira sobre a outra, dificultando a migração de substâncias que teriam que atravessar de uma camada à outra até chegar à bebida, e agindo assim como barreira funcional. O material em contato direto com a bebida é o que apresentará maior probabilidade para a migração de substâncias (BARNES *et al.*, 2007).

A concentração da substância migrante no material de embalagem é o fator mais importante, pois quanto maior for a concentração, maior será a quantidade de substância migrada. A massa molecular e a estrutura química da substância migrante estão relacionadas com sua capacidade de difusão pelo material de embalagem até chegar à bebida. Terá maior facilidade para migrar a substância de baixa massa molecular e estrutura química compatível com determinado tipo de bebida.

A afinidade relativa da substância migrante pelo material de embalagem e pela bebida depende da polaridade da substância migrante e do tipo, polaridade e espessura do material de embalagem. A espessura do material de embalagem está relacionada com a difusão e com a massa total do componente migrante disponível. Quanto maior a espessura do material de embalagem, maior será a migração. O tipo e as condições do processo de fabricação podem determinar importantes propriedades da embalagem. No caso dos polímeros, a densidade, a distribuição de massa molecular, a presença de sítios ativos, a conformação das cadeias, a presença de ligações cruzadas entre as moléculas, a polaridade e o espaço livre também irão afetar a migração.

A natureza da bebida vai determinar a solubilidade das substâncias químicas da embalagem. A migração tende a ser mais rápida quanto maior a afinidade da substância migrante pela bebida, de acordo com a classificação dos alimentos em ácido, aquoso, alcoólico, gorduroso e seco ou de baixa ação extrativa (Tabela 8.2). Por exemplo, substâncias orgânicas polares, sais e metais tendem a migrar para alimentos aquosos como as bebidas não alcoólicas, enquanto substâncias orgânicas apolares (lipofílicas) tendem a migrar para bebidas alcoólicas.

A Tabela 8.2 apresenta a classificação dos alimentos de acordo com a Legislação Brasileira, em função da interação com as embalagens.

Tabela 8.2 Classificação dos tipos de alimentos.

Classificação dos alimentos	
Tipo I	Alimentos aquosos não ácidos (pH > 5)
Tipo II	Alimentos aquosos ácidos (pH < 5)
Tipo III	a) Alimentos aquosos não ácidos contendo óleo ou gordura
	b) Alimentos aquosos ácidos contendo óleo ou gordura
Tipo IV	Alimentos alcoólicos (conteúdo em álcool superior a 5% (v/v))
Tipo V	Alimentos oleosos ou gordurosos
Tipo VI	Alimentos sólidos secos ou de ação extrativa pouco significativa

Fonte: Brasil (1999).

A natureza e duração do contato também são importantes para a migração. Como as bebidas são líquidas e a difusão no meio líquido é maior do que no sólido, o contato com o material da embalagem é muito maior do que nos alimentos sólidos, o que aumenta a probabilidade de migração. As condições de estocagem e a vida de prateleira da bebida determinam o tempo e a temperatura de contato. O aumento da temperatura e do tempo de contato entre a embalagem e a bebida favorece a migração das substâncias da embalagem. Além disso, o efeito do tempo e da temperatura sobre a migração pode afetar o tipo de substância que migra, devido à possibilidade de decomposição térmica de componentes da embalagem (como no caso do plástico) e da bebida. Embalagens menores apresentam uma relação área de embalagem/massa de produto mais elevada do que as embalagens maiores, o que aumenta a possibilidade de migração.

As principais preocupações sobre a migração de substâncias da embalagem para bebidas estão relacionadas à segurança e à qualidade. Algumas substâncias usadas na fabricação da embalagem podem oferecer risco se migrarem para a bebida e forem ingeridas acima de determinada quantidade. Paralelamente, as substâncias migradas podem conferir aroma e/ou sabor estranho à bebida, reduzindo sua aceitação pelo consumidor. A migração de qualquer substância da embalagem para bebidas em contato deve atender às especificações da legislação. O tipo e quantidade de substâncias devem respeitar as listas positivas e os limites de composição, de migração global e de migração específica.

8.5.1 Legislação brasileira sobre materiais em contato com alimentos

No Brasil, o controle e regulamentação de materiais empregados na elaboração de embalagens e equipamentos destinados ao contato com alimentos e bebidas são realizados pela Agência Nacional de Vigilância Sanitária (Anvisa) por meio da Resolução n. 105, de 1999, RDC n. 91, de 2001, RDC n. 129, de 2002, RDC n. 20, de 2007, RDC n.17 e n. 20, de 2008, que estão em vigor. Estas resoluções estabelecem os regulamentos técnicos sobre as disposições gerais para embalagens, revestimentos, utensílios, tampas e equipamentos em contato com alimentos.

As restrições ao uso de substâncias químicas nas embalagens são feitas em três níveis. As listas positivas contêm as substâncias (resinas, monômeros, polímeros, aditivos, matérias-primas, componentes de revestimentos) permitidas para uso. O limite de composição (LC) expressa a quantidade máxima destas substâncias que pode estar presente na embalagem. Os limites de migração global (LMG) e de migração específica (LME) representam a quantidade máxima da substância que pode estar presente nos alimentos. As resoluções contêm em seus anexos as listas positivas, o LC e LME das substâncias.

No caso de embalagens e equipamentos com capacidade superior ou igual a 250 mL, ou para embalagens e equipamentos em que não seja possível estimar a área de superfície em contato, ou ainda para embalagens e equipamentos com elementos de vedação ou objetos de área pequena, o LMG é de 50 mg/kg de simulante. Já para embalagens e equipamentos com capacidade inferior a 250 mL e no caso de material genérico, o LMG é de 8 mg/dm^2 de área de superfície da embalagem.

Para avaliar a migração de substâncias da embalagem para alimentos são empregados simulantes de alimentos. Os simulantes substituem os alimentos durante os ensaios de migração devido à simplicidade de sua composição química, quando comparado às misturas complexas que são os alimentos, o que reduz muitas vezes o tempo e o custo das análises, assim como os problemas com erros analíticos e interferentes, facilitando a identificação e quantificação de substâncias. Outra razão de sua aplicação é que a informação obtida usando simulantes pode ser relacionada a uma grande variedade de alimentos.

Os simulantes água destilada, ácido acético 3%, etanol 15%, óleo de oliva e n-heptano foram estabelecidos para uso em função do tipo de alimento a ser substituído durante o ensaio de migração (Tabela 8.3).

Tabela 8.3 Classificação dos simulantes e indicação para o tipo de alimento.

Tipo de simulante	Indicação para o tipo de alimento
A. Água destilada	Tipo I, IIIa
B. Solução de ácido acético a 3% (m/v)	Tipo II, IIIb
C. Solução de etanol a 15% ou na concentração mais próxima do real	Tipo V
D. Azeite de oliva refinado, n-Heptano (1)	Tipo IIIa, IIIb, IV

(1). A utilização de n-heptano deve ser substituída gradualmente pelos óleos vegetais (azeite de oliva, óleo de girassol ou soja).

Fonte: Brasil (1999).

Na Tabela 8.4 estão descritos exemplos de grupos de alimentos, de acordo com sua adequação às categorias de simulantes adotados pela legislação brasileira, que faz referência à Diretiva 85/572 da União Europeia.

Tabela 8.4 Classificação dos alimentos em função dos simulantes.

Número de referência	Descrição dos alimentos	Simulantes			
01	**BEBIDAS**	**A**	**B**	**C**	**D**
01.01	Bebidas não alcoólicas ou bebidas alcoólicas com teor alcoólico menor que 5% (v/v).	x (1)	x (1)		
01.02	Bebidas alcoólicas com teor alcoólico maior ou igual a 5% (v/v); bebidas descritas em 01.01 com teor alcoólico maior ou igual a 5%; vinhos, bebidas destiladas e licores.		x (2)	x (3)	

(1) Usar apenas um dos dois simulantes.

A, para alimentos de pH superior a 5.

B, para alimentos de pH inferior ou igual a 5.

(2) Este ensaio será realizado se o alimento tiver pH inferior ou igual a 5.

(3) Este ensaio pode ser realizado no caso de líquidos ou bebidas de teor alcoólico superior a 15% v/v com soluções aquosas de etanol de teor alcoólico similar.

Fonte: Brasil (1999).

Com a finalidade de determinar a migração de componentes de embalagens para alimentos ou simulantes, são realizados os ensaios de migração global e de migração específica, que empregam condições aceleradas, buscando simular as condições de contato no uso real de tempo e temperatura (Tabela 8.5). O resultado de ambos os ensaios é expresso em termos de mg de resíduo/dm^2 de material em contato com o simulante ou em termos de mg de resíduo/kg de alimento ou simulante.

Tabela 8.5 Condições utilizadas em ensaios de migração.

Condições de contato no uso real	**Condições de ensaio**				
	Simulante A	**Simulante B**	**Simulante C**	**Simulante D**	
	Água destilada	**Ácido acético 3%**	**Etanol 15%**	**n-Heptano****	**Óleo de oliva***
A) Conservação (contato prolongado, t > 24h)					
T < 5 °C	5 °C/10 dias	5 °C/10 dias	5 °C/10 dias	5 °C/30 min	5 °C/10 dias
5 °C < T < 40 °C					
B) Contato momentâneo (2h < t < 24 h)					
À temperatura ambiente	40 °C/24h	40 °C/24 h	40 °C/24 h	20 °C/15 min	40 °C/24 h
C) Contato momentâneo (t < 2h)					
À temperatura ambiente	40 °C/2h	40 °C/2 h	40 °C/2 h	20 °C/15 min	40 °C/2 h
D) Elaboração					
40 °C < T = 80 °C	80 °C/2 h	80 °C/2 h	80 °C/2 h	40 °C/15 min	80 °C/2 h
80 °C < T = 100 °C	100 °C/30 min	100 °C/30 min	–	50 °C/15 min	100 °C/30 min
T >100 °C	120 °C/30 min	120 °C/30 min	–	60 °C/15 min	120 °C/30 min

* Os resultados obtidos com azeite de oliva devem ser divididos pelos fatores de redução especificados no Anexo I da Resolução (BRASIL, 1999), vide Tabela 8.4.

** Os resultados obtidos com n-heptano devem ser divididos por 5.

Fonte: Brasil (1999).

8.5.2 Migração global e específica

Na avaliação da migração das substâncias para os alimentos são empregados ensaios de migração global e de migração específica. A migração global se refere à quantidade total de compostos do material de embalagem que é transferida para os alimentos e bebidas, sejam tais compostos conhecidos ou não, nas condições de armazenamento e preparo menos favoráveis. Esta definição de migração global contempla todos os compostos que migram e por isso é usada como um indicador da migração. A avaliação da migração global envolve o contato da bebida com a embalagem durante determinado período, que retrata as condições de uso real da bebida. Antes e após o contato, a massa da embalagem é determinada e, por diferença, obtém-se a quantidade total de compostos que foi transferida para a bebida, mas as substâncias migrantes não são identificadas. Como a determinação da migração global é gravimétrica, apenas são quantificadas as substâncias não voláteis. Os compostos voláteis que eventualmente migrem não são quantificados.

A migração específica corresponde à migração de uma única substância da embalagem durante o contato com os alimentos e bebidas, de interesse particular devido a consequências toxicológicas e/ou sensoriais.

8.6 LEGISLAÇÃO INTERNACIONAL SOBRE MATERIAIS EM CONTATO COM ALIMENTOS E BEBIDAS

Como observado anteriormente, diferentes materiais e sistemas de embalagens têm sido desenvolvidos para proteger e aumentar a vida útil dos alimentos. Entretanto, algumas interações entre o material da embalagem e os alimentos podem alterar suas características nutricionais e sensoriais e, eventualmente, torná-los inadequados para o consumo. Com a finalidade de controlar e reduzir estes problemas potenciais, grandes esforços têm sido realizados nas últimas décadas para desenvolver uma legislação específica relativa aos aspectos sanitários dos materiais em contato com alimentos. Existe legislação abrangente tanto em nível nacional (de cada país) como em nível regional (União Europeia, Mercosul, entre outros), com o objetivo comum de proteger a saúde humana e a qualidade dos alimentos (BARNES *et al.*, 2007; CATALÁ; GAVARA, 2002).

A qualidade sanitária das embalagens e materiais destinados ao contato com alimentos é definida de acordo com o cumprimento da legislação específica. Os materiais plásticos são os que vêm gerando mundialmente mais regulamentações, de acordo com a qualidade sanitária. Para isto, muitos dos conceitos descritos para plásticos são extrapolados, com precaução, para outros tipos de materiais.

A qualidade sanitária para plásticos em contato com alimentos compreende os seguintes parâmetros (ARIOSTI, 2002a):

Listas positivas de polímeros, resinas, monômeros e aditivos: estas listas são restritivas e obrigatórias, contêm as substâncias que vêm sendo submetidas a avaliações de risco e ensaios biológicos, de tal forma que seu uso é considerado seguro para as aplicações indicadas.

Limite de migração global: quantidades máximas de componentes não poliméricos que podem ser transferidos do material de embalagem para o alimento ou a um simulante de alimento correspondente. Os simulantes são substâncias ou misturas de substâncias equivalentes ao alimento ou ao grupo de alimentos. Nas legislações são descritos os simulantes aquosos não ácidos, aquosos e ácidos, alcoólicos e gordurosos. Para verificar se o material atende a este limite, são realizados ensaios de migração seguindo métodos padronizados e validados sob diferentes condições de temperatura e de tempo de contato.

Limite de migração específica: quantidades máximas de um composto particular não polimérico (monômeros ou aditivos) transferidas do material plástico ao alimento ou simulante de alimento. Igualmente ao caso anterior, são realizados ensaios de migração, ainda que também seja possível utilizar modelos matemáticos validados com base nas Leis de Difusão de Fick.

Limite de composição: quantidade máxima de uma substância (monômero ou aditivo) permitida no material plástico. Para verificar se este limite está sendo cumprido, determina-se a concentração da substância diretamente no material plástico.

Limite grupal: são limites máximos permitidos de substâncias que possuem algum grupo químico em comum (por exemplo, isocianatos, glicóis etc.). São descritos limites de migração grupal e limites de composição grupal.

Características sensoriais dos alimentos: a cor, o aroma, o sabor e a textura dos alimentos não podem ser modificados pela migração de substâncias regulamentadas nas listas positivas, nem por substâncias adicionadas não intencionalmente. Estas últimas compreendem aqueles compostos que aparecem no material plástico devido ao processo de conversão do plástico, as impurezas provenientes das substâncias regulamentadas, e aos contaminantes em materiais reciclados etc.

Para compreender a magnitude das diferentes legislações internacionais, pode-se comparar aquelas da USA-FDA, União Europeia (UE) e Mercosul. As legislações da USA-FDA e da UE têm diferenças significativas no enfoque referente às substâncias e materiais em contato com alimentos. Para a FDA, os polímeros e aditivos, assim como outros substratos em contato com alimentos, são considerados aditivos alimentares indiretos, quando estão presentes na dieta devido à migração em quantidades superiores ao limiar de regulamentação (*Threshold of Regulation*, TOR, do *Code of Federal Regulations* CFR 21170.39), que corresponde a 0,5 μg de substância/kg de alimento consumido. Os aditivos alimentares indiretos são substâncias que chegam ao alimento sem serem adicionados intencionalmente, por contato com materiais das embalagens ou durante a industrialização. Tais aditivos são descritos no Título 21 do US Code of Federal Regulations (21CFR), e incluem adesivos e revestimentos (21 CFR Part 175), componentes de papel e papelão (21 CFR Part 176), polímeros (21 CFR Part 177) e coadjuvantes de produção (21 CFR Part 178) (TWAROSKI *et al.*, 2007).

Em contraste, a UE não define as substâncias em contato com alimentos como aditivos alimentares, e aquelas permitidas estão apresentadas em listas positivas de uso geral. A Normativa CE n. 1935/2004 estabelece os requisitos para os materiais em contato com alimentos, sendo considerada o marco ao qual se unem diretivas e legislações específicas para grupos ou substâncias individuais. Existem atualmente diretivas para plásticos, cerâmicas, celulose regenerada, elastômeros e látex. Nas áreas onde não existe legislação comunitária, cada país membro aplica a legislação nacional. A Normativa CE n. 2023/2006 estabelece as Boas Práticas de Fabricação para os materiais e artigos destinados ao contato direto com alimentos. As listas positivas são apresentadas em diretivas específicas que incluem os materiais e substâncias autorizadas, os critérios de pureza para cada substância, assim como as condições de uso, os limites de migração específica e os limites de migração global para esses componentes (SCHÄFER, 2007).

Tanto a UE como a FDA possuem legislação específica sobre os métodos de análises e simulantes para avaliar a migração das substâncias e materiais em contato com alimentos. Os simulantes são estabelecidos para diferentes grupos de alimentos que incluem bebidas, cereais, produtos de chocolates, açúcares e confeitos, frutas e vegetais, óleos e gorduras, produtos animais e lácteos, entre outros (TWAROSKI *et al.*, 2007; SCHÄFER, 2007).

A legislação do Mercosul para materiais em contato com alimentos teve início no ano de 1991, num trabalho de harmonização das legislações disponíveis na Argentina e no Brasil, ambas baseadas na legislação italiana. A legislação do Mercosul é bastante semelhante à europeia, mesmo incorporando alguns conceitos da FDA, como é o caso do limiar de regulamentação (*Threshold of Regulation*-TOR) e algumas listas positivas. O Mercosul tem como referências técnicas as legislações da União Europeia e da FDA, de onde transcreve as listas positivas. A Resolução GMC 3/92, marco do Mercosul, vigente desde 1995, estabelece que toda embalagem e objeto destinado ao contato com alimentos devem possuir aprovação prévia para serem comercializados. Isto significa que os produtores de embalagens devem comprovar às autoridades que cumprem com a legislação vigente, para que a autorização seja concedida. O produtor de alimentos, por sua vez, deve assegurar que as embalagens utilizadas sejam autorizadas. No Brasil, somente as embalagens e objetos elaborados com materiais reciclados devem ser submetidos ao sistema de aprovação prévia. O Grupo Mercado Comum (GMC) sancionou até o momento sobre os seguintes aspectos: critérios gerais de qualidade sanitária dos materiais em contato com alimentos, elastômeros, celulose regenerada, revestimentos, adesivos, garrafas PET retornáveis e PET recicladas pós-consumo (PADULA; ARIOSTI, 2002).

Com a finalidade de controlar melhor as substâncias desconhecidas ou não regulamentadas que podem ser encontradas nos alimentos, foi desenvolvido o conceito de barreira funcional. Esta ferramenta foi descrita primeiramente na legislação do US-FDA no ano de 1995, com a introdução do conceito de limiar de regulamentação (TOR). No Mercosul, o conceito de barreira funcional é descrito nas Resoluções do GMC 25/99 sobre garrafas PET de três camadas para bebidas contendo PET reciclado, e na Resolução GMC 30/07 sobre PET reciclado grau alimentício para garrafas multicamadas e monocamada (PADULA; ARIOSTI, 2002).

A barreira funcional em uma embalagem multicamadas é a camada em contato com o alimento que o separa de uma camada externa que poderá ter sido elaborada com substâncias não regulamentadas ou que podem conter contaminantes potenciais. A barreira funcional é eficiente para reduzir a migração destas substâncias para o alimento em níveis que não gerem risco toxicológico à saúde humana e nem transmitam sabor ou aroma ao alimento (ARIOSTI, 2002b; WELLE; FRANZ, 2007).

De acordo com a Diretiva 2002/72/EC, uma substância não possui risco toxicológico à saúde humana quando a migração apresenta valor máximo de 0,01 mg de substância/kg de alimento ou simulante (10 µg/kg). Além disso, esta substância não pode ser carcinogênica, mutagênica, nem teratogênica. No caso da US-FDA, esta quantidade é o limiar de regulamentação (TOR). No caso do PET reciclado grau alimentício, dois parâmetros são derivados do TOR: a quantidade máxima permitida destas substâncias é de 220 µg/kg de plástico e a migração específica máxima é de 10 µg/kg de alimento ou simulante. Para o desenvolvimento da legislação do Mercosul (Resolução 30/07 de PET reciclado grau alimentício), segue-se a normativa da USA-FDA, adotando os parâmetros derivados do TOR.

A existência de tal diversidade de legislações sobre substâncias e materiais destinados ao contato com alimentos dificulta o comércio internacional de alimentos, e, por isso, toda tentativa de harmonização deve ser bem-vinda. O sistema de regulamentação de alimentos desenvolvido pela Comissão do *Codex Alimentarius* (FAO/WHO) poderia resultar numa alternativa interessante para gerar uma legislação global referente ao processo de embalagem de alimentos. Os países membros poderiam apresentar propostas específicas para iniciar o debate alusivo ao desenvolvimento de um novo código de práticas para o sistema de embalagem de alimentos, que proteja a saúde do consumidor e assegure o livre comércio internacional de alimentos.

REFERÊNCIAS BIBLIOGRÁFICAS

ARIOSTI, A. Aptitud sanitaria de envases y materiales plásticos en contacto con alimentos. *In*: CATALÁ, R.; GAVARA, R. (eds.). **Migración de componentes y residuos de envases en contacto con alimentos**. Valencia: Instituto de Agroquímica y Tecnología de Alimentos (IATA), 2002a. p. 85-100.

ARIOSTI, A. Uso de materiales plásticos reciclados en contacto con alimentos. Barreras funcionales. *In*: CATALÁ, R.; GAVARA, R. (eds.). **Migración de componentes y residuos de envases en contacto con alimentos**. Valencia: Instituto de Agroquímica y Tecnología de Alimentos (IATA), 2002b. p. 261-279.

AYTON, F. Plastics as a barrier materials in beverage packaging. *In*: GILLES, G. A. (ed.). **Handbook of Beverage Packaging**. London: Sheffield Academic Press, CRC Press, 1999. p. 120-138.

BARKBY, C. T.; LAWSON, G. Analysis of migrants from nylon 6 packaging films into boiling water. **Food Additives and Contaminants**, London, v. 10, n. 5, p. 541-553, 1993.

BARNES, K. A., SINCLAIR, C. R.; WATSON, D. H. (eds.). **Chemical migration and food contact materials**. Cambridge: Woodhead Publishing Ltd., 2007.

BRASIL. **Resolução RDC n. 105, de 19 de maio de 1999**. Dispõe sobre o Regulamento Técnico para Embalagens e Equipamentos Plásticos em contato com Alimentos. Ministério da Saúde, 20 de maio de 1999. Disponível em: https://www.gov.br/agricultura/pt-br/assuntos/inspecao/produtos-vegetal/legislacao-1/biblioteca-de-normas-vinhos-e-bebidas/resolucao-no-105-de-19-de-maio-de-1999.pdf/view.

BRASIL. **Resolução RDC n. 91, de 11 de maio de 2001**. Dispõe sobre o Regulamento Técnico para critérios gerais e classificação de materiais para embalagens e equipamentos em contato com alimentos. Ministério da Saúde, 11 maio 2001. Disponível em: https://bvsms.saude.gov.br/bvs/saudelegis/anvisa/2001/rdc0091_11_05_2001.html#:~:text=1%C2%BA%20Aprovar%20o%20Regulamento%20T%C3%A9cnico,constante%20do%20Anexo%20desta%20Resolu%C3%A7%C3%A3o.

BRASIL. **Resolução n. 122, de 19 de junho de 2001**. Aprova o Regulamento Técnico sobre Ceras e Parafinas em Contato com Alimentos e seu anexo. Ministério da Saúde, 19 jun. 2001. Disponível em: http://e-legis.anvisa.gov.br/leisref/public/showAct.php?id=104&word=.

BRASIL. **Resolução n. 123, de 19 de junho de 2001**. Aprova o Regulamento Técnico sobre Embalagens e Equipamentos Elastoméricos em Contato com Alimentos. Disposições gerais sobre embalagens e equipamentos elastoméricos em contato com alimentos. Lista positiva para embalagens e equipamentos elastoméricos em contato com alimentos. Ministério da Saúde, 19 jun. 2001. Disponível em: http://e-legis.anvisa.gov.br/leisref/public/showAct.php?id=105.

BRASIL. **Resolução n. 124, de 19 de junho de 2001**. Aprova o Regulamento Técnico sobre Preparados Formadores de Películas a base de Polímeros e/ou Resinas destinados ao revestimento de Alimentos e seu anexo. Ministério da Saúde, 19 jun. 2001. Disponível em: http://e-legis.anvisa.gov.br/leisref/public/showAct.php?mode=PRINT_VERSION&id=106.

BRASIL. **Resolução RDC n. 146, de 06 de agosto de 2001.** Aprova o processo de deposição de camada interna de carbono amorfo em garrafas de polietileno tereftalato (PET) virgem via plasma, destinadas a entrar em contato com alimentos dos tipos de I a VI, da temperatura de congelamento à temperatura ambiente por tempo prolongado, e temperatura máxima de processamento do alimento de 121 °C. Ministério da Saúde, 06 ago. 2001. Disponível em: http://e-legis.anvisa.gov.br/leisref/public/showAct.php?id=150.

BRASIL. **Resolução RDC n. 178, de 17 de outubro de 2001.** Aprova a inclusão das substâncias e suas respectivas restrições nas seguintes Listas Positivas para Embalagens e Equipamentos Plásticos em contato com Alimentos: Lista Positiva de Polímeros e Resinas. Ministério da Saúde, 17 out. 2001. Disponível em: http://e-legis.anvisa.gov.br/leisref/public/showAct.php?id=156.

BRASIL. **Resolução RDC n. 129, de 10 de maio de 2002.** Aprova o Regulamento Técnico sobre Material Celulósico Reciclado e seu anexo. Ministério da Saúde, 10 maio 2002. Disponível em: http://e-legis.anvisa.gov.br/leisref/public/showAct.php?id=1617.

BRASIL. **Resolução RDC n. 130, de 10 de maio de 2002.** Nas embalagens e equipamentos celulósicos em contato com alimentos não devem ser detectadas bifenilas policloradas em níveis iguais ou superiores a 5 mg/kg nem pentaclorofenol em níveis iguais ou superiores a 0,10 mg/kg de papel. Ministério da Saúde, 10 maio 2002. Disponível em: http://e-legis.anvisa.gov.br/leisref/public/showAct.php?id=148.

BRASIL. **Resolução RDC n. 217, de 01 de agosto de 2002.** Aprova o Regulamento Técnico sobre Películas de Celulose Regenerada em Contato com Alimentos constante do anexo desta Resolução. Ministério da Saúde, 01 ago. 2002. Disponível em: http://e-legis.anvisa.gov.br/leisref/public/showAct.php?id=1629.

BRASIL. **Resolução RDC n. 20, de 22 de março de 2007.** Dispõe sobre o Regulamento Técnico para embalagens, revestimentos, utensílios, tampas e equipamentos metálicos em contato com alimentos. Ministério da Saúde, 26 de março de 2007. Disponível em: https://www.gov.br/agricultura/pt-br/assuntos/inspecao/produtos-vegetal/legislacao-1/biblioteca-de-normas-vinhos-e-bebidas/resolucao-rdc-no-20-de-22-de-marco-de-2007.pdf/view.

BRASIL. **Resolução RDC n. 17, de 17 de março de 2008.** Dispõe sobre Regulamento Técnico sobre Lista Positiva de Aditivos para Materiais Plásticos destinados à Elaboração de Embalagens e Equipamentos em Contato com Alimentos. Ministério da Saúde, 18 de março de 2008. Disponível em: https //www.gov.br/agricultura/pt-br/assuntos/inspecao/produtos-vegetal/legislacao-1/biblioteca-de-normas-vinhos-e-bebidas/resolucao-rdc-no-17-de-17-de-marco-de-2008.pdf/view.

BRASIL. **Resolução RDC n. 20, de 26 de março de 2008.** Dispõe sobre o Regulamento Técnico sobre embalagens de polietilenotereftalato (PET) pós-consumo reciclado grau alimentício (PET-PCR grau alimentício) destinados a entrar em contato com alimentos. Ministério da Saúde, 27 de março de 2008. Disponível em: https://www.gov.br/agricultura/pt-br/assuntos/inspecao/produtos-vegetal/legislacao-1/biblioteca-de-normas-vinhos-e-bebidas/resolucao-rdc-no-20-de-26-de-marco-de-2008.pdf.

BUTT, M. Properties of beverages in PVC, HDPE and PP bottles. *In*: GILLES, G. A. (ed.). **Handbook of Beverage Packaging**. London: Sheffield Academic Press, CRC Press, 1999. p. 108-119.

CASTRO, A. G.; POUZADA, A. S. (coord.). **Embalagens para a indústria alimentar**. Lisboa: Ciência e Técnica, 2003.

CATALÁ, R. and GAVARA, R. (ed.). **Migración de componentes y residuos de envases en contacto con alimentos**. Valencia: Instituto de Agroquímica y Tecnología de Alimentos (IATA), 2002.

EC. Council Directive 82/711/EEC of 18 October 1982, laying down the basic rules necessary for testing migration of the constituents of plastic materials and articles intended to come into contact with foodstuffs. **Official Journal of the European Community**. 1982; L297: 26-30.

EC. Council Directive 85/572/EEC of 31 December 1985, laying down the list of simulants to be used for testing migration of the constituents of plastic materials and articles intended to come into contact with foodstuffs. **Official Journal of the European Community**. 1985; L372: 14-21.

FDA. Code Federal Regulation, Title 21, Chapter 1, Food and Drug Administration, Department of Health and Human Services; Part 177, 4/1/1992.

FÉLIX, J. *et al*. Embalagem plástica contendo poliamida 6 para produtos cárneos: migração de caprolactama e efeito da irradiação. Uma revisão. **Alimentos e Nutrição**, Araraquara, v. 19, n. 3, p. 361-370, jul./set. 2008.

FÉLIX, J. *et al*. Migração de ε-caprolactama de embalagens contendo poliamida 6 para simulante ácido acético 3% e validação do método analítico. **Ciência e Tecnologia de Alimentos**, Campinas, v. 27 (supl.), p. 27-32, ago. 2007.

FÉLIX, J. *et al*. Desenvolvimento e validação de método analítico para determinação de ε-caprolactama em simulante de alimentos gordurosos. **Alimentos e Nutrição**, Araraquara, v. 17, n. 3, 349-358, 2006.

FÉLIX, J. *et al*. Identification and migration of degradation compounds from irradiation of multilayer polyamide 6 films for meat foodstuffs and cheese. **Analytical and Bioanalytical Chemistry**, Heidelberg, n. 3, v. 391, p. 847-857, 2008.

FIGGE, K. Migration of components from plastic-packaging materials into packed goods-test methods and diffusion models. **Progress in Polymer Science**, Oxford: Pergamon, v. 6, p. 187-252, 1980.

GATCHER, R.; MÜLLER, H. (eds.). **Plastic Additives Handbook**. 2. ed. Munich: Hansen, 1993.

GIRLING, P. J. Packaging of beverages in glass bottles. *In*: GILLES, G. A. (ed.). **Handbook of Beverage Packaging**. London: Sheffield Academic Press, CRC Press, 1999. p. 53-70.

HECKMAN, J. H. Food Packaging regulation in the United States and the European Union. **Regulatory Toxicology and Pharmacology**, Duluth, v. 42, p. 96-122, 2005.

HERNANDEZ, R. J. *et al*. **Plastics packaging**: properties, processing, applications and regulations. Cincinnati: Hanser Gardner Publications, 2000. p. 113-115.

KATAN, L. L. (ed.). **Migration form food contact materials**. London: Chapman & Hall, 1996.

LEIMGRUBER, R. Aspects of plastics additives relative to industrial hygiene, the environment and articles in contact with food. *In*: GATCHER, R.; MULLER, H. **Plastic Additives Handbook**. 2. ed. New York: Hansen, 1993. p. 877-908.

MANZOLI, J. E. *et al*. Migration Measurements from Plastic Packaging: a Simulation Study on Influence of Initial Concentration Profile. **Metrology and Measurement Systems**. Gdańsk, v. XIII, p. 117-124, 2007.

MERCOSUL. **GMC/Res. n. 95/94**. Lista positiva de aditivos para embalagens e equipamentos plásticos em contato com alimentos. Montevideo: Mercosul, 1995.

MERCOSUL. **GMC/Res. n. 87/93**. Lista positiva de polímeros e resinas para embalagens e equipamentos plásticos em contato com alimentos. Montevideo: Mercosul, 1995a.

MERCOSUL. **GMC/Res. n. 56/92**. Disposições gerais para embalagens e equipamentos plásticos em contato com alimentos. Montevideo: Mercosul, 1995b.

MILES, R. Packaging of beverages in cans. *In*: GILLES, G. A. (ed.). **Handbook of Beverage Packaging**. London: Sheffield Academic Press, CRC Press, 1999. p. 16-52.

MONTEIRO, M. *et al*. Determination of UV stabilizers in PET bottles by high performance-size exclusion chromatography. **Food Additives and Contaminants**, London, v. 13, p. 575-586, 1996.

MONTEIRO, M. *et al*. A GC/MS method to determine UV stabilizers in PET bottles. **Journal of High Resolution Chromatography**, Heidelberg, n. 21, v. 5, p. 317-320, 1998.

MONTEIRO, M. *et al*. Migration of Tinuvin P, a UV stabilizer from PET bottles into fatty-food simulants. **Packaging Technology Science**, West Sussex, v. 12, p. 241-248, 1999.

MONTEIRO, M. HPLC X GC/MS: Qual a melhor escolha para determinar aditivos em embalagem plástica? *In*: MERCADANTE, A. *et al*. (eds.). **Ciência de alimentos: avanços e perspectivas**. Campinas: Editora da Unicamp, 2001, v. II, p. 43-49.

NASSER, A. L. M. *et al*. Oligômeros de embalagem PET para água mineral e suco de fruta. **Alimentos e Nutrição**, Araraquara, v. 16, p. 183-194, 2005.

NASSER, A. L. M. *et al*. Identification of oligomers in PET bottles for mineral water and fruit juice. Development and validation of a high-performance liquid chromatographic method for the detrmination of first series cyclic trimer. **Journal of Chromatography A**, Amsterdam, v. 1097, p. 130-137, 2005.

NERMARK, C. Packaging of beverages in drink cartons. *In*: GILLES, G. A. (ed.). **Handbook of Beverage Packaging**. London: Sheffield Academic Press, CRC Press, 1999. p. 139-164.

OLDRING, P. K. T. Exposure estimation – the missing element for assessing the safety of migrants from food. *In*: BARNES, K. A.; SINCLAIR, C. R.; WATSON, D. H. (eds.) **Chemical migration and food contact materials**. Cambridge: Woodhead Publishing Ltd., 2007. p. 122-157.

PADULA, M.; ARIOSTI, A. Migración de componentes y residuos de envases en contacto con alimentos. *In*: CATALÁ, R.; GAVARA, R. **Legislación Mercosur sobre la aptitud sanitaria de los envases para alimentos**. Valencia: Instituto de Agroquímica y Tecnología de Alimentos (IATA), 2002. p. 45-64.

SARANTÓPOULOS, C. I. G. L. *et al*. (ed.). **Requisitos de conservação de alimentos em embalagens flexíveis**. Campinas: Cetea/Ital, 2001.

SARANTÓPOULOS, C. I. G. L. *et al*. **Embalagens Plásticas Flexíveis:** principais polímeros e avaliação das propriedades. Campinas: CETEA/ITAL, 2002.

SCHÄFER, A. Chemical migration and food contact materials. *In*: BARNES K. A. *et al*. (eds.). **Regulation of food contact materials in the EU**. Cambridge: Woodhead Publishing Ltd., p. 43-63, 2007.

SINCLAIR, C. R.; WATSON, D. H. (eds.). **Regulation of food contact materials in the EU**. Cambridge: Woodhead Publishing Ltd., p. 122-157, 2007.

SUMIMOTO, M. **Tendencias de los Envases para alimentos en Japón**. Buenos Aires: Jetro, 2005.

TACHELLA, A. Packaging of beverages in foil pouches. *In*: GILLES, G. A. (ed.). **Handbook of Beverage Packaging**. London: Sheffield Academic Press, CRC Press, 1999.

TETRA PAK. Disponível em: http://www.tetrapak.com/br/meio_ambiente/ciclo_de_vida_da_embalagem/pages/reciclagem.aspx. Acesso em: 29 abr. 2010.

TWAROSKI, M. L., *et al*. Regulation of food contact material in USA. *In*: BARNES K. A. *et al*. (eds.). **Chemical migration and food contact materials**. Cambridge: Woodhead Publishing Ltd., p. 17-42, 2007.

UNIÃO EUROPEIA. **Regulamento (CE) n. 1935/2004 do Parlamento Europeu e do Conselho**, de 27 de outubro de 2004, relativo aos materiais e objectos destinados a entrar em contacto com os alimentos e que revoga as Directivas 80/590/CEE e 89/109/CEE, 2004.

WELLE, F.; FRANZ, R. Recycled plastics and chemical migration into food. *In*: BARNES K. A. *et al*. (eds.). **Chemical migration and food contact materials**. Cambridge: Woodhead Publishing Ltd., p. 205-224, 2007.

WILSON, C. L. **Intelligent and Active Packaging for Fruits and Vegetables**. Boca Raton: CRC Press, 2007.

Ao leitor interessado nessa temática, sugerem-se os seguintes websites:

ec.europa.eu/comm/food/food/chemicalsafety/foodcontact/legisl_list_en.html

ec.europa.eu/comm/food/food/chemicalsafety/foodcontact/index_en.html

www.crl.fcm.jrc.it

www.fda.gov/cdrh/aboutcfr.html

www.fda.gov/Food/FoodIngredientsPackaging/ucm064228.htm

vm.cfsan.fda.gov/~dms/opa-torx.html

www.cfsan.fda.gov/~dms/opa-indt.html

www.reading.ac.uk/foodlaw/pdf/eu-08010-packaging-proposals.pdf

eur-lex.europa.eu/en/index.htm

www.mercosur.int

9

Microrganismos deterioradores e patogênicos em bebidas

VERA LÚCIA MORES RALL
FÉLIX GIOVANI RAMOS GUERRERO
BENEDICTA CARMEN LÓPEZ FLORES

9.1 INTRODUÇÃO

A bebida alcoólica faz parte da história do homem desde épocas remotas, com registros de sua produção e consumo a partir dos fenícios, chineses, egípcios, entre outros. Mas somente após a descoberta dos microrganismos é que se iniciou a produção em escala industrial, com o uso intencional desses microrganismos, a fim de aumentar a eficiência e produtividade do processo. Uma grande variedade de fungos, principalmente leveduras, e bactérias tem sido empregada na indústria de bebidas. *Saccharomyces cerevisiae* e bactérias láticas são os principais exemplos de cada classe, respectivamente.

Por outro lado, bactérias, fungos e vírus também podem estar presentes em alimentos e bebidas, causando deterioração e doenças. A contaminação por esses microrganismos pode ocorrer durante o cultivo ou em qualquer etapa do processamento e armazenamento.

O conceito de barreira e o efeito trampolim, propostos pelo Prof. Lothar Leistner e seus colaboradores, estabelecem definições-chave que explicam por que determinados grupos de microrganismos podem ou não estar presentes e ser específicos em alimentos e bebidas. Assim, microrganismos que podem saltar as barreiras do alimento podem crescer e se desenvolver nele, causando deterioração ou toxinfecções, enquanto aqueles que são inibidos pelas barreiras ficam inativados, danificados e/ou acabam morrendo (LEISTNER, 2007).

A categoria de bebidas vem se expandindo e se diversificando para atender às novas necessidades dos consumidores atuais. Bebidas esportivas, energéticos, chás gelados prontos para beber e outras bebidas à base de plantas naturais são claro exemplo disso. Com a constante mudança na categoria desses produtos e as modificações nas fórmulas tradicionais, os fabricantes de bebidas enfrentam novos desafios em termos microbiológicos. Redução do teor de açúcares, diminuição ou eliminação de conservantes, menores tratamentos térmicos, entre outros, fazem com que as bebidas mudem e criem novos ambientes para a sobrevivência ou o desenvolvimento de microrganismos.

Nos últimos anos, sistemas para garantir a qualidade e a segurança alimentar têm sido implementados nas fábricas, mas ainda têm acontecido episódios de contaminação e recolhimento de produtos. Recentemente, uma fábrica no Equador e outra nos Estados Unidos apresentaram problemas de deterioração em bebidas. A primeira envolvendo bebidas gaseificadas sabor lima-limão, e a segunda, bebidas com proteínas (achocolatadas, com frutas, com café, entre outros), tendo que ser recolhida do mercado por apresentar reclamações de consumidores e relatos de doenças (BERMUDEZ, 2007; FDA, 2016).

Pelo descrito anteriormente, é importante conhecer as características principais e a prevalência dos microrganismos envolvidos na deterioração de bebidas e em doenças decorrentes de seu consumo, com a finalidade de prevenir e controlar sua presença e seu posterior crescimento, evitando surtos e grandes perdas econômicas.

A seguir, estão descritas as principais características desses microrganismos.

9.2 FUNGOS

9.2.1 Características gerais

Os fungos são seres eucarióticos, isto é, apresentam núcleo envolto por membrana e um conjunto de outras estruturas, como mitocôndrias, complexo de Golgi, retículo endoplasmático etc. Embora bolores e leveduras sejam fungos, existem grandes diferenças morfológicas entre eles.

As leveduras apresentam-se como células isoladas, maiores que bactérias, variando de 1 a 5 μm de largura e 5 a 30 μm ou mais de comprimento. Geralmente são ovais, mas podem ocorrer formas cilíndricas ou esféricas, com divisão celular por brotamento. Em meios de cultura sólidos (ágar), apresentam-se como colônias semelhantes às de bactérias.

Ao contrário das leveduras, que são unicelulares, os bolores são seres multicelulares filamentosos. O corpo do bolor é chamado de talo e é composto pelo micélio e pelos esporos. Cada micélio é o conjunto de uma massa de filamentos chamada de hifa. As hifas podem ser classificadas em cenocíticas, quando a célula vegetativa contém mais de um núcleo.

Nas ramificações de hifas aéreas, ocorre a formação dos esporos, chamados de conídios, que são assexuados (formação sem fusão de gametas), resistentes ao dessecamento e altamente pigmentados (preto, vermelho, marrom, amarelo). Entretanto, também podem ocorrer esporos sexuados, resultantes da fusão de gametas unicelulares, de hifas especializadas, denominadas de gametângios ou pela união de duas células haploides resultando em uma diploide, que sofre processos de meiose e mitose, para produzir esporos individuais. Esses esporos são resistentes ao congelamento, dessecação, aquecimento e alguns agentes químicos.

9.2.2 Reprodução dos fungos

É definida como reprodução a formação de novos indivíduos, com as características típicas da espécie. Os fungos se reproduzem, de maneira generalizada, por reprodução sexuada e assexuada. A reprodução assexuada também é conhecida como somática, não envolvendo cariogamia, a fusão de núcleos, seguida de meiose. Também não ocorre o envolvimento de órgãos sexuais especializados.

Na reprodução sexuada, ocorre a união de dois núcleos e meiose, resultando em uma alta taxa de recombinação, com a formação de novos genótipos. Essa variabilidade genética permite aos fungos adaptação a vários fatores ambientais. Nesse tipo de reprodução, diferentemente da assexuada, pode haver o envolvimento de órgãos sexuais.

Tipicamente, os fungos se reproduzem sexual e assexuadamente, mas não ao mesmo tempo. De maneira geral, a reprodução assexuada é mais importante para a colonização das espécies, devido à produção de uma grande quantidade de indivíduos. Essa fase se repete várias vezes, enquanto a sexual ocorre, geralmente, somente uma vez ao ano.

A reprodução assexuada pode ocorrer de diferentes maneiras.

- Fragmentação da hifa: esse processo pode ocorrer acidentalmente, por forças externas ou sob condições favoráveis, no qual cada fragmento origina um novo indivíduo. Algumas espécies de fungos apresentam hifas que, na quebra, podem liberar esporos. Esses esporos são chamados de astrósporos ou clamidósporos.
- Fissão de células somáticas: ocorre a divisão de uma célula em duas células-filhas, por constrição e formação de uma parede celular.
- Brotamento de células somáticas: nesse processo, ocorre a formação do broto, na célula-mãe. Quando o broto é formado, o núcleo da célula-mãe sofre mitose e um dos núcleos migra para o broto.
- Produção de esporos: é o tipo de reprodução assexuada mais comum. Esses esporos apresentam grande variedade morfológica, com parede grossa ou fina e colorações variadas, podendo ser transparente, incolor, verde, amarela, laranja, vermelha, marrom e preta. Podem ter formas ovais, redondas, oblongas, entre outras, todas variando muito no tamanho e no arranjo dessas formas.

Alguns fungos produzem somente um tipo de esporos e outros, até 4 tipos diferentes. Os esporos produzidos assexuadamente podem ter origem no esporângio, sendo chamados de esporangiósporos ou podem derivar de hifas, sendo chamados conídios. Os esporangiósporos imóveis são chamados de aplanósporos, enquanto os móveis por um flagelo são denominados como zoósporos.

A reprodução sexuada envolve a fusão de dois núcleos compatíveis, composta de três fases:

- Plasmogamia: nessa fase inicial, ocorre a união de dois citoplasmas, com a presença de dois núcleos na mesma célula.
- Cariogamia: essa fase pode ocorrer imediatamente após a primeira, em algumas espécies, ou a fusão dos dois núcleos pode demorar a ocorrer, e, nestes casos, a plasmogamia persistente resulta em uma célula binucleada. Esse estado pode permanecer indefinidamente e todas as células-filhas dessa condição também apresentarão dois núcleos, que irão de fundir, iniciando a fase sexuada.
- A seguir, esse núcleo sofre o processo de meiose, que reduz novamente os cromossomos a uma condição haploide.

A fase sexual da reprodução dos fungos ainda envolve a produção de esporos especializados e quatro deles receberam denominações específicas de oósporos, zigósporos, basidiósporos e ascósporos.

9.2.3 Classificação dos fungos

Os bolores e leveduras, tradicionalmente, sempre foram classificados por características morfológicas e estruturais. Entretanto, com o advento da biologia molecular, esses microrganismos vêm sendo reclassificados dentro do Reino Fungi, dividido em quatro filos: *Chytridiomycota*, *Zygomycota*, *Basidiomycota* e *Ascomycota*. A levedura alcoólica *Saccharomyces cerevisiae* está classificada neste último filo e, por isso, será um pouco mais detalhada.

Chytridiomycota: microrganismos desse filo são encontrados na água e no solo, e podem parasitar animais como pernilongos e anfíbios. A principal característica desse grupo é a produção de esporos flagelados durante a reprodução assexuada, chamado zoósporo.

Zygomycota: engloba vários deteriorantes de alimentos e parasitas de plantas e insetos. Nesse filo, as hifas só apresentam septos que separam os órgãos sexuais do micélio vegetativo. Os fungos pertencentes a esse grupo podem se reproduzir sexuada ou assexuadamente. A fase sexuada caracteriza este grupo e dá nome ao filo (*mykés*: fungo; *zygós*: ovo) e a reprodução assexuada ocorre por meio de fragmentação do micélio ou formação de esporangióforos.

Em casos de deterioração, esses fungos têm rápido crescimento, especialmente em alimentos frescos com alta atividade de água, e nenhum deles é xerofílico. Eles também carecem de resistência térmica e aos tratamentos químicos e raramente produzem micotoxinas (PITT; HOCKING, 2009).

Basidiomycota: os basidiomicetos englobam os cogumelos, orelhas-de-pau, fungos gelatinosos, ferrugem e fuligem. São classificados pelas estruturas reprodutivas na fase sexuada, como as células chamadas de basídios e que, por meiose, formam os basidiósporos, que não apresentam envoltórios e ficam expostos ao ambiente.

Ascomycota: esse grupo envolve leveduras do gênero *Saccharomyces* e bolores dos gêneros *Penicillium* e *Aspergillus*. Com os basidiomicetos compartilham algumas características que incluem a compartimentalização do micélio, o estágio dicariótico no ciclo de vida, estruturas associadas à produção de esporos e conídios. É caracterizado pela presença de ascos, que são as estruturas sexuais e cilíndricas que, quando maduras, produzem os ascósporos, que ficam isolados do ambiente, separados por uma membrana. Na reprodução sexuada, ocorre a formação de uma célula dicariótica, pela anastomose de hifas compatíveis e, diferentemente dos basidiomicetos, essa fase dura pouco tempo. Ocorre a formação de um zigoto, após plasmogamia e cariogamia. A seguir, esse núcleo diploide recém-formado sofre o processo de meiose e, em seguida, ocorre mitose, originando oito ascósporos. Quando maduros, germinam e originam um micélio septado haploide. Caso hifas dicarióticas se diferenciem, formam um corpo de frutificação, chamado ascoma, que eleva os ascos, a fim de que estes se dispersem mais eficientemente na natureza. O ascoma é chamado de apotécio, quando expõe todos os ascos ao meio ambiente, ou de peritécio, quando apresenta uma abertura estreita e essa exposição ocorre de forma gradual.

A reprodução assexuada nos ascomicetos pode ocorrer por fissão, fragmentação ou formação de clamidósporos ou conídios, de acordo com a espécie envolvida e das condições ambientais. Fissão e brotamento são métodos de propagação normalmente observados nas leveduras e ascomicetos dimórficos. Embora alguns ascomicetos produzam somente micélios estéreis, outros formam conídios, que são importantes na propagação e disseminação das espécies.

9.3 BACTÉRIAS

Bactérias são seres procarióticos, isto é, não apresentam sistema de membranas no citoplasma, onde o DNA bacteriano não é isolado pela carioteca e se localiza na região central da célula, chamada de área nuclear.

Esses microrganismos são pequenos e seu tamanho varia muito, dependendo da espécie, mas a maioria apresenta entre 0,5 a 1 μm de diâmetro e até 3 μm de comprimento. As bactérias podem apresentar várias formas. As mais comuns são as esféricas, conhecidas como cocos, as cilíndricas, chamadas de bastonetes, e as espiraladas. Quanto ao arranjo dessas formas, os cocos podem ser classificados em estafilococos (cacho de uvas), estreptococos (cadeia linear), diplococos (dois a dois), tétrades (quatro células em um único plano de divisão) ou sarcina (oito células distribuídas tridimensionalmente). Entre os bacilos, a maioria ocorre isoladamente ou como estreptobacilos, quando formam cadeias.

Podem ser móveis pela presença de um ou mais flagelos, localizados em uma ou ambas as extremidades, ou por todo o corpo celular.

A coloração pelo método de Gram separa dois grandes grupos de bactérias. As gram-positivas se coram de azul e as negativas, de vermelho, devido às diferenças na composição da parede, principalmente a quantidade de peptoglicano. As bactérias láticas podem ser consideradas exceção, pois são bastonetes gram-positivos, enquanto a maioria dos bastonetes se cora de vermelho.

Algumas espécies de bactérias, como *Bacillus* e *Clostridium* apresentam esporos, também conhecidos como endosporos, que, ao contrário dos fungos, não são estruturas reprodutivas, e sim de resistência. Isto é, após a morte da célula vegetativa, o esporo é liberado ao meio. Essa estrutura é extremamente resistente a calor, frio, dessecação, pH e alguns desinfetantes. Em condições ideais, o esporo entra em processo de germinação, originando uma célula vegetativa igual à original. As duas espécies citadas são encontradas no solo, facilmente contaminando a matéria-prima usada na produção de bebidas fermentadas e sucos. Pela presença do esporo, mesmo que os processos térmicos destruam a célula vegetativa, os esporos podem germinar, podendo causar doenças e deterioração desses produtos.

As bactérias se dividem por fissão binária, durante a qual ocorre o crescimento da célula que se divide, dando origem a duas células-filha. Inicialmente, ocorre o alongamento da célula, que pode quase dobrar o tamanho, quando ocorre a formação do septo, devido ao crescimento e invaginação da parede celular e membrana plasmática, até a separação das células-filha. Durante o crescimento, ocorre a duplicação de todas as estruturas internas da célula, de modo que ambas as células sejam iguais à célula-mãe, inclusive com o mesmo número de plasmídios.

9.4 MICRORGANISMOS DETERIORANTES

9.4.1 Vinhos

Entre os principais contaminantes de vinho estão alguns bastonetes gram-positivos, como *Lactobacillus, Bacillus* e *Leuconostoc*, sendo que o último apresenta menor resistência a teores alcoólicos mais elevados, sendo mais raros.

Vinhos com pelo menos 11% de álcool são relativamente resistentes ao crescimento microbiano, mas ainda são susceptíveis a alguns grupos de microrganismos, devido à presença de açúcares, ácidos, alcoóis e glicerol.

9.4.1.1 Deterioração por leveduras

As alterações aeróbias ocorrem devido ao desenvolvimento de microrganismos na superfície exposta ao ar, como as leveduras oxidativas, formadoras da "flor" do vinho (*Candida mycoderma*) e as formadoras de véu na superfície do vinho (*Pichia, Bretanomyces* e *Hansenula*), que junto com bactérias acéticas transformam o álcool etílico em acetaldeído. As alterações anaeróbias ocorrem por microrganismos que degradam os açúcares, o ácido tartárico (degradação até ácido acético e CO_2) e o glicerol.

Numa garrafa de vinho cheia e selada, as bactérias acéticas são rapidamente inibidas e, assim, o maior problema é a refermentação por leveduras dos vinhos com resíduos de açúcar, caracterizada pela turvação e produção de gás. Em vários vinhos doces, a refermentação pode causar a explosão das garrafas, devido à produção excessiva de CO_2. Outras leveduras envolvidas nesse processo são *Saccharomyces bayanus* e *Zygosaccharomyces bailii*. *Brettanomyces* são leveduras capazes de crescer lentamente no vinho engarrafado, raramente produzindo mais do que uma fina camada de sedimento, mas causando significativa deterioração do aroma e do sabor. A deterioração que acontece em vinhos tintos durante seu envelhecimento em barris de madeira é ocasionada principalmente por *Dekkera bruxellensis* (*Brettanomyces bruxellensis*), sendo muito difícil eliminá-la por conta da ineficácia dos produtos químicos usados na higienização desses recipientes de natureza porosa. No entanto, tratamentos alternativos com água quente (a 60 °C por 19 minutos) podem ser a solução para este problema (FABRIZIO *et al.*, 2015).

Outro problema causado pelas leveduras é a produção de ácido sulfídrico (H_2S), que é utilizado pela maioria das leveduras na síntese de aminoácidos com enxofre, sendo componente essencial na síntese de proteínas. Somente uma pequena porcentagem das leveduras não produz tal substância; porém, sintetizam grandes quantidades de SO_2.

As leveduras produtoras obtêm H_2S a partir da redução enzimática de componentes sulfurosos inorgânicos (sulfatos e sulfitos) e orgânicos presentes no mosto e no vinho (aminoácidos e resíduos de fungicida). Algumas espécies que não conseguem obter H_2S de sulfatos e sulfitos o fazem a partir de cisteína e metionina.

Durante a fermentação malolática, odores sulfurosos ou de alho podem ocorrer devido à produção de pequenas quantidades de H_2S ou mercaptanos, especialmente em vinhos já engarrafados.

9.4.1.2 Deterioração por bactérias

Entre as bactérias deteriorantes, os dois principais grupos são as bactérias do ácido acético (BAA) e as bactérias do ácido lático (BAL).

As bactérias acéticas convertem o álcool em ácido acético. Pertencem principalmente aos gêneros *Gluconobacter* e *Acetobacter*, da família *Acetobacteraceae*, apresentando-se como bastonetes gram-negativos (ou na forma esférica) e aeróbios estritos.

Entre as espécies de *Gluconobacter*, as células podem ter a forma elíptica ou de bastonetes, ocorrendo isolados, em pares ou cadeias e medindo entre 0,5 – 0,8 x 0,9 – 4,2 µm. Geralmente são móveis por flagelos polar, que variam de 3 a 8; raramente apresentam somente um flagelo. São catalase-positiva e não formam endosporos.

As espécies de *Acetobacter* podem ser bastonetes retos ou levemente curtos, medindo 0,6 – 0,8 x 1,0 – 4,0 µm, também podendo ocorrer isolados, em pares ou cadeias. Podem ser imóveis ou móveis por flagelos peritríquios. Também são catalase-positiva, com exceções das espécies *Acetobacter peroxydans* e *A. pasteurianus* subespécie *paradoxus*.

No vinho, é fácil de reconhecer a *A. pasteurianus* subespécie *xylinum*, pela produção de um filme delgado e viscoso na superfície, difícil de ser quebrado, causando obstrução de canos e torneiras.

Uma vez que esse grupo é aeróbio estrito, necessitam da presença de oxigênio para seu crescimento. Utilizam o etanol, oxidando-o até ácido acético e água, conforme reação:

$$C_2H_5OH + O_2 \rightarrow CH_3COOH + H_2O$$

O oxigênio necessário para essa reação é considerável, pois para 0,5 g/L de ácido acético formado, é usado o oxigênio presente em seis litros de ar. Essa necessidade obriga a BAA a crescer somente na superfície do vinho em contato com o ar. Felizmente, BAA são sensíveis ao SO_2 utilizado na conservação dos vinhos.

Quando o vinho começa a apresentar odor de ácido acético, o termo usado para descrever essa deterioração é *piqûre acétique* (termo francês) ou *spunto acetico* (termo italiano). Somente se essa conversão for diagnosticada precocemente (menos de 1 g/L), ações corretivas podem ser tomadas, como a diluição do vinho afetado com outros vinhos. Entretanto, a prevenção do crescimento dessas bactérias é a melhor ação, pois na maioria das vezes causam danos irreparáveis ao vinho, com perdas econômicas significativas. A determinação frequente da acidez volátil e avaliações organolépticas durante estocagem são medidas importantes de monitoramento.

A oxidação bacteriana de carboidratos também pode ocorrer, sendo causada por *Gluconobacter*, que metaboliza alguns açúcares no mosto ou no vinho, oxidando-os em ácidos cetônicos correspondentes, na presença do oxigênio. Por exemplo, a glicose é transformada em ácido glucônico e a frutose, em 5-cetofrutose.

Algumas espécies de *Acetobacter* podem oxidar completamente ácido acético e o lático em CO_2 e água. Essa capacidade metabólica diferencia esse gênero de *Gluconobacter*, que perdeu essa característica, que é útil na diferenciação dos dois gêneros.

Morfologicamente, é difícil distinguir BAA das BAL, pois estas também podem se apresentar como cocos ou bastonetes isolados, em pares ou cadeias. Entretanto, as BAA são gram-negativas, enquanto as BAL, gram-positivas. A catalase também é um teste bastante útil, pois as acéticas são positivas neste teste, enquanto as láticas são negativas.

As BAL que podem degradar os vinhos pertencem aos gêneros *Leuconostoc* e *Pediococcus*, da família *Streptococcaceae*, que apresentam a forma esférica, e o gênero *Lactobacillus*, da família *Lactobacillaceae*, que são bastonetes. As células em ambas as famílias podem estar isoladas, em duplas ou formando cadeias.

Os *Lactobacillus* têm distribuição ubiquitária, são acidófilos, tolerantes ao etanol e sacarolíticas. São fastidiosas, isto é, exigentes em termos nutricionais, principalmente quanto a aminoácidos. O crescimento das BAL reduz o rendimento alcoólico devido o consumo de glicose que estaria envolvida na síntese de etanol, além da produção indesejável do ácido lático.

Pediococcus se divide em dois planos perpendiculares, resultando num grupamento de quatro células, conhecido como tétrades, enquanto *Leuconostoc* se divide em um único plano, formando cadeias. Ambos os gêneros são gram-positivos, imóveis e não formam esporos.

Além das características morfológicas, as BAL também devem ser diferenciadas pelo tipo de fermentação lática, isto é, a homolática (homofermentativa) e a heterolática (heterofermentativa). O primeiro tipo metaboliza hexoses a ácido pirúvico pela via glicolítica, que posteriormente é reduzido em L(+) e/ou D(-) ácido lático pela L(+) e/ou D(-) lactodesidrogenase. Bactérias heteroláticas não degradam hexoses pela glicólise (Via Embden- Meyerhof), mas sim pela via da pentose, com a formação de L(+) e/ou D(-) ácido lático, ácido acético e succínico, etanol, glicerol, 2,3-butanodiol e CO_2. As BAL também podem utilizar algumas pentoses encontradas nos vinhos (arabinose e xilose), após convertê-las em xilose 5-fosfato, via pentose.

A degradação de grandes quantidades de hexoses no mosto e vinho, com a produção de grandes quantidades dos ácidos acético e lático (> 4 g/L), é responsável pela alteração denominada de fermentação lática voraz.

Espécies do gênero *Leuconostoc* apresentam metabolismo heterofermentativo, enquanto espécies de *Pediococcus* são homofermentativas. Já o gênero *Lactobacillus* pode apresentar os dois tipos de metabolismo, dependendo da espécie envolvida.

Todas as BAL conseguem transformar ácido málico em L(+) ácido lático. Entretanto, *Leuconostoc* produz D(-) ácido lático somente a partir do metabolismo de açúcares. Em geral, esse grupo também transforma ácido cítrico nos ácidos lático e acético e 2,3-butanodiol.

Uma contaminação por *Pediococcus* no mosto ou vinho é particularmente temida pela produção de odores desagradáveis e grandes quantidades de histamina, uma amina biogênica, produzida pela decarboxilação da histidina, sendo ambos os produtos indesejáveis. Já foi observado que os *Lactobacillus* também apresentam alta atividade de histidina descarboxilase, mas é influenciada pela concentração de etanol e SO_2 no vinho.

Uma alta concentração de íons H^+ (pH baixo) cria condições adequadas para o crescimento das BAL. O limite desse valor pode variar de espécie para espécie, em conjunto com outros fatores, como temperatura, concentração de SO_2, disponibilidade de nutrientes. Esses fatores podem interagir em um pH específico, criando condições de atividade metabólica em um pH que normalmente seria proibitivo, em outras circunstâncias.

Além do pH, outro fator importante no crescimento das BAL é a temperatura de estocagem, pois a 10 °C elas se multiplicam devagar e com dificuldade, mas em temperaturas acima de 20 °C, o crescimento é favorecido.

As BAL também estão envolvidas na produção de manitol, a partir da fermentação de açúcares (especialmente frutose), se a concentração for maior que 10 g/L. Quando essa alteração ocorre, é chamada de *agridoce*, devido à presença simultânea do manitol e dos ácidos lático e acético. A formação do manitol ocorre simultaneamente à fermentação malolática ou imediatamente após ela, quando o pH aumenta a valores próximos de 3,5.

Enquanto o metabolismo das bactérias homoláticas não traz sérias consequências às características organolépticas do vinho, o das heteroláticas envolve marcante aumento da acidez volátil, devido à formação de ácido acético.

As bactérias láticas ainda estão envolvidas na degradação dos ácidos pirúvico e cítrico. O primeiro pode ser oxidado ou reduzido, dependendo da lacto-desidrogenase, com produção de 2,3-butanodiol, acetoína, ácido acético, etanol, L(+) e/ou D(-) ácido lático. Além disso, durante a fermentação malolática, o ácido pirúvico pode ser transformado em acetoína e diacetil. A partir do ácido cítrico, as bactérias podem produzir 2,3-butanodiol, acetoína, ácidos acético e lático, CO_2 e possivelmente ácido fórmico, pela via acetil CoA.

A degradação do ácido tartárico pode ocorrer por dois caminhos metabólicos diferentes. Por algumas espécies de BAL, esse ácido é transformado em ácidos acético e lático e CO_2. Por outras, ocorre formação dos ácidos acético e succínico e CO_2. A degradação do ácido tartárico geralmente é descrita como uma alteração envolvendo ataque exclusivo a esse composto. Na realidade, pode ocorrer a degradação simultânea ou sequencial de outros componentes do vinho, como ácidos cítrico e pirúvico e glicerol.

Devido à produção constante de ácido lático e acético, a degradação do ácido tartárico frequentemente não leva à um aumento notável no valor do pH e o vinho afetado por essa alteração sempre apresenta um pH menor que 4,0.

O glicerol pode ser degradado por algumas espécies de BAL. Parte desse composto é transformado em acroleína e 1,3-propanodiol. A acroleína é um aldeído insaturado e pode reagir com o tanino do vinho, formando compostos amargos. Esta reação pode explicar por que essa característica está mais presente nos vinhos tintos que os brancos.

9.4.1.3 Interação entre bactérias e leveduras

Além da redução do rendimento fermentativo e da viabilidade das leveduras, pela presença de metabólitos bacterianos, pouco se sabe sobre os efeitos das bactérias deteriorantes sobre as leveduras do mosto. O ácido acético, produzido por *Acetobacter*, parece inibir o crescimento e diminui a viabilidade de células de *S. cerevisiae, Saccharomyces sp., Pichia, Schizosaccharomyces, Zygosacharomyces, Torula* e *Candida*. Em 1983, Maiorella *et al.* observaram que a presença de ácido acético e ácido lático, em concentração de 7,5 e 38 g/L, respectivamente, reduziram em 80% a concentração de *S. cerevisiae*.

9.4.2 Cerveja

Contaminantes podem estar presentes na cerveja, devido à matéria-prima, ambiente da cervejaria e manipulação.

Apesar de a cerveja apresentar condições pouco favoráveis para a multiplicação de microrganismos, em virtude da presença de etanol (0,6 a 12,3% v/v), pH baixo (3,8 a 4,7), concentração alta de CO_2 (aproximadamente 0,5% m/m) e baixa de O_2 (<0,1 ppm) e escassez de açúcares, aminoácidos e vitaminas, alguns microrganismos conseguem se multiplicar, podendo causar aumento de turbidez e mudanças sensoriais indesejáveis.

Vários desses microrganismos conseguem se manter na cerveja por longos períodos de tempo, mas sem que ocorra qualquer alteração no produto e, por isso, apesar da sua presença, não são considerados deteriorantes. Por outro lado, alguns grupos de microrganismos causam alterações indesejáveis.

9.4.2.1 Deterioração por leveduras selvagens

Leveduras selvagens englobam todas as leveduras diferentes da levedura cervejeira que é acrescentada intencionalmente (inóculo) para a fermentação da cerveja, incluindo cepas de *Saccharomyces cerevisiae* de qualquer outra origem.

São classificadas como *Saccharomyces* e não *Saccharomyces*. O primeiro grupo é o mais perigoso, e a espécie mais frequentemente observada é *S. cerevisiae*, mas também já foram isoladas *S. diastaticus, S. pastorianus, S. ellipsoideus* e *S. willianus*. Esses contaminantes causam odores fenólicos pela descarboxilação de ácidos fenólicos, como o ferúlico e o transcinâmico.

O pH ácido, mantido indefinidamente, pode proporcionar o desenvolvimento das chamadas leveduras assassinas (*killer*), pois algumas cepas de *S. cerevisiae* secretam proteínas, chamadas zimocidas, que levam à morte da cepa cervejeira, em determinada faixa de pH. Além disso, essas leveduras podem causar sabor desagradável, descrito como erva-fenólico.

Entre as selvagens não *Saccharomyces*, podem ser citados os gêneros *Schizosaccharomyces, Brettanomyces, Filobasidium, Candida, Cryptococcus, Debaryomyces, Dekkera, Hanseniaspora, Hansenula, Kloeckera, Kluyveromyces, Pichia, Rhodotorula, Torulaspora* e *Zygosaccharomyces*.

Debaryomyces, Pichia e *Candida* causam o aumento da turbidez, produção de odores anormais semelhantes à banana e abacaxi, e formação de uma película na superfície da cerveja. *Dekkera* e *Brettanomyces* podem causar sabor de ácido acético, embora sejam utilizadas na produção de algumas cervejas do tipo *Ale, Lambic, Porter* e *Berliner Weisse*.

9.4.2.2 Deterioração por bactérias

Assim como no vinho, as principais bactérias causadoras de deterioração da cerveja são as lácticas, dos gêneros *Lactobacillus* e *Pediococcus*, que causam, aproximadamente, 70% dos problemas.

Essas bactérias gram-positivas alteram principalmente a turbidez e a acidez, com formação de vários produtos metabólicos, causando odores desagradáveis. O odor desagradável mais importante é a característica doce, manteigosa ou de mel, causada pelo diacetil (2,3-butanodiona) e/ou pela dicetona vicinal relacionada (2,3-pentanodiona). Viscosidade pode ser observada pela formação de um heteropolímero complexo, constituído de glicose, manose e ácidos nucleicos.

Os *Lactobacillus* são microrganismos pleomórficos, variando de bastonetes alongados e bacilos delgados até cocobacilos. Somente algumas espécies desse gênero conseguem se multiplicar sob as condições indesejáveis encontradas na cerveja, sendo o *Lb. brevis* o mais importante. É uma bactéria heterofermentativa estrita, com temperatura ótima de crescimento próxima a 30 °C e pH entre 4 e 5. Causa superatenuação na cerveja pela fermentação de dextrinas e amido. Utilizam como substrato o citrato, piruvato, malato, arginina e tirosina, presentes na cerveja. Sua presença nessa bebida ocorre pela resistência a algumas substâncias bacteriostáticas do lúpulo, como a isohumulona (iso-α-ácidos). Outra espécie importante é o *Lb. lindneri*, causador de 15% a 25% dos casos de contaminação bacteriana, também sendo resistente aos componentes do lúpulo.

Outras espécies de *Lactobacillus* foram acrescentadas recentemente à lista, como o *Lb. paracollinoides*, que são heterofermentativos e podem causar deterioração da cerveja, tanto quanto *Lb. brevis*. O *Lb. backi* também tem sido apontado constantemente como causa de deterioração dessa bebida.

Os *Pediococcus* são homofermentativos e crescem em pares ou tétrades; devido à essa conformação, frequentemente são confundidos com as sarcinas. Por isso, erroneamente, quando ocorria deterioração, esta era chamada doença da sarcina. As alterações causadas por esse microrganismo ocorrem pelo aumento da acidez e turbidez e pela presença de sabores e aromas desagradáveis (amanteigados, devido à formação de diacetil). A espécie mais frequentemente envolvida em processos de deterioração é *P. damnosus,* responsável por cerca de 90% dos casos, provavelmente devido à resistência a várias substâncias com ação antisséptica, presentes na cerveja. No início da fermentação, quando o teor de álcool ainda é baixo e o pH, alto (4,2), *P. inopinatus* e *P. dextrinicus* conseguem se multiplicar, ocorrendo inibição posterior.

Kocuria kristinae (*Micrococcus)* pode causar aroma de frutas em cervejas com baixo teor alcoólico e pH mais elevado (> 4,5).

Pectinatus cerevisiiphilus e *P. frisingensis* são bastonetes gram-negativos, anaeróbios estritos, móveis, não formadores de esporos, multiplicando-se entre 15 °C e 40 °C e pH 3,5 a 6, causando até 30% dos casos de deterioração de cervejas, devido à produção de acetoína e dos ácidos propiônico, acético, láctico e succínico. Entretanto, a principal característica é a turbidez e o odor de enxofre, pela produção de sulfeto de hidrogênio, metilmercaptano e vários ácidos graxos.

Megasphaera são cocobacilos gram-negativos e anaeróbios estritos, psicrotróficos, pois sua temperatura ótima de crescimento é de 28 °C (15 a 37 °C), crescem em pH > 4,1, numa concentração de etanol de até 3,5% (v/v). Somente a espécie *M. cerevisiae* causa deterioração pela produção acetoína e dos ácidos butírico, acético, isovalérico, valérico e capróico, além de sulfeto de hidrogênio, que causa odor fecal na cerveja.

Assim como nos vinhos, as bactérias acéticas também podem causar a deterioração de cervejas. Os principais gêneros envolvidos são *Gluconobacter* e *Acetobacter*, que são resistentes ao compostos do lúpulo, ácidos e etanol. Essas bactérias causam odor de vinagre na bebida.

Entre as bactérias pertencentes à família *Enterobacteriaceae*, as espécies *Hafnia protea, Hafnia alvei, Klebsiella pneumoniae, Enterobacter cloacae, Enterobacter aerogenes* e *Enterobacter agglomerans* podem causar deterioração somente no mosto, pois são sensíveis ao teor alcoólico do produto final.

9.4.3 Sidra

Devido à complexa microbiota presente do mosto, a sidra se torna susceptível a vários tipos de deterioração. A *picada acética* (*piqûre acétique*) é causada por bactérias aeróbias estritas, como *Gluconobacter oxydans* e *Acetobacter aceti*, ocorrendo em sidras secas ou em sidras com a fermentação interrompida, onde uma pequena produção de CO_2 impede a dissolução de oxigênio, provocando a acetificação. A *picada lática* (*piqûre lactique*) pode ser causada pelas bactérias responsáveis pela fermentação malolática. A *picada acroleica* ocorre somente em sidras destiladas, devido à degradação do glicerol em acroleína, por bactérias láticas como

Lactobacillus brevis e *L. colinoides*. A *gordura* (*graisse* ou *ropiness*) também é causada por bactérias láticas como *Lactobacillus* e *Leuconostoc*, ocorrendo o aumento da viscosidade em decorrência da produção de glucanas. Essa deterioração é facilmente visualizada pela consistência oleosa que o produto adquire; mas uma vez que o aroma não é afetado, o produto é submetido à centrifugação vigorosa para a quebra desses polímeros. A única deterioração específica para a sidra é chamada de *framboisé* (*sickness*), causada por *Acetobacter rancens* e *Zygomonas anaerobia* var. *pomaceae*, devido à produção de grandes concentrações de acetaldeído, com formação de viscosidade leitosa, pela combinação do etanol com vários compostos fenólicos.

9.4.4 Sucos

A qualidade de um suco de fruta é determinada pela composição de sua microbiota, pois os microrganismos presentes podem ser responsáveis por várias reações bioquímicas, alterando as características organolépticas do produto, além da possibilidade da presença de bactérias patogênicas, podendo causar toxinfecções. Apesar dos sucos apresentarem, geralmente, pH baixo, outros fatores intrínsecos, como alta atividade de água e oferta abundante de nutrientes, auxiliam no crescimento desses microrganismos.

9.4.4.1 Microrganismos deteriorantes de sucos de frutas

Os bolores e leveduras são as principais causas de deterioração de sucos de frutas. As leveduras compõem a microbiota predominante desses sucos devido a sua grande tolerância a ácidos e a habilidade de vários gêneros de crescerem em condições de anaerobiose. Aproximadamente 40% dos sucos comerciais estão contaminados com leveduras, indicando práticas de fabricação inadequadas. A maioria desses microrganismos produz intensa fermentação, com produção de etanol e CO_2, a partir de açúcares, causando estufamento de latas e até explosões em garrafas de vidros ou plásticas.

Entre as principais espécies deteriorantes estão *Brettanomyces intermedius, Saccharomyces bailii, S. bisphorus, S. cerevisiae, S. rouxii, Schizosaccharomyces pombe* e *Torulopsis holmii*, embora já tenha ocorrido o isolamento de *Candida maltosa, C. sake, Hanseniaspora guilliermondii, Pichia membranaefaciens* e *Schwanniomyces occidentalis*, a partir de suco de laranja não pasteurizado. Outras espécies comuns são *Dekkera bruxellensis, D. naardenensis, Saccharomyces bayanus, Torulaspora delbruckii* e *Zygosaccharomyces microellipsodes*.

Em relação aos bolores, geralmente, estes não apresentam problemas em sucos, a não ser que no processamento sejam utilizadas frutas emboloradas ou em decomposição. Entretanto, bolores podem contaminar o produto, crescendo próximo à superfície e causando a deterioração. O crescimento de bolores pode resultar em alterações do odor, que pode ser descrito como "antigo" ou "velho", além do crescimento de hifas, diminuição da concentração de açúcar e produção de micotoxinas. Os bolores termorresistentes envolvidos na deterioração de sucos incluem *Byssochlamys, Paecilomyces, Neosartorya, Talaromyces* e algumas espécies de *Eupenicillium*. Gêneros como *Aureobasidium, Cladosporium* e *Penicillium* também foram isolados.

Pitt e Hocking (2009) relataram que *Fusarium oxysporum* foi capaz de causar deterioração em sucos de frutas processados pela tecnologia UHT por conta de sua capacidade de crescer em baixas concentrações de O_2. Vários incidentes de deterioração em bebidas envasadas assepticamente ocorreram na Austrália e na Nova Zelândia, e problemas muito similares aconteceram na Europa, na Ásia e na América do Norte. Esse fungo parecia estar colonizando a área asséptica do equipamento de embalagem, sendo muito difícil sua eliminação, uma vez que se encontrava dentro dele.

A seguir, estão relacionados alguns tipos de sucos, com seus microrganismos deteriorantes específicos.

Suco de abacaxi: esse tipo de suco apresenta alta atividade de água e elevada acidez, permitindo o crescimento de leveduras deteriorantes como *Candida pelliculosa* e *Kloeckera apis*. Já foram isolados bolores como *Byssochlamys* spp. e *Talaromyces flavus*, além de levedura *Saccharomyces* spp.

Suco de laranja: assim como o de abacaxi, também apresenta pH baixo, com predomínio de bactérias acidófilas, como *Lactobacillus* e *Leuconostoc*. Entretanto, as leveduras ainda são a causa mais comum de deterioração desse produto devido a sua maior tolerância térmica (resistindo ao processo de pasteurização) e ao pH favorável, além de seu desenvolvimento em meio anaeróbio, causando produção de CO_2, álcool e acetaldeído, além da formação de películas e floculação.

Suco de maçã: apresenta alto teor de açúcares e pH baixo, o que limita o crescimento de muitos microrganismos. Porém foram relatados microrganismos como *Alicyclobacillus acidoterrestris* e *Penicillium expansum*.

Clostridium pasteurianum é uma bactéria anaeróbia estrita, formadora de esporos e que pode germinar em sucos de maçã (pH 4,3) engarrafados após tratamento térmico. Em bebidas ácidas, essa bactéria produz H_2 e CO_2 como bioprodutos do seu crescimento, resultando em embalagens inchadas. Também produz ácido butírico, que leva a odor e sabor estranhos na bebida, que são facilmente detectados pelos consumidores, ocasionando sua rejeição. Nos Estados Unidos, *C. pasteurianum* foi isolado a partir de diversos surtos de deterioração em vários lotes de suco de maçã de longa vida útil (elaborado a partir de concentrado importado, contendo 1 esporo a cada 2 litros) que apresentavam embalagens severamente inchadas. A deterioração das garrafas de 1,89 L (com altos níveis de produção de gás) ocasionou um recolhimento voluntário do produto e uma grande perda econômica para o fabricante (FENG *et al.*, 2010).

Suco de maracujá: poucos microrganismos conseguem se desenvolver, devido ao baixo pH, como as bactérias láticas *Lactobacillus*, *Leuconostoc*, *Streptococcus* e *Pediococcus*. Leveduras raramente estão envolvidas, devido à baixa resistência a temperatura utilizada no processo de pasteurização.

Na Austrália, a maioria dos problemas de deterioração em suco de maracujá foi causada por *Byssochlamys* spp. Produtos de longa vida de prateleira que têm recebido pasteurização convencional ou UHT e que não contêm conservantes são considerados de alto risco de deterioração por esse fungo termorresistente. Por isso, uma categorização do risco foi proposta, considerando deterioração “desprezível” quando o produto apresenta menos que 2 esporos/100 mL, “intermediária” quando apresenta entre 2 e 5 esporos/100 mL e “elevada” quando apresenta mais que 5 esporos/100 mL (KOTZEKIDOU, 2014).

Suco de uva: o pH, a alta atividade de água e abundância de nutrientes permitem o crescimento de inúmeros microrganismos, causadores de deteriorações que alteram suas características organolépticas originais. Entre os mais comuns estão o *Penicillium*, *Aspergillus*, *Mucor*, *Lactobacillus* e *Leuconostoc, Aspergillus, Penicillium* e *Mucor.*

Suco de caju: o pH ácido do pedúnculo permite a colonização de fungos filamentosos, leveduras e bactérias láticas, dos gêneros *Leuconostoc* e *Lactobacillus*, que podem deteriorar o suco por meio de fermentação alcoólica, acética ou lática. Embora esse pH não permita a germinação de esporos de algumas bactérias, como *Clostridium butyricum* e *C. pasteurianum*, se a carga contaminante for muito grande, esses microrganismos não são eliminados no processamento e podem produzir ácidos no suco. Entre os fungos, já foram isolados *Byssochlamys fulva, B. nívea, Taloramyces flavus*, entre outros.

9.4.4.2 Microrganismos deteriorantes de sucos de frutas concentrados

Quando o suco concentrado apresenta concentração de pelo menos 68 °Brix, a água foi eliminada em quantidade suficiente, a fim de impedir o crescimento da microbiota deteriorante, devido à baixa atividade de água.

Problemas domésticos podem ocorrer quando o vasilhame é removido várias vezes do congelador, pois pode haver condensação da umidade na superfície interna do recipiente. Esse condensado dilui o concentrado, aumentando a atividade de água e criando condições para o desenvolvimento de bolores e leveduras.

Quando a concentração é menor que 68 °Brix, pode ocorrer fermentação lenta de leveduras osmofílicas que são facilmente detectadas pela presença de CO_2 e uma redução do Brix. O crescimento de bolores pode ser detectado pela sua visualização na superfície do suco. Concentrados acima de 60 °Brix devem ser estocados entre –1,0 a 0 °C e concentrações menores, entre –3,5 e –5,0 °C. A condição do suco deve ser inspecionada, ao menos, uma vez por semana, não sendo recomendada a estocagem por vários meses.

A baixa atividade de água e a acidez elevada favorecem apenas o crescimento de leveduras e de bactérias osmofílicas e acidófilas. Leveduras como *Zygosaccharomyces rouxii*, *Zygosaccharomyces microellipsoides*, *Zygosaccharomyces bisporus* e *Zygosaccharomyces bailli* são capazes de causar deterioração em concentrado de uva (65,4 – 75,5 °Brix), como foi demostrado em estudo realizado em concentrados provenientes dos estados de Mendoza e San Juan, na Argentina (COMBINA *et al.*, 2008).

Entre as principais bactérias deteriorantes, podem ser citados os gêneros *Acetobacter, Alicyclobacillus, Bacillus, Clostridium, Gluconocabter, Leuconostoc, Lactobacillus, Saccharobacter, Zygomonas* e *Zymobacter.* A Tabela 9.1 apresenta as principais bactérias relacionadas à deterioração de sucos e seus respectivos efeitos. Bactérias acidófilas e aeróbias estritas como *Acetobacter* e *Gluconobacter* têm causado deterioração de concentrado de frutas. As bactérias láticas *Lactobacillus* e *Leuconostoc* também têm sido associadas à deterioração de sucos de frutas, produzindo fermentação, gás, limo, sabor amanteigado e turbidez. Esses são os microrganismos mais importantes no processamento de sucos cítricos.

Entre os gêneros bacterianos produtores de esporos, *Bacillus* e *Clostridium* são os mais importantes, sendo o último produtor de gás, com forte odor butírico e aumento da acidez. Recentemente, *Alicyclobacillus* também tem causado problemas na indústria de sucos. Esse microrganismo termorresistente foi descrito pela primeira vez causando deterioração de suco de maçã na Alemanha, que apresentava odor fenólico, com ou sem turvação e, geralmente, sem produção de gás. A deterioração por este microrganismo ocorre, principalmente, na primavera e verão, em sucos de maçã, pera, uva, tomate e laranja.

O gênero *Alicyclobacillus* compreende as espécies *A. acidocaldarius*, *A. acidoterrestris* e *A cycloheptanicus*, sendo os esporos resistentes a temperaturas de 91 °C por até 45 minutos. Essa bactéria facilmente sobrevive aos tratamentos térmicos normalmente aplicados aos sucos de frutas. A elevada termorresistência dos esporos representa um risco em potencial quanto à deterioração de sucos pasteurizados ou submetidos a tratamento UHT (*Ultra High Temperature*), quando estes são estocados sem refrigeração, pois os esporos têm capacidade de germinar, e as células vegetativas crescem em temperaturas abaixo de 35 °C. Em meios de cultura, a multiplicação bacteriana ocorre com variação de pH entre 3,0 e 6,0. Entretanto, o crescimento foi inibido em concentração alcoólica superior a 6%, com concentração de açúcar superior a 18 °Brix. O aumento da concentração de açúcar nos sucos parece aumentar a termorresistência da bactéria. Esses resultados sugerem que seria mais difícil destruir esse microrganismo em sucos concentrados do que nos frescos.

Tabela 9.1 Bactérias relacionadas à deterioração de sucos concentrados

Bactéria deteriorante	Suco	Efeito
Acetobacter, Gluconobacter, Leuconostoc, Lactobacillus	Pomelo e frutas	Fermentação, turbidez, produção de ácido acético, CO_2, etanol, limo, sabor amanteigado.
Alicyclobacillus acidoterrestris	Maçã e laranja	Odor fenólico, com ou sem sedimentos.
Bacillus coagulans, B. macerans, B. polymyxa, B. licheniformis, B. subtilis, Clostridium pasteurianum e C. butyricum	Tomate e frutas	Aumento de acidez e gás e intenso odor butírico.
Saccharobacter fermentatus, Zygomonas e Zymobacter	Pomelo	Produção de etanol.

Fonte: adaptada de Vasavada; Heperkan (2002).

9.4.5 Refrigerantes

Os refrigerantes são afetados principalmente por microrganismos capazes de crescer em presença de CO_2, suportar condições ácidas e resistir aos conservantes químicos. Leveduras (principalmente resistentes aos conservantes), bactérias ácido-lácticas e bactérias ácido-acéticas são os principais agentes de deterioração nesse tipo de bebida, podendo ingressar ao produto pelas matérias-primas ou pelo ambiente de processamento (AZEREDO *et al.*, 2016).

9.4.5.1 Deterioração por leveduras

Os refrigerantes contaminados por leveduras apresentam uma redução de °Brix, turbidez, sedimentação, odores e aromas indesejáveis e abundante produção de CO_2 (alta efervescência), levando a abaulamento e posterior explosão da embalagem (WAREING, 2016). Com base no risco que as leveduras representam de deterioração das bebidas, um sistema de classificação simples foi estabelecido por Davenport (1996). A seguir, uma descrição de cada um dos grupos que compõem essa classificação, mencionando em cada caso as leveduras mais representativas (WAREING, 2016):

a) Grupo 1: esses tipos de leveduras, considerados de alto risco, podem crescer nos refrigerantes sem muito problema e são capazes de causar deterioração com baixo número de células. São resistentes a conservantes, osmotolerantes, de fermentação agressiva e apresentam um requerimento especial de vitaminas. Entre as principais leveduras deste grupo encontram-se: *Dekkera anomala*, *Dekkera bruxellensis*, *Dekkera naardenensis*, *Saccharomyces* (cepas atípicas), *Saccharomyces exiguus*, *Schizosaccharomyces pombe*, *Zygosaccharomyces bailii*, *Zygosaccharomyces lentus*, *Zygosaccharomyces rouxii* e *Zygosaccharomyces bisporus*.

b) Grupo 2: nesse grupo encontram-se as leveduras capazes de causar deterioração por conta das deficiências nas condições de processamento (deterioração oportunista), podendo estar associadas a baixos níveis de conservantes, falhas de pasteurização, ingresso de oxigênio ou padrões ruins de higiene. Essas leveduras são contaminantes muito comuns na indústria de bebidas, e se as boas práticas de fabricação forem aplicadas adequadamente, podem ser controladas eficientemente. *Candida davenportii*, *Candida parapsilopsis*, *Debaryomyces hansenii*, *Hanseniaspora uvarum*, *Issatchenkia orientalis*, *Lodderomyces elongisporus*, *Wickerhamomyces anomalus* (antes chamada *Pichia anomala)*, *Pichia membranifaciens*, *Saccharomyces bayanus* e *Saccharomyces cerevisiae* são as principais leveduras representantes deste grupo.

c) Grupo 3: apesar de essas leveduras não serem capazes de crescer nos refrigerantes (mesmo se presentes em altas quantidades), servem como microrganismos indicadores de condições pobres de higiene. Quanto mais alta a contagem desses microrganismos, pior é o estado higiênico da fábrica. Entre as principais leveduras deste grupo, temos: *Aureobasidium pullulans*, *Candida sake*, *Candida solani*, *Candida tropicalis*, *Clavispora lusitania*, *Cryptococcus albidus*, *Cryptococcus laurentii*, *Debaryomyces etchellsii*, *Rhodotorula glutinis* e *Rhodotorula mucilaginosa*.

d) Grupo 4: as leveduras deste grupo, também chamadas “aliens”, podem ser isoladas em refrigerantes, mas não são contaminantes comuns e não são capazes de crescer nessas bebidas. Esses tipos de microrganismos são frequentemente usados na abordagem forense para detectar origens de fermento. *Kluyveromyces marxianus* e *Kluyveromyces lactis*, ambas de origem láctica, são exemplos típicos desta categoria de leveduras.

9.4.5.2 *Deterioração por bactérias*

Dois grupos de bactérias são os mais representativos quando se fala de deterioração em refrigerantes: bactérias ácido-lácticas e bactérias ácido-acéticas. Elas ocasionam sérias alterações sensoriais nas bebidas, como sabores e odores estranhos, inchamento das embalagens por produção de gás, entre outros.

Bactérias ácido-lácticas, por fermentação, podem transformar os carboidratos em lactatos e produzir outros subprodutos, como CO_2, etanol, ácido acético e diacetil (odor muito similar ao de manteiga). Os microrganismos mais representativos por causar deterioração nesse tipo de bebidas são *Leuconostoc mesenteroides* e *Lactobacillus paracasei* (LAWLOR *et al.*, 2009).

Bactérias ácido-acéticas (*Gluconobacter spp.* e *Acetobacter spp.*) podem causar a oxidação de açúcares, ácidos orgânicos e álcoois, produzindo ácido acético, ácido glucônico, ácido láctico, ácido succínico e acetaldeído, gerando alteração na viscosidade, com presença de sedimentos, floculação, turbidez, modificação do sabor e abaulamento das embalagens (JUVEN; SHOMER, 1985; LAWLOR *et al.*, 2009; AZEREDO *et al.*, 2016).

9.4.6 Outros tipos de bebidas

Bebidas com adição de eletrólitos, como as isotônicas, que são especialmente desenvolvidas para hidratar e repor os sais minerais em esportistas ou pessoas que praticam alta atividade física, podem ser contaminadas e deterioradas por fungos. *Fusarium oxysporum*, organismo específico de deterioração dessa categoria de bebidas, pode crescer e se desenvolver no produto até formar um micélio visível (maior ou igual a 3 mm), ocasionando rejeição pelo consumidor. No Peru, esse fungo causou um problema de deterioração, afetando os sabores de maçã, lima-limão e tangerina (RAMOS, 2014). Esse fungo filamentoso também tem sido isolado em leites saborizados UHT na Austrália, e sua presença está relacionada à produção de clamidoconídios e sua capacidade de tolerar baixas concentrações de oxigênio (SØRHAUG, 2011).

Bacilos gram-negativos, como *Asaia bogorensis* e *Asaia siamensis*, causaram deterioração em águas saborizadas engarrafadas. Esse gênero tem o potencial de se proliferar em bebidas com baixo pH, nas quais a fermentação não é requerida, e está incluso na linhagem das bactérias ácido-acéticas por sua relação filogenética com os gêneros *Acetobacter*, *Gluconobacter*, *Acidomonas* e *Gluconacetobacter* (MOORE *et al*., 2002). A deterioração que causou *Asaia* sp. num lote de água engarrafada sabor frutas estava associada à formação de turbidez (equivalente à escala de McFarland n. 5), odor estranho característico e pH de 3,5. Essas bactérias crescem em Agar Padrão a 22 e 30 °C por 48 horas, formando colônias lisas, translúcidas e brilhantes de cor rosa pálido, as quais são extremadamente pequenas (1 a 2 mm de diâmetro, aproximadamente), e são incapazes de crescer a 37 °C, apresentando uma mínima influência à saúde humana, por sua incapacidade de se reproduzir à temperatura do corpo humano. São catalase-positivas e oxidase-negativas, além de apresentarem relativa resistência a antibióticos como ceftazidima (30 µg), amicacina (30 µg), imipenem (10 µg), entre outros, enquanto tem sido demostrada sua sensibilidade a netilmicina, gentamicina e doxiciclina (TUUMINEN *et al*., 2006). Recentemente, há relatos de deterioração em bebidas de frutas, chás engarrafados prontos para beber e produtos ácidos conservados com benzoato, sorbato e dimetildicarbonato. Essas bactérias são capazes de formar biofilmes nos equipamentos de processo, sendo muito resistentes e difíceis de remover com as operações comuns de sanitização (HORSÁKOVÁ *et al*., 2009; SEDLÁČKOVÁ *et al*., 2011).

A bactéria *Asaia lannensis* tem sido relatada recentemente na Polônia como agente deteriorante de água mineral engarrafada sabor morango (pH entre 3,3 e 3,6), produzindo flocos no produto após duas semanas de fabricação, sendo muito evidente o defeito visual durante a distribuição. Esse microrganismo também foi isolado a partir do concentrado sabor morango natural usado na produção de água mineral saborizada, concluindo-se que o ingrediente poderia ser a fonte principal da contaminação do produto final (KREGIEL *et al*., 2012). Essa bactéria tem uma grande capacidade de aderência e é capaz de formar biofilme na superfície mais suscetível de embalagens à base de PET, seguidas pelo vidro e pelo polipropileno (KREGIEL, 2013).

Bebidas com soja, cujas formulações contêm minerais, vitaminas, gomas e proteínas, constituem uma fonte importante de nutrientes para as pessoas, mas são muito sensíveis à contaminação com esporos bacterianos. Esses tipos de bebidas (pH = 6,7) foram deteriorados por *Bacillus licheniformis* e *Geobacillus thermoglucosidasius*, dos quais o primeiro é facilmente inativado, enquanto a inativação do segundo por tratamentos térmicos é extremamente difícil (é resistente a 132 °C por 2 minutos), requerendo altas temperaturas que podem alterar o valor nutricional da bebida (SILVA; MASSAGUER, 2015).

9.5 MICRORGANISMOS CAUSADORES DE DOENÇAS PRESENTES EM BEBIDAS

9.5.1 Toxinfecções

Os sucos de frutas contêm água, açúcares, ácidos orgânicos, vitaminas e oligoelementos que fornecem um ambiente adequado para o desenvolvimento de microrganismos deteriorantes, geralmente mais resistentes ao pH ácido e baixa atividade de água. Muitos surtos já foram descritos, devido à presença de patógenos em sucos. Provavelmente, esses microrganismos conseguiram se adaptar rapidamente ao pH ácido do ambiente, onde, apesar de não ocorrer multiplicação celular, conseguem sobreviver por grandes períodos de tempo e em temperatura de refrigeração.

Salmonella e *E. coli* patógena parecem ser os microrganismos mais comumente isolados, em casos de surtos causados por sucos, pasteurizados ou não. Em 1989, o consumo de suco de laranja fresco contaminado com *Salmonella Typhi* levou ao desenvolvimento de febre tifoide em 43 casos confirmados e 24 suspeitos, sendo um dos maiores surtos desse sorotipo de salmonela, na década de 1980 (BIRKHEAD, 1993). Em 1998, Cook *et al*. descreveram um surto causado por *Salmonella Hartford*, isolada de suco de laranja não pasteurizado, envolvendo 62 indivíduos. Esse surto foi restrito a um parque temático em Orlando, nos Estados Unidos, com produção para consumo interno do parque. Um surto com o mesmo tipo de suco e envolvendo um número bem maior de pessoas ocorreu no ano seguinte, quando *Salmonella Muenchen* causou infecção intestinal em 13.207 pessoas, de 15 estados americanos e dois canadenses (STEINBERG, 1999). Em 2007, o sorotipo *Salmonella Tempe* foi identificado pela primeira vez, devido a um surto provocado por um suco de laranja não pasteurizado.

Em 1996, 39 pessoas foram infectadas com *E. coli* O157:H7, após o consumo de suco de maçã não pasteurizado, no oeste dos Estados Unidos e Canadá (MCCARTHY, 1996). No mesmo ano, esse microrganismo contaminou mais catorze pessoas em Connecticut, no mesmo tipo de suco (HILBORN, 2000).

Shigella flexneri, patógeno pouco encontrado em alimentos, causou disenteria em catorze turistas na África do Sul, pelo consumo de suco de laranja fresco (THURSTON *et al.*, 1998).

Apesar de não ter relação com surtos causados por sucos de frutas, *Listeria monocytogenes*, se chegar à água de coco por meio de más práticas na agricultura ou contaminações durante seu processamento, pode adaptar-se e crescer nesse produto a temperaturas de refrigeração (abaixo de 10 °C). Essa bebida, de grande consumo no Brasil, é muito propícia para o crescimento dessa bactéria patogênica psicrotrófica por conter grandes concentrações de sais minerais e ser produzida comumente, sem se considerar, no processo de manufatura, um passo capaz de eliminar microrganismos patogênicos, além de ser comercializada fresca sob refrigeração em garrafas plásticas por até sete dias após o envase (WALTER *et al.*, 2009).

Intoxicações pelo consumo de sucos também já foram descritas. *Clostridium botulinum*, produtor de neurotoxina tipo A, causou botulismo em 4 indivíduos que consumiram suco de cenoura, na Geórgia e Flórida, Estados Unidos (CDC, 2006).

Vários microrganismos oportunistas como *Klebsiella, Enterobacter, Candida* e *Torulopsis* são frequentemente encontrados em sucos de frutas. Embora geralmente não afetem indivíduos saudáveis, são preocupantes para pacientes imunodeprimidos, devido a tratamentos de quimioterapia e radiação, por exemplo. Esses pacientes também estão suscetíveis a leveduras como *Candida famata, C. guillermondii, C. krisei, C. parapsilosis* e *Saccharomyces cerevisiae*.

Os vírus não são comumente encontrados em sucos, mas já ocorreu a detecção do vírus da hepatite A e vírus semelhantes ao Norwalk. Frank *et al.* (2007) descreveram um surto, ocorrido em 2004, no Egito, onde 351 turistas de nove países europeus foram infectados pelo vírus da hepatite A (genótipo 1b), veiculado pelo suco de laranja.

Com a finalidade de reduzir, controlar e prevenir uma série de enfermidades associadas a sucos de frutas, a Food and Drug Administration (FDA), dos Estados Unidos, publicou uma norma HACCP aplicável para os processadores de sucos. Um dos principais temas da norma é que o processador deve ser capaz de demonstrar e aplicar uma etapa capaz de reduzir como mínimo 5-log de um microrganismo patogênico pertinente, o mais resistente de significância na saúde pública e que é muito provável ocorrer no suco ácido, como *E. coli* O157:H7. Essa etapa deve estar localizada antes ou depois do envasamento e deve ser aplicada diretamente no suco, com exceção dos sucos cítricos, podendo se utilizarem tecnologias térmicas ou não térmicas para cumprir a regulação (FDA, 2004).

9.5.2 Micotoxinas

Micotoxinas são substâncias tóxicas, produzidas pelo metabolismo secundário de uma grande variedade de fungos, que geralmente não são patógenos agressivos. Essas micotoxinas podem ter ação mutagênica, carcinogênica ou apresentam toxicidade específica para algum órgão.

9.5.2.1 Micotoxinas em sucos de frutas

O ácido bissoclâmico é uma micotoxina produzida por *Byssochlamys fulva* em sucos de uva enlatados e por *B. nivea* em sucos de ameixa, uva e abacaxi. Menos frequentemente é encontrado em sucos de maçã, laranja e tomate. A citrinina é produzida por *Penicillium expansum* em suco de maçã e de uva, e a ocratoxina é secretada por *Aspergillus carbonarius*, presente em suco de uva.

Entretanto, a patulina é a micotoxina mais importante em sucos de frutas, tendo sido isolada em todo o mundo. É produzida por várias espécies de *Penicillium, Aspergillus* (*A. clavatus, A. giganteus, A. terreus*), *Paecilomyces* e *Byssochlamys* (*B. nivea*), sendo os dois primeiros gêneros os principais responsáveis pela produção dessa substância, até antes da colheita dos frutos. Algumas espécies de *Byssochlamys* resistem à pasteurização, podendo sintetizar a patulina, após esse processamento térmico dos sucos. Essa micotoxina é destruída durante a fermentação de sidras e vinhos.

Várias espécies de *Penicillium* foram identificadas como produtoras de patulina, entre as quais *P. carneum, P. clavigerum, P. concentricum, P. coprobium, P. dipodomyicola, P. glandicola, P. gladioli, P. griseofulvum, P. marinum, P. paneum, P. sclerotigenum* e *P. vulpinum*; mas *P. expansum* parece ser o maior responsável por essa produção. Esse microrganismo se desenvolve somente em frutas danificadas ou nas já infectadas por outros microrganismos, ainda no pomar ou após a colheita.

Essa micotoxina já foi encontrada em maçãs e seus produtos e, ocasionalmente, em peras, damascos, pêssegos, bananas, abacaxis, cerejas, tomates e uvas.

Vários efeitos agudos, crônicos e celulares têm sido atribuídos à patulina. Os sintomas agudos incluem convulsões, edema, congestão pulmonar, febre, distensão do trato gastrintestinal, hemorragia intestinal e degeneração de células epiteliais. Entre os crônicos, observaram-se efeitos mutagênicos, neurotóxicos, genotóxicos, imunotóxicos e imunossupressores. Nas células, pode causar ruptura da membrana plasmática, inibição da síntese proteica, do DNA e do RNA. Por causa desses efeitos tão agressivos, a Food and Drug Administration (FDA, 2005) e o *Codex alimentarius* (2016) recomendaram que o nível de patulina em frutas e sucos não deve exceder 50 µg/kg. Por outro lado, o Mercado Comum Europeu passou a recomendar o nível máximo de 25 µg/kg para produtos sólidos à base de maçã e de 10 µg/kg, para sucos de maçã destinados a serem consumidos por lactantes e crianças e para alimentos para bebês (EUROPEAN UNION, 2006). No Brasil, a regulamentação sobre níveis aceitáveis de patulina só está indicada para suco e polpa de maçã, com o limite máximo tolerado de 50 µg/kg (BRASIL, 2011).

9.5.2.2 Micotoxinas em bebidas alcoólicas

Em vinhos e no mosto, a micotoxina mais importante é a ocratoxina, produzida principalmente por *Aspergillus ochraceus*, *A. carbonarius*, *A. niger* e *Penicillium verrucosum* e que não é degradada durante as etapas da produção de vinhos. O desenvolvimento do microrganismo ocorre entre a colheita e o início do processo de fermentação, pois quando este se inicia, os fungos são inibidos pela concentração de etanol e pelo ambiente anaeróbio. Essa micotoxina apresenta efeitos genotóxicos, carcinogênicos e nefrotóxicos, além de propriedades imunossupressoras. Além disso, foi associada à uma doença renal e fatal para o homem, conhecida como nefropatia endêmica dos Bálcãs, associada a tumores no trato urinário. Outras espécies de *Aspergillus* envolvidas na produção de ocratoxina são *A. auricomus*, *A. melleus*, *A. muricatus*, *A. ostianus*, *A. petrakii*, *A. sclerotiorum* e *A. sulphureus*, *A. niger*, *A. carbonarius*, *A. awamori* e *A. foetidus*.

Os parâmetros físicos envolvidos no desenvolvimento das principais espécies produtoras não são totalmente conhecidos, mas a maioria das cepas de *A. carbonarius* cresce em temperatura ótima entre 30 e 35 °C, embora entre 15 e 20 °C ocorram os maiores níveis de produção de ocratoxina e não haja crescimento abaixo de 15 °C. A atividade de água pode variar de 0,930 a 0,987. *Aspergillus niger* alcança o nível máximo de produção entre 20 e 25 °C.

A União Europeia estabeleceu o nível máximo de ocratoxina A em vinhos (brancos, tintos e rosé) de 2 µg/kg (EUROPEAN UNION, 2006), o qual posteriormente foi adotado pelo Brasil (BRASIL, 2011).

No Brasil, Prado *et al.* (2003) analisaram 26 amostras de cervejas nacionais e 4 importadas, encontrando pequenas concentrações ocratoxina (> 0,002 µg/L e < 0,008 µg/L) em 23% das amostras nacionais e em 2 importadas.

Na Europa, uma pesquisa realizada com 106 amostras de cerveja de diferentes países revelou uma incidência de ocratoxina A em 67,9%, obtendo níveis baixos (< 0,040 µg/L) em amostras provenientes de países do sul da Europa (Armênia, Bálcãs, Itália, Espanha e Turquia), enquanto o valor máximo foi atingido numa amostra proveniente da Dinamarca (0,189 µg/L). Nesse estudo, nenhuma das amostras avaliadas apresentou resultado positivo para as aflatoxinas (BERTUZZI *et al.*, 2011).

Em 1998, a Organização Mundial da Saúde estabeleceu limites de até 5 µg/kg para cereais e produtos derivados de cereais para consumo direto pelo homem.

A ocorrência de micotoxinas em sucos de frutas, vinhos e cervejas é resultado de práticas agrícolas deficientes. Assim, boas práticas de produção, como a seleção das frutas e cuidados durante manipulação, classificação, lavagem, estocagem e refrigeração dos frutos, podem assegurar que sucos e bebidas alcoólicas não apresentem micotoxinas acima dos limites permitidos pela lei.

9.5.3 Aminas biogênicas

Aminas biogênicas (AB) são compostos orgânicos de caráter básico, encontradas em vários tipos de alimentos como queijos, embutidos, vinhos, cervejas e outros produtos fermentados. Esses compostos são gerados pela descarboxilação de precursores de aminoácidos, devido à ação de enzimas específicas sintetizadas por alguns microrganismos presentes nos alimentos.

A ingestão de alimentos contaminados com níveis relativamente altos dessas substâncias pode causar intoxicações, decorrentes da sua atividade fisiológica no metabolismo humano. As AB mais estudadas são a histamina e tiramina, com propriedades vasoativas e psicoativas, podendo causar dor de cabeça, insuficiência respiratória, palpitação cardíaca, hiper ou hipotensão e várias doenças de fundo alérgico.

A histamina é uma das AB mais tóxicas e pode ter seu efeito ativado e aumentado por outras aminas, como 1-metil-histamina, metilamina, etilamina, triptamina, 2-feniletilamina, tiramina, putrescina, cadaverina e espermidina, causando reações em pessoas sensíveis. Sabe-se que a putrescina, uma amina geralmente presente em altas concentrações em vinhos, é uma das substâncias que mais potencializam a ação da histamina. Além disso, a putrescina e a cadaverina são precursoras de nitrosaminas carcinogênicas.

A sensibilidade humana à histamina é variável. Existem algumas enzimas envolvidas na sua degradação, como a histamina-metiltransferase, que é específica, e outras inespecíficas, como a monoaminoxidase e diaminoxidase. Entretanto, essas enzimas são inibidas pelo álcool, vários tipos de drogas e por outras aminas, diminuindo a eficiência de desintoxicação. Também deve ser considerada a quantidade de alimento ingerida, a concentração total de aminas biogênicas, o consumo de álcool e de drogas.

A concentração de AB em vinhos é baixa após a fermentação alcoólica e aumenta durante a fermentação malolática, sendo maior em vinhos tintos que nos brancos. Esses compostos, principalmente a histamina, são sintetizados por vários gêneros de bactérias láticas, como *Lactobacillus*, *Leuconostoc* e *Pediococcus*, sendo este último gênero considerado um dos maiores responsáveis pelo acúmulo dessas substâncias no vinho.

Entretanto, foi observado que *Oenococcus oeni*, uma das bactérias mais comumente encontradas em vinhos e associada à fermentação malolática, também tem a capacidade de produzir histamina. Embora essa substância esteja presente em maiores concentrações em vegetais fermentados e produtos cárneos que as encontradas nos vinhos, sua presença no álcool junto com outras AB pode levar a um aumento de sua toxicidade.

A histamina, a tiramina e a putrescina são as principais AB encontradas em vinhos, cujas concentrações são baixas após a fermentação alcoólica, aumentando durante a malolática. Outras AB, como cadaverina, etilamina, feniletilamina, isoamilamina, geralmente já estão presentes na etapa de obtenção do mosto, mas podem ser parcialmente degradadas nas etapas posteriores. A presença ou não dessas substâncias no vinho está relacionada a vários fatores, como o tipo de produção e se esta envolve fermentação malolática ou não.

Como as AB são produzidas pela descarboxilação de aminoácidos, é suposto que os aminoácidos estejam presentes em quantidade suficiente e que as bactérias do vinho tenham todo o metabolismo enzimático necessário para estas reações. A abundância de AB está relacionada com a qualidade da microbiota presente no vinho, mas também com a sua composição de aminoácidos, após a fermentação alcoólica. Também deve ser considerada a composição do mosto, que depende da variedade da uva e o metabolismo das leveduras usadas durante o processo. Como as bactérias láticas se desenvolvem no vinho após as leveduras, estas já alteraram a composição inicial do mosto, pelo uso de alguns aminoácidos e secreção de outros, durante a fermentação alcoólica. Além disso, se o vinho é mantido em contato com o sedimento de leveduras por um tempo maior, ocorre uma disponibilidade maior de peptídeos e aminoácidos a serem hidrolisados e decarboxilados. Isto explica os altos níveis de AB em vinhos produzidos com contato prolongado com o sedimento de leveduras. A outra razão pela variação de concentração das AB nos vinhos é que a capacidade de decarboxilação é variável de acordo com a cepa envolvida e o pH é o fator mais importante na determinação dessa microbiota, além de ter um importante papel na atividade metabólica dessas bactérias. Quanto maior o pH, maior e mais complexa é a microbiota existente e maior a síntese de AB. Os vinhos brancos, que geralmente são mais ácidos, contêm concentrações menores dessas substâncias, quando comparados com os tintos.

Apesar do baixo valor do pH, AB podem estar presentes em néctares e sucos de frutas concentrados. Numa pesquisa realizada na Itália, quatro AB (espermidina, espermina, putrescina e cadaverina) foram detectadas em 31 amostras de néctares de frutas (damasco, pêssego e pera), enquanto a etilamina esteve presente só em néctar de pera. Quando as AB foram analisadas em sucos concentrados de frutas, a putrescina foi identificada como a mais abundante AB, atingindo valores máximos em suco concentrado de laranja (45,5 mg/L) e mínimos em suco de abacaxi (1,02 mg/L). É importante ressaltar que histamina, uma das aminas mais perigosas para a saúde humana, teve um alto nível em amostras de sucos concentrados de abacaxi (2,44 mg/L), e a tiramina foi detectada em poucas amostras de sucos concentrados: 80% em maçã, 45% em abacaxi e nenhuma em sucos cítricos (PRETI *et al.*, 2016).

9.6 MÉTODOS DE CONTAGEM DE LEVEDURAS E BACTÉRIAS

Na produção de bebidas fermentadas, é de extrema importância que a microbiota da fermentação e de contaminantes seja determinada por métodos seguros e confiáveis, pois as contribuições metabólicas dos microrganismos dependem, em última instância, da composição da população inicial.

Os problemas encontrados na contagem de leveduras são diferentes dos observados para as bactérias, devido a diferenças em relação ao tamanho e peso das células. As bactérias são menores, em relação às leveduras, que apresentam volume e peso de 500 a 1.000 vezes maior. Como consequência, leveduras sedimentam mais rapidamente que bactérias, o que deve ser levado em conta, durante o preparo das amostras.

Atualmente, existe um grande número de métodos que podem ser usados para estimar o tamanho da população de microrganismos, presentes no mosto em fermentação.

9.6.1 Determinação da contagem total de leveduras usando câmara de contagem

O exame microscópico de leveduras permite a visualização de brotamento e, com o acréscimo de azul de metileno, distinguir células vivas (incolores), de células mortas (azuladas). Esse método é considerado um dos mais versáteis e rápidos de ser realizado.

Existem várias câmaras de contagens, com variações nas dimensões das subdivisões do quadriculado e na profundidade da câmara. As câmaras de Thoma e Burker apresentam 0,1 mm de profundidade (mais usadas para leveduras) ou 0,01 mm (mais usadas para bactérias ou contraste de fase), enquanto a câmara de Malassez possui profundidade de 0,2 mm.

A mais utilizada para a contagem de leveduras é a Thoma e Burker, pela profundidade ser suficiente para permitir a livre distribuição das células, sem o aumento excessivo do volume da própria câmara, que pode levar a problemas, devido à sedimentação.

A câmara de Burker é uma lâmina de vidro, côncava no seu centro, cujo poço mede 0,1 mm de profundidade por 5 mm de diâmetro. As dimensões de área interessam somente para o propósito de cálculos. Cada lado da câmara mede 0,2 mm, consequentemente, a área de superfície é de 0,04 mm^2. Uma vez que a profundidade é 0,1 mm, o volume da câmara é de 0,004 mm^3. Na prática, é mais fácil de expressar essas dimensões em mililitros (a unidade de volume da amostra) que deve ser convertida a 1/250.000 de 1 mL. Uma vez realizada a leitura da lâmina, com a média do número de células por unidade de amostra, esse número deve ser multiplicado por 250.000, para a obtenção do número de células por mL de suspensão. Dividindo-se a média do número de células por 4, é obtido o resultado em "milhões de células por mL de suspensão".

Na equação 9.1, "a" representa a diluição da amostra e "n", o número total de células em uma unidade amostral com o volume de "b" (unidades amostrais são os quadradinhos da câmara de Burker). Assim, a carga microbiana é expressa em "milhões de células por mL" e pode ser rapidamente calculada pela seguinte fórmula:

$$\text{Contagem } (10^6/\text{mL}) = \frac{a \cdot n}{b \cdot 4} \tag{9.1}$$

Exemplo: se são contadas 300 células (n) em 10 unidades amostrais, de uma suspensão diluída 20 vezes (a), tem-se:

$$\text{Contagem} = \frac{20 \cdot 300}{10 \cdot 4} = 150 \cdot 10^6 \text{ células/mL}$$

Como todo método, este apresenta vantagens e desvantagens. As vantagens incluem a simplicidade e rapidez; é uma técnica barata que permite determinar a porcentagem de células vivas e mortas em uma amostra e avaliar as células durante a fase de brotamento. A principal desvantagem é a precisão exigida para executar o método e, mesmo assim, o resultado pode ser dependente de interpretações subjetivas do avaliador, sendo necessário, por isso, padronizações em todas as etapas da contagem.

Também podem ocorrer dificuldades de interpretação com o aparecimento de agregados celulares e brotamento nas leveduras.

A presença de agregados celulares é um problema que pode ser facilmente resolvido pela agitação na suspensão em um agitador (vórtex) ou simplesmente sacudindo a suspensão vigorosamente nas mãos. Moderada sonicação (quebra da suspensão por ultrassom) também pode ser usada, mas até o limite de 20 MHz, para minimizar a morte celular. O método mais eficiente consiste na adição de 2,5% H_2SO_4, seguido de incubação por, pelo menos, uma hora. Embora esse processo permita a total separação das células, inclusive sem a liberação de possíveis brotamentos formados durante o procedimento, ele tem limitações, uma vez que aumenta o tempo de incubação em até 24 h e pode ocasionar morte celular. Além disso, o H_2SO_4 não pode ser adicionado a suspensões de leveduras tratadas com corantes, pois esse elemento causa a descoloração. Outra possibilidade é a manutenção dos agregados, adicionando um valor arbitrário a eles. Essa solução só é válida em estimativas prévias à semeadura para contagem padrão em placa de Petri, mesmo porque um agregado de células sempre irá produzir somente uma unidade formadora de colônia.

Os agregados consistem de 10 a 20 células, com um volume e peso entre 10 e 20 vezes maior do que uma única célula. Consequentemente, não ocorrerá uma diluição seriada decimal uniforme.

Em relação ao brotamento das leveduras, a dúvida é se elas devem ser consideradas como uma ou duas células. Geralmente, são consideradas duas células.

Os procedimentos básicos estão descritos a seguir:

a) Uma leitura preliminar da carga de leveduras é realizada na câmara de Burker, para verificar a presença de agregados e estimar o número de células.
b) A suspensão é diluída, ou concentrada por centrifugação, para a obtenção aproximada de 10 milhões de células por mL.
c) Se há o interesse sobre a porcentagem de células vivas e mortas na amostra, deve-se adicionar azul de metileno.
d) A suspensão deve ser homogeneizada com o auxílio de um agitador, de modo que as células sejam uniformemente distribuídas. Imediatamente após esse procedimento, realizar a amostragem.
e) Uma gota da suspensão deve ser colocada em cada um dos dois retículos da câmara, previamente lavada e seca.
f) A amostra deve ser coberta imediatamente (até 20 segundos) com uma lamínula, e deve-se realizar a contagem e observação das células (vivas, mortas, brotamento).
g) Para a determinação da contagem total de células, a equação 9.1 deve ser aplicada.

9.6.2 Determinação da carga bacteriana e de leveduras por membrana filtrante

A determinação da carga microbiana de bebidas fermentadas por filtração através de membranas, que retém bactérias e leveduras, é de grande interesse, uma vez que permite a avaliação da estabilidade microbiana do produto. Usado adequadamente, esse método pode revelar a presença de pequeno número de células vivas (até mesmo uma só), em um grande volume de bebida.

Esse método não é adequado para o mosto, devido a sua turvação natural, o que prejudica a filtração; entretanto, é ideal para bebidas, nas fases tardias de fermentação, durante estocagem e envelhecimento ou para a verificação da eficácia de um tratamento específico. A filtração permite que se saiba o número exato de células acima ou abaixo de um limiar crítico estabelecido, que pode resultar em um crescimento indesejável.

A filtração é útil na detecção de bactérias láticas (BAL) em vinhos previamente pasteurizados ou filtrados, para parar a fermentação malolática. Nesses casos, o filtro deve apresentar poros menores (de 0,2 μm e não 0,45 μm). Deve ser lembrado que essas bactérias crescem lentamente, mesmo em condições favoráveis. Para se evitar o crescimento de um número excessivo de colônias, que impossibilite a contagem, deve ser evitada a filtragem de volumes grandes de vinho ou devem ser realizadas diluições antes do procedimento, que deve ser realizado em condições assépticas ou, pelo menos, evitar contaminações que possam distorcer os resultados. Precauções como lavagens das mãos do técnico, desinfecção com álcool, utilização de pipetas esterilizadas para a retirada da amostra e flambagem dos receptáculos envolvidos devem ser tomadas.

Entretanto, podem ocorrer várias dificuldades e limitações associadas a esse método. O tempo é a primeira dificuldade, pois mesmo nas melhores circunstâncias, as respostas não estarão disponíveis em menos de 24-48 horas. Podem ocorrer erros, devido ao excesso de crescimento nas placas de contagem. Por outro lado, as suspensões podem não estar suficientemente concentradas e pode não ser conveniente a filtração de grandes volumes de vinho. Essa dificuldade pode ser facilmente resolvida pela concentração da amostra por centrifugação. Deve ser ressaltado que esse procedimento é mais eficiente para leveduras. Bactérias como *Lactobacillus* e *Leuconostoc* podem não ser sedimentadas em centrífugas que não alcancem determinado número de rotações por minuto.

Os procedimentos básicos desse método são:

a) O suporte do filtro deve ser esterilizado em autoclave, a 115 °C, por 15 minutos, com a membrana adequada (0,2 µm de policarbonato). Ou ainda, a membrana esterilizada pode ser colocada, de maneira asséptica, após autoclavação do material.
b) A remoção da amostra deve ser realizada de maneira asséptica, com flambagem da "boca" dos recipientes envolvidos, antes e depois da transferência da amostra.
c) Se a centrifugação for necessária, deve ser centrifugada a maior quantidade de bebida permitida pela capacidade da centrífuga. Gentilmente, remover o sobrenadante com o auxílio de uma pipeta esterilizada. Após essa remoção, acrescentar mais vinho e repetir o procedimento quantas vezes for necessário para a amostragem do volume total do vinho. Após a centrifugação final, o sedimento deve ser ressuspendido em uma pequena quantidade de sobrenadante e transferido para o sistema de filtração.
d) Após filtração a vácuo, a membrana deve ser removida, com o auxílio de uma pinça esterilizada, para o meio de cultura específico para leveduras ou bactérias e incubados em temperatura apropriada.

9.6.3 Determinação da concentração de bactérias e leveduras, por contagem em placa, utilizando meio sólido

Como já constatado, métodos de contagem que confiam no crescimento de colônias em ágar sólido, inoculado com diluições das amostras, são limitados e sujeitos a vários erros (agregado de células, brotamento, erros de diluição das amostras), tornando esse método menos seguro. Entretanto, esse método pode ser muito útil em uma avaliação numérica da população de microrganismos de um produto. O procedimento pode ser realizado por meio da transferência do inóculo para a superfície da placa, sobre o ágar sólido, conhecida como semeadura de superfície (*spread*), sendo a amostra espraiada com uma alça em "L"ou de Drigalski. Alternativamente, o inóculo pode ser colocado na placa, e só então o ágar fundido é derramado, em temperatura de, aproximadamente, 50 °C, com posterior homogeneização. Esse procedimento é chamado de semeadura em profundidade (*pour-plate*).

Os procedimentos básicos são:

a) São necessários tubos de diluição com 9 mL de solução salina previamente esterilizada. A passagem de 1 mL em cada um desses tubos equivale a uma diluição decimal seriada (10 vezes). O número de diluições dependerá do produto a ser analisado. Todos os tubos devem ser bem homogeneizados, se necessário com o auxílio de um agitador ou com as mãos.
b) Imediatamente, a alíquota deve ser semeada na placa de Petri, levando-se em consideração os tipos de semeaduras, anteriormente descritos.
c) É aconselhável a semeadura das amostras em quadruplicata, para a obtenção de um número médio confiável. Devem ser amostradas duas alíquotas de 0,2 mL e duas de 0,3 mL. É recomendado o uso de duas duplicatas com volume de 0,3 mL, para a verificação da ausência de erros, devido à aglutinação. Teoricamente, essas placas devem conter 1,5 vezes mais colônias do que as outras duas placas.
d) Usando-se o método de *pour-plate*, o ágar deve ser imediatamente homogeneizado com a amostra, a fim de se impedir uma possível osmólise (quando o diluente é água). Essa homogeneização deve ocorrer com movimentos suaves da placa, como escrevendo o número oito, que envolve movimentos centrífugos e centrípetos.
e) Pela semeadura em superfície, o ágar previamente colocado na placa deve estar bem seco, a fim de conseguir absorver o inóculo com eficiência. O espraiamento desse inóculo, com o auxílio de uma alça em "L"ou de Drigalski, deve ocorrer logo após a semeadura, para evitar que o inóculo seja absorvido em um único ponto.
f) Após a semeadura, as placas devem ser incubadas invertidas, a fim de evitar que gotas de condensação caiam no ágar, em temperatura de 25-27 °C.

Para facilitar a identificação dos três maiores grupos de microrganismos que geralmente ocorrem no mosto e nas bebidas fermentadas, diferentes antibióticos são adicionados aos meios de cultura, a fim de selecionar esses grupos. Para o isolamento de leveduras, as BAL podem ser inibidas pela penicilina e os bolores, por solução alcoólica de difenil. Para a obtenção de BAL, a adição de uma solução alcoólica de pimaricina suprime o crescimento de bolores e leveduras, com incubação sob anaerobiose, para inibir o crescimento de bactérias acéticas. Finalmente, para o isolamento desse último grupo, o meio deve receber soluções de penicilina e de pimaricina, com incubação aeróbia. O crescimento de bolores e de bactérias acéticas pode ser prevenido somente pela incubação sob anaerobiose.

9.6.4 Métodos rápidos

Determinação da concentração bacteriana por fluorescência indireta: o uso da fluorescência indireta (ou epifluorescência) para a detecção por microscópio de células previamente coletadas por membranas filtrantes é de particular interesse no setor da indústria envolvido com a produção e uso de substâncias líquidas, que devem apresentar-se livres de contaminação microbiana, como a água ultrapura para a indústria de eletrônicos, fluídos para a preparação de injetáveis ou hemodiálise, bebidas filtráveis alcoólicas ou não. A técnica de coloração com fluorocromos é geralmente usada para facilitar a contagem de células, além de possibilitar a distinção entre células mortas e vivas. Os fluorocromos mais usados são laranja de acridina, auramina, sulfato de berberina, eritrosina B, acriflavina etc.

Essa técnica foi aplicada, inicialmente, para a análise bacteriológica da água, e hoje é utilizada pela indústria de vinhos, adaptada para monitorar a esterilização, nas linhas de engarrafamento, e o mosto, durante a fermentação. Recentemente, essa técnica de coloração fluorescente unida a um sistema de contagem automático tem sido aplicada para detectar e contar baixos números de fungos contaminantes em chás gelados prontos para beber dentro de 24 horas, sendo capaz de os diferenciar das partículas não microbianas (TANAKA *et al.*, 2011).

A fluorescência facilita a contagem pela melhor visualização coletada na membrana ou em suspensão, sendo particularmente útil em suspensões turvas. Além de permitir a diferenciação entre células mortas e vivas, também distingue células capazes de se multiplicarem ou não e se estão em dormência.

Impedância/condutância: as mudanças de impedância ou condutância elétrica em um meio de cultivo estão relacionadas com a multiplicação dos microrganismos. Além da rapidez, esse método é extremamente automatizado, podendo avaliar muitas amostras em curto tempo. A principal desvantagem é o alto custo de equipamentos e manutenção.

Bioluminescência: nesse método, por meio de uma reação química que produz luz, mede-se a concentração de adenosina trifosfato (ATP), que está diretamente correlacionada ao número de microrganismos presentes. Entretanto, tem sido feitas restrições ao método, pois a concentração de ATP pode variar entre os diferentes microrganismos (leveduras apresentam até 100 vezes mais ATP do que bactérias), e até mesmo dentro da mesma espécie, dependendo do seu estado fisiológico.

Citometria de fluxo: de acordo com o nome do método, ocorre o escoamento da amostra líquida através de um pequeno orifício, enquanto um feixe de *laser* detecta os microrganismos presentes. A principal vantagem é a sensibilidade. Como desvantagem, pode haver interferência de pequenas partículas, que são contadas como microrganismos, além da necessidade de longos períodos no processamento de volumes maiores de amostra.

Reação em cadeia da polimerase (PCR): nesse método, após a extração, ocorre uma reação exponencial de multiplicação de sequências de ácido desoxirribonucleico (DNA), para a detecção visual desses genes.

9.7 MELHORAMENTO GENÉTICO

Antes do desenvolvimento de técnicas de engenharia genética, a seleção das leveduras ocorria de maneira empírica, principalmente pela observação das propriedades da bebida produzida. Com a utilização da biologia molecular, pode-se "construir" cepas de leveduras com grande estabilidade das características fenotípicas desejáveis, pela superexpressão ou deleção de genes específicos.

Atualmente, as modificações no DNA das leveduras utilizadas na indústria são obtidas por técnicas como a mutagênese ou hibridização, e as características observadas são o aumento da eficiência e produtividade, da tolerância ao etanol e a sais (osmotolerância), da capacidade de floculação e da utilização de carboidratos, bem como a redução na produção de substâncias indesejáveis que causam a produção de odores desagradáveis.

Na técnica de mutagênese, a levedura é submetida a várias dosagens de radiação ultravioleta. Em uma das técnicas de hibridização, ocorre o cruzamento de células haploides, resultando diploides heterozigotos. Entretanto, esse método é limitado, pois as leveduras industriais têm pouca capacidade de esporulação. A fusão de protoplastos é outro tipo de hibridização, onde pode ocorrer a fusão entre diferentes espécies ou entre células de diferentes ploidias. Nesse caso, o problema da técnica reside na fusão incompleta dos genes, entre as cepas.

Apesar dos problemas encontrados, houve grande evolução com o desenvolvimento de cepas especializadas de *S. cerevisiae*, que é a levedura mais utilizada na indústria de bebidas fermentadas.

As cepas de *S. cerevisiae* modificadas geneticamente e utilizadas na produção são, geralmente, diploides, homoláticas e esporulam pouco. Devido à ploidia, esse microrganismo se adapta melhor às variações do meio externo, além da capacidade de reorganizar os cromossomos, durante o crescimento mitótico, habilidade raramente observada em cepas selvagens haploides.

As diferentes cepas de *S. cerevisiae* utilizadas pela indústria levam à produção de vinhos e destilados que diferem em relação ao sabor e à qualidade finais. Assim, também devido ao alto polimorfismo genético da espécie, é fundamental o acompanhamento da cepa iniciadora (*starter*) durante a fermentação, para assegurar a qualidade do produto final e intervir no processo, se necessário.

Testes que caracterizam fenotipicamente uma cepa, como bioquímica e morfologia, são inúteis para a diferenciação de isolados de uma mesma espécie, sendo necessárias técnicas que confirmem a identidade genética e diferencie a cepa iniciadora do restante da microbiota.

O polimorfismo do DNA mitocondrial (mtDNA) pode ser observado por mt-DNA-RFLP (*Restriction Fragment Length Polymorphism Analysis of mitochondrial DNA*), sendo uma técnica muito usada atualmente para verificar a autenticidade de cepas comerciais, por ser rápida e simples.

A cariotipagem separa os cromossomos num campo de eletroforese, podendo revelar a sua variabilidade; porém é pouco utilizada, pois o método é complexo, caro e trabalhoso.

A PCR (*Polymerase Chain Reaction*) e suas variações estão entre as técnicas mais utilizadas, com o uso de iniciadores (*primers*) randômicos ou específicos, como *primers* para as sequências associadas ao *transposon* Ty1, cujo número e localização apresentam variabilidade intraespecífica, podendo ser usados como identidade genética de cepas de *S. cerevisiae* comerciais. O RAPD (*Randomly Amplified Polymorphic DNA*) é uma variação da PCR, que amplifica regiões ao acaso (randômicas), utilizando *primers* específicos ou não. Quando, após a ampliação do fragmento de DNA desejado, este é digerido por enzimas de restrição, o método é chamado de AFLP (*Amplified Fragment Length Polymorphism*), eficaz, mas pouco utilizado, devido ao longo tempo de análise. Na PCR *multiplex*, vários *primers* são utilizados, com o objetivo de pesquisar vários genes, simultaneamente. No caso de *S. cerevisiae*, quatro são usados para a caracterização do gene mitocondrial *coxi*. Na técnica da PCR-DGGE (*Denaturing Gradient Gel Electrophoresis*), após a amplificação da sequência desejada, os fragmentos do produto são separados em gel de poliacrilamida, com gradiente desnaturante, o que permite a detecção de diferenças mínimas, em relação ao número de bases.

REFERÊNCIAS BIBLIOGRÁFICAS

ALEXOPOULOS, C. J.; MIMS, C. W.; BLACKWELL, M. **Introductory Mycology**. 4. ed. New York: John Wiley, 1996.

AZEREDO, D. R. P. *et al*. An overview of microorganisms and factors contributing for the microbial stability of carbonated soft drinks. **Food Research International**, Essex v. 82, p. 136-144, 2016.

BARSZCZEWSKI, W.; ROBAK, M. Differentiation of contaminating yeasts in brewery by PCR-based techniques. **Food Microbiology**, New York, v. 21, n. 2, p. 227-231, 2004.

BERETTA, B. *et al*. Patulin in apple-based foods: occurrence and safety evaluation. **Food Additive Contaminants**, London, v. 17, p. 399-406, 2000.

BERMUDEZ, P. **Estudio de la contaminación de bebidas gaseosas envasadas en PET causadas por mohos y levaduras en la empresa Ajecuador**. 2007. 78 p. Perfil de Proyecto de Investigación (Título de Ingeniería en Alimentos) - Facultad de Ciencia e Ingeniería en Alimentos, Universidad Técnica de Ambato, Ambato, 2007.

BERTUZZI, T. *et al*. Mycotoxin occurrence in beer produced in several European countries. **Food Control**, Surrey, v. 22, p. 2059-2064. 2011.

BIRKHEAD, G. S. Typhoid fever at a resort hotel in New York: A large outbreak with an unusual vehicle. **Journal of Infectious Disease**, Chicago, v. 167, n. 5, p. 1228-1232. 1993.

BRASIL. Ministério da Saúde. Agência Nacional de Vigilância Sanitária. Resolução RDC n. 7, de 18 de fevereiro de 2011. **Diário Oficial da União**: seção 1, Brasília, DF, p. 66, 9 de março de 2011.

CENTERS FOR DISEASE CONTROL AND PREVENTION – CDC. Botulism associated with commercial carrot juice – Georgia and Florida, September 2006. **Morbidity and Mortality Weekly Report**, Atlanta, v. 55, n. 40, p. 1098-1099. 2006.

CHERAGHALI, A. M. *et al*. Incidence of patulin contamination in apple juice produced in Iran. **Food Control**, Maryland Heights,v. 16, p. 165-167, 2005.

CODEX ALIMENTARIUS. CODEX STAN 193-1995: general standard for contaminants and toxins in food and feed. Rome, 2016.

COMBINA, M. *et al.* Yeast identification in grape juice concentrates from Argentina. **Letters in Applied Microbiology**, Oxford, v. 46, p. 192-197, 2008.

COOK, K. A. *et al.* Outbreak of *Salmonella* serotype Hartford infections associated with unpasteurized orange juice. **Journal of American Medical Association**, Chicago, v. 280, p. 1504-1509, 1998.

DAVENPORT, R. Forensic microbiology for soft drinks business. **Soft Drinks Management International**, London, v. 4, p. 34-35, 1996.

DELFINI, C.; FORMIC, J. V. **Wine microbiology**: science and technology. New York: Marcel Dekker, 2007.

ESTEBAN, A. *et al.* Effects of temperature and incubation time on production of ochratoxin A by black aspergilli. **Research in Microbiology**, Maryland Heights, v. 155, p. 861-866, 2004.

EUROPEAN UNION. Regulamento (CE) N.º 1881/2006 da Comissão de 19 de dezembro de 2006, que fixa os teores máximos de certos contaminantes presentes nos géneros alimentícios. **Jornal Oficial da União Europeia**, 20 dez. 2006.

FABRIZIO, V. *et al.* Heat inactivation of wine spoilage yeast *Dekkera bruxellensis* by hot water treatment. **Letters in Applied Microbiology**, Oxford, v. 61, p. 186-191, 2015.

FENG, G.; CHUREY, J. J.; WOROBO, R. W. Thermoaciduric *Clostridium pasteurianum* spoilage of shelf-stable apple juice. **Journal of Food Protection**, Des Moines, v. 73, p. 1886-1890, 2010.

FERNÁNDEZ-ESPINAR M. T. *et al.* A. Study of the authenticity of commercial wine yeast strains by molecular techniques. **International Journal of Food Microbiology**, New York, v. 70, p. 1-10, 2001.

FOSTER, T.; VASAVADA, P. C. **Beverage Quality and Safety**. Boca Raton: CRC, 2003.

FRANK, C. et al. Major outbreak of Hepatitis a associated with orange juice among tourists, Egypt, 2004. **Emerging Infectious Disease Journal**, Atlanta, v. 13, n. 1, p. 156-158, 2007.

FRISVAD, J. C. *et al.* Mycotoxins, drugs and other extrolites produced by species in *Penicillium* subgenus *Penicillium*. **Studies in Mycology**, Utrecht, v. 49, p. 201-241, 2004.

FRISVAD, J. C.; THRANE, U. Mycotoxin production by foodborne fungi. *In*: SAMSON, R. A. *et al.* (eds.). **Introduction to food-borne fungi.** 5. ed. Baarn: Centraalbureau voor Schimmelcultures, 1996. p. 251-260.

FUGELSANG, K. C. **Wine microbiology**. New York: International Thomson, 1997.

GUERRINI, S. *et al.* Biogenic amine production by *Oenococcus oeni*. **Current Microbiology**, New York, v. 44, p. 374-378, 2002.

HAIKARA, A. *et al.* Microbiological, biochemical, and electron microscopic characterization of a *Pectinatus* strain. **Applied Environmental Microbiology**, Washington, v. 41, n. 2, p. 511-517, 1981.

HARRISON, M. A. Presence and stability of patulin in apple products: A review. **Journal of Food Safety**, Hoboken, v. 9, p. 147-153, 1989.

HAYASHI, N. *et al.* Detection and identification of *Brettanomyces/Dekkera* sp. yeasts with a loopmediated isothermal amplification method. **Food Microbiology,** New York, v. 24, n. 7-8, p. 778-785, 2007.

HILBORN, E. D. *et al.* An outbreak of *Escherichia coli* O157:H7 infections and haemolytic uraemic syndrome associated with consumption of unpasteurized apple cider. **Epidemiology and Infection,** London, v. 124, p. 31-36, 2000.

HORSÁKOVÁ, I. *et al.* Asaia spp. as a bacterium decaying the packaged still fruit beverages. **Czech Journal of Food Sciences**, Prague, v. 27, p. S362-S365, 2009.

HOUGH, J. S. **The biotechnology of malting and brewing**. Cambridge: Cambridge University Press, 1991.

HUI, Y. H. *et al.* **Handbook of food and beverage fermentation technology**. New York: Marcel Dekker, 2004.

IHA, M. H.; SABINO, M. Incidence of patulin in Brazilian apple-based drinks. **Food Control**, Maryland Heights, v. 19, p. 417-422, 2008.

JUVEN, B. J.; SHOMER, I. Spoilage of soft drinks caused by bacterial flocculation. **Journal of Food Protection**, Des Moines, v. 48, p. 52-53, 1985.

KHAN, A. A. et al. Identification and molecular characterization of *Salmonella* spp. from unpasteurized orange juices and identification of new serotype *Salmonella* strain *S. enterica* serovar Tempe. **Food Microbiology,** New York, v. 24, p. 539-543, 2007.

KOTZEKIDOU, P. *Byssochlamys*. *In*: BATT, C. A.; TORTORELLO, M. L. (Ed.). **Encyclopedia of food microbiology**. 2. ed. London: Academic Press, 2014. v. 1, p. 344-350.

KREGIEL, D. Attachment of *Asaia lannensis* to materials commonly used in beverage industry. **Food Control**, New York, v. 32, p. 537-542, 2013.

KREGIEL, D. *et al.* *Asaia lannensis*-the spoilage acetic acid bacteria isolated from strawberry-flavored bottled water in Poland. **Food Control**, New York, v. 26, p. 147-150, 2012.

KYPRIANOU, M. *et al.* Commission Regulation (EC) No 123/2005 of 26 January 2005 amending Regulation (EC) No 466/2001 as regards ochratoxin A. **Official Journal of the European Union**, London, v. 48 (L25), p. 3-5, 2005.

LAWLOR, K. A. *et al.* Microbiological spoilage of beverages. *In*: SPERBER, W. H.; DOYLE, M. P. (Ed.). **Compendium of the microbiological spoilage of foods and beverages. Food Microbiology and Food Safety**. New York: Springer Science + Bussiness Media, 2009. p. 245-284.

LEE, S. Y. SMMP: a medium for selective isolation for *Megasphaera* and *Pectinatus* from the brewery. **Journal of American Society Brewing Chemistry**, St. Paul, v. 52, n. 3, p. 115-119, 1994.

LEISTNER, L. Update on Hurdle Technology for Mild and Effective Preservation of Foods. In: RAHMAN, M.S. (Ed.). **Handbook of Food Preservation**. 2. ed. Boca Raton: CRC Press, Taylor & Francis Group, 2007. p. 895-904.

LONVAUD-FUNEL, A. Biogenic amines in wines: role of lactic acid bacteria. **FEMS Microbiology Letters**, Reading, v. 199, p. 9-13, 2001.

LOPEZ, V. *et al.* A new PCR based method for monitoring inoculated wine fermentations. **International Journal of Food Microbiology**, New York, v. 81, p. 63-71, 2003.

LOPEZ, V. *et al.* A simplified procedure to analyse mitochondrial DNA from industrial yeasts. **International Journal of Food Microbiology**, New York, v. 68, p. 75-81, 2001.

LUDWIG, K. M.; OLIVA-NETO, P.; ANGELIS, D. F. Quantificação da floculação de *Saccharomyces cerevisiae* por bactérias contaminantes da fermentação alcoólica. **Ciência e Tecnologia de Alimentos**, Campinas, v. 21, n. 1, p. 63-68. 2001.

MADIGAN, T. M.; MARTINKO, J. M.; PARKER, J. **Microbiologia de Brock**. 10. ed. São Paulo: Pearson Education, 2004.

MAHFOUD, R. *et al.* The mycotoxin patulin alters the barrier function of the intestinal epithelium: Mechanism of action of the toxin and protective effects of glutathione. **Toxicology and Applied Pharmacology**, Maryland Heights, v. 181, p. 209-218, 2002.

MAIORELLA, B.; BLANCH, H. W.; WILKE, C. R. By-product inhibition effects on ethanolic fermentation by *Saccharomyces cerevisiae*. **Biotechnology and Bioengineering**, New York, v. XXV, p. 103-121, 1983.

MANGANI, S. *et al.* Putrescine accumulation in wine: role of *Oenococcus* oeni. **Current Microbiology**, New York, v. 51, p. 6-10, 2005.

MCCARTHY, M. *E coli* O157:H7 outbreak in USA traced to apple juice. **The Lancet**, London, v. 348, n. 9, p. 1299, 1996.

MITCHELL, D. *et al.* Water and temperature relations of growth and ochratoxin A production by *Aspergillus carbonarius* strains from grapes in Europe and Israel. **Journal of Applied Microbiology**, Hoboken, v. 97, p. 439-445, 2004.

MOORE, J. E. *et al Ascia* sp., an unusual spoilage organism of fruit-flavored bottled water. **Applied and Environmental Microbiology**, Washington, v. 68, n. 8, p. 4130-4131, 2002.

ORGANIZAÇÃO MUNDIAL DA SAÚDE. **Micotoxinas.** Disponível em: http://www.fsis.usda.gov/regulations_&_policies/Codex_Committee_Food_Additives/in dex.asp. Acesso em: 17 jun. 2009.

OTTENEDER, H. MAJERUS, P. Occurrence of ochratoxin A (OTA) in wines: influence of the type of wine and its geographical origin. **Food Additive Contaminants**, London, v. 17, n. 9, p. 793-798, 2000.

OUGH, C. S.; CORISON, C. A. Measurement of patulin in grapes and wines. **Journal of Food Science**, Chicago, v. 43, n. 3, p. 476-478, 1980.

PITT, J. I.; HOCKING, A. D. **Fungi and food spoilage**. 3. ed. New York: Springer Science + Business Media, 2009.

PRADO, G. *et al.* Ochtatoxin A determination in beer by immunoaffinity column clean-up and high-performance liquid chromatography. **Ciência e Tecnologia de Alimentos**, Campinas, v. 23, p. 58-61, 2003.

PRETI, R.; BERNACCHIA, R.; VINCI, G. Chemometric evaluation of biogenic amines in commercial fruit juices. **European Food Research and Technology**, Berlin, v. 242, p. 2031-2039, 2016.

RAMOS, F. **Modelamiento del deterioro de la bebida isotónica sabor mandarina causado por *Fusarium oxysporum*, usando el modelo logístico de la microbiología predictiva**. 2014. 141 p. Tesis (Título Profesional de Químico Farmacéutico) – Facultad de Farmacia y Bioquímica, Universidad Nacional Mayor de San Marcos, Lima, 2014.

REMIZE, F. *et al. Oenococcus oeni* preference for peptides: qualitative and quantitative analysis of nitrogen assimilation. **Archives in Microbiology,** New York, v. 185, p. 459-469, 2006

SCHULLER, D. *et al.* Survey of molecular methods for the typing of wine yeast strains. **FEMS Microbiology Letters**, Reading, v. 231, p. 19-26, 2004.

SEDLÁČKOVÁ, P. *et al.* Cell surface characteristic of *Asaia bogorensis* – spoilage microorganism of bottled water. **Czech Journal of Food Sciences**, Prague, v. 29, p. 457-461, 2011.

SHEPHARD, G. S.; LEGGOTT, N. L. Chromatographic determination of the mycotoxin patulin in fruit and fruit juices. **Journal of Chromatography A**, Maryland Heights, v. 882, n. 1-2, p. 17-22. 2000.

SILVA, A. R.; MASSAGUER, P. R. Modeling the heat inactivation of *Geobacillus thermoglucosidasius* in soy drink pH 6.7. *In*: INTERNATIONAL CONFERENCE ON PREDICTIVE MODELLING IN FOOD, 9., 2015, Rio de Janeiro. **Program**... Rio de Janeiro, 2015. p. 78.

SØRHAUG, T. Spoilage molds in dairy products. *In*: FUQUAY, J. W.; FOX, P. F.; McSWEENEY, P. L. H. (Eds.). **Encyclopedia of dairy sciences**. 2. ed. Oxford: Academic Press; Elsevier, 2011. v. 4, p. 780-784.

STEINBERG, E. Outbreak of *Salmonella* serotype Muenchen infections associated with unpasteurized orange juice: United States and Canada. **Morbidity and Mortality Weekly Report**, Atlanta, v. 48, p. 582-585, 1999.

SYLOS, C. M.; RODRIGUEZ- AMAYA, D. B. D. Incidence of patulin in fruits and fruit juices marketed in Campinas, Brazil. **Food Additive Contaminants**, London, v. 16, n. 2, p. 71-74, 1999.

TANAKA, K. *et al*. Rapid enumeration of low numbers of moulds in tea based drinks using automated system. **International Journal of Food Microbiology**, Amsterdam, v. 145, p. 365-369, 2011.

TERÇARIOLI, G. R.; PALEARI, L. M.; BAGAGLI, E. **O incrível mundo dos fungos**. São Paulo: Editora UNESP, 2010.

THURSTON, H. *et al*. *Shigella flexneri* Among Visitors to a South African Game Reserve. **Journal of Infection**, London, v. 36, n. 3, p. 350, 1998.

TUUMINEN, T.; HEINÄSMÄKI, T.; KERTTULA, T. First report of bacteremia by Asaia bogorensis, in a patient with history of intravenous-drug abuse. **Journal of Clinical Microbiology**, Washington, v. 44, n. 8, p. 3048-3050, 2006.

UNITED STATES FOOD AND DRUG ADMINISTRATION – FDA. **Guidance for industry**: juice HACCP Hazards and controls guidance first edition: final guidance. Silver Spring, 2004. Disponível em: https://www.fda.gov/Food/GuidanceRegulation/GuidanceDocumentsRegulatoryInformation/Juice/ucm072557.htm. Acesso em: 28 maio 2017.

UNITED STATES FOOD AND DRUG ADMINISTRATION – FDA. **CPG Sec. 510.150 apple juice, concentrates, and apple juice products**: adulteration with patulin. Silver Spring, 2005. Disponível em: https://www.fda.gov/iceci/compliancemanuals/compliancepolicyguidancemanual/ucm074427.htm. Acesso em: 3 jun. 2017.

UNITED STATES FOOD AND DRUG ADMINISTRATION – FDA. **Bolthouse farms voluntarily recalls protein beverage due to possible spoilage**. Silver Spring, 2016. Disponível em: https://www.fda.gov/Safety/Recalls/ucm508221.htm. Acesso em: 3 jun. 2017.

VARGA, J. *et al*. Recent advances in ochratoxin research I: production, detection and occurrence of ochratoxins. **Cereal Research Communication**, Budapeste, v. 29, n. 1/2, p. 85-92, 2001.

VASAVADA, P. C.; HEPERKAN, D. Non-thermal alternative processing technologies for the control of spoilage bacteria in fruit juices and fruit-based drinks. **Food Safety Magazine**, v. 8, n. 1, p. 8-13, 46-47, 2002.

VENTURINI FILHO, W. G. **Tecnologia de bebidas**: matéria-prima, processamento, BPF/APPCC, legislação e mercado. São Paulo: Blucher, 2005.

WALTER, E. H. M. *et al*. Modelling the growth of *Listeria monocytogenes* in fresh green coconut (*Cocos nucifera* L.) water. Food Microbiology, London, v. 26, p. 653-657, 2009.

WAREING, P. Microbiology of soft drinks and fruit juices. *In*: ASHURST, P. R. (Ed.). **Chemistry and technology of soft drinks and fruit juices**. 3. ed. Oxford: John Wiley & Sons, 2016. p. 290-309.

ZIMMERLI, B.; DICK, R. Ochratoxin A in table wine and grape juice: occurrence and risk assessment. **Food Additive Contaminants**, London, v. 13, n. 6, p. 655-668, 1996.

Parte 2

GESTÃO DE PROCESSOS E PRODUTOS

10

Marketing de bebidas

JOÃO GUILHERME DE CAMARGO FERRAZ MACHADO
IZABEL CRISTINA TAKITANE

10.1 INTRODUÇÃO

Segundo Dickson (2001), com a grande expansão dos negócios nas décadas de 1960 e 1970, o mercado tornou-se cada vez mais povoado de empresas servindo aos mesmos grupos de clientes. Com isso, surgiu a necessidade de desenvolver estratégias para assegurar a sua sustentabilidade financeira e, ao mesmo tempo, atender as necessidades e desejos dos clientes.

O desenvolvimento de uma estratégia de marketing[1] para uma determinada empresa visa assegurar que as capacidades dessa organização correspondam ao ambiente de mercado competitivo no qual ela opera, hoje e em um futuro próximo (HOLLEY; SAUNDERS; PIERCY, 2005).

O marketing estratégico visa orientar toda a organização para alcançar as metas estabelecidas e responder a questões como "aonde à empresa quer ir", "como chegar onde se quer" e "como manter uma vantagem competitiva" (DICKSON, 2001).

Entende-se por marketing estratégico o processo de análise de oportunidades, escolha de objetivos, desenvolvimento de estratégias, formulação de planos e execução de implementação e controle (KOTLER, 1976). É um conjunto de medidas e técnicas adotadas pela organização para tanto atender às necessidades dos clientes como também tornar a empresa competitiva, buscando se adaptar e crescer dentro do mercado.

De acordo com Carneiro (2007), a competitividade de uma empresa ou produto está diretamente relacionada à elaboração de estratégias de marketing eficientes. Entretanto, para que essas estratégias tenham sucesso, é necessário que as empresas compreendam o comportamento dos consumidores, entendendo como as pessoas compram e usam produtos e serviços.

Segundo Rosa, Cosenza e Leão (2006), as indústrias de alimentos e de bebidas frequentemente são muito próximas e compartilham características, como as estratégias de marketing, a propaganda e a sazonalidade de certas linhas de produtos. Especificamente no setor de bebidas, as empresas buscam diferenciar seus produtos diversificando sabores e os tipos de bebidas, para assegurar fidelidade às marcas e aumentar as vendas para segmentos de maior poder aquisitivo que exigem, cada vez mais,

[1] Uma estratégia de marketing é a maneira pela qual a empresa espera alcançar seus objetivos de marketing, estabelecidos em um horizonte de tempo, utilizando as ferramentas de marketing (dentre as quais a pesquisa de marketing) para operacionalizar o composto mercadológico.

produtos originais, práticos e saudáveis. No início dos anos 2000, surgiram as bebidas à base de soja, as misturas de sabores, as linhas diet e light e, mais recentemente, a partir dos anos 2010, as chamadas bebidas funcionais, acrescidas de vitaminas, minerais e preparadas com ingredientes naturais. Além disso, as embalagens convergem para formatos mais modernos, chamando a atenção do consumidor e sendo de fácil manuseio.

As mudanças no perfil e no comportamento dos consumidores vêm sendo responsáveis por significativas adaptações no mercado de bebidas não alcoólicas, com destaque para duas questões irreversíveis relacionadas ao ciclo de vida da população: o envelhecimento dos consumidores tradicionais e o surgimento das novas gerações, com novos valores e novos hábitos de consumo. Com isso, espera-se uma redução progressiva no consumo de refrigerantes, sucos, refrescos e bebidas lácteas saborizadas adoçadas, enquanto chás, cafés e preparados à base de leite serão mais consumidos, à medida que a população envelhece (REGO, 2016a).

De modo geral, os grandes fabricantes de cervejas e refrigerantes utilizam estratégias agressivas de preço e promoção, visando reduzir principalmente o crescimento das empresas regionais. Buscam também melhorar as vendas, com introdução de produtos que agreguem mais valor às marcas, como as cervejas *premium* e refrigerantes mais saudáveis. No entanto, neste mercado, a manutenção da vantagem competitiva continua sendo um fator estratégico, como a logística de distribuição e o design das embalagens.

O setor de bebidas possui boas perspectivas de expansão, sobretudo nos segmentos de maior valor agregado, e a estratégia da diferenciação vem sendo bastante utilizada. No segmento da água envasada, por exemplo, que apresenta baixo valor intrínseco, as empresas que caminham nesse sentido utilizam o design das embalagens e os canais de distribuição para tal fim. No Brasil, ainda há espaço para explorar os nichos de águas com aromas diferenciados e de características nutritivas, uma vez que a maior procura por águas envasadas ocorre por razões de má qualidade da água fornecida pela rede pública.

O mercado de sucos ainda tem muita capacidade de se expandir e vem sendo favorecido pelo desenvolvimento de novos produtos e de embalagens mais práticas e que conservam melhor o sabor dos produtos. A tendência, nesse segmento, é o foco na vida saudável, com os produtos nas versões diet, light, orgânicas e funcionais; na necessidade de conveniência, como a facilidade de preparo e a praticidade no transporte para casa e no consumo; e na inovação, com novos sabores e embalagens mais sofisticados.

No Brasil, o segmento de bebidas é predominantemente voltado para o mercado interno e, portanto, seus resultados dependem do comportamento e da renda dos trabalhadores. Por isso, é essencial conhecer os diversos perfis de consumidores, analisar periodicamente as mudanças no cenário econômico e nos hábitos de quem compra e consome cada tipo de bebida, sendo essencial acompanhar e antecipar o que é importante para cada grupo consumidor e conhecer os concorrentes de cada categoria para obter sucesso em qualquer estratégia comercial adotada.

Vários estudos demonstram que as novas gerações de consumidores devem modificar os padrões tradicionais de consumo de alimentos e bebidas, por possuírem valores e interesses distintos daqueles observados nas gerações mais antigas. Soma-se a isso o fato de que algumas tendências de consumo geram demandas por produtos com características diferenciadas, sendo necessário que as empresas se atentem a isso, desenvolvendo novos produtos alinhados a essas tendências (REGO, 2016a).

Outra mudança encontrada no setor de bebidas vem sendo bastante discutida nos últimos anos: a responsabilidade social, seja pelos problemas de saúde que o consumo de seus produtos pode causar a partir da ingestão excessiva de álcool, açúcar e sódio, seja pelo comportamento adotado pelos consumidores, de dirigir embriagado ao sedentarismo, por exemplo. Nesse sentido, algumas tendências em sustentabilidade vêm sendo observadas na indústria de bebidas, segundo Sarantópoulos *et al.* (2016), no que se refere ao desenvolvimento de embalagens em relação ao meio ambiente, que buscam um melhor desempenho ambiental, focando suas estratégias na redução do consumo de insumos, na reutilização, na reciclagem e no uso de matéria-prima reciclada e no consumo responsável, entre outros.

A reutilização das embalagens, por exemplo, está bastante associada às garrafas de vidro, e "no mínimo duplica a vida útil dos recursos naturais que foram consumidos na primeira comercialização de um produto" (SARANTÓPOULOS *et al.*, 2012, p. 191). Para o consumidor, a economia com as garrafas retornáveis pode chegar até 30%, já que, após a primeira compra, o cliente não paga por uma nova embalagem (BRANDÃO, 2016).

Nesse sentido, o marketing surge como uma ferramenta de análise dos mercados, em que a correta utilização do composto mercadológico busca a formulação de estratégias que possam melhorar a competitividade das empresas. Incluem-se nesse caso as variáveis externas à organização e as variáveis internas, com destaque para o composto mercadológico.

O composto mercadológico é o conjunto de ferramentas que as empresas utilizam para alcançar os objetivos de marketing no mercado-alvo (KOTLER; KELLER, 2006). Para McCarthy (1996), o composto mercadológico compreende decisões que a empresa precisa tomar sobre as variáveis controláveis, com o intuito de atingir o mercado-alvo.

A gestão estratégica de marketing inclui a adaptação do produto, do preço, da distribuição e da comunicação, variáveis internas que precisam estar em consonância com as variáveis externas às quais a empresa está sujeita – aquelas que se encontram no meio em que a empresa atua e não são controláveis pela organização, como a legislação, a cultura, a economia, e o sistema social.

O composto mercadológico auxilia a empresa a desenvolver uma estratégia de posicionamento, pois representa os elementos controláveis da estratégia de marketing, sendo desenvolvido proposital e estrategicamente para apoiar a estratégia de posicionamento do produto (DICKSON, 2001).

As empresas de bebidas e de alimentos vêm passando por grandes modificações, vindas principalmente do consumidor final. Compreender as alterações nos desejos desse novo consumidor, que modifica gradualmente seus hábitos alimentares, é essencial para entender como as empresas devem trabalhar para conquistar o sucesso.

As mudanças nos hábitos de consumo dos alimentos e bebidas são consequência do crescimento da mão de obra feminina no mercado de trabalho, da redução do tamanho da família, do envelhecimento da população, da busca por maior conveniência e da preocupação com a segurança dos alimentos. Somam-se a isso as mudanças na estrutura familiar, com o aumento do número de pessoas morando sozinhas, e a maior renda disponível para pessoas de terceira idade.

10.2 MARKETING NA INDÚSTRIA DE BEBIDAS

Nas últimas décadas, verificou-se a evolução do comportamento do consumidor no sentido de adotar uma postura mais consciente em relação aos produtos que adquire. No setor de bebidas, essa evolução é nítida, em função da busca por uma melhor qualidade de vida, agregando à dieta questões de saúde, incluindo produtos com menor conteúdo de gorduras e calorias, rico em fibras e em vitaminas, com menor quantidade de sódio. A indústria acompanha atentamente essa alteração de comportamento por parte do consumidor.

Por se tratar de um setor bastante competitivo, com organizações altamente concentradas e grande número de pequenas empresas regionais, o sucesso de uma empresa depende das estratégias adotadas e dos investimentos realizados em marketing, de forma a torná-las competitivas.

Os diferentes segmentos que constituem o setor de bebidas são agrupados em bebidas não alcoólicas (MADI; CASTRO; WALLIS, 2016) e alcoólicas (ROSA; COSENZA; LEÃO, 2006), descritos a seguir:

- **refrigerantes e outras bebidas carbonatadas:** são os refrigerantes, os refrigerantes com extrato vegetal, os com sucos e vegetais e os concentrados e em cápsulas, para consumo em casa ou fora, em máquinas;
- **águas:** minerais, engarrafadas, saborizadas e água de coco;
- **sucos, néctares e refrescos:** incluem, além destes, o preparado sólido para refresco e o preparado líquido para refresco;
- **energéticos, isotônicos e funcionais;**
- **chás e cafés:** incluem também os chás e cafés para preparo e os prontos para beber;
- **lácteas e substitutas:** laticínios líquidos, bebidas lácteas e bebidas substitutas (à base de soja ou outro vegetal); e
- **bebidas alcoólicas:** cervejas; vinhos; destilados (uísque, vodca, gim, cachaça); outras (bebidas *ice*, bebidas à base de cerveja).

Os elementos do composto mercadológico na indústria de bebidas são inúmeros e podem influenciar na decisão de compra do produto e na satisfação de seus consumidores, por exemplo, a apresentação do produto quanto ao seu aspecto físico, características nutricionais e organolépticas, finalidades, tipo de embalagem e apresentação visual, garantias, marcas e logotipo.

Os preços podem variar conforme o público-alvo, a região onde o produto é distribuído, com a possibilidade de descontos por quantidades adquiridas, frequência e/ou fidelidade nas transações realizadas. Os canais de distribuição utilizados pela indústria de bebidas incluem desde a venda direta ao consumidor até varejistas, revendedores ou distribuidores, nas suas mais variadas formas. A divulgação do produto pode ser feita por meio de jornais, revistas, televisão, rádio, e sua promoção, por meio dos próprios vendedores ou com revendedores. Essas estratégias do composto mercadológico podem e devem ser alteradas sempre que as condições de mercado se modificarem, visando levar ao consumidor o produto certo, no lugar e no momento certos, ao preço certo, por meio do acompanhamento e controle permanente do mercado.

De acordo com Schivinski e Dabrowski (2016), a internet, em especial as redes sociais, está mudando as comunicações de marketing tradicionais, cuja divulgação das marcas era previamente controlada e administrada pelas empresas e, atualmente, vem sendo gradualmente moldada pelos consumidores.

A migração das estratégias de comunicação dos fabricantes de bebidas para as mídias sociais, principalmente entre as pequenas e médias empresas, é justificada, na maioria das vezes, pelo menor custo quando comparado às mídias de massa. Além disso, o uso do Twitter, do Facebook, do Youtube e de blogs, além do próprio site, torna mais eficiente a estratégia adotada pela marca, devido ao alto impacto causado. As mídias sociais também são relevantes para as estratégias e ações de marketing das empresas, pelas possibilidades de relacionamento mais próximo e interatividade com o consumidor, refletindo, na maioria das vezes, em feedbacks mais rápidos e sinceros (LIMA; NASTRI NETO; CARVALHO, 2013).

Os consumidores buscam cada vez mais as redes sociais para se informar sobre marcas e produtos, afastando-se das mídias tradicionais (televisão, rádio, revistas e jornais). Por isso, é necessário que as empresas reconheçam a onipresença da informação, que passou a ser disseminada entre os consumidores nas redes sociais. As mídias sociais se tornaram, então, um elemento híbrido do mix de promoção, pois combinam características das ferramentas tradicionais de comunicação de marketing com uma forma de comunicação de boca em boca ampliada, em que não se pode mais controlar o conteúdo e a frequência do que é veiculado (MANGOLD; FAULDS, 2009). As plataformas de redes sociais oferecem oportunidades para as pessoas interagirem com outros consumidores e, assim, as empresas deixam de ser a única fonte de informação de suas marcas (LI; BERNOFF, 2011, citados por SCHIVINSKI; DABROWSKI, 2016).

A atenção voltada para as demandas, os desejos e necessidades do consumidor fazem parte da realidade das indústrias de alimentos. Identificar a origem e as necessidades desse mercado, seu desenvolvimento e sua efetivação em consonância ao comportamento e aos objetivos da empresa é tarefa do marketing. Ishimoto e Nacif (2001) destacaram a influência de elementos que atraem a atenção do consumidor, de forma consciente e inconsciente, como a cor e a embalagem, considerados de grande importância, por se tratar de fatores que influenciam na decisão de compra.

Na literatura sobre marketing, a embalagem é considerada parte do produto e da marca, pois se trata de uma propriedade ou característica do produto, ou ainda um elemento extrínseco[2] do produto, que é um atributo relacionado ao produto, mas que não faz parte do produto físico em si. Preços e marcas também são elementos extrínsecos do produto e são os mais importantes quando se trata de decidir quais produtos alimentares comprar (AMPUERO; VILA, 2006).

As bebidas não alcoólicas representam um imenso potencial de mercado consumidor, principalmente por serem consideradas produtos de demanda primária, levando a indústria a investir cada vez mais em propaganda, para despertar a escolha e a aquisição de seus produtos, já que o consumidor cada vez mais escolhe os produtos pela praticidade e conveniência.

Esse comportamento direcionou a indústria de bebidas para a utilização de estratégias básicas de diferenciação de seus produtos, investimentos em técnicas de processamento, equipamentos e marketing, além de pesquisas visando à identificação de novas tendências e necessidades do consumidor.

No setor de bebidas, são utilizados diferentes tipos de embalagens para o acondicionamento dos produtos, e a estratégia de embalagem deve considerar diferentes requisitos para preservação da qualidade e da vida útil do produto, como as barreiras aos gases (oxigênio e gás carbônico) e à luz, para a conservação de propriedades sensoriais; fechamento

[2] De acordo com Zeithaml (1998, p. 6), a embalagem pode ser considerada intrínseca (se faz parte da composição física do produto, por exemplo, o bocal de um detergente ou uma bisnaga de ketchup) ou extrínseca (quando tem a função de proteção e promoção do produto, incluindo nome da marca, preço, logo).

hermético, para evitar contaminação; resistência química, para minimizar interação com o produto; e resistência mecânica, para ter um bom desempenho no ambiente durante o transporte e a comercialização (SARANTÓPOULOS *et al.*, 2016).

Do ponto de vista gerencial, a embalagem está relacionada às decisões estratégicas do composto mercadológico e, consequentemente, às decisões de posicionamento do produto. Do ponto de vista do consumidor, a embalagem, aliada à composição da bebida e ao preço, determina a escolha do consumidor e desempenha um papel fundamental na ocasião de compra dos produtos, dado que é a primeira coisa que uma pessoa vê antes de tomar a decisão final de compra.

As embalagens vêm sendo utilizadas de maneira criativa para aproximar o consumidor e a marca, devido principalmente à popularização dos *smartphones*, que possibilitou o acesso rápido à informação, em qualquer hora e local. Cada vez mais as embalagens oferecem informação interativa, fácil e prática de ser captada pelo consumidor, aproveitando melhor o espaço disponível nos rótulos de suas bebidas e agregando recursos sensoriais para facilitar a compreensão da informação disponibilizada (SARANTÓPOULOS *et al.*, 2016).

Uma tecnologia que vem ganhando espaço no cotidiano das bebidas e modificando a forma como os consumidores interagem com as marcas é o *QR code* (*quick response code*), cada vez mais presente em embalagens e promovendo mudanças comportamentais no processo de compra ao possibilitar que a empresa interaja com seus consumidores. Para que ocorra a interação, é necessária a leitura (*scanning*) do código por um *smartphone,* utilizando um aplicativo específico para leitura do QR code, instalado no equipamento. Segundo Walsh (2009), essa tecnologia vem sendo utilizada com frequência como estratégia de marketing, na divulgação do produto e empresa, auxiliando as escolhas do consumidor, que passou a contar com a possibilidade de mais informação, além daquela impressa no rótulo.

No mercado de bebidas, o QR code é visto com frequência nas embalagens de cervejas especiais e artesanais, vinhos e cachaças, permitindo que o fabricante disponibilize outras informações do produto, como ingredientes, local de produção, harmonização com pratos, entre outros; e nas águas, sucos e refrigerantes, quando se trata de campanhas promocionais, à exceção dos produtos com apelo *premium* e *gourmet*.

A comunicação de marketing utilizando o QR code no ambiente de varejo oferece benefícios utilitários, como informações comerciais e de conveniência, e não utilitários aos consumidores, tornando a compra uma experiência mais agradável (GOLDBERG, 2010; SANTOS, 2011). Entretanto, Sarantópoulos *et al.* (2016) ressaltaram que, embora essas tecnologias sejam grandes oportunidades para as empresas oferecerem novas experiências aos consumidores, a segurança e a qualidade do conteúdo compartilhado são questões de extrema importância e não podem ser desconsideradas.

Além da embalagem, as pessoas também consideram a marca como uma importante parte do produto. Assim, ao avaliar um produto ou serviço, o consumidor seleciona, integra e avalia informações relacionadas às marcas de produtos para chegar a um julgamento. As informações sobre os produtos enquadram-se em duas categorias gerais de atributos: (i) os intrínsecos, que incluem os componentes físicos e as características funcionais, como design, cor, resistência (da embalagem), sabor e matérias-primas (do produto); e (ii) os extrínsecos, que são associados ao produto, mas não fazem parte da sua composição física, por exemplo, o preço, a propaganda, a marca e a disposição no ponto de venda (AAKER, 1998).

Para Campos e Oliveira (2004), a distribuição é um dos elementos mais importantes para o sucesso de uma empresa de bebidas. As bebidas não alcoólicas são produtos básicos de uma grande variedade de estabelecimentos comerciais e, por isso, sua distribuição é realizada por uma ampla rede logística, em que quase 5 mil distribuidores são responsáveis por atender mais de 1,5 milhão de pontos de venda e consumo em todo o Brasil, que em 2014 compreendia 485 mil bares, 386.650 restaurantes, 68.100 padarias, 34.300 hotéis e pousadas, 24 mil restaurantes *fast-food*, 20 mil restaurantes coletivos/bufês e *rotisseries*, além de outros milhares de estabelecimentos (GRUPO..., 2015, citado por MADI; CASTRO; WALLIS, 2016).

Procurando novos canais para vender, ou simplesmente buscando aumentar as vendas e, consequentemente, a lucratividade, alguns varejistas online vêm adotando novas tendências de compras, como o comércio de descobertas (*discovery commerce*) para alcançar novos consumidores. O comércio de descobertas se refere a uma atividade de comércio eletrônico na qual os consumidores se inscrevem para receber periodicamente uma caixa com novos produtos ou amostras (também é conhecido como comércio de assinaturas ou *subscription box*).

Os serviços de assinatura fazem parte do modelo de negócios em que os consumidores pagam um valor para receber um produto ou um serviço. A taxa é regular, geralmente mensal, para que um produto seja entregue à sua porta (KAUFMAN, 2012).

Por meio das estratégias de comunicação, a indústria tem colocado o consumidor em contato com novos produtos. Entretanto, na indústria de bebida, a propaganda é um assunto bastante polêmico. No caso das bebidas alcoólicas, as propagandas são criticadas por incentivar o consumo precoce e estabelecer uma imagem de sucesso ao consumir o produto, enquanto a indústria se defende dizendo que as propagandas focam unicamente a concorrência, na tentativa de ganhar mercado em detrimento dos adversários. No que diz respeito aos refrigerantes, as críticas focam o aumento da obesidade e do sedentarismo. Esses assuntos são cada vez mais frequentes nas discussões sobre responsabilidade social das empresas dos dois setores.

A cada tentativa de revisão das normas e regulamentações acerca da publicidade de bebidas, publicitários, anunciantes e empresários da mídia recorrem à "liberdade de expressão comercial", se dizendo perseguidos "pela censura". O Ministério da Saúde e a Agência Nacional de Vigilância Sanitária (Anvisa) vêm se manifestando em favor de mudanças no conceito de publicidade de produtos direcionados às crianças. No caso da publicidade de alimentos e bebidas que causam obesidade, a preocupação é de longo prazo, além de internacional.

10.3 MARKETING PARA BEBIDAS ALCOÓLICAS

10.3.1 Cerveja

Nos últimos anos, houve uma mudança notável no comportamento de parte dos consumidores de cerveja, que se tornaram mais conscientes, sofisticados e exigentes em relação à emergente cultura da bebida em termos de qualidade e hábitos de consumo. Esse consumidor passou, desde então, a considerar as características e a qualidade dos ingredientes utilizados na preparação da bebida e está disposto a pagar mais por esses produtos diferenciados (MURRAY; O'NEILL, 2012; SEBRAE, 2015; CARVALHO *et al.*, 2018).

De acordo com Valadares *et al.* (2017), os consumidores de cerveja artesanal no Brasil são influenciados por variáveis demográficas, como idade, escolaridade, renda e estado civil, e podem ser agrupados em dois grupos bem distintos: um de consumidores mais maduros, com renda e escolaridade mais elevadas, com maior conhecimento e consumo, e outro de iniciantes, com níveis menores de conhecimento e consumo. Esses grupos possuem preferências distintas pelos estilos de cerveja, ou seja, alguns estilos agradam mais aos iniciantes, enquanto outros são preferidos pelos mais engajados e conhecedores.

Para Pacheco (2014), os consumidores de cervejas artesanais são bem-informados, demonstram conhecimento em relação ao produto e, por isso, não costumam ter dúvidas na hora da compra. O sabor é um importante atributo na escolha de compra, por isso o tipo de cerveja influencia a preferência pelo produto.

Já o segmento de cerveja tradicional tem sido pesquisado por diversos autores, e alguns conhecimentos dos hábitos de consumo são bem conhecidos. Para Ribeiro *et al.* (2008), o consumidor escolhe a cerveja com base em informações e atributos não sensoriais, como: identificação do produto, situação de compra e consumo, experiências anteriores com o produto, origem, marca e hábitos pessoais do consumidor. Por isso, a familiaridade com algumas marcas de cerveja afeta a aceitação por parte do consumidor. Entretanto, segundo Engel, Blackwell e Miniard (2000) e Mowen e Minor (2003), o comportamento do consumidor preconiza que os consumidores escolhem determinados atributos por meio de diferentes critérios, excludentes ou não, para tomar sua decisão de compra.

Tagnin e Giraldi (2013) relataram que há uma quantidade bem maior de atributos externos ao produto do que aqueles diretamente relacionados a ele e que podem influenciar o consumidor, por exemplo, as características extrínsecas da cerveja (marca, embalagem e outras informações), que, em alguns casos, se sobrepõem a suas características sensoriais. Os autores ressaltaram que, apesar de ser considerado um atributo extrínseco, por ser associada à fama e à reputação, a marca também está fortemente associada ao sabor e à qualidade, que são fatores intrínsecos.

Os fatores intrínsecos e extrínsecos possuem um grau de influência diferente dependendo da situação. Em geral, os fatores extrínsecos são mais importantes em situações nas quais o consumidor não teve uma experiência anterior com o produto, ou seja, na primeira compra, enquanto os atributos intrínsecos são mais importantes em situações nas quais o consumidor percebe um alto risco na compra do produto, levando à busca por informações, geralmente técnicas, com o intuito de tomar a melhor decisão. Além disso, a própria experiência anterior com o produto faz com que a avaliação acerca dos atributos intrínsecos se torne mais fácil e, portanto, mais importante para o consumidor (MOURA *et al.*, 2009).

Considerando a importância da marca, Costa e Soares (2007) pesquisaram a fidelidade à marca entre consumidores de cerveja e verificaram que, mesmo havendo uma marca de preferência, 88,1% dos consumidores se dispõem a beber outras marcas, sendo que os motivos com maior influência foram o fato da temperatura da outra marca estar melhor (48,9%) e a falta da marca preferida (46,6%). Os motivos associados a preço e indicação de outras pessoas foram apontados por poucos respondentes (14,3% em ambos).

Com a expansão das cervejarias artesanais, tem-se verificado um comportamento diferente do consumidor, em busca de variedade de rótulos. Nesse sentido, Morado (2009) afirmou que o crescimento do número de microcervejarias e da oferta de produtos importados é reflexo de um mercado que demanda diversificação, apoiado na possibilidade de segmentação deste e no interesse do consumidor em experimentar novos tipos de cerveja.

De acordo com Araújo *et al.* (2016), o consumo de cervejas especiais está baseado na busca por variedade, suportada, muitas vezes, por informações obtidas a partir da opinião de amigos, críticos especialistas, fontes públicas ou da própria degustação. Ao pesquisar 108 consumidores de cerveja especial, os autores verificaram que 78% dos entrevistados costumam experimentar diferentes estilos de cerveja e 80% apontaram que a variedade de opções define onde serão adquiridas as cervejas. A procura por novos sabores, aromas, estilos diferentes torna a degustação de cervejas especiais atraente para o consumidor, despertando seu interesse em provar novos tipos.

Com as mudanças na sociedade e nos hábitos de consumo, observou-se um crescimento da participação feminina no consumo de cerveja, principalmente da cerveja artesanal. De forma geral, homens e mulheres apresentaram comportamento diferente em relação a tempo e frequência de consumo dessas bebidas: enquanto os primeiros consomem há mais tempo e com maior frequência, as mulheres, por sua vez, dão maior importância à premiação da cerveja durante a decisão de compras (VALADARES *et al.*, 2017).

O crescimento das mulheres como consumidoras de cerveja foi comprovado pela Latin Panel, uma das maiores empresas de pesquisa de consumo da América Latina, em um estudo realizado entre os meses de abril e maio de 2009, em que quase metade das entrevistadas (41,6%) disse preferir a bebida, valor 6% superior ao encontrado na pesquisa realizada em 2008 (CONFENAR, 2009). Algumas características do consumo feminino de cerveja observadas nessa pesquisa foram: (i) 79% das consumidoras de cerveja preferem chope claro; (ii) o público feminino gasta 6% mais que os homens com cervejas do tipo *premium*; e, (iii) além de comprarem cerveja no supermercado (29%), também adquirem a bebida em bares, cafés ou restaurantes (31%), varejo tradicional alimentar (26%), adegas ou depósitos (8%) e atacadistas (5%).

Essa postura é resultado da independência financeira conquistada pela mulher, permitindo que elas se sintam mais à vontade para satisfazer seus anseios pessoais sem depender dos homens. Com isso, atualmente é cada vez mais frequente as mulheres se reunirem em bares e até mesmo em casa para consumir cerveja, comportamento até pouco tempo atrás exclusivamente masculino. Dados do setor indicam que as mulheres consomem 35% do volume de cerveja consumido no Brasil, sendo a cerveja a bebida preferida de 29% das mulheres entre 30 e 39 anos, e por 24% das mulheres com idade entre 40 e 49 anos.

No mercado cervejeiro, é importante ressaltar a importância dos diferentes tipos de embalagem disponíveis. A preocupação com a diversificação do produto está inserida na apresentação deste, em diversos tamanhos e embalagens, sendo que a preocupação ambiental está definitivamente inserida nos processos produtivos e comerciais das empresas produtoras de cerveja.

As garrafas de vidro (descartáveis e retornáveis) e a lata de alumínio detêm quase que a totalidade do mercado brasileiro de cerveja, mas avanços tecnológicos na produção de recipientes de polietileno tereftalato (PET) e de polietileno naftalato (PEN) para cerveja podem ameaçar esta supremacia.

No que se refere à cerveja, a garrafa de vidro retornável respondeu por 58% do volume envasado entre 2010 e 2014, seguida pela lata (39%), segundo dados do Sistema de Controle da Produção de Bebidas (Sicobe), citados em Cervieri Júnior *et al.* (2014). Embora a garrafa de vidro exija maior consumo de água por conta da lavagem e um processo de logística reversa dos vasilhames, ela é preferida pelo consumidor por ser mais barata, já que ele paga apenas pelo líquido. Já as latas de alumínio atendem a hábitos de consumo que priorizam a conveniência do transporte para casa e do consumo em menores quantidades. Destaca-se, ainda, que as embalagens se constituem em um meio de comunicação dos fabricantes para reforçar a marca e o relacionamento com os consumidores, por isso as grandes empresas costumam lançar latas temáticas ao longo do ano, muitas das quais para atender demandas regionais.

A introdução das garrafas de vidro retornáveis de 300 mL reduz o preço da cerveja para o consumidor entre 20% e 30%, de acordo com a Ambev. Por isso, em 2015, 14,4% das vendas da empresa em supermercados utilizaram embalagens retornáveis (um aumento de 360% em relação a 2014). Em bares, o volume de garrafas retornáveis manteve-se na casa dos 95% (BOUÇAS, 2016).

Sarantópoulos *et al.* (2012, p. 77) afirmaram que "a embalagem deve favorecer a identificação pessoal do consumidor com o produto ou com a marca. Parte dos consumidores tem um estilo de vida sofisticado e demanda produtos com alto valor agregado, como símbolo de *status*". Por isso, no segmento das cervejas artesanais, a embalagem no formato de 300 mL se constitui em uma estratégia para o consumidor que deseja experimentar novos tipos e sabores, pois o preço unitário cai e viabiliza a compra. Já entre as cervejas convencionais, a adoção dessa embalagem está relacionada à maior conveniência para o consumidor que prefere uma embalagem mais econômica para consumo individual (A INVASÃO..., 2017).

Em 2013, quatro grandes cervejarias (Ambev, Petrópolis, Brasil Kirin e Heineken) responderam por 98% do volume total de cerveja produzido no Brasil (CERVIERI JÚNIOR *et al.*, 2014). As empresas que atuam no mercado brasileiro de cerveja gastam milhões de reais todos os anos em suas atividades de comunicação e promoção, reforçando o seu posicionamento e marca na mente do seu público-alvo.

No primeiro semestre de 2017, os investimentos em publicidade no Brasil somaram R$ 61,9 bilhões, segundo levantamento realizado pela Kantar Ibope Media, que acompanha e monitora os principais meios de comunicação do país. O setor de bebidas foi o 10º maior gasto com publicidade no país, com investimentos de R$ 2,8 bilhões. No ranking dos maiores anunciantes, a Ambev ficou em 4º lugar, com investimentos de R$ 920 milhões, atrás da Hypermarcas, Genomma e Unilever Brasil (GASTOS..., 2017).

Com as mudanças no mercado cervejeiro, um cenário econômico desfavorável e a perda do poder aquisitivo dos consumidores e o grande número de marcas no mercado, a partir de agora as empresas lidam com um novo consumidor, mais empoderado, mais crítico, que exige mais das marcas que consome, quer ser mais ouvido e, acima de tudo, mais respeitado por elas. Consequentemente, as campanhas publicitárias dessas marcas, que focavam seus esforços em atrair e conversar apenas com os homens, passaram a mudar o conteúdo, colocando a mulher como consumidora e não como objeto, deixando de lado aquela mulher que servia o produto em trajes diminutos, para focar os atributos da própria cerveja e a experiência de consumo (Itaipava), recriando antigos pôsteres que traziam a mulher seminua com novos que reforçam o empoderamento feminino (Skol), por exemplo (SALADO, 2017).

Segundo Rosa, Cosenza e Leão (2006), os canais de comercialização de cervejas podem ser classificados em: (i) consumo local (ou ponto frio), composto por bares, restaurantes, lanchonetes e casas noturnas; (ii) tradicional, compreendendo padarias, mercearias e armazéns; e (iii) supermercados, hipermercados e autosserviço, que são estabelecimentos que contam com pelo menos uma caixa registradora e nos quais o consumidor pode servir-se sem a presença do vendedor. O chope, diferentemente da cerveja, só pode ser consumido no canal de consumo local, pois corresponde a um produto que, necessariamente, deve ser comercializado em barris e que necessita de outros equipamentos para permitir-lhe condições de consumo.

Na tentativa de mudar essa perspectiva, algumas marcas passaram a comercializar cervejas em barris *keg* de 5 litros. A Heineken foi a pioneira, importando o produto da matriz holandesa, seguida pela cervejaria Petrópolis, que em 2009 lançou uma versão *keg* da marca Itaipava Premium (MUNDO DAS MARCAS, 2009). Em 2012, a própria Heineken lançou a Kaiser Barril, em uma embalagem PET de 4 litros (HEINEKEN..., 2012), e, em 2016, a empresa passou a envasar nos barris de 5 litros no Brasil, se tornando o primeiro país além Holanda a produzir o barril (FERREIRA, 2016). Já no segmento das cervejas artesanais, consumir chope em casa é uma prática mais comum. Os consumidores utilizam um garrafão de vidro ou cerâmica, chamado *growler*, que conserva a bebida por até 30 dias na geladeira, antes de abrir.

Segundo Cervieri Júnior *et al.* (2014), o modelo de distribuição usual das grandes cervejarias consiste em dois canais: centros próprios de distribuição direta e contratos com empresas terceirizadas. As cervejarias atendem importantes clientes das grandes regiões urbanas por meio da distribuição direta, enquanto as distribuidoras contratadas buscam os produtos nas fábricas para entregar no varejo. Há, ainda, o comércio atacadista, que atua nos pontos de venda não atendidos diretamente pelos outros dois.

A distribuição é um ponto-chave no mercado cervejeiro, pois há um forte vínculo entre a capacidade de distribuição e a promoção da marca, já que a venda se concentra no varejo, principalmente em bares. Historicamente, as vendas realizadas por bares eram as de maior relevância em termos de volume (50,6%) e as que representavam maior valor (55,4%), enquanto as vendas em autosserviço não representavam tanto na composição do valor de venda (CARVALHO *et al.*, 2008).

Para a Nielsen (2016), a tendência da demanda por autosserviço não é passageira, e se sustenta atualmente na recente crise pela qual passa o país, que tem impactado a indústria de bebidas. Diante das restrições orçamentárias, os consumidores buscam alternativas para superar os desafios, reduzindo os gastos fora do lar, diversificando os canais de compra, buscando economia no lugar de conveniência, diminuindo as idas aos pontos de venda, escolhendo tamanhos de embalagens com melhor custo-benefício e, por fim, trocando de marca em alguns casos, embora os líderes de bebidas resistam melhor a essa tendência.

A popularização das cervejas especiais fez com que a bebida passasse a ser encontrada com maior facilidade também nas grandes redes de varejo, que passaram a se atentar a este mercado bastante promissor, investindo cada vez mais no segmento, destinando um maior espaço nas gôndolas para as cervejas especiais e, em alguns casos, destinando espaços específicos para a venda do produto (VALADARES *et al.*, 2017). Essa mudança foi observada por Homrich (2016) em Porto Alegre, onde a maioria dos consumidores costuma comprar cervejas artesanais em supermercados, por estarem mais acessíveis do que nos bares e lojas especializadas. Por conta disso, nos últimos anos houve um aumento na oferta de cervejas artesanais nas maiores redes de supermercados das cidades, algumas, inclusive, com espaço dedicado ao produto, ampliando a oferta e a diversidade de marcas e estilos.

10.3.2 Vinho

Segundo Basso e Visentini (2016), o vinho fino tornou-se mais acessível no Brasil entre os anos 2002 e 2003, quando os vinhos importados da América do Sul, principalmente do Chile e Argentina, começaram a ser comercializados nos supermercados, a partir da estratégia planejada desses dois países de exportar grandes volumes a preços reduzidos.

Também nessa época, a produção brasileira de vinho deu um salto de qualidade, embora o mercado de vinhos nacionais tenha reduzido, sugerindo que o consumidor brasileiro, com uma maior renda disponível, estava preferindo consumir os vinhos estrangeiros de qualidade.

Como em outros segmentos de bebidas, o consumo reduzido é resultado do baixo poder aquisitivo da população e da falta de tradição vinícola no país, além do fato de a indústria brasileira ser nova, quando comparada às vinícolas estrangeiras, que possuem séculos de história (ROSA; COSENZA; LEÃO, 2006). Apesar disso, Ruschel (2017) relatou que o Brasil foi, em 2016, o 13º país mais premiado pela World Association of Wine Writers and Journalists (WAWWJ), que organiza o *World Ranking Wines & Spirit*, considerado o "ranking dos rankings", porque soma a pontuação das vinícolas e dos vinhos a partir dos prêmios conquistados em concursos internacionais durante o ano.

Rosa, Cosenza e Leão (2006) classificaram o mercado de vinhos em dois segmentos principais: (i) o de vinhos comuns (ou de mesa), consumido nas regiões mais tradicionais, na maior parte das refeições diárias e pela maioria da população local, principalmente a de menor renda; e (ii) o de vinhos de finos, consumidos em ocasiões fora da rotina diária e pelas camadas de maior poder aquisitivo da sociedade.

A diversificação nas regiões produtoras é resultado das mudanças nos hábitos do consumidor brasileiro, como o aumento no consumo de espumantes no país, que antes só eram consumidos em ocasiões especiais. Ações de marketing voltadas para celebrações (como formaturas e casamentos), além dos prêmios internacionais conquistados por rótulos como Cave Geisse, Rio Sol e Casa Valduga, colaboraram para elevar a reputação do produto nacional, que também é construída com auxílio do enoturismo, atividade que, em 2015, no Rio Grande do Sul, levou mais de 400 mil turistas às vinícolas Miolo e Valduga (SCHELLER, 2016).

O enoturismo, que cresceu 25% no primeiro semestre de 2017, na principal região produtora do país, o Vale dos Vinhedos, na Serra Gaúcha, tem sido responsável por divulgar um maior conhecimento sobre a bebida e formar novos consumidores (SOUZA, 2017).

De acordo com Almeida, Bragagnolo e Chagas (2015), o consumo de vinho no Brasil apresentou um crescimento acentuado nas duas últimas décadas, apoiado principalmente pelo consumo de vinhos importados, cuja importação apresentou taxa de crescimento de 11,2% ao ano entre 1995 e 2014. Os principais concorrentes do vinho brasileiro são os vinhos chilenos, argentinos, uruguaios, italianos e espanhóis, países que enxergam no Brasil um mercado em franco desenvolvimento e com grande potencial de lucratividade, devido ao número de consumidores potenciais que vivem no país.

De acordo com Rosa, Cosenza e Leão (2006), a qualidade do vinho está condicionada à qualidade das uvas, que depende das condições de solo e clima. Enquanto a elaboração de vinhos, na maioria dos países, é baseada na utilização de uvas europeias (*Vitis vinifera*), 80% da produção dos vinhos brasileiros tem sido elaborada a partir de uvas americanas, consideradas impróprias para a produção de vinhos de qualidade, pois a região da Serra Gaúcha apresenta condições climáticas que favorecem muito seu cultivo.

Apesar disso, a qualidade do vinho brasileiro avançou muito nas últimas décadas e, como resultado, as novas gerações de brasileiros apreciadores de vinho, composta por consumidores de 18 a 44 anos, segundo dados da pesquisa realizada pela Wine Intelligence, demonstram não ter restrições ao consumo de rótulos nacionais, ao contrário dos entrevistados maiores de 55 anos, que ainda mencionaram Chile e Portugal como países produtores de vinhos de qualidade, baseados em um passado não tão distante em que os vinhos de mesa de qualidade inferior dominavam o mercado nacional (SOUZA, 2017).

Embora o aroma e o sabor desses vinhos sejam considerados uma limitação por consumidores mais apurados, tal fator parece não ser levado em consideração pela maioria dos consumidores brasileiros, já que o preço ainda é um importante determinante do consumo. Segundo estudo promovido pelo Ibravin e Wine Intelligence com aproximadamente 1.700 consumidores de vinhos, o vinho tinto é o preferido para 58% dos brasileiros, e o preço e a qualidade do rótulo influenciam a decisão de compra para 50% dos consumidores, que se baseiam no preço e no contexto da compra, enquanto o restante busca informações sobre a procedência (país ou região), sabor e custo-benefício. Além disso, 66% dos consumidores são fiéis às marcas que consomem com maior frequência, sem deixar de experimentar novos rótulos (O CONSUMO..., 2016).

De acordo com Souza (2017), no varejo tradicional os melhores resultados na venda de vinhos estão relacionados a um bom sortimento que inclua marcas nacionais e importadas, e à presença de uma pessoa especializada (*sommelier*) que ofereça informação e orientação aos consumidores. Outra estratégia para promover a venda da bebida inclui promotores, degustações e sugestão de harmonização com pratos, melhorando a experiência de compra. Segundo Basso e Visentini (2016), quando perto de uma região produtora, os consumidores preferem adquirir o vinho nas próprias vinícolas ou em lojas especializadas.

Além do desenvolvimento dessas estratégias mercadológicas, as certificações geográficas contribuem para a consolidação da identidade do vinho nacional, refletindo nas exportações e na aceitação do vinho nacional no exterior. Para Kakuta *et al.* (2006), as indicações geográficas (IG) são uma ferramenta coletiva de promoção mercadológica e têm por objetivo destacar lugares, pessoas e produtos por meio da herança histórico-cultural, considerada intransferível, que apresenta especificidades intimamente relacionadas com sua área de produção, contar com um grupo de produtores que se responsabilizem pela garantia da qualidade na elaboração dos produtos e possuir um nome de reconhecida notoriedade.

Há, também, uma concepção mercadológica em torno dos produtos detentores desse tipo de diferenciação, pois, em um primeiro momento, as IG são utilizadas como uma forma de proteção legal contra fraudes e falsificações, conferindo uma proteção comercial aos produtores. Ao mesmo tempo que protege um produto de imitações, as IG propiciam o surgimento de um diferencial competitivo. A partir do momento em que os consumidores reconhecem em uma IG a garantia de que os produtos têm de fato uma origem consagrada, os produtores oferecem ao mercado um produto diferenciado e, portanto, com possibilidade de obter um preço mais elevado (GLASS, 2008).

A região do Porto, em Portugal, é uma *denominação de origem*, registrada no INPI desde outubro de 2010 (MAPA, 2018). No Brasil, são quarenta

IG protegidas, entre as quais as indicações de procedência do Vale dos Vinhedos (RS), Monte Belo (RS), Pinto Bandeira (RS), Farroupilha (RS), Altos Montes (RS) e Vales da Uva Goethe (SC) para o vinho, além da denominação de origem Vale dos Vinhedos (RS) (MAPA, 2018).

Ao investigar o comportamento dos consumidores de vinho da região das Missões (RS), Basso e Visentini (2016) verificaram que os principais motivos para o consumo de vinho estão relacionados aos benefícios à saúde, a sensação de bem-estar provocada pelo consumo da bebida e a ocasião, em um encontro romântico, por exemplo. Além disso, os respondentes apontaram a própria residência como o local preferido para o consumo da bebida, durante o jantar.

Ao comparar consumidores cariocas, paulistas e portugueses, Cunha (2013) elaborou um quadro com treze fatores que influenciam na escolha do vinho, independentes da ordem de importância, e os classificou entre atributos intrínsecos ou extrínsecos, apontando a ferramenta do composto mercadológico mais adequada para cada atributo, como forma de orientar melhor a formulação de estratégias (Tabela 10.1).

Em uma extensa pesquisa, Palma, Ortúzar e Rizzi (2013) identificaram, a partir da literatura, os atributos mais comuns considerados na escolha do vinho, como o local de origem (principal atributo), seguido do preço, dos atributos sensoriais (essenciais na compra de vinho), da marca, variedade da uva, design do rótulo, descontos e embalagens, atributos também importantes, porém menos comuns. Acosta (2017) verificou que a recomendação de outra pessoa tem um peso importante na decisão de compra, seguida da origem do vinho, do preço e do nome da marca, enquanto os fatores que menos influenciam a decisão de compra foram as informações disponíveis na prateleira e o rótulo atrativo.

Tabela 10.1 Fatores de influência na escolha de vinho.

Fator	Intrínseco/extrínseco	Variável do composto mercadológico
Destaque promocional na loja	Extrínseco	Praça (distribuição)
Variedade da uva/tipo de vinho	Intrínseco	Produto
Informações disponíveis na prateleira	Extrínseco	Praça (distribuição)
Nome da marca	Extrínseco	Produto
Origem do vinho	Extrínseco	Produto
Graduação alcoólica abaixo de 13%	Intrínseco	Produto
Recomendação de terceiros	Extrínseco	Fromoção (comunicação)
Combinar com a comida	–	Produto/promoção (comunicação)
Ter lido sobre o vinho em um guia	Extrínseco	Promoção (comunicação)
Informação no contrarrótulo	Extrínseco	Produto
Ter provado o vinho anteriormente	Intrínseco	Produto
Premiação/medalha	Extrínseco	Promoção (comunicação)
Rótulo atrativo	Extrínseco	Produto

Fonte: adaptada de Cunha (2013, p. 25).

10.3.3 Cachaça

A cachaça é o destilado mais consumido no Brasil e, segundo Daniel (2016), do total produzido anualmente, 30% se referem à produção artesanal, produzidos por pequenos e médios produtores, que representam quase 98% dos produtores de cachaça no país. Estima-se que sejam mais de 11 mil estabelecimentos produtores, dos quais apenas pouco mais de mil são registrados, concentrados nos estados de São Paulo, Pernambuco, Ceará, Minas Gerais e Paraíba, enquanto o consumo se concentra em São Paulo, Pernambuco, Rio de Janeiro, Ceará, Bahia e Minas Gerais (IBRAC, 2021).

De acordo com Liz *et al.* (2016), o consumo fica bem aquém se comparado a outras bebidas como a cerveja (média de 70 litros por brasileiro) e refrigerantes (média de 72 litros por brasileiro).

Em 2017, o mercado brasileiro de cachaça apresentou a terceira queda consecutiva, resultado da crise e da mudança de hábito dos consumidores de baixa renda, que reduziram o consumo da bebida nos bares, enquanto os consumidores de renda mais alta substituíram as marcas de maior valor agregado por linhas mais baratas ou, ainda, por outros destilados (BOUÇAS, 2017).

De acordo com Carneiro (2007), durante várias décadas, a cachaça foi considerada uma bebida das classes mais pobres, vendida a preços baixos e produzida sem controle de qualidade. Para reverter essa imagem, foram realizadas várias ações e programas para o desenvolvimento do agronegócio da cachaça, como: (i) modificação da legislação; (ii) criação de associações de produtores de cachaça de qualidade; e (iii) investimentos em controle de qualidade, pesquisa e marketing. Essas ações e programas tiveram como objetivo valorizar a cachaça, aumentar a aceitação do produto no mercado, mudar o *status* da cachaça e transformar uma atividade historicamente informal em outra, voltada para o mercado e para a competitividade.

O estado de Minas Gerais é referência na produção de cachaça artesanal de alambique, devido à boa qualidade e diversidade do produto. Além disso, o estado foi pioneiro na criação de uma legislação específica para a cachaça artesanal, motivado, principalmente, pela importância histórica, social, cultural e econômica que o produto possui para a sociedade mineira (OLIVEIRA, 2012).

Mesmo com a valorização da imagem da cachaça nas últimas duas décadas, em especial da cachaça artesanal, reconhecida como produto legitimamente brasileiro, o que atrai consumidores cada vez mais refinados e exigentes, a maioria da população ainda enxerga a cachaça como uma bebida popular consumida somente por classes com baixo poder aquisitivo (DANIEL, 2016).

A indústria da cachaça, comparada com os demais segmentos de bebidas, foi a que mais investiu em controle de qualidade e marketing para mudar de *status*, buscar o mercado internacional e sepultar de vez o preconceito que ameaçava a bebida. As empresas tornaram as garrafas e os rótulos mais sofisticados, detalhes que surtiram efeito na estratégia de internacionalização do produto.

Em relação às embalagens, algumas práticas de mercado têm sido adotadas com maior frequência, como a preocupação com embalagens mais sustentáveis, o retorno das embalagens *vintage*, agregando do valor pela referência histórica das empresas; o uso de garrafas PET para venda de cachaça, principalmente na região Nordeste do país, em grandes eventos, como as festas juninas, barateando o preço final por litro do produto; a valorização da conveniência para o transporte, armazenagem e consumo, por meio de latas de alumínio, como no caso das marcas 51 e Pitú; e a agregação de valor por meio de garrafas com formatos e uso de materiais diferenciados, como a Velho Barreiro Diamond, por exemplo (SEBRAE, 2012).

O mercado da cachaça pode ser segmentado, basicamente, em dois grupos: (i) cachaça voltada para o consumo em massa e (ii) cachaça diferenciada. No primeiro grupo, encontram-se as grandes indústrias, que adotam estratégias de baixo custo e distribuição com alta capilaridade. Já o grupo das cachaças diferenciadas incluem os produtores menores, que valorizam as características intrínsecas do produto (atrativo sensorial) e a disponibilidade de informação, reforçadas, muitas vezes, por marcas famosas e a reputação das regiões produtoras, importantes para a escolha do consumidor (SAES; KOLYA, 2014).

Atualmente, ao contrário do que acontecia no final da década de 1990, o consumidor de cachaça está entre as classes A e B, tem entre 20 e 45 anos e, por isso, se dispõe a pagar por um produto com um maior valor agregado, desde que atenda às suas necessidades de consumo. Esse perfil, de acordo com Cervieri Júnior *et al.* (2014), se refere ao consumidor da cachaça artesanal, demandada pelo público de renda mais elevada, que busca mais qualidade do que preço, enquanto a cachaça industrial, cujo preço médio é inferior devido, principalmente, às economias de escala na produção, tem como foco pessoas de menor poder aquisitivo.

Segundo dados do Euromonitor International, 90% da cachaça comercializada no Brasil é de baixo valor agregado, com preços inferiores a R$ 20,00 por litro, sendo que esse segmento foi bastante afetado pela recessão dos últimos anos, pois essa cachaça é consumida principalmente em bares por consumidores de baixa renda, que tiveram uma redução significativa em seus rendimentos. No caso das cachaças de maior valor agregado, com preços acima de R$ 30,00 por litro, que representam cerca de 10% das vendas totais do setor, a queda foi reflexo da redução no consumo dos consumidores das classes A e B (BOUÇAS, 2017).

Em geral, a cachaça, é consumida na forma de caipirinha ou em momentos em que não se estão consumindo refeições. O consumo da cachaça artesanal, principalmente as de melhor qualidade, se dá nos pontos de dose voltado a um público de maior poder aquisitivo, ou em confrarias, degustações dirigidas (realizadas por cachaçarias, varejo especializado e produtores) e grupos de harmonização (com charuto, por exemplo) (SEBRAE, 2012). Segundo Saes e Kolya (2014), as cachaças diferenciadas incluem diversos tipos de bebidas, incluindo as cachaças *premium*, extra *premium* (envelhecidas com elevado valor agregado), produtos com denominação de origem (IG de Paraty e Salinas) e certificação orgânica.

O processo de escolha e compra desse produto é influenciado pelos atributos sensoriais, embalagem, rótulo, características dos consumidores e estímulos de marketing. Uma das formas de aumentar a venda de produtos é a elaboração de estratégias de marketing que considerem as opiniões e atitudes dos consumidores em relação aos produtos (CARNEIRO, 2007). Saes e Kolya (2014) pesquisaram quinhentos consumidores na cidade de São Paulo, a fim de analisar as características do consumidor de cachaça, e verificaram que os fatores que mais influenciam o consumo são a percepção da cachaça como uma bebida de qualidade superior, com características organolépticas agradáveis e com preço mais baixo. O perfil do consumidor de cachaça encontrado, em geral, foi de homens, com idade mais elevada e menor renda, que consomem, além da cachaça, outras bebidas destiladas, como vodca, uísque e tequila, com maior frequência.

Segundo Saes e Kolya (2014), as cachaças são tradicionalmente comercializadas em garrafas de vidro, âmbar (escura) ou transparente, e, em menor quantidade, em latas de alumínio e garrafas de PET. O vidro ainda representa a primeira opção, pois tende a valorizar o conteúdo da cachaça e de outros destilados, enquanto as embalagens plásticas são geralmente associadas a produtos de menor valor agregado.

Por isso, a Cia Müller, maior produtora de cachaça no mundo, focou a renovação das embalagens para atrair os consumidores. A cachaça 51, principal produto da empresa, ganhou uma versão em lata de 473 mL, distribuída nas regiões Norte e Nordeste. A linha 51 Ice ganhou nova embalagem, com design mais elaborado, que permitiu uma maior visibilidade do produto (PITONDO, 2008). Além das cachaças 51 e 51 Ice, a empresa produz a Caninha 29, a Terra Brazilis, a Caipirinha Mix 51, o conhaque Domus e a 51 Ouro, fabricados em duas plantas localizadas nos estados de São Paulo e Pernambuco (FLORÊNCIO, 2009).

Segundo o Sebrae (2012), a distribuição da cachaça é dividida em distribuição direta (*e-commerce*, encomenda por e-mail, lojas dos produtores ou no próprio alambique) e indireta, com vários níveis intermediários, como atacadistas, varejistas, lojas especializadas etc., ou os "pontos de dose", como bares, restaurantes, hotéis e casas noturnas, responsáveis por dois terços das vendas de destilados. Bouças (2017) afirmou que as cachaças de baixo valor são consumidas quase que somente nos bares (90% do consumo), sendo o restante comercializado nos supermercados e hipermercados, enquanto as de maior valor agregado são vendidas de forma mais equilibrada entre esses canais (60-65% em bares e o restante no varejo).

Por isso, a venda fracionada da cachaça nos bares, restaurantes e boates tem um importante papel na distribuição da bebida. Em função disso, tem havido esforços individuais e coletivos no sentido de agregar valor à cachaça no ponto de consumo, seja na criação e divulgação de "cartas de cachaças", por exemplo, na rede Água Doce, ou na formação de especialistas, os chamados "*sommeliers* de cachaça" (SAES; KOLYA, 2014).

Bouças (2017) verificou que, diante da queda no consumo da cachaça, as fabricantes estão investindo em tipos especiais da bebida, visando atrair mais consumidores das classes A e B, utilizando tonéis de madeiras diferentes, adotando processos de envelhecimento mais longos, desenvolvendo embalagens mais caras e versões de cachaças com sabores, por exemplo.

Pequenos alambiques investem na venda direta, por meio do comércio eletrônico ou de lojas próprias, como alternativa para comercialização da cachaça. Entretanto, de acordo com o Sebrae (2012) as vendas diretas representaram apenas 0,14% do volume total registrado.

Em alguns casos, os produtores desenvolvem parcerias pontuais com bares, restaurantes e lojas especializadas para venda e divulgação da bebida (SAES; KOLYA, 2014), ou ainda investem no turismo associado à cachaça, que vem crescendo e pode ser interessante para pequenos e médios produtores, como a Cachaçaria Vale Verde, em Minas Gerais, que fomentou atividades relacionadas ao lazer, cultura, história e gastronomia ao inserir o turismo no espaço de produção da cachaça (BRAGA; KIYOTANI, 2015).

O mercado brasileiro de cachaças está concentrado em grandes empresas, que, juntas, detêm mais da metade do *market share*. A Cia Müller de Bebidas, dona da marca 51, lidera o mercado com 21,1% de participação, seguida pelas marcas Velho Barreiro (Indústrias Reunidas de Bebidas Tatuzinho), com 11,9%, Pitú (Engarrafadora Pitú), com 10,7%, e Ypióca (Diageo), com 10,2% do mercado (BOUÇAS, 2017).

Saes e Kolya (2014) verificaram que a participação de grandes grupos que produzem e comercializam bebidas, como a Diageo e a Campari, auxiliam a levar a cachaça até grandes redes varejistas, bares e restaurantes, investindo em publicidade e utilizando seus canais de distribuição para colocar a cachaça em diferentes pontos de venda, alcançando inclusive consumidores mais sofisticados, que muitas vezes não tinham acesso ao produto com facilidade.

O *status* de bebida fina e requintada conquistado pela cachaça é resultado de uma maior presença em lojas especializadas, restaurantes sofisticados e até no comércio eletrônico. Esse novo contexto favorável à bebida reflete diretamente no destaque alcançado por várias marcas, consolidando sua imagem de produto de alta qualidade. Assim, o foco das ações de marketing é importante para confirmar a qualidade de algumas marcas e sua expansão internacional, presentes nos melhores restaurantes e adegas brasileiras e mundiais (MUDANÇA..., 2014).

10.4 MARKETING PARA BEBIDAS NÃO ALCOÓLICAS

Segundo Madi, Castro e Wallis (2016), no segmento de bebidas não alcoólicas, as categorias que mais se destacam, em termos de volume consumido (litros/habitante/ano) no Brasil, são: refrigerantes; chás e cafés; bebidas lácteas; águas; sucos, néctares e refrescos; isotônicos e energéticos (Tabela 10.2).

Tabela 10.2 Consumo *per capita* de bebidas não alcoólicas no Brasil em 2013.

Categorias	Consumo per capita (litros/habitante/ano)	Participação das categorias no consumo (%)
Refrigerantes	80,3	25,9
Chás e café	78,5	25,3
Bebidas lácteas	58,6	18,9
Água	56,8	18,3
Sucos, néctares e refrescos	35,0	11,3
Isotônicos e energéticos	1,2	0,4
Total	310,4	100,0

Fonte: Madi, Castro e Wallis (2016).

Entre 2010 e 2015 houve uma grande variação no consumo *per capita* das bebidas não alcoólicas, como pode ser observado na Tabela 10.3. Enquanto houve uma queda de 15,5% no consumo de refrigerantes, categoria de maior representatividade em vendas no mercado brasileiro, e no consumo de bebidas à base de soja, o crescimento das categorias águas (83,1%), isotônicos e energéticos (100,0%), sucos, néctares e refrescos e chás prontos para beber foi expressivo (83,1%, 100,0%, 59,0% e 40,0%, respectivamente) (REGO, 2016a).

Rego (2016a) apontou três conjuntos de fatores que deverão determinar os rumos do mercado de bebidas não alcoólicas: (i) impulsionadores da demanda, relacionados às taxas de crescimento e distribuição da renda familiar, e ao desenvolvimento regional; (ii) modificadores do perfil e comportamento dos consumidores, incluindo as mudanças na estrutura etária e envelhecimento da população, o comportamento das novas gerações e a valorização do estilo de vida saudável e sustentável; e (iii) interferências no mercado, composto pelas instituições de pesquisa nas áreas de alimentação e saúde, sistema regulatório e legislação, comunicação e informação sobre alimentação e nutrição, ativismo contrário aos alimentos e bebidas processados, e políticas públicas.

Tabela 10.3 Consumo *per capita* de bebidas não alcoólicas no Brasil no período de 2010 a 2015.

Bebidas não alcoólicas	2010	2015	Diferença (%)
Refrigerantes	88,9	75,1	–15,5
Água mineral	34,3	62,8	83,1
Sucos e néctares	3,9	6,2	59,0
Bebidas energéticas	0,3	0,6	100,0
Chás	0,5	0,7	40,0
Bebidas à base de soja	1,7	1,0	–41,2

Fonte: Rego (2016a).

A partir desses conjuntos de fatores, Rego *et al.* (2016) sugeriram as principais tendências que deverão influenciar o mercado de bebidas não alcoólicas nos próximos anos, e as reuniram em cinco grupos:

- Personalização e experiência: rompimento com os padrões tradicionais do mercado, buscando produtos mais adequados às necessidades e desejos individuais, relacionados aos valores pessoais e estilo de vida; interesse por novas experiências sensoriais, tornando-se receptivos à experimentação de novos sabores; e valorização de produtos *premium* e de maior qualidade.
- Nutrição e funcionalidade: relacionada à qualidade percebida pelos consumidores, que desejam produtos com benefícios associados à nutrição e à saúde.
- Evitação e purificação: preocupação mais singular com saúde e segurança do que se consome, evitando calorias, gorduras, açúcares e sódio, ao mesmo tempo que valoriza os produtos puros, com ingredientes 100% "reais" e autênticos, frescos e naturalmente saudáveis;
- Conveniência e estilo de vida: bebidas prontas para beber, praticidade e facilidade de consumo, refeições líquidas que suprem total ou parcialmente as necessidades nutricionais de alguma das refeições, diversidade de locais de compra e consumo, que migra para um sistema de distribuição multicanais (lojas de sucos, sistema *delivery*, *vending machines* e cápsulas).
- Sustentabilidade e engajamento: valorização crescente de bebidas com atributos relacionados à sustentabilidade, com produção mais eficiente e utilização de ingredientes orgânicos, consumo consciente e responsável, preocupação com o "local" (ingredientes regionais ou locais, promoção de empregos, da cultura e das tradições de cada região), bebidas com selos e certificados e transparência das informações sobre ingredientes, processos de fabricação e embalagens.

No setor de bebidas não alcoólicas, o consumo responsável é fomentado a partir de discussões sobre saúde e bem-estar, debatendo formas de estimular a vida saudável (ABIR, 2018). Nesse sentido, a Coca-Cola disponibiliza um portfólio variado de produtos com baixa caloria, ao mesmo tempo que apoia ações voltadas ao combate ao sedentarismo, estimulando as pessoas a praticarem atividades físicas (GUIMARÃES, 2013).

De acordo com Lewis (2007), citado por Rego (2016a), a alimentação funcional poderá assumir papel de destaque para as pessoas entre 50 e 70 anos, devido à maior preocupação com a saúde preventiva e com os processos inerentes ao envelhecimento, que podem transformar os consumidores, como a perda de massa muscular, os sinais da idade (mobilidade reduzida, dificuldades em enxergar, perda de memória e audição, entre outros) (KAMBIL; PAK, 2007). As refeições líquidas, na forma de preparados em pó ou RTD (*ready-to-drink*), poderão ganhar espaço como alternativas para idosos com dificuldades para mastigar, engolir ou com outro tipo de dificuldade com dietas sólidas.

10.4.1 Refrigerante

Segundo Rosa, Cosenza e Leão (2006), os refrigerantes são bebidas industrializadas, não alcoólicas, carbonatadas e com adição de aromas. Produzidos a partir da mistura de água carbonatada com concentrados aromatizados e açúcar ou adoçante, podem ser encontrados nos sabores cola, guaraná, laranja, limão, uva, framboesa, canela, entre outros. Tais produtos são de baixo valor agregado e não são considerados itens de primeira necessidade.

No mercado brasileiro, os refrigerantes mais consumidos são os de sabor cola (aproximadamente 50%), seguido da preferência pelos sabores guaraná (24,5%) e laranja (11%). Apesar de terem se popularizado nas últimas décadas, os refrigerantes diet e light ainda representam menos de 10% do total (VALENTE JUNIOR; ALVES; SANTOS, 2016).

Assim como em outras partes do mundo, tem sido observada no Brasil uma tendência de redução do consumo total de refrigerantes nos últimos anos, devido, principalmente, à diminuição do consumo nos estados das regiões Sul e Sudeste. Essa redução tem levado as indústrias a lançarem versões reformuladas das marcas mais consumidas, no sentido de ajustá-las às novas demandas dos consumidores, por exemplo, bebidas livres de adoçantes, cafeína ou corantes, com ingredientes orgânicos e certificados, com frutas e extratos naturais, adicionadas de nutrientes e substâncias funcionais, além das bebidas classificadas como *gourmet*, *premium*, artesanal, e das bebidas carbonatadas de nova geração focadas no público adulto, que têm como base os sucos de frutas, chás, ingredientes naturais, orgânicos, sustentáveis, sabores regionais e de diferentes etnias, que possuem características mais leves, baixa carbonatação e utilizam adoçantes naturais (KLINEMAN, 2012; REGO, 2016b).

Para Madi, Rego e Vialta (2016), a obesidade tem avançado independentemente da redução do consumo de refrigerantes. De 2010 a 2015, houve um aumento de 25,2% no número de pessoas obesas no Brasil, enquanto verificou-se uma redução de 15,4% no consumo anual *per capita* dessas bebidas.

O consumo de refrigerantes aumenta em datas comemorativas, como ano-novo, carnaval, festas religiosas, festas juninas, campeonatos esportivos e grandes espetáculos de entretenimento. A conjunção de clima, ocorrência de eventos e fluxo turístico contribui para a sazonalidade do setor no Brasil, com picos de consumo no verão, durante as principais festas e no período de férias escolares. Adolescentes e adultos jovens são os que mais apreciam refrigerantes, razão pela qual as atividades de marketing são direcionadas essencialmente para esse público (VALENTE JUNIOR; ALVES; SANTOS, 2016).

Em paralelo ao lançamento de novos sabores, frequentemente ocorre o lançamento de novas embalagens, visando principalmente atender os clientes de acordo com a sua ocasião de consumo. De acordo com Sarantópoulos *et al.* (2016), as tendências de consumo da sociedade moderna influenciam diretamente as tendências de embalagem para bebidas, apresentando um enorme potencial para a diferenciação e a inovação, a partir de variações no design para atender aos requisitos demandados, sem deixar de levar em consideração a possibilidade de elevação dos custos.

O segmento de produtos *premium* caracteriza-se por sofisticação, luxo, design minimalista, elegância e qualidade superior. No caso das bebidas não alcoólicas, as embalagens exercem esse papel, auxiliando a compor a imagem da bebida por meio dos efeitos estéticos, a partir da diferenciação pelo formato, pela utilização de cores e impressão de alta qualidade, das texturas e brilhos, dos materiais que provoquem novas sensações e emoções, que transmitam qualidade, confiabilidade e segurança, naturalidade aparente, imagem retrô ou de sofisticação e luxo. Em algumas de suas embalagens, a Coca-Cola promove a diferenciação pelo formato, associada ao apelo de conveniência, utilizando latas de alumínio em um novo formato, denominado *contour*, que possui um design semelhante ao da garrafa de vidro com tampa também de alumínio, que possibilita abri-la e fechá-la sempre que desejar. A diferenciação pela forma é verificada também nas embalagens cartonadas, por exemplo, na embalagem da Tetra Pak, que utilizou esse recurso em sua linha, modificando as arestas verticais da caixa convencional (SARANTÓPOULOS *et al.*, 2016).

Para Gonçalves (2008a), a indústria de refrigerantes passou a mudar seu portfólio de produtos após notar a tendência pela busca de insumos naturais por parte da população. Produtos diet e light passam a ser coadjuvantes e deram lugar aos “zero açúcar”, aprovados pelo consumidor, por não perder o sabor original já conhecido, principalmente, no caso das marcas já consagradas. Mais recentemente, Sarantópoulos *et al.* (2016) apontaram que as duas maiores empresas fabricantes de refrigerante do mundo, Coca-Cola e Pepsi, desenvolveram linhas de produtos à base de estévia, denominados Coca-Cola Life e Pepsi True, com 35% e 30% menos calorias, respectivamente, atentas à preocupação dos consumidores com calorias e ganho de peso. Neste caso, a proposta é cortar calorias bebendo água e bebidas de baixa caloria ou caloria zero.

Santos e Azevedo (2000) indicaram que o padrão de concorrência da indústria de refrigerantes é baseado na diferenciação, no qual os produtos apresentam algumas distinções entre si, acarretando diferentes graus de preferências quanto ao desejo de consumir essas bebidas. O estilo retrô nas embalagens de refrigerantes é um exemplo e, segundo Marcondes (2011), surgiu como uma estratégia para diferenciar a oferta e alavancar o consumo em queda da bebida, e essa tendência vem se firmando no país com o lançamento de embalagens com visual "antigo-atual".

O uso das cores é outra importante ferramenta que auxilia na construção da identidade da marca, da imagem do produto e na concepção do design da embalagem, garantindo seu posicionamento por meio de uma aparência única. As cores são usualmente empregadas para estimular a associação do produto à marca, despertar sensações, expressar a personalidade dela e o conceito do produto, cativando e influenciando o consumidor final durante o processo de decisão de compra (SARANTÓPOULOS *et al.*, 2012; 2016).

Focando o meio ambiente, a Coca-Cola Brasil passou a investir mais nas garrafas de vidro e em garrafas plásticas retornáveis, denominadas REFPET (do inglês *Refillable PET* ou PET retornável). Ambas são devolvidas pelos consumidores aos pontos de compra, retornando às linhas de produção, onde são lavadas e higienizadas antes de receberem novamente o produto.

Segundo Guerra *et al.* (2013), a distribuição dessas garrafas de 1,25 litro em bares, padarias, mercearias e supermercados de menor porte do Rio de Janeiro e Minas Gerais, onde a concorrência com as marcas "B" é mais significativa, é uma estratégia da empresa para combater os refrigerantes populares, conquistando os consumidores de renda mais baixa com um produto até 30% mais barato.

Embora haja um movimento a favor das embalagens retornáveis, a maioria dos fabricantes de refrigerantes consumidos no Brasil utiliza embalagens descartáveis. Do total comercializado no setor em 2014, 83% foram embalagens PET de 2 litros, 10%, latas, e somente 7% foram embalagens retornáveis de vidro e outros tipos de embalagens (VALENTE JUNIOR; ALVES; SANTOS, 2016).

A mesma estrutura de distribuição de cervejas é, geralmente, utilizada pela indústria para a distribuição de refrigerantes. De acordo com Valente Junior, Alves e Santos (2016), os consumidores estão optando cada vez mais por beber em menor quantidade, especialmente em bares, lanchonetes e restaurantes, preferindo adquirir a bebida no comércio varejista para consumir na própria residência. Por isso, aproximadamente 20% das vendas de refrigerantes são feitas em bares, restaurantes e lanchonetes, e 80% nas redes de atacado e varejo (supermercados, pequenos estabelecimentos e lojas de conveniência).

O preparo doméstico de bebidas não alcoólicas, no que se refere às bebidas frias carbonatadas, águas saborizadas, sucos, bebidas esportivas e chás, tem sido uma tendência observada no mercado, que segue o caminho das máquinas de café em cápsulas, cuja atratividade se encontra na experiência, variedade de escolha, conveniência e simplicidade do preparo (REGO, 2016b). No Brasil, esse sistema foi lançado em 2015 pela Whirlpool S. A., em parceria com a Ambev, que formaram uma *joint venture* chamada B.blend Máquinas e Bebidas, e, além de cafés e chás, também possibilita o preparo de sucos e refrigerantes, totalizando dez tipos de bebidas em mais de vinte sabores diferentes, todos criados pela B.blend (VAZ, 2015).

10.4.2 Água envasada

Segundo Rosa, Cosenza e Leão (2006), os tipos de água para o consumo humano podem ser classificados em quatro categorias:

- **água comum:** procedente da rede pública;
- **água potável:** provém de poços rasos e, em geral, apresenta grandes variações de composição mineral ao longo do ano;
- **águas minerais naturais:** extraídas de fontes de captação que penetram fundo no subsolo; e
- **águas mineralizadas:** originárias de seguidos processos de filtragem para que fiquem puras e, em seguida, sofrer um processo artificial de mineralização, acrescentando-se os elementos mais convenientes de acordo com cada fórmula.

A partir dessa classificação, a denominação "águas envasadas" é utilizada para os produtos elaborados a partir do engarrafamento de águas minerais naturais e águas mineralizadas, pois os dois tipos possuem propriedades organolépticas (aroma, cor e sabor) bem próximas e parecidas, o que sugere um alto grau de substituição recíproca, além da dificuldade de obtenção de dados segregados.

Uma grande parcela do mercado de águas envasadas ainda é atendida por empresas regionais. Outra tendência nesse segmento é a crescente diferenciação que, junto com as "águas saborizadas", buscam distinguir os produtos aos olhos dos consumidores, tornando esse mercado mais competitivo ainda (ROSA; COSENZA; LEÃO, 2006).

A expansão do mercado brasileiro pode ser explicada pela maior preferência do consumidor por um produto tido como naturalmente puro e saudável, como ocorre em todo o mundo. A preocupação com a qualidade da água da rede pública e, sobretudo, a busca do bem-estar proporcionado pelos sais minerais naturais têm provocado nos últimos anos uma contínua demanda pela água envasada, em todos os países.

O consumo de água mineral cresceu consideravelmente, motivado pela comercialização de garrafões de 20 litros, considerados práticos e sem necessidade de manutenção. Outros fatores que contribuíram para o crescimento do mercado de água foram: (i) o serviço de disque-entrega oferecido pelas distribuidoras proporciona comodidade e facilidade; (ii) o crescimento da renda da população; (iii) o aumento da distribuição, principalmente pelos supermercados; e (iv) a entrada de grandes engarrafadoras, promovendo investimentos e competitividade nos preços.

De acordo com Rosa, Cosenza e Leão (2006), as águas envasadas são comercializadas em garrafões (50,2%), garrafas PET (34,2%), vidro (10,4%), copos plásticos (3,4%) e outros (1,8%). O consumo dos garrafões de 20 litros apresenta o maior crescimento e, além da presença consolidada em escritórios, empresas e em locais públicos, esse tipo de embalagem está crescendo mais intensamente nas residências.

Com o mercado em expansão, as empresas investem cada vez mais em produtos diferenciados para agradar consumidores mais exigentes. Segundo Landi (2015), citado por Rego (2016b), as águas carbonatadas têm se destacado no mercado, apesar da baixa participação no total da categoria, por se tratar de produtos com novos posicionamentos, com opções saborizadas e com pouca ou nenhuma caloria, direcionados aos consumidores que estão deixando de consumir refrigerantes. No Brasil, esse segmento vem sendo representado, desde 2006, pelas águas saborizadas H2OH! e Aquarius Fresh. Em 2017, a Coca-Cola lançou no mercado brasileiro a Crystal Sparkling, uma água gaseificada aromatizada em duas versões: limão & camomila e tangerina & capim-limão (COCA-COLA..., 2017).

Segundo Pitaluga (2006), as características intrínsecas e extrínsecas da água envasada, como embalagem, cor, transparência, pureza, cheiro/odor e gosto e/ou sabor, são elementos determinantes do comportamento do consumidor e exercem significativa influência na sua decisão de compra.

Segundo Gonçalves (2008b), em vários países europeus o consumidor compra água pela marca, e não apenas pelo preço. Com isso, as empresas investem constantemente em produtos diferenciados para consumidores com diferentes características e necessidades, por exemplo, as garrafinhas, que já se tornaram acessório de esportistas, o complemento alimentar para idosos e crianças, a água enriquecida com ozônio, as embalagens direcionadas para diferentes públicos, além de diversos sabores.

No Brasil, a realidade de águas diferenciadas ainda é discreta. Entretanto, as empresas brasileiras e multinacionais atuantes no país já começaram a pensar em características diferenciadas para lançar cada vez mais produtos no mercado. Um grande diferencial também tem sido as embalagens, o design sofisticado, moderno e prático, a fim de impactar e seduzir ainda mais o consumidor. Esse cenário se constitui em risco para as empresas tradicionais desse segmento, principalmente porque o ingresso de grandes produtores mundiais, como Nestlé, Coca-Cola, Pepsi e Danone, na distribuição de água mineralizada é uma realidade.

A concorrência existente na categoria de águas engarrafadas tem levado à diferenciação de produtos para exploração de diferentes nichos de mercado, por exemplo, a alegação de qualidade superior, posicionando o produto como *premium*, categoria com grande variedade de marcas e forte tendência de crescimento (REGO, 2016b). De acordo com Page (2009), citado por Rego (2016b), os principais atributos capazes de atestar a qualidade superior desses produtos são aqueles relacionados à procedência da água (localização e o tipo da fonte, o método de extração e as características geológicas da fonte, muitas vezes associados com "o exótico, a pureza natural, a autenticidade e o conteúdo mineral, entre outros").

O interesse por qualidade superior tem levado os produtores de águas *premium* a utilizar termos e expressões que sugerem qualidade, similares aos utilizados para a classificação de vinhos, como "sabor superior", "sabor único", "boa harmonização com comida", "para ocasiões especiais" e "ingredientes naturais" (GRADY, 2014, citado por REGO, 2016b).

As principais marcas investem em inovações de produtos destinados a consumidores exigentes e canais de venda mais lucrativos, como hotéis, bares, restaurantes e academias de ginástica. Além desse tipo de estratégia que continua em alta, surgiram no mercado brasileiro outras bebidas, como as águas funcionais com nutrientes voltados à saúde do consumidor, e as chamadas "águas etárias", destinadas a públicos com faixas específicas de idade, como a água infantil Lindoya Verão Kids, que acompanha um *kit* de jogos e passatempo, sendo vendida em garrafas de 240 mL, próprias para as mãos menores das crianças.

Dentre os materiais mais utilizados para as bebidas *premium* ou de qualidade superior, as embalagens de vidro e, mais recentemente, as embalagens de PET são as mais utilizadas. No primeiro caso, o vidro é utilizado devido à aparência e à transparência, que transmitem uma percepção de qualidade superior ao consumidor, enquanto as embalagens de PET conquistam espaço por características como brilho e transparência, peso reduzido, alta resistência mecânica, boas propriedades de barreira e, principalmente, custo acessível. No Brasil, a água mineral Crystal VIP utiliza essa embalagem, com detalhes em alto-relevo, na forma de cristais, o que confere aspecto *premium* ao produto (SARANTÓPOULOS *et al.*, 2016).

Utilizar uma cor diferenciada pode ser uma estratégia para atrair a atenção do consumidor, sugerindo a ele novas experiências sensoriais por meio da embalagem. A água mineral Santa Fé Brasil lançou, em 2016, garrafas de PET coloridas de 510 mL, nas cores amarela, azul, rosa, vermelha e verde, com rótulos transparentes e ilustrações que remetem a diferentes situações de consumo, como lazer, música, natureza, diversão e liberdade (ÁGUA..., 2016; SARANTÓPOULOS *et al.*, 2016). Nesse mercado, mais que em outros, aplicar estratégias e ferramentas de marketing é necessário para dar algum diferencial e destaque ao produto.

Certas marcas de águas têm explorado a tendência de consumo consciente e solidário, ofertando produtos com maior apelo à sustentabilidade, atribuído às características da embalagem, fontes ecológicas, responsabilidade social dos produtores e direcionamento de lucros para causas sociais (REGO, 2016b).

A redução do consumo de insumos é uma estratégia bastante utilizada pelas marcas, como a Crystal Eco, da Coca-Cola, uma garrafa plástica desenvolvida com 20% menos PET que as versões anteriores e até 30% de PET obtido a partir da cana-de-açúcar, o que reduz em aproximadamente 25% as emissões de CO_2, e que, depois de utilizada, pode ser retorcida para reduzir o volume ocupado em até 37%. A Pureza Vital, da Nestlé, também reduziu o consumo de materiais plásticos das tampas e eliminou pigmentos delas, facilitando a reciclagem e agregando valor na cadeia do pós-consumo.

10.4.3 Suco

A categoria dos sucos tem passado por uma grande renovação desde o surgimento de novos conceitos de bebidas à base de frutas, vegetais, grãos e sementes, misturando-se às demais categorias das bebidas carbonatadas, à base de água mineral, misturas com chá, água de coco e iogurte, que, em muitos casos, oferecem também outros benefícios, por exemplo, o saudável, o natural, a produção e o processamento éticos. Nesses produtos, é comum as embalagens apresentarem informações que possam ser reconhecidas como indicadoras de qualidade, como "*premium*", "*gourmet*", "reserva", "100%", "seleção" ou "especial" (REGO, 2016b).

Para Rosa, Cosenza e Leão (2006), o consumo *per capita* de sucos ainda é muito reduzido se comparado com outros países. O consumo de sucos industrializados no país é influenciado pelo nível de renda, preços de bens substitutos e pelo nível de preocupação com a saúde. Todavia, ainda que alguns analistas considerem o fator renda como a principal barreira para o aumento da demanda por sucos industrializados no Brasil (o que explica o fato de o maior mercado de suco industrializado ser o de preparado sólido para refresco, pela menor relação preço/litro e consumo por 85% das famílias brasileiras), a abundância de frutas ao longo do ano conduz a um maior consumo de sucos naturais.

O mercado de sucos prontos atende, principalmente, aos anseios das classes A e B, a maior parte (70%) localizada na Região Sudeste, que prefere os sabores laranja, manga, uva, maracujá e pêssego. Oliveira e Galera (2017) verificaram, recentemente, que o consumidor mais bem informado e exigente passou a substituir o consumo de refrigerantes por alternativas mais saudáveis, como a água de coco, isotônicos, os chás e sucos prontos.

De acordo com Bouças (2015), o interesse crescente dos brasileiros por uma dieta mais saudável, o que inclui um menor consumo de açúcar, motivou a indústria de sucos prontos a modificar seus produtos, adicionando suco de maçã como alternativa para adoçar o néctar, em substituição ao açúcar (sacarose). Ao adotar essa estratégia, a marca Del Valle, da Coca-Cola, reduziu em 25% a quantidade de açúcar das bebidas sem alteração do sabor. A Wow! Nutrition, dona da marca Sufresh, e a Empresa Brasileira de Bebidas e Alimentos (Ebba), dona das marcas Maguary e Da Fruta, também promoveram alterações em suas linhas visando a redução de açúcar em seus produtos.

Segundo Rego (2016b), os fabricantes de sucos, néctares e refrescos buscam lançar novos conceitos de bebidas destinadas a diferentes públicos e situações, muito semelhante ao verificado aos refrigerantes de nova geração, mencionados anteriormente. Por isso, o crescimento do consumo dos sucos verdes e dos chamados vegetais para beber é uma realidade. Segundo Sarantópoulos *et al.* (2016), esses produtos focam consumidores que desejam um alimento com um diferencial em termos de nutrição, que possa ajudá-los a serem mais saudáveis e terem mais disposição.

Para Sarantópoulos *et al.* (2016), a utilização de cores diferenciadas é uma estratégia que visa atrair a atenção do consumidor, e o uso de poucas cores na impressão das embalagens valoriza a apresentação do produto e destaca o sabor da bebida, remetendo à pureza das bebidas, como visto nas embalagens cartonadas de suco da marca Liv, por exemplo.

O papel da embalagem no mercado de sucos é importante também quando se considera a resistência cultural do brasileiro contra qualquer suco que não seja natural. Atualmente, a tecnologia utilizada nas embalagens garante a conservação dos produtos o mais próximo possível do natural, preservando suas propriedades organolépticas. De acordo com Rosa, Cosenza e Leão (2006), as embalagens cartonadas mantêm uma alta participação no nicho de sucos prontos para beber, pois são as que permitem a conservação do produto por até um ano e possibilitam o consumo de sucos de frutas fora de época de forma mais eficiente, além de permitir a disponibilidade de tais produtos em outras regiões, possibilitando que sucos de frutas exóticas ou de difícil processamento sejam consumidos pela maior parte da população.

A embalagem do suco de uva da Casa Valduga, cujo produto é comercializado em garrafa de vidro fechada por tampa metálica, foi redesenhada com base no pote de geleia da marca, reforçando a identidade da marca, incluindo conceitos *premium* e *gourmet* (ABRE, 2013). O sistema *bag-in-box*, há muito utilizado no setor de alimentação institucional, industrial e no *food service*, agora pode ser encontrado também no varejo de bebidas não alcoólicas. As embalagens são adaptadas para acomodação nos refrigeradores domésticos e a retirada do produto é feita por um tipo de torneira que facilita o uso e, quando fechada, impede a entrada de ar. Inicialmente presente no mercado de vinhos, vem sendo encontrado com mais frequência também na comercialização de sucos e chás (SARANTÓPOULOS *et al.*, 2016).

Segundo Guirardelli (2018), as bebidas não alcoólicas (sucos, néctares, refrescos, refrigerante, água e água de coco) apresentam aumento das vendas no verão. Nesse sentido, marcas como a Tang, referência em suco em pó da Mondelēz Brasil, investem em edições limitadas de sabores para a estação do ano, visando atender a diferentes paladares dos consumidores, identificados em pesquisa.

Visando aumentar o consumo de sucos no verão, alguns fabricantes, em conjunto com o varejo, focam estratégias que aumentam a visibilidade da categoria e promovem ações para gerar experimentação, como degustações ou ambientações que tornem a compra mais agradável (GUIRARDELLI, 2018).

A demanda por sucos e refrescos de fácil preparo e com grande variedade de sabores e combinações, possibilitando combinações personalizadas, tem fomentado o surgimento de novos serviços e produtos, por exemplo, as franquias que comercializam sucos frescos, com variedade de opções e, muitas vezes, ingredientes funcionais, instaladas frequentemente nas praças de alimentação de *shopping centers*. Esse novo formato de negócio é promissor no Brasil, onde o consumo de frutas e vegetais encontra-se abaixo das recomendações dietéticas e, por isso, essa modalidade de comercialização de sucos poderá se tornar bastante popular, à medida que os preços também se tornem mais acessíveis (REGO, 2016b).

10.5 CONSIDERAÇÕES FINAIS

Embora o consumidor apresente características, desejos e necessidades diferentes, as estratégias de marketing aplicadas ao setor de bebidas são semelhantes para as bebidas alcoólicas e não alcoólicas. Nos dois casos, a segmentação dos mercados se faz necessária, para que possam ser planejados programas de marketing específicos. Nos dois casos, também, há uma grande influência dos atributos extrínsecos, como a marca e a embalagem, fundamentais na comunicação com o consumidor, além da conveniência, diretamente relacionada com a ocasião de consumo.

A comercialização de produtos de qualidade superior tem sido bastante interessante para a indústria, apoiada no maior poder de compra e no nível de exigência das pessoas. Nesse sentido, a indústria de bebidas tem, a cada ano, investido em opções mais saudáveis e de qualidade superior, com embalagens que ressaltam a conveniência no transporte e durante o consumo, além de rótulos mais informativos. Esses produtos, além de serem distribuídos em canais tradicionais, também são comercializados frequentemente em canais alternativos, cujos novos formatos de varejos agregam serviços ao consumidor e utilizam os meios digitais de forma crescente.

As estratégias de comunicação desse segmento são bastante variadas. Se, por um lado, as bebidas alcoólicas enfrentam a resistência da sociedade em geral, incluindo o governo e as instituições, por outro é necessário o investimento para modificar a imagem de algumas categorias de produto, como as cachaças e os vinhos, tanto no mercado interno como no externo. Já o setor de bebidas não alcoólicas apresenta categorias de produtos mais saudáveis, que vão ao encontro dos anseios dos consumidores, como os chás e a água, enquanto os refrigerantes e os sucos adoçados também enfrentam a resistência da sociedade, do governo e das instituições, sob a acusação de responsabilidade no aumento da obesidade, principalmente a infantil.

Os produtos naturais, na maioria das vezes percebidos como mais saudáveis, são cada vez mais valorizados pelos consumidores, devendo estar em evidência nas empresas, não só em termos de inovações em produtos, mas também no que se refere às embalagens, que precisam comunicar, além dos atributos, a funcionalidade e os benefícios das bebidas, conectando-se ao consumidor.

REFERÊNCIAS BIBLIOGRÁFICAS

AAKER, D. **Marcas**: Brand Equity gerenciando o valor da marca. São Paulo: Negócio, 1998.

ABRE – ASSOCIAÇÃO BRASILEIRA DE EMBALAGEM. **Prêmio ABRE da Embalagem Brasileira**: vencedores ouro, módulo embalagens. [*S. l.*], 2013. Disponível em: http://www.abre.org.br/premio_2013/vencedores_ouro.php. Acesso em: 30 jan. 2018.

ACOSTA, A. G. **Análise sobre os atributos que influenciam a decisão de compra de vinho do consumidor porto-alegrense**. 2017. 53 p. Monografia (Bacharelado em Administração) – Escola de Administração, Universidade Federal do Rio Grande do Sul, Porto Alegre, 2017. Disponível em: http://www.lume.ufrgs.br/handle/10183/169930. Acesso em: 14 fev. 2018.

ÁGUA Santa Fé chega ao mercado em garrafas coloridas. **EmbalagemMarca**, São Paulo, 14 abr. 2016. Disponível em: https://www.embalagemmarca.com.br/2016/04/agua-santa-fe-chega-ao-mercado-em-garrafas-coloridas/. Acesso em: 30 jan. 2018.

A INVASÃO das garrafinhas: produtos de 300 ou 310 ml ganham espaço no mercado nacional. **Veja SP**, São Paulo, 26 fev. 2017. Disponível em: https://vejasp.abril.com.br/blog/cervejas/a-invasao-das-garrafinhas-produtos-de-300-ou-310ml-ganham-espaco-no-mercado-nacional/. Acesso em: 14 fev. 2018.

ALMEIDA, A. N.; BRAGAGNOLO, C.; CHAGAS, A. L. S. A demanda por vinho no Brasil: elasticidades no consumo das famílias e determinantes da importação. **Revista de Economia e Sociologia Rural**, Piracicaba, v. 53, n. 3, p. 433-454, 2015. Disponível em: http://dx.doi.org/10.1590/1234-56781806-9479005303004. Acesso em: 8 fev. 2018.

AMPUERO, O.; VILA, N. Consumer perceptions of product packaging. **Journal of Consumer Marketing**, Bingley, v. 23, n. 2, p. 100-112, 2006. Disponível em: http://www.emeraldinsight.com/Insight/viewContentItem.do;jsessionid=7226A55FD741D96AC64D667A735061C2?contentType=Article&hdAction=lnkpdf&contentId=1549947&dType=SUB&history=false. Acesso em: 10 abr. 2010.

ARAÚJO, R. M. *et al.* Comportamento do consumidor de cervejas especiais. **Connexio**, Natal, v. 5, n. 1, p. 35-50, jan. 2016. Disponível em: https://repositorio.unp.br/index.php/connexio/article/download/1341/817. Acesso em: 1 mar. 2018.

ASSOCIAÇÃO BRASILEIRA DAS INDÚSTRIAS DE REFRIGERANTES E DE BEBIDAS NÃO ALCOÓLICAS – ABIR. **Responsabilidade Social e Ambiental** [online]. Disponível em: https://abir.org.br/o-setor/responsabilidade-social-e-ambiental/. Acesso em: 03 fev. 2018.

BASSO, L. D.; VISENTINI, M. S. Comportamento do consumidor de vinhos da região das missões: uma investigação sobre os fatores influenciadores. **Gestão e Desenvolvimento**, Novo Hamburgo, v. 13, n. 2, p. 89-111, 2016. Disponível em: http://periodicos.feevale.br/seer/index.php/revistagestaoedesenvolvimento/article/view/456. Acesso em: 14 fev. 2018.

BOUÇAS, C. Fabricantes trocam açúcar por maçã para adoçar néctar. **Valor Econômico**, São Paulo, 21 ago. 2015. Disponível em: https://www.kantarworldpanel.com/dwl.php?sn=news_downloads&id=874. Acesso em: 26 fev. 2018.

BOUÇAS, C. Cervejarias tentam impulsionar vendas de marcas mais populares. **Valor Econômico**, São Paulo, 3 maio 2016. Disponível em: http://www.abia.org.br/vsn/temp/z2016510Cervejariastentamimpulsionarvendasdemarcasmaispopulares.pdf. Acesso em: 14 fev. 2018.

BOUÇAS, C. Mercado de cachaça enfrenta terceiro ano seguido de queda. **Valor Econômico**, São Paulo, 6 set. 2017. Disponível em: http://www.valor.com.br/empresas/5109572/mercado-de-cachaca-enfrenta-terceiro-ano-seguido-de-queda. Acesso em: 3 mar. 2018.

BRAGA, M. V. F.; KIYOTANI, I. B. A cachaça como patrimônio: turismo, cultura e sabor. **Revista de Turismo Contemporâneo**, Natal, v. 3, n. 2, p. 254-275, 2015. Disponível em: https://periodicos.ufrn.br/turismocontemporaneo/article/download/7763/6155. Acesso em: 15 fev. 2018.

BRANDÃO, M. Garrafas de vidro retornáveis estão de volta. **Consumidor Moderno**, São Paulo, 9 set. 2016. Disponível em: http://www.consumidormoderno.com.br/2016/09/09/garrafas-de-vidro-retornaveis-estao-de-volta/. Acesso em: 3 fev. 2018.

BRASIL. Ministério da Agricultura, Pecuária e Abastecimento. Lista das IGs nacionais e internacionais registradas. Brasília, DF, 2018. Disponível em: http://www.agricultura.gov.br/assuntos/sustentabilidade/indicacao-geografica/lista-de-igs-registradas. Acesso em: 15 fev. 2018.

CAMPOS, H. M.; OLIVEIRA, L. H. Estratégias da indústria de refrigerantes: um estudo sobre as "Tubaínas". *In*: ENCONTRO CIENTÍFICO DA CNEC, 2, 2004. **Anais**... Varginha, MG: PPGA/CNEC/FACECA, 2004. p. 1-19. Disponível em: https://www.academia.edu/3383730/Estrat%C3%A9gias_da_ind%C3%BAstria_de_refrigerantes_um_estudo_sobre_as_Tuba%C3%ADnas_. Acesso em: 22 out. 2018.

CARNEIRO, J. D. S. **Estudo dos fatores da embalagem e do rótulo de cachaça no comportamento dos consumidores**. 2007. 125 p. Tese (Doutorado em Ciência e Tecnologia de Alimentos) – Universidade Federal de Viçosa, Viçosa, 2007.

CARVALHO, J. *et al.* Análise do perfil de compra do consumidor de Cerveja Pilsen Branca. **Rio's International Journal on Sciences of Industrial and Systems Engineering and Management**, Rio de Janeiro, v. 2, n. 3, p. 1-25, 2008. Disponível em: http://www.rij.eng.uerj.br/research/2008/rm083-01.pdf. Acesso em: 22 out. 2018.

CARVALHO, N. B. *et al.* Characterization of the consumer market and motivations for the consumption of craft beer. **British Food Journal**, Bingley, v. 120, n. 2, p. 378-391, 2018. Disponível em: https://doi.org/10.1108/BFJ-04-2017-0205. Acesso em: 12 fev. 2018.

CERVIERI JÚNIOR, O. *et al.* O setor de bebidas no Brasil. **BNDES Setorial**, Rio de Janeiro, n. 40, p. 93-130, 2014. Disponível em: https://web.bndes.gov.br/bib/jspui/bitstream/1408/3462/1/BS%2040%20O%20setor%20de%20bebidas%20no%20Brasil_P.pdf. Acesso em: 16 jan. 2018.

COCA-COLA lança água saborizada em garrafa de PET e lata de alumínio. **EmbalagemMarca**, São Paulo, 9 nov. 2017. Disponível em: https://www.embalagemmarca.com.br/2017/11/coca-cola-lanca-agua-saborizada/. Acesso em: 29 jan. 2018.

CONFENAR. Consumo de cerveja cresce entre as mulheres. **Revista Confenar**, São Paulo, v. 5, n. 29, p. 36-38, 2009. Disponível em: http://www.confenar.com.br/comunicacao/revista/29/. Acesso em: 11 abr. 2010.

COSTA, F. J.; SOARES, A. A. C. Comportamento do consumidor de cerveja: proposta de uma tipologia baseada na imagem e nas intenções em relação à marca. **Revista de Negócios**, Blumenau, v. 12, n. 4, p. 71-85, 2007.

CUNHA, D. O. **O processo de decisão de compra de vinho**: uma análise comparativa dos consumidores cariocas, paulistas e portugueses. 2013. 82f. Dissertação (Mestrado em Marketing) – Faculdade de Economia, Universidade do Porto, Porto, 2013. Disponível em: https://repositorio-aberto.up.pt/handle/10216/70784. Acesso em: 14 fev. 2018.

DANIEL, R. C. **Pequena produção de cachaça no interior paulista**: a informalidade em questão. 2016. 163 f. Dissertação (Mestrado em Ciências Sociais) – Faculdade de Ciências e Letras, Universidade Estadual Paulista, Araraquara, 2016. Disponível em: https://repositorio.unesp.br/handle/11449/138926. Acesso em: 8 fev. 2018.

DICKSON, P. R. Introdução ao marketing. *In*: CZINKOTA, M. R. *et al.* **Marketing**: as melhores práticas. Porto Alegre: Bookman, 2001. cap. 1, p. 24-41.

ENGEL, J. F.; BLACKWELL, R. D.; MINIARD, P. **Comportamento do consumidor**. 8. ed. Rio de Janeiro: LTC, 2000.

FERREIRA, A. Heineken fará barril de cerveja no Brasil, mas preço fica igual a importado. **UOL Economia**, 3 ago. 2016. Disponível em: https://economia.uol.com.br/noticias/redacao/2016/08/03/heineken-fara-barril-de-cerveja-no-brasil-mas-preco-fica-igual-a-importado.htm. Acesso em: 14 fev. 2018.

FLORÊNCIO, L. Popular, premium, envelhecida e também internacional. **Revista Engarrafador Moderno**, São Paulo, n. 179, p. 20-24, 2009.

GASTOS com publicidade no Brasil crescem 2% no primeiro semestre. **G1 Economia**, 14 ago. 2017. Disponível em: https://g1.globo.com/economia/midia-e-marketing/noticia/gastos-com-publicidade-no-brasil-crescem-2-no-1-semestre.ghtml. Acesso em: 2 mar. 2018.

GLASS, R. F. **Estratégia mercadológica**: as indicações geográficas como diferencial competitivo no mercado de vinhos. 2008. 146 f. Dissertação (Mestrado em Agronegócios) – Faculdade de Agronomia e Medicina Veterinária, Universidade de Brasília, Brasília, DF, 2008.

GOLDBERG, J. Best Buy adds QR codes to product fact tags. **Retail Customer Experience**, 16 set. 2010. Disponível em: https://www.retailcustomerexperience.com/articles/best-buy-adds-qr-codes-to-product-fact-tags/. Acesso em: 12 abr. 2014.

GONÇALVES, D. Indústria de vinhos nacional cresce 34% e quer mais. **Revista Engarrafador Moderno**, São Paulo, n. 164, p. 6-14, 2008a.

GONÇALVES, D. Tradicionalista, consumidor brasileiro ainda retarda inovações para águas. **Revista Engarrafador Moderno**, São Paulo, n. 172, p. 12-21, 2008b.

GUERRA, G. K. M. S. *et al.* Coca-Cola e o REFPET: uma avaliação sobre a concepção do consumidor em relação à sustentabilidade e seus hábitos de compra na cidade de Bauru. *In*: CONGRESSO DE CIÊNCIAS DA COMUNICAÇÃO NA REGIÃO NORTE, 12., 2013. 15p. **Anais...** Manaus: INTERCOM, 2013. Disponível em: http://portalintercom.org.br/anais/sudeste2013/resumos/R38-1693-1.pdf. Acesso em: 24 fev. 2018.

GUIMARÃES, R. Os desafios de sustentabilidade para a indústria de bebidas e alimentos: o caso Coca-Cola. **Verborium**, 30 set. 2013. Disponível em: https://verborium.wordpress.com/2013/09/30/os-desafios-de-sustentabilidade-para-a-industria-de-bebidas-e-alimentos-o-caso-coca-cola/. Acesso em: 3 fev. 2018.

GUIRARDELLI, D. Alta temperatura nas vendas. **Revista Super Varejo**, São Paulo, 4 jan. 2018. Disponível em: http://www.supervarejo.com.br/alta-temperatura-nas-vendas/. Acesso em: 26 fev. 2018.

HEINEKEN lança "Kaiser Barril", made in Netherlands. **Papo de Bar**, 12 abr. 2012. Disponível em: https://www.papodebar.com/heineken-lanca-kaiser-barril-made-in-netherlands/. Acesso em: 14 fev. 2018.

HOLLEY, G. J.; SAUNDERS, J. A.; PIERCY, N. F. **Estratégia de marketing e posicionamento competitivo**. 3. ed. São Paulo: Pearson Prentice Hall, 2005.

HOMRICH, A. F. **Análise do perfil e das preferências do consumidor de cervejas artesanais em Porto Alegre**. 2016. 57 p. Monografia (Bacharelado em Administração) – Escola de Administração, Universidade Federal do Rio Grande do Sul, Porto Alegre, 2016. Disponível em: http://www.lume.ufrgs.br/handle/10183/148462. Acesso em: 13 fev. 2018.

INSTITUTO BRASILEIRO DA CACHAÇA – IBRAC. Mercado Externo. Brasília, [s.d.]. Disponível em: https://ibrac.net/servicos/mercado-interno. Acesso em: 28 out. 2021.

ISHIMOTO, E. Y.; NACIF, M. A. L. Propaganda e marketing na informação nutricional. **Brasil Alimentos**, São Paulo, n. 11, p. 28-33, 2001.

KAKUTA, S. M. *et al.* **Indicações geográficas**: guia de respostas. Porto Alegre: Sebrae, 2006.

KAMBIL, A.; PAK, C. Wealth with wisdom: serving the aging consumer. **Deloitte Review**, n. 1, 1 ago. 2007. Disponível em: https://www2.deloitte.com/insights/us/en/deloitte-review/issue-1/wealth-and-wisdom.html. Acesso em: 25 jan. 2018.

KAUFMAN, R. Loyal customers, one box at a time. **Inc.**, New York, v. 34, n. 3, p. 112, 2012. Disponível em: https://www.inc.com/magazine/201204/rachel-kaufman/babbabox-loyal-customers-one-box-at-a-time.html. Acesso em: 2 jan. 2018.

KLINEMAN, J. Gourmet CSDs battle on. **BevNET**, Watertown, v. 10, n. 8, p. 40-43, dez. 2012. Disponível em: http://www.bevnet.com/magazine/issue/2012/gourmet-csds-battle-on. Acesso em: 26 jan. 2018.

KOTLER, P. **Marketing management**: analysis, planning and control. 3. ed. Englewoods Cliffs: Prentice-Hall, 1976.

KOTLER, P.; KELLER, K. L. **Administração de marketing**. 12. ed. São Paulo: Pearson Prentice Hall, 2006.

LIMA, G. B.; NASTRI NETO, O.; CARVALHO, D. T. de. O papel e a importância das mídias sociais no composto de comunicação de pequenas empresas: um estudo de caso em microcervejaria. **Racef**, Ribeirão Preto, v. 4, n. 1, p. 1-16, 2013. Disponível em: http://dx.doi.org/10.13059/racef.v4i1.50. Acesso em: 28 fev. 2018.

LIZ, C. N. *et al.* Produção de cachaça artesanal e seu contexto: um estudo de caso com alambiques do Sul de Minas Gerais. **Revista da UIIPS**, Santarém, v. 4, n. 4, p. 1-20, 2016. Disponível em: https://revistas.rcaap.pt/uiips/article/view/14459/10846. Acesso em: 8 fev. 2018.

MADI, L. F. C.; CASTRO, I.; WALLIS, G. O setor de bebidas não alcoólicas. *In*: REGO, R. A.; VIALTA, A.; MADI, L. F. C. (eds.). **Brasil Beverages Trends 2020**: tendências do mercado de bebidas não alcoólicas. 1. ed. Campinas: ITAL, 2016. p. 11-25. Disponível em: https://abir.org.br/download/livro-brasil-beverage-trends-2020/. Acesso em: 24 jan. 2018.

MADI, L. F. C.; REGO, R. A.; VIALTA, A. Visão de futuro. *In*: REGO, R. A.; VIALTA, A.; MADI, L. F. C. (eds.). **Brasil Beverages Trends 2020**: tendências do mercado de bebidas não alcoólicas. 1. ed. Campinas: ITAL, 2016. p. 293-301. Disponível em: https://abir.org.br/download/livro-brasil-beverage-trends-2020/. Acesso em: 3 fev. 2018.

MANGOLD, W. G.; FAULDS. D. J. Social media: the new hybrid element of the promotion mix. **Business Horizons**, Bloomington, v. 52, n. 4, p. 357-365, 2009. Disponível em: https://www.sciencedirect.com/science/article/pii/S0007681309000329. Acesso em: 28 fev. 2018.

MARCONDES, M. Retrô, mas com tecnologia da hora. **Embalagem Marca**, São Paulo, n. 142, p. 35-42, 2011. Disponível em: https://issuu.com/embalagemmarca/docs/em142. Acesso em: 30 jan. 2018.

MCCARTHY, E. J. **Basic marketing**: a global managerial approach. New York: McGraw-Hill, 1996.

MINISTÉRIO DA AGRICULTURA, PECUÁRIA E ABASTECIMENTO – MAPA. **Lista das IGs nacionais e internacionais registradas**. 17 de janeiro de 2018 [online]. Disponível em: http://www.agricultura.gov.br/assuntos/sustentabilidade/indicacao-geografica/lista-de-igs-registradas. Acesso em: 15 fev. 2018.

MORADO, R. **Larousse da cerveja**. São Paulo: Larousse do Brasil, 2009.

MOURA, L. R. C. *et al.* Um experimento sobre atributos extrínsecos da cerveja por meio de teste cego. *In*: SEMINÁRIOS EM ADMINISTRAÇÃO, 12., 2009, São Paulo. **Anais...** São Paulo: FEA/USP, 2009. Disponível em: http://www.ead.fea.usp.br/semead/12semead/resultado/trabalhosPDF/423.pdf. Acesso em: 11 abr. 2010.

MOWEN, J. C.; MINOR, M. S. **Comportamento do consumidor**. São Paulo: Prentice Hall, 2003.

MUDANÇA no perfil do consumidor de cachaça avaliado na Expocachaça de 2014. **Sebrae Mercados**, 2014. Disponível em: https://respostas.sebrae.com.br/mudanca-no-perfil-do-consumidor-de-cachaca-avaliado-na-expocachaca-de-2014/. Acesso em: 28 out. 2021.

MUNDO DAS MARCAS. Itaipava. *In*: **Mundo das Marcas**. [*S. l.*], 1 jun. 2009 [online]. Disponível em: http://mundodasmarcas.blogspot.com.br/2009/06/itaipava.html. Acesso em: 14 fev. 2018.

MURRAY, D. W.; O'NEILL, M. A. Craft beer: penetrating a niche Market. **British Food Journal**, Bingley, v. 114, n. 7, p. 899-909, 2012. Disponível em: https://doi.org/10.1108/00070701211241518. Acesso em: 12 fev. 2018.

NIELSEN. 4 fatores essenciais que movem o mercado de bebidas. *In*: **Nielsen**. [*S. l.*], 12 jul. 2016. Disponível em: http://www.nielsen.com/br/pt/insights/news/2016/4-fatores-essenciais-que-movem-o-mercado-de-bebidas.html. Acesso em: 14 fev. 2018.

O CONSUMO de vinho pelos brasileiros. *In*: **Innovare Pesquisa**. Belo Horizonte, 23 ago. 2016. Disponível em: https://innovarepesquisa.com.br/blog/o-consumo-de-vinho-pelos-brasileiros/. Acesso em: 9 fev. 2018.

OLIVEIRA, A.; GALERA, V. Consumo de produtos saudáveis cresce e abre oportunidades a fruticultores. **Globo Rural**, São Paulo, 24 ago. 2017. Disponível em: http://revistagloborural.globo.com/Noticias/Empresas-e-Negocios/noticia/2017/08/o-sumo-das-frutas.html. Acesso em: 25 fev. 2018.

OLIVEIRA, L. M. B. **Inovação em um produto típico**: a cachaça artesanal certificada de Minas Gerais. 2012, 199 p. Dissertação (Mestrado em Gestão) – Universidade de Trás-os-Montes e Alto Douro, Vila Real, 2012. Disponível em: http://repositorio.utad.pt/handle/10348/5399. Acesso em: 8 fev. 2018.

PACHECO, G. R. P. **Consumidor de cervejas artesanais**: análise das preferências de consumo e envolvimento com o produto. 2014. 80 p. Monografia (Bacharelado em Administração) – Escola de Administração, Universidade Federal do Rio Grande do Sul, Porto Alegre, 2014. Disponível em: http://www.lume.ufrgs.br/handle/10183/117297. Acesso em: 22 jan. 2018.

PALMA, D.; ORTÚZAR, J. D.; RIZZI, L. I. Modelling wine consumers preferences: how different can consumers be? *In*: INTERNATIONAL CHOICE MODELING CONFERENCE, 2013, Sydney. **Anais**... Sydney: University of South Australia, 2013. Disponível em: http://www.icmconference.org.uk/index.php/icmc/ICMC2013/paper/viewFile/580/262. Acesso em: 14 fev. 2018.

PITALUGA, C. M. **Análise dos fatores que influenciam o consumo de água mineral**. 2006. 145 p. Dissertação (Mestrado em Agronegócios) – Departamento de Economia e Administração, Universidade Federal de Mato Grosso do Sul, Campo Grande, 2006.

PITONDO, P. B. A cachaça e o desafio da "tequila" brasileira. **Revista Engarrafador Moderno**, São Paulo, n. 167, p. 12-17, 2008.

REGO, R. A. Fatores de influência do mercado. *In*: REGO, R. A.; VIALTA, A.; MADI, L. F. C. (eds.). **Brasil Beverages**

Trends 2020: tendências do mercado de bebidas não alcoólicas. Campinas: ITAL, 2016a. p. 27-49. Disponível em: https://abir.org.br/download/livro-brasil-beverage-trends-2020/. Acesso em: 25 jan. 2018.

REGO, R. A. Tendências e inovações em produtos. *In*: REGO, R. A.; VIALTA, A.; MADI, L. F. C. (eds.). **Brasil Beverages Trends 2020**: tendências do mercado de bebidas não alcoólicas. Campinas: ITAL, 2016b. p. 61-147. Disponível em: https://abir.org.br/download/livro-brasil-beverage-trends-2020/. Acesso em: 25 jan. 2018.

REGO, R. A. *et al.* As macrotendências do setor. *In*: REGO, R. A.; VIALTA, A.; MADI, L. F. C. (eds.). **Brasil Beverages Trends 2020**: tendências do mercado de bebidas não alcoólicas. Campinas: ITAL, 2016. p. 51-59. Disponível em: https://abir.org.br/download/livro-brasil-beverage-trends-2020/. Acesso em: 25 jan. 2018.

RIBEIRO, M. M. *et al.* Influência da embalagem na aceitação de diferentes marcas comerciais de cerveja tipo Pilsen. **Ciência e Tecnologia de Alimentos**, Campinas, v. 28, n. 2, p. 395-399, 2008. Disponível em: http://www.scielo.br/pdf/cta/v28n2/a19v28n2.pdf. Acesso em: 18 maio 2010.

ROSA, S. E. S.; COSENZA, J. P.; LEÃO, L. T. S. Panorama do setor de bebidas no Brasil. **BNDES Setorial**, Rio de Janeiro, n. 23, p. 101-150, 2006.

RUSCHEL, R. Ranking dos rankings 2017 mostra que Brasil tem o 5o. melhor vinho do mundo, 11 vinhos de classe global e 50 vinícolas com prêmios internacionais. *In*: **In Vino Viajas**. [*S. l.*], 28 set. 2017 [online]. Disponível em: http://www.invinoviajas.com/2017/09/ranking-dos-rankings-2017-mostra-que-o-brasil-tem-o-5o-melhor-espumante-do-mundo-11-vinhos-de-classe-global-e-50-vinicolas-premiadas-internacionalmente/. Acesso em: 3 mar. 2018.

SAES, M. S. M.; KOLYA, F. C. (coords.). **Planejamento estratégico para a cadeia produtiva da cachaça**. São Paulo: USP, 2014. Disponível em: http://dx.doi.org/10.13140/RG.2.1.1595.3527. Acesso em: 15 fev. 2018.

SALADO, A. Uma nova era na comunicação das cervejas. *In*: **Meio&Mensagem**. São Paulo, 8 maio 2017. Disponível em: http://www.meioemensagem.com.br/home/opiniao/2017/05/08/uma-nova-era-na-comunicacao-das-cervejas.html. Acesso em: 14 fev. 2018.

SANTOS, M. Macy's, target tap QR codes for extended customer interaction. *In*: **Retail Touchpoints**. [*S. l.*], 2011. Disponível em: http://www.retailtouchpoints.com/cross-channel-strategies/778-macys-target-tapqr-codes-for-extended-customer-interaction. Acesso em: 12 abr. 2014.

SANTOS, S. R. S.; AZEVEDO, P. F. Concorrência no mercado de refrigerantes: impactos das novas embalagens. *In*: ENCONTRO NACIONAL DE ENGENHARIA DA PRODUÇÃO, 20., 2000, São Paulo. **Anais**... Rio de Janeiro: ABEPRO, 2000. p. 1-8. Disponível em: http://www.abepro.org.br/biblioteca/ENEGEP2000_E0168.PDF. Acesso em: 10 abr. 2010.

SARANTÓPOULOS, C. I. G. L. *et al.* As tendências em embalagem. *In*: SARANTÓPOULOS, C. I. G. L.; REGO, R. A. (eds.). **Brasil Pack Trends 2020**. 1. ed. Campinas: ITAL, 2012. p. 69-85. Disponível em: http://www.ital.sp.gov.br/tecnolat/anais/tl230513/Arquivos/Brasil%20Pack%20Trends%202020.pdf. Acesso em: 30 jan. 2018.

SARANTÓPOULOS, C. I. G. L. *et al.* Tendências e inovações em embalagens para bebidas não alcoólicas. *In*: REGO, R. A.; VIALTA, A.; MADI, L. F. C. (eds.). **Brasil Beverages Trends 2020**: tendências do mercado de bebidas não alcoólicas. 1. ed. Campinas: ITAL, 2016. p. 179-255. Disponível em: https://abir.org.br/download/livro-brasil-beverage-trends-2020/. Acesso em: 29 jan. 2018.

SCHELLER, F. Apesar da crise, consumo e espumantes no Brasil cresce 16,5%. **Estadão**, São Paulo, 9 fev. 2016. Economia & Negócios. Disponível em: http://economia.estadao.com.br/noticias/geral,apesar-da-crise-consumo-de-espumantes-no-brasil-cresce-16-5,10000015536. Acesso em: 15 fev. 2018.

SCHIVINSKI, B.; DABROWSKI, D. The effect of social media communication on consumer perceptions of brands. **Journal of Marketing Communications**, London, v. 22, n. 2, p. 189-214, 2016. Disponível em: http://dx.doi.org/10.1080/13527266.2013.871323. Acesso em: 28 fev. 2018.

SEBRAE. **Cachaça artesanal**: relatório completo. Brasília, DF: Sebrae, 2012. (Série Estudos Mercadológicos). Disponível em: http://www.bibliotecas.sebrae.com.br/chronus/ARQUIVOS_CHRONUS/bds/bds.nsf/444c2683e8debad2d7f38f49e848f449/$File/4248.pdf. Acesso em: 8 fev. 2018.

SEBRAE. **Cervejas artesanais**: potencial de crescimento do mercado. Brasília, DF: SEBRAE Inteligência Setorial, 2015. Disponível em: www.sebraeinteligenciasetorial.com.br/produtos/relatorios-de-inteligencia/cervejas-artesanais/55c4ad3614d0c01d0c7ffeae. Acesso em: 26 jan. 2018.

SOUZA, J. Aposte nos vinhos nacionais. **Portal Supermercadista**, 27 nov. 2017. Disponível em: http://www.supermercadista.com.br/2017/11/27/aposte-nos-vinhos-nacionais/. Acesso em: 22 out. 2018.

TAGNIN, A. C. C. N.; GIRALDI, J. M. E. Atributos do produto valorizados no processo de decisão de compra de cerveja: um estudo qualitativo com universitários. **Produto & Produção**, Porto Alegre, v. 14, n. 1, p. 84-106, 2013. Disponível em: http://seer.ufrgs.br/ProdutoProducao/article/view/25945. Acesso em: 13 fev. 2018.

VALADARES, G. C. *et al.* Perfil do consumidor de cervejas artesanais no Brasil. *In*: SEMINÁRIOS EM ADMINISTRAÇÃO, 20., 2017, São Paulo-SP. **Anais**... São Paulo: USP, 2017. p. 1-12. Disponível em: http://login.semead.com.br/20semead/arquivos/1606.pdf. Acesso em: 13 fev. 2018.

VALENTE JUNIOR, A. S.; ALVES, F. C. D.; SANTOS, L. S. Bebidas não alcoólicas: segmento de refrigerantes. **Caderno Setorial ETENE**, Fortaleza, ano 1, n. 2, p. 2-9, 2016. Disponível em: https://www.bnb.gov.br/documents/80223/1138347/1_refrigerantes.pdf/0792ff03-ad2c-92f0-d401-1efd9d17cd2b. Acesso em: 3 fev. 2018.

VAZ, T. Ambev e Whirpool lançam máquina de café e refri em cápsula. **Exame**, São Paulo, 19 maio 2015. Disponível em: https://exame.abril.com.br/negocios/ambev-e-whirpool-lancam-maquina-de-cafe-e-refri-em-capsula/. Acesso em: 29 jan. 2018.

WALSH, A. Quick Response Codes and Libraries. **Library Hi Tech News**, Bingley, v. 26, n. 5/6, p. 7-9, 2009. Disponível em: http://www.emeraldinsight.com/journals.htm?articleid=1805541&show=pdf. Acesso em: 11 abr. 2014.

ZEITHAML, V. A. Consumer perceptions of price, quality, and value: a means-end model and synthesis of evidence. **Journal of Marketing**, Chicago, v. 52, n. 2, p. 2-22, 1988. Disponível em: https://www.jstor.org/stable/1251446?seq=1#metadata_info_tab_contents. Acesso em: 9 out. 2018.

11 Análise de viabilidade econômica de projetos de investimentos para a indústria de bebidas

WAGNER LUIZ LOURENZANI
MARCELO MARQUES MAGALHÃES
ANA ELISA BRESSAN SMITH LOURENZANI

Neste capítulo, são apresentados os principais conceitos estratégicos necessários ao processo de elaboração e análise de projetos de investimentos para a indústria de bebidas. São identificados os pontos críticos da atividade agroindustrial, no que concerne às etapas de suprimento de matéria-prima, processamento e comercialização dos produtos. Os principais métodos de análise econômica de projetos de investimentos são apresentados por meio de exemplos. Por fim, são apresentadas as incertezas e os riscos associados aos critérios de decisão de investimento.

Ao final do capítulo, o leitor será capaz de:

- identificar os pontos críticos da atividade agroindustrial;
- conhecer os métodos básicos utilizados na elaboração e análise de projetos de investimentos;
- identificar os pontos de incertezas e riscos associados aos projetos de investimentos

11.1 INTRODUÇÃO

A proposta de um projeto industrial é fornecer informações técnicas e econômicas, úteis e relevantes ao tomador de decisão, para que este opte ou não pela sua realização. Geralmente, o estudo fornece como resultado a escolha da alternativa "ótima" do ponto de vista técnico-econômico, o que pode servir tanto como simples roteiro de execução e gestão de determinado empreendimento quanto para apresentá-lo a instituições financeiras, objetivando a capacitação de parte ou do total de recursos necessários à sua execução. Vale ressaltar que nenhuma instituição financeira concede empréstimos baseados somente na quantidade e qualidade das garantias oferecidas. Embora estas sejam pré-requisitos, o financiamento apenas se concretizará se for detectado que a capacidade em gerar lucros da empresa, ou do projeto, é suficiente para pagar tais empréstimos conforme o que foi contratado.

A análise de projetos é o conjunto de procedimentos utilizados para avaliação e comparação de projetos alternativos de investimento, fundamentados em princípios econômicos básicos (AZEVEDO-FILHO, 1995). Evidencia-se, portanto, que a abordagem econômica é a que mais prevalece no estudo de projetos. Segundo Neves (1996), tal estudo constitui imprescindível ferramenta para se avaliar a viabilidade de determinado projeto. Essa é a metodologia clássica de avaliação, em que os resultados "ótimos" são obtidos a partir de índices relacionados à rentabilidade do projeto.

Diversos métodos de análise de projetos são descritos na literatura, os quais variam desde a simples percepção do tomador de decisão a respeito do seu negócio até a utilização de sofisticados modelos matemáticos. Entretanto, todos os métodos apresentam como fase preliminar o cálculo de estimativas de despesas (custos) e receitas (faturamentos) que deverão ocorrer ao longo da vida útil do projeto. Por meio dessas estimativas são gerados o cronograma financeiro do projeto e o respectivo fluxo de caixa, sendo este último insumo principal necessário ao processo de análise.

A elaboração de indicadores[1] associados ao desempenho econômico do projeto busca expressar diretamente em seu valor numérico o valor econômico do projeto, simplificando, dessa forma, uma possível situação complexa de análise. Por meio deles, o investidor pode conhecer muitos aspectos associados ao projeto e disponíveis para análise, os quais a simples inspeção dos fluxos de caixa não revelaria.

11.2 PONTOS CRÍTICOS DA ATIVIDADE AGROINDUSTRIAL

A indústria de bebidas é predominantemente uma atividade agroindustrial, pois tem como principais matérias-primas aquelas de origem vegetal, cujas especificidades têm relevante impacto no empreendimento. Portanto, antes de introduzir os conceitos básicos para análise da viabilidade econômica de projetos, é importante ressaltar que a agroindústria possui algumas características que a diferencia de outros tipos de indústria. Para validar a adequação da análise de projeto de um empreendimento agroindustrial, deve ser levado em consideração o impacto das seguintes características (BROWN, 1995):

◆ **Ciclos longos de produção**

Na atividade agroindustrial, existe defasagem de tempo entre a produção agrícola propriamente dita e o seu consumo pela indústria. Isso significa que, para satisfazer a demanda da agroindústria, é necessário determinado tempo (dias, meses ou até anos) para que o plantio, o cultivo e a colheita ocorram.

Outro fenômeno evidente é a oscilação na oferta de matéria-prima, ou seja, quando há aumento nos preços de um produto agrícola, ocorre incremento da área plantada, que, com o aumento da oferta, promove redução dos preços. Essa redução dos preços desestimula os produtores em continuar com a produção, provocando diminuição na oferta e, consequentemente, nova elevação nos preços. Esse processo todo é conduzido, logicamente, por defasagens de tempo características de cada cultura.

Portanto, na análise financeira, devem ser levadas em consideração duas implicações básicas. A primeira está relacionada com a quantidade fornecida de matéria-prima e suas oscilações, e a segunda está no seu preço de mercado. Um projeto deve considerar essas influências no contexto de sua viabilidade.

◆ **Mercado sazonal**

A produção agrícola tem como característica predominante a variação durante o ano. Este fenômeno ocorre devido às condições climáticas e/ou padrões de consumo (por exemplo, estações do ano, datas festivas e religiosas).

Quando possível, a agroindústria deve ter como objetivo a compra de matéria-prima quando esta estiver em maior oferta e preço mais baixo, o que ocorre, principalmente, nos picos das safras. Para essa estratégia são necessários, portanto, investimentos em armazenamento e conservação que possibilitem manter a matéria-prima em condições adequadas até o seu processamento.

A sazonalidade é uma característica de extrema relevância, pois influencia diretamente o fornecimento e o preço da matéria-prima, conforme comentado anteriormente.

◆ **Períodos curtos de colheita e processamento**

A maioria das culturas agrícolas apresenta períodos curtos de colheita. Dessa forma, algumas agroindústrias trabalham "a todo vapor" durante poucos meses do ano, ou seja, têm a produção total concentrada. Indústrias processadoras de frutas, por exemplo, vivenciam temporadas de alta produção (safra), e outra de total ociosidade produtiva (entressafra).

Esse fator deve ser considerado no projeto de investimento, pois os custos fixos por unidade são mais altos devido à ociosidade da fábrica. Uma alternativa pode estar no aumento do período de colheita, por meio de melhor planejamento e manejo de cultivo. Outra possível solução é a diversificação do uso da fábrica, quando possível, utilizando tecnologia apropriada. Um exemplo é uma indústria processadora de frutas que tem capacidade (tecnologia) de processar diferentes tipos de frutas em diferentes épocas do ano.

---

1 Um indicador de desempenho de um projeto de investimento é um índice calculado a partir do fluxo de caixa do projeto que tenta medir determinada dimensão da qualidade do investimento (AZEVEDO-FILHO, 1995).

Segundo Brown (1995), a relação entre os custos fixos do investimento e o padrão cíclico do fornecimento de matéria-prima representa, talvez, o maior desafio financeiro de uma agroindústria. Esse padrão demanda projeções financeiras conservadoras, além de reservas que suportam o déficit operacional da fábrica durante alguns meses.

- **Perecibilidade da matéria-prima**

Os produtos agrícolas apresentam, geralmente, natureza perecível, aumentando, assim, o problema dos períodos curtos de colheita. Como dito anteriormente, a capacidade de produção da agroindústria deve ser adequada à quantidade ofertada pelos seus fornecedores; caso contrário, será necessária a construção de estruturas de armazenamento, que gerará aumento de custos fixos e variáveis.

- **Variabilidade qualitativa da matéria-prima**

Incertezas e desafios gerenciais são produzidos pela variabilidade qualitativa da matéria-prima, pois vão afetar diretamente a padronização do produto final. E é essa padronização que vai assegurar ao consumidor a qualidade do alimento, mantendo, assim, o mercado da empresa.

Caso ocorra eliminação de lotes de matéria-prima devido à sua qualidade, é interessante que a empresa procure mercados para produtos com diferentes qualidades.

Os fornecedores devem estar cientes da importância da qualidade da matéria-prima e dos meios de manter a padronização da produção. Tudo isso é reforçado por incentivos financeiros ou penalidades aos fornecedores que não seguirem essa política.

- **Níveis de processamento**

Para que uma empresa se desenvolva economicamente, a estratégia é aumentar o nível ou grau de processamento e, assim, agregar valor ao seu produto final. Ao agregar valor, o custo da matéria-prima torna-se menos significante no preço do produto final. Entretanto, um estágio mais elaborado de processamento exige maiores investimentos tanto na área tecnológica quanto gerencial.

Considerações políticas tendem a direcionar os projetos para além do estágio de processamento no qual eles são satisfatoriamente viáveis. Portanto, é necessário que a decisão esteja orientada para o mercado, ou seja, qual o nível de processamento adequado para o público-alvo que se pretende atingir.

- **Extensão da tecnologia e da escala de processamento**

As alternativas tecnológicas usadas em agroindústrias variam muito em relação ao processamento de diferentes produtos. Há empresas que aplicam alta tecnologia, enquanto outras utilizam mais mão de obra (geralmente, o caso das agroindústrias de pequeno porte).

A escala de processamento está diretamente relacionada ao emprego de tecnologia, pois o uso de equipamentos sofisticados possibilita maior capacidade de produção. Nesse tipo de empresa é possível reduzir custos variáveis, como mão de obra por unidade de produto. Apresenta posição fortalecida no mercado, pois pode oferecer maior volume de produtos com padrão de qualidade maior. Entretanto, por ter custos fixos mais altos, essa empresa deve operar próximo da capacidade efetiva para se tornar viável.

Tais características tornam a análise de viabilidade econômica na agroindústria mais complexa do que em outros tipos de indústria, pois variáveis como o tempo e o clima passam a ser determinantes no negócio que utiliza matéria-prima agrícola, por exemplo.

11.3 ANÁLISE DO AMBIENTE ECONÔMICO

Antes de adentrar no nível operacional de análise de investimento é necessário que se tenha uma percepção do ambiente econômico no qual o empreendimento será avaliado, reduzindo, assim, a possibilidade de miopia nas pressuposições tomadas. Dois níveis de análise são descritos, um nível mais amplo, o sistema; e outro nível mais focado, a empresa (firma).

As especificidades discutidas anteriormente conferem à agroindústria uma série de interdependências com os agentes com os quais ela se relaciona, como seus fornecedores e clientes. No caso da indústria de aguardente de cana, por exemplo, a perecibilidade da matéria-prima principal, a cana-de-açúcar, torna a relação entre produtor e agroindústria processadora muito importante para o desempenho e competitividade da empresa. Caso a matéria-prima não seja negociada no tempo esperado, sua qualidade será comprometida, implicando perdas na qualidade do produto final, além da interrupção do processo produtivo. Em alguns casos, as agroindústrias passam até mesmo a produzir a matéria-prima (integração vertical), caso as especificidades sejam muito elevadas.

Devido à interdependência entre os agentes, uma empresa não deve ser analisada de forma isolada, e sim inserida dentro de uma cadeia (ou rede) de organizações envolvidas na produção e distribuição do produto (bebida) até o consumidor final. A cadeia de produção de uma bebida consiste no encadeamento de operações técnicas dissociáveis envolvidas desde a matéria-prima até o consumidor final. De acordo com Batalha e Silva (2007), a cadeia produtiva consiste num corte vertical no sistema econômico a partir de determinado produto final, como a cadeia da cerveja, ou de matéria-prima, como a cadeia do leite.

Esse sistema ampliado envolve também produtores de insumos, agroindústria e distribuição. Considerando que um sistema é composto por elementos em interação, então a visão sistêmica é essencial para análise das cadeias produtivas, uma vez que os agentes mantêm relações de interdependência.

Além da interdependência da indústria de bebidas com o resto de sua cadeia produtiva, há outro fator a ser considerado, que determina o seu padrão de comportamento, o ambiente institucional. De acordo com North (1991), citado por Azevedo (2000), as instituições ditam as "regras do jogo", formais e informais, que estruturam as interações social, econômica e política que atuam nas macroinstituições. Assim, o ambiente institucional trata das normas formais, como leis e estatutos, e informais, como os hábitos e costumes, que são estabelecidas e regem o comportamento dos agentes dentro de uma sociedade. A análise do ambiente institucional é bastante relevante para análise de viabilidade econômica, uma vez que as regras são dadas e delimitam as estratégias a serem adotadas. A legislação vigente e os hábitos de consumo da população são variáveis do ambiente institucional que influenciam na elaboração de um projeto e análise da viabilidade econômica.

Partindo para a empresa (firma) como nível de análise, as diretrizes organizacionais de cada organização devem ser levadas em consideração na elaboração e análise de viabilidade de projetos.

As diretrizes organizacionais são relevantes na análise de projetos, pois guiam as estratégias das empresas e determinam seus objetivos. As diretrizes organizacionais consistem na visão, missão e objetivos organizacionais.

A visão consiste nas aspirações que os *stakeholders*[2] têm da empresa e qual a expectativa de futuro. Já a missão revela os propósitos e alcance únicos da empresa em termos de produto e mercado (HITT *et al.*, 2008). De acordo com Peter e Certo (2003), a missão apresenta informações como os tipos de produto ou serviço que a empresa oferece, quem são seus cientes e que valores importantes a empresa possui. Com base na visão e missão da empresa, seus executivos desenvolvem uma orientação estratégica, ou seja, uma predisposição para adotar determinada estratégia em detrimento de outra.

Os objetivos organizacionais consistem em metas para as quais a organização direciona seus esforços. Seus resultados afetam a organização como um todo. Os objetivos são relevantes, pois permitem o planejamento, a organização, a motivação e o controle (PETER; CERTO, 2003).

É nesse contexto que os projetos são concebidos dentro das agroindústrias. Eles consistem na organização de um trabalho específico a ser executado, visando alcançar os objetivos estratégicos da empresa. Um projeto deve atribuir as responsabilidades para sua execução, prazos, e quantificação dos benefícios e custos envolvidos.

Um projeto é concebido como um elo de ligação entre o plano estratégico e o operacional. Ele deve estar alinhado às diretrizes organizacionais e aos objetivos estratégicos, do contrário, as empresas executariam estratégias em diversas direções, aumentando as incertezas e riscos da atividade. Uma vez conhecida a situação atual da empresa e aonde se pretende chegar, as estratégias são estabelecidas. A escolha pela melhor estratégia ou caminho para que os objetivos sejam alcançados é baseada, entre outros fatores, na análise da viabilidade econômico-financeira do projeto. Caso o projeto se mostre viável e de acordo com as diretrizes organizacionais, obtém um sinal verde para que seja operacionalizado (Figura 11.1).

[2] De acordo com Hitt *et al.* (2008), os *stakeholders* são aquelas pessoas influenciadas pelo desempenho de um empresa e que possuem reivindicações sobre o desempenho desta. Englobam os acionistas, clientes, fornecedores, empregados ou agentes financiadores.

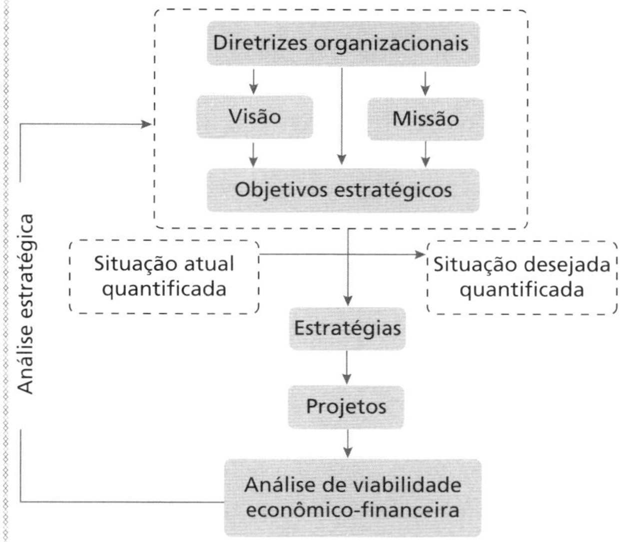

Figura 11.1 Estrutura para análise de viabilidade econômica de projetos.

Para a execução do projeto, diversas variáveis devem ser observadas. Tais variáveis podem ser:

- **Mensuráveis**: como o tamanho do mercado, a renda do público-alvo, o custo da matéria-prima. As informações mensuráveis são importantes para cálculos de análise de viabilidade, pois são passíveis de serem calculadas, medidas e comparadas.
- **Não mensuráveis**: a confiança do consumidor numa determinada marca, a satisfação do consumidor com produto, o *status* que um produto traz para seu consumidor, como o consumidor de *whisky*. Tais informações são difíceis de serem mensuradas e, portanto, calculadas na análise de viabilidade econômica. Porém são informações relevantes e dependem da perspicácia do analista.
- **Controladas pela empresa**: são aquelas que estão dentro das empresas e que têm implicação direta na sua gestão e no seu desempenho, propiciando condições favoráveis ou desfavoráveis para uma empresa em relação ao seu ambiente. Como exemplo, podem ser citados os aspectos financeiros, a produção e o marketing. Tais variáveis são identificadas na análise interna das empresas e revelam seus pontos fortes e fracos.
- **Não controladas pela empresa**: são aquelas que estão fora do escopo de atuação da empresa, mas que interferem no seu ambiente competitivo, por exemplo, a estrutura da concorrência, o ambiente legal e o ambiente cultural. Essas variáveis são identificadas na análise do ambiente externo e revelam as oportunidades e ameaças do mercado.

De forma a facilitar a elaboração e análise de um projeto, são identificadas três operações essenciais às empresas, o suprimento, processamento e o mercado. Todas as empresas no setor de bebidas obtêm matéria-prima, as transforma em produto e as comercializa para que cheguem ao consumidor final. A partir da análise das operações é possível identificar e analisar as variáveis relevantes para a elaboração de um projeto.

Tais operações são discutidas a seguir.

a) Suprimento

O suprimento de insumos é primordial para o desempenho de uma indústria. De acordo com Austin (1992), um sistema de suprimentos apresenta cinco características que conferem eficiência ao processo de aquisição da matéria-prima: a quantidade, a qualidade, o tempo, o custo e a organização do sistema.

Um sistema eficiente de suprimentos busca a obtenção de uma quantidade de matéria-prima que satisfaça a demanda de mercado e esteja de acordo com a capacidade produtiva da empresa. Tal ponto é difícil de ser alcançado na indústria, uma vez que a oferta tende a ser irregular ao longo do tempo, principalmente quando a matéria-prima é de origem agroindustrial e susceptível à sazonalidade. Além disso, a indústria também é afetada por uma demanda oscilante ao longo do ano, dependendo da temperatura e das épocas festivas, por exemplo. Assim, a indústria tende a manter um excesso de matéria-prima, o que significa custo adicional ao processo produtivo.

Além da quantidade adequada de insumos, é necessário que haja adequação dessa quantidade às necessidades da empresa, ou seja, que a matéria-prima atenda aos padrões de qualidade determinados pela empresa. Oscilações na qualidade do produto podem interferir na produtividade, aumentar os custos operacionais e diminuir a eficiência do processo produtivo. Além disso, se percebida pelo consumidor, a baixa qualidade da matéria-prima pode criar uma barreira ao produto, afetando a posição competitiva da empresa no mercado. Dessa forma, é necessário que a empresa determine quais são as características desejadas para os insumos e para os fornecedores

A questão temporal é outro fator relevante. A regularidade do fornecimento de matéria-prima de origem agroindustrial, por exemplo, é influenciada pela sazonalidade, criando picos de oferta, o que demanda que a empresa tenha maior capacidade de estocagem. A perecibilidade da matéria-prima limita o tempo relacionado à transação e utilização do produto. Assim, a empresa deve considerar a incerteza envolvida no suprimento de determinada matéria-prima na análise de viabilidade econômica de um projeto.

Uma vez que os itens anteriores sejam aceitáveis, o custo do processo deve ser avaliado. O custo deve ser baixo o suficiente para que as empresas gerem um lucro que confira retorno adequado ao investimento.

Finalmente, a eficiência do sistema de suprimentos depende da sua organização. A estrutura do sistema, as relações de poder, as decisões sobre "comprar" ou "vender" (integração vertical), as alianças estratégicas, entre outras, definem a organização do sistema de suprimentos de matéria-prima. A organização do sistema define os fluxos de produto e os relacionamentos estabelecidos entre os agentes. Essa etapa é crucial na análise de viabilidade econômica de um projeto.

b) Processamento

A etapa de processamento é responsável pela transformação da matéria-prima no produto final. As variáveis relacionadas ao processamento são controláveis pela empresa, o que as torna mais previsíveis, mas nem por isso cercadas por um menor número de incertezas. A tecnologia tem um papel fundamental na implementação de uma estratégia de produção. O nível tecnológico difere entre diferentes tipos de indústria. Há processos que demandam inovação constante, sendo a variável tecnologia um diferencial competitivo para as empresas, como é o caso das empresas que produzem cerveja para o grande mercado. Porém, dentro da indústria de bebidas, há aquelas empresas cujo valor do produto está atrelado à manutenção do seu processo artesanal. Tudo depende do tipo de bebida e do posicionamento que a empresa busca dentro do mercado.

No entanto, a inovação, pesquisa e desenvolvimento e a tecnologia da informação são importantes variáveis a serem consideradas uma vez que podem trazer vantagem competitiva para as empresas. As habilidades ou capacidades da força de trabalho estão diretamente relacionadas à tecnologia.

A localização da planta produtiva deve ser considerada na etapa de processamento. A proximidade da matéria-prima ou do mercado consumidor pode significar vantagens competitivas para a empresa devido a economias no sistema logístico.

A infraestrutura demandada num projeto deve ser avaliada na análise de viabilidade. A análise da estrutura e capacidade produtiva da empresa é de suma importância. Caso seja necessária a aquisição de equipamentos, por exemplo, a disponibilidade, a adequação e o custo dele devem ser avaliados. Além disso, a gestão de estoques é fundamental para a eficiência no processo.

c) Mercado

O ambiente em que uma empresa está inserida é um fator relevante e deve ser analisado. Há diversas variáveis que influenciam o ambiente externo da agroindústria de bebidas. Podemos dividi-las em três grupos: as variáveis relacionadas ao ambiente competitivo, ao consumidor e à demanda. Tais dimensões revelam um conjunto de fatores que influenciam as ações das empresas e determinam o seu potencial de lucro, uma vez que revelam as ameaças e as oportunidades para que as empresas prosperem e gerem lucro. Tais variáveis não são controláveis pelas empresas, porém muito relevantes para o processo de tomada de decisão. Essas informações possibilitam a elaboração de um plano de marketing que guiará as estratégias a serem estabelecidas pelas empresas no processo de adequação do produto ao seu mercado (Figura 11.2).

Figura 11.2 Estrutura para análise do ambiente externo.

Fonte: adaptada de Austin (1992).

Os elementos essenciais na análise do mercado para elaboração de um projeto são:

- **O ambiente competitivo**

As variáveis que influenciam a dinâmica competitiva do setor em que a empresa está inserida são a estrutura da concorrência, ameaça de novos entrantes, poder dos fornecedores, poder dos compradores, existência de produtos substitutos e intensidade da rivalidade. Além disso, aspectos econômicos, políticos e jurídicos, como as legislações, a regulação de mercados, taxa de juros, inflação, produto interno bruto etc., influenciam o ambiente competitivo.

A análise do ambiente competitivo auxilia na análise de viabilidade econômica de um projeto na medida em que posiciona a empresa dentro do seu ambiente concorrencial.

- **O consumidor**

Visando identificar o potencial de consumo de um produto, devem ser observados as necessidades dos consumidores, os segmentos de mercado que o produto irá servir e a forma mais adequada de atingir o consumidor. Para tal, o tamanho da população, sua estrutura etária, as questões de gênero, a distribuição geográfica, a distribuição de renda, as preferências do consumidor, entre outros, são aspectos que devem ser observados, uma vez que determinam o perfil de uma população. Tais informações são relevantes, pois possibilitam mensurar o mercado a ser atingido e a melhor forma de fazê-lo.

- **A análise da demanda**

A previsão de demanda é necessária para a realização de estimativas de implicações econômicas do projeto. A previsão envolve coletar e analisar dados passados para entender o comportamento futuro dos mercados e reduzir, assim, as incertezas no processo de tomada de decisão. Ressalta-se que o tipo de informação, a credibilidade e as fontes devem ser consideradas na análise.

11.4 ANÁLISE DE VIABILIDADE ECONÔMICA

A análise de viabilidade econômica de projetos estende-se a um amplo conjunto de indicadores qualitativos e quantitativos para a tomada de decisão. O conjunto de indicadores utilizados em uma análise pode ser maior ou mais sofisticado, em função da importância da decisão para a empresa e das hipóteses sobre o contexto que envolve essa decisão.

O estudo de viabilidade econômica é parte fundamental do projeto de investimento. O projeto pode ser entendido como um modelo analítico utilizado para simular a decisão sobre o investimento por meio da análise de seus resultados.

Woiler e Mathias (1996) sistematizaram a classificação de projetos segundo uma série de critérios, que passam pelo setor de inserção, abrangência setorial, etapas do ciclo de vida de um modelo de negócio e finalidade do projeto.

Os projetos podem ser classificados quanto ao setor macroeconômico, impactos econômicos e utilização. A classificação dos projetos tem como objetivo delimitar suas principais características e seu alcance em termos de suporte que pode oferecer ao processo de decisão e planejamento de investimentos.

Quanto ao setor macroeconômico, um projeto pode ser agrícola, industrial ou de serviços. Um avanço refere-se à classificação dos projetos segundo a cadeia produtiva, identificando-se sua posição entre os elos da cadeia.

Em termos de classificação microeconômica, um projeto pode ser de implantação, expansão, modernização ou diversificação. Na avaliação econômica, devem-se levar em conta os efeitos produzidos pelos projetos desenvolvidos sobre uma estrutura produtiva já existente. Estes podem apresentar resultados mais atrativos por apresentar um viés nos resultados, gerado pela sinergia da estrutura produtiva e mercadológica já preestabelecida.

Do ponto de vista da classificação na condição de utilização, o estudo de viabilidade econômica é parte de um projeto maior, o qual inclui o estudo técnico e operacional e o projeto de financiamento, quando necessário.

Assim, o objetivo deste capítulo é apresentar um conjunto essencial de indicadores, que possam dar suporte às decisões executivas sobre a viabilidade econômica de investimentos, quais sejam: tempo de recuperação do capital investido, valor presente líquido e valor anual equivalente, razão benefício-custo e taxa interna de retorno.

O conjunto de indicadores de desempenho e eficiência permite avaliar projetos, considerando-se tanto a busca pelo incremento dos benefícios líquidos para a empresa quanto o tempo necessário para que esses benefícios sejam gerados. Esses indicadores são construídos a partir da projeção do fluxo de caixa e incorporam a variação do valor do dinheiro no tempo – com exceção do tempo de recuperação do capital simples.

Em seguida, são apresentadas as principais características do fluxo de caixa, incluindo-se considerações sobre sua utilização como instrumento para o cálculo de indicadores de viabilidade quando há participação de capital de terceiro no financiamento do projeto. A variação do valor do dinheiro no tempo introduz a necessidade de se considerar uma taxa de desconto para o capital investido. O conceito e a aplicação da taxa de desconto são apresentados após o fluxo de caixa. Estabelecido o alicerce para a análise de viabilidade, segue-se com a apresentação dos métodos para estimação dos indicadores de viabilidade.

A análise realizada a partir dos indicadores de viabilidade pode ser complementada por uma análise financeira, com base na projeção dos demonstrativos de resultados, de orçamento de capital e do balanço patrimonial. Os indicadores utilizados na análise financeira têm caráter complementar porque se referem a um dado momento no tempo; entre estes, tem-se o grau de endividamento, o capital circulante líquido, a decomposição da rentabilidade em função das vendas e do patrimônio líquido e o ponto de equilíbrio entre receitas e custos fixos e variáveis.

a) **Fluxo de caixa**

O fluxo de caixa é o principal instrumento de referência para a aplicação das análises de viabilidade de projetos. O fluxo de caixa é um quadro construído com o objetivo de representar o movimento financeiro de um projeto em períodos de mesma duração, dado um horizonte predeterminado. Na representação gráfica do fluxo de caixa (Figura 11.3), a linha horizontal corresponde ao tempo. As setas na direção vertical correspondem às entradas, quando o sentido é para cima, e às saídas, quando o sentido é para baixo. Os projetos de fluxo convencional (Figura 11.3a) são aqueles nos quais há apenas um investimento para todo o ciclo do projeto. O fluxo não convencional (Figura 11.3b) é caracterizado por investimentos realizados de forma não uniforme durante o período de vida do projeto.

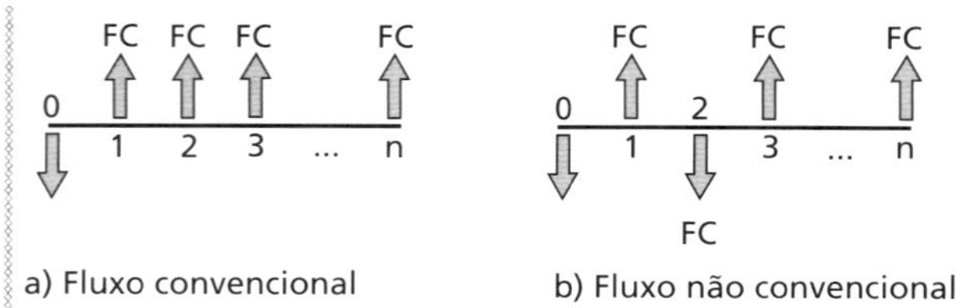

Figura 11.3 Representação gráfica do fluxo de caixa.

O ponto de partida para a projeção do fluxo de caixa está na definição do horizonte do projeto. É necessário cuidado ao definir-se o ciclo de vida de um projeto. Um horizonte muito curto pode afetar os resultados da análise econômica por desconsiderar resultados provenientes da maturação do projeto. Por outro lado, estender o horizonte em excesso pode provoca erros de duas fontes diferentes. A primeira fonte se refere à imprecisão, dada a distância entre o início e o final do projeto. A segunda refere-se ao erro de cálculo numérico – grande parte dos métodos é fundamentada em modelos de crescimento exponencial.

A solução para a definição de um horizonte adequado pode ser dada pelo equacionamento de um conjunto de fatores que combinam limitantes técnicos, econômicos e financeiros. Um critério inicial pode ser o ciclo de vida dos principais produtos do projeto no mercado e o posicionamento estratégico do projeto em função desses ciclos. Essa avaliação está com foco na obsolescência dos produtos no mercado. Um indicador complementar está no ciclo de vida útil do processo produtivo, o qual, por sua vez, depende tanto da obsolescência tecnológica deste quanto do período de maturação do próprio projeto. Por último, pode-se acrescentar o período de depreciação fiscal das máquinas e equipamentos – em função do volume de capital imobilizado e do valor residual esperado – e o tempo necessário ao retorno do capital de terceiros utilizados no financiamento do projeto.

Na análise de projetos de investimento, pode-se adequar a projeção do fluxo de caixa em função do horizonte do projeto – curto prazo e longo prazo. Em projetos de curto prazo é necessário detalhar os itens do fluxo de caixa, portanto utiliza-se o orçamento de caixa a partir das entradas e saídas (Quadro 11.1).

Neste fluxo de caixa, o foco é dirigido para as entradas e saídas monetárias – a depreciação também entra no quadro, promovendo a redução do imposto de renda. A utilização de depreciação acelerada também pode elevar os resultados do projeto. Nas entradas são consideradas as vendas de produtos do projeto, valor residual de todos os bens de capital próprio, de terceiros e subsídios, quando existirem. O valor residual é obtido supondo-se que o projeto tenha um valor de liquidação ao final do último período do horizonte do projeto. As saídas incluem os investimentos, o capital de giro necessário para que os investimentos entrem em funcionamento, as despesas operacionais e financeiras (juros e amortização) e os impostos. Quando se trata de um projeto de expansão, o patrimônio líquido é considerado nas saídas, para que seja possível avaliar o retorno da empresa após a expansão. O fluxo de caixa é obtido subtraindo-se as saídas das entradas para cada período do projeto.

As colunas do quadro do fluxo de caixa correspondem aos períodos do projeto (meses ou anos). Considera-se que o investimento inicial – composto por capital imobilizado, capital de giro, próprio e de terceiros – é desembolsado no início do primeiro período; o segundo valor, no fim desse período; e os demais valores, no fim de cada período. No Quadro 11.1, o investimento inicial é lançado na coluna do ano 0, ou seja, no momento presente. No cálculo do fluxo de caixa líquido não há transporte de valores entre os períodos.

Quadro 11.1 Fluxo de caixa simplificado para análises de curto prazo – entradas e saídas.

Item	Período Implantação e projeção				
	0	1	2	...	n
A – Entradas					
Lucro antes do imposto de renda					
Depreciação					
Valor residual					
Capital de giro					
Capital próprio					
Ativo fixo					
Total de entradas					
B – Saídas					
Recursos próprios					
Investimento no projeto					
Capital próprio					
Patrimônio líquido[1]					
Custos operacionais					
Amortizações financeiras					
Despesas financeiras					
Depreciação					
Imposto de renda					
Total de saídas					
C – Fluxo de caixa (A – B)					

[1] Utilizado apenas em projetos de expansão para determinar o retorno da empresa após a expansão.

Fonte: adaptado de Woiler & Mathias (1996).

Nas análises de longo prazo, o fluxo de caixa pode ser construído a partir da projeção do demonstrativo de resultados ajustado para o regime de caixa. Além de considerarem-se os estoques – contas a receber, contas a pagar etc. – a passagem do regime de competência para o regime de caixa é complementada pela inserção de receitas financeiras de fundos de aplicação e de outras fontes (Quadro 11.2). Em projetos de expansão, os demonstrativos financeiros dos anos anteriores são o ponto de partida para a projeção do fluxo de caixa do projeto. O fluxo de caixa apresentado no Quadro 11.2 permite avaliar o projeto considerando-se a utilização de capital de terceiros. Quando não há financiamento, as amortizações e as despesas financeiras referentes ao projeto são suprimidas, provocando um aumento no imposto de renda. A participação de capital de terceiros no projeto será discutida com maior profundidade no tópico sobre a taxa de desconto.

Em resumo, o primeiro modelo, construído a partir das entradas e saídas, contribui para uma análise dirigida à exequibilidade operacional do projeto no curto prazo; enquanto o segundo, construído a partir da estrutura do demonstrativo de resultados, auxilia na análise de longo prazo, a qual contribui para as decisões estratégicas da empresa.

Quadro 11.2 Fluxo de caixa para análises de longo prazo – fluxo líquido de caixa.

Item	Período Implantação e projeção				
	0	**1**	**2**	**...**	**n**
(+) Receitas					
(–) PIS/Cofins					
(–) ICMS					
(=) Receitas líquidas					
(–) Custos dos produtos vendidos					
(=) Lucro operacional bruto					
(–) Despesas administrativas					
(–) Despesas financeiras					
(–) Despesas gerais					
(=) Lucro operacional					
(–) Depreciação					
(=) Lucro antes de juros e IR (LAJIR)					
(–) Despesas financeiras					
(=) Lucro antes do IR (LAIR)					
(–) Imposto de renda (IR)					
(=) Lucro líquido					
(+) Depreciação					
(=) Fluxo de caixa					
(–) Amortizações					
(+/–) Variações no capital de giro					
(+/–) Investimentos ou desmobilizações					
(=) Fluxo de caixa ao acionista (FCA)					

Fonte: adaptado de Bourdeaux-Rêgo *et al.* (2008).

O exemplo de fluxo de caixa apresentado na Tabela 11.1 refere-se à implantação de uma microdestilaria para produção de cachaça. Além das informações provenientes do demostrativo de resultado, considerou-se o seguinte cenário para a simulação do fluxo de caixa:

- O valor total do investimento é de R$ 660.621,00, sendo R$ 141.084,00 para obras civis, R$ 311.326,00 para máquinas e equipamentos e R$ 208.212,00 para capital de giro.
- O projeto utilizará 5% de recursos próprios e 95% de terceiros por meio do Programa Pronaf/Agroindústria (BNDES). A taxa de juros sobre o capital de terceiros será de 6,125%, considerando-se TJLP de 6,25% ao ano e des-

conto de 50% sobre obras civis, máquinas, equipamentos e capital de giro.

- O horizonte do projeto é de 10 anos.
- O projeto inicia-se operando a 90% da capacidade produtiva, crescendo linearmente até atingir 100% em 5 anos. Considera-se que as vendas cresçam 5% no terceiro ano do projeto, 10% no quarto e 5% no quinto, mantendo-se no mesmo patamar nos anos seguintes.
- A receita líquida máxima anual estimada para o projeto é de R$ 948.801 – os produtos em processo de envelhecimento foram descontados da receita do primeiro ano. O custo máximo anual dos produtos vendidos é estimado em R$ 317.629. As despesas comerciais, contabilizadas nas despesas gerais, são estimadas em 5% da receita líquida. As despesas administrativas e financeiras são, respectivamente, R$ 33.408,00 e R$ 10.476,00 no máximo.
- A depreciação dos ativos é linear, considerando-se 50 anos para terreno (2% ao ano), 20 anos para obras de construção civil (5% ao ano), 10 anos para máquinas e equipamentos (10% ao ano) e 5 anos para veículos (20% ao ano).
- Ao final do projeto, os ativos serão liquidados segundo seu valor residual contábil.
- Os impostos variáveis PIS, Cofins, IPI e ICMS são respectivamente 0,65%, 3%, 34% e 25% da receita total. O IPI e o ICMS incidentes sobre a matéria-prima foram descontados para evitar o acúmulo dos valores.
- A empresa recolhe uma alíquota de 30% de imposto de renda.

Observa-se, na Tabela 11.1, a presença das despesas financeiras devido ao uso de capital de terceiros no financiamento do projeto. Ao suprimir esse item, teria-se o resultado simplificado da riqueza gerada pelo projeto, independentemente da fonte de recursos para seu financiamento. Por um lado, os empréstimos diminuem o resultado líquido do fluxo de caixa; por outro, melhoram o indicador de retorno ao capital próprio utilizado no investimento. Para obter-se uma análise adequada dessa questão é necessário introduzir a ideia de variação de valor do dinheiro no tempo, por meio do emprego da taxa de desconto.

b) Taxa de desconto

A taxa de desconto introduz no fluxo de caixa a ideia de variação do valor do dinheiro no tempo. Essa taxa é utilizada para descontar o fluxo de caixa líquido, trazendo o valor esperado no futuro para a mesma base do valor atual, também denominado valor presente.

A taxa de desconto refere-se ao retorno mínimo esperado sobre o capital investido no projeto. Quando é utilizado apenas capital próprio para o financiamento do projeto, a taxa utilizada refere-se à taxa de retorno de uma alternativa de investimento com perfil de risco semelhante ao projeto em análise. Caso o perfil seja conservador, por exemplo, a taxa de referência poderia ser a taxa de poupança. Portanto, essa taxa reflete o custo de oportunidade do capital próprio.

O custo do capital próprio também varia em função do ambiente interno da empresa. A disponibilidade de caixa pode apontar para certo nível de ociosidade do capital próprio, indicando, portanto, um menor custo em comparação com o capital externo. Por outro lado, quando há fortes restrições internas para utilização de recursos próprios, a empresa pode estabelecer uma taxa mínima de atratividade, em nível superior ao custo de capital para a empresa. Nessas condições utiliza-se a taxa de atratividade como taxa de desconto para a avaliação econômica do projeto.

O custo do capital próprio normalmente é estimado com base em modelos que se utilizam dos conceitos de risco, diversificação e de prêmio pelo risco a ele associado. O modelo de precificação de ativos – *capital asset pricing model* (CAPM) – está fundamentado na ideia de que um investimento deve render no mínimo o equivalente a uma aplicação sem risco, mais o prêmio pelo risco associado. Portanto, a estimativa para o custo do capital próprio considera apenas o risco associado ao mercado do setor no qual o projeto se insere.[3]

Em investimentos financiados por uma composição de capital próprio e de terceiros, o custo de capital é obtido pelo custo de cada fonte de capital ponderado por sua respectiva participação na estrutura de financiamento da empresa. O cálculo do custo

[3] O modelo de precificação de ativos é apresentado em detalhe em Ross *et al.* (1995).

Tabela 11.1 Exemplo de um fluxo de caixa para a implantação de uma unidade de produção de aguardente de cana-de-açúcar.

Item	0	1	2	3
(+) Receitas		1.245.670	1.383.700	1.452.885
(–) PIS/Cofins		(28.784)	(28.784)	(30.223)
(–) IPI		(376.924)	(376.924)	(395.770)
(–) ICMS		(195.637)	(195.637)	(205.419)
(=) Receitas líquidas		644.325	782.355	821.473
(–) Custos dos produtos vendidos		(261.966)	(261.966)	(275.048)
(=) Lucro operacional bruto		382.359	520.389	546.425
(–) Despesas administrativas		(33.408)	(33.408)	(33.408)
(–) Despesas financeiras		(8.639)	(8.639)	(9.071)
(–) Despesas gerais		(37.637)	(44.539)	(46.439)
(=) Lucro operacional		302.676	433.804	457.509
(–) Depreciação		(36.861)	(36.861)	(36.861)
(=) Lucro antes de juros e IR (LAJIR)		265.814	396.943	420.647
(–) Despesas financeiras		(38.289)	(35.129)	(30.643)
(=) Lucro antes do IR (LAIR)		227.525	361.814	390.005
(–) Imposto de renda (IR)		(68.258)	(108.544)	(117.001)
(=) Lucro líquido		159.268	253.270	273.003
(+) Depreciação		36.861	36.861	36.861
(=) Fluxo de caixa		196.129	290.131	309.865
(+/–) Variações no capital de giro	(208.212)	0	0	0
(+/–) Investimentos ou desmobilizações	(452.410)	0	0	0
(=) Fluxo de caixa ao acionista (FCA)	**(660.621)**	**196.129**	**290.131**	**309.865**

médio ponderado de capital incluindo dívida, patrimônio líquido e títulos híbridos é dado pela equação:

$$CMPC = K_e \frac{E}{(E+D+PS)} + K_d \frac{D}{(E+D+PS)} + K_{ps} \frac{PS}{(E+D+PS)} \quad (11.1)$$

Onde:

- K_e é o custo do patrimônio líquido;
- K_d é o custo das dívidas após impostos;
- K_{ps} é o custo das ações preferenciais;
- $E/(E + D + PS)$ é a proporção do patrimônio líquido em relação ao valor da composição de capital;
- $D/(E + D + PS)$ é a proporção da dívida em relação ao valor da composição de capital;
- $PS/(E + D + PS)$ é a proporção das ações preferenciais em relação ao valor da composição de capital.

O emprego de capital de terceiros pode reduzir o custo de capital por dois motivos. Primeiro, o capital próprio normalmente está exposto a um risco maior do que o capital de terceiros. Enquanto o capital de terceiros recebe uma remuneração fixa, por

Período Implantação e Projeção

4	5	6	7	8	9	10
1.598.174	1.678.083	1.678.083	1.678.083	1.678.083	1.678.083	1.678.083
(33.245)	(34.907)	(34.907)	(34.907)	(34.907)	(34.907)	(34.907)
(435.347)	(457.115)	(457.115)	(457.115)	(457.115)	(457.115)	(457.115)
(225.961)	(237.259)	(237.259)	(237.259)	(237.259)	(237.259)	(237.259)
903.620	948.801	948.801	948.801	948.801	948.801	948.801
(302.519)	(317.629)	(317.629)	(317.629)	(317.629)	(317.629)	(317.629)
601.101	631.173	631.173	631.173	631.173	631.173	631.173
(33.408)	(33.408)	(33.408)	(33.408)	(33.408)	(33.408)	(33.408)
(9.978)	(10.476)	(10.476)	(10.476)	(10.476)	(10.476)	(10.476)
(50.428)	(52.621)	(52.621)	(52.621)	(52.621)	(52.621)	(52.621)
507.288	534.667	534.667	534.667	534.667	534.667	534.667
(36.861)	(36.861)	(36.861)	(36.861)	(36.861)	(36.861)	(36.861)
470.427	497.806	497.806	497.806	497.806	497.806	497.806
(25.879)	(20.821)	(15.449)	(9.746)	(3.689)	0	0
444.548	476.985	482.356	488.060	494.117	497.806	497.806
(133.364)	(143.095)	(144.707)	(146.418)	(148.235)	(149.342)	(149.342)
311.183	333.889	337.649	341.642	345.882	348.464	348.464
36.861	36.861	36.861	36.861	36.861	36.861	36.861
348.045	370.751	374.511	378.503	382.743	385.325	385.325
0	0	0	0	0	0	206.726
0	0	0	0	0	0	82.616
348.045	**370.751**	**374.511**	**378.503**	**382.743**	**385.325**	**674.667**

Fonte: adaptada de Silva e Fernandes (2000).

meio do pagamento de juros, após a cobertura dos custos operacionais (veja Quadro 11.2), o capital próprio será remunerado somente se houver resultado positivo ao final. Segundo, as despesas financeiras referentes ao uso de capital de terceiros geram um benefício fiscal, o qual reduz o custo de endividamento, portanto reduz o custo final do capital.

O custo médio ponderado de capital deve ser utilizado como taxa de desconto somente para avaliação de projetos em condições semelhantes de risco e de inserção setorial, na qual se encontra a empresa utilizada para seu cálculo. Como o custo ponderado tende a diminuir a taxa de desconto, o emprego equivocado deste promove a superestimação do resultado do projeto, levando à aceitação de um empreendimento que deveria ser rejeitado. Uma segunda restrição está no fato de que o custo médio ponderado não considera a variação na estrutura de capital da empresa durante o andamento do projeto.

11.4.1 Métodos de avaliação de investimento

A decisão sobre a viabilidade de um projeto deve levar em conta o conjunto de critérios técnicos, para evitar as restrições existentes para cada um deles, quando considerados isoladamente. Uma prática complementar é a elaboração de cenários para a simulação de situações entre os limites aceitáveis para as principais variáveis e/ou indicadores; por exemplo, pode-se realizar o cálculo do valor presente líquido do projeto segundo a variação da taxa de desconto entre 10 e 25% ao ano.

Os métodos de avaliação de investimento têm como objetivo comum o confronto entre o investimento realizado e o fluxo de caixa do projeto ao longo da vida útil do projeto. Normalmente, as análises econômicas de projetos são realizadas sob a hipótese de que os preços são constantes, portanto a taxa de desconto pode ser comparada a uma taxa de juros pura. Sob hipótese de variação de preços, é necessário utilizar uma taxa de juros nominal, a qual considera também um indicador de correção monetária. Essas análises pressupõem que os resultados dos fluxos de caixa sejam reinvestidos no projeto considerando-se o mesmo custo de capital utilizado para descontá-los. Considera-se também que a empresa atua em um ambiente sem restrição de acesso ao capital – a empresa pode tomar emprestado uma quantidade ilimitada de capital à uma taxa constante, portanto o custo do capital e os riscos associados são constantes.

Nesta seção serão apresentados os seguintes métodos de avaliação de investimento:

a) *tempo de recuperação do capital investido (TRC);*
b) *valor presente líquido (VPL);*
c) *taxa interna de retorno (TIR);*
d) *índice de lucratividade (IL).*

a) **Tempo de recuperação do capital investido**

O tempo de recuperação do capital investido, ou *payback*, refere-se ao prazo para que os investimentos realizados sejam integralmente recuperados. O tempo de recuperação deve estar dentro do horizonte definido para o projeto, para que este seja considerado viável.

O período de recuperação pode ser estimado de duas maneiras: simples e descontado. No cálculo simples, o tempo de recuperação não leva em conta a variação do dinheiro no tempo. No cálculo descontado, é calculado o valor presente do fluxo de caixa para cada período, considerando-se o custo do capital, ou seja, aplicando-se uma taxa de desconto. Na Figura 11.4, apresenta-se o período de recuperação simples para o projeto da microdestilaria, estimado em 3 anos, com sobra de R$ 136 mil.

Ano	Fluxo de caixa (R$ 1.000)	Valor acumulado (R$ 1.000)
0	(661)	(661)
1	196	(464)
2	290	(174)
3	310	136
4	348	484
5	371	854
6	375	1.229
7	379	1.607
8	383	1.990
9	385	2.375
10	675	3.050

a) Tabela de dados

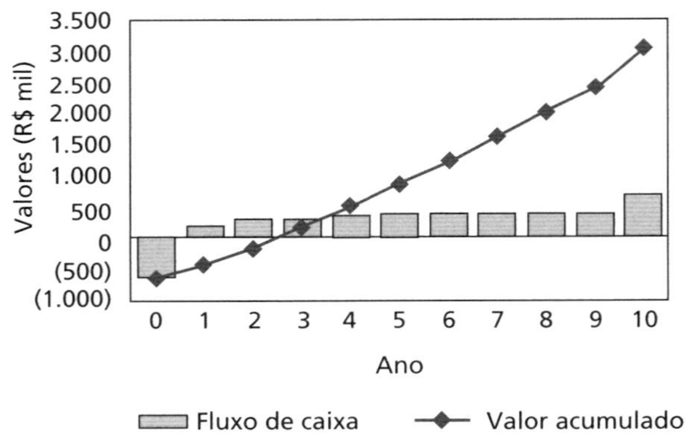

b) Representação gráfica

Figura 11.4 Tabela de dados e o gráfico do fluxo de caixa acumulado simples.

O cálculo desse indicador é feito por meio do valor acumulado dos fluxos de caixa desde o investimento inicial até cada um dos períodos em análise. O tempo de retorno do capital é identificado no período em que o fluxo de caixa acumulado torna-se positivo. Utilizam-se os valores acumulados de fluxo de caixa sem desconto para o cálculo do indicador simples e os valores acumulados do fluxo de caixa no valor presente, para o indicador descontado. A aplicação da taxa de desconto ao fluxo de caixa será apresentada em detalhe no próximo tópico, sobre o método para o cálculo do valor presente líquido. O tempo de recuperação descontado para o projeto da microdestilaria foi estimado em 4 anos, com sobra de R$ 228 mil (Figura 11.5).

Ano	Fluxo descontado (R$ 1.000)	Valor acumulado (R$ 1.000)
0	(661)	(661)
1	178	(482)
2	240	(243)
3	233	(10)
4	238	228
5	230	458
6	211	670
7	194	864
8	179	1.042
9	163	1.206
10	260	1.466

a) Tabela de dados

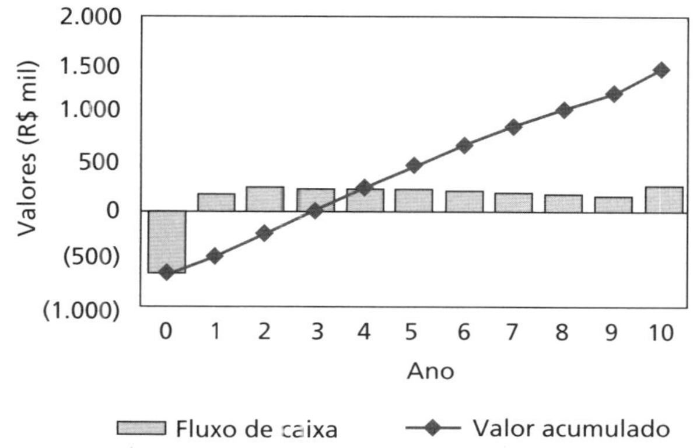

b) Representação gráfica

Figura 11.5 Tabela de dados e gráfico do fluxo de caixa acumulado descontado.

Ainda que seja de fácil compreensão, o tempo de retorno do capital apresenta algumas restrições. Ao não considerar o fluxo de caixa após o período de recuperação, este indicador pode levar à rejeição de projetos com maior grau de rentabilidade ao final de seu tempo de vida útil. Não há um parâmetro técnico de comparação, como nos indicadores de rentabilidade do capital, com exceção para o limite dado pelo horizonte do projeto. Em ambientes econômicos de maior risco, especialmente para projetos de longo prazo, a recuperação do fluxo de caixa torna-se relevante, portanto o período de retorno do capital ganha importância como critério de seleção entre projetos, por ser uma medida aproximada da liquidez do investimento.

b) **Valor presente líquido**

O método do valor presente líquido (VPL) permite estimar valor líquido do projeto ao final de sua vida útil. O cálculo do valor presente líquido considera o valor investido, o fluxo de caixa no horizonte do projeto e o risco associado ao projeto, por meio da aplicação de uma taxa de desconto correspondente ao custo do capital:

$$VPL = \sum_{t=1}^{n} \frac{FC_t}{(1+r)^t} \qquad (11.2)$$

Onde:

- FC_t é o valor do fluxo de caixa no período t;
- r é o custo do capital;
- t é o período, variando de 0 a n.

A equação foi simplificada para facilitar sua utilização. O investimento inicial entra no primeiro fluxo de caixa, ou seja, quando t é zero, portanto não sofre desconto. O valor residual deve ser embutido no fluxo de caixa do último período, quando $t=n$. A equação (11.2) é utilizada para encontrar-se o tempo de recuperação do capital, estimando-se o *VPL* para cada período t.

O projeto deve ser considerado viável quando $VPL>0$, e rejeitado quando $VPL<0$. Quando $VPL=0$, o projeto pode ser rejeitado ou aceito, portanto abre espaço para a avaliação de outros indicadores. Quando o projeto é aceito, o valor presente líquido representa a riqueza gerada pelo investimento e indica que a remuneração do projeto supera o custo de capital e os riscos associados. Se for rejeitado, o VPL negativo indica o depauperamento do capital investido no projeto.

O valor presente líquido para o projeto da microdestilaria é calculado aplicando-se os valores do fluxo de caixa à equação (11.2), considerando-se um horizonte de 10 anos e custo de capital de 10% ao ano, conforme a equação a seguir:

$$VPL = \frac{-660621}{(1+0,10)^0} + \frac{196129}{(1+0,10)^1} + \frac{290131}{(1+0,10)^2} + \frac{309865}{(1+0,10)^3} + \cdots + \frac{-660621}{(1+0,10)^{10}} \qquad (11.3)$$

$$VPL = 1465903$$

Portanto, o valor presente líquido para o projeto foi estimado em R$ 1.465.903. Este resultado indica que a microdestilaria é viável, ou seja, gera riqueza suficiente para cobrir o custo de capital aplicado no projeto. Os dados são apresentados na Tabela 11.2.

Tabela 11.2 Fluxo de caixa descontado e valor presente líquido.

Ano	0	1	2	3	4
Fluxo de caixa (R$)	(660.621)	196.129	290.131	309.865	348.045
Valor presente (R$)	(660.621)	178.299	239.778	232.806	237.719
Valor acumulado (R$)	(660.621)	(482.322)	(242.545)	(9.739)	227.980

O cálculo do valor presente líquido considera a variação do valor do dinheiro no tempo e rompe algumas restrições do método do tempo de recuperação do capital ao considerar todos os fluxos de caixa do projeto. Por outro lado, mantém-se o pressuposto de reinvestimento dos resultados intermediários no próprio projeto, considerando-se o mesmo custo de capital aplicado ao investimento inicial. Outro inconveniente está em determinar antecipadamente, a taxa de desconto, ou seja, o custo do capital e os riscos associados. A aplicação do VPL na comparação entre projetos está restrita para aqueles de mesma vida útil.

c) **Taxa interna de retorno**

A taxa interna de retorno (TIR) é um indicador que permite avaliar o retorno do projeto em função do custo do capital. A TIR é obtida quando o custo de capital anula o valor presente líquido.

$$VPL = \sum_{t=1}^{n} \frac{FC_t}{(1+r)^t} = 0 \qquad (11.4)$$

Graficamente, a taxa interna de retorno é obtida por meio da raiz aproximada do valor presente líquido em função da taxa de desconto. A estimativa da TIR para o exemplo da microdestilaria por meio do gráfico do valor presente líquido em função da taxa de desconto é apresentada na Figura 11.6.

Taxa de desconto	Valor presente líquido (R$ mil)
0	3.050
9%	1.620
17%	869
26%	438
34%	173
43%	(0)
52%	(120)
60%	(206)
69%	(270)
77%	(319)
86%	(358)

a) Tabela de dados

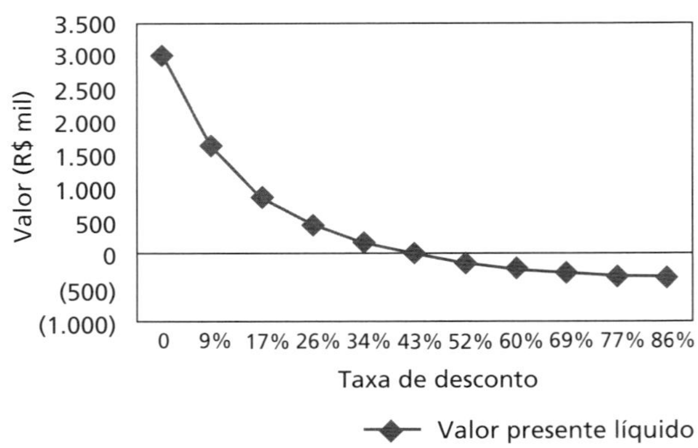

b) Representação gráfica

Figura 11.6 Estimativa da TIR – valor presente líquido em função da taxa de desconto.

5	6	7	8	9	10
370.751	374.511	378.503	382.743	385.325	674.667
230.207	211.402	194.232	178.552	163.416	260.114
458.187	669.589	863.821	1.042.374	1.205.789	1.465.903

Fonte: dados originais de Silva e Fernandes (2000).

Vale lembrar que, considerando-se um custo de capital de 10% ao ano, o VPL deste projeto de microdestilaria foi estimado em R$ 1.465.903. Entretanto, percebe-se que, conforme a taxa de desconto aumenta, o valor presente líquido diminui.

A TIR indica o ponto onde o valor presente líquido é igual a zero. Se o custo de capital é menor que a TIR, o valor presente líquido é positivo, portanto o projeto é aceito. O inverso acontece quando o custo de capital é maior que a TIR – o valor presente líquido é menor que zero, indicando a rejeição do projeto. Quando o custo de capital for igual à TIR, o indicador torna-se indiferente para o julgamento do projeto, abrindo espaço para indicadores complementares.

Portanto, a taxa interna de retorno de 43% (Figura 11.6) indica que a riqueza gerada pelo investimento na microdestilaria cobre o custo do capital de 10%. Indica ainda que o projeto é viável, desde que o custo do capital não ultrapasse 43%. O projeto seria rejeitado se a taxa de retorno fosse menor que o custo do capital.

Um projeto deve ser lucrativo o suficiente para pagar os juros sobre a dívida contraída para financiá-lo, e, também, para gerar uma taxa de retorno superior à esperada sobre o capital investido. Ou seja, a taxa interna de retorno deverá ser maior que a taxa adotada para desconto do fluxo de caixa.

A TIR é um indicador de fácil interpretação – o resultado da TIR permite a comparação direta com o custo do capital. É calculada a partir do VPL, portanto considera todos os fluxos de caixa do projeto, considera a variação do valor do dinheiro no tempo, mas sem a exigência de uma taxa de desconto preestabelecida. Por outro lado, a taxa interna de retorno não considera as diferenças de escala de investimentos e fluxos de caixa na comparação entre projetos mutuamente excludentes. Além disso, exige cálculos mais elaborados para sua determinação, como os métodos aproximativos para cálculo de raiz (Newton-Raphson, Bisseção, Secante etc.). Para o cálculo da TIR, é pressuposto também o reinvestimento dos resultados intermediários no próprio projeto, considerando-se o mesmo custo de capital aplicado ao investimento inicial.

Esse indicador também sofre restrições decorrentes do método de cálculo. Em projetos com fluxos de caixa não convencionais, em que há mais de uma inversão de sinais, a equação resultante do VPL em função da taxa de desconto pode gerar mais de uma raiz, produzindo um valor indeterminado para a taxa interna de retorno. Esse resultado também ocorre em situações nas quais o valor presente líquido é negativo, dada qualquer taxa de desconto positiva.

d) Índice de lucratividade

O índice de lucratividade (IL) também é conhecido como relação benefício-custo. Corresponde à razão entre o valor presente líquido, ou seja, o volume de riqueza gerado pelo projeto e os investimentos realizados. A equação a seguir define o índice de lucratividade:

$$IL = \frac{(VPL + I)}{I} \qquad (11.5)$$

Onde:

- VPL é o valor presente líquido;
- I é o total dos investimentos em módulo.

Quando o resultado é maior que 1, o IL indica o retorno obtido para cada unidade monetária investida, em valor presente, considerando-se toda a vida útil do projeto. Se o resultado é menor que 1, o índice de lucratividade indica a parcela restante do capital – a diferença, 1 – IL, indica a parcela subtraída do capital. Quando o resultado é igual a 1, o IL indica que não há retorno, mas também não há prejuízo – o VPL é nulo.

O cálculo do índice de lucratividade para o projeto da microdestilaria é realizado aplicando-se o VPL (equação 11.3) e o valor total dos investimentos (Tabela 11.1) da seguinte maneira:

$$IL = \frac{(1465903 + |-660612|)}{|-660612|} \qquad (11.6)$$

$$IL = 3{,}2190$$

Portanto, o índice de lucratividade para o exemplo foi estimado em 3,22, indicando que houve um retorno aproximado de R$ 2,22 para cada R$ 1,00 investido no projeto. O índice de lucratividade indica que o projeto deve ser aceito, reforçando a decisão delineada nas análises dos indicadores de valor presente líquido e de taxa interna de retorno.

O índice de lucratividade é praticamente uma síntese do valor presente líquido, portanto apresenta as características positivas e limitantes deste. É de fácil compreensão, mas tem papel complementar na análise de investimentos. O quociente empregado no cálculo elimina a escala dos valores investidos e obtidos com o projeto, restrição também presente na análise da TIR, quando são comparados projetos mutuamente excludentes.

11.5 INTRODUÇÃO DE INCERTEZAS E RISCOS NOS CRITÉRIOS DE DECISÃO DE INVESTIMENTO

A proposta da análise de projetos é fornecer informações úteis para decidir se o investimento em determinado projeto é atrativo para o investidor. Nessa análise, se determinam quais insumos (*inputs*) são importantes para o resultado final (*outcome*). O valor mais provável para cada um dos fatores é estimado, e, então, calcula-se o resultado final. Entretanto, na vida real, os valores desses fatores não podem ser preditos com certeza na maioria das vezes, possibilitando uma situação de risco.

Portanto, existe certa distinção entre os termos risco e incerteza. A incerteza está relacionada com o imperfeito conhecimento acerca dos valores que definirão os benefícios e os custos associados ao fluxo de caixa dos projetos de investimento (AZEVEDO-FILHO, 1995). Hardaker *et al.* (1997) definiram o termo risco como consequência dessas incertezas, particularmente consequências desfavoráveis.

Pode-se concluir, então, que o risco de inviabilidade de um projeto industrial está diretamente relacionado, por exemplo, às incertezas de mercado, de suprimento, de tecnologia etc.

Apresentam-se, a seguir, os métodos de avaliação que consideram as questões de incertezas e risco envolvidos em um projeto.

11.5.1 Análise de sensibilidade

Quando um modelo determinístico é utilizado onde não se têm distribuições de probabilidade dos indicadores, para avaliar as incertezas de um projeto é necessária a utilização de uma técnica denominada análise de sensibilidade.

Esta técnica consiste em deixar variar a estimativa dos parâmetros mais suscetíveis às incertezas, em certa faixa, e, assim, analisar o comportamento da rentabilidade do projeto. Análises do tipo "e se" (*what-if*) podem ser feitas utilizando sucessivas execuções de cálculo e verificando o comportamento dos indicadores (SZEKERES, 1986).

De acordo com Lourenzani e Silva (2003), identificam-se como características mais relevantes para o processo de análise de sensibilidade a receita e o custo de cada projeto. Admite-se que estes dois fatores são os mais susceptíveis às incertezas, sendo, portanto, submetidos a variações em suas hipóteses básicas. Assim, uma maneira de operacionalizar a análise de sensibilidade é avaliar o comportamento dos indicadores financeiros do projeto (TIR, VPL etc.) diante das variações de estimativas tanto nas receitas quanto nos custos.

Considerando o projeto de microdestilaria de aguardente de cana-de-açúcar, tem-se, inicialmente, uma TIR de 43% e um VPL de R$ 1.465.903,00. O Quadro 11.3 revela o comportamento da TIR (Quadro 11.3a) e do VPL (Quadro 11.3b), diante das variações da estimativa dos parâmetros "receita" e "custos variáveis", numa faixa[4] de –20% a 20%.

Conforme ilustrado no Quadro 11.3, o cenário mais otimista da avaliação se dá quando a receita está variando +20% e os custos variáveis –20%; enquanto o cenário mais pessimista, se dá quando a receita está variando –20% e os custos variáveis +20%.

[4] A variação de –20% a +20% para o parâmetro "receita", adotada nesta análise, está pautada no estudo de Silva (2007), que apresenta a variação média do preço da cachaça exportada, de 1996 a 2006.

Quadro 11.3 Variação percentual da TIR e do VPL do projeto diante das mudanças (variações) nas estimativas de receita e custo variável.

		Custos variáveis		
		–20%	0%	20%
Receita	–20%	34,4%	28,6%	22,6%
	0%	48,5%	43,0%	37,5%
	20%	62,2%	56,8%	51,4%

a) TIR

		Custos variáveis		
		–20%	0%	20%
Receita	–20%	1.045.079	783.205	521.331
	0%	1.727.777	1.465.903	1.204.029
	20%	2.410.474	2.148.600	1.886.726

b) VPL

Para fins ilustrativos pode-se estimar que, considerando um custo de capital de 10%, a TIR de 22,6% calculada no cenário pessimista torne o projeto não atrativo para um investidor de perfil conservador, inviabilizando o negócio.

Ressalta-se que a escolha dos parâmetros utilizados para as variações de estimativa, bem como sua faixa de variação, deve estar pautada em pressuposições coerentes com a especificidade do projeto (tipo de indústria, característica da matéria-prima, tributação, mão de obra etc.), bem como no entendimento do ambiente econômico no qual a indústria está inserida.

A amplitude das variações percentuais e nominais dos indicadores financeiros denota o grau de sensibilidade do projeto em análise. Assim, quanto maior a amplitude da variação, mais sensível é o projeto.

Evidencia-se, portanto, certa "fragilidade" dos projetos quando sua atratividade é avaliada em condições de incertezas. Pode-se estabelecer uma hipótese segundo a qual o fracasso do projeto de investimento está associado às dificuldades de ajustamento ou imprecisões a essas possíveis variações de receita e custo ao longo de sua vida útil.

A limitação do método de análise de sensibilidade está na utilização de variações arbitrárias, isto é, não há atribuição de nenhuma probabilidade específica para as estimativas em análise. Uma alternativa está na incorporação de uma dimensão estocástica à avaliação, proporcionada pela análise de risco.

11.5.2 Análise de risco

Diferente de uma análise determinística, a análise estocástica não está interessada em soluções ótimas, mas sim no comportamento de dado processo ao longo do tempo. O método de análise de risco pode ser definido como o processo de incorporação de variações aleatórias em parâmetros relevantes para a proposta de um investimento.

Esta análise tem por objetivo considerar as imprecisões das estimativas dos fatores (*inputs*) requeridos numa avaliação econômica. Essas imprecisões são representadas, basicamente, por meio de distribuições de probabilidade.[5]

A distribuição de probabilidade utilizada na representação da variável em estudo é, geralmente, desenvolvida com bases subjetivas, ou seja, por meio da experiência ou especialidade dos indivíduos.

Para incluir riscos nos critérios de decisão do investimento, pode-se utilizar uma técnica analítica ou simulação (CONTADOR, 1981; AZEVEDO-FILHO, 1995), ou seja:

- *Análise em condições de risco*: esta técnica analítica representa as variáveis que não se conhecem com certeza (preços, quantidades etc.) por distribuições de probabilidade.
- *Simulação de Monte Carlo*:[6] pelo método de simulação, encontra-se a distribuição de probabilidade dos indicadores associados ao desempenho do projeto, utilizando alguns parâmetros (média, desvio padrão e outros) associados a essas distribuições, para avaliação do projeto.

A distribuição de uma variável aleatória pode estar correlacionada com outras variáveis aleatórias, dificultando, assim, o desenvolvimento analítico de tal distribuição. Portanto, a técnica mais utilizada é a de simulação de Monte Carlo.

[5] Uma distribuição de probabilidade constitui-se de um conjunto de valores de uma variável aleatória e das propriedades correspondentes.

[6] O termo "Monte Carlo" foi introduzido durante a Segunda Guerra Mundial como codinome de simulações de problemas associados ao desenvolvimento da bomba atômica (HARDAKER *et al.*, 1997).

A utilização de *softwares*, como o @RISK,[7] torna mais fácil a tarefa da análise de risco. Este *software* utiliza funções de distribuições de probabilidade para descrever valores incertos de variáveis, dentro de planilhas eletrônicas.

Segundo Neves (1996), essa simulação trabalha selecionando aleatoriamente valores previamente determinados pelo analista como fontes de risco. Nesse processo de simulação, consideram-se quatro etapas básicas:

1) Identificação da distribuição de probabilidade de cada variável relevante ao projeto em estudo.

Após a consideração dos parâmetros mais relevantes para estudo (sujeitos ao risco), seleciona-se a distribuição de probabilidade que melhor os representa. Uma distribuição largamente utilizada,[8] e fácil de elaborar, é a distribuição triangular (Figura 11.7). Sua vantagem está na especificação de apenas três parâmetros de informação (valores mínimo, médio e máximo da variável de risco). A simplicidade dessa distribuição torna-a particularmente útil nos casos em que não há disponibilidade de dados, e sua concepção se dá de maneira inteiramente subjetiva (HARDAKER *et al.*, 1997).

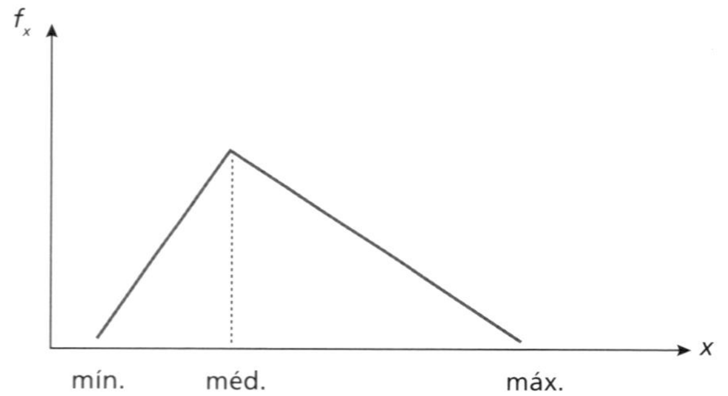

Figura 11.7 Distribuição triangular de uma variável de risco.

2) A partir da distribuição de probabilidade, faz-se a seleção, ao acaso, de um valor para cada variável.

Utilizando-se o *software* @RISK e considerando a variável de risco como distribuição triangular, as alterações aleatórias são executadas pela função @TRIANG do *software*.

3) A cada seleção, calcula-se o valor do indicador que está sendo avaliado (por exemplo, TIR, VPL, TRC).

O programa @RISK processa a simulação, e os resultados obtidos refletem a situação alterada. A cada interação, um conjunto de amostras é obtido, representando uma possível combinação de valores que poderia ocorrer.

4) Repetição do processo até que se tenha uma distribuição de frequência adequada do indicador em estudo.

Após um número de interações suficiente, a distribuição da variável resultante convergirá para uma distribuição estável.

A análise estocástica, pelo uso do método de simulação de Monte Carlo, é uma ferramenta útil e poderosa que determina o comportamento de um sistema, sob incertezas, ao longo do tempo (HARDAKER *et al.*, 1997). Entretanto, como em qualquer outra metodologia de análise, a simulação de Monte Carlo apresenta significantes limitações.

A especificação de distribuições de probabilidades que representam as variáveis de risco em estudo não é tarefa fácil. A subjetividade envolvida no desenvolvimento dessas distribuições está sujeita a críticas.

Outro problema relevante desta metodologia é a questão da dependência estocástica entre as variáveis. De acordo com Hardaker *et al.* (1997), na maioria das análises é estritamente incorreto assumir que todas as fontes de incertezas são independentes.

Uma maneira de se considerar a dependência estocástica é a utilização de coeficientes de correlações entre as variáveis. Entretanto, existem dificuldades no processo de especificação de correlações lineares, na simulação, quando duas variáveis são representadas por distribuições de diferentes formas (HARDAKER *et al.*, 1997).

11.6 CONSIDERAÇÕES FINAIS

A industrialização constitui uma das importantes alternativas na política de desenvolvimento rural

[7] O pacote computacional @RISK (Palisade Corp.) é um módulo adicional aos pacotes de planilhas eletrônicas que incorpora funções estocásticas não disponíveis no programa principal.

[8] De acordo com Hardaker *et al.* (1997), o *software* @RISK oferece mais de 30 tipos de formas funcionais de distribuições de probabilidade para se ajustar a diferentes aplicações.

do país. Os recursos destinados ao financiamento da atividade produtiva estão disponíveis nas instituições de fomento, em níveis estadual e federal. Porém, para obtenção desse crédito, seja ele para abertura de um novo empreendimento, seja para reinvestimento na empresa (equipamentos, máquinas, obras civis e capital de giro), é necessária a elaboração de um projeto, ou um plano de negócio, que evidencie a viabilidade dessa operação.

Com base em conceitos econômicos, a análise de projetos é o conjunto de procedimentos utilizados para avaliação e comparação de projetos alternativos de investimento. Assim, o sucesso de investimentos exige competentes e amplos estudos, visando oferecer ao potencial investidor uma margem de confiança para sua tomada de decisão.

Evidencia-se claramente a importância dos fatores "receita" e "custo" na rentabilidade dos projetos industriais. Entretanto, sabe-se que esses dois elementos não são independentes, de maneira que possam ser tratados e estudados isoladamente. Na realidade, as variáveis "receita" e "custo" são elementos interdependentes que interagem com outras variáveis, influenciando-as e sendo influenciados por elas. Assim, sistemicamente, nota-se a vulnerabilidade dos projetos industriais perante as incertezas de mercado, suprimento, tecnologia, concorrência etc.

Este trabalho conclui-se com a argumentação de que, na avaliação de projetos, é necessário contemplar análises que permitam compreender melhor a estrutura e o comportamento de uma indústria de bebidas, considerando componentes que influenciam dinamicamente a sustentabilidade do setor.

REFERÊNCIAS BIBLIOGRÁFICAS

AUSTIN, J. E. **Agroindustrial project analysis**: critical design factors. 2. ed. Baltimore: The Johns Hopkins University Press, 1992.

AZEVEDO, P. F. Nova Economia Institucional: referencial geral e aplicações para a agricultura. **Agricultura em São Paulo**, São Paulo, n. 47, v. 1, p. 33-52, 2000.

AZEVEDO-FILHO, A. J. B. V. **Elementos de matemática financeira e análise de projetos de investimento.** Piracicaba, SP: Departamento de Economia e Sociologia Rural, ESALQ–USP, 1995. (Série Didática, 109).

BATALHA, M. O.; SILVA, A. L. Gerenciamento de sistemas agroindustriais: definições, especificidades e correntes metodológicas. *In*: BATALHA, M. O. **Gestão agroindustrial**. São Paulo: Atlas, 2007, v. 1.

BORDEAUX-RÊGO, R. *et al.* **Viabilidade econômico-financeira de projetos**. 2. ed. Rio de Janeiro: Editora FGV, 2008. (Coleção Gerenciamento de Projetos).

BROWN, J. G. **Agroindustrial investment and operations.** Washington, D.C.: Economic Development Institute, The World Bank, 1995. (Development Studies).

CERTO, S. C.; PETER, J. P.; MARCONDES, R. C.; CESAR, A. M. R. **Administração Estratégica**. São Paulo: Pearson Education do Brasil, 2005.

CONTADOR, C. R. **Avaliação social de projetos.** São Paulo: Atlas, 1981.

HARDAKER, J. B.; HUIRNE, R. B. M.; ANDERSON, J. R. **Coping with risk in agriculture.** New York: CAB International, 1997.

HITT, M. A.; IRELAND, R. D.; HOSKISSON, R. E. **Administração estratégica**. 2. ed. São Paulo: Thomson Learning, 2008.

LOURENZANI, W. L.; SILVA, C. A. B. Programas de agroindustrialização para o desenvolvimento rural: riscos e incertezas dos projetos de implantação. **Organizações Rurais e Agroindustriais**, Lavras, v. 5, n. 1, p. 101-113, 2003.

NEVES, A. L. R. A. **Viabilidade técnico-econômica e análise de risco da implantação de microcervejarias no Brasil.** 1996. 82 f. Dissertação (Mestrado em Ciência e Tecnologia de Alimentos) – Universidade Federal de Viçosa, Viçosa, MG, 1996.

ROSS, S. A.; WESTERFIELD, R. W.; JAFFE, J. F. **Administração financeira**: corporate finance. São Paulo: Atlas, 1995.

SILVA, C. A. B.; FERNANDES, A. R. Decision support systems for small scale agroindustrial investment promotion in rural areas. **The Electronics Journal on Information Systems in Developing Countries**, Hong Kong, v. 3, 2000. Disponível em: http://www.ejisdc.org/ojs2/index.php/ejisdc/issue/view/63. Acesso em: 19 fev. 2010.

SILVA, C. R. L. Exportações brasileiras de cachaça. **Análises e Indicadores do Agronegócio,** São Paulo, v. 2, n. 4, 2007. Disponível em: http://www.iea.sp.gov.br/out/publicacoes/analises.php. Acesso em: 19 fev. 2010.

SZEKERES, S. **Considering uncertainty in project appraisal**. Washington, D.C.: Economic Development Institute, The World Bank, 1986. (Training Materials).

WOILER, S.; MATHIAS, W. F. **Projetos:** planejamento, elaboração e análise. São Paulo: Atlas, 1996.

12

Logística na indústria de bebidas

AUGUSTO HAUBER GAMEIRO
JOSÉ VICENTE CAIXETA FILHO

12.1 CONCEPÇÃO LOGÍSTICA

A palavra "logística" tem sua origem do vocábulo grego *logos*, que apresenta originalmente os significados de verbo, fala, razão e cálculo. Na época dos impérios Romano, Grego e Bizantino, existia um profissional chamado de *logistikas*, que tinha a responsabilidade sobre as atividades de distribuição física e financeira dos impérios mencionados. Mesmo em uma época na qual o meio de transporte principal era o cavalo e a comunicação era por carta ou recado, já existiam profissionais responsáveis pela função de distribuição. Sua tarefa não era desenvolvida de forma aleatória: deveria existir uma racionalidade, uma lógica na sua realização. Tem-se, portanto, uma primeira informação para o entendimento da logística: é uma atividade que implica o uso da razão, de uma lógica para a sua execução.

Historicamente, houve uma conotação militar à atividade logística. Foi assim desde a época dos grandes impérios mencionados, passando por todas as fases da história da humanidade. Distribuir tropas, armamentos, veículos e mantimentos de forma racional em uma guerra talvez seja o maior desafio de qualquer exército.

Felizmente, o desenvolvimento das atividades humanas tem feito com que a racionalidade da "logística" passasse a ser adotada em outras áreas do conhecimento e da produção. Atualmente, é inconcebível qualquer atividade empresarial que não necessite de conhecimentos e práticas logísticas para que seu desempenho seja satisfatório.

Retornando-se à história da humanidade, foi no período pós-Segunda Guerra Mundial que a logística passou a ser atividade empresarial de grande relevância. O Japão, que durante a Segunda Guerra foi praticamente desestruturado pelos aliados, tornou-se uma grande potência mundial já nas décadas de 1970 e 1980, portanto menos de trinta anos após o final da guerra. A explicação para o rápido sucesso emergente de uma potência industrial estava relacionada, entre outros motivos, a um enorme projeto de reestruturação tecnológica e de recursos humanos. Dentro daquele contexto surge a filosofia de produção e administração dos japoneses que levou muitas de suas empresas, especialmente nos setores eletrônico e automobilístico, a ameaçarem a competitividade de suas concorrentes ocidentais (PIRES, 2004).

A razão para o sucesso de tais empresas centrava-se na racionalização dos processos produtivos, especialmente na racionalização dos processos logísticos. Essa racionalização nada mais era do que um conjunto de boas práticas e procedimentos que, quando implementados nas empresas, transformavam-se em redução de custos, melhoria de qualidade, maior velocidade de produção e, consequentemente, maior competitividade.

A Toyota talvez seja o exemplo mais proeminente desse conjunto de empresas que passaram a se preocupar com a racionalização dos processos logísticos. A amplamente conhecida expressão *just in time* surgiu exatamente nos ambientes dessa empresa. A expressão sugere fazer as coisas na hora certa. A racionalização mencionada diz respeito à gestão das duas principais dimensões dos processos logísticos: a gestão do transporte e a gestão dos estoques. Surgiram filosofias, atualmente bastante conhecidas, como as de lógica do mínimo estoque, lote econômico unitário, redução nos ciclos de produção, dentre outros. O objetivo final de todas essas concepções era a redução do custo do capital imobilizado. Uma série de textos, práticas e ferramentas de gestão – não apenas de logística – surgiram, portanto, do esforço japonês para reerguer seu país.

Entre 20 e 30 anos mais tarde, o avanço tecnológico nos meios de transporte e comunicação permitiu o aumento significativo das trocas internacionais, privilegiando as empresas mais competitivas. O aumento das dimensões dos mercados traz consigo desafios logísticos ainda mais evidentes. Se antes o mercado de determinado produto era restrito a alguns poucos quilômetros do local de produção, agora os limites geográficos passam a ser ampliados e, no seu extremo, são delimitados pelo planeta Terra.

O aumento da competição também exige que as empresas organizem eficientemente todas as suas áreas de produção e comercialização, uma vez que o diferencial de competitividade pode estar em alguns poucos centavos a menos que determinada empresa gasta em um processo de transporte, por exemplo. Essa observação traz, inclusive, uma reflexão importante: apesar de a logística não ser, geralmente, a atividade-fim de uma empresa, ela acaba tendo igual importância em um contexto amplo de competição.

Autores consideram ainda ter havido nos anos recentes uma mudança de paradigma nas relações de produção. A agregação de valor a determinado produto ou serviço, que tradicionalmente era atribuída apenas à transformação física das matérias-primas em produto final, acaba ganhando uma nova concepção. Além da transformação física, o chamado "posicionamento" do produto passa a ser relevante, ou seja, garantir que o produto está no local certo e na hora certa. A área da gestão que trata dessas outras duas dimensões (espaço e tempo) é exatamente a logística. Poder-se-ia, por conseguinte, dizer que, de uma forma geral, a área de "produção" trabalha a "forma", a área de marketing trabalha a "posse" e a "logística", o "tempo" e o "lugar". Essas seriam as áreas básicas de um empreendimento qualquer.

Em termos conceituais, vale-se da definição de Daskin (1985) para dizer que logística é "planejamento e operação dos sistemas físicos, informacionais e gerenciais necessários para que insumos e produtos vençam condicionantes espaciais e temporais de forma econômica". Esta é uma das definições mais completas que se dispõe e que resume com bastante propriedade a logística.

Apenas a título de curiosidade, a influência militar na logística é tamanha que mesmo nos dias atuais ainda há algumas definições que as correlacionam. Por exemplo, tem-se a definição apresentada no conhecido dicionário Webster, que afirma que logística é "o ramo da ciência militar que lida com a obtenção, a manutenção e o transporte de materiais, pessoal e instalações".

De uma maneira mais objetiva e avançando-se no entendimento de logística, pode-se afirmar que a questão básica da logística é o gerenciamento de um conflito de custos das diversas atividades que compõe a gestão logística. Como será explorada nos próximos parágrafos, a logística é um conjunto de atividades geralmente correlacionadas. Essas atividades apresentam custos associados, e estes, via de regra, apresentam conflitos entre si: enquanto um é reduzido, o outro se eleva. Há, assim, um *trade-off* entre as atividades logísticas. O objetivo passa a ser o gerenciamento coordenado de tal conflito de custos, de modo a minimizá-los coletivamente. Portanto, a coordenação passa a ser uma palavra-chave dentro do contexto.

Para ilustrar a concepção de gerenciamento coordenado das atividades logísticas apresenta-se, na Figura 12.1, um esquema gráfico que bem a representa.

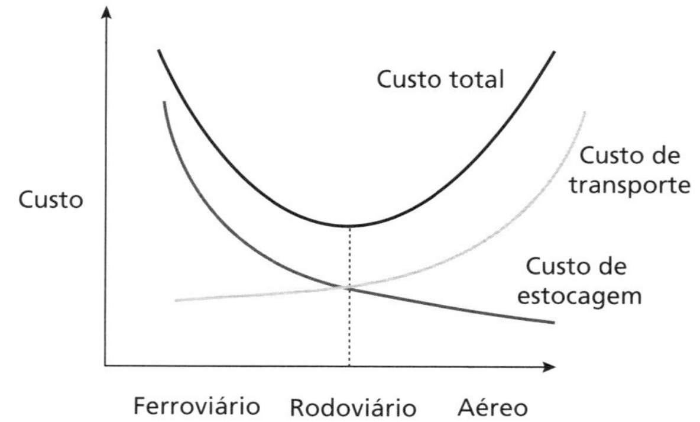

Figura 12.1 Exemplo de conflito de custos das atividades logísticas (estoque e transporte).

Fonte: Ballou (2006).

O gestor logístico, diante da necessidade de escolher o modal de transporte que minimize seu custo total, depara-se com a situação apresentada na Figura 12.1.

Modais mais rápidos, como o aéreo, apresentam custo de transporte (frete) mais elevado, muito embora, por serem mais eficientes, exijam a manutenção de baixos níveis de estoque. No extremo oposto, tem-se o transporte ferroviário, que apresenta mais baixo valor de frete, mas que, por ser muito lento, exige maiores esforços (e custos) de estocagem. Observa-se que o custo de uma atividade compensa o da outra. Claramente, no exemplo apresentando, é o modal rodoviário que se apresenta como mais competitivo ao se considerar as duas atividades conjuntamente. Este é, para o caso apresentado, o modal ótimo. Este é apenas um exemplo teórico para melhor ilustrar a questão do objetivo central da logística, que é o gerenciamento coordenado dos custos das diversas atividades (BALLOU, 2006; BOWERSOX; CLOSS, 2001).

Fica claro, portanto, que há uma série de atividades por trás do que se chama "logística". Uma classificação didática das atividades logísticas foi apresentada por Ballou (2006). O autor separa, inicialmente, as atividades logísticas em dois grandes grupos: as atividades primárias e as de apoio. Na Tabela 12.1 são descritas sucintamente essas atividades.

Tabela 12.1 Atividades logísticas.

Atividades	Objetivo
Primárias	
Transporte	Refere-se aos vários métodos para se movimentar os produtos.
Manutenção de estoque	Para se atingir um grau razoável de disponibilidade de produto, é necessário manter estoques, que agem como amortecedores entre a oferta e a demanda.
Processamento de pedidos	É um elemento crítico em termos de tempo necessário para levar bens e serviços aos clientes. É também a atividade primária que inicia a movimentação de produtos e a entrega de serviços.
De apoio	
Armazenagem	Refere-se à administração do espaço necessário para manter estoques. Envolve problemas como localização, dimensionamento de área, arranjo físico e configuração do armazém.
Manuseio de materiais	Está associado com a armazenagem e também apoia a manutenção de estoques. É uma atividade que diz respeito à movimentação do produto no local de estocagem.
Embalagem	Um dos objetivos da logística é movimentar bens sem danificá-los. As embalagens auxiliam a garantir movimentação sem quebras.
Obtenção (fluxo de entrada)	É a atividade que deixa o produto disponível para o sistema logístico. Trata da seleção das fontes de suprimento, das quantidades a serem adquiridas, da programação das compras e da forma pela qual o produto é comprado.
Programação do produto (fluxo de saída)	Enquanto a obtenção trata do suprimento (fluxo de entrada) das empresas, a programação de produto lida com a distribuição (fluxo de saída).
Manutenção de informação	Nenhuma função logística dentro de uma empresa poderia operar eficientemente sem as necessárias informações de custo e desempenho. Tais informações são essenciais para o correto planejamento e controle logístico.

Fonte: adaptada de Ballou (2006).

Interessante observar que a indústria de bebidas é particularmente rica em termos de atividades logísticas. Todas as nove atividades apresentadas na Tabela 12.1 estão presentes e são fundamentais para a produção e comercialização de bebidas.

Finalmente, para concluir a primeira parte deste capítulo, resgata-se o conceito de Daskin, apresentado anteriormente, para ressaltar que, quando se fala em logística, não se pode – pelo menos em princípio – segregar as atividades dos insumos das atividades dos produtos finais. Em outras palavras, devido à correlação entre as atividades logísticas desses dois segmentos, a gestão logística na indústria de bebidas deve considerá-la sob uma mesma perspectiva.

Algumas importantes matérias-primas utilizadas na indústria de bebidas são volumosas e exigem logísticas específicas. Por exemplo, em cervejarias com fábricas de refrigerantes anexas, têm-se grande volume de compras de açúcar, malte, adjuntos, embalagens etc. Por outro lado, há toda a distribuição dos produtos acabados, nas suas diversas formas. Eventualmente, os locais de estoque de matérias-primas e produtos acabados podem ser comuns, os veículos podem ser aproveitados, os equipamentos de movimentação de materiais também podem ser os mesmos etc.

Este capítulo irá focar na logística e, principalmente, no transporte das matérias-primas caracterizadas como *commodities* agrícolas sólidas, como o açúcar e o malte; e na logística dos produtos acabados: as bebidas envasadas, especialmente cerveja e refrigerantes. Esses são os insumos e produtos que apresentam o maior volume dentro da indústria em questão.

Antes de se passar para o transporte específico de bebidas e suas matérias-primas, será apresentado um item que versa sobre os modais de transporte existentes e a infraestrutura logística no Brasil. Tais informações são importantes para a adequada contextualização do ambiente em que a logística de bebidas está inserida.

12.2 MODAIS DE TRANSPORTE E INFRAESTRUTURA LOGÍSTICA

Entende-se por modal de transporte o tipo de veículo e infraestrutura utilizados para a movimentação de materiais. Os principais modais de transporte disponíveis para o transporte de bebidas e suas matérias-primas são o rodoviário, o ferroviário e o hidroviário. As peculiaridades de cada um foram sistematizadas em Caixeta Filho e Gameiro (2001) e são apresentadas na sequência.

Rodoviário: é indubitavelmente o modal mais flexível, isso por ser o menos exigente em termos de infraestrutura. Havendo uma estrada ou rua, o caminhão poderá ser utilizado. Devido a essa característica de poder pegar a mercadoria em, teoricamente, qualquer lugar e levá-la para qualquer outro lugar, é chamado de "porta a porta". Esta é, provavelmente, a maior vantagem deste modal. Em termos de custo do serviço de transporte, o modal rodoviário apresenta um custo variável alto e custo fixo baixo. Em poucas palavras, o custo do transporte aumenta rapidamente em função do aumento do produto de transporte (em decorrência do aumento da distância viajada, por exemplo). Mas, por outro lado, em relação aos outros dois modais, é o menos exigente em termos de investimento financeiro para se começar a operar (custo fixo baixo). Nesse sentido, via de regra, o transportador rodoviário não é "dono" nem responsável pela manutenção da rodovia, o que também concorre para reduzidos custos fixos. Devido à grande flexibilidade deste modal, ele acaba sendo o dominante para o transporte de bebidas, especialmente na distribuição do atacado para o varejo, que é bastante pulverizado.

Ferroviário: é um modal de baixa flexibilidade. O trem precisa do trilho para poder viajar. Além disso, precisa de terminais de embarque e desembarque para poder carregar e descarregar as mercadorias. O transportador ferroviário, na maior parte dos casos, também é o responsável pela manutenção e conservação da via. Essas características fazem com que o custo fixo desse modal seja bastante elevado. Mas, por outro lado, há um menor consumo de combustível e um menor desgaste de material rodante, o que faz com que o seu custo variável seja reduzido. Como consequência, é um modal tecnicamente recomendado para grandes volumes e grandes distâncias. Devido à sua eficiência para essas situações de longas distâncias e grandes volumes, o modal ferroviário é tecnicamente recomendado para o transporte das matérias-primas agrícolas da indústria de bebidas, como o açúcar e o malte, entre outras.

Hidroviário: dos três modais considerados, este é o que apresenta o menor custo variável, especialmente devido a um menor consumo de combustível e à capacidade de movimentar grandes volumes de carga em uma única viagem. Por isso, é um modal recomendado para cargas volumosas de baixo valor agregado, a baixas velocidades e longas distâncias. Todavia, assim como no caso do modal ferroviário, apresenta baixa flexibilidade, pois depende de uma hidrovia perfeitamente navegável, além de terminais específicos para embarque e desembarque. É tecnicamente recomendado para o transporte de matérias-primas agrícolas volumosas. Particularmente no caso brasileiro, este modal é bastante utilizado pra todos os tipos de cargas, inclusive bebidas, na Bacia Amazônica, mesmo porque é quase a única alternativa de movimentação disponível.

Apenas para se ter ideia da equivalência desses modais em termos de volume, um único comboio hidroviário no rio Tietê (composto por um empurrador e quatro chatas) transporta 4.800 toneladas, que é equivalente a um único trem que puxa 48 vagões do tipo *hopper* (utilizado para o transporte de granéis). Caso esse volume fosse movimentado por caminhão (considerando-se uma carreta simples), seriam necessários 178 veículos.

A competitividade de cada modal depende, portanto, do comportamento dos seus custos fixos e variáveis. A Figura 12.2 representa essa relação e permite visualizar de forma direta qual modal é tecnicamente mais recomendado para cada situação de faixa de distância.

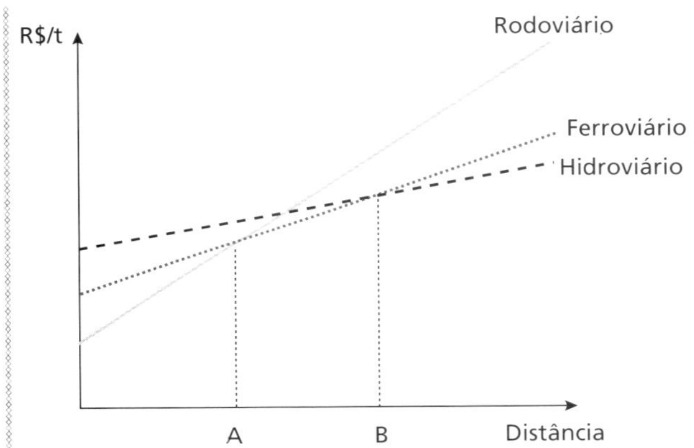

Figura 12.2 Comportamento do custo de transporte (R$/t) em função da distância percorrida por cada um dos modais de transporte representados.

Observa-se que o custo fixo (representado pela intersecção das curvas de custo no eixo vertical) é menor para o modal rodoviário em relação ao ferroviário e desse em relação ao hidroviário. O custo variável (representado pela inclinação das curvas) é maior para o modal rodoviário, de modo que, para longas distâncias – a partir de "A" quilômetros – este modal passa a perder competitividade para os demais. Por esse motivo, o modal rodoviário é recomendado para distâncias menores.

Essa é uma análise técnica que representa a competitividade dos diferentes modais, mas sob a hipótese de que as três alternativas estão plenamente disponíveis para a movimentação de cargas, o que não acontece na realidade brasileira.

Como é sabido por muitos, há uma predominância do modal rodoviário no Brasil, especialmente pela carência de investimentos nas infraestruturas ferroviária e hidroviária, que exigem vultosos volumes de investimento para sua plena operação. Este é um tema bastante interessante e, de certo modo, complexo, que exigiria muitas páginas para ser tratado, uma vez que se precisaria voltar ao passado do país para entender o contexto histórico das decisões tomadas quanto aos investimentos ou não investimentos.

Como este não é o objetivo, é importante apenas saber que o modal rodoviário domina a chamada matriz de transporte do país, sendo responsável por algo em torno de 80% do volume de cargas transportadas (excluindo-se os minérios). O modal ferroviário responde por aproximadamente 16% da movimentação, e o hidroviário, pelos 4% restantes.

É importante saber, também, que devido à baixa oferta de transporte ferroviário e hidroviário no país, o modal rodoviário acaba sendo o responsável pela movimentação de cargas em situações que tecnicamente não seria recomendado. Este é o caso típico do transporte de *commodities* agrícolas – que apresentam baixo valor agregado – em distâncias acima de 1.000 quilômetros, que são muito comuns no país, dadas as longas distâncias que separam as regiões de fronteira agrícola das regiões industriais e consumidoras.

O desequilíbrio na matriz de transporte do Brasil também pode ser facilmente compreendido quando se compara a densidade dos sistemas viários do país com a de outros países. Na Tabela 12.2 são apresentadas as densidades rodoviárias e ferroviárias de alguns países selecionados.

Tabela 12.2 Densidade das malhas rodoviárias e ferroviárias de países selecionados.

PAÍS	km rodovias pavimentadas/ 1.000 km² superfície	km ferrovias/ 1.000 km² superfície
Alemanha	1.390	107
Brasil	19	3
EUA	397	17
França	1.491	58
Japão	2.117	54
México	49	14

Fonte: adaptada de Caixeta Filho e Gameiro (2001).

Observa-se que a densidade viária brasileira está bastante aquém das dos demais países. Essa falta de investimento em infraestrutura configura-se como um significativo gargalo para a logística no país, independentemente do setor e do tipo de carga.

12.3 TRANSPORTE DE BEBIDAS E SUAS MATÉRIAS-PRIMAS

O transporte na indústria de bebidas pode ser representado esquematicamente por meio da Figura 12.3.

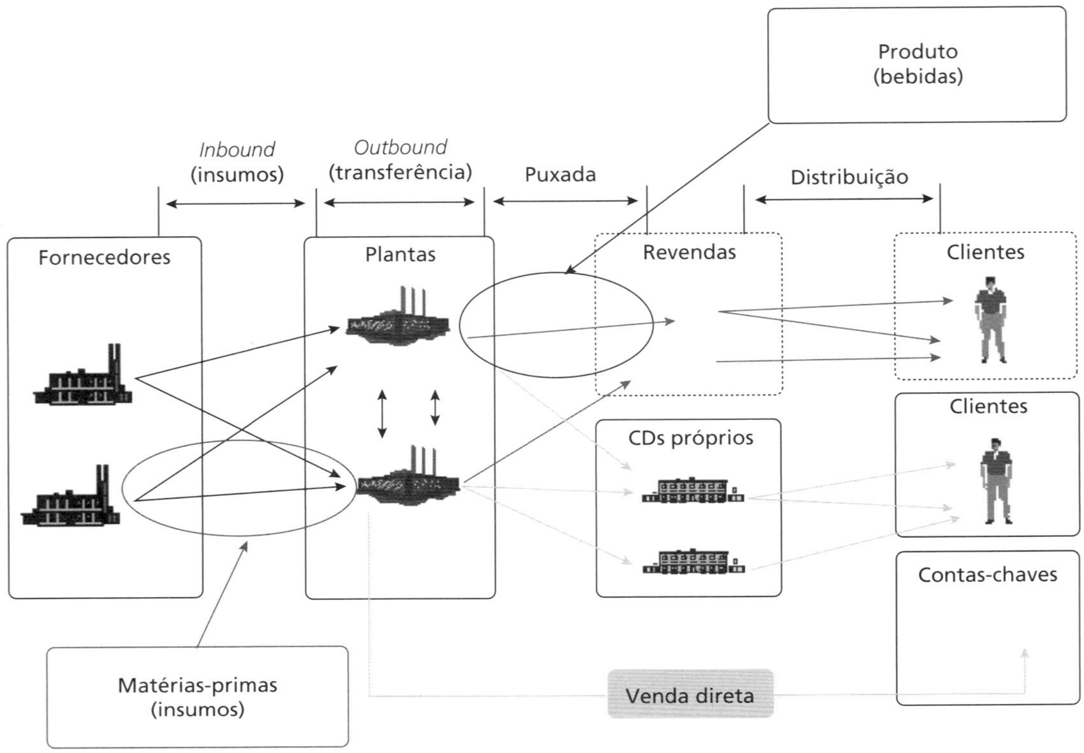

Figura 12.3 Representação esquemática do transporte na indústria de bebidas.

O transporte das matérias-primas dos fornecedores para as plantas industriais compõe uma etapa da logística que é chamada de suprimento ou *inbound*. O transporte de produto acabado a partir da sua fabricação nas plantas industriais é denominado distribuição ou *outbound*. No dia a dia do setor, essa distribuição recebe a denominação popular de "puxada". Essa distribuição pode ocorrer com destino às revendas de bebidas, com destino aos centros de distribuição (CDs) próprios, com destino a grandes clientes (geralmente grandes grupos varejistas que compram diretamente das fábricas) ou com destino a outras plantas industriais, caso este em que recebe a denominação de transferência. A partir das revendas e/ou dos CDs, os produtos precisam chegar ao setor varejista, que atenderá os consumidores finais. Esse varejo pode ser desde uma rede de supermercados, minimercados, mercearias, padarias, restaurantes e bares (até mesmo os chamados "botecos").

Pode-se, por conseguinte, definir três grandes grupos de logísticas distintas: i) a das matérias-primas dos fornecedores para as fábricas de bebidas; ii) a de produtos acabados em veículos fechados, de maior capacidade, entre fábricas e distribuidores; e iii) a de produtos fracionados em veículos menores visando o acesso aos pontos finais de venda, principalmente em centros urbanos.

Interessante notar que, visando atender diferentes mercados regionais, as empresas de bebidas acabam instalando-se de forma bastante pulverizada no território nacional. As empresas maiores, principalmente, adotam tal estratégia geográfica, como pode ser observado na Tabela 12.3, a partir da localização das plantas das empresas fabricantes de cerveja associadas ao Sindicato dos Fabricantes de Cerveja (Sindicerv).

Tabela 12.3 Localização das principais fábricas de cerveja no Brasil.

Empresa	Localização de suas fábricas
Ambev	Campo Grande (RJ); Juatuba, Contagem e Araguarí (MG); Camaçari (BA); Guarulhos, Agudos, Jacareí, Jundiaí, São Paulo, Jaguariúna (SP); Manaus (AM); Gama (DF); Anápolis e Goiás (GO); Cuiabá (MT); Viamão, Getúlio Vargas, Monte Negro, Estrela, Sapucaia do Sul e Porto Alegre (RS); Curitiba e Almirante Tamandaré (PR); Lages (SC); Cabo (PE); Estância (SE); Fortaleza e Aquira (CE); São Luís (MA); João Pessoa (PB); Belém (PA); São Gonçalo do Amarante (RN) e Teres na (PI)
Primo Schincariol Indústria de Cerveja e Refrigerantes	Itu (SP); Alagoinhas (BA); Cachoeiras de Macacu (RJ); Caxias (MA); Alexânia (GO); Recife (PE); Igrejinha (RS) e Benevides (PA)
Cervejarias Kaiser do Brasil	Araraquara e Jacareí (SP); Ponta Grossa (PR); Gravataí (RS); Feira de Santana (BA); Pacatu (CE); Manaus (AM) e Cuiabá (MT)
Cervejaria Cintra	Mogi Mirim (SP) e Piraí (RJ)
Cervejaria Petrópolis	Boituva (SP) e Petrópolis (RJ)
Cerpa	Belém (PA)
Cervejaria Baden Baden	Campos do Jordão (SP)
Cervejaria Conti	Cândido Mota (SP)
Cervejaria Teresópolis	Teresópolis (RJ)
Convenção São Paulo Indústria de Bebidas	Caieiras (SP)

Fonte: Sindicerv (2008).

Para melhor se visualizar a ampla distribuição geográfica na indústria de bebidas, toma-se como exemplo o caso da empresa líder no setor de cervejas, a Ambev. Na Figura 12.4 são ilustradas algumas das suas principais origens (fábricas) e dos seus principais destinos (revendas e CDs).

Essa ampla distribuição geográfica implica significativos esforços logísticos para atender de forma eficiente a todos os mercados. Essa tarefa exige toda uma estrutura física de veículos, armazéns, terminais e vias de transporte, bem como uma estrutura negocial e contratual com filiais, representantes, distribuidores, prepostos etc.

Para a movimentação de matérias-primas como o açúcar e o malte, ou as *commodities* agrícolas sólidas de uma forma geral, utilizam-se veículos de transporte pouco específicos, especialmente as chamadas carretas graneleiras. Em outras palavras, pensando-se no modal rodoviário, por exemplo, têm-se caminhões cujas carretas podem ser utilizadas para o transporte de uma grande variedade de cargas, como os próprios grãos agrícolas, minérios, madeira, sacarias etc. Essa característica é importante para o entendimento do mercado de transporte (mercado de frete) para essas cargas. Como não há especificidade dos veículos por um lado e, por outro, há um volume muito grande de cargas dessa natureza a serem transportadas, há uma grande oferta desse tipo de transporte, bem como uma grande demanda. Devido à relativa facilidade de se adquirir caminhões no Brasil (baixo custo fixo), esse mercado de fretes tende a ser caracterizado como um mercado bastante concorrencial, com muitos ofertantes, muitos demandantes, inexistência de barreiras à entrada e serviço homogêneo. Esse é o perfil típico do mercado de fretes de soja, milho, arroz, cevada, malte, açúcar, fertilizantes, minérios etc.

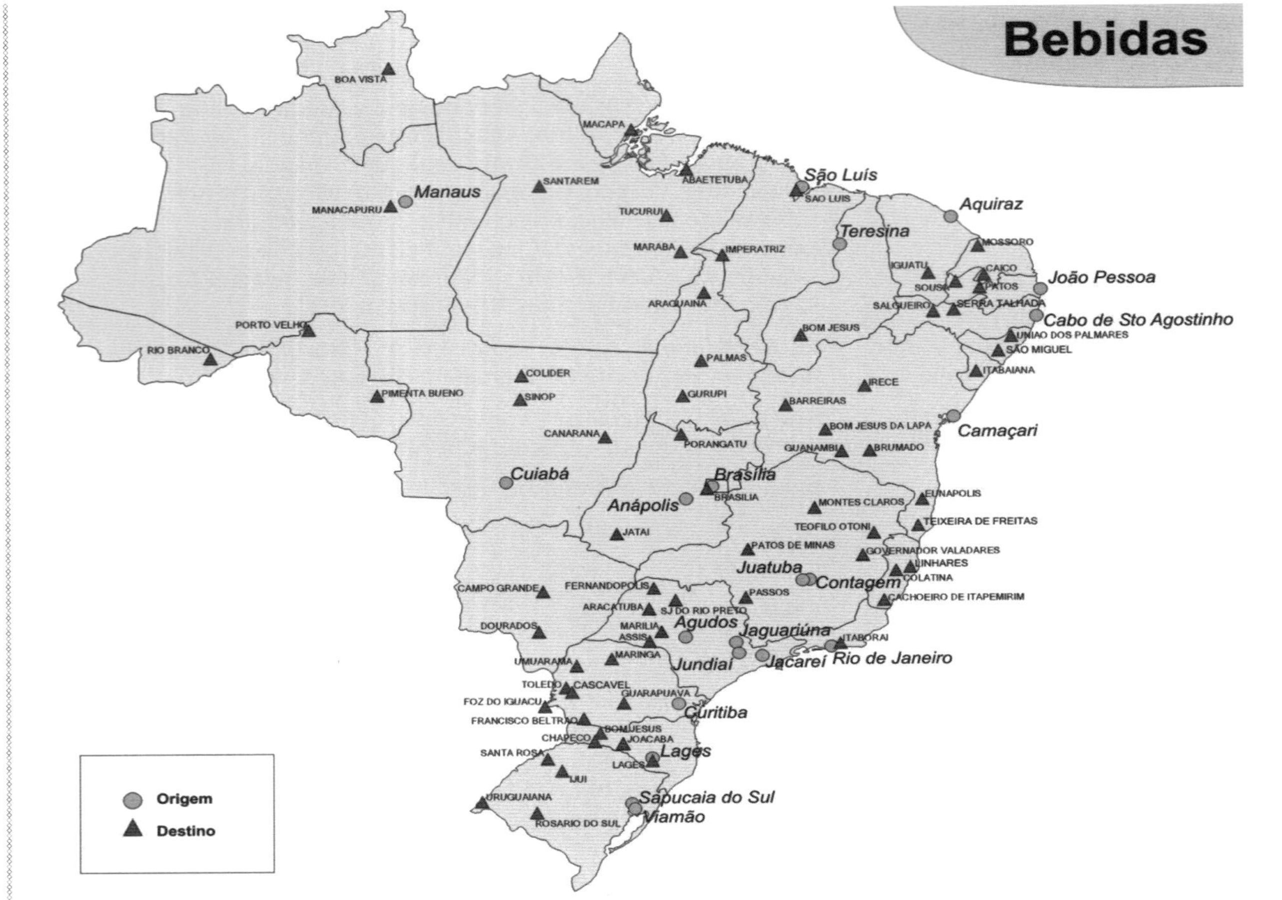

Figura 12.4 Localização de algumas fábricas e distribuidores da empresa líder da indústria de cervejas no Brasil.

Fonte: Esalq-LOG/Gismaps (2008).

Interessante notar, inclusive, que tais veículos também podem ser utilizados para o transporte de bebidas. Ainda que não sejam especializados para esse tipo de carga, podem movimentá-la adequadamente. Geralmente, em épocas do ano nas quais a demanda por bebidas aumenta de forma expressiva – como nas proximidades do Carnaval, por exemplo –, as empresas fabricantes e os distribuidores acabam sendo obrigados a contratar esse tipo de transporte, uma vez que os caminhões especializados para o transporte de bebidas – como aqueles do tipo *sider* – já estão comprometidos.

Na Figura 12.5 são apresentados os principais equipamentos utilizados nesse mercado de transporte: i) o *truck*, com capacidade para 15 toneladas, geralmente utilizado para distâncias mais curtas; ii) a carreta simples (semirreboque), com capacidade para 27 toneladas, que até alguns poucos anos era o principal equipamento para a movimentação de granéis em longas distâncias no país; iii) o bitrem, com capacidade para 37 toneladas, que atualmente é o equipamento mais utilizado no país, por apresentar economias de escala (o custo de transporte por tonelada é reduzido por movimentar um volume maior de carga); e iv) rodotrem, com capacidade ao redor de 50 toneladas, que, exatamente por ter grande dimensão (peso excessivo), sofre algumas restrições de tráfego em alguns locais e estradas estaduais brasileiras, além de sofrer restrições operacionais para pesagem em algumas balanças e dificuldade de manobra em alguns pátios fabris.

A oferta nesse mercado de transporte é feita tanto por empresas de transporte, que são pessoas jurídicas chamadas genericamente de "transportadores", e por profissionais autônomos, que são pessoas físicas que geralmente dispõem de um único veículo, que são chamados de carreteiros ou apenas transportadores autônomos. É bastante comum a situação em que as transportadoras acabam por subcontratar os autônomos no mercado, situação na qual esses últimos acabam recebendo a denominação de "agregados". Quando as transportadoras operam com seus veículos e motoristas (funcionários) próprios, recebem o nome de "frotistas".

Nos últimos anos percebe-se claramente uma profissionalização nesse mercado de transporte, uma vez que os embarcadores – aqueles que possuem a carga e contratam o serviço de transporte – passam a ser cada vez mais exigentes em relação à qualidade do serviço de que contratam. Essas exigências referem-se, principalmente, à segurança da carga e do ambiente, pontualidade, regularidade etc. Na prática, as empresas de bebida, quando contratam esses serviços, procuram fazê-lo por meio de transportadoras, evitando a contratação direta de autônomos, especialmente por serem esses muito pulverizados e heterogêneos.

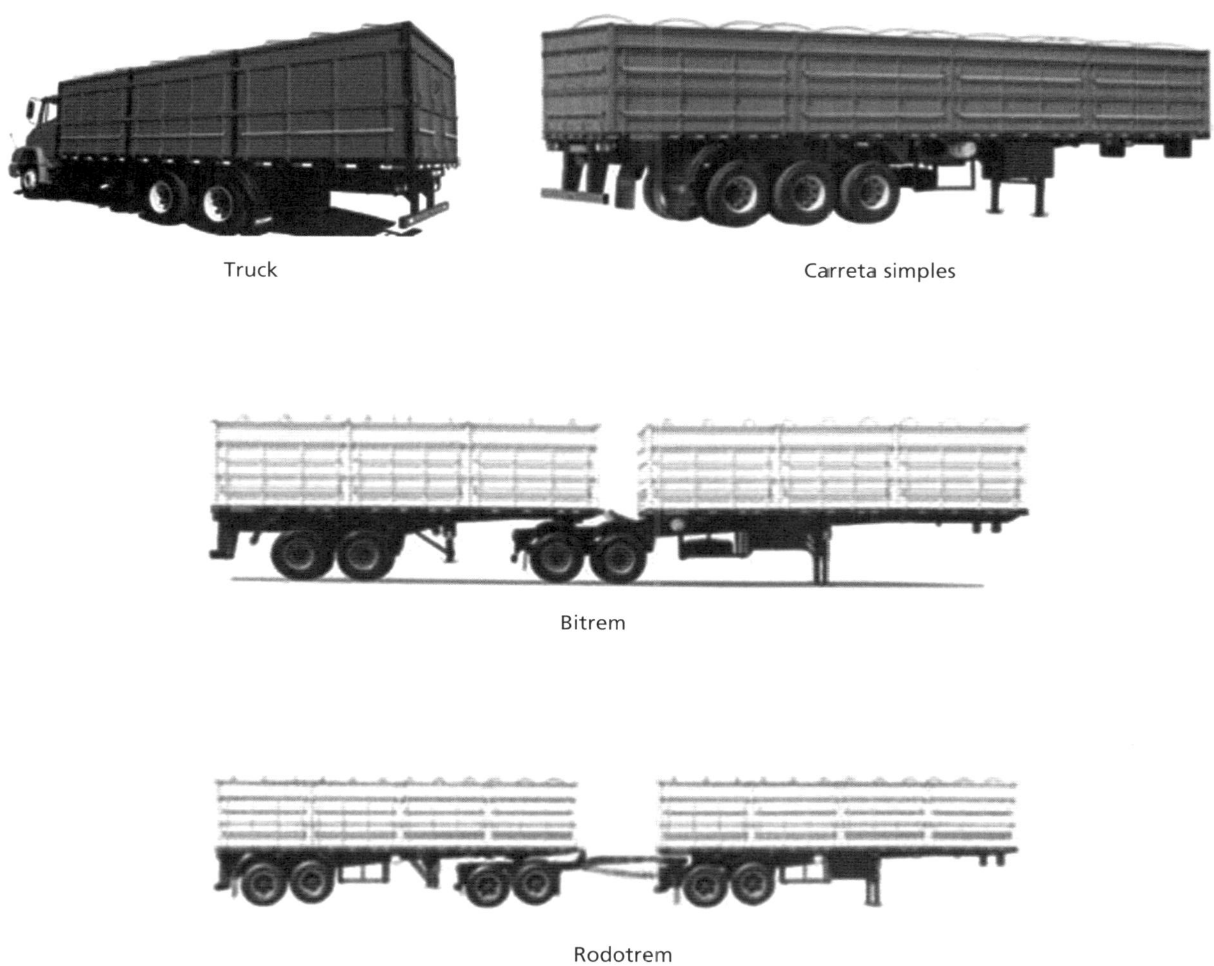

Figura 12.5 Principais equipamentos de transporte para cargas secas em geral (carrocerias comuns).

Fonte: Guerra (2008).

Esse tipo de transporte, no caso da indústria de bebidas e mais especificamente de refrigerantes e cervejas, é utilizado para o suprimento de açúcar e malte, que são duas das mais importantes matérias-primas. O açúcar, apesar de ser um produto processado, é considerado uma *commodity* agrícola. Seu transporte geralmente ocorre com o produto ensacado (sacas de 50 kg) ou em *bags* (que podem chegar até pouco mais de 1 tonelada). A produção de açúcar no Brasil é concentrada no estado de São Paulo (que, sozinho, produz ao redor de 62% de todo o açúcar brasileiro), na região do nordeste brasileiro (que responde por 12% do total nacional) e nos estados do Paraná (7,5%), Minas Gerais (6,8%),

Goiás (3,8%), Mato Grosso (3,1%) e Mato Grosso do Sul (2,7%).

A cevada, por sua vez, é um cereal de inverno produzido nos estados do sul do Brasil, especialmente no Paraná. Todavia, o país não é autossuficiente na produção desta matéria-prima, sendo necessárias importações, principalmente da Argentina, do Uruguai, da Europa e do Canadá. Da cevada, produz-se o malte, que é, especificamente, a matéria-prima para a fabricação de cerveja. O Brasil produz apenas um terço da necessidade total de malte, em três maltarias, sendo uma no Rio Grande do Sul, outra no Paraná e uma terceira em São Paulo. Outro terço do malte é importado dos países do Mercosul, e o último terço, de países da Europa e do Canadá. As importações chegam ao Brasil principalmente por navio. Os portos de Paranaguá (PR) e Santos (SP) são as principais portas de entrada no país. Desses portos, o malte precisa ser destinado às fábricas, quando então os caminhões são utilizados para essa movimentação.

O modal ferroviário pode, em algumas situações específicas, ser utilizado para o transporte dessas duas matérias-primas. No caso do açúcar, sua movimentação ferroviária tem aumentado significativamente nos últimos anos, mas principalmente para o açúcar a granel, com destino às exportações. No caso do açúcar para consumo interno, o transporte rodoviário continua sendo o dominante.

A segunda logística considerada neste capítulo é aquela do produto acabado (bebidas prontas) das fábricas para os distribuidores. Como já mencionado nos parágrafos anteriores, essa logística pode ser feita por veículos com carrocerias comuns, apesar de não serem específicas para esse fim. Operacionalmente, o ideal para essa logística é o uso de veículos com carrocerias específicas, conhecidas como *sider*, em alusão à facilidade de carregar/descarregar a carroceria com empilhadeiras pelos lados (*sides*).

Assim como no caso da logística das matérias-primas, este também é geralmente um transporte considerado de "carga fechada", no qual a totalidade da carga sai de uma única origem para um único destino, sem ser fracionada ou composta. Por esse motivo, são volumes grandes, que variam de 20 a 28 paletes de bebidas. Um "palete" é uma estrutura unitária utilizada na logística de bebidas. Trata-se, basicamente, de uma plataforma de madeira medindo 1 m por 1,20 m, sobre a qual o produto é acomodado em engradados, em pacotes ou em caixas, independentemente da forma como as bebidas são envazadas (PET, *long-neck*, latas etc.). Essa unitização (transformação da carga em unidades de volumes equivalentes, o palete) é fundamental para se ter eficiência logística na movimentação, na armazenagem, no transporte e no controle das mercadorias.

Na Figura 12.6 são apresentadas fotografias de carretas (semirreboque) tipo *sider*, cuja capacidade varia de 20 a 26 paletes. Na Figura 12.7 são apresentadas figuras de bitrens tipo *sider*, cuja capacidade pode chegar a 28 paletes.

Diferentemente do transporte de carga seca em geral, como descrito, observa-se que esse tipo de carroceria é específico para carga paletizada, inclusive bebidas. Consequentemente, a estrutura do mercado desse tipo de transporte é diferente, devido a essa especificidade do ativo (carroceria). Para que uma transportadora decida por investir nesse tipo de veículo (mais específico), exige-se alguma garantia por parte dos embarcadores. Por conseguinte, contratos de prazos mais longos (de no mínimo um ano, geralmente) são estabelecidos entre as empresas de bebidas e as transportadoras. Os veículos das transportadoras ficam, portanto, dedicados a servirem determinado fabricante ou distribuidor.

Em alguns casos mais específicos, as empresas de bebidas adquirem – ou mesmo arrendam – tais equipamentos de transporte e montam estrutura logística própria para a distribuição dos seus produtos. Mas isso não é regra, dado que as empresas de bebidas procuram focar no seu negócio e contratar transportadores especializados para operar o serviço de transporte.

A terceira etapa da logística de bebidas considerada é aquela dos produtos fracionados, cujo transporte é realizado por veículos menores, visando ao acesso aos pontos finais de venda, principalmente em centros urbanos. A responsabilidade por essa etapa geralmente é dos distribuidores, que são os representantes regionais das empresas de bebidas.

Figura 12.6 Fotografias de carretas semirreboque *sider*.

Fonte: Randon (2008).

Figura 12.7 Fotografias de bitrens *sider*.

Fonte: Randon (2008).

Figura 12.8 Fotografias de veículos com carroceria plana para a distribuição de bebidas para o varejo.

Fonte: Randon (2008).

Figura 12.9 Fotografias de veículos com carroceria rebaixada para a distribuição de bebidas para o varejo.

Fonte: Randon (2008).

Nas Figuras 12.8 e 12.9 são apresentadas fotografias de alguns veículos utilizados nessa logística. Inicialmente são ilustradas as carrocerias planas e, na sequência, as carrocerias rebaixadas, que vêm sendo muito utilizadas recentemente por facilitarem a operação de carga e descarga, especialmente quando é feita manualmente (por carregadores).

Como pode ser observado, são veículos de dimensões menores, para facilitar o trânsito em grandes centros urbanos e o acesso aos estabelecimentos varejistas. A capacidade dessas carrocerias varia de 6 a 10 paletes.

A eficiência na operação logística – para qualquer uma das três etapas logísticas apresentadas – é crucial para obter-se competitividade na indústria de bebidas. Por esse motivo, deve-se ter uma gestão bastante acurada das atividades logísticas, especialmente no controle dos custos.

A seguir, apresenta-se um modelo de custeio da atividade de transporte. Tal modelo, além de ser uma ferramenta para se aferir a eficiência do transporte, é útil no sentido de permitir a realização de simulações que mostram a sensibilidade da variação nos preços dos equipamentos e insumos utilizados no transporte. O modelo apresentado está baseado em metodologia proposta em Figueiredo *et al.* (2003) e separa os custos do transporte em duas categorias, como em uma análise tradicional de custo: os custos fixos e os variáveis. O Quadro 12.1 apresenta as fórmulas para cálculo dos custos.

Quadro 12.1 Formulário para cálculo do custo fixo e variável do transporte rodoviário de cargas.

Custos	
Fixo	**Variável**
Depreciação $C_{dep} = \frac{V_{aquisição} - V_{residual}}{n.\ meses}$	Pneu $C_{pneu} = \frac{n.\ pneus \times (p_1 + n_{recap} \times p_2)}{vida\ útil\ pneu\ com\ recapagem}$ onde p_1 = preço unitário pneu novo p_2 = preço recapagem
Remuneração do capital $C_{rcap} = V_{aquisição} \times \left(\sqrt[12]{1 + taxa_{anual}} - 1\right)$	Óleo $C_{óleo} = \frac{preço \times capacidade}{intervalo\ trocas}$
IPVA e Seguro Obrigatório $C_{IPVA\ seg} = \frac{Valor\ anual}{12}$	Lubrificação $C_{lubr} = \frac{custo\ lubrificação}{intervalo\ trocas}$
Seguro $C_{seg} = \frac{7\% \times V_{aquisição}}{12}$	Combustível $C_{comb} = \frac{preço\ litro}{rendimento}$
Pessoal: Salários + encargos	Manutenção: custo estimado por km

Fonte: baseado em Figueiredo *et al.* (2003).

Os custos fixos são aqueles que não variam em função da quantidade de serviço de transporte prestado. Esses custos são: a depreciação, a remuneração do capital (em caso de aquisição dos ativos com capital próprio), o IPVA (imposto sobre veículos automotores) e o Seguro Obrigatório, o seguro do veículo e as despesas com pessoal contratado (motoristas funcionários). O custo fixo é calculado para um período predeterminado: em reais por mês (R$/mês).

Os custos variáveis são aqueles que variam em função da quantidade de serviço de transporte prestado, que pode estar relacionado à quantidade de carga e/ou à distância percorrida. No caso do modelo aqui apresentado, este custo varia com a distância transportada. É, portanto, expresso em R$/km viajado. Compõem os custos variáveis: os pneus, os óleos, a lubrificação, o combustível e a manutenção.

Conhecida a rota a ser atendida pelo serviço de transporte, estima-se o tempo necessário para carregar, viajar e descarregar, bem como a distância a ser viajada. Com essas informações de tempo (horas) e distância (quilômetros), calcula-se o custo fixo e o custo variável do serviço. Na sequência, deve-se acrescentar os impostos sobre serviços (ICMS, PIS, Cofins, IRPJ, CSLL etc.), a margem de lucro desejada pelo transportador e os pedágios, caso existam. Esse valor calculado é denominado de "frete técnico" e é um importante balizador para o mercado de transporte.

Utilizando essa metodologia, calculou-se o frete técnico para o transporte rodoviário de bebidas e suas matérias-primas com carrocerias comuns (para carga seca em geral), a partir dos dados de preços dos insumos utilizados no transporte, levantados pelo Grupo de Pesquisa e Extensão em Logística Agroindustrial (Esalq-LOG) durante o mês de dezembro de 2008. Os fretes calculados são apresentados na Tabela 12.4.

Tabela 12.4 Frete técnico para o transporte rodoviário de bebidas e suas matérias-primas com carrocerias comuns.

Distância	Frete técnico	
(km)	Carreta (27 t)	Bitrem (37 t)
	(R$/t)	(R$/t)
100	17,70	15,76
200	30,58	27,24
300	43,46	38,71
400	56,34	50,19
500	69,22	61,66
600	82,09	73,14
700	94,97	84,62
800	107,85	96,09
900	120,73	107,57
1.000	133,60	119,04
1.500	197,99	176,42
2.000	262,38	233,80
2.500	326,77	291,18
3.000	391,16	348,56
3.500	455,55	405,94
4.000	519,94	463,32

Consideraram-se faixas de distância de 100 a 4.000 quilômetros. Além disso, deve-se ressaltar que esses fretes consideram apenas os custos de ir e não de retornar com o veículo. Em outras palavras, partiu-se da hipótese de que o transportador conseguiria uma chamada "carga de retorno" no destino original, de modo que os custos do retorno seriam cobertos pelo frete cobrado do embarcador contratante do frete de retorno.

Essa hipótese – de que se obteria carga de retorno – é bastante forte, mas em muitas situações o transportador não consegue esse serviço de retorno, ou se o faz, o frete cobrado pode estar aquém do valor de mercado. Caso esta seja a situação (não obtenção de carga de retorno), os fretes técnicos apresentados na Tabela 12.4 praticamente dobram, pois o custo do retorno também passa a ter de ser pago pelo frete de ida.

Planejar adequadamente a logística, procurando-se otimizar não apenas os veículos, mas também os espaços nos armazéns, os equipamentos de movimentação e todos os ativos utilizados na logística é, por conseguinte, fundamental no contexto da indústria de bebidas.

REFERÊNCIAS BIBLIOGRÁFICAS

BALLOU, R. H. **Gerenciamento da cadeia de suprimentos**: planejamento, organização e logística empresarial. 5. ed. Porto alegre: Bookman, 2006.

BOWERSOX, D. J.; CLOSS, D. J. **Logística empresarial**: o processo de integração da cadeia de suprimento. São Paulo: Atlas, 2001.

CAIXETA FILHO, J. V.; GAMEIRO, A. H. (orgs.). **Transporte e logística em sistemas agroindustriais**. São Paulo: Atlas, 2001.

DASKIN, M. S. Logistics: an overview of the state of the art and perspectives on future research. **Transportation Research – A**, v. 19A, n. 5/6, p. 383-393, 1985.

FIGUEIREDO, K. F.; FLEURY, P. F.; WANKE, P. (orgs.). **Logística e gerenciamento da cadeia de suprimentos**: planejamento do fluxo de produtos e dos recursos. São Paulo: Atlas, 2003.

GUERRA. Fabricante de equipamentos rodoviários. Disponível em: http://www.aguerra.com.br. Acesso em: 20 dez. 2008.

PIRES, S. R. I. **Gestão da cadeia de suprimentos**: conceitos, estratégias, práticas e casos. São Paulo: Atlas, 2004.

RANDON. Fabricante de equipamentos rodoviários. Disponível em: http://www.randon.com.br. Acesso em: 20 dez. 2008.

SINDICERV. Sindicato dos Fabricantes de Cerveja. Disponível em: http://www.sindicerv.com.br. Acesso em: 20 dez. 2008.

13 Boas Práticas de Fabricação (BPF) e Análise de Perigos e Pontos Críticos de Controle (APPCC) em indústrias de bebidas

GIOVANA GIOVANNI

13.1 INTRODUÇÃO

O presente capítulo aborda de maneira simplificada e concisa as etapas necessárias à implantação do Sistema de Análise de Perigo e Pontos Críticos de Controle (APPCC) na indústria de alimentos e bebidas, de forma que o leitor tenha um parâmetro e até alguns esclarecimentos sobre as fases de implantação.

O Sistema APPCC é uma ferramenta fundamental da melhoria contínua da qualidade para as indústrias alimentícias nos dias atuais. E como é uma ferramenta da qualidade, é necessário que o seu gerenciamento deva ser abordado com uma nova visão administrativa, em que todas as pessoas envolvidas entendam e incorporem o sistema e passem a desempenhar suas funções em equipe, visando sempre aos mesmos objetivos. Podemos definir, então, que implantar e implementar o Sistema APPCC consiste no "gerenciamento da qualidade", que por sua vez é uma filosofia que tem por finalidade melhorar continuamente a produtividade em cada nível de operação e em cada área funcional de uma organização, utilizando todos os recursos financeiros e humanos disponíveis. A melhoria é direcionada para satisfazer objetivos amplos, como custo, qualidade, visão de mercado, planejamento e crescimento da empresa. O gerenciamento da qualidade combina técnicas fundamentais de administração, esforços de melhorias existentes e inovadoras, e técnicas especiais para aperfeiçoar continuamente todos os processos. Isto demanda comprometimento, disciplina e um esforço crescente.

13.1.1 Histórico

O Sistema Análise de Perigos e Pontos Críticos de Controle (APPCC), conhecido internacionalmente por *Hazard Analysis and Critical Control Points* (HACCP), originou-se na indústria química, particularmente na Grã-Bretanha, aproximadamente 40 anos atrás.

Nos anos 1950, 1960 e 1970, a Comissão de Energia Atômica utilizou extensivamente os princípios APPCC nos projetos das plantas de energia nuclear, de modo a torná-los seguros para os 200 anos seguintes.

Com o envio do homem à Lua, no final dos anos 1960, a National Aeronautics and Space Administration (Nasa), dos Estados Unidos, estabeleceu como prioridade o estudo da segurança da saúde dos astronautas no sentido de eliminar a possibilidade de doença durante a permanência no espaço. Entre as possíveis doenças que poderiam afetar os astronautas, as consideradas mais importantes foram aquelas associadas às suas fontes alimentares.

A Companhia Pillsbury foi escolhida para desenvolver sistemas de controle mais efetivos para o processamento dos alimentos seguros para o programa espacial da NASA. Após intensa avaliação, concluiu-se que o único meio de consegui-lo seria estabelecer controle em todas as etapas de preparação do alimento, incluindo matéria-prima, ambiente, processo, pessoas, estocagem, distribuição e consumo.

A técnica APPCC é baseada em um sistema de engenharia conhecido como Análise de Falhas, Formas e Efeitos, do inglês FMEA (Failure, Mode and Effect Analysis) em que se observa, em cada etapa do processo, aquilo que pode sair errado, juntamente com as prováveis causas e efeitos; e, a partir daí, estabelecem-se os mecanismos de controle. A seguir, uma breve evolução do Sistema APPCC.

- 1971 – o Sistema foi apresentado pela primeira vez durante a Conferência Nacional Sobre Proteção de Alimentos, nos Estados Unidos, e, logo depois, serviu como base para a Administração de Alimentos e Medicamentos (*Food and Drud Administration* – FDA) desenvolver a regulamentação legal para a elaboração de alimentos de baixa acidez.
- 1973 – foi publicado o primeiro documento, detalhando a técnica da APPCC, *Food Safety Through the Hazard Analysis and Crticial Control Points System* pela Pillsbury Company, que serviu de base para o treinamento dos inspetores da Administração de Alimentos e Medicamentos (FDA) dos Estados Unidos.
- 1985 – em resposta à solicitação das agências de controle e fiscalização dos alimentos, a Academia Nacional de Ciência dos Estados Unidos recomendou o uso do Sistema Análise de Perigos e Pontos Críticos de Controle em programas de proteção de alimentos, sugerindo que, tanto o pessoal das indústrias de alimentos como o dos órgãos governamentais fossem treinados.
- 1993 – a Comissão Codex Alimentarius incorporou o *Guidelines for the Application of the HACCP System*.
- 1998 – a Comissão Internacional de Especificações Microbiológicas para Alimentos (ICMSF) editou um livro, propondo o Sistema APPCC como instrumento fundamental no controle de qualidade, do ponto de vista de higiene e microbiologia.
- No Brasil, as Boas Práticas (BP) já eram exigidas há muitos anos (na década de 1960 já havia portaria do Ministério da Saúde – MS) e o Sistema APPCC foi introduzido na década de 1990 pela Secretaria de Pesca (Sepes) do Ministério da Agricultura, atual Ministério de Agricultura, Pecuária e Abastecimento (Mapa). Em 1993, tanto o Mapa quanto o MS já tinham portarias exigindo o uso do Sistema (Portaria n. 1428 do Ministério da Saúde estabelece obrigatoriedade e procedimentos da implantação do Sistema APPCC nas indústrias de alimentos, para vigorar a partir de 1994). A partir de meados da década de 1990, países importadores, especialmente do segmento de pesca e carnes, começaram a exigir a implantação do sistema APPCC nas indústrias exportadoras. Assim, no Brasil, a realidade em 1995-98 (Portaria n. 40 de 20/01/97 do Mapa estabeleceu o Manual de Procedimentos para Implantação do Sistema APPCC nas indústrias de produtos de origem animal) era a seguinte: as indústrias que exportavam pescado e carnes para países que exigiam o controle tinham o sistema APPCC implantado com o apoio do Mapa; as indústrias multinacionais e algumas das grandes indústrias nacionais já tinham ou estavam implantando o sistema. No caso da maioria das grandes e médias indústrias, as Boas Práticas de Fabricação (BPF) já eram conhecidas, mas muito dificilmente aplicadas de forma integral e formalizada, e o sistema APPCC praticamente desconhecido. Já nas pequenas e microempresas, o desconhecimento das BP e do sistema APPCC era geral.
- 1997 – a Comissão *Codex Alimentarius* estabeleceu as Diretrizes Codex para a aplicação do Sistema.
- 1998 – o Projeto APPCC iniciou-se em abril de 1998 por uma iniciativa da CNI/Senai e do Sebrae, visando levar as ferramentas para produção de alimentos seguros (Boas Práticas e o Sistema APPCC) para as indústrias de alimentos.
- Agosto de 2002 – um fato importante foi a mudança do nome do Projeto APPCC para Programa Alimentos Seguros – PAS, em virtude de sua expansão e da natureza da atuação, que não evidencia seu término, já que a atividade de implantação deverá ser demandada continuamente, devido ao grande número de empresas no país. Outro fator para a mudança do

nome do Projeto APPCC (sigla oficial do Brasil) para PAS (Programa Alimentos Seguros) foi sua complexidade, pois precisava ser difundida no país no âmbito das empresas de alimentos e ser assimilada pelo segmento nos anos de atuação do Projeto de forma clara e objetiva. Agora, com o foco cada vez maior na conscientização do consumidor e da sociedade, de modo geral, a sigla está mais adequada para a assimilação e conexão com as ações do Programa. O PAS está estruturado como um Programa do campo à mesa (PAS-Campo à Mesa), sendo composto de seis projetos, a saber: PAS-Campo, PAS-Indústria, PAS-Distribuição, PAS-Transporte, PAS-Mesa e PAS-Ações Especiais.

- 2002 – a Resolução RDC n. 275, de 21 de outubro de 2002, estabeleceu o regulamento técnico de procedimentos operacionais padronizados aplicados aos estabelecimentos produtores/industrializadores de alimentos e a lista de verificação das Boas Práticas de Fabricação (*checklist*) em estabelecimentos produtores/industrializadores de alimentos.

  O sistema é recomendado por organismos internacionais como a OMC (Organização Mundial do Comércio), FAO (Organização para Alimentação e Agricultura) e OMS (Organização Mundial de Saúde), e é exigido pela Comunidade Econômica Europeia e Estados Unidos.
- 2005 – Norma ISO 22000 de 01/09/2005. Sistema de Gestão da Segurança de Alimentos – Requisitos para qualquer organização da cadeia produtiva de alimentos (Food safety management systems – Requeriments for any organization in the food chain). A Norma ISO 22000 apresenta congruência com a Norma ISO 9001/2000 e foi estabelecida com a finalidade de assegurar que os alimentos estejam seguros para o consumo final, de acordo com a cadeia produtiva de alimentos. Esta Norma foi desenvolvida por profissionais da indústria de alimentos conjuntamente com especialistas de organizações internacionais, contando com a ajuda do Codex Alimentarius Comission (Fórum Internacional de Normalização de Alimentos Estabelecido pela Organização das Nações Unidas por meio da FAO – Food and Agriculture Organization e da OMS – Organização Mundial de Saúde), Global Food Safety Initiative (GFSI) e Confederation of Food and Drink Industries of the European Union (CIAA).

13.2 O SISTEMA APPCC

13.2.1 O que é o sistema APPCC?

O Sistema APPCC é baseado numa série de etapas, inerentes ao processamento industrial dos alimentos e bebidas, incluindo todas as operações que ocorrem desde a obtenção da matéria-prima até o consumo do alimento (sólido ou líquido), fundamentando-se na identificação dos perigos potenciais à segurança do alimento, bem como nas medidas para o controle das condições que geram os perigos.

Este sistema é racional porque se baseia em dados registrados sobre as causas das doenças de origem alimentar e enfatiza as operações críticas nas quais o controle é essencial. O Sistema APPCC é lógico e compreensível, porque considera os ingredientes, processos e usos subsequentes dos produtos. É contínuo, uma vez que os problemas são detectados antes ou no momento em que ocorrem, possibilitando que as ações corretivas sejam imediatamente aplicadas. É sistemático, porque se trata de um plano completo cobrindo todas as operações, processos e medidas de controle, reduzindo, assim, os riscos de doenças alimentares.

É uma poderosa ferramenta de gestão, oferecendo uma forma de conseguir um efetivo controle dos perigos. Logo, salienta-se que é uma ferramenta que deve ser utilizada adequadamente e que a análise é específica para uma fábrica ou linha de processamento e para um produto considerado. O método deve ser revisado sempre que novos perigos forem identificados e/ou se houver modificações dos parâmetros do processo.

O Sistema APPCC tem como objetivo identificar os perigos relacionados com a saúde do consumidor, que podem ser gerenciados em segmentos da produção, estabelecendo formas de controle para garantir a segurança do produto e a inocuidade para quem o ingere. Além disso, pelas facilidades e segurança que proporciona, o sistema tem sido utilizado com êxito por inúmeras empresas para controlar aspectos de qualidade e de fraude econômica.

13.2.2 Por que utilizar o sistema APPCC?

A segurança dos alimentos e bebidas é a principal e primeira responsabilidade da indústria, além de outras características de qualidade, como aspecto, sabor e custo.

A análise da qualidade e/ou segurança por análise de produto final é relativa, de alcance limitado. Por mais rigorosos que sejam os planos de amostragem, a caracterização de 100% das unidades do lote ou do conjunto de lotes produzidos dificilmente é alcançada em condições práticas. Além desse aspecto, a realização das análises laboratoriais implica a destruição de amostras (unidades do lote). Deve-se considerar que as análises microbiológicas, além dos aspectos assinalados, são determinações cujos resultados são demorados e de custo elevado. Assim, o Sistema APPCC, por sua vez, se destina aos controles durante a produção e tem por base princípios e conceitos preventivos que identificam os pontos ou etapas nos quais os perigos podem ser controlados (prevenção de acesso, eliminação, diminuição etc.), com subsequente aplicação de medidas preventivas que garantam a eficiência do sistema. Os perigos considerados são os de natureza física, química e biológica.

Os principais benefícios que o Sistema proporciona são:

- garantia da segurança do alimento ou bebida;
- diminuição dos custos operacionais, pela redução substancial da necessidade de recolher, destruir ou reprocessar o produto final por razões de segurança;
- diminuição da necessidade de testes dos produtos acabados, no que se refere à determinação de contaminantes;
- redução de perdas de matérias-primas e produtos;
- maior credibilidade junto ao cliente (consumidor);
- maior competitividade do produto na comercialização;
- atendimento aos requisitos legais do MS e do Mapa e de legislações internacionais (EUA, Comunidade Europeia e outras).

13.2.3 Como utilizar o sistema APPCC?

O Sistema APPCC é aplicável em todo processo de obtenção e elaboração de alimentos e bebidas, desde a produção primária até seu consumo final. Os princípios que integram o sistema são aplicáveis em toda e qualquer atividade relacionada com alimentos e bebidas.

Todo o pessoal que participa do processo produtivo do setor alimentício deve estar envolvido com a implantação dos princípios do sistema e, quando for o caso, na elaboração do Plano APPCC.

13.3 PRÉ-REQUISITOS PARA IMPLANTAÇÃO DO SISTEMA APPCC

As Boas Práticas de Fabricação (BPF) são pré-requisitos fundamentais, constituindo-se na base higiênico-sanitária para implantação do Sistema APPCC.

Quando o programa de BPF não é eficientemente implantado, implementado e controlado, pontos críticos de controle adicionais são identificados, monitorados e mantidos sob a égide do Plano APPCC, tornando-o complexo. Portanto, a implantação e implementação das Boas Práticas de Fabricação irá simplificar e viabilizar o Plano APPCC, assegurando sua integridade e eficiência, com o objetivo de garantir a segurança dos alimentos.

13.3.1 Boas práticas de fabricação – BPF

As Boas Práticas de Fabricação são necessárias para controlar as possíveis fontes de contaminação microbiológica cruzada (transferência de microrganismos patogênicos de um alimento contaminado, normalmente cru, para outro alimento, diretamente ou indiretamente) e para garantir que o produto atenda às especificações de identidade e qualidade. O Programa de Boas Práticas de Fabricação abrange os seguintes aspectos:

- projetos dos prédios e instalações: facilidade de limpeza, operações sanitárias e fluxos lógicos;
- limpeza e conservação de instalações hidráulicas, pisos e paredes, terrenos, instalações elétricas e isolamentos, tratamento de lixo;
- programa de qualidade da água: potabilidade;
- recebimento de matérias-primas e estocagem: áreas apropriadas para estoque de matéria-prima, embalagens, produto acabado, produtos químicos e insumos;
- qualidade da matéria-prima e ingredientes: deve-se conhecer o grau de contaminação de cada matéria-prima e ingrediente. Inclui especificações de produtos e seleção de fornecedores;
- higiene pessoal: higiene corporal, controle de doenças, uso de uniformes, toucas e calçados limpos e adequados, evitar atitudes não higiênicas (como tocar o produto com as mãos, comer, fumar na área de processo);
- controle integrado de pragas (insetos, roedores, pássaros);
- projeto sanitário dos equipamentos;

- manutenção preventiva dos equipamentos;
- limpeza e sanificação de equipamentos e utensílios;
- calibração dos instrumentos: deve-se proceder a calibração periódica dos instrumentos de controle de temperatura, pressão, peso e outros parâmetros relacionados à segurança do produto;
- programa de recolhimento (*recall*): procedimentos escritos, implantados pela empresa, para assegurar o recolhimento do lote de um produto de forma eficiente e rápida, a qualquer tempo em que se fizer necessário;
- procedimentos sobre reclamações dos consumidores e/ou importadores: deve ser mantido um registro de todas as reclamações e das ações tomadas pelo setor competente;
- garantia e controle de qualidade: atividades que complementam as BPF. Estabelecem especificações de qualidade e inspeção de matérias-primas, produtos auxiliares e materiais de embalagem e executam avaliações de higiene nas áreas da fábrica;
- treinamentos periódicos para os funcionários, iniciando-se com a integração à empresa, tornando-os responsáveis e comprometidos com a qualidade dos serviços. A chefia deve sempre orientá-los e reforçar seu treinamento.

Foram publicadas as Portarias, referente às Boas Práticas de Fabricação, n. 326 de 30/07/97, da Secretaria de Vigilância Sanitária – DOU de 01/08/97, Portaria n. 368, de 04/09/97, do Ministério da Agricultura e do Abastecimento – DOU de 08/09/97, que regulamentam as condições higiênico-sanitárias e de Boas Práticas de Fabricação para estabelecimentos produtores/industrializadores de alimentos e Portaria n. 275, de 21/10/2002, da Anvisa – DOU de 06/11/2002, que aprova o regulamento técnico de Procedimentos Operacionais Padronizados aplicados aos estabelecimentos produtores/industrializadores de alimentos e a lista de verificação (*checklist*) das Boas Práticas de Fabricação em estabelecimentos produtores/industrializadores de alimentos.

Além do Programa BPF, deve-se desenvolver, implantar e implementar, monitorar e verificar nos estabelecimentos que produzem/industrializam alimentos e bebidas os Procedimentos Padrões de Higiene Operacional (PPHO), que são requisitos e condições mínimas para as práticas adequadas de higiene. As indústrias que exportam alimentos ou bebidas adotam os seguintes PPHO segundo o órgão internacional FDA:

- potabilidade da água;
- higiene das superfícies de contato com o produto;
- prevenção de contaminação cruzada;
- higiene pessoal;
- proteção contra contaminação/adulteração do produto;
- identificação e estocagem adequada dos produtos tóxicos;
- saúde dos colaboradores;
- controle integrado de pragas.

Em 06 de novembro de 2002, a Agência Nacional de Vigilância Sanitária – Anvisa publicou no DOU a Resolução – RDC n. 275, citada anteriormente, os POP – Procedimentos Operacionais Padronizados (ou PPHO) que devem ser implantados e implementados, monitorados e verificados pelas indústrias de alimentos e bebidas que comercializam seus produtos em território nacional. São eles:

- higienização das instalações, equipamentos, móveis e utensílios;
- controle da potabilidade de água;
- higiene e saúde dos manipuladores;
- manejo de resíduos;
- manutenção preventiva e calibração de equipamentos;
- controle integrado de vetores e pragas urbanas;
- seleção das matérias-primas, ingredientes e embalagens;
- programa de recolhimento de alimentos (*recall*).

Atualmente, para os alimentos de origem animal, o Mapa adotou a exigência de apenas dois PPHO para a comercialização interna dos alimentos produzidos/industrializados. Porém, para a exportação destes produtos, os primeiros PPHO citados nesse item são imprescindíveis, pois são exigidos pelo FDA. Nesse caso, a indústria precisa ter implantado e implementado os dois procedimentos, um para atender as normas brasileiras e outro para atender as normas internacionais, o que não se aplica para uma indústria de bebidas

13.3.2 Implantação das BPF

A priori, a indústria interessada em implantar e implementar as BPF deve estar totalmente sensibilizada quanto ao programa, iniciando o comprometimento pela alta hierarquia (diretoria), passando por todos os setores até atingir os colaboradores, se possível alcançar seus fornecedores de matérias-primas e culminar na rede de distribuição dos alimentos produzidos/industrializados por ela. A implantação das BPF nas indústrias de alimentos e bebidas consiste em três etapas distintas, iniciando pelos procedimentos preliminares, seguido pela implantação e implementação das BPF/PPHO e terminando com a supervisão de implantação das BPF/PPHO.

13.3.2.1 Procedimentos preliminares

Os procedimentos preliminares consistem nos seguintes passos:

- avaliação da documentação de referência (aplicação do *checklist* que avalia as condições da indústria);
- comprometimento da direção da empresa;
- definição do coordenador da equipe;
- formação da equipe multidisciplinar;
- programa da capacitação técnica;
- conscientização e mobilização dos colaboradores.

13.3.2.2 Etapas da implantação das BPF

A implantação das BPF consiste em etapas, que deverão estar em conformidade com a Portaria n. 326 – SVS/MS de 30 de julho de 1997 (DOU de 01/08/97). As etapas a serem seguidas são:

- aspectos gerais de higiene pessoal e programa de treinamento;
- aspectos gerais de projetos e instalações;
- aspectos gerais de fabricação;
- aspectos gerais de limpeza e sanificação;
- aspectos gerais de controle integrado de pragas
- aspectos gerais de controle de qualidade.

Para a implantação de cada etapa, deve-se avaliar a adequação das condições da empresa às exigências legais; elaborar um plano de ação para as não conformidades; adequar as não conformidades; elaborar parte do Manual de BPF; elaborar e implantar os PPHO pertinentes. É importante ressaltar que durante este período o comprometimento assumido pela empresa chegue ao conhecimento dos colaboradores, que são os maiores responsáveis pelo sucesso de implantação e implementação do sistema.

13.3.2.2.1 Elaboração do manual de boas práticas de fabricação

Na elaboração do Manual de BPF, é preciso mostrar todas as atividades realizadas para atender aos requisitos legais estabelecidos pela legislação. O exemplo que é dado a seguir sugere que para cada etapa dos seis itens das BPF seja elaborada uma seção. Essa seção refere-se aos "aspectos gerais de higiene pessoal e programa de treinamento" e é formada pelos itens necessários e que deverão fazer parte também das etapas seguintes, são eles: objetivo, documentos necessários, campo de aplicação, definição, responsabilidade e descrição.

A) OBJETIVOS

Dentro deste item, a empresa deverá descrever as condições adotadas no presente para atender aos requisitos relativos à higiene pessoal, incluindo condições de saúde e comportamento no trabalho; deverá definir as regras a serem adotadas pelos visitantes, tendo sempre como base as legislações pertinentes e deverá também estabelecer o Programa de Capacitação Técnica.

B) DOCUMENTOS DE REFERÊNCIA

Deverão ser incluídos aqui todos os documentos utilizados pela empresa de ordem técnica e de base legal nos quais a empresa se enquadre, como a Portaria 326, de 30 de julho de 1997, da Secretaria de Vigilância Sanitária do MS: Regulamento Técnico sobre as Condições Higiênico-Sanitárias e de Boas Práticas de Fabricação para Estabelecimentos Produtores/Industrializadores de Alimentos ou a Portaria 368, de 4/9/1997, do Mapa: Regulamento Técnico sobre as Condições Higiênico-Sanitárias e de Boas Práticas de Elaboração para Estabelecimentos Elaboradores/Industrializadores de Alimentos (publicações oficiais), FAO – Normas técnicas "CODEX *Alimentarius*" (referências técnicas oficiais).

C) CAMPO DE APLICAÇÃO

Citar todas as áreas que estarão submetidas aos procedimentos adotados neste documento, como a área de produção, armazenamento, transporte, RH e outros (de acordo com a estrutura da empresa).

D) DEFINIÇÕES

As definições contidas neste item são importantes, pois todos os termos utilizados neste documento e termos utilizados pela própria empresa (pelos colaboradores e outros) deverão ser citados com seus respectivos sinônimos, para que o manual torne-se de fácil entendimento por qualquer pessoa que o leia. Algumas definições que devem ser citadas são:

- Boas Práticas de Fabricação (BPF): são os procedimentos necessários para a obtenção de alimentos inócuos, saudáveis e sãos.
- Contaminação: presença de substâncias ou agentes estranhos, de origem química, física ou biológica que se considere nocivo ou não à saúde humana.
- Manipulação de alimentos: são as operações que se efetuam sobre a matéria-prima até o produto terminado, em qualquer etapa do processamento, armazenamento e transporte.

E) RESPONSABILIDADES

Todas as responsabilidades da Coordenação de implementação do manual e das pessoas envolvidas na operacionalização deverão ser citadas, como do gerente, a equipe de BPF, todos os colaboradores e visitantes (exemplo: responsáveis por aplicar os requisitos de higiene descritos neste manual), o gerente de RH.

F) DESCRIÇÃO

- Higiene pessoal – a empresa deverá preencher de acordo com sua realidade, conforme os itens relacionados na Portaria, referente aos cuidados de higiene pessoal.
- Condição de saúde – a empresa deverá citar quais os procedimentos adotados quando os colaboradores apresentam alguma enfermidade ou mal, que possa interferir direta ou indiretamente na segurança dos alimentos. Neste item, deverá ser citado qual o convênio adotado pela empresa, relacionando os planos PCMSO, PPRA, exames médicos admissionais, e todos os exames clínicos efetuados, bem como a periodicidade dos exames médico-laboratoriais, conforme o Código Sanitário específico do Município/Estado.
- Doenças e lesões – quais serão as medidas adotadas pela empresa quando se saiba ou se suspeite que um colaborador padece ou é agente de uma doença susceptível de se transmitir aos alimentos, ou seja, portadora de feridas infectadas, infecções cutâneas, chagas ou diarreia.
- Limpeza pessoal – verificar na Portaria quais os procedimentos necessários que deverão ser adotados pela empresa e citar detalhadamente como os colaboradores são treinados quanto aos cuidados com a própria higiene (se são ministrados treinamentos em grupos e/ou individual). Citar as instalações da empresa, bem como os uniformes usados pelos funcionários: se são doados pela empresa ou se são lavados pelos funcionários (nesse caso é necessário relatar em Instruções Técnicas (IT) como os colaboradores foram treinados e relatar no PPHO pertinente), devem ressaltar também o uso de adornos, conforme a Portaria.
- Comportamento pessoal – este item também é um requisito da Portaria em que deve ser relatado o procedimento adotado pela empresa quanto aos hábitos dos colaboradores, por exemplo, nas áreas onde sejam manipulados os alimentos deverá ser proibido todo ato que possa originar uma contaminação dos alimentos, como comer, fumar, cuspir ou outras práticas anti-higiênicas, entre outras recomendações.
- Visitantes – a empresa deverá preencher este item conforme sua realidade, baseando-se no que diz a Portaria, ou poderá estabelecer outros critérios, se julgar necessário.
- Treinamento – deverão ser descritas aqui quais as medidas tomadas pela empresa quanto ao treinamento de higiene pessoal e manipulação dos alimentos, relatado se o treinamento é contínuo, a fim de que saibam adotar as precauções necessárias para evitar a contaminação dos alimentos.

13.4 ELABORAÇÃO DO PLANO APPCC

13.4.1 Definição dos objetivos

O enfoque principal do Sistema APPCC é gerenciar a segurança dos alimentos e bebidas. Além de ser utilizado para esta finalidade, atualmente pode ser aplicado ao controle de outros aspectos, como deterioração e fraude econômica dos produtos.

13.4.2 Identificação e organograma da empresa

Na apresentação do Plano APPCC deverão constar as seguintes informações:

- razão social da empresa, endereço completo (localização, CEP, fone, fax, caixa postal, relação de produtos elaborados, destino da produção);

- organograma da empresa, com os setores que estão participando do desenvolvimento, implantação e manutenção do Plano APPCC;
- os nomes, as funções e atribuições dos responsáveis pela elaboração, implantação, acompanhamento e revisão do programa. O responsável técnico pela execução do Programa APPCC deverá ter poder decisório sobre os assuntos pertinentes a ele.

13.4.3 Descrição do produto e uso esperado

A equipe deverá descrever o produto e como e por quem será consumido e também fornecer informações sobre:

- ingredientes, formulação, composição, valores de pH, atividade de água;
- materiais de embalagem, condições de processo, instruções de rotulagem;
- especificações de comercialização, distribuição, exposição à venda;
- hábitos do consumidor.

13.4.4 Elaboração do fluxograma do processo

É uma etapa fundamental do Plano APPCC que permite à equipe APPCC conhecer e descrever o processo de fabricação. O objetivo do fluxograma é proporcionar uma descrição clara, simples e objetiva das etapas envolvidas no processamento do produto. É por meio do fluxograma que medidas preventivas serão adotadas, bem como a identificação dos pontos de perigo. Deverão ser consideradas as seguintes informações: ingredientes utilizados, procedimentos em cada estágio do processo, equipamentos usados, origem e procedência da contaminação, condições de tempo e temperatura às quais os alimentos são submetidos em cada fase ou etapa do processo. A seguir, um exemplo de fluxograma para a produção de suco pasteurizado de maracujá com aditivo.

13.4.4.1 Descrição do processo – suco pasteurizado de maracujá com aditivo

Recepção: verificam-se as características da matéria-prima, como cor, aparência, sabor, aroma, acidez, pH, além do seu tempo máximo de espera até o despolpamento.

Pesagem: pesa-se a matéria-prima para calcular o rendimento final do produto.

Pré-lavagem: este processo requer grande atenção em relação ao estado sanitário da água e dos equipamentos, à eliminação da água utilizada e aos cuidados posteriores com o produto lavado. Utiliza-se o banho de imersão, que só remove a sujeira mais grosseira, como pedras, areia e outras substâncias abrasivas, que podem danificar os equipamentos na etapa posterior.

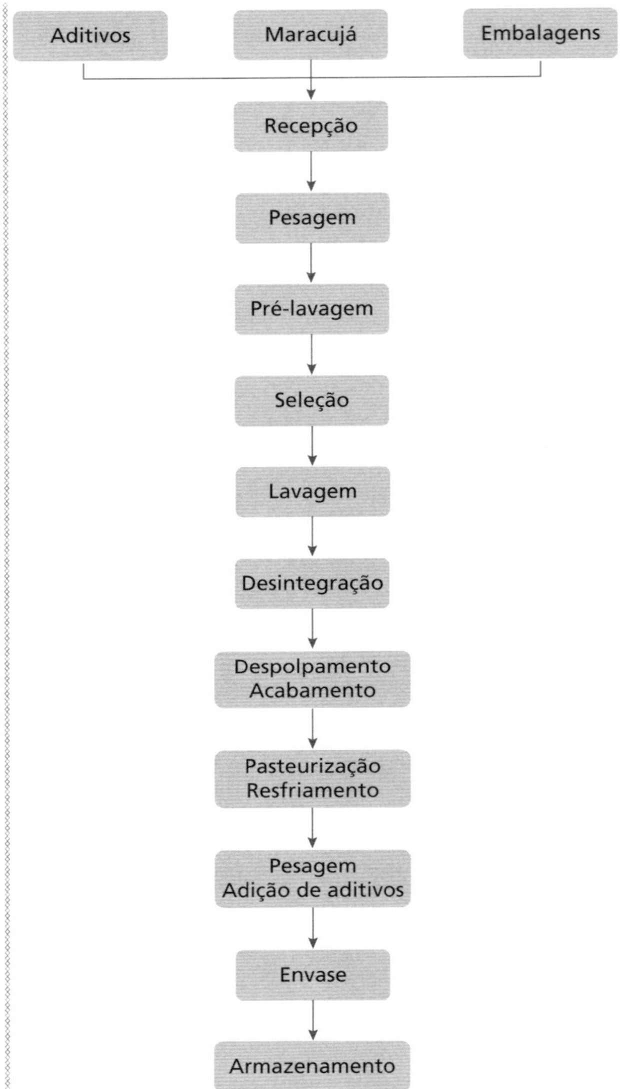

Figura 13.1 Fluxograma do processamento do suco pasteurizado de maracujá com aditivo.

Seleção: são retirados os frutos defeituosos, verdes ou inadequados ao processamento, de modo a não afetar a qualidade do produto final. As partes escuras ou podres são removidas pelo corte dos frutos.

Lavagem: etapa importante, podem-se utilizar dois métodos: o sistema de imersão das frutas em tanque ou a pulverização por meio de um sistema de chuveiros (*spray*), com água clorada com um alto teor de cloro livre, nunca inferior a 10 ppm, para redução quantitativa de bactérias.

Desintegração: os frutos são seccionados em três partes por um sistema de facas rotativas, igualmente espaçadas e, após fatiados, são conduzidos a um cesto de aço inoxidável perfurado, que gira ao redor de um eixo. A conformação do fundo e dos lados do cesto é tal que a força centrífuga de rotação força as sementes, suco e polpa através das perfurações, ao mesmo tempo que as cascas são forçadas para cima e para fora, caindo em recipiente diferente daquele que coleta o suco. A vantagem desse sistema de extração reside no intervalo de tempo relativamente curto entre o corte dos frutos e a extração do suco, o que diminui o contato entre as cascas e o suco.

Despolpamento/Acabamento: é realizado por despolpadoras constituídas de peneiras cilíndricas, as quais possuem, no interior, um eixo de aço inoxidável equipado com escovas de *nylon* ou barras metálicas. A primeira despolpadora separa o suco das sementes e a segunda dá acabamento ao suco. Para aumentar o rendimento no processo de extração, costumam-se efetuar ajustes mecânicos rigorosos nos equipamentos, podendo resultar um suco contendo partículas escuras formadas pelas sementes quebradas durante o processo. O acabamento final é feito em função do produto desejado. Geralmente, o suco é extraído de uma quantidade muito grande de polpa, cuja remoção pode ser parcial ou total. Normalmente, procura-se retirar toda a polpa grosseira que prejudica a qualidade da bebida e o aspecto visual do produto. Todas as operações devem ser feitas no menor tempo possível, evitando-se a incorporação de ar no produto que, além de provocar oxidação no suco, acelera as reações enzimáticas e a proliferação microbiológica que alteram suas características.

Pasteurização/Resfriamento: tem a finalidade de destruir os bolores e leveduras, visto que as bactérias patogênicas, se presentes, não serão capazes de se desenvolver devido à alta acidez do suco de maracujá (pH < 3,7). Esta operação é realizada num trocador de calor a placas que proporciona o aquecimento e resfriamento rápidos. Em vista da microbiota e enzimas presentes, a temperatura situa-se entre 85-90 °C, garantindo assim as características do produto. O resfriamento se dá em seguida até o suco atingir a temperatura ambiente.

Pesagem/Adição de aditivos: Após o resfriamento, o suco é transferido para tanques higienizados onde é adicionado o aditivo (benzoato, sorbatos e sulfitos). O teor máximo de benzoatos e sorbatos permitidos para produtos de consumo direto é de 0,10% em peso do produto final; enquanto o uso do sulfito é limitado ao máximo de 0,02% em peso do produto final.

Envase: o produto é envasado nas embalagens (garrafas) em condições de rigorosa higiene. As embalagens são, então, fechadas no menor espaço de tempo possível, rotuladas e encaminhadas ao armazenamento.

Armazenamento: o produto é armazenado em local seco, fresco e arejado, com temperatura ambiente inferior a 30 °C.

13.4.5 Validação do fluxograma de processo

A equipe APPCC deve verificar *in loco* se o fluxograma do processo elaborado corresponde à sua realidade, uma vez que a definição dos pontos críticos de controle dependerá da sua exatidão.

13.4.6 Princípios do APPCC

Os sete princípios a serem detalhados foram adotados pelo *Codex Alimentarius* e pelo NACMCF (National Advisory Committee on Microbiological Criteria for Foods), para caracterizar a sequência lógica na implantação do Sistema APPCC.

13.4.6.1 Princípio 1 – análise dos perigos e medidas preventivas

Seguem os objetivos:

- identificar os perigos significativos e caracterizar as medidas preventivas correspondentes;
- modificar um processo ou produto para garantia da segurança, quando necessário;
- servir de base para a identificação dos pontos críticos de controle (PCC).

O enfoque do Sistema APPCC é assegurar a inocuidade dos alimentos e bebidas, sendo o "perigo" definido pelo Mapa como "causas potenciais de danos inaceitáveis que possam tornar o alimento impróprio ao consumo e afetar a saúde do consumidor, ocasionar a perda da qualidade e da integridade econômica dos produtos". Genericamente, o perigo é a presença inaceitável de contaminantes biológicos, químicos ou físicos na matéria-prima ou nos produtos semiacabados ou acabados de não conformidade com o Padrão de Identidade e Qualidade (PIQ) ou Regulamento Técnico estabelecido para cada produto.

Os perigos microbiológicos devem receber prioridade na implantação do Sistema APPCC por serem os mais frequentemente envolvidos em casos ou surtos de doenças de origem alimentar.

13.4.6.1.1 Classificação dos perigos

- Perigos biológicos/microbiológicos – bactérias patogênicas, vírus, parasitos patogênicos e protozoários, toxinas naturais (ciguatoxinas, toxinas paralisantes, neurotóxicas, amnésicas e diarreicas, entre outras), toxinas fúngicas (micotoxinas).
- Perigos químicos – metabólitos tóxicos e de origem microbiana (histaminas e tetrodotoxinas), pesticidas, herbicidas, contaminantes inorgânicos tóxicos, antibióticos, anabolizantes, aditivos e coadjuvantes alimentares tóxicos, lubrificantes e pinturas (tintas), desinfetantes, entre outros.
- Perigos físicos – vidros, metais, madeira ou objetos que podem causar um dano no consumidor (ferimentos de boca, quebra de dentes e outros que exijam intervenções cirúrgicas para sua retirada do organismo do consumidor).

A equipe deve conduzir a análise de perigos e identificar as etapas do processo nas quais os perigos potenciais podem ocorrer, e os que não podem ser controlados no estabelecimento devem ser listados e identificados. De acordo com a natureza dos perigos, esses devem ser definidos pela equipe APPCC e deverão ser prevenidos, eliminados ou reduzidos em níveis aceitáveis para garantir a produção de alimentos e bebidas seguros. Para cada perigo identificado, medidas preventivas deverão ser adotadas.

Os diferentes tipos de perigos podem provocar consequências de severidade variável para os seres humanos, resultando em diferentes graus de severidade das patologias.

13.4.6.1.2 Avaliação da severidade

13.4.6.1.2.1 Perigos biológicos

- Severidade alta – são as resultantes de contaminações por microrganismos ou suas toxinas com quadro clínico muito grave. Exemplos: toxinas de *Clostridium botulinum*, *Salmonella typhi*, *Shigella dysenteriae*, *Vibrio cholerae* O1, *Brucella melitensis*, *Clostridium perfringens* tipo C, *Vírus da hepatite*, *Listeria monocytogenes* (em alguns pacientes), *Taenia solium* (em alguns casos) etc.
- Severidade média – são as patologias resultantes da contaminação por microrganismos de patogenicidade moderada, mas com possibilidade de disseminação extensa. Exemplos: *Escherichia coli* enteropatogênica, *Salmonella spp.*, *Shigella spp.*, *Streptococcus* β hemolítico, *Vibrio parahaemolyticus*.
- Severidade baixa – patologias resultantes da contaminação por microrganismos de patogenicidade moderada e com disseminação restrita. Exemplos: *Bacilus cereus*, *Clostridium perfringens* tipo A, toxina do *Staphylococcus aureus*, maioria dos parasitos e outros.

13.4.6.1.2.2 Perigos químicos

- Severidade alta – contaminações dos alimentos e bebidas por substâncias químicas proibidas (agrotóxicos e produtos veterinários) ou usadas indevidamente (agrotóxicos e produtos veterinários), certos metais como o mercúrio, ou aditivos químicos que podem provocar casos de alergias severas e intoxicações quando em quantidades elevadas ou que podem causar danos a determinadas classes de consumidores. Outros exemplos são as toxinas microbianas (micotoxinas) e metabólitos tóxicos de origem microbiana.
- Severidade baixa – substâncias químicas permitidas no alimento ou bebida que podem causar reações moderadas, como alergias leves e passageiras. Exemplo: uso inadequado de aditivos, como os sulfitos.

13.4.6.1.2.3 Perigos físicos

- Severidade alta – materiais como pedras, vidros, agulhas, metais e objetos pontiagudos ou cortantes, que podem causar danos ou causar injúrias, podendo até apresentar risco de vida para o consumidor.
- Severidade baixa – materiais estranhos que normalmente não causam injúrias ou danos à integridade física do consumidor, como sujidades leves e pesadas (terra, areia, serragem, insetos inteiros ou fragmentos, excrementos de insetos ou roedores, pelos de roedores e outros), que podem causar choque emocional ou danos psicológicos quando presentes no alimento ou bebida.

13.4.6.1.3 Avaliação de riscos

A avaliação do risco potencial do perigo deve levar em consideração a frequência da sua manifestação nos consumidores. Embora existam dados sobre a avaliação quantitativa de riscos para alguns perigos químicos e biológicos, nem sempre é possível a sua determinação numérica. A estimativa do risco é, em geral, qualitativa, obtida pela combinação de experiências, dados epidemiológicos locais/regionais e informações em literatura específica. Os dados epidemiológicos são ferramentas importantes para a avaliação de riscos, uma vez que indicam os produtos veiculados de agravos à saúde do consumidor. Exemplos: a associação de casos de botulismo alimentar pelo consumo de conservas vegetais e de pescados é alta; da mesma forma, o consumo de produtos à base de ovos crus está altamente relacionado com infecções humanas por *Salmonella enteritidis*.

Na avaliação dos riscos desses perigos no âmbito da empresa, as seguintes informações são importantes: revisão de queixas recebidas dos consumidores; devolução de lotes ou partidas; resultados de análises laboratoriais; danos de programas de monitoração de agentes que causam enfermidades nos consumidores; informações de ocorrência de enfermidades animais e outras que sejam relevantes para a saúde humana.

É importante destacar que, para um mesmo tipo de produto, os perigos e riscos poderão variar em função de fatores como:

- fontes diferentes de ingredientes ou matérias-primas;
- pequenas variações na formulação;
- tipos de equipamentos utilizados;
- duração do processo ou armazenamento;
- experiência e conscientização do pessoal da linha de produção.

13.4.6.1.4 Estabelecimento de medidas preventivas

As medidas preventivas são estabelecidas após a análise de perigos, visando eliminar, prevenir ou reduzir perigos químicos, físicos ou biológicos nos alimentos ou bebidas. Para cada perigo, uma medida preventiva deverá ser adotada, de acordo com a realidade da indústria.

13.4.6.2 Princípio 2: identificação dos pontos críticos de controle

As BPF/PPHO, adotadas como pré-requisito do Sistema APPCC, são capazes de controlar muitos dos perigos identificados (Pontos de Controle – PC); porém, aqueles que não são controlados (total ou parcialmente) pelos programas de pré-requisitos devem ser considerados pelo Sistema APPCC.

Define-se PCC – Pontos Críticos de Controle – como qualquer ponto, etapa ou procedimento no qual se aplicam medidas de controle (preventivas), para manter um perigo significativo sob controle, com objetivo de eliminar, prevenir ou reduzir os riscos à saúde do consumidor.

Os PCC são os pontos caracterizados como realmente críticos à segurança. As ações e esforços de controle dos PCC devem ser concentrados, e o seu número, restrito ao mínimo. No entanto, pode ser verificado que mais de um perigo pode ser controlado em um mesmo PCC, ou que mais que um PCC pode ser necessário para controlar um único perigo. Exemplos:

- Patógenos bacterianos, virais e parasitários podem ser controlados pela etapa de esterilização comercial.
- *Salmonella* pode ser controlada por pasteurização e acidificação ou adição de aditivos, na elaboração de maionese industrial.
- Contaminantes físicos podem ser controlados por detector de partículas.

Quando o conceito de perigo inclui aspectos de deteriorações, fraudes econômicas, qualidade e outros, a distinção entre Ponto Crítico (PC) e Ponto Crítico de Controle (PCC) deve ter por base estrita o que é, ou seja, se o perigo se enquadra realmente em PC ou PCC, considerado como crítico para o controle do perigo e para a saúde do consumidor.

13.4.6.3 Princípio 3: estabelecimento dos limites críticos

Limite crítico é um valor máximo e/ou mínimo de parâmetros biológicos, químicos ou físicos que assegure o controle do perigo. Os limites críticos são estabelecidos para cada medida preventiva monitorada dos PCC.

Esses valores podem ser obtidos de fontes diversas, como: guias e padrões de legislação, literatura, experiência prática, levantamento prévio de dados, experimentos laboratoriais que verifiquem adequação e outros.

Os limites críticos devem estar associados a medidas como temperatura, tempo, atividade de água, pH, acidez titulável, resíduos de antibióticos e outras. Exemplos:

- temperatura e tempo necessários para a inativação dos microrganismos patogênicos no processo de pasteurização do leite;

- pH do produto final para assegurar o não desenvolvimento de patógenos;
- resíduos de antibióticos e/ou pesticidas na matéria-prima.

13.4.6.4 Princípio 4: estabelecimento dos procedimentos de monitoração

A monitoração é uma sequência planejada de observações ou mensurações para avaliar se um determinado PCC está sob controle e para produzir registros que serão úteis nas futuras verificações.

A monitoração contínua é preferível, mas quando não for possível será necessário estabelecer uma frequência de controle para cada PCC. Controle estatístico de processo (CEP) com planos de amostragem pode e deve ser utilizado.

Os procedimentos de monitoração devem ser efetuados rapidamente, porque se relacionam com o produto em processamento e não existe tempo suficiente para a realização de métodos analíticos mais complexos e demorados. Os métodos microbiológicos raramente são utilizados, pois necessitam tempo e custo elevado. Os métodos físicos e químicos, as observações visuais e as análises sensoriais são os preferidos, porque podem ser estudados rapidamente, em caráter contínuo ou a intervalos de tempo adequados para indicar a situação/condição durante o processo. Exemplos:

- Observações visuais – evisceração completa de pescado, espículas de ossos em carnes, presença de objetos em recipientes, dizeres de rotulagem relacionados com a segurança de uso, verificação de lacres.
- Avaliações sensoriais – sentir o cheiro para identificar odores anormais; observar a cor do alimento ou bebida, para identificar coloração estranha; e tocar, para identificar texturas anormais e viscosidade.
- Medições químicas – medição do pH, do cloro residual da água para resfriamento das latas esterilizadas, da concentração de soluções desinfetantes, do índice de acidez, da concentração de sal, da concentração de açúcar.
- Testes microbiológicos – por fornecerem resultados demorados, não devem ser utilizados na monitoração dos PCC. A bioluminescência tem sido amplamente utilizada para monitorar as condições higiênico-sanitárias dos equipamentos e utensílios, com base na presença de ATP orgânico (de resíduos de alimentos) e microbiano. Apesar de não ser feita a diferenciação entre os dois tipos de ATP, a simples presença de matéria orgânica já indica uma falha no processo de limpeza, ou seja, de boas práticas de higiene.

A escolha da pessoa responsável por monitorar cada PCC é muito importante e dependerá do número de PCC, de medidas preventivas e da complexidade da monitoração. Para esta finalidade, os indivíduos deverão:

- ser treinados na técnica utilizada para monitorar cada variável dos PCC;
- estar cientes dos propósitos e importância da monitoração;
- ter acesso rápido e fácil à atividade de monitorar;
- ser imparciais na monitoração e registros dos dados;
- proceder corretamente ao registro da atividade de monitorar, em tempo real.

Exemplos de equipamentos para monitoração:

- mensuração de temperatura – termômetros digitais e manuais, termopares;
- medição do pH – pHmetro;
- Medição de Aw (atividade de água) – higrômetro;
- equipamentos de inspeção – lanterna, luz ultravioleta, câmara com *flash* e filme, *kits* para dosagem de cloro, relógio ou cronômetro.

13.4.6.5 Princípio 5: estabelecimento das ações corretivas

A resposta rápida diante da identificação de um processo fora de controle é uma das principais vantagens do Sistema APPCC, e as ações corretivas deverão ser adotadas no momento ou imediatamente após a identificação dos desvios dos limites críticos estabelecidos.

As ações corretivas devem ser registradas, e, dependendo da frequência com que ocorrem os problemas, poderá haver a necessidade de aumentar a frequência dos controles dos PCC, ou até mesmo de efetuar modificações no processo.

Exemplos de ações corretivas aplicáveis no Plano APPCC e nos programas de pré-requisitos (BPF/PPHO):

- aferição do termostato;
- rejeição do lote de matéria-prima;

- ajuste da temperatura e tempo do processo térmico;
- diminuição do pH.

Durante o controle do PCC, se houver desvio, será necessário:

- verificar a possibilidade de correção/compensação imediata do processo e, paralelamente, sequestrar e identificar o produto elaborado durante o desvio;
- na impossibilidade de correção/compensação, parar o processo, sequestrar e identificar o produto processado durante o desvio, retomar o limite crítico (ajuste do processo) e reiniciar a produção;
- definir ações a serem tomadas quanto ao produto sequestrado e identificado, como desvio para outra linha de produção onde será aplicado/reaplicado um controle, reprocesso e, na ausência destas possibilidades e na dependência da gravidade do desvio, destruição do produto.

13.4.6.6 *Princípio 6: estabelecimento dos procedimentos de verificação*

A verificação consiste na utilização de procedimentos em adição àqueles utilizados na monitoração para evidenciar se o Sistema APPCC está funcionando corretamente. Existem três processos adotados na verificação, são eles:

1 – Processo técnico ou científico: verifica se os limites críticos nos PCC são satisfatórios. Os limites críticos devem estar adequados ao controle dos perigos.

2 – Processo de validação do plano: assegura que o Sistema APPCC esteja funcionando efetivamente. Quando um Plano APPCC funciona bem, requer pouquíssima amostragem de produto final, desde que os controles sejam apropriados ao longo das linhas de produção. Exames laboratoriais são necessários para demonstrar que o nível de qualidade pretendido foi alcançado, e exames de auditorias internas podem ser programados.

3 – Processo de revalidação: a revalidação periódica documentada, independentemente de auditoria ou outro procedimento de verificação, deve ser realizada para assegurar a eficiência e exatidão do Sistema APPCC.

A verificação deve ser realizada:

- rotineiramente ou aleatoriamente, para assegurar que os PCC estão sob controle e que o Plano APPCC é cumprido;
- quando os alimentos ou bebidas estão implicados como veículos de doenças;
- quando há eventuais dúvidas sobre a segurança do produto;
- para validar as mudanças implementadas no Plano APPCC original;
- para validar a modificação do Plano APPCC devido a uma mudança no processo, equipamento, ingredientes e outras.

Relatórios de verificação devem incluir informações sobre:

- existência do Plano APPCC e identificação das pessoas responsáveis pela sua administração, implantação e implementação;
- registros de monitoração dos PCC;
- desvios e ações corretivas;
- análises laboratoriais microbiológicas, físicas, químicas ou organolépticas completas de amostras coletadas aleatoriamente, para verificação de que os PCC estão sob controle;
- modificações do Plano APPCC;
- treinamento dos funcionários responsáveis pela monitoração dos PCC.

13.4.6.7 *Princípio 7: estabelecimento dos procedimentos de registros*

Alguns exemplos de registros são os relatórios de auditorias do cliente, registros (planilhas) de temperatura de estocagem para ingredientes, registros de desvios e ações corretivas, registros de treinamentos, relatórios de validação e modificação do Plano APPCC, registros de tempo/temperatura de processo térmico.

Os registros geralmente utilizados no Sistema APPCC incluem a equipe APPCC e definições de responsabilidade de cada integrante, descrição do produto e do uso pretendido, diagrama de fluxo do processo, base para identificação dos PCC, perigos associados com cada PCC – em função das medidas preventivas e das bases científicas respectivas, limites críticos e bases científicas respectivas, sistema e programa de monitoração, ações corretivas em caso de desvios dos limites críticos, registros de monitoração de todos os PCC e procedimentos para verificação do Sistema APPCC.

A seguir, exemplos de planilhas de proteção contra a contaminação do produto (PPHO 5).

1. Verificação

O quê?	Como?	Quando?	Quem?
Especificações técnicas dos produtos (óleos, graxas e lubrificantes)	Observação visual	Na definição do produto a ser utilizado	Gerente da garantia da qualidade
Registros do *checklist* PC 5/01	Observação visual	Mensal	Gerente da garantia da qualidade
Registros dos treinamentos	Observação visual	Mensal	Gerente da garantia da qualidade
Registros dos PPHO 2, PPHO 6 e PPHO 8	Observação visual	Mensal	Gerente da garantia da qualidade

2. Registros

Identificação	Indexação	Arquivamento	Armazenamento	Tempo de retenção	Disposição
Especificações técnicas dos produtos químicos.					
PC 5/01 *checklist* para controle contra contaminação por lubrificantes, combustíveis e outros perigos (químicos e físicos).					
HS 2/01 *checklist* para avaliação da manutenção de instalações, produtos e utensílios para higienização e aquisição de produtos para higienização.					
AT 6/01 *checklist* de controle das condições de recepção, estocagem e manuseio de produtos químicos tóxicos.					
CIP 8/01 *checklist* para controle integrado de pragas.					

3. Avaliação da eficiência da higienização dos equipamentos e utensílios.

Avaliação da eficiência da higienização

Mês/ano:_____/_______				
Equipamento/Utensílio	***Swab* ou água de enxágue**			**Analista**
	Contagem padrão em placas (UFC/cm^2)	**Bolores e Leveduras (UFC/cm^2)**	**Coliformes totais (UFC/cm^2)**	

13.4.7 Resumo do plano APPCC – suco pasteurizado de maracujá

O fluxograma elaborado anteriormente possibilita identificar os pontos de controle (PC) ou os pontos críticos de controle (PCC), facilitando a elaboração do Plano APPCC para o suco pasteurizado de maracujá, como mostrados a seguir (ver Anexo 13.1, neste capítulo).

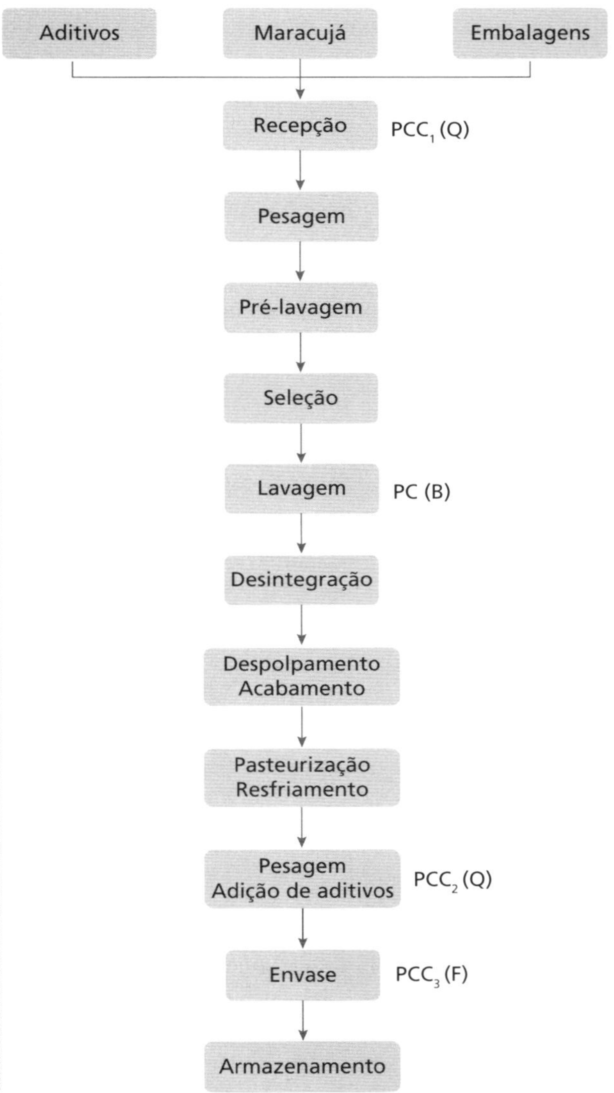

Figura 13.2 Fluxograma qualitativo do processo do suco pasteurizado de maracujá com aditivo.

13.5 VERIFICAÇÃO DO SISTEMA APPCC

O princípio da verificação pode ser entendido como a utilização de métodos, procedimentos, testes e auditorias, aplicáveis para validar o Plano APPCC. Como plano, entende-se a elaboração e aplicação do sistema e seus princípios, para produto e/ou processo específico. Verifica-se a necessidade de correções ou de aprimoramento deste e, sobretudo, se o Plano APPCC aprovado e implantado/implementado está sendo cumprido conforme explicitado no documento.

Não se deve limitar o conceito da verificação para as atividades da rotina de monitoração dos limites críticos, porém considerá-lo como método e procedimento ou atividade aplicável em todos demais princípios do Sistema APPCC como também em programas da garantia da qualidade, com o mesmo objetivo e a mesma finalidade.

As frequências das verificações deverão ser estabelecidas visando à confirmação e validação de que o Programa esteja operando efetivamente. Alguns exemplos de verificação são a revisão do Plano APPCC e seus registros, revisão dos procedimentos frente aos desvios dos limites críticos e o destino do produto elaborado durante o desvio, confirmação de que os PCC estão sob controle.

Estas verificações programadas são denominadas "auditorias", que consistem em um processo organizado de coleta de informações, necessárias para a verificação da eficácia e eficiência do Plano. São avaliações sistemáticas que incluem observações *in loco* e revisões de registros. Devem ser realizadas com imparcialidade e com vistas à melhoria contínua do Plano APPCC.

A auditoria é também uma atividade formal e documentada, executada por profissional habilitado, sem responsabilidade direta na execução do serviço a ser avaliado; utiliza-se de método de coleta de informações baseado em evidências objetivas e imparciais; fornece subsídios para verificação da eficácia da aplicação dos Princípios APPCC e do Plano APPCC no estabelecimento industrial.

REFERÊNCIAS BIBLIOGRÁFICAS

ARRUDA, G. A. **Manual de boas práticas:** unidades de alimentação e nutrição. São Paulo: Ponto Crítico, 1998. v. 2.

BRASIL. Decreto-Lei n. 986, de 21 de outubro de 1969. Institui Normas Básicas sobre Alimentos. **Diário Oficial da República Federativa do Brasil**, Brasília, DF, 21 out. 1969. Disponível em: https://planalto.gov.br/ccivil_03/decreto-lei/del0986.htm. Acesso em: 28 out. 2021.

BRASIL. Ministério da Saúde. Secretária de Vigilância Sanitária. Portaria n. 1428, de 26 de novembro de 1993. Regulamento técnico sobre inspeção sanitária, boas práticas de produção/prestação de serviços e padrão de identidade e qualidade na área de alimentos. **Diário Oficial da República Federativa do Brasil,** Brasília, DF, 26 nov. 1993. Disponível em: https://bvsms.saude.gov.br/bvs/saudelegis/gm/1993/prt1428_26_11_1993.html. Acesso em: 28 out. 2021.

BRASIL. Ministério da Saúde. Secretária de Vigilância Sanitária. Portaria n. 326, de 30 de julho de 1997. Regulamento técnico sobre as condições higiênico-sanitárias e de boas práticas de fabricação para indústrias de alimentos. **Diário Oficial da República Federativa do Brasil,** Brasília, DF, 01 ago. 1997. Disponível em: https://bvsms.saude.gov.br/bvs/saudelegis/svs1/1997/prt0326_30_07_1997.html. Acesso em: 28 out. 2021.

BRASIL. Portaria n. 40, de 20 de janeiro de 1997. Ministério da Agricultura e Abastecimento. Manual de procedimentos para a implantação do sistema APPCC nas indústrias de produtos de origem animal. **Diário Oficial da República Federativa do Brasil.** Brasília, DF, 21 jan. 1998. Disponível em: https://www.cn3.com.br/wp-content/uploads/2016/04/Portaria-N%C2%BA40-de-20-de-janeiro-de-1997-MAPA.pdf. Acesso em: 28 out. 2021.

BRASIL. Ministério da Saúde. Centro de Vigilância Sanitária do Estado de São Paulo. Portaria CVS 6, de 10 de março de 1999. Regulamento técnico, que estabelece os parâmetros e critérios para o controle higiênico-sanitário em estabelecimentos de alimentos. **Diário Oficial da República Federativa do Brasil,** Brasília, DF, 21 jan. 1998. Disponível em: http://www.cvs.saude.sp.gov.br/zip/E_PT-CVS-06_100399.pdf. Acesso em: 28 out. 2021.

BRASIL. Resolução n. 389, de 5 de agosto de 1999. Aprova o regulamento técnico que aprova o uso de aditivos alimentares, estabelecendo suas funções e seus limites máximos para a categoria de alimentos 16: Bebidas – Subcategoria 16.2.2 – Bebidas não alcoólicas gaseificadas e não gaseificadas. **Diário Oficial da República Federativa do Brasil,** Brasília, DF, 09 ago. 1999. Disponível em: https://bvsms.saude.gov.br/bvs/saudelegis/anvisa/1999/res0389_05_08_1999.html#:~:text=Art.,constante%20do%20Anexo%20desta%20Resolu%C3%A7%C3%A3o. Acesso em: 28 out. 2021.

BRASIL. Agência Nacional de Vigilância Sanitária (ANVISA). Resolução RDC n. 89, de 17 de outubro de 2000. Autoriza a extensão de uso dos aditivos INS 216 Propilparabeno e INS 218 Metilparabeno, na função de conservador em Cerveja envasada em garrafas PET-polietileno tereftalato. Disponível em: https://bvsms.saude.gov.br/bvs/saudelegis/anvisa/2000/rdc0089_17_10_2000.html. Acesso em: 28 out. 2021.

BRASIL. Agência Nacional de Vigilância Sanitária (ANVISA). Resolução RDC n. 275, de 21 de outubro de 2002. Regulamento técnico de procedimentos operacionais padronizados aplicados aos estabelecimentos produtores/industrializadores de alimentos e alista de verificação das boas práticas de fabricação em estabelecimentos produtores/industrializadores de alimentos. **Diário Oficial da República Federativa do Brasil,** Brasília, DF, 06 nov. 2002. Disponível em: https://bvsms.saude.gov.br/bvs/saudelegis/anvisa/2002/anexos/anexo_res0275_21_10_2002_rep.pdf. Acesso em: 28 out. 2021.

BRASIL. Agência Nacional de Vigilância Sanitária (ANVISA). Resolução RDC n. 360, de 23 de dezembro de 2003. Aprova regulamento técnico sobre rotulagem nutricional de alimentos embalados, tornando obrigatória a rotulagem nutricional. **Diário Oficial da República Federativa do Brasil**, Brasília, DF, 26 dez. 2003. Disponível em: https://bvsms.saude.gov.br/bvs/saudelegis/anvisa/2003/res0360_23_12_2003.html. Acesso em: 28 out. 2021.

BRASIL. Ministério da Saúde. Portaria n. 518, de 25 de março de 2004. Estabelece os procedimentos e responsabilidades relativos ao controle e vigilância da qualidade da água para consumo humano e seu padrão de potabilidade, e dá outras providências. **Diário Oficial da República Federativa do Brasil,** Brasília, DF, 26 mar. 2003. Disponível em: https://bvsms.saude.gov.br/bvs/publicacoes/portaria_518_2004.pdf. Acesso em: 28 out. 2021.

BROCKA, B.; BROCKA, M. S. **Gerenciamento da qualidade**. São Paulo. Makron Books do Brasil, 1994.

BRYAN, F. L. *et al*. **Guia de procedimentos para implantação do método de análise de perigos e pontos críticos de controle (APPCC)**. São Paulo: Ponto Crítico, 1997.

CODEX ALIMENTARIUS COMMISSION. **Recommended international code of practice general principles of food hygiene**. CAC/RCP 1 – 1969. ver. 3. 2010. Roma. Disponível em: https://www.fao.org/3/y1579e/y1579e02.htm. Acesso em: 28 out. 2021.

GUIA para elaboração do Plano APPCC; geral. 2. ed. Brasília: SENAI/DN, 2000. (Série Qualidade e Segurança Alimentar).

HAZELWOOD, D.; MACLEAN, A. C. **Manual de higiene para manipuladores de alimentos**. São Paulo: Varella, 1994.

MADRID, A.; CEZANO, I.; VICENTE, J. M. **Manual de indústrias dos alimentos**. São Paulo: Varela, 1995.

RIEDEL, G. **Controle sanitário dos alimentos**. São Paulo: Loyola, 1987.

SILVA, J. M. da. **Manual de controle higiênico-sanitário em alimentos**. São Paulo: Varela, 1985.

SITES RELACIONADOS

https://www.blog.foodfraudpreventionthinktank.com/

http://www.cdc.gov – Center of Desease Control and Prevention.

http://www.cvs.saude.sp.gov.br/ – Centro de Vigilância Sanitária do Estado de São Paulo.

https://www.fda.gov/food/guidance-regulation-food-and-dietary-supplements/current-good-manufacturing-practices-cgmps-food-and-dietary-supplements

http://www.fao.org – Codex Alimentarius.

http://www.fda.gov – Food and Drug Administration.

http://www.foodsafety.org – Segurança Alimentar.

https://www.fssc22000.com/

https://www.gov.br/anvisa/pt-br – Agência Nacional de Vigilância Sanitária.

http://www.inspection.gc.ca – Canadian Food Inspection Agency.

https://mygfsi.com/

ANEXO 13.1 – QUADRO DO RESUMO DO PLANO APPCC PARA SUCO PASTEURIZADO DE MARACUJÁ

Etapa	PC/PCC	Perigos	Medidas preventivas	Limite crítico	Monitorização	Ação corretiva	Registro	Verificação
Recepção (Maracujá)	PCC_1 (Q)	Resíduos químicos de agrotóxicos	Qualificação do fornecedor	Legislação vigente de acordo com o produto utilizado	O quê? Certificado. Como? Observação visual. Quando? A cada lote. Quem? Responsável pela recepção.	• Rejeitar o lote • Trocar de fornecedor	• Planilha de registro das matérias-primas • Registro de recepção • Laudo do fornecedor	• Auditoria de fornecedores • Programa de coleta de amostras das matérias-primas para análises • Supervisão do preenchimento das planilhas e acompanhamento da etapa
Lavagem	PC (B)	Contaminação por microrganismos patogênicos, presentes na água	Utilização de água clorada	Mínimo de 10 ppm de cloro residual livre	O quê? Teor de cloro. Como? Kit para determinação de cloro. Quando? A cada lote lavado. Quem? Controlador de processo.	• Ajustar a dosagem de cloro • Trocar a água clorada a cada lote lavado.	• Planilha de controle de cloro livre	• Auditoria • Programa de coleta de amostras para análises • Supervisão do preenchimento das planilhas e acompanhamento da etapa
Pesagem/ Adição de aditivos	PCC_2 (Q)	Superdosagem de aditivos no produto	• Utilização da concentração adequada do aditivo; • Controle exato da pesagem	Benzoatos: máx. 0,10% no produto final. Sorbatos: máx. 0,10% no produto final. Sulfitos> máx. 0,02% no produto final.	O quê? Pesagem. Como? Observação visual. Quando? A cada lote. Quem? Supervisor.	• Rejeitar o lote • Reprocessar o lote quando a dosagem for abaixo • Reter o lote	• Planilha: Adição de aditivos • Planilha de registro de peso em função do volume	• Auditoria • Programa de coleta de amostras para análise • Supervisão do preenchimento das planilhas e acompanhamento da etapa • Calibração dos equipamentos • Controle de estoque do aditivo
Envase	PCC_3 (F)	Fragmentos de metais, vidros	• Lavagem das embalagens • Fornecedor idôneo • Arraste por ar comprimido	Ausência de fragmentos ≥ 1,0 mm	O quê? Fragmentos de metais, vidros. Como? Detector de fragmentos ou Observação visual. Quando? Contínuo. Quem? Operador da linha.	• Rejeição de embalagens com fragmentos • Repetir operação de lavagem	• Planilha: presença de fragmentos nas embalagens	• Auditoria • Calibração dos equipamentos • Programa de treinamento para os colaboradores.

14

Qualidade no setor de bebidas

LÉA SILVIA SANT'ANA
MARIA CÉLIA MARTINS DE SOUZA

14.1 DEFINIÇÕES DE QUALIDADE

O termo qualidade vem sendo utilizado por todos os atores da cadeia de produção de alimentos, porém não há consenso sobre o seu significado. Na área de alimentos, existem várias definições para o termo, tanto no âmbito geral como no específico. No Quadro 14.1 estão listadas algumas delas com seus respectivos autores. Neste capítulo, a palavra "alimento" também engloba o conceito de bebidas.

Quadro 14.1 Definições de qualidade segundo diversos autores.

Definição	Autor	Referência
1. Característica essencial e peculiar do produto.	Blanchifield	Blanchifield (1981)
2. Componente extra que distingue o produto em seu campo.	Bauman e Taubert	Bauman e Taubert (1984)
3. Constelação de atributos que determinam o grau de preferência pelo produto.	Lawless e Heymam	Meiselman (2001)
4. Conjunto de atributos ou propriedades de um produto que determina a sua aceitação pelo consumidor, por isso é muito variável com a cultura, localização geográfica, finalidade etc.	Vaz-Pires *et al.*	Vaz-Pires *et al.* (2005)
5. A totalidade das características dos produtos ou serviços que satisfazem e criam necessidades nos consumidores.	ASQ	Alli (2004)
6. Grau no qual características inerentes ao produto satisfazem as exigências do consumidor.	ISO 9000:2000	Alli (2004)
7. Grau negativo ou positivo de excelência*	Houaiss e Villar	Houaiss e Villar (2001)
8. Medida relativa de aceitabilidade.	Wood	Wood (2007)

(*continua*)

Quadro 14.1 Definições de qualidade por diversos autores. (*continuação*)

Definição	Autor	Referência
9. Grau no qual um conjunto de características inerentes satisfaz a requisitos. O termo "qualidade" pode ser usado com adjetivos como má, boa ou excelente. "Inerente", ao contrário de "atribuído", significa a existência de alguma coisa, especialmente como uma característica permanente.	ABNT NBR ISO 9000:2005	ABNT (2005)
10. Medida de multicomponentes presentes no alimento que desperta vontade de compra e oferece preço compatível com as expectativas e requerimentos do consumidor.	Kragt	Kragt (1981)
11. Conformidade com o padrão.	Greenless	Wood (2007)
12. Cumprimento estrito das normas preestabelecidas de produção*	Houaiss e Villar	Houaiss e Villar (2001)
13. É determinada pelos atributos sensoriais, composição química, propriedades físicas, nível de contaminação microbiológica e toxicologia, vida de prateleira, embalagens e marca, em conformidade com a exigência do consumidor.	Molnar	Molnar (1995)
14. Material X com colheita recente (tempo), usando método de colheita aprovado (a, b, c ou d), sem danos (% rejeição), estocado corretamente (% umidade, temperatura, atmosfera) exibindo características típicas deste produto (conformação, composição), não contaminado e microbiologicamente inócuo.	Bremner	Bremner (2000)
15. Na perspectiva de qualidade total se refere às características do produto (atributos de qualidade, como segurança, valor nutricional, valor sensorial, métodos de abate, uso de agrotóxicos), custo e disponibilidade e de características do fabricante (flexibilidade, confiabilidade e serviços de suporte).	Lunning *et al.*	Lunning *et al.* (2007)

*O Dicionário Houaiss da Língua Portuguesa possui 17 itens para definição da palavra qualidade. As duas definições descritas no Quadro 14.1 referem-se a uma definição geral e à da rubrica indústria, respectivamente.

Pode-se observar que as duas primeiras definições de qualidade descrevem apenas as características do produto. Com a evolução dos estudos a respeito da qualidade verifica-se que, a partir de 2000, passaram a ser utilizadas definições em que se estabelece a relação entre produto e consumidores (definições de 3 a 10, Quadro 14.1). A definição número 10 merece destaque, pois, apesar de ser de 1981, descreve, além da relação produto-consumidor, a expectativa em relação ao custo do produto. O surgimento de fatores novos na indústria de alimentos leva a um aumento dos requerimentos legais e isto pode ser observado nas definições 13 e 14.

Qualidade, portanto, é um conceito, não uma propriedade física, e por isso não pode ter uma posição fixa no tempo e no espaço. Assim, para os alimentos, o que se avalia são os conceitos de atributos de qualidade. Estes sim podem ser medidos e avaliados em determinados períodos de tempo. No Quadro 14.1, as definições 13 e 14 baseiam-se em tais atributos.

Atualmente, o conceito de qualidade para alimentos é considerado com base nos diferentes segmentos, ou seja, a demanda do consumidor, a demanda da indústria, as demandas da legislação e finalmente os aspectos econômicos. Assim, a definição 15, do Quadro 14.1, engloba todos os aspectos atuais referentes à qualidade e deve ser aceita como a melhor definição disponível.

14.2 ATRIBUTOS QUE DETERMINAM A QUALIDADE

Um modelo analítico para definir qualidade do alimento deve ser dividido em duas partes:

1) atributos característicos do alimento, que são exigidos ou esperados pelos consumidores e pelas indústrias;

2) atributos característicos das transações comerciais, que são exigências econômicas.

Os atributos de qualidade referentes às características do produto incluem a segurança do alimento, o valor nutricional, a conformidade com padrões e a percepção sensorial.

A segurança do alimento passou a ter importância na última década em função de várias crises. Inicialmente, em 1997, a encefalopatia espongiforme bovina (EEB) ou doença da vaca louca. Em seguida, em 1999, foi detectada a presença de dioxina nos derivados de leite na Bélgica. Em 2005-2006, foi a vez da influenza aviária na China.

Há certa confusão entre muitos cientistas brasileiros na utilização dos termos segurança dos alimentos (*food safety*) e segurança alimentar (*food security*).

Segurança do alimento é a garantia de que este não causará danos ao consumidor quando preparado e/ou consumido de acordo com o proposto. A ISO 22000:2005 utiliza esta definição.

A segurança alimentar é um conceito que foi se ampliando com o passar do tempo e a última definição dada pela Food and Agricultural Organization (FAO) é: uma situação existente quando todas as pessoas, a qualquer momento, têm acesso físico, social e econômico a alimentos suficientes, seguros e nutritivos, que permitam satisfazer as necessidades em nutrientes e preferências alimentares para uma vida saudável e ativa.

A segurança alimentar, portanto, é bem mais ampla, sendo que para atingi-la é necessária a segurança do alimento, mas também muitos outros requisitos.

Para garantir a segurança dos alimentos é necessário o controle de uma série de perigos que podem interferir nos atributos de qualidade.

Em 1960, foi desenvolvido pela empresa Pilsburg um programa para garantir a segurança dos alimentos, com o objetivo de proteger os astronautas da Nasa no espaço. Foi denominado de Análise de Perigo e Pontos Críticos de Controle (APPCC), sendo que atualmente este programa de controle de qualidade do produto, ou outros com características mais específicas, é utilizado pelas indústrias de alimentos e são exigências legais de todos os países. A sigla em inglês HACCP, muita usada para descrever este programa no Brasil, é inadequada.

Os atributos de qualidade dos alimentos são garantidos nos programas APPCC pelo controle de perigos físicos, químicos e biológicos. O perigo físico mais importante na indústria de bebidas é a possibilidade de se encontrarem resíduos de vidro causados por quebra de garrafas, enquanto o principal perigo químico é a presença de metais pesados, principalmente cobre na fabricação de aguardente.

Os perigos biológicos são minimizados em bebidas, em função do teor alcoólico das bebidas alcoólicas ou do pH baixo de refrigerantes. Porém sucos e néctares devem ser comercializados após processo térmico que garanta a esterilização comercial.

Nos últimos anos, a possibilidade da veiculação de leptospirose (perigo biológico) por meio de alimentos enlatados causou preocupação na indústria de bebidas, sendo que Associação Brasileira das Indústrias de Refrigerantes e Bebidas Não Alcoólicas – Abir se manifestou dizendo que as latas possuem condições de higiene e segurança comprovadas. Entretanto, Chang *et al* (2004) depositaram a solicitação de patente para uma proteção de metal laminada no topo de latas. Várias indústrias, inclusive no Brasil, já utilizam este processo.

O valor nutricional dos alimentos tem recebido bastante atenção dos consumidores nos últimos tempos. A presença de informações nutricionais, que são obrigatórias na rotulagem dos alimentos, é um bom exemplo da interação entre exigência de consumidores e legislação e tem evitado muitos problemas em indivíduos com intolerâncias e alergias causadas pela ingestão de alimentos.

Estes atributos podem ser acrescidos de outras exigências, que incluem a origem ou tradição de produção, bem como exigências éticas como alimentos provenientes da agricultura orgânica, de indústrias que respeitem o meio ambiente ou que possuam métodos de garantia do bem-estar animal. Atualmente, não se pode negligenciar o número crescente de consumidores que associam qualidade aos aspectos ecológicos (produtos orgânicos) e sociais (não exploração de mão de obra infantil) envolvidos na produção de alimentos.

Alterações nos sistemas de produção e no valor nutricional dos alimentos podem ocorrer por modificações na composição química, utilizando organismos geneticamente modificados (OGM). A utilização de OGM na indústria de alimentos é bastante criticada. Embora seu uso seja realidade, os consumidores exigem informações sobre a utilização desta metodologia, por rotulagem específica, pois associam a presença de OGM a danos à saúde e, consequentemente, a uma perda de qualidade dos produtos.

Por outro lado, tem aumentado o número de alimentos conhecidos como funcionais, ou seja, cujo consumo leva à prevenção de doenças. Este é um atributo de qualidade que passou a ser valorizado mais recentemente.

Em 1980, o Ministério da Educação do Japão iniciou pesquisas elaborando 86 programas específicos para análise e desenvolvimento das funções dos alimentos. Em 1991, o Ministério da Saúde e Bem-Estar japonês estabeleceu legislação para alimentos com uso específico em saúde, isto é, alimentos que quando consumidos melhoram a saúde dos indivíduos e das populações.

A apropriação mercadológica de alimentos funcionais, que alguns chamam de nutracêuticos, levou à necessidade de estabelecer legislações específicas e de esclarecimentos para evitar o uso de propaganda indevida. Porém, o grau de conhecimento científico atual é capaz de dar suporte à hipótese de que, além de suprir as necessidades nutricionais, a alimentação pode modular várias funções do organismo, podendo exercer um papel benéfico ou maléfico para o desenvolvimento de algumas doenças. Um excelente exemplo dos benefícios é o vinho tinto.

O vinho foi descoberto por acaso na antiga Pérsia (hoje Irã) pelo rei Jampsheed, e desde então tem sido associado ao uso medicinal. Tanto que após ingerir o produto que descobrira, o rei o denominou de Medicamento Real.

Hipócrates (450-370 a.C), o primeiro médico, utilizava o vinho para realizar curativos em ferimentos, para estados febris, como purgativo e como diurético e o recomendava como bebida nutricional. Na Bíblia, Jesus menciona o uso medicinal do vinho na parábola da boa samaritana (Lucas 10:30-37), onde este é usado como antisséptico para ferimentos.

Estudos epidemiológicos realizados na década de 1980 observaram uma baixa incidência de mortes por doenças coronarianas na população francesa, apesar da elevada ingestão de gorduras saturadas. Esses resultados foram observados a partir de um grande número de pesquisas e ficaram conhecidos como "Paradoxo Francês". Posteriormente, foi demonstrado que os efeitos benéficos eram devidos aos polifenóis, aos quais são atribuídas uma ação aterogênica e uma atividade antioxidante na lipoproteína de baixa densidade (LDL). Estes polifenóis na alimentação francesa são provenientes dos vinhos tintos. Atualmente sabe-se que o principal polifenol presente em vinhos é o resveratrol (3, 4', 5, trihidroxiestilbeno), composto que existe nas configurações "trans" e "cis". O transresveratrol é composto proposto como substância cardioprotetora existente em vinhos e sucos tintos de uva.

O segundo item da qualidade dos alimentos diz respeito aos atributos referentes às transações comerciais, que incluem: certificação, rastreabilidade, conveniência, disponibilidade e preço.

A doença da vaca louca ou EEB mudou a história da indústria agroalimentar e a rastreabilidade passou a ser um importante instrumento para garantir a segurança do alimento. Atualmente, a legislação de muitos países prevê a descrição da origem geográfica do produto, porém os produtores já perceberam que esta atitude espontânea pode agregar valor aos seus produtos e/ou marcas.

14.3 SISTEMAS DE PROTEÇÃO DE MARCAS

Marca é todo sinal distintivo e visualmente perceptível que identifica e distingue produtos e serviços de outros análogos, de procedência diversa, assim como certifica a conformidade deles com determinadas normas ou especificações técnicas.

Segundo o Instituto Nacional de Propriedade Industrial (Inpi), quanto à origem, as marcas podem ser brasileiras ou estrangeiras. Quanto ao uso, podem ser de produtos ou de serviços, para distingui-los de outros idênticos, semelhantes ou afins. Podem também ser coletivas, para identificar produtos ou serviços provenientes de membros de um determinado grupo ou entidade, ou ainda de certificação, para atestar a conformidade de produtos ou serviços a determinadas normas ou especificações técnicas.

As marcas podem ter formas diferentes de apresentação. A marca nominativa é um sinal constituído apenas por palavras, ou combinação letras e/ou algarismos, sem apresentação fantasiosa. A marca figurativa é um sinal constituído por desenho, imagem, figura ou formas fantasiosas em geral. A marca mista é um sinal que combina elementos nominativos e figurativos. Já a marca tridimensional é constituída pela forma plástica distintiva e necessariamente incomum de um produto, como sua embalagem.

A indústria de bebidas fornece vários exemplos da importância das marcas na comercialização de alguns produtos, como as cervejas (Brahma, Antarctica e Skol) os refrigerantes (a indústria das colas – Coca-Cola e Pepsi-Cola) e uísque (Ballantines, Chivas Regal, Grants, J & B, Johnnie Walker), entre muitos outros.

Mais recentemente, além de atributos relacionados às características do produto, os itens custo e disponibilidade também foram adicionados ao conceito de qualidade. Algumas características do fabricante, como flexibilidade, confiabilidade e serviços de suporte, também têm sido cada vez mais consideradas.

A inclusão de custo na definição de qualidade é contraditória, pois preços acessíveis para os alimentos são de grande necessidade para se alcançar a segurança alimentar, ou pelo menos diminuir os impactos negativos da insegurança alimentar. Por outro lado, na indústria de alimentos existem vários exemplos de produtos que têm preço elevado em função da marca.

Os Estados Unidos têm investido na proteção das marcas como política privada para proteção de um produto, enquanto os países da União Europeia se empenham em fortalecer as marcas coletivas, por entender que este mecanismo tem abrangência maior e, portanto, representa interesses coletivos.

No Quadro 14.2 estão apresentadas as principais diferenças entre os sistemas de proteção de marcas registradas, sistemas de indicações geográficas e as certificações e marcas coletivas.

Quadro 14.2 Diferenças entre os sistemas de proteção de marcas, os sistemas de indicações geográficas e as certificações e marcas coletivas.

Atributo	Marcas registradas	Indicações geográficas	Certificações e marcas coletivas
Identificação	Identifica a manufatura.	Identifica o lugar de origem.	Identifica a qualidade por vezes ligada ao local de origem.
Intenção	Reflete a criatividade humana.	Reflete o clima, o solo, e outras características do ambiente.	Reflete a certificação da qualidade do produto ou dos membros da coletividade.
Direitos de propriedade	Propriedade exclusiva de um único produtor.	Propriedade do Estado ou de paraestatal sob o interesse de todos os produtores da área	A marca é comum; não se pode possuí-la, apenas divulgá-la.
Meios de proteção	Empresas protegem a marca com a ajuda de leis, sem intervenção pública.	Agências públicas protegem as IGs. Isso pode ser dificultado pela multiplicidade de produtores.	Proteção da certificação por agências públicas e das marcas coletivas pela coletividade.
Transferibilidade	As marcas podem ser vendidas por licença.	IGs não podem ser vendidas por licença.	Não são transferíveis.
Registro	Autodeclaração. Não depende de reputação para registro.	Registro por autorização. Exigência de reputação.	Pedido de certificação por um grupo de produtores. Necessidade de comprovação da qualidade.
Custos	Altos para pequenos produtores.	Baixos para pequenos produtores, mas não para um grande grupo.	Baixos
Extensão da proteção	Sem proteção contra as modificações ou traduções.	Proteção para as modificações e traduções.	A certificação não deve ter ambiguidades.
Conflitos	Não podem incluir as IGs, pois os consumidores podem se enganar.	Podem coexistir com as certificações e marcas coletivas.	Podem eventualmente coexistir com as marcas e as IGs.
Duração	Marcas são permanentes conforme existência de seus proprietários.	Continuam por um longo período enquanto as condições não mudam.	Sujeitas com frequência a renovação coletiva.

Fonte: adaptado de Josling (2006).

Um exemplo que merece destaque no que se refere a bebidas é o das indicações geográficas (IGs), que buscam valorizar a qualidade de um produto associada à reputação de uma determinada característica, fruto da interação do homem com seu território.

As tentativas informais de associar a qualidade à origem de produtos alimentares e as iniciativas de regulamentá-las remontam à antiguidade. Nas cidades-estados gregas, o controle sobre a origem do terreno dos vinhedos de excelência reconhecida era feito com a identificação em ânforas próprias, inscritas com o nome da cidade, o nome do verificador e o nome do produtor ou seu símbolo.

A definição moderna de produtos e serviços de origem, além do território, incorpora variedades, saber fazer e resultados comerciais; não mais se restringe só aos vinhos, já que ela também se aplica a outras bebidas, como café e aguardente, e a outros produtos agroalimentares, como carnes e laticínios. As indicações geográficas são iniciativas formais de reconhecimento da qualidade, fruto de um processo histórico de organização e construção social de regras para definir e controlar direitos de propriedade intelectual, de modo a evitar conflitos de interesses entre direitos individuais e coletivos, como a prevenção de fraudes.

Num dos protocolos da Organização Mundial do Comércio (OMC), criada em 1994, em Marrakesh, há um acordo sobre os direitos de propriedade intelectual relativos ao comércio, o Trips – Trade Related Aspects of Intellectual Property Rights,[1] que reconhece a legitimidade da proteção de indicações geográficas. Na definição oficial: "entende-se por indicação geográfica uma indicação que serve para identificar um produto como originário do território de um país, ou de uma região ou localidade deste território, no caso em que uma qualidade, reputação ou outra característica determinada do produto possa ser atribuída essencialmente a esta origem geográfica".

Muitos países se beneficiam do uso de indicações geográficas. A Europa foi quem primeiro associou as marcas coletivas a características de atributos de qualidade que diferenciam o produto, regulamentam a produção e agregam valor à marca.

Portugal foi pioneiro na formalização da origem. Em 1756, o Marquês de Pombal fundou a Companhia Geral da Agricultura das Vinhas do Alto Douro, com o objetivo de assegurar e proteger a qualidade do Vinho do Porto. A qualidade, no contexto da época, buscava equilibrar produção e comércio, e levar à estabilização de preços. Um dos instrumentos utilizados para isso foi a "demarcação das serras". Esta foi a primeira demarcação vinícola, considerada precursora das indicações geográficas, que traduziu uma ampla regulação econômica com aplicação da fitogeografia e a intervenção de organismos públicos para regê-la.

A França, que é internacionalmente reconhecida pela qualidade de seus produtos agropecuários associados à origem, como o Champagne e os vinhos Bordeaux, por exemplo, comemorou em 2005 o centenário da primeira lei que instaurou as bases do conceito de origem, e os setenta anos de criação das *Apellations d'Origine Controlée* (AOCs), ou as Denominações de Origem Controlada (DOCs).

A tradição francesa baseia-se no conceito de *terroir*, que é um termo que considera não só a localização geográfica dos produtos, mas é definido como uma relação única entre solo, clima e planta, além do *savoir faire* do produtor. A delimitação da área vinícola de Champagne ocorreu em 1927, o que trouxe diversos condicionantes para sua produção. Foi autorizado o cultivo de três cepas de uvas: *pinot noir*, *chardonnay* e *pinot mernier*. Além disso, as normas passaram a limitar a produção por hectare e definir o sistema de poda, altura, espaçamento e densidade dos pés de uva. As regras para produção de Champagne foram a base para a regulamentação das DOCs.

Atualmente, a União Europeia dispõe de três sistemas para promover e proteger as designações de produtos agroalimentares de qualidade, entre eles as bebidas: as Denominações de Origem Protegida (DOPs), as Indicações Geográficas Protegidas (IGPs) e as Especialidades Tradicionais Garantidas (ETGs). A Figura 14.1 apresenta as marcas utilizadas pela França para os três sistemas de designações agroalimentares da União Europeia.

As DOPs se referem à denominação de um produto cuja produção, transformação e elaboração devem ter lugar numa área geográfica determinada, com um *savoir faire* constatado e reconhecido. As IGPs designam os produtos agroalimentares estreitamente ligados a uma zona geográfica dentro da qual se dá pelo menos um estágio de produção, transformação ou elaboração. As ETGs destacam a composição tradicional de um produto, ou seu modo tradicional de produção. A legislação

[1] Ou ADPIC: acordo sobre os Aspectos do Direito da Propriedade Intelectual Relacionado ao Comércio.

europeia, que tem validade em todos os países-membro, tem forte influência das regras de proteção construídas na França.

a) b) c)

Figura 14.1 Marcas utilizadas pela França para os três sistemas de designações agroalimentares da União Europeia. (a) Denominação de Origem Protegida (DOP), (b) Indicação Geográfica Protegida (IGP), e (c) Especialidade Tradicional Garantida (ETG)

Atualmente, a União Europeia possui duas bases de dados (repositórios eletrônicos de documentos legais) que agrupam as informações geográficas. Um desses registros é o DOOR (*Database of Origin & Registration*), que inclui produtos alimentícios protegidos, exceto vinhos. As cervejas, por exemplo, estão contempladas no DOOR, sendo que atualmente existem vinte cervejas registradas como IGPs (DOOR, 2017).

O outro registro é o E-Bacchus, que é específico para vinhos (CARCEA; MELINI, 2013). O E-Bacchus está descrito no artigo 104 do Regulamento do Parlamento Europeu e do Conselho 1308/2013, de 17 de dezembro de 2013, onde se lê: "A Comissão estabelece e mantém um registro eletrônico, acessível ao público, das denominações de origem protegidas e das indicações geográficas protegidas de vinhos. As denominações de origem e as indicações geográficas de produtos de países terceiros que estejam protegidas na União ao abrigo de um acordo internacional no qual a União seja parte contratante podem ser inscritas no registro" (EUROPEAN COMMISSION, 2013). Essa base de dados tem registrados como Denominação de Origem Protegida do Brasil (país terceiro) os vinhos do Vale dos Vinhedos (E-BACCHUS, 2017).

Algumas vezes, as Indicações Geográficas são consideradas barreiras não tarifárias. Entretanto as IGs estão entre as soluções que se apresentam para ampliar e estabilizar as margens, principalmente no caso da produção em pequena escala em regiões delimitadas.

14.4 INDICAÇÕES GEOGRÁFICAS PARA BEBIDAS NO BRASIL

As tentativas formais de valorizar a qualidade associada à origem, no entanto, são ainda muito recentes no Brasil, que é signatário do Convenção da União de Paris (CUP) e do Acordo de Madrid sobre Indicações de Origem. As regras de proteção intelectual de indicações geográficas no país têm pouco mais de duas décadas.

A Lei nº 9.279, de 1996, estabelece no Brasil duas modalidades de indicações geográficas: a Indicação de Procedência (IP) e a Denominação de Origem (DO). Na Indicação de Procedência, é considerado o nome geográfico de um país, cidade da região ou da localidade do seu território, que tenha se tornado conhecido como centro de extração, produção ou fabricação de determinado produto ou prestação de serviço. Na Denominação de Origem, o nome geográfico designa produto ou serviço cujas características ou qualidades se devam exclusiva ou essencialmente ao meio geográfico, incluídos aí os fatores naturais e humanos. Tais conceitos de indicação geográfica permitem associar a qualidade do produto à região onde foi produzido, quando se consideram as indicações de procedência, e/ou ao saber fazer, quando se levam em conta as denominações de origem.

O órgão oficial responsável pelo registro de indicações geográficas no país é o Inpi (Instituto Nacional da Propriedade Industrial), vinculado ao Ministério do Desenvolvimento, Indústria e Comércio Exterior (MDIC). Além de produtos brasileiros, o INPI também trabalha na equivalência do reconhecimento de IGs estrangeiras, já consagradas em seu bloco econômico e/ou seus países de origem.

Atualmente o Brasil apresenta 59 IGs já reconhecidas em território nacional, sendo 41 na modalidade IP e 18 DOs, considerando as nacionais e as estrangeiras. As oito IGs de fora do país são Denominações de Origem, sendo que 6 (75%) são bebidas alcoólicas, provenientes de regiões como as dos vinhos verdes e do vinho do Porto em Portugal, dos vinhos e espumantes de Franciacorta, na Itália, dos vinhos californianos de Napa Valley, nos Estados Unidos, e de Cognac e Champagne, na França.[2]

Alguns territórios brasileiros têm conseguido se promover por meio da produção e certificação

[2] As outras duas DOs estrangeiras reconhecidas no território nacional são os presuntos italianos de San Daniele e o queijo francês Roquefort.

de produtos típicos, de locais específicos, com características peculiares reconhecidas tanto pelas indicações de procedência como por Denominações de Origem. As IGs estão distribuídas por vinte estados, com dispersão geográfica em todas as regiões do país:

- Região Sul: Rio Grande do Sul, Santa Catarina e Paraná.
- Região Sudeste: Minas Gerais, Espírito Santo, Rio de Janeiro e São Paulo.
- Região Centro-Oeste: Mato Grosso, Mato Grosso do Sul e Goiás.
- Região Norte: Amazonas e Tocantins.
- Região Nordeste: Bahia, Sergipe, Alagoas, Pernambuco, Paraíba, Rio Grande do Norte, Ceará e Piauí.

As 51 IGs nacionais reconhecem uma ampla gama de produtos,[3] dos quais 18 (35%) são bebidas alcoólicas, como vinhos, espumantes e aguardentes, não alcoólicas, como a cajuína, e matérias-primas, como grãos de café e amêndoas de cacau. As dezoito Indicações Geográficas brasileiras para bebidas mostram dezesseis Indicações de Procedência e duas Denominações de Origem reconhecidas, sendo que estas últimas também obtiveram reconhecimento anteriormente como IPs. As marcas que as identificam podem ser nominativas ou mistas.

14.4.1 Indicações de procedência (IPs)

Atualmente o Brasil possui 41 IPs registradas, sendo que dezesseis são de bebidas, que representam 39% do total. São reconhecidas pelo INPI nove bebidas alcoólicas, compreendendo seis vinhos e espumantes e três aguardentes tipo cachaça e compostas. Além delas, temos uma bebida não alcoólica, a cajuína, e seis matérias-primas para bebidas: cinco para grãos de café e uma para amêndoas de cacau, como veremos a seguir.

[3] Além das bebidas, as Indicações de Procedência reconhecem carne, couro, frutas, artesanato de capim dourado e estanho, doces e biscoitos, panelas de barro, queijos, calçados, joias e pedras preciosas, mármores, têxteis de algodão colorido, porto digital, rendas e bordados, peixes ornamentais, mel, linguiça, açafrão e inhame. Entre as Denominações de Origem encontram-se arroz, camarão, pedras, mel e própolis.

14.4.1.1 Bebidas alcoólicas

As bebidas alcoólicas reconhecidas até o momento estão localizadas no Rio Grande do Sul e em Santa Catarina, no que se refere aos vinhos e espumantes, e no Rio de Janeiro, em Minas Gerais e na Bahia, no que diz respeito às aguardentes tipo cachaça.

a) Vinhos

Vale dos Vinhedos

A pioneira das IPs brasileiras foi obtida em 2002 pela Associação dos Produtores de Vinhos Finos do Vale dos Vinhedos (Aprovale) para os vinhos tintos, brancos e espumantes do Vale dos Vinhedos, que congrega parte dos municípios gaúchos de Bento Gonçalves, Garibaldi e Monte Belo do Sul.

Figura 14.2 Marca da Indicação de Procedência dos vinhos do Vale dos Vinhedos.

Fonte: INPI, 2017.

Além de melhorias na qualidade do produto, o processo de construção social desta IP trouxe modificações não só na organização mas também na gestão do espaço público e privado da região. Tais mudanças dizem respeito ao despertar de um sentido coletivo antes inexistente, que possibilitou a cooperação entre as vinícolas participantes da organização coletiva. Além disso, foi possível introduzir inovações: a) de produto, com investimentos na qualidade da uva; b) de processo, com o aprimoramento do manejo dos parreirais, redução da carga produtiva e adoção de tecnologias modernas para a vinificação e engarrafamento; e c) de distribuição, com a busca de novos mercados, tanto internos quanto externos.

Pinto Bandeira

A Associação dos Produtores de Vinhos Finos de Pinto Bandeira (Asprovinhos) obteve o reconhecimento do INPI em julho de 2010. Na Figura 14.3 está a marca da Indicação de Procedência dos vinhos tintos, brancos e espumantes de Pinto Bandeira.

Figura 14.3 Marca da Indicação de Procedência dos vinhos de Pinto Bandeira.

Fonte: INPI, 2017.

A área geográfica reconhecida dessa Indicação de Procedência fica na região nordeste do Rio Grande do Sul, abrangendo 7.960 hectares entre a Serra Geral e o Planalto dos Campos Gerais. Cerca de 93% dessa IP estão em Bento Gonçalves e 7% estão em Farroupilha.

Vales da Uva Goethe

O reconhecimento do vinho dos Vales da Uva Goethe foi concedido no início de 2012 para a Associação dos Produtores da Uva e do Vinho Goethe (Progoethe), que até o momento é a única IG catarinense. A marca nominativa da Indicação de Procedência do vinho dos Vales da Uva Goethe está na Figura 14.4.

Figura 14.4 Marca da Indicação de Procedência do vinho dos Vales da Uva Goethe.

Fonte: INPI, 2017.

Os municípios de Urussanga, Pedras Grandes, Cocal do Sul, Morro da Fumaça, Treze de Maio, Orleans, Nova Veneza e Içara compõem essa IP, situada nas bacias do rio Urussanga e do rio Tubarão, na microrregião entre as encostas da Serra Geral e o litoral sul de Santa Catarina.

Altos Montes

A Associação dos Produtores dos Vinhos dos Altos Montes (Apromontes) recebeu o registro de reconhecimento de vinhos e espumantes em dezembro de 2012. A marca da Indicação de Procedência dos vinhos e espumantes de Altos Montes pode ser encontrada na Figura 14.5.

Figura 14.5 Marca da Indicação de Procedência dos vinhos e espumantes de Altos Montes.

Fonte: INPI, 2017.

Trata-se de uma área contínua de quase 174 km^2 nos municípios gaúchos de Flores da Cunha e Nova Pádua.

Monte Belo

Em 2013, o reconhecimento da região delimitada como Monte Belo para vinhos foi concedido à Associação dos Vitivinicultores de Monte Belo do Sul. A marca da Indicação de Procedência dos vinhos de Monte Belo pode ser encontrada na Figura 14.6.

Figura 14.6 Marca da Indicação de Procedência dos vinhos de Monte Belo.

Fonte: INPI, 2017.

A delimitação dessa região de pouco mais de 56 km^2 compreende partes dos municípios de Monte Belo, Bento Gonçalves e Santa Tereza, no Rio Grande do Sul.

Farroupilha

Essa IP foi concedida em 2015 para a Associação Farroupilhense de Vinhos Espumantes, Sucos e Derivados (Afavin). Refere-se a Vinho Fino Branco

Moscatel, Vinho Moscatel Espumante, Vinho Frisante Moscatel, Vinho Licoroso Moscatel, Mistela Simples Moscatel e Brandy de Vinho Moscatel. Na Figura 14.7 está a marca da Indicação de Procedência dos vinhos de Farroupilha.

Figura 14.7 Marca da Indicação de Procedência dos vinhos de Farroupilha.

Fonte: INPI, 2017.

A região demarcada totaliza pouco mais de 379 km² e encontra-se integralmente no município gaúcho de Farroupilha.

b) Aguardentes tipo cachaça

Paraty

Em 2007, a Associação dos Produtores e Amigos da Cachaça Artesanal de Paraty (Apacap) obteve a IP para a sua aguardente tipo cachaça e para a aguardente composta azulada. A Figura 14.9 mostra a marca utilizada para representar a IP. Os nomes "cachaça", "Brasil" e "cachaça do Brasil" foram as primeiras IGs do país para esse destilado de cana-de-açúcar genuinamente brasileiro, segundo o Decreto Presidencial nº 4.062/2001. A primeira IP do país para aguardentes foi concedida à "cachaça de Paraty".

Essa cidade, no Rio de Janeiro, é um dos polos mais antigos de produção de aguardente no país. Foi o principal produtor no Brasil Colônia, cuja qualidade ajudou a transformar a designação "Paraty" em sinônimo de boa cachaça. Desde o período colonial, na Corte e em Portugal, todos costumavam saborear uma dose de Paraty. O termo, que inicialmente designava a aguardente proveniente da cidade, acabou, por extensão, sendo usado para denominar toda cachaça, como na música Camisa Listrada, imortalizada por Carmen Miranda, que Assis Valente compôs em 1937: "Vestiu uma camisa listrada / e saiu por aí / Em vez de tomar chá com torrada / ele bebeu paraty".

Figura 14.8 Marca da Indicação de Procedência da cachaça de Paraty.

Fonte: INPI, 2017.

A Apacap conseguiu comprovar que a bebida, além de ser uma das atrações turísticas da cidade, é elaborada em alambiques tradicionais de cobre, e obedece a padrões próprios e superiores aos determinados pela legislação, como o estabelecimento de regras rígidas de respeito ao meio ambiente e às leis trabalhistas.

Salinas

A cachaça da Região de Salinas, no norte mineiro, recebeu o registro em 2013, quando foi concedido o reconhecimento à Associação dos Produtores de Cachaça de Salinas (Apacs). A Figura 14.9 mostra a marca da Indicação de Procedência da aguardente de cana tipo cachaça de Salinas.

Figura 14.9 Marca da Indicação de Procedência da Cachaça de Região de Salinas.

Fonte: INPI, 2017.

A região delimitada engloba quase 2.542 km² e inclui a totalidade de Salinas e Novorizonte e partes dos municípios de Taiobeiras, Rubelita, Santa Cruz de Salinas e Fruta de Leite, todos situados em Minas Gerais.

Abaíra

Em 2014, foi concedido o registro para a Associação dos Produtores de Aguardente de Qualidade da Microrregião de Abaíra relativo à Aguardente de Cana do Tipo Cachaça produzida nesse território baiano. Na Figura 14.10 pode-se observar a marca da Indicação de Procedência para Aguardente de Cana da Microrregião de Abaíra.

Figura 14.10 Marca da Indicação de Procedência da Aguardente de Cana da Microrregião de Abaíra.

Fonte: INPI, 2017.

A área delimitada desta IP inclui parte dos municípios de Abaíra, Jussiape, Mucugê e Piatã, abrangendo uma área de pouco mais de 272.900 km², localizada na região da Chapada Diamantina, no estado da Bahia.

14.4.1.2 Bebidas não alcoólicas

Cajuína do Piauí

Até agora, apenas uma bebida não alcoólica obteve o registro de Indicação de Procedência do INPI. Trata-se da cajuína, uma bebida tradicional em alguns estados da região Nordeste, que foi reconhecida como cajuína do Piauí. O reconhecimento foi concedido em 2014 para a União das Associações e Cooperativas e Produtores de Cajuína do Estado do Piauí (Procajuína). A Figura 14.11 mostra a marca da Indicação de Procedência Piauí para cajuína.

A área delimitada como Piauí é a mesma dos limites geográficos do estado. Trata-se do território mais extenso do país reconhecido como uma Indicação Geográfica em qualquer uma das modalidades, seja Indicação de Procedência ou Denominação de Origem, e o único para bebidas que engloba um estado inteiro.

Figura 14.11 Marca da Indicação de Procedência da Cajuína do Piauí.

Fonte: INPI, 2017.

14.4.1.3 Matérias-primas para bebidas

Entre as matérias-primas para bebidas estão os grãos de café e as amêndoas de cacau. No setor cafeeiro, as iniciativas informais de associar origem e qualidade são antigas. Tiveram início praticamente por força do comércio – como a origem dos grãos, fazendas, regiões ou portos de embarque – e da necessidade de definir padrões para a troca de mercadorias sujeitos às inúmeras especulações e variações de qualidade em mercados distantes. Mais recentemente, a origem acabou se transformando em estratégia de diferenciação de cafés especiais, com iniciativas individuais de famílias e fazendas mais tradicionais ou de empresas de pequeno porte.

O cacau, por sua vez, mostra o primeiro reconhecimento formal de qualidade associada à proveniência das amêndoas. Até então havia somente formas de reconhecimento informal, geralmente associadas ao país de origem da produção ou do processamento.

Em ambos os casos, os produtos que chegam até a mesa do consumidor são *blends*, que encobrem a origem da produção. Quando aparece nos rótulos, a origem é mencionada informalmente, como uma estratégia de marketing para valorizar o produto.

a) Café

Cerrado Mineiro

As tentativas formais de indicações geográficas para valorizar a qualidade associada à origem dos cafezais são ainda muito recentes, não só no mundo como também no Brasil. A primeira indicação geográfica formal para o café brasileiro, que estava em tramitação desde 1999, foi concedida ao Conselho das Associações dos Cafeicultores do Cerrado (Caccer) em junho de 2005. O registro de indicações geográficas do Inpi deu ao seu titular – o Caccer – o reconhecimento oficial da IP da denominação Região do Cerrado Mineiro (Figura 14.12).

Região do Cerrado Mineiro

Figura 14.12 Marca da Indicação de Procedência do café do Cerrado Mineiro.

Fonte: INPI, 2017.

A região tinha sido demarcada oficialmente pelo governo estadual, em 1996, com o Decreto nº 38.559, que instituiu regras para emissão do Certicafé, o certificado de origem para os cafés de Minas Gerais, e delimitou quatro regiões produtoras: Cerrado, sul de Minas, Jequitinhonha e Montanhas de Minas. A região do Cerrado compreende as áreas geográficas delimitadas pelas regiões do Triângulo Mineiro, Alto Paranaíba e parte do Alto São Francisco e do Noroeste. Caracteriza-se por áreas de altiplano, com altitude de 820 a 1.100 m, clima ameno sujeito a geada de baixa intensidade e com possibilidade de produção de bebida fina, de corpo mais acentuado.

A indicação de procedência obtida pelo Caccer avançou nesta região não só graças à alta qualidade do café produzido mas também pela união e complementaridade dos esforços e pelo forte poder de organização dos cafeicultores do Cerrado Mineiro. Curiosamente, a indicação de procedência foi concedida a uma região que não pode ser considerada tradicional na cultura, uma vez que a ocupação cafeeira no Cerrado, iniciada em meados dos anos 1970, está entre as mais recentes no país. Além disso, a estratégia que visa adicionar valor à qualidade de produções pequenas foi implantada numa região que agrega 55 municípios,[4] onde predominam as grandes propriedades e a produção em larga escala.

Serra da Mantiqueira de Minas Gerais

O café da região da Serra da Mantiqueira de Minas Gerais, a segunda IP mineira para cafés, obteve o reconhecimento de Indicação de Procedência em maio de 2011. O registro foi concedido para a Associação dos Produtores de Café da Mantiqueira (Aprocam). A marca da IP do café da região da Serra da Mantiqueira de Minas Gerais está na Figura 14.13.

Figura 14.13 Marca da Indicação de Procedência do café da Serra da Mantiqueira de Minas Gerais

Fonte: INPI, 2017.

A área delimitada dessa Indicação de Procedência compreende quatro municípios mineiros: Heliodora, Baependi, Dom Viçoso e Campanha.

Norte Pioneiro do Paraná

A Indicação de Procedência do Café do Norte Pioneiro do Paraná, a primeira para esse produto no estado, foi concedida à Associação dos Cafés Espe-

[4] Abadia dos Dourados, Araguari, Arapuá, Araxá, Bambuí, Bonfinópolis de Minas, Buritis, Buritizeiro, Campos Altos, Canápolis, Carmo do Paranaíba, Cascalho Rico, Conquista, Coromandel, Córrego D'Anta, Cruzeiro da Fortaleza, Douradoquara, Estrela do Sul, Grupiara, Guarda-Mór, Guimarânia, Ibiá, Indianópolis, Iraí de Minas, João Pinheiro, Lagamar, Lagoa Formosa, Matutina, Medeiros, Monte Alegre de Minas, Monte Carmelo, Nova Ponte, Paracatu, Patos de Minas, Patrocínio, Pedrinópolis, Perdizes, Pratinha, Presidente Olegário, Rio Paranaíba, Romaria, Sacramento, Santa Juliana, Santa Rosa da Serra, São Gonçalo do Abaeté, São Gotardo, Serra do Salitre, Tapira, Tiros, Tupaciguara, Uberaba, Uberlândia, Unaí, Varjão de Minas e Vazante.

ciais do Norte Pioneiro do Paraná (Apacs) em maio de 2012. Essa IP especifica o registro para café verde em grão e industrializado torrado em grão e/ou moído. A Figura 14.14 se refere à marca da IP Norte Pioneiro do Paraná.

Figura 14.14 Marca da Indicação de Procedência do Café do Norte Pioneiro do Paraná.

Fonte: INPI, 2017.

A área delimitada desta IP diz respeito a 45 municípios que compõem duas regiões administrativas do estado: o Norte do Paraná e o Norte Pioneiro do Paraná. É representada por duas associações de prefeitos: Associação dos Municípios do Norte do Paraná (Amunop), composta por 19 municípios,[5] e Associação de Municípios do Norte Pioneiro do Paraná (Amunorpi), que agrega 26 municípios.[6]

Alta Mogiana

Em setembro de 2013, a Associação dos Produtores de Cafés Especiais da Alta Mogiana (AMSC) recebeu o primeiro registro de Indicação de Procedência do INPI para o café produzido no estado de São Paulo. A marca do Café da Alta Mogiana pode ser observada na Figura 14.15.

Figura 14.15 Marca da Indicação de Procedência do Café da Alta Mogiana.

Fonte: INPI, 2017.

A área delimitada compreende 15 municípios: Altinópolis, Batatais, Buritizal, Cajuru, Cristais Paulista, Franca, Itirapina, Jeriquara, Nuporanga, Patrocínio Paulista, Pedregulho, Restinga, Ribeirão Corrente, Santo Antônio da Alegria e São José da Bela Vista.

Região de Pinhal

A Região de Pinhal foi a segunda IP paulista concedida pelo INPI para cafés. O registro foi obtido pelo Conselho de Mogiana do Pinhal em julho de 2016 para designar café verde e café torrado e moído produzido nessa região. A Figura 14.16 mostra a marca do Café da Região de Pinhal.

Figura 14.16 Marca da Indicação de Procedência do Café da Região de Pinhal.

Fonte: INPI, 2017.

A região delimitada é composta pelos municípios de Espírito Santo do Pinhal, Santo Antônio do Jardim, Aguaí, São João da Boa Vista, Águas da Prata, Estiva Gerbi, Mogi Guaçu e Itapira.

[5] Assaí, Bandeirantes, Congonhinhas, Cornélio Procópio, Itambaracá, Leópolis, Nova América da Colina, Nova Fátima, Nova Santa Bárbara, Rancho Alegre, Santa Amélia, Santa Cecília do Pavão, Santa Mariana, Santo Antônio do Paraíso, São Jerônimo da Serra, São Sebastião da Amoreira, Sapopema, Sertaneja e Uraí.

[6] Abatia, Andirá, Barra do Jacaré, Cambará, Carlópolis, Conselheiro Mairinck, Curiuva, Figueira, Guapirama, Irati, Jaboti, Jacarezinho, Japira, Joaquim Távora, Jundiaí do Sul, Pinhalão, Quatiguá, Ribeirão Claro, Ribeirão do Pinhal, Salto do Itararé, Santana do Itararé, Santo Antônio da Platina, São José da Boa Vista, Siqueira Campos, Tomazina e Wenceslau Braz.

b) Cacau

Linhares

Tanto no estado do Espírito Santo quanto no país, essa foi a primeira Indicação de Procedência concedida para amêndoas de cacau, que é matéria-prima para bebidas achocolatadas. A Figura 14.17 apresenta a marca da IP das Amêndoas de Cacau de Linhares.

Figura 14.17 Marca da Indicação de Procedência do Cacau de Linhares.

Fonte: INPI, 2017.

A área delimitada compreende uma parte do município capixaba de Linhares.

14.4.2 Denominações de origem (DOs)

Entre as dez Denominações de Origem concedidas até o momento no Brasil, apenas duas são registros para bebidas e/ou matérias-primas. A primeira se refere a vinhos tintos, brancos e espumantes do Vale dos Vinhedos, no Rio Grande do Sul, e a segunda, a café verde em grão e café industrializado torrado em grão ou moído da Região do Cerrado Mineiro, em Minas Gerais.

Coincidência ou não, essas duas DOs já tinham sido reconhecidas anteriormente como Indicações de Procedência. Tanto a Associação dos Produtores de Vinhos Finos do Vale dos Vinhedos quanto a Federação dos Cafeicultores do Cerrado conseguiram comprovar cientificamente, por meio de diversas análises, que os atributos de qualidade superior desses vinhos e cafés são resultado de uma interação única entre o saber fazer e a região delimitada, ou seja, entre o homem e seu território.

Além disso, podemos considerar que, nesses dois casos, a concessão da Indicação de Procedência foi apenas um passo no esforço coletivo para a obtenção da DO. Na busca por ferramentas de diferenciação, os avanços na capacidade de organização local e os mecanismos de reconhecimento formal do valor dos produtos de qualidade superior mostram que é possível construir estratégias tanto de cooperação quanto de concorrência no âmbito das Indicações Geográficas.

As marcas das DOs do Vale dos Vinhedos e da Região do Cerrado Mineiro podem ser encontradas, respectivamente, nas Figuras 14.18 e 14.19.

Figura 14.18 Marcas da Denominação de Origem do Vale dos Vinhedos.

Fonte: INPI, 2017.

Figura 14.19 Marca da Denominação de Origem da Região do Cerrado Mineiro.

Fonte: INPI, 2017.

Cabe observar que os vinhos e espumantes da IP Vale dos Vinhedos, cuja marca é mista, combinando figuras e palavras, no que se refere à DO, usam somente palavras. O oposto ocorre com os cafés da Região do Cerrado Mineiro: a marca de IP tem apenas palavras, enquanto a DO faz uso de marca mista, com figuras e palavras.

As áreas delimitadas, tanto no caso dos vinhos do Vale dos Vinhedos quanto no dos cafés da Região do Cerrado Mineiro, são as mesmas na Indicação de Procedência e na Denominação de Origem.

Apesar dos esforços que vêm sendo empreendidos para valorizar a qualidade associada à origem dos produtos agropecuários, ainda resta muito a ser feito, sobretudo na organização e mobilização dos atores sociais nos territórios. Também são escassos os instrumentos para fortalecer políticas em diferentes esferas (nacional, regional e municipal) para apoiar os valores culturais e tradições locais, que promovam o avanço das indicações geográficas como mecanismo de diferenciação e agregação de valor.

O reconhecimento no mercado e, consequentemente, preços mais elevados para produtos que utilizam designações agroalimentares têm proporcionado nos últimos anos o uso de designações falsas, causando danos aos consumidores e aos produtores legítimos. Assim, o desenvolvimento de novas e sofisticadas técnicas analíticas para determinar a origem dos produtos agroalimentares atende aos consumidores, produtores agrícolas, distribuidores e autoridades administrativas. Estas técnicas têm sido intensamente estudas e desenvolvidas nos últimos anos.

14.5 ATRIBUTOS SENSORIAIS

Os atributos sensoriais, como aparência, cor, odor, sabor e textura, são de extrema importância, e, para garanti-los, estudos sobre as características sensoriais do alimento, bem como das ações fisiológicas que ocorrem para percepção sensorial, são indispensáveis para produção de alimentos que atendam plenamente às expectativas do consumidor.

No caso das bebidas, os atributos sensoriais de *flavor*, que envolve a interação entre o consumidor e o alimento, e são compostos por aroma, sabor e tato, são os que determinam se o consumidor irá adquirir o produto e apresentam uma relação direta com os valores de mercado das bebidas. A liberação e percepção do *flavor* são governadas por propriedades flavorizantes do alimento, da natureza da matriz e das condições fisiológicas da boca, nariz e garganta durante o consumo.

A primeira impressão do *flavor*, antes de chegar à boca, é percebida pelo nariz, pela inalação de moléculas odoríferas, que estimulam os receptores olfatórios na cavidade nasal (rota ortonasal). O sistema olfatório humano é capaz de distinguir entre um grande número de compostos químicos em concentrações muito baixas. Para ser percebido, a substância odorífera deve possuir certas propriedades moleculares, como solubilidade parcial em água, elevada pressão de vapor, baixa polaridade e peso molecular inferir a 300 Da.

Depois, a sensação é percebida na boca, quando vários compostos voláteis e não voláteis são liberados do alimento e transferidos para ela. Após a ingestão, a percepção do odor permanece pela interação das substâncias odoríferas via faringe (rota retronasal). Em função dessas características, a análise sensorial é um instrumento muito útil para avaliar os atributos de qualidade.

Bebidas de grandes marcas, assim como as reconhecidas pela União Europeia por AOP, IGP e ETG, realizam sistematicamente análises sensoriais, com o objetivo de melhorar as características desejáveis, pela intensificação dos sabores e odores. Assim, com o desenvolvimento de técnicas sensoriais, aliadas aos novos conhecimentos estatísticos, foram criados métodos descritivos que permitem caracterizar e intensificar atributos desejáveis das bebidas.

Além da grande importância para a consolidação dos parâmetros de qualidade dos vinhos, a análise sensorial também tem enorme relevância para a avaliação da qualidade dos cafés. Além de padrões físicos, como tamanho dos grãos e intensidade da torra, e ainda que contenha fortes componentes subjetivos, que são limitados pelo paladar humano, a chamada "prova de xícara" considera como parâmetros sensoriais de qualidade do café: aroma, acidez, amargor, sabor, sabor residual, corpo, defeitos e qualidade global.

14.6 AVALIAÇÕES DOS ATRIBUTOS DE QUALIDADE

As avaliações dos atributos de qualidade dos alimentos são realizadas por percepções humanas ou por métodos instrumentais. Os métodos sensoriais úteis para avaliar os atributos de qualidade de alimentos e bebidas são os métodos descritivos. A primeira publicação de uma técnica sensorial descritiva foi desenvolvida em 1950, por Arthur D. Little, variações dessa técnica foram realizadas, e em 1970 foi desenvolvida a Análise Descritiva Quantitativa (ADQ®).

A ADQ é uma metodologia sensorial que fornece descrições quantitativas dos produtos, baseada na percepção de julgadores qualificados. É uma descrição sensorial total, englobando todas as sensações percebidas. A ADQ seleciona provadores que trabalham juntos para identificar descritores apropriados para cada produto estudado. Durante o treinamento, estes provadores elaboram termos comuns que descrevem o produto.

Além dos atributos de qualidade requeridos na produção de bebidas e alimentos, é também indispensável à observação de requisitos de qualidade nos procedimentos analíticos. Os métodos instrumentais são utilizados para quantificar as propriedades físico-químicas que contribuem com as características sensoriais e não sensoriais envolvidas nos atributos de qualidade. Os métodos instrumentais avaliam os atributos de qualidade relacionados com a composição química, com as propriedades físico-químicas, com contaminações microbiológicas e com contaminações químicas dos alimentos.

Esses métodos também avaliam a perda dos atributos de qualidade causada pelo armazenamento do alimento, que irá determinar a vida de prateleira, bem como atributos de qualidade relacionados com as propriedades sensoriais e métodos que possibilitem identificar a origem dos alimentos.

O laboratório químico existe pela necessidade de se obterem resultados de análises químicas. No entanto, esses resultados só serão úteis se os dados obtidos possuírem qualidade. Assim, torna-se indispensável a validação dos resultados analíticos, cujo princípio básico é que um resultado para ser dado como válido, deve satisfazer os requisitos de qualidade que lhe são exigidos.

Os resultados obtidos no laboratório químico devem ter repetibilidade (precisão das análises realizadas em mesmas condições) e reprodutibilidade (precisão das análises realizadas em diferentes condições, isto é, laboratórios, equipamentos ou tempo diferentes). A qualidade é assegurada por controles de qualidade externos e internos. O controle de qualidade externo inclui material de referência certificado, ensaios interlaboratoriais, avaliação de desempenho e rastreabilidade. O controle de qualidade interno exige que as análises sejam realizadas em duplicata, sendo desejável o uso de triplicatas, análises de amostras cegas, adições de padrões e utilização de materiais de referência internos. Além da validação dos resultados analíticos, o laboratório químico deve utilizar métodos validados. Para análises gerais das bebidas, os métodos descritos pela Association of Official Analytical Chemists são validados e devem ser utilizados. Em 1920, foi editada a primeira edição organizada pela Association of Official Agricultural Chemists, com objetivo de fornecer métodos para uniformização das análises em diferentes laboratórios. Desde esta época, foram realizados estudos interlaboratoriais.

Em 1970, houve uma mudança na denominação desta associação, que passou a ser chamada Association of Official Analytical Chemists. Esses métodos oficiais já foram editados vinte vezes. Atualmente os métodos de referência internacional descritos pela AOAC são harmonizados com a International Organization of Standardization (ISO), a International Dairy Federation (IDF), a International Union of Pure and Applied Chemistry (IUPAC) e a Codex Alimentarius Commission.

A última edição, de 2016, destaca os seguintes capítulos referentes a bebidas:

Capítulo 26 – Licores destilados

Capítulo 27 – Bebidas de malte e materiais de cervejaria

Capítulo 28 – Vinhos

Capítulo 29 – Bebidas não alcoólicas e concentrados

Capítulo 30 – Café e chá

Capítulo 31 – Cacau e seus produtos

As determinações descritas para todas as bebidas são gravidade específica, cinzas e teor alcoólico, no caso de bebidas alcoólicas. A cor das bebidas é uma característica sensorial importante, e existem métodos fotométricos e espectrofotométricos descritos para cor de uísque, cerveja, vinho e café. Análises de acidez total, acidez volátil e acidez fixa são também validadas para diversas bebidas. Diferentes minerais são avaliados separadamente, com destaque para cobre, ferro e cloro.

Os atributos sensoriais das bebidas podem ser avaliados por meio de análises químicas, sendo a cromatografia gás-líquido (CG) a metodologia universal para análises de compostos voláteis e não voláteis em alimentos.

A mistura de compostos é analisada pela injeção no CG, onde esta amostra é vaporizada em uma câmara quente. Subsequentemente, a mistura de gases passa por uma coluna capilar onde estes compostos são separados. Os compostos separados são transformados em um sinal elétrico em um detector, sendo a intensidade do sinal proporcional à concentração do analito.

Existem vários detectores para CG, mas detector de ionização de chama (DIC) é o mais utilizado para análise de compostos orgânicos. Assim, alcanos, aldeídos, álcoois e ácidos responsáveis pelo *flavor* das bebidas podem ser quantificados. Como a cromatografia é uma técnica de separação, não é possível identificar as interações entre diferentes substâncias. Por isso, foi desenvolvido um equipamento, chamado de nariz eletrônico, capaz de analisar várias substâncias simultaneamente.

A identificação de origem levou a um grande investimento nos laboratórios das indústrias e de centros de pesquisas para elaborar técnicas que permitam esta identificação. No Quadro 14.3 estão apresentadas todas as técnicas utilizadas para identificar a origem dos produtos.

As inúmeras crises envolvendo segurança de alimentos trouxeram mudanças importantes ao cenário das cadeias de produção. Com o aumento da comercialização globalizada, observam-se avanços significativos nas pesquisas sobre a qualidade dos produtos agroalimentares, principalmente em função de um maior grau de exigências legais para o comércio internacional. Entretanto, essa é uma área na qual ainda são necessários muitos estudos e políticas públicas para que produtores e gestores possam garantir aos consumidores que os atributos de qualidade desejáveis estejam realmente presentes nos alimentos.

Quadro 14.3 Técnicas analíticas que podem ser usadas para determinação de origem de produtos agroalimentares.

Princípio	Técnica principal	Sigla em inglês
Espectrometria de massa	Espectrometria de massa de razão isotópica	IRMS
	Espectrometria de massa acoplada a plasma indutivo	ICP-MS
	Espectrometria de massa para reações de troca de prótons	PTR-MS
	Cromatografia gasosa acoplada à espectrometria de massa	CG-MS
Espectroscopia	Espectroscopia de ressonância magnética nuclear	NMR
	Espectroscopia de infravermelho	IR
Separação	Cromatografia líquida de alto desempenho	HPLC
	Cromatografia gás-líquido	GC
	Eletroforese capilar	CE
Outras	Determinações de DNA	
	Técnicas sensoriais	
	Nariz eletrônico	

Fonte: adaptada de Luykx e van Ruth (2008).

REFERÊNCIAS BIBLIOGRÁFICAS

ASSOCIAÇÃO BRASILEIRA DAS INDÚSTRIAS DE REFRIGERANTES E DE BEBIDAS NÃO ALCOÓLICAS. **Latas de alumínio: higiene e segurança comprovada**. Rio de Janeiro, 2003. Disponível em: http://www.abir.org.br/article.php3?id_article=1373. Acesso em: 9 fev. 2009.

ASSOCIAÇÃO BRASILEIRA DE NORMAS TÉCNICAS. **NBR ISO 9000:2005**: Sistemas de gestão de qualidade: fundamentos e vocabulário. Rio de Janeiro, 2005.

ALLI, I. Vocabulary of food quality assurance. *In*: ALLI, I. **Food quality assurance**: Principles and practice. Boca Raton: Taylor & Francis, 2004. chap. 1, p. 1-26.

ASSOCIATION OF OFFICIAL ANALYTICAL CHEMISTS. **Official methods of analysis of the Association of Official Analytical Chemists**. 20. ed. Maryland, 2016.

BLANCHFIELD, J. R. The philosophy of food control. **Food Technology**, Chicago, v. 35, p. 49-51, 1981.

BOTTA, J. R. Introduction. *In*: BOTTA, J. R. **Evaluation of seafood freshness quality**. New York: VCH, 1995. chap. 1, p. 1-7.

BREMNER, H. A. Toward practical definitions of quality for food science. **Critical Review in Food Science and Nutrition**, Boca Raton, v. 40, n. 1, p. 83-90, 2000.

BAUMAN, H. E.; TAUBERT, C. Why quality assurance is necessary and important to plant management. **Food Technology**, Chicago, v. 38, p. 101-102, 1984.

BURNS, J. *et al*. Plant foods and herbal sources of resveratrol. **Journal of Agricultural and Food Chemistry**, Washington, v. 50, p. 3337-3340, 2002.

CARCEA, M.; MELINI, F. Legal aspects of food protected designations. *In*: GUARDIA, M.; GONZALVEZ, A. **Food protection designation of origin: methodologies and aplication**. [S.l.]: Elsevier, 2013. p. 3-20.

CHADDAD, F. R. **Denominações de origem controlada**: uma alternativa de adição de valor no agribusiness. 1996. 106 p. Dissertação (Mestrado em Administração) – Faculdade de Economia, Administração e Contabilidade, Universidade de São Paulo, São Paulo, 1996.

CHANG, C.; SHEFFLER, R. J.; CHANG, L. **Beverage can with laminate top**. WO/2004/110877, 8 June 2004, 23 Dec. 2004. World Intellectual Property Organization. Disponível em: http://www.wipo.int/pctdb/en/wo.jsp?wo=2004110877&IA=US2004018224&DISPLAY=STATUS. Acesso em: 1 abr. 2009.

CHARLEY, H.; WEAVER, C. Evaluation of food. *In*: CHARLEY, H.; WEAVER, C. **Foods: A scientific approach**. 3. ed. New Jersey: Tecmedd, 1997a. chap. 1, p. 3-20.

CHARLEY, H.; WEAVER, C. Sensory perception of foods. *In*: CHARLEY, H.; WEAVER, C. **Foods: A scientific approach**. 3. ed. New Jersey: Tecmedd, 1997b. chap. 2, p. 21-45.

COUNCIL REGULATION (EC). REGULAMENTO (UE) n° 1308/2013 do Parlamento Europeu e do Conselho de 17 de dezembro de 2013, que estabelece uma organização comum dos mercados dos produtos agrícolas e que revoga os Regulamentos (CEE) n. 922/72, (CEE) n. 234/79, (CE) n. 103797/2001 e (CE) n. 1234/2007 do Conselho.

FALCADE, I. **Indicações geográficas**: o caso da região com indicação de procedência Vale dos Vinhedos. 2005. 190 p. Dissertação (Mestrado em Geografia) – Instituto de Geociências, Universidade Federal do Rio Grande do Sul, Porto Alegre, 2005.

FOOD AND AGRICULTURE ORGANIZATION. **The state of food insecurity in the world**. Rome, 2001. Disponível em: https://www.fao.org/3/y1500e/y1500e.pdf. Acesso em: 2 nov. 2008.

FOOD AND AGRICULTURE ORGANIZATION. **Trade reforms and food security**. Rome, 2003. Disponível em: http://ftp.fao.org/docrep/fao/005/y4671e00. pdf. Acesso em: 2 nov. 2008.

FERRIÈRES, J. The french paradox: lessons for other countries. **Heart**, London, v. 90, p. 107-111, 2004.

GENOVESE, A. *et al*. Simulation of retronasal of white and red wine in a model mouth system. Investigating the influence of saliva on volatile compound concentrations. **Food Chemistry**, Oxford, v. 114, p. 100-107, 2009.

GOLDBERG, D. M.; SOLEAS, G. J. Resveratol: biochemistry, cell biology and the potential role in diseases. *In*: SANDLER, M.; PINDER, R. **Wine: A scientific exploration**. London: Taylor & Francis, 2003. chap. 8, p. 160-198.

HISTÓRIA. Porto, 2008. Disponível em: http://www.ivp.pt/pagina.asp?codPag=9&codSeccao=1&idioma=0. Acesso em: 24 out. 2008.

HOUAISS, A.; VILLAR, M. de S. **Dicionário Houaiss da Língua Portuguesa**. Rio de Janeiro: Objetiva, 2001. p. 2344-2345.

INSTITUT NATIONAL DES APPELLATIONS D'ORIGINE. **Le goût de l'origine**. Paris: Hachette, 2005.

INDICAÇÃO de procedência. **Agroanalysis**, São Paulo, v. 27, 2007. Disponível em: http://www.agroanalysis.com.br/index.php?area=conteudo&mat_id=242&from=gestao. Acesso em: 28 ago. 2008.

INSTITUTO NACIONAL DE PROPRIEDADE INDUSTRIAL – INPI. **Indicações geográficas brasileiras**. Disponível em: https://www.gov.br/inpi/pt-br/backup/arquivos/livro_indicacoes_geograficas_brasileiras.pdf. Acesso em: 21 fev. 2017.

JOSLING, T. The war on terroir geographical indication as a transatlantic trade conflict. **Journal of Agricultural Economics**, Reading, v. 57, p. 337-363, 2006.

KRAGT, M. Quality control of raw material and vendor relations. **Food Technology**, Chicago, v. 35, p. 54-55, 1981.

L'APPELLATION CHAMPAGNE. Epernay, 2009. Disponível em: http://champagne.fr/. Acesso em: 25 out. 2008.

LUNNING, P. A.; MARCELIS, W. J. A conceptual model of food quality management functions based on a techno-managerial approach. **Trends in Food Science & Technology**, Cambridge, v. 18, p. 159-166, 2007.

LUYKX, M. A. M.; RUTH, S. M. van. An overview of analytical methods for determining the geographical origin of food products. **Food Chemistry**, Oxford, v. 107, p. 897-911, 2008.

MARSILI, R. T. Comparing sensory and analytical chemistry flavor analysis. *In*: MARSILI, R. T. **Sensory-direct flavor analysis**. Boca Raton: Taylor & Francis, 2007. chap. 1, p. 1-22.

MEILGAARD, M.; CIVILLE, G. V.; CARR, B. J. Descriptive analysis techniques. *In*: MEILGAARD, M.; CIVILLE, G. V.; CARR, B. J. **Sensory evaluation techniques**. 3. ed. Boca Raton: CRC, 1999. chap. 10, 173-186.

MEISELMAN, H. L. Criteria of food quality in different contexts. **Food Service Technology**, Oxford, v. 1, n. 2, p. 67, 2001.

MOLNÁR, P. J. A model for overall description of food quality. **Food Quality and Preference**, Barking, v. 6, p. 185-190, 1995.

MULLER, A.; STEINHART, H. Recent development in analysis for food quality. **Food Chemistry**, Oxford, v. 101, p. 1136-1144, 2007.

NORRIE, P. A. The history of wine as a medicine. *In*: SANDLER, M.; PINDER, R. **Wine a scientific exploration**. London: Taylor & Francis, 2003. chap. 1, p. 21-55.

PERI, C. The universe of food quality. Food Quality and Preference, Barking, v. 17, p. 3-8, 2006.

POLITIQUE de qualité des produits agricoles de l'Union européenne. Brussels, 2009. Disponível em: ec.europa.eu/agriculture/quality/schemes/index_fr.htm. Acesso em: 28 jan. 2009.

PROPRIEDADE industrial. Rio de Janeiro, 2009. Disponível em: http://www.finep.gov.br/dcom/brasil_inovador/arquivos/propriedade_intelectual/propriedade_intelectual.html. Acesso em: 27 jan. 2009.

ROBERFROID, M. B. Concepts and strategy of functional food science: the European perspective. **American Journal of Clinical Nutrition**, Bethesda, v. 71, p. 1660S-1664S, 2000. Supplement 1.

RODRIGUES, G. **O marquês do Porto**: como o Marquês de Pombal ajudou o Porto a suportar as adversidades do início do século XIX. **Gula** São Paulo, n. 188, jun. 2008. Disponível em: http://www.gula.edicaoeletronica.com.br/revista/188/textos/2868.html. Acesso em: 27 jan. 2009

SAES, M. S. M.; JAYO, M. **Caccer**: coordenando ações para valorização do café do cerrado. São Paulo: Programa dos Estudos dos Negócios do Sistema AgroIndustrial, 1997. Disponível em: http://www.pensa.org.br/anexos/biblioteca/1552008163143_texto.pdf. Acesso em: 9 fev. 2008.

SOUZA, M. C. M. Cafés sustentáveis e denominação de origem: a certificação de qualidade na diferenciação de cafés orgânicos, sombreados e solidários. 2006. 177p. Tese (Doutorado em Ciência Ambiental) – Universidade de São Paulo, São Paulo, 2006.

STONE, H.; SIDEL, J. L. **Sensory evaluation practices**. 2. ed. San Diego: Academic, 1993.

VALIDAÇÃO de resultados em laboratórios químicos. Lisboa: Associação de Laboratórios Acreditados de Portugal, 1996. (Guia RELACRE, n. 3).

VAZ-PIRES, P.; NUNES, M. L.; BATISTA, I. **Terminologia de produtos da pesca e da aquicultura**. Lisboa: IPIMAR, 2005. (Publicações avulsas, n. 12).

WOOD, L. Functional and symbolic attributes of product selection. **British Food Journal**, Bradford, v. 109, n. 2, p. 108-118, 2007.

15

Análise sensorial de bebidas

JORGE HERMAN BEHRENS

15.1 DEFININDO ANÁLISE SENSORIAL E SEUS FUNDAMENTOS

De acordo com a Associação Brasileira de Normas Técnicas (1993), a Análise Sensorial é definida como:

> "... a disciplina científica usada para evocar, medir, analisar e interpretar reações das características dos alimentos e materiais como são percebidas pelos sentidos da visão, olfato, gosto, tato e audição."

Entende-se, assim, que a Análise Sensorial tem um caráter científico evidenciado por um conjunto de técnicas pelas quais grupos de pessoas avaliam alimentos e bebidas, bem como outros tipos de materiais e produtos, sob diferentes abordagens.

Pelo exposto, o objetivo deste capítulo é apresentar ao leitor os fundamentos e os principais métodos de Análise Sensorial. Discussões breves sobre o uso de cada método serão apresentadas, bem como exemplos de aplicação com diferentes tipos de bebidas. A análise estatística dos dados também será abordada, porém ao leitor é recomendado, caso sinta necessidade, aprofundar seus conhecimentos por meio das referências bibliográficas listadas ao final do capítulo.

15.1.1 Estímulo – resposta

Os métodos sensoriais que são utilizados hoje evoluíram de conhecimentos da Psicofísica, ramo do estudo da percepção que tem como objetivo examinar as relações entre os estímulos sensoriais e as respostas relacionadas, bem como os mecanismos subjacentes a essas relações. O esquema abaixo mostra de forma simples o processo pelo qual o indivíduo capta os estímulos ambientais e responde a eles (MEILGAARD; CIVILLE; CARR, 1999):

características do material (estímulo) → sensações → percepção → resposta

Estímulo (luz, calor, frio, gostos, cheiros, pressão das mãos etc.) é uma quantidade de energia manifestada sob diversas formas que impressiona os receptores sensoriais localizados nos órgãos dos sentidos. A energia do estímulo é convertida pelos receptores sensoriais em impulsos elétricos, que caminham até o cérebro através dos nervos. As *sensações* produzidas são, então, organizadas, interpretadas e comparadas com experiências prévias gravadas na memória, tonando-se *percepções*. O indivíduo, por fim, *responde* de acordo com o sentido dado às suas percepções.

Visão, audição e tato podem ser chamados de sentidos físicos, pois dependem da estimulação por radiação eletromagnética (luz, na visão), vibrações acústicas (audição) e pressão ou energia térmica (tato) para provocar sensações. Por outro lado, gosto e olfato são sentidos químicos, uma vez que as sensações causadas dependem de interações de substâncias químicas com os receptores sensoriais gustativos (língua) ou olfativos (nariz).

Os atributos sensoriais que caracterizam alimentos, bebidas e outros materiais podem ser agrupados em cinco classes, de acordo com a forma como o sistema sensorial é estimulado. As "peças de informação" sensorial são integradas no cérebro, gerando a percepção do material como um todo. De fato, aparência, aroma, sabor, textura e sons interagem e o que se reconhece (a resposta) como "maçã", "banana", "cerveja" ou "café" é uma rede de informações interconectadas formando um padrão de reconhecimento do objeto.

Aparência

É a primeira impressão de qualidade que o consumidor tem de um produto. A informação visual permite a percepção de cor, forma, tamanho, movimento, profundidade, contraste, posição, textura, entre outros atributos.

A luz é focada sobre a retina, onde os bastonetes e os cones convertem-na em impulsos elétricos conduzidos ao cérebro através do nervo ótico.

A aparência pode influenciar a percepção de gosto, aroma, sabor e textura de um alimento. Em uma bebida, turbidez, transparência, presença de partículas em suspensão e principalmente a cor geram expectativas no indivíduo – seja ele um provador treinado ou um consumidor. Por exemplo, especula-se que as pessoas associem verde e amarelo com maior acidez e menor doçura, enquanto o vermelho gera expectativa de bebidas mais doces (LAWLESS; HEYMANN, 1999).

Textura

As percepções genericamente descritas como táteis dividem-se em dois grupos: as sensações somestésicas e as sensações cinestésicas. A *somestese* manifesta-se na estimulação de terminações nervosas livres responsáveis pelas sensações de toque, calor, frio, pressão, cócega, formigamento, dor etc. Já a *cinestese* relaciona-se à movimentação de músculos das mãos, da mandíbula, da língua e dos lábios, e às consequentes sensações de compressão, cisalhamento e ruptura resultantes da manipulação, mastigação e movimentação de um alimento na mão ou na cavidade bucal (MEILGAARD; CIVILLE; CARR, 1999).

A sensibilidade dos lábios, língua, pele da face e mãos é maior que a de outras partes do corpo, resultando em maior facilidade de detecção manual ou oral de pequenas diferenças, como tamanho de partícula, consistência, estimulação química ou térmica e outras sensações táteis (LAWLESS; HEYMANN, 1999; MEILGAARD; CIVILLE; CARR,1999).

Bebidas e líquidos em geral são caracterizados por *viscosidade*, que é a velocidade de escoamento de um líquido quando uma força é aplicada sobre ele (por exemplo, a gravidade). *Consistência* é um termo genérico usado para fluidos como purês, molhos, sucos, xaropes, geleias etc., enquanto *textura* é um conceito bem mais complexo, sendo a percepção cinestésica das propriedades mecânicas de um alimento, pela estimulação das mãos, dedos, lábios, língua, mandíbula e mucosa oral, e das sensações táteis provocadas por propriedades geométricas de partículas (alimento granuloso, arenoso, cristalino, quebradiço, floculento etc.) ou liberação de líquidos (suculência, oleosidade, umidade etc.) (MEILGAARD; CIVILLE; CARR, 1999).

Sons

É um atributo sensorial muito pouco comum em alimentos, porém de grande importância em certos produtos, como biscoitos, *chips* e algumas frutas e vegetais (por exemplo, maçã). O ruído produzido na ruptura ou na mastigação pode influenciar percepção de frescor e crocância, ou seja, da qualidade desses alimentos.

O som é resultado da vibração da membrana timpânica causada pelas ondas sonoras. Essas vibrações são transmitidas pelos ossículos auditivos (martelo, bigorna e estribo), criando movimento do líquido interno da cóclea e, consequentemente, dos cílios que a revestem internamente. A agitação dos cílios gera os impulsos elétricos encaminhados ao cérebro pelo nervo auditivo. Sons são caracterizados em Análise Sensorial pela intensidade, frequência e tempo de duração (MEILGAARD; CIVILLE; CARR, 1999).

Gostos

O sentido do paladar ou gustação está associado à percepção de cinco qualidades básicas: doce, amargo, azedo ou ácido, salgado e, recentemente, o chamado *umami* (geralmente traduzido como *savoury*, em inglês, ou *saboroso*, em português). É um fenômeno químico, uma vez que depende de interação de compostos químicos com receptores sensoriais de gosto localizados, principalmente, na superfície da língua, em estruturas chamadas papilas gustativas (MEILGAARD *et al.*, 1999; SMITH; MARGOLSKEE, 2001; MCGREGOR, 2004).

O gosto é a base da formação do sabor de um alimento e permite ao ser humano discernir a qualidade dele. Os gostos doce, salgado e *umami* são tipicamente associados a alimentos que contêm importantes nutrientes para a manutenção do organismo. Alimentos doces são fontes de energia por conterem açúcares (glicose, frutose, sacarose e lactose) e outros carboidratos mais complexos como o amido. Alimentos salgados, além do sódio, também são fontes de outros minerais. O gosto *umami* evidencia a presença de proteínas e aminoácidos, ou seja, elementos necessários à construção dos tecidos (PRESCOTT, 2012).

A percepção de gosto amargo é instintivamente um mecanismo de proteção contra a ingestão de substâncias potencialmente venosas, assim como o gosto ácido pode ser um indício de deterioração (por processo fermentativo, por exemplo) (MCGREGOR, 2004).

Substâncias responsáveis pela percepção dos gostos básicos são o próton (H^+), na percepção de acidez; aminoácidos, peptídeos, alcaloides etc., na percepção de amargor; alguns açúcares (sacarose é a substância padrão de gosto doce) e edulcorantes, gerando gosto doce; o íon sódio (Na^+), no gosto salgado; glutamato monossódico (MSG), ribosídeos como 5-inosina-monofosfato (IMP) e 5-guanosina-monofosfato (IMP), além de outros aminoácidos e nucleotídeos na percepção do *umami*.

As substâncias de gostos doce, amargo e *umami* ligam-se a receptores específicos localizados na membrana das células sensoriais. Essas proteínas interagem com outras proteínas no interior da célula, as chamadas *gustducinas*, que por sua vez desencadeiam um processo complexo de ativação celular envolvendo outros mediadores. O processo culmina em despolarização do receptor e liberação de neurotransmissores, que transportam a informação (impulso nervoso) por via neuronal até o cérebro. O processo é semelhante na percepção de salgado e ácido, com a diferença que os mecanismos envolvem canais iônicos em vez de proteínas receptoras internas (SMITH; MARGOLSKEE, 2001; MACGREGOR, 2004).

Alguns fatores influenciam a percepção de gostos, como:

- Temperatura – o máximo de sensibilidade ocorre entre 10 e 35 °C. Com aumento de temperatura, ocorre aumento na sensibilidade para o doce e diminuição para o salgado e o amargo.
- Grau de diluição – a diluição de uma substância na saliva determina a velocidade de percepção. Uma solução de sacarose a 30% pode ser percebida como extremamente doce, enquanto balas com quase 100% de açúcar não apresentam a mesma resposta.
- Interação de gostos – a percepção de um gosto pode ser influenciada por outro. *Umami* pode potencializar percepção de gosto salgado (sinergia). O gosto doce suprime a percepção ácido e o amargo.
- Alteração da composição química da saliva.
- Viscosidade (em líquidos).

Aromas

A percepção olfativa dá-se por duas vias. Na primeira, a via ortonasal, substâncias voláteis entram pelas narinas e estimulam os receptores localizados no epitélio da parte superior da câmara nasal. As células receptoras assemelham-se a cílios e são ramificações do bulbo olfatório, que carrega a informação do olfato até o cérebro. A segunda via do olfato é a retronasal. Quando um alimento é mastigado na cavidade bucal, os aromas desprendidos saturam o ar e chegam até a câmara nasal pela ligação com a garganta (MEILGAARD; CIVILLE; CARR, 1999).

Aroma é o termo usado para descrever a percepção olfativa de alimentos e bebidas. Perfumes, cosméticos, produtos de trato pessoal e de limpeza são descritos por *fragrância*. Odor e cheiro são termos genéricos e não devem ser utilizados para descrever os produtos anteriormente citados.

O olfato, à semelhança da gustação, também é um sentido químico. Tem um caráter bastante evocativo e sua percepção, embora ainda careça de maior elucidação, dá-se na mesma região do cérebro que controla as emoções, sendo a sede da memória – o sistema límbico. Assim, o registro da percepção olfativa tem dimensões fisiológicas e psicológicas (memória e hedonismo) (JELLINEK, 1998; MEILGAARD; CIVILLE; CARR, 1999; LAWLESS; HEYMANN, 1999).

A interação das percepções olfativas e gustativas, somada às interações químicas de alimentos e bebidas com a mucosa oral (chamadas de sensações trigeminais), conduz ao conceito de sabor (MEILGAARD; CIVILLE; CARR, 1999; ASSOCIAÇÃO BRASILEIRA DE NORMAS TÉCNICAS, 1993):

O sabor de um alimento é o resultado da combinação de sensações gustativas, olfativas e táteis.

- gostos básicos (doce, ácido, amargo, salgado e *umami*);
- substâncias voláteis (aroma);
- calor, ardor, pungência, adstringência etc. (sensações trigeminais).

Assim, sabor e gosto não são sinônimos, embora sejam entendidos pela maioria das pessoas como tal. O gosto é uma das bases do sabor; porém, o sabor, por sua complexidade, é o que permite o reconhecimento e a diferenciação de um alimento.

15.1.2 Fatores que influenciam as avaliações sensoriais

Vários efeitos sobre as respostas do ser humano às percepções sensórias devem ser considerados. De fato, tal consideração deve ser feita na escolha do método mais apropriado, no delineamento e na determinação das condições experimentais.

15.1.2.1 Efeitos fisiológicos

15.1.2.1.1 **Adaptação e fadiga:** a adaptação sensorial é a diminuição da capacidade responsiva dos receptores sensoriais devida à estimulação contínua, o que pode levar inclusive à redução temporária de sensibilidade a esse estímulo, justamente como forma de prevenir sobrecarga do sistema nervoso. É comum, por exemplo, em avaliações olfativas, quando o avaliador tem muitas amostras para avaliar em um mesmo teste.

15.1.2.1.2 **Interação de estímulos apresentados simultaneamente em misturas**

- Potencialização: a presença de um estímulo aumenta a intensidade percebida de outro.
- Supressão: um estímulo diminui a intensidade percebida de uma ou mais substâncias.
- Sinergismo: combinação de duas ou mais substâncias que intensifica a percepção global de um estímulo mais que a soma da intensidade de cada componente. É o caso de sinergismo de edulcorantes, como a mistura sacarina/ciclamato.

15.1.2.2 Efeitos psicológicos

15.1.2.2.1 **Sugestão mútua:** a resposta de um provador pode ser influenciada por outro provador. Dessa forma, os provadores devem ser separados – preferencialmente em cabines, quando em um laboratório – para que evitem contato visual (expressões faciais) e conversas (troca de informações).

15.1.2.2.2 **Ordem de apresentação das amostras:**

- Posição: a primeira amostra em um teste afetivo tende a receber a maior carga emocional do provador, podendo ser preferida ou rejeitada, de acordo com a expectativa prévia do indivíduo, fome, fadiga ou motivação em fazer o teste.
- Tempo: a discriminação é maior entre o primeiro par de amostras apresentadas em uma sequência de três ou mais amostras. Fadiga e adaptação podem interferir na avaliação da última amostra em uma sequência.
- Erro de contraste e convergência: a comparação entre amostras evidencia diferença na qualidade sensorial, como na apresentação de uma amostra de "qualidade inferior" logo antes de uma amostra de "qualidade superior" (ou vice-versa). Por outro lado, o contraste favorece a discriminação das amostras em um teste afetivo. Também pode ocorrer a avaliação "pobre" de uma amostra de boa qualidade quando esta é apresentada em um grupo de amostras "ruins" – o que se chama de efeito de grupo. O contraste tende a "separar" as avaliações de duas amostras em um teste escalar, potencializando possíveis diferenças significativas, enquanto a convergência "aproxima" a avaliação de amostras mais semelhantes quando comparadas a uma terceira amostra bastante diferente das demais (STONE; SIDEL, 2004).
- Erro de tendência central: amostras apresentadas no meio de um conjunto tendem a ser mais preferidas ou melhor avaliadas que aquelas apresentadas no início ou no final. Erro de tendência central também se manifesta no uso de escalas, quando os provadores evitam o uso dos extremos dela (VILLANUEVA, 2003).
- Efeito residual ou *carry-over*: efeito da(s) amostra(s) precedente(s) sobre as demais em uma sequência (WAKELING; MACFIE, 1995).

Os efeitos de ordem de apresentação de amostras podem ser minimizados utilizando delineamentos experimentais de blocos completos balanceados que controlem a ordem de apresentação das amostras (WAKELING; MACFIE, 1995; MEILGAARD; CIVILLE; CARR, 1999). Um delineamento balanceado é aquele em que todas as combinações possíveis de amostras são apresentadas o mesmo número de vezes em um experimento. No caso de um experimento com três amostras, quais sejam, A, B e C, há 3 x 2 = 6 possíveis combinações de posição:

ABC	ACB	BAC
BCA	CAB	CBA

Em um teste com trinta consumidores, este delineamento deve ser repetido cinco vezes para que o experimento mantenha-se balanceado, garantindo a minimização dos efeitos anteriormente citados.

Erro lógico: associação de características de um produto. Por exemplo, a cor vermelha é associada com sabor de morango. A diminuição da intensidade da cor pode induzir o provador a avaliar o sabor também como menos intenso. Para evitar tal efeito, procura-se manter a uniformidade das amostras e também mascarar o atributo que pode influenciar a resposta de interesse utilizando recursos como iluminação (luz vermelha) ou copos escuros para mascarar efeitos de cor.

Erro de indulgência: influência do relacionamento do provador com o experimentador.

Erro de estímulo: influência de alguma característica da amostra sobre a percepção de atributos sensoriais. Em testes com consumidores, deve-se evitar que as amostras contenham a marca do fabricante estampada na superfície da amostra, sob o risco da marca influenciar a julgamento dos indivíduos.

Erro de expectativa: influência do conhecimento prévio e informação, sobre o produto (BEHRENS; VILLANEUVA; SILVA, 2007). Assim como para evitar o erro de estímulo, as amostras devem ser apresentadas codificadas com números aleatórios de três dígitos, e de forma casualizada. Um mínimo de informação sobre o produto deve ser dado ao provador. Provadores que conhecem produtos e processos profundamente devem ser evitados em testes de consumidores por esta razão. Suas repostas tendem a ser mais críticas que as do consumidor comum.

Efeito halo: quando mais de um atributo é avaliado em um teste, as respostas de cada atributo tendem a ser relacionadas. Em um teste afetivo, se a avaliação dos atributos individuais, como acidez, doçura, intensidade do sabor etc. , tendem a ser favoráveis, a aceitação global do sabor do produto também tende a ser satisfatória (MEILGAARD; CIVILLE; CARR, 1999). O efeito halo também pode ocorrer sobre a resposta de provadores treinados. Lawless e Heymann (1999) descrevem o efeito de vanilina (aroma) potencializando a percepção de doçura. A mesma amostra, avaliada quando o aroma da vanilina foi bloqueado, teve percepção de doçura menos intensa.

15.1.2.3 Fatores que auxiliam os provadores em avaliações sensoriais

- boa memória (essencial para provadores treinados);
- experiência (equipes treinadas);
- concentração (ambiente de teste adequado);
- condições ambientais (ambiente calmo, confortável, livre de odores e ruídos);
- horário do teste: evitar horários próximos às refeições (2h de intervalo);
- bom estado de saúde;
- antes do teste (pelo menos 20 minutos): não fumar, não escovar os dentes ou usar enxágues bucais, não mascar chicletes, não tomar café;
- motivação: provocar interesse, explicar os objetivos dos testes e a importância da participação do provador.

15.1.3 Preparação e apresentação de amostras em testes sensoriais

15.1.3.1 Preparação

As amostras devem ser servidas de forma o mais uniforme e simples possível, para que os efeitos anteriormente descritos sejam minimizados. Equipes de provadores treinados são instruídas a avaliar atributos de um produto de forma objetiva. Pode-se mascarar alguma característica, por exemplo, cor, quando é sabida a influência do atributo sobre outros, como em avaliação de azeite de oliva e de café, geralmente utilizando recipientes de fundo escuro. Por outro lado, em testes afetivos com consumidores, o produto deve ser apresentado tal como é consumido.

Na avaliação de bebidas, elas devem ser servidas à temperatura na qual são tipicamente consumidas, salvo casos nos quais se deseja determinar aromas e sabores estranhos ao produto. Nesse caso, ele deve ser servido à temperatura ambiente.

Utilizando água como meio diluente, esta deve ser preferencialmente destilada e deionizada. Caso se utilize água mineral, devem ser evitadas águas ricas em metais alcalinos e seus sulfatos e carbonatos, devido à possível influência no sabor da bebida. Se o meio de reconstituição for leite, e se forem utilizadas embalagens comerciais, há a necessidade de mistura de todos os conteúdos das embalagens para garantir a homogeneidade do leite (pode haver variação de uma embalagem para outra, principalmente se os lotes dos produtos forem diferentes).

Caso seja necessário adoçar, recomenda-se a quantidade de 10% (m/m) de sacarose ou quantidade equivalente de edulcorante. O dulçor produzido por esta quantidade de sacarose é normalmente utilizado como padrão em estudos sensoriais e bem-aceito pelos consumidores (BEHRENS, 2002; DEMARCHI, 2006; BARBOSA, 2009).

Refrescos, bebidas carbonatadas e sucos são normalmente servidos em temperatura entre 5-9 °C; bebidas quentes, entre 60-66 °C e café e chá, entre 66-71 °C. Leite é avaliado em temperatura entre 12-18 °C (RESURRECCION, 1998). Água mineral, em testes afetivos, é servida resfriada, entre 5-9 °C. Entretanto, em uma análise descritiva ou em testes de diferença, pode ser servida à temperatura ambiente.

A temperatura de serviço de vinhos varia com o tipo de bebida: recomenda-se que espumante seja servido entre 4 °C (suave e *demi-sec*) e 6 °C (*brut*); vinho branco, entre 6-8 °C (suave e *demi-sec*) e entre 8-12 °C (seco); vinho rosado, entre 12-14 °C; vinho tinto jovem, entre 14-16 °C e vinho tinto envelhecido, entre 16-18°C. Em geral, vinhos mais doces (suaves) são servidos mais frios, para que o gosto doce não se sobressaia, enquanto os tintos, principalmente os de guarda, são servidos a temperaturas mais altas (LONA, 1996).

Cervejas são degustadas em temperatura até 15 °C, dependendo do tipo da bebida. De forma geral, as cervejas mais leves, como *pilsen*, devem ser degustadas entre 5 e 9 °C e as cervejas mais encorpadas, até 15 °C.

15.1.3.2 Apresentação

- Codificação: números aleatórios de 3 dígitos (testes cegos);
- uniformidade: quantidade (15 a 30 g sólidos e 30 mL líquidos);
- recipientes de material inerte (plástico, vidro ou porcelana);
- controle de temperatura.

Eliminação das diferenças:

- cor: iluminação reduzida ou colorida, corantes e/ou recipientes (cor escura ou opacos).
- textura e aparência: trituração.

Ordem de Apresentação:

- todas as posições para cada amostra o mesmo número de vezes, seguindo delineamento experimental de blocos completos casualizados sempre que possível (O'MAHONY, 1986; STONE; SIDEL, 2004).

15.1.3.3 O laboratório de análise sensorial

A Figura 15.1 apresenta uma planta básica de laboratório de análise sensorial e suas instalações. O leiaute do laboratório deve ser projetado de forma a facilitar a movimentação entre as áreas de preparo e as cabines e a evitar que os provadores tenham acesso à área de preparo do teste.

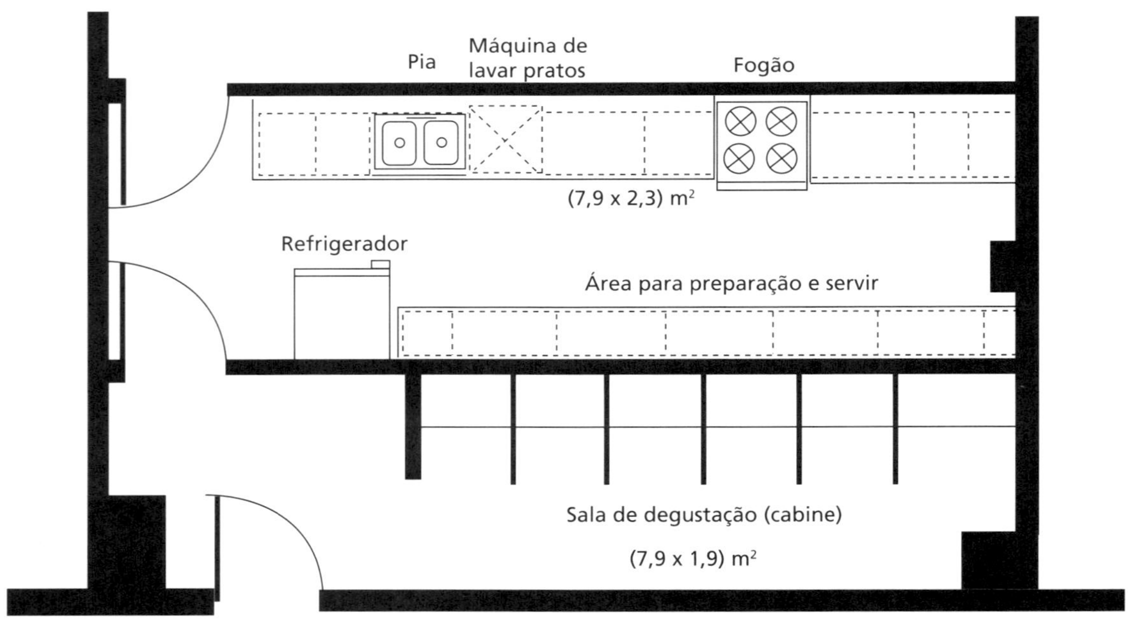

Figura 15.1 Planta sugerida para um laboratório de análise sensorial.

Fonte: Profiqua (2000).

Importância deve ser dada no início do projeto do laboratório a alguns parâmetros para a determinação do tamanho dele; quais sejam: tipos de testes a serem realizados e suas necessidades especiais, frequência de testes, quantidade de produtos a serem testados rotineiramente etc.

As cabines deverão ser individuais e recomenda-se como material de revestimento fórmica ou similar de cor branca. Cada cabine contará com interruptor de luz para o sinal luminoso de aviso, lâmpada incandescente ou fluorescente (70 a 100 W), lâmpadas coloridas ou filtros (vermelho, verde e/ou azul), porta passa-amostra, balcão e cadeira. A Figura 15.2 traz um esquema de cabine individual para testes sensoriais de alimentos.

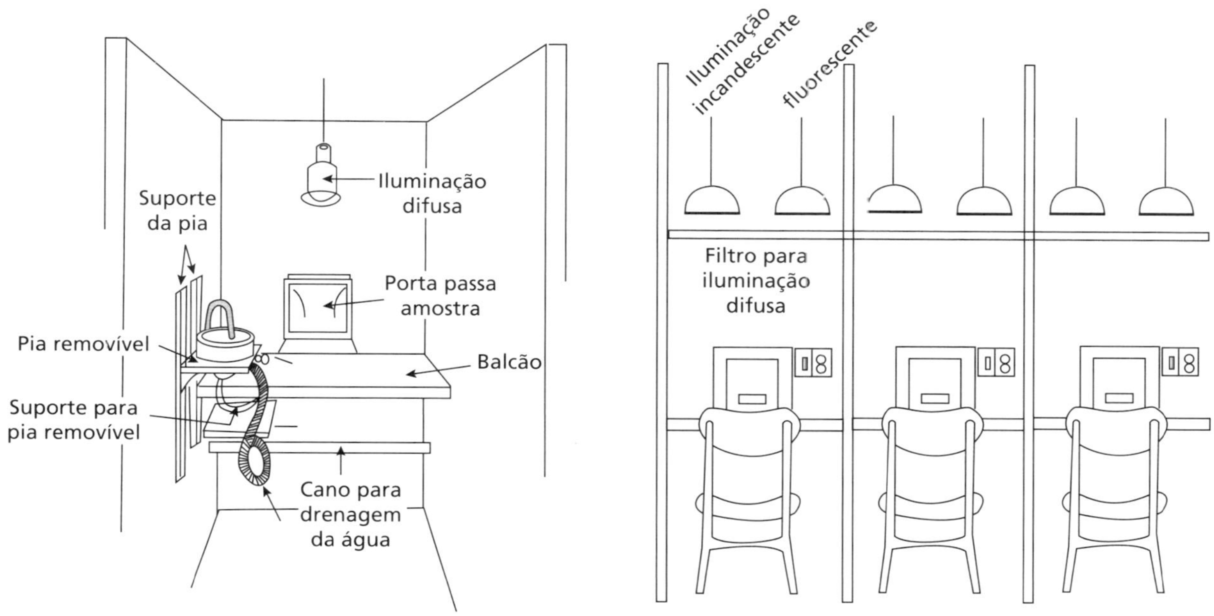

Figura 15.2 Esquema de cabine para testes sensoriais.

Fonte: Profiqua (2000).

Para avaliações sensoriais, recomendam-se temperatura interna do laboratório em torno de 22 °C e umidade relativa do ar entre 45-55% (MEILGAARD; CIVILLE; CARR, 1999).

15.1.3.4 Seleção de provadores para testes sensoriais

Dependendo do tipo de teste sensorial, dois tipos de provadores deverão ser utilizados:

- **Não treinados:** são consumidores frequentes ou potenciais em testes sensoriais afetivos. O recrutamento é feito em função de conhecimento, experiência e frequência de consumo, e também por características sociodemográficas (sexo, faixa etária, renda, nível educacional etc.).
- **Treinados:** devem ser previamente selecionados com base em seu interesse e disponibilidade, bem como sua capacidade de discriminação.

Os métodos de diferença e os descritivos exigem seleção e treinamento. Para selecionar provadores para alimentos e bebidas são aplicados o teste de reconhecimento de gostos básicos e o teste de reconhecimento e memória de odores, descritos por Dutcosky (1996). Também podem ser aplicados testes de diferença, como o de comparação pareada e o triangular descritos na próxima sessão.

15.2 MÉTODOS SENSORIAIS DE DIFERENÇA

Os métodos de diferença – também conhecidos como discriminativos – determinam se existe diferença sensorial perceptível entre duas ou mais amostras, em termos globais ou em um atributo específico.

Testes de diferença podem ser aplicados em ocasiões nas quais se sabe que mudanças ocorreram no produto, como alterações de formulação, mudanças no processamento ou no armazenamento, efeito da embalagem sobre as propriedades sensoriais do alimento, estudos de vida de prateleira. A finalidade dos métodos de diferença é testar se alterações químicas ou físicas traduzem-se em mudanças na aparência, no aroma, no sabor ou na textura do produto. Para tanto, equipes de provadores devem ser selecionadas e receber orientação sobre como avaliar as amostras (protocolo do teste), principalmente quando este envolve o uso de escalas.

A seguir, são abordados alguns dos testes de diferença com duas amostras (comparação pareada e triangular) e testes com três ou mais amostras (ordenação e diferença de controle).

15.2.1 Teste de comparação pareada

O teste de comparação pareada é preferencialmente realizado de forma direcional, ou seja, especificando um atributo. É normatizado pela Associação Brasileira de Normas Técnicas (ABNT) sob o código ABNT NBR ISO 5495 (ABNT, 2017).

O avaliador recebe duas amostras codificadas e é solicitado a identificar qual delas apresenta a maior intensidade de um dado atributo (doce, salgado etc.). Recomenda-se em torno de trinta respostas independentes para se atingir a sensibilidade necessária para encontrar diferenças, sobretudo quando forem sutis (MEILGAARD; CIVILLE; CARR, 1999).

Os dados obtidos nos testes de comparação pareada podem ser analisados nos testes binomial e qui-quadrado. Há tabelas para testes de comparação pareada portando o número mínimo de respostas necessárias, de acordo com o número de testes realizados, em vários níveis estatísticos de significância (O'MAHONY, 1986; PROFIQUA, 2000). Se o número de acertos ou de respostas concordantes for igual ou superior ao valor tabelado, conclui-se que existe evidência de diferença sensorial entre as amostras, em um dado nível de significância. O nível máximo aceitável em Análise Sensorial é 5%, também denotado como $p \leq 0,05$.

Exemplo 1 – teste de comparação pareada direcional

Um fabricante de refrigerante tipo cola alterou a composição do xarope utilizado na formulação da bebida. O novo xarope é mais aromático e a formulação também contém mais açúcar que a original. O fabricante aplicou um teste de comparação pareada com 35 avaliadores selecionados, utilizando a ficha apresentada na Figura 15.3. Como se sabe previamente que uma das amostras tem maior concentração de açúcar – o que pode levar a uma maior percepção de doçura – a hipótese a ser testada é monocaudal (O'MAHONY, 1986; LAWLESS; HEYMANN, 1999).

Nome:______________________________ Data:__________

Teste de comparação pareada

Você está recebendo duas amostras codificadas de refrigerante tipo cola. Por favor, prove-as, da esquerda para a direita, e **indique qual delas é a mais doce**.

☐ 167 ☐ 415

Comentários:______________________________

Figura 15.3 Modelo de ficha utilizada no teste de comparação pareada direcional.

As amostras foram servidas de forma casualizada nas duas posições possíveis (A-B e B-A), de forma balanceada, ou seja, cada combinação em igual número de vezes. Neste exemplo, amostra A = 167 e amostra B = 415. É recomendável trocar os códigos das amostras de um provador para outro para evitar que, trocando informações, um indivíduo que já tenha realizado o teste influencie o outro.

- Número total de testes aplicados: 15.
- Número total de respostas indicando a amostra 415 como a mais doce: 12.
- Consultando a tabela do teste de comparação pareada-diferença (Tabela 15.1), verifica-se que o número mínimo de respostas coincidentes é:
  - 12 respostas a 5% de significância;
  - 13 respostas a 1% de significância;
  - 14 respostas a 0,1% de significância.

Conclusão: os dois refrigerantes diferem em doçura, ao nível de 5% de significância, sendo que o refrigerante 415 (o produto reformulado) foi indicado pelos provadores como o mais doce.

Tabela 15.1 Teste pareado diferença direcional (Monocaudal).

Número mínimo de respostas corretas para estabelecer diferenças significativas entre as amostras em vários níveis de significância.

Número de respostas	Níveis de significância						
	5%	4%	3%	2%	1%	0,5%	0,1%
7	7	7	7	7	7		
8	7	7	8	8	8	8	
9	8	8	8	8	9	9	
10	9	9	9	9	10	10	10
11	9	9	10	10	10	11	11
12	10	10	10	10	11	11	12
13	10	11	11	11	12	12	13
14	11	11	11	12	12	13	13
15	12	12	12	12	13	13	14
16	12	12	13	13	14	14	15
17	13	13	13	14	14	15	16
18	13	14	14	14	15	15	16
19	14	14	15	15	15	16	17
20	15	15	15	16	16	17	18
21	15	15	16	16	17	17	18
22	16	16	16	17	17	18	19
23	16	17	17	17	18	19	20
24	17	17	18	18	19	20	20
25	18	18	18	19	19	20	21
26	18	18	19	19	20	20	22
27	19	19	19	20	20	21	22
28	19	20	20	20	21	22	23
29	20	20	21	21	22	22	24
30	20	21	21	22	22	23	24
31	21	21	22	22	23	24	25
32	22	22	22	23	24	24	26
33	22	23	23	23	24	25	26
34	23	23	23	24	25	25	27
35	23	24	24	25	25	26	27
36	24	24	25	25	26	27	28
37	24	25	25	26	26	27	29
38	25	25	26	26	27	28	29
39	26	26	26	27	28	28	30
40	26	27	27	27	29	29	30
41	27	27	27	28	29	30	31
42	27	28	28	29	29	30	32
43	28	28	29	29	30	31	32
44	28	29	29	30	31	31	33
45	29	29	30	30	31	32	34
46	30	30	30	31	32	33	34
47	30	30	31	31	32	33	35
48	31	31	31	32	33	34	36
49	31	32	32	33	34	34	36
50	32	32	33	33	34	35	37
60	37	38	38	39	40	41	43
70	43	43	44	45	46	47	49
80	48	49	49	50	51	52	55
90	54	54	55	56	57	58	61
100	59	60	60	61	63	64	66

Fonte: Profiqua (2000).

Exemplo 2 – teste de comparação pareada para simples diferença

Uma fábrica de cervejas está mudando o fornecedor das latas de alumínio para envase do produto. A modificação da embalagem pode acarretar mudanças das propriedades sensoriais da cerveja durante a estocagem no mercado. Assim, foi realizado um teste de comparação pareada com 60 indivíduos, que provaram a cerveja envasada na embalagem original e na nova embalagem, estocadas por dois meses à temperatura ambiente.

A Figura 15.4 mostra o modelo da ficha empregada no teste. Nota-se que é um teste de simples diferença, não focado especificamente em um atributo.

Nome:____ Data:__________

Teste de comparação pareada

Você está recebendo duas amostras codificadas de cerveja. Por favor, prove-as, da esquerda para a direita, e responda: **elas são iguais ou diferentes?**

☐ iguais ☐ diferentes

Comentários:____

Figura 15.4 Modelo de ficha utilizada no teste de comparação pareada para diferença simples.

A apresentação das amostras também deve ser casualizada (A-B e B-A), e também são servidos pares das mesmas amostras (A-A e B-B), com a finalidade de avaliar a magnitude do "efeito placebo" ao se perguntar se as amostras são diferentes (MEILGAARD; CIVILLE; CARR, 1999). Assim, para que o experimento seja balanceado, 30 provadores recebem os pares A-B e B-A, e os outros 30 recebem os pares A-A e A-B.

A análise dos dados é feita pelo teste qui-quadrado (χ^2). No quadro a seguir as colunas indicam como as amostras foram servidas, enquanto as linhas indicam como as amostras foram avaliadas pelos provadores (O'MAHONY, 1986; MEILGAARD; CIVILLE; CARR, 1999):

		Os provadores receberam:		
		AA ou BB	AB ou BA	Total
Os provadores indicaram:	Iguais	17	9	26
	Diferentes	13	21	34
	Total	30	30	60

A estatística χ^2 é calculada pela equação (15.1):

$$\chi^2 = \Sigma\ (O - E)^2 / E \qquad (15.1)$$

Sendo:

O = frequência de observada;

E = frequência esperada, calculada como:

E = (total por linha)x(total por coluna)/total geral.

Assim, a frequência esperada E quando os provadores indicaram amostras iguais e receberam pares AA ou BB, ou pares AB ou BA, é:

$$E = (26 \times 30) / 60 = 13$$

Da mesma forma, quando indicaram amostras diferentes e receberam pares AA ou BB, ou pares AB ou BA, é:

$$E = (34 \times 30) / 60 = 17$$

$$\chi^2 = (17\text{-}13)^2/13 + (9\text{-}13)^2/13 + (13\text{-}17)^2/17 + (21\text{-}17)^2/17 = 4{,}34$$

É necessário comparar o valor χ^2 calculado (4,34) com um valor teórico tabelado, para um determinado número de graus de liberdade (GL) de frequências comparadas e um nível de significância. Em testes de comparação pareada, GL = 1 (iguais x diferentes, 2 categorias) e para o nível de significância de 5%, $\chi^2_{tab} = 3{,}84$ (O'MAHONY, 1986).

Conclusão: o valor χ^2 calculado excede o tabelado e, portanto, existe diferença significativa ($p \leq 0{,}05$)

entre as cervejas envasadas nas duas embalagens, no tempo e condição de estocagem considerados.

Observação: o teste de comparação pareada também pode ser utilizado como teste afetivo de preferência, conforme abordado na seção 3.2.1. Porém, a hipótese do teste é bicaudal, uma vez que o experimentador não sabe, via de regra, se há uma tendência explícita de preferência. Para testes de preferência, a Tabela 15.2 é indicada.

Tabela 15.2 Teste de comparação-preferência (bicaudal).

Número de respostas	Níveis de significância			
	10%	5%	1%	0,1%
5	5	–	–	–
6	6	6	–	–
7	7	7	–	–
8	7	8	8	–
9	6	8	9	–
10	9	9	10	–
11	9	10	11	11
12	10	10	11	12
13	10	11	12	13
14	11	12	13	14
15	12	12	13	14
16	12	13	14	15
17	13	13	15	16
18	13	14	15	17
19	14	15	16	17
20	15	15	17	18
21	15	16	17	19
22	16	17	18	19
23	16	17	19	20
24	17	18	19	21
25	18	18	20	21
26	18	19	20	22
27	19	20	21	23
28	19	20	22	23
29	20	21	22	24
30	20	21	23	25
31	21	22	24	25
32	22	23	24	26
33	22	23	25	27
34	23	24	25	27
35	23	24	26	28
36	24	25	27	29
40	26	27	29	31
44	28	29	31	34
46	31	32	34	36
52	33	34	36	39
56	35	38	39	41
60	37	39	41	44
64	40	41	43	46
66	42	43	46	48
72	44	45	48	51
76	46	48	50	53
60	48	50	52	56
84	51	52	55	58
86	53	54	57	60
92	55	58	59	63
96	57	59	62	65
100	59	81	84	67

Fonte: Profiqua (2000).

15.2.2 Teste triangular

O teste triangular é normatizado pela ABNT sob o código ABNT NBR ISO 4120 (ABNT, 2013). É o teste de diferença com duas amostras mais utilizado e geralmente é aplicado para diferença geral, mas também pode ser aplicado especificando-se um atributo (DUTCOSKY, 2015). Nele são servidas aos avaliadores três amostras codificadas de um produto, sendo duas amostras iguais, e a tarefa dos avaliadores é identificar qual é a amostra diferente das demais. Portanto, a probabilidade de o avaliador acertar o teste ao acaso é de 1/3. Entre vinte e quarenta julgamentos independentes são recomendados (MEILGAARD; CIVILLE; CARR, 1999).

As amostras são apresentadas simultaneamente aos provadores, porém há que se tomar o cuidado de casualizar e balancear a ordem de apresentação delas, como segue:

AAB	ABA	BAA
BBA	BAB	ABB

A análise estatística dos dados do teste triangular também é feita pelo teste binomial requerendo, entretanto, uma tabela específica (Tabela 15.3). O analista deve verificar o número mínimo de respostas corretas para o total de testes aplicados, ao nível de 5% de significância ou menor; se o número de respostas corretas for maior ou igual ao número tabelado, conclui-se que há diferença significativa entre as amostras.

Exemplo:

Um químico aplicou um teste triangular pra selecionar candidatos a provador de uma equipe de análise descritiva de vinhos. Foram avaliados dois vinhos brancos, do varietal *Riesling*, porém procedentes de regiões produtoras distintas. Trinta e seis provadores participaram do teste, sendo que 21 apontaram corretamente a amostra diferente dentre as três servidas. O modelo de ficha utilizado é mostrado na Figura 15.5.

Tabela 15.3 Teste triangular.

Número mínimo de respostas corretas para estabelecer diferenças significativas entre as amostras em vários níveis de significância.

Número de respostas	Níveis de significância						
	5%	4%	3%	2%	1%	0,5%	0,1%
5	4	5	5	5	5	5	
6	5	5	5	5	6	6	
7	5	6	6	6	6	7	7
8	6	6	6	6	7	7	8
9	6	7	7	7	7	8	8
10	7	7	7	7	8	8	8
11	7	7	8	8	8	9	10
12	8	8	8	8	9	9	10
13	8	8	9	9	9	10	11
14	9	9	9	9	10	10	11
15	9	9	10	10	10	11	12
16	9	10	10	10	11	11	12
17	10	10	10	11	11	12	13
18	10	11	11	11	12	12	13
19	11	11	11	12	12	13	14
20	11	11	12	12	13	13	14
21	12	12	12	13	13	14	15
22	12	12	13	13	14	14	15
23	12	13	13	13	14	15	16
24	13	13	13	14	15	15	16
25	13	14	14	14	15	16	17
26	14	14	14	15	15	16	17
27	14	14	15	15	16	17	18
28	15	15	15	16	16	17	18
29	15	15	16	16	17	17	19
30	15	16	16	16	17	18	19
31	16	16	16	17	18	18	20
32	16	16	17	17	18	19	20
33	17	17	17	18	18	19	21
34	17	17	18	18	19	20	21
35	17	18	18	19	19	20	22
36	18	18	18	19	20	20	22
37	18	18	19	19	20	21	22
38	19	19	19	20	21	21	23
39	19	19	20	20	21	22	23
40	19	20	20	21	21	22	24
41	20	20	20	21	22	23	24
42	20	20	21	21	22	23	25
43	20	21	21	22	23	24	25
44	21	21	22	22	23	24	26
45	21	22	22	23	24	24	26
46	22	22	22	23	24	25	27
47	22	22	23	23	24	25	27
48	22	23	23	24	25	26	27
49	23	23	24	24	25	26	28
50	23	24	24	25	26	26	28
60	27	27	28	29	30	31	33
70	31	31	32	33	34	35	37
80	35	35	36	36	38	39	41
90	38	39	40	40	42	43	45
100	42	43	43	44	45	47	49

Fonte: Profiqua (2000).

Nome:____________________ Data:__________

Teste Triangular

Você está recebendo três amostras codificadas de vinho branco. Por favor, prove-as, da esquerda para a direita, e circunde o número da amostra **diferente** das demais.

☐ 473 ☐ 781 ☐ 526

Comentários:____________________

Figura 15.5 Modelo de ficha do teste triangular.

Número total de respostas: 36

Número de respostas corretas: 21

Na tabela do Teste Triangular (Tabela 15.3), o número mínimo de respostas corretas ao nível de significância de:

- 5% = 18
- 1% = 20
- 0,1% = 22

Conclusão: conclui-se que os candidatos discriminaram as duas amostras de vinhos, ao nível de 1% de significância (p<0,01).

15.2.3 Teste de ordenação

No teste de ordenação, os provadores recebem três ou mais amostras codificadas e são solicitados a ordená-las de forma crescente ou decrescente de intensidade de um dado atributo. É um teste de escolha forçada (assim como o de comparação pareada e o triangular) e direcional. As amostras são apresentadas simultaneamente, seguindo delineamento de blocos completos casualizados.

Em testes de ordenação são necessários no mínimo 5 provadores especialistas ou 15 selecionados, sendo o ideal mais de 16 julgamentos. Os provadores devem ser selecionados previamente e conhecer o procedimento do teste.

Algumas considerações sobre o teste de ordenação: 1) ele não tem caráter quantitativo, isto é, apesar de classificar as amostras em ordem crescente ou decrescente de um dado atributo, este teste não quantifica a intensidade como em um método descritivo; 2) o teste perde eficiência com o aumento do número de amostras, pois é bastante sujeito ao efeito *carry-over* e à fadiga sensorial dos provadores; 3) para avaliações de aroma, sabor e textura, recomenda-se 3 a 4 amostras apenas, e para provas visuais não há restrição (LAWLESS; HEYMANN, 2010).

A análise dos dados de testes de ordenação se dá tradicionalmente pelo teste de Friedman, também conhecido como análise de variância não paramétrica (O'MAHONY, 1986). Os dados devem ser tabulados da seguinte maneira:

- Os avaliadores consistirão das linhas, e as amostras,das colunas de uma tabela.
- As amostras recebem um valor correspondente à posição que ocuparam na ordenação de cada avaliador. Assim, se a amostra ocupou a primeira posição, receberá o valor 1; se ocupou a segunda, receberá 2, e assim por diante.
- Somam-se os postos (*ranks*) das amostras, obtendo-se as somas dos postos.
- Calcula-se o valor chi-quadrado (χ^2) segundo a Equação (15.1).

$$\chi_r^2 = \frac{12}{nk(k+1)} \times \left(\sum_{i=1}^{k} R_i^2 \right) - 3n(k+1) \qquad (15.1)$$

Sendo:

N = número de avaliadores

k = número de amostras

R_i = soma do posto da *iésima* amostra

O valor χ^2_r calculado é comparado a um valor crítico X^2 referente a (k-1) graus de liberdade, em um dado nível de significância, encontrado na Tabela 3. Se χ^2_r excede o valor tabelado, rejeita-se H_0 e deve-se, assim, encontrar as diferenças entre os totais de ordenação. Para tanto, calcula-se a diferença mínima significativa (DMS) utilizando a Equação (15.2):

$$DMS = z_{\alpha/2}\sqrt{\frac{nk(k+1)}{6}} \quad (15.2)$$

α = nível de significância (igual ao nível do valor X^2 anteriormente testado)

Z = valor da variável normal padronizada referente a α/2

O exemplo a seguir ilustra a utilização do teste de ordenação para diferença.

Exemplo:

Uma cervejaria desenvolveu quatro cervejas tipo *pilsen* utilizando lúpulos de diferentes procedências, com impacto no amargor da bebida. Um teste de ordenação foi realizado com 19 avaliadores instruídos a ordenar as amostras crescentemente, de acordo com a percepção do gosto amargo. O modelo de ficha é mostrado na Figura 15.6.

Nome:______________________________ Data:__________

Teste de ordenação

Você está recebendo 4 amostras codificadas de cerveja. Por favor, avalie-as e coloque-as em ordem crescente de acordo com a persistência de gosto amargo.

_____ _____ _____ _____

– amarga + amarga

Comentários:______________________________

Figura 15.6 Modelo de ficha utilizada no teste de ordenação-diferença.

Os dados obtidos são tabulados conforme a seguir:

Avaliador	Cervejas			
	A	B	C	D
1	1	3	4	2
2	2	1	4	3
3	1	2	3	4
4	2	1	4	3
5	3	1	2	4
...	...	...	...	...
19	1	2	4	3
Soma dos postos (R)	31	38	56	65

Utilizando a Equação (15.1), calcula-se o valor χ^2_r sendo n = 19, k = 4 e $\sum (R_i^2) = (31^2 + 38^2 + 56^2 + 65^2) = 9.766$. Assim, $\chi^2_r = 293{,}9$. Na Tabela 15.3, para (k-1) = 3 graus de liberdade, o valor χ^2 crítico, ao nível de 5% de significância, é igual a 7,82. Como excede o valor crítico, rejeita-se H_0 e, para descobrir as diferenças entre os postos, calcula-se a DMS segundo a Equação (15.2). Como H_0 foi rejeitada a α = 5%, necessitamos do valor da variável normal padronizada correspondente a α/2, ou seja, 0,025. Neste caso, z = 1,96. Assim,

$$DMS = 1{,}96 \times \sqrt{(19 \times 4(5)/6)}$$
$$DMS = 15{,}6 \approx 16$$

O quadro a seguir apresenta todas as diferenças entre os totais de ordenação:

Amostras	A	B	C	D
R	**31**	**38**	**56**	**65**
Diferenças				
1	0	7	25*	34*
2		0	18*	27*
3			0	9
4				0

* Diferenças significativas ao nível de 5% de significância.

Conclusão: As amostras C e D foram percebidas como significativamente (p<0,05) mais amargas que as amostras A e B. Não houve diferença significativa entre as amostras A e B, nem entre C e D.

Observação: caso se rejeite H_0 em um nível de significância menor que 5%, o valor de z na Equação (15.2) deve seguir o mesmo nível de significância do teste χ^2 anteriormente aplicado. Seguem valores de z para os níveis de significância mais comuns em testes sensoriais.

Nível de significância (α)	Valor de $z_{\alpha/2}$
0,05	1,96
0,01	2,57
0,001	3,32

Tabela 15.4 Pontos de probabilidade da distribuição χ^2.

Graus de liberdade (GL)	Nível de significância (α)		
	0,05	0,01	0,001
1	3,841	6,635	10,827
2	5,991	9,210	13,815
3	7,815	11,345	16,266
4	9,488	13,277	18,467
5	11,070	15,086	20,515
6	12,592	16,812	22,457
7	14,067	18,475	24,332
8	15,507	20,090	26,125
9	16,919	21,666	27,877
10	18,307	23,209	29,588
11	19,675	24,725	31,264
12	21,026	26,217	32,909
13	22,362	27,688	34,528
14	23,685	29,141	36,123
15	24,996	30,578	37,697

(*continua*)

Tabela 15.4 Pontos de probabilidade da distribuição χ^2. (*continuação*)

Graus de liberdade (GL)	Nível de significância (α)		
	0,05	0,01	0,001
16	26,296	32,000	39,252
17	27,587	33,409	40,790
18	28,869	34,805	42,312
19	30,144	36,191	43,820
20	31,410	37,566	45,315
21	32,671	38,932	46,797
22	33,924	40,289	48,268
23	35,172	41,638	49,728
24	36,415	42,980	51,179
25	37,652	44,314	52,620
26	38,885	45,642	54,052
27	40,113	46,963	55,476
28	41,337	48,278	56,893
29	42,557	49,588	58,302
30	43,773	50,892	59,703

Fonte: O'Mahony (1986).

15.2.4 Teste de diferença do controle ou de comparação múltipla

O teste de diferença do controle ou comparação múltipla tem por objetivos: 1) testar a diferença entre uma amostra e uma amostra "controle"; e 2) medir o grau de diferença utilizando uma escala. Este teste é especialmente interessante quando, além da determinação da diferença em relação à amostra controle, é também importante medir a intensidade na qual esta diferença se manifesta. Portanto, o teste de diferença do controle é aplicável em controle de qualidade e em estudos de vida de prateleira, situações nas quais a magnitude da diferença da amostra-teste em relação a um *controle*, *padrão* ou *referência* é importante para uma tomada de decisão (por exemplo, aceitar um rejeitar um lote de produto) (MUÑOZ; CIVILLE; CARR, 1992; MEILGAARD; CIVILLE; CARR, 1999; COSTELL, 2002).

No teste de diferença do controle, o provador recebe uma amostra controle (C) e duas ou mais amostras codificadas. Ele deve avaliar as amostras e indicar o grau de diferença entre a amostra-teste e o controle, usando uma escala estruturada (Figura 15.7).

Sempre se introduz uma amostra igual à amostra controle entre as amostras-teste. As amostras são apresentadas aos provadores de forma monádica (ou seja, uma amostra por vez), seguindo um delineamento de blocos completos casualizados ou balanceados (O'MAHONY, 1986; MEILGAARD; CIVILLE; CARR, 1999).

O número de provadores deve ser, no mínimo, de 7 especialistas ou 15 provadores selecionados e treinados (ASSOCIAÇÃO BRASILEIRA DE NORMAS TÉCNICAS, 1995).

Exemplo:

Um teste de diferença do controle foi aplicado para verificar se amostras de suco de laranja, após a irradiação com doses de 3 kGy e 7 kGy, diferiam em termos globais do mesmo suco não irradiado (controle). Dez provadores avaliaram as amostras usando a ficha mostrada na Figura 15.7.

Nome:______________________________ Data:__________

Teste de diferença do controle

Você está recebendo uma amostra-controle (C) e três amostras codificadas de suco de laranja. Por favor, prove a amostra controle (C) e, em seguida, prove cada uma das amostras codificadas e avalie, utilizando a escala abaixo, o quanto cada uma difere, em termos globais, da amostra-controle.

0 = nenhuma diferença
1
2
3
4
5
6
7 = extremamente diferente

Amostra	Grau de diferença
356	______
429	______
430	______

Comentários:______________________________

Figura 15.7 Modelo de ficha do teste de diferença do controle.

Dados obtidos na avaliação dos sucos de laranja pelo método de diferença do controle.

Provador	Amostras			
	Suco controle	Suco irradiado 3 kGy	Suco irradiado 7 kGy	Total
1	0	5	6	11
2	0	3	5	8
3	1	3	6	10
4	2	5	5	12
5	0	4	7	11
6	1	4	7	12
7	1	2	6	9
8	1	4	5	10
9	2	5	7	14
10	0	3	6	9
Total	8	38	60	106
Média	0,8	3,8	6,0	

A análise estatística dos dados do teste de diferença do controle é feita por análise de variância (Anova) de dois fatores: amostras e provadores. Via de regra, experimentos de Análise Sensorial têm pelos menos 2 fontes ou causas de variação: a variação inerente às amostras e a variação inerente aos próprios provadores. Com equipes treinadas, um efeito "provador" significativo ($p<0,05$) é indesejável ou, em outras palavras, não se espera que uma equipe de provadores treinados mostre variação em suas medidas. Caso isto ocorra, é necessário identificar os indivíduos que necessitam novo treinamento. O'Mahony (1986) e Lawless e Heymann (2010) apresentam revisões sobre análise de variância e seleção de provadores.

O quadro a seguir mostra os resultados da Anova sobre os dados do exemplo.

Fonte da variação	SQ	GL	MQ	F	Significância (p)	F crítico
Provador	9,46	9	1,05	1,61	0,1851	2,46
Amostra	136,26	2	68,13	104,52	0,0001	3,55
Resíduo	11,73	18	0,65			
Total	157,4667	29				

A Anova mostra que "provador" não foi um efeito significativo ($p=0,18$) no experimento, uma vez que o valor F calculado (1,61) é inferior ao valor crítico tabelado (2,46). Por outro lado, há efeito significativo de amostra, já que F calculado (104,52) excede, e muito, o valor crítico (3,55). Dessa forma, deve haver diferença significativa entre pelo menos duas médias. É necessário aplicar um teste de comparação de médias para determinar qual das médias dos sucos irradiados difere da média do controle. Para tanto, aplica-se o teste de Dunnet (O'MAHONY, 1986).

O teste de Dunnet calcula diferença mínima significativa (dms) entre a média da amostra-controle e as demais médias, para estabelecer se há diferença entre elas. Este cálculo utiliza a média quadrática do erro (MQ erro), obtida no quadro de Anova, o número de replicatas (julgamentos individuais) do teste e um valor D, encontrado na Tabela 15.5. Nessa tabela, deve-se cruzar o número de graus de liberdade (GL) do erro ou resíduo (quadro de Anova) na primeira coluna com o número de tratamentos (amostras). Assim, considerando GL do resíduo = 18 e 3 tratamentos (controle + 3 kGy + 7 kGy), tem-se D = 2,04. Substituindo esse valor na equação (15.2):

$$\text{Dms} = \text{d}\ (2 \times \text{MQerro/n. de julgamentos por amostra})^{1/2} \quad (15.2)$$

$$\text{dms} = 2,04\ (2 \times 0,65/10)^{1/2} = 0,7$$

Comparando as médias das amostras:

- Controle x suco irradiado 3 kGy = $|0,8 - 3,8| = 3,0 > 0,7$
- Controle x suco irradiado 7 kGy = $|0,8 - 6,0| = 5,2 > 0,7$

Conclusão: os sucos irradiados com doses de 3 kGy e 7 kGy diferem, ao nível de 5% de significância, do suco de laranja não irradiado. Porém, o suco irradiado com dose de 7 kGy difere em maior grau que o suco irradiado com 3 kGy.

Tabela 15.5 Valores críticos D do teste de comparação de médias de Dunnet para os níveis de 1% e 5% de significância.

Grau de Liberdade (GL) do resíduo	Número de médias									
	Nível de significância (α)	2	3	4	5	6	7	8	9	10
5	0,05	2,57	3,03	3,29	3,48	3,62	3,73	3,82	3,90	3,97
	0,01	4,03	4,63	4,98	5,22	5,41	5,56	5,69	5,80	5,89
6	0,05	2,45	2,86	3,10	3,26	3,39	3,49	3,57	3,64	3,71
	0,01	3,71	4,21	4,51	4,71	4,87	5,00	5,10	5,20	5,28
7	0,05	2,36	2,75	2,97	3,12	3,24	3,33	3,41	3,47	3,53
	0,01	3,50	3,95	4,21	4,39	4,53	4,64	4,74	4,82	4,89
8	0,05	2,31	2,67	2,88	3,02	3,13	3,22	3,29	3,35	3,41
	0,01	3,36	3,77	4,00	4,17	4,29	4,40	4,48	4,56	4,62
9	0,05	2,26	2,61	2,81	2,95	3,05	3,14	3,20	3,26	3,32
	0,01	3,25	3,63	3,85	4,01	4,12	4,22	4,30	4,37	4,43
10	0,05	2,23	2,57	2,76	2,89	2,99	3,07	3,14	3,19	3,24
	0,01	3,17	3,53	3,74	3,88	3,99	4,08	4,16	4,22	4,28
11	0,05	2,20	2,53	2,72	2,84	2,94	3,02	3,08	3,14	3,19
	0,01	3,11	3,45	3,65	3,79	3,89	3,98	4,05	4,11	4,16
12	0,05	2,18	2,50	2,68	2,81	2,90	2,98	3,04	3,09	3,14
	0,01	3,05	3,39	3,58	3,71	3,81	3,89	3,96	4,02	4,07
13	0,05	2,16	2,48	2,65	2,78	2,87	2,94	3,00	3,06	3,10
	0,01	3,01	3,33	3,52	3,65	3,74	3,82	3,89	3,94	3,99
14	0,05	2,14	2,46	2,63	2,75	2,84	2,91	2,97	3,02	3,07
	0,01	2,98	3,29	3,47	3,59	3,69	3,76	3,83	3,88	3,93
15	0,05	2,13	2,44	2,61	2,73	2,82	2,89	2,95	3,00	3,04
	0,01	2,95	3,25	3,43	3,55	3,64	3,71	3,78	3,83	3,88
16	0,05	2,12	2,42	2,59	2,71	2,80	2,87	2,92	2,97	3,02
	0,01	2,92	3,22	3,39	3,51	3,60	3,67	3,73	3,78	3,83
17	0,05	2,11	2,41	2,58	2,69	2,78	2,85	2,90	2,95	3,00
	0,01	2,90	3,19	3,36	3,47	3,56	3,63	3,69	3,74	3,79
18	0,05	2,10	2,40	2,56	2,68	2,76	2,83	2,89	2,94	2,98
	0,01	2,88	3,17	3,33	3,44	3,53	3,60	3,66	3,71	3,75
19	0,05	2,09	2,39	2,55	2,66	2,75	2,81	2,87	2,92	2,96
	0,01	2,86	3,15	3,31	3,42	3,50	3,57	3,63	3,68	3,72
20	0,05	2,09	2,38	2,54	2,65	2,73	2,80	2,86	2,90	2,95
	0,01	2,85	3,13	3,29	3,40	3,48	3,55	3,60	3,65	3,69
24	0,05	2,06	2,35	2,51	2,61	2,70	2,76	2,81	2,86	2,90
	0,01	2,80	3,07	3,22	3,32	3,40	3,47	3,52	3,57	3,61
30	0,05	2,04	2,32	2,47	2,58	2,66	2,72	2,77	2,82	2,86
	0,01	2,75	3,01	3,15	3,25	3,33	3,39	3,44	3,49	3,52
40	0,05	2,02	2,29	2,44	2,54	2,62	2,68	2,73	2,77	2,81
	0,01	2,70	2,95	3,09	3,19	3,26	3,32	3,37	3,41	3,44
60	0,05	2,00	2,27	2,41	2,51	2,58	2,64	2,69	2,73	2,77
	0,01	2,66	2,90	3,03	3,12	3,19	3,25	3,29	3,33	3,37

Fonte: O'Mahony (1986).

15.3 MÉTODOS AFETIVOS

Os testes sensoriais afetivos avaliam aceitação ou preferência. Ao contrário dos métodos de diferença e descritivos, os testes afetivos utilizam a resposta de consumidores que, via de regra, são indivíduos sem conhecimento técnico sobre o produto avaliado e não possuem treinamento para avaliações sensoriais.

Por aceitação, entende-se o grau em que o consumidor gosta ou desgosta do produto e é obtido por meio de medição em escala, enquanto a preferência é o apelo de um produto em comparação a outro(s), em função das diferenças sensoriais perceptíveis entre ele(s) (RESURRECCION, 1998; MEILGAARD; CIVILLE; CARR, 1999). Esta diferenciação entre aceitação e preferência é fundamental na escolha de uma metodologia e deve ser bem compreendida pelo analista sensorial.

Os testes afetivos encontram aplicação em comparação entre produtos concorrentes, desenvolvimento de novos produtos, otimização da qualidade de produtos existentes no mercado e estudos de consumidor (STONE; SIDEL, 2004).

Os provadores que participam de testes afetivos devem ser consumidores ou consumidores potenciais do produto em teste. Devem ser recrutados com base em critérios demográficos (gênero, faixa etária, nível educacional e socioeconômico etc.) e frequência de uso do produto (RESURRECCION, 1998).

Não se recomenda recrutar funcionários para testes afetivos realizados em indústrias, devido à familiaridade destes com o produto e a influência psicológica em suas respostas (por exemplo, erro de estímulo ou a indulgência), uma vez que estão avaliando um produto do qual, direta ou indiretamente, participaram no processo de desenvolvimento e/ou produção. Também devem ser evitados indivíduos com alto conhecimento técnico sobre o produto avaliado (*experts*) e aqueles com experiência em equipes de testes discriminativos ou descritivos (BEHRENS, 1998).

15.3.1 Locais de aplicação de testes afetivos

15.3.1.1 **Testes em laboratório:** São testes em pequena escala utilizando entre 25 e 50 consumidores. Recomenda-se que sejam servidos no máximo cinco produtos por teste.

As principais vantagens dos testes em laboratório são o baixo custo, o controle das condições de realização do teste (temperatura de serviço, quantidade, condições ambientais etc.), o rápido retorno dos resultados e a possibilidade de se testar um maior número de amostras e realizar mais sessões de testes (BEHRENS, 1998; STONE; SIDEL, 2004).

15.3.1.2 **Testes de localização central (TLC):** Mais utilizados por institutos de pesquisa de mercado, sendo usualmente realizados em *shopping centers*, supermercados, escolas e outros locais onde facilmente se encontram consumidores do produto. Além de provarem o(s) produtos(s), os consumidores geralmente dão maiores informações sobre seus hábitos de consumo e avaliam outros quesitos como atitude e intenção de compra (RESURRECCION, 1998; MEILGAARD; CIVILLE; CARR, 1999; STONE; SIDEL, 2004).

Os TLC são usualmente realizados no final do ciclo de desenvolvimento do produto e uma centena ou mais consumidores são recrutados. Algumas vezes, são realizados em diferentes cidades (diferentes mercados), a fim de se ter uma melhor avaliação sobre a aceitação do(s) produto(s). Não é recomendável avaliar muitos produtos, por questão de tempo e para evitar erros psicológicos e a fadiga sensorial do consumidor.

15.3.1.3 **Testes de uso doméstico (TUD):** Amostras do(s) produto(s) são enviadas para os consumidores, previamente selecionados de acordo com interesse em participar do teste e sendo representantes do público-alvo. Um grande número de domicílios deve ser utilizado nestes testes, entre 50 e 100 domicílios/cidade. Alguns pesquisadores recomendam entre 75 e 300 domicílios/cidade (RESURRECCION, 1998).

Como vantagens, nos TUD o produto é preparado e testado sob condições reais de consumo (por exemplo, arroz, café), é possível obter mais informações sobre os hábitos de consumo dos provadores em relação ao produto em teste por meio de questionários. Entretanto, os TUD têm desvantagens, como o alto custo, lentidão de retorno dos questionários com as respostas e variações na forma de preparo e uso – que podem interferir na interpretação dos resultados.

15.3.2 Preferência e aceitação

15.3.2.1 Teste de comparação pareada – preferência

O teste de comparação pareada foi previamente apresentado e discutido na seção 15.2.1. Ele também pode ser utilizado como teste de preferência, sendo que os dados são analisados por meio da distribuição bicaudal (Tabela 15.2).

15.3.2.2 Teste de ordenação

Apresentado na seção 15.2.3, o teste de ordenação também pode ser utilizado em testes com consumidores, bastando que se solicite aos indivíduos que ordenem as amostras em ordem crescente ou decrescente, de preferência. A análise dos dados é feita da mesma forma que no teste de ordenação-diferença por meio da tabela de Newel e MacFarlane (Tabela 15.4).

15.3.2.3 Escala Hedônica

A escala hedônica mede a aceitabilidade de um produto. Quando utilizada em testes afetivos envolvendo mais de um produto, pode-se inferir a preferência dos consumidores, caso diferença significativa entre os escores médios das amostras seja observada por meio de análise estatística. É o método afetivo mais utilizado devido ao caráter informativo de seus resultados, seu longo histórico de utilização e sua eficácia em segmentar as respostas dos consumidores (BEHRENS, 1998; VILLANUEVA, 2003).

Existem vários tipos de escalas hedônicas apresentadas na literatura sobre Análise Sensorial (Figura 15.8). A escala estruturada de nove categorias foi a primeira versão desenvolvida deste instrumento, sendo posteriormente desenvolvidas as escalas lineares de 9 ou 10 cm (ASSOCIAÇÃO BRASILEIRA DE NORMAS TÉCNICAS, 1998b; VILLANUEVA, 2003; STONE; SIDEL, 2004).

Dados obtidos por meio da escala hedônica mista numérica e de escalas lineares podem ser sumarizados na forma de médias e/ou medianas, além de também poderem ser submetidos à análise de variância, a testes t de Student e outras análises estatísticas paramétricas (O'MAHONY, 1986; VILLANUEVA, 2003).

( ) gostei muitíssimo
( ) gostei muito
( ) gostei moderadamente
( ) gostei ligeiramente
( ) não gostei/nem desgostei
( ) desgostei ligeiramente
( ) desgostei moderadamente
( ) desgostei muito
( ) desgostei muitíssimo

9 – gostei muitíssimo
8 – gostei muito
7 – gostei moderadamente
6 – gostei ligeiramente
5 – não gostei/nem desgostei
4 – desgostei ligeiramente
3 – desgostei moderadamente
2 – desgostei muito
1 – desgostei muitíssimo

_|____|_

Desgostei muitíssimo Gostei muitíssimo

Escalas hedônicas categóricas e linear não estruturada de 9 cm (ASSOCIAÇÃO BRASILEIRA DE NORMAS TÉCNICAS, 1998b)

Escala hedônica facial para testes com crianças (STONE; SIDEL, 2004)

Figura 15.8 Exemplos de escalas hedônicas.

Recentemente, Villanueva (2003) desenvolveu e validou a escala hedônica híbrida de 10 cm (Figura 15.9), procurando adaptar o instrumento ao consumidor brasileiro. Alguns trabalhos realizados no Brasil (MARTINS *et al.*, 2004; HEINEMANN; BEHRENS; MARQUEZ, 2006; MARTINS *et al.*, 2007) já utilizaram esta escala, que se mostra bastante aderente aos pressupostos de análises estatísticas paramétricas uni e multivariadas (VILLANUEVA; PETENATE; SILVA, 2005; VILLANUEVA; SILVA, 2009).

Exemplo:

Trinta provadores avaliaram três marcas diferentes de vinhos brancos usando a escala hedônica estruturada mista de nove pontos (Figura 15.9).

Teste de Aceitação de Vinhos Brancos Nacionais

Nome:____________________________________ Data:____________

Você está recebendo uma amostra codificada de vinho branco. Por favor, prove-a e avalie o quanto você gostou ou desgostou dela, utilizando a escala abaixo.

Amostra n.________

( ) 9. gostei muitíssimo
( ) 8. gostei muito
( ) 7. gostei moderadamente
( ) 6. gostei ligeiramente
( ) 5. não gostei/nem desgostei
( ) 4. desgostei ligeiramente
( ) 3. desgostei moderadamente
( ) 2. desgostei muito
( ) 1. desgostei muitíssimo

2. Cite o que você **mais gostou** na amostra:____________________________
3. Cite o que você **menos gostou** na amostra:____________________________

Figura 15.9 Ficha com escala hedônica utilizada na avaliação sensorial de vinhos.

Os dados do teste foram tabelados como se segue:

Provador	Amostras			
	A	B	C	Total
1	5	5	5	20
2	8	8	4	20
3	9	6	8	18
4	8	7	6	18
5	9	6	6	18
6	8	5	5	18
...	...	...	...	...
....	....	....	....	.....
79	7	8	2	17
80	7	8	1	16
Total	651	502	510	1663
Média	8,0	6,2	6,3	

Como os dados provêm de uma escala numérica, é possível utilizar análise de variância (Anova) para analisá-los. O modelo de Anova utilizado é de dois fatores (amostras e provadores).

Quadro de Anova:

Fonte da variação	SQ	GL	MQ	F	Significância p	F crítico
Provadores	137,82	29	4,75	2,45	0,0018	1,66
Amostras	63,75	2	31,88	16,47	0,00001	3,15
Resíduo	112,24	58	1,93			
Total	313,82	89				

A Anova indica que houve diferença significativa (p=0,0018) entre os provadores, o que é esperado em um teste de aceitação, pois os consumidores têm diferentes opiniões sobre os produtos. Também se observa efeito de amostras (p=0,00001), ou seja, há diferença significativa entre pelo menos duas médias de aceitação. Neste caso, é necessário aplicar um teste de comparação de médias para identificar o(s) par(es) de médias com diferença estatisticamente significativa. Para tanto, pode-se aplicar o teste de Tukey (HSD) (O'MAHONY, 1986) que calcula a diferença mínima significativa entre as médias, segundo a equação (15.3):

$$dms = q\ (MQerro\ /\ n.\ de\ julgamentos\ por\ amostra)^{1/2} \qquad (15.3)$$

Este cálculo utiliza a média quadrática do erro (MQ erro), obtida no quadro de Anova, o número de replicatas (julgamentos por amostra) do teste e um valor q, encontrado na Tabela 15.6. Nessa tabela, deve-se cruzar o número de graus de liberdade (GL) do erro ou resíduo (quadro de Anova) na primeira coluna com o número de tratamentos (médias de amostras). Assim, considerando o GL do resíduo = 58 e 3 tratamentos, a 5% de significância, tem-se q = 3,39. Substituindo esse valor na equação (15.3):

$$dms = 3{,}39(1{,}93/30)^{1/2} = 0{,}90$$

Comparando as médias das amostras:

Amostra A x Amostra B = |8,0 – 6,2| = 1,8 > 0,90, diferem ($p \leq 0{,}05$)

Amostra B x Amostra C = |6,3 – 6,2| = 0,1 < 0,90, médias não diferem ($p > 0{,}05$)

Amostra A x Amostra C = |8,0 – 6,3| = 1,7 > 0,90, diferem ($p \leq 0{,}05$)

Notação: Amostra A 8,0a
Amostra B 6,2b
Amostra C 6,3b

Conclusão: a aceitabilidade da amostra A foi significativamente ($p < 0{,}05$) superior aceitação das amostras B e C. A aceitação média da amostra A situou-se na categoria "gostei muito" da escala hedônica, evidenciando a boa qualidade sensorial deste vinho. A aceitação das amostras B e C, cujas médias não diferiram significativamente, situou-se próximo à categoria "gostei ligeiramente", evidenciando, portanto, que estes vinhos tiveram menor apelo sensorial. Pode-se inferir que a amostra A teria a preferência dos consumidores.

15.3.2.4 *Escala do ideal (just-about-right)*

As escalas do ideal combinam as avaliações hedônica e de intensidade de um determinado atributo. São normalmente utilizadas durante o desenvolvimento do produto visando à otimização da intensidade de atributos-chave de qualidade (MEILGAARD; CIVILLE; CARR, 1999).

Alguns cuidados devem ser tomados na seleção de atributos. Primeiro, os atributos devem ser claramente reconhecidos e perceptíveis pelo consumidor (por exemplo, gosto doce, salgado, acidez etc.). Evitam-se atributos complexos (por exemplo, sabor frutado, cremosidade etc.), que são, na verdade, combinações de várias dimensões sensoriais, e termos vagos como "natural" e "equilibrado". Por fim, o atributo precisa caracterizar o padrão normal do produto, ou seja, gosto amargo é esperado em cervejas ou em café, mas em leite não, sendo inclusive um defeito (LAWLESS; HEYMANN, 2010).

Tabela 15.6 Valores q do teste de comparação de médias de Tukey (HSD) para os níveis de 1% e 5% de significância.

Grau de Liberdade (GL) do resíduo	Número de médias									
	Nível de significância (α)	2	3	4	5	6	7	8	9	10
5	0,05	3,64	4,60	5,22	5,67	6,03	6,33	6,58	6,80	6,99
	0,01	5,70	6,98	7,80	8,42	8,91	9,32	9,67	9,97	10,24
6	0,05	3,46	4,34	4,90	5,30	5,63	5,90	6,12	6,32	6,49
	0,01	5,24	6,33	7,03	7,56	7,97	8,32	8,61	8,87	9,10
7	0,05	3,34	4,16	4,68	5,06	5,36	5,61	5,82	6,00	6,16
	0,01	4,95	5,92	6,54	7,01	7,37	7,68	7,94	8,17	8,37
8	0,05	3,26	4,04	4,53	4,89	5,17	5,40	5,60	5,77	5,92
	0,01	4,75	5,64	6,20	6,62	6,96	7,24	7,47	7,68	7,86
9	0,05	3,20	3,95	4,41	4,76	5,02	5,24	5,43	5,59	5,74
	0,01	4,60	5,43	5,96	6,35	6,66	6,91	7,13	7,33	7,49
10	0,05	3,15	3,88	4,33	4,65	4,91	5,12	5,30	5,46	5,60
	0,01	4,48	5,27	5,77	6,14	6,43	6,67	6,87	7,05	7,21
11	0,05	3,11	3,82	4,26	4,57	4,82	5,03	5,20	5,35	5,49
	0,01	4,39	5,15	5,62	5,97	6,25	6,48	6,67	6,84	6,99
12	0,05	3,08	3,77	4,20	4,51	4,75	4,95	5,12	5,27	5,39
	0,01	4,32	5,05	5,50	5,84	6,10	6,32	6,51	6,67	6,81
13	0,05	3,06	3,73	4,15	4,45	4,69	4,88	5,05	5,19	5,32
	0,01	4,26	4,96	5,40	5,73	5,98	6,19	6,37	6,53	6,67
14	0,05	3,03	3,70	4,11	4,41	4,64	4,83	4,99	5,13	5,25
	0,01	4,21	4,89	5,32	5,63	5,88	6,08	6,26	6,41	6,54
15	0,05	3,01	3,67	4,08	4,37	4,59	4,78	4,94	5,08	5,20
	0,01	4,17	4,84	5,25	5,56	5,80	5,99	6,16	6,31	6,44
16	0,05	3,00	3,65	4,05	4,33	4,56	4,74	4,90	5,03	5,15
	0,01	4,13	4,79	5,19	5,49	5,72	5,92	6,08	6,22	6,35
17	0,05	2,98	3,63	4,02	4,30	4,52	4,70	4,86	4,99	5,11
	0,01	4,10	4,74	5,14	5,43	5,66	5,85	6,01	6,15	6,27
18	0,05	2,97	3,61	4,00	4,28	4,49	4,67	4,82	4,96	5,07
	0,01	4,07	4,70	5,09	5,38	5,60	5,79	5,94	6,08	6,20
19	0,05	2,96	3,59	3,98	4,25	4,47	4,65	4,79	4,92	5,04
	0,01	4,05	4,67	5,05	5,33	5,55	5,73	5,89	6,02	6,14
20	0,05	2,95	3,58	3,96	4,23	4,45	4,62	4,77	4,90	5,01
	0,01	4,02	4,64	5,02	5,29	5,51	5,69	5,84	5,97	6,09
24	0,05	2,92	3,53	3,90	4,17	4,37	4,54	4,68	4,81	4,92
	0,01	3,96	4,55	4,91	5,17	5,37	5,54	5,69	5,81	5,92

(*continua*)

Tabela 15.6 Valores q do teste de comparação de médias de Tukey (HSD) para os níveis de 1% e 5% de significância. (*continuação*)

Grau de Liberdade (GL) do resíduo	Número de médias									
	Nível de significância (α)	2	3	4	5	6	7	8	9	10
30	0,05	2,89	3,49	3,85	4,10	4,30	4,46	4,60	4,72	4,82
	0,01	3,89	4,45	4,80	5,05	5,24	5,40	5,54	5,65	5,76
40	0,05	2,86	3,44	3,79	4,04	4,23	4,39	4,52	4,63	4,73
	0,01	3,82	4,37	4,70	4,93	5,11	5,26	5,39	5,50	5,60
60	0,05	2,83	3,40	3,74	3,98	4,16	4,31	4,44	4,55	4,65
	0,01	3,76	4,28	4,59	4,82	4,99	5,13	5,25	5,36	5,45
120	0,05	2,80	3,36	3,68	3,92	4,10	4,24	4,36	4,47	4,56
	0,01	3,70	4,20	4,50	4,71	4,87	5,01	5,12	5,21	5,30
∞	0,05	2,77	3,31	3,63	3,86	4,03	4,17	4,29	4,39	4,47
	0,01	3,64	4,12	4,40	4,60	4,76	4,88	4,99	5,08	5,16

Fonte: O'Mahony (1986).

Como mostra a Figura 15.10, as escalas do ideal são bipolares, tendo um ponto central "ideal" ou "na quantidade certa", um extremo inferior "muito abaixo" e um extremo superior "muito acima" do ideal.

Com os dados de escalas do ideal são construídas distribuições de frequência. Frequência de respostas igual ou superior a 70% no ponto ideal indica que o produto está otimizado na dimensão sensorial avaliada (MEILGAARD; CIVILLE; CARR, 1999). Para frequências abaixo de 70% é necessário observar a inclinação da distribuição; uma possibilidade de análise estatística é o teste binomial para determinar se houve tendência significativa de a intensidade do atributo ter sido avaliada como acima ou abaixo do ideal.

Escalas do ideal categóricas

Gosto doce

( ) Abaixo do ideal ( ) Intensidade ideal ( ) Acima do ideal

Sabor de caramelo

( ) Muito abaixo do ideal ( ) Na quantidade certa ( ) Muito acima do ideal

Escala linear

I________________________I________________________I

Muito abaixo do ideal Intensidade ideal Muito acima do ideal

Figura 15.10 Exemplos de escalas do ideal.

O exemplo a seguir ilustra a aplicação da escala do ideal.

Exemplo:

Um tecnólogo de alimentos desenvolveu um novo iogurte para beber e deseja avaliar o quão próxima do ideal encontra-se a intensidade de doçura do produto. Cinquenta consumidores de iogurte avaliaram o produto utilizando a ficha mostrada na Figura 15.11.

Por favor, prove a amostra e indique, utilizando a escala abaixo, o quão próximas do ideal encontram-se a DOÇURA e a INTENSIDADE DE SABOR DE ABACAXI da amostra:

INTENSIDADE DE DOÇURA:

( ) extremamente menos doce que o ideal
( ) muito menos doce que o ideal
( ) moderadamente menos doce que o ideal
( ) ligeiramente menos doce que o ideal
( ) doçura ideal
( ) ligeiramente mais doce que o ideal
( ) moderadamente mais doce que o ideal
( ) muito mais doce que o ideal
( ) extremamente mais doce que o ideal

Comentários:____

Figura 15.11 Modelo de ficha da escala do ideal de intensidade de doçura.

Os dados do teste com a escala do ideal foram analisados por meio da construção de distribuição de frequência de respostas dadas para cada categoria na escala.

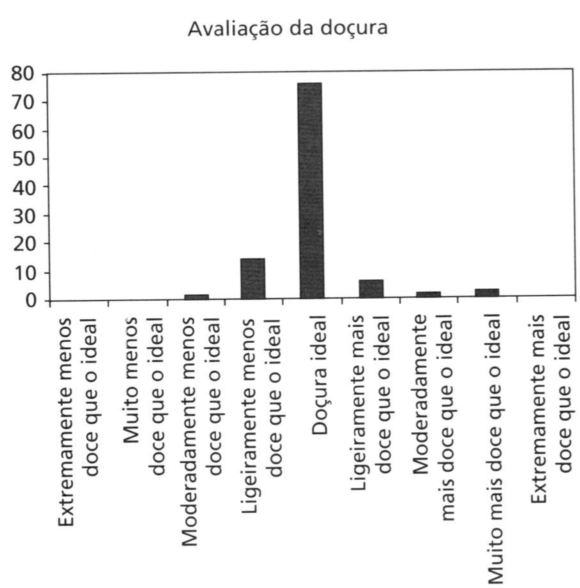

Conclusão: para mais de 70% dos provadores, o nível de doçura de amostra está ideal. Dessa forma, a doçura da formulação está otimizada, do ponto de vista sensorial.

15.3.4.1 Análise de penalidade

Geralmente, a escala do ideal é utilizada conjuntamente com a hedônica, e os dados obtidos pelas duas podem ser combinados para avaliar o impacto de um atributo sobre a aceitação global do produto. Essa abordagem é chamada de análise de penalidade e é bastante simples, como se verá a seguir (LAWLESS; HEYMANN, 2010):

1) Os dados são separados de acordo com as respostas em grupos "acima", "abaixo" e "ideal".
2) Calcula-se a média dos escores hedônicos de aceitação global de cada um dos três grupos.
3) Subtrai-se a média do grupo "acima" da média do grupo "ideal" e faz-se o mesmo com a média do grupo "abaixo".

4) Constrói-se um gráfico de dispersão da queda média de aceitação versus o percentual de provadores para cada categoria.

Exemplo:

Uma empresa de bebidas desenvolveu um *smoothie* com sabor de frutas vermelhas para ser comercializado em uma rede de *fast-food*. Foi realizado um teste de aceitação com consumidores avaliando a aceitação global (escala hedônica de 9 pontos), a consistência (muito ralo, consistência ideal, muito grosso), a intensidade do gosto doce (pouco doce, doçura ideal, muito doce) e a intensidade do sabor de fruta (muito fraco, intensidade ideal, muito forte). O quadro a seguir mostra a aceitação média da bebida para cada atributo nos três diferentes estratos das escalas do ideal:

	Média	Queda da aceitação	%
Consistência			
Muito ralo	6,5	–0,7	15
Ideal	7,2		50
Muito grosso	6,0	–1,2	35
Doçura			
Pouco doce	6,0	–1,6	24
Ideal	7,6		40
Muito doce	5,1	–2,5	36
Sabor de fruta			
Muito fraco	5,2	–2,6	14
Ideal	7,8		55
Muito forte	6,0	–1,8	31

A representação gráfica dos dados auxilia a interpretação:

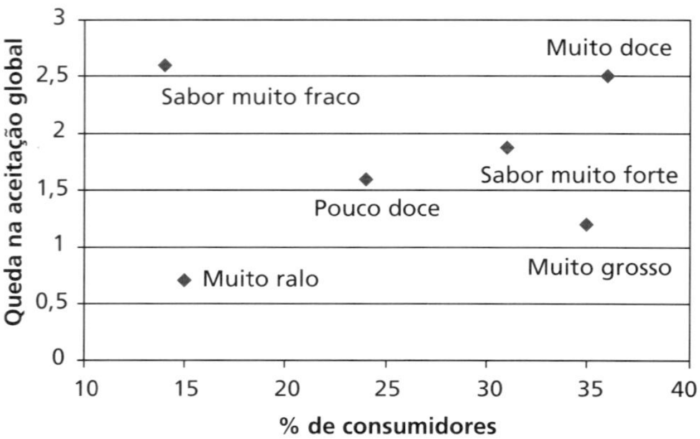

Observa-se que a maior queda de aceitação global (–2,6) se deu pela percepção dos consumidores que acharam o sabor da bebida muito fraco. Entretanto, apenas 15% dos consumidores manifestaram essa opinião. Por outro lado, para 36% dos consumidores, a bebida estava muito doce (queda de 2,5 na aceitação), o que pode ter inclusive influenciado (por efeito halo) a percepção do sabor, considerado muito forte por 31% dos participantes. Quanto à consistência, 35% dos consumidores acharam o *smoothie* "muito grosso"; porém, esse aspecto teve efeito menor sobre a aceitação que os outros dois atributos. Desta forma, o formulador pode optar primeiro pela redução da quantidade de açúcar, com possível efeito benéfico sobre o sabor de fruta, enquanto a consistência, menos impactante sobre a aceitação, depende da quantidade de polpa, leite, espessantes etc.

15.4 MÉTODOS DESCRITIVOS

Métodos descritivos descrevem e avaliam a intensidade dos atributos sensoriais de alimentos e bebidas, podendo-se dizer que esses métodos possuem caráter qualitativo e quantitativo. Análises descritivas geram perfis sensoriais, ou seja, descrições de similaridades e diferenças por meio de uma lista de termos descritores de:

- **aparência:** cor, textura visual, tamanho e forma, interações entre pedaços ou partículas;
- **aroma:** sensações olfativas (baunilha, frutado, floral etc.) e sensações nasais (pungente, refrescante etc.);
- **sabor:** sensações olfativas (baunilha, frutado, floral etc.), sensações de gosto (doce, amargo, ácido, salgado e *umami*) e sensações bucais (quente/frio, adstringente, metálico etc.);
- **textura:** propriedades mecânicas ou a reação do produto à aplicação de força (dureza, viscosidade, fraturabilidade, mastigabilidade etc.), propriedades geométricas (relacionadas com o tamanho e orientação das partículas no alimento: fibroso, granuloso, arenoso, floculento) e liberação de fluidos durante a mastigação (suculência, oleosidade etc.).

Os termos descritores gerados são medidos em escalas de intensidade (numéricas ou intervalares) e os dados podem ser analisados estatisticamente.

Existem vários métodos descritivos apresentados na literatura, como o Perfil de Sabor, o Perfil de Textura, o Método Spectrum®, o Perfil Livre, a Análise Tempo-Intensidade e a Análise Descritiva Quantitativa® (LAWLESS; HEYMANN, 2010; MEILGAARD; CIVILLE; CARR, 1999; STONE; SIDEL, 2004). Cada método tem suas peculiaridades, porém todos necessitam de provadores selecionados e treinados, o que torna as análises descritivas mais complexas e dispendiosas – tanto em relação a tempo quanto ao custo.

A seguir é descrita a Análise Descritiva Quantitativa, que é o método descritivo mais utilizado em pesquisa, pela liberdade que proporciona no levantamento de atributos sensoriais, a definição objetiva e simples destes e forte base estatística, desde a seleção da equipe de provadores até a definição do perfil sensorial dos produtos analisados (BEHRENS, 1998; DEMARCHI, 2006; BARBOSA, 2009)

15.4.1 Análise descritiva quantitativa

A Análise Descritiva Quantitativa (ADQ) foi desenvolvida na década de 1970 e utiliza uma equipe de provadores selecionados e treinados que identificam e quantificam os atributos sensoriais de produtos de uma mesma categoria (STONE; SIDEL, 2004).

Os resultados da ADQ fornecem uma descrição completa das similaridades e diferenças das propriedades sensoriais, bem como permitem identificar quais são os atributos importantes e que dirigem a aceitação do produto pelo consumidor, quando estes são correlacionados com dados de aceitação (escala hedônica) (BEHRENS, 1998).

As vantagens da ADQ sobre os outros métodos descritivos são:

- a confiança no julgamento de uma equipe composta por 8 a 12 indivíduos treinados, em vez de alguns poucos especialistas;
- o desenvolvimento de uma **linguagem objetiva**, mais próxima à **linguagem do consumidor**;
- a equipe desenvolve em consenso a terminologia a ser utilizada, o que implica em maior consenso nos julgamentos;
- os produtos são avaliados de forma codificada, seguindo delineamento experimental, e os dados obtidos são estatisticamente analisados.

A Análise Descritiva Quantitativa segue as seguintes etapas.

15.4.1.1 Pré-seleção da equipe de provadores

Recomenda-se iniciar os testes de pré-seleção (reconhecimento de gostos básicos, memória de odores ou triangulares) com um grupo de 2 ou 3 vezes o número de provadores que se deseja na equipe, ou seja, de 16 a 30 pessoas.

15.4.1.2 Desenvolvimento de terminologia descritiva

A equipe pré-selecionada avalia as amostras e identifica os termos descritores que evidenciam as similaridades e as diferenças sensoriais entre elas. Utiliza-se o Método Rede, no qual os provadores avaliam as amostras em tríades e descrevem com suas próprias palavras os atributos sensoriais de cor, aroma, sabor e textura que as caracterizam. A Figura 15.12 apresenta um modelo de ficha para o levantamento de atributos. Todas as comparações possíveis de amostras devem ser feitas no intuito de descrever todos os atributos que caracterizam os produtos.

15.4.1.3 Definição dos atributos e suas referências

Após o levantamento dos atributos, a equipe de provadores, coordenada pelo analista sensorial, discute, define e elabora consensualmente a lista final dos termos descritivos. Para cada atributo são definidas amostras de referência. A Figura 15.13 apresenta um modelo de definição de termos descritivos.

Levantamento de Descritores de Vinhos Brancos – Método Rede

Nome:____

Você está recebendo três amostras de vinho branco. Inicialmente prove as duas primeiras amostras e descreva suas similaridades quanto à aparência, ao aroma, ao sabor e as sensações bucais que as caracterizam. Depois, prove a terceira amostra e indique em que ela difere das duas anteriores.

Amostras: ________ e ________	Amostra: __________
Similaridades	**Diferenças**

Aparência

Aroma

Sabor

Sensações Bucais

Figura 15.12 Modelo de ficha utilizada para o levantamento de termos descritores, segundo o Método Rede.

Terminologia descritiva de vinhos brancos

1 – Cor amarela: Intensidade de cor amarela característica de vinhos brancos nacionais.
Referências: fraca – vinho fino branco de mesa FORESTIER® RIESLING
forte – vinho fino branco de mesa AURORA VARIETAL® GEWÜRZTRAMINER

2 – Viscosidade: Filme formado pelo vinho ao se girar o copo com a bebida. Sinônimo: densidade.
Referências: pouco – água destilada (não forma filme)
muito – vinho branco licoroso (marca Palmeiras)

3 – Presença de bolhas: Pequenas bolhas formadas na bebida pela presença de gases dissolvidos.
Referências: nenhuma
muitas – vinho fino branco de mesa RIESLING

Figura 15.13 Definição dos termos descritivos e referências usadas como extremos de escala de intensidade na ADQ de amostras de vinhos brancos.

Fonte: Behrens; Silva (2000).

O treinamento dos provadores é realizado em várias sessões – cujo número dependerá basicamente do número de amostras e de atributos avaliados – com as amostras de referência utilizadas. Os provadores também são treinados quanto ao uso da escala de medida, via de regra, uma escala linear não estruturada de 9 cm, com os termos de intensidade para cada atributo ancorados em seus extremos (exemplos: fraco-forte, pouco-muito, nenhum-muito) (Figura 15.14). A escala deve ser utilizada da esquerda para a direita, ou seja, do termo de menor intensidade (valor zero) para o termo de maior intensidade (valor nove), e o provador deve marcá-la com um traço vertical no ponto que julgar mais conveniente para expressar a intensidade do atributo, segundo sua percepção.

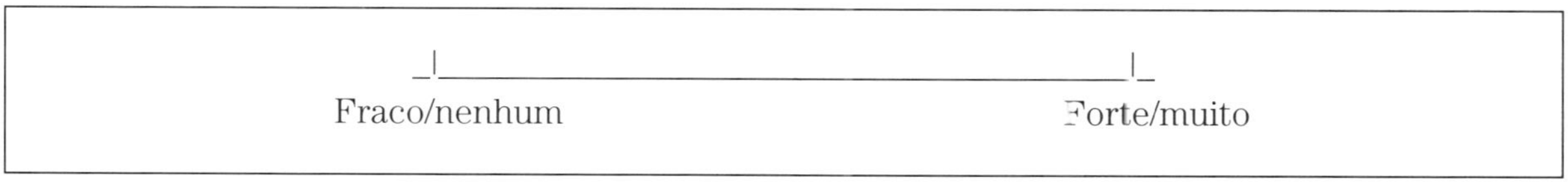

Figura 15.14 Escala não estruturada de 9 cm com os termos de intensidade ancorados em seus extremos.

Fonte: Associação Brasileira de Normas Técnicas (1998a).

15.4.1.4 Seleção da equipe final de provadores

Com o objetivo de selecionar a equipe final, os provadores avaliam algumas das amostras em estudo. Deve-se escolher em torno de três ou quatro amostras que cubram todo o espectro de variação dos atributos. Elas serão avaliadas em três repetições e os dados obtidos serão estatisticamente analisados por Anova (cada provador, para cada atributo).

Com relação à capacidade discriminatória devem ser selecionados os provadores com os maiores valores de F-amostras, ou seja, menores níveis de significância ou de probabilidade (pF-amostras). A Associação Brasileira de Normas Técnicas (1998a) sugere pF-amostras menores que 0,50.

Considerando repetibilidade, são selecionados os indivíduos com menores valores de F-repetições, ou seja, com maiores níveis de significância (p) de F-repetições, pois é desejável que não haja diferença significativa entre as repetições. Recomenda-se exigir um nível de significância mínimo de 5% ($p > 0,05$) (ASSOCIAÇÃO BRASILEIRA DE NORMAS TÉCNICAS, 1998a).

Para a avaliação do consenso de cada provador com a equipe, é necessário avaliar a significância estatística ($p \geq 0,05$) da interação amostra x provador. Uma forma de identificar provadores fora de consenso é por meio de gráficos – para os atributos em que haja interação – com as médias das amostras provenientes de cada provador e da equipe. O'Mahony (1986) discute os tipos de interação existentes, sua gravidade e as medidas a serem tomadas, ou seja, eliminar o provador da equipe ou treiná-lo novamente.

15.4.1.5 Avaliação final

A equipe selecionada avalia, então, todas as amostras, e os dados são analisados por Anova, testes de comparação de médias (por exemplo, Tukey), gráficos do tipo "aranha" e técnicas multivariadas como a Análise de Componentes Principais (ACP) (BEHRENS; SILVA, 2000).

A Figura 15.15 apresenta um exemplo de gráfico "aranha" mostrando o perfil sensorial de vinhos brancos.

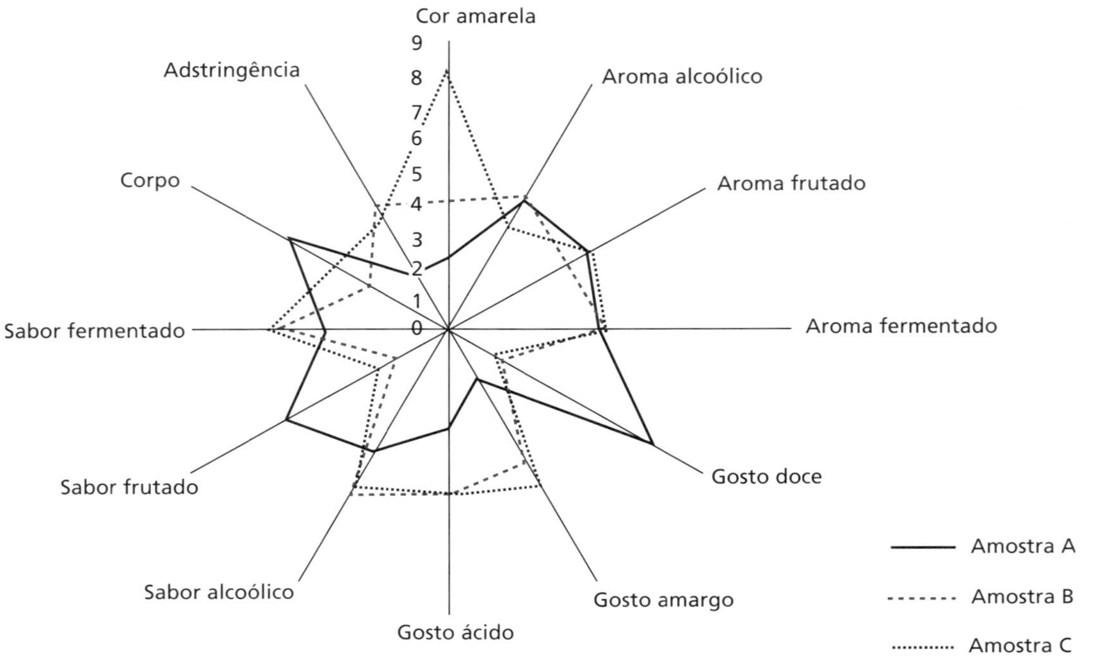

Figura 15.15 Perfil sensorial de três amostras de vinhos Gewürztraminer produzidos no Brasil.

Fonte: Behrens (1998).

Pelo gráfico mostrado na Figura 15.15, verifica-se que o perfil sensorial de três vinhos Gewürztraminer analisados apresentaram grande variação. Os vinhos mostraram-se similares em aroma alcoólico e aroma frutado. Por outro lado, a amostra A apresentou maior intensidade de gosto doce e corpo (maior concentração de açúcares) e sabor frutado. Esses atributos mostraram-se menos intensos nas amostras B e C e, consequentemente, sabor alcoólico, sabor fermentado, adstringência, gosto amargo e gosto ácido foram percebidos em maior intensidade. A cor amarela característica de vinhos brancos também variou bastante entre as amostras. Essas diferenças deram-se em função de questões tecnológicas (matérias-primas e processos) ou mercadológicas, uma vez que o perfil sensorial da bebida é determinado pelo fabricante para atender alguma demanda de mercado.

REFERÊNCIAS BIBLIOGRÁFICAS

ASSOCIAÇÃO BRASILEIRA DE NORMAS TÉCNICAS. **NBR 12994**: métodos de análise sensorial de alimentos e bebidas: terminologia. Rio de Janeiro, 1993.

ASSOCIAÇÃO BRASILEIRA DE NORMAS TÉCNICAS. **NBR 13088**: teste de comparação pareada em análise sensorial. Rio de Janeiro, 1994a.

ASSOCIAÇÃO BRASILEIRA DE NORMAS TÉCNICAS. **NBR 13170**: teste de ordenação em análise sensorial. Rio de Janeiro, 1994b.

ASSOCIAÇÃO BRASILEIRA DE NORMAS TÉCNICAS. **NBR 13526**: teste de comparação múltipla em análise sensorial dos alimentos e bebidas. Rio de Janeiro, 1995.

ASSOCIAÇÃO BRASILEIRA DE NORMAS TÉCNICAS. **NBR 14140**: análise descritiva quantitativa. Rio de Janeiro, 1998a.

ASSOCIAÇÃO BRASILEIRA DE NORMAS TÉCNICAS. **NBR 14141**: escalas utilizadas em análise sensorial. Rio de Janeiro, 1998b.

ASSOCIAÇÃO BRASILEIRA DOS PROFISSIONAIS DA QUALIDADE DE ALIMENTOS. **Análise sensorial**: testes discriminativos e afetivos. Campinas: SBCTA, 2000.

BARBOSA, P. B. F. **Efeito do edulcorante no perfil sensorial e na aceitação de iogurte natural desnatado batido** ***(diet)***. 2009. 113p. Tese (Mestrado em Alimentos e Nutrição) – Faculdade de Engenharia de Alimentos, Universidade Estadual de Campinas, Campinas, 2009.

BEHRENS, J. H. **Avaliação do perfil sensorial e aceitação de vinhos brancos varietais Riesling, Gewürztraminer e Chardonnay produzidos no Brasil**. 1998. 174p. Tese (Mestrado em Ciência da Nutrição) – Faculdade de Engenharia de Alimentos, Universidade Estadual de Campinas, Campinas, 1998.

BEHRENS, J. H.; SILVA, M. A. A. P. Perfil sensorial de vinhos brancos varietais brasileiros através de Análise Descritiva Quantitativa. **Ciência e Tecnologia de Alimentos**, Campinas, SP, v. 20, n. 1, p. 60-67, 2000.

BEHRENS, J. H.; VILLANUEVA, N. D. M.; SILVA, M. A. A. P. Effect of nutrition and health claims on the acceptability of soyamilk beverages. **International Journal of Food Science and Technology**, Oxford, v. 42, n. 1, p. 50-56, 2007.

COSTELL, E. A comparison of sensory methods in quality control. Food Quality and Preference, Oxford, v. 13, p. 341-352, 2002.

DE MARCHI, R. **Bebida de maracujá natural "light" pronta para beber: formulação, produção e estudo de vida de prateleira.** 2006. 192p. Tese (Doutorado em Alimentos e Nutrição) – Faculdade de Engenharia de Alimentos, Universidade Estadual de Campinas, Campinas, 2006.

DUTCOSKY, S. D. **Análise sensorial de alimentos**. Curitiba: Champagnat, 1996.

HEINEMANN, R. B. J.; BEHRENS, J. H.; LANFER-MARQUEZ, U. M. A study on the acceptability and consumer attitude towards parboiled rice. **International Journal of Food Science and Technology**, Oxford, v. 41, p. 627-634, 2006.

JELLINEK, S. Mecanismo das fragrâncias. **Cosmetics & Toiletries**, São Paulo, v. 10, p. 64-78, 1998.

LAWLESS, H. T.; HEYMANN, H. **Sensory evaluation of food**: principles and practices. 2. ed. Gaithersburg: Aspen, 2010.

LONA, A. A. **Vinhos**: degustação, elaboração e serviço. Porto Alegre: Age, 1996.

MARTINS, C. G. *et al*. Gamma radiation on minimally processed watercress (*Nasturtium officinalis*). **Radiation Physics and Chemistry**, Oxford, v. 71, p. 89-93, 2004.

MARTINS, C. G. *et al*. Shelf life of irradiated minimally processed (MP) watercress (*Nasturtium officinale*). **Ciência e Tecnologia de Alimentos**, Campinas, v. 27, n. 1, p. 44-48, 2007.

MCGREGOR, R. Taste modification in the Biotech Era. **Food Technology**, Chicago, IL, v. 58, n. 5, p. 24-30, 2004.

MEILGAARD, M.; CIVILLE, G. V.; CARR, B. T. **Sensory evaluation techniques**. 3. ed. Boca Raton: CRC, 1999.

MUÑOZ, A.; CIVILLE, G. V.; CARR, B. T. **Sensory evaluation in quality control**. New York: Van Nostrand Reinhold, 1992.

O'MAHONY, M. **Sensory evaluation of food**: statistical methods and procedures. New York: Marcel Dekker, 1986.

RESURRECCION, A. V. A. **Consumer sensory testing for product development**. Gaithersburg: Aspen, 1998.

SMITH, D. V.; MARGOLSKEE, R. F. Making sense of taste. **Scientific American**, New York, v. 284, p. 32-39, 2001.

STONE, H. S.; SIDEL J. L. **Sensory evaluation practices**. 3. ed. San Diego: Academic Press, 2004.

VILLANUEVA, N. D. M. **Avaliação do desempenho de quatro métodos de escalonamento em testes sensoriais de aceitação utilizando modelos normais aditivos de análise de variância e mapas internos de preferência**. 2003. 140 p. Tese (Doutorado em Alimentos e Nutrição) – Faculdade de Engenharia de Alimentos, Universidade Estadual de Campinas, Campinas, 2003.

VILLANUEVA, N. D. M.; PETENATE, A. J.; SILVA, M. A. A. P. Performance of the hybrid hedonic scale as compared to the traditional hedonic, self-adjusting and ranking scales. **Food Quality and Preference**, Oxford, v. 16, p. 691-703, 2005.

VILLANUEVA, N. D. M.; SILVA, M. A. A. P. Comparative performance of the nine-point hedonic, hybrid and self--adjusting hedonic scales in the generation of internal preference maps. **Food Quality and Preference**, Oxford, v. 20, p. 1-12, 2009.

WAKELING, I. N.; MACFIE, H. J. Designing consumer trials balanced for first and higher orders of carry-over effect when only a subset of k samples from t may be tested. **Food Quality and Preference**, Oxford, v. 6, p. 299-308, 1995.

16

Detecção de fraudes em bebidas por análise isotópica

SUSIANE LEONARDELLI
MARIA MÁRCIA PEREIRA SARTORI
WALDEMAR GASTONI VENTURINI FILHO

16.1 INTRODUÇÃO

O mercado de bebidas é um importante setor da economia brasileira. Entre os vários segmentos, o de cerveja é o principal em função da sua importância econômica e social. A indústria de cerveja gera 2,2 milhões de empregos diretos, indiretos e induzidos, produz 14 bilhões de litros da bebida, fatura R$ 77 bilhões, gera R$ 23 bilhões de impostos e representa 1,6% do PIB nacional (CERVBRASIL, 2017).

No mercado de bebidas não alcoólicas, destacam-se o segmento de refrigerantes, com uma produção de 14,4 bilhões de litros e consumo *per capita* de 70 litros por habitante ano; o de águas minerais, com uma produção de 12,7 bilhões de litros e consumo *per capita* de 61,5 litros; e o de sucos e néctares, com uma produção de 1,3 bilhões de litros e consumo *per capita* de 5,1 litros. Enquanto o segmento de refrigerantes apresenta crescimento negativo nos últimos anos, o inverso acontece com o de águas minerais, de sucos e néctares, pelo fato de essas bebidas estarem associadas com a boa saúde dos consumidores (ABIR, 2017).

Em função da sua importância, o mercado de bebidas é alvo de fraudes. Como será visto na seção 2 ("Legislação"), há dois tipos de fraude: a adulteração e a falsificação. Tanto num caso como em outro, o fraudador engana o consumidor, já que vende um produto que não condiz com as informações do rótulo da embalagem, pratica concorrência desleal, já que pode vender seu produto por preços mais baixos que a concorrência, e, além disso, é antiético e pratica crime previsto pelo código penal brasileiro (BRASIL, 1998).

Uma das formas de identificar e, portanto, coibir as fraudes no segmento de bebidas é por meio de análises químicas e físicas. O uso dessas análises para esse propósito depende da legislação vigente que define os padrões de identidade e qualidade das bebidas. Entre as análises físicas, uma ferramenta bastante útil na identificação de adulteração de bebidas é a análise isotópica. Por meio dessa análise é possível identificar as seguintes adulterações:

a) adição de açúcar ou de água em sucos de frutas integrais;
b) adição de açúcar acima do permitido para néctares e sucos de frutas;
c) adição de açúcar em água de coco acima do permitido;
d) adição de açúcar em mel;
e) uso de adjunto em cervejas puro malte;
f) introdução de água exógena em vinhos;
g) chaptalização acima do permitido em vinhos;

Neste capítulo, serão abordados assuntos referentes à legislação brasileira de bebidas com foco nas fraudes, no método de análise isotópica de bebidas e nas aplicações práticas dessa análise.

16.2 LEGISLAÇÃO

O Decreto nº 6.871, de 4 de junho de 2009, regulamenta a Lei nº 8.918, de 14 de julho de 1994, que dispõe sobre a padronização, a classificação, o registro, a inspeção, a produção e a fiscalização de bebidas. O artigo segundo deste decreto define adulteração, falsificação e fraude.

> *XV - adulteração: a alteração proposital da bebida, por meio de supressão, redução, substituição, modificação total ou parcial da matéria-prima ou do ingrediente componentes do produto ou, ainda, pelo emprego de processo ou de substância não permitidos;*
>
> *XVI - falsificação: a reprodução enganosa da bebida por meio de imitação da forma, caracteres e rotulagem que constituem processos especiais de privilégio ou exclusividade de outrem, ou, ainda, pelo emprego de denominação em desacordo com a classificação e a padronização da bebida;*
>
> *XVII - fraude: o engano ao consumidor por meio de adulteração ou falsificação da bebida;*
>
> [...]

16.3 ISÓTOPOS E O ESPECTRÔMETRO DE MASSA

Isótopos são átomos que apresentam o mesmo número de prótons e diferentes números de nêutrons em seu núcleo; ou, ainda, são átomos com o mesmo número de prótons, mas com diferentes números de massa. Os isótopos podem ser estáveis ou radioativos.

Normalmente um elemento químico (X) é simbolizado pelo número de massa (A) e número de prótons (Z). Um elemento químico pode ser representado por $^{A}_{Z}X$. O número de massa, em unidades de massa atômica, é a soma do número de prótons (Z) e do número de nêutrons (N) existentes no núcleo, ou seja, A = Z + N.

O átomo de hidrogênio, o mais leve e mais simples de todos os elementos químicos, apresenta três isótopos: o hidrogênio, o deutério e o trítio. Os dois primeiros são estáveis e o último é radioativo. Os três isótopos contam com apenas um elétron na eletrosfera.

Tabela 16.1 Número de massa atômica (A), número de prótons (Z) e número de nêutrons (N) dos isótopos do átomo de hidrogênio.

Isótopo	A	Z	N
Hidrogênio	1	1	0
Deutério	2	1	1
Trítio	3	1	2

Fonte: Ducatti (2012).

Na natureza, os isótopos são encontrados em diferentes concentrações. Os mais leves são os mais abundantes. Os átomos que constituem a matéria viva (C, H, O, N, S) também apresentam isótopos. A Tabela 16.2 mostra as concentrações naturais dos isótopos desses átomos. As concentrações naturais (abundância, concentração relativa, enriquecimento relativo, concentração absoluta em átomos %) são determinadas em equipamento denominado *espectrômetro de massa*.

Tabela 16.2 Concentração natural dos isótopos estáveis dos átomos de carbono, hidrogênio, oxigênio, nitrogênio e enxofre, e suas moléculas usadas em espectroscopia de massa.

Isótopo	Abundância (%)	Gás
^{1}H	99,9844	H_2
^{2}H	0,0156	
^{12}C	98,8890	CO_2
^{13}C	1,1110	
^{14}N	99,6340	N_2
^{15}N	0,3660	
^{16}O	99,7628	CO_2
^{17}O	0,0372	
^{18}O	0,2000	
^{32}S	95,0180	SO_2
^{33}S	0,7500	
^{34}S	4,2150	
^{36}S	0,0170	

Fonte: Preston (1992) citado por Ducatti (2012).

Em análise isotópica de bebidas, utiliza-se o espectrômetro de massa de razão isotópica (IRMS). Esse aparelho é constituído pelos seguintes componentes: sistema de admissão, fonte de ionização, analisador de massas, detector do feixe iônico e sistema computacional (DUCATTI, 2012).

No *sistema de admissão* os isótopos dos elementos a serem analisados (C, H, O, N, S) são introduzidos na forma gasosa (CO_2, H_2, N_2, SO_2). Na *fonte de ionização*, as amostras gasosas são transformadas em íons através de uma fonte por impacto de elétrons. A ionização retira um elétron das moléculas produzindo CO_2^+, H_2^+, N_2^+, SO_2^+. A eficiência da ionização normalmente é muito baixa (0,01%) e a maioria das moléculas que entra na *fonte de ionização* é removida por alto vácuo. No *sistema analisador*, os íons oriundos da fonte de ionização são separados (resolvidos) em um campo magnético de acordo com a relação massa/carga, ou seja, o feixe iônico principal é aberto (resolvido) em feixes dos íons isotópicos característicos. No *sistema de detecção* os feixes iônicos característicos de cada feixe isotópico são coletados em copos de Faraday, os quais podem ser duplos, triplos e de múltiplos coletores. A neutralização desses íons resulta em correntes elétricas da ordem de 10^{-9} a 10^{-12} Amperes, as quais são amplificadas e registradas. O *sistema computacional* acoplado com o espectrômetro de massa fornecerá o resultado do enriquecimento relativo em delta per mil (δ ‰). O enriquecimento relativo é definido pela seguinte expressão:

$$\delta \text{‰ (amostra, padrão)} = \frac{r \text{ amostra} - r \text{ padrão}}{r \text{ padrão}} \times 1000 \qquad (16.1)$$

onde:

r amostra: razão isotópica entre o isótopo pesado e isótopo leve da amostra;

r padrão: razão isotópica entre o isótopo pesado e isótopo leve do padrão.

A análise isotópica do padrão em um espectrômetro de massa resultará em valor isotópico de 0 ‰. A análise isotópica de uma amostra (de bebida) poderá resultar em valores de delta per mil positivos ou negativos. Valores positivos indicam que a amostra é mais rica em isótopos pesados que o padrão, enquanto valores negativos indicam que a amostra é mais rica em isótopos leves (DUCATTI, 2012).

Os principais padrões internacionais são a água do mar (Vienna Standard Mean Ocean Water – V-SMOW), o ar atmosférico (N_2 atm), um carbonato fóssil (Peedee Belemnitella – V-PDB) e um mineral troilita de meteorito (Cañon Diable Meteorite Troilite – CDT). Com exceção do padrão nitrogênio (ar atmosférico), os padrões internacionais são escassos ou raros, uma vez que o padrão SMOW não existe como água real e os padrões PDB e CDT desapareceram ao longo do tempo. Foram substituídos por subpadrões internacionais (DUCATTI, 2012).

16.4 VALIDAÇÃO DO MÉTODO ISOTÓPICO

Validar um método de ensaio significa demonstrar de forma documentada que o método analítico é adequado ao seu propósito, atendendo os requisitos da norma ABNT NBR ISO/IEC 17025:2017 (ASSOCIAÇÃO BRASILEIRA DE NORMAS TÉCNICAS, 2017). Como os guias de validação publicados são bastante abrangentes, procuramos trazer alguns pontos específicos para métodos de razão isotópica, atendendo os requisitos do Inmetro, com a finalidade de auxiliar os profissionais da área de isótopos a validar seus métodos de ensaios.

No planejamento da validação, é sugerido uma sequência de execução, a qual inclui escopo do método, parâmetros de desempenho, critérios de aceitação dos parâmetros, características dos equipamentos, qualificação dos padrões e reagentes, tratamentos estatísticos dos dados, resultados dos experimentos e a conclusão se o método é adequado ao uso pretendido. Os parâmetros de desempenho, quando aplicáveis, devem abranger seletividade, linearidade, limite de detecção e quantificação, tendência/recuperação, precisão e robustez (INMETRO, 2016). Todo processo de validação deve ser registrado em um relatório, o qual deve ser claro, conciso e acessível aos interessados.

16.4.1 Seletividade

A seletividade é a capacidade que o método tem de determinar o analito sem a interferência de outros compostos (INMETRO, 2016). A seletividade pode ser avaliada, por exemplo, para um método de determinação do $\delta^{13}C$ do CO_2, realizando as determinações em um vinho base e em espumante, aplicando o teste F para analisar a variância e verificar se há diferença significativa entre elas.

16.4.2 Linearidade

A linearidade é a capacidade que o método tem de demonstrar que os resultados obtidos são diretamente proporcionais à concentração do analito na amostra, dentro de um intervalo específico (INMETRO, 2016). Para avaliar a linearidade deve-se construir a curva analítica com no mínimo cinco concentrações. Sugere-se como ideal trabalhar com 7 ou 8, caso precise descartar valores discrepantes (*outliers*). O cálculo dos resíduos é realizado pela diferença entre o valor médio observado e o valor real de cada concentração. Na Figura 16.1, podemos observar um exemplo de linearidade do método para determinação do $\delta^{13}C$ em espumantes e seu respectivo gráfico dos resíduos.

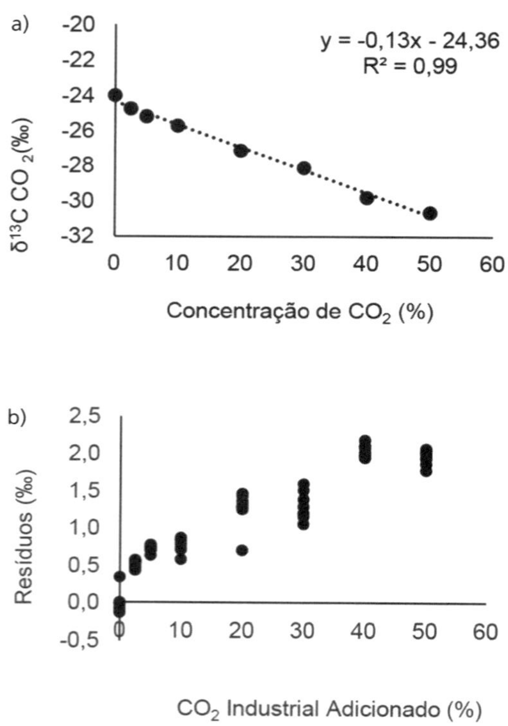

Figura 16.1 a) Linearidade do método para determinação da origem do $\delta^{13}C$ do CO_2 de espumantes. b) Gráficos dos resíduos.

16.4.3 Limite de detecção (LD) e limite de quantificação (LQ)

O limite de detecção (LD) é a menor concentração do analito que pode ser detectada (INMETRO, 2016). Para o cálculo do LD, é utilizado o valor do desvio padrão (DP) dos resultados da menor concentração, obtida na linearidade multiplicado pelo t de *Student*; se utilizadas 7 concentrações o multiplicador será 3,143, de acordo com a distribuição de *Student*.

O limite de quantificação (LQ) é a menor concentração do analito que pode ser determinada com precisão e exatidão aceitáveis (GONZÁLEZ *et al.*, 2014). O LQ deve ser calculado multiplicando o desvio padrão da menor concentração por 10; esse é o multiplicador padrão sugerido pela IUPAC (EURACHEM, 2014; INMETRO, 2016).

Seguindo o exemplo da linearidade citada anteriormente, podemos observar na Tabela 16.3 os resultados do LD e LQ:

Tabela 16.3 Exemplo de cálculo de LD e LQ para uma determinada situação.

Menor concentração de CO_2 testada	**2,5%**
DP da leitura de 7 repetições da menor concentração	0,04‰
Limite de detecção (LD)	LD = 0,04 x 3,143 = 0,13‰
Limite de quantificação (LQ)	LQ = 0,04 x 10 = 0,4‰

16.4.4 Exatidão e precisão

A exatidão é determinada utilizando um material de referência certificado e avaliada pelo cálculo do índice z-score. A precisão, por sua vez, pode ser determinada por três formas mais comuns; são elas: repetitividade, precisão intermediária e reprodutibilidade (INMETRO, 2016).

16.4.5 Robustez

A robustez está relacionada com a capacidade dos resultados de não variar em função de pequenas mudanças nas condições experimentais. Significa a confiabilidade do método durante sua utilização na rotina do laboratório (EURACHEM, 2014). A robustez nos métodos para determinação isotópica pode ser avaliada com variações como temperaturas, volume de preparo, volume de injeção, lavagem de materiais, tempo de equilíbrio, pureza dos gases, estabilidade da amostra, entre outros aspectos.

Na Figura 16.2, podemos observar exemplos de testes de robustez. No primeiro caso (Figura 16.2a) foi testada a limpeza com hélio para remover o ar atmosférico do frasco, antes de colocar a amostra. Já na Figura 16.2b foi testada a influência de pequenas variações no volume de injeção da amostra. A robustez é muito importante para termos ciência de qual parâmetro deve ter um controle mais rígido na rotina desta análise.

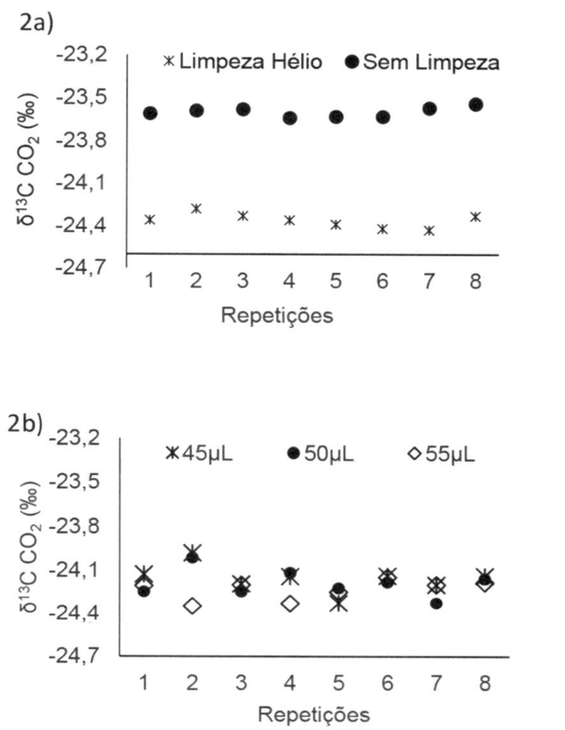

Figura 16.2 a) Teste da limpeza do frasco com gás hélio. b) Teste do volume de injeção de amostra.

A robustez é um parâmetro opcional na validação do método. Está relacionada mais especificamente à otimização do processo, e é importante para definir quais parâmetros devem ser controlados com maior rigor durante a execução do método. Quando for utilizada no cálculo da incerteza, a robustez deve ser agregada pelo valor do desvio padrão de uma série de repetições e sua respectiva distribuição de probabilidade (REDE METROLÓGICA DO RS, 2013).

16.4.6 Incerteza de medição

A incerteza de medição representa um parâmetro associado ao resultado, que caracteriza a dispersão dos valores, os quais podem ser atribuídos a um mesmo mensurando. Para o cálculo da incerteza é importante identificar as principais fontes de variação do ensaio e ter a certeza que o processo esteja estável e sob controle estatístico (ALBANO; RAYA-RODRIGUEZ, 2009).

16.5 ANÁLISE ISOTÓPICA DE BEBIDAS

Uma das finalidades da análise isotópica de bebidas é a detecção de fraudes por adulteração. As bebidas, alcoólicas e não alcoólicas, podem sofrer adulteração de diversas formas, conforme já descrito na introdução deste capítulo. Normalmente, as bebidas passíveis de sofrer adulteração possuem valores isotópicos (do átomo de carbono) semelhantes às plantas do ciclo fotossintético C_3 enquanto as matérias-primas ou ingredientes usados na adulteração apresentam valores isotópicos (do carbono) das plantas do ciclo fotossintético C_4.

As plantas do ciclo fotossintético C_3 são frutíferas (laranja, uva, maracujá, goiaba, pêssego, manga, caju, maçã) e alguns cereais (cevada, trigo, centeio, arroz). Essas plantas apresentam valores isotópicos (δ‰) entre –21 e –35, com valor médio em torno de –28. Já as plantas do ciclo fotossintético C_4 são algumas gramíneas, como a cana-de-açúcar, o milho e o sorgo. Os valores isotópicos dessas fontes vegetais estão dentro do intervalo de –10 a –14, com valor médio por volta de –12 (DUCATTI, 2012). As plantas, bem como seus produtos, possuem valores isotópicos semelhantes. Assim, a laranja tem valor isotópico praticamente igual ao seu suco, da mesma forma que a uva apresenta valor isotópico semelhante ao seu vinho.

É preciso salientar que nem toda bebida de origem C_3 que apresenta em sua composição carbono de origem C_4 está adulterada. A legislação brasileira indica a quantidade máxima de fonte C_4 que uma bebida de origem C_3 pode conter.

É possível quantificar as fontes de carbono de origem C_3 e C_4 contidas em uma bebida por meio do balanço de massa isotópico.

$$\delta a * A + \delta b * B = \delta p \tag{16.2}$$

$$A + B = 1 \tag{16.3}$$

onde:

δa = valor isotópico da fonte C_3;
A = proporção da fonte C_3 na bebida;
δb = valor isotópico da fonte C_4;
B = proporção da fonte C_4 na bebida;
δp = valor isotópico do produto (bebida).

Como exemplo de aplicação, vamos imaginar que uma bebida à base de fruta (néctar) possui valor isotópico (δ‰ do carbono) de –20, que a fonte C_3 apresenta valor isotópico de –28 e a fonte C_4 tem valor isotópico de –12. Inserindo os valores dos deltas per mil nas equações 2 e 3 do balanço de massa isotópico, tem-se que A = 0,5 e B = 0,5. Ou seja, nesta bebida 50% do carbono é de fonte C_3 e 50% do carbono é de fonte C_4. Este exemplo hipotético parte da premissa de que se conhecem os valores exatos do enriquecimento relativo da bebida (δp = –20), da fonte C_3 (δa = –28) e da fonte C_4 (δb = –12). A partir do balanço de massa isotópico, pode-se gerar a Figura 16.3, que mostra a relação entre o valor isotópico da bebida (δp) e o percentual de fonte C_3.

Entretanto, na realidade, ao se analisar isotopicamente uma bebida (um néctar, por exemplo) constituída por matérias-primas de fonte C_3 e C_4, nunca se sabe com precisão o valor isotópico da fonte C_4 (δb), sendo necessário recorrer a um banco de dados, já que existe uma variação natural desses valores que depende de fatores genéticos e ambientais. Se o valor isotópico da fonte C_3 (δa) também não é conhecido com precisão, deve-se recorrer ao banco de dados, por motivo idêntico. Neste caso, tem-se a Figura 16.4.

Quando a nossa bebida hipotética (um néctar) possui os sólidos insolúveis da fruta em sua composição, estes podem ser separados da bebida, purificados, e seu valor isotópico pode ser determinado no espectrômetro de massa. Esses sólidos insolúveis constituem o padrão interno da bebida. Neste caso, conhecem-se os valores isotópicos da bebida (δp) e os da fonte C_3 (δa), mas não se sabe o da fonte C_4 (δb). A partir dessas informações, pode-se gerar a Figura 16.5.

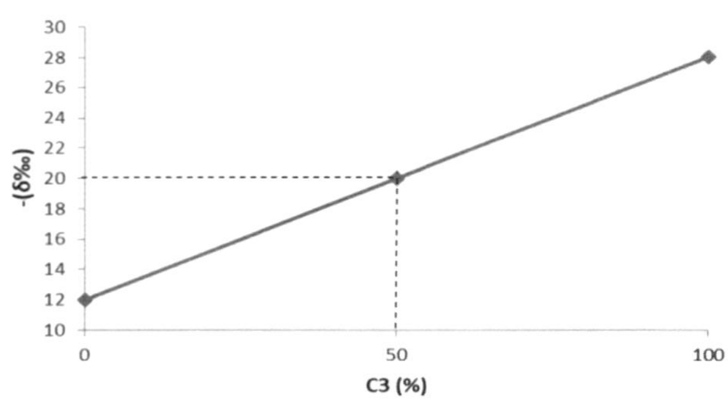

Figura 16.3 Relação entre o valor isotópico de uma bebida e a concentração da fonte C_3 quando todos os valores do enriquecimento relativo da equação 16.2 são conhecidos.

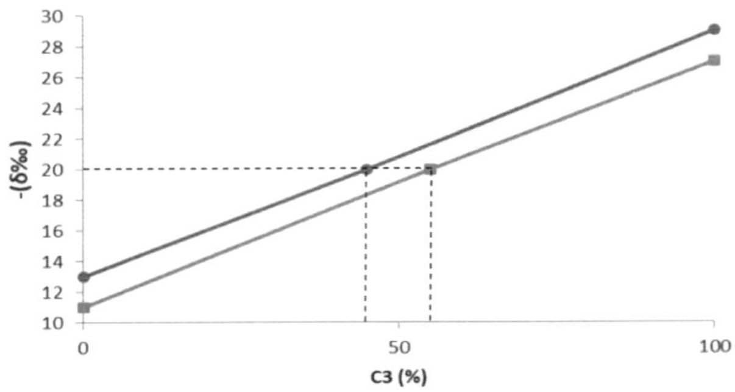

Figura 16.4 Relação entre o valor isotópico de uma bebida e a concentração fonte C_3 quando os valores do enriquecimento relativo das fontes C_3 e C_4 não são conhecidos.

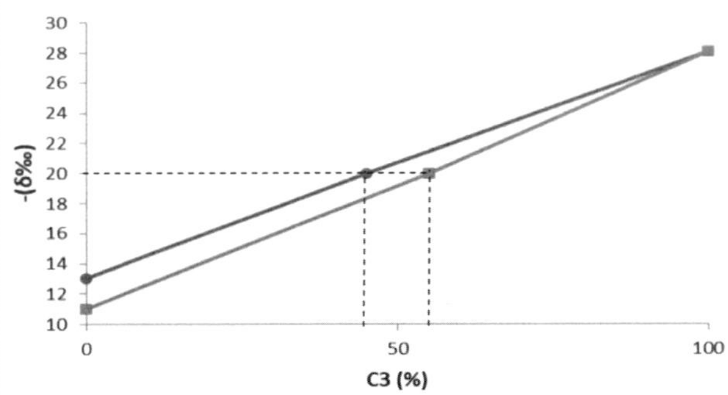

Figura 16.5 Relação entre o valor isotópico de uma bebida e a concentração de carbono de origem C_3 quando apenas o valor do enriquecimento relativo da fonte C_4 não é conhecido.

Observa-se que, na situação hipotética mostrada na Figura 16.3, em que todos os valores isotópicos da equação 16.2 são conhecidos, para um determinado valor de delta per mil da bebida (δp), obtém-se um valor único de concentração de fonte C_3. Nas Figuras 16.4 e 16.5, situação real, pelo menos um dos valores isotópicos das fontes C_3 e C_4 não é conhecido, e obtém-se uma faixa de valores para a concentração de fonte C_3 na bebida.

16.6 CURVA DE LEGALIDADE

Define-se curva de legalidade como a linha de pontos que representa a concentração mínima de fonte C_3 de uma bebida. A concentração mínima de fonte C_3 em uma bebida é definida pela legislação brasileira.

Vamos dar dois exemplos de construção de curva de legalidade; um para suco de fruta integral e outro para suco de fruta adoçado.

A legislação brasileira (BRASIL, 2009b) define suco integral como *o suco sem adição de açúcares e na sua concentração natural*. Por essa definição, o suco integral deve conter apenas carbono de fonte C_3. A partir dessa constatação, obtém-se a curva de legalidade mostrada na Figura 16.4. Assim, ao se analisar isotopicamente um suco integral, este deve apresentar valor isotópico (δp) da fonte C_3, o que corresponde a 100% de carbono dessa fonte na composição do suco.

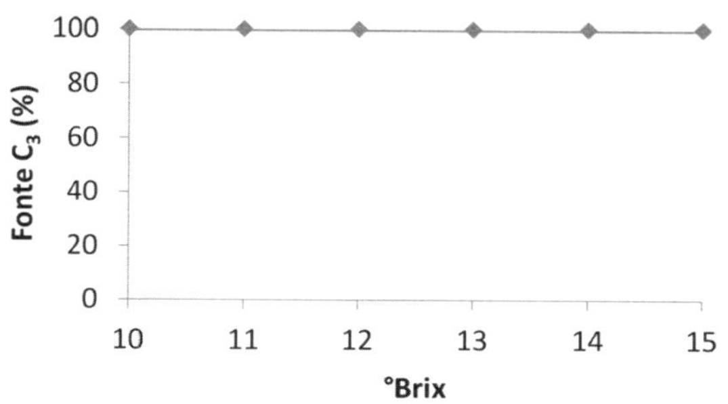

Figura 16.6 Curva de legalidade de suco de fruta integral.

De acordo com a legislação brasileira (BRASIL, 2009b),

> o suco poderá ser adicionado de açúcares na quantidade máxima fixada para cada tipo de suco, observado o percentual máximo de dez por cento em peso, calculado em gramas de açúcar por cem gramas de suco, tendo sua denominação acrescida pela designação adoçado.

A partir dessa definição de suco adoçado, é possível construir a sua curva de legalidade, mostrada na Figura 16.7. Na abscissa, os valores de Brix do suco original antes do adoçamento, e na ordenada, a percentagem de fonte C_3 após o adoçamento.

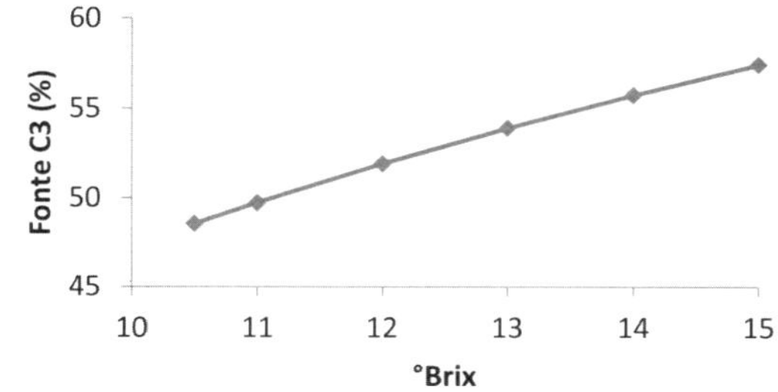

Figura 16.7 Curva de legalidade para suco de fruta adoçado.

Neste caso, após a plotagem dos dados do Brix original do suco no eixo X e da percentagem de fonte C_3 no eixo Y, os sucos adoçados, para serem considerados não adulterados por meio da análise isotópica, devem estar situados acima da curva de legalidade. Os que estiverem localizados abaixo da curva devem ser considerados adulterados.

16.7 APLICAÇÃO DA ANÁLISE ISOTÓPICA

Uma aplicação interessante da análise isotópica está na determinação de adulteração de cerveja puro malte. Como o nome indica, esta cerveja deve ser fabricada apenas com malte de cevada, como fonte de carboidrato para a fermentação alcoólica. A adulteração que pode ocorrer nesta bebida é a introdução de outros cerais como o milho e o arroz. Estes cereais são considerados adjuntos do malte e têm por finalidade baratear o custo de produção da cerveja, aumentando o lucro do fabricante. Então, uma cerveja puro malte não pode conter adição de milho, arroz, ou qualquer outro vegetal fonte de carboidrato, inclusive a cevada não maltada. A Figura 16.8 mostra os valores isotópicos dos átomos de carbono (eixo Y) e nitrogênio (eixo X) das matérias-primas cervejeiras. O valor isotópico da cerveja (δp), para os isótopos de ambos os átomos, resultante dessas matérias-primas será a média ponderada dos carbonos de origem C_3 e C_4 e do nitrogênio fornecidos por cada uma delas durante o processamento da bebida.

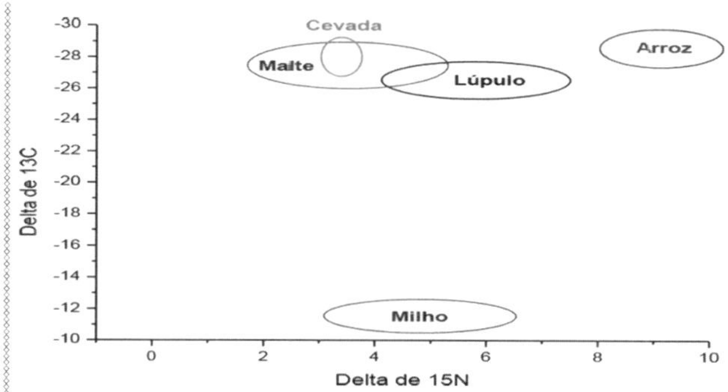

Figura 16.8 Valores isotópicos dos átomos de carbono e nitrogênio das matérias-primas cervejeiras.

Fonte: Sleiman (2006).

O gráfico mostra que, se a adulteração da cerveja puro malte for feita com milho ou qualquer fonte C_4, a análise isotópica do carbono detectará facilmente a fraude, já que o valor isotópico da bebida (δp) apresentará valor intermediário entre o do malte (δa ≈ –28) e do milho (δp ≈ –12). Mas, se a adulteração for feita com arroz ou qualquer vegetal de origem C_3, não será possível detectar a adulteração pela análise isotópica do carbono, já que o arroz e o malte são fonte de carbono C_3 (δa ≈ δb ≈ –28). Neste caso, uma forma de detectar a adulteração é por meio da análise isotópica do nitrogênio. Caso o arroz possua valor isotópico do nitrogênio distinto do malte, como mostra a Figura 16.8, é possível detectar a adulteração.

A seguir, são mostrados alguns resultados de análise isotópica de néctares de frutas e água de coco, realizadas nos últimos anos pelo Centro de Isótopos Estáveis, da Unesp, Campus de Botucatu. As bebidas cujos resultados de percentagem de fonte C_3 (e seus respectivos desvios padrões) estão localizados acima da curva de legalidade devem ser consideradas não adulteradas. Já aquelas localizadas abaixo desta linha estão adulteradas.

Pode-se observar que os néctares de maçã, uva, caju e goiaba (Figuras 16.9, 16.10, 16.11 e 16.12) não sofreram adulteração. Por outro lado, encontrou-se adulteração em néctares de manga (metade das amostras analisadas) e em águas de coco (maioria das amostras analisadas), conforme mostram as Figuras 16.13 e 16.14.

Outro caso comum de adulteração é a adição de açúcar de cana em vinhos. A lei brasileira permite a adição de açúcar de cana até um determinado limite, processo chamado de chaptalização, com o objetivo de corrigir a deficiência de açúcares da uva com sacarose (açúcar da cana). O processo de correção dos açúcares é utilizado porque frequentemente a uva não atinge teor de açúcares suficiente para produzir um vinho equilibrado, com uma concentração mínima aceitável de álcool. Dessa forma, a correção favorece a elevação do grau alcoólico e contribui para a extração dos compostos fenólicos e aromáticos da uva (RIZZON; MIELE, 2005). A adulteração surge quando não é respeitado o limite de correção previsto no Decreto nº 8.198, de 2014 (BRASIL, 2014).

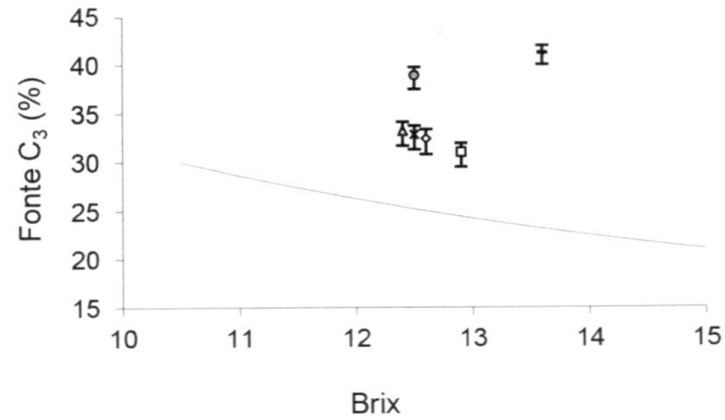

Figura 16.9 Detecção de adulteração em néctar de maçã por análise isotópica.

Fonte: Figueira *et al.* (2013).

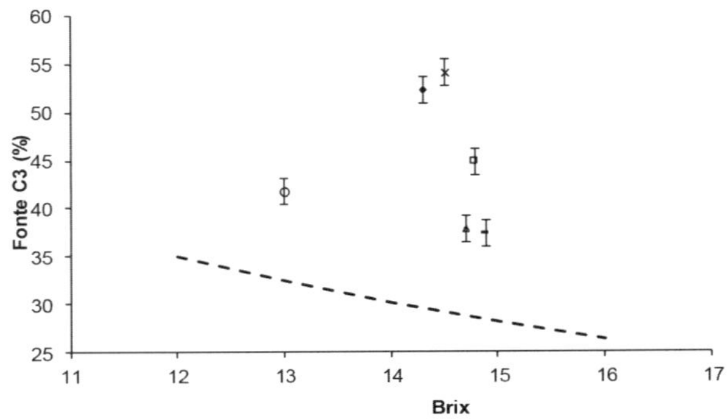

Figura 16.10 Detecção de adulteração em néctar de uva por análise isotópica.

Fonte: Figueira *et al.* (2010).

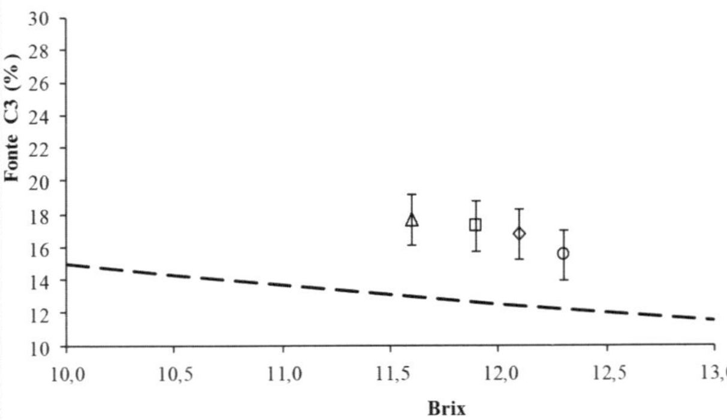

Figura 16.11 Detecção de adulteração em néctar de caju por análise isotópica.

Fonte: Figueira *et al.* (2011).

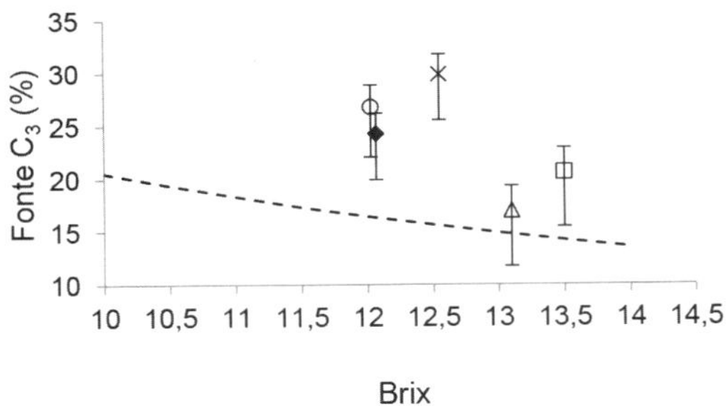

Figura 16.12 Detecção de adulteração em néctar de goiaba por análise isotópica.

Fonte: Nogueira *et al.* (2016).

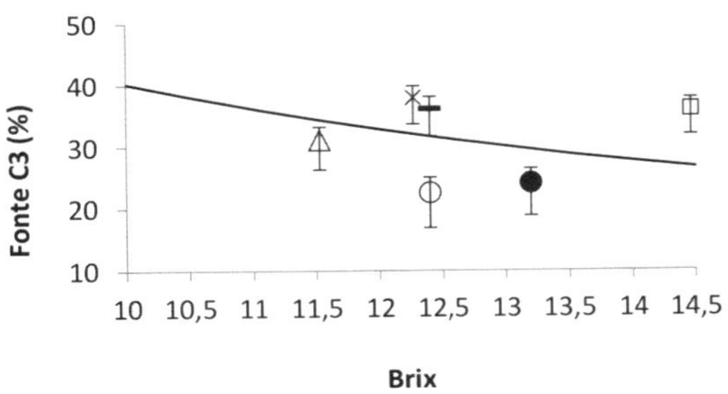

Figura 16.13 Detecção de adulteração em néctar de manga por análise isotópica.

Fonte: Nogueira (2012).

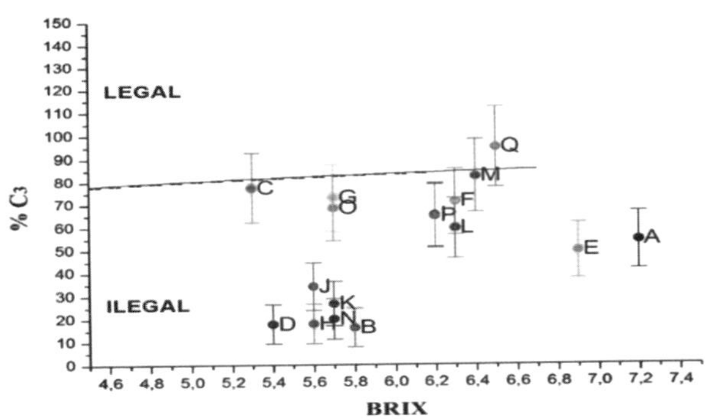

Figura 16.14 Detecção de adulteração em água de coco por análise isotópica.

Fonte: Imaizumi (2015).

Pelo Decreto nº 8.198 de 2014 é possível determinar o percentual mínimo de carbono C_3 (%C_3) que um vinho deverá ter, levando em consideração o seu respectivo grau alcoólico. O %C_3 define o mínimo de C_3 que deve ter a amostra, considerando a correção máxima com açúcar de cana prevista em lei (chaptalização), e é calculado conforme a equação 16.4:

$$\% \, C_3 \text{ (mínimo)} = \frac{{}^{o}GL_{vinho} - \% \text{ correção}}{{}^{o}GL_{vinho}} \times 100 \qquad (16.4)$$

onde:

°GL: representa o grau alcoólico do vinho;

%correção: limite para correção com açúcar de cana, determinado em lei pelo Decreto nº 8.198 de 2014.

Na Figura 16.15, podemos observar uma amostragem de resultados de análises de carbono em vinhos, realizadas nos últimos anos pelo Laboratório de Referência Enológica Evanir da Silva (LAREN), mantido pela Secretaria de Agricultura, Pecuária e Irrigação do estado do Rio Grande do Sul juntamente com o Instituto Brasileiro do Vinho (IBRAVIN).

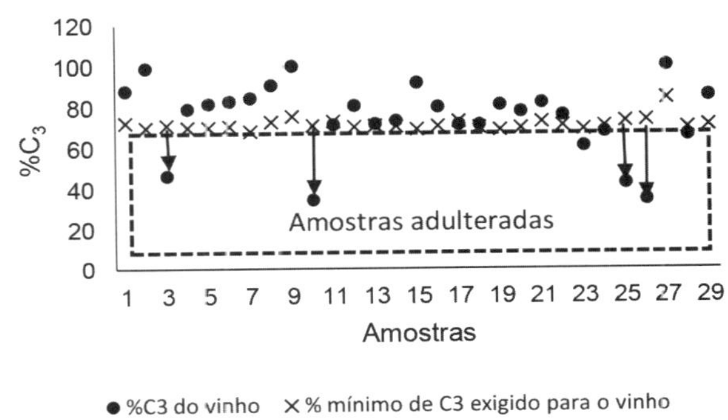

Figura 16.15 %C_3 obtido no vinho (representado por •) e o % de C_3 que este mesmo vinho deveria ter de acordo com a lei (representado por x).

No gráfico da Figura 16.15, o resultado do %C_3 do vinho representado pelo círculo deve ser sempre superior ao % de C_3 mínimo exigido, representado por x; amostras em que o %C_3 do vinho estiver abaixo do mínimo de C_3 exigido indicam uma adulteração.

O que podemos observar nessa amostragem é que praticamente 80% das amostras atenderam a % de C_3 mínimo exigido em lei. Dessa forma, podemos concluir que, desde a implementação do método de razão isotópica $^{13}C/^{12}C$ em vinhos e derivados, o setor vinícola apresentou uma melhora considerável na qualidade dos vinhos em relação à correção com açúcar de cana.

A técnica da razão isotópica de carbono ($^{13}C/^{12}C$) também pode ser útil para detectar fraude em espumante, ou seja, adulteração de espumantes com adição de CO_2 industrial. A lei brasileira nº 10.970 de

2004 define espumante como o vinho cujo anidrido carbônico (CO_2) seja obtido exclusivamente de uma fermentação alcoólica, em garrafas ou grandes recipientes, e o moscatel é definido como o vinho em que o CO_2 provém da fermentação em recipiente fechado do mosto da uva moscatel (BRASIL, 2004). Em ambos os espumantes, o CO_2 é obtido de forma natural, sendo vedada a adição de CO_2 de origem industrial.

A fraude com CO_2 industrial é utilizada quando o espumante não atinge a pressão mínima de 4 atmosferas exigida em lei, seja por uma falha de processo de elaboração ou outro problema. Também pode ser utilizado o CO_2 industrial como forma de agilizar o processo de elaboração do espumante e colocá-lo no mercado com um tempo menor de produção, ou ainda baratear os custos de produção.

Na Figura 16.16 podemos observar os valores de $\delta^{13}C$ do CO_2 de origem natural, proveniente das principais cultivares de uvas utilizadas em espumantes (Chardonnay, Moscato Branco, Glera, Riesling Itálico e Pinot Noir). No mesmo gráfico é possível observar os valores para o CO_2 industrial e alguns espumantes comerciais analisados, provenientes do Brasil, Argentina e Chile.

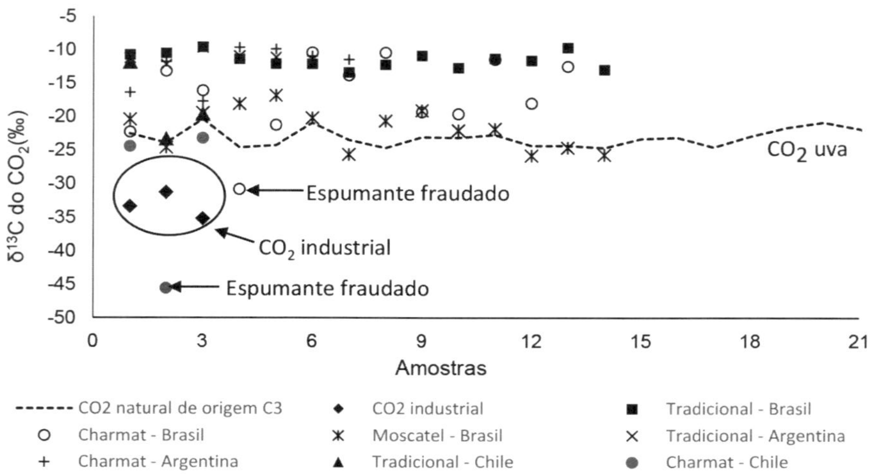

Figura 16.16 Resultados de $\delta^{13}C$ do CO_2 de origem natural, de origem industrial e resultados de espumantes provenientes do Brasil, Argentina e Chile, elaborados pelos processos tradicional, Charmat e Moscatel.

Fonte: Leonardelli *et al.* (2016).

Os valores do $\delta^{13}C$ do CO_2 de origem industrial são claramente mais negativos que o CO_2 proveniente da uva; neste caso, valores de $\delta^{13}C$ do CO_2 de espumantes muito próximos do CO_2 industrial ou abaixo dele indicam adulteração do espumante, com adição do CO_2 industrial. Essa prática é ilegal e também desleal com o consumidor.

Além da razão isotópica do carbono, existem técnicas de detecção de fraude com o isótopo de oxigênio, utilizando a razão isotópica $^{18}O/^{16}O$. As diferenças na composição isotópica $^{18}O/^{16}O$ da água presente nas videiras ocorrem principalmente devido à alta evaporação da água em áreas quentes e secas, em comparação com áreas úmidas e frias. Portanto as diferenças entre o $\delta^{18}O$ das videiras e, consequentemente, da água no mosto e no vinho de diferentes regiões são geralmente superiores aos da água do solo fornecida à planta (ROSSMANN *et al.*, 1999; JAMIN, 2002; DUTRA *et al.*, 2013). Valores de $\delta^{18}O$ muito negativos são um indicativo da adição de água exógena no vinho, ou reflexo de uma safra com altas concentrações de chuva no período da colheita. Em função dessas influências sazonais e geoclimáticas, um banco de dados anual de vinhos genuínos é necessário como referência (ROSSMANN *et al.*, 1999).

Na Tabela 16.4 podemos observar a variação dos valores de $\delta^{18}O$ encontrados para as safras 2005, 2006, 2007 e 2008. Os estudos foram conduzidos com 219 amostras de uvas das variedades Merlot e Cabernet Sauvignon (DUTRA *et al.*, 2013; ADAMI *et al.*, 2010). A variabilidade encontrada na mesma uva em diferentes safras é bem considerável, reforçando a necessidade de compor um banco de dados anual para que seja possível avaliar a adição de água exógena em vinhos.

No Brasil, a técnica de controle de adição de água exógena em vinhos foi regulamentada em 2006 e revisada em 2009 (BRASIL, 2009). O banco de dados de vinhos do Rio Grande do Sul é atualizado anualmente pelo LAREN. Nesse laboratório também são realizadas as análises isotópicas para compor o banco de dados de Santa Catarina, o qual é organizado pelo Ministério da Agricultura, Pecuária e Abastecimento de Santa Catarina com o auxílio da EPAGRI (Empresa de Pesquisa Agropecuária e Extensão Rural de Santa Catarina).

Concluindo, a aplicação dos métodos de análise de isótopos estáveis tornou-se uma arma crucial no combate à fraude por adulteração. Por meio dessa ferramenta analítica é possível sanear o mercado de bebidas, coibindo o produtor desonesto, estimulando os fabricantes que respeitam as normas legais e protegendo o consumidor.

Tabela 16.4 Valores de $\delta^{18}O$ (‰) em vinhos das variedades Merlot e Cabernet Sauvignon nas safras 2005, 2006, 2007 e 2008.

Variedades de uva	Safras			
	2005	2006	2007	2008
Merlot	4,13±2,05	0,44±0,58	0,38±0,15	0,21±0,11
Cabernet Sauvignon	4,60±0,65	0,99±1,62	–0,28±0,18	1,30±0,12

Fonte: Dutral *et al.* (2013); Adami *et al.* (2010).

REFERÊNCIAS BIBLIOGRÁFICAS

ABIR. Associação Brasileira das Indústrias de Refrigerantes e Bebidas Não Alcoólicas. O setor. Dados. [2017]. Disponível em: https://abir.org.br/o-setor/dados/. Acesso em: 9 fev. 2018.

ADAMI, L. *et al.* Geographic origin of southern Brazilian wines by carbon and oxygen isotope analyses. **Rapid Communications in Mass Spectrometry**, v. 24, p. 2943-2948, 2010.

ALBANO, F.; RAYA-RODRIGUEZ, M. T. **Validação e garantia da qualidade de ensaios laboratoriais.** Porto Alegre: Rede Metrológica RS, 2009.

ASSOCIAÇÃO BRASILEIRA DE NORMAS TÉCNICAS – ABNT NBR ISO/IEC 17025. **Requisitos gerais para a competência de laboratórios de ensaio e calibração.** Rio de Janeiro, 2017.

BRASIL. Presidência da República. Casa Civil. Subchefia para Assuntos Jurídicos. Lei nº 9.677 de 2 de julho de 1998. Altera dispositivos do Capítulo III do Título VIII do Código Penal, incluindo na classificação dos delitos considerados hediondos crimes contra a saúde pública, e dá outras providências. Disponível em: http://www.planalto.gov.br/ccivil_03/Leis/L9677.htm. Acesso em: 16 fev. 2018.

BRASIL. Presidência da República. Casa Civil. Subchefia para Assuntos Jurídicos. Lei nº 10.970 de 12 de novembro de 2004. Altera dispositivos da Lei nº 7.678, de 8 de novembro de 1988, que dispõe sobre a produção, circulação e comercialização do vinho e derivados da uva e do vinho, e dá outras providências. Disponível em: http://www.planalto.gov.br/ccivil_03/_ato2004-2006/2004/lei/l10.970. Acesso em: 28 fev. 2018.

BRASIL. Presidência da República. Casa Civil. Subchefia para Assuntos Jurídicos. Instrução Normativa 10, de 14 de abril de 2009a. Oficializa o método de determinação da razão isotópica $^{18}O/^{16}O$ da água dos vinhos. Disponível em: http://www.agricultura.gov.br/legislacao-1. Acesso em: 26 fev. 2018.

BRASIL. Presidência da República. Casa Civil. Subchefia para Assuntos Jurídicos. Decreto nº 6.871, de 4 de junho de 2009b. Regulamenta a Lei nº 8.918, de 14 de julho de 1994, que dispõe sobre a padronização, a classificação, o registro, a inspeção, a produção e a fiscalização de bebidas. Disponível em: http://www.planalto.gov.br/ccivil_03/_ato2007-2010/2009/decreto/d6871.htm. Acesso em: 9 fev. 2018.

BRASIL. Presidência da República. Casa Civil. Subchefia para Assuntos Jurídicos. Decreto nº 8.198, de 20 de fevereiro de 2014. Regulamenta a Lei nº 7.678, de 8 de novembro de 1988, que dispõe sobre a produção, circulação e comercialização do vinho e derivados da uva e do vinho. Disponível em: http://www.planalto.gov.br/ccivil_03/_ato2011-2014/2014/decreto/d8198.htm. Acesso em: 26 fev. 2018.

CERVBRASIL. Associação Brasileira da Indústria da Cerveja. Anuário 2016. [2017]. Disponível em: http://www.cervbrasil.org.br/arquivos/anuario2016/161130_CervBrasil-Anuario2016_WEB.pdf. Acesso em: 9 fev. 2018.

DUCATTI, C. **Isótopos estáveis ambientais**. Botucatu: Centro de Isótopos Estáveis, Instituto de Biociências, Unesp, 2012.

DUTRA, S. V. *et al.* Characterization of wine according the geographical origin by analysis or isotopes and minerals and the influence of harvset on the isotope values. **Food Chemitry**, v. 141, p. 2148-2153, 2013.

EURACHEM. The fitness for purpose of analytical methods. A laboratory guide to method validation and related topics, 2014. Disponível em: www.eurachem.org. Acesso em: 20 mar. 2018.

FIGUEIRA, R. *et al.* Análise isotópica ($\delta^{13}C$) e legalidade em néctares de uva. **Boletim do CEPPA**, Curitiba, v. 28, n. 2, p. 233-246, 2010.

FIGUEIRA, R. *et al.* Análise isotópica do carbono em néctares de caju, **Alimentos e nutrição**, Araraquara, v. 22, n. 4, p. 561-569, 2011.

FIGUEIRA, R. *et al.* Carbon isotope analysis in apple nectar beverages. **Food Science and Technology**, Campinas, v. 33, n. 1, p. 32-37, 2013.

GONZÁLEZ, O. *et al.* Bioanalytical chromatographic method validation accordin current regulations, with special focus on the non-well defined parameteres limit of quantification, robustness and matrix effect. **Journal of Chromatography**, v. 1353, p. 10-27, 2014.

IMAIZUMI, V. M. **Análise isotópica, físico-química, centesimal e energética de água de coco**. Botucatu: Faculdade de Ciências Agronômicas, Unesp, 2015. Dissertação (Mestrado) – Faculdade de Ciências Agronômicas, Unesp, 2015. Disponível em: https://repositorio.unesp.br/bitstream/handle/11449/127965/000847045.pdf? sequence=1&is Allowed=y. Acesso em: 16 fev. 2018.

INMETRO. Instituto Nacional de Metrologia, Qualidade e Tecnologia, 2016. Disponível em: http://www.inmetro.gov.br/. Acesso em: 6 mar. 2018.

JAMIN, E. Isotopic analysis of wine and wine vinegar: new state of the Art. *In*: XXVII WORLD CONGRESS OF VINE AND WINE, Bratislava, Eslováquia, 2002. Disponível em: http://www.eurofins.com. Acesso em: 25 fev. 2018.

LEONARDELLI, S. *et al.* Exogenous CO2 in South American sparkling wine. Bio Web of Conferences, v. 7, n. 02001. *In*: 39th WOLRD CONGRESS OF VINE AND WINE, 2016. DOI: 10.1051/bioconf/20160702001.

NOGUEIRA, A. M. P. **Análise isotópica (δ ^{13}C), físico--química e energética de bebidas não-alcoólicas de manga (Mangifera indica, L.) e de goiaba (Psidium guajava, L.)**. Tese (Doutorado) – Faculdade de Ciências Agronômicas, Botucatu, 2012. Disponível em: https://repositorio.unesp.br/bitstream/handle/11449/101726/nogueira_amp_dr_botfca.pdf?sequence=1&isAllowed=y. Acesso em: 16 fev. 2018.

NOGUEIRA, A. M. P. *et al.* Análise isotópica do carbono e legalidade de polpas, sucos tropicais e néctares comerciais de goiaba. **Boletim do CEPPA**, Curitiba, v. 34, n. 2, p. 1-17, 2016.

REDE METROLÓGICA DO RS. RM 68 – Incerteza de medição: guia prático do avaliador de laboratórios. Revisão 05, 2013. Disponível em: http://www.redemetrologica.com.br. Acesso em: 05 mar. 2018.

RIZZON, L. A.; MIELE, A. Correção do mosto da uva Isabel com diferentes produtos na Serra Gaúcha. **Ciência Rural**, Santa Maria, v. 35, n. 2, p. 450-454, 2005.

ROSSMANN, A. *et al.* Stable oxygen isotope content in ethanol of EC data bank wines from Italy, France and Germany. **Zeitschrift für Lebensmittel-Untersuchung und Forschung**, Berlin, v. 208, p. 400-407, 1999.

SLEIMAN, M. **Determinação do percentual de malte de cevada em cervejas tipo Pilsen utilizando os isótopos estáveis do carbono (δ ^{13}C) e do nitrogênio (δ ^{15}N)**. Tese (Doutorado) – Faculdade de Ciências Agronômicas, Unesp, Botucatu, 2006. Disponível em: https://repositorio.unesp.br/bitstream/handle/11449/101758/sleiman_m_dr_botfca.pdf?sequence=1&isAllowed=y. Acesso em: 16 fev. 2018.

17

Laboratório químico na indústria de bebidas

SILMARA FRANÇA BUCHVISER
SEITI INOUE VENTURINI

17.1 INTRODUÇÃO

A qualidade das bebidas, sejam elas fermentadas ou destiladas, requer conhecimentos científicos e tecnológicos por parte do pessoal envolvido na sua produção. Sendo assim, a existência de um laboratório químico dentro de uma indústria de bebidas pode apresentar algumas vantagens em relação àquelas que não o possuem.

Primeiramente, vale a pena ressaltar que, quando uma empresa possui um laboratório químico para um melhor controle do seu produto, se bem utilizado, esse laboratório não ficará restrito somente à análise do produto final, mas espera-se que todas as etapas envolvidas na produção possam ser monitoradas por algum tipo de análise, bem como a matéria-prima.

Atualmente, ter conhecimento sobre sistemas de gestão de qualidade é pré-requisito para a maioria dos profissionais que trabalham em grandes empresas. Apesar de existirem sistemas específicos para cada atividade, a estrutura básica para todos é muito semelhante. Mesmo com a necessidade de os profissionais que atuam nos laboratórios conhecerem esses sistemas de gestão, no Brasil, os recém-formados saem das universidades para o mercado de trabalho sem esse conhecimento, pois a grade curricular de vários cursos não apresenta disciplinas específicas sobre gestão de qualidade para laboratórios (OLIVARES, 2009).

Ainda assim, alguns autores afirmam que a evolução das ferramentas de qualidade, das normas e da legislação faz com que os laboratórios sejam obrigados a adotar diferentes sistemas de gestão de qualidade, como a ISO 9001, ISO 14001, ISO/IEC 17025 e BPL (Boas Práticas de Laboratório), tornando esse conhecimento uma necessidade para todo profissional. Existe uma pressão exercida por diferentes órgãos federais como a Agência Nacional de Vigilância Sanitária (Anvisa), Instituto Brasileiro do Meio Ambiente e dos Recursos Naturais Renováveis (Ibama), Agência Nacional de Águas (ANA), Ministério da Agricultura, Pecuária e Abastecimento (Mapa), e outros estaduais como a Secretaria do Meio Ambiente do Estado de São Paulo (SMA) para que os laboratórios adotem os sistemas de gestão de qualidade (OLIVARES, 2009).

Refletindo sobre isso, pode-se concluir que os laboratórios que utilizam sistemas de gestão da qualidade também passam a apresentar um diferencial que agrega valor ao produto.

Dentro das vantagens apresentadas pelas indústrias de bebidas que possuem um laboratório químico, podemos citar a rapidez na obtenção dos resultados de uma análise, facilitando a correção de alguma etapa executada de forma irregular na produção. Isso certamente não ocorre quando a indústria não dispõe desse artifício, necessitando recorrer aos serviços terceirizados.

A indústria que possui laboratório químico para análise de sua bebida deve possuir conhecimento suficiente para identificar quais análises necessitam ser priorizadas, isto é, não se deve realizar análises aleatoriamente, sem nenhum tipo de planejamento prévio.

Outro ponto importante quando o assunto é a existência de um laboratório químico nas indústrias de bebidas são os custos. A implantação de um laboratório, por mais básico que seja, requer um investimento significativo, que, provavelmente, não trará um retorno tão imediato como o desejado. Se mencionarmos ainda um laboratório mais completo, que envolva equipamentos de pequeno ou médio porte, deve-se levar em conta a manutenção dos equipamentos envolvidos.

No caso de um sistema de cromatografia em fase gasosa, por exemplo, além da manutenção, esses equipamentos necessitam de substâncias cujos preços são elevados, como os padrões cromatográficos e gases de alta pureza para mantê-los operando.

Deve-se enfatizar a obrigatoriedade de um planejamento, isto é, a real necessidade de o laboratório analisar seu produto ou matéria-prima. Além dos materiais básicos (equipamentos, vidrarias e reagentes), é necessária a aquisição de algum equipamento mais sofisticado? Se a resposta for afirmativa, a empresa conseguirá mantê-lo operando assumindo os gastos gerados? Uma análise de custo/benefício responde a essas duas indagações. Qualquer tomada de decisão deverá ser pautada pela análise de investimento e cálculo financeiro (SAMANEZ, 2002).

Não se pode esquecer a necessidade de pessoal treinado para operar os equipamentos – os técnicos de laboratório, que deverão se aprimorar, sempre que possível. Deve-se ter sempre em mente que pessoal bem qualificado gera redução de custos. Essa reciclagem de pessoal deve ocorrer em consequência dos avanços tecnológicos resultantes de novas descobertas que ocorrem no meio científico. O desenvolvimento da tecnologia tende a alterar a forma de funcionamento de um laboratório (BARKER, 2010).

Caberá aos técnicos o discernimento da real necessidade de uma análise para não a executar desnecessariamente, de modo redundante e inconclusivo. O responsável técnico do laboratório deverá definir quais análises devem ser realizadas, com que frequência e em quais produtos ou matérias-primas. O conhecimento do planejamento de experimentos e análise de dados, em conjunto com o conhecimento técnico de sua área, torna o profissional mais competitivo (NETO; SCARMINIO; BRUNS, 2001). Embora muitos químicos concordem com a necessidade de planejar experimentos, a maioria não possui instrução formal para realizar essa tarefa. A quimiometria que é uma ferramenta estatística de grande importância nessa área, utilizada para o planejamento e otimização das condições experimentais em análise química (BRERETON, 2003). Programas gratuitos também podem ser encontrados para auxiliar na resolução de problemas envolvendo tanto o planejamento de experimentos como a otimização de processos (RSTUDIO, 2009). Interpretações e análise de resultados, alterações e aplicações de metodologia demandam *softwares* com custo muito elevado, mas vários de domínio público podem ser encontrados (MELLO; PETERNELLI, 2013).

A intenção dos autores foi preparar este capítulo tanto com sugestões para a infraestrutura de um laboratório químico de análise de bebidas como sugestões de materiais e equipamentos envolvendo a montagem deste. Também neste capítulo listamos algumas normas regulamentadoras, e sugerimos a leitura desses textos na íntegra.

17.2 SEGURANÇA NO LABORATÓRIO QUÍMICO

O assunto laboratório químico exige que abordemos a questão da segurança. O laboratório químico numa indústria de bebidas requer uma atenção maior, pois a presença de solventes, ácidos minerais e materiais cáusticos pode deixar o recinto mais perigoso do que de costume.

Quando vivenciamos um laboratório químico no dia a dia, temos que nos familiarizar com alguns cuidados a fim de evitar riscos. Dessa forma, citaremos algumas precauções básicas que não devem ser ignoradas neste ambiente.

- Nunca comer num laboratório químico.
- Uso obrigatório do avental, que deverá ser de preferência de algodão e manga comprida, e nunca acima do joelho.
- Obrigatoriedade ao uso de sapato fechado.
- Nunca pipetar substâncias químicas com a boca. Para essa prática, utilize os pipetadores de borracha ou pipetas automáticas.
- Evitar o uso de aquecedores que envolvam chama, como bico de Bunsen; qualquer aquecimento deverá ser efetuado por meio de uma chapa de aquecimento.
- Nunca adicionar água ou álcool em ácidos; o contrário, ácido na água, é a maneira segura de

trabalhar. Quando se adiciona água no ácido, uma grande quantidade de calor é liberada (reação exotérmica), fazendo muitas vezes com que respingue ácido no laboratorista.

- Substâncias que desprendam vapores irritantes ou venenosos devem ser manipulados na capela. Caso haja a necessidade, utilize máscaras apropriadas para gases.
- Em qualquer situação, utilize sempre óculos de proteção. Faça desse procedimento uma obrigatoriedade.

Alguns reagentes e solventes são comuns a quase todos os laboratórios químicos. Quando tratamos de um laboratório químico de análise de bebidas, esses produtos passam a ser um pouco mais específicos. Assim, resolvemos propor alguns cuidados na manipulação deles.

- Os éteres dietílicos podem explodir com aquecimento ou quando em refluxo, devido à presença de peróxidos.
- Compostos halogenados como clorofórmio, tetracloreto de carbono e outros não deverão ser secos com sódio, potássio ou outros metais, por ocasionarem explosões violentas.
- O metanol possui um efeito de degeneração do nervo óptico que pode provocar lesão permanente e cegueira, mesmo quando a concentração assimilada for baixa. Assim, é aconselhável que se provoque vômito nessa situação.

17.2.1 Equipamentos de proteção de individual (EPI), e equipamentos de proteção de Coletiva (EPC)

Laboratórios químicos são um perigo em potencial devido à presença de solventes, reagentes, equipamentos e vidrarias neles presentes. O estudo das substâncias envolvidas em cada análise ou experimento é crucial para identificar os riscos e evitar acidentes (CAVALHEIRO, 2010). Isso, portanto, irá melhorar o desempenho do pessoal envolvido nesse ambiente (MELLO; PETERNELLI, 2013). Todas as pessoas que trabalham em um laboratório devem ser cuidadosas e responsáveis. Padrões e normas são de suma importância para alcançar a segurança necessária (PICOT; GRENOILLET, 1995). O risco químico, em especial, é de difícil identificação e, portanto, deve-se ter cautela com o propósito de evitar acidentes.

Da mesma forma, existem os riscos tóxicos, que também devem ser considerados e, se possível, eliminados (CIENFUEGOS, 2001). Assim, abordaremos algumas ideias em relação aos equipamentos de proteção individual e coletivos, EPI e EPC, respectivamente.

Em relação aos EPC, como o próprio nome sugere, dizem respeito ao uso coletivo, devendo proteger todos os laboratoristas expostos a determinado risco.

Neste projeto mencionamos apenas as mantas ou cobertores, as capelas, os extintores de incêndio e o chuveiro lava-olhos, que julgamos ser de maior necessidade para o ambiente em questão. Com respeito às capelas, comentaremos mais adiante.

As mantas ou cobertores são utilizados para abafar ou envolver a vítima de incêndio, devendo ser confeccionados em lã ou algodão grosso, nunca devendo ser utilizadas as confeccionadas em tecidos sintéticos (ODA *et al.*, 1998).

Como já foi dito anteriormente, num laboratório químico para a indústria de bebidas, é provável a presença de solventes inflamáveis. Sendo assim, é necessário conhecer a Norma Regulamentadora NR 23 (BRASIL, 2007c), que trata exclusivamente de incêndios, principalmente os assuntos que tangem à proteção contra eles, visando sempre preservar a integridade dos ocupantes do laboratório.

Para abordar este tema, deve-se primeiramente conhecer as classes de fogo que podem ocorrer no laboratório químico, e, neste caso, pode-se citar as classes B e C, de acordo com a NR 23 (BRASIL, 2007c).

Classe B – De acordo com a norma, nesta classe de incêndio, são considerados inflamáveis os produtos que queimem somente em sua superfície, não deixando resíduos, como óleo, graxas, vernizes, tintas, gasolina etc.

No caso de uma indústria de bebidas, encontramos entre os inflamáveis classes de solventes como ésteres, ácidos, álcoois, aldeídos, amônia, éter etc., pertencendo também à classe de fogo B.

Classe C – Classe de incêndio em equipamentos elétricos energizados. A extinção deve ser feita por agente extintor que não conduza eletricidade.

Nos laboratórios químicos só devem ser utilizados extintores de incêndio que obedeçam às normas brasileiras ou regulamentos técnicos do Instituto Nacional de Metrologia, Normalização e Qualidade Industrial (Inmetro)

Assim, para a extinção de incêndio das classes B e C, poderá ser utilizado o extintor do tipo “dióxido de carbono" ou ainda o extintor tipo "químico seco", sendo que a água nunca deverá ser empregada nessas classes de fogo NR 23 (BRASIL, 2007c).

Os extintores deverão estar posicionados em locais de fácil visualização e alcance, onde haja menos probabilidade de o fogo bloquear o acesso a eles.

Outro ponto importante referente à segurança nos laboratórios químicos é o chuveiro com lava-olhos que são referenciados no Projeto de Construção. Esses dispositivos devem ter seus registros sempre abertos, e só poderão ser fechados em casos de manutenção ou inspeção, com ordem da pessoa responsável. A NR 32 (BRASIL, 2002) apresenta informações a respeito desse equipamento, devendo existir um espaço livre de pelo menos um metro abaixo e ao redor das cabeças dos chuveiros, a fim de assegurar uma ação eficaz (OLIVEIRA *et al.*, 2007).

Segundo a NR 6 (BRASIL, 1978), considera-se EPI todo dispositivo ou produto de uso individual, utilizado pelo trabalhador, destinado à proteção de riscos suscetíveis de ameaçar a segurança e a saúde no trabalho.

Essa NR lista também os EPI recomendados para cada ambiente, sendo que no caso de um laboratório químico a necessidade recai nos seguintes itens: óculos para proteção dos olhos contra impactos de partículas volantes; máscara, sendo um quarto facial, semifacial ou facial inteira com filtros químicos e ou combinados para proteção das vias respiratórias contra gases e vapores e ou material particulado; luvas para proteção das mãos contra agentes térmicos e luvas para proteção das mãos contra agentes químicos (BRASIL, 1978).

A mesma NR prevê também um conjunto de materiais de primeiros socorros, contendo soro fisiológico, pomada de queimadura, gaze, esparadrapo e algodão, que devem ser armazenados em um local de fácil acesso. É recomendável que esse conjunto englobe também uma solução de bicarbonato de sódio 5%, para ser utilizada no caso de acidentes com ácidos, e uma solução 1% de ácido acético ou bórico para acidentes com álcalis bem como um folheto descrevendo os procedimentos de primeiros socorros (CAVALHEIRO, 2010).

17.3 PROJETO DE CONSTRUÇÃO

17.3.1 Infraestrutura necessária

Sugere-se, dentro da real necessidade, um espaço físico que comporte de maneira segura todos os itens necessários para o funcionamento do laboratório sem colocar em risco a segurança das pessoas e a integridade dos resultados. Existe a necessidade de adequar o projeto a certas Normas Regulamentadoras (NR) do Ministério do Trabalho e Emprego (MTE) pré-estabelecidas, sendo que o não enquadramento certamente poderá comprometer o projeto ou gerar multas envolvendo altos valores.

Assim, para se projetar um laboratório, deve-se inicialmente realizar um estudo em relação aos tipos e número de análises que serão executadas, se esse laboratório funcionará somente para análises internas ou se também poderá ser utilizado para prestação de serviços. Lembrando que para prestação de serviços é necessário saber o custo real (gastos com mão de obra técnica, gases, padrões analíticos e solventes) de cada análise para se calcular o valor a ser cobrado (não esquecendo de inserir no cálculo o valor do lucro pretendido), que deve resultar num montante para o laboratório poder funcionar em época de recursos escassos. Com todas essas informações, pode-se então definir a questão da infraestrutura (projeto estrutural), dos equipamentos a serem adquiridos e o número de técnicos necessários.

Como considerações iniciais referentes ao projeto estrutural, deve-se alertar sobre a posição da construção onde funcionará o laboratório em relação à orientação dos ventos. Se esse cuidado não for observado, poderá ocorrer que as correntes de ar levem os gases da capela na direção de outras construções, tornando o ambiente desagradável ou até insalubre (VERGA FILHO, 2008).

Tratando agora do espaço físico para um laboratório que executará análises químicas de bebidas, sugerimos um projeto com um único espaço, isto é, sem divisórias, que seria destinado tanto à preparação de amostras como à sua análise. Esse ambiente pode ser observado na Figura 17.1 (planta simples).

Esse espaço será ocupado com bancadas, capela, pia, armários para vidrarias, reagentes e solventes, devendo possuir boa ventilação e iluminação de acordo com a NR 17 (BRASIL, 2007b).

De acordo com a NR 8 (BRASIL, 2007a) e a NR 17 (BRASIL, 2007b), as bancadas de laboratório devem ser construídas de alvenaria e revestidas de granito (dependendo dos recursos disponíveis), onde serão apoiados os equipamentos mais robustos, evitando assim a trepidação. Devem possuir 0,70 m de profundidade e 0,90 m de altura.

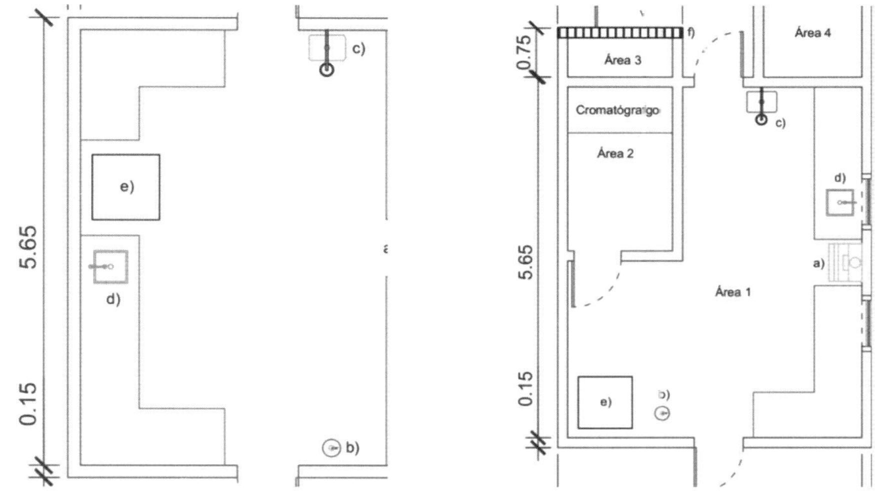

Figura 17.1 Planta simples (esquerda). Planta elaborada (direita). Em ambos os projetos: a) capela, b) extintor, c) chuveiro com lava-olhos, d) pia, e) geladeira, f) portão gradeado.

A NR 8 (BRASIL, 2007a) também discorre a respeito de pisos e paredes. Segundo essa norma, o piso utilizado deve ser de material antiderrapante, impermeável, de fácil lavagem e com o mínimo de juntas. Deve ser resistente ao ataque de produtos químicos que serão manuseados e possuir também resistência mecânica. Assim, recomenda-se utilizar piso frio e nunca o encerar. As paredes devem ser claras, foscas, impermeabilizadas, confeccionadas com material retardante ao fogo e de fácil manutenção.

Em relação ao teto, de acordo com a NR 8 (BRASIL, 2007a), "deve ser considerada altura mínima 3,0 m, tendo-se como referência a distância entre piso e forro (pé-direito)". Optando por um forro, este deve ser instalado entre 25 e 30 cm abaixo da laje, para facilitar a manutenção, e pode servir de passagem para as tubulações. Acima da laje, com acesso para manutenção, podem estar os motores das capelas.

A NR 23 (BRASIL, 2007c), que regulamenta a proteção contra incêndios, diz que os locais de trabalho deverão dispor de saídas em número suficiente e de modo que as pessoas que se encontrarem nesses locais possam abandoná-los com rapidez e segurança em caso de emergência.

As portas (duas no mínimo, uma correspondendo à entrada principal e outra que deverá funcionar como saída de emergência do laboratório) devem possuir uma mola retrátil, altura de 2,10 m e largura mínima de 1,20 m, sempre com sentido de abertura para a parte externa do local de trabalho. Recomenda-se também que as portas possuam visores, grelhas de ventilação na parte inferior, e confeccionadas em material impermeável e que retarde o fogo (OLIVEIRA *et al.*, 2007).

As janelas e vitrôs devem estar numa altura aproximada de 1,20 m do piso, devem ser confeccionados com material que retarde o fogo e possuir um sistema de controle de raios solares, como persianas ou película protetora (OLIVEIRA *et al.*, 2007).

Outro fator a considerar são as instalações elétricas e hidráulicas. Essas instalações devem permanecer expostas de modo que facilite a manutenção. Para o projeto elétrico, a norma a ser utilizada é a NR 10 (BRASIL, 2007d), que sugere a existência de um quadro de força externo ao laboratório com disjuntores separados e identificados para a capela, bancadas, exaustores, ar-condicionado e assim por diante. Também se sugere que o laboratório possua tomadas com voltagem de 110 e 220 V, devidamente identificadas.

Como resultado da discussão realizada acima, propusemos um esboço simplificado – Figura 17.1 (planta simples) – de um laboratório de análise química de bebidas. Lembrando que o material apresentado aqui é apenas um conjunto de sugestões baseadas na literatura citada, bem como na experiência de pessoas que trabalham nesse ambiente há mais de dez anos. Neste projeto, houve a preocupação com a segurança do pessoal envolvido no laboratório, aplicando assim a NR 23 (BRASIL, 2007c) ao projeto, com saídas, aberturas e vias de passagens que sejam facilmente identificáveis, sinalizadas e que sejam suficientes para que os ocupantes possam evacuar o local com segurança e rapidez. Elas não devem ser fechadas, bloqueadas ou presas durante a jornada de trabalho. No máximo, elas devem ter um dispositivo de travamento, mas que seja de fácil abertura e que todos estejam cientes de como abri-las.

No desenho, preferimos colocar as bancadas na volta toda do laboratório, bem como a capela, geladeira, pia e equipamentos de segurança.

A capela de exaustão é um equipamento de proteção coletiva (EPC), considerado como essencial em todo e qualquer laboratório que exerça atividades envolvendo manipulação de produtos químicos, tóxicos, vapores agressivos, líquidos ou partículas em concentração e quantidades perigosas ou potencialmente prejudiciais para a saúde. No projeto, a capela ficou posicionada num local afastado das portas e saídas de emergência.

O Brasil não dispõe de normas específicas quanto à construção, utilização e segurança das capelas de exaustão de gases, assim, as informações apresentadas baseiam-se em normas internacionais, como a EN 14175-1: Parte 1 (ECS, 2003); EN 14175-2: Parte 2 (ECS, 2003); EN 14175-3: Parte 3 (ECS, 2003); EN 14175-4: Parte 4 (ECS, 2004), que tratam de testes de performance de capelas. Existem também as normas alemãs que tratam da fabricação de capelas, como a DIN 12923 (DIN, 1975) e a DIN 12924 (DIN, 1991). Existem normas brasileiras complementares, como a NBR 5410 (ABNT, 2004), que trata da parte elétrica de uma edificação; a NR 17 (BRASIL, 2007b) – Ergonomia; e a NR 15 (BRASIL, 2007e) – Insalubridade.

Também se deve atentar aos comandos de iluminação, ar comprimido, instalações elétricas e hidráulicas que devem ficar posicionados na parte externa da capela.

Sugerimos no projeto o local para instalação de um extintor de incêndio e um chuveiro com lava-olhos.

Tratando agora do espaço físico para um laboratório mais elaborado, Figura 17.1 (planta elaborada), sugerimos esse projeto com alguns espaços distintos. Um primeiro e maior (Área 1) seria destinado à preparação de amostras, com bancadas, capela, pia, armários para vidrarias, reagentes e solventes. Essa área deverá possuir boa ventilação e iluminação de acordo com a NR 17 (BRASIL, 2007b).

A Área 2 deve ser fechada e climatizada, devendo ser utilizada para alocar equipamentos mais sofisticados, como um cromatógrafo. Uma providência a ser tomada diz respeito à instalação dos cilindros dos gases utilizados em alguns equipamentos. Eles deverão ser armazenados numa área externa ao laboratório e protegidos de sol e chuva, a fim de evitar danos nas válvulas, com consequente diminuição da pressão (Área 3). Esses cilindros devem ser fixados firmemente à parede com o auxílio de correntes e conectados ao equipamento através de tubulações de cobre. Sendo o cobre um material de custo elevado, deve-se tentar minimizar a distância entre os cilindros e o equipamento, porém sem jamais menosprezar a segurança. Em relação ao GLP, as tubulações devem atender a norma NBR 15526 (ABNT, 2012). Para facilitar a ventilação desse recinto, sugere-se que essa Área 3 possua uma porta em forma de grade abrangendo toda sua extensão.

O conjunto de bombas que compõem o cromatógrafo (sugestão de equipamento a ser adquirido) deve ser instalado fora do ambiente de análise, devido ao alto grau de ruído gerado.

O almoxarifado (neste caso, um local reservado para reagentes e solventes) deve ser construído nos fundos (Área 4), com uma porta independente ao laboratório. Se essa construção não for possível, pode-se acomodá-la no interior dele, mas, de acordo com as normas, as paredes do recinto devem ser de alvenaria (ODA *et al.*, 1998).

17.4 INSTRUMENTAÇÃO NECESSÁRIA NUM LABORATÓRIO DE BEBIDAS

De uma maneira geral, todos os profissionais de química idealizam um local de trabalho, isto é, um laboratório com equipamentos de última geração que realizem todas e quaisquer análises. Mas a maior preocupação deve estar voltada para a relação custo/benefício tanto em relação à infraestrutura quanto à aquisição dos equipamentos.

A compreensão dos princípios de química analítica e suas aplicações tanto na química como em outras áreas é necessária para aqueles que trabalham num laboratório químico. A resolução de problemas melhora a experiência do laboratorista. A utilização de planilhas eletrônicas surge como ferramenta importante de trabalho, sendo muito úteis para a construção de gráficos, funções estatísticas, regressões, planejamento experimental, resolução de equações e operações com matrizes (HARRIS, 2012).

Sabe-se que o conhecimento das técnicas analíticas clássicas e instrumentais é muito importante para os pesquisadores resolverem problemas na área de química, assim como na escolha da instrumentação adequada para cada situação. Tanto para responder questões de natureza analítica como para esclarecer os resultados de maneira que um leigo possa compreender é necessário que o trabalho do técnico esteja completo e bem fundamentado (HOLLER; SKOOG; CROUNCH, 2009).

Problemas envolvendo separação e quantificação de compostos, muito comuns em análises de bebidas, podem ser resolvidos por cromatografia em fase gasosa para bebidas alcoólicas, já que esta técnica é utilizada para identificar compostos voláteis (COLLINS; BRAGA; BONATO, 2006).

As ciências naturais passaram por um grande desenvolvimento e com isso a experimentação se tornou um desafio cada vez maior nos laboratórios (CONSTANTINO; SILVA; DONATE, 2003). Características como concentração, planejamento e organização são pré-requisitos para quem trabalha num laboratório. Esse comportamento tende a reduzir ao máximo as atitudes inadequadas nesse ambiente (SILVA *et al.*, 2004).

O conhecimento dos cálculos envolvidos no laboratório de química é algo que acompanha o profissional da área e que pode ser mais bem aplicado quando se conhece bem a operação com análise dimensional. Esses conceitos, quando bem empregados, podem facilitar a vida do químico (ROCHA-FILHO; SILVA, 2006). O conhecimento teórico é imprescindível para qualquer análise e interpretação de resultados, dado que não se pode desvincular o conhecimento teórico em relação à atividade prática (BACCAN *et al.*, 2011).

Sugerimos aqui uma relação básica de equipamentos e instrumentos necessários para o funcionamento de um laboratório que realiza análises químicas de bebidas e também indicamos os procedimentos de análise que são utilizados pelo Ministério da Agricultura, Pecuária e Abastecimento (Mapa).

17.4.1 Equipamentos e instrumentos necessários num laboratório químico de bebidas

Até este momento, discorremos sobre a infraestrutura do projeto de acordo com as Normas Regulamentadoras, citamos alguns pontos sobre segurança num laboratório químico, mencionamos os conhecimentos que um técnico de laboratório deve possuir e abordamos rapidamente a gestão e ferramentas da qualidade. Iniciaremos agora a parte da montagem do laboratório.

Listamos a seguir alguns equipamentos necessários para a montagem de um laboratório de análises químicas numa indústria de bebidas.

- pHmetro digital com eletrodos de vidro combinado.
- Balança analítica (capacidade 200 g/precisão 0,1 mg).
- Deionizador ou destilador de água.
- Geladeira com freezer.
- Densímetros com escalas variadas.
- Chapa de aquecimento com agitação magnética.
- Refratômetro (Brix).
- Estufa.

17.4.2 Vidrarias necessárias num laboratório de bebidas

- Balões volumétricos (25, 50, 100, 250, 500 e 1000 mL).
- Buretas graduada (10, 25 e 50 mL).
- Béqueres (25, 50, 100, 250 e 500 mL).
- Erlenmeyer (250 e 500 mL).
- Espátulas.
- Garras simples para bureta.
- Pipetas simples ou automáticas.
- Pissetas.
- Densímetros.
- Provetas.
- Suportes universais.
- Termômetros (-10 a 150 °C).
- Vidrarias para destilação (condensador, balões e mantas de aquecimento).

17.5 ANÁLISES QUÍMICAS DE BEBIDAS

O portal eletrônico do Mapa contém informações sobre normas e procedimentos para laboratórios que realizem análises de alimentos e bebidas. As metodologias mais comuns podem ser obtidas por meio eletrônico no site, bem como valores tabelados de concentração permitidos pela legislação para alguns compostos. A página eletrônica do Instituto Adolfo Lutz disponibiliza gratuitamente para consulta on-line ou para *download* o livro *Métodos físico-químicos para análise de alimentos* (ZENEBON; PASCUET; TIGLEA, 2008), que disponibiliza metodologias de análise químicas para bebidas alcoólicas e não alcoólicas. Informações de interesse público podem ser obtidas de entidades públicas respaldadas pela Lei de Acesso à Informação nº 12.527/2011 (BRASIL, 2011). Não faz sentido existir uma instrumentação robusta se não há um método analítico adequado. As análises de bebidas visam aspectos fundamentais, como avaliar a qualidade e segurança do produto e propor inovações nos processos de fabricação, formulação, seleção de matérias-primas, entre outros. A escolha correta dos métodos de análise é essencial para que esses aspectos sejam contemplados (ZENEBON; PASCUET; TIGLEA, 2008). Para toda e qualquer análise de alimentos e bebidas, a referência mais confiável e mais bem-aceita cientificamente é o manual da AOAC. Embora sua aquisição tenha um custo elevado, sua metodologia é muito bem validada e respeitável (AOAC INTERNATIONAL, 2016). Na área de bebidas específicas como cerveja e vinho, há manuais de análises publicados por entidades reconhecidas internacionalmente, como European Brewery Convention (EBC), American Society of Brewing Chemists (ASBC) e Organização Internacional do Vinho (OIV).

Quando tratamos dos métodos de análise, um ponto a ser observado é o dos reagentes e sua manipulação. As quantidades utilizadas devem ser sempre revistas para melhor aproveitamento desses compostos, evitando assim o desperdício. Deve-se ter em mãos a Ficha de Informação de Segurança para Produtos Químicos (FISPQ), observando também como deverá ser realizado o descarte correto de cada produto (INMETRO, 2012). Esses conhecimentos serão de grande valia no caso de ocorrência de algum acidente em que haja a necessidade de providências rápidas e seguras.

O conteúdo da FISPQ é determinado pela norma NBR 14725-4 (ABNT, 2014). Toda ficha FISPQ contém um número CAS (*Chemical Abstracts Service*) relativo a cada composto, sendo um número de registro único. O IPCS INCHEM (*International Programme on Chemical Safety*) e a IARC (International Agency for Research on Cancer) possuem dados de como os compostos químicos podem afetar a saúde caso a ficha FISPQ esteja incompleta. Um manual voltado para leigos é disponibilizado pela Fundação Jorge Duprat Figueiredo de Segurança e Medicina do Trabalho (Fundacentro) com o nome de *Manual para interpretação de informações sobre substâncias químicas*.

Certas soluções devem ser preparadas e padronizadas no laboratório, assim como a purificação de reagentes e solventes (MORITA; VIEGAS, 1978). Essa prática pode ocorrer quando surgirem situações em que o químico depara com reagentes contaminados, vencidos ou provenientes de um lote não apropriado. Então esse procedimento seria uma alternativa para evitar o descarte desse produto e, consequentemente, o aumento de gastos (ARMAREGO; CHAI, 2013).

17.6 SUGESTÃO PARA A MONTAGEM DE UM LABORATÓRIO MAIS COMPLETO

Resolvemos adicionar esse item, pois algumas indústrias podem se interessar em realizar análises mais elaboradas. Porém, quando se desejam esses tipos de análises, por exemplo, análise de álcoois que engloba compostos como metanol, 2-butanol, propanol, isobutanol, n-butanol, álcool isoamílico, acetaldeído, ácido acético, acetato de etila e lactato de etila (SERAFIM *et al.*, 2013), há a necessidade da aquisição de equipamentos específicos, como um cromatógrafo em fase gasosa com detector de ionização por chama.

Primeiramente, no entanto, deve-se pensar sobre a real necessidade de adquirir um equipamento de vários milhares de dólares, pois a maioria dos equipamentos de médio e grande porte é importada e o pagamento feito em moeda estrangeira.

Além do elevado custo do equipamento, somam-se ainda os recursos envolvidos para mantê-lo funcionando, como a aquisição de colunas cromatográficas, padrões analíticos (compostos químicos de alto grau de pureza) para comparação e comprovação dos resultados, solventes com pureza cromatográficos, gases ultrapuros e materiais de reposição para o equipamento. Um outro ponto a ser mencionado é a necessidade de um técnico treinado para operar o equipamento, para não colocar em risco a análise e o equipamento.

Esse custo tão elevado é justificado? Se a indústria não necessita rotineiramente de análises tão elaboradas, talvez uma melhor opção seja utilizar um serviço terceirizado para realização de certas análises.

Todos esses argumentos devem ser levados em consideração, com o propósito de direcionar os recursos de um modo inteligente, visando sempre a melhoria do produto final.

17.7 CONSIDERAÇÕES FINAIS

Com este texto, esperamos ter contribuído de maneira positiva não só na montagem de um laboratório dentro de uma indústria de bebidas, mas também na reflexão sobre assuntos como gestão da qualidade em laboratório químico, planejamento de experimentos, segurança, capacitação técnica, entre outros.

Para nós, autores, apresentar essa proposta, além de prazeroso, foi também um aprendizado, com o qual pudemos tomar conhecimento de várias normas regulamentadoras específicas, além de legislações e algumas leis trabalhistas com as quais não temos muito contato no nosso dia a dia.

Também dentro desse tema, procuramos propor duas plantas baixas para dois tipos de abordagens e mencionamos toda a problemática envolvida na construção civil.

Assim, esperamos que este capítulo seja uma fonte de consulta técnica muito útil quando o assunto for a montagem de um laboratório químico numa indústria de bebidas.

REFERÊNCIAS BIBLIOGRÁFICAS

AOAC INTERNATIONAL. **Official methods of analysis of AOAC International**. 20. ed. Gaithersburg: AOAC International, 2016.

ARMAREGO, W. L. F.; CHAI, C. L .N. **Purification of laboratory chemicals**. Oxford: Elsevier, 2013.

ABNT – ASSOCIAÇÃO BRASILEIRA DE NORMA TÉCNICAS. **NBR 15526**: redes de distribuição interna para gases combustíveis em instalações residenciais e comerciais: projeto e execução. Rio de Janeiro, 2012.

ABNT – ASSOCIAÇÃO BRASILEIRA DE NORMAS TÉCNICAS. **NBR 14725-4**: Produtos químicos – Informações sobre segurança, saúde e meio ambiente Parte 4: Ficha de informações de segurança de produtos químicos (FISPQ). Rio de Janeiro, 2014.

ABNT – ASSOCIAÇÃO BRASILEIRA DE NORMAS TÉCNICAS. **NBR 5410**: Instalações elétricas de baixa tensão. Rio de Janeiro, 2004.

BACCAN, N. *et al.* **Química analítica quantitativa elementar**. São Paulo: Blucher, 2011.

BARKER, K. **At the helm**: leading your laboratory. Seattle: Cold Spring Harbor Laboratory Press, 2010.

BRASIL. Ministério do Trabalho. Portaria nº 3.214, de 08 de junho de 1978. Aprova as Normas Regulamentadoras – NR – do Capítulo V, Título II, da Consolidação das Leis do Trabalho, relativas à Segurança e Medicina do Trabalho. **Diário Oficial da União**, Brasília, DF, 8 jun. 1978.

BRASIL. **Segurança e medicina do trabalho**: proteção contra incêndio: NR 23. 60. ed. São Paulo: Atlas, 2007a. (Manuais de Legislação Atlas).

BRASIL. **Segurança e medicina do trabalho**: ergonomia: NR 17. 60. ed. São Paulo: Atlas, 2007b. (Manuais de Legislação Atlas).

BRASIL. **Segurança e medicina do trabalho:** edificações: NR 8. 60. ed. São Paulo: Atlas, 2007c. (Manuais de Legislação Atlas).

BRASIL. **Segurança e medicina do trabalho**: segurança em instalações e serviços em eletricidade: NR 10. 60. ed. São Paulo: Atlas, 2007d. (Manuais de Legislação Atlas).

BRASIL. **Segurança e medicina do trabalho**: atividades e operações insalubres: NR 15. 60. ed. São Paulo: Atlas, 2007e. (Manuais de Legislação Atlas).

BRASIL. Ministério da Agricultura, Pecuária e Abastecimento. **Laboratórios**: métodos. Brasília, DF, 2013. Disponível em: http://www.agricultura.gov.br/assuntos/laboratorios/metodos. Acesso em: 20 fev. 2017.

BRASIL. Presidência da República Casa Civil Subchefia para Assuntos Jurídicos. Lei nº 12.527, de 18 de novembro de 2011. Regula o acesso a informações previsto no inciso XXXIII do art. 5º, no inciso II do § 3º do art. 37 e no § 2º do art. 216 da Constituição Federal; altera a Lei nº 8.112, de 11 de dezembro de 1990; revoga a Lei nº 11.111, de 5 de maio de 2005, e dispositivos da Lei nº 8.159, de 8 de janeiro de 1991; e dá outras providências.

BRERETON, R. G. **Chemometrics**: data analysis for the laboratory and chemical plant. Chichester: John Willey, 2003.

CAVALHEIRO, M. C. H. T. **Coletânea de riscos e normas de segurança em laboratório.** São Carlos: Instituto de Química de São Carlos, 2010.

CIENFUEGOS, F. **Segurança no laboratório**. Rio de Janeiro: Editora Interciência, 2001.

COLLINS, C. H.; BRAGA, G. L.; BONATO, P. S. **Fundamentos de cromatografia**. Campinas: Editora Unicamp, 2006.

CONSTANTINO, M. G.; SILVA, G. V. J.; DONATE, P. M. **Fundamentos de química experimental**. São Paulo: Edusp, 2003.

DIN – DEUTSCHES INSTITUT FÜR NORMUNG. **DIN 12923**: Laboratory Furniture – Fume Hoods, Types, Main Dimensions. Berlin, 1975.

DIN – DEUTSCHES INSTITUT FÜR NORMUNG. **DIN 12924**: DIN 12924-1 (1991-08) Laboratory Furniture – Fume Cupboards – General Purpose Fume Cupboards – Types, Main Dimensions, Requirements and Testing. Berlin, 1991.

ECS – EUROPEAN COMMITTEE FOR STANDARDIZATION. **EN 14175-1**: Fume cupboards – Part 1: Vocabulary. Bruxelas, 2003.

ECS – EUROPEAN COMMITTEE FOR STANDARDIZATION. **EN 14175-2**: Fume cupboards – Part 2: Safety and performance requirements. Bruxelas, 2003.

ECS – EUROPEAN COMMITTEE FOR STANDARDIZATION. **EN 14175-3**: Fume cupboards – Part 3: Type test methods. Bruxelas, 2003.

ECS – EUROPEAN COMMITTEE FOR STANDARDIZATION. **EN 14175-4**: Fume cupboards – Part 4: On-site test methods. Bruxelas, 2004.

HARRIS, D. C. **Análise química quantitativa**. 8. ed. Rio de Janeiro: Grupo GEN, 2012.

HOLLER, F. J.; SKOOG, D. A.; CROUNCH, S. R. **Princípios de análise instrumental**. 6. ed. Porto Alegre: Bookman, 2009. Disponível em: http://inmetro.gov.br/metcientifica/mrc/fispq-8298.pdf. Acesso em: 24 fev. 2017.

MELLO, M. P.; PETERNELLI, L. A. **Conhecendo o R**: uma visão mais que estatística. Viçosa: Editora UFV, 2013.

MORITA, T.; VIEGAS, R. M. **Manual de soluções, reagentes e solventes**: padronização-preparação-purificação. São Paulo: Edgard Blücher, 1972.

NETO, B, B.; SCARMINIO, I. S.; BRUNS, R, E. **Como fazer experimentos**: pesquisa e desenvolvimento na ciência e na indústria. Campinas: Editora da Unicamp, 2001.

ODA, L. M *et al.* **Biossegurança em laboratórios de saúde pública**. Rio de Janeiro: Fiocruz, 1998.

OLIVARES, I. R. B. **Gestão da qualidade em laboratórios**. Campinas: Editora Átomo, 2009.

OLIVEIRA, C. M. *et al.* **Guia de laboratório para o ensino de química**: instalação, montagem e operação. São Paulo: Conselho Regional de Química – IV Região – SP, 2007.

PICOT, A.; GRENOUILLET, P. **Safety in the chemistry and biochemistry laboratory**. Chichester: John Willey & Sons, 1995.

ROCHA-FILHO, R. C.; SILVA, R. R. **Cálculos básicos da química**. São Carlos: Edufscar, 2006.

RSTUDIO INC. **RStudio**. Version 0.99.892. Boston: Rstudio Inc., 2009.

SAMANEZ, C. P. **Matemática financeira**: aplicação à análise de investimentos. São Paulo: Prentice Hall, 2002.

SERAFIM, F. A. T. *et al.* Correlation between Chemical Composition and Sensory Properties of Brazilian Sugarcane Spirits. **Journal of Brazilian Chemical Society**, Campinas, v. 24, n. 6, p. 973-982, 2013.

SILVA, R. R. *et al.* **Introdução à química experimental**. São Carlos: Edufscar, 2004.

VERGA FILHO, A. F. **Segurança em laboratório químico**. Campinas: Conselho Regional de Química – IV Região - SP, 2008.

ZENEBON, O.; PASCUET, N. S.; TIGLEA, P. **Métodos físico-químicos para análise de alimentos**. São Paulo: Instituto Adolfo Lutz, 2008. 1020 p. Disponível em: http://www.ial.sp.gov.br/ial/publicacoes/livros/metodos-fisico-quimicos-para-analise-de-alimentos. Acesso em: 7 jun. 2017.

18

Laboratório microbiológico na indústria de bebidas

LIDIANE NUNES BARBOSA
CRISTIANE MENGUE FENIMAN MORITZ
ARY FERNANDES JÚNIOR

18.1 INTRODUÇÃO

A indústria de alimentos e bebidas deve apresentar instalações apropriadas e garantir um fluxo de operações que dificulte a entrada e a proliferação de contaminantes. Além disso, deve seguir parâmetros higiênico-sanitários, boas práticas de fabricação e treinar os manipuladores sobre hábitos de higiene pessoal, lavagem de mãos, acompanhamento das condições de saúde e conduta pessoal de forma a não originar a contaminação dos produtos.

As normas para bebidas estão instituídas na Lei nº 8.918, de 14 de julho de 1994, do Ministério da Agricultura, Pecuária e Abastecimento (Mapa) e regulamentada pelo Decreto nº 6.871, de 4 de junho de 2009, que dispõe sobre a padronização, a classificação, a inspeção e a fiscalização da produção e do comércio.

Além de possuir as condições físicas e operacionais recomendadas, é de grande importância para as indústrias de alimentos e bebidas o monitoramento do tipo e da carga microbiana desde a matéria-prima até o produto acabado. É apropriado que o estabelecimento tenha instrumentos para os controles de laboratório, com metodologia analítica reconhecida, pertinentes ao seu produto, objetivando produzir uma bebida apta para o consumo.

Felizmente, uma boa parte das bebidas, como sucos, néctares, cerveja, vinho, sidra etc., são pouco suscetíveis a microrganismos que colonizam outros alimentos, pelo baixo pH, que inibe a maioria dos microrganismos, e/ou pela presença de álcool, tóxico para muitos. Entre aqueles microrganismos que podem se multiplicar nas bebidas, poucos são patogênicos, conferindo às análises microbiológicas o papel principal de indicar as condições de higiene e limpeza das plantas industriais e o monitoramento da microbiota deteriorante como leveduras e bactérias que crescem nessas condições. Assim, o laboratório microbiológico garante, além de segurança, as qualidades organolépticas do produto final.

18.2 CONTROLE DE QUALIDADE E NÍVEIS DE BIOSSEGURANÇA

As atividades do laboratório de microbiologia podem submeter os profissionais a perigos biológicos e produtos químicos. Assim, normas de segurança são necessárias para redução dos riscos que potencialmente podem causar danos à saúde do homem, dos animais, do meio ambiente ou à qualidade dos trabalhos desenvolvidos. Tanto a administração quanto os funcionários têm responsabilidade pelo cumprimento das normas de biossegurança que deverão ser redigidas e a equipe de trabalho capacitada por meio de treinamento periódico. As instruções incluem medidas de proteção pessoal, manuseio de equipamentos, amostras e materiais etc.

Um padrão de qualidade deve ser estabelecido, bem como práticas de monitoramento do funcionamento dos equipamentos, controle da reatividade dos meios de cultura e reagentes, verificação dos prazos de validade e resultados de todos os testes realizados. Somado a isso, os registros das atividades bem como a sua verificação também são essenciais, pois servirão de base para ações corretivas ao controle de qualidade dos procedimentos.

Nesse sentido, a Agência Nacional de Vigilância Sanitária (ANVISA, 2004) recomenda que sejam elaborados procedimentos operacionais padronizados (POPs) em laboratórios de microbiologia, descrevendo atividades desde a coleta da amostra até a emissão do resultado. Os POPs visam padronizar as atividades do laboratório para que diferentes pessoas possam executar as tarefas da mesma maneira, como forma de garantir a qualidade.

O laboratório deve manter atualizados e disponibilizar a todos os funcionários procedimentos escritos de biossegurança, contemplando no mínimo os seguintes itens:

- normas e condutas de segurança;
- instruções de uso para os equipamentos de proteção individual (EPI) e de proteção coletiva (EPC);
- procedimentos em caso de acidentes;
- manuseio de materiais biológicos;
- descrição dos procedimentos de risco físico, químico e biológico, em conformidade com o PPRA da NR-9 da Portaria MTE nº 3.214 de 8 de junho de 1978 e da Lei nº 6.514 de 22 de dezembro de 1977, suas atualizações ou outro instrumento legal que venha a substituí-la;
- normas de precauções universais, procedimentos recomendados em caso de exposição a material biológico e registro do acidente de trabalho, em conformidade com o Manual de Conduta: Exposição Ocupacional a Material Biológico: Hepatite e HIV, do Ministério da Saúde, 1999, suas atualizações, ou outro documento que venha a substituí-lo.
- O laboratório deve disponibilizar e garantir o uso, por todos os funcionários, dos equipamentos de proteção individual (EPI) e coletiva (EPC).
- O laboratório deve prover espaço físico específico para a guarda de objetos de uso pessoal em ambientes de apoio relacionados ao conforto e higiene dos funcionários.
- O responsável técnico pelo laboratório deve definir o nível de biossegurança dos ambientes e/ou áreas, baseado nos procedimentos realizados, equipamentos e microrganismos envolvidos, adotando as medidas de biossegurança compatíveis, em conformidade com o *Manual de biossegurança em laboratórios biomédicos e de microbiologia* do Ministério da Saúde e da Fundação Nacional de Saúde (Funasa) de 2001, suas atualizações ou outro instrumento legal que venha substituí-lo.

Cabe à Comissão Técnica Nacional de Biossegurança (CTNBio) o estabelecimento de normas, análise de risco, acompanhamento, emissão de certificados de qualidade em biossegurança (CQB) para o desenvolvimento de atividades e definição do nível de biossegurança em laboratórios de microbiologia. As características físicas estruturais e de contenção de um laboratório determinam o tipo de microrganismo que pode ser manipulado em suas dependências.

Há quatro níveis de biossegurança (NB) que consistem em combinações de práticas e técnicas de laboratório, equipamento de segurança e instalações. Cada combinação é especificamente adequada para as operações realizadas, vias de transmissões documentadas ou suspeitas de agentes infecciosos e funcionamento ou atividade do laboratório.

O laboratório microbiológico na indústria de bebidas se enquadra no nível 1 de Biossegurança (NB-1) ou proteção básica (P1), em que não são exigidos equipamentos de contenção de agentes classificados no grupo de risco 1 e, neste caso, não está separado das demais dependências do edifício. O trabalho é conduzido, em geral, em bancada, com adoção das boas práticas laboratoriais. O pessoal de laboratório deverá ter treinamento específico nos procedimentos realizados no laboratório e deverão ser supervisionados por profissional com treinamento em microbiologia ou ciência correlata.

Quadro 18.1 Classificação do organismo segundo seu potencial patogênico.

Classe de risco 1	Baixo risco individual e baixo risco para a comunidade: organismo que não causa doença ao homem ou animal. Ex: microrganismos usados na produção de cerveja, vinho, pão e queijo. Exemplos: *Lactobacillus casei, Penicillium camemberti, S. cerevisiae*.
Classe de risco 2	Risco individual moderado e risco limitado para a comunidade:- patógeno que causa doença ao homem ou aos animais, mas que não consiste em sério risco a quem o manipula em condições de contenção, à comunidade, aos seres vivos e ao meio ambiente. As exposições laboratoriais podem causar infecção, mas a existência de medidas eficazes de tratamento e prevenção limita o risco. Exemplos: bactérias – *Clostridium tetani, Klebsiella pneumoniae, Staphylococcus aureus*; vírus – EBV, herpes; fungos – *Candida albicans*; parasitas – *Plasmodium, Schistosoma*.
Classe de risco 3	Elevado risco individual e risco limitado para a comunidade: patógeno que geralmente causa doenças graves ao homem ou aos animais e pode representar um sério risco a quem o manipula. Pode representar um risco se disseminado na comunidade, mas usualmente existem medidas de tratamento e de prevenção. Exemplos: bactérias – *Bacillus anthracis, Brucella, Chlamydia psittaci, Mycobacterium tuberculosis*; vírus – hepatites B e C, HTLV 1 e 2, HIV, febre amarela, dengue; fungos – *Blastomyces dermatiolis, Histoplasma*; parasitas – *Echinococcus, Leishmania, Toxoplasma gondii, Trypanosoma cruzi*.
Classe de risco 4	Elevado risco individual e elevado risco para a comunidade: patógeno que representa grande ameaça para o ser humano e para aos animais, representando grande risco a quem o manipula e tendo grande poder de transmissibilidade de um indivíduo a outro. Normalmente não existem medidas preventivas e de tratamento para esses agentes. Exemplos: vírus de febres hemorrágicas, febre de Lassa, Machupo, Ébola, arenavírus e certos arbovírus.

18.3 BOAS PRÁTICAS LABORATORIAIS

A Portaria MAPA 40/97, de 20 de janeiro de 1997, e IN 5, de 31 de março de 2000, estabelecem os procedimentos mínimos e responsabilidades no controle de bebidas, baseados nos princípios do sistema APPCC, que tem como pré-requisito a implantação de boas práticas de fabricação (BPF). A inspeção e fiscalização pelo Ministério da Agricultura abrangem matéria-prima, produto, equipamento, instalações, processos produtivos, depósitos, armazenamento, recipientes, transporte, embalagens e vasilhames, sempre com o foco na higiene, limpeza e conservação.

Os requisitos gerais para habilitação de laboratórios que realizam ensaios microbiológicos são apresentados na Norma Internacional Requisitos Gerais para a Competência de Laboratórios de Ensaio e Calibração (ISO 17025).

Práticas-padrão em microbiologia

- O acesso ao laboratório deverá ser limitado ou restrito quando estiverem sendo realizados trabalhos com culturas e amostras.
- As pessoas deverão lavar as mãos após o manuseio de materiais viáveis, após a remoção das luvas e antes de saírem do laboratório.
- Não é permitido comer, beber, fumar, manusear lentes de contato, aplicar cosméticos ou armazenar alimentos para consumo nas áreas de trabalho.
- As pessoas que usam lentes de contato em laboratórios deverão usar também óculos de proteção ou protetores faciais.
- Os alimentos deverão ser guardados fora das áreas de trabalho em armários ou geladeiras específicos para esse fim.
- É proibida a pipetagem com a boca; devem ser utilizados dispositivos mecânicos.
- Todos os procedimentos devem ser realizados cuidadosamente a fim de minimizar a criação de borrifos ou aerossóis.
- Flambar alças, agulhas e pinças antes e após o uso.
- Todo o material deve ser identificado.
- As superfícies de trabalho devem ser descontaminadas no início e término de cada atividade.
- Todas as culturas, colônias e outros resíduos deverão ser descontaminados antes de serem descartados por um método de descontaminação aprovado, por exemplo, a esterilização por calor úmido (autoclave).
- Os materiais que forem ser descontaminados fora do laboratório deverão ser colocados em recipientes inquebráveis, à prova de vazamentos e hermeticamente fechados para serem

transportados ao local desejado. Os materiais que forem enviados para descontaminação fora da empresa deverão também ser embalados de acordo com os regulamentos locais, estaduais e federais, antes de serem removidos das dependências do laboratório.

- O símbolo de "Risco Biológico" deverá ser colocado na entrada do laboratório em qualquer momento em que o agente infeccioso estiver presente no local. Este sinal de alerta deverá indicar o(s) agente(s) manipulado(s) e o nome e número do telefone do responsável pelo laboratório.
- Deve ser providenciado um programa rotineiro de controle de insetos e roedores.

Equipamento de segurança (barreiras primárias)

- Os equipamentos especiais de contenção, como as cabines de segurança biológica, geralmente não são exigidos para manipulações de agentes de classe de risco 1.
- É recomendado o uso de jalecos, aventais ou uniformes próprios, para evitar a contaminação ou sujeira de suas roupas normais.
- Recomenda-se o uso de luvas para os casos de rachaduras ou ferimentos na pele das mãos. Alternativas como o uso de luvas de látex com talco deverão ser avaliadas.
- Óculos protetores deverão ser usados na execução de procedimentos que produzam borrifos de microrganismos ou de materiais perigosos.

Embora os microrganismos de classe 1 não sejam patogênicos, o trabalhador deve fazer um exame médico e seu histórico médico deve ser registrado. Doenças ou acidentes laboratoriais devem ser registrados e todos os trabalhadores devem ser informados e conscientizados da importância das boas práticas no laboratório de microbiologia.

18.4 MÉTODOS E PLANOS DE AMOSTRAGEM

A RDC n. 331, de 23 de dezembro de 2019, dispõe sobre os padrões microbiológicos de alimentos e sua aplicação.

Na própria RDC n. 331 são indicadas as metodologias dispostas pelo *Codex alimentarius* da Food and Agriculture Organization (FAO/OMS), International Organization for Standardization (ISO), *Compendium of methods for the microbiological examination of foods*, *Standard methods for the examination of dairy products* e *Standard methods for examination of water and wastewater* da American Public Health Association (APHA) e *Bacteriological analytical manual* da Food and Drug Administration (FDA), *Official methods of analysis of AOAC* da Association of Official Analytical Chemists (AOAC), Farmacopeia Brasileira ou Farmacopeia Americana (United States Pharmacopeia – USP) em suas últimas edições e ou revisões, de acordo com sua aplicação.

A utilização de métodos alternativos é prevista, desde que sejam equivalentes aos das metodologias indicadas ou certificados por organismos independentes, de acordo com a norma ISO 16140 ou outros protocolos similares aceitos internacionalmente.

Os planos de amostragem são estabelecidos de duas e três classes. O plano de duas classes refere-se à amostra indicativa, cujo laudo será emitido em relação àquela unidade analítica analisada. Já o plano de três classes é o plano estatístico mínimo referente à coleta de amostras representativas do lote ou partida do produto alimentício.

No plano de três classes, consideram-se os seguintes parâmetros:

- n: é o número de unidades a serem colhidas aleatoriamente de um mesmo lote e analisadas individualmente. Nos casos nos quais o padrão estabelecido é ausência em 25 g, como para *Salmonella sp.*, é possível a mistura das alíquotas retiradas de cada unidade amostral, respeitando-se a proporção p/v (uma parte em peso da amostra para 10 partes em volume do meio de cultura em caldo).
- c: é o número máximo aceitável de unidades de amostras com contagens entre os limites de m e M. Nos casos em que o padrão microbiológico seja expresso por "ausência", c é igual a zero e aplica-se o plano de duas classes.
- m: é o limite que separa o lote aceitável do produto ou lote com qualidade intermediária aceitável.
- M: é o limite que separa o produto aceitável do inaceitável e separa o lote com qualidade intermediária aceitável do lote inaceitável. Valores acima de M são inaceitáveis.

É importante ressaltar que, para o laudo expressar um parecer referente a todo o lote ou partida do produto final, deve-se respeitar o número de unidades analíticas designado por n. Por exemplo, se n for igual a 5, devem ser analisadas individualmente as 5 unidades analíticas de um lote, ou seja, devem ser coletadas 5 embalagens do lote para serem analisadas individualmente. As embalagens devem ser coletadas de forma aleatória e ser representativas do lote, sendo do início, do meio e do final da produção.

No entanto, o art. 9º, § 2º, permite que os setores envolvidos na cadeia produtiva de alimentos utilizem planos de amostragem alternativos, caso forneçam proteção equivalente comprovada pelo histórico da produção e pela implementação de sistema de qualidade e segurança de alimentos documentado e validado.

Na indústria de bebidas, a liberação dos lotes deve seguir as disposições dos limites estabelecidos pelo plano de três classes em relação ao produto a ser fabricado. Na Instrução Normativa nº 60, de 26 de dezembro de 2019, complementar à RDC nº 331, há o grupo de alimentos número 12, que se refere somente a bebidas não alcoólicas (como bebidas carbonatadas, sucos, leite de coco e bebidas à base de cereais, sementes ou grãos). A RDC nº 331 não referencia os limites microbiológicos para o grupo de bebidas alcoólicas.

No entanto, deve-se considerar a importância da qualidade da matéria-prima a ser utilizada nos processos de fabricação, tanto de bebidas não alcoólicas quanto de alcoólicas. Assim, devem ser consideradas as análises de padrão de qualidade dos insumos, como açúcar e água, além de outros ingredientes específicos de cada bebida. Para o controle da qualidade da água, deve-se seguir o disposto pelo Anexo XX da Portaria de Consolidação nº 5 do Ministério da Saúde, de 3 de outubro de 2017, que dispõe sobre o controle e a vigilância da qualidade da água para consumo humano e seu padrão de potabilidade.

Outra questão importante refere-se à adoção de limites máximos a serem definidos para dois grupos microbianos relacionados à questão do nível de contaminação global do produto ou ingredientes. É indicada a realização das análises de contagem total de bolores e leveduras e contagem total de aeróbios mesófilos, conforme as características da bebida ou insumos a serem utilizados na fabricação. Os padrões para essas análises não são estabelecidos pela RDC 12, mas devem ter seus limites definidos conforme a política de gestão da qualidade da empresa e de seus fornecedores.

As análises de contagem total de bolores e leveduras e de aeróbios mesófilos também são indicativas do atendimento de parâmetros fundamentais no acompanhamento da eficiência dos processos de higienização e sanitização, como a avaliação da contaminação de equipamentos, utensílios e mãos dos operadores pela coleta de amostras por *swab*, além da análise da contaminação do ambiente com a exposição de placas contendo meio de cultura específicos para cada grupo de microrganismos. Da mesma forma, não há um limite estabelecido para essas análises na legislação brasileira, sendo necessário defini-lo de acordo com os padrões de qualidade estabelecidos pela própria empresa.

18.5 INFRAESTRUTURA

A infraestrutura deve atender aos requisitos da RDC/ANVISA 50, de 21 de fevereiro de 2002, suas atualizações, ou outro instrumento legal que venha a substituí-la.

O laboratório deve possuir um fluxo que minimize riscos de contaminação cruzada, quando esses riscos forem significativos para o tipo de ensaio realizado. As maneiras para alcançar esse objetivo podem ser:

a) Construir o laboratório segundo o princípio de disposição "sem possibilidade de retorno".
b) Trabalhar de maneira sequencial, tomando precauções apropriadas para garantir a integridade dos ensaios e das amostras (por exemplo, com uso de recipientes fechados).
c) Separar atividades por tempo ou espaço.

Neste tópico é apresentada uma sugestão de infraestrutura para a construção de um laboratório de microbiologia capacitado para a realização das análises microbiológicas citadas neste capítulo.

18.5.1 Equipamentos

Para compor o laboratório de microbiologia é necessária a disponibilização dos seguintes equipamentos: autoclave, estufa de secagem, estufa bacteriológica a 35 °C, estufa BOD a 25 °C, banho de água a 44,5 °C, refrigerador, contador de colônias e bico de Bunsen.

18.5.2 Materiais

As vidrarias necessárias para a preparação de meios de cultura, diluição das amostras e semeadura concentram-se em provetas de 500 e 1000 mL, erlenmeyers de 500 e 1000 mL, tubos de ensaio de capacidade mínima de 9,5 e 25 mL, tubos de Duhran, placas de Petri, alça de Drigalsk e frascos de vidro para diluição das amostras com capacidade mínima de 250 mL.

Outros materiais também são necessários, como pipeta automática de volume variável (100 a 1000 μL), ponteiras descartáveis com capacidade de 1000 μL, caixas para ponteiras e alça de platina ou níquel-cromo.

Os meios de cultura empregados devem ser relacionados de acordo com os protocolos de análise dispostos nas metodologias indicadas na RDC 12 e na Portaria nº 2.914. Os métodos tradicionais preveem a realização das análises considerando a preparação de todos os meios de cultura no próprio laboratório. No entanto, atualmente há a disponibilidade comercial de diferentes opções de *kits* e placas descartáveis, cujas metodologias já possuem validações nas organizações recomendadas pela legislação. São considerados métodos rápidos, pois possibilitam a leitura dos resultados e confirmação dos microrganismos de interesse com menos etapas que os protocolos previstos nos métodos tradicionais. Também facilitam o trabalho do laboratorista na economia de tempo para o preparo, lavagem e acondicionamento de material, uma vez que são utilizados placas e *kits* descartáveis, necessitando apenas da descontaminação do material antes do descarte.

18.5.3 Sugestão de *layout* e dimensionamento

A sugestão apresentada é para um laboratório com dimensões de 5,0 × 4,0 m, contendo uma câmara asséptica medindo 2,0 × 2,0 m. As bancadas têm medidas de profundidade de 0,6 m e altura de 0,9 m. Aconselha-se o condicionamento do ar, considerando que o laboratório pode estar em uma infraestrutura industrial sem aberturas para ventilação.

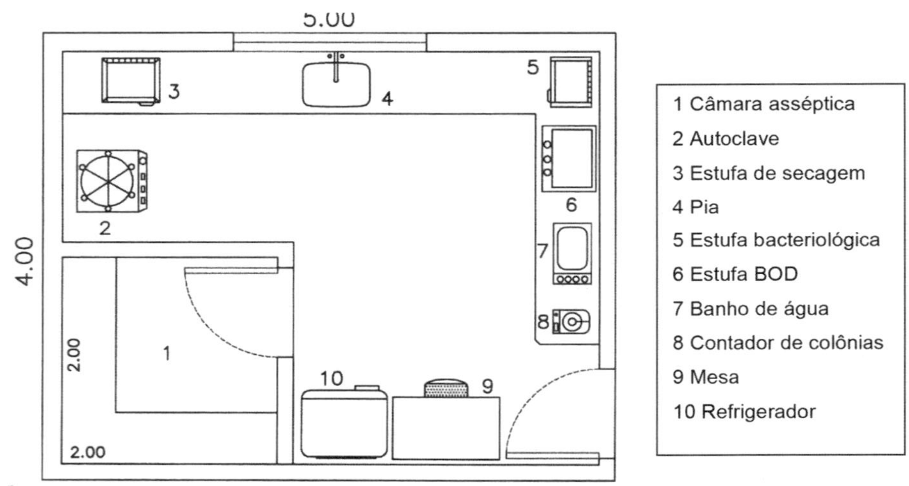

Figura 18.1 Planta baixa de laboratório microbiológico genérico de indústria de bebidas.

REFERÊNCIAS BIBLIOGRÁFICAS

ABNT – ASSOCIAÇÃO BRASILEIRA DE NORMAS TÉCNICAS. **NBR ISO/IEC 17025**: requisitos gerais para competência de laboratórios de ensaio e calibração. Rio de Janeiro, 2005.

ANVISA – Agência Nacional de Vigilância Sanitária. **Segurança e Controle de Qualidade no Laboratório de Microbiologia Clínica**. Módulo II. Brasília, 2004. Disponível em: www.anvisa.gov.br/servicosaude/manuais/microbiologia/mod_2_2004.pdf. Acesso em: 4 dez. 2017.

BRASIL. Ministério da Agricultura, Pecuária e Abastecimento. Lei nº 8.918, de 14 de julho de 1994. Dispõe sobre a padronização, a classificação, o registro, a inspeção, a produção e a fiscalização de bebidas, autoriza a criação da comissão intersetorial de bebidas e dá outras providências. **Diário Oficial da União**, Brasília, DF, 14 de julho de 1994.

BRASIL. Ministério da Agricultura, Pecuária e Abastecimento. Portaria nº 40, de 20 de janeiro de 1997. Manual de Procedimentos no Controle da Produção de Bebidas e Vinagres, em anexo baseado nos princípios do Sistema de

Análise de Perigo e Pontos Críticos de Controle – APPCC. **Diário Oficial da União**, Brasília, DF, 20 de janeiro de 1997.

BRASIL. Ministério do Trabalho. Norma Regulamentadora nº 9. Programa de Prevenção de Riscos Ambientais – PPRA. *In*: **Segurança e Medicina do Trabalho Lei n° 6.514 de 22/12/1977**. 53. ed. São Paulo: Atlas, 2003. p. 101-105.

BRASIL. Ministério do Trabalho. Norma Regulamentadora nº 15. Atividades e operações insalubres. *In*: **Segurança e Medicina do Trabalho Lei n° 6.514 de 22/12/1977**. 53. ed. São Paulo: Atlas, 2003. p. 133-214.

BRASIL. Ministério da Agricultura, Pecuária e Abastecimento. Decreto nº 6.871, de 4 de junho de 2009. Regulamenta a Lei 8.918, de 14 de julho de 1994, que dispõe sobre a padronização, a classificação, o registro, a inspeção, a produção e a fiscalização de bebidas. **Diário Oficial da União**, Brasília, DF, 4 de junho de 2009.

BRASIL. Ministério da Saúde. Portaria nº 5, de 03 de outubro de 2017. Consolidação das normas sobre as ações e os serviços de saúde do Sistema Único de Saúde. **Diário Oficial da União**, Brasília, DF, 3 de outubro de 2017.

BRASIL. Ministério da Saúde. Instrução normativa nº 60, de 23 de dezembro de 2019. Estabelece as listas de padrões microbiológicos para alimentos. Órgão emissor: Agência Nacional de Vigilância Sanitária – ANVISA. **Diário Oficial da União**, Brasília, DF, 26 de dezembro de 2019.

BRASIL. Ministério da Saúde. Resolução RDC nº 331, de 23 de dezembro de 2019. Dispõe sobre padrões microbiológicos de alimentos e sua aplicação. Órgão emissor: Agência Nacional de Vigilância Sanitária – ANVISA. **Diário Oficial da União**, Brasília, DF, 26 de dezembro de 2019.

EURACHEM NETHERLANDS LABORATORY OF THE GOVERNMENT CHEMIST OF UNITED KINGDOM. **Acreditação para laboratórios de microbiologia**. Tradução ANVISA. Brasília: Senai/DN, 2005.

SEBRAE. **Legalização de micro e pequenas cervejarias**. Disponível em: https://sindanf.com/wp-content/uploads/2017/10/CartilhaCervejariasdigital.pdf. Acesso em: 4 dez. 2017.

19

Micologia preditiva em sucos de frutas e derivados

FÉLIX GIOVANI RAMOS GUERRERO

19.1 INTRODUÇÃO

A necessidade do consumidor por alimentos e bebidas naturais e sem aditivos alimentares fez com que os novos produtos desenvolvidos pela indústria permitissem o crescimento microbiano, tornando-os na maioria dos casos muito mais suscetíveis à deterioração. Apesar de as fábricas desenvolverem sistemas para assegurar a qualidade do produto final, ainda existem grandes perdas econômicas ocasionadas pela deterioração fúngica, sendo esse problema um grande desafio para os fabricantes de sucos de frutas e derivados (DANTIGNY; GUILMART; BENSOUSSAN, 2005). Uma ferramenta garantida para melhorar a tomada de decisões no gerenciamento da qualidade e segurança alimentar é a micologia preditiva. Este capítulo está focado na aplicação de modelos matemáticos da micologia preditiva para descrever o comportamento dos bolores termorresistentes e outros fungos filamentosos (microrganismos específicos de deterioração) em sucos de frutas e derivados como néctares, refrescos, bebidas isotônicas e águas saborizadas (com pouco conteúdo de polpa ou concentrado de fruta). Esses fungos são muito importantes na deterioração de bebidas devido ao fato de poderem resistir às temperaturas de pasteurização normalmente aplicadas pelas indústrias (TOURNAS, 1994), ocasionando posteriormente, durante a estocagem, alterações sensoriais e físico-químicas indesejáveis ao consumidor, entre as quais se encontram a elevação do pH (alcalinização), escurecimento do produto devido à produção de pigmentos escuros, separação de fases (soro/polpa), odor amoniacal, diminuição na viscosidade por ação de pectinases (BAGLIONI, 1998) e presença de micélio visível (WELKE *et al.*, 2009).

19.2 MICOLOGIA PREDITIVA: HISTÓRIA, CONCEITO E IMPORTÂNCIA

Os modelos matemáticos como ferramenta para melhorar a segurança alimentar têm sido usados desde a década de 1920, focados principalmente na inativação da bactéria *Clostridium botulinum* em produtos de baixa acidez (MASSAGUER; RODRIGUES JÚNIOR, 2008). Na década de 1980, a microbiologia preditiva, que usa modelos matemáticos para predizer o comportamento dos microrganismos (crescimento, sobrevivência e inativação) ante diversos fatores (intrínsecos, extrínsecos, implícitos e de processamento), nasceu como uma subdisciplina da microbiologia de alimentos diante do aumento de surtos ocasionados por alimentos deteriorados, da necessidade de técnicas de análises microbiológicas mais rápidas e menos custosas, e da maior disponibilidade de computadores (ROSS; MCMEEKIN, 1994; BUCHANAN, 1992).

Trabalhos de cooperação internacional geraram muitos modelos matemáticos relacionados às bactérias patogênicas em diversos meios de cultivo e em alimentos, os quais foram colocados dentro de *softwares* e base de dados como o PMP (Pathogen Modeling Program) e o ComBase, podendo ser usados facilmente pelas indústrias de alimentos, governos, e cientistas interessados na qualidade e segurança alimentar (BUCHANAN, 1991; BARANYI; TAMPLIN, 2004).

Ao contrário do interesse pelo comportamento bacteriano, a modelagem matemática focada nos fungos não recebeu a mesma atenção. Isso foi devido à complexidade inerente associada à quantificação do crescimento fúngico, à dificuldade para adquirir dados reproduzíveis suficientes que se encontrem disponíveis para a modelagem e à falta de suporte das indústrias de alimentos (GIBSON; HOCKING, 1997). Adicionalmente, grande parte dos micologistas de alimentos não estavam familiarizados com as técnicas de modelagem, e as pessoas que já trabalhavam com ela não conheciam em profundidade as especificidades dos fungos (DANTIGNY, 2004). As poucas pesquisas que se desenvolviam para quantificar o crescimento fúngico usavam modelos matemáticos que já eram usados para bactérias, não levando em conta as especificidades dos fungos.

Em 2003, a equipe do Laboratório de Microbiologia da Universidade da Borgonha (França), formulou os primeiros conceitos relacionados à micologia preditiva (DANTIGNY; GUILMART; BENSOUSSAN, 2003), descrevendo-a como uma nova subdisciplina focada na predição do desenvolvimento fúngico nos alimentos e nas matérias-primas. Posteriormente, esse conceito foi estendido à predição da contaminação com micotoxinas (DANTIGNY, 2004) e se realizaram reuniões específicas para harmonizar técnicas, definições, modelos e métodos alternativos à observação microscópica relacionados à germinação de esporos fúngicos (DANTIGNY *et al.*, 2006).

Atualmente, a micologia preditiva é considerada uma ferramenta-chave na microbiologia de alimentos, atuando no campo da segurança alimentar (focada na predição da formação de micotoxinas) e da qualidade dos produtos (focada na predição da deterioração ocasionada por fungos).

19.3 CONCEITOS HARMONIZADOS EM MICOLOGIA PREDITIVA

Os seguintes termos e definições são específicos à modelagem fúngica:

a) **Germinação de um esporo:** o processo de deterioração fúngica precisa da presença de um esporo capaz de germinar na bebida. Se não tem germinação, não tem crescimento nem deterioração. A germinação de esporos relaciona o comprimento do tubo germinativo e o diâmetro do esporo (considerado de forma redonda). Um esporo é considerado germinado quando o comprimento do tubo germinativo mais longo é igual ou maior do que o maior diâmetro do esporo inchado (DANTIGNY *et al.*, 2006).

b) **Tempo de germinação:** devido ao fato de que nem todos os esporos germinam ao mesmo tempo (JUDET *et al.*, 2008), este conceito está baseado na percentagem de esporos germinados dentro de uma população de esporos viáveis, e é calculado como $P(\%) = (N_{esporos\ germinados}/N_{total\ de\ esporos})100$. Embora as pessoas que se concentravam na deterioração de alimentos e aquelas interessadas na produção de micotoxinas (metabólitos fúngicos) considerassem que esse tempo fosse de 10% e 90%, respectivamente, o consenso logrado no Primeiro Workshop sobre Micologia Preditiva foi de que o tempo de germinação seja considerado quando a percentagem de esporos viáveis germinados alcance 50% (DANTIGNY *et al.*, 2006).

c) **Tempo de crescimento visível (t_v):** a "fase de latência" é uma fase de adaptação usada para descrever a primeira fase do crescimento de bactérias. Esse termo é incorreto se for aplicado ao crescimento fúngico devido ao fato de que a germinação de esporos e o crescimento microscópico (elongação do tubo germinativo, extensão da hifa e ramificação) ocorrem durante esta fase (BURGAIN; BENSOUSSAN; DANTIGNY, 2013). O tempo de crescimento visível é um termo muito usado em micologia preditiva quando se fala de deterioração, devido ao fato de que um produto é rejeitado pelos consumidores quando uma colônia fúngica é visível dentro dele. Horner e Anagnostopoulos (1973) consideraram que o diâmetro mínimo do micélio deveria ser fixado em 2 mm, enquanto Gougouli *et al.* (2011) recomendavam que fosse de 3 mm. De acordo com Gougouli e Koutsoumanis (2013), o t_v deveria ser calculado para um só esporo, já que a maioria dos alimentos são deteriorados por contaminação com baixos inóculos (geralmente um esporo).

Matematicamente o tempo de crescimento visível (t_v) pode ser expresso como:

$$t_v = \lambda + D_V/\mu$$

em que λ é a fase de latência (dias), μ é a velocidade de crescimento radial (mm.dia^{-1}), e Dv é o diâmetro visível (mm), fixado normalmente numa faixa de 1 a 3 mm. Tanto λ como μ são diretamente derivados a partir dos modelos secundários (MEMBRÉ; DAGNAS, 2016).

19.4 ASPECTOS A CONSIDERAR PARA A MODELAGEM FÚNGICA

19.4.1 Estado fisiológico

No laboratório, os esporos que serão usados nos experimentos são preparados em condições favoráveis, diferentemente do que ocorre na realidade, ou seja, condições subótimas e de muito estresse prévio à germinação. Além dos fatores ambientais, como temperatura, pH, atmosferas modificadas, conservantes, e dos meios de crescimento (especiais para a produção das micotoxinas), o estado fisiológico dos esporos (idade dos esporos, condições de esporulação, condições pós-esporulação e reidratação) pode também exercer uma profunda influência sobre as respostas fúngicas nos alimentos e bebidas, afetando a modelagem (DANTIGNY; NANGUY, 2009). Por exemplo, os ascósporos de *Neosartorya fischeri* com maior idade (3 meses) apresentam maior resistência térmica do que aqueles produzidos com menor idade (1 mês) (SLONGO, 2004), porém a idade de formação dos ascósporos não influencia o crescimento de *Byssochlamys nivea* em suco de mamão (ZIMMERMANN; MASSAGUER; ARAGÃO, 2013) nem o crescimento de *N. fischeri* em suco de abacaxi (ZIMMERMANN *et al.*, 2011a).

19.4.2 Especificidades dos fungos

Grandes diferenças existem entre fungos e bactérias, as quais se devem considerar tanto para o planejamento experimental como para a modelagem. Um resumo dessas diferenças é apresentado no Quadro 19.1.

Quadro 19.1 Principais diferenças entre bactérias e fungos.

	Bactérias	Fungos
Tipo de células	Individuais. Formam colônias e podem ser contadas usando a técnica de contagem por plaqueamento	Formam micélio
Modo de crescimento	Crescimento homogêneo em meios líquidos ou nas superfícies de alimentos	Hifas de bolores podem penetrar a matriz de um alimento em três dimensões
Principal fator ambiental	Temperatura	Atividade de água (a_w), oxigênio
Desenvolvimento	Crescimento, tempo de latência	Germinação, crescimento

Fonte: adaptado de Dantigny e Bensoussan (2013).

19.4.3 Técnicas para medir o crescimento

Diferentes técnicas têm sido usadas para medir o crescimento fúngico, no entanto a preferida pelos micologistas de alimentos é o método de medida do diâmetro da colônia. Esse método é muito simples e consiste em medir o crescimento radial do fungo (em meios de cultivo ou sobre alimento/bebida) em intervalos planejados de tempo. Essas mudanças de tamanho podem ser traduzidas em velocidades de crescimento, cujo comportamento é linear em períodos prolongados (TANIWAKI *et al.*, 2006).

Recentemente, Tremarin *et al.* (2015) usaram o método do teor de ergosterol, um metabólito específico dos fungos, para avaliar o crescimento de *Byssochlamys fulva* e *Neosartorya fischeri* em suco de maçã sob condições isotérmicas e não isotérmicas. A técnica consiste em retirar toda a massa fúngica que cresceu no meio de cultivo (acima e dentro dele), para posterior extração do ergosterol com solventes orgânicos e medição do seu teor usando um cromatógrafo líquido (HPLC).

Outras técnicas, como a medida de absorbância (densidade ótica) e peso seco, foram usadas para quantificar o crescimento de *B. nivea* e *N. fischeri* em suco de mamão e abacaxi, não gerando resultados confiáveis e reproduzíveis (LEAL, 2007).

19.5 O PROCESSO DE DETERIORAÇÃO DE BEBIDAS CAUSADO POR FUNGOS

De acordo com Dagnas e Membré (2013), os esporos fúngicos são os responsáveis por desencadear todo o processo de deterioração. Eles estão amplamente distribuídos no ambiente, podendo contaminar as bebidas e, se encontram condições favoráveis, germinam e formam um micélio visível antes do fim da vida de prateleira das bebidas. A Figura 19.1 apresenta um resumo dos passos da deterioração causada por fungos.

Membré e Dagnas (2016) propuseram que a deterioração pode ser expressa matematicamente como uma combinação de probabilidades:

- a probabilidade de contaminar uma bebida pelo menos com um esporo fúngico;
- a probabilidade de que esse esporo germine e se prolifere dentro da bebida (crescimento fúngico).

A contaminação de uma bebida com esporos fúngicos está relacionada com a probabilidade de contaminação na fábrica, considerando como fatores importantes a carga microbiana dentro e fora da fábrica, os sistemas de ventilação e refrigeração, as trocas de ar na área de produção e os níveis de esporos no ar, assim como a velocidade de sedimentação microbiana e o tempo de exposição. Por outro lado, o crescimento fúngico está relacionado com a capacidade de germinação dos esporos e da elongação das hifas até formar um micélio visível antes do fim da vida de prateleira da bebida. Dependendo da etapa da contaminação, um modelo matemático poderá ser criado e usado especificamente neste ponto.

19.6 MODELOS MATEMÁTICOS USADOS EM MICOLOGIA PREDITIVA E SUAS APLICAÇÕES

19.6.1 Modelos primários

Os modelos primários geram as predições cinéticas de um processo. Em micologia preditiva, são usados para modelar a evolução de uma resposta biológica (germinação, crescimento e inativação fúngica) em função do tempo sob condições ambientais particulares.

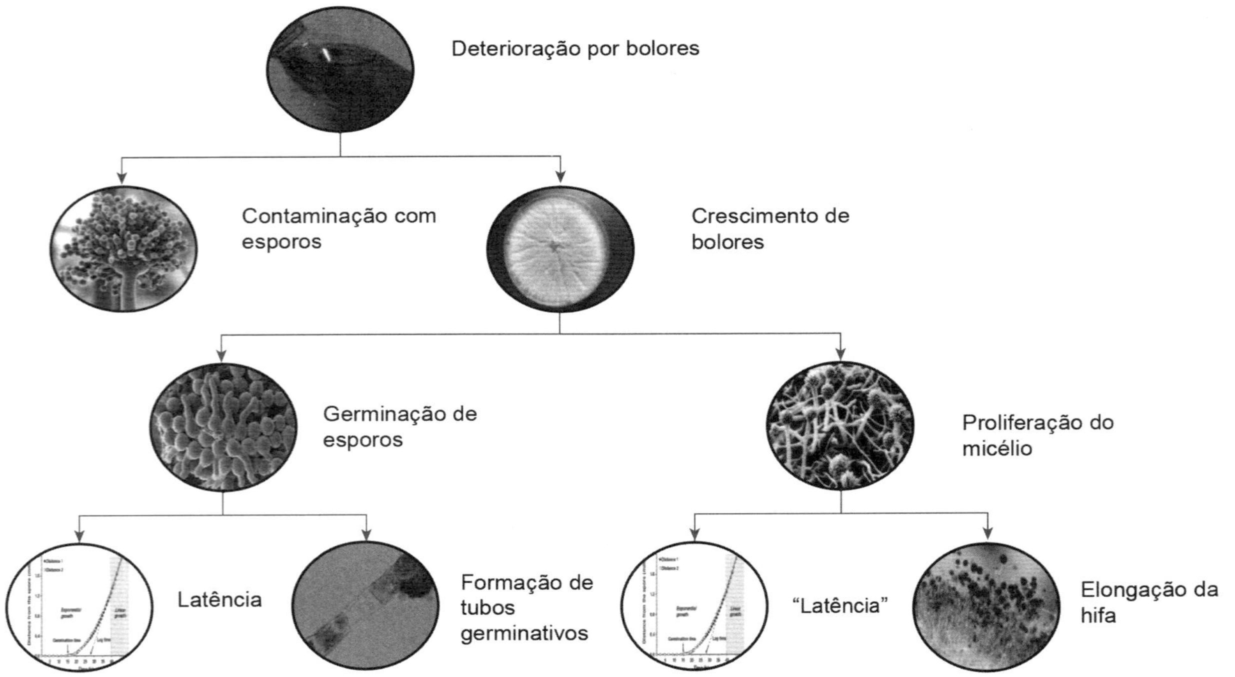

Figura 19.1 Representação esquemática da deterioração de alimentos ocasionada por fungos.

Fonte: adaptada de Dagnas e Membré (2013).

19.6.1.1 *Modelos para a germinação de esporos fúngicos*

Modelo de Gompertz modificado

$$P_{(t)} = P_{max} \cdot \exp\left\{-\exp\left[\frac{\lambda_G \cdot e(1)}{P_{max}} \cdot (\lambda_G - t) + 1\right]\right\}$$

onde t é o tempo (horas), $P_{(t)}$ é a percentagem de esporos germinados no tempo t, P_{max} (percentagem) é o valor assintótico em que $t \rightarrow +\infty$, μ_G (percentagem por hora) é o termo da pendente da linha tangente através do ponto de inflexão, e λ_G (horas) é a latência geométrica (t eixo de intersecção da tangente através do ponto de inflexão).

Modelo logístico

$$P_{(t)} = \frac{P_{max}}{1 + \exp\left[k(\mathrm{T} - \mathrm{t})\right]}$$

onde t é o tempo (horas), $P_{(t)}$ é a percentagem de esporos germinados no tempo t, P_{max} é o valor assintótico em que $t \rightarrow +\infty$ e representa a máxima percentagem de esporos germinados, τ (horas) é o ponto de inflexão onde $P = P_{max}/2$ (com τ igual ao tempo de germinação), "exp" é a função exponencial e k (percentagem por hora) está relacionado à pendente da linha tangente através do ponto de inflexão. Por derivação, extrapola-se a latência antes da germinação. Para os casos de deterioração, o tempo de germinação é considerado com a germinação de 10% de esporos viáveis ($t_{10\%}$), ficando o modelo da seguinte maneira:

$$P = 10\%,\ t_{10\%} = \mathrm{T} - \frac{Ln\left[\frac{P_{max}}{10}\right] - 1}{k}$$

Ramos (2014) usou o modelo logístico com a finalidade de determinar o tempo em que 10% de garrafas de bebida isotônica sabor tangerina foram deterioradas por *Fusarium oxysporum* (organismo específico de deterioração), considerando duas cargas de inóculo (10^0 e 10^1 esporos/100 mL de bebida) e duas temperaturas de armazenamento (20 e 30 °C), sendo P_{max}, neste caso, a máxima percentagem de garrafas deterioradas. Valores de $t_{10\%}$ estão expressos na Figura 19.2, considerando um baixo inóculo de esporos.

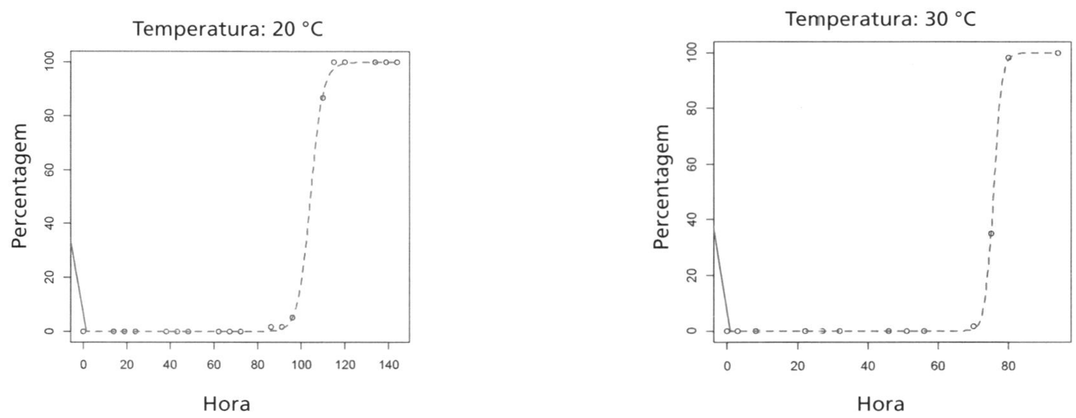

Equação	$t_{10\%}$ (h)	RMSE*
$P_{(t)} = \frac{100}{1+\exp\left[0.35(104.57 - t)\right]}$	100.84	1.12

Equação	$t_{10\%}$ (h)	RMSE
$P_{(t)} = \frac{100}{1+\exp\left[1.01(75.61 - t)\right]}$	74.32	0.84

Figura 19.2 Percentagem de garrafas deterioradas (n = 60) por *Fusarium oxysporum* em bebida isotônica sabor tangerina em função do tempo, considerando um inóculo de 10^0 esporos/100 mL de bebida.

Outros trabalhos de pesquisa também aplicaram o modelo logístico para avaliar a deterioração causada por *Byssochlamys fulva* em suco de maçã (SANT'ANA *et al.*, 2010) e *Mrakia frigida* em suco de laranja (GUEDES; SILVA; MASSAGUER, 2013).

Modelo assimétrico

O modelo assimétrico é o primeiro modelo dedicado exclusivamente à germinação fúngica, e está baseado em parâmetros biológicos, tendo a capacidade de ajustar satisfatoriamente as formas simétricas e assimétricas das curvas de germinação (DANTIGNY *et al.*, 2011). Sua equação é a seguinte:

$$P_{(t)} = P_{max}\left[1 - \frac{1}{1 + \left(\frac{t}{T}\right)^d}\right]$$

Adicionalmente aos parâmetros definidos na equação de Gompertz modificada e no modelo logístico, d é um parâmetro de forma e, quando esse valor aumenta, a curva de germinação se mostra mais simétrica. Por derivação, é extrapolada a latência antes da germinação (λ_G).

19.6.1.2 Modelos para o crescimento fúngico

Modelo linear

De acordo com Dantigny, Guilmart e Bensoussan (2005), este modelo, em comparação com outros, como Baranyi e Gompertz, é muito simples, mas também muito preciso, atingindo valores maiores do que 0,99 para os coeficientes de regressão. A equação vem definida da seguinte forma:

$$r = \mu \cdot (t - \lambda)$$

onde r é o raio da colônia (mm), μ é a velocidade de crescimento radial (mm dias^{-1}), e λ é o tempo de latência (dias). A secção linear do gráfico (com velocidade de crescimento μ) é extrapolada até atingir o valor de zero para o diâmetro e o intercepto com o eixo do tempo é definido como a fase de latência prévia ao crescimento (λ).

Silva (2013), usando esse modelo, comparou a influência que apresentam as temperaturas de estocagem (25 e 28 °C) e o tipo de substrato (polpas de melão, mamão, tomate, pêssego, abacaxi e morango) no crescimento de *Byssochlamys fulva*. Os resultados dessa pesquisa mostraram que a polpa do melão a 28 °C (μ = 14.89 mm/dia) foi a mais sensível a este fungo e que a polpa de pêssego a 25 °C (λ = 46.7 horas) apresentou o período mais longo da fase lag.

Modelo de Baranyi e Roberts

Tremarin *et al.* (2015) fizeram modificações no modelo original de Baranyi e Roberts com a finalidade de retirar a fase estacionária de crescimento, sendo de aplicação específica para a modelagem com fungos. O modelo simplificado é o seguinte:

$$D_{(t)} = \ln [1 + \exp (\mu_{max}(t - \lambda)) - \exp (-\mu_{max}\lambda)]$$

onde $D_{(t)}$ é a medição dos dados [diâmetro da colônia (mm) ou teor de ergosterol (mg/L)] no tempo t(h), μ_{max} é velocidade máxima de crescimento [mm/h para o diâmetro da colônia, e mg/Lh para o teor de ergosterol], e λ é o tempo de detecção (h). Este modelo foi usado para descrever o tempo de detecção e a velocidade máxima de crescimento de *Byssochlamys fulva* e *Neosartorya fischeri* em suco de maçã solidificado. Diferentes curvas de crescimento de *N. fischeri* em suco de maçã sob quatro temperaturas de armazenamento são apresentados na Figura 19.3.

Modelo de Gompertz modificado

$$\ln y = A \exp\left\{-\exp\left[\left(\frac{\mu_{max}(e)}{A}\right)(\lambda - t)\right] + 1\right\}$$

onde y (mm) é o diâmetro da colônia num determinado tempo t (h), λ é a duração da fase de adaptação (h), μ_{max} é a velocidade específica máxima de crescimento (mm/h), A é o diâmetro máximo atingido pela colônia (mm). O valor de "e" expressado nessa equação é de 2,7182.

Este modelo foi aplicado satisfatoriamente por Zimmermann *et al.* (2011b) para descrever o crescimento de *Byssochlamys nivea* em suco de abacaxi em diferentes atividades de água e idade dos ascósporos (Figura 19.4).

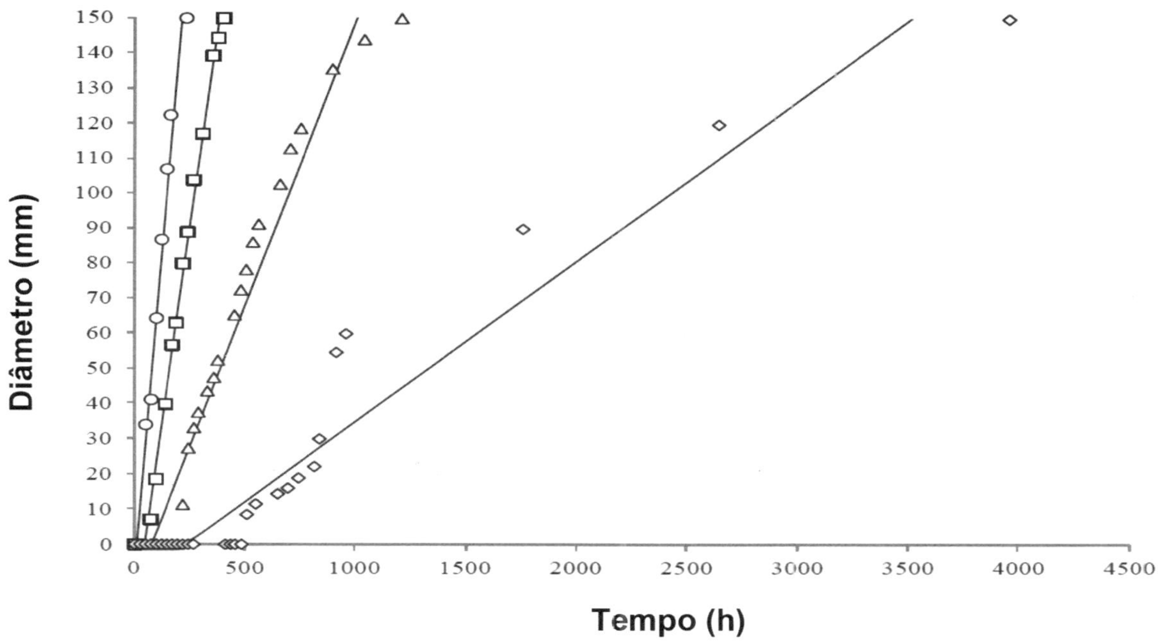

Figura 19.3 Curvas de crescimento de *Neosartorya fischeri* avaliadas por medição do diâmetro da colônia em suco de maçã solidificado com concentração de sólidos solúveis de 12 °Brix. A linha contínua (-) representa o modelo de Baranyi confrontado aos dados experimentais a (○) 30 °C, (□) 25 °C, (Δ) 20 °C e (◇) 15 °C.

Fonte: Tremarin (2013).

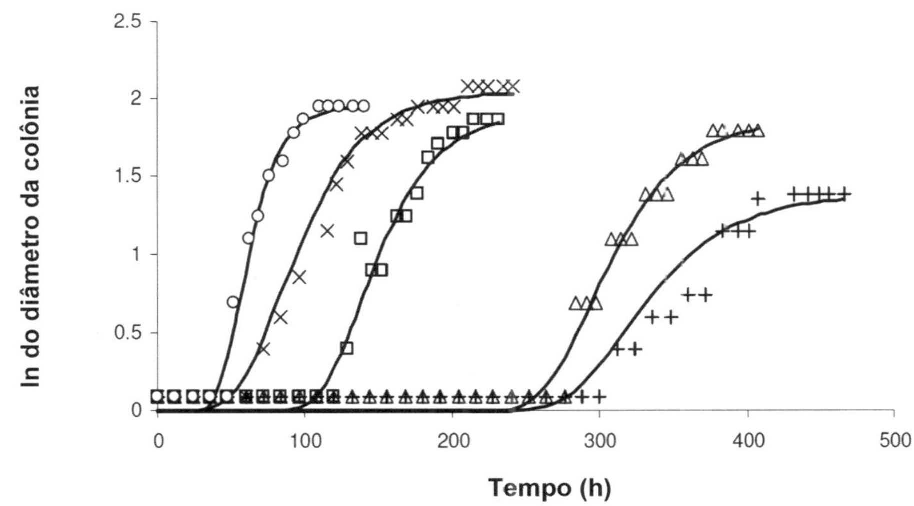

Figura 19.4 Curvas de crescimento de *Byssochlamys nivea* em suco de abacaxi sob condições de 30 dias de idade para os ascósporos e atividades de água ajustadas a (+) 0.90, (Δ) 0.93, (□) 0.95, (x) 0.96, (○) 0.99. A linha continua representa a confrontação dos dados experimentais ao modelo de Gompertz modificado.

Fonte: Zimmermann *et al.* (2011b).

19.6.1.3 *Modelos para a inativação de esporos fúngicos*

Diversos modelos, tanto lineares como não lineares, são usados para descrever a inativação de esporos fúngicos. Esses modelos, aplicados comumente em tratamentos térmicos e inativação com sustâncias químicas (DAO; DANTIGNY, 2009), foram resumidos por Dijksterhuis *et al.* (2013), e os mais representativos são apresentados na Tabela 19.1.

Tabela 19.1 Modelos para inativação de esporos fúngicos usados em micologia preditiva.

Modelos Lineares	**Equação**	**Descrição**
Equação cinética de primeira ordem para determinar o tempo de redução decimal (*D*)	$\ln \frac{N}{N_0} = -kt$	N: número de sobreviventes depois do tratamento (esporos mL^{-1}) N_0: número inicial de esporos mL^{-1} t: tempo (minutos) k: taxa de inativação (min^{-1})
	$D = (\ln 10)/k$	*D*: tempo a uma temperatura constante necessário para se reduzir em um ciclo logarítmico a população inicial de esporos
Modelo de Bigelow para determinar o valor de z	$\text{Log } D = \text{Log } D_{ref} - \left(\frac{T - T_{ref}}{z}\right)$	T: temperatura D_{ref}: valor *D* de referência correspondente à temperatura de referência (T_{ref}) z: faixa de temperatura necessária para reduzir ou acrescentar um valor *D* com um fator de 10.
Modelos não lineares	**Equação**	**Descrição**
Modelo de Alderton e Snell	$(\log N_0 - \log N_t)^{\alpha} = kt + C$	N_0: número inicial de ascósporos/mL N_t: número de sobreviventes (ascósporos/mL) após um tempo de aquecimento "t" (minutos) a uma dada temperatura α: expoente para linearização C: constante e intercepto da curva linearizada k: constante de taxa de morte (coeficiente angular da curva linearizada) (min^{-1})
	$1/k = (D)^{*} = t/(\log N_0 - \log N_t)^{\alpha}$	O valor de 1/k, comumente conhecido como *D**, é definido como a taxa de morte não logarítmica (correspondente a D em uma cinética de morte logarítmica)
Modelo de Weibull	$\log (N_t/N_0) = -(1/2.303)\ (t/\alpha)\beta$	α: Parâmetro de escala (h) β: Parâmetro de forma. Dependendo no valor de β, a curva de inativação pode ser côncava para cima ($\beta<1$), linear ($\beta=1$) ou côncava para baixo ($\beta>1$)

19.6.2 Modelos secundários

Esta classe de modelos descreve a relação entre as respostas medidas (latência, velocidade máxima de crescimento, entre outros) e os fatores ambientais.

19.6.2.1 *Modelo da raiz quadrada*

Um dos modelos secundários mais representativos é o modelo da raiz quadrada, também chamado tipo Belehrádek ou Ratkowsky, o qual se define de acordo com a seguinte equação:

$$\sqrt{\mu_{max}} = b(T - T_{min})$$

onde T é a temperatura, T_{min} é a temperatura mínima teórica que suporta o crescimento, μ_{max} é a velocidade máxima de crescimento e b é um valor constante sem significado biológico que se obtém da curva ao confrontar os dados. Esse modelo foi usado por Longhi *et al.* (2014) durante a avaliação da cinética de crescimento de *Byssochlamys fulva* em suco de maçã solidificado sob cinco temperaturas de estocagem (10, 15, 20, 25 e 30 °C).

19.6.2.2 Modelo cardinal com inflexão (MCI)

O modelo é definido segundo a seguinte equação:

$$r = r_{opt}\, CM_n\,(Y, Y_{min}, Y_{opt}, Y_{max})$$

em que Y é o fator ambiental (por exemplo a_w, temperatura e pH), Y_{min}, Y_{opt} e Y_{max} são o mínimo, ótimo e máximo valor de crescimento, respectivamente, para este fator ou variável, n é um parâmetro da curva ou forma, r é o parâmetro cinético (por exemplo, μ: velocidade específica de crescimento), e r_{opt} é o valor ótimo de r no produto, considerando os fatores estudados.

Os valores de $CM_n\,(Y, Y_{min}, Y_{opt}, Y_{max})$ dependem de três condições, os quais são especificados na Tabela 19.2.

Uma das vantagens deste modelo, proposto por Rosso e Robinson (2001), é que permite uma estimativa da $a_{w\,(min)}$ que não é facilmente determinável porque o crescimento fúngico pode ocorrer depois de vários meses de incubação (DANTIGNY; GUILMART; BENSOUSSAN, 2005).

Tabela 19.2 Condições que são aplicadas para os valores de $CM_n\,(Y, Y_{min}, Y_{opt}, Y_{max})$ em função do valor de Y (fator ambiental).

Condição	$CM_n\,(Y, Y_{min}, Y_{opt}, Y_{max})$
$Y \leq Y_{min}$	0.0
$Y_{min} < Y < Y_{max}$	$\dfrac{(Y - Y_{min})^n \,.\, (Y - Y_{max})}{(Y_{opt} - Y_{min})^{n-1} \,.\, \{(Y_{opt} - Y_{min}) \,.\, (Y - Y_{opt}) - (Y_{opt} - Y_{max}) \,.\, [(n-1) \,.\, Y_{opt} + Y_{min} + nY]\}}$
$Y \geq Y_{max}$	0.0

19.6.2.3 Modelo polinomial de superfície de resposta (MPSR)

$$Y = a_0 + \sum_{i=1}^{3} a_i \,.\, x_i + \sum_{i=1}^{3}\sum_{j=1}^{3} a_{ij} X_i X_j$$

em que Y é a resposta cinética (por exemplo, velocidade de crescimento radial, μ), os coeficientes a_0 e a_i são os parâmetros estimados, e X_i e X_j são as variáveis independentes ou de entrada (por exemplo, a_w e temperatura). O MPSR de segunda ordem foi aplicado por Silva *et al.* (2010) com a finalidade de avaliar o comportamento de *Aspergillus* section *Nigri* IOC 4573 em néctar de manga sob a influência da temperatura e pH.

Baseado na equação do MPSR, Gibson *et al.* (1994) desenvolveram um dos primeiros modelos dedicados especificamente ao crescimento fúngico, onde se descreve o efeito da a_w sob velocidade de crescimento radial (μ). A equação é a seguinte:

$$\ln(\mu) = a_0 + a_1 \,.\, \sqrt[2]{1 - a_w} + a_2 \,.\, (1 - a_w)$$

onde μ é a velocidade de crescimento radial, a_0, a_1 e a_2 são as constantes a serem estimadas e a_w é a atividade de água.

19.7 FUTURO DA MICOLOGIA PREDITIVA

A união dos modelos cinéticos da micologia preditiva com a modelagem matemática integrada à engenheira de processos é um campo promissor para o melhoramento da segurança alimentar e para avaliar a deterioração de alimentos. Isso foi demostrado por Silva, Tessaro e Marczak (2014), quando estudaram e modelaram o processo de resfriamento evaporativo, o efeito da velocidade do ar de refrigeração e a temperatura inicial do produto sob o tempo em que *Byssochlamys fulva* deteriora a polpa de mamão armazenada (SILVA; TESSARO; MARCZAK, 2013).

Por outro lado, existe uma forte tendência para gerar modelos em nível molecular, os quais permitirão modelar a expressão dos genes e as relações metabólicas. Esses trabalhos atualmente estão focados nas bactérias, mas dentro de pouco tempo serão desenvolvidos para os fungos (PIN; METRIS; BARANYI, 2013).

REFERÊNCIAS BIBLIOGRÁFICAS

BAGLIONI, F. **Estudo da ocorrência de fungos filamentosos termo-resistentes em polpa de tomate envasada assepticamente**. 1998. 107 p. Dissertação (Mestrado em Ciência dos Alimentos) – Faculdade de Engenharia de Alimentos, Universidade Estadual de Campinas, Campinas, 1998.

BARANYI, J.; TAMPLIN, M. L. ComBase: a common database on microbial responses to food environments. **Journal of Food Protection**, Des Moines, v. 67, p. 1967-1971, 2004.

BUCHANAN, R. L. Using spreadsheet software for predictive microbiology applications. **Journal of Food Safety**, Trumbull, v. 11, p. 123-134, 1991.

BUCHANAN, R. L. Predictive microbiology: mathematical modeling of microbial growth in foods. *In*: FINLEY, J. W.; ROBINSON, S. F.; ARMSTRONG, D. J. (ed.). **Food safety assessment**. Washington, DC: American Chemical Society, 1992. p. 250-260.

BURGAIN, A.; BENSOUSSAN, M.; DANTIGNY, P. Effect of inoculum size and water activity on the time to visible growth of *Penicillium chrysogenum* colony. **International Journal of Food Microbiology**, Amsterdam, v. 163, p. 180-183, 2013.

DAGNAS, S.; MEMBRÉ J-M. Predicting and preventing mold spoilage of food products. **Journal of Food Protection**, Des Moines, v. 76, p. 538-551, 2013.

DANTIGNY, P. Predictive mycology. *In*: McKELLAR, R. C.; LU, X. (ed.). **Modeling microbial responses in foods**. Boca Raton: CRC Press LLC, 2004. p. 313-320.

DANTIGNY, P.; BENSOUSSAN, M. Introduction to predictive mycology. *In*: DANTIGNY, P.; PANAGOU, E. Z. (ed.). **Predictive mycology**. New York: Nova Biomedical, 2013. p. 1-26.

DANTIGNY, P.; GUILMART, A.; BENSOUSSAN, M. Predictive mycology: some definitions. **Cryptogamie, Mycologie**, Paris, v. 24, p. 377-383, 2003.

DANTIGNY, P.; GUILMART, A.; BENSOUSSAN, M. Basis of predictive mycology. **International Journal of Food Microbiology**, Amsterdam, v. 100, p. 187-196, 2005.

DANTIGNY, P.; NANGUY, S. P-M. Significance of the physiological state of fungal spores. **International Journal of Food Microbiology**, Amsterdam, v. 134, p. 16-20, 2009.

DANTIGNY, P. *et al.* Standardisation of methods for assessing mould germination: a workshop report. **International Journal of Food Microbiology**, Amsterdam, v. 108, p. 286-291, 2006.

DANTIGNY, P. *et al.* A new model for germination of fungi. **International Journal of Food Microbiology**, Amsterdam, v. 146, p. 176-181, 2011.

DAO, T. *et al.* Inactivation of conidia of *Penicillium chrysogenum*, *P. digitatum* and *P. italicum* by ethanol solutions and vapours. **International Journal of Food Microbiology**, Amsterdam, v. 122, p. 68-73, 2008.

DIJKSTERHUIS, J. *et al.* Primary models for inactivation and activation of fungal spores. *In*: DANTIGNY, P.; PANAGOU, E. Z. (ed.). **Predictive mycology**. New York: Nova Biomedical, 2013. p. 131-152.

GIBSON, A. M.; HOCKING, A. D. Advances in the predictive modelling of fungal growth in food. **Trends in Food Science & Technology**, Cambridge, v. 8, p. 353-358, 1997.

GIBSON, A. M. *et al.* Predicting fungal growth: the effect of water activity on *Aspergillus flavus* and related species. **International Journal of Food Microbiology**, Amsterdam, v. 23, p. 419-431, 1994.

GOUGOULI, M. *et al.* Development and application of predictive models for fungal growth as tools to improve quality control in yogurt production. **Food Microbiology**, London, v. 28, p. 1453-1462, 2011.

GOUGOULI, M.; KOUTSOUMANIS, K. P. Relation between germination and mycelium growth of individual fungal spores. **International Journal of Food Microbiology**, Amsterdam, v. 161, p. 231-239, 2013.

GUEDES, R. O.; SILVA, A. R.; MASSAGUER, P. R. Predictive modeling to determine the time for deterioration of single strength orange juice, pH 4. *In*: TENENHAUS-AZIZA, F.; ELLOUZE, M. (ed.). 8th **ICPMF – Predictive microbiology in food**: Today's tools to meet stakeholders' expectations: proceedings. Paris: CNIEL; IFIP, 2013. p. 132-134.

HORNER, K. J.; ANAGNOSTOPOULOS, G. D. Combined effects of water activity, pH and temperature on the growth and spoilage potential of fungi. **Journal of Applied Bacteriology**, London, v. 36, p. 427-436, 1973.

JUDET, D. *et al.* Distributions of the growth rate of the germ tubes and germination time of *Penicillium chrysogenum* conidia depend on water activity. **Food Microbiology**, London, v. 25, p. 902-907, 2008.

LEAL, P. A. **Modelagem preditiva de crescimento de** Neosartorya fischeri **e** Byssochlamys nivea **em sucos de frutas**. 2007. 232 p. Dissertação (Mestrado em Engenharia de Alimentos) – Universidade Federal de Santa Catarina, Florianópolis, 2007.

LONGHI, D. A. *et al.* Modeling the growth of *Byssochlamys fulva* on solidified apple juice at different temperatures. **Brazilian Archives of Biology and Technology**, Curitiba, v. 57, p. 971-978, Dec. 2014.

MASSAGUER, P. R.; RODRIGUES JÚNIOR, S. Microbiologia preditiva: revisão. *In*: BASTOS, M. S. R. (org.). **Ferramentas da ciência e tecnologia para a segurança dos**

alimentos. Fortaleza: Embrapa Agroindústria Tropical, 2008. p. 301-334.

MEMBRÉ, J.-M.; DAGNAS, S. Modeling microbial responses: application to food spoilage. *In*: MEMBRÉ, J.-M.; VALDRAMIDIS, V. (ed.). **Modeling in food microbiology**: from predictive microbiology to exposure assessment. Great Britain: ISTE Press and Elsevier, 2016. p. 33-60.

PIN, C.; METRIS, A.; BARANYI, J. Next generation of predictive models. *In*: SOFOS, J. (ed.). **Advances in microbial food safety**. Cambridge: Woodhead Publishing Limited, 2013. v. 1, p. 498-515.

RAMOS, F. **Modelamiento del deterioro de la bebida isotónica sabor mandarina causado por** Fusarium oxysporum, **usando el modelo logístico de la microbiología predictiva**. 2014. 141 p. Tesis (Título Profesional de Químico Farmacéutico) – Facultad de Farmacia y Bioquímica, Universidad Nacional Mayor de San Marcos, Lima, 2014.

ROSS, T.; McMEEKIN, T. A. Predictive Microbiology. **International Journal of Food Microbiology**, Amsterdam, v. 23, p. 241-264, 1994.

ROSSO, L.; ROBINSON, T. P. A cardinal model to describe the effect of water activity on the growth of moulds. **International Journal of Food Microbiology**, Amsterdam, v. 63, p. 265-273, 2001.

SANT'ANA, A. S. *et al.* Use of a logistic model to assess spoilage by *Byssochlamys fulva* in clarified apple juice. **International Journal of Food Microbiology**, Amsterdam, v. 137, p. 299-302, 2010.

SILVA, P. R. S. **Estudo da cinética de crescimento de** Byssochlamys fulva **em polpa de mamão**: uma abordagem integrada com fenômenos de transferência de calor. 2013. 214 p. Tese (Doutorado em Engenharia) – Departamento de Engenharia Química, Universidade Federal do Rio Grande do Sul, Porto Alegre, 2013.

SILVA, A. R.; SANT'ANA, A. S.; MASSAGUER, P. R. Modelling the lag time and growth rate of *Aspergillus* section *Nigri* IOC 4573 in mango nectar as a function of temperature and pH. **Journal of Applied Microbiology**, Oxford, v. 109, p. 1105-1116, 2010.

SILVA, P. R. S.; TESSARO, I. C.; MARCZAK, L. D. F. Integrating a kinetic microbial model with a heat transfer model to predict *Byssochlamys fulva* growth in refrigerated papaya pulp. **Journal of Food Engineering**, London, v. 118, p. 279-288, 2013.

SILVA, P. R. S.; TESSARO, I. C.; MARCZAK, L. D. F. Modeling and simulation of *Byssochlamys fulva* growth on papaya pulp subjected to evaporative cooling. **Chemical Engineering Science**, New York, v. 114, p. 134-143, 2014.

SLONGO, A. P. **Estudo da influência de diferentes fatores na termorresistência do fungo** Neosartorya fischeri **em sucos tropicais**. 2004. 141 p. Dissertação (Mestrado em Engenharia de Alimentos) – Universidade Federal de Santa Catarina, Florianópolis, 2004.

TANIWAKI, M. H. *et al.* Comparison of hyphal length, ergosterol, mycelium dry weight, and colony diameter for quantifying growth of fungi from foods. *In*: HOCKING, A. D. *et al.* (ed.). **Advances in food mycology**: advances in experimental medicine biology. New York: Springer Science + Business Media Inc., 2006. v. 571, p. 49-67.

TOURNAS, V. Heat-resistant fungi of importance to the food and beverage industry. **Critical Reviews in Microbiology**, Boca Raton, v. 20, p. 243-263, 1994.

TREMARIN, A. **Modelagem matemática do crescimento de** Byssochlamys fulva **e** Neosartorya fischeri **em suco de maçã solidificado sob condições isotérmicas e não isotérmicas**. 2013. 217 p. Tese (Doutorado em Engenharia de Alimentos) – Universidade Federal de Santa Catarina, Florianópolis, 2013.

TREMARIN, A. *et al.* Modeling the growth of *Byssochlamys fulva* e *Neosartorya fischeri* on solidified apple juice by measuring colony diameter and ergosterol content. **International Journal of Food Microbiology**, Amsterdam, v. 193, p. 23-28, 2015.

WELKE, J. E. *et al.* Ocorrência de fungos termorresistentes em suco de maçã. **Brazilian Journal of Food Technology**, Campinas, II SSA, p. 78-83, jan. 2009.

ZIMMERMANN, M.; MASSAGUER, P. R.; ARAGÃO, G. M. F. *Byssochlamys nivea* growth in papaya juice as influenced by water activity and ascospore age. **Focusing on Modern Food Industry** Hong Kong, v. 2, p. 17-25, 2013.

ZIMMERMANN, M. *et al.* Modeling the influence of water activity and ascospore age on the growth of *Nesoartorya fischeri* in pineapple juice. **LWT – Food Science and Technology**, London, v. 44, p. 239-243, 2011a.

ZIMMERMANN, M. *et al.* Growth of *Byssochlamys nivea* in pineapple juice under the effect of water activity and ascospore age. **Brazilian Journal of Microbiology**, São Paulo, v. 42, p. 203-210, 2011b.

20

A qualidade de destilados de cana-de-açúcar

ALEXANDRE ATAÍDE DA SILVA
CARLOS ALEXANDRE GALINARO
DANIEL RODRIGUES CARDOSO
BENEDITO DOS SANTOS LIMA NETO
DOUGLAS WAGNER FRANCO

20.1 AGUARDENTE E RUM

20.1.1 Legislação e aspectos gerais

Assim como a aguardente de cana, a cachaça, bebida tipicamente produzida no Brasil, é um destilado obtido a partir do mosto fermentado do caldo de cana-de-açúcar. Ambos os destilados têm sua produção regulamentada pela mesma instrução normativa (BRASIL, 2005) e diferem entre si apenas com relação às suas respectivas graduações alcoólicas. Assim, toda cachaça (38-48% v/v) é uma aguardente de cana (38-54% v/v), porém, nem toda aguardente de cana é uma cachaça. Como o conjunto aguardente de cana compreende o conjunto cachaça, no transcorrer deste texto, a bebida destilada do caldo de cana fermentado será tratada como aguardente de cana-de-açúcar, ou simplesmente aguardente, visando facilitar a leitura.

No decorrer das últimas duas décadas, é nítida a evolução da qualidade dos destilados derivados da cana-de-açúcar, procurando atingir parâmetros que possam garantir ao consumidor um produto que obedeça aos requisitos mínimos de qualidade e de segurança alimentar tanto no âmbito nacional quanto internacional. Embora modestos, esses avanços na qualidade do produto só foram possíveis por meio de esforços e envolvimento de diferentes setores (governo, produtores, comerciantes, pesquisadores, degustadores e consumidores, entre outros), participando direta ou indiretamente da cadeia produtiva da aguardente de cana-de-açúcar.

Nos primeiros decretos relativos à aguardente de cana-de-açúcar, datados dos anos 1970, a inexistência de parâmetros físico-químicos condicionava o produto somente ao controle das condições sanitárias nos locais de sua produção e na sua forma de comercialização (BRASIL, 1972).

Em 1996, foram efetuados os primeiros ensaios químicos da aguardente de cana, procurando verificar eventuais contaminações e ou adulterações (BRASIL, 2010). As principais contaminações previstas são por altos teores de metanol, caramelo e íons cúpricos (LIMA-NETO, 1994; NAGATO, 2001). A principal adulteração é a adição de água com a consequente diminuição do teor de etanol, ficando este abaixo do exigido (NAGATO, 2001).

A aceitação cada vez maior da bebida no mercado externo estimulou discussões sobre a necessidade de padrões de referência mais atuais e mais bem definidos para o controle da sua qualidade química. Em meados dos anos 1990, o redescobrimento da cachaça como patrimônio nacional ganhou força, e medidas legislativas foram tomadas por parte do governo brasileiro para garantir sua origem e denominação (BRASIL, 2001). Visando fortalecer, valorizar e a aumentar a penetração da bebida no mercado externo, foi criado, em 1997, o Programa Brasileiro de Desenvolvimento da Cachaça (PBDAC), reunindo produtores interessados em mudar a imagem da aguardente no Brasil e a sua divulgação no exterior (ABRABE, 2010). Em 2001, o Decreto nº 4.062, assinado pelo então presidente Fernando Henrique Cardoso, definiu: "O uso das expressões 'cachaça', 'Brasil' e 'cachaça do Brasil' somente é restrito a produtores estabelecidos no país". A Instrução Normativa nº 13, marco para a produção de aguardente de cana-de-açúcar no país (BRASIL, 2005), foi então aprovada, fixando padrões de identidade e de qualidade para a aguardente de cana-de-açúcar e para a cachaça.

Embora o atual formato da legislação brasileira represente um avanço para a produção de aguardente de cana-de-açúcar, muito ainda deve se desenvolver, considerando o avanço do conhecimento sobre a composição da química da bebida. Itens que constituem ou podem vir a constituir barreiras à entrada do produto no mercado exterior, e cujo controle no passado era visto como ameaça a toda cadeia produtiva da aguardente de cana-de-açúcar, por exemplo, carbamato de etila, hoje estão desmistificados. Esta desmistificação se deve graças ao avanço do conhecimento técnico-científico, que propiciou melhor controle nos processos produtivos, em especial os de fermentação e de destilação. Para algumas classes de compostos, os parâmetros de qualidade, embora não oficialmente estabelecidos, são assuntos de discussões.

As questões relacionadas aos efeitos diretos e indiretos sobre a saúde do consumidor implicam a necessidade de se apresentar ao mercado um produto com controle sobre toda sua cadeia produtiva e com uma abordagem que considere também as questões socioambientais. Vale reforçar que tanto o atual modelo de registro da bebida no Ministério da Agricultura (Mapa) quanto o modelo para a certificação (INMETRO, 2005) da aguardente de cana-de-açúcar ainda não podem ser considerados satisfatório. Estes apresentam pontos passíveis de crítica, com respeito ao número de compostos analisados, aos procedimentos operacionais e até ao fato de a adesão ao processo de certificação da bebida ser facultativa ao produtor. Por exemplo, o fato de o produtor encaminhar aos órgãos reguladores de conformidade (Mapa) amostras por ele mesmo coletadas suscita discussões sobre a representatividade, adequação da coleta e armazenamento, e mesmo a autenticidade do destilado analisado, uma vez que falsificações e adulterações passariam despercebidas. Uma coleta feita *in situ* pelos órgãos responsáveis seria mais eficiente, propiciando a oportunidade de um maior contato entre produtores e representantes da entidade fiscalizadora, contribuindo, portanto, para uma mais eficiente orientação ao próprio produtor. Devido ao grande volume de produção do destilado, se faz necessária a existência de profissionais competentes em número suficiente e a disponibilidade de instrumentação adequada para realização dos ensaios químicos.

O rum, assim como a aguardente de cana-de-açúcar e a cachaça, é obtido a partir da cana-de-açúcar. De acordo com a Norma Cubana 113:200 (CUBA, 2003), o rum é definido como uma bebida alcoólica, produzida principalmente no Caribe (Cuba, Panamá, Porto Rico) a partir da destilação (processo contínuo ou em batelada) do melaço de cana-de-açúcar fermentado. O melaço é resultante da etapa de centrifugação ou de decantação no processo de fabricação de açúcar, contendo cerca de 50% de açúcar e concentrações significativas de minerais, íons e moléculas que contribuem para o seu sabor final.

No Brasil, a legislação (BRASIL, 2002) define o rum (*rhum* ou *ron*) como uma bebida obtida do destilado alcoólico simples de melaço, ou da mistura dos destilados de caldo de cana-de-açúcar e de melaço, envelhecidos, total ou parcialmente, em recipiente de carvalho ou madeira equivalente, conservando suas características sensoriais peculiares. Uma definição precisa destas características não existe.

O rum recebe a denominação de rum leve (*light rum*) quando o coeficiente de congêneres da bebida for inferior a 200 mg 100 mL A.A.$^{-1}$ (miligramas por cem mililitros de álcool anidro); rum pesado (*heavy rum*) quando o coeficiente de congêneres da bebida for de 200 a 500 mg 100 mL A.A.$^{-1}$; e rum envelhecido (ou rum velho) quando for envelhecido por um período mínimo de dois anos (BRASIL, 2002).

Já a legislação cubana estabelece que o rum, com destino à exportação e ao mercado nacional, é toda bebida alcoólica, com aroma e sabor característico, obtida pela mistura e do envelhecimento de aguardente de cana-de-açúcar e álcool obtidos a partir do melaço e/ou suco de cana-de-açúcar (CUBA, 2003).

Além de Cuba, outros países do Caribe (Nicarágua, Honduras, Panamá, Jamaica, Haiti) são tradicionais produtores de rum e possuem seus próprios padrões de qualidade, que não diferem significativamente dos definidos pela legislação cubana, país tradicionalmente associado a esta bebida. A Tabela 20.1 apresenta alguns parâmetros estabelecidos pelas legislações brasileira, cubana e nicaraguense para o rum.

Tabela 20.1 Composição estabelecida pela legislação brasileira (BRASIL, 2002), pela legislação cubana (CUBA, 2003) e pela legislação nicaraguense (NICARAGUA, 2000). Limites máximos dos componentes analisados em rum.

Componentes analisados	Rum Brasil	Rum Cuba	Rum Nicarágua
Açúcar[a]	6,0	–	–
Teor alcoólico[b]	35 – 54	32 – 40,8	34
Coeficiente de Congêneres[c]	40 ≤ 500	–	–
Acidez volátil[c]	–	100	200
Ésteres totais[c]	–	90	1,0
Aldeídos totais[c]	–	30	50
Alcoóis superiores[c]	–	400	400
Metanol[c]	–	10	30
*Aldeídos furânicos[c]	–	–	4,0
Taninos[c]	–	–	60
Cobre[d]	–	–	1,0
Ferro[d]	–	–	8,0
Chumbo[d]	–	–	0,2
Arsênio[d]	–	–	0,1
Zinco[d]	–	–	0,1

[a] g L^{-1}; [b] % volume a 20 °C; [c] mg 100 mL $A.A.^{-1}$, furfural; [d] mg L^{-1}, * corresponde a soma de furfuraldeído + 5-hidroximetil.

20.2 RUM E AGUARDENTE DE CANA-DE-AÇÚCAR: SUA DIFERENCIAÇÃO

Devido à internacionalização da aguardente de cana-de-açúcar, surgiram algumas confusões sobre a identidade da aguardente de cana-de-açúcar e do rum.

A presença de compostos voláteis, como alcoóis, ésteres, ácidos carboxílicos, aldeídos, cetonas, polifenóis, e compostos não voláteis, como íons metálicos, tem sua origem na matéria-prima, nas condições de fermentação e de destilação. O processo de envelhecimento também contribui para definir a composição do destilado, portanto fornecendo elementos para a sua diferenciação (ANDRADE-SOBRINHO, 2008; CARDOSO, 2004a; SOUZA, 2006; SAMPAIO, 2008).

Em função das diferentes características da matéria-prima utilizada na produção dessas bebidas, foi possível, por meio de análises químicas e de tratamento dos resultados por métodos estatísticos, estabelecer uma diferenciação entre esses dois destilados (ANDRADE-SOBRINHO, 2008; SOUZA, 2007a).

No caso do rum caribenho, o processo de destilação é utilizado para distinguir dois tipos de rum: rum pesado, que geralmente é produzido em batelada ou pela dupla destilação em coluna; enquanto o rum leve é normalmente produzido por meio de uma destilação contínua. Para a aguardente de cana-de-açúcar produzida em território brasileiro, a destilação pode ser realizada tanto em alambique (processo em batelada) quanto em coluna (processo contínuo) (LIMA, 1999).

Como a exportação de aguardente vem aumentando ao longo dos anos, o conhecimento da cachaça como bebida típica do Brasil, portanto distinta do rum, vem satisfazer a uma aspiração dos produtores brasileiros (ANDRADE-SOBRINHO, 2008; CARDOSO, 2004a; RECHE, 2009).

A primeira diferenciação entre aguardente e rum foi descrita com base nos resultados de suas respectivas concentrações de ácido protocatecuico, propanol, isobutanol, isopentanol, manganês, magnésio e cobre, devidamente tratados por análise quimiométria: análise de componentes principais (*Principal Component Analysis, PCA*), análise hierárquica de agrupamentos (*Hierarchical Cluster Analysis, HCA*), e k-ésimo vizinho mais próximo de K (*K-nearest neighbour, KNN*). A metodologia descrita foi eficaz para diferenciar com precisão amostras de aguardente de cana-de-açúcar e de rum. Nesse trabalho, a *PCA* explicou 77% do banco de dados iniciais, a análise por *HCA* apresentou 0% de similaridade entre os dois destilados, enquanto a KNN classificou com 100% de acertos a natureza das amostras "cegas" de ambos os destilados (CARDOSO, 2004a).

Esta diferenciação também foi confirmada aplicando-se a análise discriminante dos mínimos quadrados parciais (*Partial Least Square Discriminant Analysis, PLS-DA*) considerando-se os valores de concentrações de isopentanol, ácido octanoico, ácido protocatecuico, campferol, epicatequina e íons de cobre (ANDRADE-SOBRINHO, 2008).

Uma ilustração da diferenciação entre aguardente e rum pode ser observada na Figura 20.1 que apresenta o gráfico de *scores* da *PCA* para variáveis: protocatequina, propanol, isobutanol, isopentanol, cobre, manganês e magnésio.

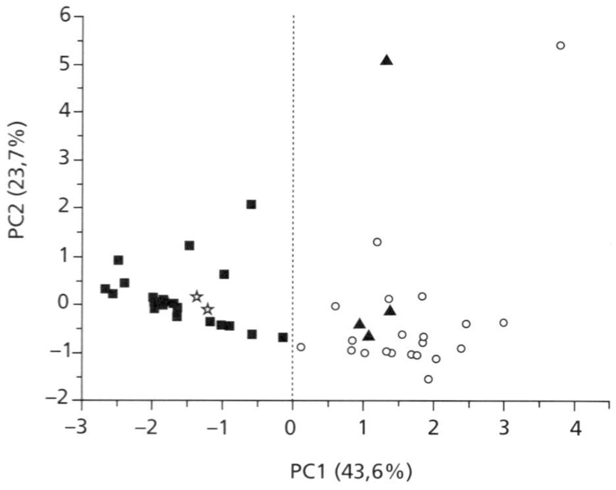

Figura 20.1 Gráfico de *pontuação* (*scores*) do modelo quimiométrico da *PCA* para amostras de aguardente (○), de rum (■) e amostras cegas ao modelo quimiométrico: aguardente (▲) e rum (✧).

Observa-se na Figura 20.1 que as amostras de aguardente (○) apresentaram valores positivos no eixo da *PC1*, enquanto as amostras de rum (■) apresentaram valores negativos. Amostras cegas ao modelo de aguardente (▲) e rum (✧) foram inseridas com o objetivo de verificar sua eficiência. Estas foram distribuídas corretamente pelo modelo de *PCA* de acordo com a sua origem.

Considerando-se que a aguardente e o rum são bebidas destiladas, derivadas da cana-de-açúcar, é de se esperar que ambas apresentem semelhanças sensoriais, o que dificulta a utilização de análise sensorial para a sua distinção inequívoca. Os resultados analíticos para aromas em amostras de aguardente e rum, via cromatografia gasosa acoplada a um olfatômetro (*Gas Chromatography Olfactometry – GCO*), foram comparados, e os padrões identificados associados aos dados da análise sensorial descritiva (*Descriptive Sensory Analysis – DSA*). Os dados de *GCO* para os compostos com aroma de maçã (β-damascenona, butirato de etila, isobutirato, e 2-metilbutirato) apresentaram intensidades semelhantes tanto na aguardente quanto no rum, enquanto o eugenol, 4-ethylguaiacol, e 2,4-nonadienal estão muito mais presentes na aguardente (SOUZA, 2006).

A utilização da cromatografia gasosa por infusão direta e ionização por *electrospray* no modo negativo (*GC-ESI(-)MS*), para obtenção dos espectros de massas das amostras de destilados e seu tratamento utilizando a análise quimiométrica (*PCA* e a *HCA*), também permitiu diferenciar aguardentes artesanais brasileiras (envelhecidas em tonéis de amburana e de jequitibá) de amostras de runs comerciais envelhecidas em tonéis de carvalho (SOUZA, 2007b).

20.3 CONGÊNERES, CONTAMINANTES E ADITIVOS

20.3.1 Congêneres

Organolepticamente, a aguardente de cana, como as demais bebidas fermento-destiladas, é caracterizada pela presença de uma pequena fração de metabólitos secundários (aproximadamente 1% da composição) provenientes do processo fermentativo e/ou da destilação. Essas espécies são denominadas "congêneres" (NONATO, 2001). Entre esses compostos destacam-se os ácidos carboxílicos, álcoois superiores, ésteres, aldeídos, cetonas, compostos nitrogenados e sulfurados. O conjunto destes compostos caracterizam o *bouquet* da bebida (LEHTONEN, 1983).

A presença dos congêneres na aguardente é controlada pelo Ministério da Agricultura, Pecuária e Abastecimento – Mapa (BRASIL, 2005), que estabelece limites para o "coeficiente de congêneres". Este coeficiente é definido como a soma total da acidez volátil (expressa em ácido acético), dos aldeídos (em acetaldeído), ésteres totais (em acetato de etila), álcoois superiores (pela soma do álcool n-propílico, álcool isobutílico e álcoois isoamílicos), somando-se a isto os teores de furfural e 5-hidroximetilfurfural. A somatória das concentrações desses compostos (conteúdo total) não pode ser inferior a 200 mg 100 mL^{-1} e não superior a 650 mg 100 mL^{-1} de álcool anidro. Alguns compostos secundários, embora apresentem a mesma congeneridade (metanol, carbamato de etila, 1-butanol, 2-butanol) são classificados como contaminantes orgânicos e têm seus teores controlados pela legislação (BRASIL, 2005). O termo contaminante é atribuído com base na toxicidade apresentada por esses compostos com prejuízos à saúde previsíveis (USA, 1992). O conhecimento da composição química de séries homólogas, como álcoois superiores (BOSCOLO, 2000; NASCIMENTO, 1997), compostos carbonílicos (NASCIMENTO, 1997; NASCIMENTO, 1998a; NASCIMENTO, 2008), bases nitrogenadas (POLASTRO, 2001) e sulfurados (CARDOSO, 2004b), progrediu muito na última década. Este conhecimento não implicou meramente no conhecimento descritivo, do perfil qualitativo e quantitativo, mas, também, na compreensão da importância e da relevância de cada um destes compostos na qualidade do produto final. Conhecer sensorialmente o potencial de cada um dos compostos do *bouquet* e seus respectivos limites de percepção (*threshold*) é fundamental para estabelecer futuros parâmetros para o controle da qualidade da aguardente. Nesse âmbito, a associação da análise química com a análise sensorial é essencial.

A legislação atual (BRASIL, 2005) limita-se a controlar somente os compostos secundários majoritários. O monitoramento de outros compostos que podem constituir valiosos indicadores da condução dos processos de fermentação e de destilação ainda não mereceu a devida atenção. Assim, como exemplo, não é efetuado o controle da presença de certos ácidos carboxílicos, como ácido pirúvico, lático, oxálico e málico, embora reconhecidamente os teores dessas substâncias possam indicar contaminações durante o processo fermentativo (SERAFIM, 2010).

Os ésteres, presentes nas bebidas destiladas, são provenientes de duas fontes distintas: os ésteres alifáticos, como o acetato de etila e o butanoato de etila, originam-se durante a fermentação alcoólica por intermédio do metabolismo secundário intracelular das leveduras; e os ésteres originários da interconversão dos compostos fenólicos, como o siringato de etila, o vanilato de etila, o homovanilato de metila e o siringato de metila, são consequência de sua extração da madeira durante o processo de envelhecimento. O conhecimento do perfil qualitativo e quantitativo destes pode ser de grande relevância para melhor entender o processo de envelhecimento e as características químicas das bebidas envelhecidas em tonéis de madeiras diferentes (MOSEDALE, 1998).

A presença do éster lactato de etila, o segundo éster mais abundante na aguardente, está relacionada com a contaminação do mosto por bactérias (*Lactobacillus spp.*) responsáveis pela fermentação láctica, favorecida pelo controle deficiente da fermentação alcoólica e da temperatura (NASCIMENTO, 2008). A origem dessas bactérias no mosto está associada à própria matéria-prima (cana-de-açúcar e água), ao fermento (leveduras) e às condições de produção da bebida (processamento). Assim, o lactato de etila, a exemplo dos ácidos orgânicos anteriormente mencionados, constitui um valioso indicador da qualidade do processo fermentativo.

O Mapa sugere a determinação do teor total de ésteres expressos em acetato de etila por duas técnicas (BRASIL, 2005). A primeira é baseada na técnica volumétrica e envolve a titulação dos ésteres totais após sua hidrólise em meio alcalino. A segunda é via cromatografia gasosa, utilizando detector de ionização em chama, mas monitorando apenas o acetato de etila. Aplicando-se a primeira técnica, obtêm-se a soma dos ésteres totais. Isso não ocorre quando o segundo procedimento é utilizado, pois o lactato de etila, apesar de facilmente identificado no cromatograma, não é analisado (NASCIMENTO, 2009). Convém lembrar que o lactato de etila representa mais de um quarto do total de ésteres presentes nas aguardentes, portanto sua contribuição à fração de ésteres totais não deve ser negligenciada (NASCIMENTO, 2008).

Outro exemplo diz respeito às metodologias oficiais para a determinação de aldeídos totais, ácidos totais e furfural. Resultados de análises cromatográficas indicam que a análise do teor de furfural pelo método oficial não conduz a resultados confiáveis quando as amostras são coloridas (NASCIMENTO, 1998b). O seu emprego em amostras alcoólicas incolores é viável, mas no caso dos uísques ou de aguardentes contendo caramelo, ou envelhecidas em tonéis de madeira, há a necessidade de descoloração das amostras. Esta operação é desnecessária quando se utiliza a cromatografia líquida de alta eficiência (BOSCOLO, 2002). Esta última metodologia também permite determinar furfural com sensibilidade (0,01 mg L^{-1}) superior à apresentada pelo método oficial (1,0 mg L^{-1}). Além de uma sensibilidade superior comparativamente às metodologias oficiais utilizadas, as técnicas cromatográficas são de grande relevância, pois permitem a especiação dos compostos das classes químicas. Isto é importante, pois as propriedades químicas e toxicológicas não são as mesmas para todos os membros de uma mesma série homóloga. Assim, torna-se evidente que detalhes sobre o perfil qualitativo e quantitativo da composição química da aguardente são fundamentais para avanços na tecnologia de produção e, portanto, agregando valor ao produto.

Um exemplo de como o conhecimento em maior profundidade pode ser benéfico relaciona-se com a presença de aldeídos. A toxicidade relacionada aos aldeídos é amplamente conhecida e sua presença em bebidas alcoólicas é frequentemente relacionada à náusea, vômito, diminuição da pressão sanguínea, aceleração cardíaca e dor de cabeça (LABIANCA, 1974).

O acetaldeído na presença de alcoóis reage com o grupo amina de nucleosídeos para produzir acetais misto [-NH-CH-(CH_3)OR], levando à modificação dos ácidos nucleicos que reconhecidamente aumenta o risco de câncer de mama em mulheres (CONRAT, 1988). A aguardente de cana-de-açúcar já foi alvo de críticas, devido a seus teores de aldeídos. Estudo comparativo sobre a composição e os teores desses compostos mostrou que a bebida nacional apresenta um teor total inferior ao de outras bebidas destiladas importadas (Tabela 20.2). Isso pode estar relacionado com o maior tempo de envelhecimento que estas últimas apresentam. É reconhecido que os teores de aldeídos aumentam durante o período de envelhecimento em função da ocorrência de processos redox na bebida (PUPUTTI, 1986). Portanto, a afirmação de que a aguardente causa ressacas e mal-estar devido ao seu elevado teor de aldeídos, não se justifica com base nas análises químicas comparativas já realizadas (NASCIMENTO, 1997).

Tabela 20.2 Concentrações médias dos aldeídos analisados em diferentes bebidas destiladas (mg 100 mL de A.A.$^{-1}$).

Bebida	Formal[a]	Acetal[b]	Acroleína[c]	Furfu[d]	HMF[e]	Benzal[f]	Isoval[g]	Soma
Aguardente comercial	0,108	7,85	0,0671	0,148	0,321	0,0834	0,0931	8,67
Aguardente artesanal	0,186	11,2	0,139	0,339	0,564	0,169	0,0401	12,6
Outras bebidas*	0,256	12,4	0,132	0,630	1,26	2,95	1,16	18,8
Uísque	0,354	11,5	0,364	1,08	0,618	0,120	0,0681	14,1

[a] formaldeído; [b] acetaldeído; [c] acroleína; [d] furfuraldeído, [e] 5-hidroxi-metil-furfuraldeído; [f] benzaldeído, [g] isovaleraldeído,
*graspa, tequila, rum, conhaque, vodca.

Fonte: Nascimento (1997).

20.3.2 Contaminantes

20.3.2.1 Carbamato de etila ($C_2H_5COONH_2$)

A uretana ou carbamato de etila (CE) merece destaque especial. Trata-se de uma substância com reconhecido potencial carcinogênico, anteriormente utilizada como hipnótico, anestésico e também como cossolvente em algumas sínteses de fármacos (EUROPA, 2007; UTHURRY, 2006; WEBER, 2009). Em testes de toxicidade em animais, foi comprovado ser causador de edemas pulmonares, papilomas de pele, linfomas malignos, hepatomas, carcinomas mamários, tumores de ovário, hemangiomas hepáticos, tumores melanóticos de pele e de íris, entre tantos outros (LACHENMEIER, 2010; NÓBREGA, 2009; WEBER, 2009). O carbamato de etila está naturalmente presente em alimentos fermentados (queijos, iogurtes, molhos de soja, pães) e em bebidas alcoólicas (vinhos, saquê, uísque, aguardente, vodca, rum, cerveja, cidras) (BRUNO, 2007; LACHENMEIER, 2010; MADRERA, 2009; NÓBREGA, 2009; WEBER, 2009). A sua formação e os seus precursores em alimentos e bebidas dependem do tipo e da maneira pelos quais estes são processados (EUROPA, 2007; UTHURRY, 2006; WEBER, 2009).

Em vinhos, a presença de CE está relacionada com o tipo de levedura e com os subprodutos do seu metabolismo secundário (LACHENMEIER, 2010; UTHURRY, 2006). Experimentos com soluções-modelo de vinho fortificados demonstraram que a ureia utilizada como nutriente durante a fermentação ou oriunda de leveduras (degradada pela *Saccharomyces cerevisae,* leva à formação de amônia), a citrulina (sua degradação leva à formação da arginina, que é um dos principais aminoácidos encontrados na uva) e N-carbamil fosfatos (oriundos da levedura) são os principais precursores do CE. Estes compostos, por reação com o etanol, levam à formação de CE (HASNIP, 2004; MADRERA, 2009; MONTEIRO, 1989). Em bebidas destiladas, como uísque, vodca e destilados de fruta com caroço (*stone-fruit brandies*), apenas uma pequena fração da uretana (ponto de ebulição de 182-184 °C) presente na fermentação é incorporada ao destilado final (EUROPA, 2007; MADRERA, 2009).

O íon cianeto é relatado como o principal precursor de CE (EUROPA, 2007; LACHENMEIER, 2005; MADRERA, 2009; RIFFKIN, 1989; UTHURRY, 2006). Cianeto (CN^-) é o ânion do ácido cianídrico (HCN). É formado quando glicosídeos cianogênicos presentes em cevada, arroz, maçã, manga, mandioca e cana-de-açúcar são degradados enzimaticamente (JONES, 1998; EUROPA, 2007). Cianeto pode ser oxidado a cianato (OCN^-) e este reagir com o etanol para formar o CE (EUROPA, 2007; RIFFKIN, 1989; TAKI, 1992; UTHURRY, 2006). Estudos com soluções-modelo indicaram que o CE forma-se logo após a bebida ser destilada, estabilizando-se ao longo de dias, semanas ou meses (EUROPA, 2007; UTHURRY, 2006).

Além disso, influenciam na concentração final de CE a temperatura, a luz, a concentração de etanol, a presença de íons de cobre e de íons de ferro (ARESTA, 2001; EUROPA, 2007; LAWRENCE, 1990; MONTEIRO, 1989; RIFFKIN, 1989; UTHURRY, 2006). A gênese do CE e o seu controle em aguardente de cana ainda são temas de pesquisas.

A determinação de CE em bebidas e alimentos, embora acessível, encontra dificuldades em função dos baixos teores deste analito e também dos possíveis interferentes presentes na matriz (LACHENMEIER, 2005). Dentre os métodos mais comuns para a determinação de CE, destaca-se a cromatografia gasosa (*gas chromatography – GC*), usando detector por espectrometria de massa (*mass spectrometry – MS*), detector por condutividade térmica (*thermal conductivity detector – TCD*) ou com detector de ionização em chama (*flame ionization detector – FID*) (ANDRADE-SOBRINHO, 2002, 2009; LACHENMEIER, 2005; LAWRENCE,1990; WEBER, 2009). Adicionalmente, a análise via cromatografia líquida utilizando-se detector de fluorescência (*high-performance liquid chromatography with fluorescence – HPLC-FLD*) ou por cromatografia em camada delgada (*thin-layer chromatography – TLC*) também pode ser empregada, mas apresenta seletividade e sensibilidade limitada (JARYJ, 2008; LACHENMEIER, 2005; MADRERA, 2009).

No Laboratório para o Desenvolvimento da Química da Aguardente do Instituto de Química da Universidade de São Paulo (LDQA-IQSC-USP), nos últimos dez anos, a quantificação de carbamato de etila em aguardentes de cana, tiquira, rum e uísque é rotineiramente efetuada por cromatografia gasosa, utilizando detecção por espectrometria de massas (GC-MS) (ANDRADE-SOBRINHO, 2002, 2009).

Em 1986, o Canadá foi o primeiro país a introduzir limites máximos para a presença de carbamato de etila em uma variedade de bebidas alcoólicas (EUROPA, 2007). Outros países também resolveram controlar a presença de CE em bebidas alcoólicas e não alcoólicas. No Brasil, a presença de carbamato de etila em aguardentes é monitorada pela legislação desde 2005 (BRASIL, 2005). A Tabela 20.3 apresenta os limites de carbamato de etila estabelecidos por alguns países para cada tipo de destilado. Observa-se que o teor máximo depende do tipo de bebida.

Uma avaliação dos teores de carbamato de etila na aguardente de cana brasileira ao longo dos últimos anos (Tabela 20.4) revela o claro empenho dos produtores em melhorar a qualidade de seu produto. O limite para esse composto é de 150 µg L^{-1}, conforme preconiza a legislação brasileira (BRASIL, 2005).

Tabela 20.3 Teores de carbamato de etila (μg L⁻¹) permitidos para diferentes países para cada tipo de bebida.

País	Vinho	Vinho Fortificado[a]	Uísque	Saquê	*Brandy*	Aguardente
Canadá[b]	30	100	150	200	400	–
EUA[b]	15	60	–	–	–	–
República Tcheca[b]	30	100	150	200	400	–
França[b]	–	–	150	–	1000	–
Alemanha[b]	–	–	–	–	800	–
Suíça[b]	–	–	–	–	1000	–
Brasil[c]	–	–	–	–	–	150

[a] Vinho que teve seu teor alcoólico aumentado.

[b] EUROPA. European Food Safety Authority, The EFSA Journal, 2007, 551, 1-44.

[c] BRASIL. *Instrução Normativa* n. 13, de 29 de junho de 2005, Ministério da Agricultura Pecuária e Abastecimento; *Diário Oficial da União*, seção 1, p. 3-4, de 30/06/2005.

Os resultados da análise de 456 amostras de aguardente de cana ao longo de oito anos de análises (Tabela 20.4) revelam que é crescente a porcentagem de amostras de aguardente comerciais cujo teor de CE é inferior a 150 μg L^{-1}. Assim, é pouco provável que a inclusão de seu controle na legislação brasileira (BRASIL, 2005) iniba de alguma forma o setor produtivo; pelo contrário, percebe-se uma preocupação cada vez maior dos produtores em melhorar a qualidade da aguardente.

Tabela 20.4 Número de amostras, mediana e teor máximo da concentração de carbamato de etila (CE) em amostras de aguardente de cana analisadas entre os anos 2001 a 2009.

	Número de amostras de aguardente	Mediana [CE] (μg L^{-1})	Máximo [CE] (μg L^{-1})	% de amostras com [CE] < 150 μg L^{-1}
Comerciais 2001[a]	126	479	5690	21
Tipificação 2002[b]	108	107	1390	72
V BMCFB 2004[c]	36	108	460	67
Comerciais 2005[a]	41	163	1160	42
Comerciais 2006[a]	35	138	1670	51
VI BMCFB 2006[c]	34	85,0	646	76
VI BMCFB 2008[c]	50	132	7520	80
Comerciais 2009[a]	26	92,0	330	82
Total	456			

[a] Amostras adquiridas no comércio nos anos de 2001, 2005, 2006 e 2009; [b] Parte do projeto de tipificação da aguardente do Estado de São Paulo (Fapesp – processo n. 2001/12934) em 2002; [c] V, VI e VII *Brazilian Meeting on Chemistry of Food and Beverages* (V, VI e VII BMCFB).

20.3.2.2 Metais

Os métodos mais utilizados para a determinação de metais em aguardente envolvem o uso de voltametria de redissolução anódica (BARBEIRA, 1995), espectrometria de absorção e emissão atômica (BETTIN, 2002; CALDAS, 2009a, 2009b; LABANCA, 2006; LIMA-NETO, 1994; MIRANDA, 2010; NASCIMENTO, 1999; PENTEADO, 2009; PINTO, 2005), espectrofotometria molecular no UV-vis (BRASIL, 1986), potenciometria (KÜCHLER, 1999; PINTO, 2005) e o emprego de eletrodos seletivos (OLIVEIRA, 1987).

Com relação à fração inorgânica da aguardente, os íons de cobre e ferro foram os primeiros a receber atenção dos pesquisadores, pois estes sempre figuraram na lista dos indicadores de qualidade e de identidade da aguardente do Mapa (BRASIL, 1974). Desde 2005, os íons de ferro deixaram de ser monitorados pela legislação, e foi introduzido o controle de íons de chumbo e de arsênio (BRASIL, 2005). A Tabela 20.5 lista os teores máximos dos contaminantes inorgânicos monitorados atualmente pela legislação brasileira, os valores recomendados diariamente (*RDA*), os índices de toxicidade e os teores médios destes em aguardentes.

Tabela 20.5 Limites dos contaminantes inorgânicos monitorados pela legislação brasileira (BRASIL, 2005), valores recomendados diariamente (USA, 1992), índices tóxicos (USA, 1992) e teores médios de Cu, Pb e As em aguardentes.

Metal	Limite ($mg\ L^{-1}$)	Valores de RDA* ($mg\ dia^{-1}$)	Índices Tóxicos ($mg\ kg^{-1}$)	Teores médios em aguardente ($mg\ L^{-1}$)
Cobre (Cu)	5,0 $mg\ L^{-1}$	1,5 – 3,0	10	< 0,14 – 5,49
Chumbo (Pb)	0,2 $mg\ L^{-1}$	–	–	$1,80 \times 10^{-3}$ – 0,23
Arsênio (As)	0,1 $mg\ L^{-1}$	–	–	$2,0 \times 10^{-6} – 4,1 \times 10^{-4}$

**Recomended Dietary Allowance* (*RDA*, adultos entre 25 e 50 anos, peso médio de 79 kg para homens e 63 kg para mulheres).

Fonte: Caldas (2009a, 2009b).

Em estudos relatados há mais de dez anos, a maioria das aguardentes que excediam o limite de 5 $mg\ L^{-1}$ de cobre era oriunda da destilação em alambique (LIMA-NETO, 1994; NASCIMENTO, 1999; KÜCHLER, 1999). Este problema é facilmente sanável com a adoção de rotinas de assepsia, para a remoção do azinhavre (carbonato básico de cobre solúvel em meio ácido). Este composto cúprico forma-se no interior do alambique principalmente nas partes internas da serpentina da resfriadeira do alambique e pode ser arrastado durante a destilação (LABANCA, 2006; LIMA-NETO, 1994; PENTEADO, 2009; RECHE, 2007, 2009). Outra maneira sugerida para a remoção de cobre de aguardentes é a passagem da bebida por resinas de troca iônica (LIMA, 2009; NEVES, 2007; SOUZA, 2009), de carvão ativado (SOUZA, 2009) ou de quitosana (JANEGITZ, 2010). Porém, sabe-se que, além do cobre, estes filtros podem extrair outros compostos (alcoóis superiores, aldeídos, e ésteres) indispensáveis à qualidade sensorial das aguardentes (LIMA, 2009; SOUZA, 2009).

Atualmente, os teores de cobre em aguardentes comerciais não constituem motivo de preocupação (CALDAS, 2009a, 2009b; LABANCA, 2006; MIRANDA, 2010; PENTEADO, 2009; RECHE, 2007, 2009). Por exemplo, de 70 amostras de aguardente analisadas quanto ao teor de cobre em diferentes regiões do estado de Minas Gerais, apenas 5 apresentaram teores acima de 5,0 $mg\ L^{-1}$, com teor médio de 2,3 $mg\ L^{-1}$ (LABANCA, 2006).

A contaminação por íons de chumbo e arsênio na aguardente relaciona-se com problemas de intoxicação, pois mesmo presentes em baixas concentrações, estes elementos atuam de forma acumulativa no organismo (USA, 1992). Uma das possíveis fontes de contaminação desses elementos em aguardente pode ser a água utilizada na produção da aguardente (diluição do destilado final) e também do tipo de solda utilizada na confecção e em reparos dos equipamentos de destilação (alambique, colunas, tanques). A análise de chumbo e arsênio em 10 amostras de aguardente apresentou apenas uma amostra com teor de Pb (0,234 $mg\ L^{-1}$) ligeiramente acima do limite de 0,2 $mg\ L^{-1}$ estabelecido pela legislação brasileira (BRASIL, 2005). Todas as demais apresentaram teores inferiores a $1,30 \times 10^{-3}$ $mg\ L^{-1}$ (CALDAS, 2009a, 2009b).

De qualquer forma, é bom ressaltar que, com base nos resultados acessíveis na literatura, os teores de cobre, arsênio e chumbo presentes nas aguardentes brasileiras não devem constituir motivo para alarde, pois a ingestão de até 250 mL diários de aguardente não conduziria a alterações significativas no total tolerável, considerando-se os valores de *RDA* (USA, 1992). Na realidade, o mesmo se aplica a uma série de íons metálicos (Li, Na, K, Mg, Ca, Cr, Mn, Fe, Co, Ni, Cu, Zn e Pb), os quais, deve-se ressaltar, estão presentes em destilados de outros países (NASCIMENTO, 1999).

20.3.2.3 Hidrocarbonetos policíclicos aromáticos (HPAs)

Hidrocarbonetos policíclicos aromáticos (*Polycyclic Aromatic Hydrocarbons – PAHs*) são substâncias que pertencem à classe dos pró-carcinogênicos, pois necessitam sofrer uma ativação metabólica preliminar para originar o carcinógeno ativo capaz de alterar o *DNA* (ARREBOLA, 2006; BOLAÑOS, 2010; DILETTI, 2005; GARCÍA-FALCÓN, 1996; MORET, 1995; PAGLIUCA, 2003; SIMKO, 2002). São formados pela queima de matéria orgânica a temperaturas acima de 600 °C, por meio da combustão incompleta ou pirólise de materiais contendo átomos de carbono e hidrogênio. Sua formação ocorre durante as queimadas, infelizmente ainda comuns em nosso território (GALINARO, 2007, 2008, 2009; MORET, 1995; TFOUNI, 2004).

Até o presente momento não existe limite legal e universal para os teores de HPAs destilados em água e alimentos. Na falta de limites legais, alguns países passaram a adotar limites próprios para cada tipo de alimento (ARREBOLA, 2006; DILETTI, 2005; GALINARO, 2009; GARCÍA-FALCÓN, 1996; MORET, 1995; PAGLIUCA, 2003; SIMKO, 2002). A Tabela 20.6 apresenta os limites para alguns hidrocarbonetos em alimentos e os países em que estes são monitorados.

Tabela 20.6 Teores de HPAs aceitos por alguns órgãos e/ou legislações de alguns países.

Países	Hidrocarbonetos	Limite	Alimento
Alemanha, Áustria, República Tcheca, Suíça, Eslováquia, Itália e Polônia	Benzo(a)pireno	1 μg kg^{-1}	Alimentos defumados
Alemanha (*German Society for Fat Science*)	HPAs totais / HPAs de elevada massa molecular	25 μg kg^{-1} / 5 μg kg^{-1}	Alimentos defumados
Itália (*Italian Ministry of Health*) e Espanha (*Council Regulation, ordem de 25 de julho de 2001*)	Indeno(1,2,3-c,d)pireno, benzo(g,h,i)perileno, benzo(e) pireno, benzo(b)fluoranteno, benzo(a)antraceno, benzo(k) fluoranteno, benzo(a)pireno e dibenzo(a,h)antraceno	2 μg kg^{-1} e a soma destes = 5 μg kg^{-1}	Resíduos de óleo de oliva
União Europeia (*Directive 98/83/EC*)	Benzo(b)fluoranteno, benzo(k) fluoranteno, benzo(g,h,i) perileno e indeno(1,2,3-c,d) pireno	100 ng L^{-1}	Água potável
União Europeia (*Directive 98/83/EC*)	Benzo(a)pireno	10,0 ng L^{-1}	Água potável
União Europeia (*EEC Directive 88/388*)	Benzo(a)pireno	0,03 μg kg^{-1}	Alimentos defumados
EUA (*Snack Food Association, SFA*)	Benzo(a)pireno / benzo(a) antraceno	10 μg Kg^{-1} / 20 μg kg^{-1}	Aromas/ aromatizantes condimentos
Brasil	Benzo(a)pireno	0,7 μg L^{-1}	Água envasada

Fonte: Arrebola, 2006; Diletti, 2005; Galinaro, 2009; García-Falcón, 1996; Moret, 1995; Pagliuca, 2003; Simko, 2002.

A aguardente de cana-de-açúcar e o rum podem sofrer a contaminação por HPAs principalmente durante as etapas de colheita da cana-de-açúcar, maturação (envelhecimento) em tonéis de madeira queimados interiormente e armazenamento da bebida (GALINARO, 2007; TFOUNI, 2004). Uísques podem sofrer contaminação quando eluídos através de filtros de carvão vegetal ou quando estocados por um longo período em barris de madeira (carbonizados por contato direto com fogo ou por meio de circulação de ar quente) (KLEINJANS, 1996). Já nos vinhos, a contaminação pode ocorrer durante o armazenamento em barris carbonizados (GALINARO, 2007). Felizmente, o armazenamento de aguardente em tonéis de aço recobertos internamente com asfalto, uma fonte de contaminação por HPAs, é técnica em desuso.

A análise química que faz uso da cromatografia líquida acoplada a um detector de fluorescência e a análise multivariada dos resultados experimentais para a análise de 15 HPAs permitiram diferenciar as aguardentes originadas de cana-de-açúcar submetidas ao processo de queima (GALINARO, 2007). A Figura 20.2 ilustra um exemplo da distinção entre aguardente produzida com cana queimada e não queimada utilizando-se resultados para 13 dos 15 HPAs analisados, e tratando estes resultados por análise de fatores (*Factor Analysis – FA*). Observa-se que as amostras de aguardente produzidas com cana não queimada (•) apresentaram valores negativos na *FA1*, enquanto as amostras oriundas de cana queimada (+) ficaram agrupadas no gráfico de *pontuação (scores)*, apresentando valores positivos na *FA1*. Os descritores químicos utilizados foram naftaleno, acenafteno, fluoreno, fenantreno, antraceno, fluoranteno, pireno, benzo(a)antraceno, criseno, benzo(k)fluoranteno, benzo(a)pireno, dibenzo(a,h) antraceno e benzo(g,h,i)perileno.

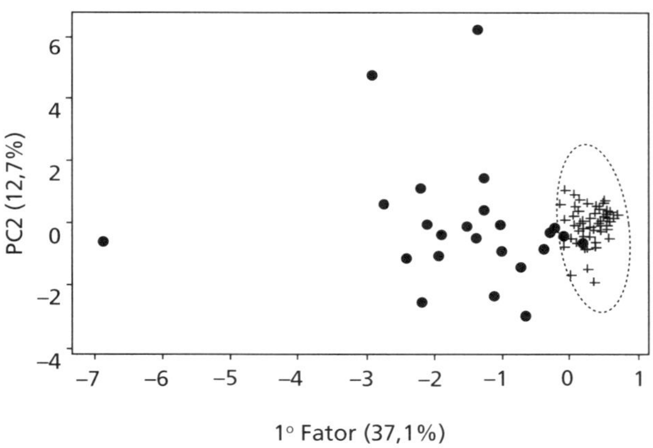

Figura 20.2 Gráfico de *pontuação* (*scores*) da análise de fatores (FA) para amostras produzidas com cana queimada (+) e não queimada (•).

Os teores de 5 HPAs (benzo(a)antraceno, benzo(b)fluoranteno, benzo(k)fluoranteno, benzo(a) pireno e dibenzo(a,h)antraceno) foram analisados em caldos de cana-de-açúcar colhida verde e queimada, respectivamente. Os caldos de cana verde apresentaram uma soma total de HPAs correspondente a 0,32 µg kg^{-1}, enquanto nos caldos de cana queimada a soma dos teores foi de 1,32 µg kg^{-1}. Torna-se evidente que a queima dos canaviais é uma fonte de contaminação do caldo e, consequentemente, dos seus derivados (TFOUNI, 2007).

O benzo(a)pireno, um dos 16 hidrocarbonetos monitorados pela Agência de Proteção Ambiental America (*United States Environmental Protection Agency* – USEPA), foi sugerido como um possível indicador de contaminação por HPAs. A análise de benzo(a)pireno em 20 amostras de aguardente, produzidas em quatro diferentes estados do Brasil (São Paulo, Minas Gerais, Ceará e Pernambuco), apresentou teores que variaram de 0,03 a 0,49 µg L^{-1}. Os autores, de forma semelhante aos demais anteriormente citados, também interpretam a variação nos teores de benzo(a)pireno nestas amostras em função dos diferentes processos de colheita da cana (queimada ou não queimada) utilizados (CARUSO, 2009).

Também se verificou em amostras de açúcar comercial que o teor de HPAs depende do tipo de açúcar produzido. As concentrações totais de 5 HPAs [benzo(a)antraceno, benzo(b)fluoranteno, benzo(k) fluoranteno, benzo(a)pireno e dibenzo(a,h)antraceno] foram de 0,11 µg kg^{-1}, para o açúcar refinado; 0,83 µg kg^{-1}, para o açúcar granulado; 0,28 µg kg^{-1}, para o açúcar mascavo; 0,31 µg kg^{-1}, para o açúcar orgânico; e 0,06 µg kg^{-1}, para o açúcar demerara (TFOUNI, 2007).

As preocupações com a presença de HPAs em derivados de cana-de-açúcar não estão restritas apenas a bebidas e alimentos (KISHIKAWA, 2004; SANTOS, 2002). Como os HPAs são estáveis à temperatura em que ocorre a combustão dentro do motor de veículos (≈ 700 °C) (BRITT, 2001; SIEGMANN, 2000), estes compostos serão parcial ou totalmente eliminados na exaustão dos gases no escapamento de veículos, poluindo a atmosfera (SIEGMANN, 2000; KISHIKAWA, 2004; SANTOS, 2002). A utilização da análise discriminante linear (*Linear Discriminant Analysis – LDA*) aplicada aos resultados analíticos de 39 amostras de derivados de cana-de-açúcar (aguardente, rum e álcool combustível) permitiu reconhecer a procedência da cana-de-açúcar (queimada ou não queimada) utilizada na produção destes destilados. Os resultados mostraram que 5 das amostras de derivados de cana (3 de aguardente e 2 de álcool combustível) possuíam características de produtos originados de cana queimada. O fato de as amostras de rum não terem sido classificadas como amostras produzidas com cana queimada é coerente com o fato de, em Cuba, não ser hábito a queima da cana-de-açúcar durante a sua colheita (GALINARO, 2009).

Embora não exista um controle oficial no Brasil, o tema é preocupante, motivando o governo de

São Paulo, a União da Indústria Canavieira (Unica) e as Secretarias Estaduais de Meio Ambiente e de Agricultura e Abastecimento a estabelecerem para as áreas mecanizáveis o ano de 2014 como a data final para o fim das queimadas. Para as regiões com nível de inclinação do solo de 12%, a data-limite será estendida até o ano de 2017 (GALINARO, 2008).

20.3.2.4 Dimetilsulfeto (CH_3SCH_3)

Os compostos sulfurados em bebidas destiladas, apesar de não serem controlados pelo Mapa e não apresentarem problemas toxicológicos declarados, merecem atenção. Em geral, são responsabilizados por conferirem defeito sensorial à bebida (MESTRES, 2000), pois estes compostos conferem odores desagradáveis a ela. Os compostos sulfurados em bebidas apresentam diferentes características olfativas em função da posição e do estado de oxidação do átomo de enxofre na molécula. Comumente, estes compostos têm sua gênese relacionada com a degradação de aminoácidos que contêm enxofre em suas estruturas (LIMA-NETO, 1994). O dimetilsulfeto (DMS) é o composto majoritário entre os voláteis da aguardente. Em estudos comparativos entre diferentes bebidas destiladas (aguardente, tiquira, rum, vodca, uísque e graspa), a aguardente foi a que apresentou maior teor de DMS ($3{,}61 \times 10^{-4}$ mol L^{-1}) (CARDOSO, 2004b). Esses fatos merecem atenção, pois as propriedades catalíticas do cobre frente a compostos sulfurados promovendo sua oxidação são conhecidas, sendo este metal empregado mundialmente para redução dos teores de DMS em bebidas destiladas. A presença de DMS não está somente relacionada à boa conduta do processo de destilação, pois, em amostras de tiquira produzidas com um controle de qualidade pobre, o teor de DMS encontrado foi inferior ao de amostras de aguardente (CARDOSO, 2004b).

20.3.3 Aditivos

20.3.3.1 Adição de açúcar: formação de flocos

É comum a adição de sacarose à aguardente para suavizar o sabor seco e ardente, de alguns produtos não envelhecidos e com acidez elevada. A formação de depósitos ou flocos é um problema constante para bebidas adoçadas. (AQUINO, 2008, 2009; RODRIGUES FILHO, 2007). Para a aguardente, a legislação vigente permite a adição de até 6 g L^{-1} de sacarose, sem que haja a obrigatoriedade de inserir no seu rótulo a expressão "aguardente adoçada" (BRASIL, 2005). Dessa forma, não é raro o aparecimento de névoas ou precipitados em aguardentes que, ao serem observados pelo consumidor, tornam-se motivo para a rejeição da bebida, apesar de serem considerados atóxicos (AQUINO, 2008; RODRIGUES FILHO, 2007).

O açúcar não refinado contém em média 2% de impurezas (açúcares não redutores, amido, dextranas e materiais em suspensão) que, transferidas aos produtos adoçados, causam problemas na indústria de doces e de bebidas em geral. É bem conhecido que a presença de dextranas pode conduzir à formação de precipitados no produto acabado e a problemas operacionais nas fábricas, como o aumento de viscosidade das bebidas, xaropes ou concentrados, o entupimento de filtros, e o alongamento dos cristais de açúcar (AQUINO, 2008). A formação de dextranas se inicia a partir do corte da cana-de-açúcar, sendo a sua produção influenciada pela umidade no momento do corte (EGGLESTON, 2002, 2004).

As dextranas são polissacarídeos lineares ou ramificados, obtidos por fermentação ou síntese enzimática a partir da sacarose, que apresentam uma ampla faixa de massa molar (10^3 – 10^6 Da) (AQUINO, 2008). No açúcar de cana bruto, as dextranas possuem cadeias com aproximadamente 5% de ramificações e são geralmente associadas à presença da bactéria *Leuconostoc mesenteroides*, amplamente disseminada nas plantações de cana-de-açúcar (EGGLESTON, 2002; AQUINO, 2008). A concentração de dextranas é um indicador do grau de deterioração da cana ou do próprio caldo em função de causas ambientais e de processamento, como a idade da cana, variações abruptas de temperatura nas plantações, umidade, corte manual ou mecanizado e o tempo decorrido do corte até a moagem (EGGLESTON, 2002, 2004; RODRIGUES FILHO, 2007).

Na aguardente de cana-de-açúcar, genericamente, os materiais em suspensão ou precipitados são denominados como "flocos alcoólicos" e, normalmente, estão associados à presença de dextranas (RODRIGUES FILHO, 2007). Os flocos alcoólicos são definidos como precipitados ou névoas que surgem apenas na presença de etanol, formados pela associação dos contaminantes do açúcar (amido, dextranas, gomas, polissacarídeos) insolúveis em etanol. As dextranas quando não associadas a outras substâncias são classificadas como uma classe independente de flocos que apresentam um aspecto de glóbulos gelatinosos ou de barbantes enovelados (AQUINO, 2008).

Além dos teores de dextranas presentes no açúcar, outras variáveis, como a sua massa molar média, os seus percentuais de ramificação, o teor alcoólico da aguardente, a incidência de luz nas garrafas, o pH da aguardente, a temperatura e a presença de compostos capazes de interagirem com as dextranas (aminoácidos, polissacarídeos, polifenóis, íons metálicos), também contribuem para a formação de flocos em aguardentes adoçadas (AQUINO, 2009; RODRIGUES FILHO 2007). A formação dos precipitados em aguardente pode ser lenta, não ocorrendo instantaneamente após a adição de açúcar. (RODRIGUES FILHO, 2007).

20.3.3.2 Caramelo

Segundo a legislação, a aguardente envelhecida pode ser adicionada de caramelo para correção e padronização da cor, embora não se informe sobre o teor deste aditivo (BRASIL, 2005). A metodologia recomendada pelo Mapa para análise de caramelo avalia qualitativamente somente sua presença positiva ou negativa. Entretanto, sua quantificação pôde ser efetuada pelo espectro eletrônico de absorção na região do UV-vis em amostras adicionadas de caramelo, em comparação com os espectros de amostras envelhecidas em carvalho e certificadas (padrão de referência). Assim, com esse procedimento é possível estimar o teor de caramelo presente nas aguardentes e ainda informar se a amostra esteve em contato com a madeira de carvalho. Teores de caramelo em amostras de uísque americano, uísque escocês e conhaque finos foram avaliados e constatou-se que os uísques escoceses apresentaram os maiores teores de caramelo (BOSCOLO, 2002). Por sua importância no quesito envelhecimento, o caramelo, se inclui no grupo de itens a serem controlados, podendo indicar se a bebida foi mesmo envelhecida em carvalho ou simplesmente adicionada de caramelo.

20.4 ASPECTOS DA TIPIFICAÇÃO

20.4.1 Aguardente de alambique x aguardente de coluna

20.4.1.1 A certificação

A certificação é a modalidade de avaliação da conformidade ou modo de avaliação independente feita por uma terceira parte, estabelecendo garantia escrita de que um determinado produto está em conformidade com todos os requisitos especificados. No caso da aguardente, a certificação orienta-se pelo RAC 126 (INMETRO, 2005). De modo bem diferente da certificação, a tipificação descreve em detalhes, de forma semelhante a uma impressão digital, sua identificação. Nesse aspecto, a distinção entre rum e aguardente e a distinção de um produto produzido em alambique em relação ao oriundo de coluna são exemplos de itens de tipificação. Na produção de bebidas, a qualidade da matéria-prima somada a dos processos de fermentação e destilação definem as características peculiares de cada destilado. Assim como as demais bebidas, buscou-se tipificar a aguardente em um estudo restrito ao estado de São Paulo. Foi observado que possíveis características inerentes à região podem ser perdidas ou mascaradas durante o processo de obtenção do destilado e que o processo de produção em si é mais importante do que a relação íntima entre o solo e o microclima particular (*terroir*) (RECHE, 2009).

A aguardente de cana-de-açúcar, quando processada em alambiques de cobre (capacidade de até 2 x 10^3 L) é tradicionalmente denominada artesanal. Na produção da aguardente em pequena escala ainda predominam as tradições de família, passadas de geração para geração, disponibilizando assim ao mercado uma ampla diversidade de produtos com características sensoriais peculiares. Durante a produção da aguardente artesanal, o destilado é separado em três diferentes frações. A primeira é denominada "cabeça" e seu teor alcoólico varia de 55 a 65% em volume, a 20 °C, sendo o volume coletado entre 5 e 10% do volume total do destilado. A segunda fração, o "coração" (aguardente de cana-de-açúcar), possui teor alcoólico entre 38 a 48% em volume, correspondendo a 75 a 80% do volume destilado; e a última fração, denominada "cauda" ou "água fraca", começa a ser coletada quando o teor alcoólico do destilado encontra-se abaixo de 30% em volume (LIMA, 1999).

A produção de aguardente de cana-de-açúcar em larga escala (maior que 2,0 x 10^5 L/ano) é processada geralmente em colunas de aço inoxidável, não ocorrendo a separação do destilado em frações. Trata-se de um processo contínuo de destilação em que a entrada do mosto fermentado (vinho) na coluna e as respectivas saídas do destilado e do vinhoto ocorrem simultaneamente (SERAFIM, 2010).

Durante o processo de destilação, uma mistura aquecida rica em compostos voláteis é obtida a partir da etapa de fermentação, e durante o processo de destilação entra em contato com a superfície aquecida do equipamento, que se comporta como um reator. Os metais presentes nas paredes do destilador comportam-se como catalisadores (NASCIMENTO, 1998c). Como consequência, um alto número de reações, como esterificação, acetilação, desidratação e oxidação, ocorre durante a destilação. Portanto, a natureza destes produtos de reação, bem como suas relativas razões molares, dependem do tipo de aparelho de destilação, do material empregado na sua construção, e da intensidade e homogeneidade da fonte de aquecimento.

Quimicamente, a diferença entre a aguardente de alambique e a de coluna foi avaliada por meio das concentrações de 35 analitos em 115 amostras e por tratamento destes resultados utilizando-se ferramentas quimiométricas (RECHE, 2007). Na distinção entre os dois destilados, alguns compostos foram determinantes (descritores) para esta separação: carbamato de etila, benzaldeído, ácido acético e cobre. A Figura 20.3 apresenta a distribuição do teor de carbamato de etila, em amostras de aguardente destiladas em alambique e em coluna. Nota-se que os teores de CE em alambique estão concentrados na região próxima do eixo da abscissa, ao passo que o produto oriundo de colunas distribui-se ao longo de toda a vertical. Tais resultados apontam para uma homogeneidade do teor analisado nas aguardentes de alambique, ao passo que nas aguardentes de coluna observa-se uma grande dispersão nos teores de uretana.

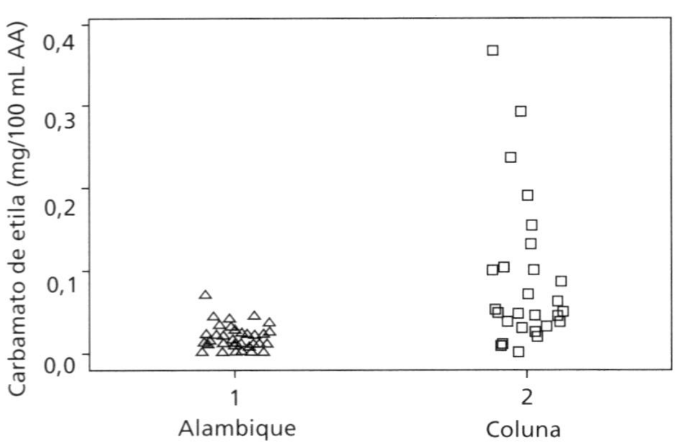

Figura 20.3 Gráfico de distribuição teor de carbamato de etila em 115 amostras analisadas de aguardente provenientes de alambique (73 amostras) e coluna (42 amostras).

Fonte: Reche (2009).

Ainda sobre o foco da distinção entre os dois destilados, também foi explorado o uso das técnicas de *fingerprint* obtido por meio de análise por espectrometria de massas. Alguns íons são observados somente em aguardente de alambique e outros somente em aguardente de coluna, permitindo diferenciar os dois tipos de destilados (SOUZA, 2009).

20.5 ENVELHECIMENTO

A maturação é considerada por muitos como a lapidação da bebida. As condições do ambiente de maturação e dos tonéis onde são envelhecidas as bebidas influenciam diretamente na qualidade do produto final (MOSEDALE, 1998). Em geral, bebidas consideradas jovens têm sabor e aroma pouco agradáveis, mas adquirem características sensoriais peculiares e agradáveis ao paladar após sua maturação. Para o uísque americano, o armazenamento ocorre em tonéis de carvalho virgens por um período não inferior a dois anos. O uísque escocês que utiliza tonéis de carvalho previamente utilizados no envelhecimento de vinhos e *cherry*, ou até mesmo no uísque americano, tem um período mínimo de maturação de pelo menos três anos (no caso do *blended*), para ser considerado *scotch* (NISHIMURA, 1989).

No Brasil, a aguardente e a cachaça são reconhecidas como envelhecidas se contiverem em sua composição, no mínimo, 50% de aguardente de cana envelhecida por período não inferior a um ano, podendo ser adicionada de caramelo para a correção da cor (BRASIL, 2005). Não existe qualquer especificação sobre a madeira do tonel, mas utiliza-se geralmente o carvalho. Existe ainda a definição da categoria *aguardente premium*. Trata-se da bebida que contém 100% de aguardente de cana ou destilado alcoólico simples de cana-de-açúcar envelhecidos em recipiente de madeira, com capacidade máxima de 700 litros, por um período não inferior a um ano. Para a *aguardente extrapremium*, a bebida deve ser 100% envelhecida por período não inferior a três anos. O controle do tempo de envelhecimento de uma bebida é uma questão ainda em aberto, não existindo ainda metodologia que permita atribuir de forma inequívoca a sua idade (período de envelhecimento).

Apesar de não mencionado na legislação, também é necessário comentar que no Brasil existe uma prática comum entre produtores de efetuar o chamado "descanso" da bebida, por períodos que variam de um a seis meses em dornas de madeiras "neutras" (amendoim, jequitibá, freijó) ou de aço inoxidável.

A identificação inequívoca da madeira em que a bebida foi envelhecida certamente integra o item tipificação. Devido às dimensões e à diversidade de sua flora, no Brasil, além dos tradicionais tonéis de carvalho, também se usam tonéis de madeiras típicas, como amburana, amendoim, jequitibá, grápia e bálsamo.

As características químicas e sensoriais de cada destilado envelhecido é foco de estudo e muito ainda se deve avançar para conhecer essas propriedades. Seus efeitos benéficos à saúde e sua aceitação perante os consumidores têm sido avaliados (CARDOSO, 2008; ODELLO, 2009). Uma avaliação sensorial foi conduzida para a aceitação de amostras de aguardentes condicionadas em pequenos tonéis de madeira (carvalho, amendoim, bálsamo, jatobá, louro, pau-d'arco, pau-d'óleo e pereiro) pelo período de seis meses. No quesito aroma, as amostras envelhecidas em carvalho, bálsamo, amendoim e jatobá foram as que apresentaram maior pontuação. Distribuição similar foi observada na avaliação do *flavour*. As amostras de carvalho, amendoim e louro apresentaram os melhores resultados para a aceitação da cor. De forma geral, os resultados desse trabalho sugeriram que madeiras como amendoim e pereiro, seguido de jatobá, possuem boa aceitação e apresentam um grande potencial como fontes alternativas para a manufatura de tonéis (FARIA, 2003). Também se concluiu que as maiores variações das características sensoriais são observadas nos primeiros dois anos de maturação.

Além de uma boa aceitação perante o consumidor, informações que possam descrever o impacto à saúde são importantes e vêm sendo cada vez mais exigidas pelo mercado. A partir de resultados obtidos em estudos com diferentes extratos de aguardentes preparados a partir de carvalho e de madeiras brasileiras, foi avaliada a capacidade e a atividade antioxidante desses extratos. Demonstrou-se que madeiras brasileiras apresentam um maior poder de inibição do processo de peroxidacão lipídica induzida por metmioglobina, do que o carvalho (CARDOSO, 2008); mas os extratos de carvalho possuem maior capacidade e rapidez de captura de radicais peroxila que as madeiras brasileiras. As interessantes características sensoriais das madeiras jatobá e amendoim somam-se agora às suas propriedades antioxidantes. Algumas madeiras tradicionalmente utilizadas no envelhecimento da aguardente, como canela-sassafráz, castanheira e louro-canela, apresentaram efeito contrário, ou seja, pró-oxidante, e principalmente no caso da primeira, seu uso não seria recomendável.

Utilizando espectrometria de massas, foram analisadas aguardentes de cana envelhecidas em diferentes madeiras. Foi possível distinguir as aguardentes em função do tipo de madeira que esteve em contato com a bebida (SOUZA, 2007b). Similarmente ao estudo realizado na discriminação de aguardente de coluna e aguardente de alambique, foi utilizado o perfil de íons como impressão digital da madeira utilizada. Alguns compostos como ácido elágico e galatos de etila mostraram ser característicos de amostras envelhecidas em carvalho, enquanto os ácidos cáprico e caprílico foram os que mais caracterizaram amostras envelhecidas em jequitibá.

Utilizando-se um *HPLC* acoplado a um detector com arranjo de diodo, operando em 280 nm, foi possível identificar 6 agrupamentos entre os 25 extratos de aguardente preparados utilizando-se o pó de amendoim, carvalho, jatobá, pequi, canela-sassafráz e cabreúva-parda. As principais diferenças observadas entre os extratos alcoólicos de madeiras brasileiras e de carvalho recaem sobre a concentração dos compostos coumarina, catequina, siringaldeído e coniferaldeído. Compostos como ácido elágico e coumarina foram identificados como característicos para distinção de carvalhos e amburana, respectivamente (SILVA, 2009).

20.6 CONSIDERAÇÕES FINAIS

Ao longo dos últimos quinze anos muito se avançou com respeito ao desenvolvimento e adaptação de metodologias aplicadas à análise de aguardentes de cana-de-açúcar. O acesso a instrumentação mais sofisticada e a utilização de técnicas de análise multivariada para o tratamento de resultados experimentais permitiu um melhor delineamento do perfil químico da aguardente de cana-de-açúcar, correlacionar a composição química com o processo de sua produção, orientar as inovações com respeito a sua certificação e o controle de eventuais contaminações e adulterações do produto.

A necessidade de revisar metodologias e alterá-las quando necessário é evidente, dado o desenvolvimento e avanços científicos nas análises químicas. Alguns pontos importantes sobre a produção da aguardente não estão contemplados no modelo atualmente utilizado.

Um ponto crítico refere-se à formação de pessoal qualificado. A simples acreditação de um laboratório por um órgão oficial não é garantia necessária e suficiente de boas práticas. Um constante acompanhamento das atividades dos laboratórios acreditados e atualização dos profissionais são necessários.

As normas que regem a certificação de aguardente certamente deverão incorporar, em futuro não distante, o controle de itens adicionais (HPAs, teor de açúcar, ácido lático, formaldeído, caramelo), bem como uma melhor descrição de suas características sensoriais. Simplesmente informar que a bebida possui "sabor e aroma peculiares" não é aceitável. A crescente capacitação dos laboratórios de análise sensorial irá certamente influenciar nesta direção.

O conhecimento das características organolépticas da aguardente e a sua intercorrelação com a sua composição química é certamente um objetivo a ser perseguido, pois, além de promover uma maior aceitação do produto pelo consumidor, também irá orientar alterações nos processos de fermentação, destilação e envelhecimento. As normas que regem o envelhecimento também devem ser aprimoradas, tanto no que diz respeito ao tempo de envelhecimento sugerido como também contemplar as madeiras nacionais.

Os progressos alcançados são em sua grande maioria frutos de esforços conjuntos dos laboratórios de pesquisa de universidades e de instituições, apoiados por produtores e pelas agências de financiamento (Fapesp, CNPq, Capes e Finep) e recentemente em alguns poucos locais pelo Sebrae. A Associação Brasileira de Bebidas (Abrabe), a Associação Mineira dos Produtores de Aguardente de Qualidade (Ampaq) e o Programa Brasileiro de Desenvolvimento da Cachaça (PBDAC), bem como o Instituto Brasileiro da Cachaça (Ibrac) também participam, mas de forma ainda muito modesta, e geralmente limitadas a atividades ligadas ao mercado. Iniciativas como a criação do Instituto da Cachaça e a sua interação com a comunidade de produtores como um todo, independentemente do volume de sua produção, devem ser estimuladas.

A melhoria dos padrões de qualidade é certamente a melhor forma de agregar valor ao produto e promover o marketing da aguardente no nível internacional.

AGRADECIMENTOS

Os autores agradecem aos professores Maria Olimpia de Oliveira Rezende e Wagner Luiz Polito pela leitura do manuscrito e as sugestões apresentadas.

REFERÊNCIAS BIBLIOGRÁFICAS

ASSOCIAÇÃO BRASILEIRA DE BEBIDAS. A cachaça. Disponível em: https://www.abrabe.org.br/noticia/a-cachaca-e-suas-combinacoes/. Acesso em: 30 maio 2022.

ANDRADE-SOBRINHO, L. G. *et al*. Carbamato de etila em bebidas alcoólicas (cachaça, tiquira, uísque e grapa). **Química Nova**, São Paulo, v. 25, p. 1074-1077, 2002.

ANDRADE-SOBRINHO, L. G.; PIGGOTT, J. R.; FRANCO, D. W. Discrimination between rum and cachaça. *In*: BRYCE, J. H.; PIGGOTT, J. R.; STEWART, G. C. (ed.). **Distilled Spirits – Production, Technology and Innovation.** Trowbridge: The Cromwell Press, 2008. p. 169-177.

ANDRADE-SOBRINHO, L. G. *et al*. Teores de carbamato de etila em aguardentes de cana e mandioca. Parte II. **Química Nova**, São Paulo, v. 32, n. 1, p. 116-119, 2009.

AQUINO, F. W. B.; FRANCO, D. W. Dextranas em açúcares do estado de São Paulo. **Química Nova**, São Paulo, v. 31, n. 5, p. 1034-1037, 2008.

AQUINO, F. W. B.; Franco, D. W. Molecular mass distribution of dextran in Brasilian sugar and insoluble deposits of cachaça. **Food Chemistry**, Amsterdam, v. 114, p. 1391-1395, 2009.

ARESTA, M.; BOSCOLO, M.; FRANCO, D. W. Copper (II) catalysis in cyanide into ethyl carbamate in spirits and relevant reactions. **Journal of Agriculture and Food Chemistry**, Washington, v. 49, p. 2819-2824, 2001.

ARREBOLA, F. J. *et al*. Determination of polycyclic aromatic hydrocarbons in olive oil by completely automated headspace technique coupled to gas chromatography-mass spectrometry. **Journal of Mass Spectrometry**, Malden, v. 41, p. 822-829, 2006.

BARBEIRA, P. J. S.; MAZO L. H.; STRADIOTTO, N. R. Determination of trace amounts of zinc, lead and copper in sugarcane spirits by anodic stripping voltammetry. **Analyst**, London, v. 120, p. 1647-1650, 1995.

BETTIN, S. M. *et al*. Phenols and metals in sugarcane spirits. Quantitative analysis and effect on radical formation and radical scavenging. **European Food Research and Technology**, Berlin, v. 215, p. 169-175, 2002.

BOLAÑOS, P. P.; FRENICHA, A. G.; VIDAL, J. L. M. Polycyclic aromatic hydrocarbons in food and beverages. Analytical methods and trends. **Journal of Chromatography A**, Amsterdam, v. 1217, p. 6303-6326, 2010.

BOSCOLO, M. *et al*. Identification and dosage by HRGC of minor alcohols and esters in Brazilian sugarcane spirit. **Journal of the Brazilian Chemical Society**, São Paulo, v. 11, n. 1, p. 86-90, 2000.

BOSCOLO, M. *et al*. Spectrophotometric Determination of Caramel Content in Spirits Aged in Oak Casks. **Journal of AOAC International**, Gaithersburg, v.85, n. 3, p. 744-750, 2002.

BRASIL. Lei n. 5.823, de 14 de Novembro de 1972. Dispõe sobre a padronização, classificação, inspeção e registro de bebidas, e dá outras providências. **Diário Oficial da União**, Brasília, DF, 17 de nov. 1972. Seção 1, p. 10241.

BRASIL. Ministério da Agricultura. Portaria n. 371, de 18 de setembro de 1974. Complementação para Destilados Alcoólicos. **Diário Oficial da República Federativa do Brasil**, Brasília, DF, 18 abr. 1974.

BRASIL. Ministério da Agricultura. Portaria n. 76, de 26 de novembro de 1986. Dispõe sobre os métodos analíticos de bebidas e vinagre. **Diário Oficial da República Federativa do Brasil**, Brasília, DF, 28 nov. 1986. Seção 1, pt. 2.

BRASIL. Decreto n. 4.062, de 21 de Dezembro de 2001. Define as expressões "cachaça", "Brasil" e "cachaça do Brasil" como indicações geográficas e dá outras providências. **Diário Oficial da União**, Brasília, DF, 26 dez. 2001. Seção 1, p. 4.

BRASIL. Ministério da Agricultura, Decreto n. 2.134, de 4 de setembro de 1997. Dispõe sobre a padronização, a classificação, o registro, a inspeção, a produção e a fiscalização de bebidas. **Diário Oficial da União**, Brasília, DF, jan. 2002. Seção 1.

BRASIL. Instrução Normativa n. 13, de 29 de junho de 2005, Ministério da Agricultura Pecuária e Abastecimento. **Diário Oficial da União**, seção 1, p. 3-4, de 30 de junho de 2005.

BRASIL. **Ministério do Desenvolvimento, Indústria e Comércio Exterior, Inmetro**. Disponível em: http://www.inmetro.gov.br/consumidor/produtos/cachaca.asp. Acesso em: 23 set. 2010.

BRITT, P. F. *et al*. Mechanistic investigation into the formation of polycyclic aromatic hydrocarbons from the pyrolysis of plant steroids. **Fuel**, Amsterdam, v. 80, p. 1727-1746, 2001.

BRUNO, S. N. F. *et al*. Influence of the distillation processes from Rio de Janeiro in the ethyl carbamate formation in Brazilian sugarcane spirits. **Food Chemistry**, Amsterdam, v. 104, p. 1345-1352, 2007.

CALDAS, N. M. *et al*. Effect of modifiers for As, Cu and Pb determinations in sugarcane spirits by GF AAS. **Food Chemistry**, Amsterdam, v. 113, p. 1266-1271, 2009a.

CALDAS, N. M.; OLIVEIRA, S. R.; NETO, J. A. Feasibility of internal standardization in the direct and simultaneous determination of As, Cu and Pb in sugarcane spirits by graphite furnace atomic absorption spectrometry. **Analytica Chimica Acta**, Amsterdam, v. 636, p. 1-5, 2009b.

CARDOSO, D. R. *et al*. Composition between cachaça and rum using pattern recognition methods. **Journal of Agriculture and Food Chemistry**, Washington, v. 52, n. 52, p. 3429-3433, 2004a.

CARDOSO, D. R. *et al*. A rapid and sensitive method for dimethylsuphide analysis in Brazilian cane sugar spirits and other distilled beverages. **Journal of the Brazilian Chemical Society**, São Paulo, v. 15, p. 277-281, 2004b.

CARDOSO, D. R. *et al*. **Sugarcane spirit extracts of oak and Brazilian woods: antioxidant capacity and activity. European Food Research and Technology**, Berlin, v. 227, p. 1109-1116, 2008.

CARUSO, M. S. F.; ALABURDA, J. Optimization of the benzo(a)pyrene determination procedure in cachaça. **Journal of the Brazilian Chemical Society**, São Paulo, v. 20, n. 3, p. 502-508, 2009.

CONRAT, H. F.; SINGER, B. Nucleoside adducts are formed by cooperative reaction of acetaldehyde and alcohols: Possible mechanism for the role of ethanol in carcinogenesis. **Proceedings of the National Academy of Sciences of the United States of America**, Washington, v. 85, p. 3758-3761, 1988.

CUBA. Norma Cubana. **Acuerdo sobre marcas permitidas de ron y productos derivados y asimilados de Ron**. Norma 113:2001. Resolução 135/01, 21 nov. 2003.

DILETTI, G. *et al*. Isotope dilution determination of polycyclic aromatic hydrocarbons in olive pomace oil by gas chromatography-mass spectrometry. **Journal of Chromatography A**, Amsterdam, v. 1062, p. 247-254, 2005.

EGGLESTON, G. Deterioration of cane juice – sources and indicators. **Food Chemistry**, Amsterdam, v. 78, p. 95-103, 2002.

EGGLESTON, G.; LEGENDRE, B.; Tew, T. Indicators of freeze-damaged sugarcane varieties which can predict processing problems. **Food Chemistry**, Amsterdam, v. 87, p. 119-133, 2004.

EUROPA. Opinion of the scientific panel on contaminants in the food chain on a request from the European Commission on ethyl carbamate and hydrocyanic acid in food and beverages. **The EFSA Journal**, Parma, n. 551, p. 1-44, 2007.

FARIA, J. B. *et al*. Evaluation of Brazilian woods as an alternative to oak for cachaças aging. **European Food Research and Technology**, Berlin, v. 218, p. 83-87, 2003.

GALINARO, C. A.; CARDOSO, D. R.; FRANCO, D. W. Profiles of polycyclic aromatic hydrocarbons in Brazilian sugarcane spirits: discrimination between cachaças produced from non-burned and burned sugarcane crops. **Journal of Agriculture and Food Chemistry**, Washington, v. 55, p. 3141-3147, 2007.

GALINARO, C. A.; CARDOSO, D. R.; FRANCO, D. W. A queima de cana-de-açúcar e a qualidade de seus derivados. **Engarrafador Moderno**, São Paulo, n. 168, 70-74, 2008.

GALINARO, C. A.; FRANCO, D. W. Hidrocarbonetos policíclicos aromáticos (HPAs) em cachaça, rum, uísque e álcool combustível. **Química Nova**, São Paulo, v. 32, n. 6, p. 1447-1451, 2009.

GARCÍA-FALCÓN, M. S. *et al*. Enrichement of benzo(a) pyrene in smoked food chromatography-fluorescence detection. **Journal of Chromatography A**, Amsterdam, v. 753, p. 207-215, 1996.

HASNIP, S. *et al*. Effects of storage time and temperature on the concentration of ethyl carbamate and its precursors in wine. **Food Additives and Contaminants**, London, v. 21, p. 1155-1161, 2004.

JANEGITZ, B. C. *et al*. Removal of copper (II) from sugarcane spirits employing chitosan. **Química Nova**, São Paulo, v. 33, n. 2, p. 458-460, 2010.

JARYJ, E.; LORENZ, K.; SPANGENBERG, B. A simple method for the quantification of urethane in spirits. **Journal of Liquid Chromatography & Related Technologies**, London, v. 31, p. 1969-1976, 2008.

JONES, D. A. Why are so many food plants cyanogenic? **Phytochemistry**, Amsterdam, v. 47, n. 2, p. 155-162, 1998.

INMETRO. Portaria n. 126, de 24 de junho de 2005. Aprova o regulamento de avaliação da conformidade da cachaça. **Diário Oficial da União**, Brasília, DF, 28 de junho de 2005. Seção 1, p. 54.

KLEINJANS, J. C. S. *et al*. Polycyclic aromatic hydrocarbons in whiskies. **The Lancet**, Amsterdam, v. 348, p. 1731, 1996.

KÜCHLER, I. L.; SILVA, F. A. Método potenciométrico para determinação de cobre em cachaça. **Química Nova**, São Paulo, v. 22, n. 3, p. 339-341, 1999.

LABIANCA D. A. Acetaldehyde Syndrome and Alcoholism. **Analyst**, London, v. 47, p. 21-29, 1974.

LABANCA, R. A. *et al*. Determinação dos teores de cobre e grau alcoólico em aguardentes de cana produzidas no estado de Minas Gerais. **Química Nova**, São Paulo, v. 29, n. 5, p. 1110-1113, 2006.

LACHENMEIER, D. W. *et al*. Retrospective trends and current status of ethyl carbamate in German stone-fruit spirits. **Food Additive and Contaminant**, London, v. 22, n. 5, p. 397-405, 2005.

LACHENMEIER, D. W. *et al*. Cancer risk assessment of ethyl carbamate in alcoholic beverages from Brazil with special consideration to the spirits cachaça and tiquira. **BMC Cancer**, London, v. 10, p. 1-15, 2010.

LAWRENCE, J. F.; PAGE, B. D.; CONACHER, H. B. S.; The formation and determination of ethyl carbamato in alcoholic beverages. *In*: John Wiley and Sons, Inc (ed.). **Advances in Environmental Science and Technology**, New Jersey: One Wiley Drive, 1990, v. 23, p. 457-471.

LEHTONEN, M. Gas-liquid chromatographic determination of volatile phenols in matured distilled alcoholic beverages. **Journal of AOAC International**, Gaithersburg, v. 66, p. 62-70, 1983.

LIMA, U. A. **Aguardente**: fabricação em pequenas destilarias. Piracicaba: FEALQ, 1999.

LIMA NETO, B. S. *et al*. O cobre em aguardentes brasileiras: sua quantificação e controle. **Química Nova**, São Paulo, v. 17, n. 3, p. 220-223, 1994.

LIMA, A. J. B. *et al*. Efeito de substâncias empregadas para remoção de cobre sobre o teor de compostos secundários da cachaça. **Química Nova**, São Paulo, v. 32, n. 4, p. 845-848, 2009.

KISHIKAWA, N. *et al*. Determination of hydroxylated polycyclic aromatic hydrocarbons in airborne particulates by high-performance liquid chromatography with fluorescence detection. **Analytical Sciences**, Tokyo, v. 20, p. 129-132, 2004.

MADRERA, R. R.; VALLES, B. S. Determination of ethyl carbamate in cider spirits by HPLC-FLD. **Food Control**, Amsterdam, v. 20, p. 139-143, 2009.

MESTRES, M.; BUSTO, O.; GUASCH, J. Application of headspace solid-phase microextraction to the determination of sulphur compounds with low volatility in wines. **Journal of Chromatography A**, Amsterdam, 2000, v. 945, p. 221-229, 2002.

MIRANDA, K.; DIONÍSIO, A. G. G.; PEREIRA-FILHO, E. R. Copper determination in sugarcane spirits by fast sequential flame atomic absorption spectrometry using internal standardization. **Microchemical Journal**, Amsterdam, v. 96, 99-101, 2010.

MONTEIRO, F. F.; TROUSDALE, E. K.; BISSON, L. F. Ethyl carbamate formation in wine: use of radioactively labeled precursors to demonstrate the involvement of urea. **American Journal of Enology and Viticulture**, Davis, v. 40, n. 1, p. 1-8, 1989.

MORET, S. *et al*. Determination of polycyclic aromatic hydrocarbons in water and water based alcoholic beverages, **Zeitschrift für Lebensmittel-Untersuchung und Forschung**, New York, v. 201, p. 322-326, 1995.

MOSEDALE, J. R.; PUECH, J. L. Wood maturation of distilled beverages. **Trends in Food Science & Technology**, Amsterdam, v. 9, n. 3, p. 95-101, 1998.

NAGATO, L. A. F. *et al.* Monitoramento da autenticidade de amostras de bebidas alcoólicas enviadas ao Instituto Adolfo Lutz em São Paulo. **Ciência e Tecnologia de Alimentos**, Campinas, v. 21, n. 1, p. 39-42, 2001.

NASCIMENTO, R. F. *et al.* Qualitatative and quantitative high-performance liquid chromatographic analysis of aldehydes in Brazilian sugarcane spirits and other distilled alcoholic beverages. **Journal of Chromatography A**, Amsterdam, v. 782, p. 13-23, 1997.

NASCIMENTO, R. F. *et al.* Comparação dos métodos oficiais de análise e cromatográficos para a determinação dos teores de aldeídos e ácidos em bebidas alcoólicas. **Ciências e Tecnologia de Alimentos**, Campinas, v. 18, n. 3, p. 350-355, 1998a.

NASCIMENTO, R. F. *et al.* Determination of acids in Brazilian sugarcane spirits and other alcoholic beverages by HRGC-SPE. **Chromatographia (Wiesbaden)**, Wiesbaden, v. 48, p. 751-757, 1998b.

NASCIMENTO, R. F. *et al.* Influência do material do alambique na composição química das aguardentes de cana-de-açúcar. **Química Nova**, São Paulo, v. 2, n. 6, p. 735-739, 1998c.

NASCIMENTO, R. F. *et al.* Mineral profile of Brazilian cachaças and other international spirits. **Journal of Food Composition and Analysis**, Amsterdam, v. 12, p. 17-25, 1999.

NASCIMENTO, E. S. P.; CARDOSO, D. R.; FRANCO, D. W. Quantitative ester analysis in cachaça and distilled spirits by gas chromatography-mass spectrometry (GC-MS). **Journal of Agricultural and Food Chemistry**, Washington, v. 56, p. 5488-5493, 2008.

NASCIMENTO, E. S. P.; CARDOSO, D. R.; FRANCO, D. W. Comparação de técnicas de determinação de ésteres em cachaça. **Química Nova**, São Paulo, v. 32, p. 2323-2327, 2009.

NEVES, E. A.; OLIVEIRA, A.; FERNANDES, A. P.; NÓBREGA, J. A. Simple and efficient elimination of copper (II) in sugarcane spirits. **Food Chemistry**, Amsterdam, v. 101, p. 33-36, 2007.

NICARAGUA. Ministerio de Fomento, Industria y Comercio. **Norma Técnica Nicaraguense**, NTON 03035-00. Norma técnica de especificaciones de bebidas alcoholicas – rones. Manágua: Comisión Nacional de Normalizacíon Técnica y Calidad, 2000.

NISHIMURA, K.; MATSUYAMA, R.; Maturation and Maturation Chemistry. *In*: PIGGOT, J. R. (ed.). **The science and technology of whiskies**. London: Longman, 1989, v. 1, p. 241-363.

NÓBREGA, I. C. C. *et al.* Ethyl carbamate in pot still cachaças (Brazilian sugarcane spirits): influence of distillation and storage conditions. **Food Chemistry**, Amsterdam, v. 117, p. 693-697, 2009.

NONATO, E. A. *et al.* Headspace solid-phase microextraction method for the determination of some secondary compounds of Brazilian sugarcane spirits by gas chromatography. **Journal of Agriculture and Food Chemistry**, Washington, v. 49, p. 3533-3539, 2001.

ODELLO, L. *et al.* Avaliação Sensorial de Cachaça. **Química Nova**, São Paulo, v. 32, p. 1839-1844, 2009.

OLIVEIRA, N. G.; SERRANO, S. H. P.; NEVES, E. F. A. A new type of precipitating agent for copper membrane electrode. **Analytical Letters**, Philadelphia, v. 20, n. 9, p. 1363-1377, 1987.

PAGLIUCA, G. *et al.* Determination of high molecular mass polycyclic aromatic hydrocarbons in a typical Italian smoked cheese by HPLC-FL. **Journal of Agricultural and Food Chemistry**, Washington, v. 51, p. 5111-5115, 2003.

PENTEADO, J. C. P.; MASINI, J. C. Multivariate Analysis for the Classification Differentiation of Brazilian Sugarcane Spirits by Analysis of Organic and Inorganic Compounds. **Analytical Letters**, Philadelphia, v. 42, p. 2747-2757, 2009.

PINTO, F. G. *et al.* Determinação de cobre e zinco em cachaça por espectrometria de absorção atômica com chama usando calibração por ajuste de matriz. **Analytica**, São Paulo, n. 17, p. 48-50, 2005.

POLASTRO, L. R. *et al.* Compostos nitrogenados em bebidas destiladas: cachaça e tiquira. **Ciência e Tecnologia de Alimentos**, Campinas, v. 21, n. 1, p. 78-81, 2001.

PUPUTTI, E.; LEHTONEN, E. High-performance liquid chromatographic separation and diode-array spectroscopic identification of dinitrophenylhydrazone derivatives of carbonyl compounds. **Journal of Chromatography A**, Amsterdam, v. 353, p. 163-168, 1986.

RECHE, R. V. *et al.* Influence of type of distillation apparatus on chemical profiles of Brazilian cachaças. **Journal of Agriculture and Food Chemistry**, Washington, v. 55, p. 6603-6608, 2007.

RECHE, R. V.; FRANCO, D. W. Distinção entre cachaças destiladas em alambiques e em colunas usando quimiometria. **Química Nova**, São Paulo, v. 32, n. 2, 332-336, 2009.

RIFFKIN, H. L. *et al.* Ethyl carbamate formation in the production of pot still whisky. **Journal of the Institute of Brewing**, London, v. 95, p. 115-119, 1989.

RODRIGUES FILHO, M. G. *et al.* Quantificação de dextranas em açúcares em cachaças. **Química Nova**, São Paulo, v. 30, n. 5, p. 1115-1118, 2007.

SAMPAIO, O. M.; RECHE, R. V.; FRANCO, D. W. Chemical profile of rums as a function of their origin. The use of chemometric techniques for their identification. **Journal of Agriculture and Food Chemistry**, Washington, v. 56, n. 56, p. 1661-1668, 2008.

SANTOS, C. Y. M.; AZEVEDO, D. A.; AQUINO NETO, F. R. Selected organic compounds from biomass burning found in the atmospheric particulate matter over sugarcane plantation areas. **Atmospheric Environment**, Amsterdam, v. 36, p. 3009-3019, 2002.

SERAFIM, F. A. T. *et al*. Ácidos orgânicos em aguardentes produzidas em alambique e em coluna. **Química Nova**, São Paulo, 2010.

SIEGMANN, K.; SATTLER, K. Formation mechanism for polycyclic aromatic hydrocarbons in methane flames. **Journal of Chemical Physics**, College Park, v. 112, n. 2, p. 698-709, 2000.

SILVA, A. A. da. *et al*. Coumarins and phenolic fingerprints of oak and Brazilian woods extracted by sugarcane spirit. **Journal of Separation Science**, Weinheim, v. 32, p. 3681-3691, 2009.

SIMKO, P. Determination of polycyclic aromatic hydrocarbons in smoked meat products and smoke flavouring food additives. **Journal of Chromatography B**, Amsterdam, v. 770, p. 3-18, 2002.

SOUZA, M. D. C. A. de *et al*. Characterization of cachaça and rum aroma. **Journal of Agriculture and Food Chemistry**, Washington, v. 54, p. 485-488, 2006.

SOUZA, P. P. de *et al*. Differentiation of rum and Brazilian artisan cachaça via electrospray ionization mass spectrometry fingerprinting. **Journal of Mass Spectrometry**, Malden, v. 42, p. 1294-1299, 2007a.

SOUZA, P. P. de *et al*. Electrospray ionization mass spectrometry fingerprinting of Brazilian artisan cachaça aged in different wood casks. **Journal of Agriculture and Food Chemistry**, Washington, v. 55, n. 6, p. 2094-2102, 2007b.

SOUZA, P. P. de *et al*. Brazilian cachaça: "single shot" typification of fresh alembic and industrial samples via electrospray ionization mass spectrometry fingerprinting. **Food Chemistry**, Amsterdam, v. 115, p. 1064-1068, 2009.

SOUZA, P. P. *et al*. Determination of volatile compounds in Brazilian distilled cachaça by using comprehensive two-dimensional gas chromatography and effects of production pathways. **Journal of Chromatography A**, Amsterdam, v. 1216, p. 2881-2890, 2009.

TAKI, N. *et al*. Cyanate as a precursor of ethyl carbamate in alcoholic beverages. **Japanese Journal of Toxicology and Environmental Health**, Abingdon, v. 38, p. 498-505, 1992.

TFOUNI, S. A. V.; VITORINO, S. H. P.; TOLEDO, M. C. F. Efeito do processamento na contaminação de cana-de-açúcar e derivados por hidrocarbonetos policíclicos aromáticos. **Ciência e Tecnologia de Alimentos**, Campinas, v. 27, n. 1, p. 76-82, 2007.

TFOUNI, S. A. V.; CAMARGO, M. C. R.; TOLEDO, M. C. F. Determination of polycyclic aromatic hydrocarbons (PAHs) in Brasilian sugar. **Toxicology and Applied Pharmacology**, Amsterdam, v. 197, p. 251-252, 2004.

USA. National Research Council – Recommended Dietary Allowances. Subcommittee on the Tenth Edition of RDAs; **Food and Nutritional Board, Commission on Life Sciences.** Washington, DC: National Academy Press, 1992.

UTHURRY, C. A. *et al*. Ethyl carbamate production by selected yeasts and lactic acid bacteria in red wine. **Food Chemistry**, Amsterdam, v. 94, p. 262-270, 2006.

WEBER, J. V.; SHARYPOV, V. I. Ethyl carbamate in foods and beverages: a review. **Environmental Chemical Letters**, Berlin, v. 7, p. 233-247, 2009.

21

Serviço do vinho

MAURÍCIO BONATTO MACHADO DE CASTILHOS
VANILDO LUIZ DEL BIANCHI

21.1 INTRODUÇÃO

O serviço do vinho está baseado em uma série de procedimentos que envolvem desde o estudo prévio dos vinhos mais adequados a serem servidos, analisando rótulos, preços, safras e regiões de produção, até o serviço propriamente dito da bebida com o alimento que melhor se harmoniza com ela.

O especialista no serviço do vinho é chamado de *sommelier*, pessoa que auxilia a escolher o vinho de acordo com o propósito do consumidor. Além disso, esse profissional também elabora a carta de vinhos de lojas de vendas, bares e restaurantes e é responsável pelo armazenamento adequado das garrafas e pela análise do potencial de guarda.

O potencial de guarda é um dos assuntos dos quais esse profissional deve ter conhecimento, pois está diretamente envolvido com o tempo de armazenamento adequado para que a bebida melhore, mantenha ou perca as suas características sensoriais. Algumas bebidas apresentam potencial de guarda e devem ser armazenadas em locais adequados e a temperaturas controladas para que adquiram propriedades sensoriais com o tempo e melhorem sua qualidade após meses ou anos. Vinhos jovens, que não apresentam potencial de guarda, podem ser servidos diretamente ao consumidor sem necessitar desse tempo para que as características sensoriais se aflorem, pois esses vinhos geralmente já possuem características sensoriais adequadas para serem servidos.

Uma etapa importante que pode ser considerada parte do serviço do vinho é a harmonização. Essa etapa consiste, basicamente, em escolher o vinho mais adequado à refeição solicitada pelo consumidor, harmonizando a bebida com todos os aspectos sensoriais que a refeição promoverá ao consumidor, englobando os visuais, olfativos e gustativos.

Especialistas na área discutem arduamente a harmonização de forma a obter informações sobre o enaltecimento das propriedades sensoriais da comida por meio da ingestão do vinho e vice-versa.

É importante que o especialista no serviço do vinho tenha um certo conhecimento sobre a tecnologia de vinificação, já que muitos fatores que envolvem a produção dessa bebida estão diretamente relacionados com a sua qualidade e, adicionalmente, relaciona-se com a escolha do melhor acompanhamento para o alimento a ser servido. Por meio desse conhecimento, o *sommelier* poderá indicar vinhos específicos para determinados pratos de acordo com as características de ambos, a fim de promover a melhor harmonização possível entre eles. Além disso, esse conhecimento é fundamental para o especialista e para o estabelecimento/restaurante, já que promove certa segurança ao consumidor no que se refere à escolha do melhor vinho.

Consumidores procuram em um restaurante muito mais do que uma simples refeição. A qualidade da comida e das bebidas servidas, a forma como o prato é apresentado e servido, o seu sabor, a atmosfera do local, a carta de vinhos são características que os consumidores valorizam para escolher um restaurante ou outro. Além disso, características como o serviço prestado pelos garçons e o preço justo também são fatores indispensáveis que direcionam a escolha por determinados locais. E o serviço do vinho, como diferencial, assim como uma rica carta de vinhos são considerados fatores muito importantes, que valorizam o restaurante.

Como visto, a harmonização é uma peça-chave do serviço do vinho, entretanto não iremos abordar esse assunto aqui. O assunto a ser abordado refere-se às etapas anteriores à harmonização. Neste capítulo, serão comentadas e discutidas informações sobre a escolha e compra do vinho, seu armazenamento e aspectos que se referem ao serviço do vinho propriamente dito: cápsula e rolha, formas de desarrolhar o vinho, decantação, principais taças e temperatura de serviço.

21.2 ESCOLHA E COMPRA DO VINHO

A escolha e a compra do vinho, quando bem realizadas, proporcionarão momentos de grande prazer para o consumidor; entretanto, se não houver cuidado e atenção na escolha, o momento pode se tornar uma decepção. De forma geral, a compra dos vinhos deve ser feita em locais que ofereçam uma pessoa com conhecimentos específicos sobre os produtos, um armazenamento adequado, uma grande variedade de rótulos e que tenham boa rotatividade de estoque. Dessa forma, o risco de comprar uma bebida deteriorada é mínimo.

A compra de vinhos diretamente de importadoras ou de vinícolas, no caso de vinhos brasileiros, é a escolha mais segura, pois garante a qualidade e evita surpresas no momento da abertura da garrafa e do serviço da bebida aos consumidores. Vale ressaltar que a escolha de estabelecimentos que apresentem adegas climatizadas é importante do ponto de vista da qualidade, já que o armazenamento do vinho é um fator primordial para garantir a qualidade da bebida. Locais como bares, padarias ou lojas de pouco movimento não são ideais para a compra de vinhos que serão servidos para consumidores que esperam qualidade na bebida.

A máxima "quanto mais velho o vinho, melhor" é discutível, pois essa frase somente funciona para vinhos que apresentam qualidade superior, potencial de guarda e que fazem parte de regiões produtoras que apresentem Indicações Geográficas (IG) ou Denominação de Origem Controlada (DOC). Vinhos que apresentam esse *status* estão enquadrados em normas exigentes de qualidade preconizadas pelos seus respectivos países produtores. Vinhos franceses, italianos e espanhóis de determinadas regiões, como Bordeaux, Piemonte e Rioja, respectivamente, são geralmente os que apresentam o *status* de DOC e características que atendem inúmeras exigências legislativas determinadas por esses países. Sendo assim, caso haja dúvida na escolha de determinado vinho, é aconselhável optar pela garrafa de safra mais recente, pois o risco de deterioração dessa bebida com o tempo é menor.

Sempre é interessante, no momento da compra e da escolha do vinho, analisar o nível do líquido na garrafa; ele sempre deve estar rente à cápsula/rolha, apresentando um espaço livre muito pequeno. Não se pode escolher um vinho que apresente nível abaixo do normal em uma garrafa, pois algum tipo de alteração deve ter ocorrido no envase ou no armazenamento (Figura 21.1). As rolhas devem estar em perfeitas condições, sem ranhuras e defeitos, e a cápsula que envolve a rolha deve estar intacta, sem defeitos ou arranhões.

Figura 21.1 Esquema representativo da garrafa de vinho mostrando a cápsula, rolha e o nível ideal de vinho na garrafa.

Analisar o vinho contra uma fonte de luz branca para observar as tonalidades que a bebida apresenta é fundamental. No caso dos vinhos brancos, a coloração ideal é um dourado leve e límpido e, no caso dos vinhos tintos, um vermelho vivo e intenso.

No caso dos vinhos brancos com coloração dourada muito intensa com tendência para o marrom e os vinhos tintos com tonalidade vermelha e tendência para o castanho, há sinais de oxidação; portanto, é importante evitar escolher esses tipos de vinhos para compra e posterior serviço.

É válido que o *sommelier* ou o especialista responsável pela escolha e compra dos vinhos tenha em mãos uma tabela de safras, principalmente quando a compra e a escolha for referente aos vinhos de qualidade. A tabela de safras mostra informações valiosas sobre a qualidade das uvas de safras pontuais e de regiões específicas, fundamentais para a escolha e a compra de vinhos de qualidade. Os vinhos, mesmo sendo produzidos por uma mesma vinícola e utilizando a mesma tecnologia de vinificação, apresentam diferentes características que, dependendo da safra, podem se diferenciar de forma significativa ao paladar do consumidor. É esperado que os vinhos produzidos por uma determinada vinícola, advindos de safras diferenciadas, apresentem propriedades que não sejam detectadas pelo consumidor, mas nem sempre isso é real, visto que as safras variam de acordo com o clima, incidência de luz solar, pluviosidade, nutrientes do solo e manejo da videira.

O especialista ou a pessoa responsável pela escolha e compra dos vinhos, caso não tenha conhecimento sobre determinado rótulo, deve comprar somente uma garrafa, para que possa experimentá-lo antes de servi-lo aos consumidores ou antes de colocá-lo como uma das bebidas na carta de vinhos do estabelecimento ou do evento. Experimentar previamente um vinho de que não se tem conhecimento é primordial para que não haja surpresas ruins quando for servido aos consumidores ou convidados, desencadeando uma má impressão e certa falta de preparação no atendimento e no serviço do vinho. Vale a pena evitar! Além disso, é importante que os vinhos escolhidos apresentem uma boa relação entre preço e qualidade. Existem vinhos que apresentam preços acessíveis e elevada qualidade e características essenciais para o serviço e para a harmonização com determinados tipos de alimentos. Não necessariamente o vinho mais caro será o mais indicado para acompanhar determinados tipos de alimentos ou iguarias; ou seja, vários aspectos devem ser analisados com a finalidade de promover o bem-estar do consumidor, atendendo e superando suas expectativas.

De maneira geral, é interessante procurar um estabelecimento que tenha uma carta de vinhos com variedade e qualidade. Entretanto, qualidade não está relacionada com quantidade de rótulos, ou seja, é possível um estabelecimento superar as expectativas dos seus consumidores apresentando uma carta de vinhos de qualidade com um número pequeno de rótulos, mas que atenda as expectativas do consumidor. A questão não é a quantidade diferenciada de rótulos, mas a qualidade dos rótulos apresentados.

21.3 ARMAZENAMENTO

A etapa de armazenamento do vinho é fundamental, pois qualquer ação negligenciada poderá acarretar perda da qualidade da bebida, e esse fato somente poderá ser comprovado quando a garrafa for aberta. Sendo assim, é válido tomar alguns cuidados no armazenamento do vinho para evitar modificações prejudiciais às características do vinho e que a sua deterioração, caso ocorra, seja observada antes de proceder o serviço. O armazenamento adequado do vinho servirá de base para que a bebida evolua com o tempo e apresente características e propriedades singulares no que se refere à aparência, aroma e sabor. Muitos vinhos, quando jovens, apresentam coloração vermelha viva e intensa que, com o tempo, e apresentando potencial de guarda, desenvolvem mudanças na tonalidade para um vermelho-telha. Além disso, são formados compostos voláteis na garrafa ao longo do armazenamento que, quando colocados em contato com o ar, são volatilizados, promovendo sensações diferenciadas ao consumidor. Além da aparência e do aroma, o sabor também é modificado com o tempo, ou seja, substâncias são complexadas, formando novos compostos químicos que serão responsáveis pelas mudanças, principalmente no que se refere a acidez, adstringência, amargor e à sensação de corpo ou preenchimento da boca.

O armazenamento ideal dos vinhos é feito em adegas climatizadas que apresentem temperatura em torno de 15 °C. Geralmente as adegas são subterrâneas, pois a temperatura é mais amena que a da superfície. No caso de não ser possível ter uma adega climatizada devido ao elevado número de rótulos de um determinado estabelecimento, é possível que os vinhos sejam armazenados em um local fresco, arejado, sem odores estranhos, escuro e com pouca variação de temperatura. A ausência de luz é um fator importante, pois a luz degrada alguns compostos químicos presentes no vinho que são responsáveis por caracterizar a cor. Vinhos tintos e brancos, quando armazenados em ambientes com elevada incidência de luz, apresentam mudanças drásticas na cor, tornando-se sem vida e pálidos, devido à degradação de compostos fenólicos. No caso dos vinhos tintos, essa degradação ocorre principalmente sobre as antocianinas responsáveis por promover a coloração atrativa desses vinhos.

No armazenamento, as garrafas devem ser colocadas na posição horizontal para evitar o ressecamento das rolhas e possibilitar que o ar possa adentrar a garrafa, ocasionando reações de oxidação do vinho. Caso a garrafa seja armazenada na posição vertical, há maior probabilidade de entrada de ar e consequente oxidação, já que a rolha não estará ajustada de forma ideal ao gargalo. Aliado ao armazenamento, é interessante que se tenha um controle sobre os vinhos armazenados. Informações como data da compra do vinho para controle da rotatividade do estoque, preço, origem e região produtora, previsão de consumo e informações sobre harmonização, isto é, com qual tipo de alimento ou prato aquele vinho pode ser servido, são essenciais.

21.4 SERVIÇO DO VINHO

Algumas etapas devem ser realizadas para que o serviço do vinho seja ideal e atenda ou supere as expectativas do consumidor. Nesta parte do capítulo, dividiremos a seção de serviço do vinho em informações sobre cápsula e rolha, taças, processo de decantação, temperatura de serviço e ordem de degustação dos vinhos.

21.4.1 Cápsula e rolha

A abertura da garrafa é o primeiro passo da sequência de etapas que compreende o serviço do vinho. Para isso, é necessário que o topo da cápsula seja retirado e, em seguida, a rolha. A cápsula é geralmente encontrada como um envoltório de chumbo ou estanho, sendo fabricada também em alumínio ou plástico. Geralmente, a retirada do topo da cápsula deve ser feita com o auxílio de um desencapsulador ou com uma lâmina que acompanha o saca-rolhas. Caso não seja possível uma dessas alternativas, pode ser feita com o auxílio de uma faca. As garrafas de vinho, geralmente, apresentam uma certa saliência no pescoço da garrafa que ajuda no momento do corte da cápsula para expor a rolha que se encontra no interior do gargalo (Figura 21.2). É nessa saliência que o corte da cápsula é feito para expor a rolha e, posteriormente, proceder com a retirada da rolha da garrafa.

Assim que a cápsula for retirada do gargalo é necessário que ele seja limpo com um guardanapo de papel para que nenhum tipo de resíduo da cápsula fique em contato com o gargalo e, possivelmente, seja transferido para o vinho no momento do serviço. Esse cuidado deve ser tomado para evitar a possível contaminação da bebida por metais pesados porventura presentes na composição da cápsula.

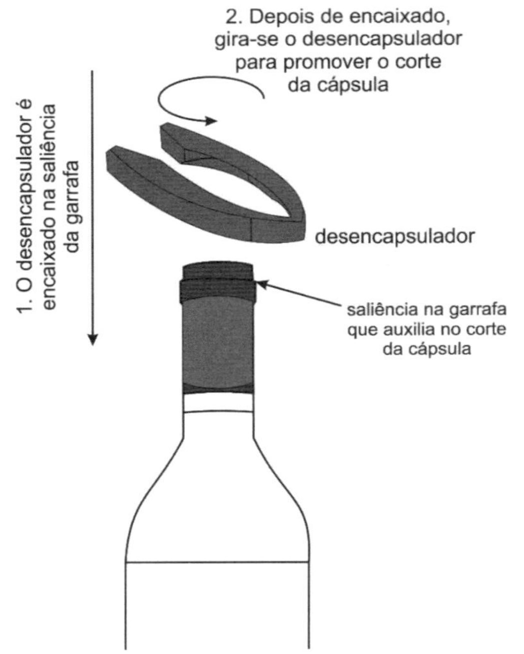

Figura 21.2 Esquema representativo do desencapsulador e de seu encaixe na saliência existente no gargalo da garrafa.

A rolha deve ser retirada com o auxílio de um saca-rolhas. Existem inúmeros modelos no mercado e todos eles podem ser utilizados para a mesma função. O sistema de saca-rolhas com espiral longa é o mais eficiente dos modelos disponíveis. Dentre os principais modelos de saca-rolhas, é possível destacar o modelo simples (Figura 21.3A), o mecânico (Figura 21.3B), o com alavanca (Figuras 21.3C e 21.3D), o elétrico (Figura 21.3E) e o de pressão (Figura 21.3F). O mecanismo de retirada da rolha é similar para todos os modelos e consiste em encaixar o saca-rolhas no gargalo da garrafa e girar a alavanca até que o tracionamento da espiral com o corpo da rolha seja forte o suficiente para que a rolha seja retirada. O que difere um modelo do outro é a rapidez na retirada da rolha e a facilidade que uma pessoa terá em retirar a rolha utilizando os modelos mais sofisticados.

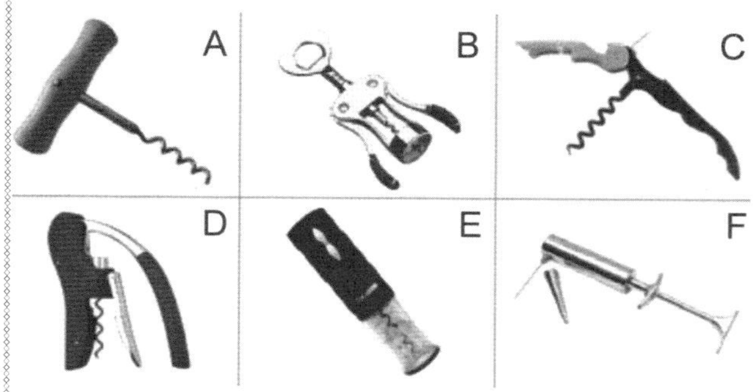

Figura 21.3 Modelos de saca-rolhas disponíveis no mercado.

Fonte: Vinitude Clube dos Vinhos (2015).

No caso de garrafas muito antigas que apresentam um tempo elevado de armazenamento em adega e possuam rolhas em estado precário (em decomposição e esfarelando com o uso do saca-rolhas), a abertura da garrafa é realizada com uma tesoura do tipo tenaz superaquecida (Figura 21.4). Essa tesoura lembra a tesoura de grama, devendo ser posicionada abaixo do gargalo da garrafa e ser utilizada aquecida, até aparentar coloração rubra. Antes de "cortar" o gargalo da garrafa, é necessário passar gelo ou um pano úmido para promover um choque térmico entre a parede de vidro do gargalo e a superfície da tenaz, promovendo a quebra do vidro sem deixar cacos. A utilização da tenaz superaquecida é muito comum na abertura de vinhos do Porto envelhecidos.

Figura 21.4 Tesoura do tipo tenaz para abertura de garrafas muito envelhecidas.

Fonte: Tavares (s.d.).

21.4.2 Taças

A escolha da taça é fundamental para que o serviço do vinho seja realizado com qualidade e, além disso, a estética da taça e a sua funcionalidade também são essenciais. De forma geral, a taça deve apresentar um bom tamanho, sendo melhor grande do que pequena; ser lisa e de espessura fina, não apresentando detalhes entalhados no corpo; ter um tamanho de haste ideal para que seja possível pegar a taça pela haste sem tocar o bojo, evitando marcas de impressões digitais e o aquecimento do vinho pelo contato com a mão do consumidor, e possibilitar a rotação da taça para oxigenar o vinho e liberar os compostos voláteis responsáveis pelo aroma; ser incolor, para avaliar as características de cor e limpidez do vinho; ter paredes curvadas e bordas fechadas, para apreciar os aromas liberados pela bebida.

As taças apropriadas para vinho tinto apresentam bojo mais abaulado (Figura 21.5) e são de maior tamanho comparadas às taças para serviço de vinho branco. Isso se deve ao fato de que os vinhos tintos precisam de maior aeração para liberar os compostos voláteis. Essa aeração é realizada por meio de rotações sucessivas com a taça para que o contato do vinho com o oxigênio do ar seja otimizado. As taças para vinho branco são menores e o bojo apresenta menor tamanho quando comparado às taças de vinhos tintos, pois esses vinhos não necessitam de tanta aeração para liberar os seus aromas. A taça do tipo *flûte* é destinada ao serviço de espumantes e a sua forma é proposital para que seja possível observar a formação das bolhas do espumante, conhecida como *perlage*. O *perlage* é uma das características mais apreciadas pelos consumidores de espumantes e promove uma ideia do nível de carbonatação da bebida. O bojo mais alongado e mais afunilado nas extremidades permite a visualização do *perlage* e o direcionamento pontual dos aromas desprendidos pela bebida, promovendo momentos de satisfação ao consumidor.

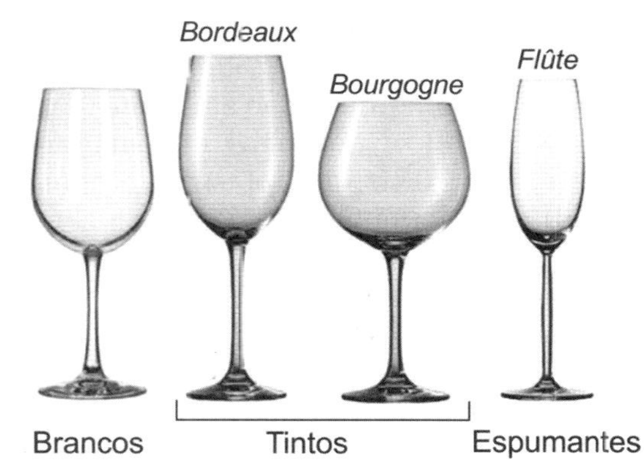

Figura 21.5 Principais tipos de taças para o serviço do vinho.

Fonte: Vinitude Clube dos Vinhos (2013).

A quantidade ideal de vinho a ser servida não deve ultrapassar um terço do volume da taça, ou seja, deve haver uma grande quantidade de ar na parte superior da taça para promover a oxigenação do vinho e liberar todos os aromas possíveis. Além disso, a quantidade servida deve ser inferior a um terço da taça, permitindo que a rotação da taça pela haste seja mais efetiva, otimizando a oxigenação e a apreciação dos aspectos sensoriais pelo consumidor.

As taças devem ser higienizadas com água quente e com uma quantidade mínima de detergente neutro. Caso haja a necessidade de utilização de lava-louças, as taças devem ser lavadas sem a presença de outros utensílios para que não haja transferência de partículas para as taças. Um pano seco e limpo com a ajuda de uma haste (cabo de uma colher) pode ser utilizado para enxugar o interior das taças ou, se preferir, as taças podem ser colocadas de cabeça para baixo em uma superfície com um pano limpo e seco, permitindo que sequem naturalmente.

21.4.3 Rótulos

O rótulo de um vinho é a forma mais apropriada para transmitir informações para o consumidor. Cada país apresenta uma legislação própria para conter determinadas informações nos rótulos, sendo algumas delas obrigatórias e outras opcionais. Algumas informações que constam em rótulos de vinhos de determinados países não serão encontradas em vinhos de outros países, já que a legislação varia de acordo com o local de produção. Sendo assim, é interessante que o especialista tenha conhecimento sobre as informações que os vinhos de determinadas regiões apresentam para que tais informações sejam repassadas com verdade e segurança para o consumidor.

À parte as variações existentes nos rótulos, algumas informações são gerais e comuns de serem encontradas: o país de origem, o conteúdo da garrafa em mililitros, o teor alcoólico, o nome do produtor e a safra. No caso do Brasil, se o vinho for varietal, ou seja, produzido somente por uma uva, geralmente o nome dessa uva vem descrito no rótulo; quando o vinho é cortado (elaborado por uma mistura ou um *blend* de uvas ou safras), via de regra o vinho é descrito como fermentado de uvas viníferas, não especificando os tipos de uvas que foram utilizadas na produção (Figura 21.6). Alguns rótulos de vinícolas brasileiras específicas mencionam o nome de todas as uvas que foram utilizadas na produção do vinho cortado, sendo que, em alguns casos, até mesmo a proporção de cada uva é mencionada.

Figura 21.6 Esquema representativo de um rótulo de vinho clássico brasileiro.

Fonte: adaptada de Vinitude (2014).

A informação do teor alcoólico é de extrema importância, pois essa determinação química é um dos principais indicadores de qualidade do vinho e apresenta limites a serem respeitados pela legislação. No caso do Brasil, os vinhos comuns (uvas americanas) e vinhos finos (uvas viníferas europeias) devem apresentar teor alcoólico entre 8,6% e 14% v/v. Essa faixa de teor alcoólico deve ser respeitada, pois o teor de álcool é uma das propriedades utilizadas para caracterizar e classificar os vinhos.

Além do teor alcoólico, o teor de açúcares redutores também é uma informação importante; o teor absoluto não vem especificado nos rótulos, porém uma informação importante que vem descrita nos rótulos remete a essa propriedade. O teor de açúcares redutores vem especificado na forma de vinho seco, meio-seco (*demi sec*) ou suave, sendo que cada uma dessas classificações deve respeitar limites estabelecidos. O vinho seco é classificado dessa forma por conter teor de açúcares redutores inferior a 5 g/L; o vinho meio-seco deve possuir em sua composição teor de açúcares redutores entre 5 e 20 g/L; já o vinho suave pode ser classificado por apresentar teor de açúcares redutores acima de 20 g/L. Alguns vinhos mais comuns chegam a atingir cerca de 100 g/L de açúcares redutores, sendo assim classificados como vinhos suaves ou doces.

Algumas informações que não aparecem explicitamente nos rótulos podem ser observadas por outras informações, por exemplo, o tipo de uva que produziu determinado vinho pode ser conhecido pela região produtora. Um vinho proveniente da região de Beaujolais (França) foi produzido com a cultivar Gamay; um vinho tinto da região de Borgonha foi produzido com a uva Pinot Noir, e assim por diante. Geralmente esse tipo de situação ocorre com os vinhos provenientes do Velho Mundo (Europa), sendo que os vinhos produzidos no Novo Mundo (Américas, África do Sul, Austrália, entre outras regiões) já apresentam o nome do cultivar no rótulo.

Alguns rótulos trazem informações extremamente detalhadas, tanto do cultivo da uva (idade do vinhedo, tipo do solo cultivado e quantidade de plantas por hectare) quanto do processamento (tempo de maturação em tonéis de carvalho, número de vezes de utilização desse tonel), do armazenamento (condições de armazenamento e tempo de guarda), da forma de servir (temperatura indicada, alimentos que harmonizam) e dos aspectos sensoriais do vinho (cor, aroma, sabor, intensidade e persistência).

21.4.4 Decantação

O processo de decantação do vinho deve ser empregado em dois casos: em vinhos tintos com potencial de guarda e que estão acondicionados em garrafas durante anos e em vinhos tintos jovens que se beneficiam da aeração provocada pelo decantador, liberando de forma mais efetiva os compostos voláteis da bebida. O decantador (Figura 21.7) é uma espécie de jarra com um bojo ovalado que permite maior contato do vinho com o ar. A forma ovalada do bojo do decantador permite o aumento da superfície de contato entre o vinho e o ar, promovendo maior aeração em menor tempo e sem muito esforço.

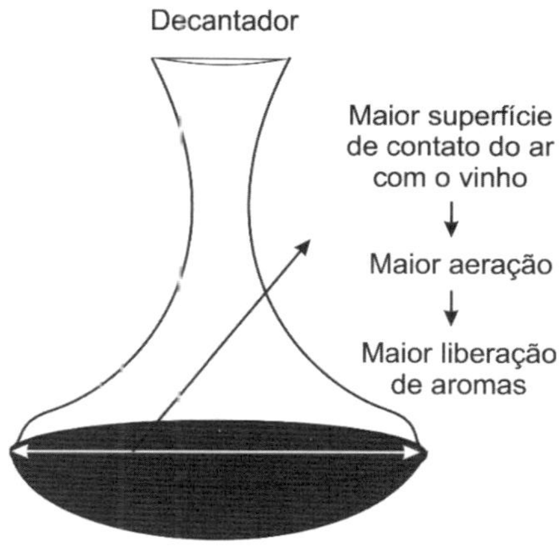

Figura 21.7 Esquema representativo de um decantador.

Não há unanimidade entre os conhecedores do assunto sobre a necessidade de decantação de vinhos brancos, já que esses vinhos não apresentam muita sedimentação ao longo do tempo devido à menor quantidade de reações químicas durante o armazenamento. Além disso, há especialistas no assunto que defendem a não decantação dos vinhos brancos, pois o aporte de substâncias voláteis que esses vinhos apresentam é significativamente inferior aos vinhos tintos.

Para proceder com a decantação de um vinho, é necessário retirá-lo da adega um tempo antes de servir. Dependendo do vinho, esse tempo pode variar de horas a dias, deixando-o na posição vertical para que os sedimentos existentes na garrafa sejam decantados no fundo da garrafa. Esses sedimentos são compostos formados por reações de complexação entre compostos fenólicos principalmente da classe química dos taninos, que promovem coloração escura e gosto amargo para o vinho. Após esse tempo, o vinho deve ser vertido suavemente e de uma só vez para o decantador, iluminando o gargalo com uma fonte luminosa, geralmente uma vela, para se certificar de que os sedimentos não estão sendo transferidos para o decantador juntamente com o vinho. Desse modo, o vinho límpido passa para o decantador e a borra fica retida no fundo da garrafa. Para o serviço de vinhos que necessitam de decantação, no final do procedimento, a garrafa deve ser mantida ao lado do decantador para que o consumidor veja qual tipo de vinho está sendo servido.

Os principais vinhos que passam pelo processo de decantação antes de serem servidos são vinhos tintos com elevado potencial de guarda provenientes de regiões europeias. Vinhos produzidos com uvas Cabernet Sauvignon e Shiraz provenientes da França, por exemplo, que ficaram armazenados em adegas climatizadas durante anos, apresentam grande quantidade de borra e de compostos a serem decantados. Nesse caso, esses vinhos devem passar pela etapa de decantação para, posteriormente, serem servidos. Vinhos doces que são produzidos por uvas botritizadas e que duram décadas, por serem extremamente doces, apresentam grande quantidade de sedimentos ao longo do tempo de armazenamento, necessitando de decantação antes do serviço.

21.4.5 Temperatura de serviço

A temperatura do vinho é outro fator que se faz importante para o processo de serviço dessa bebida. Como os vinhos são armazenados em adegas climatizadas que apresentam temperaturas entre 14 e 16 °C, as bebidas devem ser retiradas momentos antes de servir para que a temperatura esteja o mais adequada possível para o consumidor. De forma geral, os vinhos brancos devem ser servidos frios, com temperaturas entre 5 e 12 °C para realçar a sua acidez, aromas e frescor característicos. Vinhos brancos mais doces devem ser servidos gelados, pois a baixa temperatura mascara o gosto doce. Os vinhos tintos devem ser servidos em temperaturas mais elevadas, pois temperaturas mais baixas promovem certa aspereza ao paladar devido à grande concentração de taninos.

A temperatura ideal para o serviço de vinhos tintos encorpados é entre 16 e 18 °C, e para tintos jovens, entre 12 e 16 °C (Tabela 21.1). Nessas faixas de temperatura, ocorre certo equilíbrio entre a acidez natural do vinho tinto e seus taninos ásperos ao paladar. Caso o vinho tinto seja servido em temperaturas superiores a 20 °C, a acidez se dissipa, assim como o teor alcoólico, diminuindo a sensação de prazer que o vinho deve despertar quando consumido.

A ordem do serviço do vinho depende muito do tipo de prato ou do alimento que será servido para o consumidor. Para que isso aconteça, existe um determinado padrão a ser seguido no que se refere à ordem de serviço dos vinhos, sendo ele: os vinhos secos devem ser servidos antes dos suaves (ou doces), pois, caso os suaves sejam servidos antes dos secos, a sensação do gosto doce irá mascarar as características sensoriais esperadas do vinho seco, como acidez, adstringência e corpo (sensação de preenchimento da boca). Caso haja o serviço de vinhos tintos e brancos, os brancos sempre deverão ser servidos antes para que não ocorra sobreposição do elevado corpo do vinho tinto no momento da degustação do branco. Caso o tinto seja servido antes do branco, no momento da degustação do branco, as sensações sensoriais desaparecem.

Tabela 21.1 Temperaturas adequadas de serviço dos vinhos.

Vinho	Classificação da temperatura	Faixa de temperatura (°C)
Tintos encorpados	Temperatura próxima à ambiente	16 a 18
Tintos jovens e brancos encorpados	Temperatura de adega	14 a 16
Tintos jovens, Porto	Temperatura de adega	12 a 14
Brancos secos e rosados	Resfriados	8 a 12
Espumantes, frisantes e brancos leves	Gelados	6 a 8
Doces	Gelados	4 a 7

Para ambos os casos, tintos e brancos, os vinhos jovens sempre devem ser servidos antes dos vinhos envelhecidos. Isso se deve ao elevado corpo dos vinhos envelhecidos quando comparados aos jovens, que são mais ácidos e menos encorpados. No que se refere à temperatura, os vinhos resfriados devem ser servidos antes dos vinhos bebidos, a uma temperatura entre 16 e 18 °C. Caso contrário, o frescor, que é uma característica do vinho resfriado muito esperada pelo consumidor, desaparecerá ante o elevado corpo enaltecido pela temperatura mais elevada.

De forma geral, é possível perceber que a ordem de serviço do vinho depende muito do corpo que a bebida apresenta, ou seja, os vinhos menos encorpados, sejam eles brancos ou tintos, sempre serão servidos anteriormente aos vinhos mais encorpados para que as características sensoriais não sejam negativamente afetadas e o consumidor tenha sensações de prazer ao ingerir a bebida. Esse cuidado deve ser tomado pelo especialista no momento do serviço para que não haja surpresas desagradáveis.

21.5 CONSIDERAÇÕES FINAIS

Vários fatores fazem com que um determinado estabelecimento ou evento seja considerado de qualidade, e um deles é o serviço do vinho. A presença de especialistas na área que tenham conhecimento no assunto faz toda a diferença no momento de o consumidor escolher por determinado estabelecimento. Além disso, a cortesia de todos os que trabalham no local é de extrema importância para que o consumidor saia satisfeito, promovendo o atendimento e a superação de suas expectativas.

Vimos neste capítulo que o serviço do vinho engloba inúmeras etapas, que se iniciam na escolha da bebida e vão até o serviço propriamente dito. O conhecimento sobre rótulos, vinhos tintos e brancos, jovens e envelhecidos, encorpados ou não, é de extrema importância para que a bebida certa seja servida com determinados tipos de alimentos, promovendo sensações de prazer para o consumidor. Alguns cuidados que devem ser tomados no momento de abrir a garrafa fazem toda a diferença no contexto do serviço da bebida. O processo de decantação é necessário em alguns casos, assim como a temperatura de serviço, sendo fatores primordiais para o bom e ideal serviço do vinho. Sendo assim, todas as etapas mencionadas neste capítulo devem ser avaliadas com esmero para que o serviço do vinho seja feito com qualidade e os resultados sejam positivos tanto para o estabelecimento como para o consumidor.

REFERÊNCIAS BIBLIOGRÁFICAS

ALBERT, A. Z. **O admirável novo mundo do vinho e as regiões emergentes**. São Paulo: Senac São Paulo, 2012.

BRASIL. Lei nº 10970, de 12 de novembro de 2004. Altera dispositivos da Lei nº 7678, de 8 de novembro de 1988, que dispõe sobre a produção, circulação e comercialização do vinho e derivados de uva e do vinho, e dá outras providências. **DOU**: Diário Oficial da União, Brasília, DF, 2004.

DE CASTILHOS, M. B. M. *et al.* Sensory acceptance drivers of pre-fermentation dehydration and submerged cap red wines produced from *Vitis labrusca* hybrid grapes. **LWT – Food Science and Technology**, London, v. 69, p. 82-90, 2016.

GULTEK, M. M.; DODD, T. H.; GUYDOSH, R. M. Attitudes towards wine-service training and its influence on restaurant wine sales. **International Journal of Hospitality Management**, Oxon, v. 25, p. 432-446, 2006.

JACKSON, R. S. **Wine science**: principles and applications. 3. ed. San Diego: Academic Press, 2008.

JACKSON, R. S. **Wine tasting**: a professional handbook. California: Academic Press, 2009.

KIM, W.; LEE, Y.; YOO, Y. Predictors of relationship quality and relationship outcomes for luxury restaurants. **Journal of Hospitality & Tourism Research**, Thousand Oaks, v. 30, p. 143-169, 2006.

O'NEILL, M.; PALMER, A.; CHARTERS, S. Wine production as a service experience – the effects of service quality on wine sales. **Journal of Services Marketing**, Yorkshire, v. 16, p. 342-362, 2002.

SANTOS, J. I. C. **Vinhos, o essencial**. São Paulo: Senac São Paulo, 2014.

SAURA, I. G.; MOLINA, M. E. R.; CONTRI G. B. Qualitative and quantitative engineering criteria of restaurant wine lists. **Journal of Wine Research**, v. 19, p. 19-31, 2008.

SIRIEIX, L. *et al.* Determinants of restaurant's owners/managers selection of wines to be offered on the wine list. **Journal of Retailing and Consumer Services**, v. 18, p. 500-508, 2011.

TAVARES, M. **Tenaz Serradayres**. Disponível em: https://www.manueltavares.com/pt/loja-online/acessorios-para-vinhos/tenaz-serradayres. Acesso em: 15 dez. 2017.

VINITUDE – CLUBE DOS VINHOS. A evolução do saca-rolhas. [*S. l.*], fev. 2015. Disponível em: https://www.clubedosvinhos.com.br/evolucao-saca-rolhas. Acesso em: 15 dez. 2017.

VINITUDE – CLUBE DOS VINHOS. Para cada tipo de vinho, uma taça. [*S.l.*], out. 2013. Disponível em: https://www.clubedosvinhos.com.br/para-cada-tipo-de-vinho-uma-taca. Acesso em: 5 jan. 2018.

VINITUDE – Clube dos Vinhos. Rótulos de Vinhos: aprenda a ler! **Revista Vinitude**, jan. 2014. Disponível em: https://www.clubedosvinhos.com.br/rotulos-de-vinhos-aprenda-a-ler/. Acesso em: 4 maio 2022.

22

Montagem de microcervejarias

MARCELO HENRIQUE BREDA

22.1 APRESENTAÇÃO

O presente capítulo tem por objetivo apresentar uma discussão sobre o processo de planejamento de um empreendimento cervejeiro e sua influência como fator de decisão para o sucesso nos negócios, passando por uma abordagem sobre a montagem de uma microcervejaria e finalizando com uma proposta de estrutura de plano de negócios para ser utilizada por empreendedores brasileiros.

> O plano de negócios testa a possibilidade de uma ideia, ajuda o empreendedor na redução de incertezas e riscos com relação ao negócio, oferece a direção de suas metas, em um tempo reduzido e possível de ser seguido. Quando é elaborado cuidadosamente, a organização possui mais chances de chegar ao sucesso do que as que não o possuem (DORNELAS, 2014).

Em outras palavras, será no plano de negócios que o futuro empresário determinará os detalhes de seu empreendimento de forma a nortear seu caminho para a montagem de sua empresa a partir de um ponto inicial, traçando metas e objetivos, calculando custos, definindo produtos, estimando receitas e projetando o perfil de seus clientes. Todo esse material gerado no plano de negócios dará ao empreendedor informações para que ele não perca o foco de seu objetivo de negócio durante sua implementação, fornecendo um roteiro a ser seguido para atingi-lo, além de demonstrar a viabilidade do empreendimento antes mesmo de sua implementação.

Como identificar consumidores que podem trazer um grande retorno financeiro? Como analisar o mercado de cervejas em que se deseja atuar? Como detalhar as oportunidades, visto a crescente demanda por esse tipo de produto? Todas essas questões serão tratadas neste capítulo.

Segundo dados do Euromonitor (G1 ECONOMIA, 2017) o consumo de cerveja *per capita* no Brasil em 2017 era de 60,7 litros. Segundo dados do Ministério da Agricultura, Pecuária e Abastecimento (Mapa), em 2016, o país atingiu a marca de 14 bilhões de litros, colocando o Brasil em terceiro lugar no ranking mundial (Figura 22.1). Como premissa obrigatória para a montagem de uma microcervejaria se faz premente a necessidade de definir o correto posicionamento de mercado para a empresa, assim, o foco de uma microcervejaria não deve ser o de concorrer com as grandes cervejarias que inundam o mercado com *cervejas de massa*,[1] e sim conquistar

[1] Cervejas de massa: termo comumente utilizado no mercado de cervejas para diferenciar a cerveja produzida em larga escala, geralmente nas maiores cervejarias do mundo. São em geral de baixa fermentação, extremamente

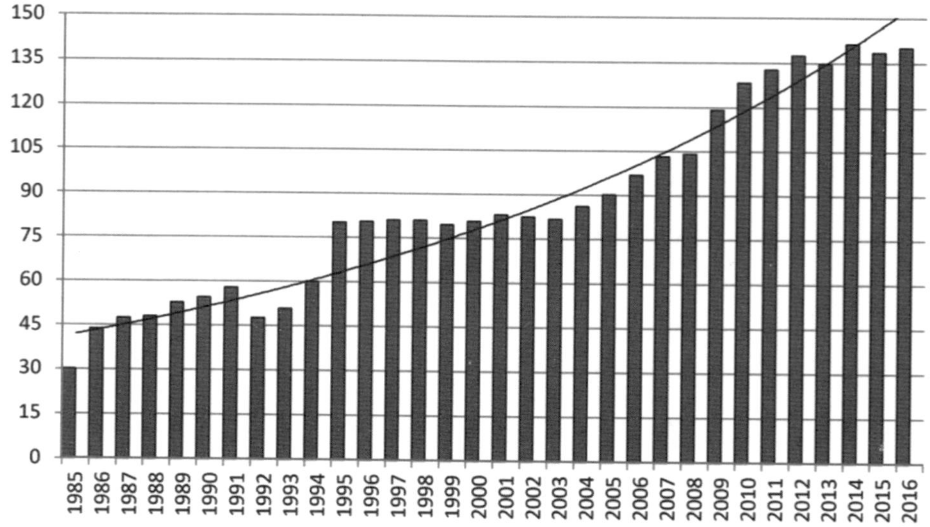

Figura 22.1 Produção nacional de cervejas (milhões de hectolitros/ano).

Fonte: CervBrasil (2016).

um público-alvo exigente quanto à qualidade e características de um produto diferenciado.

22.2 INTRODUÇÃO

As cervejas de microcervejarias que têm aparecido nos bares, restaurantes e supermercados das principais cidades do país chegaram para provar que, assim como ocorre com vinhos, cachaças, uísques e outras bebidas, o consumidor tem múltiplas possibilidades de escolha. Hoje em dia, quem se limita a pedir uma "loira gelada" está se privando de experimentar novidades deliciosas que pequenas empresas brasileiras estão produzindo (BREDA, 2007).

Nos Estados Unidos, essa onda ficou conhecida como *The Craft Beer Renaissance* e começou na década de 1970. Em meados dos anos 1970, havia menos de quarenta cervejarias nos Estados Unidos. Em 2013, os Estados Unidos tinham mais de 2.700 cervejarias artesanais e outras 1.500 estavam em planejamento; 48,4% das cervejarias que abriram desde 1980 ainda funcionam, e 66,2% das *startups*[2] de cerveja artesanal estão em operação (HINDY, 2015).

Foi observada a existência de mais de 370 microcervejarias registradas no Brasil no ano de 2015. O estudo, que contou também com a colaboração do Mapa, órgão que regula a produção de cerveja no Brasil, determinou ainda que a média de produção dessas microcervejarias naquele momento era de 20.000 litros por mês (ICB, 2016).

Já em 2017, um levantamento constatou que o número de cervejarias subiu para 679 o número de cervejas e chopes registrados no país passou de 8.900 e mais de 80% das cervejarias se concentravam nas regiões Sul e Sudeste do Brasil (G1 ECONOMIA, 2017).

As primeiras microcervejarias brasileiras tiveram origem em bares e casas noturnas que faziam o próprio chope nos anos 1990, sendo a grande virtude das pequenas cervejarias poder fazer coisas diferentes, afinal, no Brasil as pessoas estão acostumadas com a cerveja *lager*[3] tipo Pilsen. As

leves, de coloração clara, baixos teores de amargor e utilizam adjuntos como cereais não maltados e fontes de carboidratos como a sacarose em sua composição, de forma a baratear os custos de produção, o que, combinado com o alto volume produzido e a produção de um único estilo de cerveja, acaba por deixar o produto extremamente barato e de fácil acesso ao "consumo das massas".

[2] *Start-up*: segundo o dicionário Michaelis da Língua Portuguesa, é um o termo que designa uma empresa de pequeno porte, com investimento de baixo custo, a qual privilegia projetos promissores, geralmente na área de alta tecnologia.

[3] *Lager*: nome dado ao grupo de cervejas produzidas com leveduras de baixa fermentação.

grandes empresas até então não arriscavam outros estilos em razão de seu foco ser o da produção de cervejas de baixíssimo custo, porém, nos últimos anos, tem-se observado uma forte mudança nesse panorama, que vai desde iniciativas de produção de estilos de cerveja diferenciados até a aquisição de pequenas cervejarias.

22.3 MONTAGEM DE UMA MICROCERVEJARIA

As microcervejarias possuem hoje uma visibilidade de oportunidade de exploração de um nicho de mercado ainda com grande potencial de desenvolvimento. O foco do empreendedor em escolher uma fábrica de cerveja artesanal deve ter como intuito o de atingir um mercado-alvo específico, formado por apreciadores de cerveja que busquem não somente beber cerveja, mas analisar o paladar, o aspecto, os aromas e outros atrativos da bebida, ou seja, o foco em um público exigente é o diferencial estratégico da implantação e gestão desse negócio (BREDA, 2007).

Como todo empreendimento, entre outras fases importantes, deve-se traçar uma análise de viabilidade do negócio para determinar se a empresa tem condições de ser bem-sucedida. Entretanto, este capítulo versa sobre a montagem de uma microcervejaria, tomando assim como pressuposto que as fases iniciais demandadas no planejamento que antecede a tomada de decisão em se montar uma empresa e empreender no mercado de cervejas já foram cumpridas.

Um roteiro para a análise de viabilidade econômica de projetos de investimentos em indústrias de bebidas pode ser encontrado no capítulo 11 e auxiliará o investidor a definir com detalhes se o investimento pretendido é ou não viável.

Para facilitar o entendimento, este capítulo será apresentado em duas fases: a) fase pré-operacional; b) fase operacional.

Fase pré-operacional

Estimada com duração de aproximadamente seis meses, prevê a realização das seguintes etapas:

- Etapa 1: Estudos de mercado.
- Etapa 2: Desenvolvimento dos produtos.
- Etapa 3: Desenvolvimento de processos.
- Etapa 4: Projeto e construção da planta industrial com aquisição de equipamentos.
- Etapa 5: Legalização e demais ações administrativas.

Fase operacional

A fase operacional do projeto neste estudo está prevista para um período de dez anos, por ser esse o tempo determinado para que se possa atingir a depreciação total de máquinas e equipamentos e que deverá constar do plano de negócios elaborado. Maiores detalhes sobre taxas de depreciação podem ser encontrados no site da Receita Federal do Brasil.

A seguir detalhamos as principais informações relacionadas às características de cada fase.

22.3.1 Fase pré-operacional

22.3.1.1 Etapa 1: Estudos de mercado

Para a maioria dos projetos, o *estudo de mercado* configura-se como o ponto de partida. Isso ocorre em projetos nos quais são identificadas necessidades de mercado ou sociais que devem ser atendidas pelo empreendimento (privado ou público). Nesses casos, as informações geradas pelo estudo de mercado serão fundamentais para os demais estudos porque, a partir da demanda estudada, podem ser estimados a capacidade produtiva a ser instalada, a necessidade de matérias-primas, o montante esperado de recolhimento de impostos e o nível de alguns elementos de despesas variáveis, entre outros. Os principais objetivos do estudo de mercado são caracterizar o produto/serviço a ser ofertado, descrever as características do mercado-alvo, analisar as condições de comercialização e estimar o faturamento/receita do empreendimento ao longo de sua vida útil (CORREIA NETO, 2009).

O ideal é basear seu estudo de mercado em pesquisas realizadas por organizações idôneas e já conhecidas no mercado, de forma a possuir confiabilidade nas informações que nortearão seu empreendimento. Estimar sem nenhum critério o tamanho da empresa pode ser extremamente perigoso e colocar em risco a continuidade do projeto.

22.3.1.2 Etapa 2: Desenvolvimento dos produtos

A partir do conhecimento adquirido na etapa anterior, nesta etapa serão conceitualmente concebidos e desenvolvidos os produtos e suas respectivas embalagens.

Os produtos podem ser lançados no mercado em "lotes-piloto", até que se atinjam as características ideais de consumo, observadas as preferências do consumidor; contudo não há uma obrigatoriedade de se executar esse acompanhamento. O mesmo vale para as eventuais correções de características que podem ser melhoradas nos produtos objetivando sua maior eficácia de atingimento das expectativas dos consumidores, culminando assim com as vendas de acordo com o planejado. Mesmo porque todo produto terá um ciclo de vida, podendo ter fases determinadas que servirão de ponto de partida para as decisões de correção, melhoria ou até substituição do produto. Os detalhes do ciclo de vida do produto serão vistos mais à frente.

22.3.1.3 Etapa 3: Desenvolvimento de processos

Definidos quais produtos serão produzidos pela cervejaria, entendidos aqui como estilos de cerveja, será muito importante determinar qual será o tamanho da produção em volume. A partir do cálculo do estudo de viabilidade do negócio, que, como pressuposto, já foi determinado em estudo anterior, definindo que seria viável montar uma planta cervejeira no local escolhido pelos empreendedores, os valores obtidos no estudo determinarão quantos litros a microcervejaria precisará produzir e vender por mês para que atinja o faturamento e o lucro determinado pelo estudo de viabilidade, ou seja, a planta não poderá ser dimensionada para produzir menos litros/mês do que o que foi determinado pelo estudo de viabilidade, assim como não poderá ter lucro nas vendas que seja inferior ao projetado, sob pena de inviabilizar o projeto.

Para que fique mais claro, supondo que a empresa tenha obtido em seu estudo de viabilidade, no planejamento financeiro, a necessidade de faturamento bruto mensal de R$ 100.000,00 (cem mil reais); supondo ainda que o valor de venda do litro obtido no estudo de viabilidade e utilizado no plano de negócio tenha sido de R$ 10,00 (dez reais). Então, teríamos uma planta que produziria 10.000 litros por mês. Essa informação é vital para que possamos dimensionar a planta de forma adequada.

Simplificando o dimensionamento, considerando em média 20 dias úteis por mês, teríamos a necessidade de produzir, pelo menos, 500 litros por dia para cumprirmos o objetivo de produzir 10.000 litros/mês. Assim, dimensionaremos a planta com uma produção diária de 500 litros.

Para simplificar ainda mais, consideraremos que a microcervejaria produzirá apenas um tipo de cerveja; esse raciocínio, contudo, pode ser utilizado para quantos estilos o empreendedor desejar – basta que faça a ponderação do volume para cada estilo que será produzido mensalmente.

22.3.1.3.1 Premissas para dimensionamento

- Cerveja a ser produzida: cerveja leve clara tipo Pilsen.
- Capacidade da planta: 10.000 litros/mês.
- Capacidade da sala de brassagem: 500 litros por batelada.

Neste momento devemos considerar que tipo de equipamento será mais adequado para a planta. Existem muitos tipos de equipamentos e fabricantes, portanto ficaria extremamente difícil detalhar todos eles neste capítulo; dessa forma, tomaremos também como premissa o mais simples deles, qual seja, um equipamento de duas tinas. Esse tipo de equipamento possibilitará a produção de uma batelada por dia e terá a capacidade de produzir 500 litros de mosto a cada batelada, atingindo, portanto, nosso objetivo mensal de produção.

A planta deverá então possuir um tanque fermentador para receber o mosto a cada dia de produção, assim, teremos que montar a planta com 20 tanques com capacidade de 500 litros (Figura 22.2); dessa maneira, considerando uma batelada por dia útil, teremos 20 bateladas por mês, atingindo o volume total de 10.000 litros mensais, pois cada cerveja demandará 30 dias para ficar pronta. A Figura 22.2 apresenta um *layout* ilustrativo dos equipamentos mínimos para a produção de cerveja.

O modelo sugerido permite que a planta produza até 20 tipos diferentes de cerveja a cada mês. Esta é a razão pela qual o empreendedor poderá utilizar este manual para dimensionar sua planta para qualquer quantidade de estilos de cerveja que queira produzir, desde que não ultrapasse o limite de 20 estilos simultâneos. O processo sugerido será o de produção por batelada diária de 500 litros.

22.3.1.4 Etapa 4: Projeto da planta industrial e aquisição de equipamentos

De acordo com a definição da seção anterior, a planta deverá ser construída para uma produção por batelada diária de 500 litros e terá 20 tanques com a mesma capacidade para atingir os 10.000 litros mensais determinados pelo estudo de viabilidade. A planta então deverá ser composta conforme a Tabela 22.1.

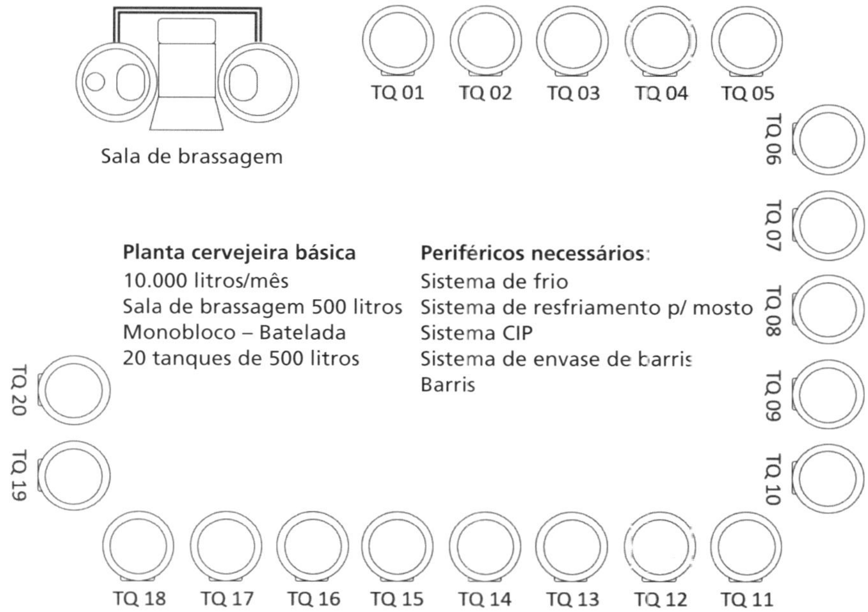

Figura 22.2 *Layout* de uma planta cervejeira para 10.000 litros/mês. Figura sem escala.

Tabela 22.1 Composição mínima de equipamentos para a planta da microcervejaria.

Equipamento	Capacidade	Volume útil	Quantidade	Observações
Moinho de malte	10 kg/minuto	Moega de 25 kg	1	Moinho de 2 cilindros com regulagem
Sala de brassagem	700 litros	600 litros	1	Duas tinas
Tanque de fermentação/ maturação	650 litros	500 litros	20	*Unitank*
Caldeira a vapor	70 kg vapor/hora	70 kg vapor/hora	1	Caldeira a gás GLP
Bomba CIP	2 hp	–	1	Bomba móvel
Câmara fria	5.000 litros	4.000 litros	1	Modular para armazenagem de barris
Barris de inox (*keg*)	Variável	Idem capacidade	Idem	A quantidade de barris dependerá da capacidade escolhida, podendo ser de 50, 30, 20, 15, 10 ou 5 litros
Lavadora manual de barris	1 barril	–	1	Lava 1 barril por vez
Sistema de refrigeração	2.000 litros	–	1	Sistema de refrigeração dos 20 tanques
Compressor de ar	30 litros	–	1	Ar inerte
Central de GLP	380 kg	–	1	Dois botijões P190
Central de CO_2	500 kg	–	1	2 cilindros de 25 kg
Geladeira	Mín. 200 litros	–	1	Armazenamento de lúpulos e leveduras

A seguir detalhamos alguns dos equipamentos constantes da Tabela 22.1 para que sirvam de roteiro e norteiem o processo de aquisição pelo empreendedor. Os equipamentos serão apresentados na mesma ordem em que aparecem na tabela, ou seja, não há uma relação de importância na sequência de apresentação, sendo, portanto, a aquisição de todos eles o conjunto mínimo necessário à montagem de uma cervejaria.

22.3.1.4.1 Moinho de malte

Moinho de aço, preferencialmente inoxidável, com pelo menos dois rolos reguláveis para correta moagem (esmagamento) dos maltes. Há vários tipos e modelos disponíveis no mercado.

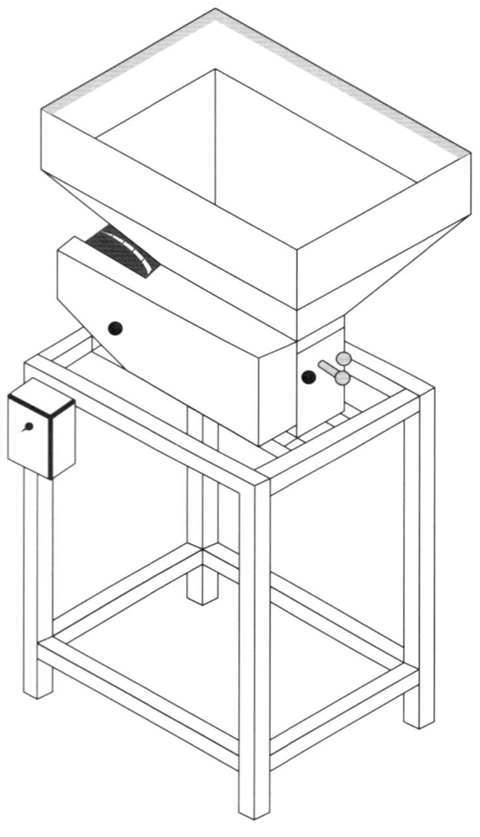

Figura 22.3 Moinho de dois rolos mecanizado.

Fonte: adaptada de Mec Bier, 2019.

22.3.1.4.2 Sala de brassagem

Como sugerido, uma sala de brassagem com duas tinas, onde serão feitas a mostura, a filtração e a fervura do mosto, sendo possível até duas bateladas por dia.

Figura 22.4 Sala de brassagem (monobloco).

Fonte: adaptada de Mec Bier, 2019.

22.3.1.4.3 Tanque de fermentação/maturação

Tanques cilindro-cônicos do tipo *unitank*, com função dupla, onde serão feitos os processos de fermentação e maturação, sem a necessidade de trasfega.

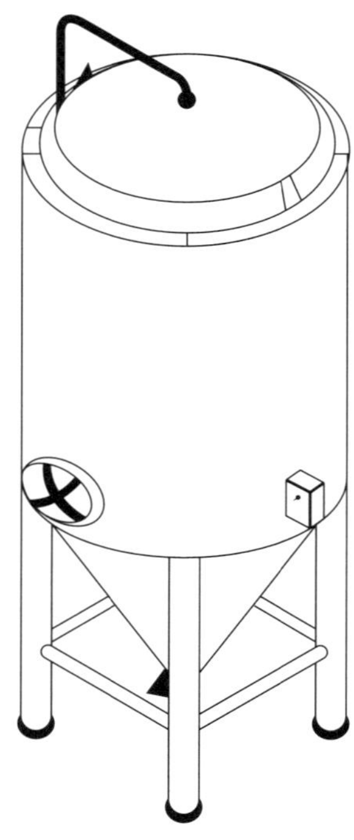

Figura 22.5 Fermentador/maturador.

Fonte: adaptada de Mec Bier, 2019.

22.3.1.4.4 *Caldeira a vapor*

Gerador de vapor com uma capacidade mínima de 70 kg de vapor/hora (valor de referência) para sustentar a sala de brassagem de 500 litros. Entretanto, como os demais equipamentos, o ideal é que a caldeira seja dimensionada de acordo com a necessidade da produção.

22.3.1.4.5 *Bomba CIP*

Extremamente necessária para o processo de limpeza e sanitização adequado à produção de cerveja. A bomba pode ter a mesma capacidade das bombas da sala de brassagem, assim, além de CIP, ela poderá servir de bomba reserva em caso de problemas com as bombas principais, evitando que a produção seja interrompida.

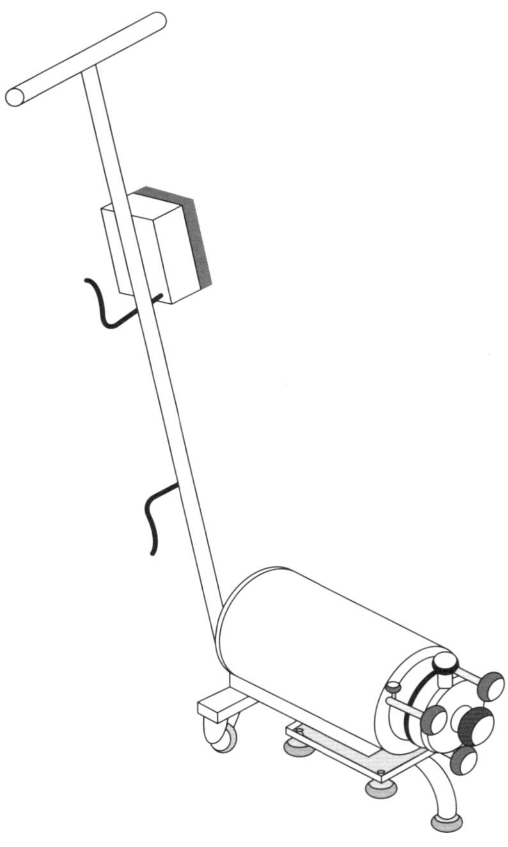

Figura 22.6 Bomba sanitária móvel para CIP.

Fonte: adaptada de Mec Bier, 2019.

22.3.1.4.6 *Câmara fria*

Com a configuração de 20 tanques de 500 litros, a câmara fria pode ser descartada ou pode funcionar como um pulmão de cervejas prontas, o que pode viabilizar um aumento de produção sem complicações. O ideal é que a câmara fria seja modular, para facilitar sua expansão em caso de necessidade.

22.3.1.4.7 *Barris de inox (keg)*

O barril de inox tipo *keg*[4] é o recipiente mais comumente utilizado pelas cervejarias para armazenamento e venda de cervejas não pasteurizadas. Normalmente os barris são encontrados com capacidade de 5, 10, 15, 20, 30 ou 50 litros.

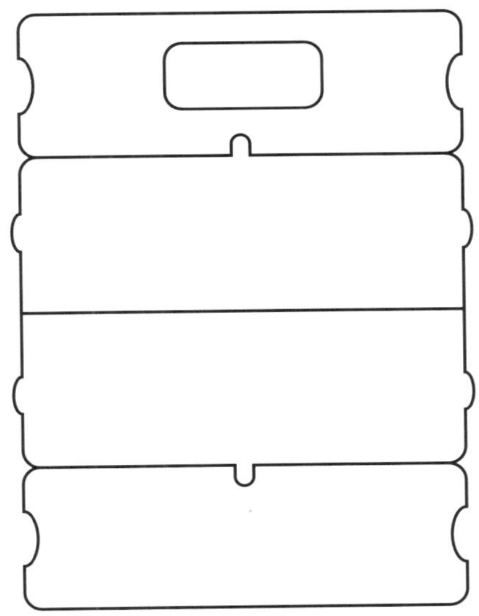

Figura 22.7 Barril de inox (*keg*).

Fonte: Breda (2007).

22.3.1.4.8 *Lavadora manual de barris*

Equipamento imprescindível para o bom uso dos barris e a conservação da cerveja após envase. Barris mal lavados são um grande problema para a cerveja. A altura ajustável permite lavar barris de vários tamanhos.

4 *Keg*: recipiente pressurizado para embalagem, transporte e distribuição de cerveja carbonatada, no Brasil comumente chamado de barril de chope, atualmente fabricado em aço inoxidável.

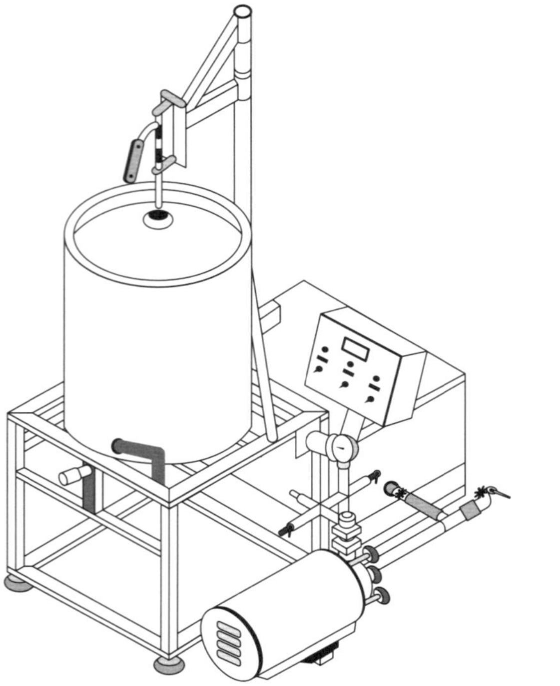

Figura 22.8 Lavadora de barris *keg* para um barril por vez.

Fonte: adaptada de Mec Bier, 2019.

22.3.1.4.9 *Sistema de refrigeração*

Deve ser calculado de forma a manter com uma margem de segurança todos os vinte tanques refrigerados, além de ser suficiente para o resfriamento do mosto antes da trasfega para os fermentadores. Um sistema de frio mal dimensionado pode inviabilizar a produção.

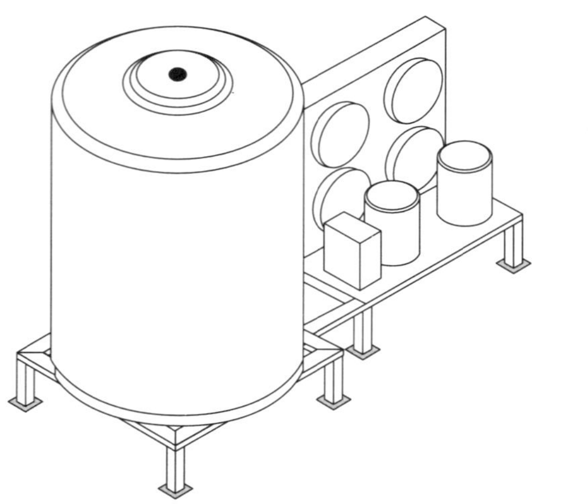

Figura 22.9 Sistema de refrigeração.

Fonte: adaptada de Mec Bier, 2019.

22.3.1.4.10 *Compressor de ar*

Deve ser dimensionado de acordo com as características da produção e da necessidade dos equipamentos envolvidos. O compressor fornece ar comprimido à lavadora de barris, à envasadora, caso esta seja pneumática, e também para a aeração do mosto, caso seja de ar inerte.

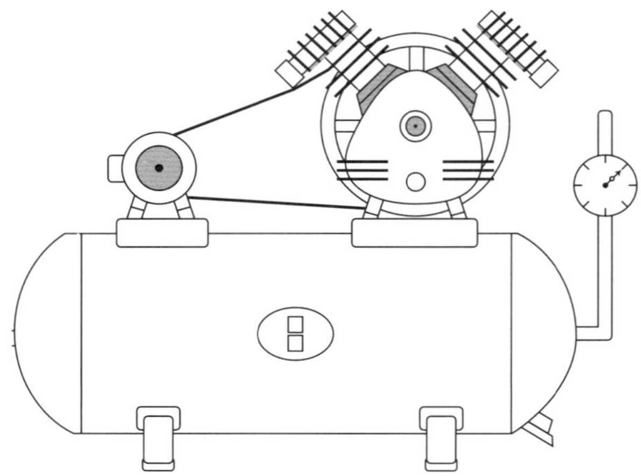

Figura 22.10 Compressor de ar.

22.3.1.4.11 *Central de GLP*

Fonte de GLP para abastecer a caldeira. A ser dimensionada após definição do equipamento de brasagem e da caldeira. Imprescindível ser dimensionada e construída de acordo com as normas vigentes. Para uma caldeira de 70 kg de vapor por hora, uma central com dois botijões P190 é suficiente.

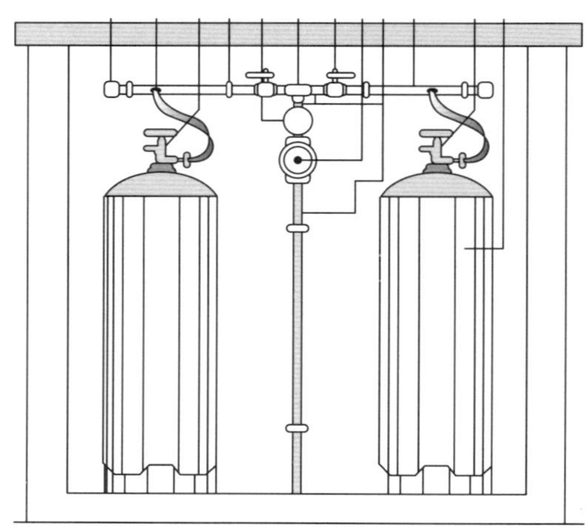

Figura 22.11 Central de GLP para caldeira.

22.3.1.4.12 Central de CO_2

Similar à central de GLP, deverá ser dimensionada após definição dos tanques para produção de cerveja e equipamentos de envase. No caso do exemplo deste estudo, uma central com três cilindros de 25 kg de CO_2 é suficiente. Imprescindível ser dimensionada e construída de acordo com as normas vigentes. O CO_2 é utilizado tanto para a pressurização de barris para pré-envase e envase quanto para a pressurização de tanques e a carbonatação forçada das cervejas.

22.3.1.4.13 Geladeira

Para armazenamento de leveduras e lúpulos que não podem permanecer no mesmo local onde a cerveja pronta fica armazenada.

22.3.1.4.14 Edificação

Para o projeto da edificação, será necessário que o fornecedor dos equipamentos forneça as suas dimensões e a necessidade de espaço físico para a sua instalação, para que esteja de acordo com as melhores práticas de fabricação e respeite as recomendações dos órgãos reguladores e da legislação vigente. A Figura 22.12 traz um exemplo simples e ilustrativo de uma pequena planta para cervejaria, entretanto o projeto deve ser analisado caso a caso por profissionais e consultores da área.

No capítulo 13, você poderá encontrar as *boas práticas de fabricação* (BPF) e também um descritivo de *análise de perigos e pontos críticos de controle* (APPCC) para indústrias de bebidas que irão auxiliar muito no desenvolvimento adequado do projeto.

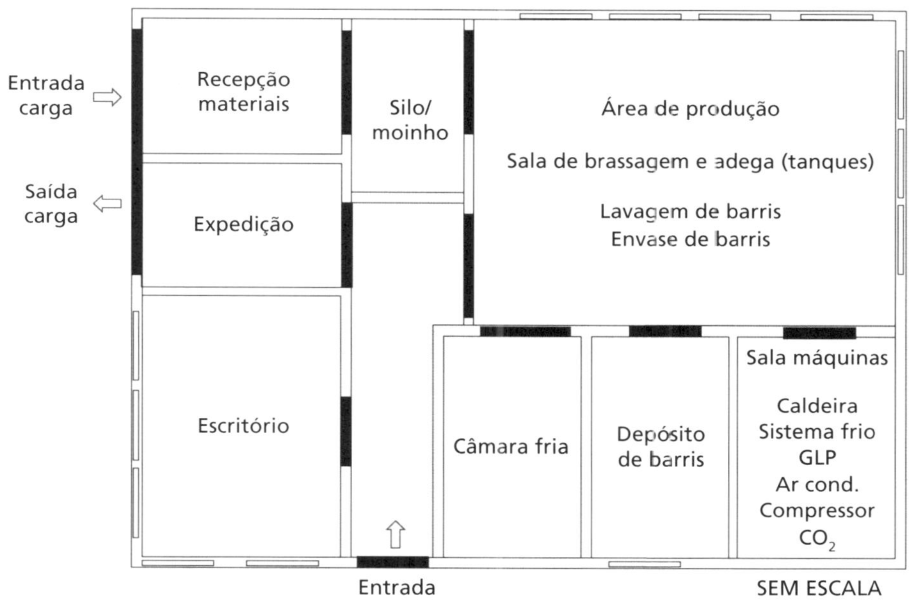

Figura 22.12 *Layout* ilustrativo de uma planta para cervejaria.

22.3.1.5 Etapa 5: Legalização e demais ações administrativas

Após a instalação dos equipamentos, a planta deverá ser testada para que se assegure que todos os processos de produção definidos estejam sendo cumpridos e que todos os equipamentos estejam funcionando plenamente.

O empreendedor deverá também verificar se todas as normas estão sendo seguidas e se a empresa determinou suas *boas práticas de fabricação* de acordo com a legislação vigente, além de assegurar o atendimento de todas as exigências dos órgãos reguladores quanto a edificação, equipamentos, processos e produção.

É importante frisar que somente depois de todas as verificações acima é que o empreendedor deverá acionar o órgão competente (Ministério da Agricultura, Pecuária e Abastecimento), para que este efetue a vistoria da planta e lhe conceda o registro de funcionamento, caso esteja apta a recebê-lo.

O diagrama de fluxo produtivo é exigido pelo órgão responsável pela concessão do registro. A Figura 22.13 mostra um fluxo produtivo montado sobre o *layout* da Figura 22.12. No capítulo sobre boas práticas de fabricação, você encontrará questões como a contaminação cruzada, cujo problema é comumente verificado em empresas que não possuem um bom fluxo de produção. Vale lembrar que esse é somente um dos documentos exigidos para registro entre vários que serão necessários para a obtenção da licença para produção de cerveja.

22.3.2 Fase operacional

Considerando todo o plano de aquisições e o cronograma de implantação dos equipamentos, a microcervejaria em questão estará pronta para iniciar suas operações produtivas. Vale lembrar que a implementação física dos equipamentos em uma instalação predial adequada será o precursor da fase de legalização da planta cervejeira, assim, a planta precisa estar totalmente implementada para que o processo de regularização seja iniciado.

A legalização de uma cervejaria passa por várias etapas e compreende o protocolo de pedidos junto a vários órgãos governamentais nas esferas municipal, estadual e federal. Devido ao alto investimento para a montagem de uma microcervejaria, é extremamente importante que todo o projeto seja acompanhado de perto por um consultor especializado. Vale lembrar que em nenhum momento a legislação obriga que haja um consultor em cervejaria respondendo pelo projeto, porém, essa recomendação se justifica pelo fato de que o processo de liberação do registro da planta pode demorar meses, assim, quanto mais aderente às exigências legais o projeto estiver, mais rápido tenderá a receber seus registros e a liberação para entrar com produtos no mercado.

Figura 22.13 Exemplo de fluxo de produção para cervejaria.

Obtido o registro para o funcionamento da planta da microcervejaria, iniciam-se as produções de cerveja, porém é muito importante estar atento à legislação brasileira de bebidas e seguir os procedimentos de registro para cada produto (estilo de cerveja) que será produzido pela planta; ou seja, o registro da planta indica que ela está apta a fabricar cervejas, porém não poderá ainda colocar nenhum produto no mercado sem que ele seja registrado e receba um número de registro para que possa ser comercializado.

De posse do registro da planta e do registro dos produtos fornecidos pelo órgão competente, a microcervejaria está apta a vender suas cervejas no mercado brasileiro. Partindo do pressuposto de que o plano de negócios foi executado com sucesso e que a planta cervejeira está totalmente implementada, testada e legalizada, e que todos os produtos que serão produzidos já obtiveram seu respectivo registro, dar-se-á início à fase operacional. O cronograma da Figura 22.14 exemplifica os passos sugeridos para que se possa iniciar a operação da planta cervejeira com total segurança.

É importante observar que o cronograma sugere as etapas:

- Testes unitários.
- Testes integrados.
- Operação contínua.

A operação contínua nada mais é do que o funcionamento normal da empresa a partir do momento em que todo o processo produtivo foi devidamente verificado. A partir desse ponto a empresa entrará em processo de produção definitiva e deverão ser observados todos os prazos de revalidação de licenças e registros a partir dessa data – chamaremos esse marco de *início da operação*.

Outro fator muito importante será o controle das manutenções preventivas de toda a planta; cada equipamento terá seu procedimento de manutenção, que deverá ser obrigatoriamente fornecido pelo fabricante quando de sua instalação. Lembrando que tais procedimentos são extremamente necessários para o perfeito funcionamento da planta e que seu acompanhamento adequado evitará paradas indesejadas e imprevistas do sistema. A manutenção, assim como os controles de produção, estoque e outras atividades inerentes à administração de uma empresa produtora de cerveja, será detalhada no capítulo de gestão de uma microcervejaria.

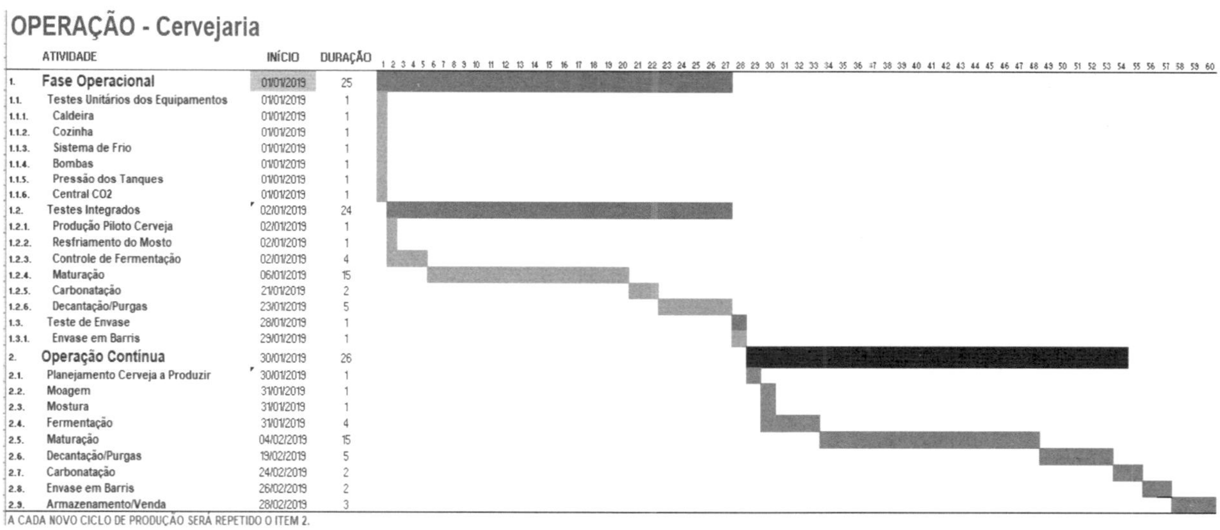

Figura 22.14 Cronograma de operação contínua da microcervejaria.

22.4 MODELO DE PLANO DE NEGÓCIOS

O que é um plano de negócios e para que realmente ele serve?

Segundo o Sebrae,

> Um plano de negócios é um documento que descreve por escrito os objetivos de um negócio e quais passos devem ser dados para que esses objetivos sejam alcançados, diminuindo os riscos e as incertezas. Um plano de negócio permite identificar e restringir seus erros no papel, ao invés de cometê-los no mercado (SEBRAE, 2013).

Efetivamente o plano de negócios é uma ferramenta que o empreendedor pode utilizar para verificar se seu futuro empreendimento é realmente viável ou não. Reforçamos aqui a necessidade de se realizar um estudo de viabilidade de negócio (ver o capítulo sobre *análise de viabilidade econômica de projetos de investimentos para a indústria de bebidas*) e elaborar o plano de negócios com o maior número possível de informações; além disso, é imprescindível que o empreendedor o faça com dados reais, atualizados, considerando todos os tributos envolvidos, e procure ser realista com relação às demandas existentes para seu futuro produto ou serviço.

Há muitas formas de se montar um plano de negócios, contudo há consenso a respeito dos tópicos e assuntos que devem nortear esse plano para que ele seja completo. A importância em elaborar um bom plano de negócios e tê-lo à mão vai muito além da questão colocada acima, ou seja, é muito mais do que simplesmente testar no papel aquilo que será realizado posteriormente no mundo real (ou seja, no mercado). Ter um bom plano de negócios aprovado por uma consultoria pode ser a diferença entre conseguir ou não um financiamento para seu projeto, pois as análises para a concessão de financiamentos em várias modalidades são baseadas no plano de negócios. Além disso, mesmo que o projeto não preveja a tentativa de financiamento bancário, caso o empreendedor deseje conseguir um investidor (pessoa física ou empresa), ele precisará apresentar sua ideia com um plano de negócios. Por fim, mesmo que a intenção seja montar uma empresa com recursos próprios, com um ou mais sócios, será imprescindível demonstrar a esses futuros sócios qual será o plano para a implantação dessa empresa, e, mais uma vez, fica claro que será importante possuir um bom plano de negócios à mão.

A seguir são apresentados itens que serão necessários na construção do plano de negócios. Vale lembrar que atualmente é possível encontrar um sem-número de modelos de plano de negócios pela internet; contudo, sugerimos que sejam utilizados um plano de estrutura e uma fonte confiáveis, e o que mais nos parece adequado é a utilização do plano de negócios oficial do Sebrae, uma instituição muito conhecida e focada no desenvolvimento de empreendedores dentro do território brasileiro. Fica a critério do leitor, no entanto, encontrar e utilizar um modelo que lhe seja mais aderente e confortável.

22.4.1 Estrutura do plano de negócios

Abaixo segue a macroestrutura constante do modelo de plano de negócios do Sebrae (2013). Todo o detalhamento e o como fazer podem ser encontrados de forma fácil e gratuita acessando a página da instituição na internet.

- Sumário executivo
- Análise de mercado
- Plano de marketing
- Plano operacional
- Plano financeiro
- Construção de cenários
- Avaliação estratégica
- Avaliação do plano de negócios

O modelo sugerido pelo Sebrae traz ainda um roteiro para a coleta de informações consolidado. Com ele você terá uma ótima visão do seu plano, de forma sumarizada, o que poderá auxiliar muito em apresentações.

É importante também lembrar que não há um tamanho correto ou mesmo um número mínimo de páginas para que se construa um ótimo plano de negócios. O ideal deve ser focar sua construção e sua linguagem, além das informações detalhadas no interlocutor, ou seja, a construção deve ser baseada na necessidade de informações que a pessoa, que será o destinatário do plano, precisa extrair do documento de forma a "comprar" a ideia e investir no empreendimento. Seja ela um gerente de banco, que claramente terá foco no plano financeiro, seja um possível sócio que poderá estar mais interessado nos produtos ou no marketing ou mesmo um órgão governamental que olhará com muito mais atenção na questão social desse plano, foque sempre o interlocutor para obter um bom resultado.

REFERÊNCIAS BIBLIOGRÁFICAS

BREDA, M. H. **Microcervejaria Ourbeer**. 2007. 100 p. Trabalho de Conclusão de Curso (MBA em Gestão Estratégica de Negócios em TI) – Fundação Getulio Vargas, São Paulo, 2007.

CERVBRASIL. **Anuário 2016-2017**. [*S. l.*], 2016. Disponível em: http://www.cervbrasil.org.br/novo_site/anuarios/CervBrasil-Anuario2016_WEB.pdf. Acesso em: 21 fev. 2019.

CORREIA NETO, J. F. **Elaboração e avaliação de projetos de investimento**: considerando o risco. Rio de Janeiro: Elsevier, 2009.

DORNELAS, J. C. A. **Empreendedorismo**: transformando ideias em negócios. 5. ed. Rio de Janeiro: Empreende LTC, 2014.

G1ECONOMIA. **Número de cervejarias no Brasil quase dobra em 3 anos e setor volta a criar empregos**. [*S. l.*], 30 mar. 2018. Disponível em: https://g1.globo.com/economia/pme/noticia/numero-de-cervejarias-no-brasil-quase-dobra-em-3-anos-e-setor-volta-criar-empregos.ghtml. Acesso em: 21 fev. 2019.

G1ECONOMIA. **Consumo de cerveja deve recuar pelo 3º ano seguido em 2017, mas faturamento do setor cresce**. [*S. l.*], 3 dez. 2017. Disponível em: https://g1.globo.com/economia/noticia/consumo-de-cerveja-deve-recuar-pelo-3-ano-seguido-em-2017-mas-faturamento-do-setor-cresce.ghtml. Acesso em: 25 mar. 2019.

HINDY, S. **A revolução da cerveja artesanal**: como um grupo de microcervejeiros está transformando a bebida mais apreciada do mundo. São Paulo: Tapioca, 2015.

ICB – Instituto Cerveja Brasil. **A cena Craft Beer no Brasil**: 2016 – Mercado Brasileiro de Cervejarias Artesanais. [*S. l.*], 16 dez. 2016. Disponível em: https://www.institutodacerveja.com.br/blog/n114/novidades/infografico-mercado-brasileiro-de-cervejarias-artesanais. Acesso em: 21 fev. 2019.

MAPA. Ministério da Agricultura, Pecuária e Abastecimento. **A cerveja no Brasil**. http://www.agricultura.gov.br/assuntos/inspecao/produtos-vegetal/pasta-publicacoes-DIPOV/a-cerveja-no-brasil-28-08.pdf. Acesso em: 25 mar. 2019.

MEC BIER. **Produtos**. Disponível em: http://www.mecbier.com.br/microcervejaria.html. Acesso em: 25 mar. 2019.

PORTAL DA EDUCAÇÃO. **Estrutura de um plano de negócio**. Disponível em: https://www.portaleducacao.com.br/conteudo/artigos/administracao/estrutura-de-um-plano-de-negocio/11844. Acesso em: 21 fev. 2019.

REINOLD, M. **Manual prático de cervejaria**. São Paulo: Aden, 1997.

SEBRAE. **Como elaborar um Plano de Negócios**. [*S. l.*], 2013. Disponível em: http://www.bibliotecas.sebrae.com.br/chronus/ARQUIVOS_CHRONUS/bds/bds.nsf/5f6dba19baaf17a98b4763d4327bfb6c/$File/2021.pdf. Acesso em: 21 fev. 2019.

TSCHOPE, E. C. **Microcervejarias e cervejarias**: a história, a arte e a tecnologia. São Paulo: Aden, 2001.

23

Gestão de microcervejarias

MARCELO HENRIQUE BREDA

23.1 INTRODUÇÃO

Por se tratar de uma indústria, mesmo que de pequeno porte, a gestão de uma microcervejaria terá mais sucesso quando pautada em uma metodologia de gestão de produção. Mesmo que o empreendimento também possa ser considerado como indústria e comércio, sua base fundamental será a de gestão de produção em uma indústria.

> Em um contexto de elevada competitividade, como nos tempos atuais, a produção exige uma convergência de recursos e esforços e, principalmente, a plena utilização das competências organizacionais para oferecer produtos e serviços de alta qualidade a preços competitivos. Afinal, produzir e produzir bem não são exatamente sinônimos. O segredo está na excelência operacional – o desafio que separa as organizações bem-sucedidas das demais. (CHIAVENATO, 2014)

Uma empresa pode ser entendida como um conjunto integrado de vários processos. A Figura 23.1 demonstra os oito principais processos básicos em torno dos quais funcionam todas as suas atividades.

Do ponto de vista empresarial, uma microcervejaria se enquadra no grupo de empresas secundárias ou de transformação, pois processa matérias-primas e gera produtos acabados. Portanto a gestão de uma microcervejaria necessita de um total controle de sua produção. Construir um bom planejamento da produção passa obrigatoriamente pela elaboração de controles adequados que possibilitem ao gestor plena visão de tudo o que será produzido pela empresa.

Antes de falarmos sobre o gerenciamento da produção propriamente dito, veremos os vários pontos críticos que formam a completa e adequada gestão de uma empresa do ramo de bebidas, em nosso caso, de uma microcervejaria.

23.2 GESTÃO DA EMPRESA

Determinados estrategicamente os produtos a serem lançados no mercado e após sua análise de viabilidade, cabe ao gestor controlar a produção de forma a perseguir o atingimento de todas as metas definidas nas fases que antecederam a entrada em operação da empresa no mercado.

Para isso, como destacaremos à frente, planejamento e controle da produção (PCP) serão a peça-chave no sucesso da empresa, realizando a aferição dos resultados e revisitando a cada lote as informações obtidas, gerando assim melhorias contínuas e identificando necessidades de correção de rota para a empresa.

Figura 23.1 A empresa como conjunto integrado de processos.

Fonte: adaptada de Chiavenato (2014).

Destacaremos a seguir alguns dos pontos mais críticos desse acompanhamento.

23.2.1 Análise dos custos ao longo do projeto

O empreendedor deve se debruçar sobre o acompanhamento dos custos inerentes ao seu empreendimento, lembrando que eles já foram dimensionados no plano de negócios da empresa, assim como em cada projeto de produto. Esses custos vão além dos custos diretos de produção. Não objetivamos detalhá-los todos neste capítulo, mas, para que o empresário não deixe de considerá-los, seguem abaixo os principais pontos de atenção referentes aos custos:

- custos fixos;
- custos variáveis;
- custos de estocagem;
- custos de comercialização dos produtos;
- custos com a administração.

Além dos custos, faz-se necessário observar com atenção, mês a mês, desde o início da operação do empreendimento, seguindo o planejamento da empresa, o seguinte:

- política de estocagem e compras;
- projeção de pagamentos das compras;
- projeção de pagamentos dos impostos.

23.2.2 Projeção de resultados e fluxo de caixa

Para que a empresa possa operar adequadamente, o gestor precisa ter em mãos a projeção mensal de resultados e um bom fluxo de caixa, de forma a manter a saúde da empresa em perfeitas condições. Como já mencionamos, todo o planejamento do empreendimento foi realizado no plano de negócios, foi aprovado durante o trabalho de análise de viabilidade econômica realizado e teve seu planejamento financeiro determinado em grandes números.

Esse planejamento financeiro macro (em grandes números e constante do plano de negócios) deve ser detalhado quando da definição dos produtos a serem produzidos pela empresa e ter seus custos determinados e validados nos passos que precederem o lançamento de cada um deles.

Dessa maneira, são pressupostos necessários que a empresa tenha toda essa informação mapeada pelo PCP e que o gestor tenha total acesso a essas informações, cabendo à gestão da microcervejaria acompanhar todo o ciclo produtivo de forma a direcionar a empresa para o atingimento das metas elencadas no plano e, quiçá, sua superação em termos de resultado. Assim, o acompanhamento do "planejado x realizado" deverá ser parte do cotidiano da gestão.

A Tabela 23.1 traz um exemplo de relatório de acompanhamento de resultados mensais para o gestor.

Tabela 23.1 Relatório gerencial de acompanhamento de resultados de produção de cerveja.

Exercício	2019												TOTAL ANUAL
Mês	JAN	FEV	MAR	ABR	MAI	JUN	JUL	AGO	SET	OUT	NOV	DEZ	
VOLUME EM HECTOLITROS													
Planejado	80	90	120	70	75	60	80	100	110	120	120	130	1.155
Realizado	75	100											175
Desvio (litros)	–5	10											–980
Desvio %	–6,25%	11,11%											–84,85%

Isso posto, seguiremos sugerindo um modelo de fluxo de caixa para auxiliar a gestão nas tomadas de decisão. Aparentemente, ter um fluxo de caixa não é tarefa difícil, contudo, zelar pela plena execução do fluxo planejado, evitando distorções e descasamentos, é uma atividade indispensável para o gestor, sendo que manter esse fluxo saudável é uma das tarefas mais importantes da gestão da empresa.

Tabela 23.2 Relatório gerencial de fluxo de caixa mensal.

Exercício: 2019	Mês: janeiro	
A – Recebimentos		
Descrição	Dia	Valor
Cliente A	5	9.000,00
Cliente B	10	5.500,00
Cliente C	12	1.000,00
Cliente D	20	2.350,00
Cliente E	25	800,00
Cliente F	28	4.500,00
Subtotal (A)		23.150,00
B – Custos fixos		
Aluguel	20	1.200,00
Energia (administração)	15	250,00
Água (administração)	18	60,00
Telefone	25	150,00
Internet	5	90,00
Subtotal (B)		1.750,00

(*continua*)

Tabela 23.2 Relatório gerencial de fluxo de caixa mensal. (*continuação*)

Exercício: 2019		Mês: janeiro
C – Custos variáveis		
Malte	5	3.500,00
Lúpulo	8	5.000,00
Fornecedor X	15	1.200,00
Manutenção	28	500,00
Energia (produção)	15	2.000,00
Água (produção)	18	300,00
Subtotal (C)		12.500,00
Fluxo de caixa (A – B – C)	8.900,00	

Um fluxo de caixa deve apresentar informações financeiras e demonstrar de forma clara e resumida a diferença entre previsto e realizado. A exemplo do relatório de produção, o fluxo de caixa é um relatório essencial, na medida em que revela ao gestor uma visão sobre a situação financeira da empresa e possibilita à gestão tomar decisões antecipadamente para enquadrar todas as despesas sem impactar no caixa da empresa.

O fluxo de caixa permite ainda ao gestor tomar decisões sobre investimentos. Por exemplo, se a empresa possui uma previsibilidade de caixa positivo com excedente em relação aos gastos futuros, o gestor pode optar por investir esse valor, seja em aplicações financeiras, seja na antecipação de pagamentos (impostos ou parcelas), seja na aquisição de equipamentos, negociação de matérias-primas antecipadamente, enfim, possibilita tomar decisões que melhorem o desempenho e o resultado da empresa.

Em suma, o relatório de fluxo de caixa traz respostas às questões referentes ao lucro ou prejuízo da empresa, necessidade de capital de giro, visão do crescimento financeiro, previsibilidade de problemas financeiros, capacidade de pagamento, possibilidade de investimentos.

23.2.3 Gestão de custos

Fundamental para a gestão de qualquer produção, a gestão estratégica dos custos pode ser entendida como todo e qualquer investimento ou desembolso que uma empresa precisa realizar de forma a poder executar todas as suas atividades, entre eles água, energia elétrica, internet, telefone, veículos, transporte, computadores, máquinas, equipamentos, mão de obra, insumos, em resumo, tudo o que a empresa precisa pagar, comprar e manter para realizar suas atividades. É importante ter em mente que sem o conhecimento detalhado de todos esses custos a empresa não poderá determinar o valor de venda de seus produtos com assertividade e, assim sendo, jamais conhecerá sua margem de lucro e, consequentemente, poderá estar na direção de um caminho tortuoso pelo qual acabará por trabalhar muito para ter, com grande probabilidade, somente prejuízos.

Os custos, simplificadamente, dividem-se em:

- **Custos fixos** – aqueles que se repetem mensalmente (praticamente sem apresentar alterações).
- **Custos variáveis** – aqueles que são alterados conforme a demanda de produtos ou serviços.

Conhecendo os custos da empresa e sabendo exatamente o total de custos fixos e variáveis, o gestor poderá ter mais segurança nas tomadas de decisão, bem como estar ciente da margem de lucro de seus produtos; dessa maneira, terá condições de determinar os preços de venda de seus produtos para planejar os resultados da empresa e direcioná-la para o atingimento e superação dos resultados previstos.

23.2.4 Margem de contribuição

Trata-se do valor que resta após a venda de um determinado produto e que contribui para o pagamento dos custos fixos da microcervejaria. A margem de contribuição de um produto é determinada aplicando a seguinte equação:

$$\text{MCu} = \text{Vvenda} - \text{Cvu}$$

em que:

MCu: margem de contribuição unitária (por produto);

Vvenda: valor de venda (preço);

Cvu: custos variáveis unitários (por produto).

Vale lembrar também que a margem de contribuição da empresa será chamada de margem de contribuição total, sendo obtida segundo a fórmula:

$$MCT = MCu \times \text{número de unidades vendidas}$$

IMPORTANTE: não devemos confundir a margem de contribuição total com o lucro da empresa, pois ainda não foram abatidos desta os custos fixos.

A margem de contribuição também pode ser determinada como um percentual que será obtido em função do preço de venda do produto, e, sendo assim, podemos chamá-lo de índice de margem de contribuição, o que permite calculá-lo para qualquer valor de venda. Esse índice será obtido aplicando a fórmula:

$$IMC\% = (MCu/Vvenda) \times 100$$

> O uso da margem de contribuição pressupõe o conhecimento de algumas premissas associadas ao comportamento dos gastos: a) em alguns casos, pode ser difícil classificar os gastos de uma empresa em fixos ou variáveis porque seu comportamento pode não seguir um padrão em relação ao volume produzido ou vendido, o que exigirá métodos estatísticos mais avançados; b) quando há grandes mudanças de preço ao longo de um período como resultado de descontos ou promoções, é preciso trabalhar com preço médio ou ponderado para calcular relações entre custo, volume e lucro. (PORTO, 2014)

Extraímos, portanto, que a margem de contribuição precisa ser constantemente revisitada e não pode ser simplesmente determinada uma única vez e utilizada *ad æternum* pela empresa. Cabe então ao gestor dar atenção especial a esse indicador para que seus produtos estejam sempre contribuindo para o bom desempenho da empresa.

Esse é um importante indicador para análise por tratar-se da base de rateio, contemplando os custos fixos, investimentos, receitas financeiras, despesas financeiras e impostos sobre o lucro.

O gestor deve ficar extremamente atento às variações negativas na margem de contribuição, pois, caso isso ocorra, deverá analisar qual foi a causa, podendo ser identificado um aumento nos custos das matérias-primas ou uma política de redução de preços para atuar de forma competitiva ante alguma concorrência, fatores estes externos ao controle da empresa.

Essa análise pode levar à conclusão de que a empresa precisa tomar medidas operacionais para manter sua lucratividade operacional, como reduzir custos com a produção de determinados produtos, reduzir despesas com vendas, baixar custos fixos, entre outros.

23.2.5 Gestão de fornecedores

Gerir fornecedores é uma função vital para que a empresa possa ser competitiva e envolve estratégias de compra/aquisição e o acompanhamento detalhado de preços na busca e seleção de fornecedores.

Uma estratégia decisiva para a empresa é a construção de parcerias de negócio procurando abranger todos os pontos de sua cadeia produtiva, visto que, no caso das microcervejarias, o produto final tem poucos itens no quesito matéria-prima e, assim, ter mais de um fornecedor para cada matéria-prima e procurar desenvolver alternativas para insumos é fator determinante de sucesso; dominar a cadeia de suprimentos é, portanto, condição *sine qua non* para uma boa gestão de fornecedores.

Sendo o Brasil dependente de praticamente todos os insumos usados na produção de cerveja, por ainda não ter produção nacional suficiente para atender à demanda atual, a probabilidade de faltarem insumos específicos para a produção adequada de cada produto é relativamente alta e poderá influenciar negativamente o resultado da empresa e a qualidade dos produtos produzidos. Além disso, como a maioria dos insumos são importados, o gestor precisa estar extremamente atento ao câmbio, pois variações de preços podem minar o resultado da empresa por simples falta de gestão de fornecedores, caso seja criada uma dependência da empresa de um único fornecedor de determinado insumo.

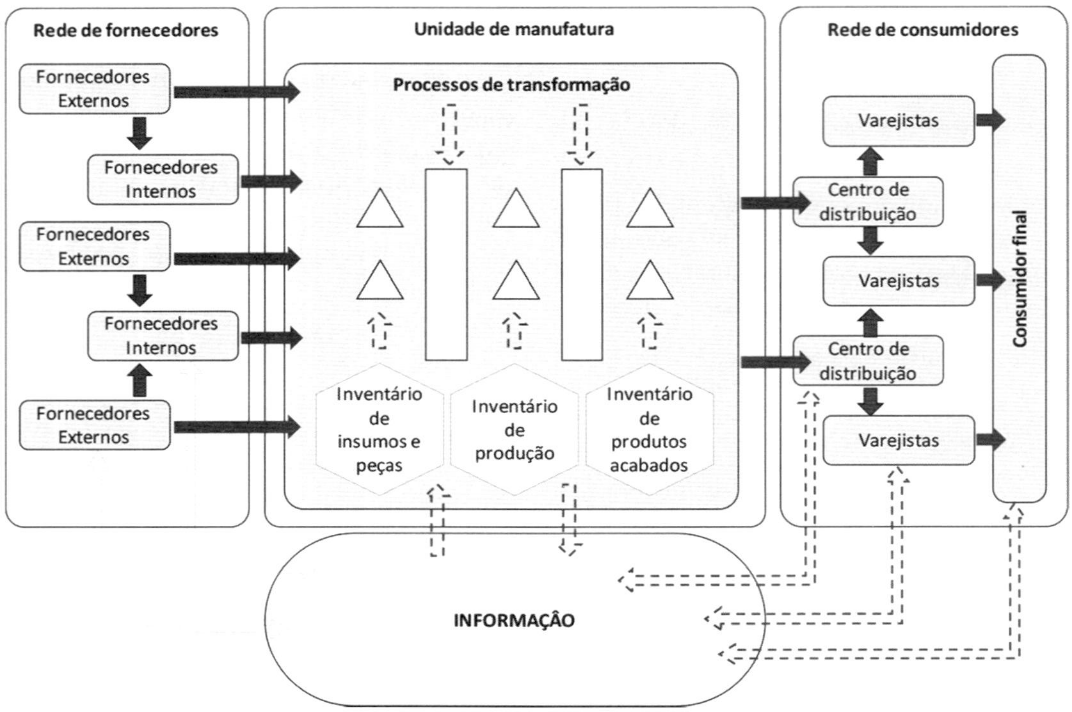

Figura 23.2 Cadeia de suprimentos.

Fonte: adaptada de Chiavenato (2014).

23.2.6 Gestão de estoque

Gerir seu estoque de forma correta e assertiva faz uma grande diferença para o resultado da empresa, principalmente em se tratando de uma indústria em que estoque é um custo tão relevante que interfere até no cálculo do tempo de recuperação do capital investido na empresa. Mais ainda, tratando-se de uma indústria de bebidas, o controle de estoque de uma cervejaria é extremamente sensível, pois é formado quase que em sua totalidade por insumos perecíveis que não permitem guarda por longo tempo e por produtos acabados que podem possuir prazos curtos de validade.

Vale lembrar também que uma microcervejaria pode ter dois tipos de estoque, quais sejam, o estoque de insumos (matérias-primas, embalagens, produtos químicos) e o estoque de produtos prontos para comercialização.

Principais pontos de atenção do gestor quanto ao estoque de insumos:

a) Quando realizar novas compras.
b) Quanto comprar.
c) Com que frequência revisar os níveis do estoque.
d) Qual o local ideal para o estoque de cada insumo.
e) Como controlar o estoque.

Principais pontos de atenção do gestor quanto ao estoque de produtos:

a) Como definir os níveis mínimos e máximos de estoque por produto.
b) Quando produzir determinado produto.
c) Qual a sazonalidade do estoque.
d) Com que frequência revisar os níveis do estoque.
e) Como controlar a validade dos produtos em estoque.

Assim como na gestão de fornecedores, a gestão de estoque precisa estar atenta às variações de câmbio. Saber quando e quanto comprar para não ser surpreendido com altas de preço ou falta de insumos é fator determinante para o sucesso e, por que não dizer, para a sobrevivência da empresa.

23.2.7 Gestão de vendas

Tratando-se de cervejas especiais, artesanais, de elevado valor agregado, com inúmeras variações de estilos de produtos, a venda deixou de ser simplesmente uma abordagem em que o vendedor era apenas um "tomador de pedidos".

> O papel do vendedor vem mudando ao longo do tempo: de tomador de pedidos passou a atuar como provedor de clientes, persuasor, solucionador de problemas e criador de valor. As mudanças na natureza do trabalho têm moldado um novo vendedor, mais habilidoso, exímio negociador e prestador de serviços. E, para papéis tão distintos, o vendedor precisa de novos conhecimentos, competências e habilidades. (COBRA; TEJON MEGIDO, 2007).

Ainda segundo Cobra e Tejon Megido (2007), a gestão de vendas possui foco nos seguintes pontos-chave: a) gestão de canais de marketing; b) gestão de inteligência em vendas; c) gestão de produtos; d) gestão de clientes; e) autogestão; f) gestão financeira.

É importante frisar que em uma pequena empresa, por vezes, o vendedor é o próprio dono ou um dos sócios. Assim, a gestão de vendas muitas vezes interfere em todo o ciclo de vida da empresa e, portanto, vender simplesmente não é o suficiente: é preciso vender com assertividade, qualidade e inteligência. Isso nos mostra que o vendedor no mercado de cervejas artesanais/especiais precisa conhecer profundamente os produtos que comercializa e o mercado onde atua, seja ele um funcionário da empresa, um representante comercial ou um sócio. O conhecimento será o diferencial para a venda; podemos dizer que a venda de cervejas especiais no cenário atual é uma venda consultiva.

23.2.8 Gestão de recursos humanos

As micro e pequenas empresas (MPE) são preponderantemente empresas familiares e ocupam um espaço importante na economia brasileira. Estão presentes nos vários setores e ramos da economia, apresentando alto grau de heterogeneidade entre si (LEONE, 1991, 1999). Leone (1999) aponta a dificuldade de obter um único critério para as MPE, contudo observa-se que, conforme o Sebrae (2007), o número de funcionários de uma microempresa varia de 9 a 19.

As MPE apresentam características de flexibilidade, escassez de recursos e baixo nível de especialização técnica e gerencial de seus integrantes, enfrentando dificuldades para desenvolver políticas e práticas de *gestão de recursos humanos*. Adicionalmente, observa-se que muitas das MPE funcionam como uma extensão do proprietário, bem como sua visão estratégica de negócios está intimamente alinhada com as suas motivações e ambições pessoais. Em essência, o proprietário (ou gestor) é a própria empresa (WANG; WALKER; REDMOND, 2011).

Em consonância com a proximidade do papel do proprietário da microempresa e do gestor, a *gestão de recursos humanos*, neste contexto, está direcionada à gestão de pequenas equipes e ao papel da liderança.

23.2.8.1 Aspectos importantes

De acordo com o Sebrae (2005), em relação ao gerenciamento de pessoas, vale reforçar os seguintes pontos:

a) Escolher a equipe de trabalho com base no perfil adequado para cada função.
b) Definir e atribuir as tarefas para cada membro da equipe.
c) Oferecer treinamento contínuo e desenvolvimento dos profissionais.
d) Comunicar com transparência e conhecimento as informações necessárias para o bom desempenho de cada empregado – comunicação efetiva.
e) Conduzir os membros da equipe na obtenção de resultados positivos para a organização e satisfação dos liderados.
f) Delegar tarefas, visando descentralizar decisões, obtendo maior participação de todos nas atividades específicas de cada setor.
g) Aferir o desempenho individual e do grupo.

De forma a realizar melhor o trabalho de delegação de responsabilidade, o empreendedor precisa ter em mente que essa delegação tem um grande objetivo, qual seja, o de permitir a ele utilizar melhor seu tempo em atividades mais importantes, como a gestão da empresa, assim, as sugestões a seguir ajudarão o empreendedor a economizar tempo.

a) Estabelecer metas anuais, mensais, semanais e diárias.
b) Programar suas tarefas e atividades da semana e do dia, em função dessas metas.
c) Identificar as atividades que levem aos resultados e se concentrar nelas.
d) Fazer as coisas em ordem de prioridade.
e) Controlar diariamente as atividades realizadas e os resultados alcançados.

f) Saber onde seu tempo é realmente empregado.
g) Estabelecer data e hora para início e fim de cada atividade.
h) Eliminar desperdiçadores de tempo.
i) Melhorar suas rotinas e hábitos de trabalho.

Além dessas sugestões, vale lembrar pontos cruciais para uma boa administração do tempo, conforme sumarizados Quadro 23.1.

Por sua vez, o papel da liderança é de grande influência e até fundamental para a estruturação da cultura das organizações (SCHÄFER, 2018). Vale ressaltar que a liderança é entendida como a "capacidade de influenciar um conjunto de pessoas para alcançar metas e objetivos" (ROBBINS; JUDGE; SOBRAL, 2010). A origem dessa influência pode ser formal – conferida por meio de um cargo – ou informal – a capacidade de influenciar os outros que emerge fora da estrutura formal da organização.

Sendo assim, a gestão de pessoas não deve ser um privilégio das grandes empresas: é uma necessidade para toda empresa. Para poder inovar e acompanhar a competitividade de mercado e obter a qualidade dos serviços e dos produtos, independentemente de seu tamanho, a empresa deve valorizar aqueles que são sua fonte de recursos humanos, as pessoas (BASSO, 2014).

Quadro 23.1 Administração do tempo.

Planejamento	Toda hora aplicada em planejamento eficiente poupa três ou quatro na execução e produz melhores resultados.
Delegação de poderes ou empowerment	É a chave da administração eficaz. Atribuir tarefas para outras pessoas a fim de liberar o tempo para tarefas mais importantes.
Organização	Fator facilitador na execução das tarefas; uma aliada do tempo, principalmente no que se refere à organização das informações da empresa.
Recursos tecnológicos	Use-os para evitar deslocamentos desnecessários.
Comunicação	A linguagem simples, concisa e isenta de ambiguidades assegura compreensão e poupa o tempo com mal-entendidos.
Tomada de decisões	A análise de decisão tem que ser precisa e baseada em informações seguras para que o problema possa ser atacado de forma imediata.
Concentração	Tempo mínimo, que antecede a ação, necessário para que se consiga atingir resultados adequados em menos tempo.

Fonte: adaptado de Sebrae (2005).

23.2.9 Gestão financeira

> A gestão financeira (ou administração financeira) é, juntamente com a *gestão da produção*, *gestão comercial* e *gestão de recursos humanos*, uma das tradicionais áreas funcionais da gestão, encontrada em qualquer organização e à qual cabem as análises, decisões e atuações relacionadas com os meios financeiros necessários à atividade da organização. Desta forma, a gestão financeira integra todas as tarefas ligadas à obtenção, utilização e controle de recursos financeiros de forma a garantir, por um lado, a estabilidade das operações da organização e, por outro, a rentabilidade dos recursos nela aplicados (KNOOW, 2017).

Normalmente, em uma microcervejaria, o mentor do negócio e o gestor quase sempre são a mesma pessoa, qual seja, o proprietário ou sócio da empresa. Isso obriga o empresário a ter um enorme leque de conhecimento em vários ou todos os meandros da empresa, bem como possuir ou adquirir rapidamente conhecimento sobre as várias faces da administração.

> A administração financeira é um conjunto de teorias interessantes, mas se manifestam na prática, muitas vezes sem que percebamos a sua utilização. Evidentemente quanto maior a empresa, mais esses aspectos se identificam e os profissionais que atuam na área se especializam (ANTONIK, 2016).

Como em uma microempresa, o número de funcionários geralmente é pequeno, ou seja, os recursos humanos, como vimos anteriormente, são escassos, sendo que o planejamento financeiro fica a cargo do próprio empresário.

Figura 23.3 Administração financeira e suas relações.

Fonte: adaptada de Antonik (2016).

Ao contrário do que acontece em uma média ou grande empresa, o gestor da pequena ou microempresa necessita de muita força, obstinação, inteligência e sagacidade, pois não é suficiente para a empresa que o gestor trabalhe arduamente: ele precisa também realizar seu trabalho com muita inteligência. Em função da estrutura muito reduzida, o empresário terá que se desdobrar nas áreas de marketing, recursos humanos, administrativo, financeiro, produção e serviços, acabando assim por decidir tudo.

Figura 23.4 Organograma da microempresa e subordinações.

Fonte: adaptada de Antonik (2016).

23.3 PLANEJAMENTO E CONTROLE DE PRODUÇÃO

Conhecido nas indústrias pela sigla PCP, o planejamento e controle de produção deve ser entendido em duas partes, segundo Chiavenato (2014): o planejamento, como uma função administrativa que determina antecipadamente quais são os objetivos que devem ser atingidos e o que deve ser feito para alcançá-los da melhor forma; e o controle, que consiste em medir e corrigir o desempenho para assegurar que os planos sejam executados.

O PCP para ter um funcionamento satisfatório precisa de uma grande quantidade de informações, as quais serão recolhidas de várias fontes, possibilitando sua compilação e a geração de informações o mais precisas possível e sempre dinâmicas. Para que isso seja possível, é necessário que sejam cumpridas algumas fases, sendo as quatro principais:

i. Projeto de produção.
ii. Coleta de informações.
iii. Planejamento de produção.
iv. Controle da produção.

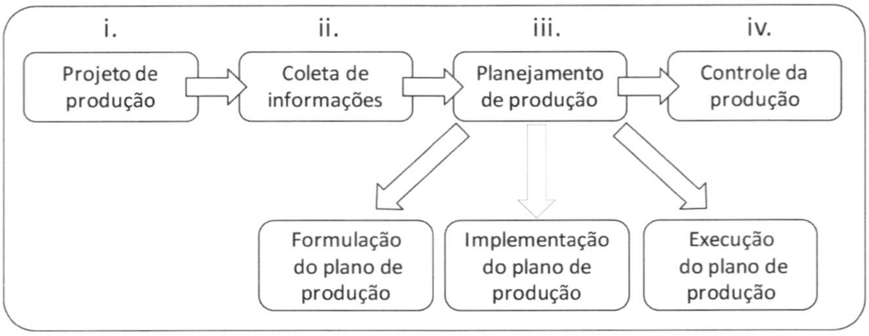

Figura 23.5 Fases do planejamento e controle da produção (PCP).

Fonte: adaptada de Chiavenato (2014).

No caso de uma microcervejaria, o processo de produção deverá estar previamente estabelecido desde o plano de negócios – ver o capítulo 22 ("Montagem de microcervejarias" –, mas, por se tratar de um processo amplamente divulgado e de conhecimento público, a produção padrão de cerveja será aqui considerada como projeto de produção.

Isso posto, consideraremos a coleta inicial de informações como aquela obtida com os testes unitários e integrados realizados quando da implementação da microcervejaria e que fizeram parte do *startup* da empresa quando da determinação dos produtos e dos processos a serem realizados (ver o capítulo 22). Vale salientar que a coleta de informações deverá ser continuamente realizada a cada batelada produzida e deverá retroalimentar a base de conhecimento de forma a possibilitar ao PCP uma melhoria contínua dos processos e controles da produção.

O planejamento da produção deverá ser feito preferencialmente com base nas demandas identificadas no mercado. Essas informações podem ser obtidas pela empresa considerando tendências, realizando pesquisas, participando de feiras e eventos e ouvindo atentamente o mercado consumidor sempre que possível. Vale lembrar que o mercado de cerveja no Brasil encontra-se em pleno desenvolvimento, caracterizando-se por uma dinâmica muito acelerada em termos de lançamentos e novidades para o consumidor. Saber se posicionar adequadamente é um dos segredos para se manter ativo no mercado cervejeiro.

O controle da produção deve ser feito a cada lote produzido de forma a manter padrões, realizar correções, implementar melhorias e garantir a qualidade dos produtos produzidos. Os registros de informações devem ser constantemente revisitados de forma a tornar a produção cada vez mais eficiente.

23.4 LANÇAMENTO DE PRODUTOS

No mercado brasileiro de bebidas, altamente competitivo e dominado por grandes corporações, a pequena empresa precisa se destacar para conquistar seu espaço. Por não se tratar de produto de primeira necessidade, aliado ao fato de ser uma bebida alcoólica e de alto valor agregado, a cerveja de microcervejaria tem grande resistência do consumidor médio por seu custo diferenciado, o que acaba por cercear, e muito, o raio de ação desses produtos no mercado consumidor nacional.

Diante dessas questões, o lançamento de um novo produto precisa ser muito bem planejado e realizado, afinal uma empresa pequena geralmente não possui recursos de marketing massificado para atingir um grande número de consumidores país afora. Assim, cabe ao empreendedor criar estratégias para que seu produto atinja o maior número possível de pessoas, dentro do seu mercado-alvo e com o menor custo possível.

Sobre o lançamento de um produto, aponta Chiavenato (2014): "O lançamento de um produto requer um longo trabalho de pesquisa e desenvolvimento que envolve várias fases".

Fica claro onde o gestor de uma microcervejaria precisa focar suas atenções de forma a estar um passo à frente para lançamentos e inovações no mercado. É importante lembrar que a produção de uma cerveja leva algo em torno de trinta dias. Assim, se considerarmos o tempo mínimo decorrido para seguirmos os sete passos da Figura 23.6, um lançamento pode levar até quatro meses, se tudo ocorrer sem imprevistos. Observamos assim que a atenção às tendências do mercado consumidor de cervejas artesanais precisa ser reforçada, pois a perda de um detalhe poderá custar à empresa um semestre inteiro sem novos lançamentos.

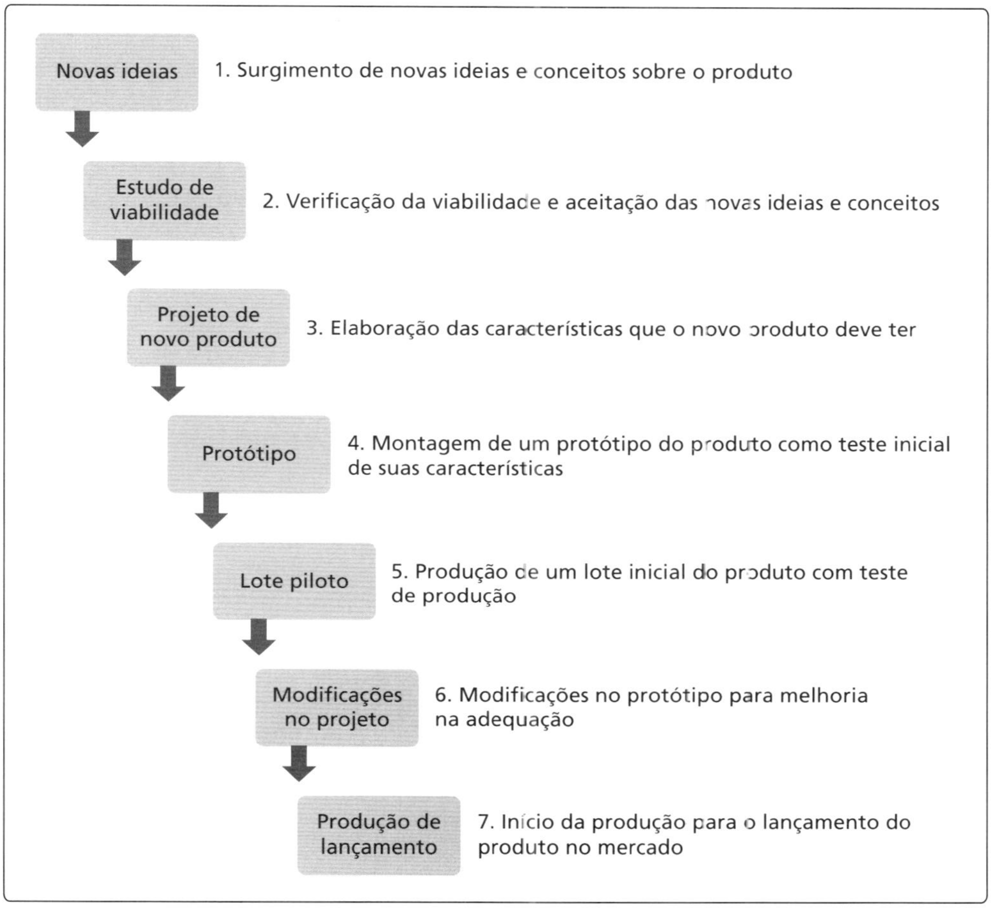

Figura 23.6 Fases do lançamento de um novo produto.

Fonte: adaptada de Chiavenato (2014).

23.5 CICLO DE VIDA DE PRODUTOS

Deve ser também levado em consideração o ciclo de vida de um produto. Afinal, em um mercado que vive de inovações, dada a alta competitividade dos concorrentes, é prudente ter atenção redobrada a esse ciclo, de forma a manter em alta a demanda pelos produtos da empresa na mente do consumidor.

Elaboramos um esquema das fases em um quadro sinótico para tentar facilitar sua interpretação (Quadro 23.2).

Quadro 23.2 Fases do ciclo de vida de um produto.

	FASE			
	Introdução	**Crescimento**	**Maturidade**	**Declínio**
Início	Disponibilização do produto no mercado	Percepção de aumento acentuado na demanda	Término do crescimento acentuado	Quando a demanda começa a baixar do nível de estabilização
Precedentes	Fases de desenvolvimento e de testes	Fase de introdução	Fase de crescimento	Fase de maturidade
Característica marcante	Tentativa de introduzir o novo produto no mercado	Crescimento da demanda, possível aparecimento de novos concorrentes	A quantidade vendida se estabelece em um patamar estável e mais duradouro	Queda na demanda do produto
Objetivo	Deslocar consumidores de produtos concorrentes já disponíveis ou criar mercados	Incremento de demanda, estabilização do produto no mercado, acompanhamento até que as taxas de crescimento acentuadas cessem	Utilizar novas estratégias para ampliar as vendas ou pelo menos estender ao máximo o período de estabilidade	Tentar alcançar os maiores patamares de venda possíveis
Demanda	Baixa	Aumenta	Tende a estabilizar	Diminui
Taxa de crescimento	Baixa	Taxa de variação positiva	Estável	Taxa de variação negativa
Preço	Baixo se o produto não for diferenciado ou alto se for diferenciado, sofisticado ou com alta percepção de valor agregado	Pode ser reduzido para forçar a taxa de crescimento. Mostrando-se realmente diferenciado para o consumidor, pode-se ser aumentado	Pode se manter estável se não houver entrada de novos concorrentes ou aparecimento de produtos substitutos	Apresenta comportamento decrescente devido ao aparecimento de produtos melhores, substitutos, tecnologicamente mais avançados

Fonte: adaptado de Negrão (2008).

Fica claro, portanto, que a gestão de uma microcervejaria está longe de ser simples por ser uma empresa de pequeno porte. As complexas variações de custo, tendências de mercado, clima econômico do país, aliadas às necessidades de inovação e à grande concorrência no cenário atual, demonstram que é necessário muito mais do que saber fazer cerveja para que se possa empreender com sucesso nesse mercado.

REFERÊNCIAS BIBLIOGRÁFICAS

ANTONIK, L. R. **Empreendedorismo**: gestão financeira para micro e pequenas empresas. Rio de Janeiro: Alta Books, 2016.

BASSO, D. A. Gestão de pessoas na micro e pequena empresa. **Journal of Exact Sciences – JES**, São Paulo, v. 2, n. 1, p. 5-8, 2014. Disponível em: https://www.mastereditora.com.br/periodico/20140721_162611.pdf. Acesso em: 22 maio 2019.

BREDA, M. H. **Microcervejaria Ourbeer**. 2007. Trabalho de Conclusão de Curso (MBA em Gestão Estratégica de Negócios em TI) – Fundação Getulio Vargas, São Paulo, 2007.

COBRA, M.; TEJON MEGIDO, J. L. **Gestão de Vendas**: os 21 segredos do sucesso. São Paulo: Saraiva, 2007.

CHIAVENATO, I. **Gestão da produção**: uma abordagem introdutória. 3. ed. Barueri: Manole, 2014.

DORNELAS, J. C. A. **Empreendedorismo**: transformando ideias em negócios. 5. ed. Rio de Janeiro: Empreende LTC, 2014.

FERREIRA, J. A. **Custos industriais**: uma ênfase gerencial. São Paulo: STS, 2007.

KNOOW. **Gestão (ou administração) financeira**. [*S. l.*], 2017. Disponível em: http://knoow.net/cienceconempr/gestao/gestao-financeira/. Acesso em: 18 maio 2019.

LEONE, G. S. G.; LEONE, R. J. G. **Os 12 mandamentos da gestão de custos**. Rio de Janeiro: FGV, 2007.

LEONE, N. M. C. P. G. A dimensão física das pequenas e médias empresas (P.M.E.'s): à procura de um critério homogeneizador. **Revista de Administração de Empresas**, São Paulo, v. 31, n. 2, p. 53-59, abr./jun. 1991.

LEONE, N. M. C. P. G. As especificidades das pequenas e médias empresas. **Revista de Administração**, São Paulo, v. 34, n. 2, p. 91-94, abr./jun. 1999.

NEGRÃO, C. **Design de embalagens**: do marketing à produção. São Paulo: Novatec, 2008.

PORTO, G. **Formação e gestão de preços**. Rio de Janeiro: FGV, 2014.

ROBBINS, S. P.; JUDGE, T. A.; SOBRAL, F. **Comportamento organizacional**. 14. ed. São Paulo: Pearson Prentice Hall, 2010.

SCHÄFER, L. L. **Análise do programa de integridade de uma empresa de infraestrutura**: um estudo de caso. Dissertação (MPGC) – Escola de Administração de Empresas de São Paulo, 2018. Disponível em: http://hdl.handle.net/10438/25678. Acesso em: 20 maio 2019.

SEBRAE. **Gestão de pessoas**. Vitória: SEBRAE/ES, 2005. Disponível em: http://www.bibliotecas.sebrae.com.br/chronus/ARQUIVOS_CHRONUS/bds/bds.nsf/659CE3712227644103257CF80065FED5/$File/NT00031DAA.pdf. Acesso em: 15 maio 2019.

24

Geração, disposição e tratamento de resíduos em indústrias de bebidas

ANA CLÁUDIA BARANA
GIOVANA TOMMASO
SIMONE DAMASCENO GOMES

24.1 INTRODUÇÃO

Quase todas as atividades urbanas e rurais geram resíduos sólidos, líquidos e gasosos. Com o crescimento da população, o impacto da disposição inadequada desses materiais no ambiente tem sido catastrófico. O aquecimento global, a falta de água própria para consumo humano, as enchentes nas cidades e no campo e o aumento da área de regiões desérticas têm sido assuntos constantes nos noticiários e sempre relacionados aos resíduos gerados por empresas, veículos ou residências.

Para tentar reverter ou diminuir o processo de degradação ambiental, diversos setores têm trabalhado no sentido de minimizar a geração de resíduos, tirando o foco das "tecnologias de fim-de-tubo" (que têm por objetivo tratar os efluentes, e, não, evitar sua geração) e trabalhando também na prevenção, como o programa de Produção mais Limpa (P + L). Quando a empresa opta pela implantação da Produção mais Limpa, deixa de se concentrar nos resíduos gerados e passa a se preocupar com todo o processo; a visão passa a ser holística. O investimento começa, então, em programas de reciclagem interna, boas práticas de fabricação, escolha de matérias-primas adequadas, otimização da produção e modificação do produto, com o objetivo de reduzir o consumo de matéria-prima, energia e água (SENAI, 2003).

Porém, mesmo trabalhando com a prevenção, muitas vezes, a geração de resíduos acontece, e estes devem ser tratados e/ou dispostos de maneira adequada. O tratamento oferecido pela empresa deve atender às exigências estipuladas por órgãos ambientais, sejam eles federais, estaduais ou municipais. Para que isso aconteça, processos físicos, químicos e biológicos são utilizados para depurar resíduos sólidos, líquidos ou gasosos.

Neste capítulo faremos uma apresentação dos principais resíduos gerados pelas indústrias de bebidas, seus destinos e possibilidades de tratamento.

24.2 EFLUENTES DE INDÚSTRIAS DE BEBIDAS

As indústrias de bebidas geram grandes volumes de efluentes com elevadas cargas orgânicas. Os efluentes são gerados nas etapas de limpeza da matéria-prima, de garrafas retornáveis, equipamentos, pisos e veículos e também durante o processamento da bebida.

As características do efluente gerado variam com o tipo de bebida fabricada e o processo utilizado pela empresa.

Efluentes de cervejarias

Na produção de cerveja, a geração de efluentes ocorre em diversas etapas da produção: nas operações de limpeza de caldeiras, tubulações, filtros, *whirpool*, trocadores de calor, tanque de levedura, garrafas de vidro, barris e latas de alumínio, caixas plásticas e pisos; na etapa de envase, com o extravasamento e quebras de garrafas; e na etapa de pasteurização, com a quebra de garrafas e explosão de latas. Os efluentes provenientes de banheiros e refeitórios também são incorporados (SANTOS; RIBEIRO, 2005).

As características dos efluentes gerados em cada um desses pontos diferem tanto em quantidade quanto em qualidade. Essas diferenças são resultantes dos processos utilizados, tipo de produto fabricado, tipo de embalagem (retornável ou *one-way*, lata, vidro ou barril), volume de produção e época do ano.

As cervejarias têm seu ponto máximo de produção no verão, época de maior consumo do produto, e, consequentemente, é nesse período que ocorre geração de efluente em maior volume e carga orgânica. O aumento da carga orgânica do efluente se deve ao fato de, no verão, haver maior descarte de *trub* e quebra de garrafas que no inverno. Como exemplo, temos os dados de uma cervejaria, onde a DQO (Demanda Química de Oxigênio) do efluente gerado no mês de janeiro tem valor médio de 2.277 mg L^{-1} e a do mês de junho de 1.586 mg L^{-1}, com pico de vazão de 3.296 m^3 dia^{-1} em fevereiro e vazões mínimas obtidas em junho de 2.200 m^3 dia^{-1} (Figura 24.1).

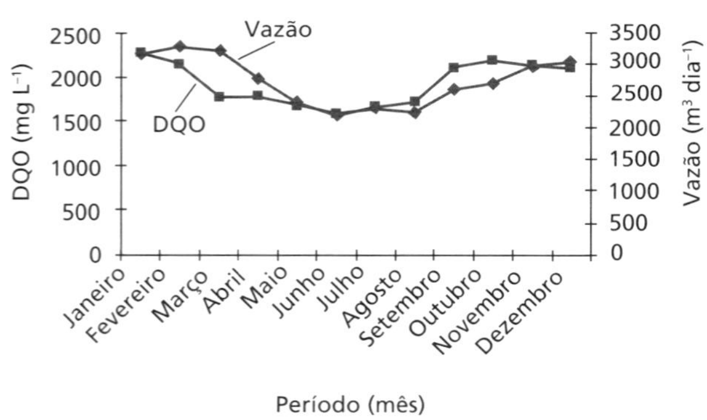

Figura 24.1 Vazão média diária e valor médio mensal da DQO de efluente bruto de uma cervejaria.

De uma maneira geral, tem-se que, para cada litro de cerveja produzida, de 3 a 7 litros de efluentes são gerados. As indústrias estão trabalhando no sentido de diminuir o volume de água consumido e, consequentemente, o de efluente gerado. Algumas cervejarias têm reutilizado a água de lavagem das garrafas para lavar os engradados (INDÚSTRIA DE ALIMENTOS E BEBIDAS, 2009).

Apesar de os efluentes de cervejarias apresentarem elevados teores de DQO, boa parte da matéria orgânica é constituída por açúcares, amidos e proteínas, compostos de fácil biodegradação. A carga orgânica presente no efluente de cervejarias é resultado da presença de várias substâncias, como restos de produto, cola de rótulos, produtos de limpeza e desinfecção, antiespumantes, lubrificantes de esteiras e restos de levedura. Na Tabela 24.1 está apresentada a caracterização de efluentes de algumas cervejarias.

Tabela 24.1 Caracterização de efluentes de cervejarias.

Parâmetro	Cervejaria 1	Cervejaria 2	Cervejaria 3
pH	4,34-11,25	3-12	6,5
NTK (mg L^{-1})	38 ± 15	52 ± 25	54 ± 14 ($N-NH_3$)
PO_4 (mg L^{-1})	15 ± 10	30 ± 20	50 ± 35
DQO (mg L^{-1})	3.024 ± 1.460	4.000 ± 2.000	2.250 ± 418
DBO (mg L^{-1})	s.d.	2.400 ± 1.200	1.340 ± 335
DQO/DBO	s.d.	1,67	1,67

Em que: NTK: Nitrogênio Total Kjeldahl; PO_4: fosfato; DQO: Demanda Química de Oxigênio; DBO: Demanda Bioquímica de Oxigênio.

Fontes: 1. Mielcarek *et al.* (2013); 2. Simate *et al.* (2011); 3. Feng *et al.* (2008).

Efluentes da produção de refrigerantes

Os efluentes de indústrias de refrigerantes são gerados durante a lavagem de embalagens retornáveis, equipamentos, pisos, tubulações, descarte de lotes fora do padrão e restos de refrigerante resultantes de quebra de embalagens durante o envase. Esses efluentes apresentam pH alcalino, devido à solução de limpeza no processo de higienização, e elevada carga orgânica, devido à presença de açúcares do produto.

Algumas empresas têm conseguido reduzir a carga orgânica de seus efluentes reduzindo as perdas dos ingredientes, como açúcares e xaropes concentrados, em seus processos. A implantação de boas práticas de fabricação (BPF) e melhores processos de controle de qualidade também tem ajudado na redução da DQO do efluente gerado, pois significa menor quantidade de produtos não conformes e, portanto, menos descarte (Kasmi *et al.*, 2016).

Os efluentes das indústrias de refrigerantes são altamente biodegradáveis, em virtude da presença de açúcares como frutose, glicose, sacarose, lactose, edulcorantes artificiais e sucos de frutas. Em uma empresa que utiliza embalagens retornáveis, cerca de 50% do volume de efluente é gerado no processo de lavagem das garrafas (Sheldon; Erdogan, 2016).

O fósforo, na forma de fosfato, é um íon normalmente encontrado em efluentes de indústrias de refrigerantes devido à sua presença como ingrediente no próprio refrigerante, pelo detergente de lubrificação das esteiras e de lavagem das garrafas. Na Tabela 24.2 são apresentados dados de caracterização de efluentes advindos da indústria de refrigerantes.

Tabela 24.2 Caracterização de efluente da produção de refrigerantes.

Parâmetro	Planta 1	Planta 2
pH (mg L^{-1})	11,8	8,0-12,3
NTK (mg L^{-1})	9,0	22-49
PO_4^- (mg L^{-1})	9,0	4,0-13
DQO (mg L^{-1})	2.691	1.616-3.434
DBO (mg L^{-1})	2.400	940-1335
DQO/DBO	1,12	1,97

Fontes: 1. Rocha, Florêncio e Kato (2003); 2. Peixoto *et al.* (2011).

Efluentes da produção de sucos de frutas

Efluentes de indústrias de sucos cítricos se caracterizam por ter elevado teor de matéria orgânica com valores de DQO em torno de 9.500 mg L^{-1}, DBO de 7.500 mg L^{-1} e teor de sólidos suspensos de 15 g L^{-1}.

As indústrias de sucos cítricos, na sua grande maioria, destinam seus efluentes à estação de tratamento de efluentes, onde eles são tratados por processos físicos, químicos e biológicos. Dentre os processos biológicos, também chamados de tratamento secundário, os mais utilizados são os anaeróbios, seguidos pelos aeróbios.

Algumas empresas têm dado um destino alternativo a esse efluente, como utilizá-lo para irrigar uma lavoura de palmeira imperial australiana para a produção de palmito.

Na Tabela 24.3 está a caracterização de efluente de uma empresa de sucos cítricos.

Tabela 24.3 Caracterização de efluente do processamento de suco de laranja.

Parâmetro	Resultados
pH	8,5 ± 4,25
NTK (mg L^{-1})	12 ± 8
PO_4^- (mg L^{-1})	2,8 ± 0,8
DQO (mg L^{-1})	3.989 ± 326
DBO (mg L^{-1})	1.276 ± 263
DQO/DBO	3,12

Fonte: Ponezi *et al.* (2005).

Timofiecsyk e Pawlowsky (2000) estudaram as possibilidades de se minimizar a geração de efluentes em uma unidade processadora de produtos líquidos esterilizados de baixa viscosidade (refrescos e achocolatados). Verificaram que, com a instalação de pistolas de pulverização nas mangueiras utilizadas para lavagem dos pisos, conseguiu-se reduzir o consumo de água em torno de 40% e, consequentemente, a geração de efluentes.

Efluentes de destilarias

A vinhaça, também chamada de restilo ou vinhoto, é o efluente gerado em destilarias na etapa de destilação do mosto fermentado. É poluente, devido ao elevado teor de matéria orgânica, e fertilizante, devido à presença de nitrogênio, fósforo e potássio. Em decorrência de suas características de baixo pH e elevada carga orgânica, a vinhaça se encontra entre os rejeitos industriais de grande potencial poluidor. Para cada litro de álcool produzido a partir de cana-de-açúcar são gerados de 10 a 15 litros de vinhaça (FRANCO; MARQUES; MELO, 2008). A DBO da vinhaça varia em torno de 12.000 mg L^{-1} e a DQO de 22.000 mg L^{-1} (LYRA; ROLIM; SILVA, 2003). Pesquisas indicam ser possível a redução do volume da geração de vinhaça pela metade, quando se trabalha com processo fermentativo no qual a concentração de etanol obtida é maior (AGRONEGÓCIOS, 2009).

Nas destilarias de aguardente de cana-de-açúcar, a quantidade de vinhaça gerada é a metade em relação à produzida pelas destilarias de álcool. A Tabela 24.4 apresenta dados de caracterização de vinhaça.

Tabela 24.4 Caracterização química da vinhaça.

Parâmetro	Resultados
pH	4,4
Nitrogênio (mg L^{-1})	440
Fósforo (mg L^{-1})	140
Potássio (mg L^{-1})	3000
Cálcio (mg L^{-1})	560
Magnésio (mg L^{-1})	280
Sódio (mg L^{-1})	300
DQO (mg L^{-1})	21.500
DBO (mg L^{-1})	12.000
DQO/DBO	1,79

Fonte: Lyra, Rolim e Silva (2003).

No Brasil, a vinhaça é amplamente utilizada na fertirrigação. Esse uso deve estar associado a um estudo do solo sobre sua capacidade em trocar e reter íons, devido à possibilidade de contaminação de lençol freático e alteração de propriedades físicas e químicas do solo.

A biodigestão anaeróbia da vinhaça é uma alternativa pouco utilizada, porém apresenta a vantagem de reduzir a matéria orgânica com concomitante produção de gás metano, que pode ser utilizado como fonte de energia.

Algumas usinas têm utilizado biodigestores anaeróbios para tratar a vinhaça, além de utilizar o biogás como fonte de energia complementar. A vinhaça, após biodigerida, ainda pode ser utilizada como biofertilizante para a cultura de cana, devido à elevada concentração de potássio.

24.2.1 Tratamento dos efluentes das indústrias de bebidas

Os efluentes agroindustriais, se despejados em corpos d'água sem o devido tratamento, podem alterar a capacidade de autodepuração, iniciar ou piorar um processo de eutrofização e/ou contaminar o local onde foi lançado com organismos patogênicos. Todos esses efluentes são passíveis de tratamento biológico, pois a relação DQO/DBO é menor que 2,0, o que os caracteriza como facilmente biodegradáveis. Assim, com essa informação básica, no momento de concepção do projeto de uma estação de tratamento de efluentes (ETE) para uma empresa de bebidas, já se parte do pressuposto que uma etapa biológica será necessária para se tratar o efluente gerado.

Com a ratificação do Protocolo de Kyoto, que limita as emissões de metano no gerenciamento de resíduos, empresas têm investido em biodigestores anaeróbios para tratar seus efluentes. Por este tipo de processo, a matéria orgânica é convertida em metano, que pode ser utilizado como fonte de energia na própria empresa. O volume de metano que deixa de ser emitido para a atmosfera pode ser convertido em créditos de carbono, negociado no mercado internacional e gerar renda extra para a empresa.

O tratamento de efluentes é dividido em quatro etapas: tratamento preliminar, tratamento primário, secundário e terciário, que compreendem processos químicos e biológicos e operações físicas, como explicado a seguir.

24.2.1.1 Tratamento preliminar

Esta etapa do processo tem por objetivo a remoção de sólidos grosseiros que possam vir a danificar válvulas e bombas e entupir tubulações. Após separados, esses sólidos podem ser encaminhados aos aterros industriais, compostagem, incineração e usinas de reciclagem, dependendo de sua composição. Os seguintes processos são utilizados: gradeamento, desarenadores, tanques de remoção de óleo/gordura e peneiramento (NUNES, 2001).

Gradeamento

O gradeamento é uma operação realizada para remover os sólidos grosseiros de grandes dimensões, como pedaços de vidro e plástico, proveniente de quebras de garrafas que acontecem durante o processamento, canudinhos que são retirados de garrafas retornáveis durante o processo de lavagem, tampinhas de garrafa e restos de rótulos.

A abertura entre as barras da grade e a sessão das barras vai depender do perfil dos sólidos que se pretende reter nesta etapa. As grades devem permitir o escoamento do efluente sem grandes perdas de carga. A velocidade do efluente através das grades com limpeza manual não deve ultrapassar 0,45 m s^{-1} e em grades com limpeza mecânica deve ser de no máximo, 0,9 m s^{-1}. Com velocidades muito elevadas, o material retido pode ficar preso entre as barras. A limpeza deve ser feita regularmente para se evitarem perdas de carga maiores que 152 mm (METCALF; EDDY, 2003).

As barras da grade podem ser verticais, no caso de serem mecanizadas, ou inclinadas (45° a 60° com a horizontal), no caso de serem manuais, para facilitar a remoção do material retido.

Todo material aqui retido deve ser drenado antes de destinado a outras operações.

Peneiramento

Esta operação tem por objetivo remover sólidos finos que passaram pelas grades, como restos de rótulos de papel, levedura e fibras de frutas. As peneiras podem ser estáticas, vibratórias ou rotativas. As peneiras estáticas costumam ser menos eficientes que as demais.

Caixa de areia

Na caixa de areia são removidos os sólidos pesados, de gravidade específica ou velocidade de sedimentação consideravelmente maiores que sólidos orgânicos, de fácil decomposição. Esses sólidos são provenientes das etapas de lavagem das frutas e piso e devem ser removidos para se evitar abrasão e entupimento de válvulas e tubulações e quebra de bombas. A velocidade do efluente na caixa de areia deve ficar entre 0,15 m s^{-1} e 0,40 m s^{-1}. Em velocidades muito baixas, pode haver precipitação de matéria orgânica e a caixa poderá exalar mau cheiro; em velocidades mais altas, haverá arraste de areia.

Tanque de retenção de óleo e gordura

Os tanques de retenção de óleo e gordura têm por finalidade separar a fase aquosa da oleosa por separadores gravitacionais. A presença destes compostos no efluente pode causar entupimento de tubulações e inibição de processos de tratamento biológicos. Em indústrias de bebidas, óleos e gorduras são provenientes dos lubrificantes utilizados em esteiras, esgotos de restaurantes e refeitórios, oficinas mecânicas e pátio de manobra de caminhões.

Estes materiais flotam naturalmente por apresentarem densidade menor que a da água; assim, o princípio de funcionamento desses tanques consiste na retenção tranquila do efluente, sem agitação, e remoção da fase oleosa pela parte superior e da fase aquosa pela parte inferior do tanque.

Os resíduos graxos de ETE podem ser destinados à produção de biodiesel ou queima em caldeiras.

24.2.1.2 Tratamento primário

No tratamento primário, é promovida a remoção de sólidos em suspensão e, caso necessário, o ajuste de pH. O objetivo dessa remoção é evitar o entupimento de encanamentos, tubulações e válvulas e a quebra de bombas. Nesta etapa, são utilizados o decantadores primários, flotadores, tanques de correção de pH, tanque de equalização de coagulação e floculação.

Decantador primário

A decantação é um processo em que as partículas sólidas mais pesadas que a água são separadas por sedimentação. É uma das operações unitárias mais utilizadas em tratamento de efluentes.

Os decantadores possuem em sua superfície pás removedoras que auxiliam na retirada de materiais flutuantes. Com esta operação, pode-se economizar no uso de reagentes químicos que seriam utilizados num processo de coagulação das partículas sólidas para sua posterior remoção por decantação ou flotação.

O lodo (material sólido) é retirado do decantador pela sua parte inferior e a água clarificada, pela sua parte superior.

Alguns projetistas não recomendam a utilização de decantadores primários em indústrias de alimentos, devido ao fato de que o material retido, além de sofrer degradação durante o processo de sedimentação, ainda precisa ser estabilizado. Como alternativa, sugerem a utilização apenas de peneiras finas, sendo as impurezas sólidas destinadas à compostagem.

Flotador

Flotação é uma operação unitária utilizada para separar partículas sólidas ou líquidas de uma fase líquida. A separação é promovida pela introdução de pequenas bolhas de ar na fase líquida. As bolhas aderem ao material particulado e o conduzem à superfície, onde são removidos por raspagem. Por este processo, podem-se remover tanto partículas mais densas quanto as mais leves que a água.

Resfriadores

Efluentes com temperaturas elevadas são gerados em etapas de lavagem e enxágue de embalagens e equipamentos.

O efluente deverá ser resfriado quando houver etapas posteriores de remoção de óleos e/ou gorduras, tratamento biológico de resíduos, etapas de coagulação/floculação ou para adequar a temperatura aos padrões exigidos pela legislação específica. A Resolução Conama 357, de 2005, limita em 40 °C a temperatura de lançamento de um efluente em um corpo receptor.

Na remoção de óleos e/ou gorduras, o tempo de retenção do efluente no tanque é diretamente proporcional à temperatura do efluente. Assim, quanto menor a temperatura, menor o tempo de retenção e menor o volume do tanque. Etapas de coagulação e floculação são dificultadas pelo aumento da temperatura do efluente.

Caso haja uma etapa de tratamento biológico do efluente, a temperatura no interior do reator não deve variar, uma vez que os microrganismos envolvidos na decomposição da matéria orgânica estão adaptados a uma determinada condição operacional. Assim, caso o efluente seja gerado com temperaturas elevadas, antes do tratamento secundário, ele deve passar por uma etapa de resfriamento.

O resfriamento de efluentes pode ser feito com o emprego de torres de resfriamento ou tanques com pulverização no ar.

Se o tratamento biológico a ser empregado for anaeróbio, o sistema de refrigeração não deve incorporar ar ao efluente, sob o risco de inibir as bactérias anaeróbias estritas e, consequentemente, levar o sistema à falência. Neste caso, as torres de resfriamento são as mais indicadas.

Caso na ETE haja uma etapa de tratamento biológico aeróbio, deve ser feito resfriamento do efluente para não prejudicar a solubilização do oxigênio no meio. Sabe-se que quanto maior a temperatura, menor a solubilidade de um gás no meio líquido. Para este caso, tanques com pulverização ou as torres de resfriamento podem ser utilizados.

Tanque de equalização

Os efluentes gerados numa indústria sofrem variação qualitativa e quantitativa nos diversos horários do dia devido a variações no processo, pois há períodos de processamento, troca de matéria-prima, limpeza, desinfecção e manutenção de equipamentos, por exemplo.

O tanque de equalização tem por finalidade diminuir problemas operacionais causados pela variação de vazão e qualidade dos efluentes, melhorar rendimento e reduzir custos em operações subsequentes de tratamento dos efluentes. Sua função é manter a vazão de efluente constante e reduzir as variações de qualidade do efluente para as etapas de tratamento subsequentes.

Os principais benefícios alcançados com a instalação de um tanque de equalização são: a melhoria da eficiência da etapa de tratamento biológico, porque choques de carga orgânica, que podem inibir o desenvolvimento dos microrganismos envolvidos no processo de depuração, são eliminados ou minimizados; o funcionamento de decantadores é melhorado devido à carga constante de sólidos; a área requerida para sistemas de filtração e decantação é menor, porque se trabalha com uma vazão média regular e não com vazão máxima do dia; pode-se planejar a retrolavagem de filtros, quando empregados, em ciclos constantes; nas etapas de tratamento químico, podem-se utilizar menos reagentes, pois efluentes gerados em diferentes momentos do dia podem ser neutralizados.

Numa cervejaria, por exemplo, o pH do efluente gerado pode variar, num único dia, de 4,6 a 11,0, devido à uma presença maior de cerveja ou sanitizante alcalino no efluente. Nesse caso, em vez de se fazer a correção do pH logo que o efluente foi gerado, é mais interessante que as duas porções se misturem em um tanque de equalização para que, depois, caso necessário, seja feita a correção de pH.

Os tanques de equalização estão localizados normalmente depois do tratamento primário e antes do secundário. Eles devem sempre estar providos de um sistema de agitação, para que não ocorra a sedimentação de sólidos em seu interior.

Tanque de correção de pH

A correção de pH deve ser feita quando houver presença de processos biológicos, que exigem faixa de pH em torno da neutralidade, e/ou quando houver uma etapa de coagulação cujos agentes coagulantes têm faixa ótima de atuação.

O valor do pH também deverá ser corrigido para atender aos padrões de lançamento estipulados pela legislação pertinente. A Resolução Conama 357/2005 determina que os efluentes devam ser lançados em corpos d'água com pH entre 5,0 e 9,0.

Tanque de coagulação

A etapa de coagulação será necessária quando houver necessidade de se removerem sólidos coloidais e em suspensão cuja velocidade de sedimentação seja muito lenta. A coagulação tem por objetivo desestabilizar as cargas negativas dos sólidos, permitindo a aproximação e aglomeração entre as partículas, formando os coágulos.

A coagulação é feita com a adição de agentes coagulantes, cloreto férrico ou sulfato de alumínio, num tanque de mistura rápida. Também se utilizam polieletrólitos como auxiliares da coagulação. Após a coagulação, acontece a etapa de floculação, na qual, num tanque de mistura lenta, os coágulos se chocam e formam flocos de tamanho maior. Esses flocos podem ser removidos, então, por decantação ou coagulação (NUNES, 2001).

Tanque de floculação

Após a coagulação, acontece a etapa de floculação, em que, num tanque de mistura lenta, os coágulos se chocam e formam flocos de tamanho maior. Esses flocos podem ser removidos, então, por decantação ou flotação (NUNES, 2001)

Tanque de flotação

Flotação é uma operação unitária utilizada para separar partículas sólidas ou líquidas de uma fase líquida. A separação é feita introduzindo-se microbolhas, normalmente de ar, na fase líquida. As bolhas aderem ao material particulado e o levam à superfície. Por esta operação, as partículas mais densas que a água podem ser removidas e a remoção das mais leves é facilitada. Na superfície do flotador, as partículas são removidas por um raspador.

A principal vantagem da flotação sobre a sedimentação é que partículas leves ou de tamanho muito pequeno podem ser removidas completamente num tempo menor. Além disso, o lodo formado na operação de flotação é mais concentrado que o gerado na decantação.

24.2.1.3 Tratamento secundário

Após as etapas de tratamento preliminar e primário, os efluentes podem então seguir para o tratamento secundário, cujo principal objetivo é a remoção de matéria orgânica dissolvida e em suspensão do meio líquido. Como comentado anteriormente, os efluentes das indústrias de bebidas em geral são biodegradáveis, ou seja, são passíveis de tratamento biológico. Ser passível de tratamento biológico significa ter relação entre a DQO e DBO inferior a 2,0. Em alguns casos, o valor de tal relação pode encontrar-se entre 2,0 e 4,0, sendo, às vezes, necessário algum tipo de correção físico-química para diminuir o valor de tal relação, possibilitando o tratamento biológico do efluente. Valores superiores a 4,0 normalmente indicam que a melhor opção para o tratamento do efluente é a adoção de processos físico-químicos. Normalmente, esse não é o caso dos efluentes advindos da indústria de bebidas.

Os microrganismos utilizados em estações de tratamento de efluentes (ETE) são consórcios amplamente encontrados na natureza, ou seja, são os mesmos que realizariam tal tarefa no ambiente. Nas ETEs, todavia, tais microrganismos acham-se em um ambiente confinado e controlado, onde grande parte de suas necessidades é suprida para que o processo de conversão de matéria orgânica ocorra de maneira otimizada. Este ambiente é encontrado nos reatores biológicos. O emprego de tais reatores se baseia na ação conjunta de microrganismos de diferentes espécies em ambientes expostos a condições ambientais favoráveis, resultando na estabilização da matéria orgânica. A capacidade dos microrganismos em catabolizar diferentes compostos orgânicos (naturais ou sintéticos) e inorgânicos, extraindo destes fontes nutricionais e energéticas, possibilita o emprego desses agentes nos processos biológicos de tratamento de efluentes (VAZOLLER, 1995).

Os reatores biológicos de tratamento de efluentes podem ser aeróbios, anaeróbios ou facultativos. Qualquer um desses processos pode ser aplicado com sucesso para a remoção de matéria orgânica dos efluentes da indústria de bebidas. Cada indústria, porém, em função de suas características próprias e das características do efluente emitido por elas, escolhe o processo mais adequado às suas necessidades.

Quando se utilizam reatores biológicos, é necessário considerar as necessidades nutricionais dos microrganismos envolvidos. Uma relação muito útil para avaliar se um efluente supre as necessidades nutricionais dos consórcios microbianos é a relação existente entre as concentrações de DBO, nitrogênio e fósforo (DBO:N:P) para reatores aeróbios, e entre as concentrações de DQO, nitrogênio e fósforo (DQO:N:P) para reatores anaeróbios. Os microrganismos anaeróbios, por possuírem baixas velocidades de crescimento possuem baixas necessidades nutricionais, sendo comumente utilizados valores de 500:5:1, para a relação DQO:N:P. Os microrganismos aeróbios, por possuírem elevada velocidade de crescimento, além de terem sua população representada também por organismos multicelulares, necessitam de grande quantidade de nutrientes; assim, os valores praticados para a relação DBO:N:P são de 100:5:1. Os efluentes advindos das indústrias de sucos e refrigerantes são essencialmente carentes principalmente de nitrogênio, sendo sua suplementação necessária e muito recomendada (REDZWAN; BANKS, 2009). Já as destilarias e cervejarias, em função da utilização de leveduras, ou mesmo das matérias-primas características de seus processos, carecem menos de suplementação de nitrogênio (UZAL *et al.*, 2003; SANTOS; RIBEIRO, 2005), porém somente a caracterização do efluente em questão pode certificar as reais necessidades.

Reatores anaeróbios

Entre os processos biológicos normalmente utilizados, a digestão anaeróbia é considerada a melhor opção para o tratamento de efluentes cuja composição contemple elevadas concentrações de matéria orgânica, como os normalmente encontrados nas indústrias de bebidas. A presença de compostos biodegradáveis, associada às vantagens do processo anaeróbio sobre outras tecnologias disponíveis, torna-o uma opção extremamente atrativa para a solução dos problemas ambientais causados pela má disposição desse tipo de águas servidas (RAJESHWARI, 2000).

A biodigestão anaeróbia é um processo biológico natural, no qual o consórcio microbiano produz biogás a partir da degradação da matéria orgânica em ambientes isentos da presença de oxigênio molecular dissolvido (FORESTI, 1994). De acordo com Kapadi *et al.* (2005), o biogás é um combustível limpo e ambientalmente amigável, cuja composição é aproximadamente 55-65% metano (CH_4), 30-45% dióxido de carbono (CO_2), traços de gás sulfídrico (H_2S), além de frações de vapor de água. O metano é o gás combustível da mistura e, dependendo da situação, sua purificação e secagem são necessárias para viabilizar seu uso.

Segundo Foresti (1994), dentre principais vantagens da biodigestão anaeróbia, podem-se citar o baixo consumo de energia, por não exigir a introdução forçada de oxigênio no meio como nos processos aeróbios; a baixa produção de lodo, estimada como inferior a 20% daquela apresentada por processos aeróbios convencionais; além da possibilidade de recuperação e utilização do gás metano como combustível. Parkin e Speece (1983) citam ainda duas outras vantagens sobre os processos aeróbios: a necessidade reduzida de nutrientes e o elevado grau de estabilização do lodo descartado.

A biodigestão anaeróbia pode ser dividida em quatro estágios: hidrólise, acidogênese, acetogênese e metanogênese (Figura 24.2). De acordo com Foresti (1994), é importante que todos os estágios sejam mantidos em equilíbrio dinâmico, a fim de que a metanogênese ocorra em sua taxa máxima. A manutenção de tal equilíbrio está relacionada com a natureza da água residuária a ser tratada e com a intensidade em que o destino das moléculas de hidrogênio é afetado. As moléculas de hidrogênio devem ser continuamente removidas do meio para assegurar a acetogênese, não prejudicando, dessa maneira, a metanogênese, já que 70% do potencial metanogênico relaciona-se com a degradação do acetato.

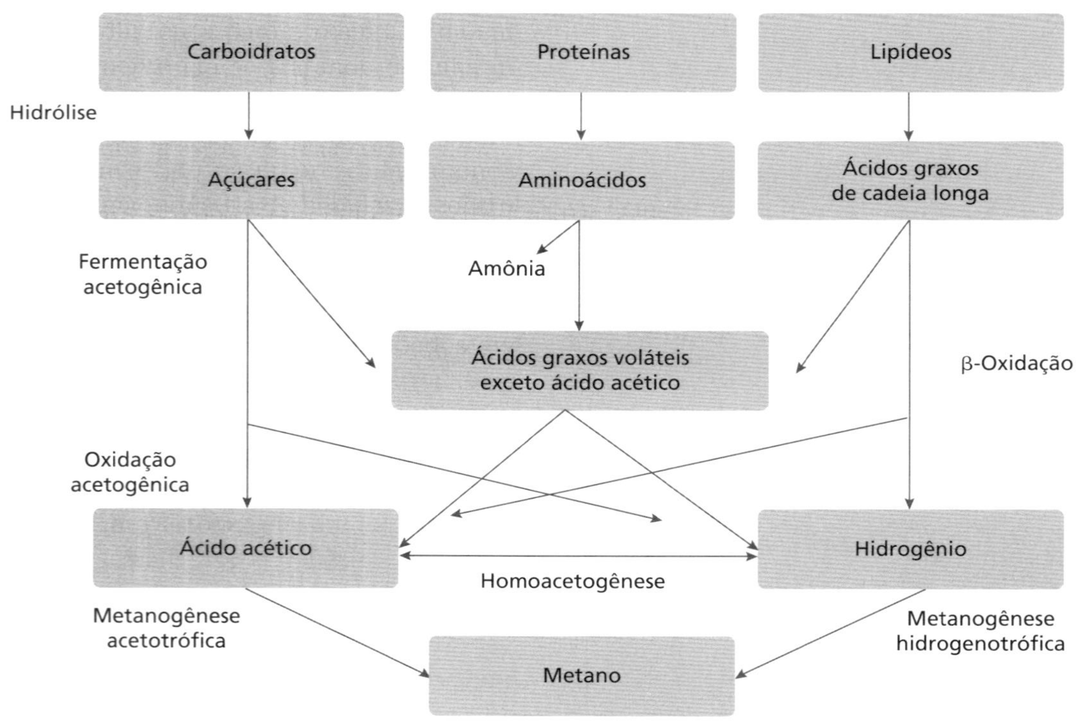

Figura 24.2 Etapas da biodigestão anaeróbia, substratos e metabólitos.

Fonte: Mendes *et al.* (2005).

A estabilidade do processo de biodigestão anaeróbia, portanto, depende muito mais de mecanismos reguladores intrínsecos que de controles externos. Esses mecanismos autorreguladores decorrem das interações entre os diversos grupos de microrganismos envolvidos no processo, com funções distintas e específicas, capazes de manter o pH e o potencial redox do sistema no sentido de otimizar a metanogênese.

Muitas indústrias de bebidas têm em sua planta de tratamento reatores anaeróbios para a remoção da maior parte da matéria orgânica presente em seus efluentes. De acordo com Kassam *et al.* (2003), cerca de 26% dos reatores anaeróbios instalados na América do Norte são utilizados para o tratamento de efluentes de cervejarias. Para efluentes da produção de vinhos (assim como para vinhaças de destilarias), Moletta (2005) afirma que o nível de remoção de DQO via digestão anaeróbia é muito elevado, sendo as cargas orgânicas praticadas entre 5 e 15 kg de DQO m^{-3} de reator/dia. A produção de biogás esperada é em torno 400 a 600 L/kg de DQO removida, com conteúdo de 60% a 70% de metano.

Muitos podem ser os reatores anaeróbios utilizados na indústria de bebidas. Em função da importância dessa tecnologia para o setor, os mais importantes serão detalhados a seguir.

Os chamados filtros biológicos anaeróbios têm sua primeira aplicação registrada no fim do século XIX, quando foram utilizados para o tratamento de esgoto sanitário. Em 1961, Yang e McCarty resgataram a utilização dos filtros, realizando importantes considerações acerca da configuração desses reatores, que resultaram em significativas melhorias na hidrodinâmica do processo e, consequentemente, em sua eficiência. Desde então, essa configuração tem sido muito utilizada na indústria de alimentos. Leal *et al.* (1998) encontraram eficiência de remoção de matéria orgânica de 96% utilizando um filtro anaeróbio de 5,8 m^3, operado à temperatura ambiente, com carga orgânica aplicada de 8 kg DQO m^{-3} dia^{-1}, tratando efluentes de cervejaria.

Na década de 1980, Lettinga e colaboradores desenvolveram o reator anaeróbio de manta de lodo (UASB), uma importante evolução do filtro anaeróbio. O desenvolvimento desse reator baseou-se na retirada do leito fixo presente no filtro anaeróbio, e na autoimobilização da biomassa em forma de grânulos. A supressão do meio suporte componente do leito fixo implicou em sensíveis reduções nas necessidades estruturais construtivas do reator e, acompanhada de um importante aparato, o separador sólido-gás-líquido, fez surgir um dos mais importantes reatores da atualidade. O reator UASB até hoje é uma das opções mais utilizadas para o tratamento de águas residuárias de vários segmentos industriais, principalmente o alimentício. A possibilidade de captação, tratamento e utilização do biogás formado, principalmente no tratamento de águas residuárias com concentrações elevadas de matéria orgânica, foi também um grande atrativo para a utilização dessa tecnologia, cada vez mais consolidada. Ahn *et al.* (2001), utilizando um reator UASB para tratar efluentes de cervejaria, encontraram eficiências de 90 ± 3% de remoção de DQO, operando com carga orgânica de 25 kg DQO m^{-3} de volume de lodo/dia, e de 80% operando com cargas variando de 34 a 39 kg DQO m^{-3} de volume de lodo/dia. Resultados semelhantes foram encontrados por Rao *et al.* (2007), que verificaram redução de DQO na faixa de 92% a 96%, operando um reator UASB com carga variando de 1,9 a 23,1 kg DQO m^{-3} dia^{-1} tratando efluentes também advindos de cervejarias. Austermann-Haun, Seyfred e Rosenwinkel (1998) estudando um reator do tipo UASB, em escala industrial, tratando efluentes de sucos, concluíram que esse reator mostrou-se eficiente durante todo ano, apresentando eficiência de remoção de DQO superior a 80% até quando a carga foi muito variável em função da sazonalidade.

Seguindo uma linha relativamente evolutiva, encontram-se como sucessores diretos do UASB os reatores anaeróbios de leito expandido (EGSB) ou fluidificado, que, segundo Campos (1994), se baseiam em melhorias nas condições de transferência de massa existentes nos reatores do tipo UASB. Como resultado, são encontradas eficiências muitas vezes equiparadas aos processos aeróbios e a possibilidade de elevação do valor das cargas aplicadas. O custo de operação é mais elevado, em função de maiores aportes energéticos necessários para expansão ou fluidificação da manta de lodo.

Outra opção para o tratamento de efluentes da indústria de bebidas é o reator anaeróbio operado em bateladas sequenciais que, segundo Moletta (2005), é uma tecnologia muito promissora para vinícolas. A característica fundamental de um reator de mistura operado em batelada sequencial é o seu preenchimento com água residuária, no início da operação, e o esvaziamento, no final do processo. O conteúdo do reator deve ser misturado completamente, permitindo um bom contato entre a água residuária e a biomassa. No caso do tratamento de efluentes, o processo é efetuado em tanque único, obedecendo a um ciclo operacional que compreende as seguintes fases: alimentação, reação, sedimentação e descarga (WELPER; SUNG; DAGUE, 1997). Devido às características operacionais citadas, a aplicação de processos em batelada em tratamento anaeróbio de águas residuárias é apropriada nos seguintes casos: indústrias que lançam efluentes de forma intermitente ou atividades que geram efluentes apenas em algumas épocas do mês ou ano; indústrias que trabalham com padrões de lançamento muito restritivos ou com compostos de difícil degradação; neste caso, a qualidade do efluente pode ser controlada lançando-o no corpo receptor apenas quando os padrões forem atingidos, ou quando o composto tóxico tiver sido satisfatoriamente degradado; sistemas que visam o reúso de águas residuárias ou de substâncias nelas dissolvidas (ZAIAT *et al.*, 2001). O controle sobre a reutilização das águas pode ser maior e melhor do que em sistemas contínuos. Os reatores operados em bateladas sequenciais podem também ter sua biomassa imobilizada em algum tipo de suporte, o que possibilita o aumento do tempo de reação e eficiência dos reatores, pois quando a biomassa não precisa sedimentar, o tempo gasto com essa operação pode ser utilizado para degradação da matéria orgânica. Shao *et al.* (2007) trataram efluentes de cervejaria em um reator anaeróbio operado em bateladas sequenciais (ASBR) em escala piloto com carga orgânica aplicada entre 1,5 kg DQO m^{-3} dia^{-1} e 5,0 kg DQO m^{-3} dia^{-1}. Com tempo de ciclo de 24 horas, o reator apresentou operação estável, e taxa de remoção de matéria orgânica (DQO) de 90%.

Parece-nos importante também comentar acerca dos processos anaeróbios em duas fases. Tais processos são utilizados para minimizar os efeitos deletérios causados pelo excesso de ácidos voláteis na população metanogênica. As populações acidogênica e metanogênica envolvidas no processo exigem condições bem distintas referentes ao pH para a maximização de sua atividade celular. Enquanto o pH ótimo das acidogênicas situa-se por volta de 5,0, o valor preconizado para a população metanogênica é por volta de 7,0. Assim, pode-se afirmar que além de proteger a população metanogênica, a adoção de reatores em duas fases pode também otimizar as várias etapas do processo. Tal tecnologia parece muito apropriada ao tratamento de efluentes da indústria de sucos ou refrigerantes, que, como já comentado, possuem a tendência à rápida acidificação. Uzal *et al.* (2003) estudaram um reator UASB em duas fases e concluíram que essa configuração foi muito eficiente para o tratamento de efluentes da produção de uísque, mesmo com cargas orgânicas elevadas (39 kg DQO m^{-3} dia^{-1}). Os autores constataram eficiências por volta de 96% com tempo de retenção de 25,8 h e carga orgânica aplicada de 19,4 kg DQO m^{-3} dia^{-1} e verificaram evidências de que a biomassa acidogênica predominou no primeiro estágio anaeróbio.

Apesar das várias vantagens apresentadas pelos reatores anaeróbios, sua aplicação não é suficiente para enquadrar seus efluentes nos rígidos padrões de emissão impostos pela legislação vigente, principalmente quando esses são aplicados no tratamento de efluentes tão concentrados como os emitidos pela indústria de bebidas. Além disso, a remoção de fósforo e nitrogênio nos sistemas anaeróbios é muito pequena comparada à necessária, quando se tratam de efluentes de destilarias ou cervejarias. Assim, após o uso de reatores anaeróbios, é necessária a utilização de reatores aeróbios, que eventualmente podem realizar, além da remoção da matéria orgânica remanescente, a remoção de nutrientes.

Reatores aeróbios

Esses reatores podem ser lagoas aeradas, filtros aeróbios, tanques rotativos ou os reatores de lodos ativados. Os reatores de lodos ativados são famosos por sua elevada taxa de conversão da matéria orgânica em pequenos tempos de detenção, quando comparados aos reatores anaeróbios; todavia, a elevada quantidade de energia obtida pelos microrganismos, em função da utilização de oxigênio como aceptor final de elétrons, resulta na produção de elevadas quantidades de massa celular, que é o principal resíduo da estação de tratamento de efluentes. Além disso, deve-se considerar que quanto maior concentração de matéria orgânica na entrada de um reator, maior será o gasto com energia para o fornecimento de oxigênio aos microrganismos por meio da aeração. Assim, é importante colocar que, dependendo da necessidade, podem-se utilizar somente reatores aeróbios para o tratamento de efluentes da indústria de bebidas; porém, sempre que possível, é recomendável considerar uma etapa anaeróbia anterior a esses reatores.

Os chamados filtros aeróbios são, na realidade, reatores aeróbios de filme fixo, e se constituem em tanques normalmente circulares preenchidos com meio suporte (pedra britada, ou uma infinidade de materiais plásticos), onde se dá o crescimento microbiano. Nesse sistema, o fluxo é descendente e o substrato entra em contato com a biomassa à medida que o efluente percola o leito, em contracorrente com o ar que naturalmente escoa no sentido inverso. As limitações de utilização dessa tecnologia estão relacionadas a entupimentos e à necessidade de aplicação de baixas cargas. Os mesmos critérios de carga são utilizados para os tanques rotativos. Estes reatores são grandes tanques com discos rotativos dispostos lado a lado com pequenas distâncias entre eles. O crescimento microbiano ocorre aderido aos discos, que por serem rotativos, ora se encontram em contato com o ar, ora com o efluente. Em função disso, os tanques rotativos muitas vezes são utilizados nos processos de remoção de nitrogênio (METCALF; EDDY, 2003). Em nível secundário, em função das características desses sistemas e dos efluentes das indústrias de bebidas, os filtros aeróbios e tanques rotativos são excelentes alternativas para o polimento de efluentes advindos de lagoas ou reatores anaeróbios.

Segundo Moletta (2005), a utilização de um reator anaeróbio seguido de processo aeróbio no tratamento de efluentes de destilarias resultou em 99,7% de remoção de matéria orgânica, a custos inferiores aos apresentados por tratamentos estritamente aeróbios. Outra possibilidade de pós-tratamento de efluentes de reatores anaeróbios é a utilização de lagoas de polimento ou maturação. Seghezzo (2004) realizou um extenso estudo acerca de três opções para o tratamento biológico de efluentes diluídos (esgoto sanitário) em climas subtropicais. Os sistemas comparados foram um sistema de lodos ativados, um sistema composto somente por lagoas de estabilização e um sistema composto por reator UASB seguido de lagoa de polimento. O sistema composto por um reator UASB seguido de lagoa de polimento adquiriu a maior nota em relação à sustentabilidade. Para acessar a sustentabilidade dos sistemas, o autor utilizou quatro critérios básicos, subdivididos em vinte indicadores operacionais. Os critérios básicos utilizados foram: aspectos técnicos, aspectos ambientais, aspectos sociais e aspectos econômicos. É possível inferir que se o sistema de reator UASB seguido de lagoas de maturação se mostrou o mais sustentável, sendo operado em condições subtropicais, para o tratamento de um efluente mais diluído (cujo potencial metanogênico é muito inferior ao esperado para indústrias de bebidas), a mesma solução provavelmente seja ainda mais viável para efluentes mais concentrados tratados em climas tropicais.

Lagoas de estabilização

Caso a indústria de bebidas se localize em locais com grande disponibilidade de área, pode-se considerar a possibilidade da utilização de sistemas compostos unicamente por lagoas para a remoção da matéria orgânica presente no efluente. As vantagens dos sistemas de lagoas são seu relativamente baixo custo de instalação e baixas necessidades de monitoramento. As extensões de terra necessárias normalmente são muito grandes e proporcionais à carga orgânica a qual o sistema será exposto. As lagoas podem ser aeróbias, anaeróbias ou facultativas, e esta nomenclatura relaciona-se com os microrganismos presentes no sistema. O sistema australiano, composto por uma lagoa anaeróbia seguida de uma lagoa facultativa é o mais comumente recomendado, em função de sua elevada versatilidade, aliada à economia de cerca de um terço das necessidades de área, quando comparado à utilização de uma única lagoa facultativa. Nesse sistema, na primeira lagoa (anaeróbia), ocorre a remoção de cerca de 50% da matéria orgânica, sendo o restante removido na lagoa facultativa, que eventualmente pode realizar a remoção de nitrogênio e também de fósforo. Quando se utiliza o sistema australiano para o tratamento de efluentes como os da indústria de bebidas, deve-se tomar cuidado com a geração de maus odores advindos da lagoa anaeróbia, em função das elevadas cargas orgânicas que esta lagoa recebe. O recobrimento dessa lagoa é uma opção interessante para a contenção de odores e captação do biogás gerado, e é também muito importante para evitar a emissão de metano no ambiente, que possui potencial de aquecimento 21 vezes maior do que o dióxido de carbono (EL FADEL; MASSOUD, 2001). Após passar pela lagoa anaeróbia, o efluente segue para a lagoa facultativa, que possui três camadas distintas ao longo de sua altura, a aeróbia, a facultativa e a anaeróbia. Na camada aeróbia, a coexistência simbiótica entre algas e bactérias garante que parte da matéria orgânica solúvel seja consumida. À medida que a profundidade aumenta e a quantidade de luz diminui, diminui a concentração de algas e assim também a de oxigênio, passando a predominar microrganismos que utilizam metabolismo facultativo. Quando a concentração de oxigênio se extingue, os microrganismos presentes são os anaeróbios estritos, sendo predominante nessa zona a degradação da matéria orgânica particulada. Em função da presença das algas, o fósforo presente nos efluentes pode ser utilizado; e devido à presença das três zonas descritas anteriormente, o nitrogênio também pode ser removido.

24.2.1.4 Tratamento terciário

O objetivo principal do tratamento terciário é a remoção de nutrientes, mais precisamente nitrogênio e fósforo. Como previamente comentado, a presença de nitrogênio e fósforo é necessária nos efluentes, uma vez que a degradação de matéria orgânica depende do crescimento microbiano. Todavia, todo nitrogênio não incorporado ao material celular é convertido a nitrogênio amoniacal por via biológica, aeróbia ou anaeróbia. A presença de nitrogênio amoniacal é deletéria aos rios, principalmente devido à sua toxicidade, ao consumo de oxigênio necessário aos processos de conversão de tais moléculas e à ocorrência de eutrofização, processo este também causado pelo aporte de fósforo.

A indústria de alimentos em geral é geradora de efluentes com concentrações elevadas de nitrogênio e fósforo, não necessariamente em função de seus produtos, mas principalmente em função dos sanitizantes por ela utilizados (TUSSEAU-VUILLEMIN, 2001). Assim, com a indústria de bebidas não seria diferente. Segundo Santos e Ribeiro (2005), no que diz respeito à composição, os efluentes da indústria cervejeira apresentam, usualmente, alto potencial de poluição não só em função de sua carga orgânica, do teor de sólidos em suspensão, mas também devido à presença de fósforo e nitrogênio. Ajmal e Khan (1984) relataram um efluente advindo de cervejaria tão rico em nitrogênio amoniacal, nitrogênio orgânico, nitrato e fósforo, que sua utilização no solo beneficiou plantações de milho em função do aumento de disponibilidade desses nutrientes. Tokuda *et al.* (1999) estudaram a degradação de efluente de uma destilaria produtora de uísque cujas concentrações de nitrogênio e fósforo chegaram respectivamente a 2.210 mg L^{-1} e 740 mg L^{-1}, tendo sido comprovado por Uzal *et al.* (2003) que os efluentes de reatores anaeróbios, tratando águas residuárias também de destilaria, ainda apresentavam concentração elevada de nitrogênio.

Assim sendo, torna-se importante detalhar alguns processos de remoção de nitrogênio e fósforo que podem ser usados para os efluentes da indústria de bebidas.

De acordo com Metcalf e Eddy (2003), em função das necessidades e possibilidades, os nutrientes podem ser removidos da seguinte maneira:

- remoção de nitrogênio sem remoção de fósforo;
- remoção de nitrogênio e fósforo (sistema Bardenpho™);
- remoção de fósforo sem remoção de nitrogênio;
- remoção sazonal de nitrogênio e fósforo (em lagoas de estabilização).

É importante citar que devido às características dos efluentes da indústria de bebidas, que são emitidos ao longo de todo ano, a remoção sazonal promovida em lagoas de estabilização não deve ser encarada como opção. Passemos então aos processos convencionais de remoção de nitrogênio.

Remoção de nitrogênio

A remoção convencional de nitrogênio pode ser realizada por via físico-química ou biológica. Os processos físico-químicos podem ser a remoção do nitrogênio amoniacal devido a sua volatilização em pH básico (*stripping* da amônia), processos de troca iônica ou a oxidação da amônia por meio de cloração ao *break point*. Tais processos envolvem elevados custos e controles operacionais rigorosos. Dessa forma, normalmente, é preferível realizar o processo de remoção de nitrogênio por via biológica. A remoção biológica convencional de nitrogênio ocorre em duas etapas distintas: a nitrificação (equações 24.1 e 24.2) e a desnitrificação (equações 24.3 e 24.4).

$$NH_4^+ + 1{,}5\ O_2 \rightarrow NO_2^- + 2\ H^+ + H_2O \qquad (24.1)$$

$$NO_2^- + 0.5\ O_2 \rightarrow NO_3^- \qquad (24.2)$$

O processo de conversão da amônia a nitrito (equação 24.1) é realizado pela ação de bactérias do gênero *Nitrossomonas sp.* e, como pode ser observado, requer além da adição de oxigênio, uma fonte disponível de alcalinidade para a neutralização dos íons de hidrogênio formados. Posteriormente, o nitrito é oxidado a nitrato pela ação de bactérias do gênero *Nitrobacter sp.*, processo esse também aeróbio. Após o processo de nitrificação, o processo de desnitrificação deve ocorrer, para que o nitrato seja convertido a nitrogênio gasoso (N_2). Esse processo ocorre em ambiente anóxico, com a presença de oxigênio nas moléculas de nitrito e nitrato, mas na ausência de oxigênio molecular dissolvido. É importante comentar que os microrganismos envolvidos nesse processo são heterótrofos e facultativos, podendo utilizar tanto O_2 quanto NO_3 ou NO_2 como aceptores finais de elétrons. Como o oxigênio é o aceptor final de elétrons que fornece maior ganho energético à microbiota envolvida, sua ausência é extremamente necessária, para que nitrato ou nitrito sejam utilizados. Em função disso, o processo de desnitrificação deve ocorrer em local ou tempo distintos do processo de nitrificação. Devido ao fato de serem heterótrofos, os microrganismos precisam de fontes externa de carbono orgânico, que podem ser advindas de substratos de fácil absorção, como o etanol e o metanol (muito utilizado na Europa), ou do próprio efluente, se este tiver características de fácil degradação (como no caso da indústria de refrigerantes, por exemplo). Em função de sua grande disponibilidade em estações de tratamento de efluentes, o gás metano tem sido estudado como fonte alternativa de carbono (MODIN; FUKUSHI; YAMAMOTO, 2007). A desnitrificação envolve as seguintes reações químicas:

$$2\ NO_3^- + 10\ H^+ + 10\ e^- \rightarrow N_2 + 2\ OH^- + 4\ H_2O \quad (24.3)$$

$$2\ NO_2^- + 6\ H^- + 10\ e^- \rightarrow N_2 + 2\ OH^- + 2\ H_2O \quad (24.4)$$

É importante notar que o processo de desnitrificação pode ser realizado a partir da redução do nitrato (equação 24.3) e também do nitrito (equação 24.4). Além disso, é preciso perceber que o processo de desnitrificação, além de resultar na formação de nitrogênio gasoso, um gás inerte, forma também alcalinidade, o que torna interessante o reciclo do efluente desse processo para o tanque de nitrificação. Tokuda *et al.* (1999) obtiveram 70% de remoção biológica de nitrogênio utilizando nitrificação seguida de desnitrificação no tratamento de efluentes de processos anaeróbios tratando águas residuárias de uma destilaria produtora de uísque.

Em função do elevado consumo de oxigênio necessário no processo de nitrificação (4,2 g de O_2 por mol de nitrogênio amoniacal nitrificado) e da possibilidade da realização de desnitrificação a partir do nitrito, algumas tecnologias alternativas vêm sendo estudadas para o aumento da sustentabilidade do processo de remoção de nitrogênio. Tais tecnologias estão sumarizadas no Quadro 24.1.

Quadro 24.1 Novas tecnologias para remoção de nitrogênio.

Processo	Princípio
SND*	Presença de zonas anóxicas no sistema que permitem a ocorrência de desnitrificação após a nitrificação no mesmo tanque. Tal condição é obtida em função da manutenção de baixas concentrações de oxigênio dissolvido no tanque (POCHANA; KELLER, 1999).
ANAMMOX**	Presença de microrganismos que possam converter nitrito e amônia a gás nitrogênio sem a necessidade de adição de oxigênio ou fonte de carbono (TSUSHIMA, 2007).
SHARON***	Repressão da formação de nitrato e favorecimento da formação de nitrito, que posteriormente é reduzido em zonas anóxicas no mesmo tanque, na presença de fonte externa de carbono. Tal condição também é obtida em função da manutenção de baixas concentrações de oxigênio dissolvido no tanque (VAN DONGEN *et al.*, 2001).
OLAND	Oxidação direta do nitrogênio amoniacal a N_2 por microrganismos autotróficos. Nesse processo, ocorre a nitrificação aeróbia, seguida de desnitrificação com NH_4^+ como doador de elétrons (KUAI; VERSTRAETE, 1998).

**Simultaneous Nitrification Denitrification*

***Anaerobic Ammonium Oxidation*

****Single reactor system for High Ammonium Removal over Nitrite*

Remoção de fósforo

A remoção de fósforo, a exemplo da remoção de nitrogênio, pode ser realizada por via físico-química ou biológica. Por via físico-química, a precipitação é o processo mais utilizado, sendo os sais mais comuns cloreto férrico, sulfato de alumínio, cal e polímeros. Este processo pode ser realizado após a remoção biológica do nitrogênio, submetendo os organismos acumuladores de fósforo a situações de estresse, alternando-se fases aeróbias e anaeróbias, propiciando o crescimento deles.

Em condições anaeróbias, esses microrganismos liberam o fósforo devido à necessidade de se armazenar matéria orgânica facilmente biodegradável. Já em condições aeróbias, quando a disponibilidade de matéria orgânica facilmente biodegradável diminui, os OAF voltam a assimilar o fósforo, como no processo Bardenpho™ de quatro ou cinco estágios (Figura 24.3). Este é o caso mais típico de remoção biológica concomitante de nitrogênio, fósforo e matéria orgânica.

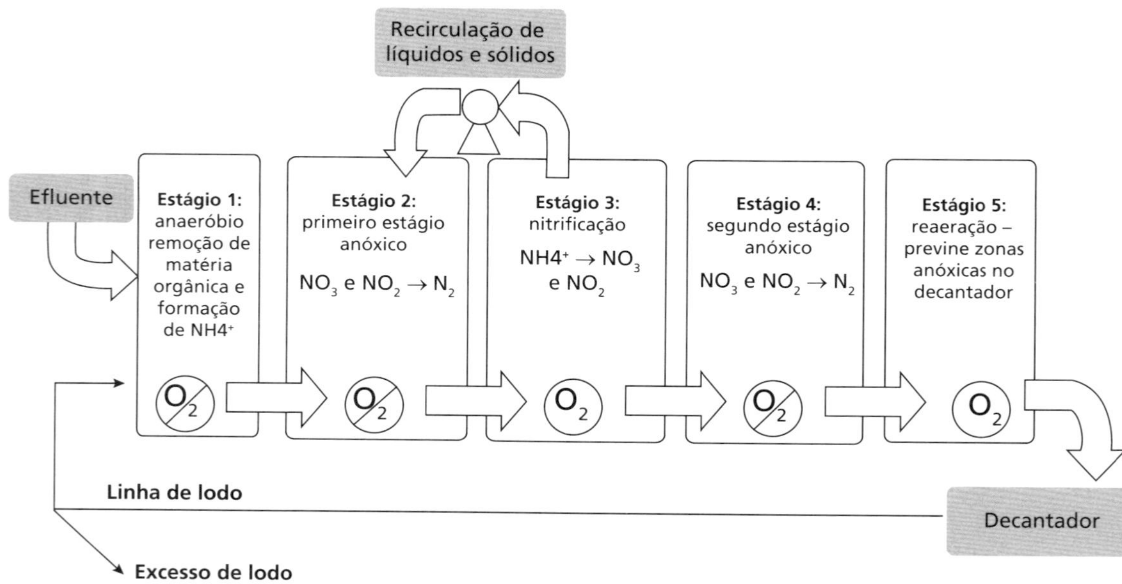

Figura 24.3 Esquema do sistema Bardenpho™ de 5 estágios.

24.3 RESÍDUOS SÓLIDOS NAS INDÚSTRIAS DE BEBIDAS

Os resíduos sólidos são classificados, de acordo com a NBR 10004, em Classe I (Perigoso), Classe II (Não inerte) e Classe III (Inerte). São considerados resíduos Classe I, aqueles que, em função das suas propriedades físicas, químicas ou infectocontagiosas, podem apresentar risco à saúde pública, provocando ou acentuando, de forma significativa, um aumento da mortalidade ou incidência de doenças e/ou apresentam efeitos adversos ao meio ambiente, quando manuseados ou dispostos de forma inadequada.

As características que conferem periculosidade a um resíduo são: inflamabilidade; corrosividade, reatividade, toxicidade e patogenecidade.

Os resíduos Classe II são aqueles que não se enquadram nem na Classe I nem na Classe III. Esses resíduos podem ter propriedades, como: combustibilidade, biodegradabilidade ou solubilidade na água.

Os resíduos Classe III são aqueles que, quando submetidos ao teste de solubilidade (NBR 10006 – Solubilidade de Resíduos – Procedimentos), não têm nenhum de seus constituintes solubilizados em concentrações superiores aos valores constantes na Listagem 8 – Padrões para teste de solubilização – Anexo H da NBR 10004.

Os resíduos da indústria de bebidas enquadram-se, na maioria dos casos, em Resíduos Classe II, resíduos biodegradáveis.

Resíduos de cervejarias

As cervejarias geram uma série de resíduos sólidos. Algumas já têm destino para boa parte deles e as alternativas devem ser buscadas sempre próximas à empresa, para que o transporte do resíduo não encareça o material.

Os resíduos sólidos gerados em cervejarias são:

- Grãos, bagaço e pó de malte: os grãos e pó de malte são gerados durante as etapas de recebimento da matéria-prima. O bagaço de malte é gerado no processo de filtração do mosto que passou pela etapa de mosturação e ainda não foi fervido. Algumas cervejarias vendem esse material para criadores de ruminantes, que os utilizam como ração devido ao elevado valor nutricional.
- Torta de filtração (*trub* grosso e *trub* fino): resíduo gerado nos processos de filtração do mosto já fervido. O *trub* é rico em gordura vegetal e proteína e também é destinado à ração animal.
- Levedura excedente: algumas cervejarias a vendem para empresas farmacêuticas que a utilizam como matéria-prima para outro produto, ou produzem extrato de levedura; também pode ser vendida a criadores de animais para ser utilizada como ração.
- Resíduos de embalagens: as indústrias cervejeiras separam os diversos tipos de materiais utilizados em embalagens, como vidro, alumínio, papel e plástico e os vendem a empresas recicladoras.
- Borra de rótulos: resíduo formado pelos rótulos que são retirados das garrafas retornáveis durante o processo de lavagem. As cervejarias enviam a borra para termoelétricas, onde é queimada em caldeiras para geração de energia. Há também a possibilidade de destinarem esse resíduo a empresas que fabricam papel reciclado.
- Terra diatomácea: atualmente é enviada, junto com o lodo da ETE, para processos de compostagem. Pesquisas indicaram ser viável a utilização desse resíduo na fabricação de pisos de cerâmica, porém a demanda pelo produto para esse uso é maior que a oferta, inviabilizando seu uso devido à necessidade de padronização na produção da cerâmica.
- Lodo gerado na estação de tratamento de água (ETA) e estação de tratamento de efluente (ETE): após retirada do excesso de água desse material, pode ser destinado para aterros industriais, queima em fornos de cimento ou ser compostado e utilizado como fertilizante agrícola.
- PVPP (polivinilpirrolidona): é encaminhado junto com o lodo gerado na ETE para compostagem.

Resíduos de fábricas de refrigerantes

As fábricas de refrigerantes têm como único resíduo sólido gerado durante o processo de fabricação as embalagens que se quebram ou estão fora de especificação, que são vendidas a empresas recicladoras.

O lodo gerado na ETA e ETE pode ser destinado aos aterros industriais, queima em fornos de cimentos ou processos de compostagem para uso na agricultura.

Resíduos de fábricas de suco de fruta

Os resíduos sólidos gerados durante o processamento de frutas têm sido destinados à ração animal. As indústrias de sucos cítricos de maior porte utilizam este resíduo para produção de ração na forma de péletes, com a linha de processamento instalada ao lado da indústria de suco, gerando um rendimento extra para a empresa. A polpa cítrica é considerada uma boa alternativa ao milho na ração de bovinos. A título de comparação, entre abril e maio de 2009, a tonelada do milho custou, para os produtores de gado bovino, cerca de uma vez e meia a mais que a de polpa cítrica (SCOT CONSULTORIA, 2009).

Pesquisadores têm estudado alternativas mais rentáveis na utilização deste resíduo, confeccionando produtos de elevado valor no mercado farmacêutico e alimentício. Alguns destes exemplos serão apresentados a seguir.

A casca da laranja contém elevadas concentrações de compostos fenólicos, como naringina e hesperidina (SAWALHA *et al.*, 2009). Estes compostos trazem benefícios à saúde quando ingeridos, devido à sua propriedade antioxidante, que favorece a atividade antitumoral, antiviral e anti-inflamatória, o que direciona este subproduto para a classificação de nutracêutico e o valoriza no mercado de *health care*.

Outro destino para o resíduo sólido gerado no processamento de frutas cítricas é a biodigestão anaeróbia. Neste processo, o metano gerado pode ser utilizado como fonte de energia na própria empresa e o resíduo sólido biodigerido ainda pode ser utilizado como biofertilizante, pois é rico em nitrogênio, fósforo e potássio (NGOC; SCHNITZER, 2009). Já foi comprovada também a possibilidade de se produzir cogumelo (*P. ostreatus*) e enzimas lacase e Mn peroxidase a partir do resíduo de laranja (ALEXANDRINO *et al.*, 2007).

No processamento do limão Tahiti para produção de suco, cerca de 50% do peso da fruta fresca vira resíduo. Desses 50%, cerca de 10% correspondem ao flavedo, 20% ao albedo e 20% ao bagaço. Na fração flavedo foram detectados os maiores teores de vitamina C, 242,37 mg por 100 g de peso fresco. O albedo destacou-se com a maior concentração de pectina e fibra bruta, 22,85% e 15,24%, respectivamente, em base seca. Com base nesses valores, pode-se concluir que esse resíduo poderia ser utilizado para extração de vitamina C, fibras e pectinas (MENDONÇA *et al.*, 2006).

No processamento de abacaxi para produção de suco, após a etapa de prensagem, de 15 a 25% do peso da fruta se transforma em resíduo, chamado de torta. Também são considerados resíduos os talos, cascas, coroas e cilindros dos frutos; e todos são bem-aceitos por ruminantes, o que resulta, até então, em sua principal aplicação.

No processamento de maracujá, a casca e a semente representam quase que 75% da massa do fruto. Ferrari, Colussi e Ayub (2004), após avaliarem a qualidade do óleo da semente do maracujá e verificarem que ele apresenta elevados teores de ácidos graxos insaturados (87,54%), com predominância do ácido linoleico, sugeriram seu aproveitamento pelas indústrias farmacêuticas e alimentícias. O farelo da semente, seco e desengordurado, apresentou elevado teor de fibra e proteína, 58,98 e 15,62%, respectivamente, para amostra com teor de umidade de cerca de 10%. Os autores também sugerem o uso da casca para extração de pectina ou para a produção de doce em calda. Os estudos de Chau e Huang (2004) revelaram que a semente de maracujá também é rica em fibras insolúveis, compostas principalmente por celulose, substâncias pécticas e hemicelulose, sugerindo seu uso potencial como fonte de fibra alimentar.

A produção de suco de maçã gera como resíduo sólido o bagaço resultante do processamento. Esse bagaço é gerado com cerca de 80% de umidade, 8% de açúcares, 8% de fibras e 2% de nitrogênio e, na maior parte das empresas, é destinado à ração animal. O maior perigo desse destino está relacionado ao estoque inadequado do produto, que pode provocar fermentação alcoólica e intoxicação dos animais que dele se alimentam. Pesquisas para aproveitamento desse resíduo têm sido feitas no sentido de se aumentar o valor desse subproduto, destinando-o à produção de adoçantes naturais, produtos panificados e extrusados. Outra linha de pesquisa tem valorizado o uso do bagaço para produção de gás metano por digestão anaeróbia.

O bagaço gerado na produção de vinho de uva é utilizado para produção de graspa, também conhecida por *grappa* ou bagaceira, e álcool de uva. O bagaço que ainda resulta desses processamentos tem sido destinado à ração animal. Das sementes de uva pode ser extraído o óleo, que tem valor para a indústria de cosmético. Das sementes sem óleo as empresas de cosméticos produzem gel e sabonete esfoliante. Algumas empresas utilizam a casca e semente da uva para produzir farinhas, que são vendidas como suplemento alimentar por sua alta concentração de fibras e compostos antioxidantes, como resveratrol, catequinas e ácido gálico.

A compostagem da semente da uva, da casca, de parte da polpa e também do cacho (engaço), que são resíduos gerados por indústrias vinícolas, também pode ser feita para fabricar substratos para produção de mudas e condicionadores para solo, solucionando parte dos problemas ambientais dessas empresas (BEIFIUR, 2009).

O bagaço gerado no processamento de várias frutas, entre elas maçã, laranja e limão, foi testado por Orzua *et al.* (2009) como substrato para fermentação em estado sólido colonizado por *Aspergillus niger*. Os autores concluíram que os bagaços gerados nos três processos citados apresentaram grande potencial para o crescimento do *Aspergilllus niger* e consequente produção de metabólitos de relevância industrial, como enzimas.

Resíduos de destilarias

As destilarias que produzem álcool e aguardente a partir da cana-de-açúcar geram como resíduo o bagaço de cana. O bagaço é queimado nas caldeiras das próprias usinas para gerar energia elétrica nas unidades industriais tornando-as energeticamente autossustentáveis. Algumas das usinas ainda têm excedente de produção energética que são comercializáveis. Mas o bagaço também tem outras finalidades. A produção de álcool de segunda geração (2G), que utiliza o bagaço como substrato, por exemplo, é uma tecnologia já consolidada. Em 2016, o Brasil fez sua primeira exportação de etanol 2G celulósico.

Teixeira, Costa e Santana (1997), por exemplo, utilizaram o bagaço para produzir aglomerados que apresentam resistência natural ao ataque de fungos decompositores. Os aglomerados podem ser utilizados na produção de tapumes e móveis.

O bagaço ainda pode ser utilizado como matéria-prima na produção de papel e etanol de segunda geração, substrato para produção de cogumelos, condicionamento de solos alimentação animal e produção de carvão ativo.

24.3.1 Tratamento e disposição dos resíduos sólidos

Os resíduos sólidos podem ser tratados por diferentes processos, que são divididos em duas rotas tecnológicas: tecnologias de tratamento térmico e tecnologias de tratamento biológico.

A seguir serão apresentados os processos mais utilizados em cada rota tecnológica.

24.3.1.1 Tecnologias de tratamento térmico

As tecnologias de tratamento térmico englobam os processos que utilizam calor, acima de 800 °C, com o objetivo principal de se reduzir o volume do resíduo. Como resultado, tem-se a geração de compostos estáveis, a recuperação de componentes e a geração de energia térmica, elétrica ou mecânica.

As principais tecnologias utilizadas para o tratamento térmico são incineração, pirólise, gaseificação, plasma e coprocessamento em forno de clínquer.

Incineração

É um processo no qual ocorre a queima controlada na presença de oxigênio numa temperatura que varia entre 1.200 e 1.400 °C. Nesse processo, a matéria orgânica é reduzida a gases e material inerte, o restante do material, os minerais, é convertido em cinzas que, dependendo de sua composição, deve ser tratado antes de ser disposto no ambiente; nele, também consegue-se a redução de 60 a 90% do volume do resíduo gerado. Os gases gerados no processo de queima precisam ser tratados antes de liberados para a atmosfera. As vantagens desse sistema são a redução considerável do volume de resíduo e eficiência do tratamento. As desvantagens são: o alto custo do processo; elevado risco de contaminação do ar, devido à presença de material particulado e de dioxinas geradas durante a queima de material clorado; e elevado custo do tratamento dos efluentes gasosos e líquidos (águas de arrefecimento das escórias e da lavagem de fumos). Nesse processo, ainda deve ser planejado o destino das cinzas geradas durante a queima e dos sólidos resultantes da lavagem dos gases.

Pirólise

Na pirólise, a matéria é decomposta termicamente quando a quantidade de oxigênio está abaixo da estequiometria de combustão. A fonte de calor é externa e a temperatura dos gases de combustão pode chegar a 1.600°C. Os produtos da pirólise podem ser divididos em três frações: gasosos, líquidos e sólidos, e parte deles ainda pode ser utilizada na produção de outros compostos ou na geração de energia. Os produtos gasosos são gases condensáveis, que podem ser removidos por resfriamento e incorporados à fração líquida, e gases não condensáveis, como o gás de síntese, também chamado de *syngas*, composto principalmente por hidrogênio, nitrogênio, dióxido de carbono e hidrocarbonetos. A fração sólida é composta por carbono quase puro (char), vidro, metais e outros inertes (escória). O char ainda pode ser utilizado como fonte de energia para a própria pirólise. Na fração líquida, encontramos ácido pirolenhoso e alcatrão insolúvel, que podem ser utilizados como matérias-primas na fabricação de vários compostos, até mesmo combustíveis.

Como vantagens, apresenta a geração de energia e a redução do volume de resíduos até cerca de 10%. A pirólise é uma tecnologia que exige alto investimento; assim, é economicamente viável para sistemas que recebem acima de 1.500 ton/dia de resíduos.

Gaseificação

A gaseificação é um processo de conversão termoquímica da matéria orgânica, sólida ou líquida em gases, água e sólidos de pequenas dimensões. Essa conversão é feita com concentrações de oxidantes abaixo da estequiometria de combustão. Os agentes de gaseificação podem ser ar, vapor d'água ou oxigênio, e a principal finalidade da gaseificação é a formação de gases que podem ser utilizados como fonte de energia. Segundo Warnecke (2000), citado por Lora e Venturini (2012), a gaseificação é um processo que se situa entre a combustão e pirólise.

O poder calorífico dos gases gerados na gaseificação varia em função do agente de gaseificação utilizado. Caso se utilize o oxigênio puro, o gás gerado tem um poder calorífico inferior (PCI) entre 10 e 19MJ/Nm^3. Mas, se o agente gaseificador for o ar, o PCI do gás gerado varia de 3 a 6MJ/Nm^3, por conta de sua diluição com o nitrogênio, naturalmente presente no ar atmosférico (LORA; VENTURINI, 2012).

Plasma

O plasma é considerado o quarto estado físico da matéria (sólido, líquido, gasoso e plasma). Consiste em uma mistura de elétrons, íons e partículas neutras, sendo eletricamente neutro. É um gás ionizado, com boa condutividade elétrica e alta viscosidade, cujo grau de ionização é proporcional à quantidade de átomos que perdem (ou ganham) elétrons. Quanto maior a temperatura, maior o grau de dissociação. No caso da tecnologia para tratamento de resíduos, a temperatura de aquecimento atinge 3.000 °C (GOMEZ *et al.*, 2009).

No tratamento de resíduos por tecnologia de plasma, a matéria orgânica é vaporizada, e a inorgânica pode ser recuperada. Essa tecnologia pode ser utilizada para tratar resíduos sólidos, líquidos ou gasosos, com a vantagem de os resíduos perigosos poderem ser decompostos em substâncias simples que podem ser reutilizadas (GOMEZ *et al.*, 2009).A maior desvantagem do plasma é o alto consumo de energia. Para que seja economicamente viável, é necessário que receba cerca de 150.000 toneladas de resíduos por mês.

Coprocessamento em forno de clínquer

O forno de clínquer é uma das etapas do processo da fabricação de cimento. Nesse forno, a temperatura pode chegar a 2.000 °C, com o objetivo de calcinar e eliminar a matéria orgânica presente na matéria-prima (ROCHA *et al.*, 2011).

O coprocessamento começou com a necessidade das cimenteiras de reduzir os custos de produção. É uma tecnologia que possibilita o processamento conjunto de resíduos e matérias-primas para fabricação de cimento na etapa de produção do clínquer. Alguns resíduos podem ser utilizados como combustível, enquanto outros podem fazer parte da matéria-prima e ser incorporados ao produto final, o cimento. Apenas as fábricas de cimento licenciadas para esse fim podem realizar esse processo. No Brasil, a coprodução está regulamentada pela Resolução 264 de 1999 do Conama (ROCHA *et al.*, 2011).

As empresas cimenteiras cobram para fazer o coprocessamento. Assim, a distância entre fonte geradora do resíduo e a cimenteira também deve ser considerada no caso de se desejar utilizar essa tecnologia, para que os gastos com frete não sejam elevados.

24.3.1.2 Tecnologias de tratamento biológico

Todas as tecnologias de tratamento biológico de resíduos sólidos têm em comum a ação de microrganismos que auxiliam na decomposição da matéria orgânica, tornando-a inerte do ponto de vista ambiental. Assim, para que um resíduo possa ser tratado por essas tecnologias, ele tem que ser passível de biodegradação. Os resíduos de agroindústrias, por possuírem grandes quantidades de matéria orgânica facilmente biodegradável, são os mais utilizados nesse tipo de processo.

Os processos biológicos utilizados para tratar resíduos podem ser aeróbios, como a compostagem, ou anaeróbios, como os biodigestores anaeróbios de via seca ou úmida.

Compostagem

Entre os resíduos sólidos gerados nas indústrias de bebidas, encontram-se os lodos das ETE das próprias indústrias que, pela composição rica em compostos biodegradáveis, podem ser submetidos ao processo de compostagem para sua estabilização (SANTOS; RIBEIRO, 2005). Outros resíduos orgânicos, sem valor comercial, gerados pelas indústrias de bebidas também podem ser compostados juntamente com o lodo.

Os processos de compostagem têm se desenvolvido sob a ótica tecnológica no mundo todo. Algumas indústrias já incorporaram à sua rotina de trabalho a etapa de destinação de resíduos orgânicos a usinas de compostagem.

A compostagem é um processo biológico aeróbio e controlado de transformação de resíduos orgânicos em resíduos estabilizados, com propriedades e características completamente diferentes do material que lhe deu origem (BIDONE, 1999). Os principais produtos da compostagem são CO_2, água, minerais e matéria orgânica estabilizada, muitas vezes chamada de húmus (SHARMA *et al.*, 1997).

Metcalf e Eddy (2003) consideram o processo da compostagem econômico e ambientalmente viável para a estabilização de resíduos orgânicos industriais e lodos de ETE, com possibilidade de aproveitamento agronômico de tais resíduos.

Lodo orgânico é um produto obtido no tratamento de águas residuárias de áreas residenciais urbanas, agroindústrias, indústrias de bebidas, de papel etc. A quantidade e a qualidade do lodo gerado são dependentes de alguns fatores, como origem dos resíduos, tipo de tratamento biológico utilizado, condições de estabilização final e tipo de processo de desidratação aplicado.

O lodo é um resíduo de granulometria fina e, quando está parcialmente desidratado, apresenta aspecto pastoso, o que dificulta a difusão do ar. Por esta razão, o lodo normalmente é misturado a outro resíduo, com granulometria maior, capaz de atuar como agente estruturante na mistura, permitindo assim a criação dos espaços vazios necessários à difusão do ar (FERNANDES; SILVA, 1999; SILVA *et al.*, 2008). Torres *et al.* (2007) obtiveram resultados satisfatórios quando avaliaram a compostagem de lodo com resíduos de poda de árvores, utilizados para melhorar a granulometria do material.

Fernandes e Silva (1999) destacam que os lodos a serem compostados devem passar previamente por processo de desaguamento para eliminar o excesso de água.

Biodigestão anaeróbia

A biodigestão anaeróbia é um processo biológico utilizado na estabilização da matéria orgânica até compostos inertes, como CH_4 e CO_2, na ausência de oxigênio. As etapas que envolvem o processo de digestão anaeróbia de resíduos sólidos são as mesmas que acontecem em resíduos líquidos, já apresentadas no subitem 24.2.1.3.

Esse processo apresenta como vantagens a redução de até 40% da massa da matéria orgânica inicial, a estabilização do resíduo, a não remoção de nutrientes como nitrogênio e fósforo, possibilitando o uso do material biodigerido como biofertilizante, e a possibilidade da geração de metano, que também pode ser utilizado como fonte de energia. Os sólidos biodigeridos ainda podem ser compostados e usados na agricultura como fertilizantes e condicionadores de solo.

A biodigestão anaeróbia de resíduos orgânicos sólidos é feita em biodigestores compactos que podem operar na faixa mesofílica ou termofílica, em processos de uma ou duas fases, com codigestão, nos quais mais de um tipo de resíduo são biodigeridos em conjunto, em fluxo contínuo ou em batelada, em fase seca ou em fase úmida, em função da umidade do substrato adicionado.

Diversas empresas cobram para fazer a biodigestão de resíduos sólidos. Essas empresas, além de terem entrada de recursos com o recebimento do resíduo, também recebem pela venda do sólido biodigerido e pela venda da energia elétrica e/ou térmica produzida a partir do metano gerado.

24.4 EMISSÃO DE POLUENTES GASOSOS DE INDÚSTRIAS DE BEBIDAS

As indústrias de bebidas geram poluentes gasosos que variam em função do combustível utilizado na geração de energia, do processo utilizado na produção da bebida e do tratamento dos efluentes.

A emissão de alguns desses poluentes deve ser controlada com a utilização de equipamentos apropriados. Também existem gases que podem ser reaproveitados no próprio processo, como o CO_2 e CH_4, como ingrediente ou fonte de energia.

Alguns desses poluentes e formas de tratamento e/ou utilização serão descritos a seguir.

Cervejarias

Segundo Santos e Ribeiro (2005), as emissões atmosféricas de cervejarias são geradas pelas seguintes fontes:

- Caldeira: gases de combustão formados por CO, CO_2, NO_x, SO_x, hidrocarbonetos etc. e material particulado. A composição dos gases é função do combustível utilizado na caldeira e do tipo de equipamento utilizado.
- Dornas de fermentação: geram CO_2 durante o processo de fermentação (3 a 4 kg hL^{-1} de mosto). Esse CO_2 é lavado e utilizado na carbonatação da própria bebida e o excedente pode ser vendido.
- Recebimento de malte, *gritz* e terra diatomácea: emite poeira. A quantidade de poeira depende do sistema de ensilagem, transporte e captação.
- Fervura do mosto: gera gases formados por vapor-d'água e compostos orgânicos, responsáveis pela emissão de odores na cervejaria.
- Estação de tratamento de efluentes: gera odores causados por gases sulfurados (H_2S). Gera grande quantidade de gases como CO_2 e CH_4.

Fábrica de refrigerantes

Na fabricação de refrigerantes, as emissões atmosféricas são geradas pelas seguintes fontes:

- Envase: gera CO_2 que escapa do produto durante o envase. Para se evitar a perda de CO_2, o refrigerante é envasado na temperatura de 2 a 6 °C, pois quanto menor a temperatura do líquido, maior a dissolução de CO_2 e menor a perda do gás.

- Estação de tratamento de efluentes: gera odores causados por gases sulfurados (H_2S) e grande quantidade de gases como CO_2 e CH_4.

Indústria de sucos

Segundo Yamanaka (2005), na indústria de sucos cítricos, as principais fontes de poluentes atmosféricos são as caldeiras e os secadores rotativos de ração, que liberam material particulado, odores, compostos orgânicos voláteis e gases de queima de combustíveis.

A estação de tratamento de efluentes gera odores causados por gases sulfurados (H_2S) e grande quantidade de gases como CO_2 e CH_4.

24.4.1 Aproveitamento das emissões gasosas

Para aumentar seus lucros, as empresas vêm tentando evitar perdas de matérias-primas, insumos e produtos, aproveitando ao máximo tudo o que é gerado na forma de subprodutos.

Como citado anteriormente, o CO_2 gerado pelas cervejarias já tem uso tecnológico adequado. Outras empresas estão utilizando o gás metano (CH_4) gerado nas ETEs para produzir energia para elas próprias.

A cervejaria City Brewing Company, por exemplo, localizada na cidade de La Crosse, próxima à área rural de Wisconsin, Estados Unidos, utilizará todo o metano produzido durante o processo de digestão anaeróbia de tratamento de seus efluentes para gerar energia para um hospital do município. Na cervejaria americana Sierra Nevada Brewing Company, o bagaço do malte e os efluentes industriais são tratados por processos anaeróbios e o metano produzido é utilizado para gerar energia elétrica para a empresa por um sistema de célula de combustível. Quase toda a demanda de energia da empresa é atendida pelos resíduos tratados. Um terço do metano é utilizado no aquecimento da água para produção da cerveja; dos outros dois terços, é extraído o hidrogênio, utilizado, então, como fonte de energia.

24.4.2 Tratamento das emissões gasosas

A escolha do tratamento a ser feito nas emissões gasosas vai depender do tipo de poluente presente nas emissões. Na indústria de bebidas, materiais particulados podem ser removidos dos gases por ciclones.

Os gases contendo compostos orgânicos voláteis, que conferem forte odor às emissões, podem ser submetidos a tratamentos em filtros biológicos, nos quais a decomposição da matéria orgânica é feita por microrganismos.

24.5 CONSIDERAÇÕES FINAIS

De todo o exposto, percebe-se que na indústria de bebidas existe uma excelente oportunidade para aplicação de tecnologias apropriadas ao tratamento de seus resíduos sólidos, líquidos e gasosos. Mais do que uma visão engessada do assunto, o presente capítulo pretendeu mostrar quais são as possibilidades para a construção de soluções adequadas a cada indústria, que, com certeza, deve ser encarada como única em suas características. O profissional que deseja conhecer profundamente a engenharia de tratamento de resíduos e colocá-la em prática deve estar ciente de que, além de conhecimento, muita criatividade será necessária. Assim, conclui-se que, apesar de estarmos lidando com materiais muitas vezes desprezados, é necessário conhecimento aprofundado, o que confere segurança para exercer tal tarefa com sustentabilidade.

REFERÊNCIAS BIBLIOGRÁFICAS

AGRONEGÓCIOS. **Pesquisadores produzem etanol reduzindo pela metade o volume de vinhaça.** 2009. Disponível em: http://blogs.universia.com.br/agronegocios/2009/05/20/pesquisadores-produzem-etanol-reduzindo-pela-metade-o-volume-de-vinhaca/. Acesso em: 4 fev. 2010.

AHN, Y.-H.; MIN, K.-S.; SPEECE, R. E. Pre-acidification in anaerobic sludge bed process treating brewery wastewater. **Water Research**, Londres, v. 35, n. 18, p. 4267-4276, 2001.

AJMAL, M.; KHAN, A. U. Effects of brewery effluent on agricultural soil and crop plants. **Environmental Pollution Series A, Ecological and Biological**, Londres, v. 33, n. 4, p. 341-351, 1984.

ALEXANDRINO, A. M.; FARIA, H. G.; SOUZA, C. G. M.; PERALTA, R. M. Aproveitamento do resíduo de laranja para a produção de enzimas lignocelulolíticas por *Pleurotus ostreatus* (Jack:Fr). **Ciência e Tecnologia de Alimentos**, Campinas, v. 27, n. 2, p. 364-368, 2007.

AUSTERMANN-HAUN, U.; SEYFRIED, C. F.; ROSENWINKEL, K. H. Uasb-reactor in the fruit juice industry. **Water Science and Technology**, Londres, v. 36, n. 6-7, p. 407-414, 1998.

BEIFIUR. Disponível em: http://www.beifiur.com.br. Acesso em: 10 out. 2009.

BIDONE, F. R. A. **Metodologias e técnicas de minimização, reciclagem e reutilização de resíduos sólidos urbanos.** Rio de Janeiro: Prosab, 1999.

BRASIL. Ministério do Meio Ambiente. Classificação dos corpos d'água e diretrizes ambientais para o seu enquadramento, padrões de lançamento de efluentes. Resolução Conama n. 357, de 17 de março de 2005. **Diário Oficial da União**, Brasília, DF, n. 53, p. 58-63, 18 mar. 2005.

CHAU, C. F.; HUANG, Y. L. Characterization of passion fruit seed fibers: a potential fiber source. **Food Chemistry**, Londres, v. 85, n. 2, p. 189-194, 2004.

EL-FADEL, M.; MASSOUD, M. Methane emissions from wastewater management. **Environmental Pollution**, Londres, v. 114, n. 2, p. 177-185, 2001.

FENG, Y.; WANG, X.; LOGAN, B. E.; LEE, H. Brewery wastewater treatment using air-cathode microbial fuel cells. **Applied Microbiology and Biotechnology**, Berlin, n. 78, p. 873-880, 2008.

FERNANDES, F.; SILVA, S. P. **Manual prático para reciclagem de biossólidos**. Rio de Janeiro: Abes, 1999.

FERRARI, R. A.; COLUSSI, F.; AYUB, R. A. Caracterização de subprodutos da industrialização do maracujá – aproveitamento das sementes. **Revista Brasileira de Fruticultura**, Jaboticabal, v. 26, n. 1, p. 101-102, 2004.

FORESTI, E. Fundamentos do processo de digestão anaeróbia. *In*: VIÑAS, M. *et al*. (orgs.). **Tratamento anaeróbio**. Montevideo: Universidad de la Republica, 1994. p. 97-110.

FRANCO, A.; MARQUES, M. O.; MELO, W. J. Sugarcane grown in an oxisol amended with sewage sludge and vinasse: nitrogen contents in soil and plant. **Scientia Agricola**, Piracicaba, v. 65, n. 4, 2008.

GOMEZ, E.; AMUTHA RANI, D.; CHEESEMANB, C. R.; DEEGANC, D.; WISEC, M.; BOCCACCINI, A. R. Thermal plasma technology for the treatment of wastes: a critical review. **Journal of Hazardous Materials**, Amsterdam, v. 161, p. 614-626, 2009.

INDÚSTRIA DE ALIMENTOS E BEBIDAS. Sabendo usar e reusar, não vai faltar. **Revista H_2O Água**, São Paulo, n. 7, out. 2009. Disponível em: http://www.h2oagua.com.br/edicao07_industria.asp. Acesso em: 15 out. 2009.

KASMI, M.; CHATTI, A.; HAMDI, M.; TRABELSI, I. Eco-friendly process for soft drink industries wastewater reuse as growth medium for *Saccharomyces cerevisae* production. **Clean Technologies and Environmental Policy**, Amsterdam, v. 18, p. 2265-2278, 2016.

KASSAM, Z. A.; YERUSHALMI, L.; GUIOT, S. R. A market study on the anaerobic wastewater treatment systems. **Water, Air, and Soil Pollution**, Berlin, v. 143, p. 179-192, 2003.

KUAI, L.; VERSTRAETE, W. Ammonium removal by the oxygen-limited autotrophic nitrification-denitrification system. **Applied and Environmental Microbiology**, Berlin, v. 64, n. 11, p. 4500-4506, 1998.

LEAL, K. K.; CHACIN, E.; BEHLING, E.; GUTIEREZ, E.; FERNANDEZ, N., FORSTER, C. F. A mesophilic digestion of brewery wastewater in an unheated anaerobic filter. **Bioresource Technology**, Londres, v. 65, p. 51-55, 1998.

LORA, E. E. S.; ANDRADE, R. V.; MARTINEZ, J. D.; ROCHA, M. H.; SALES, C. A. V. B.; MENDOZA, M. A. G.; OBANDO, D. S. Gaseificação e pirólise para a conversão de biomassa em eletricidade e biocombustíveis. *In*: LORA E. S, VENTURINI, O. J. (org.). **Biocombustíveis**. Rio de Janeiro: Interciência, 2012. v. 1. p. 411-498.

LYRA, M. R. C. C.; ROLIM, M. M.; SILVA, J. A. A da. Topossequência de solos fertigados com vinhaça: contribuição para a qualidade das águas do lençol freático. **Revista Brasileira de Engenharia Agrícola e Ambiental**, Campina Grande, v. 7, n. 3, p. 525-532, dez. 2003.

MENDES, A. A.; CASTRO, H. F.; PEREIRA, E. B.; FURIGO JUNIOR, A. Aplicação de lípases no tratamento de águas residuárias com elevados teores de lipídeos. **Química Nova**, São Paulo, v. 28, n. 2, p. 296-305, 2005.

MENDONÇA, L. M. V.; CONCEIÇÃO, A.; PIEDADE, J.; CARVALHO, V. D.; THEODORO, V. C. A. Caracterização da composição química e do rendimento dos resíduos industriais do limão Tahiti (*Citrus latifólia* Tanaka). **Ciência e Tecnologia de Alimentos**, Campinas, v. 26, n. 4, p. 870-874, 2006.

METCALF & EDDY INC. **Wastewater engineering**: treatment and reuse. 4. ed. New York: McGraw Hill, 2003.

MIELCAREK, A.; JANCZUKOWICZ, W.; OSTROWSKA, K.; JOZWUAK, T.; RODZIEWICZ, J.; ZIELINSKI, M. Biodegradability evaluation of wastewaters from malt and beer production. **Journal of the Institute of Brewing**, Hoboken, v. 119, p. 242-250, 2013.

MODIN, O.; FUKUSHI, K.; YAMAMOTO, K. Denitrification with methane as external carbon source. **Water Research**, Londres, v. 41, n. 12, p. 2726-2738, 2007.

MOLETTA, R. Winery and distillery wastewater treatment by anaerobic digestion. **Water Science and Technology**, Londres, v. 51, n. 1, p. 137-144, 2005.

NGOC, U. N.; SCHNITZER, H. Sustainable solutions for solid waste management in Southeast Asian countries. **Waste Management**, Londres, v. 29, n. 6, p. 1982-1995, 2009.

NUNES, J. A. **Tratamento físico-químico de águas residuárias industriais**. Aracaju: Triunfo, 2001.

ORZUA, M. C.; MUSSATTO, S. I.; CONTRERAS-ESQUIVEL, J. C.; RODRIGUEZ, R.; GARZA, H.; TEIXEIRA, J. A.; AGUILAR GONZALEZ, C. N. Exploitation of agroindustrial wastes as immobilization carrier of solid-state fermentation. **Industrial Crops and Products**, Londres, v. 30, n. 1, p. 24-27, 2009.

PEIXOTO, G.; SAAVEDRA, N. K.; VARESCHE, M. B. A.; ZAIAT, M. Hydrogen production from soft-drink wastewater in an upflow anaerobic packed-bed reactor. **International Journal of Hydrogen Energy**, London, v. 36, p. 8953-8966, 2011.

POCHANA, K.; KELLER, J. Study of factors affecting simultaneous nitrification and denitrification (SND). **Water Science and Technology**, Londres, v. 39, n. 6, p. 61-68, 1999.

PONEZI, A. N.; DUARTE, M. C. T.; CORAUCCI FILHO, B.; FIGUEIREDO, R. F. de Análise da biodegradação dos componentes do óleo cítrico por CG/EM e análise da população microbiana de um reator de lodo ativado no tratamento de água residuária de uma indústria cítrica. **Engenharia Sanitária e Ambiental**, Rio de Janeiro, v. 10, n. 4, p. 278-284, 2005.

RAO, A. G.; REDDY, T. S. K.; PRAKASH, S. S.; VANAJAKSHI, J.; JOSEPH, J.; SARMA, P. N. pH regulation of alkaline wastewater with carbon dioxide: A case study of treatment of brewery wastewater in UASB reactor coupled with absorber. **Bioresource Technology**, Londres, v. 98, p. 2131-2136, 2007.

REDZWAN, G.; BANKS, C. J. Supplementation of ammonium bicarbonates for the treatment of fruit cordial wastewater by anaerobic digestion process. **Anaerobe**, Londres, 2009. Disponível em: https://doi.org/10.1016/j.anaerobe.2009.04.008. Acesso em: 4 fev. 2010.

ROCHA, M. A. G.; FLORÊNCIO, L.; KATO, M. T. Aplicação de teste de biodegradabilidade anaeróbia para efluentes da indústria de bebidas. *In*: CONGRESSO BRASILEIRO DE ENGENHARIA SANITÁRIA E AMBIENTAL, 22, 2003, Joinville. **Resumos**... Rio de Janeiro: ABES, 2003. p. 1-11.

SANTOS, M. S.; RIBEIRO, F. M. **Cervejas e refrigerantes.** São Paulo: Cetesb, 2005. (Série P + L).

SAWALHA, S. M. S.; ARRÁEZ-ROMÁN, D., SEGURA-CARRETERO, A.; FERNÁNDEZ-GUTI, A. Quantification of main phenolic compounds in sweet and bitter orange peel using CE-MS/MS. **Food Chemistry**, Londres, v. 116, n. 2, p. 567-574, 2009.

SCOT CONSULTORIA. Preço da polpa cítrica acompanha o do milho. **Pecuária.com.br**, 2009. Disponível em: http://www.pecuaria.com.br/info.php?ver=5625. Acesso em: 5 set. 2009.

SEGHEZZO, L. **Anaerobic treatment of domestic wastewater in subtropical regions**. 2004. 172 p. Thesis (PhD in Socio Economic and Natural Sciences of the Environment) – Wageningen University, Netherlands, 2004.

SENAI, R. S. **Implementação de programas de produção mais limpa**. Porto Alegre: Centro Nacional de Tecnologias Limpas; Senai-RS/Unido/Inep, 2003.

SHAO, X.; PENG, D.; TENG, Z.; JU, X. Treatment of brewery wastewater using anaerobic sequencing batch reactor (ASBR). **Bioresource Technology**, Londres, v. 99, p. 3182-3186, 2008.

SHARMA, V.K.; CANDITELLI, M.; FORTUNA, F. & CORNACCHIA, G. Processing of urban and agroindustrial residues by aerobic composting: review. **Energy Conversion and Management**, Londres, v. 38, n. 5, p. 453-478, 1997.

SHELDON, M. S.; ERDOGAN, I. G. Multi-stage EGSB/MBR treatment of soft drink industry wastewater. **Chemical Engineering Journal**, Amsterdam, v. 285, p. 368-377, 2016.

SIMATE, G. S.; CLUETT, J.; IYUKE, S. E.; MUSAPATIKA, E. T.; NDLOVU, S.; WALUBITA, L. F.; ALVAREZ, A. E. The treatment of brewery wastewater for reuse: state of the art. **Desalination**, Amsterdam, v. 273, p. 235-247, 2011.

SILVA A. G., LEITE, V. D.; SILVA, M. M. P.; PRASAD, S.; FEITOSA, W. B. S. Compostagem aeróbia conjugada de lodo de tanque séptico e resíduos sólidos vegetais. **Engenharia Sanitária e Ambiental**, Rio de Janeiro, v. 13, n. 4, p. 371-37, out./dez. 2008.

TEIXEIRA, D. E.; COSTA, A.F.; SANTANA, M. A. E. Aglomerados de bagaço de cana-de-açúcar: resistência ao ataque de fungos apodrecedores. **Scientia florestalis**, Piracicaba, n. 52, p. 29-34, 1997.

TIMOFIECSYK, F. R.; PAWLOWSKY, U. Minimização de efluentes no processamento de bebidas: estudo de caso. *In*: Congresso Interamericano de Engenharia Sanitária e Ambiental, 27, 2000, Porto Alegre. **Resumos**... Porto Alegre: Abes, 2000.

TOKUDA, M.; FUJIWARA, Y.; KIDA, K. Pilot plant test removal of organic matter, N and P from whisky pot ale. **Process Biochemistry,** Londres, v. 35, n. 3-4, p. 265-275, 1999.

TORRES, P.; PÉREZ, A.; ESCOBAR, J.; URIBE, I.; IMERY, R. Compostaje de biosólidos de plantas de tratamiento de águas residuales. **Engenharia Agrícola**, Jaboticabal, v. 27, n. 1, p. 267-275, jan./abr. 2007.

TSUSHIMA, I.; OGASAWARA, Y.; KINDAICHI, T.; SATOH, H.; OKABE, S. Development of high-rate anaerobic ammonium-oxidizing (anammox) biofilm reactors. **Water Research**, Londres, v. 41, p. 1623-1634, 2007.

TUSSEAU-VUILLEMIN, M. H. Do food processing industries contribute to the eutrophication of aquatic systems? **Ecotoxicology and Environmental Safety**, Londres, v. 50, n. 2, p. 143-152, 2001.

UZAL, N.; GÖKÇAY, C. F.; DEMIRER, G. N. Sequential (anaerobic/aerobic) biological treatment of malt whisky wastewater. **Process Biochemistry**, Londres, v. 39, p. 279-286, 2003.

VAN DONGEN, L. G. J. M.; JETTEN, M. S. M.; VAN LOOSDRECHT, M. C. M. **The combined sharon/anammox process**: a sustainable method for N-removal from sludge water. London: IWA; Alliance House, 2001.

VAZOLLER, R. F. Diversidade microbiana e desenvolvimento sustentável: microbiologia e saneamento ambiental. *In*: Fundação André Tosello. (org.). **Biodiversidade**: perspectivas e oportunidades tecnológicas. Campinas, 1995.

WELPER, L. L.; SUNG, S.; DAGUE, R. R. Laboratory studies on the temperature-phased ASBR system. **Water Science and Technology**, Londres, v. 36, n. 2-3, p. 195-302, 1997.

WEN, Q.; WU, Y.; CAO, D.; ZHAO, L.; SUN, Q. Electricity generation and modeling of microbial fuel cell from continuous beer brewery wastewater. **Bioresource Technology**, Londres, v. 100, n. 18, p. 4171-4175, 2009.

YAMANAKA, H. T. **Sucos cítricos.** São Paulo: Cetesb, 2005. (Série P + L).

ZAIAT, M. *et al*. Anaerobic sequencing batch reactors for wastewater treatment: a developing technology. **Applied Microbiology Biotechnology**, Berlin, v. 55, p. 29-35, 2001.

25

Legislação ambiental no segmento de bebidas

LUIZ CÉSAR RIBAS
DORON GRULL

25.1 INTRODUÇÃO

Conforme se depreende de Braile e Cavalcanti (1993), no que diz respeito à legislação ambiental aplicada ao controle da poluição no segmento das indústrias de bebidas, devemos considerar, preliminarmente, dois aspectos principais: (i) nível de controle da poluição ambiental; e (ii) utilização da melhor tecnologia disponível.

Tais aspectos, ainda que de certa forma condicionados às informações disponíveis e às condições econômicas, devem se aplicar, no caso do controle da poluição ambiental no segmento de bebidas, às seguintes variáveis do processo produtivo: (i) qualificação dos efluentes; (ii) processos de produção menos poluentes; (iii) energia; (iv) custos de controle; (v) ciclo econômico em vigência e fatores regionais, primordialmente, segundo os autores.

Por outro lado, uma boa gestão ambiental, para fins do controle da poluição no segmento de bebidas, precisa focar os seguintes parâmetros: (i) controle ambiental efetivo, eficiente e econômico; (ii) informação técnica (monitoramento[1]); e (iii) técnicas de combate à poluição ambiental e pessoal especializado (interno e externo).

Grosso modo, no que diz respeito ao segmento de bebidas, as principais formas de controle da poluição ambiental devem considerar, conforme Braile e Cavalcanti (1993), afora a questão básica da higiene: os resíduos industriais (gasosos, líquidos e sólidos) do processo produtivo.[2]

Nesse sentido, a preocupação central deve ser a minimização do volume e da carga poluidora e, como consequência, a definição e dimensionamento

[1] Vale salientar que a mais avançada tecnologia de sensores de qualidade de água foi desenvolvida pelo (ou para o) segmento de bebidas, particularmente as indústrias de cerveja e de vinho.

[2] Tendo sido incorporada com vigor mais recentemente, inclusive, a questão dos resíduos sólidos, por conta da Lei n. 12.305, de 2 de agosto de 2010, que instituiu a Política Nacional de Resíduos Sólidos; alterou a Lei n. 9.605, de 12 de fevereiro de 1998; e relacionou demais providências, bem como pelo Decreto n. 7.404, de 23 de dezembro de 2010, que regulamenta a Lei n. 12.305, de 2 de agosto de 2010, que institui a Política Nacional de Resíduos Sólidos, cria o Comitê Interministerial da Política Nacional de Resíduos Sólidos e o Comitê Orientador para a Implantação dos Sistemas de Logística Reversa e dá outras providências. É importante observar aquilo que houver de complementar, particularmente nas condições do estado em evidência (no caso de São Paulo, por exemplo, a Lei Estadual n. 12.300, de 16 de março de 2006).

adequados dos procedimentos e sistemas de tratamento e disposição final destes resíduos.

Um exemplo bem ilustrativo do controle da poluição ambiental no segmento de bebidas, segundo os autores, pode ser extraído das usinas de açúcar e álcool, onde a preocupação maior, considerando os elementos aqui dispostos, é com os seguintes tipos de resíduos do processo produtivo: águas da lavagem da cana-de-açúcar; água condensada dos evaporadores; água das colunas barométricas; vinhaça; águas da lavagem de pisos e equipamentos; água de refrigeração; e água da descarga das caldeiras.

Neste caso, defendem Braile e Cavalcanti (1993), que a forma mais adequada de tratamento[3] dos despejos deve considerar os seguintes parâmetros: (i) origem; (ii) quantidade; e (iii) características (Demanda Bioquímica de Oxigênio – DBO, Resíduo Total, Sólidos Sedimentáveis, pH).

Ademais, haveria que se destacar que alternativas técnicas aos efluentes líquidos, gasosos e sólidos eventualmente gerados pelo processo produtivo implantado nas usinas de açúcar e álcool, por exemplo,[4] não dão conta integralmente de eventuais problemas ambientais acarretados pelo insatisfatório ou inadequado controle da poluição ambiental ou, alternativamente, quando muito, transferem o problema ambiental para outras dimensões, mas não afastam a responsabilidade pela sua eventual geração.

Outro exemplo ilustrativo citado pelos autores são as cervejarias, que produzem, como principais despejos industriais, bagaço de malte, sólidos sedimentáveis (impurezas), resto de mosto e águas da lavagem dos equipamentos (tanques, fundos das cubas etc.).

Estes poucos, mas essenciais, elementos técnicos introdutórios, nos remetem à opção ora efetuada no que diz respeito ao tipo de abordagem da legislação ambiental aplicável ao segmento da indústria de bebidas, que poderia ser feita preponderantemente no que diz respeito ao estado de São Paulo, qual seja:

a) Constituição da República Federativa do Brasil, promulgada em outubro de 1988.
b) Constituição do Estado de São Paulo, de 1989.
c) Lei Estadual n. 997, de 31 de maio de 1976, que dispõe sobre a Prevenção e o Controle da Poluição do Meio Ambiente.
d) Decreto n. 8.468, de 8 de setembro de 1976, que aprova o Regulamento da Lei n. 997, de 31 de maio de 1976, que dispõe sobre a Prevenção e o Controle da Poluição do Meio Ambiente (alterado pelo Decreto n. 47.397/02).
e) Lei Federal n. 6.938, de 31 de agosto de 1981, que dispõe sobre a Política Nacional do Meio Ambiente, seus fins e mecanismos de formulação e aplicação, e dá outras providências (alterado pela Lei Federal n. 10.165, de 27 de dezembro de 2000).
f) Decreto Federal n. 88.351, de 01 de junho de 1983, que regulamenta a Lei n. 6.938, de 31 de agosto de 1981, e a Lei n. 6.902, de 27 de abril de 1981, que dispõem, respectivamente, sobre a Política Nacional do Meio Ambiente e sobre a criação de Estações Ecológicas e Áreas de Proteção Ambiental, e dá outras providências.[5]
g) Resolução Conama n. 001, de 23 de janeiro de 1986, que dispõe sobre o Estudo de Impacto Ambiental e Relatório de Impacto Ambiental como instrumento da Política Nacional do Meio Ambiente.
h) Resolução SMA n. 42, de 29 de dezembro de 1994, que aprova os procedimentos para análise de Estudos de Impacto Ambiental (EIA e Rima), no âmbito da Secretaria de Meio Ambiente do Estado de São Paulo, constantes do Anexo a esta resolução.[6]

---

3 Os autores recomendam o seguinte tipo de tratamento: tratamento preliminar; bio-oxidação; areador de cascata: tabuleiros; jatos de ar comprimido; recirculação completa da água de lavagem; e irrigação da lavoura. De qualquer forma, apesar desses sistemas de tratamento ainda serem válidos, hoje em dia há muitas mudanças e inovações que devem ser consideradas.

4 Cogeração de energia elétrica (podendo, nesse caso específico, demandar até mesmo a consideração da Política Nacional/Estadual/Municipal das Mudanças Climáticas). Vide, ademais, particularmente no que diz respeito à cogeração de energia no Estado de São Paulo, o disposto em http://licenciamentoambiental.cetesb.sp.gov.br/atividades-e-empreendimentos-sujeitos-ao-licenciamento-ambiental/roteiros/cogeracao-de-energia/. O mesmo raciocínio é válido, também, para a fertirrigação, entre outros exemplos.

5 Revogado pelo Decreto n. 99.274, de 06 de junho de 1990.

6 Revogada, considerando proposta do Consema relativa à tramitação de estudos de impacto ambiental. Cabe ainda aqui um comentário adicional: o objetivo deste trabalho não é esgotar o assunto, por duas razões. Primeiro, o mais importante é, com base no aparato legal aqui relacionado, compreender a importância de se administrarem empresas dentro do segmento das indústrias de bebidas de

i) Lei Estadual n. 9.509, de 20 de março de 1997, que dispõe sobre a Política Estadual do Meio ambiente, seus fins e mecanismos de formulação e aplicação.
j) Lei n. 12.305, de 2 de agosto de 2010, que institui a Política Nacional de Resíduos Sólidos; altera a Lei n. 9.605, de 12 de fevereiro de 1998; e dá outras providências, bem como seu dispositivo regulamentador, qual seja, o Decreto n. 7.404, de 23 de dezembro de 2010.

Haveria que se mencionar, ainda, o Decreto-Lei n. 1.413, de 14 de agosto de 1975, que dispõe sobre o controle da poluição do meio ambiente provocada por atividades industriais (regulamentado pelo Decreto n. 76.389, de 3 de outubro de 1975).

Do referido decreto-lei, os seguintes aspectos poderiam ser inicialmente destacados para efeitos de enfatizar a preocupação com o controle da poluição ambiental em indústrias de bebidas, em especial:

> Art. 1º As indústrias instaladas ou a se instalarem em território nacional são obrigadas a promover as medidas necessárias a prevenir ou corrigir os inconvenientes e prejuízos da poluição e da contaminação do meio ambiente.
>
> [...]
>
> Art. 3º Dentro de uma política preventiva, os órgãos gestores de incentivos governamentais considerarão sempre a necessidade de não agravar a situação de áreas já críticas, nas decisões sobre localização industrial.
>
> Art. 4º Nas áreas críticas será adotado esquema de zoneamento urbano objetivando, inclusive, para as situações existentes, viabilizar alternativa adequada de nova localização, nos casos mais graves, assim como, em geral, estabelecer prazos razoáveis para a instalação dos equipamentos de controle da poluição.

No caso de empreendimentos do segmento de bebidas localizados em outros estados que não o de São Paulo, acredita-se que, para os fins perseguidos no presente trabalho (fornecimento de princípios, diretrizes e pressupostos básicos para a implantação de um sistema de gestão ambiental em conformidade com a lei), a estrutura legal aqui proposta seria adequada, até porque, em regra, e grosso modo, diplomas legais, quer do estado de São Paulo, quer do âmbito federal são, de uma forma ou de outra, coerentes e compatíveis entre si.[7]

De qualquer forma, cabe aos Estados, na esfera de suas competências e nas áreas de sua jurisdição,[8] a elaboração de normas supletivas e complementares e padrões relacionados com o meio ambiente, observados os que forem estabelecidos pelo Conselho Nacional do Meio Ambiente – Conama. E mesmo os municípios, observadas as normas e os padrões federais e estaduais, também podem elaborar as normas ambientais aqui mencionadas.[9]

Isso porque uma das principais competências do Conama seria a de estabelecer, mediante proposta do Instituto Brasileiro do Meio Ambiente e dos Recursos Naturais Renováveis – Ibama, normas e critérios para o licenciamento de atividades efetiva ou potencialmente poluidoras (licenciamentos estes a serem concedidos pelos Estados e supervisionados pelo Ibama). Também seria competência do Conama o estabelecimento de normas, critérios e padrões relativos ao controle e à manutenção da qualidade do meio ambiente com vistas ao uso racional dos recursos ambientais, principalmente os hídricos.[10]

Já a fiscalização e o controle da aplicação de critérios, normas e padrões de qualidade ambiental serão exercidos pelo Ibama, em caráter supletivo da atuação dos órgãos estaduais e municipais compe-

maneira a se adequarem ao controle da poluição ambiental. Em segundo lugar, não é possível garantir que o aparato legal não venha a ser, a qualquer tempo, modificado por revogações, alterações e edições de normas ambientais correlatas.

7 Nesse sentido, vide, por exemplo, a verossimilhança entre a Lei Estadual n. 997/76 (e seu decreto regulamentador), conforme mais adiante abordada vis-à-vis com a Lei n. 6.938/81 (e seu decreto regulamentador), a Resolução Conama n. 237/97, bem como, a própria Lei de Crimes Ambientais (Lei n. 9.605/98 e decreto regulamentador).

8 Compete ao Instituto Brasileiro do Meio Ambiente e Recursos Naturais Renováveis – Ibama o licenciamento ambiental, no caso de atividades e obras com significativo impacto ambiental, de âmbito nacional ou regional (parágrafo 4º, do art. 10, da Lei n. 6.938/81, com redação dada pela Lei n. 7.804, de 1989). Com respeito aos demais entes federativos, que não o federal, deve-se observar o disposto em outros dispositivos normativos constitucionais e infraconstitucionais, como a Resolução Conama n. 237/97 (o que será feito mais adiante).

9 Parágrafos 1º e 2º, do art. 6º, da Lei n. 6.938/81.

10 Incs. I e VII, do art. 8º, da Lei n. 6.938/81 (com redação dada pela Lei n. 8.028, de 1990).

tentes (parágrafo 1°, do art. 11, da Lei n. 6.938/81, com redação dada pela Lei n. 7.804, de 1989). Ademais, o Ibama está autorizado a celebrar convênios com os estados, os municípios e o Distrito Federal para desempenharem atividades de fiscalização ambiental, podendo repassar-lhes parcela da receita obtida com a Taxa de Controle e Fiscalização Ambiental – TCFA (art. 17-Q da Lei n. 6.938/81, com redação dada pela Lei n. 10.165, de 2000).

A este último propósito, e no caso específico do estado de São Paulo, está previsto o recolhimento do "Preço de Análise" (art. 25 da Lei n. 9.509/97).

A partir disto, a imperativa necessidade do segmento de bebidas buscar o enquadramento e a conformidade perante a legislação ambiental justifica-se não somente pela importância do tema diante da sociedade e em função do mercado consumidor como, também, diante da competitividade.[11]

Deve-se ressaltar dentro deste escopo, finalmente, o fato de que a legislação ambiental, em consonância com o desenvolvimento tecnológico, vem sendo cada vez mais aperfeiçoada[12] ao serem propostos instrumentos de comando e controle, além de econômicos, cada vez mais efetivos e eficazes e, com isto, implantar uma política ambiental cada vez mais consolidada.

25.2 LEGISLAÇÃO AMBIENTAL CONSTITUCIONAL APLICÁVEL AO SEGMENTO DE BEBIDAS

Apesar da legislação ambiental de interesse do segmento de bebidas conforme proposta de abordagem acima apresentada ser, em parte, anterior à data da promulgação da Constituição da República Federativa do Brasil (1988), se entendeu por bem discorrer, preliminarmente, sobre os principais dispositivos legais constitucionais (federais e estaduais), com respeito ao meio ambiente, que são aplicáveis ao mencionado segmento.

Registre-se, aqui, que "meio ambiente" deve ser entendido como "o conjunto de condições, leis e influências e interações de ordem física, química e biológica, que permite, abriga e rege a vida em todas as suas formas.[13]

Lembre-se, também, que meio ambiente é um termo intrinsecamente associado ao termo "recursos ambientais", ou seja, a atmosfera, as águas interiores, superficiais e subterrâneas, os estuários, o mar territorial, o solo, o subsolo, os elementos da biosfera, a fauna e a flora".[14]

25.2.1 Constituição da República Federativa do Brasil (Carta Magna)

Antes mesmo de se mencionar os principais aspectos ambientais contemplados na legislação constitucional, seria producente, preliminarmente, dispor sobre a Lei Federal n. 6.938, de 31 de agosto de 1981 (Política Nacional do Meio Ambiente – PNMA).[15]

A lei da Política Nacional do Meio Ambiente (PNMA) tem por objetivo a preservação, melhoria e

[11] Lembrando, por exemplo, que o Conselho Nacional do Meio Ambiente – Conama pode determinar, mediante representação do Ibama, a perda ou restrição de benefícios fiscais concedidos pelo Poder Público, em caráter geral ou condicional, e a perda ou suspensão de participação em linhas de financiamento em estabelecimentos oficiais de crédito (nos termos do disposto no Inc. V, do art. 9°, da Lei n. 6.938/81). Ademais, o órgão estadual do meio ambiente e o Ibama, este em caráter supletivo, poderão, se necessário e sem prejuízo das penalidades pecuniárias cabíveis, determinar a redução das atividades geradoras de poluição, para manter as emissões gasosas, os efluentes líquidos e os resíduos sólidos dentro das condições e limites estipulados no licenciamento concedido (parágrafo 3°, do art. 10, da Lei n. 6.938/81, com redação dada pela Lei n. 7.804, de 1989). Por fim, entidades e órgãos de financiamento e incentivos governamentais condicionarão a aprovação de projetos habilitados a esses benefícios ao licenciamento na forma desta Lei, e ao cumprimento das normas, dos critérios e dos padrões expedidos pelo Conama. Além disto, deverão fazer constar dos projetos a realização de obras e aquisição de equipamentos destinados ao controle de degradação ambiental e à melhoria da qualidade ambiental (caput e parágrafo único do art. 12, da Lei n. 6.938/81. Vide, também, art. 14 da referida lei, além dos arts. 18 e 23, do Decreto Federal n. 99.274/90). Ademais, no caso específico do estado de São Paulo, é prevista a XVIII – restrição à participação das pessoas físicas e jurídicas punidas e/ou condenadas por atos de degradação ambiental em licitações promovidas pelos órgãos de administração direta, indireta ou fundacional do Estado, ou de por eles serem contratadas, bem como ao acesso a benefícios fiscais e créditos oficiais do Estado (inc. XVIII, do art. 2°, da Lei n. 9.509/97)

[12] A este propósito haveria que se mencionar, por exemplo, a recente edição do Decreto n. 6.514, de 22 de julho de 2008.

[13] Inc. I do art. 3° da Lei n. 6.938/81.

[14] Nos termos do disposto no Inc. V do art. 3° da Lei n. 6.938/81, bem como o Inc. V do art. 3° da Lei n. 9.509/97.

[15] E seu respectivo decreto regulamentador (Decreto n. 99.274 de 06 de junho de 1990).

recuperação da qualidade ambiental propícia à vida, visando assegurar, no país, condições ao desenvolvimento socioeconômico, aos interesses da segurança nacional e à proteção da dignidade da vida humana, sendo plenamente recepcionada pela Carta Magna.

Dentro deste escopo, alguns dos principais princípios que o segmento de bebidas deve atentar em termos da conformidade das suas atividades diante da legislação ambiental[16] seriam: (i) racionalização do uso do solo, do subsolo, da água e do ar; (ii) controle e zoneamento das atividades potencial ou efetivamente poluidoras;[17] (iii) incentivos ao estudo e à pesquisa de tecnologias orientadas para o uso racional e a proteção dos recursos ambientais; (iv) acompanhamento do estado da qualidade ambiental; e (v) recuperação de áreas degradadas.[18]

Os autores entendem, de outra forma, que a questão da "melhor tecnologia disponível", ou seja, o acompanhamento do estado da arte da tecnologia aplicada à mitigação e ao controle ambiental também devem ser considerados.

No que concerne aos objetivos da PNMA, o segmento de bebidas deve atentar, com respeito à conformidade ambiental, aos seguintes aspectos principais: (i) compatibilização do desenvolvimento econômico-social com a preservação da qualidade do meio ambiente e do equilíbrio ecológico; (ii) estabelecimento de critérios e padrões de qualidade ambiental e de normas relativas ao uso e manejo de recursos ambientais; (iii) desenvolvimento de pesquisas e de tecnologias nacionais orientadas para o uso racional de recursos ambientais; (iv) difusão de tecnologias de manejo do meio ambiente, à divulgação de dados e informações ambientais e à formação de uma consciência pública sobre a necessidade de preservação da qualidade ambiental e do equilíbrio ecológico; e (v) preservação e restauração dos recursos ambientais com vistas à sua utilização racional e disponibilidade permanente, concorrendo para a manutenção do equilíbrio ecológico propício à vida.[19]

Em termos da legislação ambiental aplicável ao segmento de bebidas, um dos primeiros aspectos a se destacar da Carta Magna é que a proteção do meio ambiente e o combate à poluição, em qualquer de suas formas, é competência comum da União, dos Estados, do Distrito Federal e dos Municípios.[20]

O conceito de "poluição" aqui utilizado deve ser entendido como "a alteração adversa das características do meio ambiente resultante de atividades que direta ou indiretamente: a) prejudiquem a saúde, a segurança e o bem-estar da população; b) criem condições adversas às atividades sociais e econômicas; c) afetem desfavoravelmente a biota; d) afetem as condições estéticas ou sanitárias do meio ambiente; e) lancem matérias ou energia em desacordo com os padrões ambientais estabelecidos".[21]

De outra forma, o poluidor (pessoa física ou jurídica, de direito público ou privado, responsável, direta ou indiretamente, por atividade causadora de degradação ambiental), deve arcar com as penalidades disciplinares ou compensatórias ao não cumprimento das medidas necessárias à preservação ou correção da degradação ambiental.[22]

Ademais, compete somente à União, aos Estados e ao Distrito Federal (e não aos Municípios), legislar concorrentemente sobre a proteção do meio ambiente e controle da poluição.[23]

16 Inclusive dentro do contexto técnico-normativo consoante até aqui disposto.

17 A exemplo, no caso específico do estado de São Paulo, das fontes de poluição do segmento de bebidas conforme enumeradas pelo Decreto Estadual n. 8.468/76.

18 Incs. II, V, VI, VII e VIII do art. 2º da Lei Federal n. 6.938/81.

19 Incs. I, III, IV, V e VI do art. 4º da Lei n. 6.938/81.

20 Inc. VI do art. 23 da Carta Magna. Lembrando que, de acordo com o parágrafo único do referido artigo, "Leis complementares fixarão normas para a cooperação entre a União e os Estados, o Distrito Federal e os Municípios, tendo em vista o equilíbrio do desenvolvimento e do bem-estar em âmbito nacional" (Redação dada pela Emenda Constitucional n. 53, de 2006). A este propósito vide, também, o disposto no art. 1º da Lei n. 6.948/81 (Política Nacional do Meio Ambiente).

21 Inc. III culminado com o Inc. II, ambos do art. 2º da Lei n. 6.938/81.

22 Inc. IV do art. 2º, culminado com o Inc. IX do art. 9º da Lei n. 6.938/81. Vide, também, art. 14 da Lei n. 6.938/81, bem como os arts. 33 a 44 do Decreto Federal n. 99.274/90, o inc. XVII, da Lei Estadual n. 9.509/97, além da própria Lei de Crimes Ambientais (Lei n. 6.905/98) e de seu decreto regulamentador (Decreto n. 6.514, de 22 de julho de 2008).

23 Inc. VI do art. 24 da Carta Magna. Lembrando que: (i) no âmbito da legislação concorrente, a competência da União limitar-se-á a estabelecer normas gerais (Parágrafo 1º do referido artigo); (ii) a competência da União para legislar sobre normas gerais não exclui a competência

Por outro lado, nunca é demais lembrar-se que, para efeitos da legislação de meio ambiente pertinente ao segmento de bebidas, notadamente no que concerne ao licenciamento ambiental, a administração pública direta e indireta de qualquer dos Poderes da União, dos Estados, do Distrito Federal e dos Municípios deve obedecer, entre outros aspectos, aos princípios de legalidade, impessoalidade, moralidade, publicidade e eficiência.[24]

Lembre-se que licenciamento ambiental deve ser interpretado como "procedimento administrativo pelo qual o órgão ambiental competente licencia a localização, instalação, ampliação e a operação de empreendimentos e atividades utilizadoras de recursos ambientais, considerados efetiva ou potencialmente poluidores ou daquelas que, sob qualquer forma, possam causar degradação ambiental, considerando as disposições legais e regulamentares e as normas técnicas aplicáveis ao caso".[25]

No que tange particularmente ao estado de São Paulo, haveria que se adicionar, a estes princípios, os da razoabilidade, finalidade, motivação e interesse público.[26]

Neste ponto haveria que se lembrar, enfim, com respeito ao procedimento administrativo de forma geral a ser contemplado em especial pela Administração Pública Federal consoante disposto em lei,[27] que o Poder Público deve necessariamente obedecer aos princípios da legalidade, finalidade, motivação, razoabilidade, proporcionalidade, moralidade, ampla defesa, contraditório, segurança jurídica, interesse público e eficiência.

Note-se que este dispositivo legal, em especial, deve ser, sob o ponto de vista do enquadramento dos empreendimentos do segmento de bebidas a um nível satisfatório de conformidade ambiental, objeto de uma acurada atenção por parte dos interessados.

Prosseguindo-se, na eventual hipótese de uma desconformidade ambiental, devem-se lembrar as funções institucionais proporcionadas pela Carta Magna ao Ministério Público das quais haveria que se destacar a de promover o inquérito civil e a ação civil pública, para a proteção do patrimônio público e social, do meio ambiente e de outros interesses difusos e coletivos.[28] Até porque o segmento de bebidas, dentro do escopo "da ordem econômica, fundada na valorização do trabalho humano e na livre iniciativa", deve, por finalidade, assegurar a todos existência digna, conforme os ditames da justiça social, observados, dentre outros, o princípio da "defesa do meio ambiente, inclusive mediante tratamento diferenciado conforme o impacto ambiental dos produtos e serviços e de seus processos de elaboração e prestação".[29]

Registre-se que "desconformidade ambiental", numa interpretação "livre", deve ser compreendida como "um determinado aspecto do processo produtivo de dado empreendimento do segmento de bebidas que não estaria de acordo com determinados aspectos preconizados pela legislação ambiental como um todo".

Ainda dentro deste escopo, considera-se "impacto ambiental"[30] qualquer alteração das propriedades físicas, químicas e biológicas do meio ambiente causada por qualquer forma de matéria ou energia resultante das atividades humanas que, direta ou indiretamente, afetem: (i) a saúde, a segurança e o bem-estar da população; (ii) as atividades sociais e econômicas; (iii) a biota; (iv) as condições estéticas e sanitárias do meio ambiente; e (v) a qualidade dos recursos ambientais.

O termo "biota" aqui referenciado deve ser entendido, por seu turno, como "o conjunto de seres vivos, flora e fauna, que habitam ou habitavam um determinado ambiente geológico, como, por exemplo, biota marinha e biota terrestre, ou, mais especificamente, biota lagunar, biota estuarina, biota bentônica, etc".[31]

No que diz respeito à legislação ambiental no âmbito da Carga Magna, o segmento de bebidas

suplementar dos Estados (Parágrafo 2º do mencionado artigo); (iii) inexistindo lei federal sobre normas gerais, os Estados exercerão a competência legislativa plena, para atender a suas peculiaridades (Parágrafo 3º do referido artigo); e (iv) a superveniência de lei federal sobre normas gerais suspende a eficácia da lei estadual no que lhe for contrário (parágrafo 4º do mesmo artigo).

24 Art. 27 da Carta Magna.

25 Inc. I do art. 1º da Resolução Conama 237/97.

26 Art. 111 da Constituição de São Paulo.

27 Lei n. 9.784, de 29 de janeiro de 1999.

28 Inc. III do art. 129 da Carta Magna.

29 Inc. VI do art. 170 da Carta Magna.

30 Art. 1º da Resolução CONAMA n. 001, de 23 de janeiro de 1986, bem como art. 3º da Lei Estadual n. 9.509/97.

31 Vide http://sigep.cprm.gov.br/glossario/verbete/biota.htm#:~:text=Biota%20%C3%A9%20o%20conjunto%20de,estuarina%2C%20biota%20bent%C3%B4nica%2C.

deve ainda atentar, por conta de dispositivo constitucional,[32] que o Poder Público tem a incumbência de exigir, na forma da lei, para instalação de obra ou atividade potencialmente causadora de significativa degradação do meio ambiente, estudo prévio de impacto ambiental, a que se dará publicidade.[33]

Note-se, neste contexto, que "estudo prévio de impacto ambiental" (EPIA) nada mais é do que "a construção, instalação, ampliação e funcionamento de estabelecimentos e atividades utilizadoras de recursos ambientais, considerados efetiva e potencialmente poluidores, bem como os capazes, sob qualquer forma, de causar degradação ambiental.

Os estabelecimentos e as atividades sujeitos ao EPIA dependerão de prévio licenciamento de órgão estadual competente, integrante do Sistema Nacional do Meio Ambiente – Sisnama, e do Instituto Brasileiro do Meio Ambiente e Recursos Naturais Renováveis – Ibama, em caráter supletivo, sem prejuízo de outras licenças exigíveis.[34]

Devem, ainda, tais estabelecimentos e atividades, se submeter ao Cadastro Técnico Federal de Atividades e Instrumentos de Defesa Ambiental e à Taxa de Controle e Fiscalização Ambiental – TCFA, no âmbito do Ibama, no caso do seguinte rol de empresas (com potencial de poluição – PP e grau de utilização – GU de recursos naturais classificados como "médio") enquadradas na categoria "Indústria de Produtos Alimentares e Bebidas"; beneficiamento, moagem, torrefação e fabricação de produtos alimentares; matadouros, abatedouros, frigoríficos, charqueadas e derivados de origem animal; fabricação de conservas; preparação de pescados e fabricação de conservas de pescados; beneficiamento e industrialização de leite e derivados; fabricação e refinação de açúcar; refino e preparação de óleo e gorduras vegetais; produção de manteiga, cacau, gorduras de origem animal para alimentação; fabricação de fermentos e leveduras; fabricação de rações balanceadas e de alimentos preparados para animais; fabricação de vinhos e vinagre; fabricação de cervejas, chopes e maltes; fabricação de bebidas não alcoólicas, bem como engarrafamento e gaseificação e águas minerais; fabricação de bebidas alcoólicas.[35]

Registre-se que são isentas do pagamento da TCFA as entidades públicas federais, distritais, estaduais e municipais, as entidades filantrópicas, aqueles que praticam agricultura de subsistência e as populações tradicionais.[36]

Por fim, com respeito aos custos e ao ressarcimento das despesas do licenciamento ambiental haveria que se considerar o disposto no art. 13, da Resolução Conama n. 237/97.

Desta feita, especificamente no que tange aos empreendimentos do segmento de bebidas, dependerá de elaboração de estudo de impacto ambiental e respectivo relatório de impacto ambiental – Rima, a serem submetidos à aprovação do órgão estadual competente,[37] e do Ibama em caráter supletivo, o licenciamento de atividades modificadoras do meio ambiente, como complexo e unidades industriais e agroindustriais.[38]

De toda sorte, o art. 2°, da Resolução Conama n. 237/97, acaba se apresentando como a melhor definição das condições necessárias, sem prejuízo de outras licenças legalmente exigíveis, para o prévio licenciamento ambiental quanto à localização, construção, instalação, ampliação, modificação e operação de empreendimentos e atividades utilizadores de recursos ambientais considerados efetiva ou potencialmente poluidores, bem como quanto aos empreendimentos capazes, sob qualquer forma, de causar degradação ambiental.[39]

[32] Art. 225. Todos têm direito ao meio ambiente ecologicamente equilibrado, bem de uso comum do povo e essencial à sadia qualidade de vida, impondo-se ao Poder Público e à coletividade o dever de defendê-lo e preservá-lo para as presentes e futuras gerações (art. 225 da Carta Magna).

[33] Inc. IV do parágrafo 1° do art. 225 da Carta Magna. Vide, também, o art. 3° da Resolução Conama n. 237/97.

[34] Art. 10 da Lei n. 6.938/81, com redação dada pela Lei n. 7.804, de 1989, no âmbito federal e art. 19 da Lei n. 9.509/97, no caso específico do estado de São Paulo.

[35] Inc. II do art. 17, art. 17-B e art. 17-C da Lei n. 6.938/81, bem como art. 24 do Decreto Federal n. 99.274/90.

[36] Art. 17-F da Lei n. 6.938/81, com redação dada pela Lei n. 10.165 de 2000.

[37] Instituto Brasileiro do Meio Ambiente e dos Recursos Naturais Renováveis – Ibama, no caso de licenciamento de atividades que, por lei, seja de competência federal (art. 3°, da Resolução Conama n. 01/86). Ainda no que se refere às competências do Ibama, dos Órgãos Ambientais Estaduais ou do Distrito Federal, bem como dos Órgãos Ambientais Municipais, vide o disposto nos arts. 4°, 5° e 6° da Resolução Conama n. 237/97.

[38] Inc. XII do art. 2° da Resolução Conama n. 01/86.

[39] Em conformidade, inclusive, com a lista dos empreendimentos e as atividades relacionadas no Anexo 1, parte

Pelo sim, pelo não, caberá ao órgão ambiental competente definir os critérios de exigibilidade, o detalhamento e a complementação do Anexo 1, levando em consideração as especificidades, os riscos ambientais, o porte e outras características do empreendimento ou atividade.[40]

Note-se que o órgão ambiental competente, verificando que a atividade ou empreendimento não é potencialmente causador de significativa degradação do meio ambiente, definirá os estudos ambientais pertinentes ao respectivo processo de licenciamento.[41]

Em paralelo, o órgão ambiental competente definirá, se necessário, procedimentos específicos para as licenças ambientais, observadas a natureza, características e peculiaridades da atividade ou empreendimento e, ainda, a compatibilização do processo de licenciamento com as etapas de planejamento, implantação e operação.[42]

Poderão ser estabelecidos procedimentos simplificados para as atividades e empreendimentos de pequeno potencial de impacto ambiental, que deverão ser aprovados pelos respectivos Conselhos de Meio Ambiente.[43]

Poderá ser admitido um único processo de licenciamento ambiental para pequenos empreendimentos e atividades similares e vizinhas ou para aqueles integrantes de planos de desenvolvimento aprovados, previamente, pelo órgão governamental competente, desde que definida a responsabilidade legal pelo conjunto de empreendimentos ou atividades.[44]

Deverão ser estabelecidos critérios para agilizar e simplificar os procedimentos de licenciamento ambiental das atividades e empreendimentos que implantem planos e programas voluntários de gestão ambiental, visando à melhoria contínua e o aprimoramento do desempenho ambiental.[45]

Também estão previstos outros dispositivos regulamentadores do procedimento de licenciamento ambiental, como prazos de análise pelos órgãos ambientais das distintas modalidades das licenças e do atendimento de prazos pelo empreendedor, prazos de validade das licenças e condições de renovação das licenças.[46]

Aspecto particularmente relevante do licenciamento ambiental é aquele preconizado pelo art. 19, da Resolução Conama n. 237/97, qual seja:

> O órgão ambiental competente, mediante decisão motivada, poderá modificar os condicionantes e as medidas de controle e adequação, suspender ou cancelar uma licença expedida, quando ocorrer:
>
> I) Violação ou inadequação de quaisquer condicionantes ou normas legais;
>
> II) Omissão ou falsa descrição de informações relevantes que subsidiaram a expedição da licença; e
>
> III) Superveniência de graves riscos ambientais e de saúde.

Os órgãos ambientais competentes e os órgãos setoriais do Sisnama deverão compatibilizar os processos de licenciamento com as etapas de planejamento e implantação das atividades modificadoras do meio ambiente, respeitados os critérios e diretrizes estabelecidos pela Resolução Conama n. 01/86[47] e tendo por base a natureza, o porte e as peculiaridades de cada atividade.[48]

Note-se que a Resolução Conama n. 01/86 estabelece ainda que o estudo de impacto ambiental (EIA) e o respectivo relatório de impacto ambiental (Rima) serão exigidos tão somente no caso do licenciamento de atividades modificadoras do meio ambiente, como o exemplo dos Complexos e Unidades Agroindustriais.

Ademais, o estudo de impacto ambiental deverá obedecer determinadas diretrizes gerais, além de desenvolver um conjunto mínimo de atividades técnicas.

Assim, uma determinada indústria do segmento de bebidas, com respeito às diretrizes gerais de

integrante da Resolução Conama n. 237/97 (Indústria de produtos alimentares e bebidas; beneficiamento, moagem, torrefação e fabricação de produtos alimentares; preparação , beneficiamento e industrialização de leite e derivados; fabricação de vinhos e vinagre; fabricação de cervejas, chopes e maltes; fabricação de bebidas não alcoólicas, bem como engarrafamento e gaseificação de águas minerais; e fabricação de bebidas alcoólicas).

40 Parágrafo 2º do art. 2º da Resolução Conama n. 237/97.

41 Parágrafo único do art. 3º da Resolução Conama n. 237/97.

42 Art. 12 da Resolução Conama n. 237/97.

43 Parágrafo 1º do art. 12 da Resolução Conama n. 237/97.

44 Parágrafo 2º do art. 12 da Resolução Conama n. 237/97.

45 Parágrafo 3º do art. 12 da Resolução Conama n. 237/97.

46 Arts. 14 a 18 da Resolução Conama n. 237/97.

47 Art. 4º da Resolução CONAMA n. 01/86.

48 Art. 4º da Resolução Conama n. 01/86.

um estudo de impacto ambiental, deveria considerar os seguintes aspectos:

I – Contemplar todas as alternativas tecnológicas e de localização de projeto, confrontando-as com a hipótese de não execução do projeto;

II – Identificar e avaliar sistematicamente os impactos ambientais gerados nas fases de implantação e operação da atividade;

III – Definir os limites da área geográfica a ser direta ou indiretamente afetada pelos impactos, denominada área de influência do projeto, considerando, em todos os casos, a bacia hidrográfica na qual se localiza; e

IV – Considerar os planos e programas governamentais, propostos e em implantação na área de influência do projeto, e sua compatibilidade.

Com relação a conjunto mínimo de atividades técnicas, o estudo de impacto ambiental para o licenciamento de uma indústria do segmento de bebidas deve contemplar os seguintes elementos:

I – Diagnóstico ambiental da área de influência do projeto e completa descrição e análise dos recursos ambientais e suas interações, tal como existem, de modo a caracterizar a situação ambiental da área, antes da implantação do projeto, considerando:

a) o meio físico – o subsolo, as águas, o ar e o clima, destacando os recursos minerais, a topografia, os tipos e aptidões do solo, os corpos d'água, o regime hidrológico, as correntes marinhas, as correntes atmosféricas;

b) o meio biológico e os ecossistemas naturais – a fauna e a flora, destacando as espécies indicadoras da qualidade ambiental, de valor científico e econômico, raras e ameaçadas de extinção e as áreas de preservação permanente;

c) o meio socioeconômico – o uso e ocupação do solo, os usos da água e a socioeconomia, destacando os sítios e monumentos arqueológicos, históricos e culturais da comunidade, as relações de dependência entre a sociedade local, os recursos ambientais e a potencial utilização futura desses recursos.

II – Análise dos impactos ambientais do projeto e de suas alternativas, através de identificação, previsão da magnitude e interpretação da importância dos prováveis impactos relevantes, discriminando: os impactos positivos e negativos (benéficos e adversos), diretos e indiretos, imediatos e a médio e longo prazos, temporários e permanentes; seu grau de reversibilidade; suas propriedades cumulativas e sinérgicas; a distribuição dos ônus e benefícios sociais;

III – Definição das medidas mitigadoras dos impactos negativos, entre elas os equipamentos de controle e sistemas de tratamento de despejos, avaliando a eficiência de cada uma delas; e

IV – Elaboração do programa de acompanhamento e monitoramento.

Por seu turno, o relatório de impacto ambiental (Rima) deve conter, no mínimo, os seguintes elementos:

I – Os objetivos e justificativas do projeto, sua relação e compatibilidade com as políticas setoriais, planos e programas governamentais;

II – A descrição do projeto e suas alternativas tecnológicas e locacionais, especificando para cada um deles, nas fases de construção e operação a área de influência, as matérias-primas, e mão de obra, as fontes de energia, os processos e técnica operacionais, os prováveis efluentes, emissões, resíduos de energia, os empregos diretos e indiretos a serem gerados;

III – A síntese dos resultados dos estudos de diagnósticos ambiental da área de influência do projeto;

IV – A descrição dos prováveis impactos ambientais da implantação e operação da atividade, considerando o projeto, suas alternativas, os horizontes de tempo de incidência dos impactos e indicando os métodos, técnicas e critérios adotados para sua identificação, quantificação e interpretação;

V – A caracterização da qualidade ambiental futura da área de influência, comparando as diferentes situações da adoção do projeto e suas alternativas, bem como com a hipótese de sua não realização;

VI – A descrição do efeito esperado das medidas mitigadoras previstas em relação aos impactos negativos, mencionando aqueles que não puderam ser evitados, e o grau de alteração esperado;

VII – O programa de acompanhamento e monitoramento dos impactos;

VIII – Recomendação quanto à alternativa mais favorável.

No caso específico do estado de São Paulo haveria que se mencionar, ainda, em caráter complementar, a Resolução SMA n. 42, de 29 de dezembro de 1994, que aprova os procedimentos para análise de Estudos de Impacto Ambiental (EIA e Rima), no âmbito da Secretaria de Meio Ambiente do Estado de São Paulo (antiga Secretaria do Meio Ambiente estadual), constantes do Anexo a esta resolução.

Cabe ao Conselho Nacional do Meio Ambiente – Conama a fixação dos critérios básicos que serão exigidos nos estudos de impacto ambiental[49] para fins de licenciamento, com base nos seguintes itens: a) diagnóstico ambiental da área; b) descrição da ação proposta e suas alternativas; e c) identificação, análise e previsão dos impactos significativos, positivos e negativos.[50]

A Constituição do Estado de São Paulo reforça esta normativa constitucional federal ao prever que a execução de obras, atividades, processos produtivos e empreendimentos,[51] bem como a exploração de recursos naturais de qualquer espécie, quer pelo setor público, quer pelo privado, serão admitidas se houver o resguardo do meio ambiente ecologicamente equilibrado.[52]

Dentro deste escopo, a outorga da licença ambiental de empreendimentos do segmento de bebidas, pautados na conformidade com o planejamento e zoneamento ambientais, será fornecida por órgão, ou entidade governamental competente, integrante de sistema unificado para esse efeito. Para tanto, critérios gerais serão fixados em lei, padrões serão estabelecidos pelo Poder Público.[53]

Observe-se que "licença ambiental" é o

> ato administrativo pelo qual o órgão ambiental competente estabelece as condições, restrições e medidas de controle ambiental que deverão ser obedecidas pelo empreendedor, pessoa física ou jurídica, para localizar, instalar, ampliar e operar empreendimentos ou atividades utilizadoras dos recursos ambientais consideradas efetiva ou potencialmente poluidoras ou aquelas que, sob qualquer forma, possam causar degradação ambiental.[54]

O Licenciamento e a Revisão de atividades efetiva ou potencialmente poluidoras, tanto quanto o estabelecimento de padrões de qualidade ambiental, a avaliação de impactos ambientais, bem como os incentivos à produção e instalação de equipamentos e a criação ou absorção de tecnologia, voltados para a melhoria da qualidade ambiental, são alguns dos principais instrumentos da Política Nacional do Meio Ambiente.[55]

Esta licença ambiental, renovável na forma da lei, no eventual caso de empreendimentos do segmento de bebidas potencialmente causadoras de significativa degradação do meio ambiente,[56] deverá sempre ser precedida da aprovação do Estudo Prévio de Impacto Ambiental[57] e respectivo relatório (a que se dará prévia publicidade e garantias da realização de audiências públicas).[58]

Ao Poder Público também é imputada, ainda, dentre outras incumbências, a de controlar a produção, a comercialização e o emprego de técnicas, métodos e substâncias que comportem risco para a vida, a qualidade de vida e o meio ambiente.[59]

A Constituição Estadual é ainda mais precisa com respeito a este ditame ambiental, uma vez que prevê que o Estado, mediante lei, criará um sistema de administração da qualidade ambiental,[60] de proteção, de controle e desenvolvimento do meio ambiente e de uso adequado dos recursos naturais,[61] para organizar, coordenar e integrar as ações de órgãos e entidades da administração pública direta e indireta, assegurada a participação da coletividade para, dentre outros fins:

i. Controlar e fiscalizar a produção, armazenamento, transporte, comercialização, utilização e destino final de substâncias, bem como o uso de técnicas, métodos e instalações que com-

49 Realizado por técnicos habilitados e constituirá o Relatório de Impacto Ambiental – Rima, correndo as despesas à conta do proponente do projeto (parágrafo 2° do art. 17 do Decreto Federal n. 99.274/90).

50 Parágrafo 1° do art. 17 do Decreto n. 99.274, de 06 de junho de 1990.

51 Inclusive no que diz respeito ao Segmento de Bebidas.

52 Art. 192 da Constituição Estadual.

53 Parágrafo 1° do art. 192 da Constituição Estadual.

54 Inc. II do art. 1° da Resolução Conama n. 237/97.

55 Incs. I, III, IV e V do art. 9° da Lei n. 6.938/81.

56 Conforme critérios de legislação ambiental específica (aqui reportando, em regra, aos demais dispositivos legais consoante abordados neste capítulo).

57 A este propósito vide, adiante, Resolução Conama n. 01/84 e Resolução Conama 237/97.

58 Parágrafo 2° do art. 192 da Constituição Estadual. A este respeito vide, também, a Resolução Conama 01/86.

59 Inc. V do parágrafo 1° do art. 225 da Carta Magna.

60 Sistema Estadual de Administração da Qualidade Ambiental, Proteção, Controle e Desenvolvimento do Meio Ambiente e Uso Adequado dos Recursos Naturais – Seaqua (Lei Estadual n. 9.509, de 20 de março de 1997, que dispõe sobre a Política Estadual do Meio ambiente, seus fins e mecanismos de formulação e aplicação).

61 Em complementação, vide o disposto nos parágrafos únicos, tanto do art. 193 quanto do art. 195 da Constituição Estadual.

portem risco efetivo ou potencial para a qualidade de vida e meio ambiente, incluindo o de trabalho.[62]

ii. Promover medidas judiciais e administrativas de responsabilização dos causadores de poluição ou de degradação ambiental.

iii. Controlar e fiscalizar obras, atividades, processos produtivos e empreendimentos que, direta ou indiretamente, possam causar degradação do meio ambiente, adotando medidas preventivas ou corretivas e aplicando as sanções administrativas pertinentes.

Caso não proceda desta maneira, o segmento de bebidas quer na figura das pessoas físicas quer na das jurídicas, diante do que prevê a legislação ambiental,[63] se condutas e atividades lesivas ao meio ambiente forem caracterizadas, se sujeitará a sanções penais e administrativas, independentemente da obrigação de reparar os danos causados.[64]

A Constituição Estadual, a este fim em específico preconiza, por seu turno, que as condutas e atividades lesivas ao meio ambiente sujeitarão os infratores, pessoas físicas ou jurídicas, a sanções penais e administrativas, com aplicação de multas diárias e progressivas no caso de continuidade da infração ou reincidência, incluídas a redução do nível de atividade e a interdição, independentemente da obrigação dos infratores de reparação aos danos causados.[65]

25.2.2 Constituição do Estado de São Paulo

Tal qual no caso da Carta Magna, onde se introduziu, preliminarmente, alguns aspectos da Política Nacional do Meio Ambiente, no caso da Constituição do Estado de São Paulo também haveria que se mencionar, de início, a Política Estadual do Meio Ambiente – Pema.[66]

Em termos da Pema verifica-se que a conformidade ambiental do segmento de bebidas é perseguida, por exemplo, por meio do controle e fiscalização de obras, atividades, processos produtivos e empreendimentos que, direta ou indiretamente, possam causar degradação ao meio ambiente.

Por intermédio da Pema, de outro modo, preconiza-se que devem ser adotadas medidas preventivas ou corretivas e aplicando as sanções administrativas pertinentes, bem como, quando da exigência para que todas as atividades e empreendimentos sujeitos ao licenciamento ambiental, adotem técnicas que minimizem o uso de energia e água, bem como o volume e potencial poluidor dos efluentes líquidos, gasosos e sólidos.[67]

Por outro lado, afora os dispositivos constitucionais vinculados ao escopo do licenciamento ambiental dos empreendimentos do segmento de bebidas consoante dispostos no item anterior, haveria que se mencionar, da Constituição do Estado de São Paulo, alguns aspectos normativos ambientais relacionados, primordialmente, ao uso dos recursos hídricos.

Dentro deste escopo, observe-se que, para efeitos da legislação ambiental constitucional estadual, o segmento de bebidas deve primordialmente atentar[68] para: (i) a utilização racional das águas superficiais e subterrâneas e sua prioridade para abastecimento das populações; (ii) o aproveitamento múltiplo dos recursos hídricos e o rateio dos custos das respectivas obras, na forma da lei; e (iii) à proteção das águas contra ações que possam comprometer o seu uso atual e futuro.

Nunca é demais lembrar,[69] no que diz respeito ao segmento de bebidas em específico, que as águas subterrâneas, reservas estratégicas para o desenvolvimento econômico e social, além de valiosas para o suprimento de água às populações, deverão ter programa permanente de conservação e proteção contra poluição e, principalmente, superexploração, com diretrizes em lei.

Também que o lançamento, em qualquer corpo de água, de efluentes e esgotos urbanos e industriais,

[62] Incs. XI, XIV e XX, culminados com o caput do art. 193 da Constituição do Estado de São Paulo.

[63] Parágrafo 3º do art. 225 da Carta Magna.

[64] Imposição, ao poluidor, e ao predador, da obrigação de recuperar e/ou indenizar os danos causados (inc. VII, do art. 4º, da Lei n. 6.938/81).

[65] Art. 195 da Constituição do Estado de São Paulo.

[66] Lei Estadual n. 9.509, de 20 de março de 1997, que dispõe sobre a Política Estadual do Meio ambiente, seus fins e mecanismos de formulação e aplicação.

[67] Incs. V e IX do art. 2º da Lei n. 9.509/97.

[68] Incs. I, II e III do art. 205 da Constituição Estadual. Para garantir as ações previstas neste artigo, a utilização dos recursos hídricos será cobrada segundo as peculiaridades de cada bacia hidrográfica, na forma da lei, e o produto aplicado nos serviços e obras referidos no inciso I do parágrafo único desse artigo (art. 211 da Constituição Estadual).

[69] Art. 206 da Constituição Estadual.

sem o devido tratamento, é prática constitucionalmente vedada.[70]

Ademais, por conta do dispositivo constitucional estadual[71] relativo à proteção e à conservação das águas, bem como à prevenção de efeitos adversos, uma vez que o Estado incentive, os municípios devem adotar, com respeito particularmente aos empreendimentos do segmento de bebidas, medidas no sentido: (i) do condicionamento, à aprovação prévia por organismos estaduais de controle ambiental e de gestão de recursos hídricos, na forma da lei, dos atos de outorga de direitos que possam influir na qualidade ou quantidade das águas superficiais e subterrâneas; e (ii) da instituição de programas permanentes de racionalização do uso das águas destinadas ao abastecimento público e industrial e à irrigação.

25.3 LEGISLAÇÃO AMBIENTAL INFRACONSTITUCIONAL APLICÁVEL AO SEGMENTO DE BEBIDAS

Uma vez comentados os principais aspectos da legislação ambiental constitucional aplicável ao segmento de bebidas, haveria que se passar a discorrer sobre a legislação infraconstitucional.

Aqui, todavia, para efeitos de sistematização e, quiçá, de maior coerência e compreensão, pretende-se desenvolver uma linha de raciocínio "cronológica" para o fim da abordagem das principais leis estaduais e federais aplicáveis ao caso.

25.3.1 Lei Estadual n. 997, de 31 de maio de 1976

Esta lei estadual foi a primeira a implantar, do ponto de vista da legislação ambiental,[72] a figura do Sistema de Prevenção e Controle da Poluição do Meio Ambiente.[73]

Para garantir a execução do Sistema de Prevenção e Controle da Poluição do Meio Ambiente previsto nesta lei, em seu Regulamento e nas normas dela decorrentes, ficam asseguradas aos agentes credenciados do órgão competente a entrada, a qualquer dia ou hora, e a permanência, pelo tempo que se tornar necessário, em estabelecimentos públicos ou privados.[74]

Para os fins do disposto neste artigo, o órgão ambiental competente poderá ainda exigir que os responsáveis pelas atividades, efetiva ou potencialmente, poluidoras: (i) apresentem, quando solicitado, o plano completo de desenvolvimento de suas atividades ou de seu processamento industrial, bem como dos sistemas de tratamento existentes, do lançamento de resíduos em qualquer estado da matéria ou, ainda, de emissão de ruídos, vibrações, radiações ou outras formas de energia ou substâncias odoríferas; (ii) apresentem plano de automonitoramento de suas fontes, cabendo àquele órgão aprovar a frequência de realização de amostragens, os parâmetros a serem monitorados e a frequência na entrega dos relatórios; (iii) instalem e operem equipamentos automáticos de medição, para monitoramento das quantidades e qualidades dos poluentes emitidos; e (iv) comprovem a quantidade e qualidade dos poluentes emitidos, por meio de realização de amostragem e análise, utilizando-se de métodos aprovados pelo referido órgão.[75]

Ademais, esta lei estadual proíbe[76] o lançamento ou liberação de poluentes nas águas, no ar ou no solo.

Registre-se que "poluentes" devem ser conceituados como "toda e qualquer forma de matéria ou energia que, direta ou indiretamente, cause poluição do meio ambiente nos termos do disposto no art. 2º desta lei estadual".[77]

Também é a primeira lei que caracteriza detalhadamente o que se deve entender como "poluição do meio ambiente":[78] a presença, o lançamento ou a liberação, nas águas, no ar ou no solo, de toda e qualquer forma de matéria ou energia, com intensidade, em quantidade, de concentração ou com características em desacordo com as que forem estabelecidas em decorrência desta lei, ou que tornem

70 Art. 208 da Constituição Estadual.

71 Incs. IV e V do art. 210 da Constituição Estadual.

72 Sobretudo sob o foco do "licenciamento ambiental".

73 Cf. disposto no Art. 1º da Lei n. 997/76, bem como de acordo com a regulamentação da referida lei consoante disposto no Anexo A a que se refere o Decreto n. 8.468, de 8 de setembro de 1976.

74 Art. 14 da Lei n. 997/76.

75 Incs. I, II, III e IV do parágrafo único do art. 14 da Lei n. 997/76 (com redação dada pela Lei n. 9.477, de 30.12.96).

76 Art. 3º da Lei n. 997/76.

77 Parágrafo único do art. 3º da Lei n. 997/76.

78 Incs. I, II, III e IV, bem como caput do art. 2º da Lei n. 997/76.

ou possam tornar as águas, o ar ou solo: (i) impróprios, nocivos ou ofensivos à saúde; (ii) inconvenientes ao bem-estar público; (iii) danosos aos materiais, à fauna e à flora; e (iv) prejudiciais à segurança, ao uso e gozo da propriedade e às atividades normais da comunidade.

Aqui vale a pena reforçar o conceito de "poluente" consoante disposto no decreto regulamentador da Lei n. 997/76:[79]

> Considera-se poluente toda e qualquer forma de matéria ou energia lançada ou liberada nas águas, no ar ou no solo:
>
> I – Com intensidade, em quantidade e de concentração, em desacordo com os padrões de emissão estabelecidos neste Regulamento e normas dele decorrentes;
>
> II – Com características e condições de lançamento ou liberação, em desacordo com os padrões de condicionamento e projeto estabelecidos nas mesmas prescrições;
>
> III – Por fontes de poluição com características de localização e utilização em desacordo com os referidos padrões de condicionamento e projeto;
>
> IV – Com intensidade, em quantidade e de concentração ou com características que, direta ou indiretamente, tornem ou possam tornar ultrapassáveis os padrões de qualidade do meio ambiente estabelecidos neste Regulamento e normas dele decorrentes;
>
> V – Que, independentemente de estarem enquadrados nos incisos anteriores, tornem ou possam tornar as águas, o ar ou o solo impróprios, nocivos ou ofensivos à saúde, inconvenientes ao bem-estar público; danosos aos materiais, à fauna e à flora; prejudiciais à segurança, ao uso e gozo da propriedade, bem como às atividades normais da comunidade.

Note-se, ainda, para efeitos da legislação ambiental aplicável ao segmento de bebidas em particular, que são consideradas fontes de poluição todas as obras, atividades, instalações, empreendimentos, processos, dispositivos, móveis ou imóveis, que, direta ou indiretamente, causem ou possam causar poluição ao meio ambiente.[80]

[79] Art. 3º do Decreto Estadual n. 8.468, de 08 de setembro de 1976.

[80] Art. 4º do Decreto Estadual n. 8.468/76 (com redação dada pelo Decreto n. 39.551, de 18 de novembro de 1994).

Para efeitos de licenciamento ambiental[81] consideram-se "fontes de poluição", particularmente pertinentes, direta ou indiretamente, ao segmento de bebidas, as seguintes:

> (a) Atividades industriais e de serviços, elencadas no anexo 5;[82]
>
> (b) Sistemas de saneamento, a saber:
>
> i) Sistemas autônomos públicos ou privados de armazenamento, transferência, reciclagem, tratamento e disposição final de resíduos sólidos.
>
> ii) Sistemas autônomos públicos ou privados de armazenamento, afastamento, tratamento, disposição final e reúso de efluentes líquidos, exceto implantados em residências unifamiliares.
>
> (c) Atividades que utilizem incinerador ou outro dispositivo para queima de lixo e materiais, ou resíduos sólidos, líquidos ou gasosos, inclusive os crematórios;
>
> (d) Serviços de coleta, armazenamento, transporte e disposição final de lodos ou materiais retidos em unidades de tratamento de água, esgotos ou de resíduos industriais.

A atividade fiscalizadora e repressiva das fontes de poluição será exercida, no que diz respeito a

[81] Licenças; Prévia, de Instalação e de Operação (nos termos do caput do art. 57 do Decreto Estadual n. 8.468/76).

[82] A exemplo, no caso específico do segmento de bebidas, da fabricação de produtos alimentícios de origem animal (processamento, preservação e produção de conservas de frutas; produção de sucos de frutas e de legumes; produção de laticínios: preparação do leite; e fabricação de produtos do laticínio), moagem de trigo e fabricação de derivados, produção de farinha de mandioca e derivados, fabricação de fubá, farinha e outros derivados de milho – exclusive óleo –, beneficiamento, moagem e preparação de outros produtos de origem vegetal (fabricação e refino de açúcar; refino e moagem de açúcar de cana; fabricação de açúcar de cereais – dextrose – e de beterraba; fabricação de açúcar de *Stevia*, torrefação e moagem de café; fabricação de café solúvel); fabricação de outros produtos alimentícios (preparação de produtos dietéticos, alimentos para crianças e outros alimentos conservados), fabricação de outros produtos alimentícios; fabricação de bebidas; fabricação, retificação, homogeneização e mistura de aguardentes e outras bebidas destiladas (fabricação de vinho; fabricação de malte, cervejas e chopes; engarrafamento e gaseificação de águas minerais; e fabricação de refrigerantes, refrescos, xaropes e pós para refrescos).

despejo, pelo órgão estadual de controle da poluição do meio ambiente,[83] em todo e qualquer corpo ou curso de água, situados nos limites do território do Estado, ainda que, não pertencendo ao seu domínio e não estejam sob sua jurisdição.[84]

De outro modo, para efeitos do disposto no parágrafo anterior, o órgão estadual representará ao federal, sempre que a poluição tiver origem fora do território do estado, ocasionando consequências que se façam sentir dentro de seus limites.[85]

No que diz respeito ao licenciamento ambiental dos empreendimentos do segmento de bebidas, a lei estadual é naturalmente ainda mais pormenorizada do que a legislação constitucional acima comentada.

Deve-se lembrar, abrindo-se aqui um pequeno parêntesis, que as infrações (punidas, algumas cumulativamente com advertência, multa, interdição temporária ou definitiva, embargo, demolição, suspensão de financiamentos e benefícios fiscais e apreensão ou recolhimento, temporário ou definitivo)[86] à Lei n. 997/76, ao seu decreto regulamentador,[87] bem como às normas, padrões e exigências técnicas dela decorrente serão, a critério da autoridade competente, classificadas em leves, graves ou gravíssimas, segundo:[88]

(i) Intensidade do dano, efetivo ou potencial.
(ii) Circunstâncias atenuantes ou agravantes.
(iii) Antecedentes do infrator.

Ademais, responderá pela infração quem por qualquer modo a cometer, concorrer para sua prática ou dela se beneficiar.[89]

Nos casos de reincidência, caracterizada pelo cometimento de nova infração da mesma natureza e gravidade, a multa corresponderá ao dobro da anteriormente imposta.[90]

Quando a infração for continuada, a critério da autoridade competente, poderá ser imposta multa diária. A penalidade de interdição, definitiva ou temporária, será imposta nos casos de perigo à saúde pública, podendo também ser aplicada, a critério da autoridade competente, nos casos de infração continuada ou a partir da terceira reincidência.[91]

As penalidades de embargos e de demolição poderão ser impostas na hipótese de obras ou construções feitas sem licença ou com ela desconformes.[92]

A penalidade de recolhimento, temporário ou definitivo, será aplicada nos casos de perigo à saúde pública ou, a critério da autoridade competente, nos de infração continuada, ou a partir da terceira reincidência.[93]

As penalidades de suspensão de financiamento e benefícios fiscais serão impostas nos casos e condições definidos em regulamento.[94]

Como atenuante, ter-se-ia que as multas poderão ter sua exigibilidade suspensa quando o infrator, nos termos e condições aceitos e aprovados pela autoridade competente, se obrigar à doação de medidas especificadas para fazer cessar e corrigir a degradação ambiental.

Cumpridas todas as obrigações assumidas pelo infrator, a multa poderá ter redução de até 90% (noventa por cento) de seu valor.

O infrator não poderá beneficiar-se da redução da multa prevista neste artigo se deixar de cumprir, parcial ou totalmente, qualquer das medidas especificadas, nos prazos estabelecidos.[95]

Entende-se que a legislação estadual é mais pormenorizada porque prevê[96] que "a instalação, a construção ou a ampliação, bem como a operação ou o funcionamento das fontes de poluição que forem enumeradas no Regulamento[97] desta lei ficam sujeitos a prévia autorização do órgão estadual de controle da

83 Companhia de Tecnologia de Saneamento Ambiental (Cetesb), ligada à Secretaria do Meio Ambiente do Estado de São Paulo.

84 Art. 4º da Lei n. 997/76.

85 Parágrafo único do art. 4º da Lei n. 997/76.

86 Nos termos do disposto do caput e no parágrafo 10 do art. 8º da Lei n. 997/76.

87 Decreto Estadual n. 8.468, de 08 de setembro de 1976.

88 Incs. I, II e III, além do caput do art. 7º da Lei n. 997/76.

89 Parágrafo único do art. 7º da Lei n. 997/76.

90 Parágrafo 4º do art. 8º da Lei n. 997/76.

91 Parágrafo 6º do art. 8º da Lei n. 997/76.

92 Parágrafo 7º do art. 8º da Lei n. 997/76.

93 Parágrafo 8º do art. 8º da Lei n. 997/76.

94 Parágrafo 9º do art. 8º da Lei n. 997/76.

95 Parágrafos 1º e 2º e caput do art. 9º da Lei n. 997/76, com redação dada pela Lei n. 8.943, de 29.09.94). Vide, também, os arts. 28 a 33 da Lei n. 9.509/97.

96 Art. 5º da Lei n. 997/76 (com redação dada pela Lei n. 9.477, de 30.12.96).

97 Vide o decreto mencionado na nota de rodapé anterior.

poluição do meio ambiente, mediante expedição, quando for o caso, de Licença Ambiental Prévia (LAP), de Licença Ambiental de Instalação (LAI) e/ou de Licença Ambiental de Operação (LAO)".[98]

O entendimento de "fonte de poluição" propiciado pela lei estadual é o de "qualquer atividade, sistema, processo, operação, maquinaria, equipamento ou dispositivo, móvel ou não, previsto no Regulamento desta lei,[99] que cause ou possa causar poluição ambiental através da emissão de poluentes".

25.3.1.1 *Licenciamento ambiental de empreendimentos do segmento de bebidas enquadrados como "fonte de poluição"*

No caso do estado de São Paulo, são exigidos três tipos de Licenças Ambientais: Prévia (LAP); de Instalação (LAI); e de Operação (LAO).[100] De qualquer maneira, estes três níveis de licenciamento ambiental também são considerados na legislação ambiental federal.[101]

A Licença Ambiental Prévia (LAP) será expedida na parte preliminar do planejamento de um empreendimento, contendo os requisitos básicos a serem atendidos nas fases de localização, instalação e operação e será por prazo determinado.[102]

O planejamento preliminar de uma indústria do segmento de bebidas enquadrada, nos termos acima expostos, como potencial "fonte de poluição", dependerá de licença prévia,[103] que deverá conter os requisitos básicos a serem atendidos nas fases de localização, instalação e operação.[104]

Dependerão de licenciamento prévio, apenas no âmbito da Secretaria do Meio Ambiente, as atividades e obras sujeitas a avaliação de impacto ambiental. As demais atividades do segmento de bebidas, consoante listadas mais acima como "fonte de poluição" e que dependam exclusivamente do licenciamento da Companhia Estadual de Tecnologia de Saneamento Básico e de Defesa do Meio Ambiente – Cetesb, serão objeto de Licença Prévia concomitantemente à Licença de Instalação.[105]

Nunca é demais lembrar que, atualmente, a Cetesb é parte integrante da Secretaria do Meio Ambiente do Estado de São Paulo.

A Licença Ambiental de Instalação (LAI) autorizará o início da implantação de acordo com especificações constantes do projeto aprovado e será outorgada por prazo determinado.[106]

Dependerão de Licença de Instalação:[107]

---

98 Na hipótese de declaração de desconformidade, o descumprimento, pelo empreendedor, dos programas previstos no parágrafo anterior, nos prazos neles estabelecidos pela autoridade, implicará na pena de suspensão das atividades enquanto não adotar as medidas corretivas (parágrafo 5º do art. 5º da Lei n. 997/76). Ademais, a Administração Pública estabelecerá o prazo de validade das licenças ambientais, em cada caso concreto, considerando as características, a natureza, a complexidade e o potencial poluidor do empreendimento ou atividade (parágrafo 6º da Lei n. 997/76).

99 Decreto n. 8.468, de 08 de setembro de 1976.

100 Licença Prévia (LP), Licença de Instalação (LI) e Licença de Operação (LO) são os termos referenciados na legislação federal (cf. se verifica no art. 19 do Decreto Federal n. 99.274/90, bem como no art. 20 da Lei n. 9.509/97). No caso de licenciamento ambiental federal, o Instituto Brasileiro de Meio Ambiente e Recursos Naturais Renováveis – Ibama, na análise dos projetos submetidos ao seu exame, exigirá, para efeito de aprovação, que sejam adotadas, pelo interessado, medidas capazes de assegurar que as matérias-primas, insumos e bens produzidos, tenham padrão de qualidade que elimine ou reduza o efeito poluente derivado de seu emprego ou utilização (art. 22 do Decreto Federal n. 99.274/90).

101 Art. 8º da Resolução Conama n. 237/97.

102 Parágrafo 2º do art. 5º da Lei n. 997/76.

103 Serão objeto de licenciamento prévio, pela Cetesb, os empreendimentos do segmento de bebidas que sejam primordialmente enquadrados nas seguintes atividades do rol relacionado no Anexo 10: produção de sucos de frutas e de legumes; fabricação de produtos do laticínio; torrefação e moagem de café; fabricação de café solúvel; fabricação de malte, cervejas e chopes; e fabricação de refrigerantes, refrescos, xaropes e pós para refrescos (parágrafo 1º do art. 58 do Decreto Estadual n. 8.468/76).

104 Art. 58 do Decreto n. 8.468/76.

105 Parágrafos 2º e 3º do art. 58 do Decreto Estadual n. 8.468/76.

106 Parágrafo 3º do art. 5º da Lei n. 997/76.

107 Art. 58-A do Decreto Estadual n. 8.468/76. Ademais, a LP e a LI deverão ser requeridas pelo interessado diretamente à Cetesb mediante: pagamento de preço consoante condições estabelecidas no Capítulo VI, do Título V, do Decreto Estadual n. 8.468/76; apresentação de certidão da Prefeitura Municipal, atestando que o local e o tipo de instalação estão em conformidade com suas leis e regulamentos administrativos; e apresentação de memoriais, informações e publicações que forem exigíveis (Incs. I, II

I – A construção, a reconstrução, ampliação ou reforma de edificação destinada à instalação de fontes de poluição;

II – A instalação de uma fonte de poluição em edificação já construída; e

III – A instalação, a ampliação ou alteração de uma fonte de poluição.

Não será expedida Licença de Instalação quando houver indícios ou evidências de que ocorrerá lançamento ou liberação de poluentes nas águas, no ar ou no solo[108] em desacordo com as normas vigentes.

Quando se tratar de alteração do projeto arquitetônico anteriormente analisado pela Cetesb e desde que não implique acréscimo de área construída, as novas plantas deverão ser objeto de análise pela Cetesb.[109]

Na Licença de Instalação emitida, particularmente no que diz respeito aos empreendimentos do segmento de bebidas enquadrados como "fonte de poluição" conforme até aqui exposto, deverão constar:[110]

a) As exigências técnicas formuladas;

b) Os processos produtivos licenciados e as respectivas capacidades de produção; e

c) Referência aos equipamentos produtivos a serem instalados.

Os órgãos da Administração Centralizada ou Descentralizada do Estado e dos Municípios deverão exigir[111] a apresentação das Licenças de Instalação antes de aprovarem projetos ou de fornecerem licenças ou alvarás, de qualquer tipo, para as fontes de poluição do segmento de bebidas conforme enquadramento das fontes de poluição acima,[112] sob pena de nulidade do ato.

A Licença Ambiental de Operação (LAO) autorizará o início da atividade licenciada e, se couber, o funcionamento dos equipamentos de controle ambiental exigidos, de acordo com o previsto nas licenças ambientais prévia e de instalação e será outorgada por prazo determinado, sem prejuízo da eventual declaração de desconformidade do empreendimento ou atividade, do ponto de vista ambiental, ocorrida posteriormente, ensejando a adoção, pelo empreendedor, de medidas corretivas a serem implantadas de acordo com programas fixados pela autoridade competente.[113]

No que diz respeito aos empreendimentos do segmento de bebidas em específico (aqueles que enquadrados como "fonte de poluição" nos temos acima dispostos), dependerão de Licença de Operação:[114]

a) A utilização de edificação nova ou modificada, destinada à instalação de uma fonte de poluição;

b) O funcionamento ou a operação de fonte de poluição em edificação já construída;

c) O funcionamento ou a operação de uma fonte de poluição instalada, ampliada ou alterada.

Poderá ser emitida Licença de Operação a título precário, cujo prazo de validade não poderá ser superior a 180 (cento e oitenta) dias, nos casos em que o funcionamento ou operação da fonte forem necessários para testar a eficiência do sistema de controle de poluição do meio ambiente.[115] Este prazo poderá ser estendido caso os testes não se mostrem suficientes para comprovar a adequação das instalações.

Não será emitida Licença de Operação se não tiverem sido cumpridas todas as exigências determinadas por ocasião da expedição da Licença de Instalação, ou houver indícios ou evidências de liberação ou lançamento de poluentes nas águas, no ar ou no solo.[116]

No caso específico dos empreendimentos do segmento de bebidas enquadrados como "fonte de poluição", na Licença de Operação emitida deverão constar:[117]

a) As exigências e condicionantes técnicas a serem cumpridas pela fonte de poluição durante sua operação;

e III, do art. 59 do Decreto Estadual n. 8.468/76). Além disto, a LI para as ampliações das atividades aqui tratadas estará condicionada ao equacionamento das pendências ambientais (Parágrafo 2º do art. 60 do Decreto Estadual n. 8.468/76).

108 Art. 60 do Decreto Estadual n. 8.468/76.

109 Parágrafo 3º do art. 60 do Decreto Estadual n. 8.468/76.

110 Parágrafo 4º do art. 60 do Decreto Estadual n. 8.468/76.

111 Art. 61 do Decreto Estadual n. 8.468/76.

112 Elaborado a partir da relação disposta no artigo 57 do Decreto Estadual n. 8.468/76, com exceção dos sistemas de saneamento relacionados em seu inciso IV.

113 Parágrafo 4º do art. 5º da Lei n. 997/76.

114 Art. 62 do Decreto Estadual n. 8.468/76.

115 Art. 64 do Decreto Estadual n. 8.468/76.

116 Art. 65 do Decreto Estadual n. 8.468/76.

117 Parágrafo único do art. 65 do Decreto Estadual n. 8.468/76.

b) Os processos produtivos licenciados e as respectivas capacidades de produção; e

c) Referência aos equipamentos e sistemas de controle de poluição instalados.

Os órgãos da Administração Centralizada ou Descentralizada do Estado e dos Municípios também deverão exigir[118] a apresentação das Licenças de Operação dos empreendimentos do segmento de bebidas enquadrados como fonte de poluição,[119] nos termos acima expostos, antes de concederem licença ou alvará de funcionamento, sob pena de nulidade do ato.

Reforce-se, em suma, que tanto a lei estadual quanto seu decreto regulamentador dispõem que a apresentação de tais licenças deve ser exigida pelos órgãos da Administração Direta ou Indireta, do Estado e dos Municípios, antes de aprovarem projetos de ampliação, instalação ou de autorizarem a operação ou o funcionamento das fontes de poluição acima caracterizadas, sob pena de nulidade de seus atos.[120]

Ademais, fica o Poder Executivo autorizado a determinar medidas de emergência a fim de evitar episódios críticos de poluição ambiental ou impedir sua continuidade, em casos de grave e iminente risco para vidas humanas ou recursos econômicos. Ainda, para a execução das medidas de emergência de que trata este artigo, poderão, durante o período crítico, ser reduzidas ou impedidas quaisquer atividades em áreas atingidas pela ocorrência (parágrafo único e caput, do art. 13, da Lei n. 997/76).

Vale a pena lembrar que estas medidas emergenciais podem decorrer não somente da decisão do órgão ambiental competente como, também, de medidas judiciais (liminares, por exemplo) expedidas pela Justiça a partir da iniciativa dos Ministérios Públicos do Estado de São Paulo e Federal, por exemplo.

Iniciadas as atividades de implantação e operação, antes da expedição das respectivas licenças, os dirigentes dos órgãos responsáveis pela expedição do licenciamento deverão, sob pena de responsabilidade funcional grave, sem prejuízo da imposição de outras penalidades, implementar medidas administrativas de interdição, que, se não forem de pronto acatadas, deverão ser imediatamente seguidas de medidas judiciais impetradas pelo órgão jurídico competente, de embargo, e outras providências cautelares, bem como comunicar imediatamente ao Conselho Estadual do Meio Ambiente – Consema, além de comunicar o fato às entidades financiadoras do projeto.[121]

No exercício da ação fiscalizadora, ficam asseguradas aos agentes de fiscalização a entrada a qualquer dia e hora, e a permanência pelo tempo que se tornar necessário, em estabelecimentos e propriedades, públicos ou privadas. Ademais, os agentes, quando obstados, poderão requisitar força policial para garantir o exercício de suas atribuições. Por fim, quando a fiscalização for realizada por solicitação de entidade sindical, organização não governamental legalmente constituída para a defesa dos interesses difusos relacionados à proteção do meio ambiente e dos recursos naturais, partidos políticos e parlamentares, eles poderão acompanhar as atividades de fiscalização ou nomear técnico habilitado para representá-los.[122]

Os órgãos integrantes do Sistema Estadual de Administração da Qualidade Ambiental, Proteção, Controle e Desenvolvimento do Meio Ambiente e Uso Adequado dos Recursos Naturais – SEAQUA, na análise dos projetos submetidos ao seu exame, exigirão que sejam adotadas, pelo interessado, previamente à expedição da Licença de Operação (LO), ou renovação da referida licença, medidas capazes de assegurar que as matérias-primas, insumos e bens produzidos tenham padrão de qualidade que elimine ou reduza o efeito poluente, derivado de seu emprego e utilização, aos níveis legalmente permitidos, e

118 Art. 66 do Decreto Estadual n. 8.468/76.

119 Considerando o rol das fontes de poluição relacionadas no artigo 57 do Decreto Estadual n. 8.468/76 (com exceção do ponto de vista direta ou indiretamente relacionado aos empreendimentos do segmento de bebidas: aos sistemas autônomos públicos ou privados de armazenamento, transferência, reciclagem, tratamento e disposição final de resíduos sólidos; aos sistemas autônomos públicos ou privados de armazenamento, afastamento, tratamento, disposição final e reúso de efluentes líquidos, exceto implantados em residências unifamiliares; e aos serviços de coleta, armazenamento, transporte e disposição final de lodos ou materiais retidos em unidades de tratamento de água, esgotos ou de resíduos industriais).

120 Art. 6º da Lei n. 997/76. Por outro lado, a LO deverá também ser requerida pelo interessado, diretamente à Cetesb, mediante: pagamento do valor (preço) estabelecido no Capítulo VI do Título VI do Decreto Estadual n. 8.468/76; e da apresentação das publicações que forem exigíveis (caput e incs. I e II do art. 63 do referido decreto).

121 Art. 21 da Lei Estadual n. 9.509/97.

122 Parágrafos 1º e 2º do art. 23 da Lei n. 9.509/97.

sistema de descarte de efluentes líquidos, gasosos e resíduos sólidos, devidamente licenciado pelo órgão competente.[123]

A lei estadual preconiza[124] que serão objetos de regulamentação os seguintes aspectos principais:

> (i) Indicação de órgão da Administração, Direta ou Indireta, competente para a aplicação desta Lei, e a fixação de suas atribuições;
>
> (ii) Determinação de normas de utilização e preservação das águas, do ar e do solo, bem como do ambiente ecológico em geral;
>
> (iii) Enumeração das fontes de poluição referidas nos artigos 4º e 5º e na Disposição Transitória desta Lei e o preço a ser cobrado pelo órgão competente, pela expedição das licenças e do certificado neles previstos;
>
> (iv) Procedimento administrativo a ser adotado na aplicação das penalidades previstas nesta Lei;
>
> (v) "Padrões de Qualidade do Meio Ambiente", como tais entendidas, a intensidade, a concentração, a quantidade e as características de toda e qualquer forma de matéria ou energia, cuja presença, nas águas, no ar ou no solo, possa ser considerada normal;
>
> (vi) "Padrões de Emissão", como tais entendidas a intensidade, a concentração e as quantidades máximas de toda e qualquer forma de matéria ou energia, cujo lançamento, ou liberação, nas águas, no ar ou no solo, seja permitido; e
>
> (vii) "Padrões de Condicionamento e Projeto", como tais entendidas características e as condições de lançamento, ou liberação, de toda e qualquer matéria ou energia, nas águas, no ar ou no solo, bem como as características e condições de localização de utilização das fontes de poluição.

Em termos de licenciamento ambiental, de outro modo, independentemente de se tratar do âmbito federal, estadual, do Distrito Federal ou municipal,[125] necessária se faz a referência às seguintes etapas que um determinado procedimento de licenciamento ambiental deve contemplar:[126]

> I – Definição pelo órgão ambiental competente, com a participação do empreendedor, dos documentos, projetos e estudos ambientais, necessários ao início do processo de licenciamento correspondente à licença a ser requerida;
>
> II – Requerimento da licença ambiental pelo empreendedor, acompanhado dos documentos, projetos e estudos ambientais pertinentes, dando-se a devida publicidade;
>
> III – Análise pelo órgão ambiental competente, integrante do Sisnama, dos documentos, projetos e estudos ambientais apresentados e a realização de vistorias técnicas, quando necessárias;
>
> IV – Solicitação de esclarecimentos e complementações pelo órgão ambiental competente, integrante do Sisnama, uma única vez, em decorrência da análise dos documentos, projetos e estudos ambientais apresentados, quando couber, podendo haver a reiteração da mesma solicitação caso os esclarecimentos e complementações não tenham sido satisfatórios;
>
> V – Audiência pública, quando couber, de acordo com a regulamentação pertinente;
>
> VI – Solicitação de esclarecimentos e complementações pelo órgão ambiental competente, decorrentes de audiências públicas, quando couber, podendo haver reiteração da solicitação quando os esclarecimentos e complementações não tenham sido satisfatórios;
>
> VII – Emissão de parecer técnico conclusivo e, quando couber, parecer jurídico; e
>
> VIII – Deferimento ou indeferimento do pedido de licença, dando-se a devida publicidade.

Do disposto na mencionada resolução, deve-se destacar, ainda, que no procedimento de licenciamento ambiental deverá constar, obrigatoriamente, a certidão da Prefeitura Municipal, declarando que o local e o tipo de empreendimento ou atividade estão em conformidade com a legislação aplicável ao uso e ocupação do solo e, quando for o caso, a autorização para supressão de vegetação e a outorga para o uso da água, emitidas pelos órgãos competentes.[127]

Ainda, o empreendedor e os profissionais que subscrevem os estudos previstos no *caput* deste

---

123 Art. 24 da Lei n. 9.509/97.

124 Incs. I, II, III, IV, V, VI e VII do art. 15 da Lei n. 997/76.

125 Os entes federados, para exercerem suas competências licenciatórias, deverão ter implantados os Conselhos de Meio Ambiente, com caráter deliberativo e participação social e, ainda, possuir, em seus quadros ou a sua disposição, profissionais legalmente habilitados (art. 20 da Resolução Conama n. 237/97).

126 Art. 10 da Resolução Conama n. 237/97.

127 Parágrafo 1º do art. 10 da Resolução Conama n. 237/97.

artigo serão responsáveis pelas informações apresentadas, sujeitando-se às sanções administrativas, civis e penais.[128]

Por fim, as fontes de poluição que forem enumeradas em regulamento,[129] existentes a data da vigência desta Lei, ficam obrigadas a registrar-se no órgão estadual de controle da poluição do meio ambiente e a obter licença de funcionamento, no prazo que lhes for fixado.[130]

25.3.2 Decreto n. 8.468, de 8 de setembro de 1976

Afora os aspectos mencionados anteriormente, do referido decreto estadual regulamentador da Lei n. 997/76, haveria a se destacar, inicialmente, que a competência e a responsabilidade pelo Sistema de Prevenção e Controle da Poluição do Meio Ambiente do Estado de São Paulo são, primordialmente, da Companhia Estadual de Tecnologia de Saneamento Básico e de Defesa do Meio Ambiente – Cetesb. Para tanto, a Cetesb estaria incumbida das seguintes atribuições:[131]

> I – Estabelecer e executar planos e programas de atividades de prevenção e controle da poluição;
>
> II – Efetuar levantamentos, organizar e manter o cadastramento de fontes de poluição;
>
> III – Programar e realizar coleta de amostras, exames de laboratórios e análises de resultados, necessários à avaliação da qualidade do referido meio;
>
> IV – Elaborar normas, especificações e instruções técnicas relativas ao controle da poluição;
>
> V – Avaliar o desempenho de equipamentos e processos, destinados aos fins deste artigo;
>
> VI – Autorizar a instalação, construção, ampliação, bem como a operação ou funcionamento das fontes de poluição definidas neste Regulamento;
>
> VII – Estudar e propor aos Municípios, em colaboração com os órgãos competentes do Estado, as normas a serem observadas ou introduzidas nos Planos-Diretores urbanos e regionais, no interesse do controle da poluição e da preservação do mencionado meio;
>
> VIII – Fiscalizar as emissões de poluentes feitas por entidades públicas e particulares;
>
> IX – Efetuar inspeções em estabelecimentos, instalações e sistemas que causem ou possam causar a emissão de poluentes;
>
> X – Efetuar exames em águas receptoras, efluentes e resíduos;
>
> XI – Solicitar a colaboração de outras entidades, públicas ou particulares, para a obtenção de informações sobre ocorrências relativas à poluição do referido meio;
>
> XII – Fixar, quando for o caso, condições a serem observadas pelos efluentes a serem lançados nas redes de esgotos;
>
> XIII – Exercer a fiscalização e aplicar as penalidades previstas neste Regulamento;
>
> XIV – Quantificar as cargas poluidoras e fixar os limites das cargas permissíveis por fontes, nos casos de vários e diferentes lançamentos e emissões em um mesmo corpo receptor ou em uma mesma região;
>
> XV – Analisar e aprovar planos e programas de tratamento e disposição de esgotos.

25.3.2.1 Poluição das águas

O Decreto Estadual n. 8.468/76 estabelece algumas das principais diretrizes ambientais a serem seguidas pelo segmento de bebidas particularmente no que se refere à poluição das águas.[132]

Para tanto, parte-se do princípio da classificação[133] das águas interiores situadas no território do estado de São Paulo em:

> I – Classe 1: águas destinadas ao abastecimento doméstico, sem tratamento prévio ou com simples desinfecção;
>
> II – Classe 2: águas destinadas ao abastecimento doméstico, após tratamento convencional, à irrigação

---

128 Parágrafo único do art. 11 da Resolução Conama n. 237/97.

129 Decreto Estadual n. 8.468/76.

130 Artigo único das Disposições Transitórias da Lei n. 997/76.

131 Art. 6º do Decreto Estadual n. 8.468/76.

132 Capítulo I – Da Classificação das Águas, do Decreto Estadual n. 8.468/76. De outra maneira, esse decreto dispõe, no que diz respeito às atividades do segmento de bebidas e sua conformidade ambiental, sobre a poluição do ar e do solo, conforme adiante se verificará.

133 "Não há impedimento no aproveitamento de águas de melhor qualidade em usos menos exigentes, desde que tais usos não prejudiquem a qualidade estabelecida para essas águas". Ainda, "a classificação de que trata o presente artigo poderá abranger parte ou totalidade da coleção de água, devendo o decreto que efetuar o enquadramento definir os pontos-limites" (Parágrafos 1º e 2º do art. 7º do Decreto Estadual n. 8.468/76).

de hortaliças ou plantas frutíferas e à recreação de contato primário (natação, esqui aquático e mergulho);

III – Classe 3: águas destinadas ao abastecimento doméstico, após tratamento convencional, à preservação de peixes em geral e de outros elementos da fauna e da flora e à dessedentação de animais;

IV – Classe 4: águas destinadas ao abastecimento doméstico, após tratamento avançado, ou à navegação, à harmonia paisagística, ao abastecimento industrial, à irrigação e a usos menos exigentes.

Nas águas de Classe 1 não são permitidos lançamentos de efluentes, mesmo que tratados.[134] Todavia,[135] nos corpos d'água que já recebem contribuição de efluentes sanitários de origem doméstica, comprovada a inviabilidade técnica ou econômica da infiltração ou reversão para outra bacia hidrográfica desses esgotos tratados, será permitido o lançamento desses efluentes desde que devidamente tratados e observados:

1 – Os padrões de qualidade estabelecidos para Classe 2;

2 – Os padrões de emissão;

3 – O não comprometimento da qualidade das águas a jusante do lançamento, para os usos previstos;

4 – A implantação de sistema de desinfecção do efluente final, quando o sistema de tratamento estiver localizado em Área de Proteção e Recuperação de Mananciais – APRM.

Por outro lado, nas águas de Classes 2, 3, e 4[136] não poderão ser lançados efluentes, mesmo tratados, que prejudiquem a qualidade das águas em função da alteração de parâmetros ou valores conforme estabelecidos[137] nos art. 11, 12 e 13 do Decreto Estadual n. 8.468/76.[138]

Atualmente, o enquadramento dos corpos d'água das bacias hidrográficas do estado de São Paulo é fixado pelo Decreto Estadual n. 10.755/1977, que se baseou nos padrões fixados pelo Decreto n. 8.468/1976.

Já no que concerne ao âmbito da legislação federal, o segmento de bebidas, no que diz respeito à conformidade ambiental de suas atividades frente aos recursos hídricos, também deveria atentar às condições estabelecidas na Resolução Conama n. 357/2005, na Resolução Conama n. 397/2008 e na Resolução Conama n. 396/2008, bem como, principalmente, na Resolução Conama 430/2011, que alterou e complementou a Resolução Conama n. 357/2005.

No que se refere à qualidade dos corpos hídricos, a Resolução Conama n. 357/2005 estabelece, para águas doces, as classes: Especial, Classe 1, Classe 2, Classe 3 e Classe 4. Para cada classe, a referida resolução define os usos, as finalidades preponderantes e as exigências que assegurem tais usos no que se refere à qualidade da água. Merece destaque o dispositivo que veda, nas águas de classe especial, "o lançamento de efluentes ou a disposição de resíduos domésticos, agropecuários, de aquicultura, industriais e de quaisquer outras fontes poluentes, mesmo que tratados" (Resolução Conama nº 430/2011, art. 11). Atente-se para o fato de que prevalecem sempre as condições mais restritivas ao se considerarem as legislações estadual e federal.

Vale lembrar que as águas pluviais que escoam na superfície do empreendimento industrial são consideradas como efluentes industriais, devendo ser segregadas, monitoradas e, se necessário, tratadas, antes do seu descarte em qualquer corpo receptor ou galeria de águas pluviais da rede pública.[139]

25.3.2.2 *Poluição do ar*

O segmento de bebidas, por outro lado, no que concerne aos impactos ambientais na qualidade do ar decorrentes de suas atividades, deve se submeter

---

[134] Art. 10 do Decreto Estadual n. 8.468/76.

[135] Parágrafo único do art. 10 do Decreto Estadual n. 8.468/76.

[136] "Para as águas de Classe 4, visando a atender necessidades de jusante, a Cetesb poderá estabelecer, em cada caso, limites a serem observados para lançamento de cargas poluidoras" (parágrafo 3º do art. 13 do Decreto Estadual n. 8.468/76).

[137] De acordo com alterações proporcionadas, no que diz respeito à Lei n. 997/76 em específico, pelo Decreto Estadual n. 43.594, de 27.10.98 e pelo Decreto Estadual n. 15.425, de 23.07.80.

[138] Os limites de Demanda Bioquímica de Oxigênio (DBO), estabelecidos para as Classes 2 e 3, poderão ser elevados, caso o estudo de autodepuração do corpo receptor demonstre que os teores mínimos de Oxigênio Dissolvido (OD) previstos não serão desobedecidos em nenhum ponto do mesmo, nas condições críticas de vazão (art. 14 do Decreto Estadual n. 8.468/76).

[139] Válido para os primeiros 15 minutos de chuva (ou primeiros 4 milímetros de precipitação). Não se conhece ao certo e com segurança qual o dispositivo normativo que fundamenta este entendimento. De qualquer forma, é esse o critério técnico aplicado pelos órgãos ambientais competentes.

aos padrões de qualidade do ar estabelecidos por lei (esses padrões estão determinados para as partículas em suspensão, para o dióxido de enxofre, para o monóxido de carbono,[140] bem como para os oxidantes fotoquímicos). Se eventualmente houver o caso de outras formas de matérias, seus respectivos padrões de qualidade do ar deverão ser estabelecidos por decreto.[141]

O segmento de bebidas deve atentar, primordialmente, no que diz respeito especificamente ao Decreto Estadual n. 8.468/76, à proibição da queima ao livre de resíduos sólidos, líquidos ou de qualquer outro material combustível, exceto mediante autorização previa da Cetesb (e, ainda assim, visando somente o treinamento de combate a incêndio, bem como evitar o desenvolvimento de espécies indesejáveis, animais ou vegetais, para proteção à agricultura e à pecuária).[142]

Além disto, é proibida a instalação e o funcionamento de incineradores prediais de quaisquer tipos.[143]

De maneira a promover o controle da poluição do ar, se for o caso, a Cetesb pode, ainda, efetuar as seguintes exigências:[144]

> I – A instalação e operação de equipamentos automáticos de medição com registradores, nas fontes de poluição do ar, para monitoramento das quantidades de poluentes emitidos, cabendo a esse órgão, à vista dos respectivos registros, fiscalizar seu funcionamento;
>
> II – Que os responsáveis pelas fontes de poluição comprovem a quantidade e qualidade dos poluentes atmosféricos emitidos, através de realização de amostragens em chaminé, utilizando-se de métodos aprovados pelo referido órgão; e
>
> III – Que os responsáveis pelas fontes poluidoras construam plataformas e forneçam todos os requisitos necessários à realização de amostragens em chaminés.

Muitas das indústrias do segmento de bebidas devem atentar, de outra forma, à proibição da emissão de substâncias odoríferas na atmosfera, em quantidades que possam ser perceptíveis fora dos limites da área da propriedade da fonte emissora (cuja constatação deve ser efetuada por técnicos credenciados da Cetesb).[145]

No caso específico da Região Metropolitana de São Paulo, a Cetesb, ao seu critério, poderá exigir que as fontes de poluição controlem suas emissões[146] utilizando a melhor tecnologia prática disponível ou se transfiram para outro local, quando situada em desconformidade com as normas municipais de zoneamento urbano ou com o uso do solo circunvizinho.

Substâncias odoríferas resultantes dos processos industriais realizados em indústrias de torrefação e resfriamento de café, amendoim, castanha de caju e cevada, de autoclaves e digestores utilizados em aproveitamento de matéria animal, defumação de carnes ou similares, dentre outros processos, deverão ser incineradas em pós-queimadores, operando a uma temperatura mínima de 750 °C, em tempos de residência mínima de 0,5 segundos, ou por outro sistema de controle de poluentes de eficiência igual ou superior.[147]

Quando tais fontes se localizarem em áreas cujo uso preponderante seja residencial ou comercial, o pós-queimador deverá utilizar gás como combustível auxiliar.[148]

As demais fontes de poluição (para as quais não foram estabelecidos padrões de emissão), adotarão sistemas de controle de poluição do ar baseados na melhor tecnologia prática disponível para

---

140 No caso do monóxido de carbono e demais gases oriundos da queima de combustíveis fósseis para geração de energia por fontes estacionárias, devem ser observados os parâmetros estabelecidos no caput, incs. I e II e parágrafo único do art. 31 do Decreto Estadual n. 8.468/76 (com parâmetros homologados pela Portaria Sema n. 2 de 19.10.77 e redação proporcionada pelo Decreto Estadual n. 15.425, de 23.07.80). Note-se, de outra forma, que haveria todo um disciplinamento com respeito aos padrões de condicionamento e projeto para tais fontes estacionárias conforme dispõem os artigos 34 e 36, além do caput e o parágrafo único do artigo 35 e do artigo 37 (em especial no que tange aos fornos de panificação e de restaurantes, bem como caldeiras para qualquer finalidade).

141 Vide, a este propósito, o disposto no caput, nos incs. I, II, III e IV, bem como nos parágrafos 1°, 2°, 3° e 4° do art. 29 do Decreto Estadual n. 8.468/76.

142 Incs. I e II e caput do art. 26 do Decreto Estadual n. 8.468/76.

143 Art. 27 do Decreto Estadual n. 8.468/76.

144 Incs. I, II e III do art. 28 do Decreto Estadual n. 8.468/76.

145 Caput e parágrafo único do art. 33 do Decreto Estadual n. 8.468/76.

146 Vide Anexo 6 do Decreto Estadual n. 8.4.68/76 (padrões de emissão para material particulado).

147 Caput e Incs. I a VII do art. 38 do Decreto Estadual n. 8.468/76.

148 Parágrafo 1° do art. 38 do Decreto Estadual n. 8.468/76.

cada caso, em conformidade com análise e aprovação da Cetesb de plano de controle (plano este a ser apresentado por meio do responsável pela fonte de poluição, que especificará as medidas a serem adotadas e a redução almejada para a emissão).[149]

Ademais, as fontes novas de poluição do ar, que pretendam instalar-se ou funcionar, quanto a localização, serão:

> I – Obrigadas a comprovar[150] que as emissões provenientes da instalação ou funcionamento não acarretarão, para a Região ou Sub-Região tida como saturada, aumento nos níveis dos poluentes que as caracterizem como tal;
>
> II – Proibidas de se instalarem, ou de funcionarem, quando, a critério da Cetesb, houver o risco potencial[151] a que alude o inciso V do artigo 3° deste Regulamento,[152] ainda que as emissões provenientes de seu processamento estejam enquadradas nos incisos I, II, III e IV do mesmo artigo.[153]

Na ocorrência de episódios críticos de poluição do ar,[154] fica a Cetesb autorizada a coordenar e executar um conjunto de medidas preventivas[155] a cargo do Governo do Estado, dos Municípios, das entidades privadas e da comunidade, a fim de evitar graves e iminentes riscos à saúde da população

25.3.2.3 *Da poluição do solo*

Da mesma forma, consoante disposto para a poluição do ar[156] também não é permitido depositar, dispor, descarregar, enterrar, infiltrar ou acumular no solo resíduos, em qualquer estado da matéria, desde que poluentes (nos termos do conceito de "poluente" consoante anteriormente descritos).[157]

No caso de resíduos gerados a partir do processo produtivo de indústrias do segmento de bebidas, o solo somente poderá ser utilizado para destino final de resíduos de qualquer natureza, desde que sua disposição seja feita de forma adequada, estabelecida em projetos específicos de transporte e destino final, ficando vedada a simples descarga ou depósito, seja em propriedade pública ou particular.[158]

Por outro lado, quando a disposição final mencionada no parágrafo anterior[159] exigir a execução

[149] Caput e parágrafo único do art. 41 do Decreto Estadual n. 8.468/76.

[150] Fica a cargo do proprietário da nova fonte comprovar, sempre que a Cetesb o exigir (parágrafo 2° do art. 42 do Decreto Estadual n. 8.468/76).

[151] § 1° do art. 42 do Decreto Estadual n. 8.468/76: Para configuração do risco mencionado levar-se-á em conta a natureza da fonte, bem como das construções, edificações ou propriedades, passíveis de sofrer os efeitos previstos no inciso V do artigo 3°.

[152] Inc. V do art. 3° do Decreto Estadual n. 8.468/76: "Que, independentemente de estarem enquadrados nos incisos anteriores, tornem ou possam tornar as águas, o ar ou o solo impróprios, nocivos ou ofensivos à saúde, inconvenientes ao bem-estar público; danosos aos materiais, à fauna e à flora; prejudiciais à segurança, ao uso e gozo da propriedade, bem como às atividades normais da comunidade".

[153] Art. 3° do Decreto Estadual n. 8.468/76: "Considera-se poluente toda e qualquer forma de matéria ou energia lançada ou liberada nas águas, no ar ou no solo: I – com intensidade, em quantidade e de concentração, em desacordo com os padrões de emissão estabelecidos neste Regulamento e normas dele decorrentes; II – com características e condições de lançamento ou liberação, em desacordo com os padrões de condicionamento e projeto estabelecidos nas mesmas prescrições; III – por fontes de poluição com características de localização e utilização em desacordo com os referidos padrões de condicionamento e projeto; IV – com intensidade, em quantidade e de concentração ou com características que, direta ou indiretamente, tornem ou possam tornar ultrapassáveis os padrões de qualidade do meio ambiente estabelecidos neste Regulamento e normas dele decorrentes".

[154] Considera-se episódio crítico de poluição do ar a presença de altas concentrações de poluentes na atmosfera em curto período, resultante da ocorrência de condições meteorológicas desfavoráveis à sua dispersão (parágrafo 1° do art. 43 do Decreto Estadual n. 8.468/76).

[155] Plano de Emergência para Episódios Críticos de Poluição do Ar (níveis de Atenção, Alerta e de Emergência), considerando as concentrações de dióxido de enxofre, material particulado, concentração de monóxido de carbono e oxidantes fotoquímicos, bem como as previsões meteorológicas e os fatos e fatores intervenientes, previstos e esperados (arts. 43 a 50).

[156] Incs. I e II e caput do art. 26 do Decreto Estadual n. 8.468/76.

[157] Art. 51 do Decreto Estadual n. 8.468/76.

[158] Art. 52 do Decreto Estadual n. 8.468/76.

[159] Lembrando que tais resíduos não podem ser considerados como portadores de patogênicos, de alta toxicidade, inflamáveis, explosivos, radioativos ou prejudiciais, a critério da Cetesb, pois, neste caso, deverão sofrer, antes da sua destinação final no solo, tratamento e/ou condicionamento adequados, fixados em projetos específicos, que atendam aos requisitos de proteção de meio ambiente (art. 53 do Decreto Estadual n. 8.468/76).

de aterros sanitários, deverão ser tomadas medidas adequadas para proteção das águas superficiais e subterrâneas, obedecendo-se normas a serem expedidas pela Cetesb.[160]

A acumulação de resíduos de qualquer natureza, na área da própria fonte de poluição ou em outros locais, somente é tolerada se temporariamente e desde que não haja risco de poluição ambiental.[161]

Quando não for de responsabilidade do Município, os próprios responsáveis pela fonte de poluição, quer oriunda estabelecimentos industriais, quer de comerciais, ou mesmo de prestação de serviços, deverão providenciar o tratamento, quando for o caso, bem como o transporte e a disposição final de resíduos de qualquer natureza.[162]

25.3.2.4 *Fiscalização*

A fiscalização do cumprimento do disposto neste Regulamento e das normas dele decorrentes, preponderantemente junto aos empreendimentos do segmento de bebidas que enquadrados como "fonte de poluição" de acordo com os termos do Decreto Estadual n. 8.468/76 até aqui expostos, será exercida por agentes credenciados da Cetesb.[163]

No exercício da ação fiscalizadora, ficam asseguradas aos agentes credenciados na Cetesb, a entrada, a qualquer dia ou hora, e a permanência pelo tempo que se tornar necessário, em estabelecimentos públicos ou privados.[164]

Os agentes, quando obstados, poderão requisitar força policial para o exercício de suas atribuições em qualquer parte do território do Estado.[165]

Aos agentes credenciados compete:[166]

I – Efetuar vistorias em geral, levantamentos e avaliações;

II – Verificar a ocorrência de infrações e propor as respectivas penalidades;

III – Lavrar de imediato o auto de inspeção, fornecendo cópia ao interessado; e

IV – Intimar por escrito as entidades poluidoras, ou potencialmente poluidoras, a prestarem esclarecimentos em local e data previamente fixados.

As fontes de poluição enquadradas no segmento de bebidas ficam obrigadas a submeter à Cetesb, quando solicitado, o plano completo do lançamento de resíduos líquidos, sólidos ou gasosos. Ademais, ainda neste caso, poder-se-á exigir a apresentação de detalhes, fluxogramas, memoriais, informações, plantas e projetos, bem como linhas completas de produção, com esquema de marcha das matérias-primas beneficiadas e respectivos produtos, subprodutos e resíduos, para cada operação, com demonstração da quantidade, qualidade, natureza e composição de uns e de outros, assim como o consumo de água.[167]

Por fim, no caso de desconformidade ambiental dos empreendimentos do segmento de bebidas que enquadrados como "fonte de poluição" nos termos anteriormente dispostos, aplicar-se-á[168] o rol de Infrações e Penalidades consoante disposto nos artigos 80 a 91, do Capítulo II, do Decreto Estadual n. 8.468/76.[169]

De toda sorte, a Cetesb concederá prazo adequado para que as atuais fontes de poluição atendam às normas deste Regulamento, desde que possuam e venham operando regularmente instalações adequadas e aprovadas de controle de poluição.[170]

25.4 O SEGMENTO DE BEBIDAS E OS RESÍDUOS SÓLIDOS

Com respeito aos resíduos sólidos gerados durante os processos industriais associados ao seg-

[160] Parágrafo único do art. 51 do Decreto Estadual n. 8.468/76. Lembrando, ademais, que a Cetesb deve obrigatoriamente aprovar os respectivos projetos técnicos, bem como fiscalizar a implantação, operação e manutenção dos mesmos (nos termos do art. 54 do referido decreto).

[161] Art. 55 do Decreto Estadual n. 8.468/76.

[162] Caput do art. 56 do Decreto Estadual n. 8.468/76. Lembrando que a execução deste tipo de serviço pelo Município não exime a fonte de poluição de responsabilidades quanto à eventual transgressão ambiental enquadrada neste decreto regulamentador, inclusive no que se refere à geração de lodos, digeridos ou não, de sistemas de tratamento de resíduos e de outros materiais (Parágrafos 1° e 2° do artigo aqui mencionado).

[163] Art. 76 do Decreto Estadual n. 8.468/76.

[164] Art. 77 do Decreto Estadual n. 8.468/76.

[165] Parágrafo único do art. 77 do Decreto Estadual n. 8.468/76.

[166] Art. 78 do Decreto Estadual n. 8.468/76.

[167] Caput e parágrafo único do art. 79 do Decreto Estadual n. 8.468/76.

[168] De acordo com as condições estabelecidas nos artigos 92 a 107 do Decreto Estadual n. 8.4.68/76.

[169] Aqui haveria que se mencionar, adicionalmente, a eventual aplicação da Lei de Crimes Ambientais (Lei n. 9.605/98) e de seu decreto regulamentador (Decreto n. 6.514/08).

[170] Art. 114 do Decreto Estadual n. 8.468/76.

mento das indústrias de bebidas, seria interessante retornar ao disposto na Lei n. 12.305, de 2 de agosto de 2010, que instituiu a Política Nacional de Resíduos Sólidos.[171]

E isto será feito de forma objetiva e direta, sem pretender esgotar o assunto e procurando apontar os aspectos aos quais os empreendimentos do setor de bebidas deveriam se ater de maneira integrada:[172]

1) Aplicam-se aos resíduos sólidos, além do disposto nesta Lei, nas Leis n. 11.445, de 5 de janeiro de 2007, 9.974, de 6 de junho de 2000, e 9.966, de 28 de abril de 2000, as normas estabelecidas pelos órgãos do Sistema Nacional do Meio Ambiente (Sisnama), do Sistema Nacional de Vigilância Sanitária (SNVS), do Sistema Unificado de Atenção à Sanidade Agropecuária (SUASA) e do Sistema Nacional de Metrologia, Normalização e Qualidade Industrial (SINMETRO).[173]
2) Acordo setorial: necessidade de se estabelecer, com base no conceito de cadeia produtiva, um acordo setorial dentro de determinada região.[174]
3) Gestão integrada de resíduos sólidos: necessidade de se trabalhar com um conjunto de ações voltadas para a busca de soluções para os resíduos sólidos, de forma a considerar as dimensões política, econômica, ambiental, cultural e social, com controle social e sob a premissa do desenvolvimento sustentável.[175]
4) Logística reversa: necessidade de estabelecer um conjunto de ações, procedimentos e meios destinados a viabilizar a coleta e a restituição dos resíduos sólidos ao setor empresarial, para reaproveitamento, em seu ciclo ou em outros ciclos produtivos, ou outra destinação final ambientalmente adequada.[176]
5) Padrões sustentáveis de produção e consumo: necessidade de se estabelecerem normas de conduta mínimas para definir os padrões de produção e consumo de bens e serviços de forma a atender às necessidades das atuais gerações e permitir melhores condições de vida, sem comprometer a qualidade ambiental e o atendimento das necessidades das gerações futuras.[177]
6) Responsabilidade compartilhada pelo ciclo de vida dos produtos: necessidade de se estabelecer, coletivamente, um conjunto de atribuições individualizadas e encadeadas dos fabricantes, importadores, distribuidores e comerciantes, dos consumidores e dos titulares dos serviços públicos de limpeza urbana e de manejo dos resíduos sólidos, para minimizar o volume de resíduos sólidos e rejeitos gerados, bem como para reduzir os impactos causados à saúde humana e à qualidade ambiental decorrentes do ciclo de vida dos produtos, nos termos desta Lei.[178]
7) Internalização institucional dos princípios da Política Nacional de Resíduos Sólidos (prevenção e precaução; poluidor-pagador e protetor-recebedor; visão sistêmica; desenvolvimento sustentável; ecoeficiência; cooperação entre as diferentes esferas do poder público, o setor empresarial e demais segmentos da sociedade; responsabilidade compartilhada pelo ciclo de vida dos produtos; reconhecimento do resíduo sólido reutilizável e reciclável como um bem econômico e de valor social, gerador de trabalho e renda e promotor de cidadania; respeito às diversidades locais e regionais; direito da sociedade à informação e ao controle social; e razoabilidade e a proporcionalidade).[179]
8) Envolvimento institucional com a elaboração e implementação do Plano Nacional de Resíduos Sólidos, dos planos estaduais de resíduos sólidos, dos planos microrregionais de resíduos sólidos e os planos de resíduos sólidos de regiões metropolitanas ou aglomerações urbanas, dos

---

[171] Lembrando-se, mais uma vez, que cada estado (e dentro dos estados, diversos municípios) já conta com suas respectivas políticas de resíduos sólidos (cabendo a cada indústria do segmento de bebidas se adequar aos dispositivos legais pertinentes no âmbito do estado e do município de sua localização).

[172] Passando-se, inicialmente, por uma conveniente reflexão sobre exatamente os conceitos de "reciclagem", "rejeitos" e "resíduos sólidos", tal como disposto, respectivamente, nos incisos XIV, XV e XVI do art. 3º da Lei n. 12.305/2010.

[173] Art. 2º da Lei n. 12.305/2010.

[174] Ato de natureza contratual firmado entre o poder público e fabricantes, importadores, distribuidores ou comerciantes, tendo em vista a implantação da responsabilidade compartilhada pelo ciclo de vida do produto (Inc. I, art. 3º da Lei n. 12.305/2010).

[175] Inc. XI do art. 3º da Lei n. 12.305/2010.

[176] Inc. XII do art. 3º da Lei n. 12.305/2010.

[177] Inc. XIII do art. 3º da Lei n. 12.305/2010.

[178] Inc. XVII do art. 3º da Lei n. 12.305/2010.

[179] Incisos I a XI do art. 6º da Lei n. 12.305/2010.

planos intermunicipais de resíduos sólidos, dos planos municipais de gestão integrada de resíduos sólidos e, por fim, dos planos de gerenciamento de resíduos sólidos.[180]

Para tanto, o segmento de bebidas deveria inclusive se valer de diversos instrumentos econômicos,[181] a saber:[182]

> I – incentivos fiscais, financeiros e creditícios;
>
> II – cessão de terrenos públicos;
>
> III – destinação dos resíduos recicláveis descartados pelos órgãos e entidades da administração pública federal às associações e cooperativas dos catadores de materiais recicláveis, nos termos do Decreto n. 5.940, de 25 de outubro de 2006;
>
> IV – subvenções econômicas;
>
> V – fixação de critérios, metas e outros dispositivos complementares de sustentabilidade ambiental para as aquisições e contratações públicas;
>
> VI – pagamento por serviços ambientais, nos termos definidos na legislação; e
>
> VII – apoio à elaboração de projetos no âmbito do Mecanismo de Desenvolvimento Limpo – MDL ou quaisquer outros mecanismos decorrentes da Convenção Quadro de Mudança do Clima das Nações Unidas.

Finalmente, o segmento de bebidas, em articulação com instituições financeiras federais, poderá também se valer da criação de linhas especiais de financiamento[183] para:

> I – cooperativas ou outras formas de associação de catadores de materiais reutilizáveis e recicláveis, com o objetivo de aquisição de máquinas e equipamentos utilizados na gestão de resíduos sólidos;
>
> II – atividades destinadas à reciclagem e ao reaproveitamento de resíduos sólidos, bem como atividades de inovação e desenvolvimento relativas ao gerenciamento de resíduos sólidos; e
>
> III – atendimento a projetos de investimentos em gerenciamento de resíduos sólidos.

[180] Incisos I a VI do art. 14 da Lei n. 12.305/2010.

[181] Incisos I a VII do art. 80 do Decreto n. 7.404/2010.

[182] O poder público poderá estabelecer outras medidas indutoras (parágrafo único do art. 80 do Decreto n. 7.404/2010).

[183] Incisos I a III do art. 81 do Decreto n. 7.404/2010.

Em derradeiro, haveria que se ressaltar, complementarmente, a recente edição do Decreto n. 10.936, de 12 de janeiro de 2022, que regulamentou a Política Nacional de Resíduos Sólidos (PNRS). Assim, com respeito ao segmento de bebidas, mais especificamente, além do estabelecimento das responsabilidades (acondicionamento, segregação e destinação final dos resíduos) dos geradores de resíduos sólidos e do próprio Poder Público, o referido decreto reforça, em termos de legislação ambiental, que a PNRS passa a integrar a Política Nacional do Meio Ambiente, além da articulação com as diretrizes nacionais do saneamento básico.

Ademais, o decreto disciplina detalhadamente a logística reversa (infraestrutura física e logística, ganhos de escala e, de forma especial, a sinergia entre sistemas ambientais). Também detalha instrumentos e formas de implantação da logística reversa (agrotóxicos, pilhas e baterias, pneus, óleos lubrificantes, seus resíduos e embalagens, lâmpadas fluorescentes, de vapor de sódio e mercúrio e de luz mista, além de produtos eletroeletrônicos e seus componentes), bem como os aspectos principais da gestão e do gerenciamento de resíduos sólidos por parte dos entes federativos.

Além disso, do ponto de vista dos empreendimentos do segmento de bebidas, o decreto regulamentador da PNRS detalha os planos de gerenciamento de resíduos sólidos, particularmente de maneira coletiva e integrada.

Nunca é demais ressaltar que o decreto também enfatiza, afora algumas linhas especiais de financiamento por parte de entidades financeiras federais, os instrumentos econômicos disponíveis para fomentar medidas indutoras e linhas de financiamento visando, dentre outras finalidades, a prevenção e a redução da geração de resíduos sólidos nos processos produtivos, bem como o desenvolvimento de sistemas de gestão ambiental e empresarial para a melhoria dos processos produtivos e o reaproveitamento dos resíduos.

Dentre esses instrumentos econômicos destacam-se, de modo especial, o pagamento por serviços ambientais (na forma prevista em legislação), além do apoio a projetos no âmbito de mecanismos decorrentes da Convenção-Quadro das Nações Unidas sobre Mudança do Clima (nos termos do Decreto n. 2.652, de 1 de julho de 1998).

25.5 COMENTÁRIOS FINAIS

O objetivo principal deste capítulo foi o de construir uma "codificação" da legislação ambiental aplicável ao segmento de bebidas.

Trata-se de uma iniciativa inédita e ousada e, justamente por conta disto, sujeita a arcar com os riscos e responsabilidades deste ineditismo e desta ousadia.

De toda forma, há manifesta tranquilidade, segurança e convicção de que o material aqui exposto traduz elementos que orientarão, tanto do ponto de vista técnico quanto legal, as diretrizes que devem ser, de uma maneira ou de outra, consideradas pelos empreendimentos do segmento de bebidas.

Acredita-se que este capítulo possa fornecer subsídios para que todos os agentes envolvidos no processo produtivo do segmento de bebidas (notadamente os tomadores de decisão) possam formular suas opiniões com vistas a aprimorar os modelos de legislação, gestão e política ambiental (tanto do ponto de vista de instrumentos de comando e controle, quanto econômicos), responsabilidade socioambiental, mercado, competitividade, cidadania etc.

Vale a pena frisar, em derradeiro, a questão do automonitoramento exercido pelas próprias empresas do segmento de bebidas. Isto porque o automonitoramento, além de se configurar num aspecto inovador e talvez ainda embrionário do licenciamento ambiental do segmento de bebidas, encontra-se em processo de análise por parte da Cetesb em termos de sua efetividade.

Para finalizar, seria oportuno destacar tão somente que, no capítulo, há menção a diversos aspectos da legislação ambiental que, ao contrário de tantos outros tradicionalmente lembrados e referenciados à exaustão, deveriam ser objeto de atenção mais acurada por parte de todos os *stakeholders* do segmento de bebidas.

Isto é válido especialmente no que diz respeito aos incentivos ao estudo, à pesquisa e à difusão de tecnologias orientadas para o uso racional e a proteção dos recursos ambientais.

É válido, também, no que se refere ao papel dos municípios, aos planos de desenvolvimento de responsabilidade de um conjunto de empreendimentos ou atividades, bem como aos planos e programas voluntários de gestão ambiental dentro do processo de licenciamento ambiental.

Tudo isso torna-se pacífico e patente ao se analisar, por exemplo, o disposto no que concerne à relação entre segmento de bebidas, controle da poluição ambiental e resíduos sólidos tal qual emanada na Política Nacional de Resíduos Sólidos. Em outras palavras, nenhum *stakeholder* (e aqui a referência particular deve ser aplicada ao segmento de bebidas propriamente dito) pode se furtar, dentro de uma visão sistêmica, articulada e integrada, a questões como: acordos setoriais, gestão integrada, padrões sustentáveis de produção e consumo, responsabilidade compartilhada, entre outros.

Até porque muitos instrumentos econômicos podem servir como base para que essas questões sejam concretizadas com o expressivo apoio do segmento de bebidas.

Por fim, é válido com respeito ao potencial da ação do poder público, por intermédio da legislação ambiental e em estreita parceria com o segmento de bebidas, em específico, como agente indutor do desenvolvimento sustentável.

REFERÊNCIAS BIBLIOGRÁFICAS

BRAILE, P. M.; CAVALCANTI, J. E. W. A. **Manual de tratamento de águas residuárias industriais.** Cetesb: São Paulo, 1993.

BRASIL. **Constituição da República Federativa do Brasil de 1988**. Disponível em: http://www.planalto.gov.br/ccivil_03/Constituicao/Constituicao.htm. Acesso em: 2 jun. 2009.

BRASIL. **Decreto n. 6.514, de 22 de julho de 2008**. Dispõe sobre as infrações e sanções administrativas ao meio ambiente, estabelece o processo administrativo federal para apuração destas infrações, e dá outras providências. Disponível em: http://www.planalto.gov.br/ccivil_03/_ato2007-2010/2008/decreto/d6514.htm. Acesso em: 2 jun. 2009.

BRASIL. **Decreto n. 10.936, de 12 de janeiro de 2022**. Regulamenta a Lei n. 12.305, de 2 de agosto de 2010, que institui a Política Nacional de Resíduos Sólidos. Disponível em: http://www.planalto.gov.br/ccivil_03/_Ato2019-2022/2022/Decreto/D10936.htm. Acesso em: 17.01.2022.

BRASIL. **Decreto n. 99.274, de 06 de junho de 1990**, que regulamenta a Lei n. 6.902, de 27 de abril de 1981, e a Lei n. 6.938, de 31 de agosto de 1981, que dispõem, respectivamente sobre a criação de Estações Ecológicas e Áreas de Proteção Ambiental e sobre a Política Nacional do Meio Ambiente, e dá outras providências. Disponível em: http://www.planalto.gov.br/ccivil_03/decreto/antigos/d99274.htm. Acesso em: 2 jun. 2009.

BRASIL. **Lei n. 6.938, de 31 de agosto de 1981.** Dispõe sobre a Política Nacional do Meio Ambiente, seus fins e mecanismos de formulação e aplicação, e dá outras providências. Disponível em: http://www.planalto.gov.br/ccivil_03/leis/l6938.htm. Acesso em: 2 jun. 2009.

BRASIL. **Lei n. 9.605, de 12 de fevereiro de 1998**. Dispõe sobre as sanções penais e administrativas derivadas de condutas e atividades lesivas ao meio ambiente, e dá outras providências. Disponível em: http://www.planalto.gov.br/ccivil_03/leis/l9605.htm. Acesso em: 2 jun. 2009.

BRASIL. **Lei n. 9.784, de 29 de janeiro de 1999**. Regula o processo administrativo no âmbito da Administração Pública Federal. Disponível em: http://www.planalto.gov.br/ccivil_03/leis/l9784.htm. Acesso em: 2 jun. 2009.

BRASIL. Ministério do Meio Ambiente. **Resolução n. 396, de 03 de abril de 2008**. Dispõe sobre a classificação e diretrizes ambientais para o enquadramento das águas subterrâneas, e dá outras providências. Disponível em: http://portalpnqa.ana.gov.br/Publicacao/RESOLU%C3%87%C3%83O%20CONAMA%20n%C2%BA%20396.pdf. Acesso em: 2 jun. 2009.

BRASIL. Ministério do Meio Ambiente. Conselho Nacional do Meio Ambiente. **Resolução n. 001, de 23 de janeiro de 1986**. Disponível em: http://www2.mma.gov.br/port/conama/legislacao/CONAMA_RES_CONS_1986_001.pdf. Acesso em: 2 jun. 2009.

BRASIL. Ministério do Meio Ambiente. Conselho Nacional do Meio Ambiente. **Resolução n. 237, de 19 de dezembro de 1997**. Disponível em: http://www2.mma.gov.br/port/conama/res/res97/res23797.html. Acesso em: 2 jun. 2009.

BRASIL. Ministério do Meio Ambiente. Conselho Nacional do Meio Ambiente. **Resolução n. 357, de 17 de março de 2005**. Dispõe sobre a classificação dos corpos de água e diretrizes ambientais para o seu enquadramento, bem como estabelece as condições e padrões de lançamento de efluentes, e dá outras providências. Disponível em: http://www2.mma.gov.br/port/conama/legiabre.cfm?codlegi=459. Acesso em: 2 jun. 2009.

BRASIL. Ministério do Meio Ambiente. Conselho Nacional do Meio Ambiente. **Resolução n. 397, de 03 de abril de 2008**. Altera o inciso II do § 4º e a Tabela X do § 5º, ambos do art. 34 da Resolução do Conselho Nacional do Meio Ambiente – Conama n. 357, de 2005, que dispõe sobre a classificação dos corpos de água e diretrizes ambientais para o seu enquadramento, bem como estabelece as condições e padrões de lançamento de efluentes. Disponível em: http://www2.mma.gov.br/port/conama/legiabre.cfm?codlegi=563. Acesso em: 2 jun. 2009.

SÃO PAULO. **Constituição Estadual de 5 de Outubro de 1989**. Disponível em: https://www.al.sp.gov.br/repositorio/legislacao/constituicao/1989/compilacao-constituicao-0-05.10.1989.html. Acesso em: 2 jun. 2009.

SÃO PAULO. **Decreto n. 8.468, de 8 de setembro de 1976**. Aprova o Regulamento da Lei n. 997, de 31 de maio de 1976, que dispõe sobre a Prevenção e o Controle da Poluição do Meio Ambiente. Disponível em: https://www.al.sp.gov.br/repositorio/legislacao/decreto/1976/decreto-8468-08.09.1976.html. Acesso em: 2 jun. 2009.

SÃO PAULO. **Lei Estadual n. 997, de 31 de maio de 1976**. Dispõe sobre o controle da poluição do meio ambiente. Disponível em: https://www.al.sp.gov.br/repositorio/legislacao/lei/1976/lei-997-31.05.1976.html. Acesso em: 2 jun. 2009.

SÃO PAULO. **Lei Estadual n. 9.509, de 20 de março de 1997**. Dispõe sobre a Política Estadual do Meio Ambiente, seus fins e mecanismos de formulação e aplicação. Disponível em: http://www.pge.sp.gov.br/centrodeestudos/bibliotecavirtual/dh/volume%20i/amblei9509.htm. Acesso em: 2 jun. 2009.

SÃO PAULO. Secretaria do Meio Ambiente do Estado de São Paulo. **Resolução SMA n. 42, de 24 de outubro de 2006**. Estabelece critérios e procedimentos para o licenciamento ambiental prévio de destilarias de álcool, usinas de açúcar e unidades de fabricação de aguardente. Disponível em: https://smastr16.blob.core.windows.net/resolucao/2006/2006_res_est_sma_42.pdf. Acesso em: 2 jun. 2009.

26

Álcool e saúde

DANIEL PEREIRA DA SILVA
ISABELA MARIA MONTEIRO VIEIRA
DENISE SANTOS RUZENE
TOMÁS BRÁNYIK
JOSÉ ANTÓNIO TEIXEIRA
JOÃO BATISTA DE ALMEIDA E SILVA

26.1 INTRODUÇÃO

De um modo geral, diariamente, bebidas alcoólicas são apreciadas por uma grande parcela da população mundial, sendo sua ingestão um hábito antigo e integrante da cultura e de rituais de diferentes países (ALMEIDA-PITITTO; MORAES; FERREIRA, 2013; WHO, 2011; ELLISON; MARTINIC, 2007). Os primeiros indicativos relacionados à ingestão de álcool pela humanidade remontam a 6000 a.C., de acordo com evidências arqueológicas (CEBRID, 2017; MORADO, 2009). O etanol, de fórmula química C_2H_5OH, mais comumente conhecido pela simples denominação de álcool, é encontrado em todas as bebidas denominadas alcoólicas junto com centenas ou milhares de compostos advindos dos diferentes processos necessários para a produção dos diferentes tipos de bebidas. Entre os compostos obtidos e oriundos dos processos de fabricação, podemos citar a presença de compostos como o metanol, butanol, aldeídos, ésteres, ferro, cobalto, chumbo, entre muitos outros (HECKMANN; SILVEIRA, 2009).

Bebidas provenientes de processos fermentativos como a cerveja e o vinho ocupam o patamar de bebidas alcoólicas mais famosas da Antiguidade, sendo que há citações do vinho na Bíblia e da cerveja no Código de Hamurábi e na epopeia de Gilgamesh (narrativa mais antiga da humanidade, de origem babilônica) (LEAL; ARAÚJO; PINHEIRO, 2012; WHO, 2014; MORADO, 2009; SEIDL, 2003). Contudo, pela forma como são obtidos, exclusivamente por processo fermentativo, a cerveja e o vinho apresentam baixo teor alcoólico (LEAL; ARAÚJO; PINHEIRO, 2012; CEBRID, 2017). Conforme relatos na literatura, foram os árabes que levaram para a Europa o processo de destilação que permitiu a obtenção de bebidas alcoólicas de maior teor alcoólico, ditas também como bebidas "mais fortes" (LEAL; ARAÚJO; PINHEIRO, 2012; CEBRID, 2017). Ao longo dos séculos, com a melhoria na logística de transporte e na comercialização, as bebidas alcoólicas se transformaram em uma mercadoria disponível durante todo o ano e praticamente em todos os lugares (WHO, 2014).

De acordo com a legislação brasileira, por meio do Decreto nº 6.871 do ano de 2009, a definição geral para bebida é produto de origem vegetal industrializado, voltado para a ingestão humana em estado líquido, sem finalidade medicamentosa ou terapêutica, sendo classificada em *bebida não alcoólica* (podendo ou não ser oriunda de processo fermentativo) e *bebida alcoólica*. Ainda conforme o decreto, no Brasil todo produto com graduação alcoólica (porcentagem de álcool em volume) com valores entre 0,5% e 54%, a uma temperatura de 20 °C, é considerado bebida alcoólica (BRASIL, 2009). Outra definição para bebida alcoólica é apresentada no Decreto nº 6.117 do ano de 2007, definindo como bebida alcoólica produtos com graduação igual ou superior a 0,5 °GL (graus Gay-Lussac) (BRASIL, 2007).

Perante as leis brasileiras, as bebidas alcoólicas são classificadas por intermédio de seus processos de fabricação, sendo divididas em *fermentadas* (obtidas por processo de fermentação alcoólica), *destiladas* (obtida por processo de fermento-destilação), *retificadas* (obtida por processo de retificação do destilado alcoólico) ou ainda por *misturas* (obtidas pela mistura de destilado alcoólico simples de origem agrícola, álcool etílico potável de origem agrícola e bebida alcoólica, separadas ou em conjunto, com outra bebida não alcoólica, ingrediente não alcoólico ou sua mistura) (BRASIL, 2009).

Entretanto, como todo alimento ou bebida, o consumo de produto alcoólico deve ser monitorado diante de seus efeitos à saúde, sejam estes relacionados aos efeitos benéficos ou prejudiciais ao indivíduo ou em relação a toda a sociedade. Nesse contexto, cabe ressaltar que, entre os consumidores de bebidas, alguns indivíduos fazem uso moderado de produtos alcoólicos, enquanto outros fazem uso abusivo. A existência de benefícios relacionados ao consumo de produtos alcoólicos é um tema controverso e ainda em discussão por diversos especialistas, em especial quanto às quantidades. No entanto, quando se analisam os malefícios, há o consenso de que o álcool é nocivo e raiz de muitos problemas de saúde para seus usuários quando consumidos em excesso. Deve-se ressaltar que diferentes indivíduos reagem ao consumo do álcool de forma variada, havendo influência de fatores como idade, gênero, condições físicas, velocidade de consumo de álcool, histórico familiar, entre outros (CDC, 2016a).

Assim, os benefícios ou malefícios do álcool encontram-se relacionados a uma grande quantidade de fatores. Contudo, a chave para aproveitar os benefícios advindos do consumo de diferentes bebidas alcoólicas ou padecer dos malefícios é a definição do que seria entendido como uso moderado e/ou excessivo de álcool, tema muito discutido e de conceito ainda diversificado na literatura (ANDRADE; OLIVEIRA, 2009; ALMEIDA-PITITTO; MORAES; FERREIRA, 2013). Desse modo, o objetivo central deste capítulo é apresentar e discutir a relação de consumo, bem como definições de uso moderado e excessivo, além dos prováveis benefícios e malefícios, com suas respectivas controvérsias associadas aos diferentes tipos de consumo de bebidas alcoólicas.

26.1.1 Consumo de álcool: definição

Infere-se por intermédio de diferentes fontes literárias que o consumo de bebidas alcoólicas é uma prática recorrente e difundida por toda a sociedade. Entretanto, diferenças de linguagem ou definições podem levar a interpretações errôneas, em especial quando se discutem pesquisas relacionadas ao tipo ou modo de consumo de álcool, não havendo ainda uma padronização internacional quanto ao conceito de dose-padrão para o consumo (CISA, 2014a). Nesse contexto, no Brasil, cabe ressaltar que uma dose-padrão de álcool equivale a 17 mL de álcool puro (valor aproximado de 14 gramas para uma densidade do álcool considerada de 0,8 g/cm^3); tal quantidade equivale ao consumo, por exemplo, de 40 mL de vodca, *whisky* ou cachaça, 140 mL de vinho de mesa, 85 mL de vinho do Porto ou licores similares, ou ainda 340 mL de cerveja ou chope (BRASIL, 2011).

Definição similar é utilizada pela National Institute on Alcohol Abuse and Alcoholism (NIAAA) dos Estados Unidos, onde uma dose-padrão de qualquer bebida pode ser definida como aquela que contém 0,6 onça fluida de álcool puro (17,74 mL, equivalentes a 14 gramas), correspondentes a 12 onças de cerveja (355 mL) a 5%, 5 onças de vinho (148 mL) a 12%, ou a 1,5 onça de bebidas destiladas ou licores (45 mL) a 40% (NIAAA, 2017a; CDC, 2016a; CISA, 2014a). A Organização Mundial da Saúde (OMS) considera como dose-padrão de bebida valores equivalentes ao álcool contido em uma lata de cerveja (330 mL a 4% de teor alcoólico), uma dose de bebida destilada (30 mL a 40%), uma taça de vinho (100 mL a 12%), um copo de xerez (70 mL a 18%), ou um copo de licor ou aperitivo (50 mL a 25%) (CISA, 2014b; WHO, 2010).

Nesse contexto, a OMS, em um documento intitulado *Global status report on alcohol and health*, ou *Relatório global sobre álcool e saúde* (em tradução livre), provê não somente uma visão global sobre o consumo de álcool nos diferentes povos ao redor do mundo, mas também informações referentes ao consumo de bebidas alcoólicas em relação à saúde pública, além de políticas sobre o consumo de álcool com o intuito de minimizar o uso nocivo (WHO, 2014).

Assim, de acordo com a OMS (2014), o consumo mundial total *per capita* de álcool em 2010 para indivíduos com idade acima de 15 anos correspondeu em média a 6,2 litros de álcool puro, equivalente a 13,5 gramas de álcool puro por dia, verificando-se maiores níveis de consumo nos países desenvolvidos. Ressalta-se que a diferenciação nos níveis totais de consumo entre regiões do mundo e entre países são resultantes de interações complexas existentes entre diferentes fatores, como taxas de prevalência de abstenção, fatores sociodemográficos, níveis de desenvolvimento econômico, cultura relativa a predomínio de dada religião e tipos preferenciais de bebidas (WHO, 2014).

Entre as bebidas alcoólicas mais consumidas em nível mundial, as destiladas correspondem a 50,1% do total de álcool consumido globalmente, sendo seguidas pelas cervejas, com registro de 34,8%, e os vinhos, que representam 8%, o restante (7,1%) corespondendo ao álcool oriundo das demais bebidas (WHO, 2014). Entretanto, vale ressaltar um dado apontado pela OMS relacionado ao consumo de álcool não contabilizado (*unrecorded alcohol*), correspondente ao álcool proveniente do consumo de bebidas alcóolicas não registradas no país, portanto ilegais e não regulamentadas, produzido, distribuído e vendido fora dos canais formais controlados por agências governamentais. Por essa definição, a depender do país, tem-se como exemplo o consumo de bebida alcoólica caseira ou produzida informalmente (legal ou ilegal), contrabando de álcool, álcool para uso industrial ou médico e álcool adquirido em compras fora da jurisdição de um país (WHO, 2014; CISA, 2014c). Assim, estima-se que mundialmente 24,8% do álcool ingerido é consumido na forma de álcool não registrado, o que leva a fatores preocupantes relacionados a possíveis contaminantes ou substâncias nocivas, impactando assim a saúde dos consumidores (CISA, 2014c).

As projeções da OMS até 2025 indicam que o consumo de álcool *per capita* para indivíduos acima de 15 anos apresenta tendência de crescimento. No Brasil, o consumo total de álcool *per capita* em litros de álcool puro para indivíduos acima de 15 anos, entre 2008 e 2010, foi equivalente a 8,7 litros, sendo 7,2 litros de álcool registrado e 1,5 litro de álcool não registrado – tal valor foi superior à média mundial. Considerando apenas a população que consome álcool, o total de álcool *per capita* consumido em 2010 foi de 8,9 litros para as mulheres e de 19,6 litros para os homens. Quanto aos indivíduos abstêmios, verificou-se em 2010 que, da população brasileira que nunca consumiu álcool, as mulheres representaram 30,8%, e os homens, 12,4%. A bebida alcoólica mais consumida pelo brasileiro em 2010 foi a cerveja (60%), seguida por bebidas destiladas (36%) e pelo vinho (4%) (WHO, 2014).

No tocante ao consumo de álcool no Brasil, o Decreto nº 6.117 de 2007 ainda preconiza que as informações sobre o consumo de bebidas alcoólicas nacionais devem ser divulgadas por meio do Levantamento Nacional sobre os Padrões de Consumo do Álcool na População Brasileira, com o primeiro levantamento tendo sido realizado em 2007. Anteriormente a este, houve um levantamento denominado de Levantamento Nacional de Álcool e Drogas (LENAD), realizado em 2006, em que foram analisados o conhecimento, as atitudes, práticas e comportamentos vulneráveis relativos ao consumo de bebida alcoólica pelos brasileiros com idade igual ou superior a 14 anos. Nesse estudo ficou demonstrado que metade da população não fazia uso desse tipo de bebida, mas que, em contrapartida, entre os brasileiros que consumiam bebidas alcoólicas havia um alto índice de uso nocivo e de provável dependência (LARANJEIRA *et al.*, 2007). Em um segundo levantamento, realizado em 2012, foi constatado um aumento na proporção de consumidores, de ambos os sexos, no consumo igual ou superior a cinco doses (em 2006, 29% dos não abstêmios consumiam quantidades igual ou superior a cinco doses em um dia de consumo regular, sendo em 2012 registrado 39% para esse mesmo grupo). Foi ainda constatado que não somente houve incremento nas quantidades de doses de bebidas consumidas como também na frequência de consumo, uma vez que no ano de 2006 um valor correspondente a 42% da população não abstêmia possuía um consumo de no mínimo uma vez por semana, enquanto em 2012 esse valor subiu para 53% dos consumidores, sendo identificado nas pesquisas que as mulheres eram as detentoras do maior crescimento relativo na população consumidora frequente de álcool (de 27%, em 2006, para 38%, em 2012). O levantamento constatou ainda uma diminuição na idade nos consumidores referente ao primeiro consumo de bebida alcoólica: para a população (homens e mulheres) considerada adulta em 2006, 13% haviam tido contato com bebidas alcoólicas com menos de 15 anos, enquanto em 2012 esse valor aumentou para 22%. A pesquisa ainda observou um aumento na frequência de consumo em intervalo de doze meses (beber em *binge*; relacionado a uma ingestão igual ou superior a cinco doses para homens e igual ou superior a quatro doses para mulheres em uma mesma ocasião em um intervalo de até duas horas), sendo indicado 45% dos consumidores em 2006, enquanto em 2012 esse valor subiu para 58% (LENAD, 2014).

Os dados apresentados pelo II LENAD (LARANJEIRA *et al.*, 2012) e pelo *Relatório global sobre álcool e saúde* da OMS (WHO, 2014) apresentam diferentes informações, de forma que a união desses dados permite compreender em amplo aspecto a posição do Brasil no que diz respeito ao consumo de álcool pelo povo brasileiro, não sendo tais documentos mutuamente excludentes.

26.2 PADRÕES DE CONSUMO DE BEBIDAS ALCOÓLICAS

O consumo de bebidas alcoólicas encontra-se largamente difundido pela sociedade, contudo, a definição dos diferentes padrões de consumo encontra-se pouco esclarecida, ocasionando uma série de dúvidas na população relacionadas aos limites que separam a apreciação, ou consumo moderado, de um dado tipo de bebida, do consumo exacerbado, ou consumo excessivo. Assim, o conhecimento dos padrões de consumo de bebidas alcoólicas possui relevância para determinação da fronteira entre os prováveis benefícios associadas ao consumo moderado e os prováveis malefícios advindos de um consumo exagerado (ANDRADE; OLIVEIRA, 2009; NIAAA, 2003).

Para definir os padrões de consumo é preciso compreender que tal definição abarca diferentes facetas, como frequência e quantidade da ingestão, locais de consumo, tipo da bebida, perfil biológico, demográfico, econômico e social do consumidor, entre outras, sendo que essas características possuem influência sobre resultados positivos ou negativos que possam *a posteriori* vir a se manifestar (ELLISON; MARTINIC, 2007; ANDRADE; OLIVEIRA, 2009).

Nesse contexto, ainda vale ressaltar a existência na literatura de diferentes nomenclaturas para designar os padrões de consumo, como: uso moderado, social, uso pesado, *binge drinking*, entre outros (CISA, 2014a; HECKMANN; SILVEIRA, 2009). Com o intuito de prover informações credíveis a respeito dessa temática, orientações oficiais para a população no tocante ao consumo de álcool são fornecidas por diferentes órgãos de saúde pública e/ou por instituições internacionais como a OMS (WHO, 2017; CISA, 2014a; DRINKING & YOU, 2016; ANDRADE; OLIVEIRA, 2009).

26.2.1 Consumo moderado

O procedimento de como beber moderadamente é algo que suscita dúvidas na maioria das pessoas. Tal fato se deve à problemática de definir o que seria encarado como moderado, uma vez que consumidores ou mesmo diferentes pesquisadores atribuem diferentes definições para esse termo (NIAAA, 1992; HECKMANN; SILVEIRA, 2009). Rotineiramente, o consumo de bebidas alcoólicas com moderação é confundido com beber socialmente, apesar de serem definições distintas (NIAAA, 1992; DUFOUR, 1999; HECKMANN; SILVEIRA, 2009). O consumo moderado consiste na ingestão de bebidas alcoólicas de forma que não haja transtornos nem para quem bebe nem para a sociedade, havendo minimização dos malefícios e maximização dos benefícios para a saúde do consumidor (NIAAA, 1992; ELLISON; MARTINIC, 2007; ANDRADE; OLIVEIRA, 2009; WHO, 2017).

Como o ato de consumir com moderação bebidas alcoólicas encontra-se associado com possíveis benefícios a saúde, é importante definir com clareza tal padrão de consumo (YÖRÜK; YÖRÜK, 2012; DUFOUR, 1999; ANDRADE; OLIVEIRA, 2009; ÓRTOLA *et al.*, 2016). Ressaltam-se, entretanto, dois questionamentos associados à definição simplista apresentada: a) o modo como o álcool age no corpo pode ser alterado entre diferentes consumidores, afetando de maneiras distintas cada indivíduo; e b) a ausência de quantificação ou estabelecimento de valores que sejam considerados seguros para a ingestão (NIAAA, 1992; DUFOUR, 1999; ANDRADE; OLIVEIRA, 2009; ASHLEY *et al.*, 1994; NIAAA, 2003).

Dessa forma, para melhor caracterização do que seria consumir moderadamente, definições quantitativas foram criadas utilizando o processo de contagem de bebida ingerida em um dado intervalo de tempo, podendo ser diário, semanal ou mensal (NIAAA, 1992; DUFOUR, 1999). Países como o Estados Unidos, por meio das Diretrizes Alimentares 2015-2020 (U.S. DEPARTMENT OF HEALTH AND HUMAN SERVICES, 2017), estabeleceram que o consumo moderado de bebida alcoólica é aquele no qual há consumo diário de até uma dose-padrão para mulheres e duas doses-padrão para homens (NIAAA, 1992; ACS, 2017). Apesar da definição apresentada possuir caráter quantitativo, o que facilita o entendimento do conceito de consumo com moderação pelo público, tem-se outra problemática, desta vez associada à definição de dose-padrão, uma vez que não há uma padronização internacional dessa dose, havendo variações nos valores de consumo de álcool considerados padrão para cada país, conforme já apresentado. Pela definição geral, uma dose-padrão consiste no volume de bebida alcoólica que tem de maneira aproximada quantidades equivalentes, estipuladas em gramas, de álcool puro, independendo do tipo de bebida considerada (WHO, 2017). Para exemplificar, no caso dos Estados Unidos, uma dose-padrão equivale a 14 gramas de álcool puro, assim, o consumo moderado para homens seria de 28 gramas de etanol puro e para mulheres 14 gramas diários; para o Japão, a dose-padrão é igual a 20 gramas de álcool puro, de forma que os limites de ingestão recomendados para homens equivalem a 40 gramas e para mulheres 20 gramas diários; a Finlândia estipula 12 gramas como dose-padrão e considera que a ingestão de 20 gramas diários para homens e 10 gramas para mulheres constitui um consumo caracterizado com nenhum risco provável, havendo uma situação de alto risco quando os indivíduos consomem valores superiores a 40 gramas diários de álcool para homens ou a 20 gramas para mulheres (IARD, 2016).

A dificuldade no entendimento do consumo-padrão cabe ao fato de não somente ser diferenciada a depender dos países, por consequência de diferentes valores e definição de dose-padrão, mas também por muitos países ainda não terem definições quanto à especificação de valores relacionados à dose-padrão ou somente a valores quantitativos para consumo moderado. Por exemplo, a Bélgica não define dose-padrão, mas considera os limites de consumo para homens, como os de 21 *drinks* semanais ou três *drinks* diários e para mulheres catorze *drinks* semanais ou dois *drinks* diários (IARD, 2016).

Para o caso específico do Brasil, há determinação da dosagem-padrão, que consiste em 17 mL de álcool puro (aproximadamente 14 gramas), mas sem uma definição para os parâmetros que caracterizam consumo moderado para homens e mulheres, sendo sugerido seguir as definições preconizadas por organizações internacionais (ANDRADE; OLIVEIRA, 2009; BRASIL, 2011).

Ressalta-se que o desmembramento das diretrizes de consumo para homens e mulheres se dá pela maior vulnerabilidade feminina aos efeitos do álcool, o que se relaciona a distinções fisiológicas existentes entre esses diferentes sexos. Entre os parâmetros que causam essa diferenciação, encontra-se a atividade de enzimas presentes no estômago de homens e mulheres que quebram o álcool antes de este atingir a corrente sanguínea, sendo que essas enzimas, por serem mais ativas nos homens, acabam por favorecer maior consumo e menor efeito ante uma maior ingestão de álcool. Tem-se ainda outros parâmetros, como a presença, em geral, de maior quantidade de gordura e menor quantidade de água em mulheres, que, devido ao álcool ser mais solúvel em água, causaria uma demora na absorção em relação ao o que ocorre nos homens e, dessa forma, uma metabolização do álcool de forma mais lenta no corpo feminino quando comparado ao masculino (NIAAA, 1992; ACS, 2017; ELLISON; MARTINIC, 2007; BRASIL, 2011).

A definição de consumo moderado, apesar de controversa devido à inconstância da quantidade de álcool contida em uma dose-padrão e à ausência de uma interpretação objetiva do significado de moderação, precisa ser explicitada de forma clara para que os consumidores de bebidas alcoólicas possam ser orientados de forma eficaz (DUFOUR, 1999). Assim, de um modo geral, o consumo moderado pode ser definido como a ingestão não superior a uma dose-padrão para mulheres por dia e não superior a duas doses-padrão para homens, diariamente, considerando que a dose-padrão contém 14 gramas de álcool (DUFOUR, 1999).

26.2.2 Consumo social

O consumo social de bebidas alcoólicas pode ser definido como a ingestão de bebidas seguindo padrões estipulados e aceitos pela sociedade na presença ou na companhia de outros indivíduos, a depender das circunstâncias e ambiente em questão, diferenciando-se de forma imprecisa e subjetiva tanto do consumo moderado como do consumo excessivo. Salienta-se que esse padrão de consumo, que também recebe a denominação de beber integrado, não deve ser confundido com o consumo moderado, uma vez que há uma definição quantitativa para moderado, mesmo que controversa entre países e pesquisadores, e, a depender da situação, o beber social pode exceder os parâmetros estipulados como moderados, porém mantendo-se dentro da faixa de aceitabilidade social (WHO, 2017).

26.2.3 Consumo excessivo

O consumo excessivo de álcool é caracterizado pela extrapolação dos parâmetros de ingestão considerados moderados ou aceitáveis. Tal tipo de padrão de consumo deve ser considerado uma situação problemática que em geral está associada a uma gama de resultados nocivos para o bem-estar não somente do consumidor, mas também de toda a sociedade (CEBRID, 2017; YÖRÜK; YÖRÜK, 2012; WHO, 2011).

Entretanto, mesmo considerado como prejudicial, cabe salientar que o consumo excessivo ainda pode ser classificado em dois tipos: episódico e habitual. A ingestão episódica compreende o consumo em excesso de bebidas alcóolicas em breves intervalos de tempo que acontecem, por exemplo, algumas vezes ao longo de um ano, enquanto a ingestão habitual consiste em beber regularmente montantes consideráveis de bebidas alcoólicas de forma que haja malefícios às saúdes física e psicológica do consumidor de forma mais evidente (WHO, 2017).

É importante ressaltar que os consumidores de álcool que bebem excessivamente, em sua maioria, não devem ser classificados como alcoólatras ou dependentes de álcool (CDC, 2016b). Mesmo que haja um consumo exacerbado de bebidas alcoólicas, o consumidor tem a possibilidade, a depender de diversos fatores, incluindo os genéticos e culturais, de não desenvolver dependência durante longo tempo, regredindo para parâmetros de ingestão moderados (ANDRADE; OLIVEIRA, 2009). Para que a dependência alcoólica se manifeste, é necessário que o indivíduo apresente uma predisposição ao vício ocasionada por uma conjunção de fatores biológicos, sociais, ambientais e psicológicos (HECKMANN; SILVEIRA, 2009). O consumo problemático representa o ato de beber associado a problemas de saúde e/ou sociais que repercutem tanto para o indivíduo quanto para quem o cerca, podendo ser o prelúdio para o alcoolismo (WHO, 2017). Cabe salientar que o padrão de consumo excessivo abarca, em geral, dois diferentes tipos: o consumo *binge* (*binge drinking*) e o consumo pesado/intenso.

26.2.3.1 Consumo binge

Binge drinking é um termo utilizado internacionalmente para descrever o consumo pesado episódico, que pode ser caracterizado pela ingestão igual ou superior a cinco doses para homens e igual ou superior a quatro doses para mulheres em uma única ocasião (que pode ser ao mesmo tempo ou no período de duas horas entre uma dose e outra), sendo essa ingestão ao menos de forma mensal (NIAAA, 2017b; HECKMANN; SILVEIRA, 2009; LARANJEIRA *et al.*, 2007). De acordo com o Levantamento Nacional sobre os Padrões de Consumo de Álcool na População Brasileira, pesquisa realizada em 2007, o padrão de consumo *binge* pode ser relacionado a situações deletérias para o consumidor, como a intoxicação por álcool devido ao consumo de grandes volumes em uma única ocasião, resultando na possibilidade de acidentes ou de atos violentos causados por alterações neurofisiológicas, como minimização da capacidade de realizar julgamentos e da coordenação motora, além da desinibição comportamental (WHO, 2014; GARCIA; FREITAS, 2015). Os impactos do *binge drinking* podem ser intensificados, a depender do peso do consumidor, faixa etária, velocidade de ingestão da bebida, quantidade de doses consumidas, entre outros (LARANJEIRA *et al.*, 2007).

26.2.3.2 Consumo pesado/intenso

O consumo classificado como pesado ou intenso é aquele que ultrapassa os limites do beber moderado e do consumo social, sendo definido em termos de exceder um volume diário ou uma quantidade por ocasião (WHO, 2017; HECKMANN; SILVEIRA, 2009). O beber pesado ocasiona não somente inúmeros problemas de saúde para o indivíduo que segue esse padrão de consumo, mas também prejuízos na sociedade na qual ele está inserido (HECKMANN; SILVEIRA, 2009; WHO, 2014). Em termos quantitativos, de acordo com as Diretrizes Alimentares 2015-2020 (U.S. DEPARTMENT OF HEALTH AND HUMAN SERVICES, 2017), o beber pesado consiste no consumo igual ou superior a oito doses por semana para as mulheres e igual ou superior a quinze doses por semana para homens.

26.2.4 Ação do álcool no corpo humano

O álcool (C_2H_5OH) possui uma estrutura molecular pequena e simples e é altamente solúvel em água; tais características permitem que ele se desloque com facilidade por meio das membranas das células, difundindo-se para a corrente sanguínea, tecidos e órgãos com rapidez (HECKMANN; SILVEIRA, 2009; LEAL; ARAÚJO; PINHEIRO, 2012; MARTINS; LOPES; ANDRADE, 2013). O teor ou concentração de álcool no sangue pode ser verificado por meio de mensurações realizadas no ar expirado, na urina e em outros fluidos corpóreos, sendo expresso em massa por unidade de volume (WHO, 2017; HECKMANN; SILVEIRA, 2009). Em quantidades pequenas, a absorção do álcool ingerido inicia-se pelas mucosas da boca e do esôfago e segue então para o estômago e intestinos, onde continua sendo absorvido e perpassado para a corrente sanguínea (HECKMANN; SILVEIRA, 2009).

O fígado desempenha importantes funções para a manutenção das atividades vitais do corpo humano, atuando no processo de filtragem do sangue, remoção e destruição de compostos tóxicos, sendo considerado como o principal responsável pela metabolização do álcool ingerido (MAHER, 1997). O termo metabolização refere-se ao processo de conversão de substâncias ingeridas em outros produtos, de forma que tais substâncias apresentem uma redução de toxicidade em relação ao nível inicial (NIAAA, 1997). Para o corpo eliminar o álcool presente nas bebidas alcoólicas, são necessárias diferentes etapas nas quais enzimas auxiliam na transformação da molécula do álcool em outras substâncias que podem ser processadas com mais facilidade pelo organismo (NIAAA, 2007). O fígado é dotado de enzimas conhecidas como álcool desidrogenase (ADH), que atuam na conversão do etanol, por processo de oxidação, em um composto tóxico, e reconhecidamente cancerígeno, denominado acetaldeído (CH_3CHO) (NIAAA, 1997, 2007; MAHER, 1997; CISA, 2017a). Esse composto permanece no organismo por pouco tempo, sendo degradado de forma rápida em um composto de menor toxicidade para o organismo intitulado acetato (CH_3COO^-) pela ação de outra enzima, a aldeído desidrogenase (ALDH) (NIAAA, 2007; MAHER, 1997; CISA, 2017b). O acetato é transformado em dióxido de carbono e água por intermédio de diferentes processos metabólicos que ocorrem sobretudo em outros tecidos do corpo além do fígado (NIAAA, 2007).

Além dos compostos enzimáticos ADH e ALDH, outras enzimas também realizam a transformação do álcool em acetaldeído, a saber: citocromo P450 2E1 (CYP2E1) e catalase (NIAAA, 2007; NIAAA, 1997). A ação do citocromo só ocorre quando há consumo de grandes quantidades de álcool, e a catalase quebra apenas pequenos montantes do etanol presente no organismo (NIAAA, 2007; MAHER, 1997). O álcool também pode ser eliminado do corpo, em quantidades pequenas, pela formação de ésteres etílicos de ácidos graxos (EEAG) provenientes da interação do etanol com ácidos graxos (NIAAA, 2007). A maior parte do álcool consumido é processado pelo fígado, contudo, quantidades pequenas de etanol que conseguem se esquivar da metabolização hepática são expelidas sem alteração em sua estrutura pela respiração, pelo suor e pela urina (NIAAA, 1997; CISA, 2017b; HECKMANN; SILVEIRA, 2009).

A metabolização do álcool é mais lenta do que sua absorção, já que o fígado é capaz de processar apenas uma certa alíquota de etanol por hora independentemente da quantidade ingerida (NIAAA, 1997; CDC, 2016c). O organismo tem a capacidade de remover o álcool na ordem de 0,2 grama por quilo de massa corpórea por hora, e, por consequência, a embriaguez ocorre quando o indivíduo consome álcool em uma proporção e velocidade capaz de causar o acúmulo de álcool no sangue (LEAL; ARAÚJO; PINHEIRO, 2012). A metabolização do álcool é dependente de fatores como faixa etária, porte físico (massa corpórea e altura), genética, padrão de consumo, condições de alimentação e saúde, entre outros (NIAAA, 1997; CISA, 2017b; CDC, 2016c). Ressalta-se que não há como acelerar o metabolismo do álcool, por exemplo, pela ingestão de café forte ou banhos frios (BRASIL, 2011).

Entretanto, sabe-se que a absorção de álcool é influenciada pela presença e pelo tipo de alimento recém-ingerido, uma vez que o álcool é absorvido mais lentamente devido a sua diluição ou mesmo retenção promovida pelos alimentos presentes no estômago (NIAAA, 1997; LEAL; ARAÚJO; PINHEIRO, 2012). Misturas de bebidas alcoólicas com outros líquidos também alteram a velocidade de absorção; como exemplo, tem-se que sucos de fruta e água diminuem a agilidade de absorção, enquanto bebidas que possuem dióxido de carbono atuam como aceleradores do processo de absorção de álcool pelo organismo (LEAL; ARAÚJO; PINHEIRO, 2012).

Nesse contexto, e de modo específico sobre a ação do álcool no corpo, sabe-se que, devido aos fatores que influenciam tanto a absorção quanto a metabolização do álcool, indivíduos diferentes são impactados de forma distinta quando da ingestão de álcool (CISA, 2017b).

26.3 BENEFÍCIOS E MALEFÍCIOS ASSOCIADOS AO CONSUMO DE BEBIDAS ALCOÓLICAS

A fronteira que separa os benefícios e malefícios advindos do ato de consumir bebida alcoólica pode ser considerada como dependente da quantidade de etanol ingerido e do padrão de consumo adotado (ELLISON; MARTINIC, 2007; DUFOUR,

1999; LARANJEIRA *et al.*, 2007). As informações apresentadas na literatura como benefícios ou malefícios relacionados a um determinado padrão de consumo de álcool, bem como os modelos que relacionam benefícios e malefícios relativos a esse consumo, objetivam sugerir patamares nos quais seja possível considerar o ato de consumo de bebida alcoólica seguro ou de baixo risco, sem grandes repercussões negativas para o consumidor (DUFOUR, 1999).

26.3.1 Álcool e seus benefícios

Para que se possa usufruir dos benefícios advindos do consumo de bebidas alcoólicas, conforme expostos a seguir, apesar da definição de moderação ser complexa e controversa, salienta-se que o consumo deve ser realizado de forma moderada e consciente. De acordo com a OMS, para que o ato de consumir bebidas alcoólicas não represente um risco exacerbado para a saúde, o consumo não deve ser superior a duas doses-padrão de álcool ao dia, devendo ainda ser reservado ao menos dois dias na semana para nenhum tipo de consumo de bebida alcoólica (WHO, 2010). Cabendo ressaltar que, segundo as Diretrizes Alimentares 2015-2020 dos Estados Unidos (U.S. DEPARTMENT OF HEALTH AND HUMAN SERVICES, 2017), tem-se uma situação diferenciada para ambos os sexos, ou seja, consumo moderado quando há ingestão de até duas doses-padrão diárias para homens e uma dose-padrão diária para mulheres, considerando-se que a dose-padrão contenha 14 gramas de álcool puro (NIAAA, 1992; ACS, 2017).

Entre os benefícios, facilmente perceptíveis, está o fato de a ingestão de bebida alcoólica, frequentemente, ser associada a momentos festivos, de intensa alegria (ALMEIDA-PITITTO; MORAES; FERREIRA, 2013). Há menção desse efeito para o vinho até mesmo na Bíblia, na qual é descrito que "o vinho alegra o coração do homem" (Sl. 104:15). Tal fato não ocorre ao acaso, já que em doses moderadas o álcool possui um efeito psicológico benéfico para o consumidor, pela possibilidade de minimizar o estresse, a tensão e a ansiedade, além de promover a desinibição do consumidor, em especial na comunicação, melhorando o convívio e demais fatores sociais (CISA, 2017b; ASHLEY *et al.*, 1994; BAUM-BAICKER, 1985).

Além disso, muitos são os estudos disponíveis na literatura que apresentam o vínculo entre o consumo de álcool e um menor risco de cardiopatia isquêmica (ESPAÑA, 2008). Tal vínculo é representado por meio de um gráfico cujo formato assemelha-se à letra "J", em que o risco de apresentar cardiopatia isquêmica era menor entre aqueles indivíduos que ingeriam pequenas quantidades de álcool, havendo aumento do risco da doença entre os que se abstinham de bebida alcoólica e os que bebiam em demasia (ESPAÑA, 2008). Quanto à influência do tipo de bebida nessa diminuição de riscos, cogita-se que a possibilidade de proteção contra a cardiopatia seria obtida com a ingestão de qualquer bebida alcoólica (ESPAÑA, 2008).

Do mesmo modo, em estudo realizado por Rimm e Moats (2007) com indivíduos ditos saudáveis (não fumantes, não obesos, praticantes de exercícios físicos e com boa alimentação), também se verificou que o consumo moderado de álcool associa-se com benefícios cardiovasculares, já que tal padrão de consumo reduz o risco de doença arterial coronariana (*coronary heart disease* – CHD), não havendo distinção de benefícios em relação ao tipo de bebida (cerveja, vinho e destilados). A princípio, o estudo aponta que os benefícios obtidos estariam relacionados aos efeitos do álcool sobre o colesterol HDL, o fibrinogênio e o controle glicêmico.

Aliado a estes estudos, o NIAAA (1992) descreveu que há muitas evidências que demonstram que consumir pequenas doses de bebidas alcoólicas promove uma diminuição no risco de mortalidade atribuído a doenças coronarianas tanto para homens quanto para mulheres. De acordo com esse instituto, após análise da literatura, verificando-se vários estudos com diferentes metodologias de análise (transversais, longitudinais, coorte, caso-controle, individuais, metanálise) e de ajustes, concluiu-se que a ingestão de álcool e a mortalidade relacionadas a doença cardíaca coronariana seguem um padrão em formato de letra "J" ou de "U", sendo que de uma a quatro doses diárias reduzem o risco de maneira significativa e cinco ou mais doses diárias aumentam significativamente o risco da enfermidade. Os estudos apontaram ainda que essa relação inversa entre consumo leve a moderado de bebidas e doença coronariana tem sido verificada de forma independente de idade, gênero, tabagismo e índice de massa corporal. O risco relativo de infarto de miocárdio é minimizado em 25% para homens que ingerem até duas doses de bebida diária e em 50% para indivíduos que consomem mais de duas doses. O consumo moderado de etanol e seu efeito cardioprotetor podem estar associados a alterações induzidas pelo álcool em lipídeos, lipoproteínas, fibrinogênio e resistência à insulina, assim como a mecanismos ou combinações de mecanismos que permanecem incógnitos (NIAAA, 2003).

Petrone, Gaziano e Djoussé (2014) estudaram o impacto do consumo de álcool em portadores de insuficiência cardíaca, especificamente médicos americanos do sexo masculino, verificando-se menor mortalidade de pacientes com insuficiência cardíaca entre aqueles indivíduos que ingeriam pequenas quantidades de álcool, havendo aumento entre os que se abstinham de bebida alcoólica e os que bebiam em demasia, não havendo constatações relacionadas à influência de diferentes tipos de bebidas alcoólicas.

Mukamal *et al.* (2010) analisaram nove levantamentos nacionais da população americana entre 1987 e 2000 e constataram que o consumo leve e moderado de etanol se encontrava inversamente associado a mortes causadas por doença cardiovascular, verificando pequenas diferenças em comparação aos indivíduos que nunca consumiram bebidas alcoólicas. Os resultados obtidos pelos autores corroboram estudos epidemiológicos prévios que averiguaram menor incidência de doenças cardiovasculares entre os consumidores moderados, enquanto a ingestão excessiva ocasiona um aumento no risco de desenvolver doenças cardiovasculares, como os trabalhos apresentados por Thandani *et al.* (2002), Ashley *et al.* (1994), Fuchs *et al.* (1995), Thun *et al.* (1997), Klatsky *et al.* (2005), Djoussé e Gaziano (2008a, 2008b).

Schröder *et al.* (2005) analisaram fatores de risco cardiovasculares como colesterol total, colesterol HDL, triglicérides, glicose em jejum, fibrinogênio, lipoproteína, frequência cardíaca e pressão sanguínea sistólica e diastólica e sua relação com tipos de bebidas alcoólicas. Foram obtidos resultados que apontavam que a ingestão de álcool estaria associada com melhores parâmetros de colesterol HDL e fibrinogênio tanto no sexo masculino quanto no feminino. Entretanto, para o colesterol total, triglicérides, frequência cardíaca e pressão sanguínea sistólica e diastólica, os efeitos do consumo total de álcool foram deletérios. Além disso, os resultados obtidos por Schröder *et al.* (2005) corroboraram resultados já presentes na literatura de que a correlação entre bebidas alcoólicas e os fatores de risco cardiovasculares aparentemente está ligada ao teor total de álcool, e não ao tipo de bebida.

Cooper, Exner e Domanski (2000) promoveram um estudo para verificação do consumo leve a moderado de álcool e sua relação com o prognóstico em pacientes com disfunção sistólica ventricular esquerda. As conclusões apresentadas pelo estudo demonstram que a ingestão leve a moderada de álcool não tem associação com o prognóstico de disfunção sistólica ventricular esquerda, podendo até mesmo minimizar o risco de infarto fatal de miocárdio em pacientes possuidores de disfunção isquêmica do ventrículo esquerdo.

Andrade e Oliveira (2009) relataram que, no tocante a doenças cardiovasculares, existe uma discrepância em relação à colaboração do consumo de álcool para o surgimento de doenças cardiovasculares, sendo que o consumo leve a moderado se associa a benefícios e a ingestão pesada tem ligação com efeitos deletérios. Beber moderadamente minimiza a ocorrência de enfermidades cardiovasculares, havendo na literatura relatos de diminuição dos riscos de avanço de tais doenças em pessoas já detentoras delas. Ainda segundo os autores, no caso de doenças coronarianas, a relação entre ingestão de etanol e sua ocorrência é descrita por diferentes estudos nos quais são apresentados resultados em que há uma minimização da mortalidade atribuída a infarto agudo de miocárdio e doenças coronárias em consumidores moderados de álcool. Ainda segundo os autores, há risco de desenvolvimento de hipertensão de forma independente de aspectos nutricionais quando há consumo pesado de bebidas alcoólicas, sendo que o uso leve a moderado não apresenta o mesmo risco.

Ashley *et al.* (1994) apresentaram em seu trabalho as opiniões de profissionais sobre a relação do consumo moderado com a saúde, indicando que, além dos prováveis benefícios cardiovasculares relacionados à redução dos riscos de doença coronariana, o peso corporal pode também ser diminuído quando o consumo é moderado (desde que o álcool substitua, nessas condições, os carboidratos, sem ocorrência de alteração no total de energia consumida).

Ellison e Martinic (2007) afirmaram que há evidências que respaldam os benefícios que podem advir do consumo moderado de bebidas alcoólicas em relação à proteção para certas doenças como: doença cardíaca coronariana e outras enfermidades cardiovasculares (sobretudo em homens de meia-idade e idosos e mulheres que já passaram pela menopausa), diabetes tipo II, síndrome metabólica, disfunções cognitivas em idosos, osteoporose e cálculo na vesícula. De acordo com o trabalho, possivelmente o benefício mais conhecido da ingestão moderada de álcool encontra-se relacionado à doença cardíaca coronariana. Os autores relataram ainda que existem evidências de que possivelmente a ingestão moderada de álcool altera o risco de ocorrência de diabetes tipo II, sendo que indivíduos possuidores dessa doença que ingerem álcool em padrões moderados possuem um risco diminuído de desenvolver doenças cardiovasculares em comparação com indivíduos que não bebem. Os meandros pelos quais se dá o benefício do consumo moderado e a diabetes tipo II ainda não foram esclarecidos em plenitude, contudo verifica-se que a minimização dos riscos pode estar ligada ao aumento da sensibilidade da insulina com a moderação no consumo. Após análise da literatura, Ellison e Martinic (2007) informam que estudos epidemiológicos mencionam uma redução nos riscos de demência associada com o beber leve a moderado.

Almeida-Pititto, Moraes e Ferreira (2013) também relataram evidências que apontam que a ingestão moderada de álcool se encontra ligada a uma minimização considerável dos riscos cardiovasculares e de mortalidade entre os consumidores com esse padrão de ingestão, além de benesses relativas ao diabetes e ao câncer. O artigo ressalta que estudos observacionais constituem os propagadores das primeiras provas de que o consumo de etanol estaria ligado à saúde, já que foi registrada mortalidade mais baixa em indivíduos usuários de álcool.

Janssens *et al.* (2001) realizaram estudo sobre a relação entre ingestão de álcool na Bélgica e o índice de massa corporal. Os autores verificaram que com o consumo moderado houve um aumento sensível do índice de massa corporal e o risco de obesidade em homens, enquanto esses mesmos índices diminuíram em mulheres, sendo necessários mais estudos para o entendimento das razões de tais resultados. Verificou-se também que aparentemente a cerveja não ocasiona aumentos no risco de desenvolver obesidade ou sobrepeso.

Ferrières (2004) destaca o efeito protetor da ingestão moderada de álcool em relação a doença cardíaca coronariana devido ao aumento da concentração de colesterol HDL ocasionada pelo consumo de bebida alcoólica, sendo que cerca de 50% da minimização do risco de desenvolvimento da enfermidade é atribuído a mudanças no colesterol HDL.

Mukamal (2007) analisou a ingestão de álcool e doenças cardiovasculares não coronarianas como acidente vascular cerebral, insuficiência cardíaca congestiva, fibrilação atrial e doença arterial periférica. De acordo com o estudo realizado, a associação entre o consumo moderado de bebidas alcoólicas e doenças não coronarianas é complexa. No caso da ingestão de álcool e o acidente vascular cerebral isquêmico, há uma relação em formato da letra "J", com menor risco associado aos indivíduos que consomem aproximadamente uma dose de bebida por dia e maiores riscos de desenvolvimento desse tipo de acidente vascular em consumidores de três ou mais doses por dia. Quanto aos riscos de acidente vascular hemorrágico, estes aumentam gradativamente com a maior ingestão de álcool. O perigo de desenvolvimento de doença arterial periférica e de insuficiência cardíaca congestiva aparentemente apresentam-se mais baixos em consumidores moderados de até uma ou duas doses por dia, sendo necessários mais estudos para definir com maior precisão se tal relação entre essas doenças e o consumo moderado de álcool é verídica. A fibrilação atrial não se encontra associada com a ingestão moderada de álcool.

Berger *et al.* (1999) realizaram pesquisa com o intuito de verificar a relação entre a ingestão leve a moderada de bebidas alcoólicas e o risco de acidentes vasculares cerebrais. Para tanto, analisaram médicos do sexo masculino com idades entre 40 e 84 anos, e as conclusões obtidas apontam uma redução no risco geral de acidente vascular cerebral e de acidente vascular cerebral isquêmico em homens quando do consumo leve a moderado de álcool (uma a sete doses por semana).

Quanto a diabetes tipo II, segundo o NIAAA (2003), o risco relativo de desenvolvimento dessa enfermidade e sua relação com a ingestão de álcool possuem um perfil em forma de "J" ou "U", sendo que diferentes estudos verificaram que o consumo moderado se associa com a redução da incidência de diabetes tipo II tanto em homens quanto em mulheres. A conexão entre consumo moderado de bebidas alcoólicas e ganho de peso, índice de massa corporal ou obesidade permanece pouco clara, apesar de parecer ocorrer algum efeito protetor do consumo moderado em relação a síndrome metabólica e a diabetes, que são duas das maiores consequências da obesidade. Existem indicações de uma possível minimização do risco de demência vascular com a moderação do consumo de bebidas alcoólicas, permanecendo os efeitos de tal consumo na demência provocada por Alzheimer e na degeneração macular sem conclusão definitiva. Quanto a eventos cerebrovasculares, como acidentes vasculares cerebrais, o consumo moderado de álcool, segundo evidências verificadas na literatura, reduz o risco de acidentes vasculares nos indivíduos com maior propensão a acidentes vasculares isquêmicos, como pessoas de meia-idade e idosos, enquanto em jovens adultos pode aumentar o risco de acidentes vasculares hemorrágicos.

Andrade e Oliveira (2009) relataram que a ingestão moderada de álcool se encontra relacionada com a minimização do risco de desenvolver diabetes, havendo consequências favoráveis para o metabolismo da glicose e para os níveis de insulina. Essas conclusões foram verificadas ainda por Koppes *et al.* (2005), que, após analisar quinze outros estudos, verificaram a existência de uma considerável (cerca de 30%) redução do risco de diabetes tipo II quando há consumo moderado de bebidas alcoólicas tanto para homens quanto para mulheres, com um padrão gráfico em formato de "U".

De acordo com a American Cancer Society (ACS, 2016), estudos demonstram que o consumo de álcool se associa a um aumento na possibilidade de desenvolver certos tipos de cânceres, de forma que, quanto maior a quantidade de etanol ingerido, maior o risco. Entretanto, caso o consumo seja realizado de maneira moderada, há uma redução do risco de desenvolvimento dessas enfermidades ligadas ao álcool. Tal sociedade aponta ainda a diminuição dos riscos de doenças cardíacas e acidentes vasculares quando há consumo moderado de álcool.

De acordo com Ferrières (2004) e Bau *et al.* (2007), o termo paradoxo francês é utilizado para designar a observação de baixas taxas de mortalidade atribuída a doença cardíaca coronariana mesmo havendo alto consumo de colesterol e gordura saturada, já que tal definição foi desenvolvida por epidemiologistas franceses nos anos 1980. Houve a sugestão por parte dos pesquisadores franceses que a explicação para tal paradoxo residia no fato de os franceses consumirem grandes quantidades de álcool, sobretudo vinho tinto (ASHLEY *et al.*, 1994; FERRIÈRES, 2004). Assim, houve estímulo para que pesquisadores estudassem com afinco componentes do vinho tinto, como os polifenóis, especificamente o resveratrol, com o intuito de esclarecer a relação entre a ingestão moderada de vinho e casos de doença cardiovascular, além da influência dos tipos de bebida e o seu papel cardioprotetor (ARRANZ *et al.*, 2012).

Arranz *et al.* (2012) relatam que o consumo moderado de álcool tem repercussões benéficas no dano celular provocado pelo envelhecimento, funções cognitivas e demência, sendo tais benesses verificadas em diferentes pacientes. Ainda de acordo com esses autores, diferentes estudos clínicos e epidemiológicos demonstram que o vinho tinto pode atuar como protetor contra enfermidades cardiovasculares, aterosclerose, hipertensão, certos tipos de câncer, diabetes tipo II, síndrome metabólica e distúrbios neurológicos.

26.3.1.1 A influência do tipo de bebida alcoólica

De acordo com Almeida-Pititto, Moraes e Ferreira (2013), tem-se dado um destaque crescente para diferentes tipos de bebidas alcoólicas e seus elementos constituintes, havendo estudos que apresentam as disparidades em termos de efeitos associados à ingestão de vinhos, destilados e cervejas. Comparações entre fermentados (vinho e cerveja) e destilados demonstram maiores reduções dos riscos de morte por doença coronária registrados para fermentados em relação aos destilados (ALMEIDA-PITITTO; MORAES; FERREIRA, 2013; FRIEDMAN; KIMBALL, 1986). Assim, de acordo com parte da literatura, as benesses para a saúde relacionadas ao consumo moderado de álcool apresentam diferenciação de acordo com o tipo de bebida (ANDRADE; OLIVEIRA, 2009). Contudo, Ashley *et al.* (1994) contestaram tal fato declarando que o álcool presente em todas as bebidas é provavelmente o responsável pelo efeito protetor, de forma que as distinções verificadas para tipos específicos de bebida são provavelmente ocasionadas pelo padrão de consumo da bebida. Apesar de toda a controvérsia verificada no tema, a seguir são relatadas as diferenças entre bebidas complexas (vinho e cerveja) que apresentam um valor nutricional diferenciado quando comparadas a outros tipos de bebidas alcoólicas.

26.3.1.1.1 Embate nutricional: cerveja e vinho

A cerveja, segundo Seidl (2003), corresponde a uma bebida dotada de um baixo teor alcoólico, sendo o álcool contido nela proveniente da fermentação de amido sacarificado. Uma das bebidas alcoólicas de maior consumo no mundo e que por muitos séculos compôs o regime alimentar dos seres humanos, a cerveja é dotada de muitos nutrientes, como carboidratos, aminoácidos, minerais, vitaminas, polifenóis, entre outros (ALMEIDA-PITITTO; MORAES; FERREIRA, 2013; ARRANZ *et al.*, 2012; MORADO, 2009). De acordo com Morado (2009), entre os benéficos nutrientes presentes na cerveja, tem-se o ácido fosfórico, que atua de maneira positiva na pele, sendo empregado como cosmético na Antiguidade; vitaminas do complexo B, que agem no funcionamento muscular, cerebral e dos nervos, bem como na conservação dos tecidos e na metabolização de gorduras; minerais como cálcio e silício, que desempenham importante papel na composição óssea; potássio, que, associado ao cálcio, auxilia na atuação do coração; entre outros. Quanto aos polifenóis, a cerveja é dotada de uma alta concentração desses compostos (MORADO, 2009) e, de acordo com Arranz *et al.* (2012), as estruturas de polifenóis presentes na cerveja correspondem a fenóis simples, derivados de ácido benzoico e ácido cinâmico, cumarinas, catequinas, alfa-ácidos e iso-alfa-ácidos provenientes do lúpulo, entre outros. Os polifenóis presentes na cerveja apresentaram, *in vitro*, atuação como antioxidantes, anti-inflamatórios, antialérgicos, anticarcinogênicos, antivirais, além de inibir a aglomeração de plaquetas e a oxidação de LDL, o que auxilia na minimização dos riscos de sofrer infarto de miocárdio (MORADO, 2009; ALMEIDA-PITITTO; MORAES; FERREIRA, 2013; ARRANZ *et al.*, 2012).

De acordo com Seidl (2003), o vinho é uma bebida alcoólica cujo álcool é proveniente de fermentação de açúcar animal (contido no mel) ou vegetal (frutose obtida em uvas, peras, groselhas ou maçãs), sendo a origem de tal bebida precedente à cerveja (considerando a cerveja caracterizada pela Lei da Pureza), já que, mesmo sem ocorrer intervenção do ser humano, frutas podem sofrer fermentação. Assim como a cerveja, o vinho contém nutrientes como carboidratos, açúcares, ácidos orgânicos, proteínas, compostos aromáticos, minerais, vitaminas, compostos fenólicos, sendo que há uma grande gama de compostos químicos integrando cada grupo das substâncias componentes (ALPUIM, 1997; FERREIRA *et al.*, 2001). Os benefícios à saúde advindos da ingestão de vinho são devidos a complexos mecanismos que envolvem diferentes e diversos caminhos metabólicos (ARRANZ *et al.*, 2012). A constituição química é variável e influenciada pelo tipo de uva e de vinho produzido a partir dela, todavia, verificam-se benesses semelhantes em variações de vinho tinto, enquanto o vinho branco aparenta um benefício menor para o sistema cardiovascular quando comparado ao tinto (ARRANZ *et al.*, 2012). Os processos de fabricação de vinhos tintos e brancos apresentam distinções, sendo que tais distinções podem estar associadas à maior quantidade de compostos fenólicos no vinho tinto, impactando assim nos benefícios à saúde verificados para os diferentes tipos de vinho (ARRANZ *et al.*, 2012). O vinho tinto apresenta polifenóis que correspondem a uma mistura de flavonoides (por exemplo, antocianina) e não flavonoides (por exemplo, resveratrol) (ARRANZ *et al.*, 2012). Os flavonoides advindos do vinho tinto, em observações *in vitro*, apresentaram atividade inibitória da oxidação de LDL, enquanto o resveratrol demonstrou atividades cardioprotetoras, além da inibição da oxidação de LDL e do agrupamento plaquetário (FERRIÈRES, 2004; ARRANZ *et al.*, 2012). Arranz *et al.* (2012) destacam que é possível que os benefícios advindos da ingestão moderada de vinho estejam associados à combinação geral de todas as substâncias, e não exclusivamente à atuação de um composto específico como o resveratrol.

Em síntese, vinho e cerveja correspondem a bebidas complexas dotadas de nutrientes presentes em diferentes concentrações e que apresentam benefícios à saúde quando há uma ingestão leve a moderada dessas bebidas. Ressalta-se que, para alguns pesquisadores, ainda há questionamentos sobre a natureza desses benefícios estar ligada aos componentes alcoólicos ou não alcoólicos presentes nas bebidas, uma vez que cada indivíduo metaboliza de forma diferenciada as bebidas que ingere, elevando consideravelmente as dificuldades relativas à determinação de qual componente possui mais influência em determinado efeito na saúde. Esse fato contribui para a necessidade constante de maiores estudos para verificação detalhada dos prováveis benefícios (ARRANZ *et al.*, 2012).

26.3.2 Álcool e seus malefícios

O consumo de álcool e sua repercussão quanto a lesões e enfermidades apresenta conexão com dois fatores: o volume de álcool ingerido e o padrão de consumo (WHO, 2011). Enquanto o consumo moderado de álcool encontra-se associado com benefícios para o indivíduo que mantém tal padrão de consumo, o ato de beber excessivamente encontra-se ligado a várias problemáticas, como mortalidade e morbidade advindas de condições médicas crônicas (doença hepática alcoólica, acidentes vasculares hemorrágicos, acidentes veiculares, lesões acidentais e intencionais, problemas sociais e legais, suicídios) (DAWSON, 2011; ASHLEY *et al.*, 1994; GARCIA; FREITAS, 2015). Os impactos do consumo de álcool em excesso não se restringem apenas às questões individuais e de saúde do consumidor, indo além e gerando gastos sociais e econômicos que são pagos por toda a sociedade (WHO, 2014). Meloni e Laranjeira (2004) declararam que uma maior incidência de problemas de saúde ocorre quanto maior a quantidade média de álcool ingerido, enquanto a Sociedade Americana de Câncer (ACS, 2015) declara que, para se manter saudável ingerindo álcool, é preciso haver moderação. Assim, tanto a ingestão em excesso de álcool como o consumo *binge*, e a manutenção desses padrões, repercutem de forma deletéria para o consumidor.

É possível verificar que o consumo excessivo e por demasiados períodos de tempo eleva os riscos de desenvolver problemas cardiovasculares e diferentes tipos de câncer (NIAAA, 2003, 2017; CDC, 2016d; ELLISON; MARTINIC, 2007; WHO, 2011, 2014, 2017; ANDRADE; OLIVEIRA, 2009; ASHLEY *et al.*, 1994; GARCIA; FREITAS, 2015; MELONI; LARANJEIRA, 2004; ACS, 2016, 2017; THUN *et al.*, 1997; RABIN, 2009). No tocante aos problemas cardiovasculares, o NIAAA (2017c) ressalta que ingerir bebidas alcoólicas em excesso, seja em uma única ocasião ou de maneira recorrente ao longo do tempo, tem efeitos nocivos para o sistema cardiovascular, com o desenvolvimento de algumas enfermidades que englobam cardiomiopatias, arritmias, acidentes vasculares cerebrais e pressão alta. O consumo excessivo de qualquer tipo de bebida alcoólica apresenta ligação com maiores riscos de desenvolvimento de hipertensão tanto para homens quanto para mulheres (FUCHS *et al.*, 2001). Quanto à incidência de cânceres, Arranz *et al.* (2012) destacaram que os efeitos carcinogênicos atribuídos às bebidas alcoólicas estão associados em essência à concentração de etanol na bebida e ao padrão de consumo do álcool, sendo a análise das informações obtidas em estudos epidemiológicos de difícil interpretação em virtude de fatores de confusão como dieta, tabagismo, histórico da família, terapia de reposição hormonal. Alguns outros pesquisadores ainda relataram existir possíveis relações entre o consumo moderado e a incidência de câncer, porém ainda seriam necessários maiores e melhores estudos em relação a essa observação (ANDRADE; OLIVEIRA, 2009). Em geral, mencionam-se que o risco de desenvolvimento de câncer pode sofrer um aumento em caso de ingestão corriqueira e superior a um ou dois *drinks* por dia (considerando que a Sociedade Americana de Câncer recomenda a limitação do consumo a não mais que uma dose de bebida para mulheres por dia e não mais que duas doses para homens diariamente) (ACS, 2015).

Em relação às mulheres em período de gestação, de acordo com o NIAAA (2003), o Centers for Disease Control and Prevention (CDC, 2016e) e a OMS (WHO, 2017), o consumo excessivo de álcool durante a gravidez pode gerar transtornos de cunho comportamental e psicológico, malformações e retardo mental, sendo aconselhável se abster durante o período da gravidez. Andrade e Oliveira (2009) destacam também que a ingestão de etanol ao longo da gravidez provoca efeitos prejudiciais com danos neurológicos, na cognição e no comportamento. A desordem do espectro alcoólico fetal (DEAF) consiste em um conjunto de condições que podem acontecer em indivíduos cujas mães ingeriam álcool durante o período gestacional, sendo que o álcool consumido e presente na corrente sanguínea da genitora é conduzido para a criança por meio do cordão umbilical (CDC, 2015). Dentro da DEAF, Andrade e Oliveira (2009) destacam a síndrome alcoólica fetal (SAF), que apresenta traços distintivos característicos, como danos neurológicos irreversíveis, malformações corporais, sobretudo no rosto, e retardo no crescimento.

Segundo o NIAAA e a OMS, a ingestão prolongada e/ou excessiva de álcool ou bebidas alcoólicas pode repercutir no aumento do risco de desenvolver demência, além de um aumento no risco de ocorrência de acidentes vasculares cerebrais devido ao incremento na pressão sanguínea (NIAAA, 2003; WHO, 2017; RABIN, 2009).

Nesse contexto, cabe ressaltar que para aqueles que aumentam o consumo de álcool há sempre a provável ocorrência de um risco associado ao desenvolvimento de dependência alcoólica, ressaltando que muitos fatores se encontram relacionados a esse risco como fatores genéticos e contribuições ambientais, ou ainda a interação entre ambos (NIAAA, 2003; CDC, 2016d).

De acordo com o NIAAA (2003), outros fatores prejudiciais às vezes se contrapõem em relação aos efeitos benéficos, como no caso da ingestão crônica de álcool acarretar no desdobramento da doença hepática alcoólica, bem como na regeneração do fígado. O consumo moderado, em estudos feitos com animais, não apresentou efeitos deletérios quanto a enfermidade hepática ou regeneração hepática, sendo que, em relação a um perfil de consumo moderado, o perfil de baixo consumo provocou um aumento na regeneração. A OMS (WHO, 2014), quanto à cirrose hepática, relata que a ingestão leve a moderada de bebidas alcoólicas não apresenta uma associação acentuada com o aumento no risco de desenvolver cirrose; para os casos em que há consumo excessivo, verifica-se um incremento exponencial dos riscos de incidência da doença. Nesse contexto, é relatado que a cirrose alcoólica se manifesta em geral após um período de pelo menos dez anos de consumo excessivo de álcool, sucedendo sobretudo em indivíduos na faixa etária de 40 a 60 anos de idade (WHO, 2017). Assim, para muitos, o consumo excessivo maximiza o risco de desenvolver doença hepática alcoólica englobando fígado gorduroso e cirrose, e em geral a ocorrência de doenças do fígado e o volume de álcool ingerido, bem como seu histórico de consumo, apresentam uma relação linearizada (ELLISON; MARTINIC, 2007; ANDRADE; OLIVEIRA, 2009). Não apenas cirrose e esteatose (fígado gorduroso) podem ser advindas do consumo excessivo de álcool, mas hepatite alcoólica e fibrose também podem se desenvolver em indivíduos que abusam desse tipo de bebida (NIAAA, 2017c; ACS, 2017; WHO, 2017).

Entre os fatores de risco em consumos do tipo *binge* e/ou excessivo, tornou-se perceptível nos dias atuais uma associação a diferentes violências, como homicídio, roubo, violência doméstica e sexual, agressões físicas. Em relação a acidentes em geral, há sempre aqueles associados aos veículos automotores (carros, motos, caminhões, entre outros), quedas, afogamentos e atropelamentos (WHO, 2011; LEAL; ARAÚJO; PINHEIRO, 2012; ASHLEY *et al.*, 1994; LARANJEIRA *et al.*, 2007; MELONI; LARANJEIRA, 2004; NIAAA, 2017c; CDC, 2016a, 2015). Meloni e Laranjeira (2004) explicitaram os problemas de cunho social relativos ao etanol, sendo tais problemas associados a desordem pública, vandalismo, conflitossociais ou educacionais, entre outros.

De acordo com o CDC (2016a), a intoxicação, ou embriaguez, consiste no consumo excessivo de etanol, sendo que o padrão de consumo *binge* encontra-se com frequência associado a embriaguez aguda. A intoxicação alcoólica acarreta uma situação de risco, já que leva a muitas consequências maléficas para o consumidor, como prejuízos à atividade cerebral que ocasionam julgamento debilitado, minimização do tempo de reação aos estímulos, dificuldade de manutenção do equilíbrio e das habilidades motoras, expansão dos vasos sanguíneos, provocando sensação de calor, podendo em situações extremas causar a morte, quando há a ingestão de álcool de maneira rápida e em grandes volumes (CDC, 2016a; NIAAA, 2017c; ACS, 2017).

O pâncreas, segundo o NIAAA (2017c) e a OMS (WHO, 2017), fabrica substâncias nocivas quando da presença excessiva de álcool, com a possibilidade de desenvolvimento de pancreatite, que consiste em uma inflamação, havendo inchaço dos vasos sanguíneos desse órgão, o que torna dificultosa a digestão.

O consumo excessivo de álcool pode ocasionar o enfraquecimento do sistema imunológico, tornando o corpo mais susceptível à incidência de doenças como tuberculose e pneumonia. Até o consumo abusivo de etanol em uma única ocasião é capaz de minimizar a prevenção de quadros infecciosos, mesmo 24 horas após o período de embriaguez (NIAAA, 2017c).

Ao estado posterior à intoxicação pelo consumo abusivo de álcool dá-se o nome de ressaca. Indivíduos diferentes manifestam a ressaca com quantidades distintas de álcool, sendo que as condições físicas e mentais do consumidor influenciam sobremaneira nesse processo. Ressalta-se que, apesar das diferenças nas quantidades de etanol, frequentemente, os sintomas da ressaca, que incluem fadiga, dores de cabeça, vertigem, náusea, vômitos, entre outros, apresentam maior intensidade quanto mais elevada a concentração de álcool no sangue (SECRETARIA NACIONAL DE POLÍTICAS SOBRE DROGAS, 2010).

O CDC (2016a) explicitou a diferença entre alcoolismo e abuso de álcool. O abuso alcoólico consiste em um padrão de consumo que acarreta repercussões danosas para saúde, relações interpessoais e aptidão para desempenhar o trabalho, enquanto o abuso contínuo de etanol tem a possiblidade de se tornar um caso de dependência alcoólica. Um sinônimo para dependência alcoólica é o termo alcoolismo, que descreve uma enfermidade crônica cujos sinais e sintomas englobam forte vontade de consumir álcool, uso continuado mesmo havendo transtornos físicos, psicológicos ou interpessoais, além de uma ausência de controle sobre os limites de ingestão de bebidas alcoólicas.

26.4 PROBLEMÁTICA NOS ESTUDOS

Críticas em relação aos benefícios verificados quando do consumo de leve a moderado de bebidas alcoólicas advêm dos supostos erros metodológicos realizados pelos estudos que objetivam encontrar resultados que não expressam de maneira correta as benesses provenientes da ingestão de bebidas em um padrão de consumo moderado. Assim, Berger *et al.* (1999) destacaram que pesquisas indicando que o consumo de álcool proporciona proteção contra enfermidades cardiovasculares e cerebrovasculares sofreram possíveis discordâncias devido ao fato de a maioria delas terem sido realizado por comparações entre indivíduos que bebem e indivíduos que se abstêm, sendo que dentro do grupo dos abstêmios poderia ter ocorrido a inclusão de pessoas que interromperam o uso de etanol em razão de problemas de saúde. Todavia, após analisar a literatura, os autores relataram que outras pesquisas foram realizadas eliminando os abstêmios doentes (*sick quitters*), sendo então verificado o mesmo padrão em forma de letra "J" para o consumo e os benefícios. Rimm e Moats (2007) ressaltaram que uma pequena proporção dos benefícios relativos ao álcool em algumas pesquisas pode ser explicada pela hipótese do abstêmio doente (*sick quitter*) e pelos hábitos saudáveis daqueles que ingeriam bebidas moderadamente, contudo pesquisas realizadas com a remoção dos *sick quitters*, atualizações de informações acerca do álcool e de covariáveis relativas à dieta e ao estilo de vida, além do registro em separado dos benefícios do etanol entre as populações saudáveis e não saudáveis, demonstram haver evidências de que a ingestão moderada de álcool encontra-se associada com um menor risco de doenças cardiovasculares.

De acordo com Mukamal *et al.* (2010), há algumas incertezas que permeiam a relação entre consumo moderado e doenças cardiovasculares, sendo necessária a realização de ensaios controlados randomizados de longo prazo, com o intuito de confirmar as conclusões de estudos observacionais.

Thun *et al.* (1997) destacaram que, para avaliar riscos e benefícios em uma população, é preciso realizar grandes estudos epidemiológicos nos quais informações sobre todas as causas de mortalidade devem ser incluídas, além de uma quantidade de pessoas e mortes suficientes para estipular riscos de maneira confiável nos subgrupos classificados por faixa etária, gênero e tabagismo.

Rimm e Moats (2007) destacaram a existência de evidências epidemiológicas substanciais advindas de comparações geográficas, de estudos de cortes de considerável tamanho, além de muitas metanálises que associam a ingestão moderada de álcool com a minimização dos riscos de doença cardiovascular. Os estudos epidemiológicos, na atual conjuntura, apresentam uma abordagem mais cuidadosa em relação à relevância dos padrões de consumo – frequência, quantidade e tipo de bebida alcoólica –, considerando ainda diferenças no nível de atividade física, dieta e alterações na ingestão de álcool ao longo da vida adulta.

Segundo alguns pesquisadores, as melhores evidências científicas seriam conseguidas por meio de testes controlados randômicos nos quais os fatores de confusão potenciais poderiam ser minimizados pela randomização da exposição dos indivíduos à ingestão de álcool, que seria um fator potencial em um padrão específico, para assim comparar ao grupo controle que não seria exposto ao fator potencial (ARRANZ *et al.*, 2012; IOGT-NTO, 2014). Tais testes randômicos não foram realizados em estudos envolvendo álcool devido às implicações práticas e éticas de submeter indivíduos de forma aleatória a consumir ou não álcool por um período longo (IOGT-NTO, 2014; RABIN, 2009). Assim, testes randômicos encontram-se em ausência, de forma que as conclusões de estudos epidemiológicos não podem ser consideradas definitivas (ARRANZ *et al.*, 2012). Holmes *et al.* (2014) sugerem que, havendo ausência de testes randômicos que possam confirmar ou negar o efeito cardioprotetor da ingestão leve a moderado de álcool, uma alternativa seria o uso da randomização mendeliana, que evita certas limitações presentes nos estudos observacionais.

Outras problemáticas verificadas e que podem ocasionar diferenciação entre os resultados das pesquisas consiste na definição dos padrões de consumo, tamanho das doses ou quantidade de bebida que correspondem ao consumo moderado e podem variar de país para país, disparidades entre a reatividade *in vitro* e a verificada em organismos vivos, utilização de modelos animais e sua validade ao extrapolar os resultados encontrados nesses modelos para seres humanos (NIAAA, 2003; ASHLEY *et al.*, 1994). A interpretação de resultados tona-se mais desafiadora em estudos com seres humanos devido a faixa etária, gênero, uso de medicações, avaliação da ingestão de etanol, estilo de vida, entre outros (NIAAA, 2003).

Almeida-Pititto, Moraes e Ferreira (2013) destacam também os desafios de verificar os impactos do álcool na saúde devido à falta de testes randômicos de longa duração. Segundo os autores, os estudos realizados em sua maioria têm sido observacionais, de curta duração ou dotados de limitações metodológicas. Quanto aos estudos observacionais, o confronto entre semelhanças e diferenças de consumidores moderados e abstêmios representa grande dificuldade. Já no tocante aos estudos de curta duração, o período empregado na análise é insuficiente, segundo esses autores, para verificar a incidência de morte, enfermidades cardiovasculares e câncer na população analisada.

26.5 CONSIDERAÇÕES FINAIS

O hábito de consumir bebidas alcoólicas encontra-se difundido em toda a sociedade, havendo benefícios e malefícios advindos desse consumo. No entanto, verifica-se que a linha tênue que separa os benefícios dos malefícios encontra-se diretamente associada com os padrões de consumo adotados pelos consumidores, sendo de grande valia conhecer tais padrões para que se possa aproveitar as benesses do consumo de bebidas alcoólicas com minimização dos malefícios. Ainda são necessários mais estudos acerca dos efeitos do álcool no corpo bem como de suas repercussões positivas e negativas. Sendo assim, cabe ressaltar que qualquer estudo referente à ação do álcool sobre a saúde deve ser encarado como meramente informativo, ao menos sobre as informações que estão disponíveis, não devendo ser encarado como intencional ou apologético do consumo ou da abstenção de produtos alcoólicos. Saúde a todos!

REFERÊNCIAS BIBLIOGRÁFICAS

ACS – AMERICAN CANCER SOCIETY. **The link between alcohol and cancer**. Atlanta, 2015. Disponível em: https://www.cancer.org/latest-news/the-link-between-drinking-and-cancer.html. Acesso em: 20 abr. 2017.

ACS – AMERICAN CANCER SOCIETY. **Alcohol and cancer**. Atlanta, 2016. Disponível em: https://www.cancer.org/content/dam/cancer-org/cancer-control/en/booklets-flyers/alcohol-and-cancer-fact-sheet.pdf. Acesso em: 20 abr. 2017.

ACS – AMERICAN CANCER SOCIETY. **Alcohol use and cancer**. Atlanta, 2017. Disponível em: https://www.cancer.org/cancer/cancer-causes/diet-physical-activity/alcohol-use-and-cancer.html. Acesso em: 20 abr. 2017.

ALMEIDA-PITITTO, B.; MORAES, A. C. F.; FERREIRA, S. R. G. O lado saudável do consumo de bebida alcoólica. **Revista USP**, São Paulo, n. 96, p. 55-68, fev. 2013.

ALPUIM, J. P. Aprendendo a química do vinho. **Química – Boletim da Sociedade Portuguesa de Química**, Lisboa, v. 65, p. 13-27, maio/jun. 1997.

ANDRADE, A. G.; OLIVEIRA, L. G. Principais consequências em longo prazo relacionadas ao consumo moderado de álcool. *In*: ANDRADE, A. G.; ANTHONY, J. C.; SILVEIRA, C. M. (ed.). **Álcool e suas consequências**: uma abordagem multiconceitual. São Paulo: Minha Editora, 2009. p. 37-66.

ARRANZ, S. *et al.* Wine, beer, alcohol and polyphenols on cardiovascular disease and cancer. **Nutrients**, Basel, v. 4, p. 759-781, 2012.

ASHLEY, M. J. *et al.* Moderate drinking and health: Report of an international symposium. **Canadian Medical Association Journal**, Ottawa, v. 151, n. 6, p. 809-828, 1994.

BAU, P. F. D. *et al.* Alcohol consumption, cardiovascular health, and endothelial function markers. **Alcohol**, Amsterdam, v. 41, p. 479-488, 2007.

BAUM-BAICKER, C. The psychological benefits of moderate alcohol consumption: a review of the literature. **Drug and Alcohol Dependence**, Shannon, v. 15, p. 305-322, 1985.

BERGER, K. *et al.* Light-to-moderate alcohol consumption and the risk of stroke among U.S. male physicians. **The New England Journal of Medicine**, Waltham, v. 341, n. 21, 1999.

BRASIL. Decreto nº 6117, de 22 de maio de 2007. Aprova a Política Nacional sobre o Álcool, dispõe sobre as medidas para a redução do uso indevido de álcool e sua associação com a violência e criminalidade, e dá outras providências. **Diário Oficial da União**, Poder Executivo, Brasília, DF, 23 maio 2007. Seção 1, p. 5.

BRASIL. Decreto nº 6871, de 04 de junho de 2009. Regulamenta a Lei nº 8918, de 14 de julho de 1994, que dispõe sobre a padronização, a classificação, o registro, a inspeção e a fiscalização da produção e do comércio de bebidas. **Diário Oficial da União**, Poder Executivo, Brasília, DF, 5 jun. 2009. Seção 1, p. 20.

BRASIL. Ministério da Justiça. Secretaria Nacional de Políticas sobre Drogas. **Drogas**: cartilha álcool e jovens. 2. ed. Brasília, DF: Ministério da Justiça, 2011.

CDC – CENTERS FOR DISEASE CONTROL AND PREVENTION. **Fact sheets**: alcohol use and your health. Atlanta, 2016a. Disponível em: https://www.cdc.gov/alcohol/fact-sheets/alcoholuse.htm. Acesso em: 20 abr. 2017.

CDC – CENTERS FOR DISEASE CONTROL AND PREVENTION. **Fact sheets**: moderate drinking. Atlanta, 2016b. Disponível em: https://www.cdc.gov/alcohol/fact-sheets/moderate-drinking.htm. Acesso em: 20 abr. 2017.

CDC – CENTERS FOR DISEASE CONTROL AND PREVENTION. **Fact sheets**: excessive alcohol use and risks to men's health. Atlanta, 2016d. Disponível em: https://www.cdc.gov/alcohol/fact-sheets/mens-health.htm. Acesso em: 20 abr. 2017.

CDC – CENTERS FOR DISEASE CONTROL AND PREVENTION. **Fact sheets**: excessive alcohol use and risks to women's health. Atlanta, 2016e. Disponível em: https://www.cdc.gov/alcohol/fact-sheets/womens-health.htm. Acesso em: 20 abr. 2017.

CDC – CENTERS FOR DISEASE CONTROL AND PREVENTION. **Frequently asked questions**. Atlanta, 2016c. Disponível em: https://www.cdc.gov/alcohol/faqs.htm. Acesso em: 20 abr. 2017.

CEBRID – CENTRO BRASILEIRO DE INFORMAÇÕES SOBRE DROGAS PSICOTRÓPICAS. Livreto informativo sobre drogas psicotrópicas. São Paulo, 2017.

CISA – CENTRO DE INFORMAÇÕES SOBRE SAÚDE E ÁLCOOL. **Padrões de consumo do álcool**. São Paulo, 2014a. Disponível em: http://cisa.org.br/artigo/4405/padroes-consumo-alcool.php. Acesso em: 22 abr. 2017.

CISA – CENTRO DE INFORMAÇÕES SOBRE SAÚDE E ÁLCOOL. **Definição de dose padrão**. São Paulo, 2014b. Disponível em: http://www.cisa.org.br/artigo/4503/defnicao-dose-padrao.php. Acesso em: 22 abr. 2017.

CISA – CENTRO DE INFORMAÇÕES SOBRE SAÚDE E ÁLCOOL. **Relatório global sobre álcool e saúde 2014**. São Paulo, 2014c. Disponível em: http://www.cisa.org.br/artigo/4429/relatorio-global-sobre-alcool-saude-2014.php. Acesso em: 22 abr. 2017.

CISA – CENTRO DE INFORMAÇÕES SOBRE SAÚDE E ÁLCOOL. **Álcool e sistema hepático**. São Paulo, 2017a. Disponível em: http://www.cisa.org.br/artigo/228/alcool-sistema-hepatico.php. Acesso em: 22 abr. 2017.

CISA – CENTRO DE INFORMAÇÕES SOBRE SAÚDE E ÁLCOOL. **Metabolismo do álcool**. São Paulo, 2017b. Disponível em: http://www.cisa.org.br/artigo/5536/metabolismo-alcool.php. Acesso em: 22 abr. 2017.

COOPER, H. A.; EXNER, D. V.; DOMANSKI, M. J. Light-to-moderate alcohol consumption and prognosis in patients with left ventricular systolic dysfunction. **Journal of the American College of Cardiology**, Washington, v. 35, n. 7, p. 1753-1759, 2000.

DAWSON, D. A. Defining risk drinking. **Alcohol Research & Health**, Bethesda, v. 34, n. 2, 2011.

DJOUSSÉ, L.; GAZIANO, J. M. Alcohol consumption and heart failure in hypertensive US male physicians. **The American Journal of Cardiology**, Amsterdam, v. 101, n. 2, p. 593-597, 2008a.

DJOUSSÉ, L.; GAZIANO, J. M. Alcohol consumption and heart failure: a systematic review. **Current Atherosclerosis Reports**, New York, v. 10, n. 2, p. 117-120, 2008b.

DRINKING & YOU. Sensible drinking guidelines. Dorset, 2016. Disponível em: http://www.drinkingandyou.com/site/pdf/Sensibledrinking.pdf. Acesso em: 20 abr. 2017.

DUFOUR, M. C. What is moderate drinking? **Alcohol Research & Health**, Bethesda, v. 23, n. 1, 1999.

ELLISON, R. C.; MARTINIC, M. **The harms and benefits of moderate drinking**: summary of findings of an international symposium. Amsterdam: Elsevier, 2007.

ESPAÑA. Ministerio de Sanidad Y Consumo. **Prevención de los problemas derivados del alcohol**. Madrid: Ministerio de Sanidad Y Consumo, 2008.

FERREIRA, R. B. *et al.* The wine proteins. **Trends in Food Science & Technology**, Amsterdam, v. 12, p. 230-239, jul. 2001.

FERRIÈRES, J. The French Paradox: lessons for other countries. **Heart**, London, v. 90, p. 107-111, 2004.

FRIEDMAN, L. A.; KIMBALL, A. W. Coronary heart disease mortality and alcohol consumption in Framingham. **American Journal of Epidemiology**, Baltimore, v. 124, n. 3, 1986.

FUCHS, C. S. *et al.* Alcohol consumption and mortality among women. **The New England Journal of Medicine**, Waltham, v. 332, n. 19, 1995.

FUCHS, F. D. *et al.* Alcohol consumption and the incidence of hypertension. **Hypertension**, Dallas, v. 37, p. 1242-1250, 2001.

GARCIA, L. P.; FREITAS, L. R. S. Consumo abusivo de álcool no Brasil: resultados da Pesquisa Nacional de Saúde 2013. **Epidemiologia e Serviços de Saúde**, Brasília, v. 24, n. 2, p. 227-237, abr./jun. 2015.

HECKMANN, W.; SILVEIRA, C. M. Dependência do álcool: aspectos clínicos e diagnósticos. *In*: ANDRADE, A. G.; ANTHONY, J. C.; SILVEIRA, C. M. (ed.). **Álcool e suas conseqüências**: uma abordagem multiconceitual. São Paulo: Minha Editora, 2009. p. 67-87.

HOLMES, M. V. *et al.* Association between alcohol and cardiovascular disease: Mendelian randomisation analysis based on individual participant data. **The BMJ**, London, v. 349, p. 1-16, 2014.

IARD – INTERNACIONAL ALLIANCE FOR RESPONSIBLE DRINKING. **Drinking guidelines**: general population. Washington, DC, 2016. Disponível em: http://www.iard.org/policy-tables/drinking-guidelines-general-population/. Acesso em: 23 abr. 2017.

IOGT-NTO. **Alcohol and society 2014**: the effects of low-dose alcohol consumption. Stockholm: IOGT-NTO; The Swedish Society of Medicine, 2014.

JANSSENS, J. *et al.* Overweight, obesity and beer consumption. **Archives of Public Health**, London, v. 59, p. 223-238, 2001.

KLATSKY, A. L. *et al.* Alcohol drinking and risk of hospitalization for heart failure with and without associated coronary artery disease. **The American Journal of Cardiology**, Amsterdam, v. 96, p. 345-351, 2005.

KOPPES, L. L. J. *et al.* Moderate alcohol consumption lowers the risk of type 2 diabetes. **Diabetes Care**, Arlington, v. 28, n. 3, p. 719-725, 2005.

LARANJEIRA, R. *et al.* (org.). **I Levantamento nacional sobre os padrões de consumo de álcool na população brasileira**. Brasília, DF: Secretaria Nacional Antidrogas, 2007.

LARANJEIRA, R. *et al.* (org.). **II Levantamento nacional sobre os padrões de consumo de álcool na população brasileira**. Brasília, DF: Secretaria Nacional Antidrogas, 2012.

LEAL, M. C.; ARAÚJO, D. A.; PINHEIRO, P. C. Alcoolismo e educação química. **Química Nova na Escola**, São Paulo, v. 34, n. 2, p. 58-66, 2012.

MAHER, J. J. Exploring alcohol's effects on liver function. **Alcohol Health & Research World**, Bethesda, v. 21, n. 1, 1997.

MARTINS, C. R.; LOPES, W. A.; ANDRADE, J. B. de. Solubilidade das substâncias orgânicas. **Química Nova**, São Paulo, v. 36, n. 8, p. 1248-1255, 2013.

MELONI, J. N.; LARANJEIRA, R. Custo social e de saúde do consumo do álcool. **Revista Brasileira de Psiquiatria**, v. 26, p. 7-10, 2004. Suplemento 1.

MORADO, R. **Larousse da cerveja**. São Paulo: Larousse do Brasil, 2009.

MUKAMAL, K. Alcohol intake and noncoronary cardiovascular diseases. **Annals of Epidemiology**, Amsterdam, v. 17, n. 5S, 2007.

MUKAMAL, K. J. *et al.* Alcohol consumption and cardiovascular mortality among U.S. adults, 1987-2002. **Journal of the American College of Cardiology**, Washington, v. 55, n. 13, 2010.

NIAAA – NATIONAL INSTITUTE ON ALCOHOL ABUSE AND ALCOHOLISM. **Alcohol alert**. Rockville, 1992. Disponível em: https://pubs.niaaa.nih.gov/publications/aa16.htm. Acesso em: 20 abr. 2017.

NIAAA – NATIONAL INSTITUTE ON ALCOHOL ABUSE AND ALCOHOLISM. **Alcohol alert**. Rockville, 1997. Disponível em: https://pubs.niaaa.nih.gov/publications/aa35.htm. Acesso em: 25 abr. 2017.

NIAAA – NATIONAL INSTITUTE ON ALCOHOL ABUSE AND ALCOHOLISM. **Alcohol alert**. Rockville, 2000. Disponível em: https://pubs.niaaa.nih.gov/publications/aa16.htm. Acesso em: 20 abr. 2017.

NIAAA – NATIONAL INSTITUTE ON ALCOHOL ABUSE AND ALCOHOLISM. **State of the science report on the effects of moderate drinking**. Rockville, 2003. Disponível em: https://pubs.niaaa.nih.gov/publications/moderatedrinking-03.htm. Acesso em: 20 abr. 2017.

NIAAA – NATIONAL INSTITUTE ON ALCOHOL ABUSE AND ALCOHOLISM. **Alcohol metabolism**: an update. Rockville, 2007. Disponível em: https://pubs.niaaa.nih.gov/publications/aa72/aa72.htm. Acesso em: 24 abr. 2017.

NIAAA – NATIONAL INSTITUTE ON ALCOHOL ABUSE AND ALCOHOLISM. **What's a "standard" drink?** Rockville, 2017a. Disponível em: https://www.rethinkingdrinking. niaaa.nih.gov/How-much-is-too-much/what-counts-as-adrink/whats-A-Standard-drink.aspx. Acesso em: 20 abr. 2017.

NIAAA – NATIONAL INSTITUTE ON ALCOHOL ABUSE AND ALCOHOLISM. **Alcohol facts and statistics**. Rockville, 2017b. Disponível em: https://www.niaaa.nih.gov/alcohol-health/overview-alcohol-consumption/alcoholfacts-and-statistics. Acesso em: 21 abr. 2017.

NIAAA – NATIONAL INSTITUTE ON ALCOHOL ABUSE AND ALCOHOLISM. **Alcohol's effects on the body**. Rockville, 2017c. Disponível em: https://www.niaaa.nih.gov/alcohol-health/alcohols-effects-body. Acesso em: 20 abr. 2017.

PETRONE, A. B.; GAZIANO, J. M.; DJOUSSÉ, L. Alcohol and risk of death in male physicians with heart failure. **The American Journal of Cardiology**, Amsterdam, v. 114, n. 7, p. 1065-1068, 2014.

RABIN, R. C. Alcohol's good for you? Some scientists doubt it. **New York Times**, New York, June 15, 2009.

RIMM, E. B.; MOATS, C. Alcohol and coronary heart disease: drinking patterns and mediators of effect. **Annals of Epidemiology,** Amsterdam, v. 17, n. 5, 2007.

SCHRÖDER, H. *et al.* Cardiovascular risk profile and type of alcohol beverage consumption: a population based study. **Annals of Nutrition and Metabolism**, Basel, v. 49, p. 100-106, 2005.

SECRETARIA NACIONAL DE POLÍTICAS SOBRE DROGAS. **Glossário de álcool e drogas**. Brasília, DF, 2010.

SEIDL, C. **O catecismo da cerveja**. São Paulo: Senac São Paulo, 2003.

THUN, M. J. *et al.* Alcohol consumption and mortality among middle-aged and elderly U.S. adults. **The New England Journal of Medicine**, Waltham, v. 337, n. 24, 1997.

U.S. DEPARTMENT OF HEALTH AND HUMAN SERVICES. U.S. Department of Agriculture. **Dietary guidelines 2015-2020**. 8. ed. Washington, DC, 2017. Disponível em: https://health.gov/our-work/food-nutrition/previous-dietary-guidelines/2015. Acesso em: 20 abr. 2017.

WHO – WORLD HEALTH ORGANIZATION. **International guide for monitoring alcohol consumption and related harm**. Geneva: WHO, 2000.

WHO – WORLD HEALTH ORGANIZATION. **Self-help strategies for cutting down or stopping substance use**: a guide. Geneva: WHO, 2010.

WHO – WORLD HEALTH ORGANIZATION. **Global status report on alcohol and health**. Geneva: WHO, 2011.

WHO – WORLD HEALTH ORGANIZATION. **Global status report on alcohol and health 2014**. Geneva: WHO, 2014.

WHO – WORLD HEALTH ORGANIZATION. **Lexicon of alcohol and drug terms published by the World Health Organization**. Geneva: WHO, 2017. Disponível em: https://apps.who.int/iris/handle/10665/39461. Acesso em: 16 nov. 2021.

YÖRÜK, C. E.; YÖRÜK, B. K. The impact of drinking on psychological well-being: Evidence from minimum drinking age laws in the United States. **Social Science & Medicine**, Amsterdam, v. 75, p. 1844-1854, 2012.

Parte III

NOVAS TECNOLOGIAS E NOVOS PRODUTOS

27

Novas tecnologias para preservação de bebidas não alcoólicas

ROGER DARROS-BARBOSA
ANTÓNIO AUGUSTO VICENTE

27.1 INTRODUÇÃO

A elevação da temperatura é um dos métodos de preservação de alimentos mais antigos, sendo utilizado primariamente para garantir a segurança microbiológica. No entanto, longe de ter parado no tempo, a tecnologia utilizada para processar termicamente os alimentos, por meio do fornecimento de calor, teve evolução muito relevante durante todo o século XX, evolução essa que continua até os nossos dias. Além do processamento pelo calor, a indústria alimentícia tem mostrado interesse crescente pelas tecnologias de tratamento "não térmico" surgidas mais recentemente, que se destacam por não utilizar o fornecimento de calor como principal responsável pelo processamento. A indústria de bebidas não é exceção e as tecnologias descritas neste capítulo têm aplicação direta na esterilização e/ou pasteurização de bebidas não alcoólicas.

As tecnologias tradicionais para processamento de alimentos pelo aquecimento baseiam-se na geração de calor externamente ao alimento a ser aquecido. Essa geração é normalmente realizada pela queima de combustíveis ou por resistência elétrica, utilizando-se o calor liberado para aquecer ou vaporizar um fluido (normalmente água) que vai, por sua vez, aquecer o alimento, na maioria das vezes, de modo indireto. Esta descrição do processo traz como consequência a ocorrência de perdas de calor consideráveis pelas superfícies externas dos equipamentos utilizados e também perdas de eficiência devido à formação de depósitos (*fouling*) nas superfícies de troca térmica. Uma vez colocado o fluido de aquecimento em contato térmico com o alimento a processar, a transferência de calor para o alimento realiza-se essencialmente pelos mecanismos de condução e/ou convecção. Como estes mecanismos não atuam de forma instantânea, é necessário sobreaquecer as partes do produto que estão em contato com as superfícies de aquecimento para garantir que as porções mais internas sejam processadas à temperatura e tempo necessários; esta prática fomenta a degradação térmica dos constituintes alimentares e, com eles, de propriedades sensoriais e nutricionais importantes. Algumas estratégias permitem reduzir alguns desses problemas, como o uso de aquecimento direto, redução das resistências térmicas (do produto e embalagem), uso de processamento e sistema de acondicionamento assépticos, reutilização do calor, introdução de melhorias no isolamento dos sistemas, aplicação de sistemas avançados de monitoração e controle e projeto mais cuidadoso dos equipamentos e das instalações. No entanto, essas medidas trouxeram também um aumento dos custos associados à construção e manutenção das instalações.

Os esforços efetuados para atender à demanda por alimentos e bebidas de melhor qualidade (sabor, textura e aparência), mais frescos e naturais (com menos aditivos), mais saudáveis e nutritivos e de maior conveniência (na estocagem, vida de prateleira e na preparação), juntamente com a preocupação crescente com o ambiente (menor consumo de energia e água no processamento), levaram ao desenvolvimento de novas tecnologias não convencionais para o processamento de alimentos. Entre elas, as tecnologias que se baseiam na dissipação de energia diretamente no interior do alimento por aplicação de um campo elétrico ou eletromagnético – aquecimento ôhmico (AO), micro-ondas (MO) e ondas de rádio (OR) – já mostraram ter interesse industrial e poder substituir (pelo menos parcialmente) as tecnologias mais convencionais (VICENTE; CASTRO, 2007). Pelo seu modo de atuação, permitem evitar o sobreprocessamento dos alimentos ao mesmo tempo que têm eficiências térmicas e energéticas elevadas.

Nos últimos anos assistiu-se também ao desenvolvimento de tecnologias "não térmicas" para inativação de microrganismos, na tentativa de obter produtos mais naturais e com características de fresco. Assim, apareceram tecnologias como alta pressão hidrostática (APH), campo elétrico pulsado (CEP), ultrassom (US), luz pulsada, entre outras, cujo denominador comum é a operação a temperaturas próximas da temperatura ambiente com o objetivo de minimizar ou mesmo eliminar as perdas provocadas pela degradação térmica dos constituintes dos alimentos (BUTZ; TAUSCHER, 2002). Esta abordagem permite manter as propriedades nutricionais e sensoriais dos produtos tratados tão semelhantes quanto possível às dos produtos frescos sem tratamento.

A radiação ultravioleta (UV) já é uma alternativa bem estabelecida para a produção de água potável e outras aplicações em líquidos relativamente translúcidos. Estão em funcionamento na Europa mais de duas mil instalações industriais para tratamento de água para consumo humano e mais de quinhentas na América do Norte. As vantagens da utilização de luz UV sobre outros métodos de desinfecção existentes são muito claras: não se utiliza calor (reduzindo os custos de operação); não se utilizam produtos químicos (e, portanto, não há resíduos destes produtos no final do tratamento); e não provocam alterações de pH, cor, aroma ou sabor. O principal problema reside no risco de submeter os operadores das instalações que operam com este tipo de tecnologia à exposição prolongada aos raios UV, que se sabe que podem provocar danos ao nível dos olhos e pele, podendo até ser a causa do aparecimento de câncer (SHAMA, 1999; BINTSIS *et al.*, 2000).

A luz pulsada (pulsos curtos e intensos na região NIR-UV) também permite alcançar reduções na população microbiana na superfície de alimentos ou em superfícies que estarão em contato com alimentos (materiais de embalagem, por exemplo). Os sistemas de luz pulsada têm custos de operação relativamente baixos, mas, em decorrência do fraco poder penetrante dos comprimentos de onda da luz utilizada e também dos custos de capital elevados, ainda têm poucas aplicações industriais.

A radiação ionizante, apesar do seu enorme potencial e versatilidade, ainda carece de impulsos de pesquisas e investimentos significativos para ser usada comercialmente de forma mais intensa, com uma das causas principais sendo a opinião desfavorável de muitos consumidores relativamente aos produtos tratados por este método (RESURRECCION *et al.*, 1995).

Das tecnologias não convencionais, as mais promissoras parecem ser, sem dúvida, a alta pressão hidrostática (APH) e o campo elétrico pulsado (CEP) (ROSS *et al.*, 2003). No caso de APH, existem inúmeras instalações industriais em funcionamento, também para a produção de sucos e outros produtos derivados de frutas (MERMELSTEIN, 1997; QIU *et al.*, 1998; JIA *et al.*, 1999; LEISTNER; GOULD, 2002). Algumas das tecnologias mencionadas ainda se encontram em fase de pesquisa, mas outras já estão implementadas em nível industrial (aquecimento ôhmico, micro-ondas, ondas de rádio e alta pressão hidrostática) ou pré-industrial (campo elétrico pulsado). É sobre estas que se incide a atenção deste capítulo, por serem as que neste momento dão maiores garantias de resultados satisfatórios, em particular no caso da indústria de bebidas.

27.2 AQUECIMENTO ÔHMICO (AO)

O princípio de funcionamento do aquecimento ôhmico (AO) baseia-se no fato de que a maior parte dos alimentos (sólidos ou líquidos) oferece resistência à passagem de uma corrente elétrica. Assim, quando se submete o alimento à passagem de uma corrente elétrica alternada, ocorrerá geração interna de calor (efeito de Joule) proporcional à resistência elétrica desse alimento (DE ALWIS; FRYER, 1990). Dado que é necessário conduzir a corrente elétrica através do alimento, também é preciso que este esteja em contato direto com eletrodos. A quantidade de energia dissipada sob a forma de calor no alimento por unidade de tempo (Q) pode ser calculada de acordo com Sastry e Palaniappan (1992):

$$Q = (\Delta V)^2 \sigma \qquad (27.1)$$

Esta equação mostra que a energia dissipada por unidade de tempo (Q) se deve à aplicação de uma diferença de voltagem (ΔV) a um alimento com uma dada condutividade elétrica (σ). A condutividade elétrica é, pois, a propriedade mais importante que afeta a geração de energia e tem uma dependência significativa da temperatura (VICENTE; CASTRO, 2007). Em alimentos líquidos, essa dependência de σ com a temperatura é direta (σ aumenta com a temperatura) e linear, desde que não estejam presentes componentes não condutores (VICENTE; CASTRO, 2007). Dentro de certos limites, é possível alterar a concentração de componentes condutores (íons, por exemplo) presentes no alimento líquido, alterando, portanto, o valor de σ, para melhorar a eficiência do aquecimento.

Além do efeito da temperatura, há vários trabalhos que alertam para a existência de um efeito adicional sobre microrganismos e enzimas devido à presença do campo elétrico (CASTRO *et al.*, 2004; MACHADO *et al.*, 2010). Uma consequência dessa contribuição adicional é a possibilidade de se alcançar a pasteurização ou a esterilização comercial para condições de tempo/temperatura menos severas e, portanto, menos agressivas para o alimento, com vantagens em termos de manutenção da qualidade nutricional e sensorial.

O AO tem um leque de aplicações muito vasto, que inclui o branqueamento, pasteurização, esterilização, secagem, evaporação, desidratação, fermentação, entre outros (CHO *et al.*, 1996). Considerando que o processo permite velocidades de aquecimento elevadas (tempos da ordem de segundos), acrescidas do eventual efeito da eletricidade, o AO permite utilizar combinações de tempo/temperatura mais favoráveis – por exemplo, temperaturas de pasteurização mais elevadas durante um menor tempo – aumentando a vida de prateleira dos produtos sem induzir uma degradação excessiva dos componentes dos alimentos (PARROTT, 1992). O AO é particularmente indicado para o processamento contínuo de alimentos líquidos, mesmo os de alta viscosidade (concentrados de sucos, por exemplo) e alimentos contendo partículas sólidas (ICIER; ILICALI, 2005a). Diversos trabalhos de pesquisa foram publicados visando contribuir para a validação do AO como tecnologia de processamento em vários sistemas alimentares, como pasteurização de leite (PEREIRA *et al.*, 2007a, 2007b, 2008), cozimento de carne (DE HALLEUX *et al.*, 2005), estabilização de alimentos para bebês (ICIER; ILICALI, 2005b), e esterilização de produtos enlatados de baixa acidez (RAMASWAMY *et al.*, 2005b).

As principais vantagens do AO são as seguintes:

- aquecimento uniforme de líquidos, com taxas de aquecimento superiores às que se podem conseguir com aquecimento convencional (aquecimento indireto com uso de uma fonte externa);
- pode-se utilizar processamento contínuo, sem o uso de superfícies de transferência de calor;
- minimização de problemas associados à formação de depósitos (*fouling*) nas superfícies em contato com o alimento e minimização de sobreaquecimento, em comparação com as tecnologias convencionais;
- a temperatura necessária para processos a alta temperatura e um tempo curto (*HTST – High Temperature, Short Time*) atingida muito rapidamente;
- produtos de melhor qualidade, quando comparados com outras tecnologias de aquecimento;
- custos de manutenção reduzidos;
- alto rendimento energético, pelo fato de se eliminarem resistências térmicas externas.

Sistemas de AO em escala industrial estão disponíveis no mercado (LEADLEY, 2008), como Emmepiemme SRL (Piacenza, Itália), Invesys APV (Crawley, Reino Unido), Raztek Corp. (Sunnyvale, CA, EUA).

27.3 ONDAS DE RÁDIO (OR) E MICRO-ONDAS (MO)

No conjunto, as tecnologias de aquecimento com uso das ondas de rádio e micro-ondas constituem o que se denomina de "aquecimento dielétrico". O princípio desta tecnologia baseia-se na interação entre o campo eletromagnético alternado a que o alimento é submetido e as cargas iônicas e dipolos presentes. Essa interação consiste em obrigar as cargas iônicas e as moléculas polares (como a água, por exemplo) a mudar constantemente de sentido para se alinharem com a orientação do campo eletromagnético alternado. Essas alterações de sentido ocorrem muito rapidamente devido às frequências utilizadas (Tabela 27.1) tanto em OR quanto em MO, e o atrito molecular advindo gera calor no alimento por dissipação de energia.

É importante destacar que nenhuma das tecnologias por aquecimento dielétrico, OR ou MO, é considerada radiação ionizante, uma vez que não possuem energia suficiente para ionizar átomos (PIYASENA *et al.*, 2003). As frequências utilizadas estão sujeitas a regulamentação pelo fato de se situarem dentro dos limites do radar. Na Tabela 27.1 estão listadas as faixas de frequência que podem ser utilizadas em ambos os casos, resultantes de acordos internacionais.

Tabela 27.1 Frequências (MHz) reservadas para utilização científica, médica e industrial.

Micro-ondas	Ondas de rádio
915 (USA) 896 (UK)	13,56
2450	27,12
5800	46,80
24125	

Fonte: adaptada de Leadley (2008).

Os valores de frequência são importantes porque estão diretamente relacionados com a quantidade de calor gerada por unidade de volume (Q_v) num dado ponto do produto em processo. A equação (27.2) exprime matematicamente essa relação, sendo aplicável tanto para OR como para MO (BUFFLER, 1993; ROWLEY, 2001).

$$Q_v = 2\pi f \varepsilon_o \varepsilon' |\Delta V|^2 \qquad (27.2)$$

onde: f é a frequência da OR ou MO; ε_o é a permissividade no vazio; ε" é o fator de perda dielétrica, que representa a capacidade do material em absorver a energia da onda eletromagnética; e $|\Delta V|$ é a intensidade do campo elétrico nesse ponto.

Tanto a OR como a MO possibilitam um aquecimento rápido, sem necessidade de contato entre o alimento a ser tratado e o gerador de ondas. No entanto, existem diferenças quer ao nível da tecnologia utilizada para gerar as ondas eletromagnéticas quer ao nível da profundidade a que essas ondas conseguem penetrar no alimento. Os comprimentos de onda correspondentes a OR podem ser até 360 vezes maiores do que os comprimentos de onda correspondentes a MO. Isso permite que a energia da OR penetre mais profundamente nos alimentos do que a energia da MO (WANG *et al.*, 2003). Uma vez que se pretende um aquecimento tão uniforme quanto possível dos produtos (isto para conseguir as vantagens ao nível da preservação das características sensoriais e nutricionais já mencionadas na seção sobre AO), conclui-se que será mais difícil atingir esta uniformidade utilizando MO, razão pela qual sua utilização na prática está restrita a pequenas porções (volumes) de alimentos (MARRA *et al.*, 2007).

A geração do campo elétrico por OR faz-se de forma direcional, situando-se o alimento entre um par de eletrodos; este conjunto forma um capacitor onde o alimento assume o papel de dielétrico. Enquanto no caso do aquecimento por MO a componente elétrica do campo de micro-ondas é aplicada ao alimento em todas as direções (PIYASENA *et al.*, 2003; LEADLEY, 2008).

A possibilidade de promover o aquecimento de alimentos (sólidos e líquidos) de forma rápida e eficaz impulsionou a aplicação de sistemas de OR e MO em processos industriais. Os sistemas de OR encontram aplicação no processamento de presunto (BENGTSSON; GREEN, 1970; RYYNÄNEN, 1995; MCKENNA *et al.*, 2006), secagem de ervas aromáticas, especiarias, vegetais, processamento de *snacks* (MERMELSTEIN, 1998), produtos de batata e massas alimentícias (ROWLEY, 2001). Nikdel e Mackellar (1992) desenvolveram um sistema contínuo para pasteurização de suco de laranja, constituído por uma serpentina de vidro (¼" de diâmetro) na cavidade de tratamento, com possibilidade de variação na vazão (1,7 a 3,5 mL s^{-1}) e no tempo de residência (12 a 41 s), empregando frequência de 2450 MHz, potência de 570 w, com 90% da energia de micro-ondas absorvida pelo suco, no qual os dados obtidos mostraram similaridade com tratamento térmico convencional (89 a 92 °C por 15 s) pela determinação da atividade residual da pectinesterase e contagem de mesófilos totais. O suco tratado por micro-ondas apresentou redução de bactérias mesófilas totais de 5 log-decimais, 99,7% de redução na atividade da pectinesterase e não apresentou diferenças significativas com relação ao sabor e aroma do suco tratado termicamente em painel sensorial. Apesar de se ter concluído ser possível produzir alimentos estáveis de elevada qualidade (WANG *et al.*, 2003), mais estudos ainda são necessários para desenvolvimento e utilização da OR na pasteurização e esterilização de alimentos. Há ainda alguns problemas associados à utilização desta tecnologia que necessitam ser revistos; em algumas situações foram observadas dificuldades de controle da temperatura e ocorrência de descargas elétricas (ZHAO, 2006).

Existem aplicações industriais na esterilização ou pasteurização de leite e de refeições prontas para consumo e na secagem de massas alimentícias (HAMID *et al.*, 1969; CHIU *et al.*, 1984; ROSENBERG; BÖGL, 1987; KNUTSON *et al.*, 1988; KUDRA *et al.*, 1991; LEADLEY, 2008). Mudget e Schwartzberg (1982), Decareau (1985), Schiffmann (2001) e Tan *et al.* (2002) apresentam excelentes revisões a esse respeito.

O conhecimento das propriedades dielétricas dos alimentos é fundamental para uma aplicação eficaz da tecnologia por aquecimento dielétrico, OR e MO. Esse conhecimento implica, igualmente, a compreensão da influência dos fatores que afetam essas propriedades, como a massa do alimento a tratar, o conteúdo de água, a composição química, a temperatura e a frequência utilizada no tratamento (ZHAO, 2006).

27.4 ALTA PRESSÃO HIDROSTÁTICA (APH)

O potencial da alta pressão como uma nova tecnologia de processamento para a produção de sucos e bebidas de melhor qualidade reside principalmente no fato de que o sabor e características naturais do suco fresco podem ser preservados durante o tratamento sob pressão. Ogawa *et al.*, (1990) e Takahashi *et al.*, (1993) relatam que suco de tangerina pode manter o frescor e aromas originais durante o processamento a alta pressão. Resultados de análises sensoriais de sucos de laranja, toranja e maçã permitiram Mermelstein (1999) concluir que provadores não conseguiram diferenciar entre o sabor de suco processado sob pressão e o suco fresco não tratado. Diversos produtos alimentícios, incluindo sucos e outros derivados de frutas, tratados sob pressão ou em combinação com outras tecnologias são atualmente comercializados em vários países, incluindo o Japão, Estados Unidos e da Europa, tendo-se assistido desde 2000 a um aumento exponencial do número de instalações industriais, que já ultrapassam a centena (NORTON; SUN, 2008).

A utilização de APH em alimentos tem-se concentrado tanto na sua preparação como na sua conservação (LOPEZ-FANDIÑO *et al.*, 1996), dado que permite inativar células vegetativas de microrganismos, atingindo assim os objetivos da pasteurização. Em APH, os alimentos são sujeitos a pressões entre 100 e 1000 MPa. O tempo de exposição à alta pressão pode variar entre alguns milissegundos e vinte minutos ou mais.

Além da retenção de aromas, nutrientes e cor dos alimentos (TEWARI, 2007), a tecnologia de alta pressão apresenta outras vantagens interessantes, como a independência do tamanho e geometria do produto, tendo em vista sua característica isostática, com a ação da pressão instantânea e uniforme, fato que permite que o tempo de tratamento não dependa desses parâmetros e nem ocorra deformação da embalagem que contém o produto, sendo esta flexível ou semiflexível nos casos de processamento em batelada envolvendo as etapas de carga, pressurização, tempo de exposição na pressão desejada, despressurização e descarga. A tecnologia ainda possibilita o processamento a baixas temperaturas com benefícios ainda maiores para manutenção de determinados atributos de qualidade. Observa-se grande economia no consumo de energia quando comparado, por exemplo, ao tratamento térmico, uma vez ser desnecessário aporte extra de energia mecânica tão logo a pressão de exposição desejada seja atingida (KNORR, 2002).

Além das vantagens enumeradas, a possibilidade de processar os alimentos previamente acondicionados permite uma economia substancial em relação aos sistemas de embalagem asséptica (TOEPFL *et al.*, 2006). Os alimentos ácidos (categoria na qual se destacam os sucos de vários frutos) são excelentes candidatos ao processamento por APH; por outro lado, os alimentos pouco ácidos ainda não são tratados com esta tecnologia, dadas as suas limitações em termos de redução da viabilidade de esporos (RAMASWAMY *et al.*, 2005a). Verifica-se que os esporos de bactérias têm-se mostrado resistentes aos tratamentos por pressões da ordem de grandeza das que se consegue obter com os equipamentos comerciais atualmente existentes (<600-800 MPa), de forma que os produtos de baixa acidez processados por APH têm de ser refrigerados ou eventualmente adicionados de agentes de preservação para lhes permitir tempo de prateleira aceitável (GARRIGA *et al.*, 2002). Há ainda a necessidade de pesquisas adicionais no sentido de determinar os efeitos das APH nas propriedades físico-químicas e mecânicas das embalagens dos produtos alimentares sujeitos a este tratamento (LEADLEY, 2008).

De acordo com o princípio de Le Chatelier-Braun, qualquer reação, transformação ou transição de fase acompanhada por redução de volume seria favorecida pela elevação da pressão, enquanto aquelas envolvendo aumento de volume seriam inibidas. A teoria dos estados de transição constitui outra base teórica utilizada para prever a influência da pressão na velocidade das transformações nos alimentos (TAUSCHER, 1995). A influência da pressão pode ser determinada considerando as mudanças no potencial químico dos componentes envolvidos e, consequentemente nas variações dos volumes parciais molares ou na energia livre de Gibbs parcial molar. O volume de ativação, em relação à formação de um complexo intermediário, tem sido amplamente utilizado para se avaliar essa dependência da pressão (HOOVER *et al.*, 1989; MOZHAEV *et al.*, 1994). Nesse sentido, os principais fatores físico-químicos de influência são: (i) mudanças no volume dos componentes devido às forças de atração e repulsão intra-moleculares; (ii) interações entre os componentes e o solvente, orientadas por fenômenos eletrostáticos; e, (iii) interações com todos os componentes envolvidos e dissolvidos em solução, incluindo os solutos (no caso de soluções não diluídas). De modo geral, a formação de ligações, separações de cargas eletrostáticas, concentração de cargas de mesma polaridade, e rearranjo dos grupos substituintes, resultam em contração de volume, enquanto quebra de ligações, neutralização e realocação de cargas geram aumento de volume (DRLJACA *et al.*, 1998). Muitas das reações bioquímicas resultam em variações de volume; consequentemente, as transformações e reações biológicas são influenciadas pela aplicação de pressão.

Em sistemas aquosos, um decréscimo de volume ocorre quando reações de dissociação apresentam aumento do número de grupos que podem ser ionizados, em geral, causados por interações eletrostáticas da água próxima a grupos iônicos, que pode ser aumentado pela pressão, de modo a expor mais íons (HOOVER *et al.*, 1989). Nesse sentido, nas bebidas alimentícias que são constituídas basicamente por soluções, dispersões ou suspensões aquosas de carboidratos, proteínas, sais minerais e lipídeos, deve-se ainda considerar a influência da pressão nas diversas propriedades da água e suas interações com os demais componentes, como a compressibilidade, tensão superficial, densidade, viscosidade, momento dipolar, constante dielétrica e propriedades térmicas (expansividade e difusividade térmicas e capacidade calorífica, entre outras). Tais mudanças e alterações nessas propriedades influenciam os efeitos da pressão sobre microrganismos, enzimas, funcionalidade e reações eventualmente presentes no sistema aquoso (CHEFTEL, 1992; MOZHAEV *et al.*, 1994). Constituintes dos alimentos de baixo peso molecular e aqueles com estruturas químicas por ligações covalentes (como açúcares, peptídeos, lipídeos e estrutura primária de proteínas e polissacarídeos, diversas vitaminas e compostos que contribuem para o aroma) não seriam afetados por altas pressões, devido à baixa compressibilidade das ligações covalentes, contribuindo, por exemplo, para a preservação da qualidade nutricional e sensorial dos alimentos tratados (CHEFTEL, 1991; BALCI; WILBEY, 1999). No entanto, a formação de pontes de hidrogênio é favorecida pela pressão por ser acompanhada por redução de volume. Interações hidrofóbicas, em relativas baixas pressões (< 100 MPa), causam aumento de volume e, portanto, são destruídas. Em pressões mais elevadas, essas interações hidrofóbicas estão associadas à redução de volume, e assim, seriam favorecidas e tenderiam a estabilizar as estruturas moleculares onde presentes. De modo geral, a maioria das proteínas é desnaturada ou parcialmente desnaturada quando submetidas a pressões acima de 400 MPa. Nas reações enzimáticas, a variação de volume depende da enzima e da concentração dos substratos envolvidos, para os quais concorrem interações polares e hidrofóbicas, rearranjos das moléculas de água e mudanças conformacionais na estrutura da enzima, podendo ser ativada ou desativada pela pressão (HENDRICKX *et al.*, 1998; LÓPEZ-MALO *et al.*, 1998; PALOU *et al.*, 2000a, 2000b; HERNANDEZ; SALGADO, 1999). Nesse sentido, a pressão também pode provocar alterações ao nível do comportamento reológico dos alimentos que contêm proteínas e/ou polissacarídeos (AHMED *et al.*, 2003).

Destaca-se que a geração de calor no interior do vaso de pressão associada com a compressão adiabática deve ser sempre considerada, tendo em vista os possíveis efeitos térmicos negativos advindos sobre certos componentes termicamente sensíveis, além do fato de a temperatura influenciar na cinética das transformações envolvidas. Esse aumento reversível de temperatura intrínseca e instantaneamente associado com a elevação isentrópica da pressão pode ser matematicamente previsto pelo coeficiente térmico de compressão adiabática (γ_S), dado pela equação (27.3). Darros-Barbosa (2003) propôs um modelo termodinâmico para se determinar esse efeito a partir do coeficiente de compressibilidade isentrópico, determinado por medidas ultrassônicas, em qualquer temperatura e pressão, para sistemas simples de um único composto puro (como água), bem como para misturas multicomponentes constituídas pelos sistemas alimentares, a partir do conhecimento de propriedades termofísicas desses sistemas, como o calor específico (Cp), coeficiente de expansão volumétrica (α), densidade (ρ), pressão (P) e temperatura (T) absolutas do sistema. A elevação reversível da temperatura devido à compressão adiabática para água pura resulta em cerca de 2 a 5 °C para cada 100 MPa de aumento na pressão, dependendo da temperatura inicial. Uma bebida composta por 2,5% sacarose (p/p) em água teria sua temperatura elevada instantaneamente e reversivelmente em 17 °C, para uma temperatura inicial de 30 °C (temperatura ao final da compressão de 47 °C), para uma pressurização desde a pressão atmosférica (0,1 MPa) até 600 MPa, enquanto uma bebida contendo 10% glucose (p/p) teria sua temperatura elevada em cerca de 11,5 °C para a mesma faixa de pressurização, porém para uma temperatura inicial de 10 °C. Ting *et al.*, (2002) e Rasanayagam *et al.*, (2003) mediram a elevação da temperatura devido à compressão adiabática em sistemas alimentares diversos, tendo obtido, por exemplo, para suco de laranja (composição não informada), uma elevação de cerca de 3 °C a cada 100 MPa. A elevação da temperatura devido à compressão adiabática para óleos e gorduras puras é cerca de três vezes maior para cada 100 MPa do que a correspondente para água pura. Consequentemente, alimentos contendo óleos ou gorduras tendem a ter maiores elevações de temperatura do que para água pura, mas menores do que para óleos puros. O efeito da elevação adiabática da temperatura com a compressão pode ser potencialmente útil para utilização de métodos combinados de pressão e temperatura para se atingir, por exemplo, condição de esterilidade em alimentos, com a vantagem de o processo ser instantâneo e praticamente homogêneo (portanto independente dos mecanismos de transferência de calor), e reversível, isto é, o produto retorna à sua temperatura original uma vez despressurizado o sistema.

$$\frac{1}{\gamma_s} = \left(\frac{\partial T}{\partial P}\right)_S = \frac{T\alpha}{\rho Cp} \qquad (27.3)$$

Pesquisas têm demonstrado interesse particular nos efeitos da alta pressão em suco de laranja. Ogawa *et al.*, (1992) demonstraram que o tratamento de suco de laranja com alta pressão não afeta suas propriedades sensoriais. Em um estudo detalhado, Parish (1998) avaliou os efeitos da pressão na faixa entre 500 a 700 MPa em suco de laranja (variedade Valência). De modo geral, o painel sensorial julgou o sabor do suco tratado com pressão como significativamente semelhante ao suco não tratado, diferentemente do suco tratado termicamente, ainda que algumas diferenças significativas fossem observadas no aroma entre o suco processado com pressão e o suco não tratado. Os autores ainda constataram a manutenção dos aromas do suco tratado sob pressão durante a estocagem quando comparado com o suco termicamente tratado. O uso de alta pressão combinada com aquecimento, ainda que mínimo (50 a 60 °C), resultou em perda da qualidade do suco. De acordo com Bignon (1996), a qualidade sensorial do suco de laranja processado sob pressão foi similar aquela do suco fresco e se manteve por mais de trinta dias de estocagem. Consequentemente, a retenção do sabor fresco constitui na maior vantagem do processamento sob pressão em baixas temperaturas.

Ao contrário do que se constata com suco de laranja, o sabor de suco de tomate parece ser bastante afetado pela pressão (PORETTA *et al.*, 1995). Amostras de suco de tomate tratadas por diferentes combinações de pressão, temperatura e tempo, provaram ser não palatáveis devido ao forte sabor de ranço. O tratamento sob pressão resultou em decréscimo do conteúdo de hexanol e um grande aumento no teor de trans-2-hexanal e de n-hexanal, esses últimos responsáveis pelo sabor de tomate fresco quando presente em concentrações de cerca de 1 a 2 mg kg^{-1}; no entanto, concentrações maiores conferem sabor de ranço. Os autores relatam ainda que o tratamento sob pressão afetou a viscosidade do suco de tomate, conferindo estrutura translúcida do tipo gel, causada pela coagulação proteica e compactação. Para pressões acima de 700 MPa, a viscosidade aumenta com o aumento do pH, indicando aumento da atividade enzimática em certas faixas de pH.

Além dos efeitos da pressão sobre a qualidade geral de sucos de frutas, existem publicações contendo informações detalhadas dos seus efeitos sobre componentes aromáticos específicos. Donsi *et al.* (1996), conduzindo estudo cromatográfico em componentes do aroma de suco de laranja processado sob pressão, observaram que o teor de limoneno, composto aromático mais instável e bastante afetado pelo calor, foi similar à concentração deste composto em suco não tradado. O tratamento sob pressão também não causou alterações significativas em outros componentes do aroma, como o terpineno, cimeno, linalol e mirceno. Análise cromatográfica de derivados de frutas tratados sob pressão indicou a retenção de muitos dos compostos do aroma, como trans-2-hexenol, linalol, butirato etílico, ácido metilbutírico, em um grau bastante mais elevado do que o método tradicional por aquecimento (WATANABE *et al.*, 1991; KIMURA *et al.*, 1994). A qualidade foi preservada durante a estocagem por dois ou três meses a 5 °C. Por outro lado, a estocagem a 25°C resultou em rápida perda da qualidade por causa do oxigênio dissolvido e atividade enzimática residual.

Yen e Lin (1999) estudaram, usando cromatografia gasosa e espectroscopia de massa, as alterações nos componentes voláteis de suco de goiaba submetido ao processamento sob pressão (25 °C, 600 MPa e 15 minutos) e subsequente estocagem a 4 °C e 25 °C. Ésteres formam a fração mais volátil no suco de goiaba; alcoóis, a segunda mais volátil, com o composto etil-1-hexanoato sendo o componente aromático mais importante. Quando comparado com suco fresco não tratado, os compostos voláteis não foram significativamente afetados pela pressão; contudo, durante a estocagem a 4 °C e 25 °C, foi observado um decréscimo. O suco tratado sob pressão e estocado a 4 °C manteve a estabilidade aromática melhor do que o suco não tratado, provavelmente devido à inibição parcial de enzimas presentes. Após estocagem por sessenta dias, a concentração de álcool aumentou significativamente, causada por atividade enzimática. Alterações significativas foram observadas quando o suco foi estocado por trinta dias a 25 °C. Conteúdos de metanol, etanol, acetato de etila, propionato de metila e de etilfurfurano aumentaram, enquanto de outros compostos tiveram concentrações reduzidas. O mesmo estudo não indicou diferenças significativas na turbidez e viscosidade com a aplicação da pressão na faixa de 400 a 600 MPa. No entanto, algum decréscimo na turbidez e viscosidade foi observado após estocagem por vinte dias.

Existem poucos relatos sobre os efeitos da pressão no sabor de leite e em produtos derivados de leite. Processamento em pressões da ordem de 400 a 500 MPa, por períodos variando de 3 a 15 minutos, seguido de refrigeração, resultou em vida de prateleira semelhante aos produtos tratados termicamente; sem mencionar, contudo, as qualidades sensoriais dos produtos processados (RADEMACHER; KESSLER, 1996). Mussa e Ramaswamy (1997) relatam pequeno aumento na viscosidade de leite tratado sob pressão. Os autores descrevem a alteração da viscosidade por um modelo cinético de primeira ordem. O pequeno volume de ativação indica que a taxa de aumento de viscosidade do leite aumenta em pressões mais elevadas. Esse aumento foi explicado pela desintegração da micela de caseína. No entanto, o aumento na viscosidade do leite não se configura necessariamente como aspecto negativo, considerando ser a viscosidade muito menos sensível à pressão do que os microrganismos presentes no leite. Hayashi *et al.*, (1987), em estudos com produtos derivados de leite, no qual a β-lactoglobulina constitui um composto alergênico, constataram aceleração da hidrólise deste componente em soro de leite mais rapidamente sob pressão quando comparada com a hidrólise à pressão atmosférica; enquanto a α-lactoalbumina não foi afetada, fato atribuído à presença de ligações sulfidrílas.

Muitos autores têm observado que o conteúdo de vitaminas em produtos de frutas e vegetais não é afetado pelo processamento sob pressão. De acordo com Bignon (1996), os conteúdos das vitaminas C, A, B_1, B_2, E e ácido fólico não são influenciados pelo tratamento sob pressão. Cerca de 95% do conteúdo de vitamina C em morango fresco foi mantido após processamento sob pressão (400 MPa, 20 °C por 30 minutos), o qual é cerca de 1,7 vezes maior do que o produto tratado termicamente (BYRNE, 1993; KIMURA *et al.*, 1994). Além disso, os perfis de decréscimo do valor nutricional durante a estocagem foram similares para o produto tratado sob pressão e o produto não tratado, indicando que a pressão não acelera e nem reduz a taxa de degradação cinética durante a estocagem (SANCHO *et al.*, 1999). O trabalho de Yen e Lin (1996) demonstrou que o conteúdo de vitamina C em suco de goiaba não foi afetado pela pressão (400 a 600 MPa, por 15 minutos) ou tratamento térmico (88 °C a 90 °C, por 24 segundos). No suco não tratado e no suco tratado a 400 MPa, o conteúdo de ácido ascórbico decresceu após 10 e 20 dias, respectivamente, enquanto nos sucos tratados termicamente e no suco tratado a 600 MPa se manteve constante durante 30 e 40 dias de estocagem. Sucos de laranja e de tangerina frescos e tratados sob pressões de até 600 MPa não tiveram seus conteúdos iniciais de vitamina C alterados (OGAWA *et al.*, 1990; TAKAHASHI *et al.*, 1993; MATSER; BARTELS, 1999). Donsi *et al.* (1996) estudaram os efeitos da pressão (200 a 500 MPa) sobre várias vitaminas (C, B_1, B_2, B_6 e niacina), açúcares (sacarose, frutose e glucose) e ácidos orgânicos (cítrico, málico e isocítrico) em suco de laranja e não encontraram alterações significativas em qualquer nível de pressão usado.

Um estudo cinético detalhado sobre a estabilidade do ácido ascórbico devido à pressão e à temperatura em sistemas modelos tamponados e em ambientes naturais (suco de laranja e tomate) foi desenvolvido por Van den Broeck *et al.* (1998). Degradações do ácido ascórbico devido ao efeito da temperatura (65 °C a 80 °C) combinado com tratamento sob pressão (850 MPa), ajustado ao modelo cinético de primeira ordem, acelerado com temperaturas mais elevadas, indicam que pressão e temperatura tem efeitos sinergísticos. Os resultados mostraram ser o ácido ascórbico mais sensível à pressão em suco de laranja do que em suco de tomate. Os mesmos autores observaram que a degradação térmica de ácido ascórbico não era dependente da pressão. Os experimentos demonstraram que o ácido ascórbico apresenta certa instabilidade somente em altas pressões em combinação com elevadas temperaturas. Nesse sentido, os autores concluíram que tratamentos menos severos, que são de grande importância para as indústrias de alimentos, não afetam o ácido ascórbico.

Em muitas situações, as bebidas são constituídas por misturas em sistemas multicomponentes, contendo carboidratos, proteínas e polissacarídeos, sais e eventualmente gorduras. As interações proteína-polissacarídeos em solução aquosa assumem papel de destaque na formação da estrutura e estabilidade do alimento ou bebida (TOLSTOGUZOV, 1991, 1997; SYRBE *et al.*, 1998). Consequentemente, torna-se difícil a predição do comportamento funcional em tais sistemas complexos, devido às diferentes interações intermoleculares, ação multifuncional e simultânea. Ambos, proteínas e polissacarídeos, podem ter suas interações independentes ou podem interagir, separar fases e eventualmente gelificar, podendo, portanto, influenciar fortemente sua funcionalidade. Muitos estudos têm sido conduzidos para se avaliar o efeito da pressão sobre proteínas e polissacarídeos em sistemas aquosos, principalmente relacionados com a quebra de interações não covalentes e subsequente reformação de ligações intra e intermoleculares das moléculas de proteínas, com eventuais consequências, como a desnaturação, agregação e formação de gel (CHIRIFE, 1996; TOLSTOGUZOB, 1999; DICKINSON; PAWLOWSKY, 1996; GALAZKA; DICKINSON; LEDWARD, 1996; GALAZKA; SUMNER; LEDWARD, 1996; GALAZKA; LEDWARD; SUMNER; DICKINSON, 1997; GALAZKA; SMITH; LEDWARD; DICKINSON, 1999; GALAZKA; LEDWARD; VARLEY, 1997). As possibilidades de interação das proteínas alimentícias com a água dizem respeito às propriedades de hidratação, adsorção e retenção de água, molhabilidade, dessoragem, adesividade, dispersibilidade, solubilidade, precipitação e gelificação, possíveis interações com outras macromoléculas e para se adsorver em superfícies (propriedades de superfície e estabilidade da emulsão).

Estudos sobre os efeitos da alta pressão na pectina, um polissacarídeo naturalmente presente em muitos sucos de frutas, consistindo predominantemente de cadeias residuais de ácidos galacturônicos parcialmente metoxiladas, responsável por conferir viscosidade e manter turvação, sugerem que a molécula de pectina não é afetada quimicamente pela alta pressão até pH 5, não influenciando no seu grau de metoxilação nem em sua solubilidade, dentro da faixa de concentração usual encontrada em frutas e sucos (YEN; LIN, 1998). No entanto, em pH 7, a alta pressão causou desmetoxilação na pectina com redução no grau de metoxilação de 65 para 60%, indicando um processo puramente governando pelo pH (ALBERSHEIM *et al.*, 1960). O tratamento sob pressão de 400 MPa a 25 °C resultou em um aumento de 10 vezes na viscosidade aparente em altas taxas de deformação para uma solução de sacarose contendo 1,5% pectina de alto grau de metoxilação, com menor influência nos tratamentos sob pressões maiores (800 MPa e 25 °C); observando-se impacto negativo na estrutura da solução mediante aumento da taxa de deformação. Os estudos demonstram haver influência da pressão sobre as interações ao nível molecular, dependência da fonte e concentração da pectina, da presença da sacarose e do pH (OAKENFULL; SCOTT, 1984, 1985; SCHOLS *et al.*, 1997, CHOU; KOKINI, 1987).

27.5 CAMPO ELÉTRICO PULSADO (CEP)

Assim como no caso do processamento por APH, também o CEP permite inativar microrganismos, minimizando os efeitos ao nível sensorial, nutricional e funcional dos alimentos, dada a ausência de temperaturas elevadas durante o processo. A tecnologia de CEP baseia-se na aplicação de pulsos de elevada voltagem (da ordem de dezenas de kV por cm) com o auxílio de um par de eletrodos, entre os quais é escoado o produto a tratar. Assim como no caso do aquecimento ôhmico, também aqui o volume de alimento tratado é apenas o que está confinado entre os eletrodos, dado que é apenas aí que se aplica o campo elétrico. Os valores elevados de campo elétrico são alcançados mediante o uso de uma bateria de capacitores ligada a uma fonte de corrente contínua, que se descarrega periodicamente sob a forma de pulsos de elevada voltagem (ZHANG *et al.*, 1995). Cada um desses pulsos é aplicado ao alimento através dos eletrodos durante um período extremamente curto (1 a 100 μs), sendo possível evitar o aumento excessivo da temperatura se os tratamentos forem suficientemente curtos (DEETH *et al.*, 2007).

Quando um alimento é sujeito a este tipo de tratamento, ocorrem efeitos como ruptura celular (SITZMANN, 1995), eletrólise (HULSHEGER; NIEMANN, 1980) e aquecimento por efeito Joule (SASTRY; BARACH, 1995), todos eles contribuindo para a inativação de microrganismos. Todas as teorias existentes relativamente ao mecanismo de destruição por ação do CEP têm em comum o fato de assumirem a existência de danos ao nível da membrana celular (por eletroporação), que obviamente afetam o funcionamento da célula e podem resultar na sua morte (SALE; HAMILTON, 1968; DEETH *et al.*, 2007). A tecnologia de CEP foi especialmente concebida para alimentos líquidos ou semilíquidos, e daí ser importante referi-la no contexto deste capítulo (QIN *et al.*, 1996). Existem estudos que indicam a sua utilização para aumentar o tempo de prateleira de leite (SAMPEDRO *et al.*, 2005; CRAVEN *et al.*, 2008), sopa de ervilhas (VEGA-MERCADO *et al.*, 1996), ovo líquido (MA *et al.*, 1997; CALDERÓN-MIRANDA, 1999) e sucos de fruta (HODGINS *et al.*, 2002; HEINZ *et al.*, 2002). Em 2002, o emprego do CEP em nível industrial foi implementado pela primeira vez pela empresa Genesis Juices, no estado de Oregon (EUA) (CLARK, 2006). Combinar a aplicação de CEP com temperaturas moderadas poderá ser uma forma de permitir um nível de inativação de enzimas suficiente para evitar a necessidade de refrigeração dos produtos tratados. Por outro lado, a combinação de CEP com temperaturas suficientemente elevadas poderá permitir a redução da energia necessária para os impulsos para níveis semelhantes aos necessários numa pasteurização convencional (TOEPFL *et al.*, 2006).

Atualmente, a falta de um conhecimento mais aprofundado dos fatores que afetam a eficiência dos tratamentos por CEP constitui no principal obstáculo à aplicação desta tecnologia em escala industrial, entre os quais destacam-se o projeto do equipamento, condições de processamento mais adequadas, propriedades dos alimentos em função do campo elétrico e a resistência dos microrganismos ao CEP (DEETH *et al.*, 2007).

27.6 ULTRASSOM DE ALTA INTENSIDADE

As frutas e vegetais e seus derivados são candidatos importantes ao uso da tecnologia de ultrassom na medida em que esta envolve uma técnica relativamente simples e versátil para a alteração dos tecidos e células vegetais, na produção de extratos e como método de destruição de microrganismos com propósito de preservação e/ou de sanitização, uma vez que há demanda por produtos alimentícios, com sabor mais próximo dos alimentos frescos e com atributos sensoriais e nutricionais preservados.

São muitas as aplicações do ultrassom, como na extração de compostos fenólicos de tecidos vegetais, na extração de pigmentos vegetais (beterraba etc.) betacianina e betaxantina, na extração de lipídeos e proteínas de sementes e oleaginosas (soja etc.), na permeabilização das membranas de frutas (uva, ameixa etc.), no processamento de sucos de frutas, visando à melhoria da estabilidade e reduzindo a sedimentação em dispersões, como o suco de laranja. O ultrassom pode ainda ser usado na emulsificação, dispersão e homogeneização, bem como para acelerar reações químicas e bioquímicas (denominadas *sonochemistry*) ou para influenciar os processos de cristalização. A destruição de microrganismos e a inativação enzimática são outras aplicações do ultrassom no processamento de sucos. Nesses casos, estudos indicam que o uso do ultrassom torna-se mais efetivo quando combinado com outros métodos como o calor (termossonicação), pressão (manossonicação) e todos esses combinados: calor, pressão e ultrassom (manotermossonicação).

Os fenômenos físicos envolvidos na propagação de uma onda sonora são complexos e muitos aspectos persistem ainda não inteiramente esclarecidos, especialmente aqueles relacionados aos mecanismos de ação do ultrassom de alta intensidade sobre os alimentos ou componentes dos alimentos. Algumas das revisões mais importantes e detalhadas envolvendo ultrassom de alta intensidade e seus efeitos são apresentadas por Neppiras (1980), Suslick (1988), Povey e Mason (1998) e Condón *et al.*, (2005).

Ultrassom ou simplesmente som constitui-se em energia mecânica que se propaga através de um meio elástico, como resultado da ação de uma força externa (vibração), proporcionando a alternância entre zonas de compressão e expansão de partículas do meio (Figura 27.1). Comprimento de onda (λ) do ultrassom é a distância (usualmente expressa em milímetros ou micrômetros) entre dois picos de pressão-amplitude. A frequência (f) corresponde ao número de vezes que a onda oscila um ciclo por segundo, normalmente expressa em Hz (s^{-1}), sendo, portanto, inverso do período (T) da onda. A velocidade de propagação de uma onda sonora (c) relaciona esses dois parâmetros pela equação (27.4), expressa em ms^{-1}. A velocidade do som depende do meio de propagação, variando bastante entre os diferentes materiais, sendo determinada pela relação inversa da raiz quadrada do produto da densidade (ρ) e do coeficiente de compressibilidade (β). Um meio altamente compressível como o ar tem baixa velocidade de propagação do som (da ordem de 330 ms^{-1}); em contraste, um meio menos compressível como a água tem maior velocidade de propagação do som (cerca de 1480 ms^{-1}). Por outro lado, fluidos de baixa densidade têm menores velocidades de propagação do que fluidos mais densos. A frequência do ultrassom não é afetada por mudanças na velocidade do som na medida em que a onda sonora se propaga por diferentes meios. Uma consequência deste fato é que o comprimento de onda é dependente do meio de propagação; decorre também deste fato que uma alteração na velocidade de propagação na interface entre dois meios causa uma mudança no comprimento de onda. A intensidade do ultrassom (I) compreende a quantidade de energia liberada por unidade de tempo (potência), por unidade de área (expressa em W cm^{-2}), sendo proporcional ao quadrado da amplitude-pressão. Assim, dobrando a amplitude de uma onda sonora, resulta em quadruplicar sua intensidade. A magnitude dessa intensidade depende do método de geração do ultrassom, contínuo ou pulsado.

$$c = \lambda f = \frac{1}{\sqrt{\beta\rho}} \qquad (27.4)$$

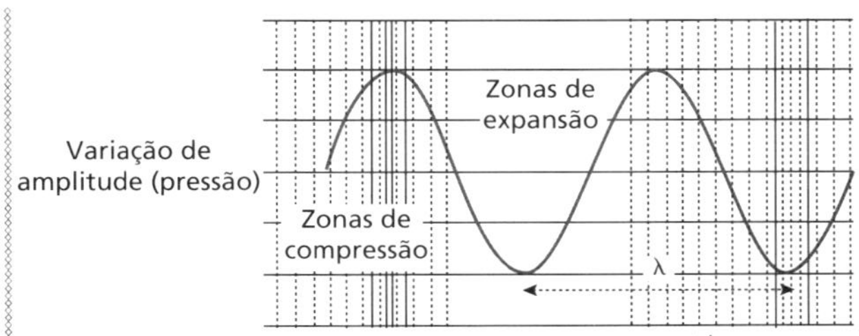

Figura 27.1 Desenho esquemático do modo de propagação de uma onda sonora longitudinal, mostrando alternância entre zonas de compressão e expansão (λ = comprimento de onda).

As interações do ultrassom com o meio e seus constituintes são determinadas pelas propriedades acústicas da matéria. Na medida em que uma onda ultrassonora se propaga através de um meio, as interações que podem ocorrer podem ser decorrentes de reflexão, refração, absorção e dispersão. Reflexão ocorre na interface entre dois meios onde existe uma diferença na impedância acústica (Z) entre os dois meios, dada pela equação (27.5), onde ΔP representa a variação na pressão local (amplitude) e ξ' o deslocamento das partículas do meio ao longo da propagação. Quando uma onda incide perpendicularmente à interface, uma porção da energia contida é refletida de volta para a fonte, e a porção transmitida continua na direção inicial de propagação (Figura 27.2). A refração descreve uma mudança na direção de propagação da onda incidente não perpendicular à interface. Dispersão resulta tanto da reflexão como da refração sobre superfícies, usualmente de ondas incidentes sobre pequenas partículas presentes no meio (ou materiais heterogêneos), causando um foco difuso de propagação. Absorção é um processo onde a energia acústica é convertida em energia térmica (calor); nessa situação, a energia do ultrassom é perdida e não pode ser recuperada. A atenuação de uma onda sonora diz respeito à perda de intensidade do ultrassom devido aos efeitos de absorção e dispersão no meio.

$$Z = \frac{\Delta p}{\xi'} = \rho f \lambda \approx \rho c \qquad (27.5)$$

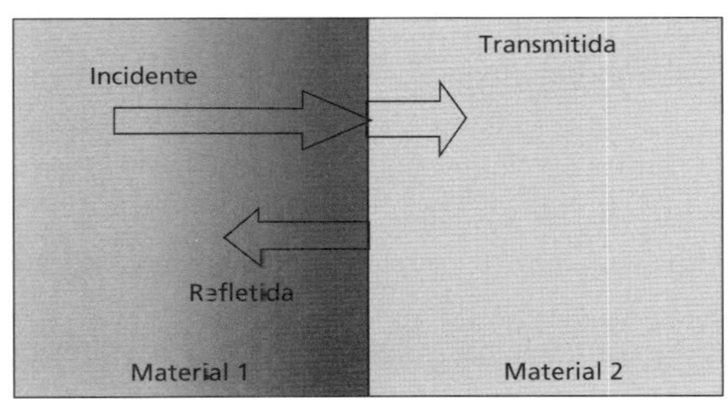

Figura 27.2 Desenho esquemático mostrando interações na interface de incidência de uma onda de ultrassom entre dois meios com diferentes impedâncias acústicas.

O ouvido humano normal detecta frequências sonoras na faixa de 0,016 kHz a 18,0 kHz, com intensidade de potência numa conversação normal da ordem de 1 W cm^{-2}. Ultrassom de baixa intensidade emprega frequências bastante altas, tipicamente na faixa de 2 a 20 MHz, com baixa intensidade de potência, em geral variando de 0,1 a 1 W cm^{-2}. Esse tipo de ultrassom é bastante utilizado para aplicações não invasivas envolvendo análise de imagem, como sensor para medições de parâmetros diversos em processos (nível, vazão, velocidade etc.), nas áreas analíticas com metodologias bem estabelecidas em vários setores da indústria e de análises laboratoriais para medida de parâmetros como composição, amadurecimento, eficiência de emulsificação e na concentração e dispersão de matéria particulada em fluidos (POVEY; MCCLEMENTS, 1988).

O ultrassom de alta intensidade, em contraste, utiliza baixas frequências, normalmente na faixa de 20 a 100 kHz (geralmente abaixo de 1 MHz), e pode produzir níveis de potência muito mais elevados, da ordem de 10 a 1000 W cm^{-2}. Ultrassom de baixa frequência e alta potência possui energia suficiente para quebrar ligações intermoleculares, e pelo grande conteúdo energético, é capaz de gerar efeitos de cavitação (formação de bolhas de vapor ou gás num líquido por efeito de uma redução de pressão), o qual se sabe ser capaz de alterar certas propriedades físicas, bem como modificar muitas reações químicas (MCCLEMENTS, 1995; ROBERTS; WILTSHIRE, 1990; MASON *et al.*, 1996; HAUPTMANN *et al.*, 2002).

Um sistema para aplicação do ultrassom consiste em três partes essenciais (POVEY; MASON, 1998):

- Gerador de pulsos: consiste em um oscilador mecânico ou eletrônico capaz de ser operado com ou sem carga e na potência requerida.
- Transdutor de ultrassom: consiste em um material capaz de converter energia mecânica ou elétrica em energia sonora em frequências ultrassônicas.
- Acoplamento: consiste em um material colocado na extremidade do transdutor que auxilia na transferência das vibrações para o material líquido sendo tratado.

Existem três tipos principais de transdutores de ultrassom: aqueles movidos pela energia mecânica do líquido, os magnetorrestritivos e os piezoelétricos. Um transdutor de ultrassom usa a força motriz do líquido, que é forçado a atravessar uma fina placa metálica, causando sua vibração em frequências ultrassônicas, alternando efeitos de pressão e cavitação no líquido, gerando um alto grau de agitação. Esse sistema é simples, mas, porque envolve bombeamento do líquido através do orifício e placas, os processos para aplicação são restritos a mistura e homogeneização.

Os transdutores magnetorrestritivos são aparelhos que usam o fenômeno de magnetorrestrição, efeito encontrado em alguns materiais ferríticos magnéticos, os quais alteram sua dimensão em resposta a aplicação de um campo magnético. As dimensões do transdutor devem ser calculadas precisamente para que a unidade como um todo vibre na frequência correta. A faixa de frequência restringe-se normalmente a valores abaixo de 100 kHz, porém o sistema não é muito eficiente (60% conversão da energia elétrica para a acústica, sendo o calor a principal causa de perdas). A principal vantagem reside no fato de esses transdutores serem robustos e resistirem bem a longas exposições a elevadas temperaturas.

Os transdutores piezoelétricos constituem em materiais com capacidade de respostas a uma excitação elétrica, que podem ser cerâmicos, como o titanato zirconato de chumbo (PZT), titanato de bário e metaniobato de chumbo ou o quartzo e materiais poliméricos. Os materiais com capacidades piezoelétricas que convertem energia elétrica em energia mecânica vibracional são os transdutores mais comuns e mais eficientes (80 a 95% de conversão para energia acústica), porém menos robustos que os magnetorrestritivos, e, em geral, não resistem a elevadas temperaturas (> 85 °C).

O projeto, a geometria e a técnica pela qual o transdutor ultrassônico é inserido ou conectado ao vaso reator são fatores essenciais para sua eficácia e efetividade. Tais variáveis são importantes, pois interferem nos resultados da aplicação do ultrassom. Por exemplo, em banhos ultrassônicos, o transdutor é conectado à base ou lateralmente ao reservatório, com a energia do ultrassom direcionada diretamente ao líquido ali contido. No entanto, quando se utilizam pontas de prova, a vibração acústica de alta potência pode ser amplificada e conduzida ao meio pelo uso de direcionadores metálicos com formato de cornetas cuja forma determina a proporção da amplificação do sinal.

Nos banhos ultrassônicos, os transdutores são normalmente fixados na parte inferior lateral do vaso, operam em frequência da ordem de 40 kHz e produzem ondas de alta intensidade em níveis fixos devido ao desenvolvimento de ondas planas criadas pela reflexão do som na interface do líquido. A profundidade do líquido é importante para manter a intensidade e não deve ser menor do que metade do comprimento da onda sonora propagando no líquido. Uma ampla faixa de frequências é muitas vezes usada para produzir campo de cavitação mais uniforme e reduzir zonas de ondas transversais.

Geradores de ultrassom em formato de cornetas permitem a amplificação do sinal, usualmente de comprimento correspondente à metade ou múltiplos do comprimento da onda sonora. O ganho de amplitude depende da forma e diferenças no diâmetro da corneta entre as faces. Se o emissor não tiver variação no diâmetro ao longo do comprimento, não haverá ganho na amplitude e a energia acústica será simplesmente transferida ao meio. Outras variações incluem placas vibracionais opostas, aumentando o efeito mecânico, com boas respostas na formação de bolhas e cavitação; sistemas radiais vibracionais, formando uma caixa de ressonância cilíndrica, interessante para fluidos escoando internamente em tubos, especialmente em altas vazões e viscosidades (POVEY; MASON, 1998).

Os principais parâmetros que influenciam a efetividade do ultrassom nas diversas aplicações são a frequência e a amplitude (com a intensidade sendo proporcional ao quadrado da amplitude) das ondas do ultrassom, e a temperatura e a pressão do meio a ser aplicado; os quais constituem parâmetros que podem ser controlados com certa facilidade. Esses parâmetros, por sua vez, são interdependentes. Cavitação ocorre quando uma onda de ultrassom se propaga num meio líquido (SALA *et al.*, 1995) causando alternância entre compressão e expansão. Se a onda de ultrassom tem amplitude suficiente, bolhas são produzidas. Essas bolhas se colapsam (implodem) com diferentes intensidades, sendo este fato considerado como de maior impacto na ruptura da estrutura celular. Os mecanismos envolvidos são muitos e podem incluir forças cisalhantes geradas no movimento das bolhas ou alterações localizadas na temperatura e pressão causadas pelo colapso das bolhas. As ondas de ultrassom caracterizam-se pela capacidade de produzir efeitos diferentes em diferentes meios de propagação, de tal modo que por vezes esses efeitos parecem contraditórios. Por exemplo, ultrassom de alta intensidade em suspensões líquidas pode provocar a desagregação de partículas, enquanto a aplicação do ultrassom em suspensões gasosas tende a produzir aglomeração das partículas. Um aumento da temperatura provoca uma diminuição da energia liberada no meio pelo ultrassom (RASO *et al.*, 1999). Por outro lado, um aumento na pressão promove um incremento da energia liberada no meio, fato esse que aumenta a faixa operacional de temperatura na qual a cavitação ocorre (RASO, 1998).

A destruição de microrganismos geralmente é atribuída a três mecanismos: cavitação, aquecimento localizado e formação de radicais livres (CONDÓN *et al.*, 2005). Existem dois tipos de cavitação: transiente e estável, para as quais efeitos diferentes têm sido relatados. A cavitação estável normalmente ocorre quando se aplica ultrassom de baixa intensidade e, em decorrência das oscilações das ondas de ultrassom, causa a produção de microbolhas no líquido (SUSLICK, 1989). São necessários milhares de ciclos oscilatórios para permitir o aumento do tamanho das bolhas. À medida que as ondas sonoras se propagam no meio, causam vibração das bolhas, proporcionando formação de fortes microcorrentes de líquido. Outras pequenas bolhas são atraídas pelo campo ultrassônico, intensificando as microcorrentes. Esse efeito produz tensões na superfície das células de microrganismos, eventualmente causando cisalhamento e ruptura da membrana celular, sem haver colapso das bolhas. As forças cisalhantes constituem-se de um dos mecanismos propostos de ação como causadores da morte celular. Durante a cavitação transiente (MCCLEMENTS, 1995; LEIGHTON, 1998), devido à alta intensidade do ultrassom, bolhas rapidamente aumentam de tamanho com um número bem inferior de ciclos oscilatórios. Essas bolhas maiores eventualmente se colapsam e, devido às colisões violentas das moléculas ao redor das bolhas, provocam aumento localizado e momentâneo da pressão e temperatura (até 100 MPa e 5.000 K). Além dos efeitos de cavitação e colapso das bolhas, causando ruptura das paredes celulares, as consequências da elevação de temperatura e pressão, ainda que localizadas, podem causar outros efeitos, como a desnaturação de proteínas e inativação de enzimas em algumas dessas células. Outro mecanismo comumente relatado diz respeito ao deslocamento de partículas e substâncias das paredes de microrganismos, reduzindo a atividade e o metabolismo decorrente (SCHUETT-ABRAHAM *et al.*, 1992). A formação de radicais livres como mecanismo de ação do ultrassom pode não ser benéfica, dependendo da reação desencadeada. No caso de microrganismos, essa ação pode ser entendida a partir da possível formação em meio aquoso de radicais OH^-, H^+ e peróxidos de hidrogênio, que podem ter ação biocida (MASON, 1999).

Estudos cinéticos da destruição de microrganismos pelo ultrassom realizados por Raso (1995), Pagán (1997), Pagán *et al.* (1999c) e Manãs (1999), indicam uma menor variabilidade da resistência entre diferentes espécies de microrganismos ao ultrassom do que a resistência térmica dos mesmos microrganismos (100 vezes, no caso do calor, *versus* três vezes, para o ultrassom), indicando uma possível vantagem do ultrassom no sentido de se assegurar a eficiência do tratamento ainda que eventualmente se mudem os microrganismos contaminantes. Os resultados também confirmaram a adequação do modelo exponencial de redução da população de microrganismos com o tempo de exposição ao ultrassom. Condón e colaboradores (2005) alertam para o fato de que alguns resultados relatados na literatura de resistência de microrganismos ao ultrassom devem ser vistos com cautela, devido à influência de fatores, como diferenças na composição do meio e pelo uso de diferentes cepas de microrganismos, por vezes não considerados. Resultados obtidos por Pagán *et al.* (1999b) indicaram vantagens no uso do ultrassom como tratamento de higienização na medida em que os danos causados pelo ultrassom nas células dos microrganismos não eram reversíveis, notadamente quando presente células com danos causados por choques térmicos.

A frequência da onda de ultrassom constitui importante parâmetro que influencia o tamanho das bolhas formadas. Em baixas frequências, as bolhas produzidas são grandes em tamanho, e, quando colapsadas, uma grande quantidade de energia é liberada (SUSLICK, 1989). A formação de bolhas torna-se mais difícil em altas frequências, sendo que acima de 2,5 MHz a cavitação já não ocorre. A amplitude da onda ultrassonora determina a intensidade da energia de ultrassom liberada. A intensidade do colapso das bolhas depende da temperatura, da viscosidade do meio de propagação e da frequência do ultrassom. À medida que a temperatura aumenta, a cavitação ocorre mais rapidamente, porém a intensidade dos colapsos diminui, devido ao efeito exponencial da temperatura no aumento da pressão de vapor e o decréscimo na tensão superficial. Esses efeitos resultam em redução da intensidade da cavitação e, portanto, menos efetividade na aplicação do ultrassom sob elevadas temperaturas. Operar com pressões mais elevadas (200 a 600 kPa) pode contrapor esses efeitos positivamente no caso da destruição de microrganismos (RASO *et al.*, 1994). No entanto, pressões muito elevadas podem reduzir a difusão gasosa nas bolhas, prevenindo, portanto, a ocorrência da cavitação. Por outro lado, a sensibilidade dos microrganismos varia com o tipo de célula bacteriana, vegetativa ou esporos, principalmente com relação à membrana celular. Muitos dos mecanismos e efeitos da temperatura e da pressão podem ser deduzidos a partir do conhecimento das mudanças nas propriedades físicas do meio líquido com esses parâmetros.

A composição, a concentração de sólidos e, consequentemente, as propriedades físicas do meio também influenciam na efetividade do tratamento em relação aos microrganismos, notadamente aqueles relacionados com os fenômenos intrínsecos de cavitação, penetração e distribuição da energia do ultrassom no meio (LEADLEY; WILLIAMS, 2006). Por exemplo, um meio mais viscoso requer maior intensidade da onda ultrassonora do que uma solução de baixa viscosidade. Ultrassom de baixa frequência tem maior capacidade de penetração em meios mais viscosos, tendo em vista que ondas com maiores frequências são mais dispersivas, causando redução do conteúdo total de energia fornecida ao meio. Por outro lado, membranas celulares são mais susceptíveis ao ultrassom quando em meio ácido. Tratamento de esporos bacterianos com ultrassom demonstra variações na sensitividade, dependendo do microrganismo. A ordem de aplicação do tratamento combinado também parece influenciar nos resultados de destruição microbiana (CONDÓN, 2005). O uso de agentes sanitizantes também influencia na suscetibilidade ao tratamento com ultrassom (LILLARD, 1993).

Os efeitos do ultrassom sobre atributos de qualidade podem ser diversos. Há ainda carência de dados conclusivos e trabalhos sistemáticos sobre eles, por exemplo, sobre propriedades de textura e composição nutricional. De modo geral, para que o ultrassom seja bem-aceito como técnica de preservação, deve-se demonstrar não apenas produzir alimentos seguros, mas também como tendo mínimos efeitos sobre os atributos sensoriais e nutricionais do produto submetido ao tratamento.

O ultrassom encontra atualmente um grande número de aplicações na indústria de alimentos e bebidas, em particular; é grande o potencial para aplicação do ultrassom na pasteurização de produtos líquidos de baixa viscosidade, além de melhorar a efetividade de outros métodos de preservação. Parece haver problemas ainda com relação à passagem da escala laboratorial para a industrial, além da necessidade de trabalhos de pesquisa relacionados com o projeto de equipamentos, visando à otimização da redução da carga microbiana ou a inativação enzimática, para a confirmação da melhor efetividade dos processos combinados, especialmente ultrassom com elevação da temperatura e pressão. Além disso, há necessidade de se obter um mapeamento mais preciso das variações do campo de intensidade do ultrassom no compartimento de aplicação; da identificação clara dos mecanismos de ação do ultrassom sobre células vegetativas, esporos e enzimas; do desenvolvimento de modelos matemáticos envolvendo o ultrassom e para a identificação da influência do ultrassom sobre propriedades físicas e termofísicas dos alimentos.

27.7 CONCLUSÕES

Considerando o conhecimento atual sobre as várias possibilidades oferecidas pelas "novas tecnologias" de processamento aqui descritas, pode-se considerar como mais promissoras o aquecimento ôhmico, a alta pressão hidrostática, o campo elétrico pulsado e o ultrassom. Em segundo lugar, pode-se concluir que a implementação pela indústria das diferentes tecnologias descritas não está no mesmo estágio de desenvolvimento. Há instalações industriais para aquecimento ôhmico e alta pressão hidrostática em diversas aplicações em alimentos e bebidas; o ultrassom parece ter potencial na pasteurização de produtos líquidos de baixa viscosidade, além de melhorar a efetividade de outros métodos de preservação; o uso da energia de micro-ondas parece ser mais adequado para tratamento de pequenos volumes; as ondas de rádio já são aplicadas em grande escala, mas há ainda vários problemas tecnológicos por resolver e, no caso do campo elétrico pulsado, ainda nem sequer foi possível passar à aplicação industrial, embora as pesquisas indiquem tratar-se de uma alternativa muito promissora, em especial para o tratamento de líquidos. A indústria de bebidas não deve deixar de estar atenta aos próximos desenvolvimentos dessas tecnologias, uma vez que certamente devem ser consideradas para a obtenção de produtos alimentícios de melhor qualidade e com menores custos principalmente para o processamento de alimentos líquidos.

REFERÊNCIAS BIBLIOGRÁFICAS

AHMED, J. *et al*. Effect of high pressure on rheological characteristics of liquid egg. **Lebensmittel-Wissenschaft und Technologie**, Zurich, v. 36, p. 517-524, 2003.

BALCI, A.; WILBEY, R. High pressure processing of milk the first 100 years in the development of a new technology. **International Journal of Dairy Technology**, Oxford, v. 52, p. 149-155, 1999.

CALDERÓN-MIRANDA, M. L.; BARBOSA-CÁNOVAS, G.V.; SWANSON, B. G. Inactivation of Listeria innocua in liquid whole egg by pulsed electric fields and nisin. **International Journal of Food Microbiology**, Torino, v. 51, p. 7-17, 1999.

BENGTSSON, N.; GREEN, W. Radio-frequency pasteurization of cured hams. **Journal of Food Science**, Chicago, v. 35, p. 681-687, 1970.

BINTSIS, T.; LITOPOULOU-TZANETAKI, E.; ROBINSON, R. Existing and potential applications of ultraviolet light in the food industry—a critical review. **Journal of the Science of Food and Agriculture**, London, v. 80, p. 637-645, 2000.

BUFFLER, C. **Microwave cooking and processing**: engineering fundamentals for the food scientist. New York: Van Nostrand Reinhold, 2003.

BUTZ, P.; TAUSCHER, B. Emerging technologies chemical aspects. **Food Research International**, Guelph, v. 35, p. 279-284, 2002.

CASTRO, I. *et al*. The effect of the electric field on important food processing enzymes: comparison of inactivation kinetics under conventional and ohmic heating. **Journal of Food Science**, Chicago, v. 69, n. 9, C696-701, 2004.

CHEFTEL, J.-C. Applications des hautes pressions en technologie alimentaire. **Industrie Alimentaires et Agricoles**, Paris, v. 108, p. 141-153, 1991.

CHO, H.; YOUSEF, A.; SASTRY, S. Growth kinetics of *Lactobacillus acidophilus* under ohmic heating. **Biotechnology and Bioengineering**, Hoboken, v. 49, p. 334-340, 1996.

CHIU, C. P, K. *et al*. Microwave treatment of pasteurized milk. **Journal Microwave Power**, Mechanicsville, v. 19, n. 4, p. 269-272, 1984.

CLARK, J. Pulsed electric field processing. **Food Technology**, Chicago, v. 60, n. 1, p. 66-67, 2006.

CONDÓN, S.; RASO, J.; PAGÁN, R. Microbial Inactivation by Ultrasound. *In*: BARBOSA-CANOVAS, G.; TAPIA, M. S.; CANO, M. P. (ed.). **Novel food processing technologies**. Boca Raton: CRC Press, 2005, p. 423-442.

CRAVEN, H. *et al*. Evaluation of pulsed electric field and minimal heat treatments for inactivation of pseudomonas and enhancement of milk shelf-life. **Innovative Food Science and Emerging Technologies**, Berlin, v. 9, p. 211-216, 2008.

DARROS-BARBOSA, R. **High pressure and temperature dependence of thermodynamic properties of model food solutions obtained from in situ ultrasonic measurements**. 264 p. Thesis (PhD) – University of Florida, 2003.

DE ALWIS, A.; FRYER, P. A finite-element analysis of heat generation and transfer during oh of food. **Chemical Engineering Science**, Berkeley, v. 45, n. 6, p. 1547-1559, 1990.

DE HALLEUX, D. *et al*. Ohmic cooking of processed meats: energy evaluation and food safety considerations. **Canadian Biosystems Engineering**, Winnipeg, v. 47, p. 3.41–3.47, 2005.

DECAREAU, R. **Pasteurization and sterilization**. Microwaves in the food processing industry. New York: Academic Press, 1985.

DEETH, H. *et al*. Pulsed electric field technology: Effect on milk and fruit juices. *In*: TEWARI, G.; JUNEJA, V. (ed.). **Advances in thermal and non-thermal food preservation**. Oxford, UK: Blackwell, 2007.

DRLJACA, A. *et al*. Activation and Reaction Volumes in Solution. 3. **Chemical Reviews**, Washington, v. 98, p. 2167-2289, 1998.

FITO, P.; CHIRALT, A.; MARTÍN, M. E. Current State of Microwave Applications to Food Processing. In: CANOVAS, G.; TAPIA, M. S.; CANO, M. P. (ed.). **Novel food processing technologies**. Boca Raton: CRC Press, 2005. p. 525-537.

GALAZKA, V. B.; DICKINSON, E.; LEDWARD, D. A. Effect of high pressure on the emulsifying behaviour of beta-lactoglobulin. **Food Hydrocolloids**, v. 10, n. 2, p. 213-219, 1996.

GALAZKA, V. B.; SUMNER, I. G.; LEDWARD, D. A. Changes in protein-protein and protein-polysaccharide interactions induced by high pressure. **Food Chem.**, v. 57, p. 393-398, 1996.

GALAZKA, V. B.; LEDWARD, D. A.; SUMNER, I. G.; DICKINSON, E. Influence of high pressure on bovine serum albumin and its complex with dextran sulfate. J. Agric. **Food Chem.**, v. 45, p. 3465-3471, 1997.

GALAZKA, V. B.; LEDWARD, D. A.; VARLEY, J. High-pressure processing of beta-lactoglobulin and bovine serum albumin. In: DICKINSON, E.; BERGENSTÅHL, B. (Org.). **Food Colloids**: Proteins, Lipids and Polysaccharides. Cambridge, UK, Royal Society of Chemistry: 1997. p. 127-136.

GALAZKA, V. B.; SMITH, D.; LEDWARD, D. A.; DICKINSON, E. Interactions of ovalbumin with sulphated polysaccharides: effects of pH, ionic strength, heat and high pressure treatment. **Food Hydrocolloids**. v.13, p. 81-88, 1999.

GARRIGA, M. Bactericidal synergism through bacteriocins and high pressure in a meat model system during storage. **Food Microbiology**, Summit-Argo, v. 19, p. 509-518, 2002.

HAMID, M. A. K. *et al*. Microwave pasteurization of raw milk. **Journal of Microwave Power**, Mechanicsville, v. 4, n. 4, p. 272-275, 1969.

HAUPTMANN, P.; HOPPE, N.; ALF PUTTMER, A. Application of ultrasonic sensors in the process industry. **Measurement Science and Technology**, Bristol, v. 13, p. R73–R83, 2002.

HEINZ, V.; TOEPFL, S.; KNORR, D. Impact of temperature on lethality and energy efficiency of apple juice pasteurization by pulsed electric fields treatment. **Innovative Food Science and Emerging Technologies**, Berlin, v. 4, p. 167-175, 2002.

HENDRICKX, M. *et al*. Effects of high pressure on enzymes related to food quality. **Trends in Food Science & Technology**, Colney, v. 9, n. 5, p.197-203, 1998.

HODGINS, A.; MITTAL, G.; GRIFFITHS, M. Pasteurization of fresh orange juice using low-energy pulsed electrical field. **Journal of Food Science**, Chicago, v. 67, p. 2294-2299, 2002.

HULSHEGER, H.; NIEMANN, E. Lethal effects of high-voltage pulses on *E. coli* k12. **Radiation and Environmental Biophysics**, Munich, v. 18, p. 281-288, 1980.

ICIER, F.; ILICALI, C. Temperature dependent electrical conductivities of fruit purees during ohmic heating. **Food Research International**, Guelph, v. 38, p. 1135-1142, 2005a.

ICIER, F.; ILICALI, C. The effects of concentration on electrical conductivity of orange juice concentrates during ohmic heating. **European Food Research and Technology**, Heidelberg, v. 220, p. 406-414, 2005b.

JIA, M.; ZHANG, Q. H.; MIN, D. B. Pulsed electric field processing effects on flavour compounds and microorganisms of orange juice. **Food Chemistry**, Reading, v. 65, p. 445-451, 1999.

KNORR, D. High pressure processing for preservation, modification and transformation of foods. **High Pressure Research**, Paris, v. 22, p. 595-599, 2002.

KNORR, D.; ADE-OMOWAYE, B.I.O.; HEINZ, V. Nutritional improvement of plant foods by non-thermal processing. **Proceedings of the Nutrition Society**, Cambridge, v. 61, p. 311-318, 2002.

KNUTSON, K. M.; MARTH, E. H.; M.K. WAGNER, M. K. Use of microwave ovens in pasteurized milk. **Journal Food Protection**, Des Moines, v. 51, n. 9, p. 715-719, 1988.

KUDRA, T. *et al*. Characteristics of milk constituents in a microwave pasteurization system. **Journal Food Science**, Chicago, v. 56, n. 4, p. 931-934, 1991.

LEADLEY, C. E.; WILLIAMS, A. pulsed electric field processing, power ultrasound and other emerging technologies. *In*: BRENNAN, J. G. (ed.). **Food processing handbook**. Weinheim: Wiley-VCH, 2006.

LEADLEY, C. Novel commercial preservation methods. *In*: TUCKER, G. (ed.). **Food Biodeterioration and Preservation**, Oxford: Wiley-Blackwell, 2008.

LEIGHTON, T. G. The principles of cavitaion. *In*: POVEY, M. J. W.; MASON, T. J. (ed.). **Ultrasound in food processing**. London: Blackie Academic and Professional, 1998, p. 151-182.

LEISTNER, L.; GOULD, G. W. **Hurdle technologies**: combination treatments for food stability, safety and quality. New York: Kluwer Academic, 2002.

LILLARD, H. S. Bactericidal effect of chlorine on attached salmonellae with and without sonification. **Journal Food Protection**, Des Moines, v. 56, p. 716-717, 1993.

LOPEZ-FANDIÑO, R.; CARRASCOSA, A. E.; OLANO, A. The effects of high pressure on whey protein denaturation and cheese-making properties of raw milk. **Journal Dairy Science**, Champaign, v. 79, p. 929-936, 1996.

MA, L.; CHANG, F.; BARBOSA-CÁNOVAS, G. Inactivation of *E. coli* in liquid whole eggs using pulsed electric fields technologies. new frontiers in food engineering. *In*: CONFERENCE OF FOOD ENGINEERING: NEW FRONTIERS IN FOOD ENGINEERING, 5.,1997, New York. **Proceedings**... New York: American Institute of Chemical Engineers, 1997, p. 216-221.

MACHADO, L. F. *et al*. Moderate Electric Fields Can Inactivate *Escherichia coli* At Room Temperature. **Journal of Food Engineering**, Philadelphia, v. 96, p. 520-527, 2010.

MARRA, F. *et al*. Radio frequency heating of foodstuff: Solution and validation of a mathematical model. **Journal of Food Engineering**, Philadelphia, v. 79, p. 998-1006, 2007.

MASON, T. J.; PANIWNYK, L.; LORIMER, J. P. The uses of ultrasound on food technology. **Ultrasonics Sonochemistry**. Coventry, v. 3, p. S253-S260, 1996.

MASON, T. J. Sonochemistry: current uses and future prospects in the chemical and processing industries, **Philosophie Transactions of The Royal Society London**, London, v. 357, p. 355-369, 1999.

MCCLEMENTS, D. J. Advances in the application of ultrasound in food analysis and processing, **Trends in Food Science and Technology**, v. 6, p. 293-299, 1995.

MCKENNA, B. *et al*. Advances in radio frequency and ohmic heating of foods. **Journal of Food Engineering**, Philadelphia, v. 77, p. 215-229, 2006.

MERMELSTEIN, N. H. High pressure processing reaches the U.S. market. **Food Technology**, Chicago, v. 51, p. 95-96, 1997.

MERMELSTEIN, N. Microwave and radio frequency drying. **Food Technology**, Chicago, v. 52, n. 11, p. 84-86, 1998.

MERMELSTEIN, N. High pressure pasteurization of juice. **Food Technology**, Chicago, v. 53, n.4, p. 86-90, 1999.

MUDGET, R. E.; SCHWARTZBERG, H. G. Microwave food processing. Pasteurization and Sterilization – A Review. **Food Process Engineering**. Aiche Symposium Series. v. 78, n. 218, p. 1-11, 1982.

NORTON, T.; SUN, D.-W. Recent advances in the use of high pressure as an effective processing technique in the food industry. **Food and Bioprocess Technology**, Dublin, v. 1, p. 2-34, 2008.

OGAWA, H. *et al*. Pressure Inactivation of Yeasts, Molds, and Pectinesterase in Satsuma Mandarin Juice: Effects of Juice Concentration, pH, and Organic Acids, and Comparison with Heat Sanitation. **Agriculture, Biology and Chemistry**, Tokio, v. 54, n. 5, p. 1219-1225, 1990.

PARISH, M. E. Orange juice quality after treatment by thermal pasteurization or isostatic high pressure. **Lebensmittel-Wissenschaft und Technologie**, Zurich, v. 31, p. 1219-1225, 1998.

PARROTT, D. Use of ohmic heating for aseptic processing of food particulates. **Food Technology**, Chicago, v. 46, n. 12, p. 68-72, 1992.

PEREIRA, R.; MARTINS, R.; VICENTE, A. Goat milk free fatty acids characterization during conventional and ohmic heating pasteurization. **Journal of Dairy Science**, Champaign, v. 91, p. 2925-2937, 2008.

PEREIRA, R. *et al*. Comparison of chemical properties of food products processed by conventional and ohmic heating. **Chemical Papers**, Bratislava, v. 61, n. 1, p. 30-35, 2007a.

PEREIRA, R. *et al*. Death kinetics of in goat milk and in cloudberry jam treated by ohmic heating. **Chemical Papers**, Bratislava, v. 61 n. 2, p. 121-126, 2007b.

PIYASENA, P. *et al*. Radio frequency heating of foods: principles and applications and related properties – a review. **Critical Reviews in Food Science and Nutrition**, London, v. 43, n. 6, p. 587–606, 2003.

POVEY, M. J. W.; MCCLEMENTS, D. J. Ultrasonics in food engineering. part 1: introduction and experimental methods. **Journal Food Engineering**, Philadelphia, v. 8, p. 217-245, 1988.

POVEY, M. J. W.; MASON, T. J. **Ultrasound in food processing**. London: Blackie Academic, 1998.

QIN, B. *et al*. Nonthermal pasteurization of liquid foods using high intensity pulsed electric fields. **Critical Reviews in Food Science and Nutrition**, London, v. 36, n. 6, p. 603-627, 1996.

QIU, X. *et al*. An integrated PEF pilot plant for continuous non-thermal pasteurization of fresh orange juice. **Transactions of ASAE**, St. Joseph, v. 41, p. 1069-1074, 1998.

RAMASWAMY, R.; BALASUBRAMANIAM, V.; KALETUN, G. **High pressure processing**: fact sheet for food processors. 2005a. Disponível em: http://ohioline.osu.edu/fse-fact/pdf/0001.pdf. Acesso em: 11 out. 2010.

RAMASWAMY, R.; BALASUBRAMANIAM, V.; SASTRY, S. **Ohmic heating of foods**. 2005b. Disponível em: http://ohioline.osu.edu/fse-fact/0004.html. Acesso em: 10 nov. 2010.

RASO, J. *et al*. Influence of different factors on the output power transferred into medium by ultrasound. **Ultrasonics Sonochemistry**, Coventry, v. 5, p. 157-162, 1999.

RASO, J. *et al*. Influence of temperature and pressure on the lethality of ultrasound. **Applied and Environmental Microbiology**, Washington. v. 64, n. 2, p. 465-471, 1998.

RASO, J.; CONDÓN, S.; SALA, F. J. Manothermosonication – a new method of food preservation. *In*: LEISTNER, L. & GORRIS, L. G. (ed.). **Food preservation by combined processes**. Wageningen: Food-Linked Agro-industrial Research Concerted Action No.7, Subgroup b, Final Report, p. 37-41, 1994.

RESURRECCION, A. V. A. et al. Consumer attitudes toward irradiated food: results of a new study. **Journal of Food Protection**, Des Moines, v. 58, p. 193-196, 1995.

ROBERTS, R. T.; WILTSHIRE, M. P. High intensity ultrasound in food processing. In: TURNER, A. (ed.). **Food technology international Europe**. London: Sterling Publications International, 1990. p. 83-87.

ROSENBERG, U.; BÖGL, W. Microwave pasteurization, sterilization, blanching and pest control in the food industry. **Food Technology**, Chicago, v. 41, n. 6, p. 92-99, 1987.

ROSS, A. *et al*. Combining nonthermal technologies to control foodborne microorganisms. **International Journal of Food Microbiology**, Torino, v. 89, p. 125-138, 2003.

ROWLEY, A. Radio frequency heating. *In*: RICHARDSON, P. (ed.). **Thermal technologies in food processing**. Cambridge, UK: Woodhead, 2001.

RYYNÄNEN, S. The electromagnetic properties of food materials: a review of the basic principles. **Journal of Food Engineering**, Philadelpiha, v. 26, p. 409-429, 1995.

SALA, F. J. *et al*. Manothermosonication. *In*: GOULD, G. W. (Ed.). **New methods of food preservation by combined processes**. London: Blackie, 1995. p. 176-204.

SALE, A. J. H.; HAMILTON, W. Effects of high electric fields on microorganisms iii. lysis of erythrocytes and protoplasts. **Biochimica et Biophysica Acta**, Amsterdam, v. 163, p. 37-43, 1968.

SAMPEDRO, F. *et al*. Quality and safety aspects of PEF application in milk and milk products. **Critical Reviews in Food Science and Nutrition**, London, v. 45, p. 25-42, 2005.

SASTRY, S.; BARACH, J. Ohmic and inductive heating. **Journal of Food Science**, Chicago, v. 65, 42-46, 1995. Supplement.

SASTRY, S.; PALANIAPPAN, S. Ohmic heating of liquid-particle mixtures. **Food Technology**, Chicago, v. 46, n. 12, p. 64-67, 1992.

SCHIFFMANN, R. F. Microwave processes for the food industry. *In*: DATTA, A. K., ANANTHESWARAN, R. C. (ed.). **Handbook of microwave technology for food applications**: New York: Marcel Dekker, 2001, p. 299-337.

SEYMOUR, I. J. Novel Techniques for Cleaning and Decontaminating Raw Vegetables and Fruits (Report 14).**Campden & Chorleywood Research Association**, Gloucestershire (UK), v. 14, p. 1-38, 1999.

SHAMA, G. Ultraviolet light. *In*: ROBINSON, R. K.; BATT, C.; PATEL, P. (ed.). **Encyclopedia of food microbiology-3**. London: Academic Press, 1999. p. 2208-2214.

SCHUETT-ABRAHAM, I.; TROMMER, E.; LEVETZOW, R. Ultrasonics in sterilization sinks. Applications of ultrasonics in equipment for cleaning and disinfection of knives at the workplace in slaughter and meat cutting plants. **Fleischwirtschaft**, Frankfurt, v. 72, p. 864-867, 1992.

SITZMANN, W. High-voltage techniques for food preservation. *In*: GOULD, W. (ed.). **New methods of food preservation**. London: Blackie Academic and Professional, 1995.

SUSLICK, K. S. The chemical effects of ultrasound. **Scientific American**, New York, v. 2, p. 62-68, 1989.

TAKAHASHI, Y. *et al*. Microbicidal effect of high hydrostatic pressure on satsuma mandarin juice. **International**

Journal of Food Science and Technology, Chester, v. 28, p. 95-102, 1993.

TANG, J.; FENG, H.; LAU, M. Microwave heating in food processing. *In*: YANG, X. H.; TANG, J. (ed.). **Advances in Bioprocessing Engineering**; World Scientific Publisher: New Jersey, pp. 1-43, 2002.

TEWARI, G. High pressure processing of foods. In: TEWARI, G.; JUNEJA, V. (ed.). **Advances in thermal and non-thermal food preservation**. Oxford, UK: Blackwell, 2007.

TOEPFL, S. *et al*. Review: potential of high hydrostatic pressure and pulsed electric fields for energy efficient and environmentally friendly food processing. **Food Reviews International**, Philadelphia, v. 22, p. 405-423, 2006.

VEGA-MERCADO, H. *et al*. Inactivation of Escherichia coli and Bacillus subtilis suspended in pea soup using pulsed electric fields. **Journal of Food Processing and Preservation**, Hoboken, v. 20, n. 6, p. 501-510, 1996.

VICENTE, A.; CASTRO, I. Novel thermal processing technologies. *In*: TEWARI, G.; JUNEJA, V. (ed.). **Advances in thermal and non-thermal food preservation**. Oxford, UK: Blackwell, 2007.

WANG, Y.; WIG, T.; HALLBERG, L. Sterilization of foodstuffs using radio frequency heating. **Journal of Food Science**, Chicago, v. 68, p. 539-544, 2003.

ZHANG, Q.; BARBOSA-CÁNOVAS, G.; SWANSON, B. Engineering aspects of pulsed electric field pasteurization. **Journal of Food Engineering**, Philadelphia, v. 25, n. 2, p. 261-281, 1995.

ZHAO, Y. Radio frequency: dielectric heating. *In*: SUN, D. (ed.). **Thermal food processing**: new technologies and quality issues. Boca Raton: Taylor and Francis, 2006.

28

Envelhecimento de bebidas destiladas

ALINE MARQUES BORTOLETTO
ANDRÉ RICARDO ALCARDE

28.1 INTRODUÇÃO

O envelhecimento de bebidas alcoólicas ocorre com a estocagem do produto em barris de madeira, durante um período suficiente para que ocorram reações específicas, com o objetivo de estabilizar e modificar o seu perfil sensorial. Bebidas recém-destiladas apresentam características sensoriais agressivas e forte sabor alcoólico, atributos que podem ser atenuados pelo envelhecimento. Assim, o barril é visto como uma embalagem ativa, capaz de modificar a bebida ao longo do tempo e agregar qualidade.

O processo de envelhecimento é um sistema complexo que envolve numerosas reações fundamentadas principalmente na extração de moléculas da madeira e na aeração controlada do líquido alcoólico. Fenômenos de migração de constituintes da madeira, evolução de compostos fenólicos, aeração/oxidação, estabilização da cor, sabor e surgimento do caráter amadeirado contribuem para a riqueza e complexidade do buquê aromático. O envelhecimento de destilados é o principal fator para sua caracterização, pois aproximadamente 60% dos compostos aromáticos são oriundos da interação com a madeira, sendo o restante proveniente do processo de produção.

Os períodos requeridos para a maturação do destilado até a estabilização são influenciados por muitas variáveis, como espécie da madeira, volume do barril, grau alcoólico do destilado, condições atmosféricas do local de armazenamento, procedimentos de fabricação do barril.

As particularidades do processo de produção de cada bebida e as condições aplicadas no seu envelhecimento determinam a obtenção do produto final. Os envelhecimentos de fermentados e destilados diferem-se principalmente devido ao teor alcoólico. Outros pontos-chave também devem ser considerados e analisados. Destilados são produzidos por fervura e a maioria dos fermentados não são aquecidos e, por isso, podem deteriorar com maior facilidade. Bebidas recém-destiladas possuem somente compostos voláteis, enquanto bebidas fermentadas possuem diversos constituintes provenientes da matéria-prima, como carboidratos, proteínas, vitaminas, minerais e outros compostos. Vinhos são normalmente envelhecidos em barris de carvalho francês ou americano de 200 L, durante meses ou até alguns anos, enquanto destilados usualmente envelhecem por um a doze anos. *Scotch whiskies* são normalmente envelhecidos em barris de 300 L de carvalho americano, novos ou reutilizados de *Bourbon* ou *Sherry*. *Cognacs* são envelhecidos por no mínimo dois anos em barris de carvalho europeu. Outros destilados são frequentemente maturados em barris de *Bourbon* reutilizados ou outros tipos de barris com extensa vida útil. A cachaça é envelhecida em barris de madeiras nacionais ou carvalho, que podem ser novos, reutilizados ou revitalizados.

28.2 HISTÓRICO

Vestígios pré-históricos relatam o uso de recipientes de madeira para armazenagem e transporte de utensílios e alimentos. O tonel, invenção gaulesa, foi utilizado por muito tempo exclusivamente como recipiente para o transporte de cerveja e, posteriormente, de vinhos. A utilização como recipientes para envelhecimento de bebidas data do início do século XVII. Desde então, muitos estudos científicos constatam a madeira como fonte de aromas extraíveis.

Pasteur foi o primeiro cientista a notar que os barris de madeira, até então utilizados para o estoque e transporte de vinhos, tinham potencial para influenciar o *flavor* da bebida mediante a oxidação permitida pela madeira.

28.3 MADEIRAS PARA ENVELHECIMENTO

Os efeitos e tempo requeridos para a maturação são variáveis e influenciados principalmente pelo tipo de madeira utilizada. Diversas madeiras possuem potencial para envelhecer bebidas alcoólicas, como acácia, castanheira, carvalho, araruva, jequitibá, grápia, jatobá, freijó, eucalipto e cedro. A caracterização de cada madeira está condicionada a fatores ambientais, geográficos, país e floresta de origem, clima e solo, variações inerentes à composição das macromoléculas das árvores e suas individualidades (idade, largura do cerne e composição anatômica), parte em que a árvore foi cortada, método de obtenção de aduelas, tipo de secagem (natural ou artificial), tempo em que as aduelas foram expostas ao ambiente antes da construção do barril, tempo e temperatura de tosta aplicada na produção do barril, tamanho, condições de temperatura e umidade da adega.

O carvalho é o mais indicado para a fabricação de tonéis, devido à estrutura das fibras que geram resistência mecânica, flexibilidade, porosidade e dureza, além de conferir características sensoriais peculiares que agregam qualidade à bebida. O carvalho é a principal madeira utilizada no envelhecimento de bebidas alcoólicas, tendo supremacia mundial. Modifica as propriedades sensoriais da bebida, pois participa ativamente do *flavor* e viscosidade/oleosidade, graças à extração de moléculas aromáticas e taninos hidrolisáveis. Porém, demanda longo período de crescimento da árvore, alto custo inicial e a necessidade de importação de países europeus ou norte-americanos.

A utilização de outras madeiras é uma alternativa viável para o envelhecimento, além de atribuir variações sensoriais para o destilado. No Brasil, algumas madeiras nacionais são utilizadas para envelhecer aguardente de cana ou cachaça, pois, além de fácil obtenção, transferem compostos característicos das espécies e permitem a diversificação da bebida. Apesar de o carvalho possuir maior potencial de geração de compostos marcadores de maturação, madeiras nacionais podem conferir alta qualidade para a aguardente envelhecida, a fim de ampliar e diversificar sabores e aromas, permitindo a obtenção de resultados comparáveis ou até mesmo complementares, visando à caracterização do produto e o aprimoramento da qualidade e tipicidade da bebida.

28.3.1 Envelhecimento em barris de carvalho

A madeira de carvalho é a mais utilizada para o envelhecimento de bebidas no mundo todo. *Whisky*, rum, *cognac* e a maioria dos vinhos são obrigatoriamente envelhecidos em barris de carvalho. O carvalho é representado por mais de 250 espécies no mundo, situadas majoritariamente nas zonas temperadas no hemisfério norte do planeta (Figura 28.1). Para a confecção de barris, são utilizadas as espécies: carvalho peduncular (*Quercus robur Linn, Quercus pedunculata Ehrh.*), carvalho séssil (*Quercus petraea Liebl, Quercus sessiliflora Sm.*), carvalho branco americano (*Quercus alba l.)* e o vermelho da América do Norte (*Quercus rubra*).

Figura 28.1 Distribuição geográfica das espécies de carvalho.

Fonte: Lenoir (2004).

Os fatores que influenciam a composição química da madeira de carvalho estão relacionados à espécie botânica, origem geográfica, idade da madeira e modo de conduzir a floresta. Esses são considerados parâmetros relevantes na escolha do produtor, pois definem a qualidade da madeira e, consequentemente, o perfil sensorial da bebida.

Na Europa, as tanoarias normalmente utilizam duas espécies de carvalho, o pedunculado e o séssil, ambos com estruturas similares e de ampla disseminação no continente. Em algumas regiões, ambas as espécies crescem juntas e o tanoeiro seleciona empiricamente as que possuem características físicas e químicas mais adaptáveis, por exemplo, a abertura dos canais fibrosos da madeira (granulometria da fibra ou *grain*), que influencia na extração de compostos da madeira, oxidação da bebida e estanqueidade do barril. A França é o país que detém maior abundância de florestas de carvalho. Os melhores resultados para o envelhecimento de vinhos são obtidos com madeiras oriundas das florestas francesas de Allier, Vosges, Limousin e Nièvre ou Tronçais. A maior parte das florestas francesas é constituída de carvalho das espécies séssil e peduncular, assim como seus híbridos; exceto em Limousin, que oferece somente a espécie peduncular. Para o envelhecimento do *cognac*, os carvalhos preferidos são os de Tronçais ou Limousin, sendo que cada um deles oferece uma característica específica. As espécies de carvalho dessas florestas diferem-se em diversos aspectos. O primeiro deles é a granulometria da madeira, ou seja, a distância entre as fibras, que depende dos anéis de crescimento, sendo classificada como grossa, média, fina e extrafina. O tipo de fibra influencia na permeabilidade aos gases, principalmente na ação do oxigênio.

Além da França, fornecedora de carvalhos de qualidade incomparável, outros países são conhecidos pela qualidade e viabilidade de extração de carvalho de boa qualidade, como Alemanha, com o carvalho *Kempelhorn* (híbrido do *Quercus robur*), Croácia e Lituânia (*Quercus robur*); Polônia (*Quercus robur* e *Quercus petraea*), Romênia (*Quercus petraea*), Rússia (*Quecus robur*, da região do Cáucaso) e Estados Unidos (*Quercus alba*).

Análises sensoriais e físico-químicas demonstram as importantes diferenças entre as regiões geográficas de origem da madeira, que personalizam o caráter amadeirado, pela estrutura física que influencia a cinética de extração dos compostos. A microscopia eletrônica permite observar que a maior diferença entre as espécies de carvalho está na estrutura de tilose presente no cerne da madeira. A tilose é uma membrana que protege os vasos condutores durante o desenvolvimento do cerne, direcionando o movimento da seiva, deixando a estrutura do cerne mais coesa e indicando o carvalho de granulometria fina (*grain fin*), representado pelas espécies de carvalho séssil e pétreo. O carvalho pedunculado possui em geral menos tilose que o carvalho séssil, caracterizando-se como granulometria grossa (*grain gross*).

28.3.2 Envelhecimento em barris de madeiras nacionais

O uso de madeiras brasileiras tem sido cada vez mais difundido e estudado. Algumas espécies normalmente utilizadas são amendoim (*Pterogyne nitens Tul*), jequitibá (*Cariniana estrellensis*), araruva (*Centrolobium tomentosum*), cabreúva ou bálsamo (*Mycrocarpus frondosus*), jequitibá-rosa (*Cariniana legalis*), cerejeira ou amburana (*Amburana cearensis*), pereira (*Platycyamus regnelli*), grápia (*Apuleia leiocarpa*), ipê-roxo (*Tabebuia heptaphylla*), castanheira (*Bertholletia excelsa*), freijó (*Cordia goeldiana*), canela-sassafrás (*Ocotea odorifera*), eucalipto (*Eucalyptus*), louro-canela (*Ocotea Diospyrifolia*), entre outras.

Várias pesquisas foram realizadas visando conhecer o potencial das madeiras brasileiras para o envelhecimento de destilados, principalmente da cachaça e aguardentes. Algumas madeiras, como jequitibá e amendoim, possuem baixo potencial de extração de cor, compostos fenólicos e marcadores de envelhecimento e são aconselhadas para o armazenamento da aguardente. Outras são consideradas de potencial mediano de maturação da aguardente, como é o caso da grápia e da cabreúva, que necessitam de maior tempo para que a bebida adquira características de envelhecida. O jequitibá-rosa e a cerejeira (amburana) destacam-se pelo alto potencial de envelhecimento, comprovado por elevadas concentrações de alguns marcadores de maturação.

As diversas madeiras possibilitam delinear e caracterizar a cachaça envelhecida, elaborar cortes (*blends*) de duas ou mais espécies, e aumentam a complexidade aromática da cachaça. O uso de madeiras nacionais e seus cortes (*blends*) dão originalidade à cachaça, com atributos de sabores únicos e reconhecíveis. Contudo, a cachaça é o único destilado que pode ser envelhecido numa ampla gama de madeiras.

28.4 ESTRUTURA DA MADEIRA

A madeira possui estrutura heterogênea, observável em escalas macro e microscópicas. A parte mais antiga situa-se ao centro do tronco e, à medida que se aproxima da casca, encontram-se as zonas mais jovens (Figura 28.2). É um sistema biológico complexo, constituída de várias macromoléculas, principalmente celulose (45%), hemicelulose (20%) e lignina (25%), tendo constituintes secundários, como pectinas, proteínas, triglicerídeos e elementos inorgânicos. Esses diferentes compostos não se comportam da mesma maneira quando interagem com o destilado, propiciando reações específicas.

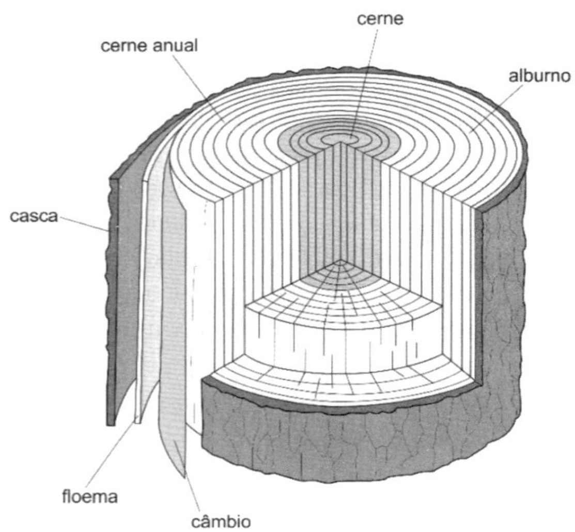

Figura 28.2 Estrutura da madeira.

Fonte: adaptada de Ramirez-Ramirez (2002).

A celulose é o principal constituinte da madeira, sendo sua estrutura original baseada na glicose. Portanto, é um homopolissacarídeo linear constituído de unidades β-D-glucopiranoses ligadas por ligações glicosídicas β (1-4), cuja molécula fundamental é um dímero, a diglucopiranose. Normalmente a celulose não é degradada com o termotratamento da madeira na fabricação de barris, resistindo até 250 °C.

A hemicelulose é constituída de polissacarídeos complexos, xilanos, xiloglucanos, fucogalactoxiloglucanos e mananos. A maior parte das hemiceluloses participa como suporte estrutural da parede celular da planta e é considerada como amorfa, orientada na mesma direção das microfibrilas de celulose. A hemicelulose diferencia-se da celulose por possuir baixo peso molecular, não ser solúvel em soluções alcalinas e hidrolisar-se pela ação de ácidos a quente, produzindo outros monossacarídeos além da glicose. As hemiceluloses tipo pentosanas podem produzir pentoses por hidrólise e, posteriormente, produzir furfural, molécula aromática identificada em bebidas envelhecidas.

No caso da cachaça e aguardente de cana, o furfural pode ser formado também pela pirogenação da matéria orgânica durante o processo de destilação em alambiques, contribuindo para o sabor ardente da bebida. A partir do aquecimento das aduelas para a confecção do barril, a hemicelulose gera produtos de caramelização, provenientes da quebra das moléculas de açúcar por desidratação e reação de Maillard, desenvolvendo compostos relevantes para a composição do buquê aromático e da cor característica do destilado. As pentoses formam furfural como principal produto de degradação; já as hexoses formam 5-hidroximetilfurfural (HMF) e outros compostos como 2-hidroxiacetilfurano e isoformol. A fragmentação da cadeia de carbono desses produtos primários da desidratação forma outros compostos, como acetol, acetoína, diacetil e os ácidos lático, pirúvico, acético, levulínico e fórmico. O surgimento de produtos de caramelização, derivados da quebra de polioses (celulose e hemicelulose), é maximizado pelo maior tempo de maturação da madeira e pela aplicação da tosta média.

A lignina é um polímero constituído de três tipos de álcoois fenilpropenóicos ou monolignóis: álcool p-cumarílico, álcool coniferílico e álcool sinapílico. É um componente da madeira que preenche os espaços das fibras de celulose e tem a capacidade de tornar a parede celular rígida e impermeável. Age majoritariamente sobre bebidas destiladas durante o processo de maturação. A lignina é a macromolécula responsável pelos marcadores de envelhecimento, compostos formados a partir da desestruturação da lignina pela ação do etanol e oxidados pela ação da aeração do barril. Os marcadores de envelhecimento são responsáveis pela caracterização do buquê aromático e evolução da bebida.

28.5 FABRICAÇÃO DE BARRIL

Para fabricar um barril ou tonel de madeira, as tanoarias utilizam dois tipos de processo, o semiartesanal e o artesanal. Para ambos a mão de obra especializada é essencial. O processo artesanal é caracterizado por tanoarias tradicionais de pequeno porte e com baixo volume de produção, direcionada ao mercado local. No processo semiartesanal são empregados alguns equipamentos que permitem auxiliar a fabricação dos barris. É normalmente encontrado em tanoarias que oferecem maior volume de produção e relações comerciais mais amplas.

Entre as maiores indústrias tanoeiras, os Estados Unidos e a França destacam-se como países produtores e exportadores de barris para o mundo. Apesar de o carvalho americano (*Quercus alba*) e o europeu (*Quercus sessilis* ou *Quercus petraea*) serem as principais madeiras utilizadas, os países confrontam técnicas de produção diferenciadas, que conferem ampla gama de produtos. Tanoarias francesas geralmente utilizam o carvalho americano, além do carvalho europeu; portanto, é possível produzir barril com madeiras de diferentes origens numa mesma tanoaria.

Devido à maior disponibilidade do carvalho americano e o uso intensivo do carvalho europeu, os custos de produção são diferenciados. Barris novos fabricados com carvalho americano são comercializados com custo aproximadamente 30% menor que os de carvalho europeu.

A fabricação do barril inicia-se com a escolha da árvore para o corte. O tanoeiro possui equipamentos que determinam o tamanho do tronco e o momento ideal para a árvore transformar-se em barril. Após o corte do tronco, as toras são divididas ao meio e maturadas (*seasoning*). O objetivo da maturação ou secagem da madeira é favorecer a maleabilidade, estanqueidade e evitar contaminação por microrganismos. A secagem ocorre de modo natural ou artificial e a umidade final deve ser entre 14% e 16%. O modo natural, utilizado principalmente em tanoarias europeias, prioriza a exposição das toras ao ar livre. As modificações climáticas promovem a degradação de compostos fenólicos e resinas indesejáveis, além de originar compostos aromáticos que agregam complexidade ao buquê aromático da bebida. A secagem natural dura em torno de dois a três anos em exposição no pátio a céu aberto. Ao final do processo, a umidade é ajustada entre 14% e 16% com uso de secadores artificiais, e a madeira é destinada à produção do barril. A secagem artificial é realizada em equipamentos industriais que reduzem a umidade da madeira de forma acelerada. Esse processo é mais usual em tanoarias norte-americanas. Ao atingir a umidade adequada, a madeira passa por cortadores a *laser* que modelam as duelas com encaixe manual, realizado por um operador especializado. O operador utiliza cintas de aço para segurar as aduelas na posição vertical e une uma à outra com uso de ferramentas. Com um dos lados preso, o barril vai para a segunda etapa de fechamento, em que uma máquina une as aduelas mediante uso de calor interno (fogo ou vapor), enquanto resfria com jatos de água a parte externa do barril. O choque térmico promove a flexibilidade das aduelas e a coesão é homogênea, possibilitando ao barril tomar seu formato original.

Após a moldagem pode ser aplicada a segunda tosta interna no barril. Também denominada *bousinage*, o processo é original de tanoarias francesas e tem como finalidade a adaptação do perfil das moléculas da madeira para dar origem aos diferentes buquês aromáticos, de acordo com a intensidade e duração da tosta aplicada. Diferentes intensidades de tosta são normalmente aplicadas pelas tanoarias, por exemplo, leve (*light*), leve longa (*light long*), média (*medium*), média longa (*medium long*), forte (*high*), forte longa (*high long*) e extraforte (*charred*). Cada tanoaria possui sua especificação de tempo e temperatura de tosta. A padronização do processo é dificultada devido aos métodos empíricos aplicados na tosta. De modo geral, as tanoarias aplicam 100 °C numa tosta leve, 150 °C numa tosta média, 200 °C numa tosta forte e 250 °C numa extraforte, com duração de dez minutos em tosta normal e vinte minutos em tosta longa (*long*). A técnica europeia utiliza pedaços da mesma madeira em que foi confeccionado o barril para promover o fogo interno; já a norte-americana prefere o uso de queimadores a gás.

Em seguida, as tampas são colocadas e realizam-se testes de estanqueidade com uso de vapor de água pressurizado. Os barris são então polidos e as cintas de aço são trocadas por cintas novas. É realizada perfuração para entrada e saída de líquidos e o barril está pronto para o uso (Figura 28.3).

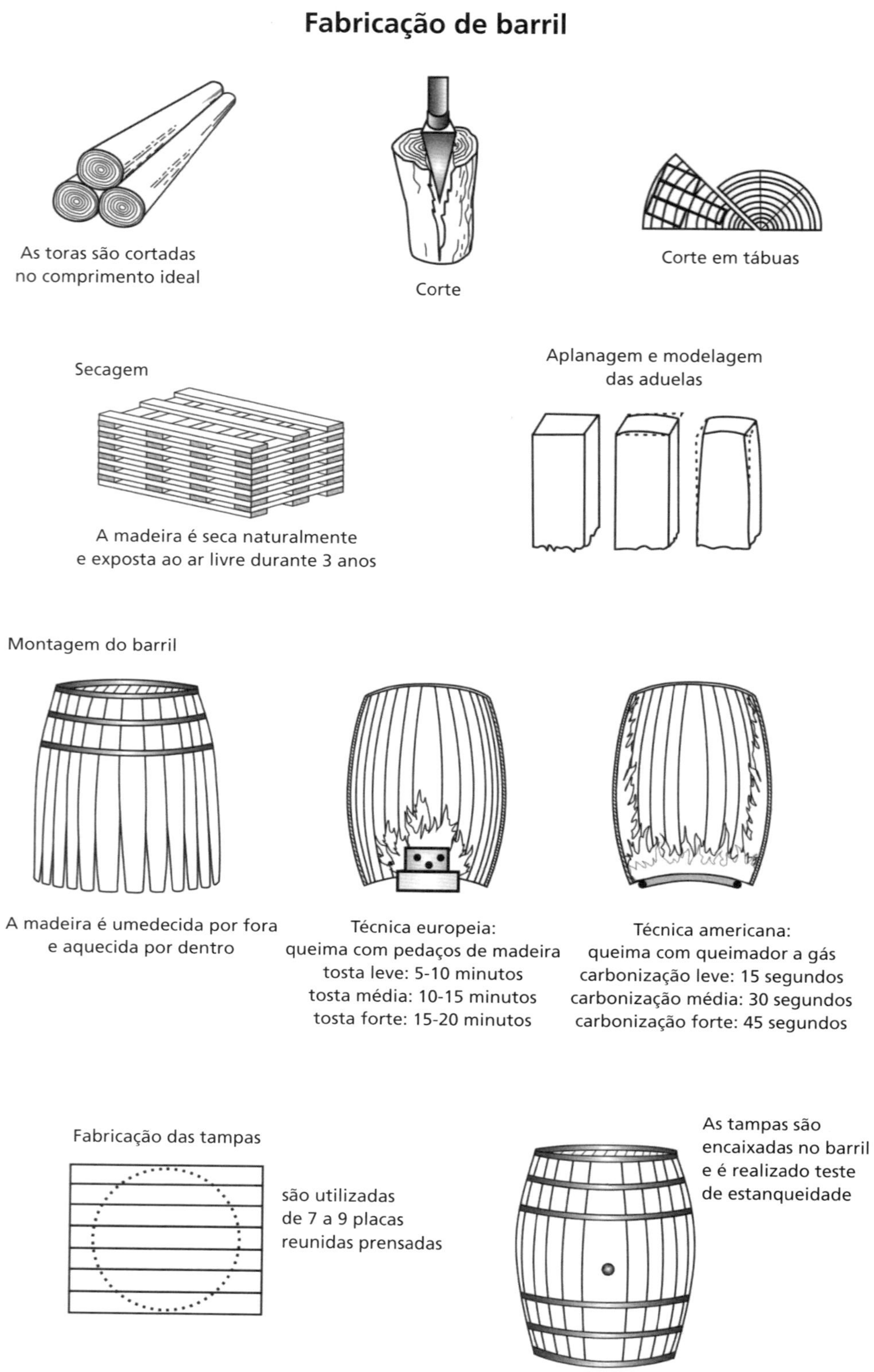

Figura 28.3 Processo de fabricação de barril.

Fonte: adaptada de Mosedale e Puech (1998).

28.6 FÍSICO-QUÍMICA DO ENVELHECIMENTO

O processo de envelhecimento modifica a composição química do destilado. O mecanismo de maturação baseia-se em dois eventos principais: a extração de moléculas da madeira e a oxidação do líquido alcoólico. O álcool favorece reações físico-químicas de extração e degradação de moléculas da madeira. A porosidade do barril permite a passagem de oxigênio, que promove interações físicas e reações químicas no sistema em ação. A caracterização do destilado envelhecido começa a ser definida e um novo buquê aromático, mais intenso e complexo, é formado e evoluído com o passar do tempo.

A transformação do destilado ocorre por vias aditivas e subtrativas. As vias aditivas correspondem à decomposição das macromoléculas da madeira, extração de constituintes minoritários e oxidação de compostos. As vias subtrativas caracterizam-se pela evaporação de compostos voláteis, adsorção de moléculas pelas fibras da madeira e oxidação de compostos.

O sistema físico-químico presente no processo de envelhecimento é dado pela saturação das fibras da madeira e dissolução das moléculas extraídas pela madeira na bebida. A ação de extração de constituintes da madeira, assim como a oxidação do destilado, ocorre no limite de saturação da fibra (Figura 28.4).

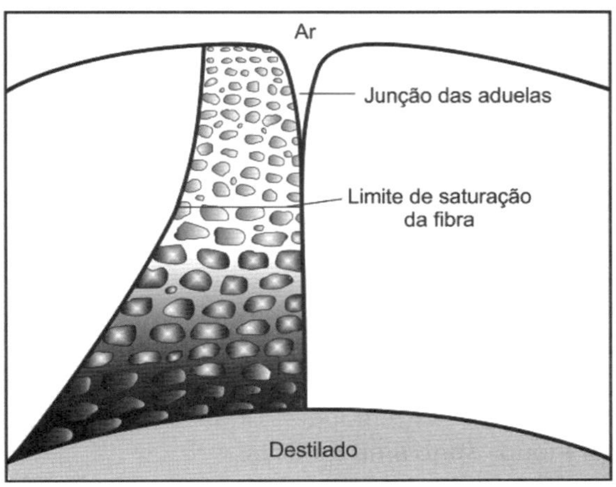

Figura 28.4 Sistema físico-químico de envelhecimento de destilados em barris de madeira.

Fonte: adaptada de Singleton (1995).

28.6.1 Vias aditivas

A madeira é normalmente composta por uma grande quantidade de polímeros, como celulose, hemicelulose e lignina. Todavia, contém moléculas menores, como ácidos voláteis e não voláteis, açúcares, ácidos graxos, triacilgliceróis, taninos, terpenos, fenóis voláteis, latonas, entre outras, que podem ser extraídas e modificadas durante o processo de envelhecimento. Nos primeiros dias em contato com o destilado, ocorre a absorção do líquido no interior das aduelas. Com o passar do tempo, o processo dinâmico confere o retorno de algumas moléculas para o interior do barril. A extração de constituintes da madeira é ocasionada pela sua simples dissolução nas bebidas alcoólicas e por meio de reações de hidrólise, pirólise, oxidações, que permitem reduzir o grau de retenção dos compostos.

As moléculas estruturais da madeira (celulose, hemicelulose e lignina), também denominadas macromoléculas, são protagonistas na transformação do destilado e responsáveis pela geração dos compostos denominados marcadores de envelhecimento.

A lignina é a macromolécula com maior potencial para gerar marcadores. A extração direta de seus principais blocos monoméricos possibilita a geração de moléculas menores com o passar do tempo. Duas vias ocorrem simultaneamente; a via do siringil e a via do guaiacil, dois blocos que se desprendem da lignina com a ação do álcool, gerando dois diferentes grupos de compostos, sendo um deles o de coniferaldeído, vanilina e ácido vanílico, originados da estrutura guaiacil, e o outro o de sinapaldeído, siringaldeído e ácido siríngico, originados da estrutura siringil (Figura 28.5). Os mecanismos que envolvem a extração desses compostos são propostos em duas possíveis vias: uma delas é a simples extração de compostos fenólicos presentes na madeira que são incorporados na bebida, e a outra é a partir da extração da lignina da madeira mediante ação do etanol, formando um composto etanol-lignina que é posteriormente degradado em compostos fenólicos simples. Pelas vias de formação, a oxidação do sinapaldeído origina o siringaldeído, o qual, por sua vez, pode ser oxidado a ácido siríngico. A oxidação do coniferaldeído forma a vanilina, a qual pode ser oxidada a ácido vanílico (Figura 28.6).

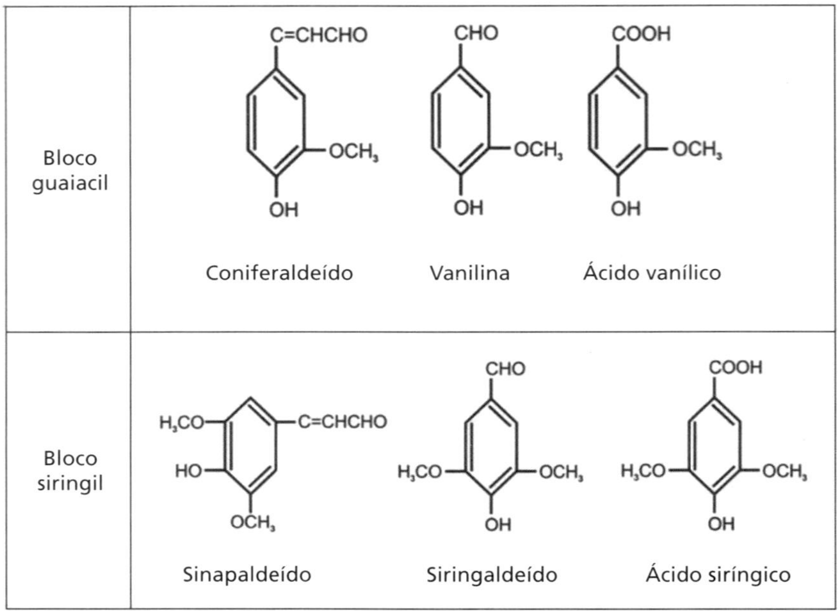

Figura 28.5 Estrutura dos marcadores de envelhecimento originados da lignina.

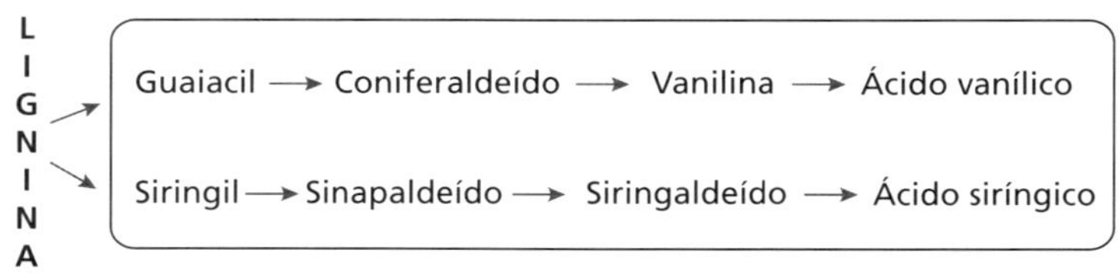

Figura 28.6 Vias de formação dos marcadores de envelhecimento derivados da lignina.

Os demais marcadores de envelhecimento podem ser oriundos da celulose e da hemicelulose, como o furfural e o 5-hidroximetilfurfural. Taninos hidrolisáveis, presentes na madeira, são responsáveis pela origem do ácido gálico e ácido elágico (Figura 28.7). Lactonas são ésteres cíclicos presentes nas madeiras, que impactam positivamente o destilado envelhecido. Algumas madeiras, como o carvalho, contêm ácidos graxos de cadeia longa, que derivam isômeros cis e trans da β-metil-γ-octalactona, cujos teores são aumentados de acordo com a intensidade de tosta. A oxidação térmica dos ácidos graxos gera a whisky-lactona (Figura 28.7).

Outras moléculas participam de importantes propriedades sensoriais do destilado e contribuem para o caráter da bebida envelhecida. Triacilgliceróis são degradados em ácidos graxos e glicerol. Os principais ácidos graxos encontrados em destilados envelhecidos e provenientes da madeira são o ácido dodecanoico/láurico (C12:0), ácido hexadecanoico/palmítico (C16:0), ácido octadecanoico/esteárico (C18:0) e ácido 9-octadecenoico/oleico (C18:1).

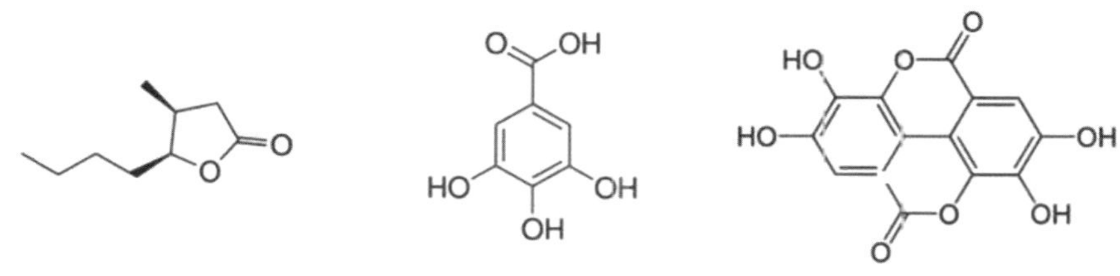

Whisky-lactona — Ácido gálico — Ácico elágico

Figura 28.7 Marcadores de envelhecimento derivados de lactonas e taninos.

28.6.2 Vias subtrativas

Apesar de a bebida envelhecida ser caracterizada pela adição de componentes da madeira, há também a redução de alguns compostos, promovida pelo sistema em ação. As principais vias subtrativas são oxidação, evaporação e adsorção (Figura 28.8).

No início do envelhecimento, o barril deve ser preenchido ao seu máximo volume para maior aproveitamento do espaço e preservação da estrutura, evitando danos por ressecamento das aduelas. Vasos celulares e lumens absorvem o líquido destilado, e as fibras da madeira são rapidamente preenchidas. Com o passar do tempo o volume de líquido livre diminui, até a saturação das fibras e máxima expansão da madeira. Os poros permeáveis também possibilitam a perda do destilado por evaporação e a entrada de oxigênio. A formação do espaço entre a superfície da bebida e o barril (*headspace*) permite acelerar o processo de oxidação do destilado e os extratos fenólicos da madeira reagem com o oxigênio, produzindo peróxidos. Além disso, o oxigênio dissolve-se no líquido e pode atingir 50% de saturação entre um e três anos de envelhecimento, o que permite que a acidez se eleve mesmo após o destilado ser engarrafado. De maneira indesejável, a oxidação excessiva promove a formação de aldeídos a partir de álcoois e posterior oxidação em ácidos. A acidez é aumentada com o envelhecimento, porém pode ser controlada com a prática de atesto. Completar o barril com destilado ao longo do envelhecimento pode ser uma alternativa para evitar aumento excessivo da acidez.

A evaporação ocorre naturalmente devido às condições de temperatura, umidade relativa do ar e atmosfera local. Outros fatores também podem influenciar, como espécie da madeira, modo de fabricação, capacidade e circulação de ar entre os barris. Devido à elevada volatilidade, a molécula de etanol é absorvida com mais facilidade pela madeira, e normalmente o teor alcoólico é reduzido com o passar do tempo. A perda anual por evaporação é de 2% a 7% do volume do barril. A temperatura possui maior efeito que a umidade do ambiente. Temperaturas mais elevadas favorecem a perda de etanol. Umidade mais baixa pode favorecer a perda de água e etanol, portanto a perda do líquido é mais acentuada, e, em alguns casos, o teor alcoólico do destilado pode até aumentar devido à perda preferencial de água. Para evitar a evaporação do etanol, o ideal é manter o ambiente com umidade entre 65% e 70% e temperatura em torno de 20 a 25 °C. A maioria dos demais compostos do destilado possui massa mais elevada e, portanto, não é perdida por evaporação. Gases, provenientes do processo de destilação, são favoravelmente eliminados durante o envelhecimento e caracterizam a principal via de liberação de compostos sulfurosos.

Alguns compostos podem ser absorvidos pela superfície da madeira e não retornam ao líquido destilado. Destilados em alambique de cobre geralmente possuem consideráveis concentrações desse composto. Pesquisas demonstram que o envelhecimento promove a redução do cobre, provavelmente devido à adsorção desse composto pelas fibras da madeira, caracterizando uma possível via de redução do excesso de cobre da bebida. A interação destilado/madeira possibilita diferentes trocas de compostos, contudo, assim como o cobre, outras moléculas do destilado possuem a capacidade de interagir com a madeira e alojar-se no interior das fibras, tornando seu retorno irreversível. Essa capacidade depende da hidrofobicidade da molécula e é facilitada pela intensidade de tosta aplicada no barril. Em tosta extraforte, a superfície interna torna-se levemente carbonizada, o que facilita a adsorção de muitos compostos indesejáveis.

Além das vias subtrativas, ocorrem também mecanismos de transformação de compostos ao longo do envelhecimento. A esterificação e transesterificação são reações comumente realizadas para gerar e estabilizar novas moléculas. Ácidos carboxílicos reagem com moléculas contendo grupamento álcool e dão origem a diferentes ésteres. De outra forma, ésteres podem reagir com álcoois e gerar novos ésteres (Figura 28.8 – reações 3 e 4).

1. O_2 + cobre → peróxidos → degradação de compostos sulfurosos

2. álcool + O_2 → acetaldeído + ácido acético

3. esterificação de ácido carboxílico + álcool → ésteres

4. éster + álcool → novo éster + álcool

Figura 28.8 Principais vias subtrativas de compostos.

28.7 ASPECTOS SENSORIAIS DE DESTILADOS ENVELHECIDOS

O processo de envelhecimento modifica as características químicas da bebida e melhora sua qualidade sensorial. As alterações sensoriais englobam mudança de coloração, viscosidade e aroma. Os compostos iniciais, presentes no líquido recém-destilado, carregam pouca contribuição sensorial quando comparados aos contidos no destilado envelhecido.

Toda bebida destilada é incolor e a coloração modifica-se ao longo do tempo de envelhecimento. Diversas tonalidades são permitidas de acordo com a espécie da madeira, método de fabricação, tamanho do barril, tosta e tempo de envelhecimento.

A viscosidade ou oleosidade do destilado é modificada notadamente com o envelhecimento. Maiores concentrações de compostos fenólicos, açúcares, taninos hidrolisáveis, glicerol, ácidos graxos e ésteres possibilitam o aumento da densidade do líquido, e a sensação correspondente é agradável ao consumidor e participa da caracterização com o atributo de aveludado (*mellowed*, *rounded*).

A concentração de açúcares provenientes da madeira representa grande parte dos compostos extraídos, porém a maioria são pentoses, incluindo xilose, arabinose e manose, que possuem baixo poder de dulçor. Alguns taninos conferem adstringência, aspereza e amargor e são mais abundantes em tonéis novos e não tostados. Entretanto, taninos hidrolisáveis originam elagitaninos, como ácido gálico, ácido elágico e seus derivados, moléculas abundantes em destilados envelhecidos em carvalho. A presença dessas moléculas atribui propriedades de *corpo* à bebida e pode ser um indicador de qualidade em destilados envelhecidos. Ésteres também são importantes coadjuvantes nas propriedades de viscosidade da bebida. Alguns ésteres são produzidos durante a fermentação, porém o envelhecimento também é fonte desses compostos, principalmente devido às reações de esterificação entre álcoois e ácidos oriundos da fermentação e da madeira. Triacilgliceróis estão presentes na constituição da madeira e, pela ação do álcool, derivam-se em glicerol e ácidos graxos livres. O glicerol é protagonista no aumento da viscosidade da bebida e os ácidos graxos (butírico, caproico, cáprico e láurico) podem ser esterificados a partir do etanol e originar diversos ésteres, que conferem também propriedades aromáticas.

O buquê aromático da bebida é formado por diversos fatores, como tipo de matéria-prima e região de produção (solo, clima e regime de chuvas), métodos de preparo da matéria-prima, condições de fermentação (levedura, recipiente, duração, nutrientes, temperatura etc.), destilação (tipo de equipamento – alambiques ou colunas, execução dos cortes no destilado, uso de vapor ou fogo direto, controle da velocidade etc.) e envelhecimento ou armazenamento (tipo de madeira, tamanho do tonel ou barril, número de uso, processo de fabricação do barril, maturação e controle da umidade da madeira, aplicação de diferentes níveis de tosta interna, tempo de envelhecimento etc.).

Em bebidas alcoólicas, as moléculas aromáticas distinguem-se de acordo com a origem e são divididas em aromas primários, secundários e terciários. Aromas primários são oriundos da matéria-prima, seja cana-de-açúcar, arroz, raízes, tubérculos, frutas ou cereais. Além de carboidratos, a matéria-prima contém uma variedade enorme de compostos que contribuem para originar aromas no destilado. Aromas secundários são gerados a partir da fermentação e sobressaem-se em destilados não envelhecidos. A maioria deles possui notas florais e frutadas, remetendo ao frescor e dulçor da matéria-prima. Os aromas terciários são originados a partir do envelhecimento e caracterizam mais de 60% do buquê de destilados envelhecidos. Qualquer que seja a origem, os compostos odorantes estão sempre relacionados com moléculas aromáticas de baixo peso molecular e estruturas químicas capazes de proporcionar odores.

O buquê aromático ideal deve ser complexo, equilibrado e harmônico. A complexidade é notada mediante a percepção de diferentes notas aromáticas. O equilíbrio é caracterizado por um conjunto de aromas facilmente perceptíveis, portanto não deve ocorrer predominância de uma única nota sobre as demais. A harmonização é definida como a combinação das notas, de forma complementar.

Para atingir o perfeito estado, a bebida envelhecida é minunciosamente estudada antes, durante e após o envelhecimento. Os produtores podem idealizar o produto final e utilizar barris que poderão fornecer o perfil desejado. Entretanto, cada barril é um sistema que responde aos mais diversos fatores envolvidos na etapa de envelhecimento e o resultado nem sempre é o esperado. Para moldar e delinear aspectos sensoriais, o corte (*blend*) pode ser uma alternativa para atingir o equilíbrio e harmonia do destilado envelhecido. A técnica de misturar produtos de diferentes barris surgiu para evitar o desperdício de bebidas que adquiriam características indesejáveis ao longo do envelhecimento, assim, misturava-se uma bebida agradável com uma desagradável para favorecer sua aceitação e consumo. Atualmente, a técnica desenvolveu-se com o propósito de misturar duas ou mais bebidas agradáveis e gerar algo melhor, mais complexo e harmonioso, que explore a percepção sensorial e traga algo supremo ao consumidor.

A espécie da madeira é o grande responsável pelas notas aromáticas contidas no destilado envelhecido. Marcadores de envelhecimento são, em sua maioria, moléculas odorantes e possuem papel fundamental na complexidade do buquê amadeirado. A madeira de carvalho americano, por exemplo, possui elevadas concentrações de whisky-lactona, que confere aroma de coco e de baunilha. O carvalho europeu é conhecido por fornecer aromas de pão tostado, cravo e amêndoas. A intensidade de tosta modula o perfil aromático que se deseja obter na bebida, tornando mais evidentes as notas de torrado, castanhas, especiarias e medicinal. Entretanto, em certos casos, a madeira pode conferir aromas indesejáveis à bebida, quando a maturação é realizada em barris de má qualidade e sob armazenamento inadequado, caracterizando aromas de defeitos. Compostos nitrogenados heterocíclicos, como pirazinas, promovem odores de queimado e são indesejáveis na bebida. Barris com extenso uso, que apresentam elevada umidade e início de decomposição da madeira, podem originar na bebida aromas de defeitos como mofo e papelão. O reúso de barris com anterior envelhecimento de vinhos de má qualidade pode proporcionar defeitos sensoriais, como aromas de esterco e urina. Contudo a qualidade do destilado envelhecido será proporcional à qualidade do líquido recém-destilado.

REFERÊNCIAS BIBLIOGRÁFICAS

ABREU-LIMA, T. L.; ABREU MAIA, A. B. R.; OLIVEIRA, E. S. Efeitos sensoriais da adição de extratos de diferentes madeiras à cachaça. **Boletim do CEPPA**, Curitiba, v. 23, n. 2, p. 347-360, 2005.

ALCARDE, A. R.; SOUZA, L. M.; BORTOLETTO, A. M. Formation of volatile and maturation-related congeners during the aging of sugarcane spirit in oak barrels. **Journal of the Institute of Brewing**, London, v. 120, n. 4, p. 529-536, 2014.

AQUINO, F. W. B.; NASCIMENTO, R. F.; RODRIGUES, S. Determinação de marcadores de envelhecimento em cachaças. **Ciência e Tecnologia de Alimentos**, Campinas, v. 26, n. 1, p. 145-149, 2006.

AYLLOT, R. I.; MACKENZIE, W. M. Analytical strategies to confirm the generic authenticity of Scotch Whisky. **Journal of the Institute of Brewing**, v. 116, n. 3, 2010.

BARRERA-GARCÍA, D. *et al.* Different sorption behaviors for wine polyphenols in contact with oak wood. **Journal of Agricultural and Food Chemistry**, Davis, v. 55, n. 17, p. 7021-7027, 2007.

BOIDRON, J. N.; CHATONNET, P.; PONS, M. Influence du bois sur certaines substances odorantes des vins. **Connaissance de la Vigne et du Vin**, Paris, v. 22, p. 275-294, 1988.

BORTOLETTO, A. M.; ALCARDE, A. R. Congeners in sugar cane spirits aged in casks of different woods. **Food Chemistry**, Davis, v. 139, p. 695-701, 2013.

BRASIL. Instrução Normativa nº 13, de 29 de junho de 2005. **Diário Oficial da União**, Brasília, 30 de junho de 2005.

CAMPOS, J. O. S. *et al.* Influence and effect of thermal treatment in elaboration of regional wood extracts for cachaça. **Journal of Food Composition and Analysis**, Grangues, v. 17, p. 179-185, 2004.

CARDELLO, H. M. A. B.; FARIA, J. B. Modificações físico--químicas e sensoriais de aguardente de cana durante o envelhecimento em tonel de carvalho (*Quercus alba, L.*). **Boletim do CEPPA**. Curitiba, v. 15, n. 2, p. 87-100, 1997.

CARDOSO, M. G. **Produção de aguardente de cana**. 2. ed. Lavras: UFLA, 2006.

CASTRO NETO, J. T.; BORRAGINI, M. C. C.; FARIA, J. B. Efeito da presença de ar no envelhecimento de aguardente de cana com circulação forçada. **Alimentos e Nutrição**, Araraquara, v. 16, n. 3, p. 239-243, 2005.

CHATONNET, P. *et al.* Incidence du traitement thermique du bois de chêne sur sa composition chimique – 1ère partie. **Journal International des Sciences de la Vigne et du Vin**, Bordeaux, v. 23, n. 2, p. 77-78, 1989.

CHATONNET, P. Maîtrise de l'interaction entre vins et bois par l'appréciation du "Potentiel œnologique" du bois de chêne. **Revue des Œnologues**, Bordeaux, v. 109, p. 25-30, 2003.

CHATONNET, P.; BOIDRON, J. N.; DUBOURDIEU, D. Evolution de certains composés volatils du bois de chêne au cours de son séchage – Premiers résultats. **Journal International des Sciences de la Vigne et du Vin**, Bordeaux, v. 4, p. 359-380, 1994.

CHATONNET, P.; DUBOURDIEU, D. Comparative study of the characteristics of American white oak (*Quercus alba*) and European oak (*Quercus petraea* and *Quercus robur*) for production of barrels used in barrel aging of wines. **American Journal of Enology and Viticulture**, Davis, v. 49, n. 1, p. 79-85, 1998.

CONNER, J.; REID, K.; JACK, F. Maturation and blending. *In*: RUSSELL, I.; STEWART, G.; BAMFORTH, C. **Whisky. Technology, production and marketing**. London: Elsevier, 2003. p. 209-240.

FRANCIS, I. L.; SEFTON, M. A.; WILLIAMS, P. J. A study by sensory descriptive analysis of the effects of oak origin, seasoning, and heating on the aromas of oak model wine extracts. **American Journal of Enology and Viticulture**, Davis, v. 43, n. 1, p. 23-30, 1992.

GUYMON, J. F.; CROWELL, E. A. Separation of vanillin, syringaldehyde, and other aromatic compounds in the extracts of French and American oak woods by brandy and aqueous alcohol solutions. **Plants Foods for human nutrition**, Unidad Irapuato, v. 16, p. 320-333, 1968.

HALE, M. D. *et al.* The influence of oak seasoning and toasting parameters on the composition and quality of wine. International Symposium on oak in winemaking. **American Journal of Enology and Viticulture**, Davis, v. 50, n. 4, 1999.

JAARSVELD, F. P. V.; HATTINGH, S.; MINNAAR, P. Rapid induction of aging character in brandy products – Part II. Influence of type of oak. **South African Journal of Enology and Viticulture**, Stellenbosch, v. 30, n. 1, p. 16-23, 2009.

JANZANTTI, N. S. **Compostos voláteis e qualidade de sabor de cachaça**. 2004. 193 p. Tese (Doutorado em Ciência de Alimentos) – Faculdade de Engenharia de Alimentos, Universidade Estadual de Campinas, Campinas, 2004.

LACROIX, J.-P. **Le bois de Tonnellerie de la fôret à la Vigne et au Vin**. Paris: Editions du Gerfaut, 2006.

LENOIR, J. **Le nez du vin**: le fût de chêne neuf. Paris: Carnoux-en-Provence, 2004.

LITCHEV, V. Influence of oxidation process on the development of the taste and flavor of wine distillates. **American Journal of Enology and Viticulture**, Davis, v. 40, p. 31-35, 1989.

MARCO, J. *et al.* Relationship between geographical origin and chemical-composition of wood for oak barrels. **American Journal of Enology and Viticulture**, Davis, v. 45, n. 2, p. 192-200, 1994.

MASSON, G. *et al.* Stereoisomers of beta-methyl-gamma-octalactone. 2.Contests in the wood of French (*Quercus robur and Quercus petraea*) and American (*Quercus alba*) oaks. **American Journal of Enology and Viticulture**, Davis, v. 46, n. 4, p. 424-428, 1995.

MOSEDALE, J. R. Effects of oak wood on the maturation of alcoholic beverages with particular reference to whiskey. **Forestry**, Grosvenor Lane, v. 68, n. 3, p. 203-230, 1995.

MOSEDALE, J. R.; PUECH, J. L. Wood maturation of distilled beverages. **Trends in Food Science & Technology**, Colney, v. 9, n. 3, p. 95-101, 1998.

MOSEDALE, J. R.; PUECH, J. L.; FEUILLAT, F. The influence on wine flavor of the oak species and natural variation of heartwood components. **American Journal of Enology and Viticulture**, Davis, v. 50, n. 4, p. 503-512, 1999.

NISHIMURA, K.; MATSUYAMA, R. Maturation and maturation chemistry. *In*: PIGGOTT, J. R. S. R.; DUNCAN, R. E. B. **The science and technology of whiskies**. New York: Longman Scientific & Technical, 1989. p. 235-264.

NYKANEN, L. Formation and occurrence of flavor compounds in wine and distilled alcoholic beverages. **American Journal of Enology and Viticulture**, Davis, v. 37, n. 1, p. 84-96, 1986.

PARAZZI, C. *et al.* Avaliação e caracterização dos principais compostos químicos da aguardente de cana-de-açúcar envelhecida em tonéis de carvalho (*Quercus* sp.). **Ciência e Tecnologia de Alimentos**, Campinas, v. 28, p. 193-199, 2008.

PEYRON, D.; DAVAUX, F.; FEUILLAT, M. Evolution des composés phénoliques au cours de l'élevage en fûts des vins de Bourgonge. *In*: SYMPOSIUM INTERNATIONAL D'OENOLOGIE DE BORDEAUX, 5., 1995, Bordeaux. **Oeno 1995 – Actes de Colloques**. Dunod: Bordeaux, 1995. p. 429-432.

PUECH, J. L. Extraction and evolution of lignin products in armagnac matured in oak. **American Journal of Enology and Viticulture**, Davis, v. 32, n. 2, p. 111-114, 1981.

PUECH, J. L.; JOURET, C.; GOFFINET, B. Évolution des composés phénoliques du bois de chêne au cours du vieillissement de l'armagnac. **Sciences des Aliments**, Cachan, v. 5, n. 3, p. 379-391, 1985.

RAMIREZ-RAMIREZ, G. **Étude de la sorption des composés d'arôme du vin par le bois de chêne en système modèle d'élevage en fûts**. 2002. 346 p. Tese (Doctorat en Oenologie) – Université de Bourgogne, Dijon, France, 2002.

REAZIN, G. H. Chemical mechanisms of whiskey maturation. **American Journal of Enology and Viticulture**, Davis, v. 32, n. 4, p. 283-289, 1981.

SARNI, F. *et al.* Effect of heat treatment of oak wood extractable compounds. **Holzforschung**, Berlin, v. 44, p. 461-466, 1990.

SCHMIDT, O. Expériences et résultats sur l'usage des copeaux de bois de chêne et des techniques alternatives pour les vins rouges. **Revue des oenologues**, Bordeaux, n. 124, p. 47-50, 2007

SINGLETON, V. L. Maturation of wines and spirits – comparisons, facts, and hypotheses. **American Journal of Enology and Viticulture**, Davis, v. 46, n. 1, p. 98-115, 1995.

SINGLETON, V. L.; DRAPER D. E. Wood chips and wine treatment; the nature of aqueous alcohol extracts. **American Journal of Enology and Viticulture**, Davis, v. 12, p. 152-158, 1961.

29

Produção de cerveja pelo processo contínuo

GIULIANO DRAGONE
TOMÁS BRÁNYIK
JOSÉ ANTÓNIO TEIXEIRA
JOÃO BATISTA DE ALMEIDA E SILVA

29.1 INTRODUÇÃO

A fermentação e a maturação são as etapas mais lentas no tradicional processo descontínuo de produção de cerveja, demorando geralmente entre 5 e 7 dias e entre 7 e 30 dias, respectivamente. Por esse motivo, em um setor tão competitivo como o cervejeiro, a redução do tempo dessas etapas constitui uma importante vantagem. Uma das maneiras de aumentar a produtividade de um processo descontínuo é convertê-lo em um processo contínuo. Durante a operação contínua, a produtividade do reator, representada como a massa de etanol produzido por volume de reator por tempo, permanece constante durante o tempo, sendo igual à produtividade máxima da fermentação descontínua, na situação ótima. Esse fato fez com que muitas cervejarias se dedicassem à implementação de sistemas contínuos nas décadas de 1950 e 1960. No entanto, no final da década de 1970, essa linha de pesquisa foi abandonada em função de diversas dificuldades encontradas para sua implantação. Porém, na década de 1980, a tecnologia de imobilização celular começou a ser empregada em processos contínuos de fermentação para produção de cerveja, solucionando os problemas até então encontrados.

A implementação de um processo contínuo com leveduras imobilizadas oferece uma série de vantagens frente ao tradicional processo descontínuo, como: redução no tamanho dos equipamentos e da planta, obtenção de um produto com qualidade uniforme e, principalmente, uma significativa redução no tempo necessário para produção da cerveja. O uso de um sistema contínuo empregando células imobilizadas permite a produção de cerveja em tempos tão curtos como 2 a 3 dias. Devido a essas vantagens, grandes cervejarias em todo o mundo têm tentado a produção de cerveja por esse tipo de processo. Alguns exemplos são as cervejarias: Kirin Brewery (Japão), Labbat Breweries (Canadá), Meura Delta (Bélgica), Sapporo Breweries (Japão) e Hartwall Plc (Finlândia). Entretanto, a aplicação em nível industrial do sistema contínuo de produção exige a resolução de problemas de engenharia e de microbiologia como a seleção do suporte e do método de imobilização da levedura, modelo do reator, risco de contaminação, entre outros, que conjuntamente com o efeito da imobilização na fisiologia da levedura tornam difícil prever as propriedades organolépticas da cerveja produzida. Dessa forma, a produção de cerveja em sistema contínuo com células imobilizadas, constitui ainda um grande desafio e, simultaneamente, uma grande oportunidade para o setor cervejeiro, podendo se tornar nos próximos anos uma realidade nas cervejarias modernas.

29.2 HISTÓRICO

Por razões econômicas, os processos contínuos são preferidos na maior parte das indústrias. Por esse motivo, a fermentação contínua de cerveja tem sido de grande interesse para os cervejeiros desde muito tempo atrás. As primeiras tentativas datam de 1892 quando se utilizou uma concentração muito elevada de leveduras dentro de um recipiente poroso. O mosto era continuamente introduzido nesse recipiente e fermentado em 4h a 30 °C. Em 1899, o processo de fermentação contínua foi patenteado na França e em 1905 na Inglaterra. Em 1906, foi sugerido um sistema semicontínuo consistindo em seis tanques fechados de fermentação. Quando em operação, o primeiro tanque era preenchido com mosto e inoculado, e então deixado fermentar entre 18h e 48h. Após esse período, metade do conteúdo era transferido para um segundo tanque em série, e ambos os tanques eram preenchidos com mosto fresco. Esse procedimento era realizado até que os seis tanques ficassem preenchidos. Em seguida, o primeiro tanque era então esvaziado e limpado. Problemas de contaminação limitaram o uso desse processo para apenas uma semana, apesar de poder na teoria ser realizado por um tempo indefinido. Em 1954, esse processo foi melhorado utilizando seis tanques interconectados com tubos, dos quais os três primeiros foram mantidos a 10 °C e os três últimos a 0 °C. Mosto fresco era adicionado diariamente ao primeiro tanque sendo a quantidade correspondente de cerveja removida a partir do último tanque. O tempo de residência era de 18 dias nos três primeiros tanques e de 9 dias nos três últimos. A cerveja assim produzida era considerada de qualidade normal. No entanto, esses experimentos não tiveram êxito, pois devido ao curto tempo de operação, não ofereciam vantagem alguma ao processo descontínuo. Também no ano de 1906, foi patenteado um sistema agitado completamente contínuo. Nesse processo, pelo menos cinco tanques eram ligados em série sendo cada tanque subsequente situado em um nível mais baixo do que o anterior. O mosto fresco era alimentado no primeiro tanque e o mosto fermentado fluía para o tanque seguinte. Esse sistema de fermentação contínua não teve êxito comercialmente por motivos não tão claros. Provavelmente, a dificuldade para evitar a contaminação microbiana e também a resistência às mudanças no processo por parte dos cervejeiros daquela época foram duas das razões.

Com o aumento das vendas de cerveja nas décadas de 1950 e 1960, houve novamente um aumento no interesse pela fermentação contínua, particularmente na Nova Zelândia, Canadá e Reino Unido. As primeiras experiências para implementação desse processo em larga escala foram realizadas em 1960 pela companhia APV empregando fermentadores tipo torre (Figura 29.1).

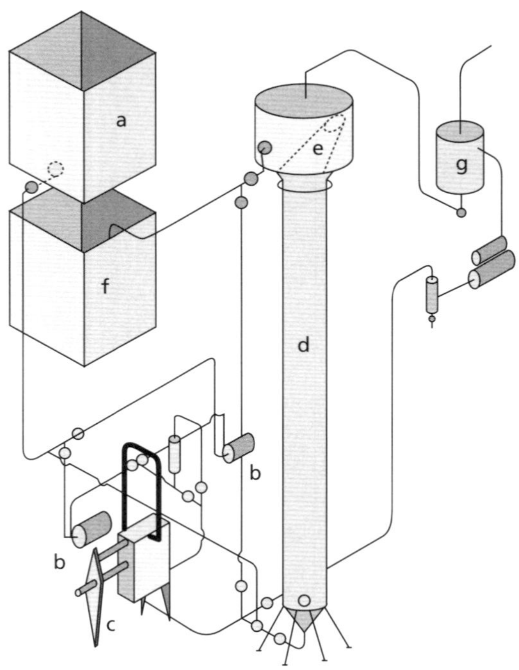

Figura 29.1 Fermentador contínuo tipo torre: a) tanque receptor de mosto; b) bomba; c) pasteurizador flash; d) torre; e) separador de leveduras; f) tanque receptor de cerveja; g) recipiente coletor de CO_2.

Fonte: Briggs *et al.* (2004).

Este sistema de torre baseava-se na capacidade de sedimentação de estirpes de leveduras floculentas para manter uma elevada concentração de células no sistema. O mosto era bombeado pela base do tubo vertical, passando através da massa de leveduras acumulada no fundo do recipiente. Parte das leveduras era arrastada até o topo do tanque devido ao fluxo de mosto, e a fermentação ocorria até a saída do mosto fermentado do tanque. A velocidade com que o mosto era injetado era ajustada de forma que, ao chegar ao topo do tanque, este estivesse completamente fermentado. Esse sistema não era adequado para o uso de leveduras pulverulentas.

Em 1970, outro processo contínuo de fermentação foi implantado em larga escala. O denominado processo Watney operou em quatro cervejarias do Reino Unido alcançando uma produção de semanal de 32.000 hL. Esse sistema consistia em dois fermentadores agitados em série e um recipiente de sedimentação para a coleta da levedura que não era reciclada (Figura 29.2). Esse sistema não teve sucesso comercialmente, pois seria necessário aumentar sua capacidade em até seis vezes para alcançar uma produção similar àquela obtida nos tanques cilindro-cônicos.

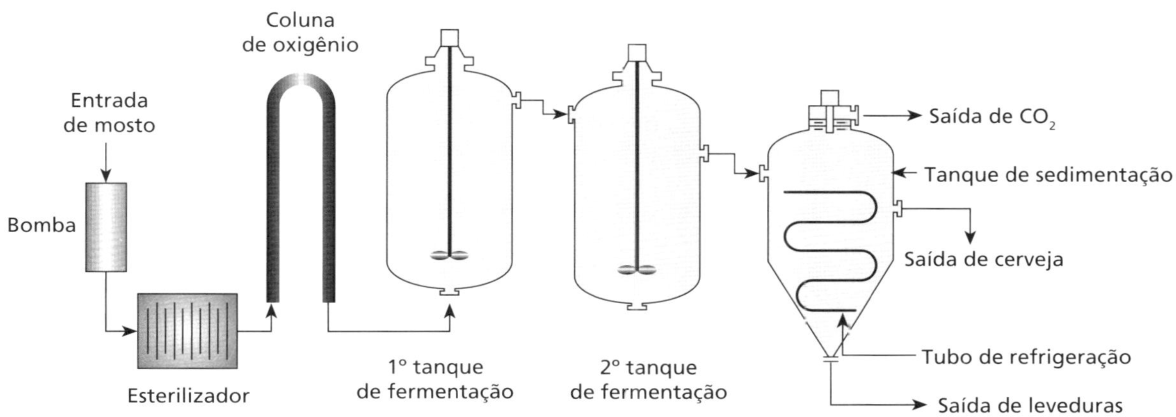

Figura 29.2 Fermentação contínua com tanques agitados (Processo Watney).

Fonte: Briggs *et al.* (2004).

Ao contrário dos processos descritos anteriormente, uma experiência que teve sucesso comercial foi o sistema de fermentação contínua proposto por Morton Coutts da cervejaria Dominion na Nova Zelândia, patenteado em 1956. Esse processo consistia em três reatores de tanque agitados continuamente em cascata e empregava uma levedura floculenta do tipo *lager* (Figura 29.3). Uma cerveja com cerca de 5,5% v/v de álcool era produzida com um tempo de residência que podia variar entre 36 e 96 h. Após a fervura, o mosto era rapidamente resfriado a 0 °C, sendo o *trub* removido por sedimentação. Um tanque de retenção (*hold up*) permitia manter o mosto sob condições que impediam de certa forma a contaminação microbiana, proporcionando um ambiente de baixo pH (< 4,5) e teor alcoólico maior que 2,0% v/v. Esse tanque compreendia aproximadamente 6% do volume total do sistema. O fluxo de entrada no tanque de retenção era constituído pelo mosto sem fermentar e pelo reciclo de mosto fermentado vindo do segundo tanque (Fermentador contínuo 1), em uma relação de 1:1. Adicionalmente, a levedura era reciclada a partir do separador para controlar a taxa de fermentação. Os dois subsequentes tanques de fermentação compreendiam 66% e 22% do volume do sistema, respectivamente. O excedente de levedura era lavado em um fluxo contracorrente de água, e a quantidade de levedura produzida era similar àquela obtida nas fermentações descontínuas.

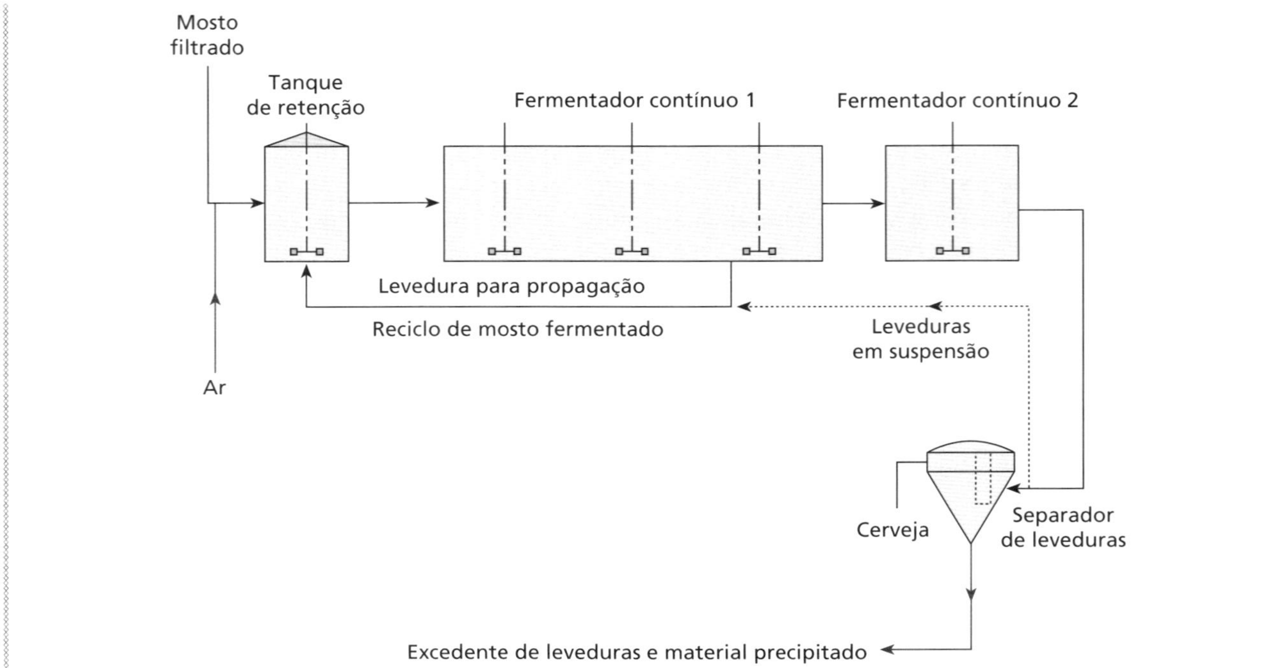

Figura 29.3 Sistema de fermentação contínua desenvolvido na Nova Zelândia (Processo Coutts).

Fonte: Briggs *et al.* (2004).

29.3 PRODUÇÃO DE CERVEJA PELO PROCESSO CONTÍNUO COM LEVEDURAS IMOBILIZADAS

A indústria cervejeira tem se mostrado interessada na tecnologia de imobilização desde seu começo. O número de estudos nos quais essa tecnologia tem sido utilizada para produzir cerveja pelo processo contínuo começou a aumentar consideravelmente após a introdução do alginato como suporte de imobilização em 1978. Desde então, a fermentação contínua com leveduras imobilizadas tem sido vista como um processo atrativo. Em 1991, foram identificadas as propriedades dos sistemas com leveduras imobilizadas que afetam a produção de cerveja (Tabela 29.1). Essas propriedades podem ser consideradas como um indicativo que a tecnologia de imobilização é capaz de resolver pelo menos alguns dos problemas encontrados previamente na fermentação contínua.

Diversos estudos destacam as vantagens do sistema contínuo com leveduras imobilizadas em relação ao processo tradicional de produção de cerveja. Um deles demonstrou que cerveja tipo *lager*, de composição e propriedades organolépticas similares à cerveja produzida por fermentação descontínua, foi produzida com um tempo de fermentação primária de apenas 12,75 h utilizando um reator *gas-lift* com células imobilizadas em esferas de pectato de cálcio. Em outro estudo foi desenvolvido um sistema contínuo de fermentação primária com leveduras *Saccharomyces cerevisiae* tipo *lager* imobilizadas em esferas de gel de alginato de cálcio, que permitiu a elaboração de cervejas com baixas concentrações de diacetil, em um tempo de 20,8 h.

Tabela 29.1 Influência da imobilização celular nas propriedades da fermentação contínua.

Propriedade	Efeito
Produtividade volumétrica	Aumentada
Separação de biomassa	Facilitada
Transferência gás-líquido	Melhorada
Desenho do processo	Simples
Utilização de substrato	Melhorada
Estirpes de leveduras	Indiferente
Higiene	Realizável
Aumento de escala	Realizável
Produto	Consistente

Fonte: Ryder e Masschelein (1991).

A fermentação contínua para produção de cerveja com leveduras imobilizadas em um material celulósico deslignificado (serragem de madeira) proporcionou produtividades em etanol três a quatro vezes maiores do que os valores obtidos durante as fermentações descontínuas repetidas realizadas em temperaturas inferiores a 10 °C. Nesse trabalho foi sugerida a possibilidade de utilização do processo contínuo com baixas temperaturas em escala industrial, devido ao aumento da produtividade e aos resultados satisfatórios das análises de sabor e da composição da cerveja produzida. Em um trabalho posterior, foi observado ainda que o sistema contínuo de fermentação para produção de cerveja utilizando leveduras imobilizadas em glúten apresentou estabilidade operacional durante três meses, sem contaminação microbiana e com uma produtividade em etanol relativamente alta. A cerveja obtida por esse processo também apresentou qualidade satisfatória, com uma baixa concentração de diacetil e polifenóis.

Ensaios realizados em escala piloto em um reator com volume de leito de 1.000 L, demonstraram a possibilidade de produzir cervejas utilizando um sistema contínuo de fermentação com leveduras imobilizadas em cavacos de madeira. O sistema foi mantido em operação durante várias semanas com um bom desempenho das leveduras. Dependendo das condições de fermentação e da cepa de levedura empregada, o tempo da fermentação primária variou entre 20h e 30h.

Recentemente, estudos realizados com leveduras imobilizadas em bagaço de malte e sabugo de milho durante a fermentação e maturação, respectivamente, permitiram obter cervejas com características organolépticas similares às cervejas tipo *lager* encontradas no mercado português. O sistema contínuo foi mantido durante dois meses em condições estáveis, realizando o processo completo de produção de cerveja em apenas 22h a 52h.

29.3.1 Métodos de imobilização

A técnica de imobilização celular baseia-se em manter as células em uma região limitada do espaço, preservando suas atividades catalíticas e possibilitando seu uso de forma repetida ou contínua. Existem quatro métodos básicos para a imobilização de células: autoagregação, contenção por membranas, aprisionamento em matrizes porosas e ligação às superfícies (Figura 29.4).

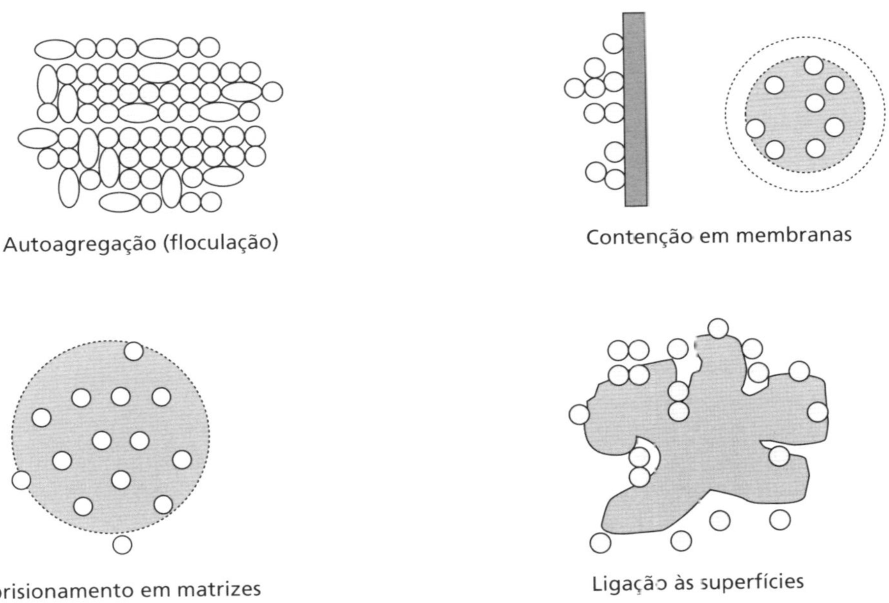

Figura 29.4 Métodos básicos para a imobilização de células.

Fonte: Pilkington *et al.* (1998b).

A imobilização por autoagregação consiste em promover a agregação ou a floculação das células de maneira natural ou induzida artificialmente. Dessa forma, as células são ligadas entre si sem a necessidade de usar um suporte de imobilização. Entretanto, dado que os agregados celulares naturais são geralmente instáveis e sensíveis às tensões de cisalhamento, na maioria das vezes é necessária a adição de agentes químicos (como glutaraldeído) que formam ligações cruzadas entre as células durante a imobilização. A produção de cerveja por processo contínuo utilizando a autoagregação das leveduras foi praticamente abandonada no começo dos anos 1970.

A imobilização por contenção em membranas envolve o uso de membranas pré-formadas ou a formação *in situ* da membrana em torno das células a serem imobilizadas. Esse método, também conhecido como encapsulamento, tem sido utilizado como uma tecnologia alternativa ao aprisionamento em matrizes porosas uma vez que oferece vantagens como: alta capacidade de contenção de células e prevenção da perda de células para o meio de fermentação. Devido à ausência de núcleo gelificado, as limitações à transferência de massa também são reduzidas. Uma aplicação promissora desse princípio de imobilização é a contenção de biocatalisadores em microesferas do tipo *hollow fiber*, formadas por meio de interações iônicas entre sulfato de celulose e cloreto de poli-dimetil-dialil-amônio. O método de imobilização por contenção das leveduras em membranas, tem sido pouco utilizado na produção contínua de cerveja. Esse método de imobilização é atrativo em termos de produtividade, mas em fermentações de baixo valor agregado como na produção de cerveja, torna-se inviável devido ao elevado valor das membranas que aumenta a relação custo/benefício.

A imobilização por aprisionamento em matrizes porosas normalmente envolve a síntese *in situ* da matriz em torno das células a serem imobilizadas. Esse método de imobilização tem sido extensivamente estudado devido à possibilidade de uso de polímeros hidrofílicos compatíveis como suportes de imobilização. Além disso, as células imobilizadas em uma matriz hidrofílica podem estar protegidas de condições adversas de pH, temperatura, solventes orgânicos e compostos inibidores presentes no meio de fermentação. No entanto, este método apresenta também algumas desvantagens como: pequeno volume disponível para a contenção das células imobilizadas, perda de células para o meio de fermentação e instabilidade dos suportes normalmente utilizados, o que limita a utilização dos agregados por longos períodos. Entre os suportes mais utilizados para esse tipo de imobilização destaca-se o gel de alginato de cálcio.

Algumas fermentações em escala piloto têm sido realizadas pela indústria cervejeira empregando leveduras imobilizadas em esferas de alginato de cálcio; porém, vários problemas têm sido observados, os quais incluem a perda de integridade mecânica do suporte (pela abrasão ou compressão das partículas), limitações à transferência de massa e dificuldades de ampliação de escala. Além disso, em fermentações com a levedura *S. cerevisiae* aprisionada nesse suporte, foi observado ainda que as limitações de transferência de massa proporcionam uma redução na velocidade específica de fermentação, na formação de alcoóis superiores e ésteres e no consumo de aminoácidos. Todos esses problemas têm levado à busca por outros tipos de suporte em substituição ao alginato de cálcio. Uma alternativa à técnica de imobilização por aprisionamento é a ligação de células por adsorção.

A imobilização por meio de ligação (adsorção) às superfícies pode ocorrer devido a forças de Van der Waals (hidrofóbicas), interações eletrostáticas entre superfícies de cargas opostas, interações iônicas (ácido/base de Lewis) ou por ligações covalentes entre grupos reativos do suporte e da parede celular das leveduras. Esse método de imobilização é simples e barato, porém, apresenta como principal desvantagem, a facilidade de perda das células imobilizadas para o meio de fermentação. Para aumentar a biomassa imobilizada, geralmente são utilizados suportes porosos que permitem a ligação das células à estrutura superficial interna do material. Além disso, a ligação das células no suporte pode ser induzida utilizando agentes de ligação (óxidos metálicos, glutaraldeído, ou aminosilanas). Entretanto, na produção de bebidas, a adesão natural é geralmente preferida frente ao uso de indutores potencialmente nocivos ou instáveis. A imobilização natural por meio de ligação a superfícies é muito simples, mas as concentrações de células imobilizadas são geralmente menores que as obtidas em sistemas com células imobilizadas por meio do aprisionamento em matrizes porosas. Na imobilização natural podem ser formadas películas de células de até 1 mm de espessura. Valores superiores são difíceis de ser obtidos devido à ausência de barreiras entre as células e o meio; é estabelecido um equilíbrio entre as células adsorvidas e as livres em suspensão pela constante desorção e relocalização dos microrganismos no suporte.

29.3.2 Tipos de suportes

Diferentes suportes têm sido testados para a fermentação contínua da cerveja com leveduras imobilizadas (Tabela 29.2). A sua seleção deve ser feita considerando os seguintes aspectos:

- Propriedades do suporte (custo, estabilidade, rigidez, estabilidade química, autorização para uso alimentar, possibilidade de fácil aplicação em sistemas industriais);
- Mecanismo de imobilização (método, facilidade e capacidade de imobilização, alterações do metabolismo celular);
- Desenho do reator (tipo de reator, propriedades de mistura e transferência de massa).

Tabela 29.2 Suportes utilizados para a imobilização de levedura em processos contínuos de produção de cerveja.

Suporte	Referência
Alginato de cálcio	Nakanishi *et al.* (1985); Dömény *et al.* (1998); Masschelein *et al.* (1985); Cop *et al.* (1989).
κ carragenana	Dömény *et al.* (1998); Šmogrovičová *et al.* (1999a); Pilkington *et al.* (1999); Mensour *et al.* (1996).
Aparas de madeira	Linko *et al.* (1997); Vidgren *et al.* (2003).
Terra diatomácea	Baker e Kirsop (1973); Virkajärvi e Pohjala (2000).
DEAE-celulose	Pajunen *et al.* (1989); Kronlöf e Linko (1992); Grönqvist *et al.* (1989); Kronlöf *et al.* (1989); Virkajärvi e Pohjala (2000).
Vidro poroso (Siran®)	Tata *et al.* (1999); Kronlöf e Linko (1992); Virkajärvi e Kronlöf (1998); Virkajärvi e Pohjala (2000); Yamauchi *et al.* (1994); Linko *et al.* (1997).
Carboneto de silício (SiC)	Van De Winkel *et al.* (1993); Andries *et al.* (1995); Tata *et al.* (1999).
Pellets de glúten	Šmogrovičová *et al.* (1999b).
Sabugo de milho	Brányik *et al.* (2006); Silva *et al.* (2008).
Bagaço de malte	Brányik *et al.* (2002); Brányik *et al.* (2004a); Dragone *et al.* (2005, 2007a, 2007b); Silva *et al.* (2008).

Vários tipos de suporte têm sido também empregados para comparar a capacidade de imobilização da levedura *S. cerevisiae* (Tabela 29.3).

Tabela 29.3 Capacidade de imobilização da levedura *S. cerevisiae* em vários suportes.

Suporte	Capacidade de imobilização	Método de imobilização
Gel de alginato de cálcio	Alta	Aprisionamento
Gel de κ-carragenana	Alta	Aprisionamento
Gel de polivinil álcool	Alta	Aprisionamento
Esferas de cerâmica	Média	Adsorção
Esferas de vidro	Média	Adsorção
DEAE-celulose	Baixa	Adsorção
Esferas de quitosana	Média	Adsorção
Esferas de zeólita	Média	Adsorção

Fonte: Shindo *et al.* (2001).

Entre esses suportes, os géis de alginato de cálcio, de κ-carragenana e de polivinil álcool permitem obter elevadas concentrações de células imobilizadas. Porém, a preparação das partículas de gel para a imobilização das células é difícil com esses suportes. Por outro lado, as esferas de vidro e de cerâmica e a DEAE-celulose são facilmente preparadas para a imobilização das leveduras. Entretanto, devido ao desgaste, essas esferas podem ser quebradas com uma maior facilidade em reatores de leito fluidizado, obtendo-se um menor número de células imobilizadas em comparação aos valores obtidos com suportes que utilizam o método de aprisionamento.

29.3.2.1 Bagaço de malte como suporte para a imobilização celular

Os suportes de imobilização descritos anteriormente possuem a mesma finalidade: reter uma alta concentração celular no reator, visando aumentar a produtividade volumétrica do sistema e diminuir os custos de fermentação. No entanto, dentre os diferentes aspectos que devem ser considerados na escolha do suporte, o custo é o de maior limitação econômica para implantação do processo contínuo em escala industrial. Dessa forma, uma alternativa interessante que merece ser avaliada é a utilização de suportes de baixos custos baseados em subprodutos industriais.

O bagaço de malte (Figura 29.5) é um subproduto da indústria cervejeira de baixo custo e de grau alimentício, produzido após a etapa de mosturação.

Figura 29.5 a) bagaço de malte; b) fotomicrografia de partícula. Ampliação: 45 vezes.

Esse material representa cerca de 85% do total de subprodutos gerados pelas cervejarias, sendo obtidos aproximadamente 20 kg úmido para cada 100 L de cerveja produzida. Considerando essa relação, e sabendo que a produção de cervejas no Brasil no ano de 2007 foi cerca de 10,3 bilhões de litros, é possível estimar que somente nesse ano a produção de bagaço de malte no Brasil alcançou 2,1 milhões de toneladas. Esse subproduto é um material lignocelulósico e apresenta uma composição química (Tabela 29.4) que depende do tipo de cevada utilizada e das condições de maltagem e mosturação.

Tabela 29.4 Composição química do bagaço de malte.

Componente	**(% p/p)**
Celulose (glucana)	16,78
Hemicelulose	28,42
Xilana	19,94
Arabinana	8,48
Lignina total	27,78
Lignina Klason	22,96
Lignina solúvel em ácido	4,82
Cinzas	4,60
Grupos acetil	1,35
Proteínas	15,25
Extrativos (por diferença)	5,82
Minerais	**(mg/kg)**
Cálcio	3515,0
Sódio	309,3
Potássio	258,1
Magnésio	1958,0
Alumínio	36,0
Ferro	193,4
Bário	13,6
Estrôncio	12,7
Manganês	51,4
Cobre	18,0
Zinco	178,0
Fósforo	5186,0
Enxofre	1980,0
Cromo	5,9
Silício	10740,0

Fonte: Mussatto e Roberto (2006).

O bagaço de malte constitui uma alternativa promissora como suporte de imobilização durante a fermentação contínua para produção de cerveja, pois além de ter um baixo custo, apresenta uma elevada capacidade de retenção de leveduras, é estável e permite ser preparado, esterilizado e regenerado de maneira simples. Além disso, as leveduras na superfície do bagaço de malte (Figura 29.6) encontram-se em contato direto com o meio de fermentação, o que diminui os problemas de transferência de massa.

Figura 29.6 Leveduras de cerveja imobilizadas em bagaço de malte. a) ampliação: 150 vezes; b) ampliação: 300 vezes.

A colonização das leveduras cervejeiras nas partículas do bagaço de malte ocorre mediante dois mecanismos: a) adesão espontânea das células nos sítios ativos da superfície do material, e b) retenção das células pela aspereza da superfície do suporte. A partir da adesão e/ou adsorção inicial das células, as leveduras gradualmente vão cobrindo toda a superfície do suporte, formando uma "biopelícula" de espessura variável de acordo com as diferenças nas propriedades da superfície do bagaço de malte. A etapa inicial de ligação das leveduras assim como a velocidade e extensão da imobilização são também influenciadas pelo tamanho da partícula do suporte. Quanto menor o tamanho das partículas, maior a velocidade de formação da "biopelícula" e a capacidade máxima de retenção celular, provavelmente devido ao aumento da relação entre área superficial/peso do suporte e também devido ao aumento do número de sítios ativos disponíveis para a ligação inicial das células. A Tabela 29.5 mostra a relação entre a capacidade máxima de retenção celular (carga celular) e o tamanho médio das partículas do bagaço de malte.

Tabela 29.5 Capacidade máxima de retenção celular (carga celular) de acordo com o tamanho da partícula do bagaço de malte.

Tamanho médio do suporte (mm^2)	Carga celular máxima (g cel/g sup)
0,105	0,430
0,247	0,364
0,590	0,268

Fonte: Brányik *et al.* (2001).

29.3.3 Tipos de reatores

Além do suporte e do método de imobilização, o tipo ou configuração do reator é também um fator de grande importância na implementação, em escala industrial, do processo contínuo de produção de cerveja utilizando células imobilizadas. A escolha do reator deve ser feita considerando principalmente a resistência à transferência de massa entre a fase líquida (na qual se encontram os substratos) e a fase sólida (na qual se encontram as células imobilizadas). Fatores como tipo, tamanho e condições de operação do reator influenciam a transferência de massa, afetando o coeficiente de transferência de massa do filme líquido (K_L) que envolve os agregados imobilizados. A otimização das condições de mistura entre a fase líquida e a fase sólida maximiza o contato superficial entre essas fases, minimizando a espessura do filme líquido adjacente que envolve o suporte de imobilização, maximizando o valor de K_L e, consequentemente, minimizando as limitações impostas à transferência de massa.

Em geral, são cinco os tipos de reatores que têm sido utilizados em sistemas contínuos de fermentação com leveduras imobilizadas (Figura 29.7).

Esses incluem os reatores de leito fixo (ou empacotado), de leito fluidizado (ou expandido), de membrana com reciclo de células, os *gas-lift* ou *airlift* e os de coluna de bolhas (Tabela 29.6). Alguns desses reatores podem ainda ser modificados para melhorar as características de transferência de massa e a capacidade de controle das condições de cultivo, ou para minimizar o estresse imposto ao suporte de imobilização.

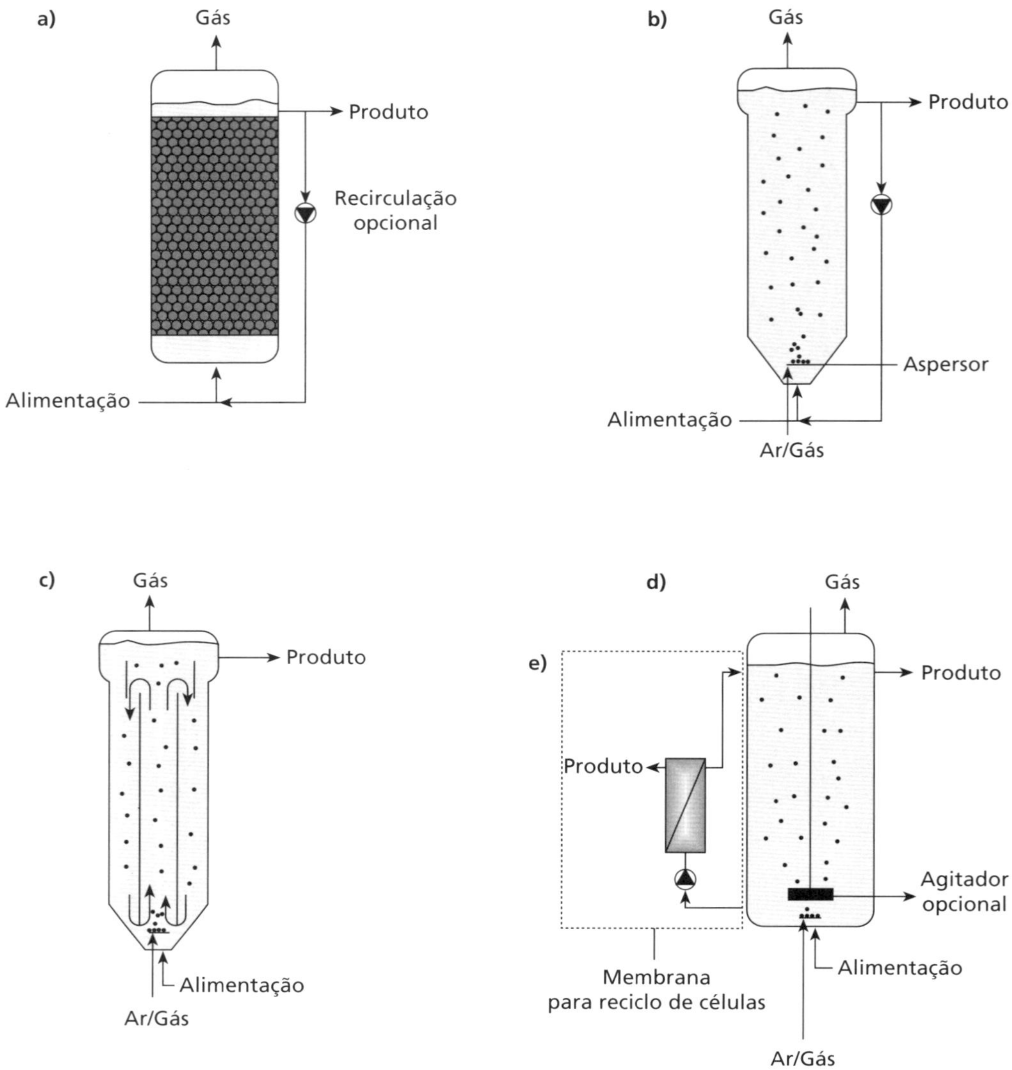

Figura 29.7 Tipos de reatores utilizados com células imobilizadas: a) de leito empacotado; b) de leito fluidizado; c) *gas-lift*; d) de coluna de bolhas; e) de membrana com reciclo de células.

Fonte: Verbelen *et al.* (1996).

Tabela 29.6 Reatores utilizados na produção de cerveja em sistemas contínuos com leveduras imobilizadas.

Tipo de reator	Processo	Referências
Leito fixo	Fermentação	Kronlöf e Linko (1992); Kronlöf *et al.* (1989); Virkajärvi e Kronlöf (1998).
	Maturação	Dömény *et al.* (1998); Pajunen *et al.* (1989); Grönqvist *et al.* (1989); Šmogrovičová *et al.* (1999); Brányik *et al.* (2006); Silva *et al.* (2008).
Leito fluidizado	Fermentação	Tata *et al.* (1999); Cop *et al.* (1989).
Com reciclo (*loop*)	Fermentação	Van De Winkel *et al.* (1993); Andries *et al.* (1995); Tata *et al.* (1999).
Gas-lift/Airlift	Fermentação	Šmogrovičová e Dömény (1999); Dömény *et al.* (1998); Šmogrovičová *et al.* (1999); Mensour *et al.* (1996); Brányik *et al.* (2002); Brányik *et al.* (2004a); Dragone *et al.* (2005); Silva *et al.* (2008).
Coluna de bolhas	Fermentação	Brányik *et al.* (2001); Dragone *et al.* (2007a, 2007b).

Nos reatores de leito fixo, os agregados imobilizados são empacotados em uma coluna através da qual passa o meio de fermentação. Apesar da simplicidade do modelo e do baixo custo, esse tipo de reator apresenta problemas no controle dos principais parâmetros de processo (pH, oxigênio dissolvido e temperatura). Além disso, algumas variáveis no comportamento ideal do fluxo do meio de fermentação são constantemente observadas devido ao acúmulo de gases (como CO_2), compactação do leito ou acúmulo de biomassa suspensa (levando à formação de caminhos preferenciais), o que prejudica as taxas de produção limitando a transferência de massa.

Os reatores de leito fluidizado permitem que as células imobilizadas permaneçam em suspensão, pela passagem de um fluxo ascendente de meio líquido, o que possibilita também uma maior mistura entre as fases líquida (meio) e sólida (suporte), facilita a remoção de gases e minimiza a pressão sobre as células imobilizadas. Porém, no estado de fluidização, as colisões entre as partículas podem causar o desgaste e a perda do suporte. Além disso, o uso de suportes de vidro ou de cerâmica requer elevadas taxas de fluxo do meio, o que proporciona uma maior perda de células e aumenta os custos de bombeamento. Para se obter uma boa fluidização, a diferença de densidade entre o suporte com as células imobilizadas e o meio de fermentação deve ser a maior possível. É importante destacar também, que diversos padrões de mistura entre as fases líquida e sólida podem ser obtidos em função do tamanho e da densidade do suporte, bem como das taxas de fluxo do líquido e da geometria do leito.

Os reatores do tipo *airlift* ou *gas-lift* utilizam uma circulação forçada de ar ou de gás, respectivamente, o que facilita a transferência de massa e calor e promove uma elevada remoção de CO_2, evitando canalizações e oclusões. Nesses reatores, o meio de fermentação tem uma movimentação cíclica bem definida através de dispositivos e arranjos internos construídos para esse propósito. Os dispositivos internos (tubos concêntricos) podem ser alterados com o objetivo de melhorar as condições do processo. Nesse sentido, tem sido demonstrado que a introdução de misturadores estáticos no tubo de corrente de um reator *gas-lift* pode proporcionar um aumento de até 30% na produtividade em etanol durante a fermentação de glicose com a levedura *S. cerevisiae*.

O reator de coluna de bolhas é basicamente um recipiente cilíndrico com um dispersor de gases na região inferior. Devido à configuração simples, a manutenção requerida para esse tipo de reator é mínima e os custos operacionais envolvidos são baixos, dada a ausência de elementos móveis. Além dessas vantagens, esse reator também se destaca por ser capaz de proporcionar elevadas transferências de massa e calor. Por todos esses motivos, os reatores de coluna de bolhas têm recebido grande atenção durante os últimos vinte anos, sendo utilizados industrialmente em diversas áreas. As indústrias química, petroquímica, metalúrgica e de bioprocessos são alguns exemplos que utilizam esses reatores.

A Tabela 29.7 resume as principais vantagens e desvantagens dos reatores comumente utilizados nos sistemas com células imobilizadas.

Tabela 29.7 Vantagens e desvantagens de reatores utilizados com sistemas de células imobilizadas.

Tipo de reator	Vantagens	Desvantagens
Leito fixo	Desenho simples Baixos requerimentos de energia	Mistura pouco eficiente de líquido Acúmulo de gases Dificuldades na ampliação de escala Oclusão com sólidos Compactação do leito limita a altura do reator
Leito fluidizado	Baixo cisalhamento Sistemas em escala industrial disponíveis atualmente Boa mistura de líquido	Problemas com espuma Ampliação de escala mais complexa do que a de leito fixo
Gas-lift	Menor cisalhamento do que no de leito fluidizado Elevada transferência de massa e calor Custo reduzido de bombeamento quando comparado com o de leito fluidizado	Problemas com espuma Ampliação de escala mais complexa do que a de leito fixo
Coluna de bolhas	Equipamento simples e de baixo custo Elevada transferência de gases e de calor Apropriado para meios com altas concentrações de sólidos	Problemas com espuma Elevados requerimentos de gases

Fonte: Pilkington *et al.* (1998); Willaert (2000).

29.3.4 Contaminação

Um dos principais obstáculos para a implementação industrial dos processos contínuos de produção de cerveja é a possibilidade de contaminação. Vários autores têm destacado que os sistemas contínuos com leveduras imobilizadas são mais sensíveis à contaminação do que o tradicional processo descontínuo de produção de cerveja, sendo o principal problema proveniente da estocagem do mosto para alimentação contínua do reator. Dessa forma, é fundamental um sistema de higienização eficiente, a operação fácil e desenho simples dos equipamentos e um controle rigoroso da produção para manter a competitividade do sistema contínuo. Os principais fatores que afetam a estabilidade microbiológica desses sistemas de produção de cerveja são o processamento estéril, pureza do inóculo, concentração e velocidade de crescimento da levedura, temperatura de fermentação e tempo de residência no reator. A velocidade de crescimento dos microrganismos contaminantes a baixas temperaturas e a sua capacidade de adesão às leveduras, suporte de imobilização e superfície do reator também são também fatores da grande importância. Os principais contaminantes observados na fermentação em contínuo são as bactérias do mosto (*Pantoea agglomerans*, *Obesumbacterium proteus*) que apresentam elevadas velocidades de crescimento e produção de sulfureto de dimetilo e as leveduras selvagens responsáveis por superatenuação e formação de aromas fenólicos. Apesar do desenho dos biorreatores industriais ser feito para que possam ser esterilizados com vapor saturado, é importante que os reatores contínuos sejam projetados para facilitar sua esterilização e limpeza. Por esse motivo, esses equipamentos devem ter um número reduzido de entradas, juntas e válvulas, partes mecânicas móveis e zonas estagnadas, e devem ser de drenagem fácil. O acabamento da superfície no interior do reator também afeta o risco de adesão microbiana com implicações na eficiência dos processos de limpeza, higienização e esterilização do reator.

29.3.5 Impacto da imobilização da levedura nas características organolépticas da cerveja

As propriedades organolépticas da cerveja resultam de um conjunto complexo de componentes associados à matéria-prima utilizada e ao metabolismo da levedura. A imobilização da levedura de cerveja permite obter concentrações de biomassa que podem atingir valores dez vezes superiores aos alcançados em fermentadores descontínuos. A imobilização dos microrganismos provoca respostas fisiológicas e metabólicas diferentes das que se obtêm quando as células estão livremente suspensas no meio de cultura. Essas alterações podem ser provocadas por diferentes fatores, como: modo contínuo de operação, limitações internas e externas à transferência de massa, existência de microambientes e envelhecimento celular.

Entre as diferentes características geralmente reportadas por vários autores para a produção de cerveja em sistema contínuo com leveduras imobilizadas, encontram-se o reduzido consumo de aminoácidos, menor formação de ésteres e álcoois superiores e maior produção de dicetonas vicinais.

Frequentemente, a utilização de leveduras imobilizadas na fermentação da cerveja provoca a produção de teores excessivos de diacetil. A produção em excesso de α-acetolactato e consequentemente de diacetil é resultado de:

- Um menor tempo de fermentação que limita a degradação e reassimilação destes compostos pelas leveduras;
- Expressão acelerada da enzima responsável pela formação do α-acetolactato (precursor do diacetil) a partir do ácido pirúvico;
- Alteração do metabolismo dos aminoácidos pelas leveduras imobilizadas. Entretanto, os dados existentes são contraditórios e influenciados pela técnica de imobilização. Alguns autores referem um menor consumo de aminoácidos pelas leveduras imobilizadas, enquanto outros não encontraram diferenças entre as células livres e as imobilizadas.

No processo de maturação, todo o α-acetolactato presente na cerveja verde deve ser convertido em diacetil e posteriormente reduzido pelas leveduras em acetoína e butanodiol. A não eliminação do diacetil tem um impacto negativo na qualidade do produto final. Várias estratégias têm sido desenvolvidas para acelerar a maturação da cerveja verde obtida tanto pelo processo contínuo quanto pelo método descontínuo e convencional:

- Adição da enzima α-acetolactato descarboxilase, que converte diretamente o α-acetolactato em acetoína. As enzimas produzidas por *Bacillus* são as mais frequentemente utilizadas devido à estabilidade que apresentam nas condições de fermentação;

- Utilização de leveduras de cerveja geneticamente modificadas que produzem a enzima α-acetolactato descarboxilase. A utilização de leveduras com estas características pode permitir uma considerável redução da fase de maturação;
- Amplificação dos genes na via metabólica da isoleucina-valina. A inserção de plasmídeos multicópia codificando para a reduto-isomerase (enzima que catalisa um passo limitante na conversão de dicetonas vicinais em isoleucina e valina) resultou numa redução de 50 a 60% na produção de dicetonas vicinais, quando comparado com o processo convencional;
- Tratamento térmico a 90 °C durante 10 minutos, entre a fermentação e a maturação, para conversão do α-acetolactato em diacetil e, parcialmente, para acetoína. O diacetil formado é então reduzido a acetoína durante o processo de maturação em contínuo com leveduras imobilizadas, sendo o tempo de residência necessário de 2 horas. Para evitar a formação de aromas desagradáveis, a levedura deve ser removida da cerveja verde e deve evitar-se que ocorra oxidação durante o tratamento térmico.

29.4 FERMENTAÇÃO CONTÍNUA COM LEVEDURAS IMOBILIZADAS PARA PRODUÇÃO DE CERVEJAS DE ALTAS DENSIDADES

Nos últimos anos, diversos estudos têm demonstrado a possibilidade de realizar a fermentação de mostos com elevadas concentrações de extrato em sistema contínuo, empregando leveduras imobilizadas. Quando avaliados diferentes parâmetros da fermentação contínua de mostos com concentrações de extrato entre 15 e 24 °P, a 10 °C, em escala de laboratório (reator tubular de 1,6 L de volume total), empregando a levedura cervejeira *S. pastorianus* tipo *lager* imobilizada em esferas de vidro poroso, os graus aparente de fermentação dos mostos de 15 e 18 °P foram satisfatórios (81% e 77%, respectivamente). Entretanto, para os mostos com maiores concentrações de extrato, os graus aparente de fermentação foram menores: 60% para o mosto de 21 °P e 45% para o mosto de 24 °P. O consumo de nitrogênio amino livre (FAN) foi o mesmo, independente da concentração de açúcares no mosto. A produtividade da fermentação (definida como as gramas de açúcar consumido por volume de suporte por unidade de tempo) foi máxima para o mosto de 18 °P. Os mostos de 15 e 21 °P apresentaram produtividades similares, enquanto o mosto de 24 °P teve a menor produtividade. Esse estudo permitiu concluir que cervejas de altas densidades podem ser produzidas por fermentação contínua utilizando leveduras imobilizadas. Além disso, foi sugerida a continuação das pesquisas utilizando temperaturas entre 10 e 20 °C com variações das taxas de aeração para avaliar a formação de compostos responsáveis pelas propriedades organolépticas da cerveja (VIRKAJÄRVI *et al.*, 2002).

Por outro lado, um estudo da influência da concentração de extrato do mosto na eficiência da fermentação para produção de cervejas de altas densidades pelo processo contínuo em reator de leito fluidizado com leveduras tipo *ale* imobilizadas em esferas de vidro poroso (diâmetros de 1 a 2 mm e tamanho de poro entre 60 e 300 µm) mostrou uma significativa redução da taxa de consumo de açúcares para o mosto mais concentrado (20 °P). No entanto, neste trabalho foi destacado que esse mosto foi satisfatoriamente fermentado até sua atenuação limite (DONNELLY *et al.*, 1999).

Outro estudo permitiu comparar o desempenho de dois diferentes tipos de reatores com leveduras imobilizadas durante a fermentação contínua de mostos com elevada concentração de extrato (16 °P). Um dos reatores foi do tipo leito fluidizado utilizando esferas de vidro poroso e o outro reator foi do tipo *loop* contendo carboneto de silício como suporte para a imobilização das células. Quando ambos os sistemas foram operados como processos de duas etapas, foram obtidas atenuações quase completas do extrato do mosto (72-80%) e o término da fermentação foi atingido em apenas metade do tempo necessário para o processo descontínuo (3-3,5 dias). Ambos os sistemas mostraram cinéticas de consumo de açúcares similares, apresentando, portanto, valores próximos de produtividade volumétrica (2,0 gh^{-1} L^{-1}). Quando comparada com a fermentação descontínua, a concentração de álcoois superiores foi menor e a de ésteres totais maior (95-110 mgL^{-1} e 50 mgL^{-1}, respectivamente). A cerveja obtida no reator de leito fluidizado foi considerada totalmente aceitável considerando suas propriedades organolépticas, embora estas tenham sido diferentes das cervejas convencionais obtidas pelo processo descontínuo. A redução do tempo de fermentação demonstrou a possibilidade do emprego da fermentação contínua para produção de cervejas de altas densidades com leveduras imobilizadas (TATA *et al.*, 1999).

Um grupo de pesquisa do Brasil apresentou em 2007 um estudo que demonstrou a possibilidade de obter cervejas com concentrações de etanol superiores a 5% v/v utilizando mostos de altas densidades (13,4 a 18,5 °P) durante a fermentação em contínuo com leveduras imobilizadas em bagaço de malte, com um tempo de residência de 25 horas. Entretanto, foi relatado que a fermentação pelo processo contínuo dos mostos mais concentrados leva a uma excessiva formação de acetato de etila, limitando, portanto, esse tipo de processo para mostos com extrato original inferior a 16 °P. Por outro lado, o mesmo estudo sugeriu a otimização dos parâmetros da fermentação (temperatura, taxa de aeração) ou composição do mosto (utilização de adjuntos) como alternativa para resolver o problema da elevada produção de ésteres na produção de cervejas de altas densidades pelo processo contínuo (DRAGONE *et al.*, 2007a).

REFERÊNCIAS BIBLIOGRÁFICAS

ANDRIES, M. *et al.* Design of a multi-purpose immobilized yeast bioreactor system for application in the brewing process. *In*: EUROPEAN BREWERY CONVENTION MONOGRAPH, 24., 1995, Nürnberg. **Proceedings...** Nürnberg: Verlag Hans Carl Getränke-Fachverlag, 1995, p. 134-143.

BAKER, D. A.; KIRSOP, B. H. Rapid beer production and conditioning using a plug fermenter. **Journal of the Institute of Brewing**, London, v. 79, p. 487-494, 1973.

BARDI, E. P. *et al.* Immobilization of yeast on delignified cellulosic material for low temperature brewing. **Journal of Agricultural Food Chemistry**, Washington, v. 44, p. 463-467, 1996.

BARDI, E. P.; KOUTINAS, A. A. Immobilization of yeast on delignified cellulosic material for room temperature and low temperature wine making. **Journal of Agricultural Food Chemistry**, Washington, v. 42, p. 221-226, 1994.

BARDI, E. P.; KOUTINAS, A. A.; KANELLAKI, M. E. Room and low temperature brewing with yeast immobilized on gluten pellets. **Process Biochemistry**, London, v. 32, p. 691-696, 1997.

BARON, G. V.; WILLAERT, R. G.; BACKER, L. U. C. Immobilized cell reactors. *In*: WILLAERT, R. G. **Immobilized living cell systems**: modelling and experimental methods. London: John Willey, 1996, p. 67-95.

BRÁNYIK, T. *et al.* Continuous beer fermentation using immobilized yeast cell bioreactor systems. **Biotechnology Progress**, New York, v. 21, p. 653-663, 2005a.

BRÁNYIK, T. *et al.* Continuous immobilized yeast reactor system for complete beer fermentation using spent grains and corncobs as carrier materials. **Journal of Industrial Microbiology and Biotechnology**, Amsterdam, v. 33, p. 1010-1018, 2006.

BRÁNYIK, T. *et al.* Continuous primary beer fermentation with brewing yeast immobilized on spent grains. **Journal of the Institute of Brewing**, London, v. 108, p. 410-415, 2002.

BRÁNYIK, T. *et al.* Continuous primary fermentation of beer with yeast immobilized on spent grains – The effect of operational conditions. **Journal of the American Society of Brewing Chemists**, St. Paul, v. 62, p. 29-34, 2004a.

BRÁNYIK, T. *et al.* Growth model and metabolic activity of brewing yeast biofilm on the surface of spent grains: a biocatalyst for continuous beer fermentation. **Biotechnology Progress**, New York, v. 20, p. 1733-1740, 2004b.

BRÁNYIK, T. *et al.* Physicochemical surface properties of brewing yeast influencing their immobilization onto spent grains in a continuous reactor. **Biotechnology and Bioengineering**, New York, v. 88, p. 84-93, 2004c.

BRÁNYIK, T. *et al.* Spent grains: a new support for brewing yeast immobilisation. **Biotechnology Letters**, London, v. 23, p. 1073-1078, 2001.

BRÁNYIK, T.; VICENTE, A. A.; TEIXEIRA, J. A. Continuous primary fermentation of beer – Yeast immobilization kinetics and product quality. **Brazilian Journal of Food Technology**, Campinas, p. 74-79, mar. 2005b.

BRIGGS, D. E. *et al.* **Brewing**: science and practice. Cambridge: Woodhead, 2004.

CHISTI, Y. Build better industrial bioreactors. **Chemical Engineering Progress**, New York, v. 88, p. 55-58, 1992.

COP, J. *et al.* Reactor design optimization with a view to the improvement of amino acid utilization and flavour development of calcium alginate entrapped brewing yeast fermentations. *In*: EUROPEAN BREWING CONVENTION CONGRESS, 22., 1989, Zurich. **Proceedings...** Zurich: IRL Press Oxford, 1989, p. 315-322.

DEBOURG, I. A. The developments of brewery fermentations. The impact of new technologies. **Cerevisia and Biotechnology**, St. Martens-Latem, v. 18, p. 25-30, 1993.

DEGALEESAN, S.; DUDUKOVIC, M.; PAN, Y. Experimental study of gas-induced liquid flow. Structures in bubble columns. **AIChE Journal**, New York, v. 47, p. 1913-1931, 2001.

DÖMÉNY, Z. *et al.* Continuous secondary fermentation using immobilised yeast. **Biotechnology Letters**, London, v. 20, p. 1041-1045, 1998.

DONNELLY, D. *et al.* Kinetics of sugar metabolism in a fluidized bed bioreactor for beer production. **MBAA Technical Quarterly**, Madison, v. 36, p. 183-185, 1999.

DRAGONE, G. *et al.* High gravity brewing by continuous process using immobilised yeast: effect of wort original gravity on fermentation performance. **Journal of the Institute of Brewing**, London, v. 113, p. 391-398, 2007a.

DRAGONE, G. *et al.* Utilização de mostos concentrados na produção de cervejas pelo processo contínuo: novas tendências para o aumento da produtividade. **Ciência e Tecnologia de Alimentos**, Campinas, v. 27, p. 37-40, 2007b. Suplemento.

DRAGONE, G. *et al.* Levaduras inmovilizadas en soporte lignocelulósico para la producción continua de cerveza. **Brazilian Journal of Food Technology**, Campinas, p. 70-73, mar. 2005.

DRAGONE, G. Fermentação primária para produção de cervejas de altas densidades por processo contínuo utilizando leveduras imobilizadas em bagaço de malte. 2007. 140 f. Tese (Doutorado em Biotecnologia Industrial) – Escola de Engenharia de Lorena, Universidade de São Paulo, Lorena, 2007.

FUKUDA, H. Immobilized micro-organism bioreactors. *In*: ASENJO, J. A.; MERCHUK, J. C. **Bioreactor system design**. New York: Marcel Dekker, 1994, p. 339-375.

GERBSCH, N.; BUCHHOLZ, R. New processes and actual trends in biotechnology. **FEMS Microbiology Reviews**, Amsterdam, v. 16, p. 259-269, 1995.

GODTFREDSEN, S. E. *et al.* Occurrence of α-acetolactate decarboxylases among lactic-acid bacteria and their utilization for maturation of beer. **Applied Microbiology and Biotechnology**, Berlim, v. 20, p. 23-28, 1984.

GROBOILLOT, A.; BOADI, D. K.; PONCELET, D.; NEUFELD, R. J. Immobilization of cells for application in the food industry. **Critical Reviews in Biotechnology**, Boca Raton, v. 14, p. 75-107, 1994.

GRÖNQVIST, A.; PAJUNEN, E.; RANTA, B. Secondary fermentation with immobilized yeast-industrial scale. *In*: EUROPEAN BREWING CONVENTION CONGRESS, 22., 1989, Zurich. **Proceedings...** Zurich: IRL Press Oxford, 1989, p. 339-346.

HAIKARA, A. *et al.* Microbiological contamination in immobilized yeast bioreactors for primary fermentation. *In*: EUROPEAN BREWING CONVENTION CONGRESS, 26., 1997, Maastricht. **Proceedings...** Maastricht: IRL Press Oxford, 1997, p. 439-446.

HAIKARA, A.; KRONLÖF, J. Hygiene and microbiological control requirements of immobilized system. EUROPEAN BREWING CONVENTION SYMPOSIUM, 1995, Espoo. **Monograph XXIV**. Nürnberg: Verlag Hans Carl Getränke-Fachverlag, 1995, p. 194-206.

HERNÁNDEZ, A. M. *et al.* Caracterización química e funcional del afrecho de malta. **Alimentaria**, Madrid, p. 105-107, May 1999.

INOUE, T. Development of a two-stage immobilized yeast fermentation system for continuous beer brewing. *In*: EUROPEAN BREWING CONVENTION CONGRESS, 25., 1995, Brussels. **Proceedings...** Brussels: IRL Press Oxford, 1995, p. 25-36.

INOUE, T. Immobilized cell technology: a new possibility for brewing? **Journal of the American Society of Brewing Chemists**, St. Paul, v. 46, p. 64-66, 1988.

KANTARCI, N.; BORAK, F.; ULGEN, K. O. Bubble column reactors. **Process Biochemistry**, London, v. 40, p. 2263-2283, 2005.

KAREL, S. F.; LIBICKI, S. B.; ROBERTSON, C. R. The immobilization of whole cells: engineering principles. **Chemical Engineering Science**, Kidlington, v. 40, p. 1321-1354, 1985.

KATCHALSKI-KATZIR, E.; KRAEMER, D. M. Eupergit C, a carrier for immobilization of enzymes of industrial potential. **Journal of Molecular Catalysis**, Amsterdam, v. 10, p. 157-176, 2000.

KOPSAHELIS, N. *et al.* Comparative study of spent grains and delignified spent grains as yeast supports for alcohol production from molasses. **Bioresource Technology**, Amsterdam, v. 98, p. 1440–1447, 2007.

KOPSAHELIS, N.; KANELLAKI, M.; BEKATOROU, A. Low temperature brewing using cells immobilized on brewer's spent grains. **Food Chemistry**, Barking, v. 104, p. 480-488, 2007.

KOURKOUTAS, Y. *et al.* Immobilization technologies and support materials suitable in alcohol beverages production: a review. **Food Microbiology**, London, v. 21, p. 377-397, 2004.

KRONLÖF, J. *et al.* Main fermentation with immobilized yeast. In: EUROPEAN BREWING CONVENTION CONGRESS, 22., 1989, Zurich. **Proceedings...** Zurich: IRL Press Oxford, 1989, p. 355-362.

KRONLÖF, J.; HAIKARA, A. Contamination of immobilized yeast bioreactors. **Journal of the Institute of Brewing**, London, v. 97, p. 375-380, 1991.

KRONLÖF, J.; LINKO, M. Production of beer using immobilized yeast encoding α-acetolactate decarboxylase. **Journal of the Institute of Brewing**, London, v. 98, p. 479-491, 1992.

LINKO, M. *et al.* Main fermentation with immobilized yeast: a breakthrough? *In*: EUROPEAN BREWING CONVENTION CONGRESS, 26., 1997, Maastricht. **Proceedings...** Maastricht: IRL Press Oxford, 1997, p. 385-394.

LINKO, M. *et al.* Recent advances in the malting and brewing industry. **Journal of Biotechnology**, Amsterdam, v. 65, p. 85-98, 1998.

MASSCHELEIN, C. A. *et al*. The effect of immobilization on yeast physiology and beer quality in continuous and discontinuous systems. *In*: EUROPEAN BREWING CONVENTION CONGRESS, 20., 1985, Helsinki. **Proceedings...** Helsinki: IRL Press Oxford, 1985, p. 339-346.

MASSCHELEIN, C. A.; RYDER, D. S.; SIMON, J. P. Immobilized cell technology in beer production. **Critical Reviews in Biotechnology**, Boca Raton, v. 14, p. 155-177, 1994.

MENSOUR, N. A. *et al*. New developments in the brewing industry using immobilised yeast cell bioreactor systems. **Journal of the Institute of Brewing**, London, v. 103, p. 363-370, 1997.

MENSOUR, N. *et al*. Application of immobilized yeast cells in the brewing industry. *In*: WIJFFELS, R. H. *et al*. **Immobilized cells**: basics and applications. Amsterdam: Elsevier Science, 1996, p. 661-671.

MUSSATTO, S. I. *et al*. Optimum operating conditions for brewer's spent grain soda pulping. **Carbohydrate Polymers**, Oxford, v. 64, p. 22-28, 2006.

MUSSATTO, S. I.; ROBERTO, I. C. Chemical characterization and liberation of pentose sugars from Brewer's Spent Grain. **Journal of Chemical Technology and Biotechnology**, Oxford, v. 81, p. 268-274, 2006.

NAKANISHI, K. *et al*. A new immobilized yeast reactor system for rapid production of beer. *In*: EUROPEAN BREWING CONVENTION CONGRESS, 20., 1985, Helsinki. **Proceedings...** Helsinki: IRL Press Oxford, 1985, p. 331-338.

NAKANISHI, K. *et al*. Beer brewing using an immobilized yeast bioreactor system. **Bioprocess Technology**, New York, v. 16, p. 275-289, 1993.

NEDOVIC, V. A. *et al*. Immobilized yeast bioreactor systems for brewing: recent achievements. *In*: HOFMAN, M.; THONART, P. (eds.). **Engineering and manufacturing for biotechnology**. Dordrecht: Kluwer, 2001, p. 277-292.

NORTON, S.; D'AMORE, T. Physiological effects of yeast cell immobilization: applications for brewing. **Enzyme and Microbial Technology**, Surrey, v. 16, p. 365-375, 1994.

ONAKA, T. *et al*. Beer brewing with immobilized yeast. **Bio/Technology**, New York, v. 3, p. 467-470, 1985.

PAJUNEN, E.; GRÖNQVIST, A.; LOMMI, H. Continuous secondary fermentation and maturation of beer in an immobilized yeast reactor. **MBAA Technical Quarterly**, Madison, v. 26, p. 147-151, 1989.

PAJUNEN, E.; LOMMI, H.; VILJAVA, T. Novel primary fermentation with immobilized yeast. **MBAA Technical Quarterly**, Madison, v. 37, p. 483-488, 2000.

PARK, J. K.; CHANG, H. N. Microencapsulation of microbial cells. **Biotechnology Advances**, Oxford, v. 18, p. 303-319, 2000.

PILKINGTON, P. H.; MARGARITIS, A.; MENSOUR, N. A. Mass transfer characteristics of immobilized cells used in fermentation processes. **Critical Reviews in Biotechnology**, Boca Raton, v. 18, p. 237-255, 1998a.

PILKINGTON, P. H. *et al*. Fundamentals of immobilized yeast cells for continuous beer fermentation: a review. **Journal of the Institute of Brewing**, London, v. 104, p. 19-31, 1998b.

PILKINGTON, H. *et al*. Kappa-carrageenan gel immobilization of lager brewing yeast. **Journal of the Institute of Brewing**, London, v. 105, p. 398-404, 1999.

PRADELLA, J. G. C. Reatores com células imobilizadas. *In*: ALMEIDA LIMA, U. *et al*. **Biotecnologia industrial, v. 2**: engenharia bioquímica. São Paulo: Edgard Blücher, 2001, p. 355-372.

REINOLD, M. R. A cervejaria e o meio ambiente. *In*: REINOLD, M. R. **Manual prático de cervejaria**. São Paulo: ADEN, 1997, p. 163-197.

RUBIO-FERNÁNDEZ, H.; SALVADOR, M. D.; FREGAPANE, G. Influence of fermentation oxygen partial pressure on submerged semicontinuous acetification for wine vinegar production. **European Food Research Technology**, Berlin, v. 219, p. 393-397, 2004.

RYDER, D. S.; MASSCHELEIN, C. A. Immobilized yeast in brewing: a current perspective. *In*: EUROPEAN BREWING CONVENTION CONGRESS, 23., 1991, Lisbon. **Proceedings...** Lisbon: IRL Press Oxford, 1991, p. 345-352.

RYDER, D. S.; MASSCHELEIN, C. A. The growth process of brewing yeast and the biotechnological challenge. **Journal of the American Society of Brewing Chemists**, St. Paul, v. 43, p. 66-75, 1985.

SANTOS, M. *et al*. Variability of brewer's spent grain within a brewery. **Food Chemistry**, London, v. 80, p. 17-21, 2003.

SCHMIDELL, W.; FACCIOTTI, M. C. R. Biorreatores e processos fermentativos. *In*: ALMEIDA LIMA, U.; AQUARONE, E.; BORZANI, W.; SCHMIDELL, W. **Biotecnologia industrial, v. 2**: engenharia bioquímica. São Paulo: Blucher, 2001, p. 179-192.

SHEN, H. Y. *et al*. Impact of attachment immobilization on yeast physiology and fermentation performance. **Journal of the American Society of Brewing Chemists**, St. Paul, v. 61, p. 79-87, 2003.

SHINDO, S. *et al*. Development of novel carrier using natural zeolite and continuous ethanol fermentation with immobilized *Saccharomyces cerevisiae* in a reactor. **Biotechnology Letters**, London, v. 23, p. 2001-2004, 2001.

SHINDO, S.; SAHARA, H.; KOSHINO, S. Supression of α-acetolactate formation in brewing with immobilized yeast. **Journal of the Institute of Brewing**, London, v. 100, p. 69-72, 1994.

SILVA, D. P. *et al*. High gravity batch and continuous processes for beer production: Evaluation of fermentation performance and beer quality. **Chemical Papers**, Bratislava, v. 62, p. 34-41, 2008.

ŠMOGROVIČCOVÁ, D. *et al*. Gluten pellets to immobilize yeast for brewery fermentations. **Monatsschrift für Brauwissenschaft**, Nürnberg, v. 7/8, p. 119-122, 1999.

ŠMOGROVIČCOVÁ, D. *et al*. Reactors for continuous primary beer fermentation using immobilised yeast. **Biotechnology Techniques**, Kew, v. 11, p. 261-264, 1997.

ŠMOGROVIČCOVÁ, D.; DÖMÉNY, Z. Beer volatile by-product formation at different fermentation temperature using immobilised yeast. **Process Biochemistry**, London, v. 34, p. 785-794, 1999.

STEWART, G. G.; RUSSELL, I. **An introduction to brewing science & technology**: series III: brewer's yeast. London: Institute of Brewing, 1998.

TATA, M. *et al*. Immobilized yeast bioreactor systems for continuous beer fermentation. **Biotechnology Progress**, New York, v. 15, p. 105-113, 1999.

VAN DE WINKEL, L. Design and optimization of a multipurpose immobilized yeast bioreactor system for brewery fermentations. **Cerevisia and Biotechnology**, St. Martens-Latem, v. 20, p. 77-80, 1995.

VAN DE WINKEL, L. *et al*. High performance immobilized yeast reactor design for continuous beer fermentation. *In*: EUROPEAN BREWING CONVENTION CONGRESS, 24., 1993, Oslo. **Proceedings...** Oslo: IRL Press Oxford, 1993. p. 307-314.

VERBELEN, P. J. *et al*. Immobilized yeast cell system for continuous fermentation applications. **Biotechnology Letters**, London, v. 28, p. 1515-1525, 2006.

VICENTE, A. A.; DLUHÝ, M.; TEIXEIRA, J. A. Increase of ethanol productivity in an airlift reactor with a modified draught tube. **The Canadian Journal of Chemical Engineering**, Ottawa, v. 77, p. 497-502, 1999.

VIDGREN, V. *et al*. The free and carrier-bound yeast population from a two-stage immobilized yeast reactor are in different physiological conditions. *In*: EUROPEAN BREWING CONVENTION CONGRESS, 29., 2003, Dublin. **Proceedings...** Dublin: IRL Press Oxford, 2003. p. 609-617.

VIRKAJÄRVI, I. *et al*. Productivity of immobilized yeast reactors with very-high-gravity worts. **Journal of the American Society of Brewing Chemists**, St. Paul, v. 60, p. 188-197, 2002.

VIRKAJÄRVI, I. **Feasibility of continuous main fermentation of beer using immobilized yeast**. 2001. 137 p. Tese (Doutorado em Ciência em Tecnologia) – VTT Technical Research Centre of Finland, Helsinki University of Technology, Espoo, 2001.

VIRKAJÄRVI, I.; KRONLÖF, J. Long-term stability of immobilized yeast columns in primary fermentation. **Journal of the American Society of Brewing Chemists**, St. Paul, v. 56, p. 70-75, 1998.

VIRKAJÄRVI, I.; POHJALA, N. Primary fermentation with immobilized yeast: Some effects of carrier materials on the flavour of the beer. **Journal of the Institute of Brewing**, London, v. 106, p. 311-318, 2000.

WACKERBAUER, K. *et al*. Measures to improve long term stability of main fermentation with immobilized yeast. **Monatsschrift für Brauwissenschaft**, Nürnberg, v. 11/12, p. 210-215, 2003.

WILLAERT, R. Beer production using immobilized cell technology. **Minerva Biotecnologica**, Turin, v. 12, p. 319-330, 2000.

WILLAERT, R.; NEDOVIC, V. A. Primary beer fermentation by immobilized yeast: a review on flavour formation and control strategies. **Journal of Chemical Technology and Biotechnology**, Oxford, v. 81, p. 1353-1367, 2006.

YAMANO, S. *et al*. Brewing performance of a brewer's yeast having α-acetolactate decarboxylase from *Acetobacter aceti* subsp. *xylinum*. **Journal of Biotechnology**, Amsterdam, v. 39, p. 21-26, 1995.

YAMAUCHI, Y. *et al*. Beer brewing using an immobilized yeast bioreactor design of an immobilized yeast bioreactor for rapid beer brewing system. **Journal of Fermentation and Bioengineering**, Amsterdam, v. 78, p. 443-449, 1994.

YAMAUCHI, Y. *et al*. Rapid maturation of beer using an immobilized yeast bioreactor. 1: heat conversion of alpha-acetolactate. **Journal of Biotechnology**, Amsterdam, v. 38, p. 101-108, 1995.

30

Leveduras não convencionais na produção de cerveja

CAURÉ BARBOSA PORTUGAL
MARCELLE BALDUINO DE ALMEIDA
SANDRA HELENA DA CRUZ

30.1 INTRODUÇÃO

Os povos da Mesopotâmia e do Antigo Egito já elaboravam algum tipo de bebida alcoólica semelhante à cerveja há mais de 5 mil anos. Os grãos de cevada acidentalmente umedecidos e germinados davam origem a um produto menos perecível e mais adocicado, formando uma noção incipiente daquilo que hoje conhecemos como malte de cevada. A partir daí o que dava origem a bebidas com certo teor alcoólico eram fermentações espontâneas e não controladas, iniciadas por microrganismos presentes no ambiente ou carreados pelo ar. Como as leveduras do gênero *Saccharomyces* tendem, naturalmente, a dominar esses processos "selvagens", estas passaram a ser isoladas intuitivamente em distintas regiões do globo ao longo da intrincada história da relação do homem com os alimentos. Esse tipo de fermentação espontânea ainda é utilizado em alguns casos muito particulares, como na elaboração das especialíssimas *lambics* belgas, cujo "*terroir* microbiano" restringe-se à região de Pajottenland.

Nos últimos anos, a crescente demanda por produtos inovadores e diferenciados tem impulsionado muitos especialistas na busca por outros tipos de leveduras, principalmente as leveduras não convencionais, para o desenvolvimento de cervejas especiais. Trata-se de outras espécies de leveduras, comumente nomeadas não *Saccharomyces* e que, em geral, apresentam menor rendimento fermentativo e são mais sensíveis ao etanol, mas em muitos casos têm o potencial de imprimir características distintivas de sabor e aroma às bebidas. Embora, historicamente, muitas delas já tenham sido caracterizadas como contaminantes de processos fermentativos e potenciais alterantes em bebidas fermentadas, algumas espécies despontam hoje como valiosas produtoras de compostos aromáticos em processos monitorados e bem controlados.

Embora a cerveja, especificamente, seja produzida com malte, lúpulo e água, a levedura é de fundamental importância para a produção dos diferentes tipos de cerveja. Neste caso, o produto final contém compostos que foram gerados durante o processo, a partir do metabolismo do açúcar por leveduras.

30.2 METABOLISMO DE LEVEDURAS

O metabolismo da fermentação por leveduras compreende dois estágios: metabolismo primário e secundário. O metabolismo primário é essencial para o crescimento, divisão celular e sobrevivência, produzindo metabólitos como etanol, glicerol, acetaldeído e ácido acético. O metabolismo secundário produz compostos como os álcoois superiores, ésteres, carbonilas, compostos de enxofre, tióis e terpenoides, que podem contribuir para as propriedades organolépticas dos produtos alimentícios e bebidas. O metabolismo secundário é influenciado tanto pelo carbono fermentescível como pela composição da fonte de nitrogênio e pelo ambiente de fermentação.

As linhagens ou espécies de leveduras são as responsáveis por produzir os componentes desejáveis ou de sabor em alimentos e bebidas. Estes podem ser definidos como os compostos voláteis e não voláteis relacionados ao aroma e à sensação bucal, respectivamente. Os compostos não voláteis incluem glicerol, mono e polissacarídeos, fenólicos e ácidos orgânicos; compostos voláteis incluem álcoois, aldeídos, ésteres, dicarbonilas, ácidos graxos de cadeia curta e média, cetonas de metila, lactonas, compostos fenólicos e de enxofre, e terpenos.

O sabor/aroma final é a soma de centenas de compostos ativos produzidos durante cada etapa do processo fermentativo. No entanto, a grande maioria dessas substâncias é produzida durante a fase de fermentação e consiste em intermediários metabólicos ou subprodutos da atuação da levedura.

Assim, álcoois superiores, ésteres e dicetonas vicinais são os elementos-chave produzidos pela levedura, que determinará a qualidade final da cerveja. Enquanto álcoois e ésteres superiores são compostos voláteis desejáveis em uma cerveja, as dicetonas vicinais são muitas vezes consideradas como *off-flavours*, ou seja, indesejáveis. Junto com estas, o metabolismo da levedura contribui com outros três grupos de compostos químicos: ácidos orgânicos, compostos de enxofre e aldeídos.

30.3 LEVEDURAS CONVENCIONAIS E NÃO CONVENCIONAIS

Entende-se por leveduras convencionais aquelas habitualmente utilizadas em processos de elaboração de cerveja e que compreendem linhagens pertencentes às espécies *Saccharomyces cerevisiae* e *S. pastorianus*. A *S. cerevisiae* apresenta maior diversidade genética e é utilizada na produção de cervejas *ale*, enquanto as *lagers* são fabricadas com *S. pastorianus*, uma espécie que provavelmente teve sua origem em eventos de hibridação interespecífica entre *S. cerevisiae* e *S. eubayanus*, sendo esta última uma espécie intimamente relacionada e que normalmente não está associada a fermentações industriais. As leveduras tipo *lager* são hoje divididas em dois tipos de linhagens, indicando uma provável domesticação convergente:

a) tipo 1 "Saaz": triploide, associada a cervejarias da Dinamarca;
b) tipo 2 "Frohberg": tetraploide, origem associada a cervejarias da Alemanha.

A dominância de leveduras *Saccharomyces* em processos fermentativos associados à atividade humana naturalmente ocorre devido a algumas características que agregam vantagens adaptativas, como o efeito Crabtree (repressão do metabolismo respiratório em presença de glicose), tolerância ao estresse osmótico e a concentrações mais elevadas de etanol etc. O uso de culturas iniciadoras selecionadas dessas leveduras representou um dos avanços mais importantes na melhoria dos produtos. No entanto, sabe-se que o envolvimento de outras tantas espécies de leveduras naturalmente presentes em fermentações espontâneas fornece, geralmente, maior complexidade organoléptica às bebidas.

O entendimento de leveduras não convencionais compreende essencialmente aquelas espécies que não passaram por processos voluntários ou involuntários de domesticação dentro dos ambientes humanos, e suas afinidades com o processo cervejeiro podem variar amplamente.

As possibilidades de exploração desses microrganismos podem ser bastante diversificadas. Dependendo do produto que se deseja obter, podem ser utilizados como inóculos puros no lugar de leveduras convencionais, em coinoculação (diferentes microrganismos adicionados ao mesmo tempo) ou em inoculação sequencial. Em alguns tipos de produção já se utilizam inóculos não convencionais, como pode ser observado na produção de algumas cervejas africanas que fazem uso da levedura *Schizosaccharomyces pombe*. Já a *Dekkera bruxellensis* é usada em cervejas *sour* belgas e no estilo alemão *Berliner Weiße*, enquanto algumas propostas de cervejas com baixo teor alcoólico já são realizadas com *Saccharomycodes ludwigii*. Por outro lado, sabe-se hoje que, no caso de algumas cervejas oriundas de fermentações espontâneas, como as *Lambics* e *Coolship ales*, várias espécies de leveduras podem estar envolvidas, incluindo *Debaryomyces* spp., *Meyrozyma guilliermondii*, *Pichia membranefaciens*, *Candida friedrichii*, *Naumovia Castelli*, *Dekkera anomala*, *Priceomyces* spp., *Cryptococcus keutzingii*, *Rhodotorula mucilaginosa*, *Candida krusei*, *Pichia fermentans* e *Pichia opuntiae*.

Certas leveduras não convencionais podem apresentar maior plasticidade metabólica em comparação com as tradicionais *Saccharomyces*, o que vem despertando o interesse para sua utilização em fermentações controladas para produção de cervejas especiais. As principais abordagens nesse sentido passam por estratégias para incrementar as características organolépticas da bebida por métodos de bioaromatização, além de abrirem possibilidades para a produção de cervejas com baixa graduação alcoólica ou com menos calorias sem subtrair aromas e sabores.

Nesse contexto, o desenho de fermentações envolvendo leveduras não convencionais em associação com *Saccharomyces* spp. tem apresentado indícios muito atrativos para garantir uma boa evolução do processo e aumentar as características de complexidade de aroma e sabor, além de contribuir para outras abordagens metodológicas.

30.3.1 Biotecnologia em prol da inovação

Algo que no passado pareceria tão óbvio como utilizar barris de madeira para a maturação de cervejas após sua elaboração hoje desponta como uma forma de diferenciação e inovação. Além de contribuir com a complexidade de aromas e sabores provenientes da madeira, tal prática possibilita a atuação de certas leveduras e bactérias naturalmente alojadas nos poros da madeira e que acabam por conduzir um novo processo fermentativo. A própria refermentação em garrafa – primariamente apenas uma prática para promover a carbonatação –, se realizada com leveduras não convencionais, pode também contribuir para a incorporação de compostos aromáticos relevantes na qualidade organoléptica da bebida.

30.3.2 Bioaromatização (*bioflavouring*)

Sabe-se que o sabor e aroma da cerveja são resultado da soma de inúmeros compostos originados durante as etapas de sua produção, mas aqueles provenientes do metabolismo da levedura, diferentes dos compostos aromáticos presentes no malte e lúpulo, são os que definem majoritariamente as características organolépticas do produto. Os níveis de cada composto gerado durante a fermentação e maturação, como ácidos orgânicos, ésteres, álcoois superiores e aldeídos, dependem das condições fisiológicas da levedura e podem variar de linhagem para linhagem. Além disso, parâmetros como composição do meio e condições em que o processo de fermentação é conduzido influenciam a síntese de ésteres. Portanto, o uso controlado de outras espécies e linhagens de leveduras é uma opção viável quando se deseja aumentar sabores e aromas específicos nas cervejas.

Apesar de leveduras não *Saccharomyces* terem sido inicial e historicamente desconsideradas como inóculos para produção de cervejas, atualmente sabe-se que muitas delas podem exercer influências sensoriais positivas por meio da geração de metabólitos secundários ou produção de enzimas diretamente ligadas à bioconversão de precursores não voláteis em compostos aromáticos mais complexos. A ideia de bioaromatização consiste na possibilidade de sintetizar e transformar compostos aromáticos estritamente por vias biológicas. Quando se considera o emprego de leveduras não convencionais, as possibilidades de modular a fermentação e a bebida podem ser as mais variáveis. Esses microrganismos podem ser utilizados tanto como inóculos puros na fermentação primária como também em coinoculação com *Saccharomyces cerevisiae*. A utilização de organismos geneticamente modificados também é uma alternativa, assim como a aplicação de enzimas produzidas por certos microrganismos.

A espécie *Pichia kluyveri*, por exemplo, tem demonstrado bons resultados quando inoculada após uma fermentação primária com *S. cerevisiae*. Em combinação com distintas variedades de lúpulo, essas fermentações prometem incrementar os teores de acetato de isoamilo e acetato de isobutilo, compostos aromáticos de relevância na cerveja. Leveduras do gênero *Williopsis/Cyberlindnera* também são fortes candidatas para abordagens em que se almeja intensificar o caráter frutado da cerveja, já que são capazes de produzir boas concentrações de ésteres de acetato.

A atividade enzimática glicosidase é um outro perfil metabólico encontrado em cepas de *Dekkera/Brettanomyces* e *Wickerhanomyces anomalus* e de potencial aplicação em processos cervejeiros. Por se tratar de uma enzima cuja ação parece ser inibida em presença de açúcares, mas potencializada em presença de etanol, a inoculação sequencial tardia ou mesmo a refermentação em garrafa também podem ser abordagens interessantes para a bioaromatização de cervejas especiais. Fermentações mistas com *Torulaspora delbrueckii*, por outro lado, têm revelado uma otimização no aproveitamento de compostos nitrogenados em correlação com teores mais elevados de compostos aromáticos e que contribuem com o caráter frutado, floral e anisado da cerveja.

30.3.3 Cervejas com menos calorias, baixa graduação alcoólica e funcionais

Sem dúvida, a tendência de mercado mais imediata é a de cervejas com baixo teor alcoólico (*low alcohol*) e que ainda exibam qualidade e complexidade aromática superiores.

Cervejas não alcoólicas ou de baixo teor alcoólico podem ser produzidas por métodos físicos ou métodos biológicos. O primeiro implica a remoção do álcool de uma cerveja comum, em um estágio subsequente a fermentação, por técnicas físicas, e o segundo envolve a inibição da produção do álcool durante o processo de fermentação. Entre os métodos físicos, é possível encontrar processos térmicos ou por membranas. Nos processos que utilizam membranas o etanol é separado do restante do líquido graças à natureza semipermeável do material empregado, liberando a passagem de pequenas moléculas e a separação delas. Nos processos térmicos a temperatura aplicada permite que as substâncias voláteis sejam separadas na fase de vapor e as não voláteis sejam concentradas na fase líquida; nesse caso, fatores como temperatura e tempo de exposição são de suma importância, pois podem afetar a qualidade do produto, com o desprendimento de compostos aromáticos importantes para o perfil organoléptico, sendo que perdas de sabor e corpo da cerveja podem ocorrer.

As estratégias que empregam métodos biológicos compreendem o controle ou modificação do processo de fermentação para a limitação da formação de etanol. Uma das abordagens se baseia na interrupção da fermentação antes da atenuação completa do mosto, no qual o metabolismo da levedura pode ser reprimido por aplicação de temperatura com resfriamento rápido ou pasteurização, ou por remoção rápida do fermento com centrifugação ou filtração. Alguns ajustes metodológicos que envolvam o uso de uma linhagem de levedura adequada, modificação do desenho do biorreator e suprimento de oxigênio durante o processo também podem ser empregados para obtenção do grau desejado de atenuação do mosto, originando um produto final com perfil alcoólico mais próximo ao pretendido.

Recentemente, uma alternativa a essas abordagens tradicionais vem ganhando destaque; trata-se do uso de leveduras não convencionais, que são avaliadas e selecionadas a partir da determinação de propriedades específicas. Algumas dessas espécies podem apresentar divergências quanto ao sistema enzimático, com a ausência de invertases e maltases, o que confere inabilidade de metabolização dos açúcares maltose e maltotriose, predominantes em todos os tipos de maltes. Dessa forma, a produção de etanol se limita à metabolização dos outros açúcares, que representam menos de 20% dos carboidratos presentes no mosto. As cervejas produzidas dessa maneira podem permanecer com grandes quantidades de maltose, resultando em sabor de mosto indesejável no produto, o que pode ser contornado com a escolha de linhagens que, além da incapacidade de metabolizar todos os açúcares, sejam capazes de produzir ésteres aromáticos que conferem um perfil mais frutado à bebida, minimizando o sabor residual do mosto. Um exemplo é a levedura *Saccharomycodes ludwigii*, que, graças à incapacidade de fermentar maltose e ainda produzir grandes quantidades de ésteres, já é utilizada para a produção de cervejas sem álcool. Do mesmo modo, cervejas com baixo teor alcoólico e concentrações de compostos aromáticos adequados podem ser obtidas com a aplicação de *Pichia kluyveri* (patente nº WO2014/135673A2).

Além desses exemplos, uma das espécies mais promissoras, nesse sentido, é a *Torulaspora delbrueckii*, com a qual foi possível obter cervejas com teor alcoólico inferior a 1% (v/v) e um rico caráter frutado. Alguns estudos indicaram que diferentes cepas dessa espécie apresentam divergências quanto à habilidade de fermentação dos açúcares presentes no meio, apesar de manterem a capacidade de produção de aromas frutados. Sendo assim, com pequenos ajustes na composição e conhecimento da concentração de açúcares do mosto, assim como na quantidade e método de inoculação, a utilização dessas linhagens para produção de cervejas com teor alcoólico reduzido pode ser bem-sucedida. Da mesma forma, a *Lachancea fermentati* isolada de fermentações de kombucha provou ser uma boa candidata para produção de cervejas com baixo teor de álcool.

A produção de cervejas *low alcohol* pode ser viabilizada por novas investidas na busca de leveduras resistentes a baixas temperaturas e por meio de processos por contato a frio (baixas temperaturas e longos períodos de fermentação). Uma vez que a célula passa a operar a partir de metabolismo basal em mostos de baixa densidade, há significativa produção de compostos voláteis aromáticos e ínfimas concentrações de etanol no produto.

Sendo assim, o emprego de leveduras não *Saccharomyces* surge como uma possibilidade inovadora e atrativa nesse sentido, com a vantagem de evitar a extração involuntária de compostos aromáticos quando se realiza a retirada do etanol após a fermentação por destilação, osmose reversa ou diálise.

Com os crescentes problemas de obesidade e novas tendências em termos de alimentação, a busca por cervejas com menor teor calórico (*low calorie*) também vem despertando o interesse entre as cervejarias que buscam a inovação. A principal aposta nesse sentido é a utilização de leveduras em consonância com processos específicos que levem a altas taxas de atenuação e mínima concentração de açúcares na bebida. *Dekkera/Brettanomyces*, por exemplo, é capaz de hidrolisar e metabolizar açúcares complexos e dar origem a cervejas de baixo teor calórico e ligeiramente mais alcoólicas.

Por outro lado, algo menos explorado no setor, mas que já vem suscitando interesse de alguns produtores, é a ideia de cervejas funcionais. O conceito de cerveja funcional está necessariamente associado a bebidas de baixo teor alcoólico e com uma matriz substancial de fibras, vitaminas, minerais e polifenóis. Trata-se de uma abordagem de processo e de mercado ainda pouco explorada, mas que promete ser mais um forte ponto de inflexão em busca de produtos diferenciados e inovadores.

30.4 AS LEVEDURAS MAIS COTADAS

30.4.1 *Dekkera/Brettanomyces*

Detectadas pela primeira vez em associação com processos cervejeiros no início do século XX por Niels Hjelte Claussen, na Inglaterra, hoje são as leveduras não convencionais mais empregadas para a elaboração de cervejas *sour* e *kriek*. No entanto, tem-se registro de sua presença a partir de fontes tão diversas como frutos, vinho, sidra, *kefir*, chá, refrigerante e até mesmo barris de madeira. A denominação *Dekkera* faz referência à sua forma teleomórfica (sexuada), enquanto *Brettanomyces* designa a forma assexuada ou anamórfica.

Mais recentemente, descobriu-se que eram também uma das principais protagonistas na complexa "assembleia de microrganismos" que atua em um processo de produção de *lambics*. Hoje sabemos que, em elaborações bem cuidadas e controladas, essas leveduras podem contribuir enormemente para a complexidade de aromas frutados e florais da cerveja, além do frescor e acidez característicos conferidos pela particular produção de ácido acético. Um caráter mais rústico e a incorporação de notas animais também não são incomuns nesses casos, mas é preciso discernimento, conhecimento e cuidados especiais para que não se tornem um problema e passem a imprimir características de alteração na cerveja.

As principais espécies em cerveja são *Dekkera bruxellensis* e *Dekkera anomala*, capazes de assimilar uma grande variedade de fontes de carbono (incluindo a dextrose e a celobiose presentes na madeira utilizada para o envelhecimento ou para induzir uma fermentação secundária). Tais habilidades podem ser interessantes ao se desenhar produtos com baixas calorias, já que essas leveduras praticamente eliminarão os açúcares residuais da cerveja. Por outro lado, sua característica peculiar é a produção de etilfenóis a partir de certos ácidos orgânicos que, apesar de serem responsáveis por aromas alterantes em altas concentrações, compõem o caráter único de estilos bem particulares, como *Belgian lambic*, *gueuze*, *red Flanders*, *German Weizen*, *Rauchbier*, *American coolship ale*, *sour* e *farmhouse ale*.

Uma característica bastante específica associada ao metabolismo dessas leveduras é um fenômeno conhecido como efeito Custer ou Pasteur-negativo, no qual se observa inibição da fermentação alcoólica em ambientes redutores (anaerobiose). Conhecidamente de caráter acidogênico, este microrganismo produz compostos oxidados – principalmente acetato – a partir da glicose, com consequente redução de NAD^+ e levando a um desbalanço redox na célula. Tecnicamente, o aporte de pequenas concentrações de oxigênio no meio tem um efeito positivo sobre a produção de etanol e pode ser vantajoso para reduzir a duração de fermentações.

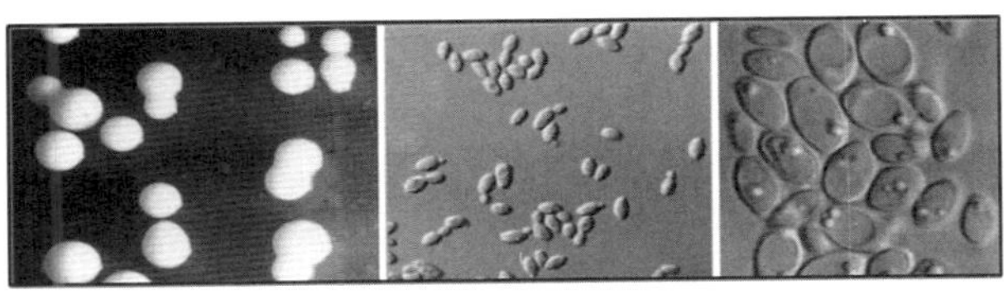

Figura 30.1 Colônias e células de *Dekkera bruxellensis*.

Fonte: Pitt e Hocking (2009).

Por outro lado, essas leveduras também apresentam habilidade de assimilação de diversas fontes de carbono, incluindo monossacarídeos, dissacarídeos (incluindo a celobiose da madeira) e trissacarídeos. Sabe-se ainda que esses microrganismos também podem metabolizar dextrinas (polímeros de D-glicose) naturalmente presentes no produto fermentado, característica de interesse para a produção de bebidas superatenuadas e com menor concentração de carboidratos.

30.4.2 *Wickerhanomyces anomalus*

Também conhecida como *Pichia anomala* ou *Hansenula anomala*, esta levedura é capaz de utilizar uma grande variedade de compostos como fonte de carbono e operar sob condições extremas de pH, temperatura e pressão osmótica, além de contribuir com a formação de certos álcoois superiores, acetatos e ésteres aromáticos na bebida. Devido a essas habilidades metabólicas tão particulares, esta espécie apresenta grande potencial em processos de inoculação sequencial com *S. cerevisiae*, tanto com propósitos de bioaromatização quanto na obtenção de cervejas com baixo teor calórico.

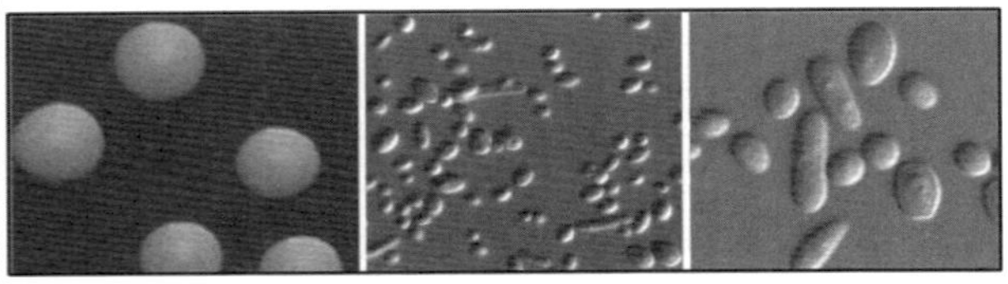

Figura 30.2 Colônias e células de *Wickerhanomyces anomalus*.

Fonte: Pitt e Hocking (2009).

30.4.3 *Torulaspora delbrueckii*

Trata-se de uma levedura filogeneticamente próxima à *S. cerevisiae* e que, provavelmente, deve estar presente em processos fermentativos ligados à atividade humana há pelo menos 4 mil anos. Com grande capacidade de imprimir aromas frutados, esta espécie provavelmente é a protagonista em fermentações da *Bavarian wheat beer*. São organismos que toleram mostos de alta densidade, crescem bem a baixas temperaturas e, curiosamente, necessitam oxigênio para fermentar. São também capazes de metabolizar a maltotriose, além de serem bem tolerantes ao etanol e aos iso-α-ácidos do lúpulo. Tais habilidades indicam um forte potencial para fermentações secundárias na elaboração de cervejas mais robustas e com forte caráter de lúpulo. São consideradas leveduras de interesse também quanto ao perfil aromático que podem conferir à cerveja, devido a certas particularidades enzimáticas, notas cítricas e um caráter frutado ao paladar.

30.5 CONCLUSÃO

A ciência vem trabalhando em prol da qualidade e abrindo novos horizontes para o mundo cervejeiro, e diferentes leveduras vêm despontando como alternativas interessantes para a produção de cervejas especiais. O fundamental é ter em mente que o caráter inovador no setor não diz respeito somente a produtos com maior complexidade organolética, mas também à possibilidade de ampliar o leque de metodologias para a obtenção de produtos diversificados em um mercado em expansão. Aliado a isso, os próprios cervejeiros estão reinterpretando tais abordagens e encontrando novos caminhos para a aplicação e benefícios de leveduras não convencionais como ponto forte do processo. No entanto, na introdução de um novo conceito, uma nova levedura deve ser previamente analisada e estudada em colaboração com especialistas, visto que cada microrganismo é único e pode desenvolver diferentes adaptações em contato com novos ambientes. No mais, a revolução cervejeira tupiniquim é uma realidade e vem ganhando cada vez mais adeptos, o que abre caminho para inúmeras possibilidades e experimentações.

REFERÊNCIAS BIBLIOGRÁFICAS

AGUILAR-USCANGA, M. G.; DÉLIA, M. L.; STREHAIANO, P. *Brettanomyces bruxellensis*: effect of oxygen on growth and acetic acid production. **Applied Microbiology and Biotechnology**, Berlin, v. 61, n. 2, p. 157-162, 2003.

BASSO, R. F.; ALCARDE, A. R.; PORTUGAL, C. B. Could non-Saccharomyces yeasts contribute on innovative brewing fermentations? **Food Research International**, v. 86, p. 112-120, 2016.

BELLUT, K.; ARENDT, E. K. Chance and challenge: non-*Saccharomyces* yeasts in nonalcoholic and low alcohol beer brewing – A review. **Journal of the American Society of Brewing Chemists**, Davis, v. 77, n. 2, p. 77-91, 2019.

BELLUT, K. *et al.* Application of non-*Saccharomyces* yeasts isolated from kombucha in the production of alcohol-free beer. **Fermentation**, Basel, v. 4, n. 3, p. 66, 2018.

BUDRONI, M. *et al. Saccharomyces* and non-*Saccharomyces* starter yeasts. *In*: Kanauchi, M. (ed.). **Brewing Technology**. Croatia: Intech, 2017. p. 81-100.

CALLEJO, M. J. *et al.* Wort fermentation and beer conditioning with selected non-*Saccharomyces* yeasts in craft beers. **European Food Research and Technology**, Berlin, v. 245, p. 1229-1238, 2019.

CANONICO, L.; COMINITI, F.; CIANI, M. *Torulaspora delbrueckii* contribution in mixed brewing fermentations with different Saccharomyces cerevisiae strains. **International Journal of Food Microbiology**, Amsterdam, v. 259, p. 7-13, 2017.

CAPECE, A. *et al.* Conventional and non-conventional yeasts in beer production. **Fermentation**, Basel, v. 4, n. 2, p. 38, 2018.

COLOMER, M. S.; FUNCH, B.; FORSTER, J. The raise of *Brettanomyces* yeast species for beer production. **Current Opinion in Biotechnology**, London, v. 56, p. 30-35, 2019.

CUBILLOS, F. A. *et al.* Bioprospecting for brewers: exploiting natural diversity for naturally diverse beers. **Yeast**, Chichester, v. 36, n. 6, p. 383-398, 2019.

GALLONE, B. *et al.* Origins, evolution, domestication and diversity of *Saccharomyces* beer yeasts. **Current Opinion in Biotechnology**, London, v. 49, p. 148-155, 2018.

GIBSON, B. *et al.* New yeasts – new brews: modern approaches to brewing yeast design and development. **FEMS Yeast Research**, Amsterdam, v. 17, n. 4, p. 1-13, 2017.

HIRST, M. B.; RICHTER, C. L. Review of aroma formation through metabolic pathways of *Saccharomyces cerevisiae* in beverage fermentations. **American Journal of Enology and Viticulture**, v. 67, n. 4, p. 361-370, 2016.

HOLT, S. *et al.* Bioflavoring by non-conventional yeasts in sequential beer fermentations. **Food Microbiology**, London, v. 72, p. 55-66, 2018.

LODOLO, E. J. *et al.* The yeast *Saccharomyces cerevisiae* – the main character in beer brewing. **FEMS Yeast Research**, Amsterdam, v. 8, n. 7, p. 1018-1036, 2008.

MICHEL, M. *et al.* Review: pure non-*Saccharomyces* starter cultures for beer fermentation with a focus on secondary metabolites and practical applications. **Journal of the Institute of Brewing**, London, v. 122, n. 4, p. 569-587, 2016.

MICHEL, M. *et al.* Screening for new brewing yeasts in the non-*Saccharomyces* sector with *Torulaspora delbrueckii* as model. **Yeast**, Chichester, v. 33, n. 4, p. 129-144, 2016.

OSBURN, K. *et al.* Primary souring: a novel bacteria-free method for sour beer production. **Food Microbiology**, London, v. 70, p. 76-84, 2018.

PIRES, E. J.; TEIXEIRA, J. A.; BRÁNYIK, T.; VICENTE, A. A. Yeast: the soul of beer's aroma--a review of flavour-active esters and higher alcohols produced by the brewing yeast. **Applied Microbiology and Biotechnology**, Berlin, v. 98, n. 5, p. 1937-1949, 2014. DOI: 10.1007/s00253-013-5470-0.

PITT. J. J; HOCKING, A. D. **Fungi and Food Spoilage**. 3. ed. New York: Springer, 2009.

RAVASIO, D. *et al.* Adding flavor to beverages with non-conventional yeasts. **Fermentation**, Basel, v. 4, n. 1, p. 15, 2018.

VAN RIJSWIJCK, I. M. H. *et al.* Perfomance of non-conventional yeasts in co-culture with brewers' yeast for steering ethanol and aroma production. **Microbial Biotechnology**, Chichester, v. 10, n. 6, p. 1591-1602, 2017.

VARELA, J.; VARELA, C. Microbiological strategies to produce beer and wine with reduced ethanol concentration. **Current Opinion in Biotechnology**, London, v. 56, p. 88-96, 2019.

SAERENS, S.; SWIEGERS, J. H. Production of low-alcohol or alcohol-free beer with *Pichia kluyveri* yeast strains. Patente nº WO2014/135673A2, 2014.

SANNINO, C. *et al.* Non-conventional yeasts for producing alternative beers. *In*: SIBIRNY, A. (ed.). **Non-conventional yeasts**: from basic research to application. Cham: Springer International Publishing, 2019. p. 361-388.

STEENSELS, J.; VERSTREPEN, K. J. Taming wild yeast: potential of conventional and nonconventional yeasts in industrial fermentations. **Annual Review of Microbiology**, Palo Alto, v. 68, n. 1, p. 61-80, 2014.

VARELA, C. The impact of non-*Saccharomyces* yeasts in the production of alcoholic beverages. **Applied Microbiology and Biotechnology**, Berlin, v. 100, n. 23, p. 9861-9874, 2016.

YEO, H. Q.; LIU, S. Q. An overview of selected specialty beers: developments, challenges and prospects. **International Journal of Food Science and Technology**, Oxford, v. 49, n. 7, p. 1607-1618, 2014.

31

Vinho tinto de uvas americanas

MAURÍCIO BONATTO MACHADO DE CASTILHOS
VANILDO LUIZ DEL BIANCHI

31.1 INTRODUÇÃO

O mercado mundial de produção de vinhos está centrado no continente europeu, sendo França, Itália e Espanha os três maiores produtores de uvas e vinhos do mundo. A França produziu, em 2014, 46,2 milhões de hectolitros (hL) de vinhos, seguida da Itália, com 44,4 milhões de hL, e da Espanha, com 37 milhões de hL (OIV, 2014). Nesse contexto, o Brasil ocupa um lugar de destaque, pois atualmente é considerado um país em expansão no mercado vitivinicultor, visto que, em 2013, mais de 1,4 milhão de toneladas de uvas foram produzidas, sendo cerca de 50% delas dedicadas à produção de sucos e vinhos (DE CASTILHOS *et al.*, 2015).

Das regiões vitivinicultoras do país, é possível destacar o Sul do Brasil, principalmente o estado do Rio Grande do Sul, como a região clássica de produção de uvas tanto europeias (*Vitis vinifera*) como americanas (*Vitis labrusca* e seus híbridos) direcionadas para a elaboração de vinhos finos e vinhos de mesa, respectivamente. Adicionalmente a essa região clássica que compreende principalmente a Serra Gaúcha, é possível destacar outras regiões consideradas atualmente emergentes no cenário de produção de uvas e vinhos. Essas regiões compreendem basicamente o interior dos estados de Santa Catarina, Paraná e São Paulo, destacando-se a região do noroeste paulista. Além dessas regiões, consideradas como produtoras de vinhos de clima tropical, o Vale do São Francisco, na região Nordeste, é uma das regiões que apresentou maior ascensão na produção de uvas com alta adaptabilidade ao clima tropical (REBELLO *et al.*, 2013; BIASOTO *et al.*, 2014).

Devido ao clima tropical comum no Brasil, a alta adaptabilidade das uvas americanas (*Vitis labrusca* e seus híbridos) é um fator que promove algumas vantagens desses cultivares em relação às uvas viníferas. Dentre as principais vantagens, é possível destacar a elevada rusticidade dessas espécies no que se refere à resistência às doenças fúngicas da videira, como antracnose, míldios e alguns tipos de podridão (TONIETTO; CAMARGO, 2006; GASPARIN, 2005). As uvas americanas apresentam aroma floral e um sabor típico conhecido como foxado, principalmente devido à presença do antranilato de metila, éster responsável pela determinação dessas características. Essas uvas são pouco cultivadas em outros países e os vinhos elaborados por essa matéria-prima são pouco estudados (BURIN *et al.*, 2014; TOALDO *et al.*, 2013).

No entanto, as uvas americanas apresentam certas desvantagens em relação às uvas viníferas, sendo esses fatores objeto de estudo por pesquisadores brasileiros. As uvas americanas apresentam baixo potencial glucométrico, ou seja, no estágio ideal de maturação, esses cultivares não apresentam teor de sólidos solúveis suficiente para, no final da vinificação, produzir vinho com potencial alcoólico que compreenda os limites preconizados pela legislação. Além disso, essas uvas não apresentam potencial de cor elevado e os vinhos elaborados por algumas dessas uvas devem ser misturados (cortados) com outros vinhos que apresentem potencial superior de coloração (DE CASTILHOS; CONTI-SILVA; DEL BIANCHI, 2012; LAGO-VANZELA *et al.*, 2014a).

Nesse contexto, a Embrapa Uva e Vinho, uma das unidades da Empresa Brasileira de Pesquisa Agropecuária (Embrapa), vem desenvolvendo técnicas de melhoramento genético a fim de criar novos cultivares que apresentem elevado potencial de coloração e elevado potencial glucométrico no estágio ideal de maturação. Essas uvas são pertencentes ao grupo BRS e, entre várias delas, é possível destacar as uvas BRS Violeta, Carmem, Rúbea e Cora (DE CASTILHOS *et al.*, 2015). A uva BRS Violeta é um cultivar tintureiro obtido pelo cruzamento entre BRS Rúbea e IAC 1398-21 e apresenta elevado poder corante, características singulares de sabor e alta capacidade antioxidante devido ao elevado teor de compostos fenólicos (CAMARGO; MAIA; NACHTIGAL, 2005). A uva BRS Carmem é um cruzamento realizado entre as uvas Muscat Belly A e BRS Rúbea produzindo vinhos tintos com intensa coloração violeta e aroma e sabor de framboesa (CAMARGO; MAIA; RITSCHEL, 2008). BRS Rúbea foi resultado do cruzamento entre Niágara Rosada e Bordô, resultando em vinhos com características ímpares, com elevado sabor foxado e intensa coloração (CAMARGO; DIAS, 1999). Além disso, a uva BRS Cora foi criada em 1992 pelo cruzamento entre Muscat Belly A e H.65.9.14, apresentando cerca de 18 a 20 °Brix no seu estágio ideal de maturação e produzindo vinhos com alto potencial de cor (CAMARGO; MAIA, 2004).

Além da melhoria das características mencionadas, o estudo de novos cultivares tem por objetivo otimizar a produção de compostos fenólicos como antocianinas, flavonóis, flavan-3-óis e ácidos hidroxicinâmicos e seus derivados (HCAD). É de conhecimento geral que os compostos fenólicos influenciam consideravelmente nos aspectos sensoriais, principalmente no que se refere à sensação de amargor e adstringência, e, além disso, estão diretamente vinculados à capacidade antioxidante dos vinhos (DE CASTILHOS *et al.*, 2015; JACKSON, 2008; SCHWARZ *et al.*, 2005; LAGO-VANZELA *et al.*, 2014a). Desse modo, além da aplicação de ferramentas de manipulação genética, o uso de técnicas alternativas de vinificação é alvo de diversos estudos a fim de otimizar a extração desses compostos para os vinhos.

Dentre as técnicas mais empregadas, é possível destacar a termovinificação, que consiste na aplicação de temperaturas elevadas durante a maceração do vinho (RIZZON *et al.*, 1999; ANDRADE NEVES; PANTOJA; SANTOS, 2014); a técnica de pré-secagem de uvas, a fim de aumentar o poder glucométrico para evitar a etapa de chaptalização (DE CASTILHOS; CONTI-SILVA; DEL BIANCHI, 2012; DE CASTILHOS *et al.*, 2013, 2015); o uso do chapéu submerso, a fim de aumentar a extração dos compostos fenólicos para o vinho pelo contato constante da parte sólida com o mosto fermentativo (DE CASTILHOS *et al.*, 2015; BOSSO *et al.*, 2011); o uso da maceração carbônica, que consiste em submeter as uvas inteiras a uma atmosfera saturada de CO_2 a fim de melhorar as características fenólicas e voláteis dos vinhos (RIZZON *et al.*, 1999; BERTAGNOLLI *et al.*, 2007) e o uso de pectinases, a fim de aumentar o rendimento da produção de vinho e melhorar as características sensoriais (DUCASSE *et al.*, 2010).

Nesse contexto, o presente capítulo tem por objetivo abordar a tecnologia de vinificação de uvas americanas e algumas técnicas alternativas de vinificação empregadas com o objetivo de otimizar a extração fenólica para aumentar as propriedades antioxidantes dos vinhos e, além disso, responder positivamente nas características sensoriais dessas bebidas.

31.2 LEGISLAÇÃO

A legislação brasileira define o vinho como a bebida obtida pela fermentação alcoólica do mosto simples de uva sã, fresca e madura (BRASIL, 2014). Sua classificação é dada de acordo com a classe (de mesa, leve, fino, espumante, frisante, gaseificado, licoroso e composto); quanto ao teor de açúcares totais (seco, até 4 gramas de glicose por litro; *demi-sec* ou meio-seco, quantidade de açúcares totais superior a 4 e até 25 gramas de glicose por litro; suave ou doce, teor superior a 25 gramas de glicose por litro); e cor (tinto; rosado, *rosé* ou clarete; branco). Além disso, os vinhos podem ser classificados, entre outras denominações, como vinhos de mesa e vinhos finos, de acordo com os tipos de uva empregados para a elaboração, sendo os de mesa produtos de cultivares americanos e/ou híbridos, podendo conter viníferas em sua composição (*Vitis labrusca*, *Vitis riparia*, *Vitis aestivalis*, *Vitis berlandieri*, entre outras espécies), e os finos produzidos exclusivamente por uvas viníferas nobres (*Vitis vinifera*) (BRASIL, 2004).

A legislação vigente, entre inúmeros parâmetros, preconiza que o vinho de mesa deve conter teor alcoólico de 8,6% v/v a 14,0% v/v a 20 °C (BRASIL, 2004). No entanto, o processo de fermentação dos açúcares nos cultivares rústicos não é suficiente para atingir o grau alcoólico proposto pela legislação. Desse modo, a correção do teor de açúcar do mosto pode ser realizada com a inserção de mosto concentrado, álcool vínico ou sacarose (chaptalização) (BRASIL, 2014). A chaptalização, processo difundido por Jean Antoine Chaptal, é um dos processos empregados pelas vinícolas para a correção do mosto com o objetivo de obter grau alcoólico na faixa preconizada pela legislação por meio da inserção direta de sacarose no mosto. O limite máximo permitido pela legislação brasileira é um acréscimo de 3% v/v na graduação alcoólica para vinhos que contenham teor alcoólico entre 9% e 13% v/v até o ano de 2018. A partir de 2018, o limite máximo de correção será de 2% v/v (BRASIL, 2014).

Conforme Jackson (2008), a uva deverá conter cerca de 18% de açúcar para atingir grau alcoólico próximo de 10% v/v, e esse teor alcoólico varia de acordo com o tipo de uva e o processo de vinificação aplicado. Outro parâmetro importante a ser analisado no vinho é a relação álcool/extrato seco reduzido, pois fornece dados importantes sobre a relação entre os compostos fixos da bebida e os compostos voláteis. Essa relação está diretamente relacionada à correção excessiva do mosto do vinho e possíveis ocorrências de fraude, sendo que deverá apresentar valor máximo de 4,8 (BRASIL, 2004).

31.3 COMPOSIÇÃO QUÍMICA DO VINHO

O vinho constitui-se basicamente de duas substâncias químicas: água e etanol. No entanto, as diversas características sensoriais são determinadas por outras substâncias advindas da uva utilizada na elaboração, do processo fermentativo e da maturação. A grande maioria dos compostos químicos encontrados nos vinhos é resultado dos processos fermentativos realizados pelas leveduras, no entanto, compostos característicos das uvas podem reagir entre si e formar novas substâncias, sendo responsáveis pelo efeito varietal dos vinhos (JACKSON, 2008).

A acidez é um dos maiores contribuintes para a qualidade e estabilidade do vinho, pois está diretamente relacionada à preservação microbiológica, já que proporciona um ambiente impróprio para o desenvolvimento de microrganismos. Inúmeros ácidos compõem o vinho de uma forma geral, sendo eles advindos da uva, como os ácidos tartárico, málico, cítrico, D-glucônico, cumárico e cafeico, ou do processo fermentativo, como o ácido pirúvico, lático, succínico, acético, citramálico, oxaloacético e fumárico. Esses ácidos desempenham inúmeras funções, sendo uma das principais o balanceamento do gosto doce com os gostos ácido e amargo (RIBÉREAU-GAYON *et al.*, 2000). A acidez é dividida basicamente em acidez total (em equivalentes de ácido tartárico) e acidez volátil (em equivalentes de ácido acético). Os ácidos orgânicos são responsáveis pelo controle do pH do vinho, sendo sua função principal promover a manutenção da cor dos vinhos, já que as antocianinas perdem sua coloração avermelhada, tornando-se azuladas à medida que o pH do vinho aumenta. De forma geral, o pH dos vinhos pode variar entre 3,1 e 3,4 em vinhos brancos e entre 3,4 e 3,6 em vinhos tintos (JACKSON, 2008). O baixo teor de acidez volátil é um indicativo da sanidade do vinho, ou seja, indica que o vinho não sofreu nenhum tipo de contaminação microbiológica ou sofreu algum tipo de defeito ao longo do processo de vinificação, sendo que essa propriedade deverá apresentar nível máximo de 20 meq/L de ácido acético, equivalente a 1,2 g/L de ácido acético.

O etanol é produto direto da fermentação alcoólica dos açúcares existentes no mosto pela ação de leveduras. Aproximadamente 18 g/L de açúcar são necessários para a produção de 1% v/v de etanol durante a fermentação alcoólica. O etanol representa 99,5% do álcool contido no vinho, sendo o 0,5% restante distribuído entre metanol e álcoois superiores como glicerol, álcool isobutílico e isoamílico. Vale ressaltar que o metanol deve ser um composto controlado em vinhos devido a sua elevada toxicidade, sendo responsável por danos neurológicos (JACKSON, 2008). A quantidade de metanol produzida está diretamente relacionada à quantidade de pectina existente nas películas das uvas, sendo as híbridas as que apresentam maior quantidade. Segundo o mesmo autor, o uso de enzimas pectinolíticas pode influenciar no aumento da produção de metanol, devido à desestruturação da molécula de pectina. Outras características importantes vinculadas ao teor alcoólico dos vinhos podem ser determinadas pela sensação de preenchimento bucal no momento da degustação do vinho, tornando-o mais encorpado e oleoso e pelo aumento da sensação do gosto doce, devido à presença de glicerol, substância que apresenta essa característica acentuada (LUBBERS; VERRET; VOILLEY, 2001; HATZAKIS; ARCHAVLIS; DAIS, 2007).

O vinho possui baixa concentração de açúcares, pois a maior parte deles (glicose e frutose) é transformada em etanol durante a fermentação alcoólica do mosto de uva. Os açúcares remanescentes do processo fermentativo são as pentoses, heptuloses e outros açúcares secundários, também conhecidos como açúcares residuais (GUERRA; BARNABÉ, 2005). Em alguns casos, os vinhos de mesa, quando elaborados com uvas que ultrapassaram o estágio ideal de maturação, apresentam concentração superior de açúcares residuais devido à dificuldade das cepas de *Saccharomyces cerevisiae* em fermentar a frutose (GUERRA, 2010). Vinhos licorosos podem conter açúcares naturais da uva em sua composição, enquanto os de mesa podem receber açúcar de cana (sacarose), mosto simples de uva, mosto concentrado ou mosto concentrado retificado para seu adoçamento, conforme previsto pela legislação brasileira (BRASIL, 2014).

Os ésteres são formados pela reação entre álcool e ácido carboxílico, o que caracteriza a reação de esterificação. A expressiva concentração de álcoois e ácidos nos vinhos promove relevante formação de ésteres. Entre os mais pesquisados, o acetato de etila e o antranilato de metila se destacam, sendo o último responsável pelo aroma característico das uvas da espécie *Vitis labrusca* e pelo sabor e aroma foxados típicos dos vinhos de mesa (DE CASTILHOS; CONTI-SILVA; DEL BIANCHI, 2012). De forma geral, os ésteres possuem duas origens: esterificação enzimática, durante o processo de fermentação, e esterificação, química durante o processo de maturação (RIBÉREAU-GAYON *et al.*, 2000). Os açúcares são moléculas polifuncionais e participam de inúmeras reações químicas, bioquímicas e metabólicas. Durante a fermentação alcoólica, os principais açúcares fermentescíveis, glicose e frutose, são metabolizados gerando etanol e outros bioprodutos (JACKSON, 2008).

Entre as inúmeras substâncias existentes nos vinhos, os compostos fenólicos são os mais pesquisados, por apresentarem uma estrutura complexa, por desempenharem papel importante nas características sensoriais (cor, sabor amargo e adstringência) e, principalmente, por apresentarem efeitos nutricionais, pela capacidade dessas estruturas de estabilizar radicais livres, agindo como potenciais antioxidantes. Esses compostos, no vinho, são originários da uva, sendo raramente advindos do metabolismo das leveduras (RIBÉREAU-GAYON *et al.*, 2000).

Os compostos fenólicos são divididos, basicamente, em dois grandes grupos, sendo classificados em flavonoides e não flavonoides. Os flavonoides são encontrados principalmente nas películas e sementes das uvas e raramente na polpa, sendo as antocianinas, flavonóis e flavan-3-óis os principais representantes. Os não flavonoides encontram-se na polpa da uva e são representados pelos ácidos fenólicos, sendo o cinâmico e o benzoico os mais importantes, além dos estilbenos, como o resveratrol, encontrado na película (LAGO-VANZELA *et al.*, 2014b).

As antocianinas são compostas de uma estrutura C6-C3-C6, ou seja, são constituídas de dois anéis fenólicos A e B ligados por um anel pirânico heterocíclico central (Quadro 31.1). Essas substâncias podem apresentar-se em sua forma mono ou diglicosiladas, sendo as formas diglicosiladas as mais encontradas nos vinhos elaborados de uvas americanas. Esses açúcares podem se ligar na posição 3 do anel central ou na posição 5 do anel A, possibilitando ligações adicionais de outros compostos acetilados, cumaroilados (derivados do ácido cumárico) ou cafeiolados (derivados do ácido cafeico). Os radicais cumaroilados são também comumente encontrados nos vinhos de mesa (RIBÉREAU-GAYON *et al.*, 2000; LAGO-VANZELA *et al.*, 2014b).

Quadro 31.1 Antocianidinas mais comuns nas uvas.

Estrutura básica da aglicona	Antocianidina	Grupos substituintes
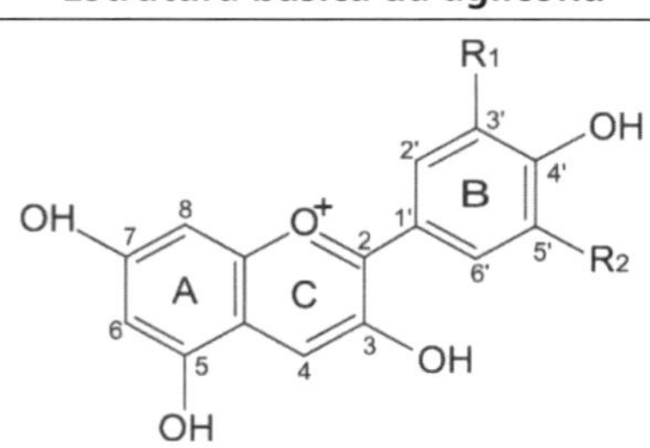	Pelargonidina	$R_1 = R_2 = H$
	Cianidina	$R_1 = OH; R_2 = H$
	Peonidina	$R_1 = OCH_3; R_2 = H$
	Delfinidina	$R_1 = R_2 = OH$
	Petunidina	$R_1 = OH; R_2 = OCH_3$
	Malvidina	$R_1 = OCH_3; R_2 = OCH_3$

Fonte: Lago-Vanzela *et al.* (2014b).

Além das antocianinas, os flavonóis também são compostos encontrados nos vinhos elaborados por uvas americanas, sendo os principais representantes a quercetina, miricetina, laricitrina e isoramnetina. Siringetina e caempferol também podem ser encontrados, no entanto, em quantidades inferiores aos citados anteriormente (DE CASTILHOS *et al.*, 2015). Entre os flavan-3-óis, a catequina e a epicatequina são os principais representantes encontrados na composição minoritária dos vinhos de mesa, sendo possível encontrar outros compostos, como epigalocatequina e galato de epicatequina. Esses compostos, quando polimerizados, formam as proantocianidinas e os taninos, substâncias responsáveis pelo amargor e pela adstringência dos vinhos (JACKSON, 2008; DE CASTILHOS *et al.*, 2015; LAGO-VANZELA *et al.*, 2014a).

Dentre os ácidos fenólicos, os ácidos cumárico e cafeico destacam-se como os principais representantes dos vinhos elaborados com uvas americanas. Esses compostos não conferem mudanças significativas no sabor ou na qualidade do vinho, no entanto, podem sofrer diversas reações químicas que possibilitam a formação de compostos de aroma desagradável ao vinho. Além disso, os ácidos fenólicos e seus derivados podem se ligar às antocianinas, produzindo substâncias chamadas de hidroxifenilpiranoantocianinas. A síntese dessa substância está ligada à evolução da cor do vinho tinto no envelhecimento, deixando de ser avermelhado-violeta, tornando-o alaranjado-telha (BLANCO-VEGA *et al.*, 2011). Os estilbenos também fazem parte da classe dos não flavonoides e apresentam elevada capacidade antioxidante, assim como a grande maioria dos compostos fenólicos, sendo atuantes na prevenção de doenças cardiovasculares e alguns tipos de câncer (DE LA LASTRA; VILLEGAS, 2007). São substâncias que apresentam uma estrutura molecular composta de dois anéis benzênicos separados por uma ligação de dois carbonos. Sintetizam-se nas películas e sementes das uvas e nas raízes da videira sob condições de estresse da planta, como contaminação microbiana, danos mecânicos e incidência de radiação ultravioleta. O principal representante dessa classe de compostos é o resveratrol e seus glicosídeos, também conhecidos como piceidos (Figura 31.1) (LAGO-VANZELA *et al.*, 2014b).

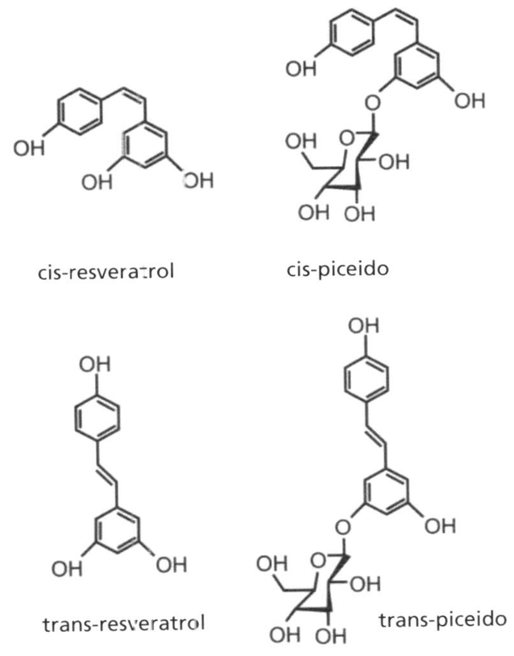

Figura 31.1 Estrutura das moléculas de cis- e trans-resveratrol e seus respectivos glicosídeos (piceidos).

Fonte: adaptada de Lago-Vanzela *et al.* (2014b).

Os compostos fenólicos são considerados minoritários nos vinhos, no entanto, exercem funções de elevada importância no perfil químico e sensorial. Esses compostos são determinados por técnicas de cromatografia líquida de alta eficiência (CLAE) por meio de eluição por gradiente em fase reversa, com o emprego de colunas cromatográficas recheadas por C18 de característica apolar. O detector empregado na análise dessas substâncias é o de ultravioleta na região visível acoplado com arranjo de diodos que possibilita a leitura de espectros de absorção de um mesmo composto em vários comprimentos de onda por meio de uma mesma resolução cromatográfica. Informações acerca dos espectros de absorção servem de base para a identificação dos compostos fenólicos, porém, muitas vezes, essas informações não são suficientes para identificar tais compostos. Assim, é necessária a utilização de outro detector que apresente maior resolução nos resultados, sendo o espectrômetro de massas o mais adequado. A espectrometria de massa é baseada na ionização dos compostos fenólicos e na fragmentação desses íons, auxiliando a identificação dos compostos por meio da fragmentação iônica do íon molecular em íons fragmentados (DE CASTILHOS *et al.*, 2015; LAGO-VANZELA *et al.*, 2014b; ARDREY, 2003; COLLINS; BRAGA; BONATO, 2006; HOFFMANN; STROOBANT, 2007).

31.4 O PROCESSO DE VINIFICAÇÃO

A vinificação pode ser considerada complexa do ponto de vista tecnológico, pois envolve inúmeras etapas que, muitas vezes, ocorrem de forma simultânea. Em alguns casos, algumas etapas não são realizadas a fim de evitar a influência de determinados compostos químicos, como clarificantes, na extração de compostos químicos e na alteração do perfil sensorial e volátil. A Figura 31.2 mostra a sequência padrão do processo de vinificação, contemplando a maioria das etapas realizadas que envolvem a transformação da uva em vinho.

Na etapa de recebimento da uva, a matéria-prima é caracterizada e avaliada de acordo com seu estado sanitário. Nessa etapa ocorre a determinação do peso das uvas que serão direcionadas ao processo de vinificação a fim de avaliar o rendimento do processo. A retirada do engaço (ráquis) promove uma série de vantagens para o processo de vinificação, sendo uma delas a minimização da transferência de taninos contidos no engaço que promovem aumento do amargor e da adstringência ao vinho (JACKSON, 2008).

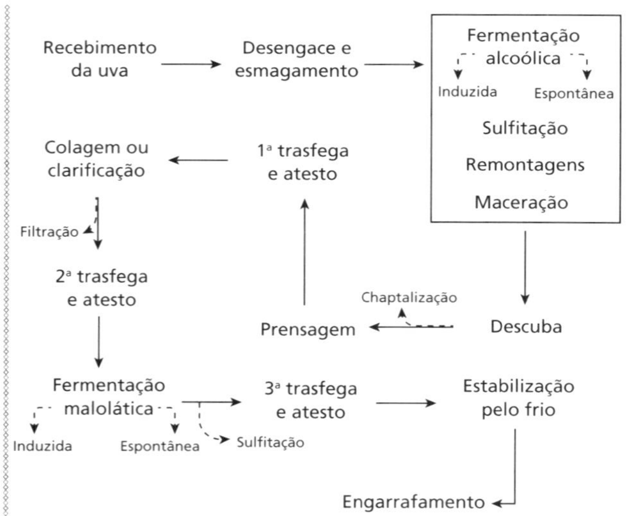

Figura 31.2 Processo padrão de vinificação.

Fonte: adaptada de Jackson (2008) e Ribéreau-Gayon *et al.* (2000).

Como os compostos que conferem coloração ao vinho tinto localizam-se na película, exceto em algumas variedades como a *Garnacha Tintonera*, que apresenta polpa colorida (CASTILLO-MUÑOZ *et al.*, 2009), a presença dos engaços aumenta a quantidade de compostos fenólicos pela incorporação de flavonoides e não flavonoides, mas provoca também a diminuição da cor do vinho. Esse fenômeno se dá pela absorção das antocianinas presentes na película da uva pela superfície de lignina que compõe o engaço (RIBÉREAU-GAYON *et al.*, 2000). O esmagamento da uva libera o mosto e dispersa as células de leveduras que estão localizadas na pruína (cera impermeável que recobre a baga), contribuindo para o início da fermentação alcoólica no processo espontâneo de fermentação alcoólica (CATALUÑA, 1988).

A fermentação alcoólica é basicamente caracterizada pela degradação dos açúcares contidos no mosto pela ação de leveduras, sendo a *Saccharomyces cerevisiae* a mais empregada, produzindo duas moléculas de etanol e anidrido carbônico conforme a equação (31.1).

$$C_6H_{12}O_6 \longrightarrow 2\,C_2H_5OH + 2\,CO_2 + 2\,ATP + \text{energia sob forma de calor} \tag{31.1}$$

A fermentação alcoólica inicia-se logo após o esmagamento das uvas, por meio do contato dos açúcares fermentescíveis com as leveduras autóctones existentes na pruína, no entanto, na maioria dos processos de vinificação, as leveduras são inoculadas na forma liofilizada e ativa, a fim de garantir a quantidade de microrganismos necessária para a metabolização do substrato para a formação do etanol. A quantidade de levedura inoculada varia de um processo para outro. De uma maneira geral, fixa-se a quantidade de 20 g/hL de mosto como o padrão (BINDON *et al.*, 2014; FAVRE *et al.*, 2014; LEE *et al.*, 2006).

A fermentação alcoólica ocorre em duas fases: a tumultuosa e a lenta. A fase tumultuosa é determinada pela elevada produção de álcool etílico devido ao intenso metabolismo das leveduras no meio fermentativo, pelo grande desprendimento de anidrido carbônico e pela elevação da temperatura. Devido ao grande desprendimento de CO_2, a parte sólida tende a se acumular na parte superior do reator fermentativo, limitando a área de contato entre a parte sólida e o mosto. Desse modo, faz-se necessária a prática da remontagem, a fim de otimizar o processo de extração dos pigmentos contidos nas cascas das uvas e o aumento da atividade das leveduras contidas no meio (ROSIER, 1993; AMARANTE, 1983). Com a diminuição gradativa do substrato e o efeito destrutivo do etanol sobre as leveduras, a fase tumultuosa é substituída pela fase lenta.

Logo após o esmagamento das uvas, o mosto deve ser sulfitado a fim de evitar o crescimento de microrganismos que possam contaminar o vinho no momento do processo fermentativo. O SO_2 é produzido pela *Saccharomyces cerevisiae*, mas está ligado a diversos compostos orgânicos, fato que impede sua ação natural. Desse modo, faz-se necessária a adição de SO_2 para que haja uma ação seletiva, possibilitando o crescimento de leveduras resistentes ao composto e, ao mesmo tempo, selecionando linhagens que produzam maior quantidade de SO_2 (HENICK-KLING *et al.*, 1998; JACKSON, 2008). De acordo com Rizzon, Zanuz e Manfredini (1994), o SO_2 possui atividade antioxidante e evita a alteração das características de frescor e de sabor frutado típico dos vinhos de uvas americanas ocasionada pelo oxigênio do ar. A quantidade de dióxido de enxofre empregada no processo de vinificação difere de acordo com a condição sanitária das uvas, variando de 5 g/hL (CAILLÉ *et al.*, 2010) até 20 g/hL de mosto (LEE *et al.*, 2006; FAVRE *et al.*, 2014). Apesar dos benefícios da aplicação do sulfito, ele pode trazer alguns malefícios ao vinho no que se refere à perda da coloração. Antocianinas livres apresentam maior suscetibilidade à descoloração pela ação do sulfito do que as antocianinas polimerizadas. No entanto, a inserção desse composto no vinho é de extrema importância, pois, além de ser um agente antioxidante, pode proteger compostos voláteis como tióis, responsáveis pelo efeito varietal dos vinhos (BLANCHARD; DARRIET; DOBOURDIEU, 2004).

A produção de gás carbônico durante a fermentação alcoólica promove o deslocamento das cascas das uvas para a parte superior do fermentador, formando o chapéu que limita a superfície de contato entre o mosto e o bagaço – área de extração de compostos fenólicos. Nesse contexto, a remontagem tem por objetivo retirar o mosto pela parte inferior do reator e reintroduzi-lo na sua parte superior, visando a "quebra" do chapéu (RIZZON; ZANUZ; MANFREDINI, 1994). A etapa de remontagem é realizada durante a fermentação alcoólica, que, por sua vez, é determinada pelo contato entre a parte sólida (bagaço) e a parte líquida (mosto) no caso da vinificação em tinto. O período no qual a parte sólida permanece em contato com o mosto é chamado de maceração. Nessa etapa, ocorre a diluição seletiva e a difusão de compostos da película e semente para o mosto, das quais são extraídos os componentes da cor, basicamente formados pelos compostos fenólicos (RIZZON; MANFROI, 2006). Assim, as etapas de fermentação alcoólica, sulfitação, maceração e remontagem ocorrem de forma simultânea.

Após a fermentação alcoólica atingir a fase lenta, o mosto é separado do bagaço por meio da descuba. Essa etapa é determinada pela densidade do mosto, que, conforme Ribéreau-Gayon *et al.* (2000), deve estar compreendida entre 1,010 e 1,020 g/cm^3. O bagaço resultante da separação pode ser prensado e o vinho resultante da prensagem (*press wine*) pode ou não ser incorporado ao vinho primário (*free-run wine*) – extraído de forma direta pela descuba. A prensagem é realizada para se obter um ganho no rendimento do processo de aproximadamente 15%, porém é uma das etapas da vinificação em tinto que nem sempre é aplicada pelos vitivinicultores, pois o vinho resultante desse processo (*press wine*) não apresenta qualidade similar ao vinho primário (JACKSON, 2008).

Após a prensagem do bagaço, o vinho é direcionado a um reator a fim de completar a fermentação lenta e permanecer em repouso para possibilitar a decantação de sólidos suspensos, conhecidos como borra. Esses sedimentos devem ser separados do vinho a fim de torná-lo límpido até o engarrafamento. O ato de transferir o vinho de um reator a outro, separando-o da borra, é chamado de trasfega. A borra é composta de vestígios da casca da uva, sementes, leveduras, pectinas, mucilagens, ácidos insolúveis e outros componentes sólidos, sendo que o contato por tempo demasiado com o vinho pode proporcionar problemas de acetificação (ROSIER, 1993). O ideal é realizar três trasfegas ao longo da vinificação, sendo o intervalo entre elas de cerca de dez dias. A primeira trasfega é realizada após dez dias da descuba, a segunda é realizada com o objetivo de separar o vinho de substâncias que foram decantadas por conta de algum agente clarificante ou colante e a terceira e última trasfega deve ser realizada após a estabilização tartárica (DE CASTILHOS; CONTI-SILVA; DEL BIANCHI, 2012; DE CASTILHOS *et al.*, 2013). Após cada trasfega, o volume de vinho do reator diminui, sendo necessária a adição de outro vinho com características semelhantes a fim de minimizar o espaço interno no reator para evitar possíveis oxidações. Esse ato é conhecido como atesto (RIZZON; MENEGUZZO, 2006).

A eliminação de resíduos suspensos do vinho resultantes da fermentação alcoólica e da maceração pode ser realizada por meio dos processos de colagem e clarificação. A colagem é determinada pela estabilização fenólica por meio da aplicação de preparados proteicos comerciais à base de gelatina, caseína, cola de peixe e clara de ovo. No caso da clarificação, que objetiva a estabilização proteica, utiliza-se bentonita, uma argila coloidal do tipo montmorilonita, que possibilita a floculação de compostos proteicos, tornando o vinho mais límpido (MANFROI *et al.*, 1994). Geralmente, após a etapa de clarificação ou colagem é realizada a filtração do vinho a fim de separar os materiais em suspensão e promover a diminuição da turbidez do vinho (JACKSON, 2008).

A fermentação malolática é a segunda fermentação do processo de vinificação e consiste na descarboxilação do ácido málico em ácido lático, promovendo a substituição do sabor agressivo do ácido málico pela sensação gustativa menos agressiva do ácido lático (equação (31.2)) (JACKSON, 2008).

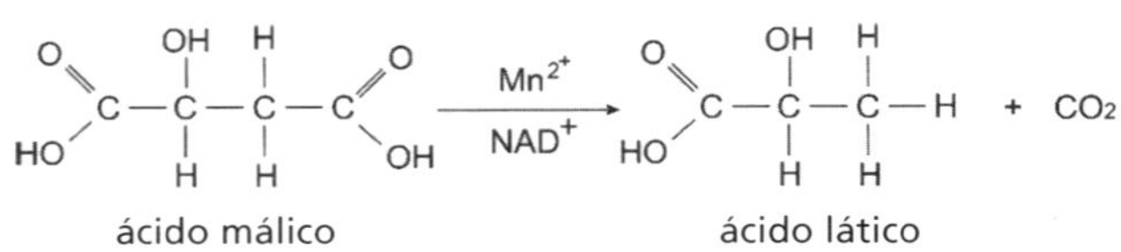

(31.2)

Essa fermentação se inicia logo após a fermentação alcoólica, de forma espontânea ou induzida. O modo espontâneo está diretamente ligado ao desenvolvimento de bactérias láticas no meio devido à liberação de nitrogênio e outros constituintes advindos da autólise das leveduras que participaram da fermentação alcoólica. Esses compostos servem de nutrientes para o desenvolvimento dessas bactérias láticas (GUERRA, 2010; JACKSON, 2008). O modo induzido é determinado pela inserção de bactérias láticas da espécie *Oenococcus oeni* na forma liofilizada e ativa. Essa reação de descarboxilação provoca efeitos no vinho como a redução da acidez e influencia na estabilidade microbiológica e nas características sensoriais. O término da fermentação malolática é verificado por meio de cromatografia em camada plana ou cromatografia em papel (RIBÉREAU-GAYON *et al.*, 1982).

Após a fermentação malolática, os vinhos são submetidos a um ambiente refrigerado com o objetivo de possibilitar a cristalização de sais de bitartarato de potássio. O processo de cristalização é puramente físico, sendo que esses sais se precipitam de forma lenta ao longo do processo fermentativo, devido à ação insolubilizante do etanol. É recomendado que o vinho seja submetido a uma temperatura próxima ao seu ponto de congelamento. Usualmente, utiliza-se a temperatura de -5 °C (JACKSON, 2008). Após a estabilização tartárica os vinhos são engarrafados e armazenados em ambientes refrigerados com temperatura entre 16 e 18 °C.

Geralmente, os vinhos de mesa são estabilizados em garrafa, pois não apresentam potencial de guarda. Uma das substâncias que são responsáveis por determinar as mudanças sensoriais nos vinhos que são estabilizados em barricas de carvalho são as piranoantocianinas. Esses compostos são formados por meio da reação de ácidos hidroxicinâmicos e seus derivados com antocianinas monoglicosiladas, ou seja, compostos que apresentam um glicosídeo ligado à posição 3 da antocianidina. Nesse contexto, como os vinhos de uvas americanas apresentam, em sua composição, antocianinas diglicosiladas, isto é, glicosídeos ligados na posição 3 do anel pirânico central e na posição 5 do anel A da estrutura da antocianidina, esses vinhos não apresentam compostos que podem ser transformados em piranoantocianinas, visto que a posição 5 permanece ocupada por uma molécula glicosídica (LAGO-VANZELA *et al.*, 2013).

31.5 VARIAÇÕES NO PROCESSO DE VINIFICAÇÃO

Diante da complexidade do processo de vinificação, algumas variações nas etapas são realizadas a fim de otimizar a extração dos compostos fenólicos e melhorar as características sensoriais dos vinhos. Nesse contexto, a pré-secagem das uvas e o chapéu submerso são etapas que podem ser realizadas ao longo da vinificação de uvas americanas a fim de otimizar a extração de compostos fenólicos e melhorar as características sensoriais (Figura 31.3). A pré-secagem das uvas é uma das etapas realizadas a fim de aumentar o poder glucométrico das uvas americanas e evitar a etapa de chaptalização. A secagem é realizada mediante a exposição das uvas ao tratamento térmico a uma temperatura de cerca de 60 °C, com o emprego de secadores convectivos (DE CASTILHOS; CONTI-SILVA; DEL BIANCHI, 2012; DE CASTILHOS *et al.*, 2013).

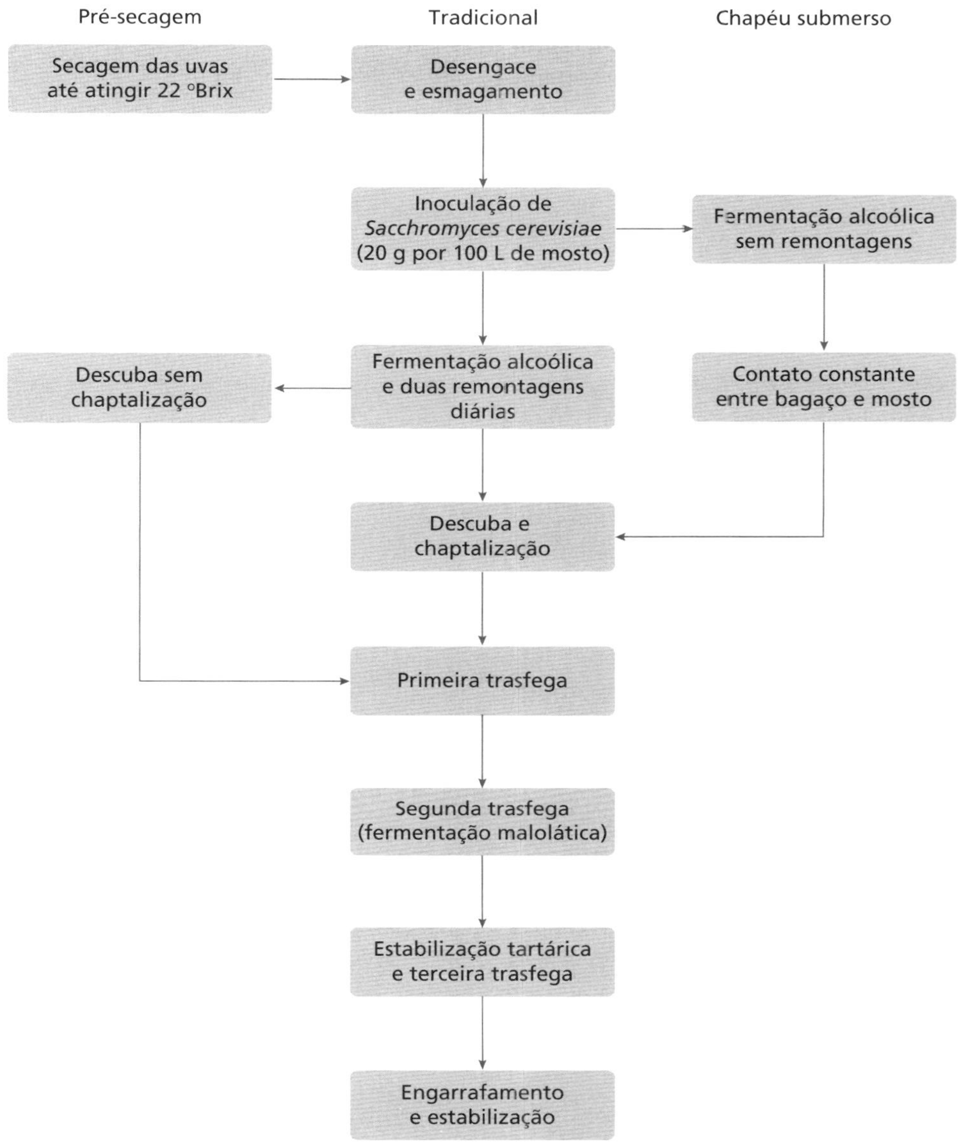

Figura 31.3 Esquema representativo da vinificação de uvas americanas aplicando pré-secagem de uvas e chapéu submerso.

Fonte: adaptada de De Castilhos; Conti-Silva; Del Bianchi, (2012); De Castilhos *et al.* (2013, 2015).

Além de evitar a chaptalização, a secagem possibilita, teoricamente, a otimização da extração dos compostos fenólicos por meio de danos irreversíveis causados na película da uva ao longo da secagem. Ao mesmo tempo, a secagem influencia na formação de compostos escuros determinados por reações de escurecimento enzimático ou não enzimático (reação de Maillard), promovendo um balanço entre ganhos (maior extração) e perdas (oxidação) dos compostos fenólicos (MARQUEZ *et al.*, 2012; PATRAS *et al.*, 2010). As reações de escurecimento dos compostos fenólicos mediante a ação de enzimas oxidativas como a polifenoloxidase (PPO) geralmente ocorrem em temperaturas abaixo de 50 °C. Desse modo, tratamentos térmicos em uvas que possibilitem o uso de temperaturas abaixo de 50 °C podem resultar na oxidação de compostos fenólicos por ação enzimática. No entanto, quando tais tratamentos são realizados em temperaturas acima de 50 °C, a reação de escurecimento não enzimático é mais frequente, visto que nessa faixa de temperatura as enzimas oxidativas são inativadas (PATRAS *et al.*, 2010).

De acordo com alguns resultados obtidos por pesquisas científicas na área da tecnologia de vinificação, a secagem prévia das uvas, independentemente da temperatura empregada, influenciou na diminuição da concentração de antocianinas, sendo estas oxidadas por via enzimática, pela ação da peroxidase (POD) ou da polifenoloxidase (PPO), ou degradados pelo calor empregado. Compostos como flavan-3-óis mostraram não ser influenciados de forma relevante pelo calor empregado no processo de secagem das uvas, visto que esses compostos participam de reações enzimáticas que podem reduzir sua concentração e, adicionalmente, aumentam sua concentração devido à reação de despolimerização de flavan-3-óis poliméricos de alto peso molecular (MACHEIX *et al.*, 1991; DALLAS *et al.*, 1995; BUDIC-LETO *et al.*, 2006). Além disso, sugere-se que os flavan-3-óis apresentam boa estabilidade e baixa reatividade quando submetidos a temperaturas elevadas (DALLAS *et al.*, 1995).

Vinhos produzidos por processos de secagem da uva geralmente apresentam tonalidade mais escura que vinhos que foram elaborados por processos tradicionais. Esse fato está diretamente relacionado à formação de compostos escuros, como melanoidinas, resultantes de reações enzimáticas e não enzimáticas. Vinhos da uva BRS Rúbea e BRS Cora que foram elaborados pela pré-secagem das uvas apresentaram coloração mais escura em relação aos vinhos dos processos tradicionais, e tal coloração se deve à formação desses compostos resultantes da reação de escurecimento não enzimático. Além disso, o uso da temperatura elevada promoveu maior degradação das antocianinas, sendo que essa diminuição atingiu cerca de 1,5 vez o valor da concentração de antocianinas dos vinhos elaborados por processos tradicionais (DE CASTILHOS *et al.*, 2015).

Os estilbenos também sofreram degradação pelo uso do calor, sendo altamente reativos e degradados pela temperatura empregada de 60 °C. No entanto, a atividade antioxidante dos vinhos elaborados por processos de pré-secagem da uva não diferiu de forma significativa da atividade antioxidante dos vinhos elaborados por processos tradicionais. Esse resultado sugere que a atividade antioxidante não está relacionada somente aos estilbenos ou às antocianinas, mas ao conjunto de compostos fenólicos existentes nos vinhos (NIXDORF; HERMOSÍN-GUTIÉRREZ, 2010), sendo que um determinado composto pode apresentar baixa concentração, porém elevada capacidade antioxidante, como os flavan-3-óis galoilados (DE CASTILHOS *et al.*, 2015). Além disso, a falta de diferenças significativas entre a capacidade antioxidante dos vinhos submetidos à pré-secagem e dos vinhos elaborados pelo processo tradicional pode ser explicada pela elevada atividade antioxidante dos compostos formados por reações de escurecimento não enzimático, como as melanoidinas (DELGADO-ANDRADE; MORALES, 2005).

Em relação aos aspectos sensoriais, os vinhos elaborados pelo processo de pré-secagem das uvas apresentam elevado amargor e intensa adstringência, e esse perfil sensorial pode ser explicado pelo elevado teor de flavan-3-óis nesses vinhos. Vinhos Bordô e Isabel elaborados por processos de pré-secagem também apresentaram elevado corpo devido ao aumento da concentração de ácidos fixos e açúcares redutores (DE CASTILHOS; CONTI-SILVA; DEL BIANCHI, 2012). A aceitação desses vinhos foi superior aos elaborados pelo processo tradicional, principalmente em relação à aparência e ao corpo (DE CASTILHOS *et al.*, 2013).

O processo de chapéu submerso também pode ser empregado na vinificação de uvas americanas com o objetivo de otimizar a extração fenólica e melhorar aspectos sensoriais. Um resultado importante obtido com a aplicação dessa técnica é o aumento de rendimento do processo de vinificação, ou seja, maior quantidade de vinho produzida por peso inicial de uvas vinificada (DE CASTILHOS; CONTI-SILVA; DEL BIANCHI, 2012; DE CASTILHOS *et al.*, 2013). O processo de chapéu submerso consiste na utilização de fermentadores rotativos ou de artefatos que possibilitem que o bagaço permaneça estático durante a maceração. Esse efeito promove o contato constante da parte sólida com o mosto em fermentação, sendo desnecessária a aplicação de remontagens. Em casos de microvinificações, telas de aço inox podem ser empregadas como artefatos para obter o efeito de chapéu submerso; no caso de vinificações de alta escala, o uso de fermentadores rotativos que realizam rotações em sentido horário e anti-horário em determinados intervalos de tempo prefixados é a alternativa mais empregada (SURIANO; CECI; TAMBORRA, 2012).

Estudos mostraram que o uso do chapéu submerso pode influenciar demasiadamente na extração de compostos fenólicos em determinados cultivares. Uvas que apresentam baixa concentração de antocianinas podem ser matéria-prima para a elaboração de vinhos com elevado poder corante a partir da aplicação do chapéu submerso (BOSSO *et al.*,

2011; SURIANO; CECI; TAMBORRA, 2012). No entanto, o emprego do chapéu submerso como alternativa de tecnologia de vinificação deve ser avaliado, visto que essa técnica pode influenciar de forma negativa no perfil de antocianinas do vinho, apresentando valores de concentração inferiores aos vinhos elaborados por processos tradicionais. Sugere-se que esse resultado está relacionado ao fato de as antocianinas permanecerem aderidas à parte sólida durante a maceração devido ao contato constante do bagaço com o mosto, possibilitando a otimização da sua liberação por meio da prensagem do bagaço. Desse modo, vinhos produzidos pela técnica de chapéu submerso que não foram submetidos à prensagem do bagaço após a descuba apresentam concentração de antocianinas inferior quando comparados aos vinhos submetidos à mesma técnica de vinificação que foram submetidos à prensagem. Esse resultado sugere que a prensagem do bagaço, quando submetido à maceração por chapéu submerso, possibilita o aumento da concentração das antocianinas no vinho (DE CASTILHOS *et al.*, 2015; BOSSO *et al.*, 2011).

A aplicação do chapéu submerso em vinhos elaborados com cultivares Bordô e Isabel (DE CASTILHOS; CONTI-SILVA; DEL BIANCHI, 2012; DE CASTILHOS *et al.*, 2013) e com cultivares BRS Cora e BRS Rúbea (DE CASTILHOS *et al.*, 2015) mostrou que as antocianinas não apresentaram elevada concentração, no entanto, em relação aos aspectos sensoriais, esses vinhos foram descritos como vinhos com elevado poder corante e elevada tonalidade violeta. Além disso, os vinhos elaborados das cultivares BRS Cora e BRS Rúbea apresentaram elevada persistência sensorial, devido ao elevado teor alcoólico existente. A aceitação sensorial, que utilizou um painel de consumidores não treinados, promoveu resultados acerca dos vinhos elaborados pelo processo de chapéu submerso. Eles foram qualificados com aceitação intermediária, não exibindo diferenças significativas em relação ao vinho elaborado pelo processo tradicional (DE CASTILHOS *et al.*, 2015).

Nesse contexto, a aplicação de técnicas alternativas de vinificação com aplicação em vinhos elaborados com uvas americanas deve ser avaliada do ponto de vista tecnológico e produtivo, visto que o processo de pré-secagem de uvas promove maior aceitação dos vinhos pelo fato de apresentarem maior corpo e maior adstringência, afetando sua aceitação com o mercado consumidor. O uso do chapéu submerso com posterior prensagem da parte sólida mostra o aumento dos compostos fenólicos e da capacidade antioxidante dos vinhos. Além disso, esse processo apresenta elevado rendimento, significativamente superior ao rendimento do processo tradicional, e promove vinhos com características sensoriais atraentes ao consumidor, como elevado poder corante e elevada tonalidade violeta.

Outros processos alternativos, como termovinificação, maceração a frio, uso de pectinases e maceração carbônica (SACCHI; BISSON; ADAMS, 2005), devem ser empregados a fim de observar o efeito desses processos nos vinhos elaborados por cultivares americanos. A escassez de trabalhos científicos nessa área mostra um potencial de pesquisa a ser explorado, já que o efeito desses processos em vinhos elaborados com cultivares americanos ainda é desconhecido.

REFERÊNCIAS BIBLIOGRÁFICAS

AMARANTE, J. O. A. **Vinhos**: do Brasil e do mundo, para conhecer e beber. São Paulo: Summus Editorial, 1983.

ANDRADE NEVES, N.; PANTOJA, L. A.; DOS SANTOS, A. S. Thermovinification of grapes from the Cabernet Sauvignon and Pinot Noir varieties using immobilized yeasts. **European Food Research and Technology**, Berlin, v. 238, p. 79-84, 2014.

ARDREY, R. D. **Liquid chromatography – mass spectrometry**: an introduction. Chichester: John Wiley, 2003.

BERTAGNOLLI, S. M. M. *et al.* Influence of the carbonic maceration on the levels of *trans*-resveratrol in Cabernet Sauvignon wine. **Brazilian Journal of Pharmaceutical Sciences**, São Paulo, v. 43, p. 71-77, 2007.

BIASOTO, A. C. T. *et al.* Acceptability and preference drivers of red wines produced from *Vitis labrusca* and hybrid grapes. **Food Research International**, Amsterdam, v. 62, p. 456-466, 2014.

BINDON, K. *et al.* Relationships between harvest time and wine composition in *Vitis vinifera L.* cv. Cabernet Sauvignon 2. Wine sensory properties and consumer preference. **Food Chemistry**, Amsterdam, v. 154, p. 90-101, 2014.

BLANCHARD, L.; DARRIET, P.; DOBOURDIEU, D. Reactivity of 3-mercaptohexanol in red wine: impact of oxygen, phenolic fractions, and sulfur dioxide. **American Journal of Enology and Viticulture**, Davis, v. 55, p. 115-120, 2004.

BLANCO-VEGA, D. *et al.* HPLC-DAD-ESI-MS/MS characterization of pyranoanthocyanins pigments formed in model wine. **Journal of Agricultural and Food Chemistry**, Washington, v. 59, p. 9523-9531, 2011.

BOSSO, A. *et al.* Influence of submerged-cap vinification on polyphenolic composition and volatile compounds of Barbera wines. **American Journal of Enology and Viticulture**, Davis, v. 62, p. 503-511, 2011.

BRASIL. Lei nº 10.970 de 12 de novembro de 2004. Altera dispositivos da Lei nº 7.678 de 8 de novembro de 1988, que dispõe sobre a produção, circulação e comercialização do vinho e derivados de uva e do vinho, e dá outras providências. **Diário Oficial da União**, Brasília, DF, 2004.

BRASIL. Decreto nº 8.198 de 20 de fevereiro de 2014. Regulamenta a Lei nº 7.678 de 8 de novembro de 1988, que dispõe sobre a produção, circulação e comercialização do vinho e derivados da uva e do vinho. **Diário Oficial da União**, Brasília, DF, 2014.

BUDIC-LETO, I.; LOVRIĆ, T.; KLJUSURIC, J.G.; PEZO, I.; VRHOVSEK, U. Anthocyanin composition of the red wine Babić affected by maceration treatment. **European Food Research and Technology**, Berlim, v. 222, p. 397-402, 2006.

BURIN, V. M. *et al.* Bioactive compounds and antioxidant activity of *Vitis vinifera* and *Vitis labrusca* grapes: evaluation of different extraction methods. **Microchemical Journal**, Amsterdam, v. 114, p. 155-163, 2014.

CAILLÉ, S. *et al.* Sensory characteristics changes of red Grenache wines submitted to different oxygen exposures pre and post bottling. **Analytica Chimica Acta**, Amsterdam, v. 660, p. 35-42, 2010.

CAMARGO, U. A.; DIAS, M. F. **BRS Rúbea**. Bento Gonçalves: Embrapa Uva e Vinho, 1999.

CAMARGO, U. A.; MAIA, J. D. G. **BRS Cora**: nova cultivar de uva para suco adaptada a climas tropicais. Bento Gonçalves: Embrapa Uva e Vinho, 2004.

CAMARGO, U. A.; MAIA, J. D. G.; NACHTIGAL, J. C. **BRS Violeta**: nova cultivar de uva para suco e vinho de mesa. Bento Gonçalves: Embrapa Uva e Vinho, 2005.

CAMARGO, U. A.; MAIA, J. D. G.; RITSCHEL, P. S. **BRS Carmem**: nova cultivar de uva tardia para suco. Bento Gonçalves: Embrapa Uva e Vinho, 2008.

CASTILLO-MUÑOZ, N. *et al.* Red-color related phenolic composition of Garnacha Tintonera (*Vitis vinifera L.*) grapes and red wines. **Journal of Agricultural and Food Chemistry**, Washington, v. 57, p. 7883-7891, 2009.

CATALUÑA, E. **As uvas e os vinhos**. Rio de Janeiro: Globo, 1988.

COLLINS, C. H.; BRAGA, G. L.; BONATO, P. S. **Fundamentos de cromatografia**. Campinas: Editora da Unicamp, 2006.

DE CASTILHOS, M. B. M.; CONTI-SILVA, A. C.; DEL BIANCHI, V. L. Effect of grape pre-drying and static pomace contact on physicochemical properties and sensory acceptance of Brazilian (Bordô and Isabel) red wines. **European Food Research and Technology**, Berlin, v. 235, p. 345-354, 2012.

DE CASTILHOS, M. B. M. *et al.* Influence of two different vinification procedures on the physicochemical and sensory properties of Brazilian non-*Vitis vinifera* red wines. **LWT – Food Science and Technology**, Amsterdam, v. 54, n. 2, p. 360-366, 2013.

DE CASTILHOS, M. B. M. *et al.* Pre-drying and submerged cap winemaking: effects on polyphenolic compounds and sensory descriptors. Part I: BRS Rúbea and BRS Cora. **Food Research International**, Amsterdam, v. 75, p. 374-384, Sept. 2015 . DOI: 10.1016/j.foodres.2015.05.056.

DE LA LASTRA, C. A.; VILLEGAS, I. Resveratrol as an antioxidant and pro-oxidant agent: mechanisms and clinical implications. **Biochemical Society Transactions**, London, v. 35, p. 1156-1160, 2007.

DELGADO-ANDRADE, C.; MORALES, F. J. Unraveling the contribution of melanoidins to the antioxidant activity of coffee brews. **Journal of Agricultural and Food Chemistry**, Washington, v. 53, p. 1403-1407, 2005.

DUCASSE, M. *et al.* Effect of macerating enzyme treatment on the polyphenol and polysaccharide composition of red wines. **Food Chemistry**, Amsterdam, v. 118, p. 369-376, 2010.

FAVRE, G. *et al.* Low molecular-weight phenols in Tannat wines made by alternative winemaking procedures. **Food Chemistry**, Amsterdam, v. 158, p. 504-512, 2014.

GASPARIN, A. M. **Efeito da levedura e da adição de nutriente sobre o perfil aromático do vinho tinto Bordô "Ives"**. 2005. 117 f. Dissertação (Mestrado em Biotecnologia) – Universidade de Caxias do Sul, Caxias do Sul, 2005.

GUERRA, C. C. Vinho Tinto. *In*: VENTURINI FILHO, W. G. (ed.). **Bebidas alcoólicas**. São Paulo: Blucher, 2010. p. 209-233.

GUERRA, C. C.; BARNABÉ, D. Vinho. *In*: VENTURINI FILHO, W. G. (ed.) **Tecnologia de bebidas**: matéria-prima, processamento, BPF/APPCC, legislação e mercado. São Paulo: Blucher, 2005. p. 423-451.

HATZAKIS, E.; ARCHAVLIS, E.; DAIS, P. Determination of glycerol in wines using ^{31}P-NMR Spectroscopy. **Journal of the American Oil Chemists' Society**, Heidelberg, v. 84, n. 7, p. 615-619, 2007.

HENICK-KLING, T. *et al.* Selective effects of sulfur dioxide and yeast starter culture addition on indigenous yeast populations and sensory characteristics of wine. **Journal of Applied Microbiology**, New York, v. 84, p. 865-876, 1998.

HOFFMANN, E.; STROOBANT, V. **Mass spectrometry**: principles and applications. 3. ed. Chichester: John Wiley, 2007.

JACKSON, R. S. **Wine science**: principles and applications. 3. ed. San Diego: Academic Press, 2008.

LAGO-VANZELA, E. S. *et al.* Chromatic characteristics and color-related phenolic composition of Brazilian young red wines made from the hybrid grape cultivar BRS Violeta ("BRS Rúbea" × "IAC 1398-21"). **Food Research International**, Amsterdam, v. 54, n. 1, p. 33-43, 2013.

LAGO-VANZELA, E. S. *et al.* Aging of red wines made from hybrid grape cv. BRS Violeta: effects of accelerated aging conditions on phenolic composition, color and antioxidant capacity. **Food Research International**, Amsterdam, v. 56, p. 182-189, 2014a.

LAGO-VANZELA, E. S. *et al.* Phenolic compounds in grapes and wines: chemical and biochemical characteristics and technological quality. In: CÂMARA, J. S. (org.). **Grapes**: production, phenolic composition and potential biomedical effects. New York: Nova Science Publishers, 2014b. p. 47-105.

LEE, S. J. *et al.* Development of Korean red wines using *Vitis labrusca* varieties: instrumental and sensory characterization. **Food Chemistry**, Amsterdam, v. 94, p. 385-393, 2006.

LUBBERS, S.; VERRET, C.; VOILLEY, A. The effect of glycerol on the perceived aroma of a model wine and a white wine. **Lebensmittel-Wissenschaft+Technologie – Food Science + Technology**, Amsterdam, v. 34, n. 4, p. 262-265, 2001.

MANFROI, V. *et al.* Influência da bentonite na composição química de vinhos quando utilizada para estabilização. **Boletim do Centro de Pesquisa de Processamento de Alimentos**, Curitiba, v. 12, n. 2, p. 99-108, 1994.

MARQUEZ, A. *et al.* Colour and phenolic compounds in sweet red wines from Merlot and Tempranillo grapes chamber-dried under controlled conditions. **Food Chemistry**, Amsterdam, v. 130, p. 111-120, 2012.

NIXDORF, S. L.; HERMOSÍN-GUTIÉRREZ, I. Brazilian red wines made from the hybrid grape cultivar Isabel: phenolic composition and antioxidant capacity. **Analytica Chimica Acta**, Amsterdam, v. 659, n. 1-2, p. 208-215, 2010.

OIV – ORGANISATION INTERNATIONALE DE LA VIGNE ET DU VIN. **State of the vitiviniculture world market**. [*S. l.*], 2014.

PATRAS, A. *et al.* Effect of thermal processing on anthocyanin stability in foods; mechanisms and kinetics of degradation. **Trends in Food Science & Technology**, Wageningen, v. 21, p. 3-11, 2010.

REBELLO, L. P. G. *et al.* Phenolic composition of the berry parts of hybrid grape cultivar BRS Violeta (BRS Rubea x IAC 1398-21) using HPLC-DAD-ESI-MS/MS. **Food Research International**, Amsterdam, v. 54, p. 354-366, 2013.

RIBÉREAU-GAYON, J. *et al.* Analyse et contrôle des vins. **Traité d'oenologie**. Paris: Dunod, 1982.

RIBÉREAU-GAYON, P. *et al.* **Handbook of enology**: the chemistry of wine, stabilization and treatments. Chichester: John Wiley, 2006.

RIZZON, L. A.; MANFROI, L. **Sistema de produção de vinho tinto**: fermentação. Bento Gonçalves: Embrapa Uva e Vinho, 2006.

RIZZON, L. A.; MENEGUZZO, J. **Sistema de produção de vinho tinto**: estabilização do vinho. Bento Gonçalves: Embrapa Uva e Vinho, 2006.

RIZZON, L. A.; ZANUZ, M. C.; MANFREDINI, S. **Como elaborar vinho de qualidade na pequena propriedade**. Bento Gonçalves: Embrapa Uva e Vinho, 1994.

RIZZON, L. A. *et al.* Effect of three processes of vinification on chemical composition and quality of Cabernet Franc wine. **Pesquisa Agropecuária Brasileira**, Brasília, v. 7, p. 1285-1293, 1999.

ROSIER, J. P. **Manual de elaboração de vinho para pequenas cantinas**. 2. ed. Florianópolis: Epagri, 1993.

SACCHI, K. L.; BISSON, L. F.; ADAMS, D. O. A review of the effect of winemaking techniques on phenolic extraction in red wines. **American Journal of Enology and Viticulture**, Davis, v. 56, p. 197-206, 2005.

SCHWARZ, M. *et al.* Effect of copigments and grape cultivar on the color of red wines fermented after the addition of copigments. **Journal of Agricultural and Food Chemistry**, Washington, v. 53, n. 21, p. 8372-8381, 2005.

SURIANO, S.; CECI, G.; TAMBORRA, T. Impact of different winemaking techniques on polyphenolic compounds of Nero Di Troia wine. **Italian Food & Beverage Technology**, Pinerolo, v. 70, p. 5-15, 2012.

TOALDO, I. M. *et al.* Effect of grape seeds on the polyphenol bioactive contente and elemental composition by ICP-MS of grape juices from *Vitis labrusca L.* **Lebensmittel-Wissenschaft+Technologie – Food Science + Technology**, Amsterdam, v. 53, p. 1-8, 2013.

TONIETTO, J.; CAMARGO, U. A. Vinhos tropicais no Brasil e no mundo. **Bon Vivant**, Flores da Cunha, v. 8, n. 94, p. 15, 2006.

GRÁFICA PAYM
Tel. [11] 4392-3344
paym@graficapaym.com.br